디지털 신호 처리 2판

기본 이론부터 MATLAB 실습까지

이철희 지음

한빛아카데미
Hanbit Academy, Inc.

지은이 **이철희** chlee@kangwon.ac.kr

서울대학교 전기공학과에서 학사, 석사, 박사 과정을 1989년에 마쳤다. 1990년 강원대학교에 부임하여 2024년에 정년 퇴임했다. 재직 중에는 IT대학 전기전자공학과에 신호 및 시스템, 디지털 신호 처리, 제어 시스템, 지능 시스템 등을 주로 강의했고, 근래에는 소프트 컴퓨팅(퍼지 이론, 신경망, 유전 알고리즘, 러프 집합)을 제어, 신호 처리, 지능 시스템에 응용하는 연구에 많은 관심을 갖고 있다. 저서로는 『신호 및 시스템』(다성출판사, 2001), 『핵심이 보이는 신호 및 시스템(2판)』(한빛아카데미, 2023), 『기초 신호 및 시스템(2판)』(한빛아카데미, 2024)이 있다.

디지털 신호 처리 2판

초판발행 2022년 1월 28일
3쇄발행 2025년 1월 16일

지은이 이철희 / **펴낸이** 전태호
펴낸곳 한빛아카데미(주) / **주소** 서울시 서대문구 연희로2길 62 한빛아카데미(주) 2층
전화 02-336-7112 / **팩스** 02-336-7199
등록 2013년 1월 14일 제 2017-000063호 / **ISBN** 979-11-5664-583-2 93560

총괄 박현진 / **책임편집** 김평화 / **기획** 김평화 / **편집** 김평화, 강다인 / **진행** 심진성
디자인 박정화 / **전산편집** 임희남 / **제작** 박성우, 김정우
영업 김태진, 김성삼, 이정훈, 임현기, 이성훈, 김주성 / **마케팅** 김호철, 심지연

이 책에 대한 의견이나 오탈자 및 잘못된 내용은 출판사 홈페이지나 아래 이메일로 알려주십시오.
파본은 구매처에서 교환하실 수 있습니다. 책값은 뒤표지에 표시되어 있습니다.

홈페이지 www.hanbit.co.kr / 이메일 question@hanbit.co.kr

디지털 신호 처리의 친절한 길잡이

초판을 출간하고 10년 가까이 이 책으로 강의를 하면서, 다루고 있는 세부 주제와 내용은 대체로 무난하지만 스타일과 서술 방식에서 여러모로 보완이 필요함을 느끼고 있었다. 그리하여 책 쓰기의 고달픔을 알면서도 용기를 내어 2판을 집필하게 되었다. 2판에서는 **'학습이 편하고 친절한 책'**을 목표로, 초판의 기본 틀은 유지하면서 과감히 변화를 주고자 했다. 핵심 내용이 일목요연하게 파악될 수 있도록 했고, 예제는 더 쉽고 풍부하게 구성했으며, 연습문제도 질과 양 측면에서 세심하게 보완했다. 따라서 책의 흐름을 따라가면 학생들이 한결 수월하게 학습할 수 있을 거라 감히 기대한다.

■ 이 책을 왜 쓰게 되었는가? – 스스로 깨닫는 즐거움

21세기는 바야흐로 디지털 세상으로, 디지털 컨버전스convergence의 기치旗幟 아래 모든 것이 디지털로 통한다. 그러므로 디지털 세계의 바탕이자 핵심이 되는 디지털 신호 처리(DSP)Digital Signal Processing는 이제 선택이 아니라 필수이다. 따라서 DSP 기초 이론을 잘 익혀두는 것은 매우 중요하다. 필자는 이 책이 DSP의 친절하고 좋은 길잡이가 될 수 있도록, 내용이 충실할 뿐만 아니라 배우는 사람의 입장을 배려하는 책을 만들고자 했다. 전공자들이 공통으로 DSP의 기초라고 수긍할 수 있는 주제들을 추려서 개념과 원리를 일관된 관점으로 쉽게 설명하고, 요점 정리와 다양한 예제를 곁들여 스스로 학습할 수 있게 했다. 또한 이론과 실제의 괴리감을 극복할 수 있도록 양질의 MATLAB 실습을 제공하여 다양한 DSP 문제들을 실제로 다뤄볼 수 있게 했다.

책에서 다루는 주제를 제대로 익힐 수 있도록 3**W**(**W**hy, **W**hat, ho**W**)를 모두 담으려고 하다 보니 **W**here(응용)는 제외했음에도 책의 볼륨이 만만찮아졌다. 그래서 책에 다 담지 못한 내용은 별도로 〈심화학습 자료〉로 제공한다. 〈심화학습 자료〉에는 선수 지식, 보충 설명과 보완 예제, 까다로운 수식의 유도 과정 등을 담았다. 공부하면 할수록 느끼는 바이지만 '스스로 깨닫는 즐거움'을 누리는 것만큼 행복한 일은 없다. 이 책이 여러분들을 그 즐거움의 세계로 인도하는 조그만 불씨가 되기를 간절히 바란다.

■ 이 책은 어떻게 구성되어 있는가?

DSP의 주요 키워드는 '주파수 스펙트럼/응답'과 '필터링'이라고 할 수 있다. 이 책은 3부로 나눠볼 수 있는데, 1부는 본격적인 항해를 위한 준비 단계로 이산 신호와 시스템에 대한 기초 개념 및 시간 영역 해석과 연속 신호의 디지털 처리와 관련된 문제를 다룬다. 2부는 주파수 스펙트럼/응답에 초점을 맞춰 푸리에 해석 기법을 중심으로 한 신호와 시스템의 주파수 영역 해석을 다루어 신호와 시스템의 이모저모를 살펴본다. 2부에서 DSP의 험난한 여정을 이겨낼 수 있도록 튼튼히 담금질하고 난 뒤, 3부에서 DSP 대장정의 대미를 화려하게 장식할 필터 설계를 살펴본다.

초판에서 고마움과 존경을 전했던 인생의 멘토분들이 안타깝게도 이제는 내 곁에 계시지 않지만, 영원의 안식처에서 무언의 응원과 지지를 보내주시리라 믿는다. 책 쓰기의 고달픔에 힘겨워할 때 늘 따뜻한 위로와 안식을 제공해준 아내와 아들에게 진정한 감사의 마음을 전한다.

지은이 **이철희**

미리보기

미리보기

해당 장에서 학습해야 할 내용의 흐름과 각 절의 연계성을 한눈에 보여줍니다.

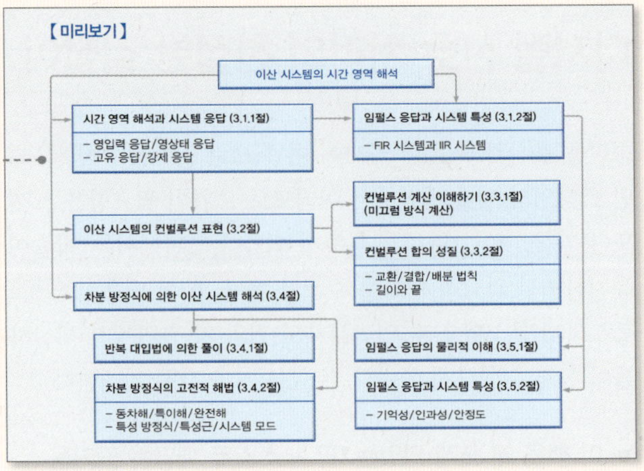

학습포인트 / 도입글

해당 절에서 반드시 알아야 하는 내용을 소개합니다.

SECTION 3.1 시스템의 임펄스 응답

학습포인트

- 영입력 응답과 영상태 입력, 고유 응답과 강제 응답과 같은 시스템 출력의 구분과 물리적 의미를 파악한다.
- 임펄스 응답의 개념과 시스템 해석에서의 중요성을 이해한다.
- FIR과 IIR 시스템이 무엇인지를 파악하고, 그 특징과 차이를 이해한다.

시간 함수로 표현한 입출력 신호와 관련하여 시스템의 표현식을 구해 입력에 대한 시스템의 출력을 결정하고 시스템의 특성을 해석하는 것을 시스템에 대한 시간 영역 해석이라고 한다. 이 절에서는 시스템의 시간 응답에 대한 기초적인 개념을 살펴보기로 한다. 그리고 임펄스 응답의 정의와 개념에 대해서도 알아볼 것이다.

3.1.1 시간 영역 해석과 시스템의 응답

신호 처리는 시스템을 통해 이루어진다. 시스템에서의 기본 과제는 입력을 넣었을 때 출력이 어떻게 될 것인지 알아내는 것이고, 이와 더불어 시스템의 여러 가지 성질을 파악하는 것이 중요하다. 이러한 작업을 '시스템 해석'이라고 한다.

시스템의 시간 영역 해석

- **시간 영역 해석**은 시간 함수로 나타낸 입출력 신호와 관련하여 시스템의 표현식을 구하고, 이를 이용해 시스템의 출력과 특성을 분석하는 일이다.
- **이산 시스템**은 시간 영역에서 보통 차분 방정식으로 표현되는데, 이는 외부 입력에 대한 반응뿐만 아니라 시스템 내부의 초기 조건에 의한 반응까지도 고려된 모델이다.
- **이산 시스템의 컨벌루션 (합)** 표현은 오직 외부 입력에 대한 시스템의 반응만 나타내는 모델로, 임펄스 입력에 대한 출력인 임펄스 응답이 핵심적인 역할을 한다.

개념 박스

본문 내용 중 핵심이 되는 개념과 수식을 보여줍니다.

예제 / 풀이

본문에서 다룬 개념을 적용한 문제와 그에 대한 상세한 풀이를 제시합니다.

예제 3-1 이산 시스템의 임펄스 응답

다음의 차분 방정식으로 표현되는 이산 시스템의 임펄스 응답을 구하라.

(a) $y[n]=ax[n]+bx[n-1]$ (b) $y[n]+ay[n-1]=bx[n]$

풀이

(a) 임펄스 응답 $h[n]$은 $x[n]=\delta[n]$일 때의 출력이므로

$$h[n]=a\delta[n]+b\delta[n-1]$$

이 된다. $n=0$부터 n값을 1씩 증가시키며 반복 대입으로 계산하면 다음과 같다.

$$\begin{aligned}
n=0\text{일 때},\ & h[0]=a\delta[0]+b\delta[-1]=a\cdot 1+b\cdot 0=a\\
n=1\text{일 때},\ & h[1]=a\delta[1]+b\delta[0]=a\cdot 0+b\cdot 1=b\\
n=2\text{일 때},\ & h[2]=a\delta[2]+b\delta[1]=a\cdot 0+b\cdot 0=0\\
n=3\text{일 때},\ & h[3]=a\delta[3]+b\delta[2]=a\cdot 0+b\cdot 0=0\\
& \vdots
\end{aligned}$$

Tip & Note 음악의 음계와 양자화

양자화는 음악의 음계를 생각하면 이해하기 쉽다. 음계는 한 옥타브에 도 – 레 – 미 – 파 – 솔 – 라 – 시 – 도의 8개 음으로 구성된다(7음계). 기타의 줄을 누르고 있는 손가락을 미끄러뜨리면서 소리를 내면 음의 변화가 연속적으로 이루어지는 것을 경험해 보았을 것이다. 실제로는 이처럼 연속적으로 음이 존재하지만 음악에서는 기본적으로 한 옥타브의 음역을 8개의 음으로만 구분하고, 더 세밀하게 나누고 싶으면 # 기호를 써서 도#, 레#, 파#, 솔#, 라#의 5개 반음을 추가하기도 한다(12음계). 하지만 한 옥타브 내에 존재하는 12음계 사이의 음들은 다루지 못한다. 신호의 양자화도 마찬가지이다. 3비트로 신호를 나타내면 000, 001, 010, 011, 100, 101, 110, 111의 $8(=2^3)$개로만 구분이 가능하고, 각 레벨 사이의 값들은 나타낼 수 없다. 1비트를 추가해 4비트로 신호를 나타내면 0000에서 1111까지 $2^4=16$개의 레벨로 구분할 수 있게 되어 표시 가능한 값이 2배로 늘어날 뿐이다.

Tip & Note

본문을 이해하는 데 도움이 되는 참고 내용과 심화 내용을 설명합니다.

Quick Review

본문에서 다룬 주요 내용을 간단한 문제를 통해 빠르게 점검합니다.

CHAPTER 03_연습문제

【Quick Review】

※ 다음 문제에서 맞는 것을 골라라.

(1) 이산 시스템의 임펄스 응답은 물리적으로 구할 수 (있다, 없다).
(2) 입력의 이동 평균 항으로만 나타낼 수 있는 것은 (FIR, IIR) 시스템이다.
(3) IIR 시스템은 차분 방정식에 항상 자기 회귀 항을 포함한다. (O, ×)
(4) 컨벌루션 표현에 의한 시스템 출력은 초기 상태에 의한 응답도 포함한다. (O, ×)
(5) 두 인과 신호의 컨벌루션은 $n<0$에서도 값을 갖는다. (O, ×)
(6) LTI 시스템의 입력에 대한 출력은 임펄스 응답만 알면 항상 구할 수 있다. (O, ×)
(7) 시스템에 대한 컨벌루션 표현은 비선형 또는 시변 시스템에도 적용된다. (O, ×)
(8) 미끄럼 방식 컨벌루션 계산에서 두 신호 중 어느 것을 뒤집어도 상관없다. (O, ×)

기초 문제

본문에서 다룬 가장 기본적이고 중요한 개념을 문제를 통해 이해합니다.

【기초 문제】

3.1 이산 시스템의 임펄스 응답에 대한 다음의 설명 중 틀린 것은?

㉮ 임펄스 응답이 임펄스 함수가 될 수 있다.
㉯ 임펄스 응답만으로는 시스템의 특성을 파악하기가 어렵다.
㉰ 입력과 임펄스 응답의 컨벌루션으로 시스템의 영상태 응답을 구할 수 있다.
㉱ 임펄스 응답의 길이와 차분 방정식의 형태 사이에는 연관 관계가 존재한다.

응용 문제

좀 더 응용되거나 심화된 문제를 통해 실력을 한 단계 더 높입니다.

【응용 문제】

3.21 이동 평균 시스템 $y[n]=\frac{1}{3}\sum_{k=0}^{2}x[n-k]$에 대해 다음을 구하라.

(a) 임펄스 응답을 구하라.
(b) 입력 $x[n]=u[n]-u[n-6]$에 대한 출력을 중첩의 원리를 이용하여 구하라.
(c) 같은 입력에 대한 출력을 컨벌루션을 이용하여 구하라.

3.22 이산 LTI 시스템의 계단 응답이 $s[n]=n(0.5)^n u[n]$일 때, 이 시스템의 임펄스 응답 $h[n]$을 구하라.

MATLAB 실습

본문에서 설명된 주요 개념을 MATLAB을 통해 이해할 수 있도록 실습 문제와 풀이를 제시합니다.

CHAPTER 03_MATLAB 실습

| 실습목표

- 신호에 대한 컨벌루션 연산을 실습한다.
- 차분 방정식의 해를 구한다.
- 간단한 필터에 의한 잡음 소거를 실습한다.

MATLAB 3-1 신호에 대한 컨벌루션 연산

다음과 같은 연속 신호 $x(t)$와 $h(t)$를 컨벌루션하여 $y(t)$를 구하고, 이를 그려라.

$$x(t)=u(t+2)-u(t-2), \quad h(t)=(-t+3)[u(t)-u(t-3)]$$

또한 이러한 연속 신호를 시간 간격 1로 샘플링한 이산 신호 $x[n]=u[n+2]-u[n-3]$과 $h[n]=(-n+3)(u[n]-u[n-3])$ $h[n]$을 컨벌루션하여 $y[n]$을 구하고, 이를 그려라.

풀이

3.3절에서 살펴본 것처럼 컨벌루션 계산은 복잡하지만 매트랩에서 제공하는 conv 명령을 사용하면 매우 간단하게 컨벌루션을 수행할 수 있다. conv 명령을 사용하여 연속 신호의 컨벌루션을 수행할 때는 시간

■ 강의 보조 자료

한빛아카데미 홈페이지에서 '교수회원'으로 가입하신 분은 인증 후 교수용 강의 보조 자료를 제공받을 수 있습니다.
한빛아카데미 홈페이지 상단의 〈교수전용공간〉 메뉴를 클릭하세요.

http://www.hanbit.co.kr/academy

■ 온라인 자료 안내

이 책의 〈연습문제 답안〉과 〈심화학습 자료〉는 다음 경로에서 다운로드할 수 있습니다.

한빛아카데미 홈페이지 접속 → [도서명] 검색 → 도서 상세 페이지의 [부록 /예제소스]

■ 참고 문헌

- Ashok Ambarda, 『Digital Signal Processing : A Modern Introduction』, Thomson, 2007
- Carlson, Gordon E., 『Signal and Linear System Analysis, 2nd ed.』, John Wiley & Sons, 1998
- Catinhour, Jack., 『Digital Signal Processing : An Overview of Basic Principles』, Prentice Hall, 2001
- Cavicchi, Thomas J., 『Digital Signal Processing』, John Wiley & Sons, 2000
- Chen, Chi-Tsong, 『Digital Signal Processing : Spectral Computation and Filter Design』, Oxford University Press, 2001
- Hayes, 『Digital Signal Processing, Schaums' Outline Series』, McGraw Hill, 1999
- Haykin, Simon and Van Veen, Barry, 『Signals and Systems, 2nd ed.』, John Wiley & Sons, 2002
- Ifeachor, Emmanuel C. and Jervis, Barrie W., 『Digital Signal Processing. A Practical Approach, 2nd ed.』, Prentice Hall, 2002
- Ingle, Vinay K. and Proakis, John G., 『Digital Signal Processing using Matlab, 2nd ed.』, Thomson, 2007
- Jackson, Leland B, 『Digital Filters and Signal Processing, 3rd ed.』, Kluwer Academic Publishers, 1996
- Kuo, Sen M. and Gan, Woon-Seng, 『Digital Signal Processing Architecture, Implementation, and Application』, Prentice Hall, 2005
- Lyons, Richard G., 『Understanding Digital Signal Processing, 2nd ed.』, Prentice Hall, 2004
- McClellan, James H., Schafer, Ronald W. and Yoder, Mark A., 『DSP FIRST : A Multimedia Approach』, Prentice Hall, 1998
- McClellan, James H., Schafer, Ronald W. and Yoder, Mark A., 『Signal Processing First』, Prentice Hall, 2003
- Mitra, Sanjit K., 『Digital Signal Processing Laboratory Using MATLAB』, McGraw Hill, 1999
- Mitra, Sanjit K., 『Digital Signal Processing : A Computer-Based Approach, 2nd ed.』, McGraw Hill, 2001
- Orfanidis, Sophocles J., 『Introduction to Signal Processing』, Prentice Hall, 1996
- Oppenheim, Alan V., and Schafer, Ronald W., 『Discrete-Time signal Processing, 2nd ed.』, Prentice Hall, 1999
- Porat, Boaz, 『A Course In Digital Signal Processing』, John Wiley & Sons, 1997
- Proakis, John G. and Manolakis, Dimitris G., 『Introduction to Digital Signal Processing, 3rd ed.』, Prentice Hall, 1996
- Proakis, John G. and Ingle, Vinay K., 『A Self-Study Guide For Digital Signal Processing』, Prentice Hall, 2004
- Robert Cristi, 『Modern Digital Signal Processing』, Thomson, 2004
- Robert Michale J., 『Signal and Systems』, McGraw Hill, 2003
- Schilling, Robert J. and Harris, Sandra L., 『Fundamentals of Digital Signal Processing Using MATLAB』, Thomson, 2005
- Smith Steven W., 『The Scientist and Engineers's Guide to Digital Signal Processing, 2nd ed.』, California Technical Publishing, 1999
- Soliman, Samir S. and Srinath, Mandyam D., 『Continuous and Discrete Signals and Systems, 2nd ed.』, Prentice Hall, 1998
- Stearns, Samuel D. and Hush, Don R., 『Digital Signal Analysis, 2nd ed.』, Prentice Hall, 1990
- Van de Vegte, Joice, 『Fundamentals of Digital Signal Processing』, Prentice Hall, 2001
- 박규태, 『디지털신호처리』, 문운당, 1992
- 박호종, 심동규, 유지상, 『디지털 신호 처리』, 생능출판사, 2009
- 양원용, 조용수, 『디지털 신호 처리와 MATLAB』, 홍릉과학, 2003
- 이채욱, 『최신 디지털신호처리』, 북스힐, 1999
- 장영범, 『DSP 이론과 실무』, 생능출판사, 2004

목차

CHAPTER 03 이산 시스템의 시간 영역 해석

CHAPTER 04 연속 신호의 디지털 처리

CHAPTER 05 주파수 영역 해석의 기초

CHAPTER 06 이산 시간 푸리에 급수 및 변환

CHAPTER 07 이산 및 고속 푸리에 변환

CHAPTER 08 z 변환

CHAPTER 09 디지털 필터의 기초

CHAPTER 10

FIR 필터 설계

CHAPTER 11

IIR 필터 설계

CHAPTER 12

필터 구조와 구현

CHAPTER

01

디지털 신호 처리의 개요

Introduction to Digital Signal Processing

학습목표

- 신호와 시스템에 대한 주요 개념을 정립할 수 있다.
- 아날로그 신호와 디지털 신호의 차이를 이해할 수 있다.
- 신호 처리란 무엇이고 어떤 일을 하는지 이해할 수 있다.
- 디지털 신호 처리의 개념과 장단점을 알 수 있다.
- 신호를 취급할 때 필수적인 기초 개념들을 확실하게 익힐 수 있다.

【미리보기】

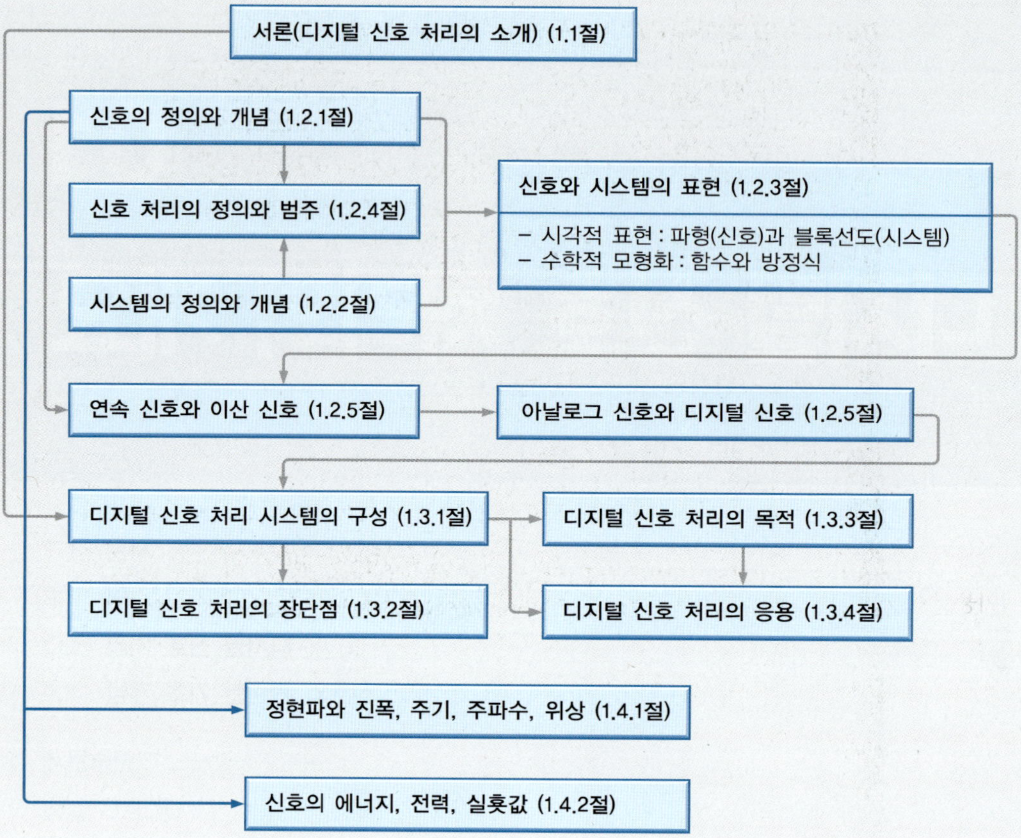

이 장에서는 디지털 신호 처리를 배우기 위한 기초를 다지게 된다. 먼저 신호와 시스템, 그리고 신호 처리의 개념에 대해 간단히 살펴본다. 다음으로 디지털 신호 처리와 관련하여 전형적인 시스템의 구성, 장단점, 목적과 응용에 대해 알아본다. 마지막으로 이를 배우는 데 필요한 (신호와 관련된) 몇 가지 기초 지식을 익히도록 한다.

SECTION 1.1

서론

학습포인트

- 디지털 기술이 시대의 대세가 된 이유를 이해한다.

21세기의 시대적 아이콘은 디지털이다. 디지털 기술이 없는 세상은 상상조차 할 수 없을 만큼 디지털 기술과 시스템이 보편적으로 보급되고 이용되면서, 디지털 기술의 바탕이자 핵심이라 할 수 있는 디지털 신호 처리의 필요성과 중요성은 더욱 주목받고 있다. 이 절에서는 디지털과 디지털 신호 처리가 어떻게 대세가 되었는지 간단히 살펴보기로 한다.

21세기는 바야흐로 디지털 세상이다. 태블릿, 스마트폰, 스마트TV, OTT(Over The Top) 등 디지털 기술을 이용한 신제품과 서비스들이 하루가 멀다고 쏟아져 나오고 있다. 불과 얼마 전인 20세기까지만 해도 아날로그가 주류였던 것을 생각하면, 그 변화의 양과 질, 그리고 속도에 놀라지 않을 수 없다. 어떻게 이처럼 짧은 시간에 디지털 기술이 세상의 변화를 이끌어 가는 대세가 될 수 있었을까?

그 이유로 컴퓨터와 반도체의 발전 등과 같은 여러 요인을 들 수 있겠지만, 무엇보다도 디지털 세계에서는 모든 대상(신호)을 단순히 숫자의 나열인 이산(디지털) 신호로 바꾸어 처리한다는 점을 첫손에 꼽을 수 있다. 이 때문에 적용 대상(문자, 음성, 이미지, 영상 등)을 구별할 필요 없이 서로 다른 형태의 신호를 하나의 틀에서 통합적으로 다룰 수 있을 뿐만 아니라, 신호의 조작이 더 단순하고 쉬워졌고 훨씬 다양하게 신호를 처리할 수 있게 되었다. 일례로, 아날로그 세상에서는 문서＝타자기, 음악＝오디오, 동영상＝TV와 같이 신호나 정보의 형태에 따라 각기 다른 시스템이 필요했지만, 지금은 스마트폰 하나로도 이 모든 일을 다 할 수 있게 되었고, 필요하다면 세 가지 일을 동시에 할 수도 있게 되었다. 게다가 스마트폰은 더 많은 부가 기능이 있음에도 불구하고 아날로그 시스템을 각각 다 갖추는 것보다 훨씬 싼 가격에 마련할 수 있으며 사용이 편리하기까지 하다.

1960년대 이전의 신호 처리는 기본적으로 아날로그 기술을 사용했다. 1950년대에 디지털 컴퓨터가 보급되면서 조금씩 시도되던 디지털 신호 처리는 1960년대 중반 **고속 푸리에 변환**(FFT) Fast Fourier Transform의 발명과 함께 새로운 신호 처리 방식으로 확실하게 인식되었다. 그리고 1970년대 이후 반도체를 비롯한 마이크로 전자공학이 비약적으로 발전하여 값싸게 고속, 고성능, 소형화 및 저전력화가 가능해지면서 하드웨어 구현의 제약이 거의 사라지고 다양한 알고리즘의 개발이 촉진되었으며, 하드웨어와 소프트웨어를 결합하여 다양하고 융통성 있는 처리가 가능해짐에 따라 디지털 신호 처리의 우수성과 효용성이 극대화되었다. 이러한 여러 가지 장점들로 인해 실생활에서 접하는 대부분의 신호가 아날로그임에도 디지털로 처리하는 것이 더욱 확산하고 보편화되는 추세이며, 이에 따라 디지털 신호 처리 분야는 매우 빠르게 성장하고 있다.

SECTION 1.2

신호와 시스템

학습포인트

- 신호와 시스템의 개념을 이해한다.
- 신호와 시스템의 표현 방법에 대해 살펴보고, 특히 블록선도의 형태를 파악한다.
- 신호 처리의 개념과 신호 처리의 유형을 알아본다.
- 이산 신호와 디지털 신호의 정의 및 관련 개념들을 이해한다.

우리는 매일 의식하든 못하든 다양한 형태의 수많은 신호에 둘러싸여 살아간다. 다른 사람들과 이야기를 나누고(음성), TV나 영화를 보기도 하고(영상), 컴퓨터를 비롯한 갖가지 장치(시스템)들을 다루면서 끊임없이 신호와 시스템을 접하게 된다. 이 절에서는 디지털 신호 처리를 배우기에 앞서, 기본 개념이라고 할 수 있는 신호와 시스템, 그리고 신호 처리에 대해 간략히 살펴보기로 한다.

1.2.1 신호

다양한 신호들을 딱 한 마디로 정의하기란 쉽지 않지만, 공통점을 일반화한 신호의 개념과 특성은 다음과 같이 정리할 수 있다.

신호signal는 물리량의 변화 형태를 담은 자료/정보의 집합이다.

- 신호는 다양한 물리적 현상의 동작 또는 성질을 표현한 것으로, 신호가 변화하는 패턴 속에 사람들이 필요로 하는 정보가 담겨 있다.
- 신호는 수학적으로 함수로 표현되는데, 시간, 공간 주파수 등이 독립 변수로 쓰인다.

[그림 1-1]에 나타낸 일별 평균 기온이나 전기회로의 전압(또는 전류)은 신호의 한 예이며, 그 외에도 TV/라디오 방송 전파, 심전도(ECG), 뇌전도(EEG), 매일의 주식 가격, 강수량 등은 생활에서 접하는 신호들이다. 신호가 중요한 까닭은 정보나 의사를 전달할 수 있는 수단이기 때문이다. 예를 들어 일기예보는 지역별로 기온, 풍속, 강우량 등을 상세하게 알려줌으로써 주말에 밖으로 놀러 나갈지를 결정하는 데 도움을 준다.

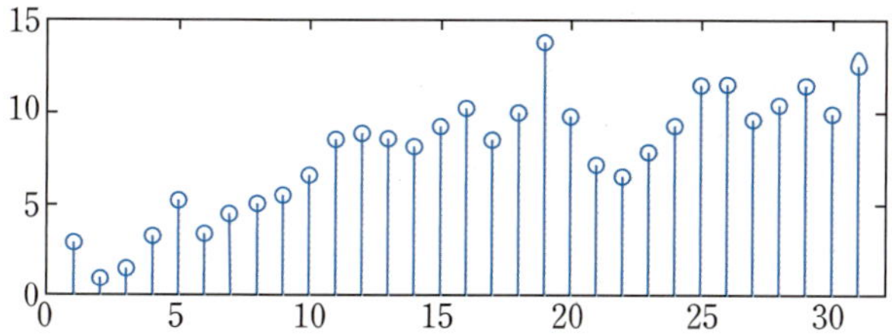

(a) 춘천의 평균 기온(2021년 3월)

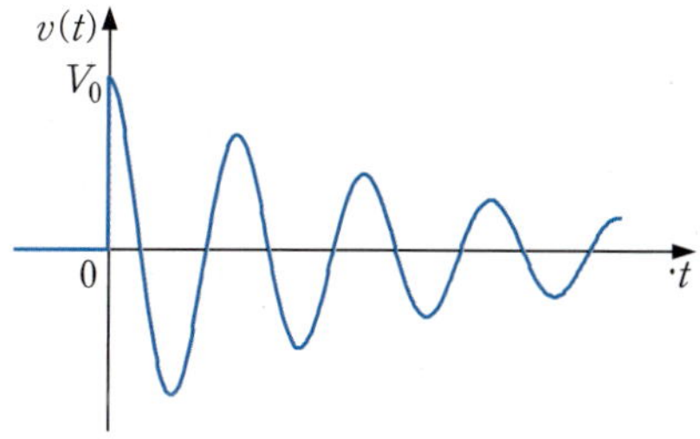

(b) RLC 병렬회로의 전압

[그림 1-1] 신호의 예

우리에게 익숙한 대부분의 신호는 시간을 독립 변수로 하는 함수로 표현되지만, 전하밀도나 영상 등과 같이 공간 변수를 독립 변수로 갖는 신호들도 있으며, 동영상처럼 공간 변수와 시간 변수 둘 다 독립 변수로 가질 수도 있다. 위치, 온도, 속도, 힘, 빛의 세기 등과 같은 물리적 신호들은 전기신호로 변환하면 편리하다. 왜냐하면, 전기신호는 측정이 쉽고 간단하게 표현할 수 있을 뿐만 아니라 전기/전자회로나 컴퓨터 등을 통해 다양한 처리가 가능하기 때문이다. 최근에는 디지털 기술과 소자의 비약적인 발전에 힘입어 신호를 디지털로 변환하여 처리하는 것이 추세가 되고 있다.

1.2.2 시스템

신호를 매개체로 정보를 전달하거나 이용하려면 필요한 신호를 만들어내거나 신호로부터 원하는 정보를 뽑아내야 하는데, 시스템이 그 역할을 담당한다. 즉 시스템은 특정한 목적을 달성하는 데 필요한 기기device, 공정process, 알고리즘algorithm 등의 각종 구성 요소component들이 유기적으로 배열되어 하나로 묶인 집합체이다.

시스템system은 특정한 목적에 맞도록 주어진 신호를 조작하고 처리해내는 장치이다.

- 시스템은 들어오는 신호(입력)에 대한 반응으로 다른 신호(출력)를 만들어낸다.
- 시스템은 입력, 출력, 그리고 동작 규칙에 의해 명확하게 규정되며, 수학적으로 하나 또는 여러 개의 방정식으로 표현된다.

예를 들어, [그림 1-2(a)]의 전기회로는 저항과 커패시터로 이루어져 입력 전압에 따라 단자 전압을 출력으로 낸다. [그림 1-2(b)]의 자동차는 차체, 엔진, 바퀴, 가속기, 브레이크, 변속기, 핸들 등으로 이루어져 있으며, 핸들 각과 가속기 페달 각은 입력 신호, 차의 진행 방향과 주행 속도는 출력 신호가 된다. [그림 1-2]의 전기회로와 자동차 외에 공학에서 주로 다루는 시스템의 예로는 전자회로, 음향/영상 장비, 비행기/배 등의 운송 장치, 통신 장비, 생산 설비 등을 들 수 있다. 한편 경제시스템이라는 말처럼 눈에 보이는 물리적 실체를 가지지 않아도 시스템이 될 수 있으며, 이 밖에 주식시장이나 인체와 같은 생체도 시스템의 좋은 예가 된다.

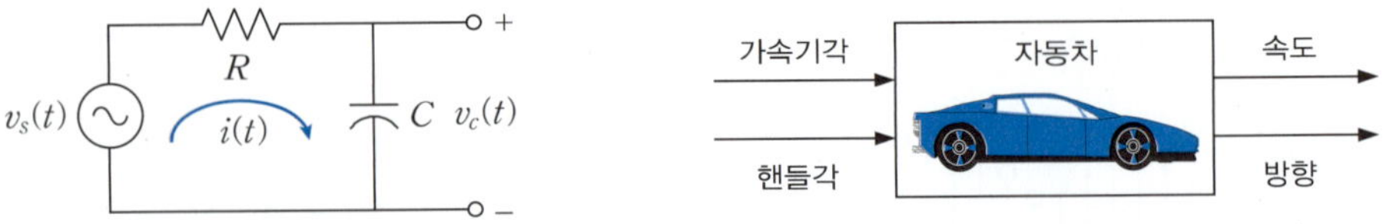

(a) RC 회로 (b) 자동차

[그림 1-2] 시스템의 예

시스템은 전기전자회로나 기계장치와 같이 물리적으로 존재하는 요소(하드웨어)만으로 구성될 수도 있고, 시스템의 기능을 알고리즘화하여 컴퓨터 프로그램(소프트웨어)으로 구현할 수도 있다. 또한 하드웨어와 소프트웨어를 결합한 형태로 구현되기도 한다.

한 예로 오디오 시스템에 달린 등화기equalizer의 경우, 예전에는 IC와 전기전자 부품들을 사용하여 만들어진 복잡한 회로였으나, 최근에는 알고리즘이 들어 있는 전용 칩 하나로 대체되는 경우가 일반적이다. 이것들은 클래식, 록 등 음향의 종류나 콘서트홀, 경기장 등 장소 유형에 맞추어 적절한 음향 효과를 재현할 수 있게 미리 프로그램화하여 간단한 버튼 조작으로 선택할 수 있게 되어 있는데, 이런 기능은 하드웨어만으로는 제공할 수 없다. 그뿐만 아니라, 소프트웨어를 시스템 구성에 활용하면 프로그램의 수정, 변경, 교체만으로 기능 추가와 전환, 성능 개선과 조정 등을 손쉽게 해결할 수 있는 이점도 생긴다.

1.2.3 신호와 시스템의 표현

신호와 시스템을 다룰 때 우선 해야 할 일은 이들을 명확하고 알기 쉽게 나타내는 것이다. 신호와 시스템의 표현 방법으로는 직관적이고 전체적인 이해를 쉽게 해주는 시각적 표현과 논리적으로 접근하고 분석할 수 있게 해주는 수학적(이론적) 표현이 있다.

시각적 표현

신호의 특성을 알아보기 위해 손쉽게 할 수 있는 일은 [그림 1-1]과 같이 신호의 값의 변화를 그래프로 나타내는 것으로, 이를 신호의 파형이라고 한다. 예를 들어, 전기회로에 흐르는 전류는 오실로스코프를 이용하여 시간에 대해 연속적으로 값을 표시할 수 있고, 주식 가격은 매일 폐장시의 가격을 그래프로 나타낼 수 있다.

- **파형**은 시간에 따른 신호의 값의 변화를 그래프로 나타낸 것이다.
- 신호의 파형으로부터 신호의 특성과 관련한 기초적인 정보들을 파악할 수 있다.

시스템을 시각적으로 표현하고자 할 때는 [그림 1-2(b)]와 같이 블록을 이용하여 나타낼 수 있다. 입력 및 출력 단자가 있는 사각 블록에 시스템의 명칭이나 입출력의 관계를 규정짓는 수식 또는 그래프 등을 표시해 놓으면, 그 시스템의 기능이나 동작 특성을 한눈에 쉽게 알아볼 수 있게 된다. 시스템은 **부시스템**subsystem이라고 부르는 여러 개의 작은 시스템이 모여서 하나의 전체 시스템을 이루는 것이 보통이다. 이런 경우에는 각각의 부시스템을 블록으로 나타낸 뒤에 신호의 흐름을 따라 이들을 순서대로 연결하면 되는데, 이를 블록선도라고 한다. 블록선도는 시스템을 표현하고 이해하는 데 매우 편리하고 유용한 방법이다.

- **블록선도**block diagram는 시스템을 구성하는 각 부시스템을 사각 블록으로 나타내고, 블록 안에 그 시스템의 기능이나 특성을 말해주는 수식, 그래프, 명칭 등을 표시한 뒤 신호의 흐름에 따라 각 블록 간의 연결 관계를 그려 놓은 그림이다.
- 블록선도로부터 시스템의 전체적인 구성과 기능, 부시스템 간의 상호 관계 등을 한눈에 파악할 수 있다.

블록선도에서 시스템 간의 연결은 [그림 1-3]에 나타낸 것처럼 **종속**cascade 연결과 **병렬**parallel 연결의 두 가지 방법이 있다. 그리고 종속 연결의 특수한 경우로 **궤환**feedback 연결이 있는데, 궤환은 폐로를 만들어 출력을 입력단으로 되먹여 입력과 비교할 수 있게 하는 동작으로, 많은 신호 처리 시스템이나 제어 시스템에서 요긴하게 사용된다.

- **종속 연결**은 두 시스템을 앞뒤로 연결하여 시스템 1의 출력이 시스템 2의 입력이 되는 형태의 연결이다([그림 1-3(a)]).
- **병렬 연결**은 두 시스템을 나란히 늘어세우고 같은 입력을 인가하여 나오는 각각의 출력들을 더하여 전체 시스템 출력을 얻는 형태의 연결이다([그림 1-3(b)]).
- **궤환 연결**은 시스템 2의 출력이 다시 시스템 1의 입력단으로 되먹임feedback되며, 시스템 1의 출력이 전체 시스템의 출력이 되는 형태의 연결이다([그림 1-3(c)]).

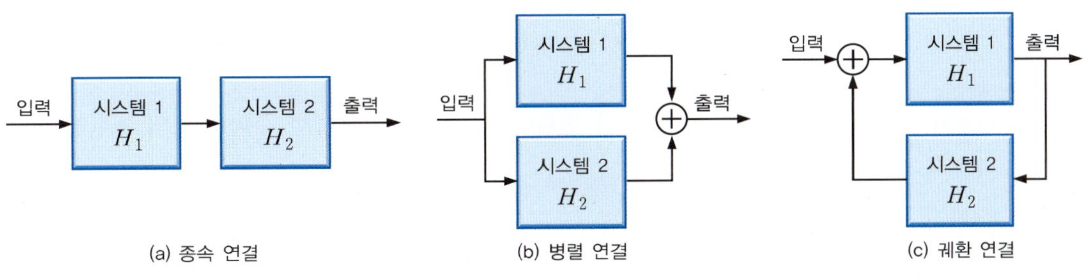

[그림 1-3] 시스템의 연결 방법

수학적(이론적) 표현

수학의 힘을 빌리면 뉴턴의 운동 방정식이나 맥스웰의 전자기 방정식과 같이 신호와 시스템의 본질을 간결하게 수식으로 표현할 수 있다. 이를 수학적 모형이라고 하는데, 수학적 모형은 실제 신호와 시스템을 한 치의 오차 없이 완벽하게 표현한 것이 아니고 핵심적인 특성을 이상화시켜 나타낸 것이다. 예를 들어, [그림 1-1(a)]의 전기회로는 실제 회로 그대로가 아니라 회로의 전자기적인 성질들을 저항과 커패시턴스로 단순화시켜 나타낸 모형이다.

수학적 모형에서 기본적으로 신호는 함수로, 시스템은 방정식으로 표현된다. 신호와 시스템은 두 가지 방법으로 표현할 수 있는데, 함수의 변수가 시간이면 **시간 영역**time domain, 주파수이면 **주파수 영역**frequency domain 표현이라고 한다. 시간 영역 표현은 실험과 관측을 통해 직접 구할 수 있는 반면에, 주파수 영역 표현은 시간 영역 표현을 수학적으로 변환하여 얻는다.

- 신호는 수학적으로 **함수**로 표현한다.
- 신호의 시간 영역 표현은 시간에 따른 값의 변화(파형)를 함수로 나타낸 것이다.
- 신호의 주파수 영역 표현은 신호에 포함된 주파수 성분들을 주파수의 함수로 나타낸 것으로, (주파수) **스펙트럼**spectrum이라고 한다.
- 시스템은 수학적으로 입력과 출력의 관계를 규정짓는 **방정식**으로 표현한다.
- 시스템의 시간 영역 표현은 입출력 신호를 시간의 함수로 표현한 방정식으로, 미분/차분 방정식과 컨벌루션 표현이 대표적이다.
- 시스템의 주파수 영역 표현은 입출력 신호를 주파수의 함수로 표현한 수식으로, 주파수 응답과 전달 함수가 있다.

일례로, 우리나라의 상용 전압은 시간 영역에서 $v(t)=220\sqrt{2}\cos(120\pi t)$로 나타낼 수 있고, 주파수 영역에서는 $V(\omega)=110\sqrt{2}[\delta(\omega+120\pi)+\delta(\omega-120\pi)]$로 나타낸다. 또한 [그림 1-2(a)]의 전기회로에 대해서는 키르히호프Kirchhoff의 전압 (평형) 법칙(KVL)을 적용하여 입력과 출력의 관계를 시간 영역에서 다음의 방정식으로 나타낼 수 있다.

$$v_s(t)=v_R(t)+v_C(t)=Ri(t)+\frac{1}{C}\int i(t)\,dt \tag{1.1}$$

그리고 라플라스 변환을 이용하여 식 (1.1)을 변환하면, 전기회로에 대한 주파수 영역 표현인 전달함수를 다음과 같이 구할 수 있다.

$$H(s)=\frac{V_C(s)}{V_s(s)}=\frac{1}{RCs+1} \tag{1.2}$$

1.2.4 신호 처리

신호에는 보통 유용한 정보와 불필요한 정보가 섞여 있다. 그러므로 신호에서 유용한 정보를 뽑아내거나 목적과 용도에 맞게 가공, 개선하려면 의도적이고 계획된 조작이 필요한데, 이를 신호 처리signal processing라고 한다. 신호 처리는 시스템에 의해 이루어지며, 일반적으로 해석, 합성, 변환, 필터링 등의 작업을 수행하게 된다.

신호 처리signal processing는 원하는 목적에 알맞은 결과를 얻을 수 있도록, 신호에 대해 시스템을 이용하여 교환, 변환, 가공, 전송, 저장 등의 일을 수행하는 것이다.

- **해석** : 신호에서 원하는 특정 정보를 빼내어 적절한 방법으로 표현한다.
- **합성** : 조절 신호를 이용해 원하는 출력 신호를 발생시킨다.
- **변환** : '전기 → 빛'처럼 신호의 물리적인 형태를 다른 형태로 바꾼다.
- **필터링** : 불필요한 성분을 제거하거나 바람직한 형태로 신호를 변형한다.

예제 1-1 출입 보안 시스템 – 알리바바와 40인의 도둑

'알리바바와 40인의 도둑' 이야기에서 "열려라, 참깨"라는 암호로 동굴 문을 여는 장면을 현대판 보안 시스템으로 바꾸어 설명하라.

풀이

바람이 부는 날, 동굴 앞에 서서 마이크에다 "열려라, 참깨"라고 외치면 보안 시스템이 암호가 맞는지 따져본 후에 "출입을 승인합니다."라고 말하면서 문을 열어줄 것이다. 이때 마이크는 사람의 음성 신호를 전기 신호로 바꾸어주는(변환) 신호 변환기이고, 마이크로 감지한 소리 중에 심한 바람 소리를 걸러내고 사람의 음성만을 깨끗하게 뽑아내어(필터링) 암호 해독기로 보내주는 장치는 신호에 대한 필터가 될 것이다. 또한, 이 신호가 "열려라, 참깨"가 맞는지를 판별하는(해석) 암호 해독기는 신호 해석기이며, "출입을 승인합니다."라는 기계음을 만들어내는(합성) 음성 합성 장치는 신호 합성기가 될 것이다.

[그림 1-4]는 이 보안 시스템을 블록선도로 나타낸 것이다.

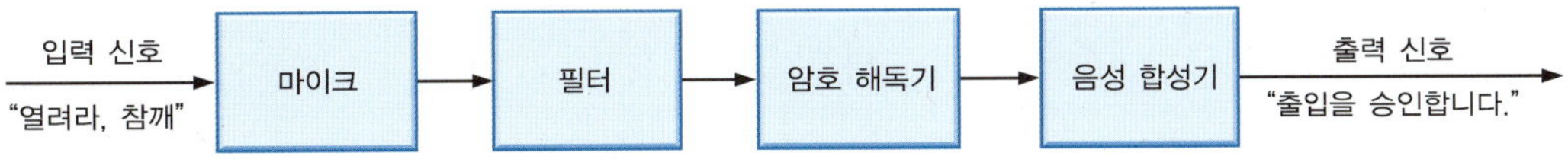

[그림 1-4] '알리바바와 40인의 도둑'의 보안 시스템 블록선도

1.2.5 이산 신호와 디지털 신호

신호에 대한 가장 기본적인 구분은 독립 변수인 시간이 연속이냐 불연속이냐 하는 것이다. [그림 1-5]에서 보면, (a)와 (b)의 신호는 시간축(가로축)에 대해 끊어지지 않고 연속적인 파형을 보이는 데 반해, (c)와 (d)의 신호는 시간축에 대해 일정한 간격으로 불연속적으로 신호 값이 나타난다. 전자를 **연속 (시간) 신호**continuous (time) signal, 후자를 **이산 (시간) 신호**discrete (time) signal라고 한다. 전압, 음성, 심전도 등은 시간에 대해 연속인 연속 신호이고, 상품의 분기별 판매량, 매일의 주식 가격, 일별 최고 온도 등은 시간에 대해 불연속인 이산 신호이다.

- **연속 신호**는 신호가 시간에 대해 끊어지지 않고 지속하여 나타나는, 즉 모든 시간에 대해 정의되는 신호이며, $x(t)$와 같이 나타낸다.
- **이산 신호**는 띄엄띄엄 특정한 시각에서만 정의되는 신호이며, $x[n]$과 같이 나타낸다.

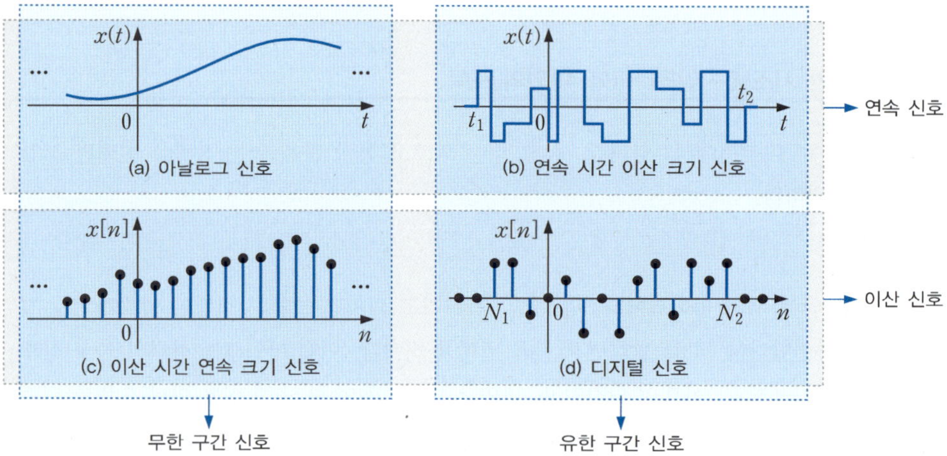

[그림 1-5] 시간과 크기(값)에 따른 신호의 분류

연속 신호와 이산 신호의 표기

- **연속 신호** : 시간 변수 t, 함수 $x(t)$, (아날로그) 주파수 f, (아날로그) 각주파수 ω
- **이산 신호** : 시간 변수 n, 함수 $x[n]$, (디지털) 주파수 F, (디지털) 각주파수 Ω

신호는 가로축인 시간뿐만 아니라 세로축인 값(크기, 진폭)에 대해서도 연속 또는 불연속(이산)적으로 값을 가질 수 있다. 따라서 신호는 [그림 1-5]와 같이 시간과 크기의 연속/이산 여부에 따라 네 종류로 나눌 수 있는데, 특별히 그림 (a)와 (d)는 다음과 같이 구분한다.

- **아날로그 신호** : 연속 신호 중 시간과 크기 둘 다 연속적인 값을 갖는 신호이다([그림 1-5(a)]).
- **디지털 신호** : 이산 신호 중 시간과 크기 둘 다 이산적인 값만 갖는 신호이다([그림 1-5(d)]).

방송 전파, 음성 신호와 같이 우리가 일상생활에서 접하는 신호들은 대부분 아날로그analog 신호이며, 십 원 단위로 표시되는 매일의 주식 가격이나 0과 1로 표현되는 컴퓨터의 이진 신호는 대표적인 디지털digital 신호이다. 그러나 이는 어디까지나 엄격한 정의이고, 실제로는 좀 더 폭넓게 연속 신호를 아날로그 신호, 이산 신호를 디지털 신호라고 혼용해 쓰기도 한다. 예를 들어 '디지털 신호 처리'는 실제로는 이산 신호를 디지털 시스템으로 처리하는 분야이다.

이산 신호

이산 신호는 불연속인 시간에서만 값이 존재하는 신호이다. 그러므로 이산 신호는 관심의 대상이 되는 값(숫자)들을 순서대로 늘어놓은 수열과 같다. 따라서 연속 신호보다 표현과 취급이 쉽고 단순하며, 컴퓨터로 처리하기에 매우 적합하다. 식 (1.3)과 식 (1.4)는 같은 이산 신호를 나타낸 것으로, 식 (1.4)에서 숫자 아래 ↑는 기준인 $n=0$의 위치를 나타내는 표시이다. $x[-1]=-\frac{1}{2}$, $x[0]=1$, $x[1]=\frac{1}{3}$, ⋯을 이산 신호의 **샘플** sample이라고 한다. 샘플의 발생 순서는 셀 수 있으므로, 이산 신호의 시간 값 n은 항상 정수가 된다.

$$x[n]=\begin{cases}\left(\frac{1}{3}\right)^n, & n\geq 0\\(-2)^n, & n<0\end{cases} \tag{1.3}$$

$$x[n]=\left\{\cdots,\ \frac{1}{4},\ -\frac{1}{2},\ \underset{\uparrow}{1},\ \frac{1}{3},\ \frac{1}{9},\ \frac{1}{27},\cdots\right\} \tag{1.4}$$

이산 신호에는 상품의 월별 판매량, 매일의 주식 가격 등과 같이 원래부터 이산 신호인 것들도 있지만, 병원에서 고열 증세를 보이는 응급 환자의 체온을 10분 간격으로 측정하는 경우처럼 연속 신호에 대해 특정한 시간 간격으로 값을 취하는 **샘플링**sampling이라는 과정을 거쳐 얻어지는 것도 있다. 샘플을 취하는 시간 간격을 T_s라고 하면, 원래의 연속 신호와 샘플링된 이산 신호의 관계는 다음과 같이 나타낼 수 있다.

$$x[n]=x(t)|_{t=nT_s}=x(nT_s),\quad n=\cdots,-2,-1,0,1,2,\cdots \tag{1.5}$$

요즘 세상은 디지털 시대로 영상이나 음성과 같은 아날로그 신호를 HD TV나 MP3 플레이어 같은 디지털 시스템을 사용하여 처리하는 것이 보편화되어 있다. 이를 위해서는 먼저 아날로그 신호를 디지털 신호로 바꿔야 하는데, 연속 신호를 이산 신호로 바꾸는 샘플링 이외에도, 가게에서 상품 가격을 10원 또는 100원 단위로 매겨서 표시하듯이 이산 신호를 0.5, 1 등 특정한 간격의 값들만 갖도록 하는 **양자화** quantization 과정을 다시 거쳐야 디지털 신호를 얻을 수 있다. 마지막으로 이 신호를 컴퓨터 같은 디지털 시스템이 이해하고 처리할 수 있는 이진 부호binary code로 만드는 **부호화** coding 과정을 거쳐야만 비로소 디지털 시스템이 받아들여 처리할 수 있게 된다. 이에 대한 구체적인 내용은 4장에서 살펴볼 것이다.

신호의 길이

신호와 관련해 알아둬야 할 기초 개념으로 신호의 **길이**length가 있다. 신호의 길이는 **지속시간(구간)**duration이라고도 하며, 신호가 유효한 값을 갖는 시간 구간을 말한다. 신호는 길이에 따라 **유한 구간**finite duration **신호**와 **무한 구간**infinite duration **신호**로 나뉜다. [그림 1-5]에서 (a)와 (c)는 무한한 시간에 걸쳐 값이 존재하는 무한 구간 신호이고, (b)와 (d)는 일정한 시간 구간 내에서만 값이 존재하는 유한 구간 신호이다.

- **연속 신호의 길이** : 신호가 존재하는 구간($t_1 \le t \le t_2$)의 길이 $L = t_2 - t_1$로 정의한다.
- **이산 신호의 길이** : 신호를 이루는($N_1 \le n \le N_2$) 샘플의 개수 $N = N_2 - N_1 + 1$로 정의한다.
- **유한 구간 신호** : 시간적으로 유한한 길이를 갖는 신호이다.
- **무한 구간 신호** : 시간적으로 무한한 길이를 갖는 신호이다.

예제 1-2 연속 신호와 이산 신호

다음의 신호를 그리고, 신호의 길이를 구하라.

(a) $x(t) = \begin{cases} \sin(0.5\pi t), & -1 \le t \le 3 \\ 0, & \text{그 외} \end{cases}$

(b) (a)의 $x(t)$를 간격 1/3[초]로 샘플링한 이산 신호 $x[n]$

풀이

주어진 각 신호의 파형을 그리면 [그림 1-6]과 같다. (a)의 $x(t)$는 길이가 $L = 3-(-1) = 4$이다. 그리고 (b)의 $x[n] = \sin\left(0.5\pi \frac{n}{3}\right) = \sin\left(\frac{\pi}{6}n\right)$은 길이가 $N = 9-(-3)+1 = 13$으로, 13개의 샘플로 이루어져 있다. 이 결과에서 보듯이 연속 신호의 길이는 끝점에서 시작점을 빼면 되지만, 이산 신호의 길이는 끝점에서 시작점을 뺀 것에 1을 더해야 한다.

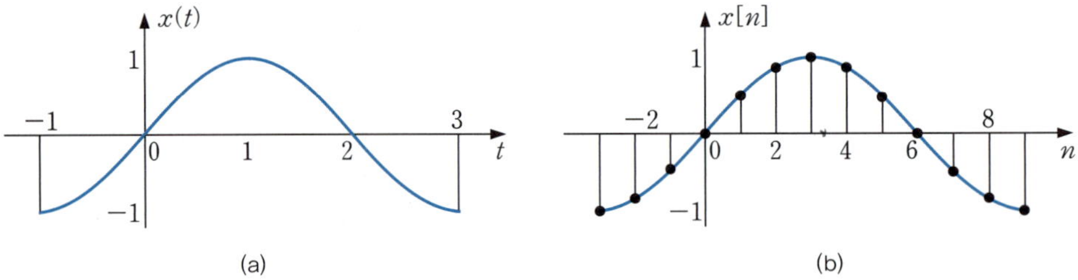

[그림 1-6] [예제 1-2]의 연속 신호와 이산 신호의 파형

SECTION 1.3

디지털 신호 처리

학습포인트

- 디지털 신호 처리의 개념을 알아보고, 아날로그 신호 처리와의 차이를 이해한다.
- 디지털 신호 처리 시스템의 구성과 각 구성부의 역할을 파악한다.
- 디지털 신호 처리의 장단점을 알아본다.
- 디지털 신호 처리의 목적에는 어떤 것들이 있는지 살펴본다.
- 디지털 신호 처리의 응용 분야를 알아본다.

디지털 신호 처리는 넓은 의미로 디지털 시스템에 의한 이산 신호의 처리를 뜻한다. 이산 신호는 단지 숫자를 나열한 것이므로, 신호 처리를 위한 연산과 시스템이 대상 신호에 따라 일일이 달라질 필요가 없다. 이 절에서는 전형적인 디지털 신호 처리 시스템의 구성과 기능, 디지털 신호 처리의 장단점, 그리고 디지털 신호 처리를 하는 목적과 그 응용에 대해 간략히 살펴본다.

1.3.1 디지털 신호 처리 시스템의 구성

디지털 신호 처리 Digital Signal Processing**는 컴퓨터와 같은 디지털 시스템을 이용하여 이산 신호를 원하는 목적에 맞추어 조작하는 작업**이다. 그런데 실생활에서 우리가 접하는 대부분의 신호는 아날로그이다. 그러므로 HD TV나 MP3 플레이어처럼 디지털 시스템과 기술을 사용하여 아날로그 신호를 처리하는 일이 디지털 신호 처리의 응용에서 매우 큰 비중을 차지하고 있다. 하지만 마이크로프로세서, 논리 IC, 메모리 IC와 같이 디지털 시스템을 구성하는 반도체 소자들은 디지털 신호에 대해서만 정상적으로 작동하기 때문에, 디지털 시스템에 아날로그 신호를 넣으면 비정상적으로 작동하거나 아예 작동하지 않게 된다. 반대로 아날로그 시스템인 스피커에 디지털 시스템이 처리하여 내보낸 디지털 신호를 넣으면, 멜로디가 부드럽게 이어지는 아름다운 소리가 아니라 스타카토처럼 뚝뚝 끊어지고 듣기 싫은 소음만 뱉어낼 것이다.

그러므로 디지털 시스템을 이용하여 아날로그 신호를 처리하기 위해서는, 우선 디지털 시스템에 적합한 입력 신호를 얻기 위해 아날로그 신호를 디지털 신호로 바꾸는 과정이 필요하고, 역으로 디지털 시스템에서 처리된 결과를 다시 아날로그 신호로 되돌리는 과정도 필요하다. 전자의 예로는 사람들이 좋아하는 그림(아날로그)을 홈페이지에 올리기 위해 스캐너를 이용하여 JPEG 파일(디지털)을 만드는 과정이 해당하고, 후자의 예로는 MP3 파일(디지털)을 플레이어가 재생하여 스피커로 음악(아날로그)을 들려주는 과정을 들 수 있다. 만족스러운 처리 결과를 얻기 위해서는 이외에도 추가적인 작업이 필요하다.

[그림 1-7]은 이러한 과정을 모두 포함하는 전형적인 디지털 신호 처리 시스템의 구성을 보여준다. 그림에서 가장 앞부분에 있는 **전처리 필터**preprocessing filter는 아날로그 신호를 디지털 신호로 바꾸기 전, 즉 샘플링에 앞서 신호의 주파수 범위를 제한하기 위한 아날로그 필터이다(이 필터가 필요한 이유는 4장에서 자세히 설명할 것이다).

전처리 필터를 통과한 아날로그 신호는 **아날로그-디지털(A/D) 변환기**(ADC) Analog-to-Digital Converter에 의해 디지털 신호로 변환된다. 이때 A/D 변환기는 시간에 대해 이산화하는 **샘플링**sampling과 크기에 대해 이산화하는 **양자화** quantization 과정을 수행한다. 그런 뒤에 특정 용도의 디지털 회로나 범용 컴퓨터와 같은 디지털 시스템이 이를 입력으로 받아들여 원하는 목적에 알맞게 처리 동작을 수행하고, 그 결과로 얻은 디지털 신호를 출력하면 **디지털-아날로그(D/A) 변환기**(DAC) Digital-to-Analog Converter가 이를 다시 아날로그 신호로 바꾼다. 마지막 단의 아날로그 필터는 D/A 변환 과정에서 발생하는 불필요한 과도 응답 신호를 제거하여 매끄러운 아날로그 신호를 얻기 위한 **후처리 필터** postprocessing filter이다.

디지털 신호 처리 시스템의 구성

- **전처리 필터** : 신호의 주파수 범위를 제한하여 주파수 중첩 현상을 방지한다.
- **A/D 변환기** : 아날로그 신호를 디지털 신호로 변환한다(샘플링+양자화).
- **디지털 시스템** : 목적에 알맞은 신호 처리 동작을 수행한다.
- **D/A 변환기** : 디지털 신호를 아날로그 신호로 복원한다.
- **후처리 필터** : 불필요한 과도 응답을 제거하고, 신호 파형을 매끄럽게 한다.

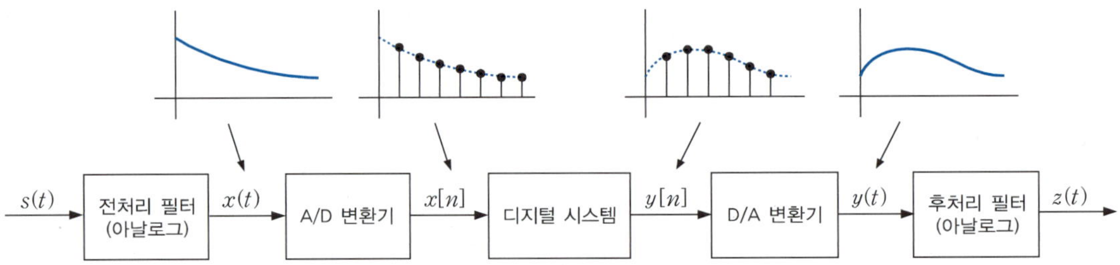

[그림 1-7] 전형적인 디지털 신호 처리 시스템의 구성

[그림 1-7]에서 각 블록을 지나는 신호의 형태에 주목할 필요가 있다. 디지털 시스템의 입출력 신호만 디지털 신호이고 나머지 부분은 모두 아날로그 신호이다. 그러므로 만약 원하는 마지막 출력 형태가 디지털 신호라면 D/A 변환기와 후처리 필터가 불필요할 것이고, 처리해야 할 입력 신호가 원래 디지털 신호라면 전처리 필터와 A/D 변환기는 제외될 것이다.

1.3.2 디지털 신호 처리의 장단점

[그림 1-7]을 보면, 디지털 신호 처리 방식이 아날로그 신호 처리 방식보다 더 많은 구성 요소들을 포함하므로 훨씬 복잡해 보인다. 그런데도 디지털 방식으로 신호를 처리하는 것은 아날로그 신호 처리 방식보다 유리한 점이 있기 때문이다. 아날로그 신호 처리는 융통성이 부족하여 용도가 제한적이고 시스템 설계가 복잡해진다. 또한 부품들의 성능 오차, 잡음에 대한 취약성, 동작 환경에 대한 민감성 등의 문제로 안정적이고 만족스러운 결과를 얻기가 까다롭다. 게다가 정확도를 향상하고자 할 때, 통상 얻을 수 있는 효과보다 과도한 비용이 들어가게 된다.

반면에, 이산 신호를 취급 대상으로 하는 디지털 신호 처리는 이산 신호가 단지 숫자의 나열일 뿐이므로 결국 신호의 수치적 조작이라고 할 수 있다. 따라서 신호 처리를 위한 연산과 시스템이 신호의 유형에 따라 일일이 달라질 필요가 없고, 덧셈, 곱셈, 시간 지연과 같은 기본 연산만으로도 신호에 대한 다양하고 복잡한 조작을 구현할 수 있어 신호의 취급이 매우 단순해진다. 게다가 하드웨어와 소프트웨어를 결합할 수 있으므로, 아날로그 신호 처리의 단점을 잘 극복할 수 있을 뿐만 아니라 그 이상의 해결책을 제공할 수도 있다.

디지털 신호 처리가 갖는 주요한 장점들을 정리하면 다음과 같다.

- 데이터, 음성, 영상 등 다양한 형태의 신호를 통합적으로 취급할 수 있다.
- 처리가 덧셈, 곱셈, 시간 지연에만 기초하므로 신호를 조작하기 쉽다.
- 하드웨어와 소프트웨어의 결합으로 다양한 처리 방식을 구현할 수 있다.
  (특히, 아날로그 방식으로는 할 수 없는 작업도 구현할 수 있다.)
- 프로그램을 교체하여 전혀 다른 형태와 성능의 신호 처리를 해낼 수 있다.
- 디지털 신호는 다양한 저장매체에 쉽게 저장할 수 있고, 이용이 간편하다.
- 데이터의 손상 없이 동일한 동작을 무한히 반복/재현할 수 있다.
- 수치적으로 처리하므로 잡음과 외란의 영향이나 **유동**drift을 감소시킬 수 있다.
- 정확도 및 감도를 특정 수준으로 보장할 수 있으며, 이에 대한 수준 조절이 쉽다.
- 컴퓨터와 상용 소프트웨어를 이용하여 편리하게 개발하고 검증할 수 있다.
- 프로그램 및 디지털 소자의 특성상 동작의 안정성과 신뢰성이 매우 높다.
- 시분할, 다중화 등으로 동시에 여러 신호들을 처리할 수 있다.
- 반도체의 발달로 시스템을 싸게, 작게, 가볍게, 간결하게 만들 수 있다.
  (최근에는 시스템에 대해 휴대성, 대용량, 다기능, 저전력 등의 특징이 강조되고 있다.)

그러나 디지털 신호 처리에 장점만 있는 것은 아니다. 무엇보다도 디지털 신호 처리는 샘플링 과정에서 샘플들 사이의 정보를 잃어버려 이 정보를 신호 처리에 전혀 이용하지 못할뿐더러, 샘플 자체도 정확한 값이 아니라 양자화를 거쳐 얻은 근삿값이므로 원래의 신호를 있는 그대로 사용하는 아날로그 신호 처리에 비하면 정보의 손실이나 왜곡이 생길 수밖에 없다. 이는 처리 결과의 정확도와 성능에 영향을 미친다.

사람들이 디지털 방식이 아날로그 방식보다 더 우수하고 성능도 좋다고 착각하는 이유는 아날로그 방식과 비슷하거나 나은 성능과 기능을 좀 더 저렴한 비용으로 얻을 수 있다는 상대적인 결과를 이론적인 절대 평가와 혼동하기 때문일 것이다. 다음으로, [그림 1-7]에서 본 것처럼 A/D 및 D/A 변환을 비롯한 여러 과정을 추가로 거치기 때문에 시스템 구성이 복잡하고, 신호 처리에 시간적인 지연이 발생하며, 소자의 동작 속도로 인해 처리 속도에 제한이 있다는 것도 문제이다. 이는 특히 초고주파 영역 신호를 다룰 때 결정적인 취약점이 된다. 그 외에도, 전체적인 처리 과정에 아날로그와 디지털이 혼재되어 있으므로 전체 시스템에 대한 수학적 해석이 까다롭고 어렵다는 단점도 있다.

또 다른 중요한 단점으로는 **양자화 오차에 의한 유한 어장 효과** finite word-length effect를 들 수 있다. 유한 개의 비트bit를 가지고 연속적인 값을 표현하면 오차가 발생하는데, 이것이 양자화 오차이다. 예를 들어, 0에서 10까지의 값을 4비트로 나타낼 경우 $2^4 = 16$가지 이상을 구분할 수 없으므로 반올림을 사용하여 16가지로 설정된 대푯값 중의 하나로 근사화시켜야 한다. 이때 신호 처리 과정에서 프로그램이나 동작의 반복 시행으로 인해 오차가 누적되면, 성능이 저하되거나 최악의 경우 컴퓨터 프로그램을 돌리면서 흔히 경험했던 것처럼 시스템이 오버플로overflow를 일으켜 작동이 중지될 수도 있다. 이러한 단점에도 디지털 신호 처리는 앞서 설명한 것처럼 매력적인 장점들이 너무나 많고, 단점을 극복할 수 있는 기술들이 매우 빨리 개발되고 있기에 널리 활용되고 있으며, 그 응용 범위가 점점 넓어지고 있다.

1.3.3 디지털 신호 처리의 목적

디지털 신호 처리에서 이루어지는 작업은 다양하지만, 그 목적에 따라 다음과 같이 분류할 수 있다.

신호 해석

신호 처리에서는 관측된 신호로부터 그 신호의 특정한 성질을 해석하는 것이 필요한 경우가 많다. 스펙트럼 해석과 **상관** correlation 해석이 대표적인 신호 해석 분야이다. 스펙트럼 해석은 신호 해석의 기본으로서 푸리에 변환을 주로 사용한다(푸리에 변환은 이 책의 중반부에서 상세히 다룬다). 상관은 신호 간의 유사성을 나타내는 지표로, 잡음이 섞인 신호로부터 원래 신호를 찾아내거나 신호 속에 숨어있는 주기성 등을 알아내는 데 유용하게 쓰인다.

정보 추출

패턴 인식과 같은 응용 분야에서는 신호 해석과 처리에 편리하도록 관측 신호에 포함된 의미 있는 정보를 뽑아내는 것이 우선되어야 할 경우가 많다. 예를 들어, CSI와 같은 범죄 수사에서 신원 확인을 위해 용의자 지문의 주요한 특징을 추출해 데이터베이스와 비교한다든지, 레이더에서 수집된 신호로부터 미확인 비행체의 식별을 위해 특징을 추출하는 일 등이 정보 추출에 해당한다. 이러한 정보 추출에는 주로 확률 통계적 방법과 같은 수학적 기법들이 사용된다.

필터링

관측된 신호에는 불필요한 잡음이 섞여 있는 경우가 많다. 예를 들어, 카메라로 찍은 창밖의 풍경은 카메라 렌즈나 유리창이 깨끗하지 않으면 사진 일부분이 선명하지 않거나 얼룩져 보일 것이다. 또한 구글 어스Google Earth와 같이 인공위성에서 찍은 지구의 영상들도 기상 상태나 전송 선로 특성에 기인한 잡음이 섞이게 된다. 이러한 잡음을 제거하여 원래의 깨끗한 신호를 복원하는 것을 **필터링**(잡음 제거)이라고 하며, 잡음의 특성에 따라 [그림 1-8]과 같은 **주파수 선택 필터**frequency selective filter나 적응 필터를 이용하여 제거하게 된다. 주파수 선택 필터는 주파수에 따라 원하는 성분만 통과시키거나 불필요한 성분을 제거하는 필터로서, 주파수 특성에 따라 [그림 1-8]과 같이 저역 통과(LP), 고역 통과(HP), 대역 통과(BP), 대역 저지(BS)의 네 가지로 나누어진다. 이에 대한 설계는 이 책의 주요한 주제로서, 9장부터 12장에 걸쳐 다루게 된다.

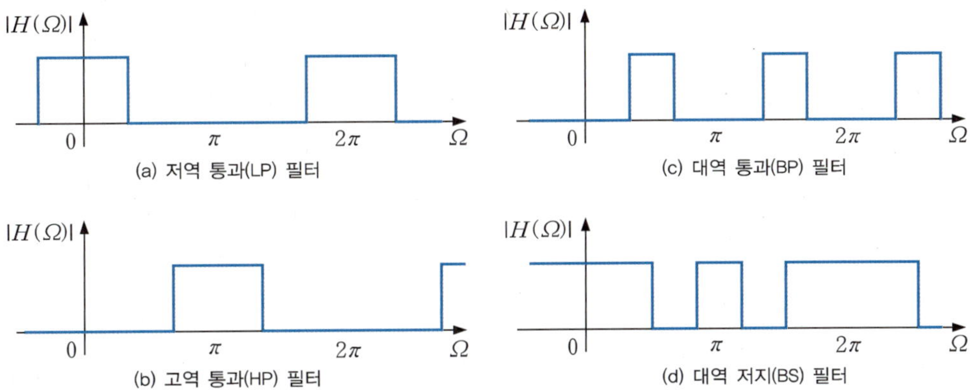

[그림 1-8] 주파수 선택 필터의 유형

신호의 압축과 복원

음성이나 영상과 같은 멀티미디어 정보의 활용을 제약하는 주된 요인은 방대한 데이터 양이다. 데이터 양이 너무 크면 신호를 저장, 재생, 전송할 때 문제가 된다. 따라서 최대한 품질을 떨어뜨리지 않으면서도 데이터 양을 효과적으로 줄여주는 신호의 압축과 복원(코딩) 기술이 매우 중요하다. 음악 CD의 wav 파일은 1초당 데이터의 양이 1,411.2[kbps] (44.1[kbps]×16[bit]×2채널)이지만, 압축한 MP3 파일은 320[kbps] 정도의 데이터 양으로도 비슷한 음질을 제공한다. 또한 동영상을 그대로 700[MB] 용량의 CD에 저장하면 대략 1분 전후의 분량을 담을 수 있지만, avi나 divx과 같은 압축 파일로 저장하면 120분 정도의 영화 한 편을 양호한 화질로 두 장의 CD에 담을 수 있다.

시스템 식별과 신호의 예측

신호는 겉으로 뚜렷하게 드러나진 않아도 자신을 만들어내는 시스템 고유의 특성을 반영하고 있다. 그러므로 적절한 처리를 통해 신호 발생 시스템의 특성이나 구조를 알아낼 수 있다. 그리고 이로부터 시스템 모델을 확립, 즉 시스템을 식별하거나 향후의 신호 값을 예측할 수도 있다.

신호의 합성

음성이나 영상과 같은 신호의 합성은 자동화/지능화와 멀티미디어 정보의 활용에 대한 수요가 급증하면서 신호 처리의 중요한 한 분야로 자리 잡고 있다.

1.3.4 디지털 신호 처리의 응용

디지털 신호 처리는 관련 이론, 기술 및 제품의 구현, 그리고 이들의 응용 사이에 항상 긴밀한 관계를 유지하면서 발전해왔다. 지금까지 디지털 신호 처리가 강력한 실용성과 응용성을 가질 수 있었던 가장 큰 이유는 반도체와 컴퓨터의 발달이지만, 그렇다고 해서 **고속 푸리에 변환**(FFT) Fast Fourier Transform 이 기여한 바를 결코 낮게 평가할 수 없다. 이들의 결합으로 값싸고, 유연하고, 실시간 처리가 가능한 신호 처리 기술이 제공되면서 오늘날과 같은 비약적인 발전을 보이게 된 것이다.

실생활에서 디지털 신호 처리는 다양한 기술과 시스템이 복합되어 이용된다. 친구에게 핸드폰으로 문자를 보내는 것을 예로 들어보자. 문자를 작성하면 핸드폰이 이를 이진 부호로 바꾼 뒤 발/수신 전화번호 정보와 함께 무선 송신에 알맞은 형태로 신호를 변조하여 안테나를 통해 기지국으로 전송한다. 기지국에서는 수신된 정보를 해석한 뒤 멀리 보낼 수 있도록 다시 변조 과정을 거쳐 안테나를 통해 송신한다. 그리고 친구의 핸드폰이 공중에 떠다니는 많은 신호 중에서 자신의 신호를 검출하여 복조와 복호화의 과정을 거치면, 비로소 핸드폰 창에 문자가 나타난다.

디지털 신호 처리 기술이 활용되고 있는 분야는 헤아리기 힘들 정도로 많지만, 주요한 응용 몇 가지를 [그림 1-9]에 보였다.

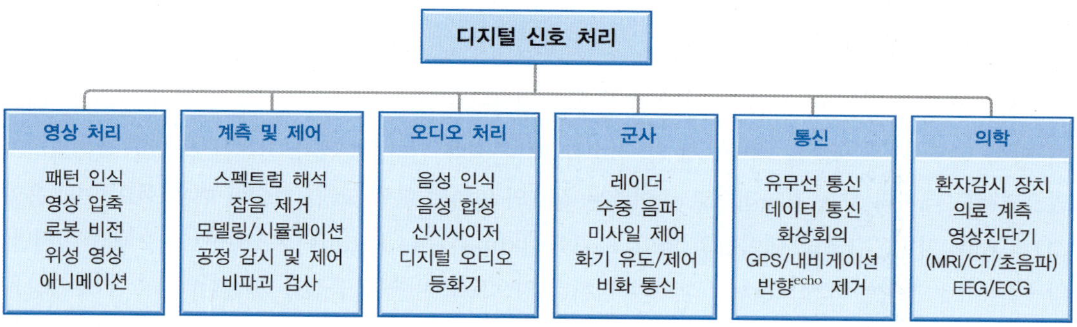

[그림 1-9] 디지털 신호 처리의 주요 응용

Tip & Note 오디오 CD 재생 시스템

오디오 CD 재생 시스템은 대표적인 디지털 신호 처리 시스템의 예이다. CD 플레이어가 CD를 재생해서 음악을 들려주는 과정을 간략히 살펴보자.

CD의 표면은 빛을 잘 반사하도록 광택 처리가 되어 있는데, 디스크 바깥쪽에서 안쪽을 향하여 나선형으로 돌아 들어가는 트랙을 따라 디지털 정보를 저장한다. 이때 레이저를 이용하여 이진 부호화된 정보 패턴에 맞추어 표면을 태움으로써 정보가 CD에 저장되는 것이다. [그림 1-10]은 디지털 정보가 저장되는 CD의 표면을 나타낸 것으로, pit의 어두운 부분이 레이저로 태운 부분에 해당한다. pit 폭과 최소 길이 등은 빛의 초점을 모을 수 있는 물리적 한계를 고려하여 정해진 것이다.

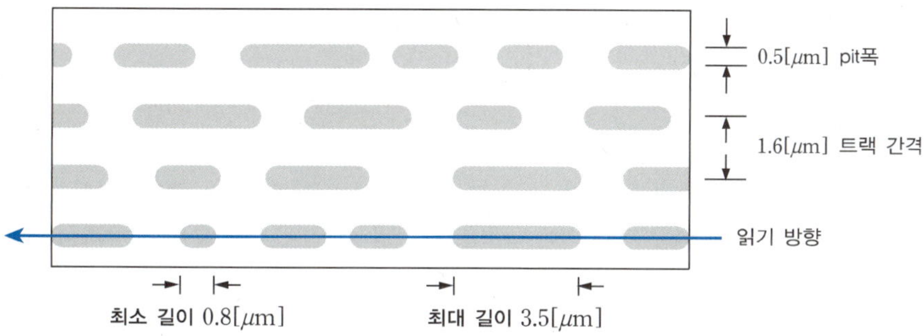

[그림 1-10] CD의 표면

재생할 때는 트랙을 따라 1초당 1.2[m]씩 일정하게 움직이도록(이 데이터 재생 속도는 4.3[Mbps]에 해당한다) 최저 210[rpm]에서 최대 480[rpm]으로 속도를 변화시키면서 광학 센서pickup가 표면이 빛을 반사하는지 아닌지를 감지하여 이에 상응하는 이진 정보를 읽어낸다. 이때 초당 데이터 재생 속도와 이동 거리로부터 1[bit]가 트랙에서 차지하는 평균 길이를 거꾸로 계산해보면, 대략 0.28[μm]가 되어 pit의 길이에 대한 조건에 어긋난다. 이 불일치는 CD에 데이터를 기록할 때 8-14변조(EFM)Eight-to-Forteen Modulation 부호화를 통해서 실제 1[byte](=8[bit])의 정보를 14[bit]로 바꾸어 해소한다.

또한 CD에 기록할 때 스테레오 채널의 데이터를 혼합하고 복호화할 때 오류 발견 및 정정/은폐를 할 수 있도록 2레벨 리드 솔로몬Reed-Solomon 부호화 과정을 추가로 거친다. 따라서 재생 시에는 역으로 EFM 복호화 과정과 스테레오 분리 및 오류 정정/은폐를 위한 리드 솔로몬 복호화 과정이 필요하다. 복호화와 오류 정정을 거쳐 다시 스테레오로 분리된 오디오 신호는 채널별로 16[bit] 데이터화하여 44.1[kHz]의 샘플링률sampling rate로 내보내진다.

이제 CD 재생에서 남은 과정은 디지털 데이터를 아날로그 신호로 바꾸는 것인데, 바로 16[bit] D/A 변환기를 사용하지 않고 다중속도multirate 기법을 이용해 샘플링률 176.4 [kHz]의 14[bit] 데이터로 변환시켜서 14[bit] D/A 변환기에 입력시킨다. 이 경우 샘플링률이 4배이므로 14[bit]가 되더라도 그다지 음질이 떨어지지 않는다. D/A 변환기를 거쳐 나온 신호는 후처리를 위해 베셀 필터Bessel filter를 거쳐 파워 증폭기로 증폭된 뒤, 스피커를 통해 감미로운 음악으로 우리 귀에 들리게 되는 것이다.

[그림 1-11]은 지금까지 설명한 오디오 CD 재생 시스템의 블록선도이다.

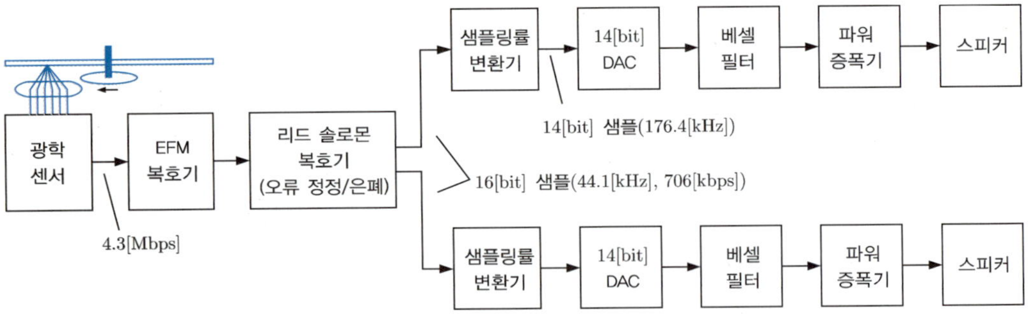

[그림 1-11] 오디오 CD 재생 시스템

Tip & Note 심전도 신호의 처리

심장 기능의 이상 유무를 판별하기 위해 측정되는 심전도(ECG) ElectroCardioGram 는 중요한 생체 신호이다. 측정된 심전도 신호가 처리 과정을 거쳐 이상 유무를 읽어낼 수 있는 신호로 바뀌는 과정을 살펴보자.

사람의 심장은 자율신경계로 조정되는 근육의 수축과 이완을 통해 '대정맥 → 우심방 → 우심실 → 폐동맥 → 폐 → 폐정맥 → 좌심방 → 좌심실 → 대동맥 → 온몸 → 대정맥'의 경로로 혈액을 순환시킨다.

심전도는 심장의 전기적인 활동을 몸에 붙인 전극을 통해 측정한 신호로, 전형적인 파형은 [그림 1-12]와 같다. 이때 P는 좌우 심방의 수축을 나타내며, QRS는 심실의 수축이 일어나는 기간이고, T는 심실의 이완기에 해당한다. 그리고 P와 QRS 사이는 심실에 혈액을 충분히 채울 수 있도록 신경 자극의 전달이 지연되는 기간이며, S와 T 사이는 심실의 수축이 지속되는 기간이다.

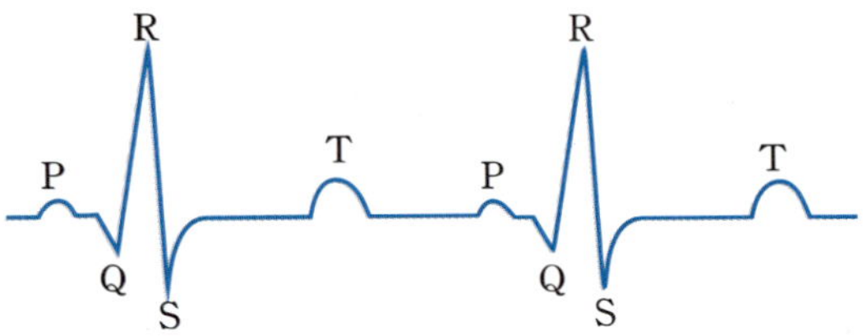

[그림 1-12] 전형적인 ECG 신호

의사들은 이러한 심전도 파형을 보고 심장의 이상 유무를 판단하게 된다. 그런데 심전도를 측정할 때 전극을 통해 감지되는 전압은 mV 정도의 극히 미약한 신호이므로 전극의 위치나 상태와 같은 측정 환경, 근육의 움직임, 계측기 전원 등의 영향을 받아 [그림 1-13(a)]와 같이 고주파 잡음과 기준선 유동, 전원 간섭이 혼재된 신호가 측정된다.

이 측정 신호에 대해 먼저 저역 통과 필터를 이용하여 고주파 잡음을 없애면 [그림 1-13(b)]와 같은 파형을 얻게 된다. 그림에서 파형의 기준선이 천천히 변동하는 기준선 유동 현상을 관찰할 수 있는데, 기준선 유동은 저주파 특성을 보이므로 고역 통과 필터에 의해 제거할 수 있다.

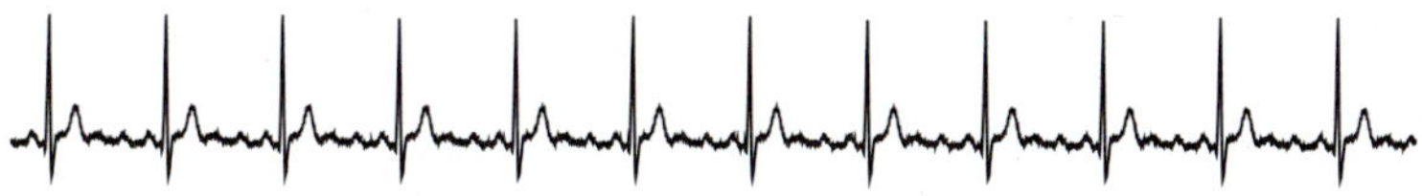

(a) 측정된 ECG 신호

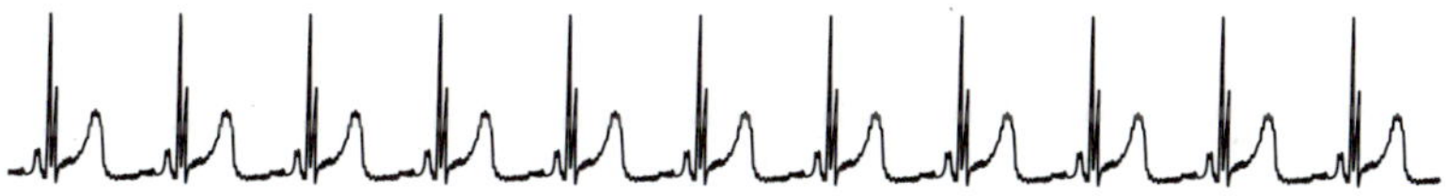

(b) 잡음이 제거된 ECG 신호

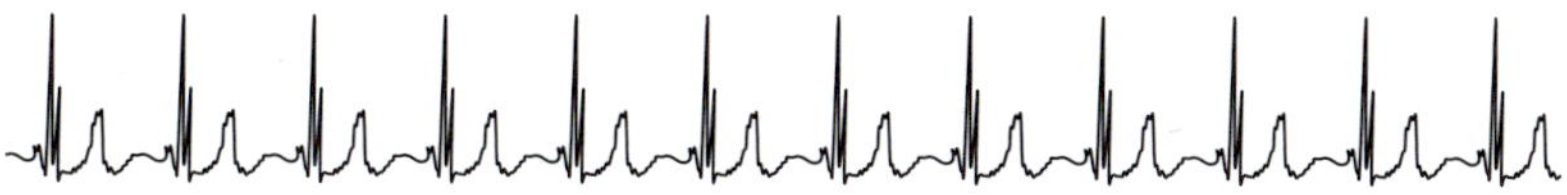

(c) 기준선 유동이 제거된 ECG 신호

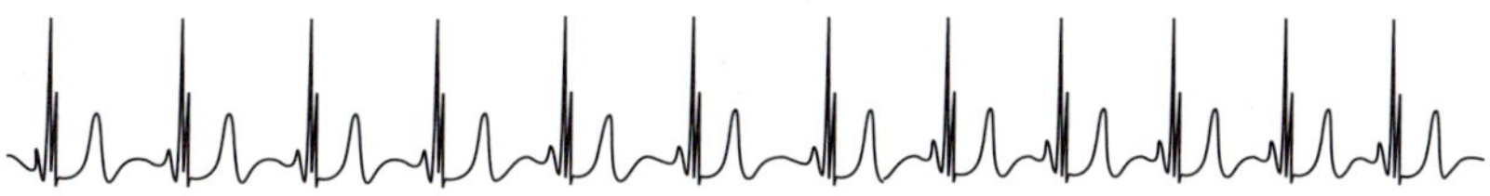

(d) 전원 간섭이 제거된 ECG 신호

[그림 1-13] ECG 신호의 처리

이렇게 얻은 [그림 1-13(c)]의 파형을 보면 여전히 깨끗하지 못하고 전원의 간섭에 의한 진동이 섞여 있다. 이와 같은 전원에 의한 간섭 현상은 생체 신호의 계측에서 흔히 발생하는 문제로, 정확한 진단을 위해서는 반드시 제거 또는 감소시켜야 한다. 간섭을 일으키는 신호는 전원 주파수 또는 그의 정수배인 고조파 성분이므로 특정 주파수 주변의 좁은 구간의 주파수 성분을 제거하는 노치 필터notch filter를 이용하여 간섭 신호를 제거하면 된다. 그 결과 최종적으로 얻은 파형은 [그림 1-13(d)]와 같다. [그림 1-14]는 전원 간섭 제거 효과를 더 확실히 보여주기 위해 ECG 신호의 한 주기 파형을 확대하여 나타낸 것이다. [그림 1-14(a)]는 전원 간섭이 존재하는 파형이고, [그림 1-14(b)]는 노치 필터에 의해 전원 간섭이 제거된 깨끗한 파형이다.

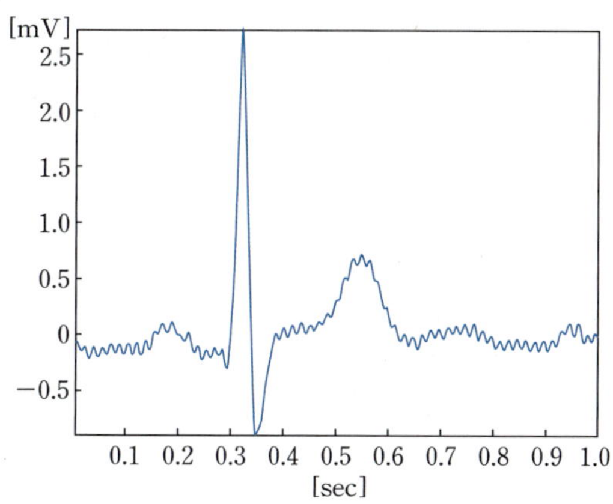

(a) 전원 간섭이 있는 ECG 신호

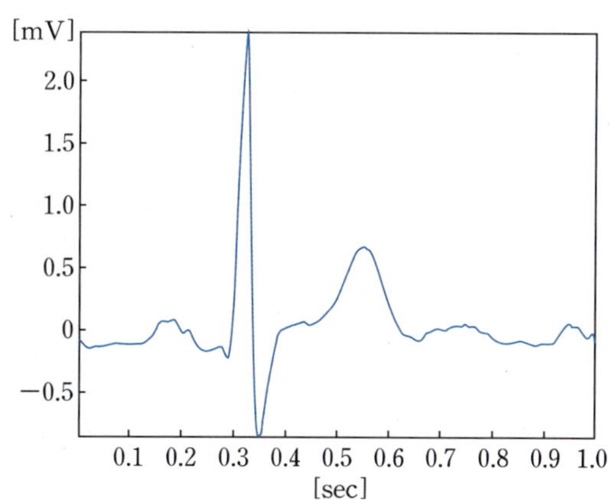

(b) 전원 간섭이 제거된 ECG 신호

[그림 1-14] 노치 필터에 의한 ECG 신호의 전원 간섭 제거

SECTION 1.4

신호와 관련한 기초 개념

학습포인트

- 정현파와 관련하여 진폭, 위상, 주기, 주파수의 정의와 개념을 이해하고, 상호 관계를 파악한다.
- 주파수와 신호 파형 사이의 관계를 이해하고, 위상과 시간축에서의 신호 이동과의 관련성을 파악한다.
- 신호의 에너지와 전력, 그리고 실횻값의 정의와 개념을 이해한다.
- 데시벨의 정의를 알아본다.

신호와 관련한 개념과 용어 중에는 자주 사용되어 익숙하지만, 막상 정확한 정의와 의미를 설명하기가 쉽지 않은 경우가 종종 있다. 이 절에서는 신호 처리에서 미리 알아두어야 할 필수적인 몇 가지 기초 개념에 대해 간략히 살펴보기로 한다.

1.4.1 정현파와 진폭, 위상, 주기, 주파수

정현파 sinusoids는 신호와 시스템에서 가장 기본이 되는 신호로, 삼각함수인 사인과 코사인 함수로 정의된다. 정현파는 [그림 1-15]에 나타낸 것처럼 길이가 A인 실에 매달린 공을 반시계 방향으로 각속도 ω로 T초마다 한 바퀴씩 돌게끔 등속 회전 운동을 시킬 때, 공의 위치 $x(t)$를 시간에 대해 그려서 얻을 수 있다. 수직축상의 위치를 그리면 코사인파가 되고, 수평축상의 위치를 그리면 사인파가 된다. 따라서 코사인파와 사인파의 파형의 모양은 같지만, 두 축이 이루는 각(직각)에 해당하는 90°만큼 위상 차이가 난다. 공이 한 바퀴씩 돌 때마다 정현파는 똑같은 기본 파형을 반복하게 된다.

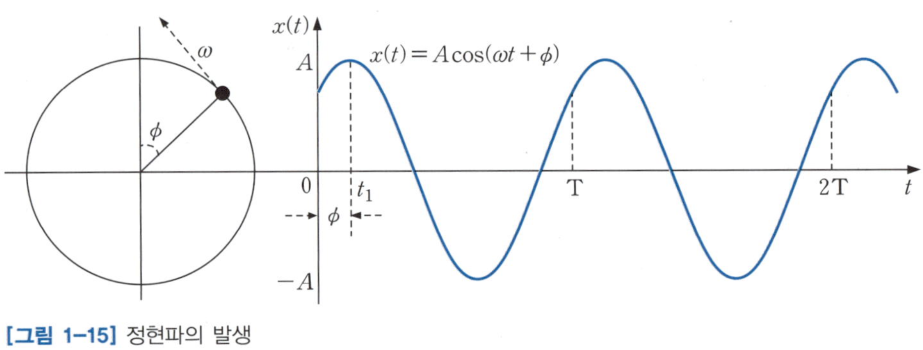

[그림 1-15] 정현파의 발생

진폭, 위상, 주기, 주파수

[그림 1-15]에서 A는 정현파 $x(t)$가 진동하면서 가질 수 있는 값의 범위를, ω는 단위 시간(1초)에 정현파가 이동할 수 있는 라디안 radian 각을, ϕ는 $t=0$에서 각으로 나타낸 정현파의 기준에 대한 상

대적인 위치를 나타낸다. 결국 다음과 같이 정현파는 A, ϕ, ω의 세 가지 요소에 의해 완전하게 정의될 수 있다.

$$x(t) = A\cos(\omega t + \phi) \tag{1.6}$$

여기서 A를 **진폭**amplitude, ϕ를 **위상**phase, ω를 **각주파수**radian frequency라고 부른다. 또한 공이 한 바퀴 도는 데(기본 파형을 만드는데) 걸리는 시간 T를 **(기본) 주기**(fundamental) period라고 하고, 역으로 단위 시간(1초)에 대한 공의 회전 횟수(기본 파형의 반복 횟수) f를 **주파수**frequency라고 한다.

- **진폭** : 정현파가 진동하면서 가질 수 있는 값의 범위
- **위상** : 각으로 표시된 정현파의 출발 위치
  (기준점(원점)에서 코사인파의 꼭짓점(사인파의 영점)까지의 거리)
- **(기본) 주기** : 정현파가 기본 파형을 반복하는 (최소) 시간 간격
- **주파수** : 정현파가 1초에 기본 파형을 반복하는 횟수(진동 횟수)
- **각주파수** : 정현파가 1초에 이동할 수 있는 라디안 각

공이 T초에 한 바퀴 도는 동안 2π[rad]만큼의 각을 이동하므로, T와 ω, f 사이에는 다음과 같은 관계가 성립한다.

$$\omega = \frac{2\pi}{T} = 2\pi f \tag{1.7}$$

$$T = \frac{1}{f} = \frac{2\pi}{\omega} \tag{1.8}$$

$$f = \frac{1}{T} = \frac{\omega}{2\pi} \tag{1.9}$$

주파수와 위상의 물리적 의미

[그림 1-16]의 두 정현파를 비교해보자. 주파수가 1[Hz]에서 2[Hz]로 두 배가 되어도 파형의 원래 모양은 바뀌지 않지만, 주기는 반으로 줄어든다. 이를 시간축의 관점에서 해석하면, 2[Hz] 정현파가 1[Hz]의 정현파보다 시간적으로 그 값이 더 빨리 변한다는 얘기가 된다. 즉 주파수가 높아질수록 신호의 파형은 시간적으로 더 급하게 변화한다. 거꾸로, 파형이 시간적으로 더 빠른 변화를 보이는 신호에는 더 높은 주파수 성분이 포함된다. 이처럼 신호의 파형 변화와 주파수는 밀접한 관계가 있다.

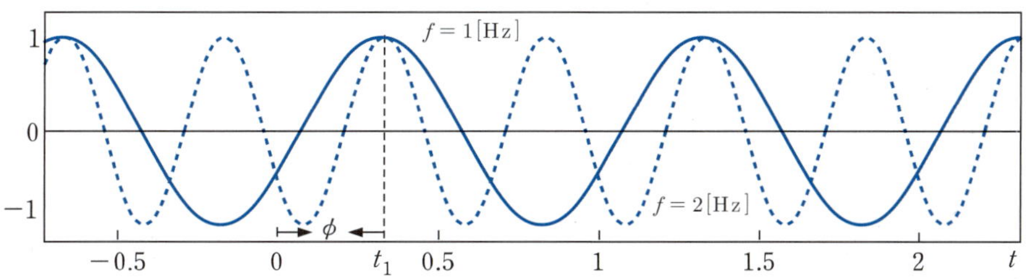

[그림 1-16] 정현파에 의한 주파수와 위상의 개념 이해

또한 [그림 1-16]의 두 정현파는 $t=0$가 아니라 t_1에서 꼭짓점에 이르므로 시간축 위에서 t_1만큼 오른쪽으로 파형의 이동이 이루어진 것, 즉 그만큼 시간 지연이 일어난 것으로 볼 수 있다. 따라서 두 정현파는 지연 시간 t_1을 각으로 환산한 ϕ만큼의 위상을 갖게 된다. 정현파의 주기 T가 각으로는 2π[rad]에 대응되는 것을 이용하면, 위상 ϕ는 식 (1.10)과 같이 구할 수 있다. 이때 식 (1.11)과 같이 $\cos(2\pi ft)$를 t_1만큼 지연시켜 구해도 같은 결과를 얻는다. 위상은 정현파의 모양에는 영향을 주지 않는다.

$$\phi = -2\pi\frac{t_1}{T} = -2\pi f t_1 \tag{1.10}$$

$$\cos(2\pi f(t-t_1)) = \cos(2\pi ft - 2\pi f t_1) = \cos(2\pi ft + \phi) \tag{1.11}$$

식 (1.10)으로부터 알 수 있듯이, 시간축에서 같은 시간만큼 이동하더라도 주파수에 따라 위상은 달라진다([그림 1-15]를 보면 주파수가 신호의 속도라고 생각할 수 있는데, 속도가 빠르면 같은 시간 동안 회전할 수 있는 각이 더 크다. 그러므로 위상을 시간이 아니라 각으로 표현하는 것이다).

신호 파형과 주파수 및 위상의 관계

- 주파수는 신호의 시간적인 변화 속도와 관련이 있으며, 주파수가 높을수록 신호 파형이 시간적으로 더 빨리 변한다.
- 위상은 파형의 시간 이동과 연관되며, 뒤진 lagging(음의) 위상은 시간 지연, 앞선 leading(양의) 위상은 시간 선행에 해당된다.
- 정현파를 시간축에서 같은 시간만큼 이동시키더라도 주파수에 따라 위상이 달라진다. 주파수가 높을수록 위상 값이 커진다.

예제 1-3 정현파의 진폭, 주기, 주파수, 위상

[그림 1-17]의 코사인 정현파 신호에 대해 진폭, 주기, 주파수, 위상을 구하라.

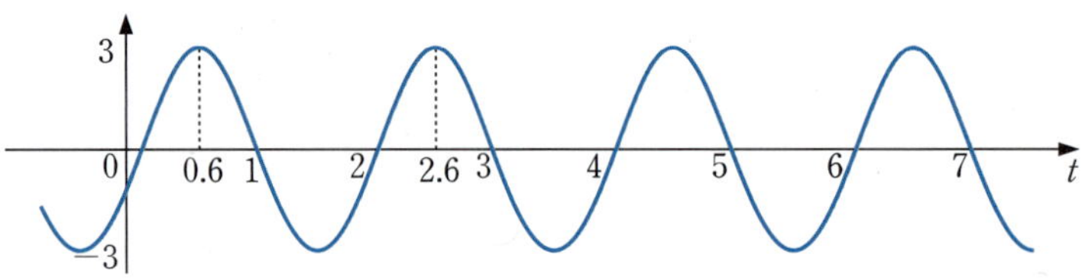

[그림 1-17] [예제 1-3]의 정현파 신호

풀이

그림에서 보면, 정현파가 3과 −3 사이를 진동하므로 진폭 $A=3$이다. 그리고 2초마다 기본 파형이 반복되므로 주기 $T=2$ [초]이다. 또한 주파수는 식 (1.9)에서 주기의 역수 관계이므로 $f=0.5$[Hz], 각주파수로 나타내면 $\omega = 2\pi \times 0.5 = \pi$ [rad/sec]이다.

마지막으로 위상은 원점에서 제일 가까운 코사인파의 꼭짓점이 $t_1=0.6$ [초]일 때 처음으로 발생하므로 뒤진 위상이 되며, 다음과 같이 식 (1.10)에 의해 각으로 환산하여 얻을 수 있다.

$$\phi = -\frac{t_1}{T} \times 2\pi = -\frac{0.6}{2} \times 2\pi = -0.6\pi$$

1.4.2 신호의 에너지와 전력

신호의 특성을 정량적으로 나타내거나 비교하고자 할 때, 신호를 대표하기에 적절한 값들로 신호의 에너지와 전력, 그리고 실횻값을 정의할 수 있다.

- **신호의 에너지**energy는 전 시간 구간에 대해 신호 크기의 제곱을 모은 것으로 정의하며, 연속 신호에 대해서는 적분, 이산 신호에 대해서는 총합 연산이 된다.

$$\text{연속 신호}: E = \lim_{T\to\infty} \int_{-\frac{T}{2}}^{\frac{T}{2}} |x(t)|^2\, dt \tag{1.12a}$$

$$\text{이산 신호}: E = \lim_{N\to\infty} \sum_{n=-N}^{N} |x[n]|^2 \tag{1.12b}$$

- **신호의 전력**power은 신호의 단위 시간당 에너지(평균 에너지)로 정의된다.

$$\text{연속 신호}: P = \lim_{T\to\infty} \frac{1}{T} \int_{-\frac{T}{2}}^{\frac{T}{2}} |x(t)|^2\, dt \tag{1.13a}$$

$$\text{이산 신호}: P = \lim_{N\to\infty} \frac{1}{2N+1} \sum_{n=-N}^{N} |x[n]|^2 \tag{1.13b}$$

- **신호의 실횻값(RMS 값)**root mean square value은 에너지 관점에서 신호의 실제적 효과를 나타낸 값으로 신호의 전력의 제곱근으로 정의된다.

$$\text{연속 신호}: x_{rms} = \sqrt{\lim_{T\to\infty} \frac{1}{T} \int_{-\frac{T}{2}}^{\frac{T}{2}} |x(t)|^2\, dt} \tag{1.14a}$$

$$\text{이산 신호}: x_{rms} = \sqrt{\lim_{N\to\infty} \frac{1}{2N+1} \sum_{n=-N}^{N} |x[n]|^2} \tag{1.14b}$$

식 (1.12)와 (1.13)이 신호의 물리적인 에너지와 전력을 말하는 것은 아니지만, 전기회로에서 단위 저항 $R = 1[\Omega]$에 전압 $x(t)$을 인가할 때 저항에서 소비되는 전력은 $p(t) = v(t)i(t) = x^2(t)$, 총 에너지는 $E = \int_{-\infty}^{\infty} p(t)\, dt = \int_{-\infty}^{\infty} x^2(t)\, dt$가 되는 것과 개념적으로 잘 맞으므로, 이렇게 정의해도 별 무리가 없다.

실횻값은 신호의 전력과 에너지를 구할 때 값이 계속 변하는 신호 대신에 값이 일정한 전력의 제곱근으로 대체하더라도 결과는 변함이 없다는 사실에 근거해 정의된 것이다. 모든 정현파는 주파수나 진폭에 상관없이 평균값이 0이 되므로, 평균값은 신호를 대표하기에 적합하지 않다. 그래서 실횻값이 보편적인 신호의 대푯값으로 사용된다.

신호의 전력과 관련하여 알아두어야 할 용어로는 데시벨이 있는데, 청력 검사나 소음의 정도 등 일상생활에서 종종 들어본 적이 있을 것이다. 데시벨은 신호의 상대적인 크기를 나타내는 데 사용되는 단위이다. 데시벨을 구할 때 신호의 전력비에 대해서는 10 log, 신호의 크기(이득) 비에 대해서는 20 log를 취함을 명심해야 한다.

데시벨decibel은 기준 신호에 대한 다른 신호의 전력비에 상용로그를 취한 값의 10배로 정의하며, dB로 표기한다.

$$10\log\frac{P_2}{P_1}=10\log\frac{|x_2|^2}{|x_1|^2}=20\log\frac{|x_2|}{|x_1|}\ [\text{dB}] \tag{1.15}$$

예제 1-4 이산 신호의 에너지와 전력

다음과 같은 이산 신호의 에너지와 전력을 구하라.

(a) $x[n]=\begin{cases}(0.5)^n, & n\ge 0\\ (2)^n, & n<0\end{cases}$　　(b) $y[n]=\begin{cases}1, & n\ge 0\\ 0, & n<0\end{cases}$

풀이

(a) 식 (1.15)를 이용하여 신호의 에너지를 구하면

$$E=\sum_{n=-\infty}^{\infty}|x[n]|^2=\sum_{n=-\infty}^{-1}(2)^{2n}+\sum_{n=0}^{\infty}(0.5)^{2n}$$

$$=\sum_{n=1}^{\infty}(0.25)^n+\sum_{n=0}^{\infty}(0.25)^n=\frac{0.25}{1-0.25}+\frac{1}{1-0.25}=\frac{5}{3}$$

이므로, 이 신호는 에너지가 유한하다. 따라서 전력은 0이 된다.

(b) 주어진 신호(단위 계단 신호)는 에너지가 $E=\sum_{n=0}^{\infty}1=\infty$가 되므로 에너지는 무한하다. 그러나 전력을 구하면 다음과 같이 유한하다.

$$P=\lim_{N\to\infty}\frac{1}{2N+1}\sum_{n=-N}^{N}|y[n]|^2=\lim_{N\to\infty}\frac{1}{2N+1}\sum_{n=0}^{N}1=\lim_{N\to\infty}\frac{N+1}{2N+1}=\frac{1}{2}$$

CHAPTER 01_연습문제

【Quick Review】

※ 다음 문제에서 맞는 것을 골라라.

(1) 신호에는 물리적 현상에 대한 정보가 담겨 있다. (O, ×)

(2) 시스템은 수학적으로 (함수, 방정식)으로(로) 표현된다.

(3) 시간에 따른 신호의 값의 변화를 그래프로 나타낸 것을 (파형, 스펙트럼)이라 한다.

(4) 블록선도에서 시스템 간의 기본적인 연결 방식은 (종속, 하이브리드, 병렬) 연결이다.

(5) 신호와 시스템은 시간 영역과 주파수 영역의 두 가지 표현 방식이 가능하다. (O, ×)

(6) 수학적 모형은 항상 실제 신호와 시스템을 100% 완벽하게 표현한다, (O, ×)

(7) 연속 신호는 시간축이 실수축이고 이산 신호는 시간축이 정수축이다. (O, ×)

(8) 디지털 신호는 (시간, 크기, 주파수)이(가) 모두 (연속, 이산)적인 값을 갖는 신호이다.

(9) 시간 구간 [−3, 4]에서 정의된 연속 신호와 이산 신호의 길이는 같다. (O, ×)

(10) 일반적으로 신호의 아날로그 처리가 디지털 처리보다 처리 속도가 빠르다. (O, ×)

(11) 연속 신호의 (디지털 처리, 아날로그 처리)가 이론적으로 성능이 더 우수하다.

(12) 하나의 정현파는 (파형, 진폭, 주파수, 파장, 위상)에 의해 완전히 정의된다.

(13) 정현파의 주파수와 주기는 서로 무관하다. (O, ×)

(14) 주파수는 (신호 값의 변화 속도, 파형의 시간 이동)와(과) 관련이 있다.

(15) 서로 다른 정현파를 같은 시간만큼 지연시키면 위상은 항상 같다. (O, ×)

(16) 신호의 에너지와 전력은 각각 줄(Joule)과 와트(Watt)를 단위로 갖는 물리적인 양이다. (O, ×)

(17) 어떤 신호의 에너지가 유한하면, 그 신호의 전력은 (0, 유한, 무한)이다(하다).

(18) 에너지 관점에서 신호의 실제적 효과를 나타내는 값은 (평균값, 실횻값, 최댓값)이다.

(19) 데시벨은 신호의 (절대적인, 상대적인) 크기를 나타내는 데 사용되는 단위이다.

(20) 데시벨은 신호의 크기(이득)비에 대해서는 $20\log$를 취한다. (O, ×)

【기초 문제】

1.1 시스템 블록선도에 대한 다음의 설명 중 틀린 것은?

㉮ 블록선도는 한 시스템에 대해 단 하나만 존재한다.
㉯ 블록에는 그 시스템의 기능이나 특성을 나타내는 명칭, 수식, 그래프 등을 표시한다.
㉰ 블록선도를 보면 시스템 내의 신호의 흐름을 파악할 수 있다.
㉱ 블록선도에서 시스템 블록들은 종속 또는 병렬로 연결된다.

1.2 다음의 시스템들은 어떠한 신호 처리 시스템인지 〈기능〉 중 가장 적절한 것을 하나만 고르고, 그 이유를 설명하라.

(a) 디지털 피아노
(b) 전기 모터
(c) 지문 인식 장치
(d) 원두와 물을 입력으로 하여 찌꺼기를 걸러내고 커피를 출력으로 내는 커피메이커

〈기능〉 ㉮ 해석	㉯ 변환	㉰ 필터링	㉱ 합성

1.3 신호에 대한 다음의 설명 중 틀린 것은?

㉮ 이산 신호를 발생 순서대로 늘어놓으면 단순한 수열에 지나지 않는다.
㉯ 아날로그 신호와 디지털 신호 신호를 구분하는 기준은 크기(값)에 대한 연속성이다.
㉰ $-4 \le n \le 5$에서 정의되는 이산 신호 $x[n]$의 길이는 10이다.
㉱ 아날로그 신호는 샘플링과 양자화를 거쳐 디지털 신호로 변환할 수 있다.

1.4 디지털 신호 처리의 장단점에 관한 다음의 설명 중 틀린 것은?

㉮ 대상 신호에 상관없이 같은 시스템을 사용할 수 있다.
㉯ 경우에 따라 아날로그 신호 처리로는 불가능한 신호 처리도 가능하다.
㉰ 아날로그 처리 시스템보다 구조가 복잡해지고 처리 속도에 제한이 있다.
㉱ 아날로그 신호 처리에 비해 정보 손실이나 왜곡이 적다.

1.5 다음 그림과 같은 신호들에 대한 다음의 설명 중 틀린 것은?

㉮ (a)의 정현파 $s(t)$와 이를 전파 정류한 (c)의 $x(t)$의 실횻값은 같다.
㉯ 세 신호 모두 에너지는 무한하나 전력이 유한한 신호이다.
㉰ 세 신호 중에 $s(t)$를 두 배로 증폭하여 반파 정류한 (b)의 $v(t)$의 전력이 가장 작다.
㉱ $x(t)$의 $s(t)$에 대한 전력비는 0[dB], $v(t)$에 대한 전력비는 -3[dB]이다.

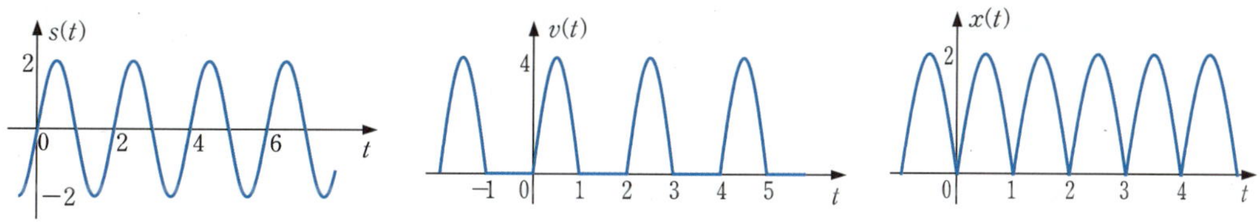

(a) 정현파　　　(b) 반파 정류파　　　(c) 전파 정류파

1.6 동일한 기능을 수행하는 아날로그 시스템과 디지털 시스템의 예를 각기 하나씩 들고 장단점을 서로 비교하여 설명하라.

1.7 디지털 시스템을 이용하여 연속 신호를 처리하는 예를 2가지만 찾아 그 동작 원리를 간략히 설명하라.

1.8 최근 대학 캠퍼스, 빌딩, 아파트 등의 주차장에는 자동으로 번호판을 인식하여 자동차의 출입을 관리하는 주차 관제 시스템이 도입되어 운용되기도 한다. [예제 1-1]과 같이 이 시스템의 동작 원리를 간략히 설명하고 블록선도를 그려라.

1.9 다음 이산 신호의 파형을 그려라.

(a) $x[n]=\begin{cases}+1, & 0\le n\le 3\\ -1, & -4\le n<0\\ 0, & \text{그 외}\end{cases}$　　(b) $x[n]=\begin{cases}\left(\dfrac{1}{2}\right)^n, & n\ge 0\\ 2^n, & n<0\end{cases}$

(c) $x[n]=\cos(\pi n)$　　(d) $x[n]=(-1)^n$

1.10 다음 정현파 신호들의 주기와 주파수를 구하라.

(a) $\cos(3\pi t)$　　(b) $\cos\left(\dfrac{2\pi}{3}t\right)$　　(c) $\cos(-3t)$　　(d) $\cos\left(\dfrac{1}{\pi}t\right)$

1.11 다음 그림과 같은 코사인 정현파 신호에 대해 진폭 A, 주기 T, 주파수 f_0, 위상 ϕ를 결정하라.

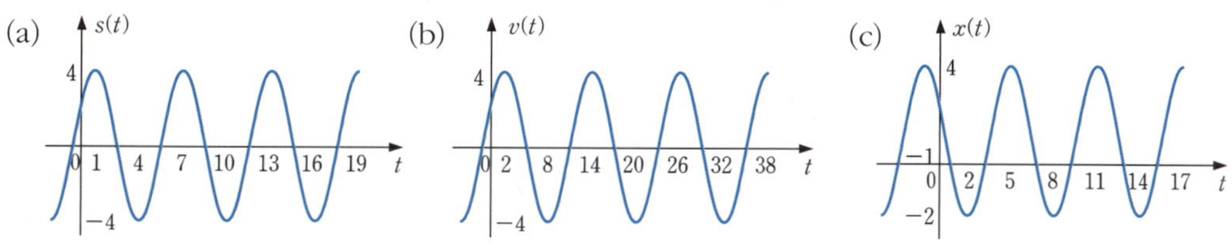

1.12 $x_1(t) = 2\sin(2\pi t + 10°)$이고 $x_2(t) = \cos(2\pi t - 20°)$일 때 두 정현파의 위상차를 구하라. 또 그 위상차를 시간으로 나타내어라.

1.13 다음 그림의 지수 신호와 정현파 신호에 대해 에너지와 전력을 구하라.

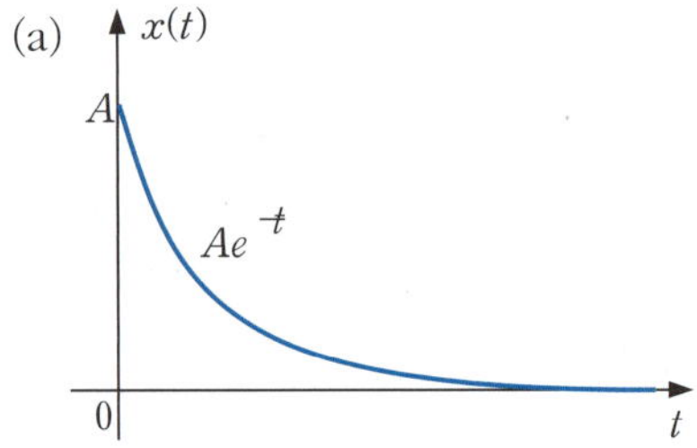

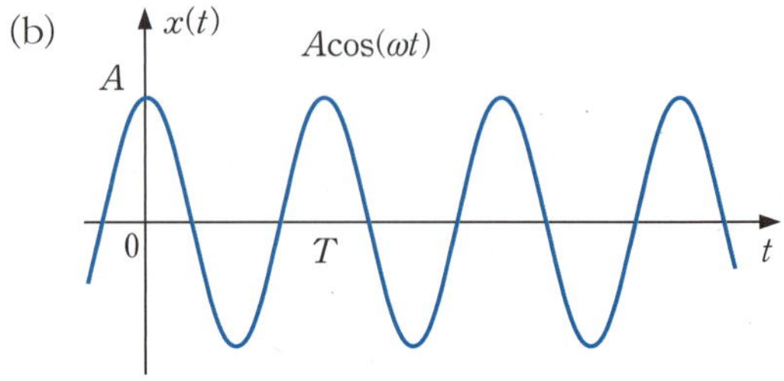

1.14 다음 그림의 이산 신호에 대해 에너지와 전력을 구하라.

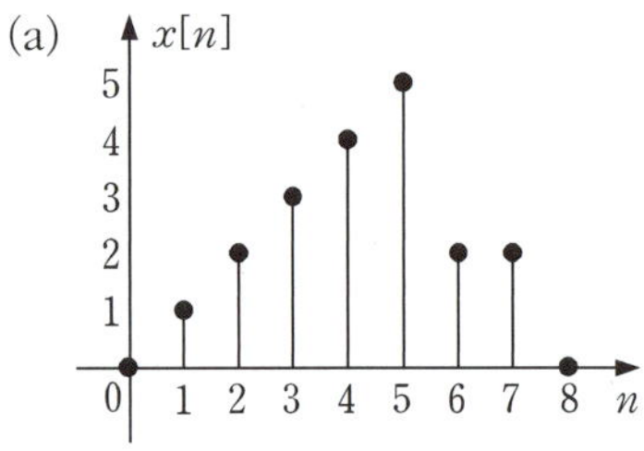

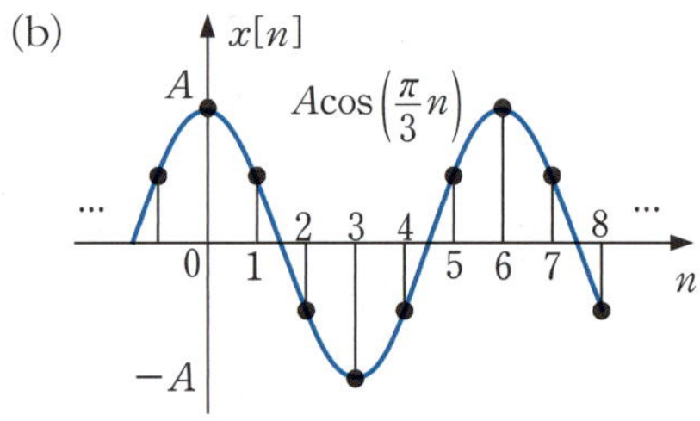

1.15 [문제 1.11]의 신호들에 대해 다음을 구하라.

(a) 샘플링 간격 $T_s = 1$로 샘플링한 이산 신호의 수식 표현을 구하고 그려라.

(b) [문제 1.11(b)]의 $v(t)$를 샘플링 간격 $T_s = 2$로 샘플링한 이산 신호의 수식 표현을 구하여 (a)에서 구한 [문제 1.11(a)]의 결과와 비교하라.

【응용 문제】

1.16 순항 제어cruise control 시스템은 자동차가 장거리를 비교적 일정한 속도로 달릴 때 특정 속도에 대해 버튼을 눌러 설정함으로써 운전자가 가속기를 밟지 않고서도 일정한 속도로 운행할 수 있게 해주는 시스템이다. 이 순항 제어 시스템의 동작 원리를 간단히 설명하고 블록선도를 그려라.

1.17 다음 그림과 같은 정현파 신호를 $x(t) = A\cos(2\pi f_0 t + \phi)$로 표현할 때 물음에 답하라.

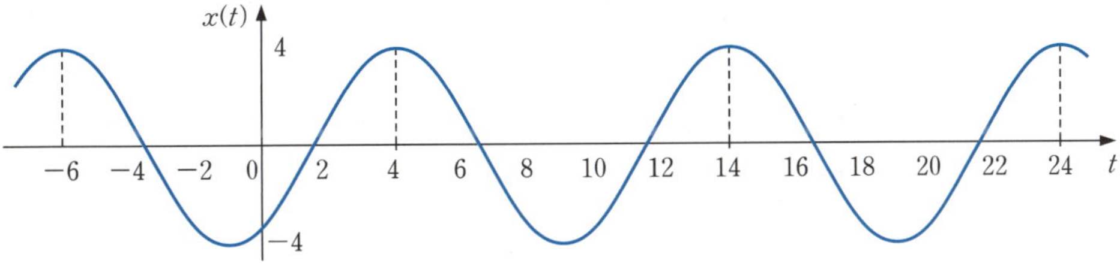

(a) 진폭 A, 주기 T, 주파수 f_0, 위상 ϕ를 결정하라.

(b) 시간축이 1/20로 축소되었을 때(즉 그림의 $t=20$이 $t=1$로 될 때), 진폭 A, 주기 T, 주파수 f_0, 위상 ϕ를 결정하라.

1.18 정현파 신호 $x(t) = \cos(5\pi t)$를 시간축 상에서 위상 $30°$에 해당하는 만큼 오른쪽으로 수평 이동하였다. 위상을 시간으로 환산한 이동된 신호의 수식을 구하여라.

1.19 정현파 신호의 전력과 관련하여 다음 물음에 답하라.

(a) 어떤 정현파와 진폭이 같고 주기가 2배인 정현파의 전력을 각각 구하라.

(b) 어떤 정현파와 주기가 같고 진폭이 2배인 정현파의 전력을 각각 구하라.

(c) (b)의 두 신호의 전력비를 데시벨로 구하라.

(d) (a)와 (b)의 결과로부터 정현파의 전력에 관해 어떤 사실을 유추할 수 있는가?

1.20 다음 그림의 주기 신호에 대해 전력을 구하고, 같은 주기와 진폭을 갖는 정현파에 대한 전력비를 데시벨로 구하라.

(a)

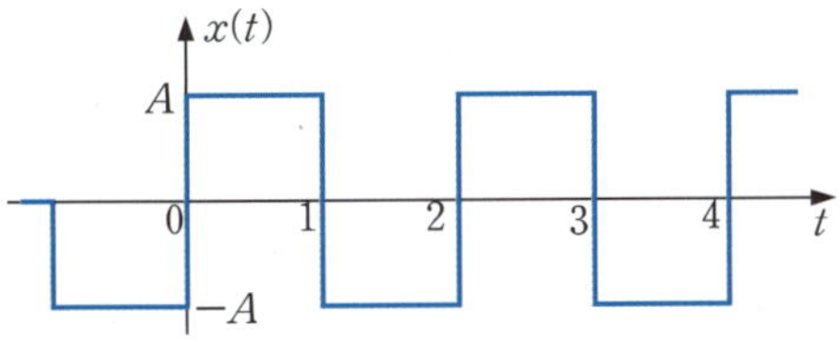

(b)

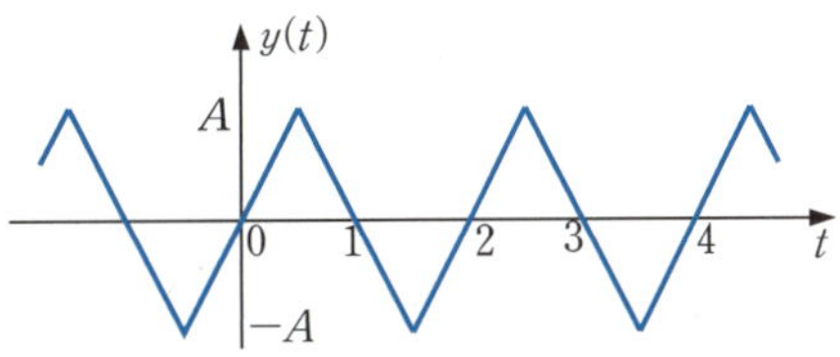

실습목표

- MATLAB에 대해 살펴보고, 그 기능과 특징을 간략히 알아본다.
- 다양한 정현파 신호를 그려본다.
- 신호의 에너지와 전력을 계산해본다.

매트랩Matlab은 공학 분야에서 가장 보편적으로 사용되고 있는 소프트웨어로, 신호와 시스템을 컴퓨터로 해석하는 데 매우 유용한 수단이다. 이때 MATLAB이란 'Matrix Laboratory'를 뜻하는 말로써, 그 이름이 말하듯이 배열array, 즉 행렬 또는 벡터를 기본 자료로 사용하여 기능을 수행하는 계산 환경을 제공한다. 매트랩은 이와 같이 사용하기 편리한 환경에서 수치 해석, 행렬 연산, 신호 처리 및 간편한 그래픽 기능 등을 통합하여 고성능의 수치계산 및 결과의 가시화 기능을 제공하는 프로그램이다.

매트랩은 기본적으로 행렬 데이터를 다룬다. m-파일로 사용자가 필요한 응용 프로그램들을 손쉽게 작성할 수 있을 뿐만 아니라, 이를 명령어처럼 간편하게 사용할 수 있다. 또한 처리 결과를 시각화하기 수월하므로 C언어 등을 사용하여 프로그램을 작성하는 것에 비해 매우 편리하다. 더군다나 응용 분야별로 다양한 도구상자toolbox가 개발되어 제공된다. 특히 전기전자공학과 관련한 웬만한 컴퓨터 시뮬레이션 및 개발 작업은 별도의 복잡한 프로그램을 작성할 필요 없이 기존의 도구상자를 활용하여 손쉽게 해결할 수 있다.

MATLAB 1-1 정현파 그리기

다음과 같이 표현되는 정현파에 대해 주어진 조건에 따라 각각의 파형을 그려라.

$$x(t) = A\cos(2\pi f_0 t + \phi)$$

(a) 진폭이 다른 정현파 : $f_0 = 1,\ \phi = 0,\ A = 1, 2, 3$

(b) 위상이 다른 정현파 : $A = 1,\ f_0 = 1,\ \phi = 0, -\pi/3, \pi/3$

(c) 주파수가 다른 정현파 : $A = 1,\ \phi = 0,\ f_0 = 1, 2, 3$

(d) 샘플링 주기가 다른 이산 정현파 : $f_0 = 1,\ \phi = 0,\ A = 1, 2, 3$

풀이

(a) 매트랩에서는 정현파인 사인과 코사인 함수를 제공하고 있으므로, 이를 이용하면 된다. 진폭이 다른 정현파들을 그리는 프로그램 코드는 다음과 같다. 이때 프로그램의 첫머리(1~3행)에 있는 명령들은 작업을 수행하기 전에 이전의 작업과 관련된 부분들을 모두 지우는 동작이다. 이후의 프로그램에서는 이를 생략하고 나타내지 않을 것이다.

MATLAB_1_1a.m

```
close all;                        % 생성된 모든 창을 닫음
clear all;                        % 열려있는 작업영역(workspace)을 모두 비움
clc;                              % 명령(command) 창을 비움
```

```
t=-1:0.01:3;                        % 파형의 시간축 설정(-1≤t≤3, 0.01씩 증가)
f0=1;                               % 주파수 값 설정
A=[1 2 3];                          % 진폭 값 설정
x1=A(1)*cos(2*pi*f0*t);             % 진폭이 1인 정현파 생성
x2=A(2)*cos(2*pi*f0*t);             % 진폭이 2인 정현파 생성
x3=A(3)*cos(2*pi*f0*t);             % 진폭이 3인 정현파 생성

plot(t,x1,'--r')                    % 진폭 1인 정현파 그림(선 모양과 색상 지정)
axis([-1 3 -3.5 3.5]);              % x축(-1~3)과 y축(-3.5~3.5)의 그림 영역을 설정
hold on                             % 같은 그림 창에 계속 그림
plot(t,x2,'-.b')                    % 진폭 2인 정현파 그림(선 모양과 색상 지정)
plot(t,x3,'k')                      % 진폭 3인 정현파 그림(선 모양과 색상 지정)
legend('A=1','A=2','A=3',0)         % 파형 구별 범례 표시
```

(b) 위상이 다른 정현파들을 그리는 매트랩 프로그램은 다음과 같이 정현파의 계산 부분만 바꿔주면 된다. 이때 세 개의 정현파를 하나의 창에 그릴 때, `hold on` 명령을 쓰지 않고도 나타낼 수 있다.

MATLAB_1_1b.m

```
t=-1:0.01:3;                                % 파형의 시간축 설정
f0=1;                                       % 주파수 값 설정
A=1;                                        % 진폭 값 설정
phi=[0 -(pi/3) pi/3];                       % 위상 값 설정
x1=A*cos(2*pi*f0*t+phi(1));                 % 위상이 0인 정현파 생성
x2=A*cos(2*pi*f0*t+phi(2));                 % 위상이 -π/3인 정현파 생성
x3=A*cos(2*pi*f0*t+phi(3));                 % 위상이 π/3인 정현파 생성
axis([-1 3 -1.2 1.2]);                      % x축(-1~3)과 y축(-1.2~1.2)의 그림 영역을 설정
plot(t,x1,'--r',t,x2,'-.b',t,x3,'k')        % 정현파들을 한 그림 창에 그림
```

(c) 주파수가 다른 정현파들을 그리는 매트랩 프로그램 역시 정현파 계산 부분만 바꿔주면 된다. 이번에는 명령 `subplot`을 사용하여 그림 창을 세 개로 분할해서 각 정현파를 따로 그려보았다. 물론, 이 경우도 다음에서 살펴볼 조건 (d)와 같이 함수를 만들어 사용하면 프로그램이 더 간단해진다.

MATLAB_1_1c.m

```
t=-1:0.01:3;                        % 파형의 시간축 설정
A=1;                                % 진폭 값 설정
f0=[1 2 3];                         % 주파수 값 설정
x1=A*cos(2*pi*f0(1)*t);             % 주파수가 1인 정현파 생성
x2=A*cos(2*pi*f0(2)*t);             % 주파수가 2인 정현파 생성
x3=A*cos(2*pi*f0(3)*t);             % 주파수가 3인 정현파 생성

subplot(3,1,1)                      % 3행 1열 분할 그림 창의 1번 창
plot(t,x1)                          % 주파수가 1인 정현파 그림
axis([-1 3 -1.2 1.2]);              % x축(-1~3)과 y축(-1.2~1.2)의 영역을 설정
subplot(3,1,2)                      % 3행 1열 분할 그림 창의 2번 창
plot(t,x2)                          % 주파수가 2인 정현파 그림
axis([-1 3 -1.2 1.2]);              % x축(-1~3)과 y축(-1.2~1.2)의 영역을 설정
subplot(3,1,3)                      % 3행 1열 분할 그림 창의 3번 창
plot(t,x3)                          % 주파수가 3인 정현파 그림
axis([-1 3 -1.2 1.2]);              % x축(-1~3)과 y축(-1.2~1.2)의 영역을 설정
```

(d) 이 조건은 샘플링 주기를 달리해서 이산 정현파 $x[n]=x(nT_s)=A\cos(2\pi f_0 nT_s+\phi)$를 얻는 경우이다. 매트랩 프로그램에서 이산 신호를 그릴 때는 명령 stem을 사용한다. 이 문제는 샘플링 주기만 달리해서 같은 작업을 반복하게 되므로, 다음과 같이 m-파일을 이용하여 함수를 만들어 사용하면 편리하다. 이를 (c)의 프로그램 코드와 비교해보라.

함수 m-파일을 만들어 사용할 때 주의할 점은 함수를 불러서 쓰는 프로그램과 함수 m-파일이 같은 디렉토리(폴더)에 있어야 한다는 것이다. 즉, 경로가 열려 있지 않으면 연결되지 않는다.

sample_signal_1.m

```
function sample_signal_1(ti,tf,dt,Ts,A,f0,rs,cs,r) % 샘플링 주기에 따른 이산 정현파를 생성해서 그림
t=ti:dt:tf;                                        % t를 ti부터 tf까지 dt 간격으로 증가시킴
xc=A*cos(2*pi*f0*t);                               % 연속 정현파 생성
n=ti:Ts:tf;                                        % t를 Ts 간격으로 샘플링하여 n을 생성
xd=A*cos(2*pi*f0*n);                               % 이산 정현파 생성
subplot(rs,cs,r);                                  % rs행 cs열 분할 그림 창의 r번 창
plot(t,xc,':r');                                   % 연속 정현파 포락선을 그림
axis([ti tf -(1.2*A) 1.2*A]);                      % x축(ti~tf)과 y축(-1.2A~1.2A)의 그림 영역을 설정
hold on;                                           % 같은 그림 창에 계속 그림
stem(n,xd);                                        % 샘플링 주기가 Ts인 이산 정현파 그림
```

이 함수 m-파일을 이용해 주어진 문제를 푸는 프로그램은 다음과 같다.

MATLAB_1_1d.m

```
Ts=[0.05 0.1 0.2];                          % 샘플링 주기 설정
sample_signal_1(-1,3,0.01,Ts(1),1,1,3,1,1); % 샘플링 주기가 0.05인 이산 정현파 생성
sample_signal_1(-1,3,0.01,Ts(2),1,1,3,1,2); % 샘플링 주기가 0.1인 이산 정현파 생성
sample_signal_1(-1,3,0.01,Ts(3),1,1,3,1,3); % 샘플링 주기가 0.2인 이산 정현파 생성
```

위의 매트랩 프로그램들을 실행해서 얻은 결과를 [그림 1-18]에 순서대로 나타내었다.

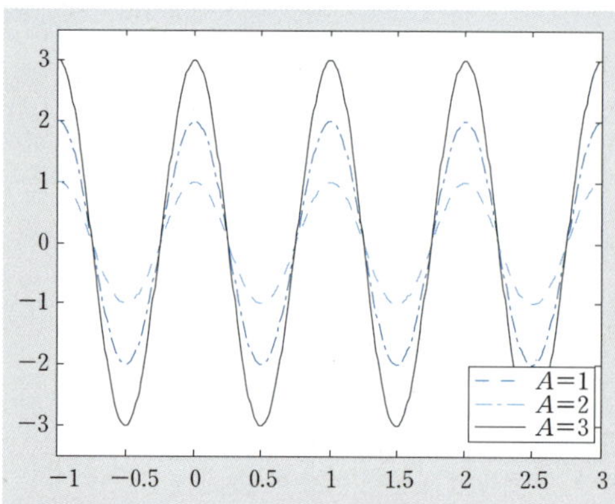

(a) 진폭이 다른 정현파

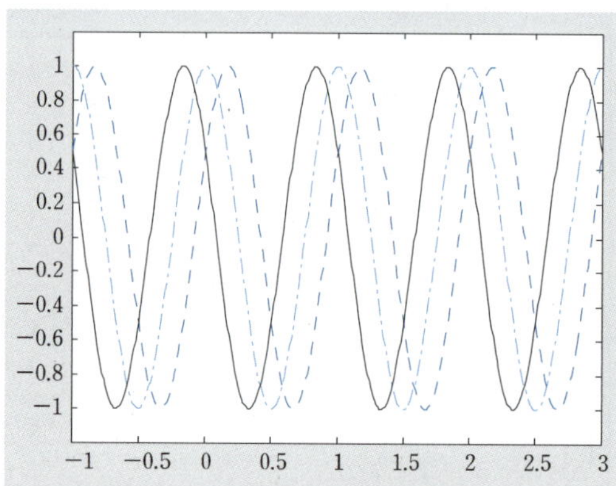

(b) 위상이 다른 정현파

[그림 1-18] [MATLAB 1-1]의 신호 파형 (계속)

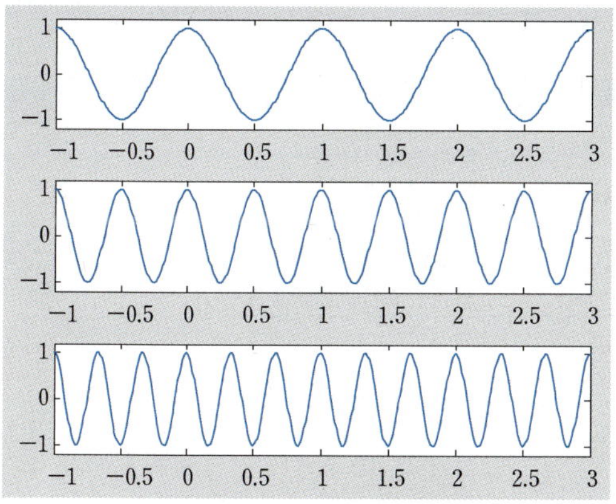

(c) 주파수가 다른 정현파

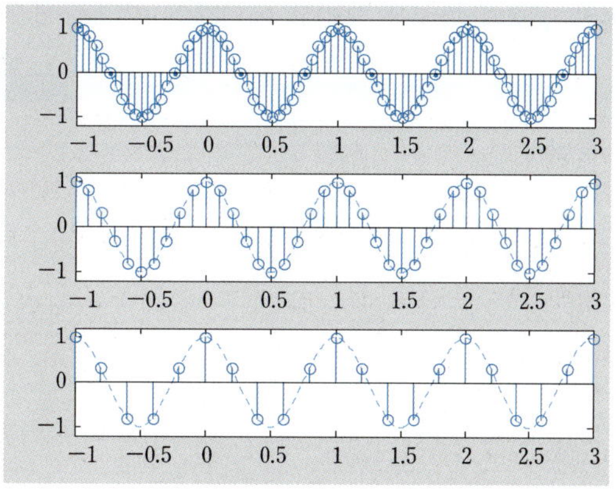

(d) 샘플링 주기가 다른 이산 정현파

[그림 1–18] [MATLAB 1–1]의 신호 파형

MATLAB 1-2 신호의 에너지와 전력 계산하기

다음과 같은 신호에 대하여 신호의 파형을 그리고, 에너지와 전력을 구하라.

$$x(t) = 3\pi\sin(8\pi t + 1.3)\cos(4\pi t - 0.8)e^{\sin(12\pi t)}$$

$$y(t) = \begin{cases} x(t), & 0.2 \le t \le 0.7 \\ 0, & \text{그 외} \end{cases}$$

풀이

$\sin(8\pi t)$는 주기가 $\frac{1}{4}$, $\cos(4\pi t)$는 주기가 $\frac{1}{2}$이므로, 주어진 신호 $x(t)$는 주기 $T = \frac{1}{2}$인 주기 신호이며, $y(t)$는 $x(t)$의 한 주기를 취한 유한 구간 신호이다. 따라서 $x(t)$는 에너지가 무한하므로 전력만, $y(t)$는 전력이 0이므로 에너지만 계산하면 된다.

다음의 식을 사용하여 신호의 에너지와 전력을 계산하려면 적분 연산이 필요하다.

$$E = \lim_{T\to\infty} \int_{-\frac{T}{2}}^{\frac{T}{2}} |x(t)|^2 dt$$

$$P = \lim_{T\to\infty} \frac{1}{T} \int_{-\frac{T}{2}}^{\frac{T}{2}} |x(t)|^2 dt$$

매트랩에서는 심프슨Simpson 공식을 이용하여 1차원 적분을 수행하는 명령 quad를 제공하고 있다. quad를 사용하려면 피적분식을 다음과 같이 함수 m–파일로 만들어야 한다.

int_fctn_1.m

```
function xs=int_fctn_1(t)                              % 피적분 함수 생성 함수 프로그램
a=4*pi*t;                                              % 주파수 변수 값 생성
x=3*pi*sin(2*a+1.3).*cos(a-0.8).*exp(sin(3*a));        % 신호 생성
xs=x.^2;                                               % 신호 제곱 값 생성
```

주어진 신호의 파형을 그리고 에너지와 전력을 계산하는 매트랩 프로그램은 다음과 같다.

MATLAB_1_2.m

```
t=0:0.001:1;                                                    % 파형의 시간축 설정
x=3*pi*sin(8*pi*t+1.3).*cos(4*pi*t-0.8).*exp(sin(12*pi*t));    % x(t) 생성
y=0.*(t<0.2)+x.*(t>=0.2)-x.*(t>0.70);                           % y(t) 생성
Px=(1/0.5)*quad('int_fctn_1',0,0.5)                             % x(t)의 전력 계산(한 주기 평균)
Ey=quad('int_fctn_1',0.2,0.7)                                   % y(t)의 에너지 계산

figure;                                                         % 그림 창 생성
subplot(2,1,1);                                                 % 2행 1열 분할 그림 창의 1번 창
plot(t,x);                                                      % x(t) 파형 그림
axis([0 1 -10 25]); grid on;                                    % x축과 y축 영역 설정, 그리드 표시
subplot(2,1,2);                                                 % 2행 1열 분할 그림 창의 2번 창
plot(t,y);                                                      % y(t) 파형 그림
axis([0 1 -10 25]); grid on;                                    % x축과 y축 영역 설정, 그리드 표시
```

이 프로그램이 실행되면 명령 창에 다음과 같이 $x(t)$의 전력과 $y(t)$의 에너지를 계산한 결과가 표시되며, [그림 1-19]와 같이 그림 창에 신호 파형이 그려진다.

```
Px =
   54.7550
Ey =
   27.3775
```

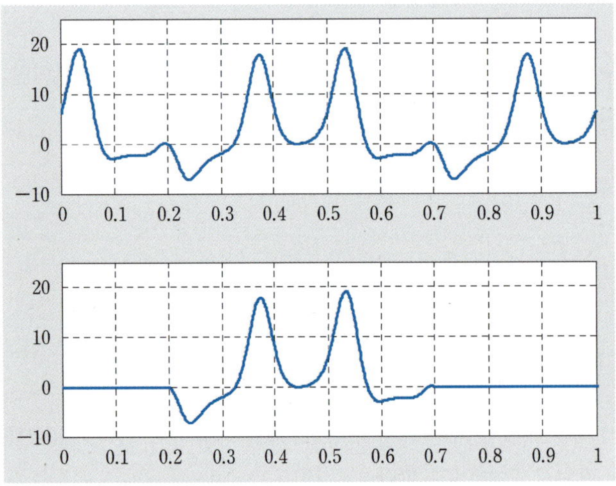

[그림 1-19] [MATLAB 1-2]의 신호 파형

CHAPTER

02

이산 신호와 시스템

Discrete Signals and Systems

학습목표

- 신호의 주요 성질에 따른 분류를 이해할 수 있다.
- 기본적인 이산 신호들의 정의와 쓰임을 이해할 수 있다.
- 몇 가지 기본 연속 신호와 이산 신호의 차이점을 파악할 수 있다.
- 신호에 대한 기본 연산의 종류와 성질을 이해할 수 있다.
- 시스템의 주요 성질에 따른 분류를 이해할 수 있다.
- 선형성, 시불변성, 인과성과 안정도의 개념에 대해 이해할 수 있다.
- 선형 시불변(LTI) 시스템의 중요성을 이해할 수 있다.

【미리보기】

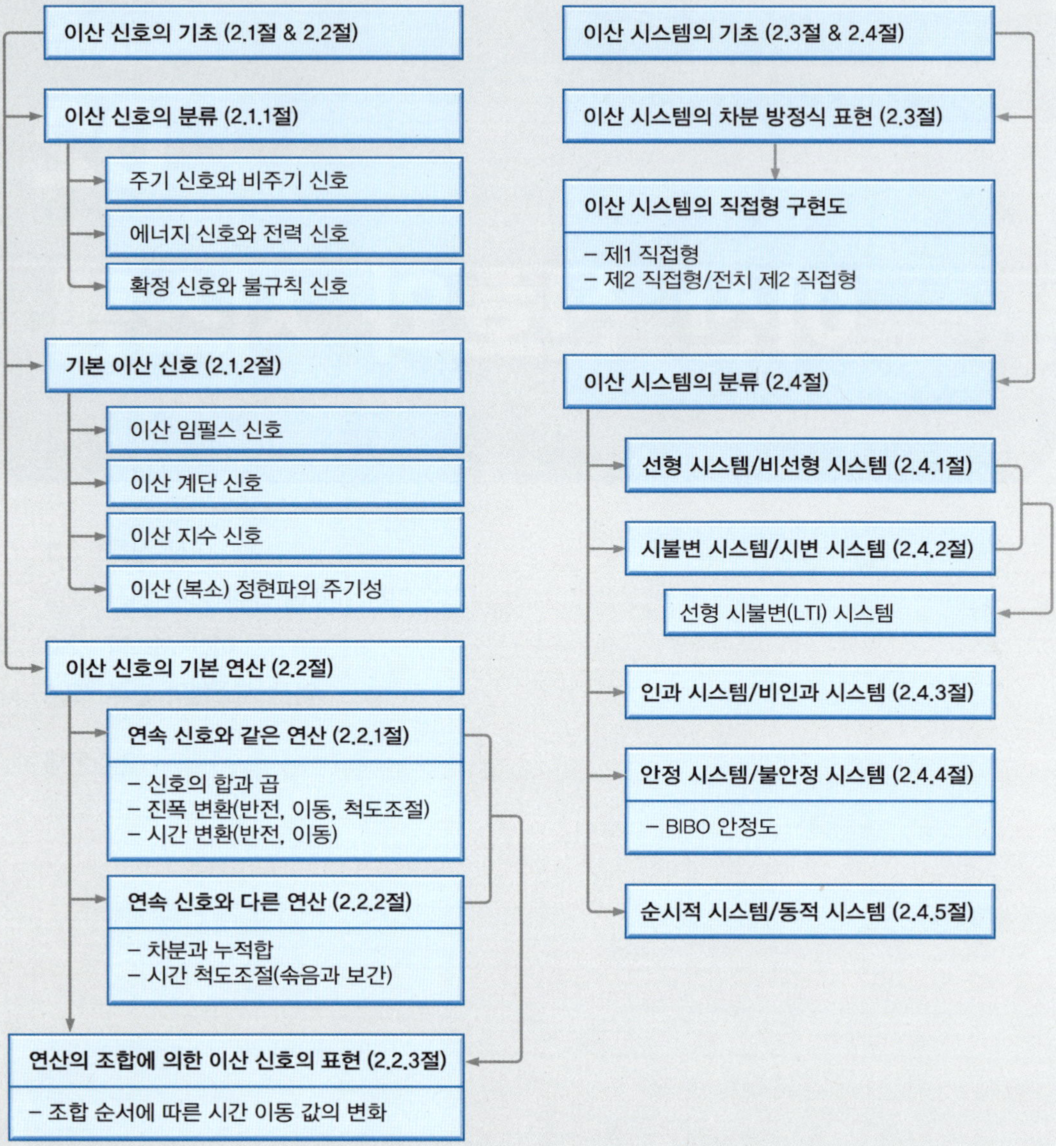

다양한 이산 신호와 시스템을 체계적으로 통일성 있게 다루고자 한다면, 수학의 힘을 빌려 본질을 간결하게 표현하고 그 특성을 살펴보는 것이 좋다. 이 장에서는 이산 신호와 시스템의 특성에 따른 분류, 디지털 신호 처리에서 널리 쓰이는 기본 신호, 그리고 이산 신호에 대한 시스템의 조작을 구성하는 기본 연산(조작) 등에 대해 배울 것이다. 특히, 인과 선형 시불변(LTI) 시스템의 개념은 매우 중요하므로 잘 익혀둘 필요가 있다.

SECTION 2.1

이산 신호

학습포인트

- 주기 신호의 정의와 성질을 이해한다.
- 에너지 신호와 전력 신호의 정의를 알아둔다.
- 확정 신호와 불규칙 신호의 차이를 이해한다.
- 임펄스, 계단, 지수, 정현파 등 기본적인 이산 신호에 대해 알아본다.
- 임펄스와 계단 신호를 이용한 이산 신호의 표현을 잘 익혀둔다.
- 이산 정현파의 성질과 연속 정현파 신호와의 차이점을 알아본다.

다양한 신호들을 형태나 성질이 비슷한 것들끼리 묶어서 나누어 볼 수 있으며, 이에 따라 신호의 표현이나 취급이 달라질 수 있다. 이 절에서는 몇 가지 중요하고 유용한 신호의 분류에 대해 알아본다. 또한 디지털 신호 처리에서 널리 쓰이며 중요한 몇몇 기본 이산 신호들에 대해서도 살펴보게 될 것이다. 이산 신호는 연속 신호를 샘플링한 것으로 간주할 수 있으므로, 기본 이산 신호들은 그에 대응되는 기본 연속 신호들과 꼴과 특성이 거의 같다. 그러나 이산 정현파 신호는 연속 정현파 신호와 흥미로운 차이점도 가진다. 그러므로 이런 차이를 특히 유의해서 익혀두면 좋을 것이다.

2.1.1 이산 신호의 분류

형태나 성질이 각양각색인 수많은 신호를 통합하여 체계적으로 다루기 위해서는 적절한 기준에 의해 유사한 성질을 지니는 것끼리 묶어보는 것이 유용하다. 일반적으로 신호는 시간 변수의 연속성, 파형의 주기성, 에너지 특성, 발생 패턴 등과 관련하여 분류하게 되는데, 시간 변수가 연속이냐 불연속이냐에 따라 연속 신호와 이산 신호로 나누는 것은 이미 1.2절에서 살펴본 바 있다.

주기 신호와 비주기 신호

1.4절에서 정현파를 다루면서 보았듯이 같은 파형이 끊임없이 반복되는 신호가 있는가 하면 계단 신호나 실수 지수 신호와 같이 그러한 규칙성을 가지지 않는 신호가 있다. 전자를 **주기 신호**periodic signal, 후자를 **비주기 신호**aperiodic signal라고 한다.

- **주기 신호**는 같은 파형이 규칙적으로 반복되는 신호로서 다음의 관계를 만족한다.

$$x[n+kN]=x[n], \quad k,\ N\text{은 정수} \qquad (2.1)$$

- **비주기 신호**는 식 (2.1)의 주기성을 만족하지 않는 신호이다.
- 파형이 반복되는 최소 시간 간격 N을 **(기본) 주기**(fundamental) period라고 한다.

$x[n] = \cos(\pi n)$은 $N = 2, 4, 6, \cdots$에 대해 모두 식 (2.1)을 만족한다. 하지만 가장 작은 $N = 2$를 $x[n] = \cos(\pi n)$의 주기라고 한다. 또한 식 (2.1)에서 이산 신호는 시간 값 n이 항상 정수이므로 주기 N도 정수라는 조건이 붙는다.

예제 2-1 주기 신호의 판별과 주기 찾기

다음 신호에 대해 주기 신호인지 판별하고, 주기 신호라면 주기를 구하라.

$$x[n] = \sin\left(\frac{3\pi n}{4}\right) + \cos\left(\frac{\pi n}{3}\right)$$

풀이

$x[n]$은 주파수가 유리수인 정현파, 즉 주기 신호의 합이므로 주기 신호이다. 그중 사인파의 주기 N_1은 다음의 관계로부터

$$\sin\left(\frac{3\pi(n+N_1)}{4}\right) = \sin\left(\frac{3\pi n}{4} + \frac{3\pi N_1}{4}\right) = \sin\left(\frac{3\pi n}{4}\right)$$

$\dfrac{3\pi N_1}{4} = 2\pi k$를 만족해야 하므로 $N_1 = 8$이 된다. 마찬가지로 코사인파의 주기 N_2는 다음의 관계로부터

$$\cos\left(\frac{\pi(n+N_2)}{3}\right) = \cos\left(\frac{\pi n}{3} + \frac{\pi N_2}{3}\right) = \cos\left(\frac{\pi n}{3}\right)$$

$\dfrac{\pi N_2}{3} = 2\pi k$를 만족해야 하므로 $N_2 = 6$이 된다. 따라서 이 신호의 주기는 두 정현파의 주기의 최소공배수로서 다음과 같다.

$$N = \frac{N_1 N_2}{\text{최대공약수}(N_1, N_2)} = \frac{(8)(6)}{2} = 24$$

에너지 신호와 전력 신호

1.4절에서 신호를 정량적으로 나타내고 비교할 수 있는 지표로 신호의 에너지와 전력을 정의한 바 있다. 신호의 에너지는 신호의 특성에 따라 유한하거나 무한할 수 있는데, 에너지가 유한한 신호를 **에너지 신호**energy signal라고 하며, 에너지는 무한하나 전력이 유한한 신호를 **전력 신호**power signal라고 한다.

- **에너지 신호**는 에너지가 유한한 신호이다.

$$E = \lim_{N\to\infty} \sum_{n=-N}^{N} |x[n]|^2 < \infty \tag{2.2}$$

- **전력 신호**는 에너지는 무한하나 전력이 유한한 신호이다.

$$P = \lim_{N \to \infty} \frac{1}{2N+1} \sum_{n=-N}^{N} |x[n]|^2 < \infty \tag{2.3}$$

전력은 에너지의 시간에 대한 평균이므로, 에너지가 유한한 에너지 신호는 전력이 0이 된다. 유한한 시간 동안 유한한 값을 갖는 유한 구간 신호는 에너지 신호이다. 길이가 무한한 무한 구간 신호 중에도 $x[n] = a^n u[n]$, $|a| < 1$와 같이 에너지가 유한한 에너지 신호들이 많이 있다. 반면에, (단위) 계단 신호 $u[n] = 1$, $n \geq 0$와 같은 신호들은 에너지는 무한하지만 평균 전력은 유한하므로 전력 신호이다. 주기 신호는 $-\infty < n < \infty$에 걸쳐 같은 파형이 반복되기 때문에 한 주기 동안의 에너지가 유한하더라도 총에너지는 무한하게 된다. 그러나 한 주기의 에너지 평균이 곧 전체 구간의 에너지 평균이므로 전력은 유한하다. 따라서 일반적으로 주기 신호는 전력 신호가 된다. 그런데 모든 신호가 반드시 에너지 신호나 전력 신호 둘 중의 하나가 되는 것은 아니다. 램프 신호 $r[n] = n$, $n \geq 0$와 같이 에너지와 전력이 모두 무한한, 즉 에너지 신호도 전력 신호도 아닌 신호들도 있다. 에너지 신호와 전력 신호의 개념은 5장에서 **푸리에 변환**Fourier transform을 다룰 때 요긴하게 활용된다.

예제 2-2 에너지 신호와 전력 신호의 예

다음의 이산 신호에 대해 에너지 신호 또는 전력 신호인지 판별하고, 맞으면 그 신호의 에너지 또는 전력을 구하라.

(a) $x[n] = (-0.8)^n u[n]$　　(b) $x[n] = 2\cos\left(\frac{\pi n}{3} + \frac{\pi}{6}\right)$　　(c) $x[n] = (0.9)^n \cos\left(\frac{\pi}{4} n\right)$

풀이

(a) 이 신호는 크기가 지수적으로 감쇠하여 $\lim_{n \to \infty} x[n] = 0$이 되므로 에너지가 유한한 에너지 신호이다.

$$E = \sum_{k=0}^{\infty} |-0.8|^{2k} = \frac{1}{1-0.64} = 2.78$$

(b) 이 신호는 주기 신호이므로 에너지는 무한하나 전력은 유한한 전력 신호이다. 이 신호의 주기는 $N = 6$이므로 신호의 전력은 다음과 같이 계산한다.

$$P = \frac{1}{6} \sum_{k=0}^{5} 2^2 \cos^2\left(\frac{\pi k}{3} + \frac{\pi}{6}\right)$$

$$= \frac{4}{6}\left[\left(\frac{\sqrt{3}}{2}\right)^2 + 0 + \left(\frac{\sqrt{3}}{2}\right)^2 + \left(\frac{\sqrt{3}}{2}\right)^2 + 0 + \left(\frac{\sqrt{3}}{2}\right)^2\right] = \frac{48}{24} = 2$$

(c) 이 신호는 $n < 0$일 경우에는 $(0.9)^n$이 $n \to -\infty$에 따라 무한히 커지므로 에너지와 전력 모두 유한하지 않다. 즉 에너지 신호도 아니고 전력 신호도 아니다.

확정 신호와 불규칙 신호

정현파 $x(t) = 4\cos(3\pi t)$나 $x(t) = 3t + 2$와 같은 신호들은 시간 t의 값에 따라 신호의 값이 정해지며 변함이 없다. 반면에 주사위를 500번을 한 세트로 던질 경우, 던질 때마다 결과는 달라지나 주사위 각 면의 숫자가 나올 확률이나 기댓값 등의 통계적 성질은 변하지 않는다. 앞의 경우를 **확정**deterministic **신호**, 뒤의 경우를 **불규칙**random **신호**라고 한다.

- **확정 신호**는 시간에 대해 미리 정해진 형태를 갖는 신호, 다시 말해 수식이나 표 또는 다른 규칙에 의해 명확하게 표현될 수 있는 신호이다.
- **불규칙 신호**는 시간에 대해 미리 정해진 형태를 갖지 않아 신호의 값을 예측할 수는 없지만, 일정한 통계적 특성을 가지는 신호로서 확률적으로 취급하여야 한다.

우리가 익히 알고 있고, 많이 사용하는 대부분의 신호는 확정 신호이다. 불규칙 신호의 대표적인 예로는 반도체 소자에서 발생하는 열잡음이나 통신 시스템에서 나타나는 잡음 등이 있는데, 스펙트럼이 모든 주파수에 걸쳐 있기에 **백색잡음**white noise이라고 한다.

2.1.2 기본 이산 신호

신호와 시스템을 다루는 과정에서 자주 쓰이며, 중요한 역할을 하는 기본 이산 신호들이 있다. 이들은 상응하는 연속 신호들과 꼴과 특성이 거의 같지만 이산 임펄스 신호와 이산 정현파 신호 등은 흥미로운 차이점도 가진다.

이산 (단위) 임펄스 신호

이산 (단위) 임펄스 신호 $\delta[n]$은 극한 개념을 적용하여 정의하는 연속 (단위) 임펄스 신호 $\delta(t)$와는 달리 물리적으로 존재하는 가장 단순한 신호로, 파형은 [그림 2-1]과 같다.

- **이산 (단위) 임펄스 함수**는 $n = 0$에서만 1의 값을 가지는 단순한 신호로서, **크로네커 델타**Kronecker delta 또는 **단위 샘플**unit sample **함수**라고도 한다.

$$\delta[n] = \begin{cases} 1, & n = 0 \\ 0, & n \neq 0 \end{cases} \tag{2.4}$$

- 이산 임펄스 함수는 이산 신호를 표현하는 데 기본 신호로 사용된다. 이산 신호는 시간 이동된 임펄스 신호들의 가중합 형태로 나타낼 수 있다.

$$\begin{aligned} x[n] &= \cdots + x[-1]\delta[n+1] + x[0]\delta[n] + \cdots + x[k]\delta[n-k] + \cdots \\ &= \sum_{k=-\infty}^{\infty} x[k]\,\delta[n-k] \end{aligned} \tag{2.5}$$

$\delta[n]$을 시간에 대해 k만큼 이동시킨 $\delta[n-k]$는 [ ] 안이 0인 시간($n=k$)에서만 값이 1이 된다. 그러므로 이산 신호 $x[n]$의 k 순간의 샘플을 $x[k]\delta[n-k]$ 라고 쓸 수 있으며, 이렇게 나타낸 시간 성분들을 모두 모은 것이 식 (2.5)이다. 이와 달리 식 (2.5)는 늘어놓은 이산 신호 샘플들 중에서 임펄스 신호를 써서 한 순간(n)의 신호 값($x[n]$)만 골라내는 동작으로도 해석할 수 있는데, 이를 임펄스 함수의 **체 거르기**sifting 또는 **샘플링 성질**이라고 한다.

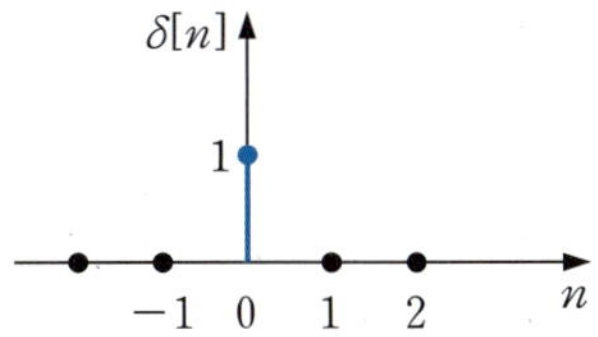

[그림 2-1] 이산 단위 임펄스 신호

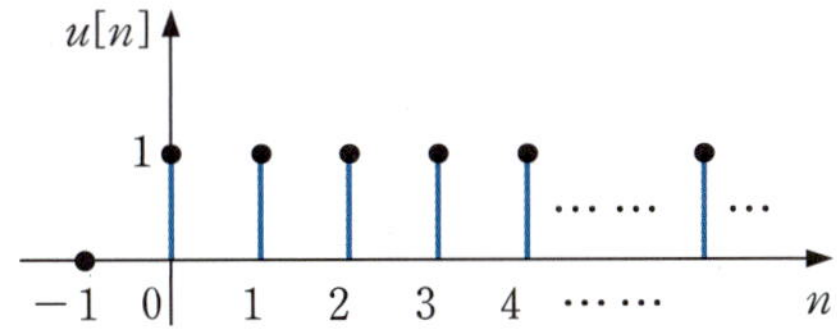

[그림 2-2] 이산 단위 계단 신호

이산 (단위) 계단 신호

이산 (단위) 계단 신호 $u[n]$은 연속 계단 신호 $u(t)$를 샘플링한 것과 같은 신호로서, 파형은 [그림 2-2]와 같다.

- **이산 (단위) 계단 신호**는 $n \geq 0$에서 항상 값이 1인 신호, 즉 직류 신호이다.

$$u[n]=\begin{cases}1, & n \geq 0 \\ 0, & n<0\end{cases} \tag{2.6}$$

- 이산 계단 신호는 $n=0$을 경계로 한 on-off 스위치 동작으로 취급할 수 있어 다른 여러 종류의 신호를 표현하는 데 매우 유용하게 사용된다.
- $\delta[n]$은 $u[n]$의 **차분**difference으로, $u[n]$은 $\delta[n]$의 **이동 합** running sum으로 표현할 수 있다.

$$\delta[n]=u[n]-u[n-1] \tag{2.7}$$

$$u[n]=\sum_{k=-\infty}^{n} \delta[k] \tag{2.8}$$

예제 2-3 **임펄스 신호와 계단 신호를 이용한 신호 표현**

다음 그림과 같은 이산 신호를 임펄스 신호와 계단 신호를 이용하여 나타내라.

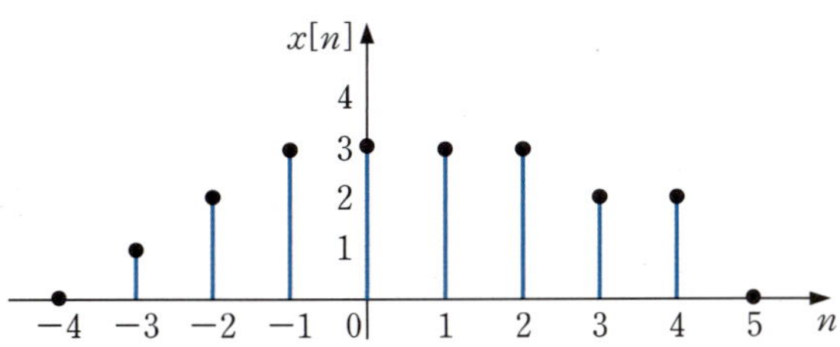

[그림 2-3] [예제 2-3]의 이산 신호 $x[n]$

풀이

임펄스 신호를 이용하여 나타내려면, [그림 2-4(a)]에 보인 것처럼 주어진 신호를 각각의 시간 성분으로 쪼갠 다음 식 (2.5)에서 해당하는 시간의 신호 샘플값을 대입하기만 하면 된다.

$$\begin{aligned} x[n] = \delta[n+3] &+ 2\delta[n+2] + 3\delta[n+1] + 3\delta[n] \\ &+ 3\delta[n-1] + 3\delta[n-2] + 2\delta[n-3] + 2\delta[n-4] \end{aligned}$$

계단 신호를 이용하여 나타내려면, 우선 신호를 같은 함수 꼴로 표현될 수 있는 성분들로 나누어야 한다. 주어진 신호는 [그림 2-4(b)]와 같이 쪼갤 수 있다.

❶ 4개의 샘플로 구성된 기울기 1인 램프 신호($-4 \le n \le -1$)

❷ 3개의 샘플로 된 크기가 3인 사각 펄스($0 \le n \le 2$)

❸ 2개의 샘플로 된 크기가 2인 사각 펄스($3 \le n \le 4$)

쪼개진 각각의 성분을 계단 신호를 이용해 표현한 다음 이를 모두 더하면 다음의 결과를 얻는다.

$$\begin{aligned} x[n] &= (n+4)(u[n+4]-u[n]) + 3(u[n]-u[n-3]) + 2(u[n-3]-u[n-5]) \\ &= (n+4)u[n+4] - nu[n] - u[n] - u[n-3] - 2u[n-5] \end{aligned}$$

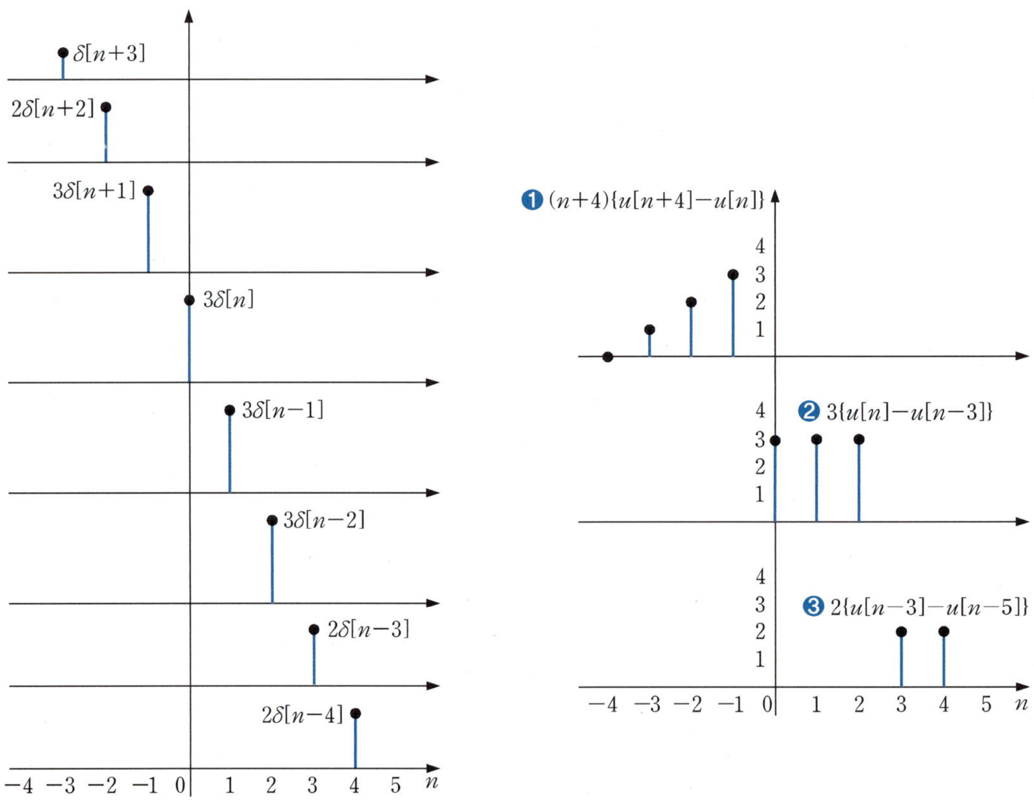

(a) 임펄스 신호로 표현된 $x[n]$의 성분 (b) 계단 신호로 표현된 $x[n]$의 성분

[그림 2-4] 임펄스 신호와 계단 신호를 이용하여 표현된 신호 $x[n]$

계단 신호를 이용한 표현은 오직 하나만 존재하는 것이 아니며 신호를 어떻게 쪼개느냐에 따라 달라질 수 있다.

이산 지수 신호

이산 지수 신호의 일반적인 표현은 식 (2.9)와 같으며, 밑수 a에 따라 실수 지수 신호와 복소 지수 신호로 나눌 수 있다.

$$x[n] = a^n \tag{2.9}$$

- **이산 실수 지수 신호** : a가 실수인 경우로서, a값에 따라 [그림 2-5]와 같이 6가지 형태로 나뉜다. a가 음수이면 음과 양의 값이 번갈아 가면서 나타난다.
- **이산 복소 지수 신호** : a가 복소수인 가장 일반적인 형태의 지수 신호로, 실수 지수 신호와 (복소) 정현파 신호가 복합된 특성을 가진다([그림 2-6]).

$$x[n] = \left(re^{j\Omega_0}\right)^n = r^n e^{j\Omega_0 n} = r^n[\cos(\Omega_0 n) + j\sin(\Omega_0 n)] \tag{2.10}$$

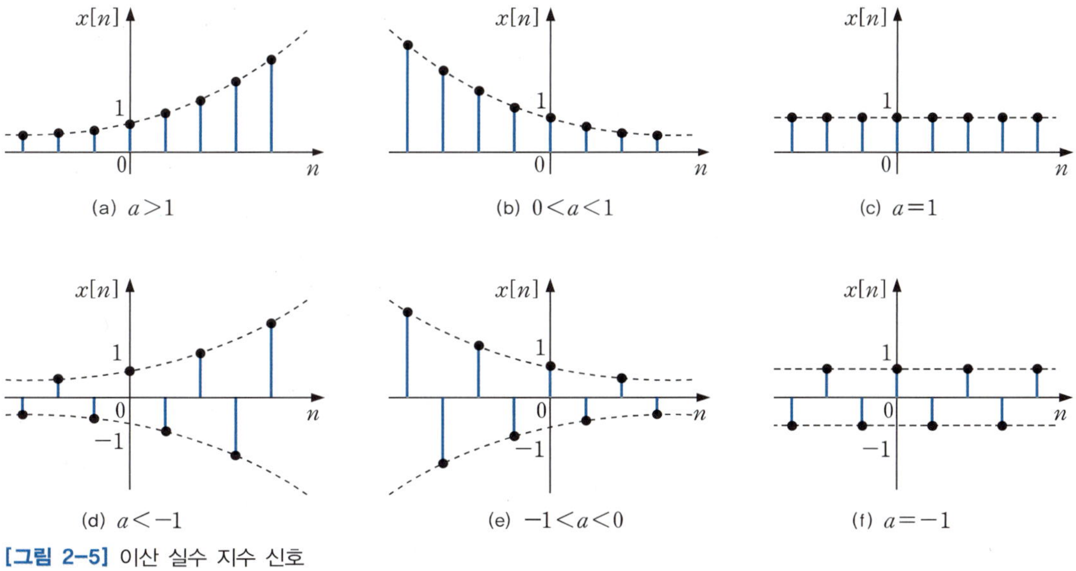

[그림 2-5] 이산 실수 지수 신호

식 (2.10)의 복소 지수 신호의 실수부(또는 허수부)는 r^n에 의해 진폭의 크기가 지수적으로 증가하거나 감소하면서 정현적으로 진동하는 신호임을 알 수 있다. [그림 2-6]은 r값에 따른 $x[n]$의 실수부를 나타낸 그림으로, [그림 2-6(a)]와 [그림 2-6(b)]에서 점선으로 표시된 r^n을 **포락선**envelope이라고 한다.

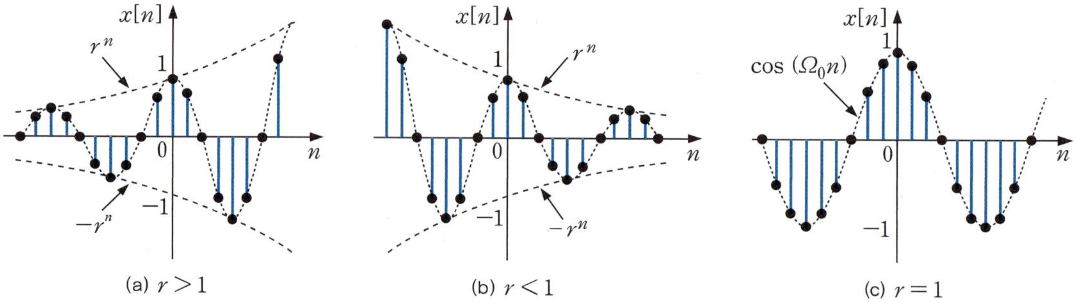

[그림 2-6] 이산 복소 지수 함수의 실수부

이산 (복소) 정현파 신호

[그림 2-6(c)]에서 볼 수 있듯이, 복소수 a가 $|a|=r=1$을 만족하면 지수 신호 $x[n]$은 복소 정현파 신호가 된다.

$$x[n]=e^{j\Omega_0 n}=\cos(\Omega_0 n)+j\sin(\Omega_0 n) \tag{2.11}$$

식 (2.11)의 관계를 **오일러**Euler **공식**이라고 하는데, 이로부터 간단한 계산을 거쳐 정현파 신호를 다음과 같이 나타낼 수 있다. 신호 처리에서는 수학적으로 계산이 까다로운 삼각 함수 대신에 복소 정현파 신호를 이용해 정현파를 표현하여 취급하는 경우가 많다.

$$\begin{aligned}\cos(\Omega_0 n)&=\frac{e^{j\Omega_0 n}+e^{-j\Omega_0 n}}{2}\\ \sin(\Omega_0 n)&=\frac{e^{j\Omega_0 n}-e^{-j\Omega_0 n}}{j2}\end{aligned} \tag{2.12}$$

이산 복소 정현파는 연속 복소 정현파 신호 $x(t)=e^{j\omega_0 t}$을 샘플링한 것으로 볼 수 있지만, 이산 (복소) 정현파는 연속 (복소) 정현파와는 확연히 다른 특성도 가지고 있다.

- 이산 (복소) 정현파 신호가 주기 신호가 되려면 각주파수를 2π로 나눈 값, 즉 (디지털) 주파수가 유리수여야 한다.

$$\frac{\Omega_0}{2\pi}=F_0=\frac{k}{N}\quad (k,\ N\text{은 정수}) \tag{2.13}$$

- 각주파수가 2π의 정수 배만큼 차이 나는 이산 정현파들은 서로 구분되지 않는 같은 신호이다.

$$e^{j(\Omega_0+2\pi k)n}=e^{j\Omega_0 n}e^{j2\pi kn}=e^{j\Omega_0 n} \tag{2.14}$$

- 이산 정현파 신호는 주파수 $0\le\Omega\le 2\pi(0\le F\le 1)$ 범위 내에서만 구분할 수 있고, 가질 수 있는 최대 주파수가 $\Omega_{max}=2\pi(F_{max}=1)$를 넘지 않는다.

주기 신호에 대한 정의로부터, 이산 (복소) 정현파 신호가 주기 N인 주기 신호가 되려면 식 (2.15)의 조건을 반드시 만족해야 한다.

$$e^{j\Omega_0(n+N)} = e^{j\Omega_0 n}e^{j\Omega_0 N} = e^{j\Omega_0 n} \tag{2.15}$$

식 (2.15)가 성립하려면, $e^{j\Omega_0 N}=1$, 다시 말해 $\Omega_0 N$이 2π의 정수 배가 되어야 하기 때문에 식 (2.13)의 조건을 얻게 된다. 만약 $\Omega/2\pi$ 또는 F가 유리수가 아니라면, 이산 정현파 신호는 결코 동일한 패턴을 반복하지 않는다. 예를 들어, [그림 2-7(a)]의 이산 정현파는 같은 샘플들이 주기 $N=12$로 정확히 반복되는, 즉 디지털 주파수 $F_0=1/N=1/12$로 식 (2.13)의 조건을 만족하는 주기 신호이다. 그러나 [그림 2-7(b)]의 이산 정현파는 $F_1=\Omega_1/2\pi=10/63\sqrt{2}$로 유리수가 아니며, 똑같은 샘플들이 주기적으로 반복되지 않는다. $\cos(\sqrt{2}\pi n)$이나 $\cos(0.5n)$ 등도 마찬가지이다.

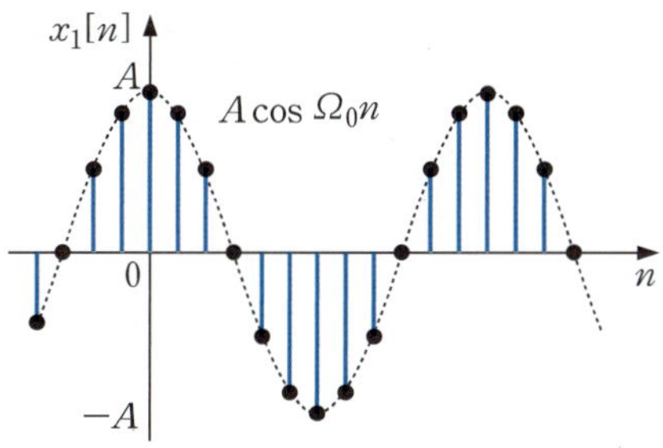

(a) 주기 신호

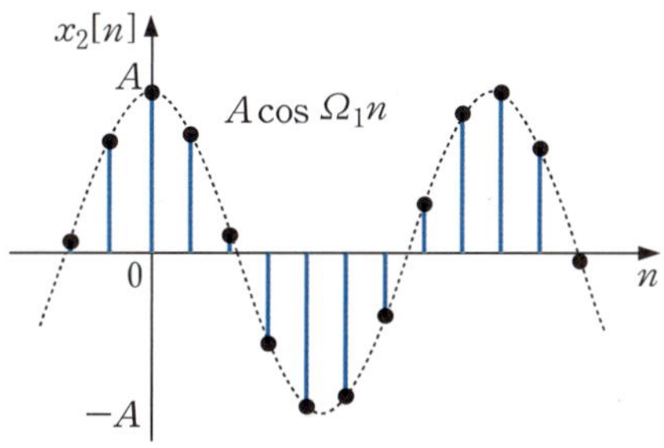

(b) 비주기 신호

[그림 2-7] 이산 정현파 신호의 주기성

식 (2.14)는 하나의 주파수에 오직 하나의 이산 정현파 신호만 대응되는 것이 아님을 의미한다. 따라서 이산 정현파 신호는 주파수 $0 \le \Omega \le 2\pi(0 \le F \le 1)$ 범위 내에서만 구분할 수 있고 최대 주파수가 $\Omega_{\max}=2\pi(F_{\max}=1)$라는 결론을 얻게 된다.

예제 2-4 이산 (복소) 정현파의 주기성

다음 이산 정현파 신호가 주기 신호인지 판별하고, 주기 신호라면 그 주기를 구하라.

(a) $x[n]=\cos\left(\frac{5\pi}{8}n\right)$ (b) $x[n]=\cos\left(\frac{2}{5}n\right)$ (c) $x[n]=e^{j\frac{2\pi}{3}n}$

풀이

(a) $\Omega_0=\frac{5\pi}{8}$이므로 $F_0=\frac{\Omega_0}{2\pi}=\frac{5}{16}$이다. (디지털) 주파수가 유리수이므로 이 정현파는 주기 신호이다. 주기는 $\frac{5}{16}=\frac{k}{N}$를 만족하는 가장 작은 정수 N을 구하면 되는데, 분모, 분자가 약분이 안 되므로 그냥 $k=5$, $N=16$을 취하면 된다. 즉 주기는 $N=16$이다. 이산 주기 신호의 주기는 반드시 정수가 되어야 함을 주의해야 한다.

(b) $\Omega_0 = \frac{2}{5}$ 이므로 $F_0 = \frac{\Omega_0}{2\pi} = \frac{1}{5\pi}$ 이다. (디지털) 주파수가 유리수가 아니므로 이 정현파는 주기 신호가 아니다.

(c) $\Omega_0 = \frac{2\pi}{3}$ 이므로 $F_0 = \frac{\Omega_0}{2\pi} = \frac{1}{3}$ 이다. (디지털) 주파수가 유리수이므로 이 복소 정현파는 주기 신호이다. 주기는 $\frac{1}{3} = \frac{k}{N}$ 를 만족하는 가장 작은 정수인 $N=3$ 이다.

예제 2-5 이산 정현파 신호의 동일성

$x_1[n] = \cos\left(\frac{\pi}{6}n\right)$ 과 $x_2[n] = \cos\left(\frac{13\pi}{6}n\right)$ 이 같은 신호임을 보여라.

풀이

다음과 같이 간단한 계산에 의해 $x_1[n]$ 과 $x_2[n]$ 이 같음을 바로 보일 수 있다.

$$x_2[n] = \cos\left(\left(\frac{\pi}{6} + 2\pi\right)n\right) = \cos\left(\frac{\pi}{6}n + 2\pi n\right) = \cos\left(\frac{\pi}{6}n\right) = x_1[n]$$

즉 주파수 $\Omega_2 = \frac{13\pi}{6}$ 인 이산 정현파는 주파수 $\Omega_1 = \frac{\pi}{6}$ 인 이산 정현파인 셈이다. 이 결과는 2π 의 정수배만큼 떨어져 있는 주파수를 갖는 무수한 이산 정현 신호들이 구분되지 않는 같은 신호라는 사실을 확인해주는 것이므로 이산 정현파 신호는 $[0, \infty]$ 의 주파수 구간에서 나타낼 필요 없이 $[0, 2\pi]$ 구간에서만 나타내면 충분하다.

SECTION

2.2 이산 신호에 대한 기본 연산

학습포인트

- 이산 신호에 대한 기본 조작(연산)에는 어떤 것들이 있는지 파악한다.
- 신호의 진폭과 시간에 대한 반전, 이동, 척도조절 연산을 이해한다.
- 이산 신호에 대한 시간 척도조절 연산(솎음과 보간)을 이해한다.
- 기본 연산의 조합 순서에 따른 시간 이동 값의 차이를 이해한다.

시스템은 입력 신호가 들어오면 적절한 조작(연산)을 거쳐서 출력 신호를 내보내는데, 겉보기에는 복잡한 신호일지라도 단순한 신호에 기본적인 조작을 차례로 적용함으로써 얻을 수 있다. 이러한 신호에 대한 기본 조작을 수학적으로는 기본 연산이라고 한다. 이 절에서는 이산 신호에 대한 기본 연산에는 어떤 것이 있으며, 특징은 무엇인지 알아보기로 한다.

시스템이 신호에 대해 수행하는 기본 동작을 수학적으로 표현한 것이 신호에 대한 기본 연산이다. 신호는 크기(진폭)를 갖는 시간 함수로 표현되므로, 기본 연산은 시간과 진폭에 대한 조작일 것이다. 그러므로 시간과 진폭에 대한 **반전**reversal, **이동**shift, **척도조절**scaling 연산을 비롯하여 두 신호의 합과 곱, 연속 신호에 대한 미분과 적분에 대응되는 **차분**difference과 **누적합**accumulation 등이 이산 신호에 대한 기본 연산이 된다. 이러한 이산 신호에 대한 기본 연산들은 [표 2-1]에 정리했다.

[표 2-1] 이산 신호에 대한 기본 연산

연산	표현식	시스템 / 기능
합	$y[n]=s[n]+x[n]$	가산기
곱	$y[n]=x[n]\,p[n]$	승산기
누적합	$y[n]=\sum_{k=-\infty}^{n} x[k]$	누산기
차분	$y[n]=\Delta x[n]=x[n]-x[n-1]$	(후향) 차분기
진폭 척도조절	$y[n]=ax[n],\ a>1$	증폭기
	$y[n]=ax[n],\ a<1$	감쇠기
진폭 반전	$y[n]=-x[n]$	인버터
진폭 이동	$y[n]=x[n]+a$	오프셋
시간 척도조절	$y[n]=x[an],\ a>1$인 정수	솎음(다운 샘플러)
	$y[n]=x[an],\ \frac{1}{a}>1$인 정수	보간(업 샘플러)
시간 이동	$y[n]=x[n-n_0],\ n_0>0$	지연기
	$y[n]=x[n+n_0],\ n_0>0$	예측기
시간 반전	$y[n]=x[-n]$	반사기

반전은 시간 또는 크기(진폭) 축에 대한 뒤집기 동작, 이동은 파형이 축을 따라 움직이는 동작, 척도 조절은 축의 눈금 크기를 바꾸는 효과가 있는 동작이라고 이해하면 된다.

2.2.1 연속 신호와 동일한 연산

기본 연산 중에는 연속 신호와 이산 신호 모두에 똑같이 적용할 수 있는 것들도 있고, 서로 다른 것들도 있다. 신호의 합과 곱, 그리고 진폭 변환(반전, 이동, 척도조절) 및 척도조절을 제외한 시간 변환(반전, 이동)은 연속 신호와 이산 신호 모두 다를 바 없는 공통적인 연산이다.

진폭에 대한 기본 연산의 예를 [그림 2-8]에 나타내었는데, 그림에서 보듯이 진폭 변환 연산은 개념적으로 어려울 것이 전혀 없다. 또한, 시간에 대한 기본 연산 중 시간 반전과 시간 이동도 [그림 2-9]를 보면 어떤 조작인지 바로 이해할 수 있을 것이다.

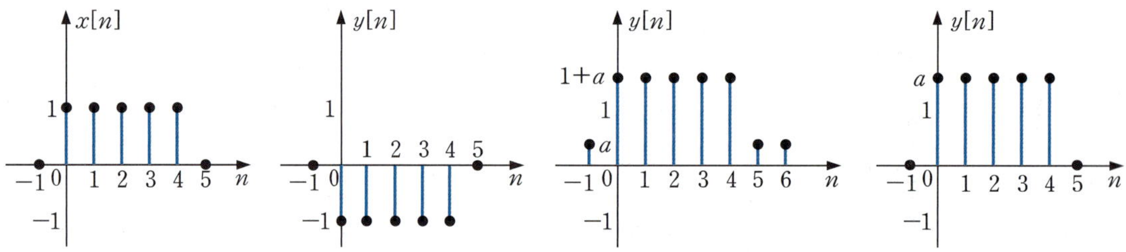

(a) $x[n]$ (b) $-x[n]$ (c) $x[n]+a$ (d) $ax[n]$

[그림 2-8] 이산 신호의 진폭 변환 연산의 예

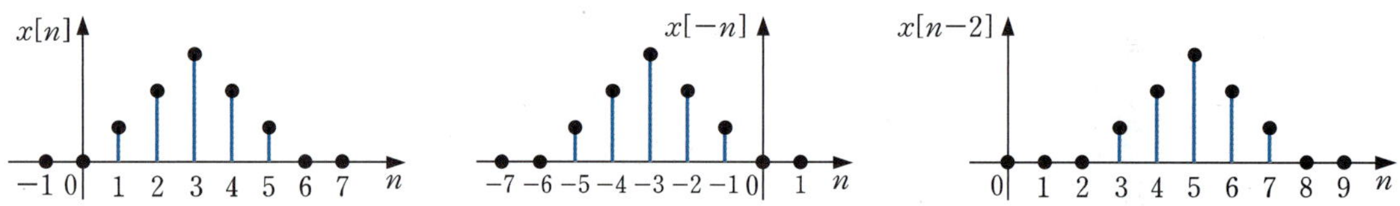

(a) $x[n]$ (b) 시간 반전 (c) 시간 이동

[그림 2-9] 이산 신호의 시간 반전과 시간 이동의 예

2.2.2 연속 신호와 다른 연산

이산 신호에 대한 기본 연산 중에서 차분과 누적합은 이산 신호에만 있는 연산이며, 시간 척도조절은 연속 신호와 차이가 가장 큰 연산이다.

이산 신호의 차분과 누적합

이산 신호는 시간에 대하여 불연속이므로 미분과 적분이 정의되지 않는 대신, 미분과 적분을 근사화한 등가 연산이라 할 수 있는 차분과 누적합이 정의된다.

- **차분**은 하나 뒤진(또는 앞선) 시간의 신호 값과의 차이로 미분을 근사화한 것이다.

$$y[n] = \Delta x[n] = x[n] - x[n-1] \tag{2.16}$$

- **누적합**은 들어온 신호 값들을 계속 쌓아 모아두는 동작으로 적분을 근사화한 것이다.

$$y[n] = \sum_{k=-\infty}^{n} x[k] \tag{2.17}$$

미분은 시간 t에서의 신호의 기울기이므로, 시간이 하나 앞서거나 뒤진 신호와의 차이로 정의되는 차분은 미분을 거칠게 근사화한 것이라고 볼 수 있다. 보통 현재 시각 n보다 앞선 시간의 신호 값은 알 수 없으므로, 실제로는 하나 뒤진 신호와의 차이인 후향 차분을 주로 사용한다. 또한 구분구적법에 의하면, 적분은 함수를 잘게 잘라서 얻어지는 각 띠의 면적의 합으로 이해할 수 있으므로, 누적합 연산은 적분을 근사화한 것으로 생각할 수 있다.

이산 신호의 시간 척도조절 : 솎음과 보간

이산 신호의 기본 연산 중에서 연속 신호와 차이가 가장 뚜렷한 것이 바로 시간 척도조절이다. 이러한 차이는 이산 신호의 시간 변수 n이 정수이기에 비롯된 것이다.

- 이산 신호의 시간 척도조절은 수식 표현으로는 연속 신호의 경우와 다를 바 없으나, 척도조절 인자 a의 값에 대한 제약이 있으며, 실제 동작에도 차이가 있다.

$$y[n] = x[an] \tag{2.18}$$

- **솎음**decimation은 $a > 1$(a는 반드시 정수)인 경우로 시간이 a의 배수(an)에 해당되는 샘플들만 남기고 나머지는 솎아내 버리는 시간축 줄이기(압축) 연산이다.
- 솎음 연산을 적용하면, 버려지는 샘플들로 인해 정보의 손실이 발생한다.
- **보간** interpolation은 $a < 1$($\frac{1}{a}$은 반드시 정수)인 경우로 원 신호의 샘플 사이에 다른 샘플들을 끼워 넣는 시간축 늘이기(신장) 연산인데, 끼워 넣을 신호 값에 대한 정보가 주어져 있지 않으므로 적당한 방법으로 끼워 넣을 샘플 값을 결정해야 한다.
- 시간 척도조절 값이 정수가 아닌 경우에는 정수의 비로 만들어서 먼저 솎음을 적용한 뒤에 보간하면 된다. 순서는 바뀌어도 상관없다.

솎음(시간축 줄이기, $a > 1$)의 경우, 연산 결과인 $y[n]$의 시간 변수도 정수가 되어야 하므로 a는 반드시 정수여야 하고, 시간이 a의 배수(an)에 해당하는 샘플들만 남겨서 다시 차례로 줄을 세우고 나머지는 버리는 동작이 된다. 예를 들어, [그림 2-10(b)]는 $a = 2$로 [그림 2-10(a)]의 원 신호 $x[n]$에서 2의 배수인 시각에 발생하는 신호 샘플들만 남긴 것으로 $y[0] = x[0]$, $y[1] = x[2]$, $y[2] = x[4]$, $\cdots$가 되고, $x[1]$, $x[3]$, $x[5]$, $\cdots$의 신호 샘플들은 솎아내 샘플 수가 반으로 줄어든다. 그런 까닭에 이 연산을 **솎음** 또는 **다운 샘플링**down-sampling이라고 부른다. 그림에서 볼 수 있듯이 이산 신호에 대한 솎음 조작은 완전히 다른 파형의 신호가 결과로서 얻어질 수도 있다.

보간(시간축 늘이기, $a<1$)의 경우에도 같은 이유로 $1/a$가 정수가 되어야 하며, 원 신호의 각 샘플 사이에 샘플들을 추가로 끼워 넣는 동작이 된다. 그러므로 이산 신호의 시간축 늘이기 연산을 **보간** 또는 **업 샘플링**up-sampling이라고 한다. 예를 들어, $a=1/2$인 경우 $y[0]=x[0]$, $y[1]=x[1/2]$, $y[2]=x[1]$, $y[3]=x[3/2]$, $y[4]=x[2]$, ⋯이 되어 샘플의 수가 2배로 늘어나게 된다. 그런데 여기에는 문제가 있다. $x[1/2]$, $x[3/2]$, $x[5/2]$, ⋯의 값이 원 신호에는 존재하지 않아 이에 해당하는 $y[n]$ 값을 정할 수가 없다. 보통은 [그림 2-10(c)]처럼 그 값을 0으로 하거나, [그림 2-10(d)]처럼 앞뒤 두 샘플의 평균을 취해 신호가 담고 있는 정보를 크게 왜곡하지 않는 범위 내에서 적당한 값을 선택하여 이 문제를 해결한다.

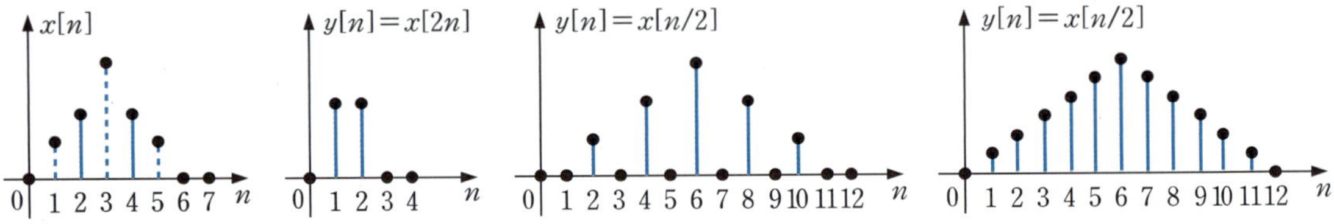

(a) $x[n]$ (b) 솎음 (c) 보간(0 삽입) (d) 보간(선형 보간)

[그림 2-10] 이산 신호의 시간 척도 변화의 예 – 솎음과 보간

2.2.3 연산의 조합에 의한 이산 신호의 표현

실제로 접하는 대부분의 신호는 형태가 단순하여 간단한 함수로 표현할 수 있는 기본 신호들보다는 파형이 복잡하고 복합적이다. 그러나 아주 특수한 경우를 제외하면, 아무리 복잡한 신호라 할지라도 단순한 형태의 신호로부터 [표 2-1]의 여러 기본 연산을 순차적으로 조합하여 적용하여 구할 수 있다.

이산 신호에 대한 기본 연산의 조합

- 어떤 신호에 기본 연산들을 순차적으로 조합하여 적용하면 새로운 신호가 얻어진다.
- 한 신호에 여러 기본 연산을 조합하여 적용할 때, 적용 순서가 바뀌어도 같은 결과가 나온다.
- 시간 이동 연산은 다른 시간 변환 연산과 교환 법칙이 성립하지 않기 때문에 연산 순서를 바꾸면 시간 이동 값이 달라진다.

예제 2-6 이산 신호에 대한 기본 연산의 조합

[그림 2-11]의 신호 $x[n]$에 대해 다음을 구하여 그려라.

(a) $y[n]=x[2n-4]$

(b) $y[n]=x\left[\frac{2}{3}n\right]$

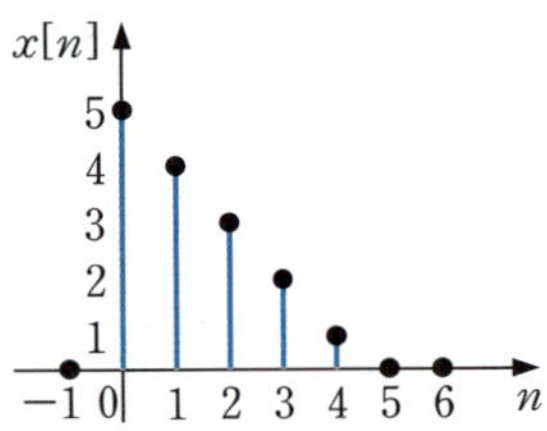

[그림 2-11] [예제 2-6]의 신호

풀이

(a) $y[n] = x[(2n)-4] = x[2(n-2)]$이므로, $x[n]$에 기본 연산을 적용하여 $y[n]$을 얻는 방법은 다음의 두 가지가 있으며, [그림 2-12]에 이 과정을 나타내었다.

❶ $x[(2n)-4]$의 경우, 먼저 $x[n]$을 $n_0 = 4$만큼 시간 이동한 뒤($x[n-4]$), 2배로 솎음을 적용하여 ($x[(2n)-4]$) $y[n]$을 얻는다.

❷ $x[2(n-2)]$의 경우, 2배로 솎음을 먼저 적용하고($x[2n]$), 나중에 $n_0 = 2$만큼 시간 이동을 시켜서 $y[n]$을 얻는다(❶의 경우와 시간 이동 값이 달라짐을 유의하라).

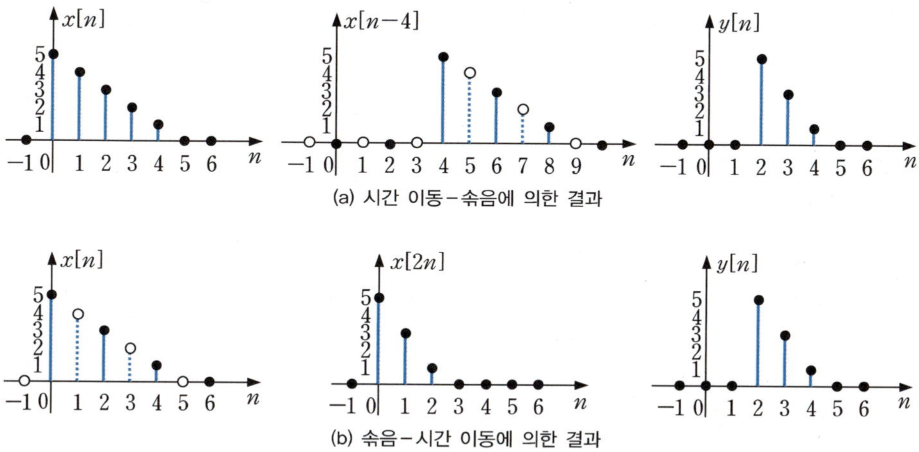

(a) 시간 이동-솎음에 의한 결과

(b) 솎음-시간 이동에 의한 결과

[그림 2-12] 기본 연산의 조합에 의한 $y[n] = x[2n-4]$ 얻기

(b) [그림 2-13(a)]는 솎음($x[2n]$)-보간($x\left[\frac{2}{3}n\right]$, 0 삽입) 순으로, [그림 2-13(b)]는 보간($x\left[\frac{n}{3}\right]$, 0 삽입)-솎음($x\left[\frac{2}{3}n\right]$) 순으로 연산을 수행한 결과이며, 두 결과는 동일하다. 다시 말해 보간과 솎음의 순서를 바꾸어도 상관없다.

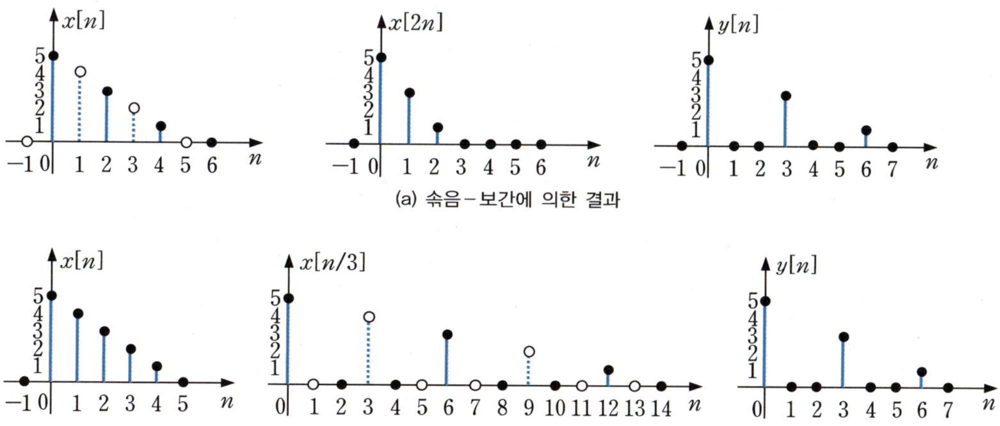

(a) 솎음-보간에 의한 결과

(b) 보간-솎음에 의한 결과

[그림 2-13] 기본 연산의 조합에 의한 $y[n] = x\left[\frac{2}{3}n\right]$ 얻기

SECTION 2.3

이산 시스템

학습포인트

- 시간 영역에서 이산 시스템이 어떻게 표현되는지 알아본다.
- 이산 시스템을 구성하는 기본 소자들에 대해 알아본다.
- 차분 방정식으로 표현된 이산 시스템의 구현도를 알아본다.

이산 시스템은 이산 신호(입력)를 받아들여 어떤 조작(연산)을 수행함으로써 다른 이산 신호(출력)를 만들어내는 장치나 알고리즘이다. 이 절에서는 수식과 그림을 이용한 이산 시스템의 표현에 대해 간단히 살펴보고자 한다.

이산 신호는 이산 시스템에 의해 만들어지고 처리된다. 시스템은 입력을 받아들여 출력을 만들어내는 동작 규칙을 정형화하여 수식으로 나타낼 수 있는데, 시간 영역에서 이산 시스템의 입출력 관계는 보통 다음과 같은 차분 방정식으로 주어진다.

$$y[n]+a_1y[n-1]+\cdots+a_py[n-p]=b_0x[n]+\cdots+b_qx[n-q] \tag{2.19}$$

식 (2.19)의 차분 방정식을 좌변에 $y[n]$만 남기고 다시 쓰면 다음과 같다.

$$y[n]=(-a_1y[n-1]-\cdots-a_py[n-p])+(b_0x[n]+\cdots+b_qx[n-q]) \tag{2.20}$$

식 (2.20)은 이산 시스템의 출력이 현재와 과거 입력 값들의 가중 합, 즉 입력 신호의 **이동 평균**(MA) Moving Average 항과 과거 출력 값들의 가중 합, 즉 출력 신호의 **자기 회귀**(AR) Auto-Regressive 항들로 구성됨을 보여준다. 따라서 식 (2.19)의 차분 방정식을 **자기 회귀 이동 평균**(ARMA) Auto-Regressive Moving Average 모델이라고도 부른다.

식 (2.19)의 차분 방정식을 보면, 입출력 변수에 대한 시간 지연기, 상수 계수를 곱하는 곱셈기, 그리고 방정식의 각 항을 더하는 덧셈기로 이산 시스템을 구현할 수 있음을 알 수 있다. 시간 지연기는 입력 신호를 한 시간 단위(스텝)만큼 지연시키는 요소로서, z^{-1}으로 시간 지연 동작을 표시한다(그 이유는 8장에서 살펴볼 것이다). [그림 2-14]는 이들 기본 구성 요소들을 나타낸 것이다.

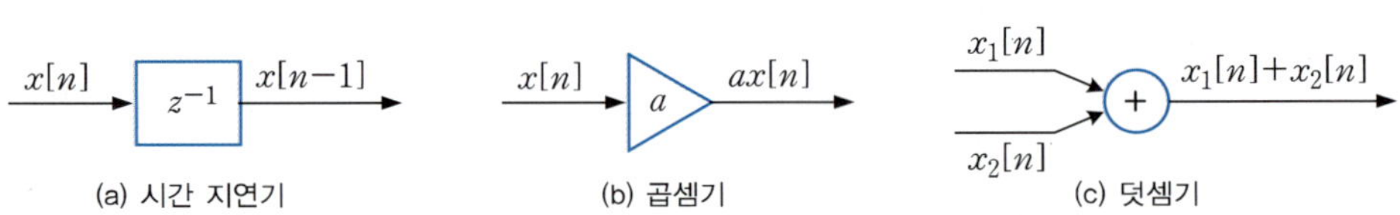

[그림 2-14] 이산 시스템의 기본 구성 요소

차분 방정식으로 표현된 이산 시스템의 구현도는 기본적으로 필요한 만큼의 시간 지연기를 일렬로 연결하고, 각 지연기의 출력단마다 탭을 내어 곱셈기를 달아 계수를 곱하여 더하는 **탭부 지연기 열**tapped delay line 구조를 이룬다. 차분 방정식이 주어지면 별도의 중간 과정을 거칠 필요 없이 바로 기계적으로 그릴 수 있는 표준적인 시스템 구현도를 **직접형**direct form 또는 **표준형**canonical form이라고 하는데, 이산 시스템에는 [그림 2-15]에 보인 것처럼 3개의 직접형(표준형)이 있다(상세한 유도 과정은 〈심화학습 자료〉를 참조하라).

이산 시스템의 직접형(표준형) 구현도

- **제1 직접형**은 차분 방정식 표현대로 출력항과 입력항으로 분리하고 각각 별도의 시간 지연기 열을 사용하여 나타낸 것으로, 구현도는 [그림 2-15(a)]와 같다.
- **제2 직접형**은 차분 방정식을 출력항과 입력항의 두 개의 식으로 분리하여 구현한 뒤 시간 지연기를 공통으로 묶은 것으로, 구현도는 [그림 2-15(b)]와 같다.
- **전치 제2 직접형**은 차분 방정식에서 같은 시간 지연을 갖는 입력과 출력 항끼리 묶어서 하나의 시간 지연기 열을 사용한 것으로, 구현도는 [그림 2-15(c)]와 같다.

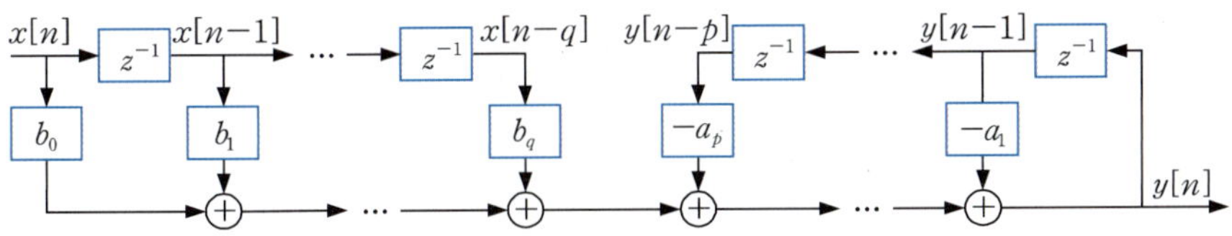

(a) 제1 직접형

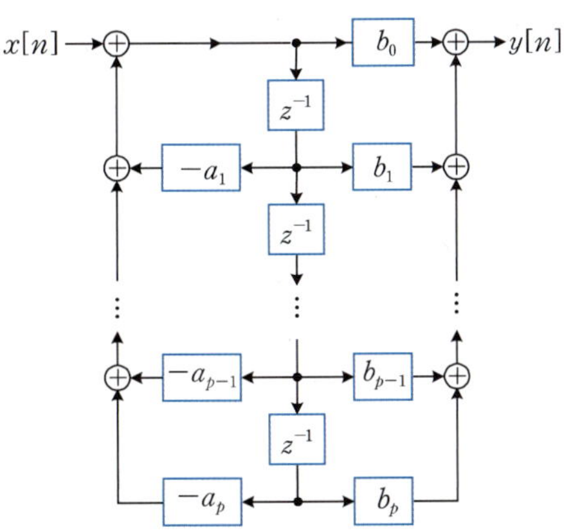

(b) 제2 직접형

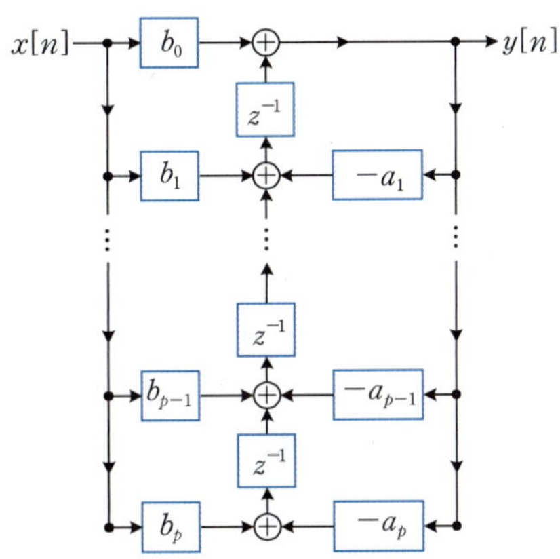

(c) 전치 제2 직접형

[그림 2-15] 이산 시스템의 직접형(표준형) 구현도

제2 직접형과 전치 제2 직접형 구현도는 서로 **전치**transpose **관계**이다. 전치 관계란 [그림 2-15(b)]에서 입력과 출력을 맞바꾸고 이에 맞춰 신호의 흐름, 즉 화살표의 방향을 반대로 하면 [그림 2-15(c)]가 얻어지는 관계를 가리킨다(물론 신호 흐름이 반대로 바뀌므로 덧셈기 위치는 달라진다).

[그림 2-15(a)]에서 보면, 왼쪽 부분은 입력 신호의 **이동 평균**(MA)을 나타낸 것으로, 시간 지연기 열을 통과하는 입력 신호의 흐름이 **비순환적**nonrecursive이다. 이와 반대로 오른쪽 부분은 출력 신호의 **자기 회귀**(AR)를 나타낸 것으로, 시간 지연기 열을 통과하는 출력 신호의 흐름이 **순환적**recursive이다. [그림 2-15(b)]와 [그림 2-15(c)]의 구현도는 [그림 2-15(a)]에 비해 시간 지연기가 훨씬 적게 필요하므로 디지털 필터 구현에서 더 선호된다.

예제 2-7 이산 시스템의 구현도

다음 차분 방정식으로 표현되는 이산 시스템의 구현도를 그려라.

$$y[n]+2y[n-1]+0.96y[n-2]=2x[n-1]+3x[n-3]$$

풀이

차분 방정식으로부터 별다른 조작 없이 바로 제1 직접형, 제2 직접형, 전치 제2 직접형 구현도를 그리면 [그림 2-16]과 같다. 그림에서 탭의 계수 값이 0인 것은 생략해도 무방하지만, 일반적인 형태를 보여주기 위해 남겨둔 것이다.

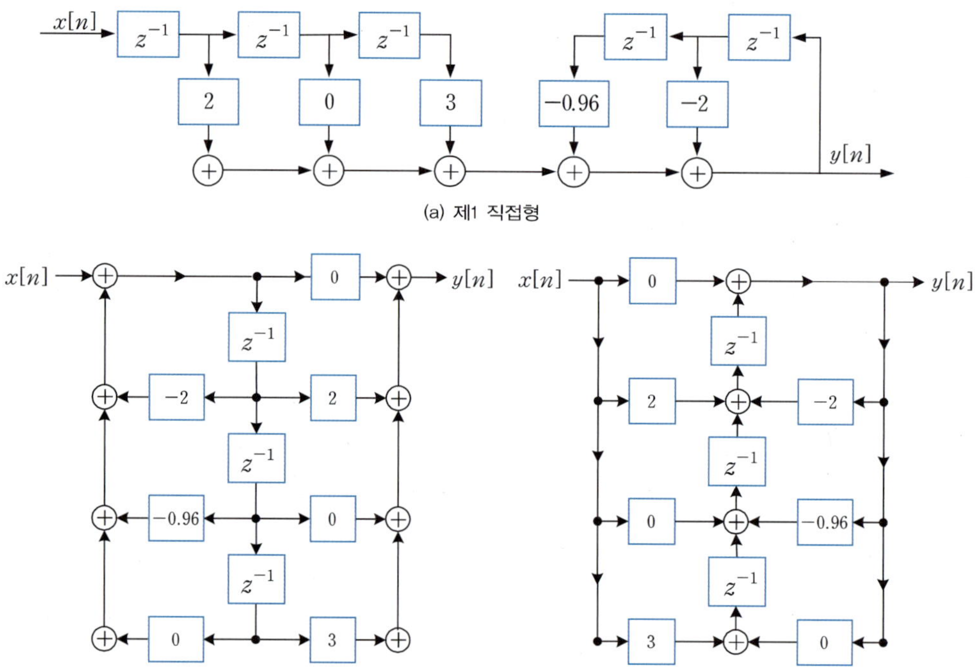

(a) 제1 직접형

(b) 제2 직접형

(c) 전치 제2 직접형

[그림 2-16] [예제 2-7]의 이산 시스템의 직접형 구현도

SECTION 2.4

이산 시스템의 분류

학습포인트

- 선형성과 선형 시스템의 정의를 알아둔다.
- 중첩의 원리와 주파수 보존 등 선형 시스템의 특성에 대해 이해한다.
- 시불변 시스템의 정의를 이해하고, 선형 시불변 시스템의 중요성을 인식한다.
- 인과 시스템의 정의를 알아둔다.
- 안정도 및 안정 시스템의 정의와 중요성을 이해한다.
- 동적 시스템과 순시적 시스템의 차이를 이해한다.

신호와 마찬가지로 시스템도 그 특성에 따라 여러 범주로 분류할 수 있다. 분류의 기준이 되는 성질들은 수학적으로 엄밀하게 정의할 수는 있지만, 실제로는 입력에 대한 시스템의 작용이 어떻게 이루어지는가 하는 물리적인 현상을 반영한 것이므로 그 안에 담긴 개념을 잘 이해해야 한다.

시스템을 구분할 때, 우선 가장 단순하게 입출력 신호의 시간 속성에 따라 연속 (시간) 시스템과 이산 (시간) 시스템으로 나눌 수 있다. **연속 시스템**은 시스템의 입력과 출력이 연속 신호인 시스템이며, **이산 시스템**은 입력과 출력이 이산 신호인 시스템이다. 이외에 개념적으로 중요한 시스템의 분류 몇 가지에 대해 지금부터 살펴보자.

2.4.1 선형 시스템과 비선형 시스템

선형성linearity은 시스템이 지니면 좋은 바람직한 특성으로, 수학적으로 여러 신호가 동시에 입력될 때의 출력이 각 신호를 따로따로 입력시켰을 때 나오는 출력의 합과 같아지는 가산성additivity과 입력의 크기를 두 배, 세 배로 했을 때 출력도 두 배, 세 배로 커지는 동차성homogeneity을 함께 만족하는 성질로 정의된다.

- **선형성**은 가산성과 동차성의 두 가지 성질을 만족하는 것이다. 선형성을 다른 말로 **중첩의 원리**principle of superposition라고도 한다.

가산성 : $H\{x_1\} = y_1,\ H\{x_2\} = y_2 \rightarrow H\{x_1 + x_2\} = H\{x_1\} + H\{x_2\} = y_1 + y_2$ (2.21)

동차성 : $H\{x\} = y \rightarrow H\{\alpha x\} = \alpha H\{x\} = \alpha y$ (2.22)

- **선형 시스템**linear system은 입출력 관계가 선형성, 즉 중첩의 원리를 만족하는 시스템이다.

$$H\{\alpha x_1 + \beta x_2\} = \alpha H\{x_1\} + \beta H\{x_2\} = \alpha y_1 + \beta y_2 \tag{2.23}$$

- **비선형 시스템**nonlinear system은 입출력 관계가 선형이 아닌 시스템이다.
- 선형 시스템에서는 출력에 입력의 주파수가 보존된다. 반면에, 비선형 시스템에서는 출력에 입력과 다른 주파수 성분이 생길 수 있다.

식 (2.21)에서 $H\{x_1\} = y_1$은 시스템 H에 입력 x_1을 넣었을 때 출력이 y_1이 됨을 뜻한다. 그리고 식 (2.23)은 가산성과 동차성을 나타내는 식 (2.21)과 식 (2.22)를 하나로 묶어서 나타낸 것이다. 이러한 선형성을 만족하는 시스템의 예를 [그림 2-17]에 보였다.

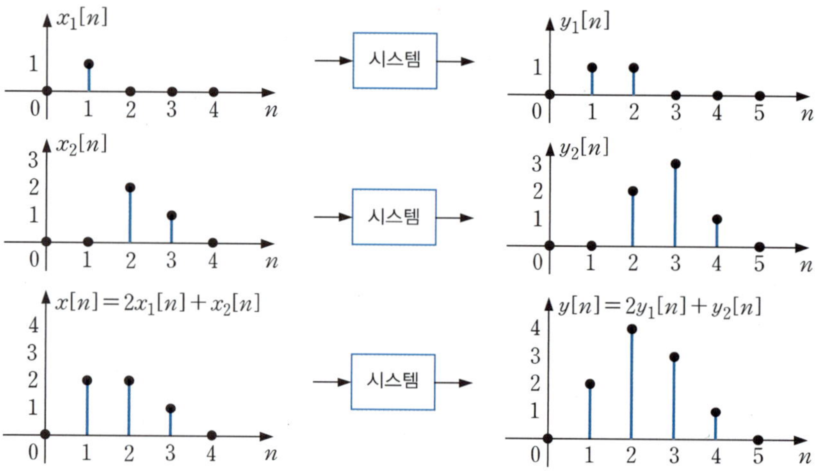

[그림 2-17] 선형 이산 시스템의 예

선형성은 신호와 시스템의 해석에서 핵심이 되는 아주 중요한 개념이다. [그림 2-17]의 예에서 보았듯이, 만약 아주 복잡한 형태를 지닌 임의의 입력 신호가 단순한 형태의 기본적인 신호들의 합으로 분해될 수 있다면, 선형 시스템의 경우에는 각각의 기본적인 신호들에 대한 응답을 분리하여 계산한 뒤에 이들을 더함으로써 수월하게 시스템의 출력을 구할 수 있다. 하지만 비선형 시스템이라면 이러한 접근이 불가능하다.

예제 2-8 선형 시스템의 판별

입출력 관계가 다음과 같은 시스템이 있다. 이것이 선형 시스템인지 아닌지 판별하라.

(a) $y[n] = 2x[n]$　　　　(b) $y[n] = 2x[n] + 1$

풀이

(a) 가산성과 동차성을 만족하는지 따로 확인하지 않고 식 (2.23)으로 한꺼번에 확인하면 된다. 입력 $x_1[n]$과 $x_2[n]$에 대한 출력을 각각 $y_1[n]$과 $y_2[n]$이라고 하면, 다음과 같이 선형성을 만족하므로

이 시스템은 선형 시스템이다.

$$y[n] = H\{\alpha x_1[n] + \beta x_2[n]\} = 2(\alpha x_1[n] + \beta x_2[n]) = \alpha 2x_1[n] + \beta 2x_2[n]$$
$$= \alpha y_1[n] + \beta y_2[n]$$

(b) 마찬가지로 식 (2.23)을 이용하여 선형성을 만족하는지 확인해보면, 다음과 같이 선형성을 만족하지 않으므로 이 시스템은 선형이 아닌 비선형 시스템이다.

$$y[n] = H\{\alpha x_1[n] + \beta x_2[n]\} = 2(\alpha x_1[n] + \beta x_2[n]) + 1 = \alpha 2x_1[n] + \beta 2x_2[n] + 1$$
$$\neq \alpha y_1[n] + \beta y_2[n] = (\alpha 2x_1[n] + 1) + (\beta 2x_2[n] + 1)$$

[예제 2-8]에서 보듯이, 입력과 출력의 관계가 직선, 즉 선형으로 주어진다고 다 선형 시스템인 것은 아니다. 입력과 출력의 관계가 입출력 공간에서 원점을 통과하는 일차식(직선 또는 평면)으로 나타나야 선형성을 만족하는 선형 시스템이 된다.

Tip & Note 선형 시스템과 주파수 보존

입력의 제곱을 출력으로 내는 시스템 $y[n] = x^2[n]$를 생각해보자. 입력 $x_1[n]$과 $x_2[n]$에 대한 출력을 $y_1[n]$, $y_2[n]$이라고 하면, 두 입력을 더한 입력 $x_1[n] + x_2[n]$에 대한 시스템의 응답이 다음과 같이 선형성을 만족하지 않으므로 이 시스템은 비선형 시스템이다.

$$H\{x_1[n] + x_2[n]\} = \{x_1[n] + x_2[n]\}^2 = x_1^2[n] + x_2^2[n] + 2x_1[n]x_2[n]$$
$$\neq y_1[n] + y_2[n] = x_1^2[n] + x_2^2[n]$$

이 시스템에 정현파 $2\cos(\Omega_0 n)$을 입력으로 넣었을 때의 출력을 구해보면, 다음과 같이 주파수가 0인 직류 성분과 주파수가 $2\Omega_0$인 정현파의 두 성분으로 구성되어 있으며, 입력 신호의 주파수 성분은 존재하지 않음을 볼 수 있다.

$$y[n] = 4\cos^2(\Omega_0 n) = 2(1 + \cos(2\Omega_0 n)) = 2 + 2\cos(2\Omega_0 n)$$

반면에 $y[n] = 2x[n]$과 같은 선형 시스템에 같은 정현파 $2\cos(\Omega_0 n)$을 입력으로 넣게 되면, 시스템 출력은 $y[n] = 4\cos(\Omega_0 n)$가 되어 출력의 주파수는 변하지 않는다.

이상의 논의에서 알 수 있듯이, 선형 시스템의 출력은 오로지 입력과 같은 주파수 성분만을 포함하는 반면에, 비선형 시스템에서는 출력에 입력과 다른 주파수 성분이 생길 수 있다. 주파수 보존 성질은 선형 시스템이 갖는 좋은 특성의 하나로, 전기회로에서 교류 해석을 할 때 정현파 입력에 대한 크기와 위상의 변화만 계산하면 되는 것도 이 덕분이다. 이 성질은 6장에서 설명할 주파수 응답 개념으로 연결되어 다양한 주파수 성분을 포함한 복잡한 입력에 대해서도 큰 어려움 없이 출력을 구할 수 있게 해준다.

2.4.2 시불변 시스템과 시변 시스템

- **시불변**time invariant **시스템**은 입력을 넣어주는 시간에 상관없이 같은 입력에 대해서는 항상 같은 반응을 나타내는 시스템이다. 따라서 입력 신호를 n_0만큼 지연해서 넣어주면 출력 신호도 n_0만큼 지연되어 나온다. 이때 출력의 파형은 변하지 않는다.

$$H\{x[n]\} = y[n] \;\rightarrow\; H\{x[n-n_0]\} = y[n-n_0] \tag{2.24}$$

- **시변**time varying **시스템**은 입력이 들어오는 시간에 따라 출력이 달라지는 시스템이다.
- 시불변 시스템이 되려면 시간에 따라 시스템의 특성이 바뀌지 않아야 한다. 따라서 시스템 방정식의 계수가 상수이면 시불변 시스템이고, 시간의 함수이면 시변 시스템이다.

시불변성은 출력이 입력의 형태(값)에만 종속이고, 적용되는 시점에는 독립적인 성질을 말한다. [그림 2-18]에 시불변 시스템과 시변 시스템의 예를 보였다. 시불변 시스템에서는 입력의 시간 이동에 대해서 출력 파형은 그대로 유지한 채 시간 이동만 있을 뿐이지만, 시변 시스템에서는 출력 파형 자체가 달라짐을 볼 수 있다.

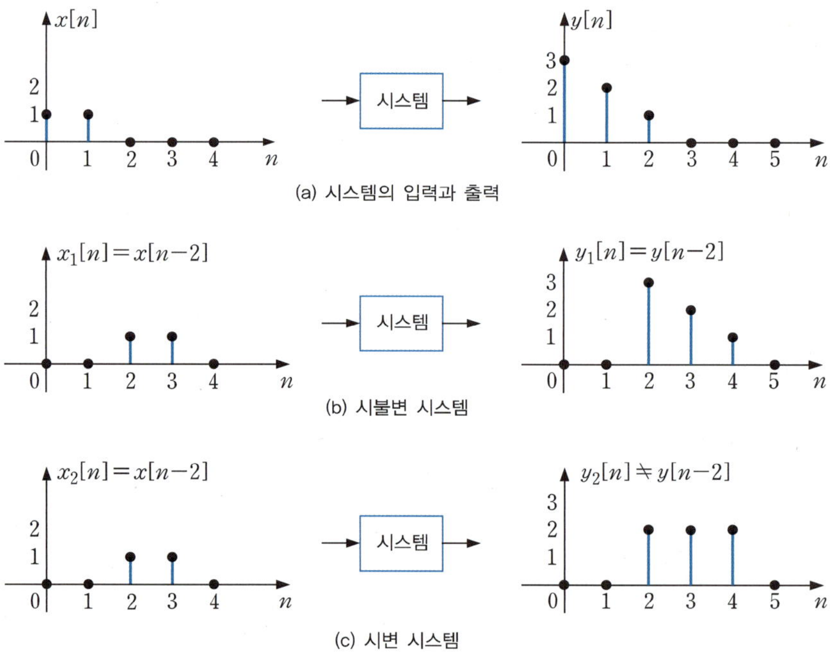

[그림 2-18] 시불변 시스템과 시변 시스템

예제 2-9 시불변 시스템의 판별

입출력 관계가 $y[n]=(n+1)x[n]$인 이산 시스템이 시불변인지 시변인지 판별하라.

풀이

시스템이 시불변 시스템인지 아닌지를 판별하려면 식 (2.24)의 관계가 성립하는지 확인하면 된다. 먼저 출력 $y[n]$을 n_0만큼 시간 지연하면, 즉 n 대신 $n-n_0$을 대입하면

$$y[n-n_0]=(n-n_0+1)x[n-n_0] \quad \cdots ①$$

와 같고, $x[n]$를 n_0만큼 시간 지연시킨 $x[n-n_0]$를 입력으로 넣었을 때 시스템의 출력을 $y_s[n]=H\{x[n-n_0]\}$라 하면 다음의 관계를 만족한다.

$$y_s[n]=(n+1)x[n-n_0] \quad \cdots ②$$

①과 ②를 비교하면 $x[n-n_0]$의 계수 항이 서로 다르므로 두 출력은 같지 않다. 그러므로 이 시스템은 시불변성을 만족하지 않는 시변 시스템이다. 이상의 결과에서 보듯이 입출력 방정식의 계수, 즉 시스템의 파라미터가 시간 함수로 주어지면 시변 시스템이 된다.

실제 많은 시스템이 선형성과 시불변성을 만족할 뿐만 아니라 수학적으로도 이런 경우의 특성을 해석하기가 좀 더 쉬우므로, 이 책에서도 주로 **선형 시불변**(LTI) Linear Time Invariant **시스템**을 다룰 것이다.

예제 2-10 선형 시불변 시스템의 출력

어떤 선형 시불변 시스템의 입력 $x[n]=\cos\left(\frac{\pi}{2}n\right)$에 대한 출력이 $y[n]=\sin\left(\frac{\pi}{2}n\right)$이라고 한다. 입력 $x[n]=2\cos\left(\frac{\pi}{2}n\right)+\cos\left(\frac{\pi}{2}(n-1)\right)$에 대한 이 시스템의 출력을 구하라.

풀이

시스템의 출력은 선형성에 의해 $2\cos\left(\frac{\pi}{2}n\right)$과 $\cos\left(\frac{\pi}{2}(n-1)\right)$을 각각 입력으로 넣었을 때의 출력을 더한 것과 같고, 시불변성에 의해 $\cos\left(\frac{\pi}{2}(n-1)\right)$에 대한 출력은 $\cos\left(\frac{\pi}{2}n\right)$에 대한 출력을 $n_0=1$만큼 시간 지연시킨 것과 같다. 그러므로 이 시스템의 주어진 입력 $x[n]$에 대한 출력은 다음과 같이 얻어진다.

$$y[n]=2\sin\left(\frac{\pi}{2}n\right)+\sin\left(\frac{\pi}{2}(n-1)\right)=2\sin\left(\frac{\pi}{2}n\right)+\sin\left(\frac{\pi}{2}n-\frac{\pi}{2}\right)=2\sin\left(\frac{\pi}{2}n\right)-\cos\left(\frac{\pi}{2}n\right)$$

2.4.3 인과 시스템과 비인과 시스템

자연계에서 보편적으로 통용되는 규칙으로 원인이 있어야만 결과가 생긴다는 인과율이 있는데, 인과율에 따르자면 원인보다 앞서는 결과의 생성이 불가능하게 된다. 따라서 미래의 입력이 현재의 출력에는 영향을 주지 못한다.

- **인과** causal **시스템**은 입력을 인가하기 전에는 출력이 발생하지 않는 시스템이다. 즉 인과 시스템의 출력은 현재 및 과거의 입력에만 의존하고 미래의 입력 값에는 무관하다.

$$x[n]=0,\ n \le n_0 \text{일 때},\ y[n]=0,\ n \le n_0 \tag{2.25}$$

- **비인과** noncausal **시스템**은 아직 들어오지 않은 미래의 입력에 대해 현재 반응할 수 있는 예측적 anticipatory 시스템이다. 즉 현재 출력에 미래 입력이 관여하는 시스템이다.

실생활에서 접하는 물리적 시스템은 대부분 인과 시스템이며, 특히 실시간 처리를 할 때는 미래의 입력 값을 현재 시점에서 관측할 수 없으므로 비인과적 동작을 하는 시스템을 물리적으로 구현하는 것이 불가능하다. 하지만 녹화된 영상의 화질을 개선하는 작업과 같이 실시간 처리가 필요 없는 경우에는 입력 값을 모두 저장하고 있다가 특정 시점의 출력을 구할 때 이용할 수 있으므로 비인과 시스템을 구현할 수 있을 뿐만 아니라, 매우 유용하게 쓰이기도 한다.

[그림 2-19]는 인과 및 비인과 시스템의 예를 보인 것이다. (a)의 경우에는 입력이 들어간 이후에 출력이 나오기 시작하므로 인과성을 만족하지만, (b)의 경우에는 $n=0$에서 입력이 인가되지만 이미 출력 $y[-1]$이 발생했으므로 인과성을 만족하지 않는다.

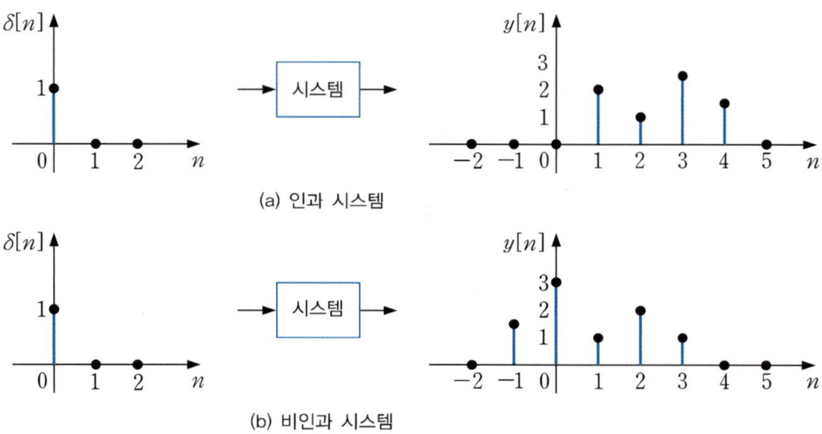

[그림 2-19] 인과 시스템과 비인과 시스템

2.4.4 안정 시스템과 불안정 시스템

엘리베이터의 속도가 갑자기 빨라졌다가 느려졌다 하거나 작동을 멈춰버린다면 아무도 엘리베이터를 타려고 하지 않을 것이다. 이처럼 시스템의 동작이 불안하지 않고 꾸준히 작동될 수 있는지를 나타내는 성질이 안정성이다. 안정성은 물리적 시스템에 요구되는 기본 특성으로서, 시스템을 설계하고 만들 때 무엇보다도 우선해서 고려해야 한다.

안정도를 정의하는 방법은 여러 가지가 있지만, 쉽고 널리 이용되는 개념으로 **유한 입력 유한 출력(BIBO) 안정도**Bounded Input Bounded Output stability가 있다.

- **유한 입력 유한 출력(BIBO) 안정도**는 시스템에 들어오는 입력의 크기가 유한할 때 출력의 크기도 반드시 유한하게 보장되는 것으로 정의된다.

$$|x[n]| \le M_x < \infty \text{ 일 때, } |y[n]| \le M_y < \infty \tag{2.26}$$

- (BIBO) **안정**stable **시스템**은 BIBO 안정도를 만족하는 시스템으로 망가지지 않고 꾸준히 작동될 수 있는 시스템이다.
- (BIBO) **불안정**unstable **시스템**은 BIBO 안정도를 만족하지 않는 시스템으로, 입력이 유한해도 출력이 점점 커져서 궁극적으로는 작동을 멈추거나 파괴되고 만다.

출력의 크기가 유한하다는 것은 결국 에너지가 유한하다는 의미가 되므로 안정한 시스템은 망가지지 않고 꾸준히 작동될 수 있지만, 불안정한 시스템과 같이 유한한 입력에 대해 출력이 무한히 커지게 되면 시스템은 물리적으로 견딜 수가 없어 결국 작동을 멈추거나 파괴되고 말 것이다. [그림 2-20]에 안정 시스템과 불안정 시스템의 예를 보였다.

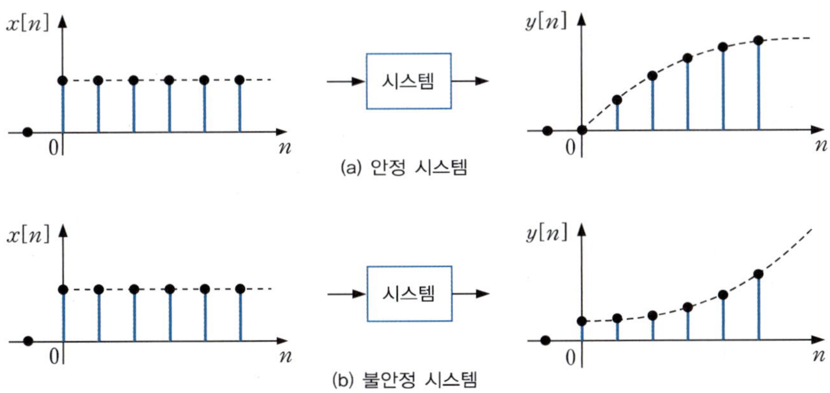

[그림 2-20] 안정 시스템과 불안정 시스템

예제 2-11 **안정도의 판별**

입출력 관계가 $y[n] = x[n]x[n-3]$인 이산 시스템의 안정도를 판별하라.

풀이

입력 $x[n]$이 $|x[n]| \le M_x < \infty$을 만족할 경우, 출력의 크기는 다음과 같이 유한하므로 이 시스템은 안정 시스템이다.

$$|y[n]| = |x[n]x[n-3]| \le |x[n]||x[n-3]| \le M_x^2 < \infty$$

2.4.5 동적(기억) 시스템과 순시적(무기억) 시스템

대부분 시스템의 출력은 현재 들어오는 입력뿐만 아니라 과거의 입력에도 영향을 받게 된다. 이는 시스템이 과거 값에 대한 기억을 가진다는 것을 의미한다.

- **동적**dynamic **시스템(기억 시스템**system with memory)은 저장 요소에 의한 기억을 가진 시스템으로 출력이 현재의 입력뿐만 아니라 과거의 입력에도 영향을 받는다. 따라서 입출력 관계가 차분(미분) 방정식의 형태로 주어진다.
- **순시적**instantaneous **시스템(무기억**memoryless **시스템)**은 출력이 현재의 입력에만 의존하며 과거 사항이 아무런 영향을 끼치지 못하는 시스템으로 입출력 관계가 대수 방정식으로 표현된다.

적분기, 인덕터 또는 커패시터 회로, 순차 논리 회로 등은 전형적인 동적 시스템이며, 저항 회로나 조합 논리 회로는 대표적인 순시적 시스템이다. 우리가 다루고 주목하게 되는 시스템 대부분은 동적 시스템이다. 왜냐하면 순시적 시스템은 현재의 입력 값만 고려하면 되므로 특별한 분석이 필요 없지만, 동적 시스템은 과거의 이력을 파악해야만 현재의 출력을 구할 수 있어 특성을 분석하기가 복잡하고 까다롭기 때문이다.

예제 2-12 이산 시스템의 분류

다음과 같이 입력 값을 누적하여 더한 결과를 출력으로 내는 누산기에 대해 선형성, 시불변성, 인과성, 안정성, 그리고 기억성에 대한 만족 여부를 판별하라.

$$y[n] = \sum_{k=-\infty}^{n} x[k]$$

풀이

❶ **선형성** : $H\{\alpha x_1[n]+\beta x_2[n]\} = \alpha H\{x_1[n]\}+\beta H\{x_2[n]\}$의 성립 여부를 확인한다.

$$\begin{aligned} H\{\alpha x_1[n]+\beta x_2[n]\} &= \sum_{k=-\infty}^{n} (\alpha x_1[k]+\beta x_2[k]) \\ &= \alpha \sum_{k=-\infty}^{n} x_1[k]+\beta \sum_{k=-\infty}^{n} x_2[k] \\ &= \alpha H\{x_1[n]\}+\beta H\{x_2[n]\} = \alpha y_1[n]+\beta y_2[n] \end{aligned}$$

식이 성립하므로 이 시스템은 선형성이 성립하는 선형 시스템이다.

❷ **시불변성** : $y[n-n_0] = H\{x[n-n_0]\}$의 성립 여부를 확인한다.

$$H\{x[n-n_0]\} = \sum_{k=-\infty}^{n} x[k-n_0] = \sum_{i=-\infty}^{n-n_0} x[i] = y[n-n_0]$$

식이 성립하므로 이 시스템은 시불변 시스템이다.

❸ **인과성** : 미래의 입력이 현재의 출력에 영향을 끼치는지를 확인한다.
입출력 관계식을 살펴보면, n 순간의 출력 $y[n]$이 시간 n까지의 입력을 누적하여 더한 것이므로 n 이후에 들어오는 입력은 $y[n]$에 전혀 기여하는 바가 없다. 따라서 미래의 입력이 현재의 출력에 영향을 미치지 않으므로 인과 시스템이다.

❹ **안정성** : 유한한 입력에 대해 유한한 출력이 나오는지를 확인한다.
입력이 들어오는 대로 계속 더하여 출력이 생성되므로, 매 순간의 입력이 크기가 유한하다 할지라도 시간이 지남에 따라 출력은 점점 커지게 될 것이다. 간단한 예로 입력이 단위 계단 함수인 경우 $y[\infty] = \infty$, 즉 출력은 발산하게 된다. 따라서 누산기는 불안정 시스템이다.

❺ **기억성** : 시스템 표현식이 대수 방정식인지 차분 방정식인지를 확인한다.
주어진 시스템의 경우 입력의 이동 평균 항으로 이루어진 차분 방정식이므로, 기억을 가진 동적 시스템이다.

CHAPTER 02_연습문제

【Quick Review】

※ 다음 문제에서 맞는 것을 골라라.

(1) $n \geq 0$에서 존재하는 정현파는 비주기 신호이다. (O, ×)

(2) 이산 주기 신호의 주기는 반드시 (정수, 유리수, 실수)이다.

(3) 주기 신호는 에너지 신호이다. (O, ×)

(4) 시간에 따른 신호 값의 변화를 정확히 예측할 수 있는 것은 (확정, 불규칙) 신호이다.

(5) 물리적으로 존재하는 신호는 (이산, 연속) 임펄스 함수이다.

(6) $x[n] = \begin{cases} 1, & 0 \leq n \leq 3 \\ 0, & \text{그 외} \end{cases}$와 같은 신호는 $(u[n]-u[n-3],\ u[n]-u[n-4])$이다.

(7) 모든 이산 (복소) 정현파는 주기 신호이다. (O, ×)

(8) $\cos(\Omega_0 n)$과 $\cos((\Omega_0+8\pi)n)$은 같은 신호이다. (O, ×)

(9) 이산 신호의 시간 척도 조절 $x[an]$에서 a는 어떠한 값도 가질 수 있다. (O, ×)

(10) $x[n]$에 대한 $y[n]=x\left[\dfrac{n}{2}\right]$의 값은 항상 유일하다. (O, ×)

(11) 신호에 대한 연산의 조합 순서를 바꾸면 시간 이동 값이 변할 수 있다. (O, ×)

(12) 시스템의 표준형 구현도에서 입력과 출력 마디를 바꾸고 신호 흐름의 방향(화살표)을 반대로 하여 얻어지는 구현도를 원 구현도와 (대칭, 전치, 역) 관계라고 한다.

(13) 이산 시스템 구현도에서 제1 직접형과 제2 직접형은 시간 지연기 수가 같다. (O, ×)

(14) 시스템에서 선형성과 중첩의 원리는 서로 관련 없는 다른 성질이다. (O, ×)

(15) 선형 시스템에서는 출력에 입력의 (파형, 에너지, 주파수)이(가) 보존된다.

(16) 입출력 관계가 $y[n]=ax[n]+b$인 시스템은 (선형, 비선형, 시불변, 시변) 시스템이다.

(17) 시불변 시스템은 시스템 파라미터가 시간에 종속적인 변수이다. (O, ×)

(18) 실시간 처리가 이루어지는 물리적 시스템은 인과 시스템이다. (O, ×)

(19) BIBO 안정도는 입력 크기가 유한할 때 출력 크기가 (유한, 무한)한 성질이다.

(20) 동적 시스템의 입출력 관계는 대수 방정식으로 표현된다. (O, ×)

【기초 문제】

2.1 신호에 대한 다음의 설명 중 맞는 것은?

㉮ 주기 신호는 전 시간 구간 $(-\infty,\ \infty)$에 걸쳐 값을 갖는 양방향 신호이다.

㉯ 확정 신호는 시간에 따른 값의 변화를 정확히 예측할 수 있지만, 통계적 성질은 불규칙하다.

㉰ 유한한 신호 값을 갖는 모든 주기 신호가 전력 신호인 것은 아니다.

㉱ 어떤 신호는 에너지 신호이면서 동시에 전력 신호도 될 수 있다.

2.2 이산 (복소) 정현파 신호에 대한 다음의 설명 중 틀린 것은?

㉮ $\cos(\sqrt{2}\pi n)$은 주기 신호가 아니다.

㉯ $x[n]=\cos\left(\frac{4\pi}{7}n\right)$의 주기는 $N=\frac{2\pi}{\Omega_0}=\frac{7}{2}$이다.

㉰ 이산 정현파 신호가 가질 수 있는 최대 주파수는 $\Omega_{\max}=2\pi$이다.

㉱ 이산 정현파 신호는 삼각 함수의 2π 주기성으로 인해 연속 정현파 신호와 성질이 다르다.

2.3 신호에 대한 기본 연산에 관한 다음의 설명 중 맞는 것은?

㉮ 이산 신호에 대해 솎음 연산을 수행하더라도 정보의 손실은 없다.

㉯ $x\left[\frac{2}{3}n\right]$은 먼저 $y[n]=x[2n]$으로 솎음한 뒤, $z[n]=y\left[\frac{1}{3}n\right]$으로 보간하여 구할 수 있다.

㉰ 기본 연산을 조합할 때, 반드시 지켜야 하는 우선순위가 있다.

㉱ 연산의 조합 순서를 바꾸면 시간 이동 값은 달라지지만, 이동 방향은 달라지지 않는다.

2.4 이산 시스템의 직접형(표준형) 구현에 대한 다음의 설명 중 틀린 것은?

㉮ 제2 직접형과 전치 제2 직접형은 서로 쌍대 관계이다.

㉯ 이동 평균(MA) 시스템의 제1 직접형 구현도와 제2 직접형 구현도는 같은 그림이다.

㉰ ARMA 시스템의 제1 직접형 구현은 제2 직접형 구현보다 시간 지연기가 더 많이 필요하다.

㉱ 제1 직접형 구현도의 입력과 출력을 바꾸고 신호의 흐름을 반대로 하면 제2 직접형 구현도가 얻어진다.

2.5 선형 시불변 시스템에 대한 다음의 설명 중 틀린 것은?

㉮ 입출력 관계가 입-출력 평면에서 직선으로 표현되면 선형 시스템이다.

㉯ 선형 시스템에 정현파 신호를 입력했을 때 출력은 동일한 주파수의 정현파가 된다.

㉰ 선형 시스템에서는 복잡한 입력 신호를 단순한 신호들의 합으로 분해하여 간편하게 출력을 구할 수 있다.

㉱ 시불변 시스템은 출력이 입력의 형태(값)에만 종속이고 적용 시점에는 무관하다.

2.6 다음의 신호들은 어떠한 성질을 갖는 신호들인지 [보기] 중에서 고르고, 근거를 밝혀라.

(a) $x[n] = \cos(\pi n) + \cos\left(\frac{2\pi}{3}n\right)$

(b) 동전 100번 던지기 결과 (앞면= 1, 뒷면= −1)

(c) $x[n] = 2^{-|n|}\sin(0.5\pi n)$

[보기]	㉮ 주기 신호	㉯ 비주기 신호	㉰ 에너지 신호
	㉱ 전력 신호	㉲ 확정 신호	㉳ 불규칙 신호

2.7 다음의 이산 신호가 주기 신호인지 판별하라. 만약 주기 신호라면 주기를 구하라.

(a) $x[n] = \cos\left(\frac{\pi}{4}n + \frac{\pi}{8}\right)$

(b) $x[n] = \cos\left(\frac{\pi}{5}n + \pi\right) + \sin\left(\frac{\pi}{10}n - \pi\right)$

(c) $x[n] = \cos(0.2n + \pi)$

(d) $x[n] = \cos\left(\frac{1}{\pi}n\right)$

(e) $x[n] = 2^n$

(f) $x[n] = (-1)^n$

2.8 다음의 이산 신호가 에너지 신호 또는 전력 신호인지 아닌지 판별하고, 맞으면 그 신호의 에너지 또는 전력을 구하라.

(a) $x[n] = (n+2)u[n+2] - nu[n-4] - 2u[n-6]$

(b) $x[n] = 2e^{j\frac{\pi}{2}n}$

(c) $x[n] = \begin{cases} \cos(\pi n), & |n| \le 4 \\ 0, & \text{그 외} \end{cases}$

(d) $x[n] = \begin{cases} \cos(\pi n), & n \ge 0 \\ 0, & \text{그 외} \end{cases}$

2.9 다음의 이산 신호를 그려라.

(a) $x[n] = 2\delta[n+3] + \delta[n] + 3\delta[n-2] - \delta[n-6]$

(b) $x[n] = \delta[n+1] - \delta[n] + u[n+1] - u[n-2]$

(c) $x[n] = (1-n)(u[n+2] - u[n-3])$

(d) $x[n] = (n+2)u[n+2] - nu[n-4] - 2u[n-6]$

2.10 다음의 이산 신호를 그리고 임펄스 함수를 이용하여 표현하라.

(a) $x[n] = \begin{cases} 2, & |n| \le 1 \\ 1, & 1 < |n| \le 3 \\ -1, & n = \pm 4 \\ 0, & \text{그 외} \end{cases}$

(b) $x[n] = \begin{cases} -n, & |n| \le 1 \\ n, & 1 < |n| \le 3 \\ |n| - 3, & 3 < |n| \le 5 \\ 0, & \text{그 외} \end{cases}$

2.11 다음 그림의 신호를 계단 신호를 이용하여 표현하라.

(a)

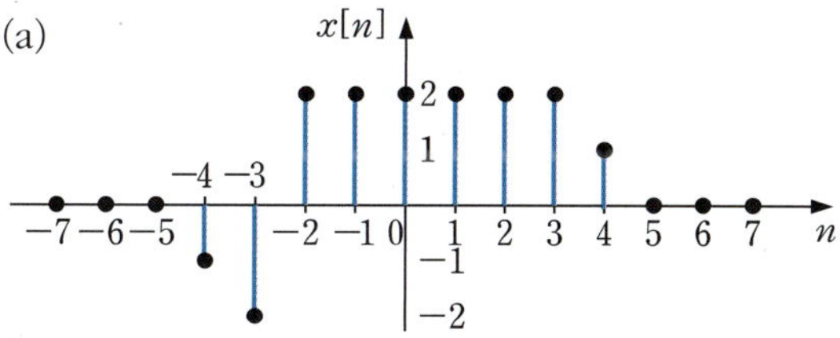

(b)

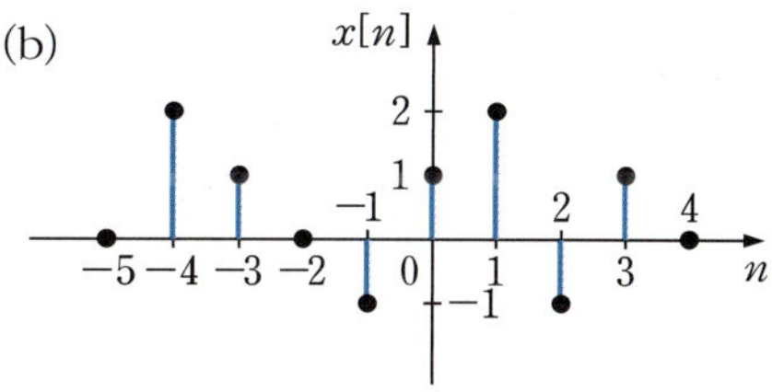

2.12 다음 중 같은 신호가 아닌 것은?

㉮ $\cos\left(\frac{2}{3}\pi n\right)$ ㉯ $\cos\left(\frac{8}{3}\pi n\right)$ ㉰ $\cos\left(\frac{22}{3}\pi n\right)$ ㉱ $\cos\left(\frac{32}{3}\pi n\right)$

2.13 다음 신호에 대해 $y[n]=x[2n]$을 구하라.

(a) $x[n]=\begin{cases} n, & n=\text{홀수} \\ 0, & n=\text{짝수} \end{cases}$

(b) $x[n]=\begin{cases} 1, & n=\text{홀수} \\ 2, & n=\text{짝수} \end{cases}$

(c) $x[n]=(-1)^n$

2.14 $x[n]=(6-n)(u[n]-u[n-6])$에 대해 다음을 그려라.

(a) $y_1[n]=2x[n-2]$

(b) $y_2[n]=x[2n-3]$

(c) $y_3[n]=x[8-3n]$

(d) $y_4[n]=x[n-2]u[n]$

(e) $y_5[n]=x\left[\frac{2}{3}n\right]$ (솎음-보간 순)

(f) $y_6[n]=x\left[\frac{2}{3}n\right]$ (보간-솎음 순)

2.15 다음의 차분 방정식으로 표현되는 이산 시스템에 대해 제2 직접형 및 전치 제2 직접형 구현도를 그려라.

(a) $y[n]-\frac{5}{6}y[n-1]+\frac{1}{6}y[n-2]=5x[n-1]-x[n-2]$

(b) $y[n]-y[n-1]-2y[n-2]=x[n]+x[n-1]$

(c) $y[n]-1.5y[n-1]+0.5y[n-3]=x[n-2]+2x[n-3]$

(d) $y[n]-y[n-4]=x[n-3]$

2.16 어떤 선형 시불변 시스템의 입력 $x[n]=\cos\left(\frac{\pi}{2}n\right)$에 대한 출력이 $y[n]=\sin\left(\frac{\pi}{2}n\right)$라고 한다. 입력 $x[n]=2\sin\left(\frac{\pi}{2}n\right)+4\cos\left(\frac{\pi}{2}(n-2)\right)$에 대한 이 시스템의 출력을 구하라.

2.17 다음과 같은 블록선도로 표현되는 이산 시스템에 대한 차분 방정식을 구하라.

(a)

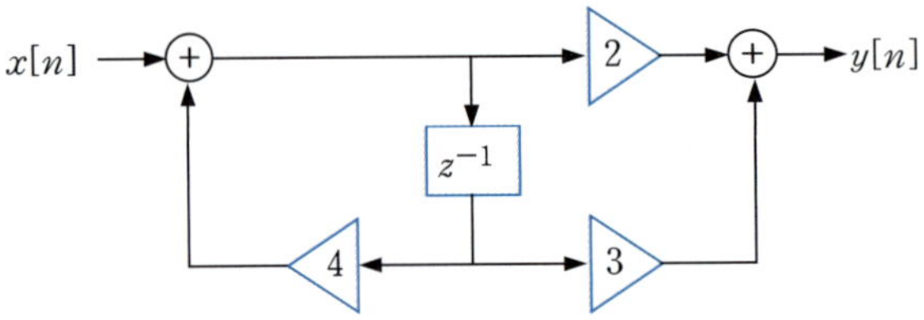

(b)

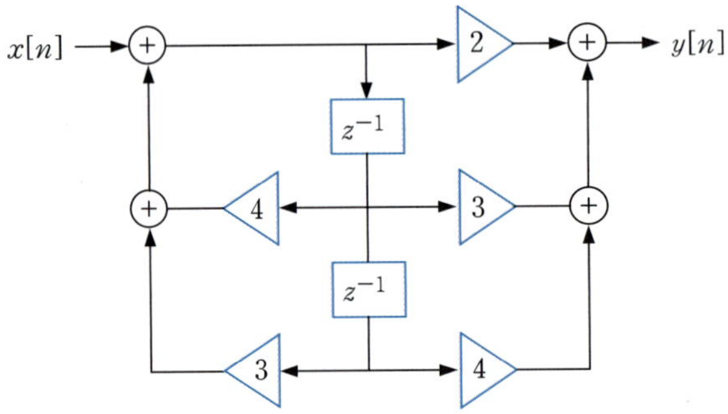

2.18 어떤 이산 LTI 시스템에 다음 그림의 (ㄱ) 신호를 입력으로 넣으면 출력으로 (ㄴ) 신호가 나온다. 이 시스템에 (a)와 (b)의 신호를 입력으로 넣었을 때의 출력을 구하라.

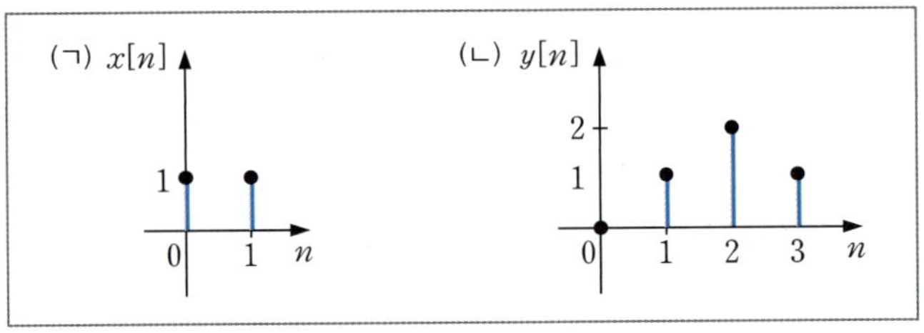

(a)

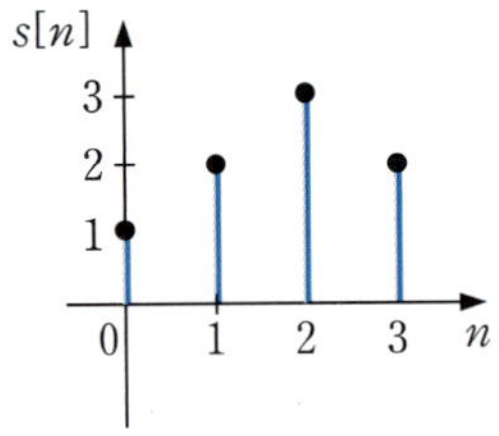

(b)

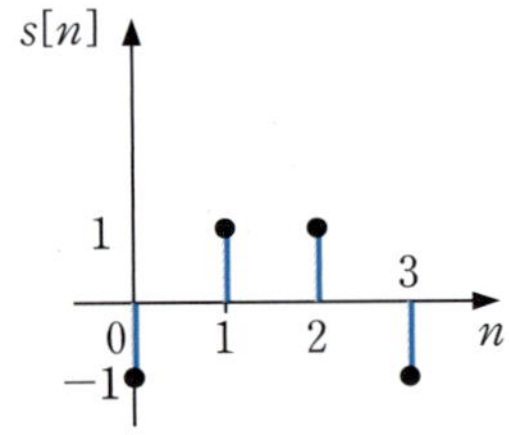

2.19 다음과 같은 입출력 관계를 갖는 시스템에 대해 선형성, 시불변성, 인과성, 안정성, 기억성의 각 특성을 만족하는지 판별하라.

(a) $y[n] = x[2n]$

(b) $y[n] = x[n]u[n]$

(c) $y[n] = (n+1)\,x[n]$

(d) $y[n] = |x[n]|$

(e) $y[n] = x[n]\cos\left(\dfrac{\pi}{2}n\right)$

(f) $y[n] = \dfrac{1}{2M+1}\displaystyle\sum_{k=-M}^{M} x[n-k]$

2.20 입출력 관계가 다음과 같은 방정식으로 표현되는 시스템에 대해 선형성, 시불변성, 인과성, 기억성의 각 특성을 만족하는지 판별하라.

(a) $y[n]=x[n]+3x[n-1]+2x[n-2]$

(b) $y[n]+2y[n-1]=x[n]$

(c) $y[n]+y[n-1]=nx[n]$

(d) $y[n]+ny[n-1]=x[n]$

【응용 문제】

2.21 다음의 이산 신호가 주기 신호인지 판별하라. 만약 주기 신호라면 주기를 구하라.

(a) $x[n]=\cos(\pi^2 n)$

(b) $x[n]=\cos\left(\frac{3\pi n^2}{2}+\pi\right)$

(c) $x[n]=\cos\left(\frac{\pi}{2}n-\frac{1}{3}\right)$

(d) $x[n]=\cos\left(\frac{1}{2}n\right)+\sin\left(\frac{\pi}{3}n\right)$

(e) $x[n]=\cos\left(\frac{\pi}{2}n\right)\cos\left(\frac{\pi}{3}n\right)$

(f) $x[n]=e^{j\frac{\pi}{2}n}\cos\left(\frac{\pi}{4}n\right)$

2.22 $x[n]$은 주기가 N인 이산 주기 신호이다. 다음의 신호가 주기 신호인지 판별하고, 주기 신호라면 그 주기를 구하라.

(a) $y[n]=x[2n-1]$

(b) $y[n]=x[n/N]$

(c) $y[n]=x[n]u[n]$

(d) $y[n]=x[n]+x[-n]$

2.23 다음의 이산 신호가 에너지 신호 또는 전력 신호인지 판별하고, 맞으면 그 신호의 에너지 또는 전력을 구하라.

(a) $x[n]=(-0.5)^{|n|}$

(b) $x[n]=2e^{j4n}$

(c) $x[n]=n(0.5)^n u[n]$

(d) $x[n]=\begin{cases}(0.5)^n\cos(\pi n), & n\ge 0\\ 0, & \text{그 외}\end{cases}$

2.24 다음의 이산 신호를 그려라.

(a) $x[n]=(5-|n|)(u[n+5]-u[n-5])$

(b) $x[n]=(0.8)^n\left[\sin\left(\frac{\pi n}{4}\right)+\cos\left(\frac{\pi n}{4}\right)\right]$

(c) $x[n]=\sum_{k=-\infty}^{n}k^2(\delta[k+2]-\delta[k-2])$

(d) $x[n]=\cos\left(\frac{\pi n}{N}\right)\left(\sum_{k=-\infty}^{\infty}\delta[n-kN]\right)u[n]$

2.25 [문제 2.11]의 신호에 대해 다음 신호의 파형을 그려라.

(a) $y_1[n]=x[3n-5]$

(b) $y_2[n]=x[2-n]$

(c) $y_3[n]=x\left[\frac{2}{3}n+1\right]$

(d) $y_4[n]=x[2n]$

(e) $y_5[n]=x\left[\frac{1}{2}n\right]$

(f) $y_6[n]=x[n]u[2-n]$

2.26 이산 LTI 시스템의 입력 $x[n]=\cos(\Omega_0 n)$에 대한 출력이 $y[n]=0.5\cos\left(\Omega_0 n-\frac{\pi}{6}\right)$라고 한다. 입력 $x[n]=2\sin(\Omega_0 n)+4\cos(\Omega_0(n-2))$에 대한 이 시스템의 출력을 구하라.

2.27 시스템 H_1의 뒤에 시스템 H_2가 종속으로 연결되어 있다. 각 시스템의 입출력 관계가 다음과 같을 때, 물음에 답하라.

$$H_1 \ : \ y_1[n]=x_1[n]+2x_1[n-2]$$
$$H_2 \ : \ y_2[n]=x_2[n-1]-2x_2[n-3]$$

(a) 전체 시스템의 입출력 관계를 구하고 선형성, 시불변성, 인과성을 판별하라.

(b) 두 시스템의 연결 순서를 바꿀 경우에 대한 입출력 관계를 구하라.

(c) 만약 (a)와 (b)의 입출력 관계가 같다면 그 이유는 무엇인가?

2.28 다음과 같은 입출력 관계를 갖는 이산 시스템에 대해 선형성, 시불변성, 인과성, 안정성, 기억성의 각 특성을 만족하는지 판별하라.

(a) $y[n]=x[1-n]$

(b) $y[n]=e^{x[n]}$

(c) $y[n]=\tan(x[n])$

(d) $y[n]=x[n]x[n-3]$

(e) $y[n]-2^n y[n-1]=x[n+1]$

2.29 두 개의 시스템을 종속 연결하여 전체 시스템을 구성했다. 다음의 말들이 사실인지 아닌지를 판별하고 그 근거를 제시하라.

(a) 한 시스템이 선형이고 다른 한 시스템이 비선형이면 전체 시스템은 선형이다.

(b) 한 시스템이 시불변이고 다른 한 시스템이 시변이면 전체 시스템은 시변이다.

(c) 한 시스템이 인과이고 다른 한 시스템이 비인과이면 전체 시스템은 비인과이다.

(d) 한 시스템이 동적이고 다른 한 시스템이 순시적이면 전체 시스템은 순시적이다.

(e) 한 시스템이 안정이고 다른 한 시스템이 불안정이면 전체 시스템은 안정이다.

2.30 두 개의 시스템을 병렬 연결하여 전체 시스템을 구성했을 때 [문제 2.29]를 반복하라.

실습목표

- MATLAB을 이용하여 여러 가지 이산 신호를 그려본다.
- MATLAB을 이용하여 신호에 대한 기본 연산을 살펴본다.
- MATLAB을 이용하여 잡음에 오염된 신호의 파형을 그려본다.

MATLAB 2-1 여러 가지 이산 신호 그리기

다음 신호의 파형을 $-10 \le n \le 10$ 범위에서 그리되, 모든 신호들의 파형을 한 그림 창에 나타내라.

- 임펄스 신호 $\delta[n]$
- 계단 신호 $u[n+5]$
- 사각 펄스 $\text{rect}\left[\dfrac{n}{8}\right]$
- 램프 신호 $0.2r[n-3]$
- 싱크 함수 $\text{sinc}\left(\dfrac{n}{3}\right)$
- 지수 감쇠 정현파 $e^{-0.15n}\cos(0.2\pi n)u[n]$

풀이

주어진 신호들은 2.2절에서 다룬 기본 신호를 비롯하여 일반적으로 널리 쓰이는 신호들이다. 임펄스 신호와 램프 신호는 매트랩에서 별도의 명령이 제공되지 않지만, 계단 함수는 stepfun, 사각 펄스는 rectpuls, 싱크 함수는 sinc라는 명령을 사용하여 손쉽게 구현할 수 있다. 그 중에서 사각 펄스와 싱크 함수는 기본적으로 다음과 같이 정의된다.

$$\text{rect}\left[\frac{n}{N}\right] = \begin{cases} 1, & -\dfrac{N}{2} \le n \le \dfrac{N}{2} \\ 0, & \text{그 외} \end{cases} \qquad \text{sinc}\left[\frac{n}{a}\right] = \frac{\sin\left(\dfrac{\pi n}{a}\right)}{\dfrac{\pi n}{a}}$$

프로그램에서 stepfun(n, a)는 계단 신호를 a만큼 시간 이동한 것으로, x=(n>=a)로 코딩하여도 같은 결과를 얻을 수 있다. 지수 감쇠 정현파 코딩은 이를 이용한 것이다. 이때 매트랩 프로그램은 주어진 신호가 6개이므로 그림 창을 3행 2열의 6화면으로 분할해서 나타내었다.

MATLAB_2_1.m

```
n=[-10:1:10];                        % 시간축 설정(n은 -10에서 10까지 1씩 증가)
xa=(n==0);                           % n=0일때 1, 즉 임펄스 δ[n]
xb=stepfun(n,-5);                    % 계단 신호 u[n+5]
xc=rectpuls(n/8);                    % 사각 펄스 rect[n/8]
xd=0.2*(n-3).*(n>=3);                % 램프 함수 0.2r[n-3]
xe=sinc(n/3);                        % 싱크 함수 sinc(n/3)
xf=exp(-0.15*n).*cos(0.2*pi*n).*(n>=0);  % 지수 감쇠 정현파 e^-0.15n cos(0.2πn)u[n]

subplot(3,2,1);                      % 3행 2열 분할 그림 창의 1번 창
stem(n,xa);                          % 이산 신호 δ[n] 출력(n은 x축, xa는 y축)
axis([-10 10 -0.5 1.5]); grid on;    % x축과 y축 영역 설정, 그리드 표시
title('임펄스 신호 \delta[n]');       % 그림 제목( '\xx'는 정해진 기호 표시)
subplot(3,2,2);                      % 3행 2열 분할 그림 창의 2번 창
```

```
stem(n,xb);                                 % 이산 신호 u[n+5] 출력
axis([-10 10 -0.5 1.5]); grid on;           % x축과 y축 영역 설정, 그리드 표시
title('계단 신호 u[n+5]');                   % 그림 제목
subplot(3,2,3);                             % 3행 2열 분할 그림 창의 3번 창
stem(n,xc);                                 % 이산 신호 rect[n/8] 출력
axis([-10 10 -0.5 1.5]); grid on;           % x축과 y축 영역 설정, 그리드 표시
title('사각 펄스 rect[n/8]');                % 그림 제목
subplot(3,2,4);                             % 3행 2열 분할 그림 창의 4번 창
stem(n,xd);                                 % 이산 신호 0.2r[n-3] 출력
axis([-10 10 -0.5 1.5]); grid on;           % x축과 y축 영역 설정, 그리드 표시
title('램프 신호 0.2r[n-3]');                % 그림 제목
subplot(3,2,5);                             % 3행 2열 분할 그림 창의 5번 창
stem(n,xe);                                 % 이산 신호 sinc(n/3) 출력
axis([-10 10 -0.5 1.5]); grid on;           % x축과 y축 영역 설정, 그리드 표시
title('싱크 함수 sinc(n/3)');                % 그림 제목
%xlabel('n');                               % x축 라벨
subplot(3,2,6);                             % 3행 2열 분할 그림 창의 6번 창
stem(n,xf);                                 % 이산 신호 e^(-0.15n)cos(0.2πn)u[n] 출력
axis([-10 10 -0.5 1.5]); grid on;           % x축과 y축 영역 설정, 그리드 표시
title('지수 감쇠 정현파');                    % 그림 제목
xlabel('n');                                % x축 라벨
```

위의 매트랩 프로그램을 실행해서 얻은 결과는 [그림 2-21]에 나타내었다.

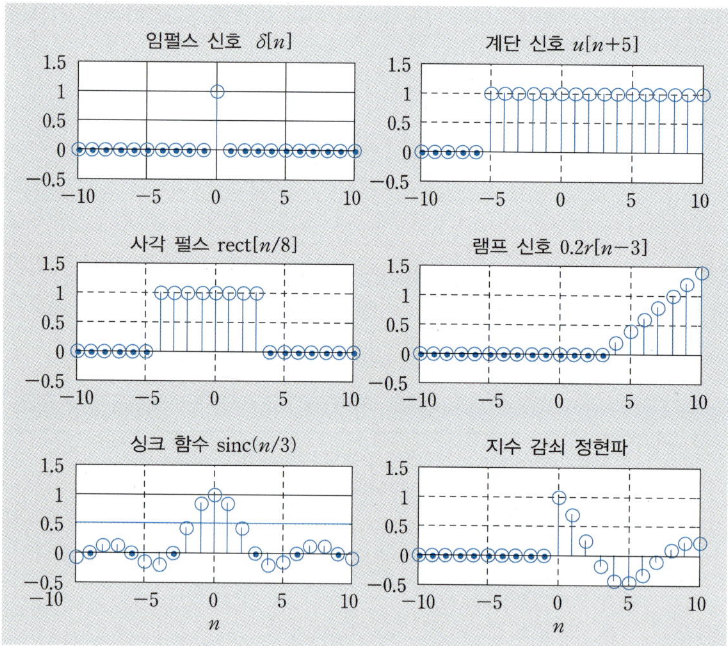

[그림 2-21] [MATLAB 2-1]의 신호 파형

MATLAB 2-2 신호에 대한 기본 연산

$x[n]=4u[n]-r[n-2]+r[n-6]$일 때 다음의 신호를 그려라. 또한, $x[n]$의 에너지와 $x_N[n]$의 전력을 구하라.

- $x[n]$
- $x_N[n]$: 주기 $N=6$으로 $x[n]$을 반복한 주기 신호
- $x[n+3]$
- $x[-n]$
- $x_e[n]$: 우대칭 성분
- $x_o[n]$: 기대칭 성분

풀이

[MATLAB 2-1]에서 계단 신호와 램프 신호에 대해, [MATLAB 1-2]에서 신호의 에너지와 전력을 계산하는 프로그램을 이미 수행해보았으므로, 크게 어렵지 않게 구할 수 있을 것이다. 신호 $x[n]$의 우대칭 성분 $x_e[n]$과 기대칭 성분 $x_o[n]$은 [예제 2-4]에서 이미 구해본 바 있다.

이 문제에서도 그림 창을 3행 2열의 6화면으로 분할하여 결과를 나타내도록 했으며, 매트랩 프로그램은 다음과 같다.

MATLAB_2_2.m

```
n=[-10:1:10];                                   % 시간축 설정
x=4*stepfun(n,0)-(n-2).*(n>=2)+(n-6).*(n>=6);   % x[n] 생성
xp0=x(11:16);                                   % x[n]의 한 주기 파형 선택
for k=1:21
  if rem(k,6)=5
    xp(k)=xp0(1);                               % 주기 신호 xN[n] 생성(n=-6,0,6))
  else
    xp(k)=xp0(rem(k,6)+2);                      % 주기 신호 xN[n] 생성(그 외의 n)
  end
end
xs=4*stepfun(n,-3)-(n+1).*(n>=-1)+(n-3).*(n>=3); % x[n+3] 생성
xr=fliplr(x);                                   % x[-n] 생성(y축 대칭)
xe=0.5*(x+xr);                                  % 우대칭 성분 xe[n] 생성
xo=0.5*(x-xr);                                  % 기대칭 성분 xo[n] 생성

Ex=sum(x.*x);                                   % 신호 x[n]의 에너지 계산
Pxp=sum(xp0.*xp0)/6;                            % 신호 xN[n]의 전력 계산

subplot(3,2,1);                                 % 3행 2열 분할 그림 창의 1번 창
stem(n,x);                                      % x[n] 그림
title('x[n]');                                  % 그림 제목
axis([-10 10 -1 5]);                            % x축과 y축의 그림 영역 지정
subplot(3,2,2);                                 % 3행 2열 분할 그림 창의 2번 창
stem(n,xp);                                     % xN[n] 그림
title('x_N[n]');                                % 그림 제목
axis([-10 10 -1 5]);                            % x축과 y축의 그림 영역 지정
subplot(3,2,3);                                 % 3행 2열 분할 그림 창의 3번 창
stem(n,xs);                                     % x[n+3] 그림
title('x[n+3]');                                % 그림 제목
axis([-10 10 -1 5]);                            % x축과 y축의 그림 영역 지정
subplot(3,2,4);                                 % 3행 2열 분할 그림 창의 4번 창
stem(n,xr);                                     % x[-n] 그림
```

```
title('x[-n]');                                      % 그림 제목
axis([-10 10 0 5]);                                  % x축과 y축의 그림 영역 지정
subplot(3,2,5);                                      % 3행 2열 분할 그림 창의 5번 창
stem(n,xe);                                          % xe[n] 그림
title('x_e[n]');                                     % 그림 제목
axis([-10 10 -1 5]);                                 % x축과 y축의 그림 영역 지정
subplot(3,2,6);                                      % 3행 2열 분할 그림 창의 6번 창
stem(n,xo);                                          % xo[n] 그림
title('x_o[n]');                                     % 그림 제목
axis([-10 10 -3 3]);                                 % x축과 y축의 그림 영역 지정

fprintf('신호 x[n]의 에너지는 %d\n',Ex);              % 명령창에 x[n]의 에너지 값 표시
fprintf('주기 신호 x_N[n]의 전력은 %f\n',Pxp);         % 명령창에 xN[n]의 전력 값 표시
```

프로그램에서 주기 신호 $x_N[n]$의 생성은 한 주기 신호 벡터 xp0을 이용하여 다음과 같이 간단히 생성할 수도 있지만, 루프와 조건문의 사용을 보여주기 위해 좀 더 복잡하게 코딩한 것이다.

```
xp=[xp0(3:6) xp0 xp0 xp0(1:5)]
```

이때 rem(n,a) 명령은 n을 a로 나눈 나머지를 출력으로 내는 함수이다. 그런데 매트랩에서 배열의 데이터 순서는 1부터 시작하므로, 루프가 시간 n의 값에 따라 -10부터 10까지 반복되는 게 아니라 k가 1에서 21까지 되풀이되도록 되어 있다. 또한 $k=5$, 11, 17($n=-6$, 0, 6)에 해당하는 경우에는 rem(k,6)+2=7이 되어 xp0의 길이 6과 맞지 않으므로 조건문에서 별도로 처리한 것이다.

프로그램을 실행하면 신호 파형은 [그림 2-22]와 같이 그려진다.

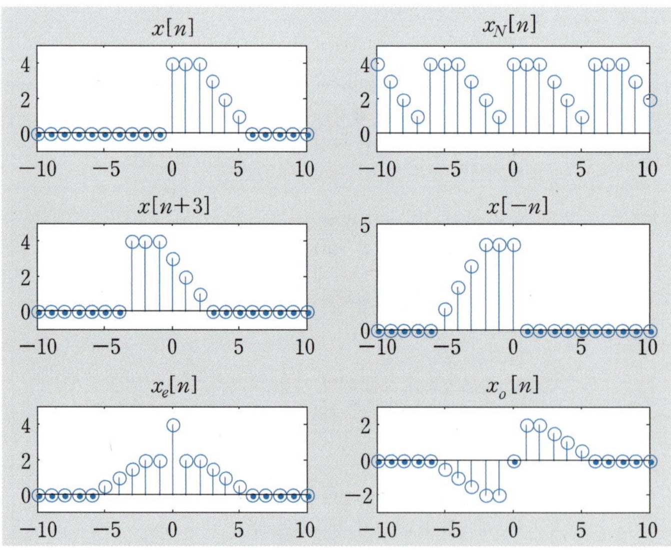

[그림 2-22] [MATLAB 2-2]의 신호 파형

그리고 명령 창에 다음과 같이 $x[n]$의 에너지와 $x_N[n]$의 전력 값이 출력된다.

```
신호 x[n]의 에너지는 155
주기 신호 x_N[n]의 전력은 26.428571
```

MATLAB 2-3 잡음에 오염된 신호

신호 $s(t)$에 잡음 $n(t)$가 섞인 신호는 $x(t) = s(t) + an(t)$와 같이 표현할 수 있다. 여기에서 잡음의 크기는 신호 대 잡음비(SNR)에 따라 다음과 같은 값을 가진다.

$$a = \frac{\sigma_s / \sigma_n}{10^{\mathrm{SNR}/20}}$$

정현파 신호 $s(t) = \cos(2\pi t)$에 각각 평균 0인 균일분포 백색잡음과 정규분포 백색잡음이 섞인 경우의 파형을 그려라. 균일분포 백색잡음에 대한 SNR은 15[dB], 정규분포 백색잡음에 대한 SNR은 10[dB]이다. 그리고 각 경우에 대한 잡음의 크기 a를 구하라.

풀이

매트랩에서 rand는 평균이 0.5이고 분산이 1/12인 균일분포를 갖는 난수를, randn은 평균이 0이고 분산이 1인 정규Gaussian분포를 갖는 난수를 발생시키는 명령이다.

이 문제에 대한 매트랩 프로그램은 다음과 같고, 이를 실행하면 그림 창에는 [그림 2-23]과 같이 신호들의 파형이 그려진다.

MATLAB_2_3.m

```
t=[0:0.01:2];                                 % 시간축 설정(0에서 2까지 0.01 간격)
signal=cos(2*pi*t);                           % 정현파 신호 생성
nu=rand(size(signal))-0.5;                    % 균일분포 잡음(평균=0, 분산=1/12) 생성
ng=randn(size(signal));                       % 정규분포 잡음(평균=0, 분산=1) 생성
snr1=15; snr2=10;                             % 원하는 SNR 설정
a1=std(signal)/std(nu)/(10^(snr1/20));        % 크기 a 결정(균일분포 백색잡음)
a2=std(signal)/std(ng)/(10^(snr2/20));        % 크기 a 결정(정규분포 백색잡음)
x1=signal+a1*nu;                              % 균일분포 백색잡음이 섞인 신호 생성
x2=signal+a2*ng;                              % 정규분포 백색잡음이 섞인 신호 생성

subplot(2,2,1);                               % 2행 2열 분할 그림 창의 1번 창
plot(t,nu);                                   % 균일분포 백색잡음 그림
axis([0 2 -2 2]);                             % x축과 y축의 그림 영역 지정
title('균일분포 백색잡음');                     % 그림 제목
subplot(2,2,2);                               % 2행 2열 분할 그림 창의 2번 창
plot(t,ng);                                   % 정규분포 백색잡음 그림
axis([0 2 -2 2]);                             % x축과 y축의 그림 영역 지정
title('정규분포 백색잡음');                     % 그림 제목
subplot(2,2,3);                               % 2행 2열 분할 그림 창의 3번 창
plot(t,x1);                                   % 균일분포 백색잡음이 섞인 신호 그림
```

```
hold on;                                         % 현재 그림 창 유지
plot(t,signal,'r');                              % 정현파 신호 그림
axis([0 2 -2 2]);                                % x축과 y축의 그림 영역 지정
title('균일분포 백색잡음이 섞인 정현파 신호');     % 그림 제목
subplot(2,2,4);                                  % 2행 2열 분할 그림 창의 4번 창
plot(t,x2);                                      % 정규분포 백색잡음이 섞인 신호 그림
hold on;                                         % 현재 그림 창 유지
plot(t,signal,'r');                              % 정현파 신호 그림
axis([0 2 -2 2]);                                % x축과 y축의 그림 영역 지정
title('정규분포 백색잡음이 섞인 정현파 신호');     % 그림 제목

fprintf('균일분포 백색잡음 a 값은 %.4f \n',a1);   % 명령창에 균일분포 잡음 a 표시
fprintf('정규분포 백색잡음 a 값은 %.4f \n',a2);   % 명령창에 정규분포 잡음 a 표시
```

그리고 명령창에는 다음과 같은 결과가 출력된다.

```
균일분포 백색잡음 a 값은 0.4303
정규분포 백색잡음 a 값은 0.2305
```

그림으로부터 SNR이 낮을수록 잡음의 영향이 커짐을 알 수 있다.

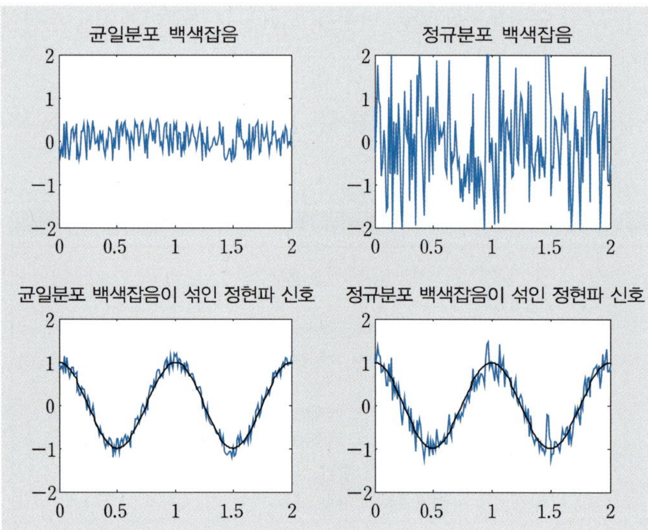

[그림 2-23] [MATLAB 2-3]의 신호 파형

CHAPTER

03

이산 시스템의 시간 영역 해석

Time Domain Analysis of Discrete Systems

학습목표

- 임펄스 응답의 개념과 중요성을 이해할 수 있다.
- 임펄스 응답에 의한 이산 LTI 시스템의 컨벌루션 표현을 이해할 수 있다.
- 도해적인 컨벌루션 계산과 컨벌루션의 성질을 이해할 수 있다.
- 이산 LTI 시스템의 차분 방정식 표현과 구현도를 이해할 수 있다.
- 차분 방정식의 반복 대입법과 활용을 이해할 수 있다.
- 차분 방정식의 고전적 해법을 이해할 수 있다.
- 임펄스 응답의 물리적 의미와 시스템 특성과의 관계를 알 수 있다.

【미리보기】

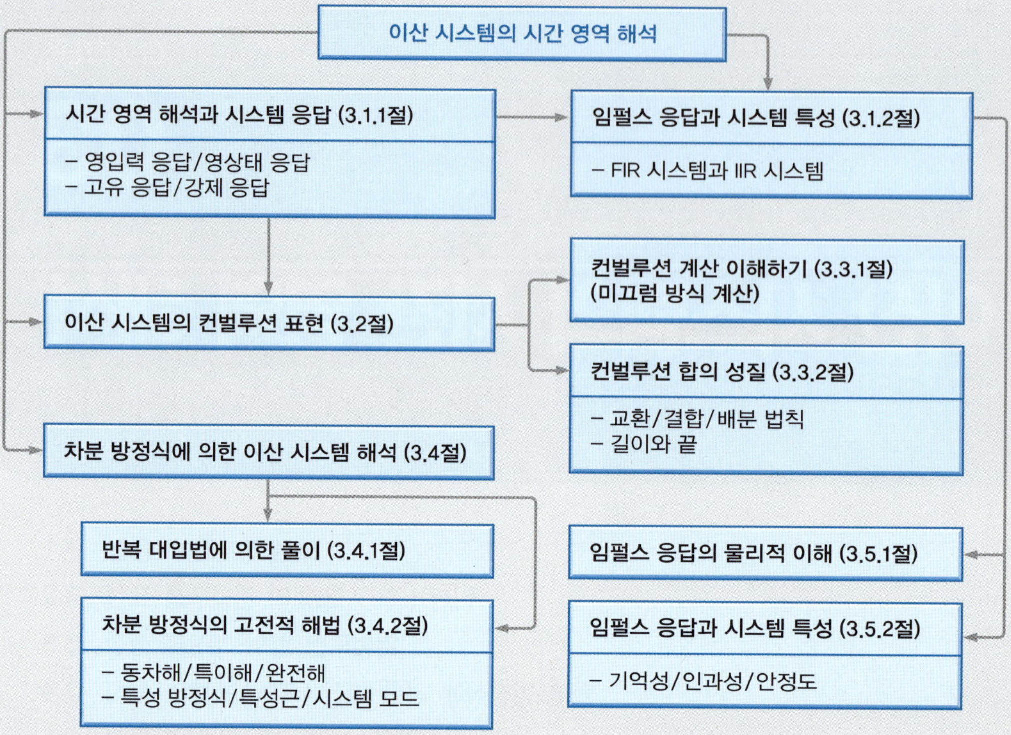

시간 함수로 표현한 입출력 신호와 관련하여 시스템의 표현식을 구하고, 이를 이용하여 시스템의 출력을 결정하고 특성을 해석하는 것을 시스템에 대한 시간 영역 해석이라고 한다. 이 장에서는 우선 시스템의 응답, 특히 임펄스 응답의 개념과 이를 이용한 시스템 입출력 관계를 유도하고, 컨벌루션의 성질 및 계산에 대해 살펴볼 것이다. 그런 다음, 이산 선형 시불변(LTI) 시스템의 차분 방정식 표현과 이의 해법에 대해서 알아본다. 또한 임펄스 응답의 물리적 의미와 시스템 특성과의 관계 등을 살펴볼 것이다.

SECTION 3.1

시스템의 임펄스 응답

학습포인트

- 영입력 응답과 영상태 입력, 고유 응답과 강제 응답과 같은 시스템 출력의 구분과 물리적 의미를 파악한다.
- 임펄스 응답의 개념과 시스템 해석에서의 중요성을 이해한다.
- FIR과 IIR 시스템이 무엇인지를 파악하고, 그 특징과 차이를 이해한다.

시간 함수로 표현한 입출력 신호와 관련하여 시스템의 표현식을 구해 입력에 대한 시스템의 출력을 결정하고 시스템의 특성을 해석하는 것을 시스템에 대한 시간 영역 해석이라고 한다. 이 절에서는 시스템의 시간 응답에 대한 기초적인 개념을 살펴보기로 한다. 그리고 임펄스 응답의 정의와 개념에 대해서도 알아볼 것이다.

3.1.1 시간 영역 해석과 시스템의 응답

신호 처리는 시스템을 통해 이루어진다. 시스템에서의 기본 과제는 입력을 넣었을 때 출력이 어떻게 될 것인지 알아내는 것이고, 이와 더불어 시스템의 여러 가지 성질을 파악하는 것이 중요하다. 이러한 작업을 '시스템 해석'이라고 한다.

시스템의 시간 영역 해석

- **시간 영역 해석**은 시간 함수로 나타낸 입출력 신호와 관련하여 시스템의 표현식을 구하고, 이를 이용해 시스템의 출력과 특성을 분석하는 일이다.
- **이산 시스템**은 시간 영역에서 보통 차분 방정식으로 표현되는데, 이는 외부 입력에 대한 반응뿐만 아니라 시스템 내부의 초기 조건에 의한 반응까지도 고려된 모델이다.
- **이산 시스템의 컨벌루션 (합)** 표현은 오직 외부 입력에 대한 시스템의 반응만 나타내는 모델로, 임펄스 입력에 대한 출력인 임펄스 응답이 핵심적인 역할을 한다.

시스템이 입력 신호에 반응하여 내보내는 결과 신호를 시스템의 출력 또는 **응답**(response)이라고 한다. 시스템의 입출력 관계를 표현하는 방정식의 해가 바로 시스템의 출력, 즉 입력에 대한 시스템의 응답이 된다. 그런데 시스템의 출력이 꼭 외부에서 넣어주는 입력에 의해서만 만들어지는 건 아니다. 예를 들어, 이미 충전이 되어 있는 커패시터에 저항을 연결하면 회로에 별도의 전원(외부 입력)을 연결하지 않았음에도 불구하고 전류가 흐른다. 이는 회로를 동작시키기 전에 이미 내부에 축적 에너지를 가지고 있었기 때문이다.

시스템이 실제로 내보내는 출력은 하나이지만, 시스템의 특성을 파악하고 분석하기 위해 필요한 관점에 따라 출력의 성분을 나누고 물리적인 의미를 부여하기도 한다. 출력 성분을 구분하는 중요한 방법에는 두 가지가 있는데, 하나는 '출력을 만드는 원인'에 따라 영입력 응답과 영상태 응답으로 나누는 것이고, 다른 하나는 '무엇의 특성이 반영되어 있는가'에 따라 고유 응답과 강제 응답으로 나누는 것이다.

- **영입력 응답** zero input response은 순전히 시스템 내부의 축적 에너지, 즉 시스템의 초기 조건에 의한 응답으로 외부 입력이 전혀 없을 때(입력이 0일 때)의 시스템 응답이다.
- **영상태 응답** zero state response은 오직 외부 입력에 의한 응답 성분으로 시스템 내부의 축적 에너지가 없을 때, 즉 시스템의 초기 상태가 0일 때의 시스템 응답이다.
- **고유 응답** natural response은 시스템 자체의 고유한 특성을 반영하는 응답이다.
- **강제 응답** forced response은 외부 입력의 특성을 반영하는 응답이다.

영입력 응답은 외부의 개입이 전혀 없는 상황에서 일어나는 시스템의 반응이므로, 오직 시스템이 지닌 고유한 특성만이 (내부적으로) 관여하여 빚어낸 결과라고 볼 수 있다. 따라서 영입력 응답을 잘 관찰하면 시스템 자체의 본질적인 특성을 파악하여 찾아낼 수 있다. 반면에, 영상태 응답은 순전히 외부 입력에 대한 시스템의 반응이므로, 원하는 결과를 얻기 위하여 입력을 어떻게 적절히 조절할 것인지에 대한 정보를 알아낼 수 있다. 고유 응답은 시스템이 바뀌지 않는 한 입력의 형태와는 상관없이 항상 같은 꼴의 항들로 이루어지므로 시스템 자체의 고유성을 반영한 응답이라고 할 수 있다. 이와 달리 강제 응답은 외부에서 넣어준 입력에 의해 시스템의 자체적인 특성과는 무관하게 강제적으로 입력과 같은 꼴의 반응을 만들어낸 것이다.

3.1.2 임펄스 응답

선형 시불변(LTI) 시스템의 경우, 순전히 외부 입력에 대한 출력, 즉 영상태 응답을 컨벌루션convolution 형태로 수식화할 수 있는데, 이를 위해 우선 임펄스 응답의 개념이 필요하다. 시스템의 동작에 대한 이해와 물리적 의미의 파악을 손쉽게 해준다는 점에서, 임펄스 응답은 시스템 해석에서 매우 중요한 위치를 차지하고 있다.

임펄스 응답impulse response은 시스템에 임펄스 신호 $\delta[n]$을 입력으로 넣었을 때의 시스템 응답을 말하며, $h[n]$으로 표현한다.

$$h[n] = H\{\delta[n]\} \tag{3.1}$$

임펄스 응답을 구할 때 시스템의 모든 초기 조건은 0으로 둔다. [그림 3-1]은 임펄스 입력에 의한 임펄스 응답을 보여준다.

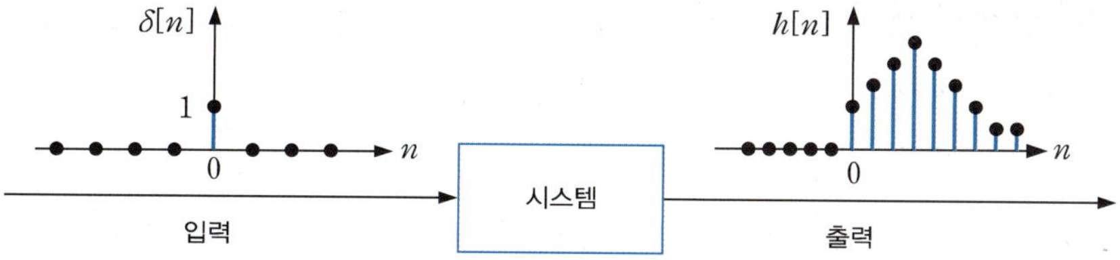

[그림 3-1] 시스템 임펄스 응답의 발생

[그림 3-2]에 2.5절에서 살펴본 인과성, 안정성과 같은 시스템 특성이 임펄스 응답 $h[n]$과 어떻게 관련되는지를 보여주는 대표적인 네 가지의 예를 나타내었다. [그림 3-2(a)]만 입력이 들어온 $n=0$ 순간에만 $h[n]$이 존재하므로 순시적 시스템이며, 나머지는 모두 동적 시스템의 임펄스 응답이다. 그 중에서도 [그림 3-2(b)]는 $h[n]$이 $n=0$ 이전에 값을 가지나 시간이 지남에 따라 0으로 수렴하므로 비인과이며 안정한 시스템을 나타내고, [그림 3-2(c)]는 $h[n]$이 $n=0$ 이전에 값을 갖지 않으나 시간에 따라 값이 계속 증가하므로 인과이며 불안정한 시스템을 나타낸다. 마지막으로 [그림 3-2(d)]는 인과적이며 안정한 시스템을 나타낸 것이다. 디지털 신호 처리에서 사용되는 것은 [그림 3-2(d)]와 같은 시스템이다.

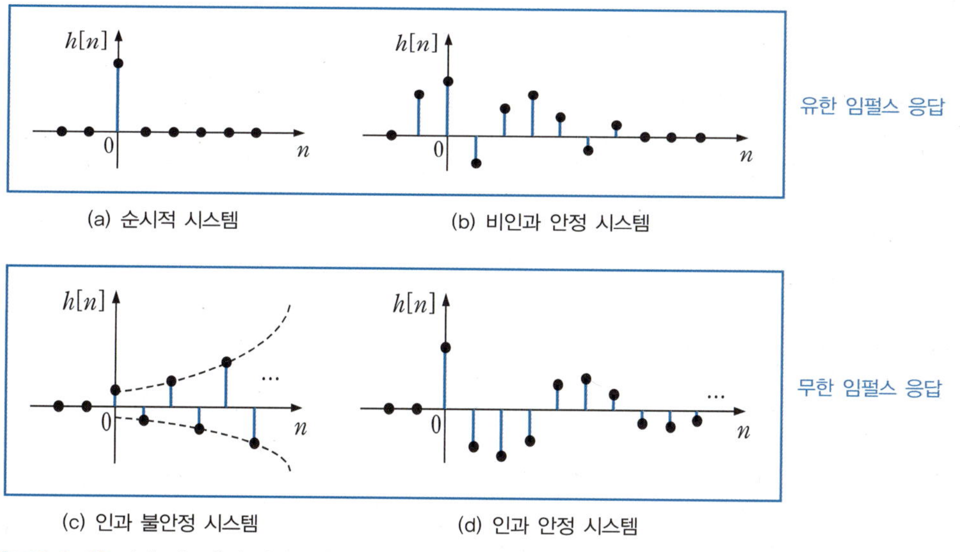

[그림 3-2] 여러 시스템의 임펄스 응답

[그림 3-2]의 임펄스 응답을 신호의 길이 관점에서 살펴보면 다음과 같이 구분할 수 있다.

- **유한 임펄스 응답**(FIR)Finite Impulse Response **시스템**은 임펄스 응답의 길이(샘플 수)가 유한한 시스템이다([그림 3-2(a)], [그림 3-2(b)]).
- FIR 시스템의 차분 방정식은 이동 평균(MA) 항으로만 이루어진다.
- **무한 임펄스 응답**(IIR)Infinite Impulse Response **시스템**은 임펄스 응답의 길이가 무한한 시스템이다([그림 3-2(c)], [그림 3-2(d)]).
- IIR 시스템의 차분 방정식은 반드시 자기 회귀(AR) 항을 포함한다.

예제 3-1 이산 시스템의 임펄스 응답

다음의 차분 방정식으로 표현되는 이산 시스템의 임펄스 응답을 구하라.

(a) $y[n]=ax[n]+bx[n-1]$　　　(b) $y[n]+ay[n-1]=bx[n]$

풀이

(a) 임펄스 응답 $h[n]$은 $x[n]=\delta[n]$일 때의 출력이므로

$$h[n]=a\delta[n]+b\delta[n-1]$$

이 된다. $n=0$부터 n값을 1씩 증가시키며 반복 대입으로 계산하면 다음과 같다.

$$\begin{aligned}
&n=0\text{일 때},\ h[0]=a\delta[0]+b\delta[-1]=a\cdot 1+b\cdot 0=a\\
&n=1\text{일 때},\ h[1]=a\delta[1]+b\delta[0]=a\cdot 0+b\cdot 1=b\\
&n=2\text{일 때},\ h[2]=a\delta[2]+b\delta[1]=a\cdot 0+b\cdot 0=0\\
&n=3\text{일 때},\ h[3]=a\delta[3]+b\delta[2]=a\cdot 0+b\cdot 0=0\\
&\qquad\vdots
\end{aligned}$$

그러므로 이 시스템의 임펄스 응답은 $h[0]=a$와 $h[1]=b$의 단 두 개의 샘플로 이루어짐을 알 수 있다. 따라서 FIR 시스템이다.

(b) 주어진 차분 방정식에서 좌변에 $y[n]$만 남기고 다시 정리한 뒤, $x[n]=\delta[n]$이라 두면

$$h[n]=-ah[n-1]+b\delta[n]$$

이다. 앞에서와 마찬가지로 $n=0$부터 n을 1씩 증가시키며 반복 대입으로 계산해야 하는데, 다만 우변에 $h[n-1]$(이를 자기 회귀항이라 함)이 있으므로 $n=0$ 이전의 $h[n]$의 값이 필요하다는 점이 다르다. 임펄스 응답을 구할 때는 모든 시스템의 초기 조건을 0으로 둔다는 조건으로부터 $h[-1]=0$이므로 다음과 같이 계산한다.

$$\begin{aligned}
&n=0\text{일 때},\ h[0]=-ah[-1]+b\delta[0]=(-a)\cdot 0+b\cdot 1=b\\
&n=1\text{일 때},\ h[1]=-ah[0]+b\delta[1]=(-a)\cdot b+b\cdot 0=(-a)b\\
&n=2\text{일 때},\ h[2]=-ah[1]+b\delta[2]=(-a)\cdot(-a)b+b\cdot 0=(-a)^2b\\
&\qquad\vdots\\
&n=k\text{일 때},\ h[k]=-ah[k-1]+b\delta[k]=(-a)\cdot(-a)^{k-1}b+b\cdot 0=(-a)^kb\\
&\qquad\vdots
\end{aligned}$$

따라서 임펄스 응답은 다음과 같이 된다.

$$h[n]=(-a)^nb,\quad n\ge 0$$

계산 과정을 다시 살펴보면, $\delta[n]$이 $n=0$인 경우에만 값을 가지기 때문에 그 이후의 $h[n]$은 전적으로 이전의 출력 값에 의해 순환적으로 생성됨을 볼 수 있다. 이 시스템은 (a)의 시스템과는 달리 임펄스 응답이 무한 개의 샘플들로 이루어지므로 IIR 시스템이다.

SECTION 3.2

이산 LTI 시스템의 컨벌루션 표현

학습포인트

- 이산 LTI 시스템의 입출력 관계가 컨벌루션으로 표현되는 과정을 이해한다.
- 컨벌루션 연산의 수학적 정의와 도해적 개념에 대해 이해한다.

선형 시불변(LTI) 시스템의 경우, 입력과 출력의 관계를 컨벌루션^convolution^이라고 하는 매우 독특한 형태의 방정식으로 나타낼 수 있다. 이 절에서는 시스템의 입력에 대한 출력(영상태 응답)을 임펄스 응답을 이용하여 구하는 방법을 알아보기로 한다.

입력 신호를 매 순간 세기가 다른 임펄스 신호가 모여 있는 것으로 볼 수 있다면, 그리고 시스템에 임펄스 신호가 들어오는 시간이 달라도 응답의 형태가 바뀌지 않을뿐더러 각 임펄스 신호에 대한 출력을 모두 합함으로써 입력 신호에 대한 출력이 완전히 구해질 수 있다고 하면, 시스템의 입력과 출력의 관계를 손쉽게 찾아낼 수 있을 것이다. 이런 성질은 시불변성과 선형성에 해당한다. 그러므로 선형 시불변 시스템의 경우 임펄스 응답만 알고 있으면 선형성과 시불변성을 이용해 임의의 입력에 대한 시스템의 출력을 구할 수 있다.

2.2절에서 살펴보았듯이, 임의의 이산 신호는 시간 이동된 임펄스 신호들의 가중 합으로 표현할 수 있다. 이를 나타낸 식 (2.5)를 다시 쓰면 다음과 같다.

$$\begin{aligned} x[n] &= \cdots + x[-1]\delta[n+1] + x[0]\delta[n] + \cdots + x[k]\delta[n-k] + \cdots \\ &= \sum_{k=-\infty}^{\infty} x[k]\,\delta[n-k] \end{aligned} \tag{3.2}$$

시스템이 선형이라면, 식 (3.2)로 표현된 입력 신호 $x[n]$에 대한 시스템의 응답은 선형성(가산성과 동차성)을 적용하여 다음과 같이 쓸 수 있다.

$$\begin{aligned} y[n] = H\{x[n]\} &= \cdots + H\{x[0]\delta[n]\} + \cdots + H\{x[k]\delta[n-k]\} + \cdots \\ &= \sum_{k=-\infty}^{\infty} H\{x[k]\delta[n-k]\} = \sum_{k=-\infty}^{\infty} x[k]H\{\delta[n-k]\} \end{aligned} \tag{3.3}$$

이때 시스템이 시불변이라면, 임펄스 응답의 정의 $H\{\delta[n]\}=h[n]$와 시불변성을 이용하여 $H\{\delta[n-k]\}=h[n-k]$을 얻게 된다. 따라서 선형 시불변(LTI) 시스템의 입출력 관계는 다음과 같이 구해진다.

$$y[n]=\sum_{k=-\infty}^{\infty} x[k]\,h[n-k] \tag{3.4}$$

식 (3.4)의 연산을 **컨벌루션 합** convolution summation 이라고 하고, 기호 $*$를 사용하여 나타낸다. 이산 LTI 시스템의 영상태 응답에 대한 표현을 구하는 과정을 [표 3-1]에 나타내었다.

[표 3-1] 이산 LTI 시스템의 영상태 응답 표현을 구하는 과정

입력	출력	적용 원리
$\delta[n]$	$h[n]$	임펄스 응답
$\delta[n-k]$	$h[n-k]$	시불변성
$x[k]\,\delta[n-k]$	$x[k]\,h[n-k]$	선형성(동차성)
$x[n]=\sum_{k=-\infty}^{\infty} x[k]\,\delta[n-k]$	$y[n]=\sum_{k=-\infty}^{\infty} x[k]\,h[n-k]$	선형성(가산성)

- LTI 시스템의 입력에 대한 출력은 입력과 임펄스 응답의 컨벌루션 (합)으로 나타낼 수 있다.

$$y[n]=\sum_{k=-\infty}^{\infty} x[k]\,h[n-k]=x[n]*h[n] \tag{3.5}$$

- 입력이 인과 신호($x[k]=0,\ k<0$)이고, 시스템 또한 인과($h[n]=0,\ n<0$, 즉 $h[n-k]=0,\ k>n$)일 경우, 컨벌루션 표현의 총합 구간이 다음과 같이 조절된다.

$$y[n]=\sum_{k=0}^{n} x[k]\,h[n-k] \tag{3.6}$$

그런데 대부분의 실제 문제에서는 입력 신호 $x[n]$이 $n=0$에서 시작하는 인과 신호이므로 식 (3.5)의 총합 하한은 0으로 줄어든다. 또한 일반적으로 시스템이 인과 시스템, 즉 $h[n]=0,\ n<0$이므로 $h[n-k]=0,\ k>n$이 되어 총합 상한은 n으로 제한된다. 따라서 입출력 관계를 나타내는 컨벌루션 표현은 식 (3.6)과 같이 된다.

예제 3-2 컨벌루션 – 임펄스 응답을 이용한 계단 응답 구하기

임펄스 응답이 $h[n]=(0.5)^n u[n]$인 LTI 시스템의 계단 응답 $s[n]$을 구하라.

풀이

입력인 계단 신호 $x[n]=u[n]$과 임펄스 응답 $h[n]=(0.5)^n u[n]$의 컨벌루션을 계산하면 $h[n-k]=0$, $k>n$이므로 다음과 같이 된다.

$$s[n]=\sum_{k=-\infty}^{\infty}u[k]h[n-k]=\sum_{k=0}^{n}h[n-k]$$

$$=\sum_{k=0}^{n}h[k]=\sum_{k=0}^{n}(0.5)^k=\frac{1-(0.5)^{n+1}}{1-0.5}=-(0.5)^n+2$$

풀이 과정에서 얻어진 관계 $s[n]=\sum_{k=0}^{n}h[k]$는 인과 LTI 시스템의 임펄스 응답과 계단 응답의 관계를 나타내는 수식이다.

예제 3-3 선형성과 시불변성을 이용한 이산 시스템의 영상태 응답

[그림 3-3]은 이산 LTI 시스템의 임펄스 응답 $h[n]$과 입력 신호 $x[n]$을 나타낸 것이다. 이 입력에 대한 시스템의 출력을 구하라.

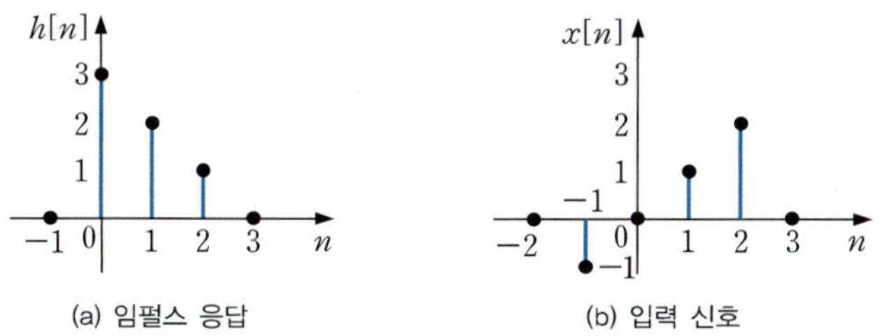

[그림 3-3] [예제 3-3]의 임펄스 응답과 입력 신호

풀이

$x[n]$은 식 (3.2)에 의해 다음과 같이 임펄스 성분들의 합으로 나타낼 수 있다.

$$x[n]=-1\cdot\delta[n+1]+0\cdot\delta[n]+1\cdot\delta[n-1]+2\cdot\delta[n-2]$$
$$=\sum_{k=-1}^{2}x[k]\delta[n-k]$$

[그림 3-4(a)]는 이와 같은 $x[n]$의 분해 결과를 나타낸 것이다. $x[n]$을 쪼갠 뒤, 중첩의 원리를 적용하여 각 임펄스 성분 $x[k]\delta[n-k]$에 대한 시스템 응답을 모두 합하면 시스템의 출력을 얻게 된다. 이때 시불변성으로 인해 $x[k]\delta[n-k]$에 대한 시스템 응답은 [그림 3-4(b)]의 오른쪽 열에 나타낸 것처럼 $x[k]h[n-k]$가 되고, 이들을 모두 더하면 $y[n]$이 된다. 이를 수식으로 표현하면 다음과 같다.

$$y[n]=\sum_{k=-1}^{2}x[k]h[n-k] \tag{3.7}$$

[그림 3-4]의 계산 과정에서 주목할 점은 계산이 특정한 n값에 대해 진행되는 것이 아니라 k에 대해 -1, 0, 1, 2의 순서로 계산이 먼저 수행된 다음, 최종적으로 각 n값에 대한 결과를 얻는다는 사실이다. 이와 같은 계산 방법은 컨벌루션 표현의 개념과 원리를 이해하기에는 좋지만, 계산이 시간의 흐름을 따라 진행되지 않을 뿐만 아니라 $x[n]$의 길이가 긴 경우에는 비효율적이므로 바람직한 방법은 아니다.

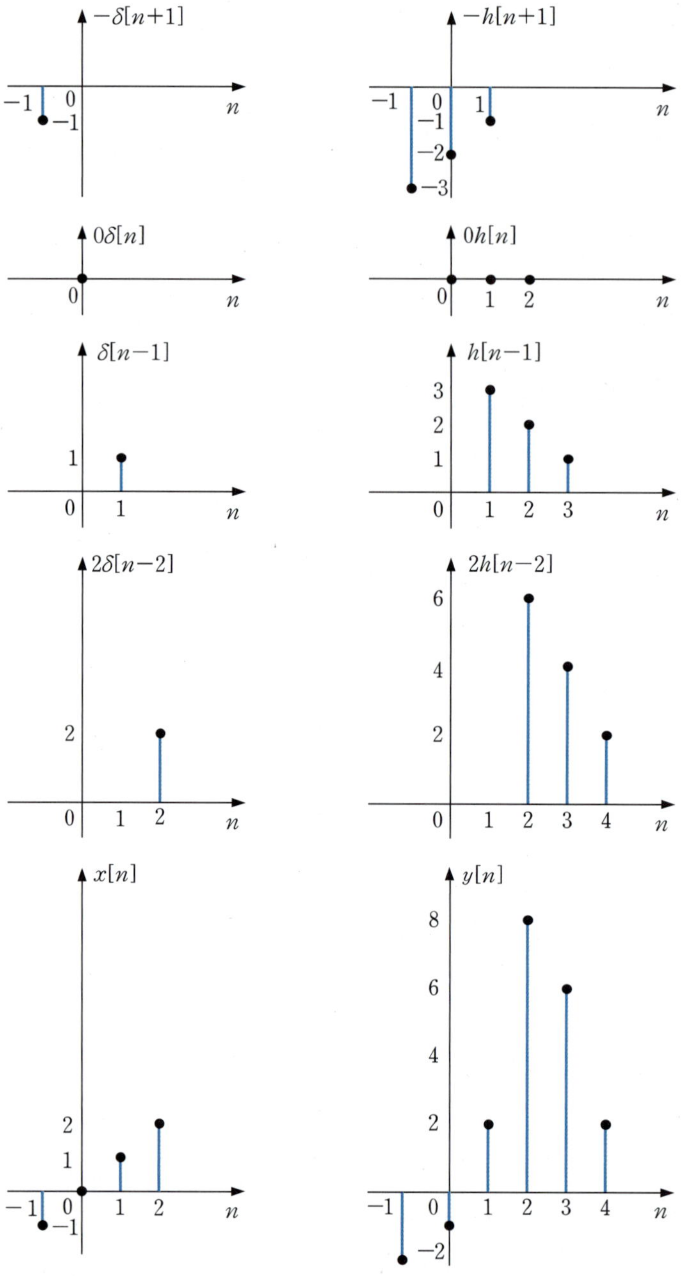

(a) 임펄스를 이용한 입력 신호 분해　　　　(b) 입력의 각 임펄스 성분에 대한 출력

[그림 3-4] 임펄스의 중첩에 의한 이산 시스템 출력 계산

SECTION 3.3

컨벌루션 합의 계산과 성질

학습포인트

- 컨벌루션 계산에서 시간축의 변환 관계를 이해한다.
- 컨벌루션의 미끄럼 방식 계산 알고리즘을 이해한다.
- 컨벌루션 합의 주요 성질과 이에 대한 물리적 의미를 파악한다.
- 상호 연결된 시스템의 임펄스 응답을 알아본다.
- 컨벌루션의 길이와 양 끝 시간 값의 성질에 대해 이해한다.

그림을 이용하면 컨벌루션의 계산 과정을 이해하는 데 큰 도움이 된다. 도해적 접근은 컨벌루션의 개념을 직관적으로 파악할 수 있게 해줄 뿐만 아니라 계산을 쉽게 만들어준다. 따라서 이 절에서는 도해적 접근을 이용하여 컨벌루션의 개념을 이해하고 실용적인 계산 방법에 대해 알아본다. 또한 컨벌루션 연산이 지니는 흥미로운 수학적 성질과 이의 시스템과 관련한 의미에 대해서도 살펴볼 것이다.

3.3.1 컨벌루션 합의 계산

컨벌루션 연산을 어렵게 생각하는 이유는 전체 신호를 표현한 함수와 그 함수의 특정 시간에서의 값을 제대로 구분하지 못할 뿐 아니라, 계산 과정에서 시간 변수의 조작에 혼란을 일으키기 때문이다. 식 (3.5)와 같이 컨벌루션 합을 계산할 때, 계산이 진행되는 시간축과 결과를 표시하는 시간축이 다르다. 실제 계산은 시간 변수 k에 대해 이루어지고, 계산 결과만 시간 변수 n에 대해 표시된다. 식 (3.5)를 다시 쓰면 다음과 같이 된다.

$$y[n]=\sum_{k=-\infty}^{\infty}x[k]h[n-k]=\sum_{k=-\infty}^{\infty}x[k]h[-(k-n)] \tag{3.8}$$

식 (3.8)은 우선 시간축을 k로 바꾸고, 두 신호 중의 하나인 $h[k]$를 시간축에 대해 뒤집은 후 ($h[-k]$), 값을 계산해야 할 특정한 시간 순간(n)만큼 이동시켜($h[-(k-n)]=h[n-k]$) 고정된 신호 $x[k]$와 곱한 결과($x[k]h[n-k]$)의 샘플값들을 모두 더함으로써 비로소 하나의 특정 시간 n에서의 신호 값 $y[n]$이 구해짐을 말해준다. 그러므로 $y[n]$의 전체 신호를 얻으려면, n을 $-\infty$에서 ∞까지 변화시키며 식 (3.8)의 계산을 수없이 반복해야만 한다. 이 동작은 결국 시간 반전한 신호 $h[-k]$를 시간축을 따라 왼쪽에서 오른쪽으로 한 시간 스텝씩 미끄러뜨리면서 각 순간마다 식 (3.8)을 계산하는 것과 같으므로 **미끄럼 방식**sliding method이라고 한다.

미끄럼 방식 계산에 의하면, 컨벌루션은 하나의 신호는 고정하고 다른 하나를 시간축에 대해 뒤집은 뒤에 시간축의 $-\infty$에서부터 한 (시간) 스텝씩 뒤집은 신호를 오른쪽으로 미끄러뜨리면서, 그때마다 이동한 신호와 고정된 신호를 곱하여 얻은 결과의 모든 샘플들을 더해서 그 (시간) 순간의 계산 값으로 취하는 연산이다. 미끄럼 방식에 의한 컨벌루션 합의 구체적인 계산 알고리즘은 다음과 같다.

미끄럼 방식 컨벌루션 합 계산 알고리즘

- 1단계 : 두 신호의 시간축을 변환한다($n \rightarrow k$).
- 2단계 : 신호 하나($x[k]$)를 고정시키고 다른 하나($h[k]$)를 시간 반전한다($h[-k]$).
- 3단계 : 시간 반전된 $h[-k]$를 k축에서 n_0만큼 이동시켜 $h[n_0-k]$를 구한다.
- 4단계 : $h[n_0-k]$과 $x[k]$을 곱하여 얻은 결과의 샘플 값들을 모두 더해 $n=n_0$ 순간의 컨벌루션 값 $y[n_0]$을 얻는다.
- 5단계 : $-\infty$에서 $+\infty$까지 모든 n에 대해 이를 반복하여 얻은 결과를 시간축 n에 대해 그려 최종 컨벌루션 결과($y[n]$)를 얻는다.

길이가 짧은 간단한 유한 구간 신호들의 컨벌루션이 아니어서 그림을 이용할 수 없고 수식을 이용해 계산을 수행해야만 할 경우, 시간 반전된 $h[n-k]$가 $x[k]$에 겹쳐지는 양상에 따라 다음과 같이 네 개의 구간으로 나누어 계산하면 편리하다.

❶ 두 신호가 전혀 겹치지 않는 구간
❷ 두 신호가 부분적으로 겹치면서 겹치는 부분이 증가하는 구간
❸ 두 신호가 완전히 겹치는 구간
❹ 두 신호가 부분적으로 겹치면서 겹치는 부분이 감소하는 구간

예제 3-4 미끄럼 방식에 의한 컨벌루션 계산

[예제 3-3]에 대해 미끄럼 방식으로 컨벌루션 계산을 수행하라.

풀이

우선 [그림 3-5(a)]와 같이 시간축을 k로 바꾸고 $h[k]$를 뒤집어 $h[-k]$를 구한다. $h[-k]$를 시간축 k에서 n만큼 시간 이동시킬 때, $x[k]$와 $h[-k]$가 전혀 겹치지 않는 구간은 $n<-1$과 $n>4$이고, 이때 출력은 $y[n]=0$이 된다.

[그림 3-5(c)]와 같이 $n=-1$에서부터 시작하여 $n=4$까지 $h[-k]$를 한 스텝씩 오른쪽으로 이동시켜 갈 때마다 두 신호를 곱한 결과를 모두 합하면 그 n 값 순간의 컨벌루션 값이 된다. 그러므로 이를 시간축을 n으로 하여 모두 다 나타내면 [그림 3-5(b)]에 나타낸 것처럼 $y[n]=x[n]*h[n]$이 얻어진다. 이 결과는 다음과 같이 식 (3.7)에 n을 1씩 증가시키며 대입하여 계산한 것과 일치한다.

$n=-1$일 때, $y[-1]=x[-1]h[0]+x[0]h[-1]+x[1]h[-2]+x[2]h[-3]$
$n=0$일 때, $y[0]=x[-1]h[1]+x[0]h[0]+x[1]h[-1]+x[2]h[-2]$
$n=1$일 때, $y[1]=x[-1]h[2]+x[0]h[1]+x[1]h[0]+x[2]h[-1]$
$n=2$일 때, $y[2]=x[-1]h[3]+x[0]h[2]+x[1]h[1]+x[2]h[0]$

$n = 3$일 때, $\quad y[3] = x[-1]h[4] + x[0]h[3] + x[1]h[2] + x[2]h[1]$

$n = 4$일 때, $\quad y[4] = x[-1]h[5] + x[0]h[4] + x[1]h[3] + x[2]h[2]$

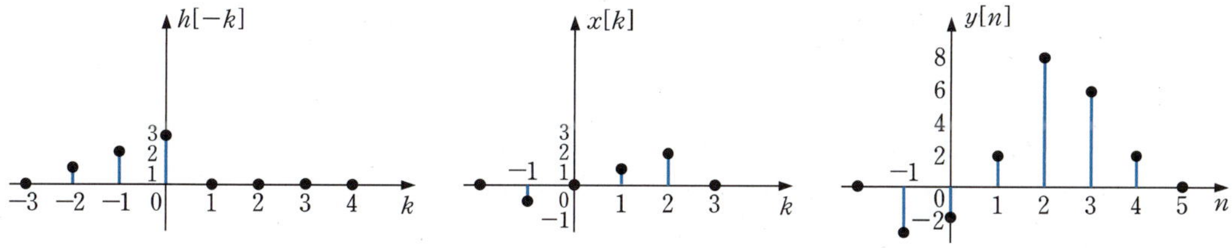

(a) 신호의 시간 변수 변환과 반전

(b) 컨벌루션 최종 결과

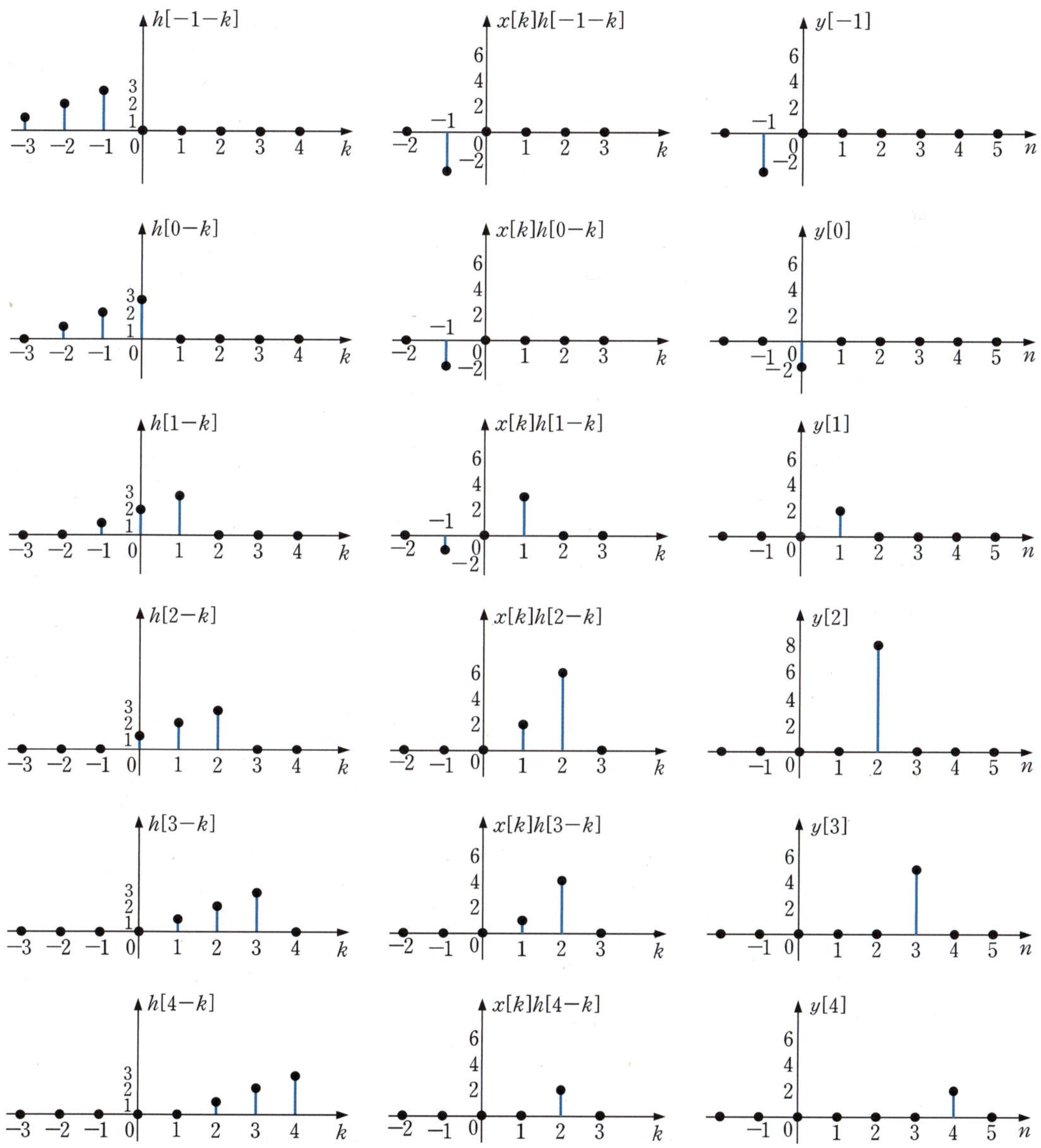

(c) n값의 변화에 따른 컨벌루션 계산

[그림 3-5] 미끄럼 방식에 의한 [예제 3-4]의 컨벌루션 계산

[그림 3-5]의 계산 방식은 보기에는 복잡한 것 같아도 시간 흐름(n의 증가)을 따라 순차적으로 계산이 진행되므로 [그림 3-4]의 계산 방식보다 편리하고 실용적이다. 그런데 일일이 그림을 그려서 계산을 수행하는 것은 매우 번거로우므로, 실제 계산은 [표 3-2]에 나타낸 것처럼 그림의 계산 과정을 간편화한 표를 작성하는 것이 편리하다.

표를 작성할 때, 먼저 $x[k]$와 $h[n-k]$가 겹치기 시작할 때부터 겹치기가 끝날 때까지의 n과 k의 값을 표의 첫째 열과 첫째 행에 기록한다. 그리고 다음 행에 고정 신호 $x[k]$의 값을 해당하는 k값 아래 적는다. 그런 다음, 겹치기가 가장 먼저 발생하는 $h[n-k]$의 값을 해당하는 n값의 행에 기록한 뒤, 이를 한 칸씩 오른쪽으로 미끄러뜨리면서 나머지 행들을 채운다. $h[n-k]$의 각 행을 $x[k]$행에 열 별로 곱하여 이를 다 더한 값을 $y[n]$의 해당 칸에 채우면 표가 완성된다.

[표 3-2] [예제 3-4]의 미끄럼 방식 컨벌루션 계산표

	n \ k	-3	-2	-1	0	1	2	3	4	
$x[k]$				-1	0	1	2			$y[n]$
$h[n-k]$	-1	1	2	3						-3
	0		1	2	3					-2
	1			1	2	3				2
	2				1	2	3			8
	3					1	2	3		5
	4						1	2	3	2

[표 3-2]에서 $k=-3$, -2의 두 열과 $k=3$, 4의 두 열은 $x[k]$와 $h[n-k]$의 겹침이 생기지 않아 생략해도 상관없지만 $h[n-k]$의 미끄럼 동작을 보여주기 위해 남겨둔 것이다.

예제 3-5 미끄럼 방식에 의한 컨벌루션 계산 – 계산 구간의 구분

임펄스 응답이 $h[n]=4(0.5)^n(u[n]-u[n-4])$인 이산 LTI 시스템의 계단 응답을 컨벌루션 $y[n]=x[n]*h[n]$으로 구하고, 그 결과를 그려라.

풀이

임펄스 응답 $h[n]$은 길이가 유한하지만 입력 $x[n]=u[n]$이 길이가 무한한 우편향 신호이므로, [예제 3-4]처럼 그림이나 표를 이용하여 컨벌루션을 계산하기는 힘들다. 그러므로 다음과 같이 세 구간으로 나누어 $y[n]=x[n]*h[n]$을 계산하는 것이 좋다.

❶ **두 신호가 전혀 겹치지 않는 구간 : $n<0$**

$$y[n]=0$$

❷ **두 신호가 부분적으로 겹치면서 겹치는 부분이 증가하는 구간 : $0\le n<3$**

$$y[n]=\sum_{k=0}^{n} h[k]x[n-k]$$

$$y[0] = h[0]x[0] = 4$$
$$y[1] = h[0]x[1] + h[1]x[0] = 6$$
$$y[2] = h[0]x[2] + h[1]x[1] + h[2]x[0] = 7$$

❸ 두 신호가 완전히 겹치는 구간 : $n \geq 3$

이 구간에서는 $x[n-k]$의 값이 항상 1이므로 컨벌루션 계산값은 임펄스 응답의 샘플 값들을 다 더한 것과 같으며 일정하다.

$$y[n] = \sum_{k=0}^{n} h[k]x[n-k]$$
$$y[n] = h[0]x[n] + h[1]x[n-1] + h[2]x[n-2] + h[3]x[n-3] = 7.5$$

임펄스 응답 $h[n]$과 입력 $x[n]$, 그리고 시스템의 계단 응답 $y[n]$은 [그림 3-6]과 같다.

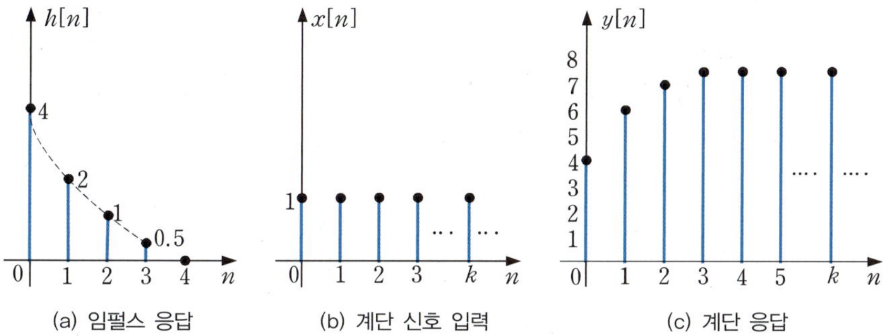

[그림 3-6] [예제 3-5]의 신호들

3.3.2 컨벌루션 합의 성질

컨벌루션이 가지고 있는 주요한 성질들은 시스템과 관련하여 물리적으로도 중요한 의미를 띤다. 컨벌루션의 성질들을 이용하면 계산이 간단해질 뿐만 아니라, 작은 시스템들을 연결하여 큰 시스템을 구성했을 때 전체 시스템의 임펄스 응답을 쉽게 찾아낼 수 있다.

컨벌루션 합의 주요 성질

- **교환법칙** : 신호의 순서를 바꾸어도 상관이 없다.

$$x[n] * h[n] = h[n] * x[n] \tag{3.9}$$

- **결합법칙** : 신호들이 조합되는 순서에 영향을 받지 않는다.

$$(x[n] * h_1[n]) * h_2[n] = x[n] * (h_1[n] * h_2[n]) \tag{3.10}$$

• **배분법칙** : 덧셈에 대한 배분법칙이 성립한다.

$$x[n] * (h_1[n] + h_2[n]) = x[n] * h_1[n] + x[n] * h_2[n] \tag{3.11}$$

• $x[n]$을 $\delta[n-n_0]$와 컨벌루션하면 $x[n]$이 n_0만큼 시간 이동된 결과가 얻어진다.

$$x[n] * \delta[n-n_0] = x[n-n_0] \tag{3.12}$$

• 두 신호의 컨벌루션 결과는 각 신호의 시작 시각을 더한 순간에서 시작해서 각 신호가 끝나는 시각을 더한 순간까지 값을 가지는 신호가 된다.

$$\begin{aligned} &x[n] = 0,\ n < n_1 \ \&\ n > n_2,\ h[n] = 0,\ n < n_3 \ \&\ n > n_4 \\ &\rightarrow\ y[n] = x[n] * h[n] = 0,\ n < n_1 + n_3 \ \&\ n > n_2 + n_4 \end{aligned} \tag{3.13}$$

교환법칙에 따르면, 컨벌루션 계산에서 두 신호 중 어느 것을 뒤집어도 상관없다. 그러므로 계산을 더 간편하게 만들어주는 신호를 뒤집어서 연산을 수행하면 된다. 교환법칙을 시스템의 측면에서 해석하면, [그림 3-7(a)]처럼 입력 신호와 시스템의 임펄스 응답의 역할을 바꿔도 시스템의 출력이 같음을 의미한다. 그러나 이보다는 [그림 3-7(b)]에 나타낸 것처럼 두 시스템이 종속 연결되어 있을 경우 시스템의 연결 순서를 바꾸어도 입력에 대한 출력은 바뀌지 않는다는 의미로 주로 활용된다.

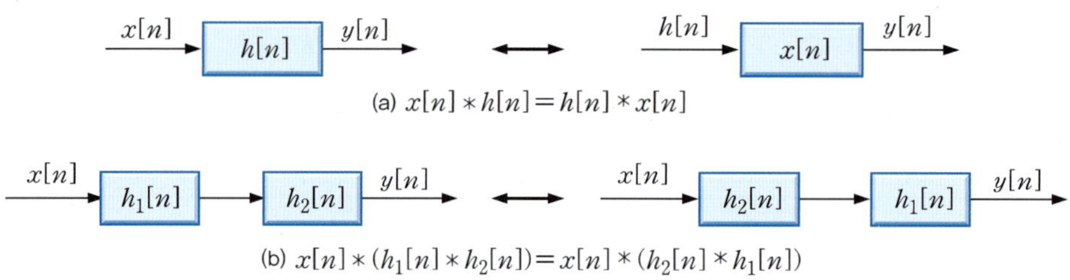

[그림 3-7] 컨벌루션의 교환법칙의 물리적 의미

결합법칙은 [그림 3-8]에 나타낸 것처럼, 두 시스템이 종속 연결되어 있을 경우 각 시스템의 임펄스 응답의 컨벌루션을 새로운 임펄스 응답으로 갖는 하나의 등가 시스템으로 대체할 수 있음을 의미한다.

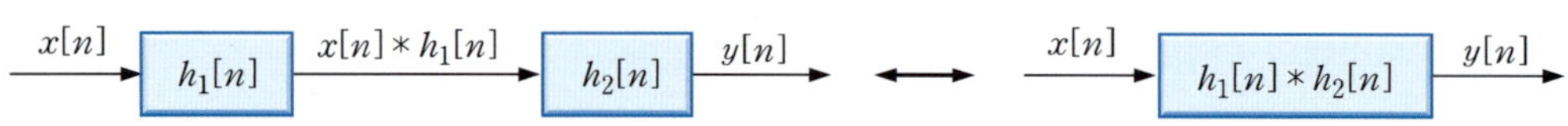

[그림 3-8] 컨벌루션의 결합법칙의 물리적 의미

배분법칙은 [그림 3-9]에 나타낸 것처럼, 두 시스템이 병렬로 연결되어 있을 경우 각 시스템의 임펄스 응답을 더한 것을 새로운 임펄스 응답으로 갖는 하나의 등가 시스템으로 대체할 수 있음을 의미한다.

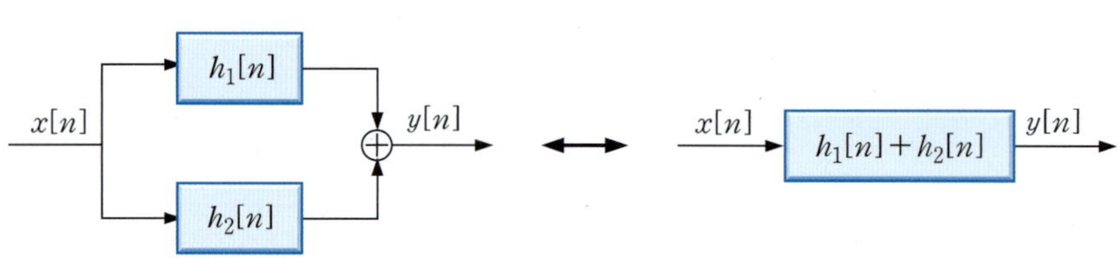

[그림 3-9] 컨벌루션의 배분법칙의 물리적 의미

식 (3.12)의 임펄스와의 컨벌루션 성질은 임펄스 신호의 체 거르기 성질을 이용하면 바로 얻을 수 있다. 그리고 식 (3.13)의 컨벌루션의 길이와 끝에 관한 성질에서 한 가지 주의할 점은, 이산 신호의 길이는 존재 구간에서의 샘플 수로 정의되므로 컨벌루션 결과 신호의 길이는 컨벌루션되는 두 신호의 길이를 더한 것에서 1을 빼야 한다는 것이다. 다시 말해 길이 N_x 인 $x[n]$과 길이 N_h 인 $h[n]$의 컨벌루션 $y[n] = x[n] * h[n]$의 길이는 $N_y = N_x + N_y - 1$이 된다. [예제 3-4]에서 $x[n]$은 $-1 \le n \le 2$, $h[n]$은 $0 \le n \le 2$에서 값을 갖고, 길이가 각각 $N_x = 4$, $N_h = 3$이다. 그리고 두 신호의 컨벌루션 $y[n] = x[n] * h[n]$은 $-1 \le n \le 4$에서 값을 갖고, 길이가 $N_y = N_x + N_h - 1 = 6$이 됨을 [그림 3-5]로부터 확인할 수 있다.

예제 3-6 컨벌루션 성질의 활용 – 상호 연결된 시스템의 임펄스 응답

[그림 3-10]에 나타낸 시스템의 임펄스 응답을 구하라. 각 부시스템의 임펄스 응답은 다음과 같다.

- $h_1[n] = \delta[n] - \delta[n-1]$
- $h_2[n] = 3\delta[n]$
- $h_3[n] = \delta[n-1]$
- $h_4[n] = \left(\frac{1}{2}\right)^n u[n]$
- $h_5[n] = 2\delta[n-1] - \delta[n-2]$
- $h_6[n] = \delta[n] + u[n]$

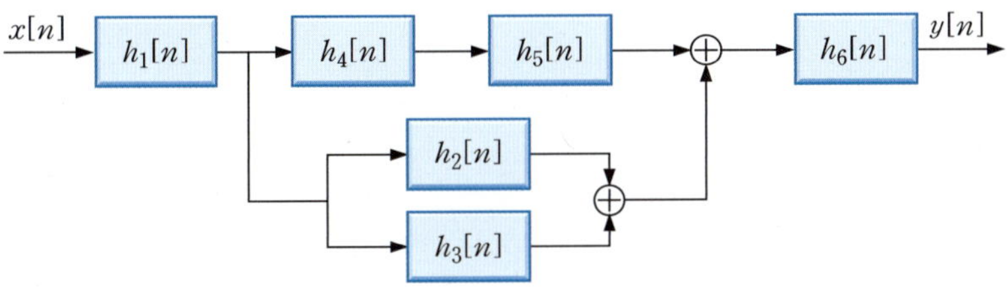

[그림 3-10] [예제 3-6]의 상호 연결된 시스템

풀이

시스템이 종속 연결이면 각 시스템의 임펄스 응답의 컨벌루션으로, 병렬 연결이면 각 시스템 임펄스 응답의 합으로 임펄스 응답이 구해진다. 따라서 [그림 3-10]과 같이 상호 연결된 전체 시스템의 임펄스 응답은 다음과 같다.

$$h[n] = h_1[n] * \{(h_2[n] + h_3[n]) + h_4[n] * h_5[n])\} * h_6[n]$$

우선 병렬 연결된 $h_2[n] + h_3[n]$을 계산하면

$$h_2[n] + h_3[n] = 3\delta[n] + \delta[n-1]$$

이고, $h_4[n] * h_5[n]$을 계산하면 다음과 같다.

$$\begin{aligned} h_4[n] * h_5[n] &= \left(\frac{1}{2}\right)^n u[n] * (2\delta[n-1] - \delta[n-2]) \\ &= 2\left(\frac{1}{2}\right)^{n-1} u[n-1] - \left(\frac{1}{2}\right)^{n-2} u[n-2] = 2\delta[n-1] \end{aligned}$$

따라서 $h_6[n]$을 제외한 나머지 부분의 임펄스 응답은 다음과 같이 계산된다.

$$\begin{aligned} &h_1[n] * \{(h_2[n]+h_3[n])+h_4[n] * h_5[n]\} \\ &\quad =(3\delta[n]+3\delta[n-1])-(3\delta[n-1]+3\delta[n-2])=3\delta[n]-3\delta[n-2] \end{aligned}$$

마지막으로 위의 결과와 $h_6[n]$을 컨벌루션하면 전체 시스템의 임펄스 응답을 구할 수 있다.

$$\begin{aligned} h[n] &= 3(\delta[n]-\delta[n-2]) * (\delta[n]+u[n]) \\ &= 3(\delta[n]-\delta[n-2])+3(u[n]-u[n-2]) \\ &= 6\delta[n]+3\delta[n-1]-3\delta[n-2] \end{aligned}$$

SECTION 3.4

차분 방정식에 의한 이산 LTI 시스템의 해석

학습포인트

- 반복 대입법에 의한 차분 방정식의 풀이를 알아본다.
- 차분 방정식의 고전적 해법에 대해 살펴본다.
- 특성 방정식과 특성근, 시스템 모드의 정의와 개념을 이해한다.
- 동차해와 특이해의 정의를 살펴보고, 이를 구하는 방법을 알아본다.
- 차분 방정식의 풀이에 있어서 초기 조건의 중요성을 이해한다.
- 차분 방정식으로부터 임펄스 응답을 구하는 방법에 대해 이해한다.

임펄스 응답을 이용한 LTI 시스템의 컨벌루션 표현은 오직 외부 입력에 대한 시스템의 반응만 제공할 수 있을 뿐이어서 활용이 제한적이다. 따라서 시스템의 완전한 동작 특성을 해석하기 위해서는 좀 더 일반적인 표현인 차분 방정식이 이용된다. 차분 방정식은 연속 시스템의 미분 방정식과 같은 역할을 한다. LTI 시스템을 표현하는 차분 방정식은 z 변환을 이용하면 해석이 더 간편하므로, 이 절에서는 중요한 결과 위주로 간단히 살펴볼 것이다.

앞에서 다룬 이산 LTI 시스템의 컨벌루션 표현은 외부에서 넣어주는 입력에 대한 시스템의 응답만을 구할 수 있는데, 시스템의 출력이 꼭 외부에서 넣어주는 입력에 의해서만 만들어지는 건 아니다. 따라서 시스템 내부 상태에 의한 시스템의 반응까지 함께 찾아줄 수 있는 시스템 표현이 필요한데, 2.3절에서 소개한 차분 방정식을 사용하면 초기 조건에 의해 그것이 가능해진다. 이산 LTI 시스템은 다음과 같이 상수 계수 선형 차분 방정식으로 표현된다.

$$y[n]+a_1y[n-1]+\cdots+a_py[n-p]=b_0x[n]+\cdots+b_qx[n-q] \tag{3.14}$$

식 (3.14)는 컨벌루션 표현과는 달리, 시스템의 출력이 현재 및 과거의 입력뿐만 아니라 과거의 출력에도 관련이 있다는 것을 보여준다. 그러므로 차분 방정식을 풀어서 구하는 해에는 단지 입력에 대한 응답 성분인 영상태 응답(입력과 임펄스 응답의 컨벌루션)만이 아니라 시스템 자체의 초기 조건에 대한 응답 성분인 영입력 응답도 포함된다.

입력 신호와 초기 조건이 주어질 경우, 차분 방정식은 반복 대입에 의해 순차적으로 출력의 값을 계산할 수 있지만 닫힌 꼴closed form의 해를 얻기가 어려우므로 미분 방정식처럼 고전적인 해법으로 푸는 것이 시스템 해석에는 더 낫다. 차분 방정식의 해석 틀은 미분 방정식의 해석 틀과 완전히 같으므로 자세한 설명은 생략하고 핵심적인 결과를 중심으로 간단히 살펴볼 것이다. 미분 방정식과 대비해가며 학습하면 어렵지 않게 이해할 수 있다.

예제 3-7 IIR 시스템의 차분 방정식 표현

임펄스 응답이 $h[n]=(0.5)^n u[n]$인 이산 인과 LTI 시스템의 차분 방정식 표현을 구하라.

풀이

이 시스템은 임펄스 응답의 길이가 무한하므로 IIR 시스템이다. 이때 입출력 관계를 컨벌루션 합으로 나타내면

$$y[n]=\sum_{k=0}^{\infty}h[k]x[n-k]=\sum_{k=0}^{\infty}(0.5)^k x[n-k] \tag{3.15}$$

$$=x[n]+0.5x[n-1]+0.5^2 x[n-2]+\cdots+0.5^k x[n-k]+\cdots$$

이고, 식 (3.15)에서 $y[n-1]$에 대해 다시 쓰면

$$y[n-1]=\sum_{k=0}^{\infty}(0.5)^k x[n-1-k]$$

$$=x[n-1]+0.5x[n-2]+\cdots+0.5^{k-1}x[n-k]+\cdots$$

가 된다. 식 (3.15)에서 위 식에 0.5를 곱하여 빼면 다음의 결과를 얻을 수 있다.

$$y[n]-0.5y[n-1]=x[n] \tag{3.16}$$

식 (3.15)는 무한 개의 시간 지연기와 곱셈기, 그리고 덧셈기가 필요하므로 물리적인 구현이 불가능하지만, 식 (3.16)은 시간 지연기, 곱셈기, 덧셈기가 각각 하나씩만 있으면 되므로 시스템을 간단하게 구현할 수 있다.

3.4.1 차분 방정식의 풀이 – 반복 대입법

차분 방정식의 해석적인 풀이는 미분 방정식과 다를 바 없지만, 복잡한 풀이 과정을 거치지 않고도 간단하게 해를 구할 수 있다.

반복 대입법 repeatitive substitution 에 의한 차분 방정식의 풀이

❶ 차분 방정식의 좌변에 $y[n]$만 남기고 우변으로 넘겨 정리한다.

$$y[n]=-a_1 y[n-1]-\cdots-a_p y[n-p]+b_0 x[n]+\cdots+b_q x[n-q] \tag{3.17}$$

❷ 시작 시점 $n=i$에서 주어진 초기 조건 $y[i-1]$, …, $y[i-k]$와 이미 알고 있는 입력값들을 대입하여 $y[i]$를 계산한다.

❸ 차분 방정식에서 n을 1 증가시켜 직전에 구한 $y[i]$와 이미 알고 있는 과거 출력 및 입력값들을 대입하여 $y[i+1]$을 계산한다.

❹ 단계 ❸의 과정을 반복한다.

식 (3.17)은 $y[n]$이 n 순간의 입력과 그 이전의 입력 및 출력 값만 있으면 계산 가능함을 보여준다. 이처럼 반복적으로 직전 단계의 결과를 대입하여 순차적으로 차분 방정식의 해를 구하는 반복 대입법은 계산하기에 쉬울 뿐만 아니라 컴퓨터에 의한 수치적 계산에도 매우 적합하다. 그러나 반복 대입법은 기본적으로 닫힌 꼴의 해를 제공하지 않기 때문에 초기의 몇몇 값 또는 경향을 파악하거나 간단하게 응용하기에는 쓸모가 있으나 시스템의 해석과 설계에 보편적으로 활용되기에는 한계를 지닌다.

예제 3-8 반복 대입에 의한 차분 방정식의 풀이 – 예금 복리 계산

은행에 월이율 r인 계좌를 개설하여 매월 초에 정기적으로 예금을 하면, 통장에 이자를 포함한 계좌의 총잔고가 바로 표시된다고 한다. 예금한 직후의 계좌 잔고를 나타내는 차분 방정식을 구하라. 그리고 매월 예금액이 10만원이고 월이율이 1%인 경우에 대해 구해진 차분 방정식을 이용하여 처음 몇 개월의 계좌 잔고를 계산하라.

풀이

n번째 월초에 넣는 예금액을 $x[n]$, 이 예금액이 입금된 직후에 계산된 총잔고를 $y[n]$이라 하면, 총잔고는 직전 월의 총잔고 $y[n-1]$과 이에 대한 한 달 동안의 이자 수입 $ry[n-1]$, 그리고 n번째 월에 입금한 예금액의 합이 되므로 다음과 같이 된다.

$$y[n] = y[n-1] + ry[n-1] + x[n] = (1+r)y[n-1] + x[n]$$

매월 예금액이 10만원이고 월이율이 1%이면, $x[n] = 10$(만원), $n \geq 0$이고 $r = 0.01$이다. 계좌를 개설하기 이전에는 잔액이 없으므로 $y[-1] = 0$이고, 따라서 첫 예금이 이루어진 직후의 잔액은 위의 차분 방정식에 $n = 0$으로 두어 구하면 된다.

$$n = 0 : \ y[0] = 1.01y[-1] + x[0] = 1.01(0) + 10 = 10$$

그 다음 달부터의 총잔고는 n을 1씩 증가시켜가며 계산 결과를 반복적으로 대입하여 풀면 다음과 같다.

$$\begin{aligned} n = 1 &: \ y[1] = 1.01y[0] + x[1] = 1.01(10) + 10 = 20.1 \\ n = 2 &: \ y[2] = 1.01y[1] + x[2] = 1.01(20.1) + 10 = 30.301 \\ n = 3 &: \ y[3] = 1.01y[2] + x[3] = 1.01(30.301) + 10 = 40.604 \\ &\vdots \end{aligned}$$

이 방법은 간단한 계산으로 쉽게 해를 구할 수 있다는 장점이 있지만, 초기의 몇몇 값이 아니라 $y[60]$처럼 한참 뒤의 값을 알고자 할 경우는 $n = 60$이 될 때까지 계산 과정을 되풀이해야만 하는 불편한 점도 있다. 이럴 때 닫힌 꼴의 해를 안다면 $n = 60$을 대입하여 바로 계산할 수 있으므로 편리할 것이다.

[예제 3-8]과 같이 방정식이 매우 간단한 경우에는 반복 대입법으로도 닫힌 꼴 해를 구할 수 있지만, 차분 방정식의 차수가 높아지면 닫힌 꼴 해를 구하기가 매우 어렵고 복잡하기에 보통은 해석적인 방법을 이용하게 된다.

예제 3-9 **반복 대입법에 의한 차분 방정식의 풀이 – IIR 시스템**

[예제 3-7]에서 구한 식 (3.16)의 차분 방정식으로부터 다시 임펄스 응답을 구해 [예제 3-7]의 문제에서 주어진 $h[n]=(0.5)^n u[n]$과 일치하는지 확인하라.

풀이

임펄스 응답을 구하기 위해 $x[n]=\delta[n]$이라 두고, 식 (3.16)을 다시 정리하면

$$h[n] = 0.5h[n-1] + \delta[n]$$

이다. 이때 $n=0$에서부터 순차적으로 $h[n]$의 값을 구하면

$$\begin{aligned}
n=0\text{일 때,}\ & h[0] = 0.5h[-1] + \delta[0] = 1 \\
n=1\text{일 때,}\ & h[1] = 0.5h[0] + \delta[1] = 0.5 \\
n=2\text{일 때,}\ & h[2] = 0.5h[1] + \delta[2] = (0.5)^2 \\
n=3\text{일 때,}\ & h[3] = 0.5h[2] + \delta[3] = (0.5)^3 \\
& \vdots \\
n=k\text{일 때,}\ & h[k] = 0.5h[k-1] + \delta[k] = (0.5)^k
\end{aligned}$$

이므로, 식 (3.16)의 차분 방정식에 의한 임펄스 응답이 $h[n]=(0.5)^n u[n]$으로 구해진다. 따라서 식 (3.15)와 식 (3.16)은 같은 시스템을 표현한 것이다.

3.4.2 차분 방정식의 풀이 – 고전적 해법

차분 방정식의 고전적 해법은 미분 방정식의 해법과 거의 같다. 그뿐만 아니라 미분 방정식을 라플라스 Laplace 변환을 사용하면 손쉽게 풀 수 있듯이, 차분 방정식의 풀이도 8장에서 배울 z 변환을 이용하면 훨씬 편리하다. 그러므로 여기에서는 고전적 해법에 대한 중요한 결과들만 요약하여 간단히 소개하기로 한다.

- 차분 방정식의 해(완전해)는 동차해 $y_h[n]$과 특이해 $y_p[n]$의 합으로 주어진다.

$$y[n] = y_h[n] + y_p[n] \tag{3.18}$$

- **동차해** $y_h[n]$은 특성 방정식에서 구한 특성근을 이용하여 다음과 같은 형태로 구하는 해로서, 시스템의 고유한 특성이 반영된 출력이다.

❶ 특성근들이 서로 다른 distinct 값을 가질 경우

$$y_h[n] = c_1\gamma_1^n + c_2\gamma_2^n + \cdots + c_p\gamma_p^n \tag{3.19}$$

❷ 특성근 γ_1이 m–중근인 경우

$$y_h[n] = (c_1 + c_2 n + \cdots + c_m n^{m-1})\gamma_1^n + c_{m+1}\gamma_{m+1}^n + \cdots + c_p\gamma_p^n \tag{3.20}$$

- **특이해** $y_p[n]$은 [표 3-3]을 이용하여 결정되는 입력과 같은 꼴의 해로서, 입력의 특성이 반영된 출력이다.
- **특성 방정식**은 차분 방정식의 출력 항들로부터 다음과 같이 정의되며, 입력과는 무관하고 시스템 자체의 특성을 반영한다. 특성 방정식의 해 $\{\gamma_i\}$를 특성근이라고 한다.

$$\gamma^p + a_1\gamma^{p-1} + \cdots + a_{p-1}\gamma + a_p = (\gamma-\gamma_1)(\gamma-\gamma_2)\cdots(\gamma-\gamma_p) = 0 \qquad (3.21)$$

- **초기 조건**은 출력의 초깃값으로서 차분 방정식의 해를 유일하게 결정하려면 꼭 필요하다. 초기 조건은 시스템에 입력이 인가되는 순간의 시스템의 내부 상태를 나타내므로, 초기 조건이 다르면 당연히 차분 방정식의 해도 달라진다.

식 (3.21)의 특성 방정식은 식 (3.14)의 차분 방정식 좌변의 출력 항들에 대해 시간 지연이 k인 항을 γ^{-k}로 대체하여 구성한 다음 γ에 대한 다항식으로 정리하여 얻어진 것이다. 따라서 차분 방정식의 우변, 즉 입력 항들과는 관련이 없으므로, 특성 방정식은 입력과는 무관하게 시스템 자체의 특성을 반영한다고 볼 수 있다. 특성 방정식의 해인 특성근은 차분 방정식에 따라 실수나 복소수가 될 수 있다. 그러므로 가장 일반적인 형태는 $\gamma_i = r_i e^{j\phi_i}$이다.

동차해는 p개의 특성근 γ_1, γ_2, $\cdots$, γ_p에 대응되는 γ_1^n, γ_2^n, $\cdots$, γ_p^n의 조합으로 주어진다. 만약 둘 또는 그 이상의 특성근이 같다면, 즉 중근인 경우, 동차해는 식 (3.20)과 같이 수정된다. $\{(\gamma_i)^n\}$은 특성근 $\{\gamma_i\}$가 차분 방정식의 해, 즉 시스템의 출력으로 모습을 드러낸 것이기 때문에 **시스템 (특성**characteristic/**고유**eigen) **모드**라고 한다. 동차해의 계수 c_1, c_2, $\cdots$, c_p는 차분 방정식 풀이 과정의 마지막에 p개의 초기 조건을 이용하여 결정해야 한다.

특이해는 입력이 있을 때만 생기는 입력과 같은 꼴의 해로서, 시스템 모드 성분을 전혀 포함하지 않는다. 따라서 초기 조건과는 전혀 상관없이 독립적으로 구할 수 있다. 특이해를 구하는 과정은 먼저 [표 3-3]을 이용하여 특이해의 꼴을 결정한 뒤, 이를 차분 방정식에 대입하여 등식의 양변을 비교해 계수를 결정함으로써 특이해를 확정하게 된다.

[표 3-3] 입력 형태에 따른 차분 방정식의 특이해

입력 형태	특이해	
$au[n]$	$cu[n]$	
$\cos(\Omega_0 n+\theta)$	$c_1\cos(\Omega_0 n+\theta)+c_2\sin(\Omega_0 n+\theta)=c\cos(\Omega_0 n+\phi)$	
n^m	$c_m n^m + c_{m-1}n^{m-1}+\cdots+c_1 n+c_0$	
r^n	$r\neq$특성근	cr^n
	$r=$특성근	cnr^n
	$r=m$ 중 특성근	$cn^m r^n$
$(a_m n^m + a_{m-1}n^{m-1}+\cdots+a_1 n+a_0)r^n$	$(c_m n^m + c_{m-1}n^{m-1}+\cdots+c_1 n+c_0)r^n$	

동차해와 특이해를 각각 구하여 식 (3.18)와 같이 차분 방정식의 완전해(일반해)를 얻었다 하더라도 아직 풀이가 끝난 것이 아니다. 마지막으로 주어진 초기 조건을 이용해 동차해의 계수를 결정해야만 차분 방정식의 해가 유일하게 결정되어 시스템의 실제 동작과 일치하는 응답을 얻게 된다. 그러므로 초기 조건이 다르면 차분 방정식의 해, 즉 시스템의 출력이 달라진다. 차분 방정식의 해 식 (3.18)은 입력이 인가된 후의 시스템 응답을 나타내는 것이기 때문에 반드시 초기 조건으로 입력이 인가된 시점 이후의 값을 사용함을 주의해야 한다. 만약 초기 조건이 맞게 주어지지 않는다면, 반복 대입법을 이용하여 차분 방정식으로부터 쉽게 필요한 초기 조건들을 구해낼 수 있다.

차분 방정식의 고전적 해법

❶ 차분 방정식으로부터 특성방정식과 특성근 $\{\gamma_i\}$을 구한다.

$$\gamma^p + a_{p-1}\gamma^{p-1} + \cdots + a_1\gamma + a_0 = (\gamma - \gamma_1)(\gamma - \gamma_2)\cdots(\gamma - \gamma_p) = 0$$

❷ 특성근을 이용하여 동차해의 형태를 다음과 같이 둔다.

$$y_h[n] = c_1\gamma_1^n + c_2\gamma_2^n + \cdots + c_p\gamma_p^n \quad \text{(특성근들이 서로 다른 경우)}$$

$$y_h[n] = (c_1 + c_2 n + \cdots + c_m n^{m-1})\gamma_1^n + c_{m+1}\gamma_{m+1}^n + \cdots + c_p\gamma_p^n$$

$$\text{(특성근 } \gamma_1 \text{이 } m\text{-중근)}$$

❸ [표 3-3]을 이용하여 입력과 같은 꼴로 특이해 $y_p[n]$을 설정하고, 이를 차분 방정식에 대입하여 계수를 비교하여 값을 완전히 결정한다.

❹ $y[n] = y_h[n] + y_p[n]$이라 두고, 입력이 인가된 후($n \geq 0$)의 초기 조건을 대입하여 동차해의 계수를 구함으로써 차분 방정식의 완전해(유일해)를 확정한다.

예제 3-10 차분 방정식의 해 – 특성근이 서로 다른 경우

다음과 같은 차분 방정식으로 표현되는 LTI 시스템에서 계단 입력 $x[n] = u[n]$에 대한 응답을 구하라. 단, 초기 조건은 $y[-1] = 1$, $y[-2] = 1$이다.

$$y[n] - y[n-1] - 2y[n-2] = x[n] + x[n-1]$$

풀이

차분 방정식의 특성 방정식은 다음과 같다.

$$\gamma^2 - \gamma - 2 = (\gamma + 1)(\gamma - 2) = 0$$

이로부터 특성근은 $\gamma = -1$, $\gamma = 2$이다. 따라서 동차해는 다음과 같이 된다.

$$y_h[n] = c_1(-1)^n + c_2(2)^n \tag{3.22}$$

입력 $x[n] = u[n]$에 대한 특이해를 $y_p[n] = \beta$라 두고 차분 방정식에 대입하여 정리하면 $\beta - \beta - 2\beta = 1 + 1$이므로, $\beta = -1$이 된다.

따라서 특이해는 $y_p[n]=-1$이 되고 차분 방정식의 완전해, 즉 시스템의 출력은 다음과 같이 된다.

$$y[n]=y_h[n]+y_p[n]=c_1(-1)^n+c_2(2)^n-1 \tag{3.23}$$

주어진 초기 조건은 입력이 인가되기 전인 $n<0$에서의 값이므로, 입력이 인가된 이후의 초기 조건으로 바꾸어야 한다. 차분 방정식은 반복 대입법을 이용하여 손쉽게 이 작업을 수행할 수 있다. 반복 대입법을 적용하기 위해 차분 방정식을 좌변에 $y[n]$만 남기고 정리하면 다음과 같이 된다.

$$y[n]=y[n-1]+2y[n-2]+x[n]+x[n-1]$$

이 식에 $n=0$, 1을 차례로 대입하고 초기 조건을 이용하여 순차적으로 풀면

$$y[0]=y[-1]+2y[-2]+x[0]+x[-1]=1+2+1+0=4$$
$$y[1]=y[0]+2y[-1]+x[1]+x[0]=4+2+1+1=8$$

이고, 구한 초기 조건을 식 (3.23)에 대입하면

$$y[0]=c_1(-1)^0+c_2(2)^0-1=4$$
$$y[1]=c_1(-1)^1+c_2(2)^1-1=8$$

이 된다. 이를 c_1과 c_2에 대해 연립하여 풀면 $c_1=\frac{1}{3}$, $c_2=\frac{14}{3}$를 얻는다. 따라서 시스템의 출력을 다음과 같이 '**고유 응답+강제 응답**'으로 구분하여 나타낼 수 있다.

$$y[n]=\left[\frac{1}{3}(-1)^n+\frac{14}{3}(2)^n\right]+[-1] \tag{3.24}$$

식 (3.24)에서 동차해 성분은 입력의 형태와는 무관하게 같은 시스템이면 항상 같은 형태의 시스템 모드들로 이루어지므로 시스템 자체의 고유한 응답이라는 의미에서 고유 응답이라 하고, 특이해 성분은 외부 입력이 만들어낸 입력 닮은꼴 응답이므로 강제 응답이라 한다.

예제 3-11 차분 방정식의 해 – 특성근이 중근인 경우

다음과 같은 차분 방정식으로 표현되는 LTI 시스템의 임펄스 응답을 구하라.

$$y[n]-4y[n-1]+4y[n-2]=x[n]$$

풀이

임펄스 응답은 다음과 같이 시스템의 차분 방정식에 $x[n]=\delta[n]$을 대입하여 구한다.

$$h[n]-4h[n-1]+4h[n-2]=\delta[n] \qquad \cdots ①$$

그런데 식 ①은 특정한 순간($n=0$)을 제외하고는 우변이 항상 0이 되므로 임펄스 응답 $h[n]$은 동차해가 될 수밖에 없다. 이때 우변이 0이 되지 않는 특정한 순간의 관계는 초기 조건을 결정할 때 이용한다. 다시 말해 임펄스 입력을 $n=0$에서 시스템에 초기 조건을 부여하는 것처럼 취급하면 된다.

특성 방정식은 다음과 같다.

$$\gamma^2-4\gamma+4=(\gamma-2)^2=0 \quad \rightarrow \quad \gamma=2(\text{중근})$$

그러므로 특성근은 $\gamma=2$로 중근이 된다. 따라서 임펄스 응답은 다음과 같은 형태가 된다.

$$h[n]=(c_1+c_2 n)\,2^n \qquad \cdots ②$$

$n \ge 0$에서의 초기 조건이 필요하므로, 식 ①에 $n=0, 1$을 대입하면

$$n=0 \ : \ h[0]=4h[-1]-4h[-2]+\delta[0]=1$$
$$n=1 \ : \ h[1]=4h[0]-4h[-1]+\delta[1]=4$$

이다. 구해진 초기 조건을 임펄스 응답 식 ②에 대입하면 다음과 같다.

$$h[0]=(c_1+c_2\cdot 0)2^0=c_1=1$$
$$h[1]=(c_1+c_2\cdot 1)2^1=2c_1+2c_2=4$$

이를 c_1과 c_2에 대해 연립하여 풀면 $c_1=1$, $c_2=1$을 얻는다. 따라서 시스템의 임펄스 응답은 다음과 같이 구해진다.

$$h[n]=(1+n)2^n$$

[예제 3-11]의 풀이에서 보듯이, 이산 시스템의 임펄스 응답은 동차해와 같은 꼴로서 시스템 모드들의 일차 결합으로 구성된다. 이때 차분 방정식의 우변이 0이 아닌 순간의 값들은 동차해의 계수를 구하는 데 필요한 조건을 찾을 때 쓰인다.

예제 3-12 초기 조건에 따른 차분 방정식의 해

[예제 3-10]에서 식 (3.23)의 완전해의 계수 결정에 다음의 초기 조건을 직접 사용하면 시스템 출력이 어떻게 달라지는지 구하여 비교하라.

(a) $y[-1]=1,\ y[-2]=1$ (b) $y[0]=1,\ y[1]=3$

풀이

(a) 식 (3.23)의 완전해에 입력이 인가되기 이전의 초기 조건 $y[-1]=1$, $y[-2]=1$을 그대로 사용하면,

$$y[-1]=c_1(-1)^{-1}+c_2(2)^{-1}-1=-c_1+\frac{1}{2}c_2-1=1$$

$$y[-2]=c_1(-1)^{-2}+c_2(2)^{-2}-1=c_1+\frac{1}{4}c_2-1=1$$

이다. 이를 c_1과 c_2에 대해 연립하여 풀면 $c_1=\frac{2}{3}$, $c_2=\frac{16}{3}$을 얻는다.

이 경우 차분 방정식의 해는 다음과 같이 된다.

$$y[n] = \frac{2}{3}(-1)^n + \frac{16}{3}(2)^n - 1$$

이것은 [예제 3-10]에서 구한 식 (3.24)와는 전혀 다른 결과이다. 이렇게 된 이유는, 완전해가 내부의 초기 상태와 외부 입력에 대한 반응 둘 다 포함한 형태임에도 입력이 들어오지 않은 순간의 출력값인 $y[-1]$과 $y[-2]$를 사용하여 계수를 결정했기 때문이다.

(b) 주어진 초기 조건은 [예제 3-10]의 $y[0]=4$, $y[1]=8$과는 다른 값으로, 완전해 식 (3.23)에 대입하면 다음과 같이 된다.

$$y[0] = c_1(-1)^0 + c_2(2)^0 - 1 = 1$$

$$y[1] = c_1(-1)^1 + c_2(2)^1 - 1 = 3$$

이를 c_1과 c_2에 대해 연립하여 풀면 $c_1 = 0$, $c_2 = 2$를 얻는다. 따라서 차분 방정식의 해는 다음과 같이 된다.

$$y[n] = 2(2)^n - 1 \tag{3.25}$$

[예제 3-10]의 결과와 비교하면, 같은 시스템에 같은 입력을 넣더라도 초기 조건이 달라지면 시스템의 응답이 달라짐을 알 수 있다. 그러므로 초기 조건에 주의해야 한다.

[예제 3-12(b)]의 초기 조건은 $y[-1]=0$, $y[-2]=0$과 똑같다(이는 차분 방정식에서 반복 대입법으로 간단히 확인할 수 있다). 즉 식 (3.25)의 결과는 시스템 내부의 초기 상태가 0인, 따라서 순전히 외부 입력에 의한 출력인 영상태 응답에 해당한다. 그러므로 식 (3.24)에서 식 (3.25)를 뺀 나머지 성분은 입력과는 무관한 시스템 출력, 즉 영입력 응답이다. 식 (3.22)의 동차해에 입력이 들어오기 전의 초기 조건을 대입하면 영입력 응답을 직접 얻을 수 있다. [예제 3-10]의 출력을 '**영입력 응답+영상태 응답**'으로 나타내면 다음과 같이 된다.

$$y[n] = \left[\frac{1}{3}(-1)^n + \frac{8}{3}(2)^n\right] + [2(2)^n - 1] \tag{3.26}$$

SECTION 3.5

임펄스 응답과 시스템의 특성

학습포인트

- 임펄스 응답의 물리적 의미를 이해한다.
- 현재 출력에 과거 입력이 기여하는 정도를 임펄스 응답이 어떻게 결정하는지 이해한다.
- 임펄스 응답에 의한 시스템 특성 판별에 대해 이해한다.

임펄스 응답은 시스템의 입출력 관계를 컨벌루션으로 나타낼 때 필요할 뿐만 아니라, 임펄스 응답을 보면 시스템의 모든 것을 알 수 있다고 할 만큼 시스템 해석에서 중요한 위치를 차지한다. 이 절에서는 임펄스 응답이 어떤 물리적 의미가 있는지, 시스템 출력 형성의 원리를 어떻게 설명할 수 있는지 간단히 살펴보고, 인과성과 안정성 등의 시스템 특성과 임펄스 응답의 연관성에 대해서도 알아보기로 한다.

3.5.1 임펄스 응답의 물리적 의미

임펄스 응답은 입력에 대한 시스템 응답을 계산할 때 효과적인 중개 역할을 할 뿐만 아니라 다음과 같이 시스템 특성에 대한 정보와 통찰력을 우리에게 제공해준다.

- 임펄스 응답은 시스템의 고유한 특성을 반영한다.
- 임펄스 응답은 시간 n에서 출력을 구성하는 과거 입력들에 대한 가중치 역할을 하므로, 과거의 입력값들이 현재의 출력에 기여하는 정도를 알려준다.

[예제 3-11]에서 살펴본 바와 같이, 시스템에 임펄스 입력을 인가하는 것은 $n=0$에서 순간적으로 시스템에 에너지를 전달하고 사라져버리는 것과 같고, 이 에너지로 인해 시스템은 마치 새로운 초기조건이 부여된 것 같은 상황이 된다. 그 결과 임펄스 응답은 동차해와 같은 꼴, 다시 말해 시스템 모드로만 이루어져 시스템의 고유한 특성을 반영한 응답이 된다. 그러므로 임펄스 응답은 시스템 특성에 대한 정보와 통찰력을 제공해준다.

임펄스 응답의 또 다른 중요성을 이해하기 위해 [그림 3-11]을 이용하여 시스템의 출력 형성 원리를 살펴보자. 그림은 시간 n에서 출력 $y[n]$을 구하기 위해 시간축 k에서 입력 $x[n]$과 임펄스 응답 $h[n]$의 컨벌루션 계산을 나타낸 것이며, 그림의 임펄스 응답은 안정한 시스템의 전형적인 임펄스 응답을 단순하게 유한 길이로 근사화한 예이다. $x[k]$와 $h[n-k]$의 곱이 0이 되는 부분, 즉 $h[n-k]$이 존재하는 구간 바깥의 입력들은 n 순간의 출력에 전혀 관여하지 못한다. 그리고 $h[n-k]$의 존재 구간 내에 있어 출력을 구성하는 데 기여하는 입력 샘플은 겹쳐지는 임펄스 응답의 샘플 값에 비례하여 크기가 바뀐다. 다시 말해 임펄스 응답은 현재 시각 n에서의 출력을 구성하는 과거 입력들에 대한 가중치 weighting의 역할을 한다. 이외에도 주파수 영역의 관점에서 임펄스 응답의 의미와 중요성을 설명할 수 있는데, 이는 5장에서 살펴보게 될 것이다.

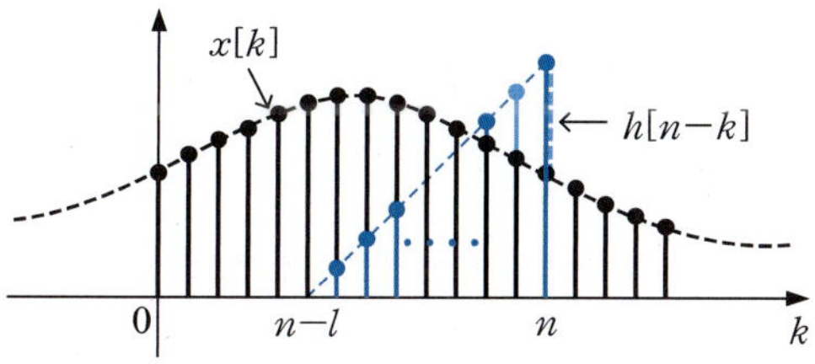

[그림 3-11] 임펄스 응답의 물리적 의미

3.5.2 임펄스 응답과 시스템의 특성

3.1절에서 [그림 3-2]를 설명하며 언급했듯이, 임펄스 응답으로부터 중요한 시스템들의 특성을 읽어 낼 수 있다. 여기서는 이론적으로 그 관계를 규명해보기로 하자.

- 임펄스 응답이 $h[n]=a\delta[n]$이면 순시 시스템이고, $h[n]\neq a\delta[n]$이면 동적 시스템이다.
- 인과 시스템이 되려면, 임펄스 응답이 다음을 만족해야 한다.

$$h[n]=0,\ n<0 \tag{3.27}$$

- 시스템이 BIBO 안정하려면, 임펄스 응답이 **절대 총합 가능** absolutely summable 해야 한다.

$$\sum_{k=-\infty}^{\infty}|h[k]|<\infty \tag{3.28}$$

기억성

임펄스 응답이 임펄스($h[n]=a\delta[n]$)인 시스템의 입출력 관계는 컨벌루션 표현과 임펄스 함수의 체거르기 성질을 이용하면 다음과 같이 된다.

$$y[n]=\sum_{k=-\infty}^{\infty}x[k]h[n-k]=\sum_{k=-\infty}^{\infty}x[k]a\delta[n-k]=ax[n] \tag{3.29}$$

즉 임펄스 응답이 임펄스이면 출력이 현재의 입력에만 연관되므로 순시 시스템이 된다.

인과성

이산 LTI 시스템의 컨벌루션 표현식에서 다음과 같이 구간을 나누어보자.

$$y[n]=\sum_{k=-\infty}^{\infty}x[k]h[n-k]=\sum_{k=-\infty}^{n}x[k]h[n-k]+\sum_{k=n+1}^{\infty}x[k]h[n-k] \tag{3.30}$$

나누어진 첫 번째 구간의 총합에는 $x[n]$, $x[n-1]$, $x[n-2]$, $\cdots$ 이 사용되고, 두 번째 구간의 총합에는 $x[n+1]$, $x[n+2]$, $\cdots$ 이 사용된다. 시간이 n 이후인 미래의 입력을 사용하고 있는 두 번째 구간의 총합이 0이 되어야 시스템이 인과적이다. 어떠한 임의의 입력 $x[n]$에 대해서도 이 조건이 충족되려면, $h[n-k]=0$, $k>n$, 다시 말해 $h[n]=0$, $n<0$이 성립해야만 한다.

안정성

입력이 유한하여 $|x[n]| \le M_x$를 만족할 때, 출력도 유한한지 알아보기 위해 컨벌루션으로 표현된 이산 LTI 시스템 출력의 절댓값을 취해보자.

$$|y[n]| = \left| \sum_{k=-\infty}^{\infty} h[k]x[n-k] \right| \le \sum_{k=-\infty}^{\infty} |h[k]||x[n-k]| \le M_x \sum_{k=-\infty}^{\infty} |h[k]| \tag{3.31}$$

식 (3.31)에서 출력이 유한하기 위해서는 식 (3.28)을 만족해야 한다. 그런데 이산 LTI 시스템의 임펄스 응답은 이미 살펴본 바와 같이 시스템 모드 항 $\{\gamma_i^n\}$ 으로 구성되므로, 특성 방정식의 특성근 γ_i의 크기가 $|\gamma_i| \ge 1$이 되면 식 (3.28)을 만족시키지 못한다. $|\gamma_i|<1$인 경우에만 n이 무한대로 접근함에 따라 γ_i^n이 0으로 접근하여 식 (3.28)을 만족하게 된다. 즉 시스템이 BIBO 안정하려면 $|\gamma_i|<1$이어야 한다.

예제 3-13 누산기의 안정성 판별

[예제 2-11]에서 다룬 누산기의 안정도를 식 (3.28)의 조건을 이용해 판별해보라.

$$y[n] = \sum_{k=-\infty}^{n} x[k]$$

풀이

시스템의 출력을 입력과 임펄스 응답의 컨벌루션으로 나타내면 다음과 같다.

$$y[n] = \sum_{k=-\infty}^{\infty} x[k]h[n-k]$$

두 식을 비교하면 다음과 같이 임펄스 응답을 구할 수 있다.

$$h[n-k] = \begin{cases} 1, & k \le n \\ 0, & k > n \end{cases}$$

$$h[n] = \begin{cases} 1, & n \ge 0 \\ 0, & n < 0 \end{cases}$$

임펄스 응답이 식 (3.28)의 조건을 만족하지 않으므로 누산기는 BIBO 불안정하다. 이 결과는 [예제 2-11]에서 개념적으로 접근하여 얻었던 결론과 일치한다.

CHAPTER 03_연습문제

【Quick Review】

※ 다음 문제에서 맞는 것을 골라라.

(1) 이산 시스템의 임펄스 응답은 물리적으로 구할 수 (있다, 없다).

(2) 입력의 이동 평균 항으로만 나타낼 수 있는 것은 (FIR, IIR) 시스템이다.

(3) IIR 시스템은 차분 방정식에 항상 자기 회귀 항을 포함한다. (○, ×)

(4) 컨벌루션 표현에 의한 시스템 출력은 초기 상태에 의한 응답도 포함한다. (○, ×)

(5) 두 인과 신호의 컨벌루션은 $n<0$에서도 값을 갖는다. (○, ×)

(6) LTI 시스템의 입력에 대한 출력은 임펄스 응답만 알면 항상 구할 수 있다. (○, ×)

(7) 시스템에 대한 컨벌루션 표현은 비선형 또는 시변 시스템에도 적용된다. (○, ×)

(8) 미끄럼 방식 컨벌루션 계산에서 두 신호 중 어느 것을 뒤집어도 상관없다. (○, ×)

(9) 컨벌루션 적분이 만족하지 않는 성질은 (교환, 결합, 배분, 곱) 성질이다.

(10) 종속 연결한 시스템의 연결 순서를 바꾸면 (같은, 다른) 시스템이다.

(11) 컨벌루션 계산을 하지 않고서도 결과 신호의 존재 구간을 알 수 있다. (○, ×)

(12) 반복 대입법은 항상 닫힌 꼴의 차분 방정식 해를 제공한다. (○, ×)

(13) 차분 방정식의 특이해는 초기 조건과 상관없이 결정할 수 있다. (○, ×)

(14) 차분 방정식의 고전적 해법은 완전해에 ($n<0$, $n\geq 0$)의 초기 조건을 대입하여 동차해 계수를 결정하는 것이다.

(15) 시스템의 특성을 반영하지 못하는 것은 (시스템 모드, 동차해, 특이해)이다.

(16) 임펄스 응답은 시스템 모드들로 이루어진다. (○, ×)

(17) 임펄스 응답에 의해 현재 출력에 의한 과거 입력의 기여 정도가 결정된다. (○, ×)

(18) 임펄스 응답이 임펄스가 아니면 (순시, 동적) 시스템이다.

(19) 이산 LTI 시스템의 특성근이 음의 실수이면 시스템이 BIBO 안정이다. (○, ×)

(20) BIBO 안정한 이산 시스템의 임펄스 응답은 절대 (적분, 총합, 곱) 가능하다.

【기초 문제】

3.1 이산 시스템의 임펄스 응답에 대한 다음의 설명 중 틀린 것은?

㉮ 임펄스 응답이 임펄스 함수가 될 수 있다.

㉯ 임펄스 응답만으로는 시스템의 특성을 파악하기가 어렵다.

㉰ 입력과 임펄스 응답의 컨벌루션으로 시스템의 영상태 응답을 구할 수 있다.

㉱ 임펄스 응답의 길이와 차분 방정식의 형태 사이에는 연관 관계가 존재한다.

3.2 컨벌루션에 대한 다음의 설명 중 맞는 것은?

㉮ 컨벌루션 연산은 한 번에 계산될 수 있다.

㉯ 컨벌루션 연산은 두 신호를 모두 이동시켜가며 계산하게 된다.

㉰ 컨벌루션 형태로 입출력 표현을 얻는 데 중첩의 원리가 활용된다.

㉱ 컨벌루션을 이용한 인과 시스템의 출력 계산에서 $n<0$에서의 입력은 무시된다.

3.3 $x[n]=1,\ -3\le n\le 3$과 $h[n]=-n+6,\ 1\le n\le 5$의 컨벌루션 $y[n]=x[n]*h[n]$에 대한 다음의 설명 중 틀린 것은?

㉮ 두 신호 중 어느 신호를 반전시켜 이동시켜 계산하더라도 같은 결과를 얻는다.

㉯ 컨벌루션한 결과 $y[n]$은 유효 구간 내의 시간 n에 대해 양의 값이 된다.

㉰ 컨벌루션한 결과 $y[n]$은 $-2\le n\le 8$ 구간에 존재한다.

㉱ 컨벌루션한 결과 $y[n]$의 길이는 $N=12$이다.

3.4 다음 중 차분 방정식으로 표현되는 이산 LTI 시스템의 시스템 모드가 될 수 없는 것을 모두 골라라.

㉮ $(2)^n$　　㉯ $(3)^{-n}$　　㉰ $(2n)^n$　　㉱ $(-0.5+j0.8)^n$

㉲ $0.8^n e^{j\pi n}$　　㉳ $n^2(2)^n$　　㉴ e^{2n}　　㉵ $\left(\dfrac{1}{n+1}\right)^n$

3.5 다음 중 임펄스 응답이 $h[n]=(n+1)(u[n+1]-u[n-5])$인 이산 시스템이 만족하지 않는 성질을 모두 골라라.

㉮ 인과 시스템　　㉯ 불안정 시스템　　㉰ 동적 시스템　　㉱ IIR 시스템

3.6 이산 LTI 시스템의 입력 $x[n]$에 대한 출력 $y[n]$이 다음과 같을 때, 임펄스 응답 $h[n]$을 구하라.

(a) $x[n]=2\delta[n-1],\ \ y[n]=2\left(-\dfrac{1}{2}\right)^n+8\left(\dfrac{1}{4}\right)^n$

(b) $x[n]=3\delta[n-2],\ \ y[n]=3\left(\dfrac{1}{3}\right)^n+9\left(\dfrac{1}{6}\right)^n$

3.7 다음의 차분 방정식으로 표현되는 이산 LTI 시스템에 대해 다음 질문에 답하라.

$$y[n] = x[n] + \frac{1}{2}x[n-1]$$

(a) 임펄스 응답을 구하라.

(b) 시스템에 입력 $x[n] = 2\delta[n] + 4\delta[n-1] - 2\delta[n-2]$을 넣을 때, 중첩의 원리를 이용하여 출력을 구하라.

(c) 컨벌루션을 이용하여 같은 입력에 대한 출력을 구하라.

3.8 이산 LTI 시스템의 입력 $x[n]$에 대한 출력 $y[n]$이 다음 그림과 같을 때, 시스템의 임펄스 응답을 구하고 이를 이용하여 신호 $s[n]$을 입력으로 넣을 때 출력 $z[n]$을 구하라.

(a)

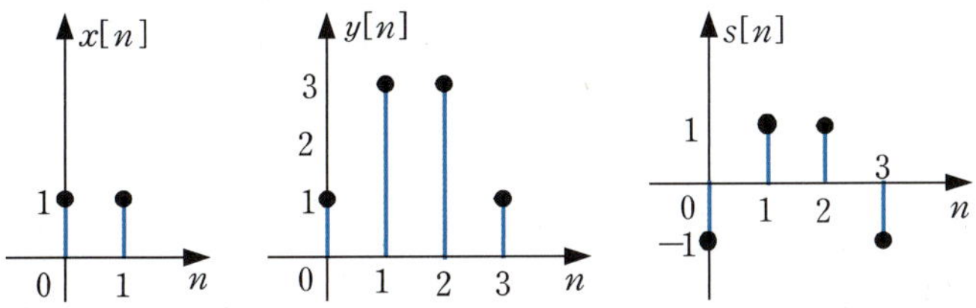

(b)

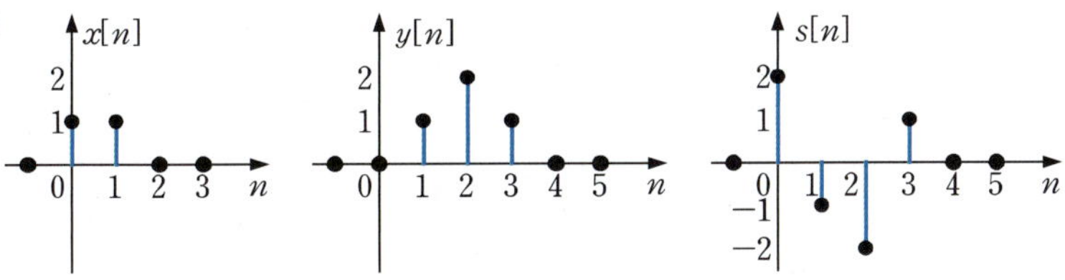

3.9 이산 LTI 시스템의 입력 $x[n]$에 대한 출력 $y[n]$가 다음과 같을 때, 임펄스 응답 $h[n]$을 구하라.

(a) $x[n] = [\underset{\uparrow}{1},\ 1,\ 2],\ \ y[n] = [\underset{\uparrow}{1},\ -1,\ 3,\ -1,\ 6]$

(b) $x[n] = [\underset{\uparrow}{2},\ -1,\ 3],\ \ y[n] = [\underset{\uparrow}{2},\ 3,\ 5,\ 10,\ 3,\ 9]$

(c) $x[n] = [\underset{\uparrow}{2},\ 4,\ 6,\ 8,\ 10,\ \cdots],\ \ y[n] = [\underset{\uparrow}{1},\ 3,\ 5,\ 7,\ 9,\ 11, \cdots]$

3.10 이산 LTI 시스템의 입력 $x[n]$과 임펄스 응답 $h[n]$이 다음과 같을 때, 시스템의 출력 $y[n] = x[n] * h[n]$을 구하라.

(a) $x[n] = u[n],\ h[n] = \delta[n]$

(b) $x[n] = u[n],\ h[n] = u[n]$

(c) $x[n] = u[n],\ h[n] = u[n-3]$

(d) $x[n] = u[n],\ h[n] = u[n] - u[n-10]$

(e) $x[n] = u[n],\ h[n] = (0.5)^n u[n]$

(f) $x[n] = a^n u[n],\ h[n] = b^n u[n]$

3.11 다음 그림과 같이 주어진 신호 $x[n]$과 $h[n]$에 대해 $y[n]=x[n]*h[n]$을 구하라.

(a)

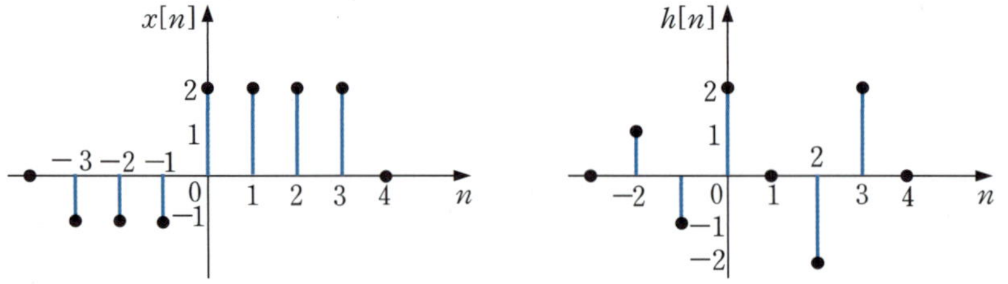

(b)

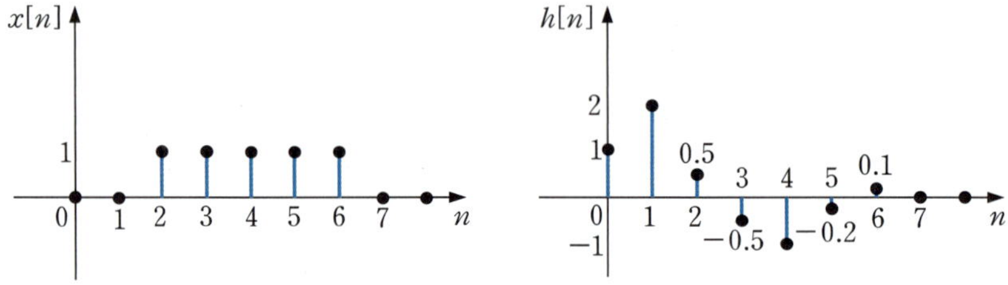

3.12 다음 그림과 같이 네 개의 이산 LTI 시스템을 연결했다. 이때 전체 시스템의 임펄스 응답을 구하라.

(a) $h_1[n]=\delta[n]-3\delta[n-1]$, $h_2[n]=nu[n]+\left(\frac{1}{2}\right)^n u[n]$, $h_3[n]=(1-n)u[n-1]$, $h_4[n]=3^{n+1}u[n]$

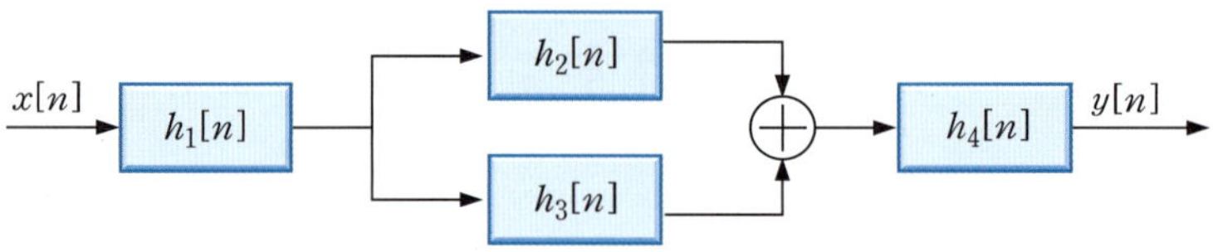

(b) $h_1[n]=u[n]$, $h_2[n]=-u[n]+u[n-2]$, $h_3[n]=\delta[n-2]$, $h_4[n]=a^n u[n]$

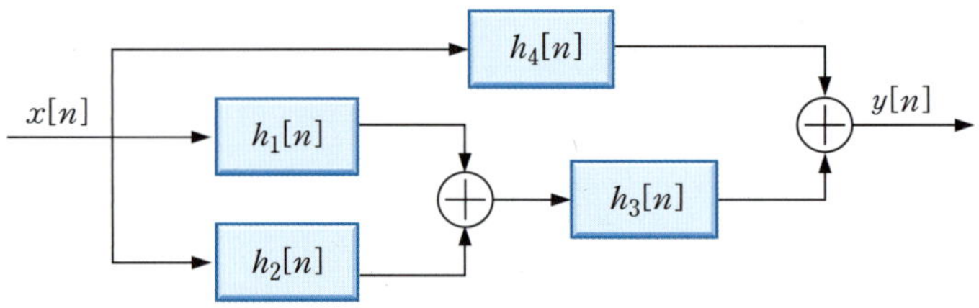

3.13 다음의 차분 방정식으로 표현되는 이산 시스템의 임펄스 응답을 (1)반복 대입법과 (2)고전적 해법으로 각각 구하라.

(a) $y[n]+2y[n-1]=x[n]$

(b) $y[n]+2y[n-1]=x[n-1]$

(c) $y[n]+2y[n-1]=x[n]+x[n-1]$

(d) $2y[n]+6y[n-1]=x[n]-x[n-2]$

3.14 다음의 차분 방정식으로 표현되는 이산 LTI 시스템의 임펄스 응답을 구하라.

(a) $y[n]-y[n-1]-2y[n-2]=x[n]$

(b) $y[n]-y[n-1]-2y[n-2]=x[n-2]$

(c) $y[n]-y[n-1]-2y[n-2]=x[n]-x[n-1]$

(d) $y[n]-y[n-1]-2y[n-2]=x[n]+x[n-1]$

3.15 다음의 차분 방정식의 해를 고전적 해법을 이용하여 구하라.

(a) $y[n]+0.5y[n-1]=x[n]$, $x[n]=u[n]$, $y[-1]=1$

(b) $y[n]+0.5y[n-1]=x[n]-0.5x[n-1]$, $x[n]=(0.5)^n u[n]$, $y[-1]=1$

(c) $y[n]+3y[n-1]+2y[n-2]=x[n]+x[n-1]$, $x[n]=(-2)^n u[n]$, $y[0]=1$, $y[1]=2$

(d) $y[n]+y[n-1]+0.25y[n-2]=x[n]$, $x[n]=u[n]$, $y[-1]=0$, $y[-2]=1$

3.16 $y[n]+4y[n-1]+5y[n-2]+2y[n-3]=x[n-1]$, $x[n]=(0.5)^n$의 해에 포함되지 않는 항을 모두 골라라.

㉮ $(1)^n$	㉯ $n(1)^n$	㉰ $n^2(1)^n$	㉱ $(2)^n$
㉲ $n(2)^n$	㉳ $n^2(2)^n$	㉴ $(0.5)^n$	㉵ $n(0.5)^n$

3.17 임펄스 응답이 $h[n]=(-0.5)^n u[n]+(0.5)^n u[n]$인 2차 이산 LTI 시스템의 차분 방정식을 표현하라.

3.18 LTI 시스템의 입출력 관계가 다음과 같이 주어졌다. 각각의 경우에 대하여 시스템의 임펄스 응답을 구하고, 인과성과 안정성을 판별하라.

(a) $y[n]=x[n-3]$ (b) $y[n]=\sum_{k=-\infty}^{n} x[k-3]$ (c) $y[n]=\sum_{k=-\infty}^{n} 2^{k-n}x[k-3]$

3.19 차분 방정식 $y[n]+ay[n-1]=x[n]$으로 표현되는 이산 시스템에 대해 다음 질문에 답하라.

(a) $x[n]=u[n]$, $y[-1]=1$일 때 출력을 구하라.

(b) $x[n]=2u[n]$, $y[-1]=1$일 때 출력을 구하라.

(c) $x[n]=2u[n]$, $y[-1]=2$일 때 출력을 구하라.

(d) $x[n]=(0.5)^n u[n]$, $y[-1]=1$일 때 출력을 구하라.

(e) $x[n]=(0.5)^n u[n]+u[n]$, $y[-1]=2$일 때 출력을 구하라.

(f) 이상의 계산 결과로부터 출력과 초기 조건의 연관 관계를 설명하라.

3.20 다음의 임펄스 응답을 갖는 LTI 시스템의 인과성과 안정성을 판별하라.

(a) $h[n]=(-1)^n u[n]$
(b) $h[n]=(2)^n u[1-n]$
(c) $h[n]=(n+1)(2)^{-n} u[n]$
(d) $h[n]=(0.5)^{|n|}$
(e) $h[n]=(0.5)^{-n} u[-n]$
(f) $h[n]=(0.5)^n \cos(2n) u[n]$

【응용 문제】

3.21 이동 평균 시스템 $y[n]=\frac{1}{3}\sum_{k=0}^{2} x[n-k]$에 대해 다음을 구하라.

(a) 임펄스 응답을 구하라.
(b) 입력 $x[n]=u[n]-u[n-6]$에 대한 출력을 중첩의 원리를 이용하여 구하라.
(c) 같은 입력에 대한 출력을 컨벌루션을 이용하여 구하라.

3.22 이산 LTI 시스템의 계단 응답이 $s[n]=n(0.5)^n u[n]$일 때, 이 시스템의 임펄스 응답 $h[n]$을 구하라.

3.23 $x[n]=h[n]=[\underset{\uparrow}{1},\ 3,\ 2,\ 4]$일 때, 다음의 컨벌루션을 계산하라.

(a) $y[n]=x[n]*h[n]$
(b) $y[n]=x[n]*h[-n]$
(c) $y[n]=x[-n]*h[-n]$
(d) $y[n]=x[n-1]*h[n+1]$

3.24 임펄스 응답이 $h[n]=[\underset{\uparrow}{1},\ -1,\ 1,\ -1]$인 이산 LTI 시스템에 다음과 같은 입력 $x[n]$을 반으로 나누어 $x_1[n]$과 $x_2[n]$을 구성했다.

$$x[n]=[\underset{\uparrow}{1},\ 2,\ 3,\ 4,\ 5,\ 5,\ 4,\ 3,\ 2,\ 1]$$

(a) $y_1[n]=x_1[n]*h[n]$을 계산하라.
(b) $y_2[n]=x_2[n]*h[n]$을 계산하라.
(c) $y[n]=x[n]*h[n]$을 계산하라.
(d) $y_1[n]$과 $y_2[n]$으로부터 어떻게 $y[n]$을 구할 수 있는가?

3.25 2차 이산 LTI 시스템이 초기 휴지 상태에서 입력 $x[n]=u[n]$에 대한 출력이 다음과 같을 때, 시스템을 표현하는 차분 방정식을 구하라. 초기 휴지 상태는 $n<0$에서 모든 초기 조건이 0임을 뜻한다.

(a) $y[n]=\{(2)^n+3(5)^n+10\}u[n]$
(b) $y[n]=[-3(-1)^n+8(-2)^n+1]u[n]$

3.26 다음 그림의 정합 필터matched filter 1은 $x_1[n]$, 정합 필터 2는 $x_2[n]$에 대해 최대의 출력을 내는 필터이다. 정합 필터 1과 2가 $k=3$에서 $x_1[n]$과 $x_2[n]$에 대해 최대의 출력을 낼 때 정합 필터 임펄스 응답 $h_1[n]$과 $h_2[n]$을 구하라. 단, 임펄스 응답은 다음의 조건을 만족한다.

$$h[n]=0, \ n<0 \quad \& \quad |h[n]| \le 1, \ \forall n$$

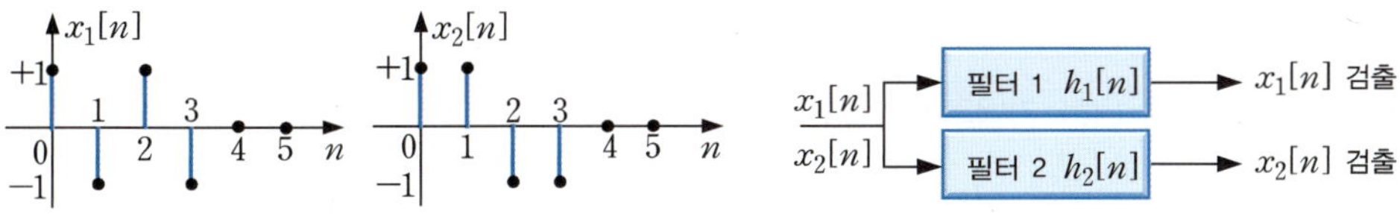

3.27 두 개의 이산 시스템을 다음 그림과 같이 두 경우로 종속 연결했다.

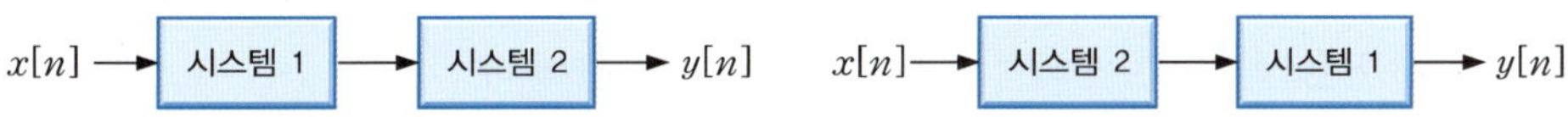

시스템 1과 2가 각각 다음과 같을 때, 입력 $x[n]=2(0.5)^n u[n]$에 대한 두 연결의 출력을 구하라. 이때 두 출력은 같은가? 그렇다면 그 이유를 설명하라.

(a) 시스템 1 : $y[n]=x^2[n]$, 시스템 2 : $y[n]-0.5y[n-1]=x[n]$

(b) 시스템 1 : $y[n]=x[n]-x[n-1]$, 시스템 2 : $y[n]-0.5y[n-1]=x[n]$

3.28 다음 차분 방정식으로 표현되는 이산 시스템에 대해 입력이 $x[n]=0$, $x[n]=u[n]$일 때의 출력을 각각 구하라.

(a) $y[n]+4y[n-2]=x[n]$, $y[-1]=1$, $y[-2]=1$

(b) $y[n]+3y[n-1]+2y[n-2]=x[n]$, $y[-1]=0$, $y[-2]=1$

(c) $y[n]-\frac{5}{6}y[n-1]+\frac{1}{6}y[n-2]=x[n]$, $y[-1]=1$, $y[-2]=0$

(d) $y[n]+2y[n-1]+y[n-2]=x[n]$, $y[-1]=1$, $y[-2]=1$

3.29 다음의 차분 방정식으로 표현되는 이산 시스템에 입력 $x[n]=u[n]$을 인가할 때, 출력 $y[n]$을 (1) 영입력 응답+ 영상태 응답, (2) 고유 응답 + 강제 응답의 형태로 구하라. 단 초기 조건은 $y[-1]=1$, $y[-2]=1$이다.

(a) $y[n]-y[n-1]-2y[n-2]=x[n]$

(b) $y[n]-y[n-1]-2y[n-2]=x[n-1]$

(c) $y[n]-y[n-1]-2y[n-2]=x[n]+x[n-1]$

(d) $y[n]-\frac{3}{4}y[n-1]+\frac{1}{8}y[n-2]=x[n]$

3.30 $x[n]=[\underset{\uparrow}{1}, 1, 2, 3, 5, 8, 13, 21, \cdots]$과 같은 이산 신호를 피보나치Fibonacci 수열이라고 한다. 피보나치 수열 $x[n]$이 다음과 같은 차분 방정식으로 표현될 수 있음을 보이고, a_0와 a_1을 구하라.

$$x[n+2]+a_1x[n+1]+a_0x[n]=\delta[n+2], \ x[-2]=x[-1]=0$$

실습목표

- 신호에 대한 컨벌루션 연산을 실습한다.
- 차분 방정식의 해를 구한다.
- 간단한 필터에 의한 잡음 소거를 실습한다.

MATLAB 3-1 신호에 대한 컨벌루션 연산

다음과 같은 연속 신호 $x(t)$와 $h(t)$를 컨벌루션하여 $y(t)$를 구하고, 이를 그려라.

$$x(t)=u(t+2)-u(t-2), \quad h(t)=(-t+3)[u(t)-u(t-3)]$$

또한 이러한 연속 신호를 시간 간격 1로 샘플링한 이산 신호 $x[n]=u[n+2]-u[n-3]$과 $h[n]=(-n+3)(u[n]-u[n-3])$ $h[n]$을 컨벌루션하여 $y[n]$을 구하고, 이를 그려라.

풀이

3.3절에서 살펴본 것처럼 컨벌루션 계산은 복잡하지만 매트랩에서 제공하는 conv 명령을 사용하면 매우 간단하게 컨벌루션을 수행할 수 있다. conv 명령을 사용하여 연속 신호의 컨벌루션을 수행할 때는 시간 간격을 충분히 작게 잡아야만 한다(구분구적법에서 잘게 나눈 띠의 폭이 좁을수록 실제 적분 값에 근사해지는 것과 같은 원리이다). 또한 계산된 값을 시간 간격으로 척도 조절을 해야만 한다.

컨벌루션을 수행하는 매트랩 프로그램은 다음과 같다. 프로그램을 작성할 때 주의할 점은 컨벌루션에 의해 결과 데이터 배열의 길이가 2배가 되므로, 그림으로 나타낼 부분을 다른 배열 데이터와 같도록 맞추어 잘라 주어야 한다는 것이다.

MATLAB_3_1.m

```
t=-4:0.001:6;                                   % 시간축 설정(-4에서 6까지 0.001 간격)
x=stepfun(t,-2)-stepfun(t,2);                   % x(t)=u(t+2)-u(t-2) 생성
h=(-t+3).*(stepfun(t, 0)-stepfun(t,3));         % h(t)=(-t+3)[u(t)-u(t-3)] 생성
y=conv(x,h)*0.001;                              % 컨벌루션 수행 y(t)=x(t)*h(t)
n=-4:1:6;                                       % 시간축 설정(-4에서 6까지)
xd=stepfun(n,-2)-stepfun(n,3);                  % x[n]=u[n+2]-u[n-3] 생성
hd=(-n+3).*(stepfun(n, 0)-stepfun(n,3));        % h[n]=(-n+3)(u[n]-u[n-3]) 생성
yd=conv(xd,hd);                                 % 컨벌루션 수행 y[n]=x[n]*h[n]

subplot(3,2,1);                                 % 3행 2열 분할 그림 창의 1번 창
plot(t,x);                                      % x(t)를 그림
title('x(t)');                                  % 그림 제목
axis([-4 6 0 2]);                               % x축과 y축의 그림 영역 지정

subplot(3,2,3);                                 % 3행 2열 분할 그림 창의 3번 창
plot(t,h);                                      % h(t)를 그림
title('h(t)','fontsize',12);                    % 그림 제목
axis([-4 6 0 4]);                               % x축과 y축의 그림 영역 지정
```

```
subplot(3,2,5);                    % 3행 2열 분할 그림 창의 5번 창
plot(t,y(4001:14000))              % y(t)를 그림
title('y(t)');                     % 그림 제목
axis([-4 6 0 5]);                  % x축과 y축의 그림 영역 지정

subplot(3,2,2);                    % 3행 2열 분할 그림 창의 2번 창
stem(n,xd);                        % x[n]을 그림
title('x[n]');                     % 그림 제목
axis([-4 6 0 2]);                  % x축과 y축의 그림 영역 지정

subplot(3,2,4);                    % 3행 2열 분할 그림 창의 4번 창
stem(n,hd);                        % h[n]을 그림
title('h[n]');                     % 그림 제목
axis([-4 6 0 4]);                  % x축과 y축의 그림 영역 지정

subplot(3,2,6);                    % 3행 2열 분할 그림 창의 6번 창
stem(n,yd(5:15))                   % y[n]을 그림
title('y[n]');                     % 그림 제목
axis([-4 6 0 7]);                  % x축과 y축의 그림 영역 지정
```

프로그램을 실행시킨 결과는 [그림 3-12]와 같다.

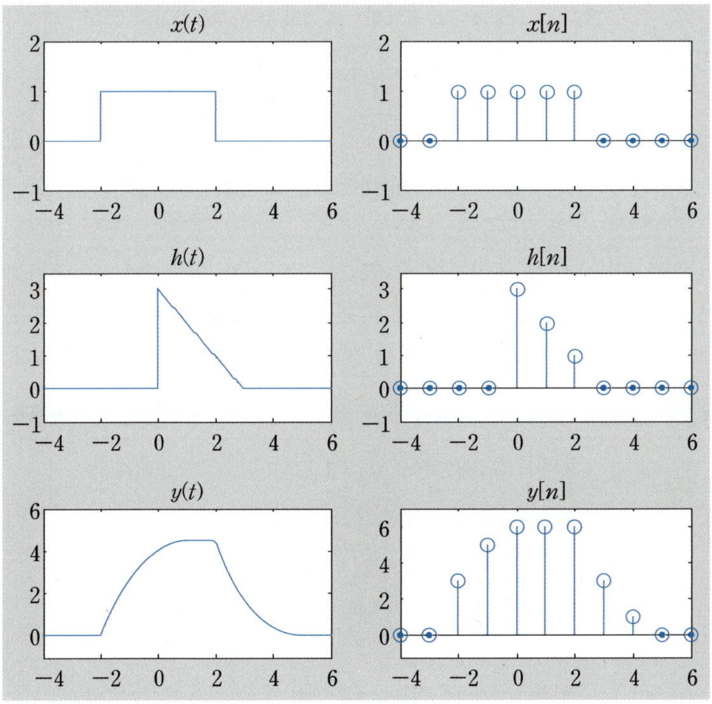

[그림 3-12] [MATLAB 3-1]의 신호 파형

MATLAB 3-2 차분 방정식의 해

다음과 같은 차분 방정식으로 표현되는 이산 LTI 시스템이 있다.

$$y[n]-1.6y[n-1]+0.64y[n-2]=0.04x[n-2]$$

이 시스템에 단위 계단 입력을 인가할 때 나오는 출력을 다음과 같은 형태로 구하고, 결과를 그림으로 나타내라. 단 초기 조건은 $y[-2]=1$, $y[-1]=0.8$이다.

(a) 영입력 응답 + 영상태 응답 (b) 고유 응답 + 강제 응답

풀이

(a) 차분 방정식은 컴퓨터를 이용한 풀이에 매우 적합한 형태의 방정식으로, 반복 대입법을 적용하여 쉽게 해를 구할 수 있다. 주어진 차분 방정식을 다시 쓰면

$$y[n]=1.6y[n-1]-0.64y[n-2]+0.04x[n-2]$$

이다. 차분 방정식의 반복 대입법에 의한 해법을 일반화시켜 함수 파일로 프로그램화하면 다음과 같다.

difference_eq_1.m

```
function y=difference_eq_1(ni,nf,a,b,y0,x)      % 반복 대입법에 의한 차분 방정식 풀이 함수
n=ni:nf;                                        % 차분 방정식의 해 계산 범위 설정
yy=[y0 zeros(1,length(n))];                     % 해 배열 데이터 초기화
N=length(a); M=length(b)-1;                     % 차분 방정식의 계수 차수 검색
for k=N+1:N+length(n)
   yy(k)=a*yy(k-1:-1:k-N)'+b*x(k:-1:k-M);       % y[n] 계산
end
y=yy(N+1:N+length(n));                          % y[n] 재배열(초기 값 y0 제외한 계산 결과)
```

함수 ditterence_eq_1을 사용하면 한꺼번에 차분 방정식의 완전해를 구할 수도 있고, 영입력 응답과 영상태 응답도 계산할 수 있다. 영입력 응답은 입력 값을 0으로 두고, 영상태 응답은 초기 조건을 0으로 두면 된다. 이에 대한 매트랩 프로그램은 다음과 같고, 실행 결과는 [그림 3-13]에 나타내었다.

MATLAB_3_2a.m

```
a=[1.6 -0.64];b=[0 0 0.04];              % 차분 방정식의 계수 값 설정
n=0:30;                                  % 차분 방정식 계산 범위 설정
x=[0 0 ones(1,length(n))];               % 입력 데이터 생성(n=-2~30)
y0=[1 0.8];                              % y[n]의 초기 조건 설정(n=-2,-1)
y1=difference_eq_1(0,30,a,b,y0,x)        % 차분 방정식의 완전해 계산
y01=[0 0];                               % x와 y의 초기상태 설정(n=-2, -1)
y2=difference_eq_1(0,30,a,b,y01,x)       % 차분 방정식의 영상태 응답 계산
x=[0 0 zeros(1,length(n))];              % 모든 입력을 0으로 둠
y3=difference_eq_1(0,30,a,b,y0,x)        % 차분 방정식의 영입력 응답 계산
y4=y2+y3;                                % 완전해=영입력 응답+영상태 응답 계산

subplot(2,2,1); grid on;                 % 2행 2열 분할 그림 창의 1번 창, 그리드 표시
stem(n,y1);                              % 차분 방정식의 완전해 그림
title('\bf{완전해}');                     % 그림 제목
```

```
subplot(2,2,2); grid on;                % 2행 2열 분할 그림 창의 2번 창, 그리드 표시
stem(n,y2);                             % 차분 방정식의 영상태 응답 그림
title('\bf{영상태 응답}');              % 그림 제목

subplot(2,2,4); grid on;                % 2행 2열 분할 그림 창의 4번 창, 그리드 표시
stem(n,y3);                             % 차분 방정식의 영입력 응답 그림
title('\bf{영입력 응답}');              % 그림 제목
xlabel('n');                            % x축 라벨 표시

subplot(2,2,3); grid on;                % 2행 2열 분할 그림 창의 3번 창, 그리드 표시
stem(n,y4);                             % 완전해=영입력 응답+영상태 응답 그림
title('\bf{영입력응답+영상태응답}');    % 그림 제목
xlabel('n');                            % x축 라벨 표시
```

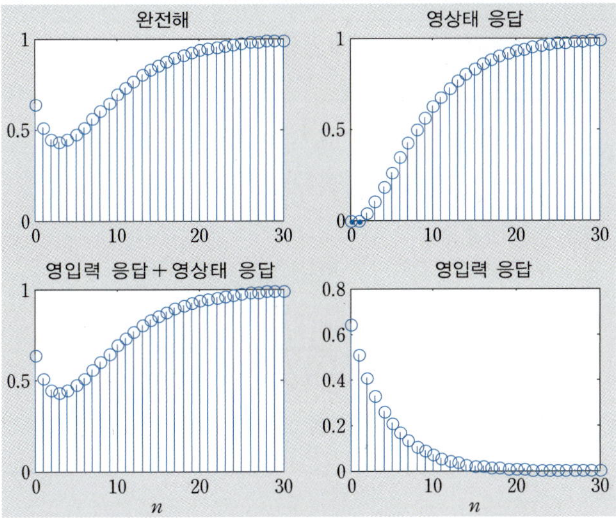

[그림 3-13] [MATLAB 3-2]의 해(영입력 응답+영상태 응답)

그림에서 보듯이 함수 파일을 이용해 한 번에 완전해를 계산한 결과나 영입력 응답과 영상태 응답으로 나누어 구한 뒤 합한 결과는 같다. 또한 영입력 응답은 시스템 모드들로만 이루어지므로, 안정한 시스템에서는 시간이 지남에 따라 영입력 응답이 0으로 수렴함을 볼 수 있다.

(b) 고유 응답+강제 응답의 형태는 3.4절에서 설명한 과정을 거쳐서 얻어지는 닫힌 꼴의 수식을 이용하여 값을 계산할 수밖에 없다. 주어진 차분 방정식의 특성 방정식은

$$\gamma^2 - 1.6\gamma + 0.64 = 0$$

이므로, 특성근은 $\gamma = 0.8$의 중근이 되어 동차해는 다음과 같이 얻어진다.

$$y_h[n] = (c_1 + c_2 n)(0.8)^n$$

특이해를 $y_p[n] = c_3$라 가정하여 원래의 차분 방정식에 대입하여 정리하면 $y_p[n] = 1$이 되므로 일반해는 다음과 같이 쓸 수 있다.

$$y[n]=(c_1+c_2n)(0.8)^n+1$$

주어진 초기 조건 $y[-2]=1$, $y[-1]=0.8$을 이용하여 반복 대입법에 의해 새로운 초기 조건을 계산하면 $y[0]=0.64$, $y[1]=0.512$가 얻어진다. 이를 위의 식에 대입하여 상수를 결정하면 완전해는 다음과 같이 얻어진다.

$$y[n]=y_h[n]+y_p[n]=-(0.36+0.25n)(0.8)^n+1$$

따라서 고유 응답은 $y_h[n]=-(0.36+0.25n)(0.8)^n$이고, 강제 응답은 $y_p[n]=1$이 된다. 고유 응답과 강제 응답을 계산하여 이들의 합으로 차분 방정식의 완전해를 구하는 매트랩 프로그램은 다음과 같고, 이의 실행 결과는 [그림 3-14]에 나타내었다.

MATLAB_3_2b.m

```
n=0:30;                          % 출력을 표현할 범위를 설정
yh=-(0.36+0.25*n).*(0.8).^n;     % 고유 응답 계산
yp=ones(1,length(n));            % 강제 응답 계산
y=yh+yp;                         % 완전해 = 고유 응답 + 강제 응답 계산

subplot(3,1,1); grid on;         % 3행 1열 분할 그림 창의 1번 창, 그리드 표시
stem(n,yh);                      % 고유 응답 그림
title('\bf{고유 응답}');          % 그림 제목
subplot(3,1,2); grid on;         % 3행 1열 분할 그림 창의 2번 창, 그리드 표시
stem(n,yp);                      % 강제 응답 그림
title('\bf{강제 응답}');          % 그림 제목
subplot(3,1,3); grid on;         % 3행 1열 분할 그림 창의 3번 창, 그리드 표시
stem(n,y);                       % 차분 방정식의 완전해 그림
title('\bf{완전 응답}');          % 그림 제목
xlabel('n');                     % x축 라벨 표시
```

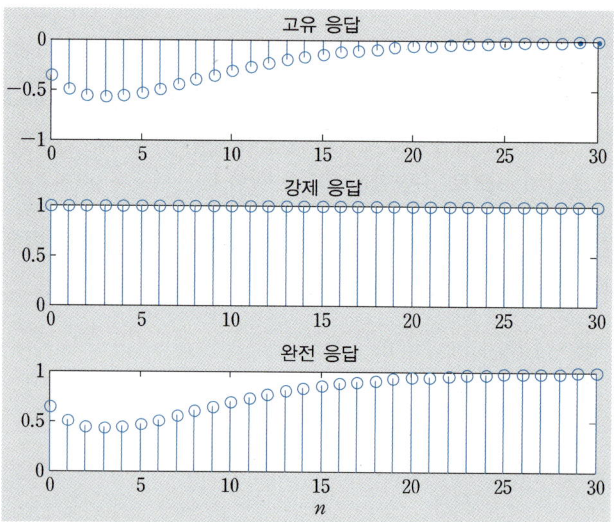

[그림 3-14] [MATLAB 3-2]의 해(고유 응답 + 강제 응답)

그림에서 보면, 고유 응답은 영입력 응답과 마찬가지로 시간이 지남에 따라 0으로 수렴하여 사라지고 강제 응답이 정상상태 출력을 형성하게 된다. 다시 말해 안정한 시스템에서 고유 응답은 시간이 지나면 사라지는 과도적인 응답이다. [그림 3-13]과 [그림 3-14]를 비교해보면 차분 방정식으로 표현되는 이산 LTI 시스템의 출력을 영입력 응답과 영상태 응답으로 나누는 것과 고유 응답과 강제 응답으로 나누는 것의 차이를 확인할 수 있다.

MATLAB 3-3 필터에 의한 잡음 소거

통신 시스템의 송신단에서 $s[n]=(1.02)^n$의 신호를 송신했는데, 통신 선로 상에서 다음과 같이 잡음 $v[n]$이 섞인 신호가 수신단에 도달되었다.

$$v[n]=0.5\cos\left(\frac{2\pi n}{8}+\frac{\pi}{4}\right)$$

수신단에서는 수신 신호의 잡음을 소거하기 위해 수신기에 7점 이동 평균(MA) 필터를 연결하여 최종 출력 신호를 얻는다고 한다. 이때 7점 이동 평균 필터의 임펄스 응답 $h[n]$을 구하고, 매트랩 프로그램을 이용하여 $h[n]$과 수신 신호 $x[n]$의 컨벌루션으로 출력 신호 $y[n]$을 계산하여 $s[n]$, $x[n]$, $y[n]$의 파형을 그려라.

풀이

수신 신호를 $x[n]$으로 표시하면 다음과 같다.

$$x[n]=s[n]+v[n]=(1.02)^n+0.5\cos\left(\frac{2\pi n}{8}+\frac{\pi}{4}\right)$$

7점 이동 평균 필터는 다음과 같이 최근 입력 신호 7개의 평균값을 출력으로 내는 필터이다.

$$y[n]=\frac{1}{7}\sum_{i=0}^{6}x[n-i]$$

임펄스 응답은 입력 $x[n]=\delta[n]$일 때의 출력이므로, 7점 이동 평균 필터의 임펄스 응답은 다음과 같이 된다.

$$h[n]=\frac{1}{7}\sum_{i=0}^{6}\delta[n-i]$$

컨벌루션 $y[n]=x[n]*h[n]$을 수행하고 신호들을 그리는 매트랩 프로그램은 다음과 같다.

MATLAB_3_3.m

```
n=0:50;                          % 시간축 설정
s=1.02.^n;                       % 송신 신호 s[n] 생성
v=0.5*cos(2*pi*n/8+pi/4);        % 잡음 신호 v[n] 생성
x=s+v;                           % 수신 신호 x[n] 생성
h=ones(7,1)/7;                   % 이동 평균 필터 임펄스 응답 h[n] 생성
y=conv(h,x);                     % 컨벌루션 y[n]=x[n]*h[n] 수행
```

```
subplot(3,1,1);                          % 3행 1열 분할 그림 창의 1번 창
stem(n,s);                               % 송신 신호 s[n] 그림
title('s[n]','fontsize',12);             % 그림 제목(글자 크기 지정)

subplot(3,1,2);                          % 3행 1열 분할 그림 창의 2번 창
stem(n,x);                               % 수신 신호 x[n] 그림
title('x[n]','fontsize',12);             % 그림 제목(글자 크기 지정)

subplot(3,1,3);                          % 3행 1열 분할 그림 창의 3번 창
stem(n,y(1:length(n)));                  % 필터 출력 신호 y[n] 그림
title('y[n]','fontsize',12);             % 그림 제목(글자 크기 지정)
```

이 프로그램의 실행 결과는 [그림 3-15]에 나타나 있다. 결과에서 볼 수 있듯이 필터를 통과한 출력 신호에는 잡음 성분이 상당히 소거되어 송신단에서 송신한 신호 파형에 가까운 결과를 얻을 수 있다.

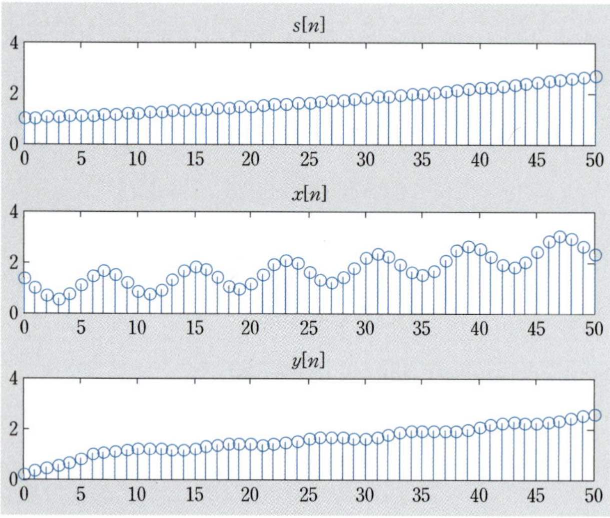

[그림 3-15] [MATLAB 예제 3-3]의 신호 파형

CHAPTER

04

연속 신호의 디지털 처리

Digital Processing of Analog Signals

학습목표

- 연속 신호의 디지털 처리를 위한 시스템의 구성과 기능을 이해할 수 있다.
- 샘플링에 의한 이산 신호의 생성과 샘플링 정리의 중요성을 이해할 수 있다.
- 주파수 중첩 현상과 이로 인한 영향을 이해할 수 있다.
- 이산 신호를 연속 신호로 복원하기 위한 이론적 조건과 수식화에 대해 이해할 수 있다.
- 영차 홀드와 일차 홀드 등 실용적인 신호 복원 방법을 이해할 수 있다.
- 양자화기의 개요와 양자화 오차의 이론적 분석에 대해 이해할 수 있다.

【미리보기】

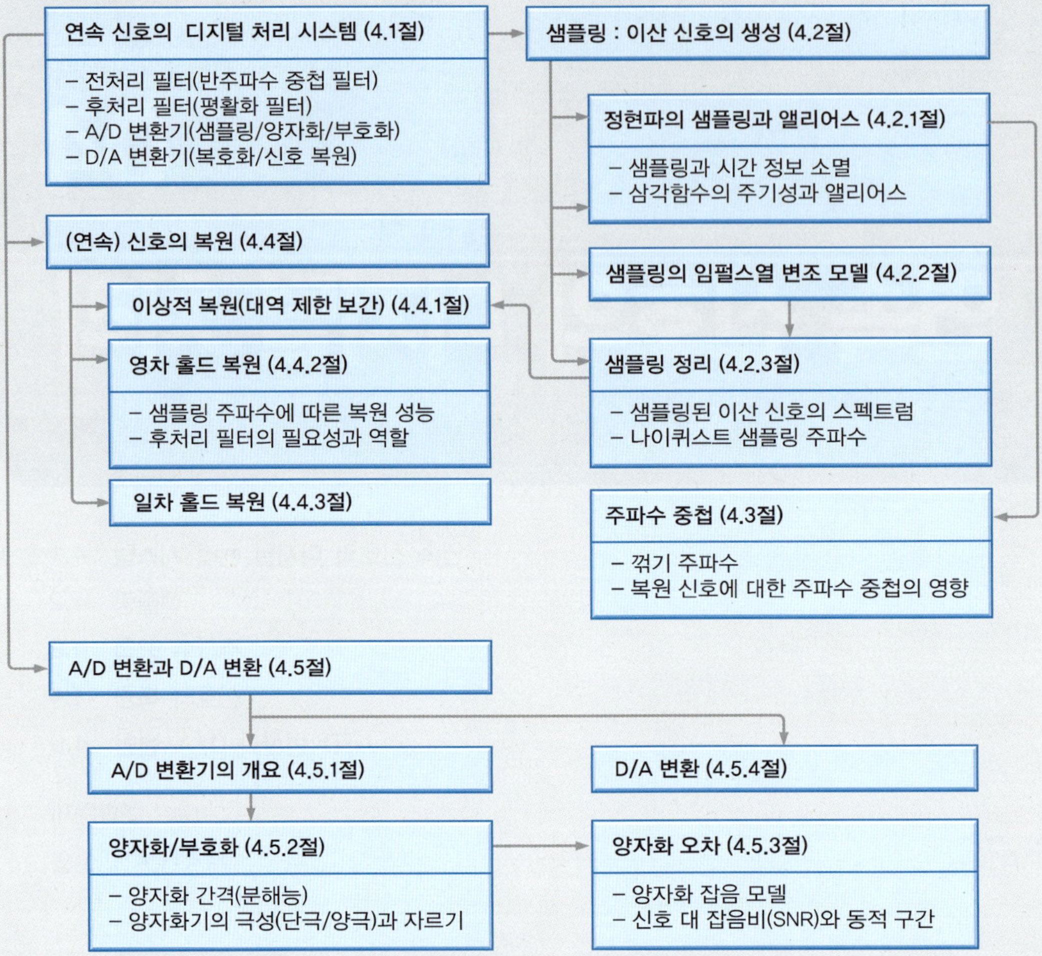

최근에는 아날로그 신호를 디지털 시스템과 기술을 이용하여 처리하는 일이 보편화되고 있다. 이를 위해서는 아날로그 신호를 디지털 시스템에 적합한 디지털 신호로 변환하는 작업과 디지털 시스템으로 처리된 결과를 다시 아날로그 신호로 되돌리는 작업이 꼭 필요하다. 이 장에서는 연속 신호의 디지털 처리와 관련하여 샘플링의 개념과 샘플링 정리, 주파수 중첩과 같이 샘플링 과정에서 일어나는 현상들, 양자화, 그리고 연속 신호로의 복원 방법 등에 대해 살펴볼 것이다.

SECTION 4.1

연속 신호의 디지털 처리 시스템

학습포인트

- 연속 신호의 디지털 처리를 위한 시스템 구성과 각 구성부의 역할에 대해 알아본다.
- A/D 변환과 D/A 변환이 어떠한 신호 조작으로 이루어지는지를 이해한다.

최근에는 디지털 처리 시스템의 구성이 훨씬 복잡한데도 불구하고 디지털 신호 처리가 지니는 장점들로 인해 아날로그 신호를 디지털 방식으로 처리하는 추세이다. 이렇게 하려면 디지털 시스템 자체의 처리 작업 외에도 여러 가지 부수적인 조작과 고려가 꼭 필요하게 된다. 이 절에서는 연속 신호의 디지털 처리 시스템의 전형적인 구성과 기능에 대해 알아보기로 한다.

1장에서 소개했듯이 디지털 신호 처리가 지니는 여러 장점 때문에, 영상이나 음성과 같이 실생활에서 우리가 접하는 대부분의 신호는 아날로그이지만 HD TV나 MP3 플레이어 같은 디지털 시스템을 사용하여 처리하는 일이 최근 보편화되고 있다. 그런데 디지털 시스템을 구성하는 반도체 소자들은 디지털 신호에 대해서만 정상적으로 작동하므로, 아날로그 신호를 디지털 방식으로 처리하려면 우선 아날로그 신호를 디지털 시스템에 적합한 디지털 신호로 바꿔야 하고, 역으로 디지털 시스템에서 처리된 결과는 다시 아날로그 신호로 되돌려야 한다. 이외에도 만족스러운 처리 결과를 얻기 위한 추가적인 작업이 필요하다. [그림 4-1]은 1.3절의 [그림 1-7]을 다시 나타낸 것으로, 일련의 과정을 모두 포함한 연속 신호의 디지털 처리 시스템의 전형적인 구성을 잘 보여 준다.

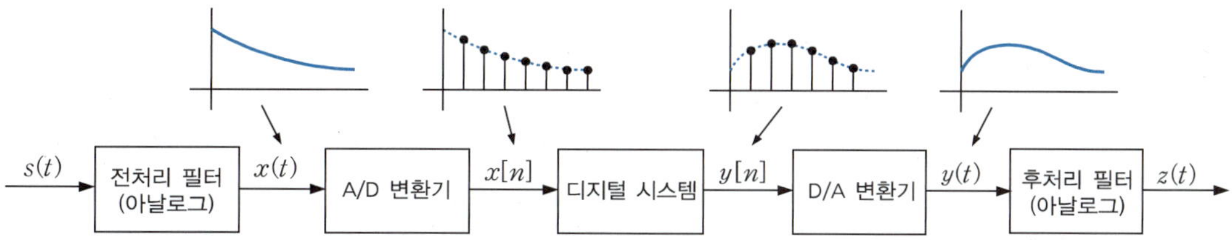

[그림 4-1] 전형적인 연속 신호의 디지털 처리 시스템

전처리 필터(반주파수 중첩 필터)

[그림 4-1]에서 가장 앞부분에 있는 **전처리**preprocessing **필터**는 연속 신호를 샘플링하기에 앞서 신호의 주파수 범위를 제한하기 위한 아날로그 저역 통과 필터로서 보통 **반주파수 중첩**anti-aliasing **필터**라고 부른다. 4.3절에서 자세히 다루겠지만 주파수 중첩은 샘플링 동작의 결과로 아날로그 신호의 주파수 스펙트럼이 주기적으로 반복되며 일부분이 겹쳐지는 현상인데, 샘플링된 신호를 다시 아날로그 신호로 복원할 때 원래 신호와는 다르게 왜곡이 생기는 원인이 된다.

전처리 필터 (반주파수 중첩 필터)

- 아날로그 저역 통과 필터로 신호의 주파수 범위를 제한해 주파수 중첩 현상을 방지한다.
- 신호에 섞여 들어오는 고주파 잡음이나 간섭 신호의 영향을 차단한다.

반주파수 중첩 필터는 입력 신호에 들어있는 샘플링 주파수의 절반이 넘는 주파수 성분들을 충분히 감쇠시킴으로써 주파수 중첩 현상을 최소화해 복원 신호의 왜곡이 거의 생기지 않도록 막아준다. 더불어 저역 통과 특성에 의해 신호에 섞여 들어오는 고주파 잡음이나 간섭 신호의 영향을 배제하는 역할도 한다. 예를 들어, 디지털 전화는 음성 신호를 보통 8000[Hz]의 샘플링 주파수로 샘플링하는데, 통화자를 식별하고 무슨 소리인지 알아들을 수 있는 정도의 통화 품질은 3000[Hz] 이하의 주파수 성분만으로도 충분하다. 따라서 통과 대역이 3000[Hz], 천이 대역이 400~500[Hz] 정도, 그리고 저지 대역이 대략 3500[Hz] 이상인 필터를 사용하여 주파수 중첩 발생을 방지할 수 있다.

A/D 변환기

전처리 필터를 통과한 아날로그 신호는 **아날로그/디지털**(A/D)Analog-to-Digital **변환기**를 통해 디지털 신호로 변환되어 특정 용도의 디지털 회로나 범용 컴퓨터와 같은 디지털 시스템으로 들어가게 된다. A/D 변환은 [그림 4-2]에 나타낸 것처럼 샘플링, 양자화, 부호화의 세 과정으로 이루어진다.

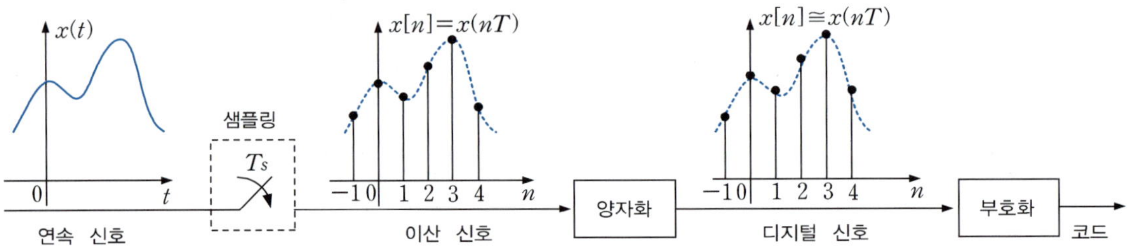

[그림 4-2] 연속 신호의 A/D 변환

A/D 변환기

- **A/D 변환**은 아날로그 신호를 샘플링-양자화-부호화 과정을 거쳐 디지털 신호로 바꾼다.
- **샘플링**sampling : 연속 신호에 대해 시간 간격을 두고 순시값을 취하여 이산 신호로 만드는 과정이다.
- **양자화** quantization : 신호의 크기를 이산화시켜 신호의 값을 유한 개의 등급(레벨)으로 나누는 과정이다.
- **부호화** coding : 신호를 디지털 시스템이 이해하고 처리할 수 있는 형태의 **이진 부호**binary code로 만드는 과정이다.

샘플링은 적절한 시간 간격으로 연속 신호의 순시값을 취하여 수열 형태의 이산 신호로 바꾸어준다. 샘플링 동작 자체는 매우 단순하지만 아날로그 신호를 디지털 처리하는 데 핵심적인 역할을 하므로, 4.2절에서 샘플링과 관련된 여러 문제를 상세히 살펴볼 것이다.

샘플링에 의해 아날로그 신호를 이산 신호로 바꾸었다고 컴퓨터 같은 디지털 시스템이 이 신호를 바로 처리할 수 있는 것은 아니며, 다시 양자화 과정을 거쳐야 한다. 양자화는 신호 값을 디지털 시스템이 이진 비트로 표현 가능한 만큼의 구간으로 나누어 원래의 신호 값 대신에 그 구간의 대푯값(레벨)으로 바꿔치기하는 동작이다. 양자화 레벨의 수는 디지털 시스템이 몇 비트로 수치를 나타내느냐에 따라 결정된다. 만약 $B+1$ 비트를 사용한다면 양자화 레벨의 최대 수는 2^{B+1}개가 된다. 예를 들어, 온도 변화가 0~500℃ 인 보일러의 온도를 센서로 측정하여 컴퓨터에 입력시키는 경우, 컴퓨터가 8비트의 데이터 포맷을 사용한다면 구분할 수 있는 경우의 수는 $2^8 = 256$가지이므로 500℃를 256등급으로 나눈 것 중에 가장 가까운 것으로 측정값을 분류하여 데이터화하게 된다. 양자화에 의해 필연적으로 양자화 레벨과 실제 신호의 차이만큼 정보의 손실이 생기는데, 이를 양자화 오차라고 하며 디지털 시스템의 성능 저하나 작동 불능을 일으키는 원인이 된다. 양자화 오차의 근본적인 원인은 유한 개의 비트로 연속값을 나타내는 것이므로 비트 수를 증가시키면 줄일 수 있지만, 비트 수의 증가는 다른 문제들과 결부되어 있어서 무조건 늘릴 수만은 없다.

Tip & Note 음악의 음계와 양자화

양자화는 음악의 음계를 생각하면 이해하기 쉽다. 음계는 한 옥타브에 도 – 레 – 미 – 파 – 솔 – 라 – 시 – 도의 8개 음으로 구성된다(7음계). 기타의 줄을 누르고 있는 손가락을 미끄러뜨리면서 소리를 내면 음의 변화가 연속적으로 이루어지는 것을 경험해 보았을 것이다. 실제로는 이처럼 연속적으로 음이 존재하지만 음악에서는 기본적으로 한 옥타브의 음역을 8개의 음으로만 구분하고, 더 세밀하게 나누고 싶으면 # 기호를 써서 도#, 레#, 파#, 솔#, 라#의 5개 반음을 추가하기도 한다(12음계). 하지만 한 옥타브 내에 존재하는 12음계 사이의 음들은 다루지 못한다. 신호의 양자화도 마찬가지이다. 3비트로 신호를 나타내면 000, 001, 010, 011, 100, 101, 110, 111의 $8(=2^3)$개로만 구분이 가능하고, 각 레벨 사이의 값들은 나타낼 수 없다. 1비트를 추가해 4비트로 신호를 나타내면 0000에서 1111까지 $2^4 = 16$개의 레벨로 구분할 수 있게 되어 표시 가능한 값이 2배로 늘어날 뿐이다.

컴퓨터 같은 디지털 시스템은 0과 1이 약속된 방식으로 조합된 정보만 인식할 수 있다. 따라서 양자화까지 마친 디지털 신호는 마지막으로 디지털 시스템이 받아들일 수 있는 이진 코드로 만들어지며 이를 부호화라고 한다. 즉 부호화는 디지털 신호를 기계가 이해하는 0과 1의 조합으로 바꾸는 작업으로, 한글의 자음과 모음이나 영문 알파벳을 조합하여 뜻이 통하는 단어나 문장을 만드는 것과 같다. 이때 서양의 대부분의 국가들이 같은 알파벳을 사용하면서도 같은 대상을 가리키는 말들이 제각기 다르듯이, 부호화도 똑같이 1과 0을 사용하지만 어떤 원리의 코드를 쓰느냐에 따라 그 결과가 달라진다. 이진 코드는 1과 0, 즉 신호 레벨의 높음high과 낮음low으로만 구분하므로, 데이터를 전송할 때 어느 정도 잡음이 들어오더라도 수신단에서 두 상태를 구분할 수 있어서 잡음의 영향을 최소화할 수 있다. 또한 부호화를 통해 데이터 압축, 보안성 강화, 오류 검출 및 정정 등의 기능을 덧붙일 수 있다. 데이터 압축의 예로, 음악 CD의 wav 파일은 1초당 데이터양이 1,411.2[kbps](44.1[kbps]×16[bit]×2채널)이지만, 압축한 MP3 파일은 320[kbps]의 데이터양으로도 양호한 음질을 제공한다.

디지털 시스템

디지털 시스템은 부호화까지 마친 디지털 신호를 입력으로 받아 하드웨어와 소프트웨어를 이용해 원하는 목적에 알맞게 처리한 뒤 디지털 신호를 출력으로 내게 된다. 디지털 시스템은 범용 컴퓨터와 인터페이스 및 소프트웨어 프로그램을 결합하여 사용할 수 있고, 전용 하드웨어를 구성할 수도 있다. 최근에는 하드웨어 구성에 있어 고속 실시간 처리 등에 적합하도록 범용 CPU나 MPU 대신 DSP chip을 이용하거나 특정 용도로 개발된 전용 custom IC를 활용하는 경우가 많아지고 있다. 디지털 시스템을 선정할 때, 처리 목적, 신호의 대역폭, 처리 속도, 기억 용량 등 여러 요인을 고려해야 한다.

D/A 변환기

디지털 시스템에 의해 처리된 결과를 다시 아날로그 신호로 되돌리려면 **디지털/아날로그**(D/A) Digital-to-Analog **변환기**를 이용해야 한다. 조립은 분해의 역순이라는 말처럼, A/D 변환의 역동작인 D/A 변환은 복호화와 복원의 두 과정으로 이루어진다.

D/A 변환기

- D/A **변환**은 디지털 신호를 복호화–복원 과정을 거쳐 아날로그 신호로 바꾼다.
- **복호화** decoding : 부호화의 역동작으로 이진 코드를 수치로 바꾸어 이산 신호를 만드는 과정이다.
- **복원** reconstruction : 샘플링의 역동작으로 이산 신호를 연속 신호로 바꾸는 과정이다.

복호화는 신호의 값을 이진 코드로 바꾸는 부호화의 역동작으로, 부호화에서 시행했던 원리를 정반대로 적용하여 이진 코드를 수치로 바꾸어 이산 신호를 만든다. 그런 후, 샘플링의 역동작인 복원 과정을 통해 이산 신호로부터 연속 신호를 만들어 낸다. 이론상으로는 신호를 완전하게 복원하는 것이 가능하지만, 실제 물리적으로는 불가능하다. 그러므로 보통 4.5절에서 소개할 영차 홀드를 이용하여 허용 오차 범위 내에서 근사적으로 아날로그 신호로 복원하는데, 필요에 따라 1차 홀드와 같이 더 복잡한 형태의 복원 방법을 사용하기도 한다.

D/A 변환이 A/D 변환의 역동작이긴 하지만, 양자화의 역과정은 빠져 있다. 왜냐하면 복호화는 이미 유한 개의 비트로 표현된 이진 코드를 수치로 바꾸는 동작이어서, 이산 신호의 값을 유한 개의 비트에 맞추기 위해 수행되었던 양자화 같은 중간 과정은 불필요하기 때문이다.

후처리 필터(평활화 필터)

[그림 4-1]에서 마지막 단의 **후처리**postprocessing **필터**는 신호 파형을 평활하게 하기 위한 아날로그 필터로, 전처리 필터와 마찬가지로 저역 통과 필터이다. 후처리 필터는 D/A 변환 과정에서 발생하는 불필요한 과도 응답을 제거하고 복원된 연속 신호에 남아있는 잔여 고주파 성분들을 제거한다. 그리하여 각지고 불연속적인 신호 파형을 매끄럽게 만들어 깔끔한 아날로그 신호를 얻게 해주므로 **평활화** smoothing 필터라고 부른다. 이에 대한 상세한 내용은 4.5절에서 살펴볼 것이다.

SECTION 4.2

샘플링

학습포인트

- 샘플링의 개념과 이에 의한 연속 신호의 이산 신호 변환을 이해한다.
- 아날로그 주파수와 디지털 주파수의 관계와 차이를 이해한다.
- 샘플링 주파수에 대한 앨리어스 신호의 개념을 이해한다.
- 샘플링의 수학적 분석을 위한 임펄스열 변조 모델링에 대해 알아본다.
- 샘플링에 의해 주파수 스펙트럼에는 어떤 현상이 일어나는지 알아본다.
- 섀넌의 샘플링 정리에 대해 알아본다.

연속 신호에서 이산 신호를 얻으려면 샘플링을 거쳐야 한다. 샘플링 동작 자체는 아주 단순하지만 주파수 중첩 현상과 맞물려 샘플링 주기(주파수)의 선정은 매우 중요하다. 이 절에서는 샘플링에 의해 발생하는 문제와 그 원인을 간단히 살펴보고, 수학적인 분석을 통해 샘플링 정리의 결과를 이끌어 낼 것이다.

샘플링은 연속 신호에 대해 시간 간격을 두고 순시값을 취해 정렬된 수열 형태로 만들어 이산 신호를 얻는 과정을 일컫는다. 연속 신호를 샘플링할 때, 통상 같은 시간 간격으로 샘플을 취한다. 이때의 일정한 샘플링 간격 T_s을 샘플링 주기라고 하며, 주기 T_s로 샘플링된 신호 $x(nT_s)$는 이산 신호로서 간단하게 $x[n]$이라고 표기할 수 있다.

- **샘플링**은 시간 간격을 두고 연속 신호의 순시값을 취해 이산 신호를 얻는 동작, 즉 연속 신호 $x(t)$로부터 정렬된 수열 $x(t_0)$, $x(t_1)$, $x(t_2)$, $\cdots$을 만드는 동작이다.
- 보통 일정한 시간 간격(T_s)으로 샘플링하는 **균일 샘플링**uniform sampling을 사용한다.

$$x[n] = x(nT_s) \tag{4.1}$$

- 샘플링 간격 T_s를 **샘플링 주기**, $f_s = \dfrac{1}{T_s}\left(\omega_s = \dfrac{2\pi}{T_s}\right)$를 **샘플링 주파수**라고 한다.

연속 신호를 샘플링하게 되면, 샘플링 간격 사이의 신호 정보는 잃어버리게 된다. 그러므로 '샘플링을 통해 얻은 이산 신호를 원래의 연속 신호로 완전하게 되돌릴 수 있는가'라는 근본적인 문제와 부딪치게 되는데, 이는 4.2.3절에서 살펴보겠지만 샘플링 주파수, 즉 샘플링 주기와 밀접한 관련이 있다. 하나의 예로, 정현파 신호 $x(t) = \cos(\pi t)$를 서로 다른 샘플링 주기로 샘플링하여 얻은 이산 신호를 [그림 4-3]에 나타내었다.

그림에서 보듯이 [그림 4-3(c)]만 샘플링하기 전의 연속 신호 파형이 정현파라는 것을 대략 눈짐작할 수 있을 뿐이고, [그림 4-3(a)]와 [그림 4-3(b)]의 경우에는 이산 신호만으로는 원래의 연속 신호가 정현파였다는 사실을 알아내기조차 쉽지 않다. 이 예로부터 샘플링 주기(주파수)를 적절하게 선정하는 것이 중요함을 느낄 수 있을 것이다.

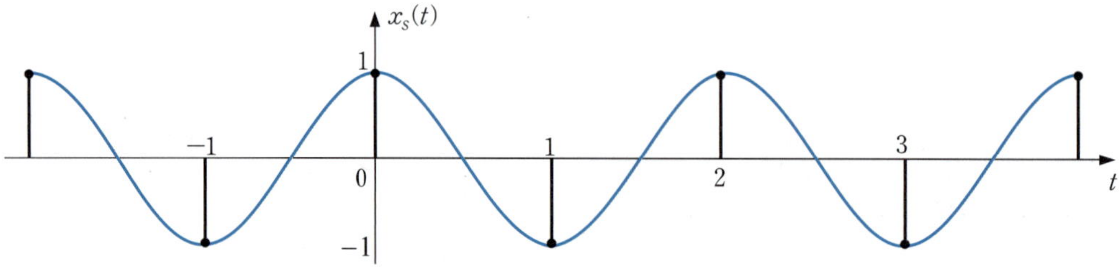

(a) $x_s(t) = \cos(\pi n T_s)$, $T_s = 1$

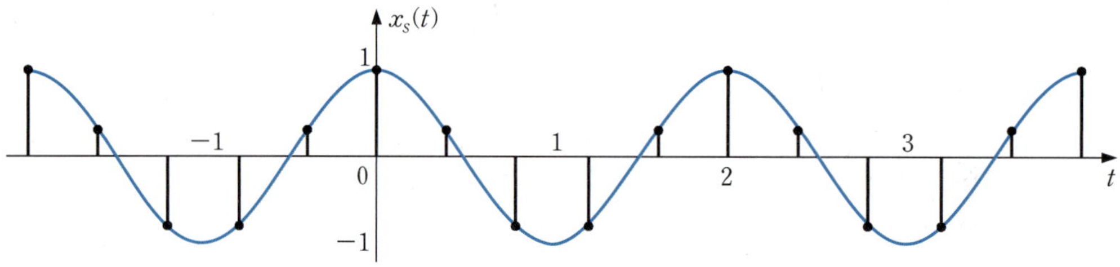

(b) $x_s(t) = \cos(\pi n T_s)$, $T_s = 0.4$

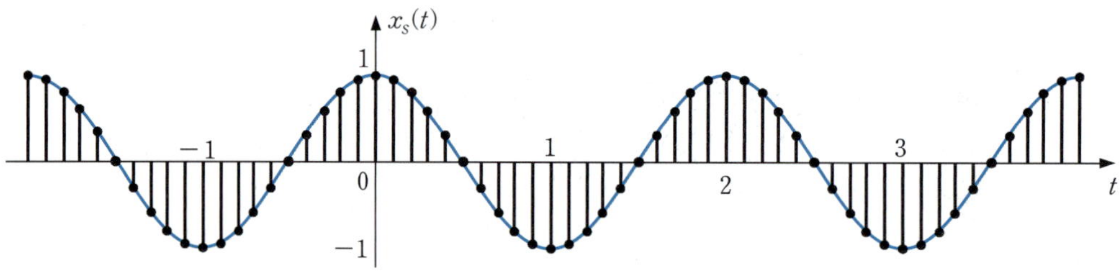

(c) $x_s(t) = \cos(\pi n T_s)$, $T_s = 0.1$

[그림 4-3] 정현파 신호를 서로 다른 샘플링 주기로 샘플링한 이산 신호

4.2.1 정현파 신호의 샘플링과 앨리어스

5장에서 살펴보겠지만, 신호는 서로 다른 주파수의 정현파 성분들로 쪼갤 수 있다. 그러므로 정현파에 대한 샘플링의 효과를 알면 신호에 대한 샘플링의 효과도 알 수 있을 것이다. 정현파는 주파수와 일대일 대응이고 파형과 스펙트럼이 단순하므로 샘플링의 효과를 살펴보기에 매우 적합한 신호이다.

정현파의 샘플링

연속 정현파 신호 $x(t) = A\cos(\omega_0 t)$를 주기 T_s로 샘플링하면, 다음과 같은 이산 정현파 신호를 얻게 된다.

$$x[n] = x(nT_s) = A\cos(\omega_0 n T_s) = A\cos(\Omega_0 n) \tag{4.2}$$

여기서 $\Omega_0 = \omega_0 T_s$[rad]은 이산 정현파 신호의 (디지털) 각주파수로서 연속 정현파 신호의 (아날로그) 각주파수 ω_0[rad/sec]와는 달리 시간과 무관하여 물리적인 차원을 가지지 않는다. 즉 샘플링 과정에서 시간 정보가 사라지며, 그 결과 샘플링에 의해 주파수 $\Omega_0 = \omega_0 T_s$를 만족하는 ω_0와 T_s의 조합은 무수히 많아진다. 다시 말해, 샘플링에 의해 주파수 Ω_0인 이산 정현파 신호를 만들 수 있는 정현파 신호는 하나가 아니라 무수히 많다.

- 연속 정현파를 샘플링하여 이산 신호로 만드는 과정에서 시간 정보가 사라지므로 디지털 주파수 $F(\Omega)$는 물리적인 차원이 없다.
- 정현파를 샘플링하여 주파수 $\Omega_0(F_0)$인 이산 정현파를 만들 수 있는 샘플링 주기 T_s와 연속 정현파 주파수 ω_0의 조합은 무수히 많다.

예제 4-1 샘플링 주기를 달리하여 같은 이산 정현파 얻기

$x(t) = \cos(\pi t)$를 샘플링 주기 $T_s = 0.2$로 샘플링하여 얻은 이산 신호 $x[n]$과 같은 이산 신호가 얻어지도록 $\cos(2\pi t)$와 $\cos(4\pi t)$에 대한 샘플링 주기를 각각 구하고, 구해진 샘플링 주기로 이들 정현파를 샘플링한 이산 신호를 그려라.

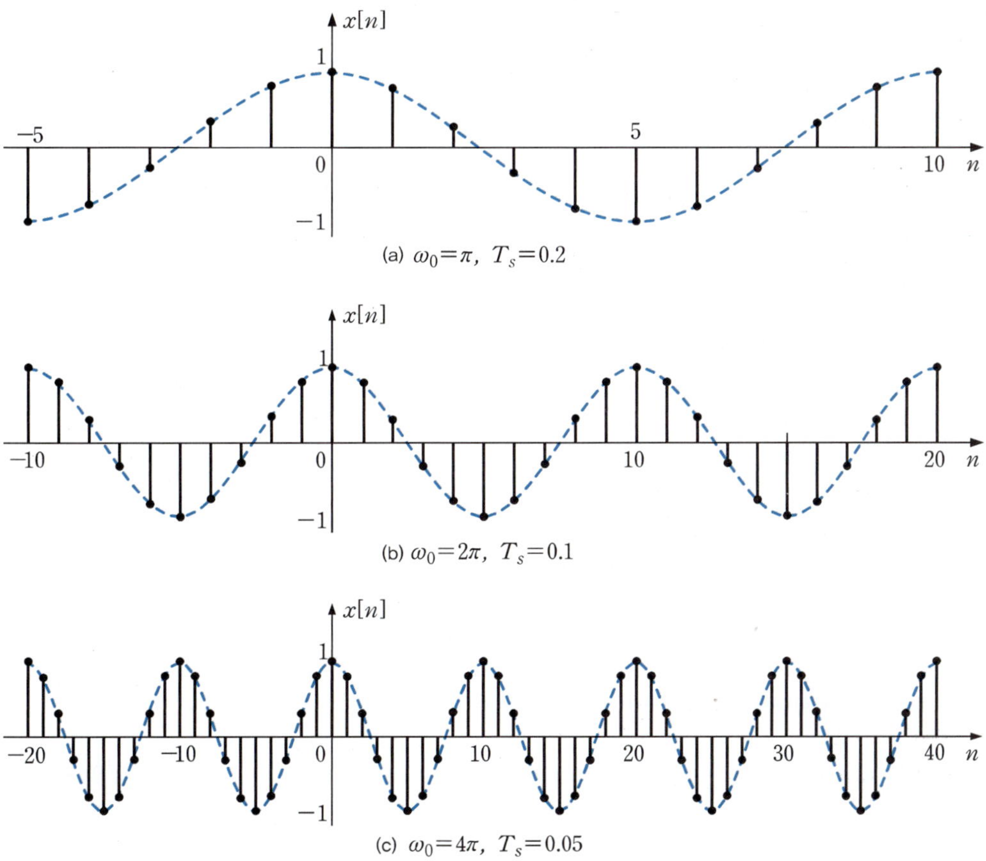

[그림 4-4] 서로 다른 주파수와 샘플링 주기의 조합에 의한 동일 이산 신호

풀이

$x(t) = \cos(\pi t)$를 샘플링 주기 $T_s = 0.2$로 샘플링하면 $\Omega_0 = \omega_0 \times T_s = 0.2\pi$이다.

$$x[n] = x(nT_s) = \cos(\pi \times n \times 0.2) = \cos(0.2\pi n) = \cos(\Omega_0 n)$$

$\Omega_0 = 0.2\pi$가 되도록 하는 $\cos(2\pi t)$와 $\cos(4\pi t)$에 대한 샘플링 주기는 다음과 같다.

$$\cos(2\pi t) : T_s = \frac{0.2\pi}{\omega_0} = \frac{0.2\pi}{2\pi} = 0.1$$

$$\cos(4\pi t) : T_s = \frac{0.2\pi}{\omega_0} = \frac{0.2\pi}{4\pi} = 0.05$$

[그림 4-4]는 주어진 세 정현파 신호를 샘플링 주기를 달리하여 샘플링한 결과이다. [그림 4-4(a)]는 $\omega_0 = \pi$, $T_s = 0.2$인 경우이고, [그림 4-4(b)]는 $\omega_0 = 2\pi$, $T_s = 0.1$인 경우이다. 또 [그림 4-4(c)]는 $\omega_0 = 4\pi$, $T_s = 0.05$인 경우이다. 세 경우 모두 주파수가 $\Omega_0 = 0.2\pi$로 같은 이산 정현파가 된다. 그림에서 보면, 각 연속 정현파의 한 주기 동안 같은 위치에서 같은 개수(10)의 샘플을 취하고 있음을 볼 수 있다. 이처럼 $\Omega_0 = 0.2\pi$가 되는 ω_0와 T_s의 조합은 [그림 4-4]의 경우 외에도 무수히 많다.

샘플링에 의해 같은 이산 신호를 만들 수 있는 정현파가 무수히 많다면, 샘플링된 이산 신호로부터 다시 원래의 연속 신호를 복원할 때 어떤 주파수의 연속 정현파로 복원해야 옳은지 혼란이 생긴다. '만약 샘플링 주기에 대한 정보가 주어진다면 문제가 없을 것'이라고 생각할 수도 있으나, 상황은 그렇게 단순하지 않다.

정현파의 앨리어스

샘플링 주기를 같게 하더라도 복원 시의 혼란은 여전히 남는다. [그림 4-5]는 샘플링 주기를 $T_s = 0.8$로 고정해 놓고 정현파 $\cos(\pi t)$, $\cos(1.5\pi t)$, $\cos(6\pi t)$를 샘플링한 결과인데, 그림에서 보듯이 똑같은 이산 신호가 얻어진다.

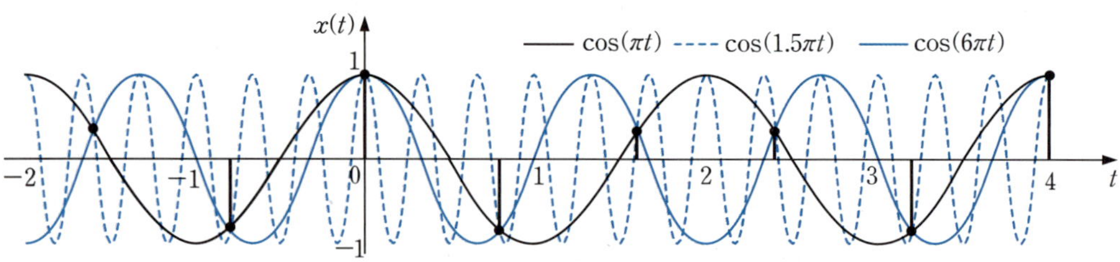

[그림 4-5] 앨리어스를 샘플링하여 동일한 이산 신호를 얻은 예

이는 정현파(삼각함수)가 $\cos\theta = \cos(\theta + 2\pi k)$, $k = \cdots, -1, 0, 1, \cdots$와 같이 2π의 주기성을 갖기 때문에 생기는 현상이다. 그로 인해 주파수가 $f_0 + lf_s$(l은 정수)인 정현파를 샘플링 주파수 f_s로 샘플링하면, 주파수 f_0인 정현파를 샘플링한 것과 같은 결과를 얻게 된다.

$$\begin{aligned}\cos(2\pi(f_0+lf_s)nT_s) &= \cos(2\pi f_0 nT_s + 2\pi l n f_s T_s) \\ &= \cos(2\pi f_0 nT_s + 2\pi l n) \\ &= \cos(2\pi f_0 nT_s)\end{aligned} \tag{4.3}$$

> 주파수 f_0+lf_s(l은 정수)인 정현파를 샘플링 주파수 f_s로 샘플링하면 주파수 f_0인 정현파를 같은 샘플링 주파수로 샘플링한 것과 같기 때문에, 이들을 **앨리어스**alias라고 한다.
>
> $$\cos(2\pi(f_0+lf_s)nT_s) = \cos(2\pi f_0 nT_s)$$

[그림 4-5]의 경우, 샘플링 주파수 $f_s=1.25$이므로 $\cos(\pi t)$의 주파수를 $f_0=0.5$라고 할 때, $\cos(1.5\pi t)=\cos(-1.5\pi t)$는 f_0-f_s, $\cos(6\pi t)$는 f_0+2f_s를 샘플링한 것에 해당하므로 결과적으로 똑같은 이산 신호가 얻어진다.

그나마 [그림 4-4]의 경우에는 샘플링 주기를 안다면 어떤 주파수의 연속 정현파로 복원할지 결정할 수 있지만, [그림 4-5]의 경우는 샘플링 주기가 같기 때문에 그럴 수 없다. 다시 말해, 샘플링 주기 정보의 제공 여부와 상관없이 '샘플링된 이산 신호로부터 다시 원래의 연속 신호를 복원할 때 어떤 주파수의 연속 정현파로 복원할 것인가?'라는 문제는 여전히 해결되지 않은 숙제로 남는다.

예제 4-2 정현파의 2π 주기성과 샘플링에 의한 이산 신호

이산 신호 $x[n]=\cos(\pi n)$은 연속 신호 $x(t)$를 $f_s=10\,[\mathrm{Hz}]$로 샘플링하여 얻은 것이다.

(a) 같은 f_s로 이 신호를 얻을 수 있는 두 개의 다른 연속 신호를 구하라.

(b) (a)에서 구한 연속 신호에 대해 샘플링 주기를 다르게 하여 같은 $x[n]$을 얻을 수 있다면, 그 샘플링 주기를 구하라.

풀이

(a) 주어진 샘플링 주파수로부터 샘플링 주기를 구하면 다음과 같다.

$$T_s=\frac{1}{f_s}=\frac{1}{10}=0.1$$

주어진 이산 신호로부터 $\Omega_0=\omega_0 T_s=\pi$이므로

$$\omega_0=\frac{\Omega_0}{T_s}=\frac{\pi}{0.1}=10\pi \quad \text{또는} \quad f_0=\frac{\omega_0}{2\pi}=5$$

이다. 따라서 같은 샘플링 주기로 같은 이산 신호를 얻을 수 있는 앨리어스의 주파수는

$$\omega_l=\omega_0+l\omega_s=10\pi+20\pi l \quad \text{또는} \quad f_l=f_0+lf_s=5+10l$$

가 되고, 같은 $x[n]$으로 샘플링되는 연속 신호는 다음과 같다.

$$x(t)=\cos((10\pi+20\pi l)t)=\cos(10\pi t+20\pi l t)$$

두 개의 서로 다른 연속 신호를 얻기 위해 $l=0$, 1을 대입하면 다음과 같다.

$$x_0(t)=\cos(10\pi t)$$
$$x_1(t)=\cos(10\pi t+20\pi t)=\cos(30\pi t)$$

(b) 정현파의 2π 주기성에 의해 다음이 성립한다.

$$\cos(\omega_0 n T_s)=\cos(\omega_0 n T_s+2\pi nk)=\cos\left(\omega_0 n\left(T_s+\frac{2\pi}{\omega_0}k\right)\right)$$

즉 $T_s'=T_s+\frac{2\pi}{\omega_0}k$, $k=1, 2, 3, \cdots$로 샘플링하면 같은 이산 신호를 얻게 된다. (a)에서 구한 두 연속 신호 중 $x_0(t)$의 주파수는 $\omega_{00}=10\pi$, $x_1(t)$의 주파수는 $\omega_{10}=30\pi$이므로, 얻어진 조건을 각각에 대해 적용하면 다음과 같이 된다.

$$T_s'=T_s+0.2k \quad \text{그리고} \quad T_s'=T_s+\frac{0.2}{3}k$$

두 신호에 대해 같이 쓸 수 있는 샘플링 주기가 되려면 위의 두 조건을 동시에 만족하도록 선택해야 한다. 즉 $T_s'=T_s+0.2k=0.1+0.2k$, $k=1, 2, 3, \cdots$로 샘플링하면 같은 $x[n]$을 얻을 수 있다.

4.2.2 샘플링의 임펄스열 변조 모델

연속 정현파 신호에 대해 샘플링 주기를 다르게 하면 다른 이산 신호가 얻어진다는 사실로 미루어볼 때, 샘플링된 이산 신호로부터 연속 신호를 복원하는 것과 샘플링 주기 사이에는 분명히 밀접한 관련이 있을 것이다. 어떻게 해야 샘플링된 이산 신호로부터 아무 문제 없이 연속 신호를 복원할 수 있을까? 이에 대한 논리적인 해답을 얻으려면 우선 샘플링 동작을 수학적으로 분석해 볼 필요가 있다. 샘플링은 수학적으로 [그림 4-6]에 보인 것처럼 연속 신호 $x(t)$에 무한 임펄스열 $p(t)$를 곱한 일종의 변조 동작으로 모델링할 수 있다.

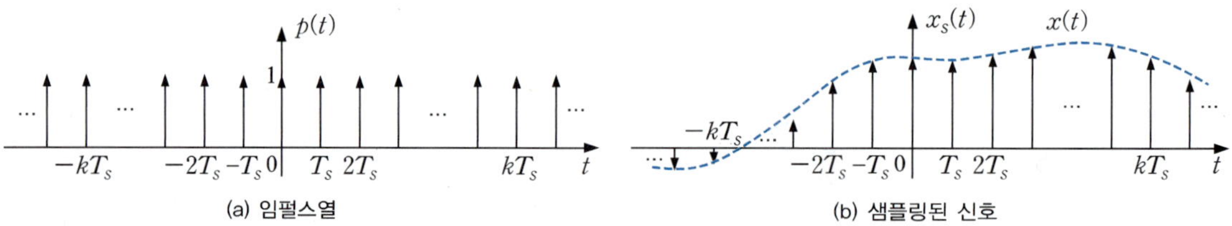

[그림 4-6] 샘플링의 임펄스열 변조 모델링

샘플링의 임펄스열 변조 모델

- 샘플링은 연속 신호에 임펄스열을 곱하는 변조로 모델링할 수 있다([그림 4-6]).

$$x_s(t)=x(t)p(t)=x(t)\left(\sum_{k=-\infty}^{\infty}\delta(t-kT_s)\right)=\sum_{k=-\infty}^{\infty}x(kT_s)\delta(t-kT_s) \qquad (4.4)$$

- 샘플링된 신호의 스펙트럼은 연속 신호의 주파수 스펙트럼이 주기 $\omega_s(f_s)$로 반복된다.

$$X_s(\omega)=\frac{1}{T_s}\sum_{k=-\infty}^{\infty}X(\omega-k\omega_s) \qquad (4.5)$$

임펄스열 $p(t)$는 주기 T_s인 주기 신호이므로 다음과 같이 푸리에 급수로 표현할 수 있다.

$$p(t)=\sum_{k=-\infty}^{\infty}\delta(t-kT_s)=\frac{1}{T_s}(1+2\cos(\omega_s t)+2\cos(2\omega_s t)+2\cos(3\omega_s t)+\cdots) \qquad (4.6)$$

따라서 샘플링된 신호 $x_s(t)$는 다음과 같이 쓸 수 있다.

$$x_s(t)=x(t)p(t)=\frac{1}{T_s}(x(t)+2x(t)\cos(\omega_s t)+2x(t)\cos 2(\omega_s t)+\cdots) \qquad (4.7)$$

푸리에 변환의 변조 성질을 이용하여 식 (4.7)을 푸리에 변환하면 다음과 같다.

$$\begin{aligned}X_s(\omega)&=\frac{1}{T_s}(X(\omega)+X(\omega-\omega_s)+X(\omega+\omega_s)+X(\omega-2\omega_s)+X(\omega+2\omega_s)+\cdots) \qquad (4.8)\\&=\frac{1}{T_s}\sum_{k=-\infty}^{\infty}X(\omega-k\omega_s)\end{aligned}$$

이것이 바로 샘플링의 임펄스열 변조 모델을 통해 얻고자 하는 결과로서, 샘플링된 신호 $x_s(t)$의 주파수 스펙트럼 $X_s(\omega)$는 원래 신호 $x(t)$의 스펙트럼 $X(\omega)$를 $1/T_s$배 하여 주기 ω_s로 반복한 주기 함수가 된다(푸리에 급수와 변환에 대해서는 5장에서 자세히 살펴볼 것이다).

4.2.3 샘플링 정리

샘플링을 수학적으로 분석하여 얻은 식 (4.8)의 결과를 이용하여 샘플링 동작의 특성과 신호의 복원에 대해 알아보기로 하자.

[그림 4-7(a)]는 임펄스열 변조로 샘플링된 신호 $x_s(t)$를 [그림 4-7(b)]의 저역 통과 필터 $H(\omega)$를 사용하여 연속 신호로 복원하는 시스템을 나타낸 것이다. 일단 신호 $x(t)$는 어떤 주파수 범위 내에서만 주파수 성분을 갖는 **대역 제한**band limited 신호, 즉 $X(\omega)=0,\ \omega>\omega_b$라고 가정한다. [그림 4-7(c)]는 이런 대역 제한 신호의 한 예이다.

만약 $\omega_b < \frac{\omega_s}{2}$ 라면, 식 (4.8)로부터 샘플링된 신호 $x_s(t)$의 스펙트럼은 원래 신호의 주파수 스펙트럼이 겹치지 않고 ω_s의 정수 배마다 반복되어 [그림 4-7(d)]와 같이 된다. 이 경우에는 [그림 4-7(b)]의 저역 통과 필터 $H(\omega)$를 사용하여 **기저대역**baseband의 스펙트럼만 추출한 뒤 증폭기로 T_s 배만큼 증폭하면, [그림 4-7(f)]와 같은 주파수 스펙트럼을 갖는 신호를 얻는다. 이는 [그림 4-7(c)]와 일치하므로 정확하게 신호 $x(t)$를 복원한 것이다.

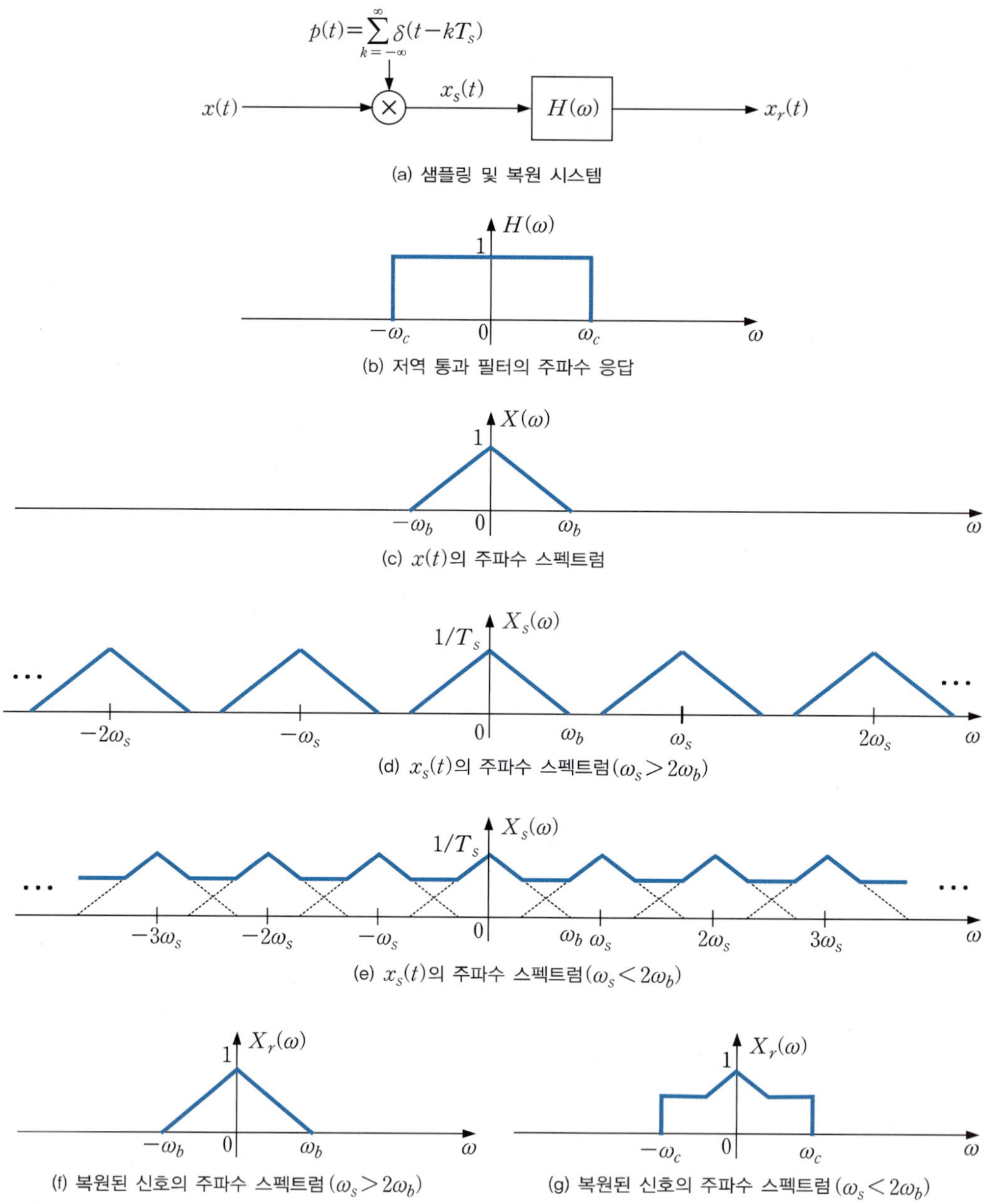

[그림 4-7] 샘플링의 효과와 저역 통과 필터를 이용한 신호의 복원

그러나 만약 $\omega_b > \frac{\omega_s}{2}$ 라면, $x_s(t)$의 주파수 스펙트럼은 [그림 4-7(e)]와 같이 ω_s의 정수 배마다 반복되는 원래 신호의 주파수 스펙트럼이 서로 겹쳐서 나타난다. 이 경우에는 저역 통과 필터 $H(\omega)$를 거쳐 얻어지는 신호의 주파수 스펙트럼이 [그림 4-7(g)]처럼 원래 신호의 주파수 스펙트럼과 달라지므로 $x(t)$를 제대로 복원할 수 없게 된다.

이상의 논의로부터 신호를 완전하게 복원하기 위한 샘플링 조건을 제시한 것이 섀넌Shannon 또는 나이퀴스트Nyauist의 샘플링 정리이다.

- **샘플링 정리**sampling theorem는 $x(t)$가 대역 제한 신호일 때, 샘플링 주파수 $\omega_s(f_s)$가 신호의 최고 주파수 $\omega_b(f_b)$의 2배 이상이면 샘플링된 이산 신호로부터 $x(t)$를 정확하게 복원할 수 있다는 것이다.

$$\omega_s \geq 2\omega_b \quad \text{또는} \quad f_s \geq 2f_b \tag{4.9}$$

- **나이퀴스트 샘플링 주파수**는 식 (4.9)를 만족하는 최소 주파수 $f_s = 2f_b$이다.

따라서 샘플링에서 가장 중요한 것은 샘플링 간격, 즉 샘플링 주파수의 적절한 선정이다. 샘플링 주파수는 기본적으로 샘플링 정리를 만족해야 할 뿐만 아니라, 다음 샘플이 디지털 시스템에 들어오기 전에 이 값에 대한 처리가 이루어질 수 있는 시간이 충분히 보장되도록 선정해야 한다.

예제 4-3 나이퀴스트 샘플링 주파수

다음 신호에 대한 나이퀴스트 샘플링 주파수를 결정하라.

(a) $x(t) = 10\cos(20\pi t) - 5\cos(100\pi t) + 20\cos(400\pi t)$

(b) $x(t) = 4\cos(120\pi t)\sin(40\pi t)$

풀이

(a) $x(t)$의 세 주파수 성분의 주파수는 $f_1 = 10$, $f_2 = 50$, $f_3 = 200$으로 가장 큰 주파수는 $f_3 = 200\,[\text{Hz}]$이다. 따라서 나이퀴스트 샘플링 주파수는 다음과 같다.

$$f_s = 2f_3 = 400\,[\text{Hz}] \quad \text{또는} \quad \omega_s = 2\pi f_s = 800\pi\,[\text{rad/sec}]$$

(b) 주어진 신호를 다시 쓰면 다음과 같다.

$$x(t) = 4\cos(120\pi t)\sin(40\pi t) = 2(\sin(160\pi t) - \sin(80\pi t))$$

$x(t)$의 두 주파수 성분의 주파수는 $f_1 = 80$, $f_2 = 40$으로 가장 큰 주파수는 $f_1 = 80\,[\text{Hz}]$이다. 따라서 나이퀴스트 샘플링 주파수는 다음과 같다.

$$f_s = 2f_1 = 160\,[\text{Hz}] \quad \text{또는} \quad \omega_s = 2\pi f_s = 320\pi\,[\text{rad/sec}]$$

SECTION 4.3

주파수 중첩

학습포인트

- 주파수 중첩 현상이 무엇인지, 또 이의 영향은 어떤 것인지 알아본다.
- 샘플링된 이산 신호에 대한 복원 신호와 앨리어스의 관계를 이해한다.

샘플링 정리에서 제시하는 조건에 맞지 않게 연속 신호를 샘플링하면 주파수 중첩 현상이 발생한다. 이 절에서는 주파수 중첩의 정의와 원인, 그리고 주파수 중첩으로 인한 복원 신호의 왜곡과 앨리어스의 관계에 대해 살펴보기로 한다.

앞 절에서 살펴보았듯이, 샘플링 주파수 $f_s(\omega_s)$로 연속 신호를 샘플링하면 연속 신호의 스펙트럼이 주기 $f_s(\omega_s)$로 반복된다. 만약 샘플링 정리가 만족되지 않으면($f_s < 2f_b$), 주기적으로 반복되는 연속 신호의 스펙트럼이 [그림 4-7(e)]와 같이 겹치게 된다. 이 현상을 **주파수 중첩**aliasing이라고 하며, 그로 인해 [그림 4-7(g)]와 같이 저역 통과 필터를 빠져나오는 기저대역의 스펙트럼이 원 모양과 달라져 왜곡된 복원 신호가 얻어지게 된다. [그림 4-7(e)]를 보면, 주파수 중첩에 의해 연속 신호의 스펙트럼 중 주파수 $\dfrac{f_s}{2}\left(\dfrac{\omega_s}{2}\right)$보다 높은 주파수 성분들이 마치 $\dfrac{f_s}{2}$를 경계로 꺾어 접은 것처럼 기저대역에 겹쳐진다. 그래서 $\dfrac{f_s}{2}\left(\dfrac{\omega_s}{2}\right)$를 **꺾기 주파수** folding frequency 라고 부르며, 통상 이 주파수가 신호 복원용 저역 통과 필터의 차단 주파수로 이용된다. 그러므로 저역 통과 필터로 신호를 복원하면, 연속 신호에 들어있는 $\dfrac{f_s}{2}$보다 높은 주파수 성분들은 마치 꺾어 접힌 낮은 주파수 성분인 것처럼 복원되어 나올 것이다.

- **주파수 중첩**은 샘플링 정리의 조건이 충족되지 않을 때 샘플링의 결과로 주기적으로 반복되는 연속 신호의 주파수 스펙트럼이 겹쳐지게 되는 현상이다([그림 4-7(e)]).
- 주파수 중첩이 발생하면 복원 신호가 원래 신호와는 다르게 왜곡된다([그림 4-7(g)]).
- **꺾기 주파수**는 샘플링 주파수 $f_s(\omega_s)$의 절반인 주파수 $\dfrac{f_s}{2}\left(\dfrac{\omega_s}{2}\right)$로, 신호 복원용 저역 통과 필터의 차단 주파수로 이용된다.

주파수 중첩과 신호 복원을 이론적으로 분석해보자. 4.2.1절의 식 (4.3)에서 보았듯이 주파수가 $f_0 + lf_s$인 정현파, 즉 앨리어스를 샘플링 주파수 f_s로 샘플링하면 모두 같은 이산 신호를 얻게 된다. 이를 신호 복원의 관점에서 생각하면, 하나의 이산 정현파 신호로부터 되돌아갈 수 있는 연속 정현파 후보가 무수히 많다는 얘기나 마찬가지다. 실제로는 어떤 연속 정현파로 복원이 이루어질까?

[그림 4-7]과 같이 저역 통과 필터를 이용하여 신호를 복원하면, 주파수가 $f_0 + lf_s$인 앨리어스 중에서 스펙트럼이 필터의 통과 대역 안에 존재하는 정현파, 즉 가장 낮은 주파수를 갖는 앨리어스 정현파로 복원이 이루어질 것이다.

❶ $0 \leq f_0 \leq \frac{f_s}{2}$: 샘플링 정리를 만족하는 경우($f_s \geq 2f_0$)

$|f_0 + lf_s| \geq f_0 (l = -1, 0, 1, 2, \cdots)$이므로, 통과 대역 내의 가장 낮은 주파수는 f_0이다. 그러므로 복원되는 연속 정현파는 주파수가 f_0인 원래의 정현파이다.

❷ $\frac{f_s}{2} \leq f_0 \leq f_s$: 샘플링 정리를 만족하지 않는 경우($f_s \leq 2f_0$)

$|f_0 - f_s| \leq \frac{f_s}{2}$이므로, 통과 대역 내의 가장 낮은 주파수는 $f_0 - f_s$이다. 그러므로 음의 주파수 $f_0 - f_s$를 갖는 연속 정현파로 복원된다. 그런데 물리적으로는 음의 주파수가 없으므로, $\cos(-\theta) = \cos\theta$, $\sin(-\theta) = -\sin\theta$에 의해 주파수 $f_s - f_0$인 정현파로 복원된다. 이때 위상 반전이 발생하여 사인파는 부호가 바뀐다.

❸ $f_0 \geq f_s$: 샘플링 정리를 만족하지 않는 경우

$|f_0 - mf_s| \leq \frac{f_s}{2}$를 만족하는 $f_0 - mf_s$가 통과 대역 내의 가장 낮은 주파수이므로 이 주파수의 연속 정현파로 복원된다. 이때 $f_0 - mf_s$가 음이면 ❷의 경우와 마찬가지로 위상 반전이 발생하여 사인파는 부호가 바뀐다.

이상의 결과를 정리하면, 결국 복원 신호의 주파수 f_r은 다음과 같이 원래 신호 주파수 f_0를 샘플링 주파수 f_s로 나눈 나머지로 수식화할 수 있다.

$$f_r = f_0 \bmod f_s, \quad -f_s/2 \leq f_r \leq f_s/2 \tag{4.10}$$

- 주파수가 $f_0 + lf_s$인 정현파를 샘플링 주파수 f_s로 샘플링한 이산 신호는 복원용 저역 통과 필터의 통과 대역 내에 존재하는 가장 낮은 주파수의 앨리어스 정현파로 복원된다.
- 복원 신호의 주파수 f_r은 결코 $f_s/2$보다 클 수 없다.

$$f_r = f_0 \bmod f_s, \quad -f_s/2 \leq f_r \leq f_s/2$$

예제 4-4 정현파의 복원 – 샘플링 주파수에 따른 주파수 중첩

정현파 $x(t) = \cos(\pi t)$를 샘플링한 후 이상적인 저역 통과 필터를 이용하여 다시 연속 신호로 복원할 때, 샘플링 주파수에 따라 복원 신호가 어떻게 달라지는지 설명하라.

풀이

정현파 $x(t)$의 주파수는 $f_0 = 0.5[\text{Hz}]$이므로 주파수 스펙트럼이 [그림 4-8(a)]와 같다. 그림에서 음의 주파수 스펙트럼 성분은 점선으로 나타내었다. 나이퀴스트 샘플링 주파수 $f_s = 1[\text{Hz}]$로 샘플링하면,

[그림 4-8(b)]와 같이 양과 음의 주파수 스펙트럼이 겹쳐지면서 반복되므로 기저대역에 다른 주파수 성분이 생기지 않는다. 그리고 더 높은 주파수 $f_s = 1.5\,[\mathrm{Hz}]$로 샘플링하면, [그림 4-8(c)]와 같이 주기 f_s로 반복되는 주파수 스펙트럼이 겹쳐지지 않는다. 따라서 이 두 경우에는 저역 통과 필터를 이용하여 원래 신호를 그대로 걸러낼 수 있다. 즉 나이퀴스트 샘플링 주파수보다 높은 주파수로 샘플링하면

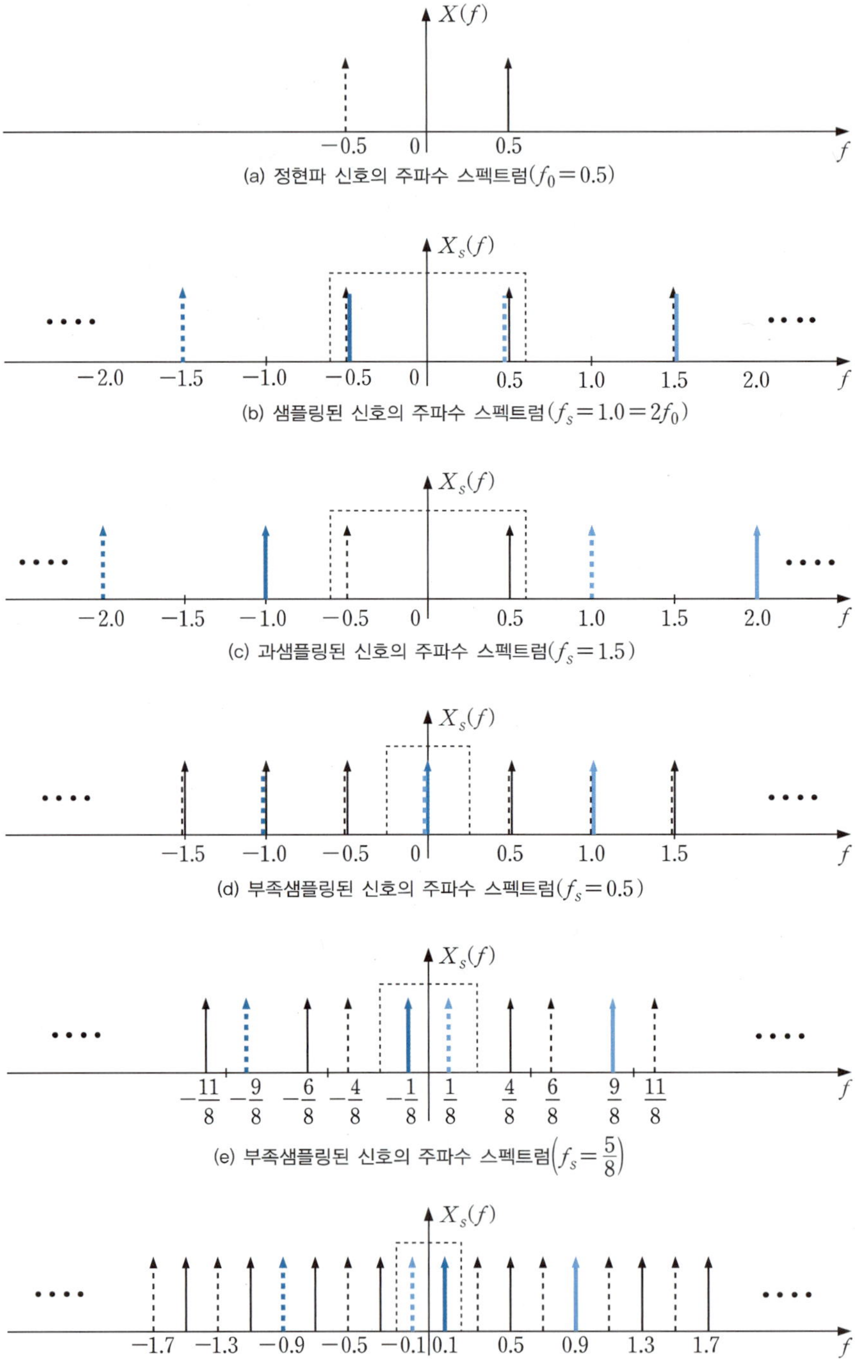

(a) 정현파 신호의 주파수 스펙트럼($f_0 = 0.5$)

(b) 샘플링된 신호의 주파수 스펙트럼($f_s = 1.0 = 2f_0$)

(c) 과샘플링된 신호의 주파수 스펙트럼($f_s = 1.5$)

(d) 부족샘플링된 신호의 주파수 스펙트럼($f_s = 0.5$)

(e) 부족샘플링된 신호의 주파수 스펙트럼$\left(f_s = \frac{5}{8}\right)$

(f) 부족샘플링된 신호의 주파수 스펙트럼($f_s = 0.4$)

[그림 4-8] 주파수 스펙트럼을 이용한 샘플링과 주파수 중첩 현상 분석

($f_s \geq 2f_0$, 과샘플링) $|f_0 + lf_s| \geq f_0$이므로 통과 대역 $f_s/2$ 내에 생기는 가장 낮은 주파수 성분은 원래 정현파의 주파수인 f_0가 된다. 그러므로 주파수 중첩에 의해 생기는 신호 왜곡을 피할 수 있다.

이제 나이퀴스트 샘플링 주파수보다 낮은 주파수로 샘플링하는 부족샘플링을 생각해보자. $f_s = f_0$가 되는 $f_s = 0.5\,[\text{Hz}]$로 샘플링할 경우, [그림 4-8(d)]와 같이 중심 f_s인 반복 스펙트럼의 음의 주파수 성분과 중심 $-f_s$인 반복 스펙트럼의 양의 주파수 성분이 모두 $0\,[\text{Hz}]$에 위치하여 전체 스펙트럼은 겉보기에 마치 직류(DC) 신호의 스펙트럼이 f_s를 주기로 반복되는 것처럼 된다. 따라서 저역 통과 필터로 하나의 신호 성분만 걸러내면 원래의 정현파가 아니라 직류 성분만 뽑혀 나온다.

[그림 4-8(e)]는 $f_s/2 \leq f_0 \leq f_s$의 경우인 $f_s = 5/8\,[\text{Hz}]$로 샘플링했을 때의 주파수 스펙트럼으로, 다음과 같은 특이한 현상을 관찰할 수 있다. 스펙트럼의 중첩이 발생하여 더 낮은 주파수의 정현파 스펙트럼이 기저대역에 생기고, 겉보기에는 마치 이 스펙트럼이 f_s 주기로 반복되는 모양인 것은 앞의 경우와 다를 바가 없다. 하지만 양의 주파수 성분이 점선이고 음의 주파수 성분이 실선으로 되어 위상 반전이 일어난다는 점은 특별히 주목할 만하다. 이론적으로 해석하면, $|f_0 - f_s| \leq f_s/2 (\leq f_0)$이므로 앨리어스 중에 $f_0 - f_s = -1/8\,[\text{Hz}]$가 $f_s/2 = 5/16\,[\text{Hz}]$ 내의 가장 낮은 주파수가 된다. 따라서 이 음의 주파수를 갖는 정현파로 복원되어 위상 반전이 일어난다. 물리적으로 음의 주파수는 존재하지 않으므로, 실제로는 $\cos(-\theta) = \cos\theta$, $\sin(-\theta) = -\sin\theta$의 관계에 의해 $f_s - f_0$의 주파수를 갖는 정현파로 복원되고, 이때 사인파는 부호가 바뀐다. 복원 신호의 스펙트럼 $1/8\,[\text{Hz}]$는 꺾기 주파수 $5/16\,[\text{Hz}]$를 축으로 원래 신호의 스펙트럼 $4/8\,[\text{Hz}]$를 꺾어 접은 값과 같다.

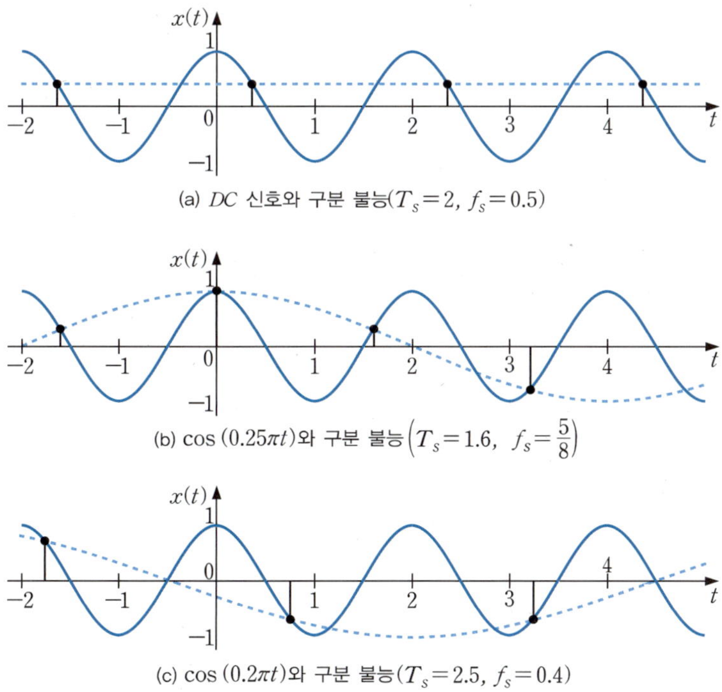

(a) DC 신호와 구분 불능($T_s = 2$, $f_s = 0.5$)

(b) $\cos(0.25\pi t)$와 구분 불능$\left(T_s = 1.6,\ f_s = \frac{5}{8}\right)$

(c) $\cos(0.2\pi t)$와 구분 불능($T_s = 2.5$, $f_s = 0.4$)

[그림 4-9] 부족샘플링에 의한 이산 신호와 복원 신호

마지막으로 [그림 4-8(f)]는 $f_s = 0.4$[Hz]로 $f_s < f_0$인 부족샘플링의 경우이다. [그림 4-8(e)]와 마찬가지로 스펙트럼의 겹침이 발생하여 f_s와 $-f_s$를 중심으로 하는 스펙트럼에 의해 원래 신호의 주파수보다 낮은 $f_r = 0.1$[Hz]의 정현파 스펙트럼이 생기고, 겉으로는 이 스펙트럼이 f_s를 주기로 반복되는 양상을 보인다. 하지만 [그림 4-8(e)]와 달리 위상 반전은 일어나지 않는데, 이는 $0 < f_0 - f_s \le f_s/2$로 $f_0 - f_s$가 가장 낮은 주파수의 앨리어스이기 때문이다.

지금까지 살펴본 것처럼 부족샘플링의 경우에는 주파수 중첩이 발생하여 원래의 신호를 복원할 수 없다. [그림 4-9]를 보면, 부족샘플링을 한 [그림 4-8(d)], [그림 4-8(e)], [그림 4-8(f)]는 각각 그림에서 점선으로 나타낸 직류, $\cos(-0.25\pi t) = \cos(0.25\pi t)$, $\cos(0.2\pi t)$를 샘플링한 것과 구분되지 않으며, 복원을 하게 되면 $\cos(\pi t)$보다 낮은 주파수를 갖는 이들 신호로 복원된다.

예제 4-5 정현파의 복원 – 샘플링 주파수에 따른 주파수 중첩

다음의 신호 $x(t)$를 $f_s = 4$[Hz]로 샘플링할 때 복원 신호 $x_r(t)$를 구하라.

$$x(t) = \sin(2\pi t) + \cos(6\pi t) + \sin(10\pi t) + \sin(14\pi t) + \cos(18\pi t)$$

풀이

신호에 포함된 각 정현파의 주파수는 $f_1 = 1$, $f_2 = 3$, $f_3 = 5$, $f_4 = 7$, $f_5 = 9$이므로 최대 주파수는 $f_{\max} = f_5 = 9$이다. 따라서 나이퀴스트 샘플링 주파수는

$$f_s = 2f_{\max} = 2 \times 9 = 18[\text{Hz}]$$

이다. $x(t)$의 각 정현파 성분 중에서 $f_i \le f_s/2 = 4/2 = 2$를 만족하는 것은 $f_1 = 1$뿐이다. 나머지는 $f_{ir} = f_i \bmod f_s$, $-f_s/2 \le f_{ir} \le f_s/2$으로 복원된다. 각 정현파 성분에 대한 복원 결과의 주파수를 나타내면 다음과 같다.

f_i	1	3	5	7	9
$f_{ir} = f_i \bmod f_s$	1	-1	1	-1	1

따라서 복원 신호는 다음과 같이 된다.

$$\begin{aligned} x_r(t) &= \sin(2\pi t) + \cos(-2\pi t) + \sin(2\pi t) + \sin(-2\pi t) + \cos(2\pi t) \\ &= \sin(2\pi t) + \cos(2\pi t) + \sin(2\pi t) - \sin(2\pi t) + \cos(2\pi t) \\ &= \sin(2\pi t) + 2\cos(2\pi t) \end{aligned}$$

[예제 4-5]에서 볼 수 있듯이, 사인파의 주파수 꺾기에 의한 복원 신호는 위상 반전이 발생하여 부호가 바뀌게 된다는 것을 주의해야 한다.

SECTION 4.4

신호의 복원

학습포인트

- 샘플링 및 신호 복원과 대역 제한 조건의 연관성에 대해 이해한다.
- 신호 복원이 수학적으로 보간과 같음을 이해한다.
- 이론적으로 이상적인 무손실 신호 복원이 어떻게 되는지 알아본다.
- 영차 홀드와 일차 홀드를 이용한 신호 복원 방법에 대해 알아본다.

연속 신호를 디지털 처리할 때, 마지막 단계에서는 이산 신호를 상응하는 연속 신호로 다시 복원하는 작업이 요구된다. 샘플링 정리에 의하면 신호의 완전 복원이 가능하다고 하나 어디까지나 이론적인 이야기일 뿐이고, 실제로는 영차 홀드와 같이 단순하면서도 실용적인 방법을 주로 사용한다. 그러므로 이 절에서는 이산 신호로부터 연속 신호를 복원하는 이론적인 방법과 실제적인 방법들에 대해 알아보기로 한다.

스마트폰이나 디지털 TV와 같은 디지털 시스템을 이용하여 연속 신호를 처리할 때 마지막 단계에서는 처리된 결과인 이산 신호를 연속 신호로 되돌리는 작업이 필요하다. 샘플링 정리를 설명할 때, 주기적으로 반복되는 신호 스펙트럼이 겹치지 않으면 원래의 연속 신호를 완전하게 복원할 수 있다고 했는데 이는 이론적인 결과일 뿐이고, 실제로는 다음의 두 가지 이유로 인해 불가능하다.

- 천이 대역 없이 이상적인 주파수 차단 특성을 갖는 저역 통과 필터를 물리적으로 만들 수 없다.
- 실제 문제에서는 신호가 지속되는 시간이 유한하므로, 스펙트럼이 대역 제한되지 않고 전 주파수에 걸쳐 퍼지게 된다. 따라서 어떠한 샘플링 주파수로 샘플링하더라도 주파수 중첩을 피할 수 없다.

이에 대한 해결책으로 두 가지를 생각해볼 수 있다. 첫째로 샘플링 주파수를 충분하게 높이는 것이다. 그렇게 하면 연속 신호 스펙트럼의 반복 간격이 커지게 되어 주파수 중첩의 정도를 줄일 수 있다. 둘째는 샘플링하기 전에 반주파수 중첩 필터를 이용하여 미리 신호의 스펙트럼 대역을 정보 손실/왜곡이 허용 범위를 넘지 않도록 하는 주파수까지 제한시키는 것이다. 이를 통해 대역 제한 신호가 아니라서 생기는 주파수 중첩의 영향을 꽤 해소할 수 있다.

샘플링된 신호로부터 연속 신호를 복원하는 것은 수학적으로 주어진 샘플 값으로부터 샘플 사이의 값을 근사적으로 찾아내는 일종의 보간으로 생각할 수 있다. [그림 4-7]과 같이 저역 통과 필터를 사용할 경우, 복원 신호 $x_r(t)$의 주파수 스펙트럼은 샘플링된 이산 신호의 스펙트럼에 저역 통과 필터의 주파수 응답을 곱한 것과 같다.

$$X_r(\omega) = X_s(\omega)\, H(\omega) \tag{4.11}$$

식 (4.11)에 푸리에 변환의 컨벌루션 성질을 적용하면, 복원 신호는 다음과 같이 샘플링된 신호 $x_s(t)$와 저역 통과 필터의 임펄스 응답 $h(t)$의 컨벌루션으로 표현된다.

$$x_r(t) = x_s(t) * h(t) = \sum_{k=-\infty}^{\infty} x(kT_s)h(t-kT_s) \tag{4.12}$$

식 (4.12)는 샘플들 사이의 값을 연속적인 곡선으로부터 맞추어내는 방법을 제시하므로 일종의 보간 식으로 생각할 수 있는데, $h(t)$가 보간 함수 역할을 하게 된다.

4.4.1 이상적인 신호 복원(대역 제한 보간)

[그림 4-7(b)]의 이상적인 저역 통과 필터를 이용하여 신호를 복원한다면, 필터의 주파수 응답 $H(\omega)$에 대해 임펄스 응답 $h(t)$는 다음과 같이 sinc 함수가 된다.

$$h(t) = T_s \frac{\omega_c}{\pi} \text{sinc}\left(\frac{\omega_c t}{\pi}\right) \tag{4.13}$$

따라서 복원 신호 $x_r(t)$는 식 (4.12)로부터 다음과 같이 각 샘플링 시각에 위치한 sinc 함수들의 가중합으로 주어진다. 이때 필터 이득은 T_s이다.

$$x_r(t) = \sum_{k=-\infty}^{\infty} x(kT_s) \cdot T_s \frac{\omega_c}{\pi} \text{sinc}\left(\frac{\omega_c(t-kT_s)}{\pi}\right) \tag{4.14}$$

식 (4.14)는 샘플링 정리를 만족할 때, 즉 신호 $x(t)$가 대역 제한이고 샘플링 주파수가 나이퀴스트 샘플링 주파수보다 높은 경우에 이상적인 완전 복원을 실행하는 관계식이므로 보통 **대역 제한 보간**이라고 한다. 이러한 복원의 한 예를 [그림 4-10]에 나타내었다.

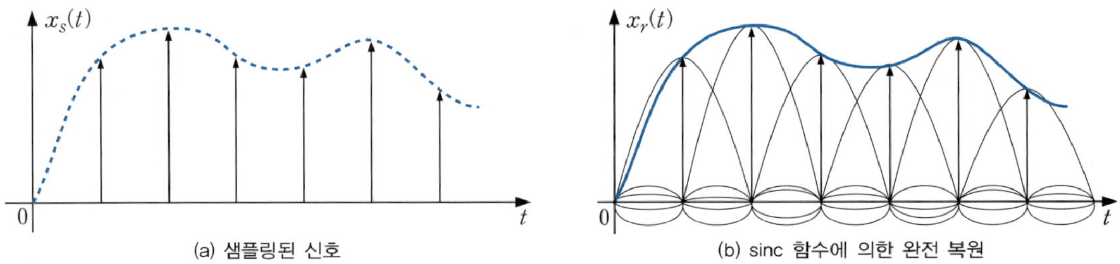

[그림 4-10] 이상적인 신호 복원(대역 제한 보간)

[그림 4-10]에서도 볼 수 있듯이, 식 (4.14)의 sinc 함수는 무한 시간 함수이므로 임의의 시각 t에서 정확한 신호 값을 계산하려면 단지 그 시각 주변의 몇 개의 샘플이 아니라 모든 시간에서의 샘플들이 필요하다. 그러므로 이를 이용한 신호의 완전 복원은 이론적으로는 가능할지 몰라도 실제로는 이루어지기 어렵다.

4.4.2 영차 홀드를 이용한 신호 복원

실제 신호 복원에는 좀 더 단순한 형태의 임펄스 응답 $h(t)$를 사용하여 식 (4.14)를 근사화하는 것이 현실적인 방법이라 할 수 있다. 샘플링된 이산 신호로부터 연속 신호를 얻을 수 있는 가장 간단한 방법은 다음 샘플 값이 발생할 때까지 현재의 샘플 값을 그대로 유지하는 것이다. [그림 4-11]에 이러한 형태의 신호 복원을 나타내었으며, 이 복원 시스템은 임펄스 응답의 차수가 0이므로 **영차 홀드** zero order hold라고 한다.

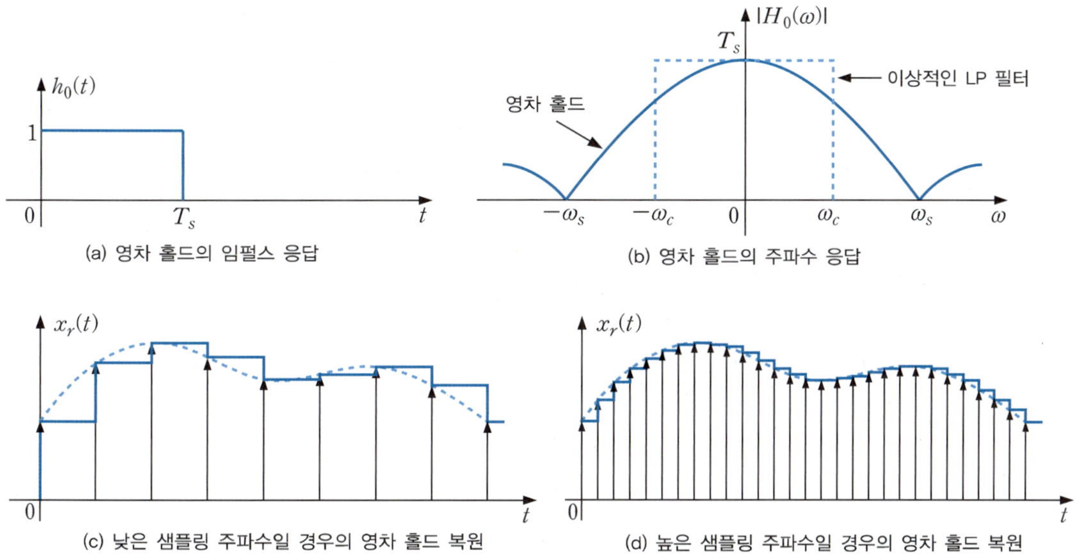

[그림 4-11] 영차 홀드를 이용한 신호의 복원

영차 홀드는 한 샘플링 주기 동안 그 값을 그대로 유지하므로 임펄스 응답이 다음과 같이 사각 펄스가 되며, 이는 [그림 4-11(a)]와 같다.

$$h_0(t) = u(t) - u(t - T_s) \tag{4.15}$$

식 (4.15)를 푸리에 변환한 영차 홀드의 주파수 응답은 다음과 같고, [그림 4-11(b)]에 나타나 있다.

$$H_0(\omega) = \frac{1 - e^{-j\omega T_s}}{j\omega} = T_s \operatorname{sinc}\left(\frac{\omega}{\omega_s}\right) e^{-j\frac{T_s}{2}\omega} \tag{4.16}$$

이때 복원 신호 $x_r(t)$는 식 (4.12)로부터 다음과 같이 된다.

$$x_r(t) = \sum_{k=-\infty}^{\infty} x(kT_s) h_0(t - kT_s) = x_s(t) * h_0(t) \tag{4.17}$$

[그림 4-11(c)]와 [그림 4-11(d)]를 비교하면, 샘플링이 더 촘촘히 이루어질수록, 즉 샘플링 주파수가 더 높을수록 복원 신호가 원래 신호 파형에 가까워지는 것을 관찰할 수 있다. 영차 홀드는 물리적으로 구현이 쉽고 단순하면서도 샘플링 주파수만 충분히 높여주면 비교적 좋은 복원 특성을 보이기 때문에 가장 널리 쓰이고 있다.

- **영차 홀드**는 다음 샘플 값이 발생할 때까지 현재의 샘플 값을 그대로 유지하는 형태의 연속 신호 복원 방법으로 단순하고 실용적이어서 가장 널리 활용된다.
- 샘플링 주파수를 충분하게 높이면, 영차 홀드를 이용한 복원 신호의 왜곡을 최소화할 수 있다.

영차 홀드를 이용한 신호 복원을 주파수 영역의 관점에서 한번 살펴보자. [그림 4-12]는 [그림 4-7(c)]의 스펙트럼을 갖는 연속 신호를 영차 홀드를 이용하여 복원한 결과를 나타낸 것이다.

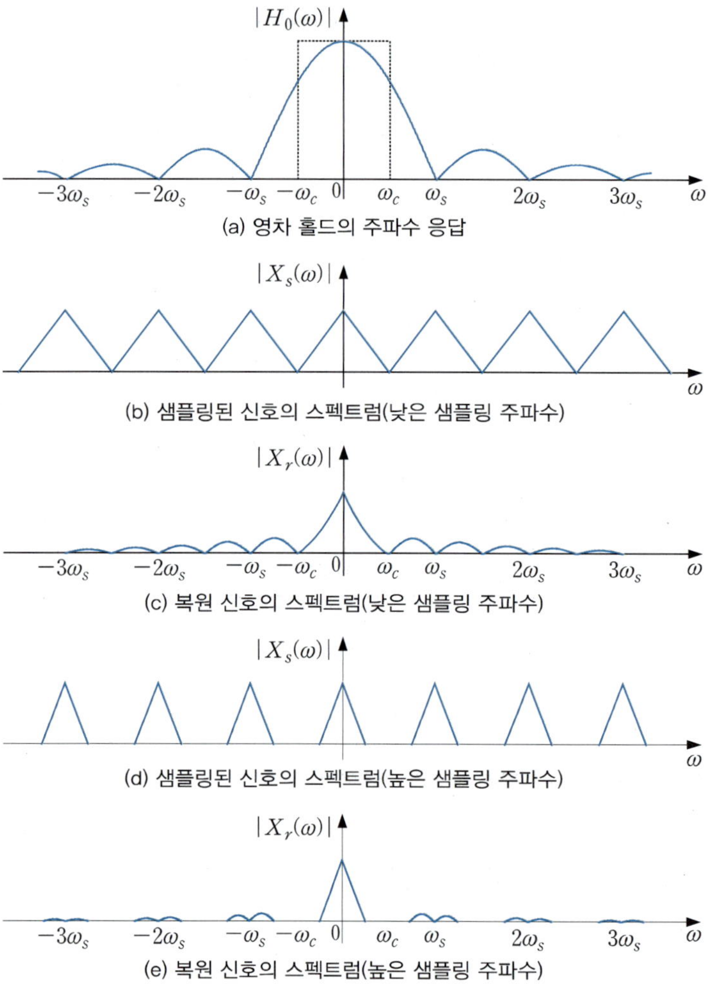

[그림 4-12] 샘플링 주파수에 따른 영차 홀드의 복원 신호

[그림 4-12(a)]의 영차 홀드의 주파수 응답을 보면, **주엽** main lobe에 의해 이상적인 저역 통과 필터의 통과 대역이 거칠게 근사화되어 이득이 통과 대역 전체에 걸쳐 평탄하지 않고 주파수가 높아짐에 따라 크기가 줄어드는 양상을 보인다. 또한 **부엽** side lobe들이 무시할 수 없는 크기로 존재하며, 샘플링 주파수의 정수 배에서 0이 된다. [그림 4-12(c)]의 복원 신호 스펙트럼에는 이 부엽들로 인해 샘플링 주파수 정수 배에 위치한 측대역 스펙트럼의 **허상** ghost image들이 제거되지 않고 포함된다. 4.1절의 [그림 4-1]에서 본 후처리 필터는 바로 이 허상의 영향을 복원 신호에서 제거해준다. 그래서 후

처리 필터를 **허상 제거**anti-imaging 필터라고도 부른다. [그림 4-12(c)]의 복원 신호 스펙트럼에서 또 하나 주목할 점은 기저대역 스펙트럼이다. [그림 4-12(b)]와 같이 샘플링 주파수가 낮은 경우에는 기저대역 스펙트럼이 거의 차단 주파수 부근까지 위치하므로, 영차 홀드의 주파수 응답의 이득이 통과 대역에서 점차 줄어드는 영향으로 인해 [그림 4-12(c)]와 같이 복원 신호의 기저대역 스펙트럼이 원래 연속 신호의 스펙트럼과는 달리 조금 왜곡되어 있다. 그런데 샘플링 주파수를 높이면 샘플링된 이산 신호의 스펙트럼이 [그림 4-12(d)]와 같이 되어 기저대역 스펙트럼이 영차 홀드의 주파수 응답 이득이 비교적 평탄한 저주파대에 위치하므로, [그림 4-12(e)]에서 보듯이 기저대역 스펙트럼의 왜곡이 거의 없다. 게다가 샘플링 주파수를 주기로 하여 반복되는 허상 스펙트럼들도 샘플링 주파수를 중심으로 상대적으로 좁은 주파수 범위에 위치하므로 부엽에 의해 제거되지 않고 나타나는 고주파 성분도 훨씬 미미해진다. 이러한 결과는 [그림 4-11]을 통해 살펴본 시간 영역 파형에서의 결론과도 부합한다.

이상의 논의에서 알 수 있듯이, 영차 홀드를 이용한 복원에서는 복원 신호의 왜곡을 줄이기 위해 샘플링 주파수를 충분하게 높이는 것이 바람직하다.

4.4.3 선형 보간(일차 홀드)을 이용한 신호 복원

영차 홀드보다는 조금 복잡하지만 특성이 개선된 쓸모 있는 신호 복원 방법으로 선형 보간을 들 수 있다. **선형 보간**linear interpolation은 [그림 4-13(c)]에 나타낸 것처럼 인접한 샘플들을 직선으로 연결하여(즉 기울기 특성을 이용하여) 연속 신호를 얻는 방법으로, 영차 홀드에서와 마찬가지로 샘플링 주파수가 충분히 높으면 정보의 큰 손실 없이 원래 신호에 가깝게 복원될 수 있다. [그림 4-13(c)]에서 보듯이, 인접한 두 샘플을 연결하는 직선은 각 샘플을 꼭짓점으로 하는 두 개의 이등변 삼각형을 더하면 얻을 수 있다. 그러므로 선형 보간은 삼각 펄스를 보간 함수로 사용한 것으로 볼 수 있는데, 삼각 펄스는 1차의 차수를 가지므로 이 신호 복원 시스템을 **일차 홀드**first order hold라고도 한다.

삼각 펄스, 즉 [그림 4-13(a)]와 같은 일차 홀드의 임펄스 응답은 다음과 같이 표현된다.

$$h_1(t) = \begin{cases} \dfrac{1}{T_s}t+1, & -T_s < t < 0 \\ -\dfrac{1}{T_s}t+1, & 0 < t < T_s \end{cases} \tag{4.18}$$

이를 푸리에 변환하여 일차 홀드의 주파수 응답을 구하면 다음과 같이 된다.

$$\begin{aligned} H_1(\omega) &= \frac{1}{T_s}\frac{1}{\omega^2}\left(1-e^{j\omega T_s}\right) + \frac{1}{T_s}\frac{1}{\omega^2}\left(1-e^{-j\omega T_s}\right) \\ &= T_s\left(\frac{\sin(\omega T_s/2)}{\omega T_s/2}\right)^2 \\ &= T_s\,\mathrm{sinc}^2\left(\frac{\omega}{\omega_s}\right) \end{aligned} \tag{4.19}$$

복원 신호 $x_r(t)$는 영차 홀드에서와 마찬가지로 다음과 같다.

$$x_r(t) = \sum_{k=-\infty}^{\infty} x(kT_s) h_1(t-kT_s) = x_s(t) * h_1(t) \tag{4.20}$$

[그림 4-13(b)]에 나타낸 것처럼 일차 홀드의 주파수 응답 역시 이상적인 저역 통과 필터의 주파수 응답을 근사화한 것으로 취급할 수 있는데, [그림 4-11(b)]의 영차 홀드의 주파수 응답에 비해 주파수 차단 특성이 좀 더 양호하므로 영차 홀드의 경우보다 왜곡이 적은 신호 복원이 가능하리라 예상할 수 있다. 다만, 일차 홀드는 기울기 특성(미분에 해당)을 이용하기 때문에 시스템의 안정도에 문제가 생길 수 있으므로 사용에 주의를 기울여야 한다.

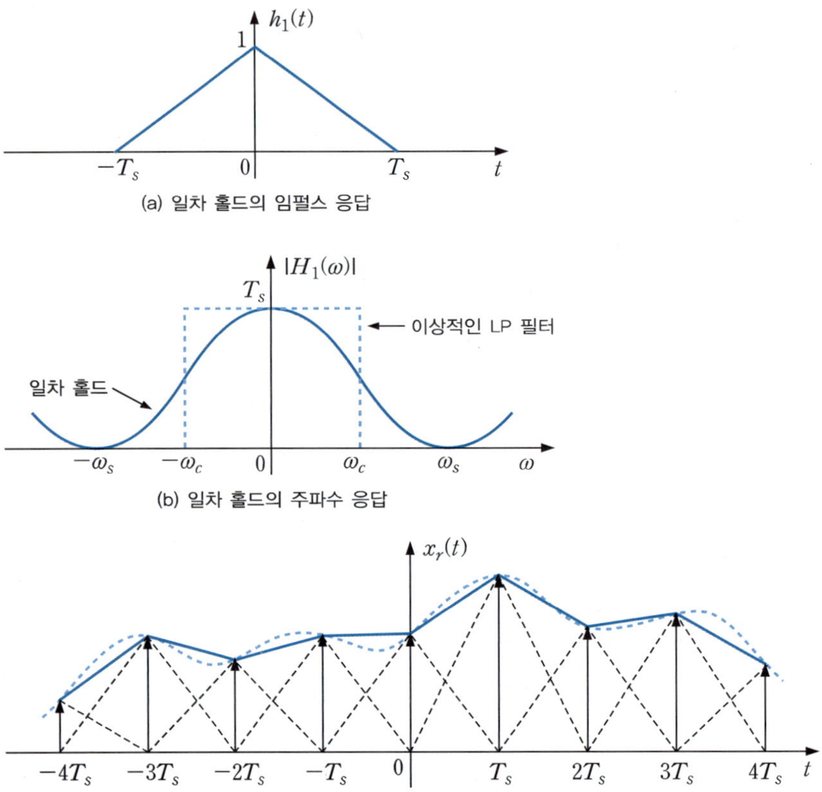

(a) 일차 홀드의 임펄스 응답

(b) 일차 홀드의 주파수 응답

(c) 일차 홀드에 의한 복원 신호

[그림 4-13] 일차 홀드를 이용한 신호의 복원

예제 4-6 샘플링된 정현파 신호의 복원

연속 정현파 신호를 주기당 10 샘플과 20 샘플로 샘플링한 이산 신호로부터 영차 홀드와 일차 홀드를 이용하여 연속 신호로 복원한 결과를 그려라.

풀이

문제에서 지정한 샘플링 주파수로 샘플링한 정현파 신호에 대해 영차 홀드와 일차 홀드를 이용하여 복원한 신호 파형을 [그림 4-14]에 나타내었다. [그림 4-14(a)]와 [그림 4-14(b)]는 정현파의 한 주기마다 10 샘플로, [그림 4-14(c)]와 [그림 4-14(d)]는 한 주기마다 20 샘플로 샘플링한 것이다. 앞에서 설명한 대로 영차 홀드는 다음 샘플이 들어올 때까지 그 값이 유지되도록 시간축에 평행한 선분을 그어주면 되고, 일차 홀드는 서로 인접한 두 샘플을 직선으로 연결해주면 된다.

주기당 10 샘플로 샘플링한 경우에는 영차 홀드에 의한 복원 신호는 정현파라고 보기 어려울 정도이지만 일차 홀드에 의한 복원 신호는 거의 정현파 신호에 가깝다. 주기당 20 샘플로 샘플링한 경우에는 영차 홀드의 복원 신호도 정현파에 가까우며 일차 홀드의 복원 신호는 정현파에 매우 근접하다. 그러므로 별다른 문제가 없다면 샘플링 주파수를 충분히 높이는 것이 좋다. 또한 그림에서도 볼 수 있지만, 특히 영차 홀드의 경우 파형의 불연속이 두드러지므로 4.1절에서 언급했듯이 평활화 필터를 사용하여 매끄러운 파형으로 만들어주어야 한다.

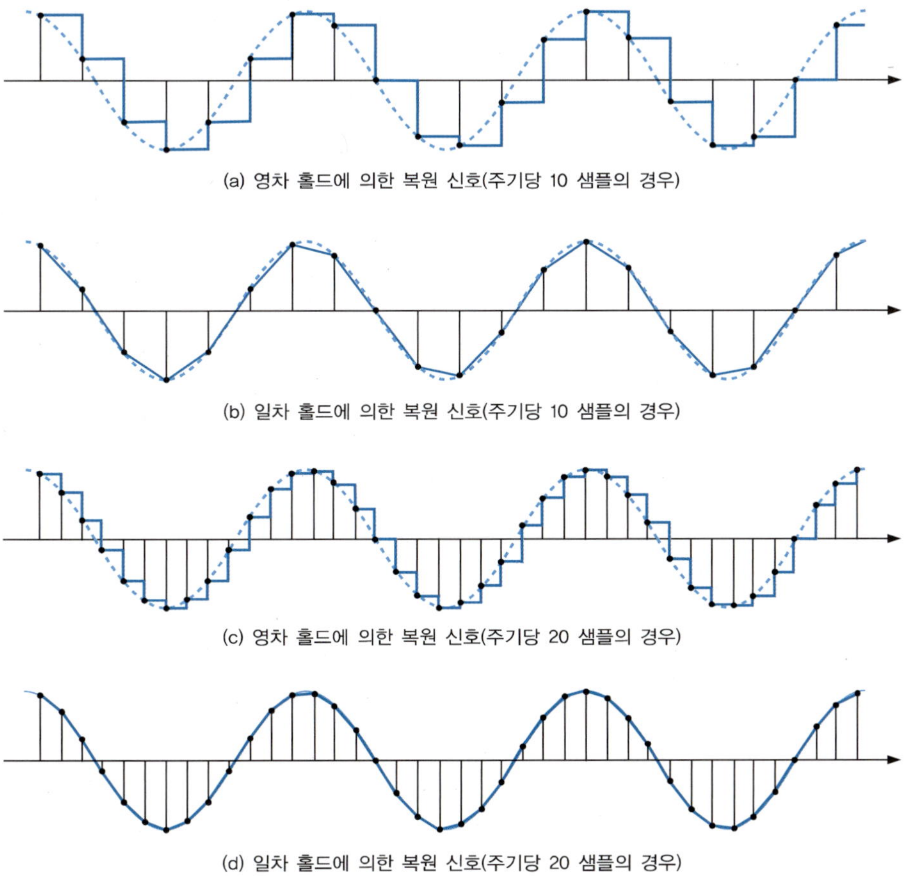

(a) 영차 홀드에 의한 복원 신호(주기당 10 샘플의 경우)

(b) 일차 홀드에 의한 복원 신호(주기당 10 샘플의 경우)

(c) 영차 홀드에 의한 복원 신호(주기당 20 샘플의 경우)

(d) 일차 홀드에 의한 복원 신호(주기당 20 샘플의 경우)

[그림 4-14] 샘플링된 정현파의 복원

SECTION 4.5

A/D 변환과 D/A 변환

학습포인트

- 양자화기의 종류와 기능에 대해 알아본다.
- 양자화 레벨 및 양자화 간격과 비트 수와의 관계를 이해한다.
- 양자화 오차의 개념과 이것이 시스템에 끼치는 영향에 대해 알아본다.
- SNR을 이용한 양자화 오차의 분석에 대해 알아본다.
- 동적 구간의 개념과 양자화기의 성능과의 관계에 대해 이해한다.
- D/A 변환의 복호화 방법에 대해 알아본다.

샘플링과 연속 신호로의 복원에 대해서는 4.2절에서 4.4절에 걸쳐 상세히 살펴보았고, A/D 변환 및 D/A 변환과 관련하여 남은 것은 양자화와 부호화 그리고 복호화이다. 그중 부호화/복호화는 보통 컴퓨터 개론이나 논리 회로 등에서 자세히 배우기 때문에 간략히 소개하는 정도로 그치고, 이 절에서는 양자화와 양자화 오차에 대해 논의를 집중하여 살펴보기로 한다.

4.5.1 A/D 변환기의 개요

4.1절에서 언급했듯이 **아날로그/디지털**(A/D)Analog-to-Digital 변환은 아날로그 신호를 디지털 신호로 바꾸는 과정으로 샘플링과 양자화, 부호화가 이 과정에 포함된다. A/D 변환기에는 카운터형 A/D 변환기, 시그마−델타 A/D 변환기 등 여러 가지 방식이 있다. A/D 변환기에서는 연속적인 값을 $B+1$비트의 이진 부호로 바꾸는 양자화/부호화기와 샘플링 동작을 담당하는 **샘플/유지기**Sample-and-Hold : S/H를 하나의 칩으로 만들거나 별도의 모듈로 분리하기도 한다. 일반적으로 A/D 변환기의 기본적인 구성은 [그림 4−15]와 같다.

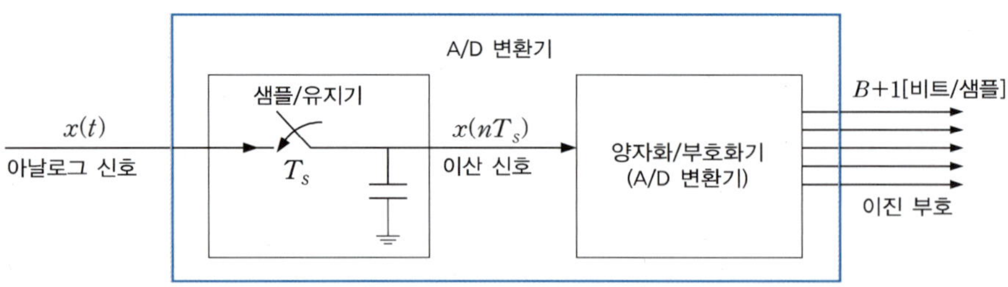

[그림 4−15] 기본적인 A/D 변환 시스템 구성

샘플/유지기의 동작은 아날로그 입력 신호를 따라가면서 순간의 값을 낚아채는 **샘플 모드**와 이 순간적인 신호 값, 즉 샘플 값을 다음 샘플링이 일어날 때까지 유지하여 안정적으로 양자화와 부호화가 진행될 수 있도록 해주는 **유지 모드**로 이루어진다. 만약 샘플/유지기가 없다면 최소한 양자화에 걸리

는 시간의 반이 넘는 동안 아날로그 입력 신호의 값이 변하지 않아야 무리 없이 디지털 신호로 변환될 수 있는데, 이러한 제한은 비현실적이다. 따라서 샘플/유지기가 필요하다. 특히 대역폭이 큰 신호(이런 신호는 시간에 대한 값의 변화가 빠르다)를 큰 비트 수로 고해상도 A/D 변환을 할 경우는 더욱 그렇다.

4.5.2 양자화/부호화

A/D 변환기에서 샘플/유지기를 통해 얻은 이산 신호는 양자화를 통해 특정한 레벨 값만 가지도록 바뀌고, 부호화에 의해 이진 코드로 표현되어 디지털 신호로 만들어진다. 4.1절에서도 설명했듯이, 양자화는 신호를 처리하는 디지털 시스템이 몇 비트로 수치를 나타내느냐에 따라 표현 가능한 만큼의 구간으로 나누어 원래의 신호 값 대신에 그 구간의 대푯값(레벨)으로 대치해 나타낸다.

이산 신호 $x[n]$이 가질 수 있는 값의 범위를 나눈 각 구간을 I_k, 그 구간을 대표하는 양자화 레벨값을 x_k라고 할 때, 양자화 동작은 다음과 같이 표현할 수 있으며, [그림 4-16]에 보인 것처럼 반올림이나 버림 등의 방법이 널리 사용된다.

$$x_Q[n] = Q(x[n]) = x_k, \quad x[n] \in I_k \tag{4.21}$$

양자화는 [그림 4-16]과 같이 양자화 레벨이 균일한 간격으로 분포하는 균일 양자화(선형 양자화라고도 한다)가 일반적이지만, 신호의 특성에 따라 구간을 각기 다른 길이로 나누는 불균일(비선형) 양자화 방법이 사용되기도 한다. 양자화는 또한 신호의 극성에 따라 단극성과 양극성으로 나뉜다.

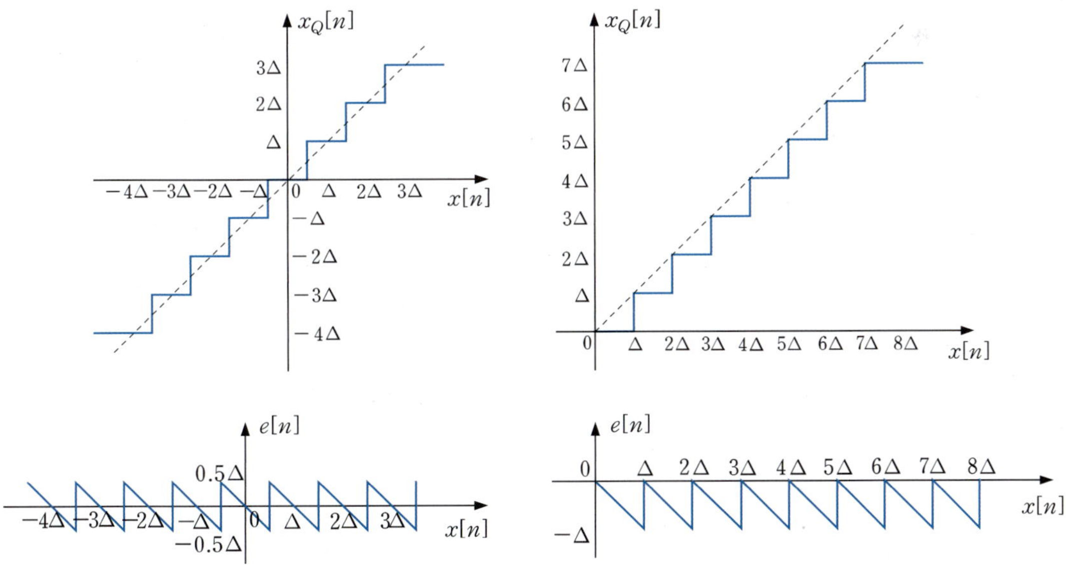

(a) 양극성, 반올림의 경우 (b) 단극성, 버림의 경우

[그림 4-16] 신호의 3비트 균일 양자화 및 양자화 오차

신호 값의 전 범위가 R인 이산 신호 $x[n]$을 균일 양자화를 이용해 $B+1$비트 디지털 신호로 변환하는 경우, $B+1$비트로 구분 가능한 레벨의 수가 2^{B+1}개이므로 같은 양자화 레벨로 환산되는 $x[n]$ 값의 범위는 $\Delta = R/2^{B+1}$가 된다. 이때 Δ를 **양자화 간격(양자화 분해능**resolution**)**이라고 한다. 양자화 오차 $e[n]$은 양자화 레벨 값과 실제 신호 값의 차이로서 다음과 같다.

$$e[n] = x_Q[n] - x[n] \tag{4.22}$$

자르기rounding 방식에 따라 오차의 범위가 달라지는데, 버림의 경우에는 $-\Delta < e[n] \le 0$로 최대 크기는 $|e[n]|_{\max} = \Delta$가 된다. 반올림의 경우에는 $-\dfrac{\Delta}{2} < e[n] \le \dfrac{\Delta}{2}$로 최대 크기는 $|e[n]|_{\max} = \Delta/2$가 되므로, 반올림 경우가 양자화 오차를 더 작게 할 수 있다.

양자화까지 마친 신호는 A/D 변환의 마지막 단계로 이진 코드를 생성하는 부호화 과정을 거친다. [표 4-1]에는 3비트 양극성 양자화 경우의 부호화 예를 나타냈다.

[표 4-1] 양극성 반올림 양자화에 의한 이진 코드

신호 값($-1 \le x[n] < 1$)		양자화 레벨	부호부 크기	2의 보수형
반올림	버림			
$0.625 \le x[n] < 1.000$ *	$0.75 \le x[n] < 1.00$	+3(0.75)	0 1 1	0 1 1
$0.375 \le x[n] < 0.625$	$0.50 \le x[n] < 0.75$	+2(0.50)	0 1 0	0 1 0
$0.125 \le x[n] < 0.375$	$0.25 \le x[n] < 0.50$	+1(0.25)	0 0 1	0 0 1
$-0.125 \le x[n] < 0.125$	$0.00 \le x[n] < 0.25$	0(0.00)	0 0 0 1 0 0	0 0 0
$-0.375 \le x[n] < -0.125$	$-0.25 \le x[n] < 0.00$	$-1(-0.25)$	1 0 1	1 1 1
$-0.625 \le x[n] < -0.375$	$-0.50 \le x[n] < -0.25$	$-2(-0.50)$	1 1 0	1 1 0
$-0.875 \le x[n] < -0.625$	$-0.75 \le x[n] < -0.50$	$-3(-0.75)$	1 1 1	1 0 1
$-1.000 \le x[n] < -0.875$	$-1.00 \le x[n] < -0.75$	$-4(-1.00)$		1 0 0

* 양극성 양자화기에서 입력 신호의 범위는 $-R/2 \le x[n] \le R/2$(규준화 시 $-1 \le x[n] \le 1$)이다. 따라서 반올림 양자화의 양자화 레벨 +3에 해당되는 신호 값 구간이 $0.625 \le x[n] < 0.875$가 아니라 $0.625 \le x[n] < 1.000$이 되고, 0.875를 넘는 입력에 대해서는 출력이 포화된다.

예제 4-7 양극성 양자화를 이용한 2의 보수형 이진 부호화

$-10 \le x[n] \le 10$인 이산 신호 $x[n]$에 대해 다음의 값들을 양극성 반올림 양자화를 이용한 3비트 2의 보수형 이진 부호화를 하고 양자화 오차를 구하라.

$$x[n] = 4.5,\ x[n] = 6.2,\ x[n] = -8.4,\ x[n] = -6.3$$

풀이

$x[n]$의 값을 10으로 나누어 규준화하면 [표 4-1]을 그대로 활용할 수 있게 된다.

$x[n] = 4.5$일 때, $x_Q[n] = 0.50$, $x_b[n] = 010$, $e[n] = (0.50 - 0.45) \times 10 = 0.5$

$x[n]=6.2$일 때, $x_Q[n]=0.50$, $x_b[n]=010$, $e[n]=(0.50-0.62)\times 10=-1.2$

$x[n]=-8.4$일 때, $x_Q[n]=-0.75$, $x_b[n]=101$, $e[n]=(-0.75+0.84)\times 10=0.9$

$x[n]=-6.3$일 때, $x_Q[n]=-0.75$, $x_b[n]=101$, $e[n]=(-0.75+0.63)\times 10=-1.2$

실제 값이 달라도 같은 코드로 부호화되기도 하며, 이에 따라 양자화 오차 값도 차이남을 볼 수 있다.

[그림 4-17]은 양극성 반올림 양자화와 3비트 2의 보수형 이진 코드 부호화를 이용하여 아날로그 신호를 디지털 신호로 A/D 변환하는 예를 보인 것이다. 그림에서 끝의 두 샘플은 똑같이 양자화 레벨 +2에 해당하는 010으로 양자화/부호화되지만 양자화 오차의 값은 서로 다르다.

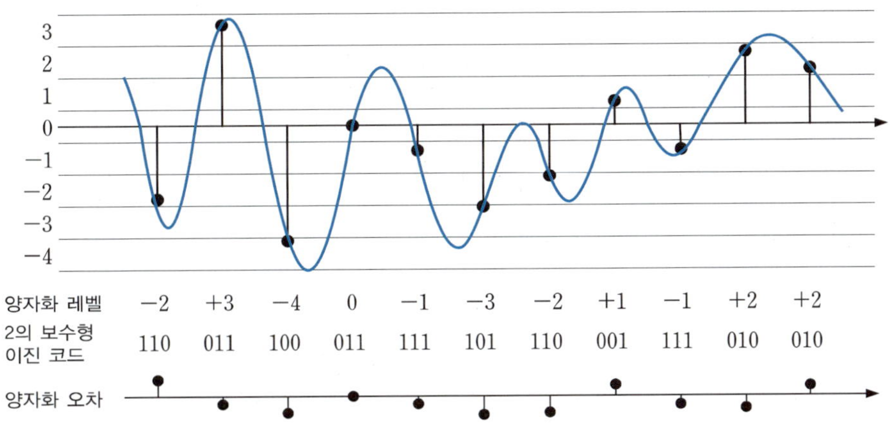

[그림 4-17] 양극성 반올림 3비트 2의 보수형 A/D 변환 예

4.5.3 양자화 오차

양자화 오차는 유한한 비트로 연속적인 신호 값을 표시하기 때문에 발생한다. 따라서 양자화에 사용되는 비트 수를 증가시키면 이를 줄일 수 있으나, 비트 수의 증가는 처리 속도, 비용 등 다른 문제들과 결부되어 있어 양자화 오차의 영향을 잘 분석하여 비트 수를 적절하게 선택해야 한다. 예를 들어, 사람의 음성을 처리하거나 통신하는 디지털 시스템은 8～14비트만으로도 충분하지만, CD와 같이 고음질의 오디오 신호 처리가 필요한 경우는 양자화 오차를 줄이기 위해 그보다 많은 16비트 이상을 사용한다.

원 신호에 대한 양자화 오차의 영향은 **신호 대 잡음비**(SNR) Signal to Noise Ratio를 사용하여 정량적으로 분석할 수 있다. 신호 대 잡음비는 다음과 같이 [dB]로 표시된 신호와 잡음의 전력비로 정의된다.

$$\mathrm{SNR}=10\log\frac{P_x}{P_e} \tag{4.23}$$

그런데 [그림 4-17]의 예에서 볼 수 있듯이, 양자화 오차는 불규칙할 뿐만 아니라 독립적이므로 확률 변수로 간주하여 [그림 4-18]과 같이 양자화기에 들어오는 잡음 모델로 표현할 수 있다. 그러면 양자화 오차는 양자화 잡음 모델의 평균, 분산, 확률밀도 함수 등과 같은 통계량을 이용하여 분석할 수 있게 된다.

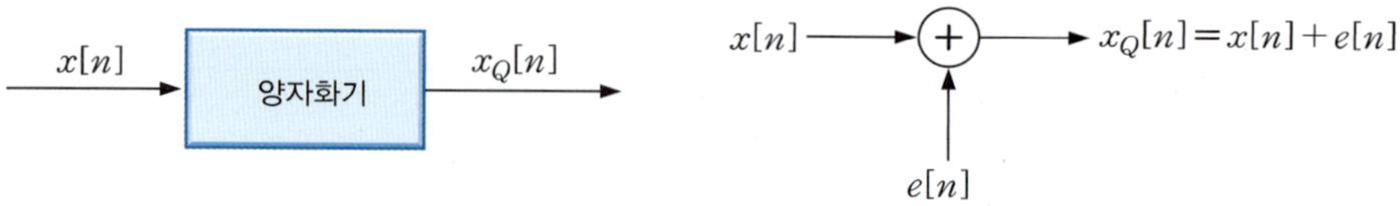

(a) 실제 양자화기 (b) 양자화 잡음 모델

[그림 4-18] 양자화기의 양자화 잡음 모델

신호와 잡음의 분산이 곧 전력이므로 분산을 구해야 하는데, 우선 $x[n]$과 $e[n]$의 통계적 성질에 대해 다음의 가정으로 문제를 단순화한다.

❶ $e[n]$은 균일분포를 갖는 **정상** stationary 백색잡음이다.
❷ $x[n]$은 평균이 0인 정상 신호이다.
❸ $e[n]$과 $x[n]$은 상관되어 있지 않다 uncorrelated.

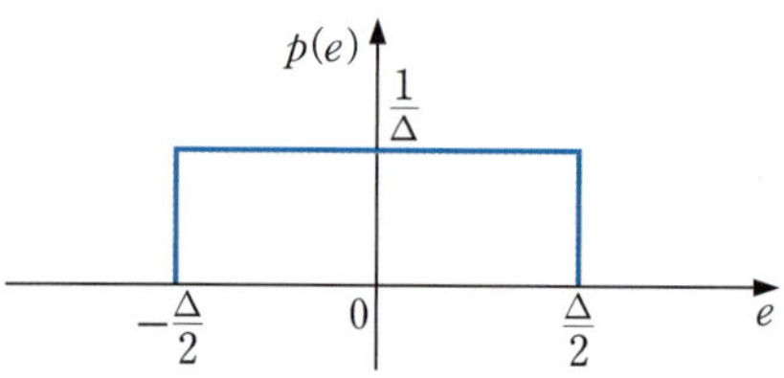

[그림 4-19] 양자화 오차의 확률밀도 함수

반올림 양자화 오차의 확률밀도 함수는 가정 ❶에 의해 [그림 4-19]와 같이 구간 내에서 항상 크기가 $1/\Delta$인 함수가 된다.

$$p(e)=\begin{cases}\dfrac{1}{\Delta}, & -\dfrac{\Delta}{2}\le e[n]\le\dfrac{\Delta}{2}\\ 0, & \text{그 외}\end{cases} \tag{4.24}$$

이를 이용하여 양자화 오차의 평균을 구하면

$$m_e=E\{e[n]\}=\int_{-\frac{\Delta}{2}}^{\frac{\Delta}{2}}e\cdot p(e)\,de=\frac{1}{\Delta}\int_{-\frac{\Delta}{2}}^{\frac{\Delta}{2}}e\,de=\frac{1}{\Delta}\left[\frac{1}{2}e^2\right]_{-\frac{\Delta}{2}}^{\frac{\Delta}{2}}=0 \tag{4.25}$$

이 되며, 평균이 0이므로 분산은 다음과 같이 구해진다.

$$\sigma_e^2=E\{(e[n]-m_e)^2\}=\int_{-\frac{\Delta}{2}}^{\frac{\Delta}{2}}e^2\cdot p(e)\,de=\frac{1}{\Delta}\int_{-\frac{\Delta}{2}}^{\frac{\Delta}{2}}e^2\,de=\frac{\Delta^2}{12} \tag{4.26}$$

양극성 신호의 경우, $-X_m\le x[n]<X_m$(신호의 전 범위 $R=2X_m$)이고 $B+1$비트로 양자화하

면 양자화 간격이 $\Delta = R/2^{B+1} = X_m/2^B$가 되므로 양자화 오차의 분산, 즉 전력은 다음과 같다.

$$P_e = \sigma_e^2 = \frac{\Delta^2}{12} = \frac{R^2}{12 \cdot 2^{2(B+1)}} \tag{4.27}$$

따라서 식 (4.23)의 신호 대 잡음비는 다음과 같이 나타낼 수 있다.

$$\begin{aligned} \text{SNR} &= 10\log\frac{\sigma_x^2}{\sigma_e^2} = 10\log\frac{12\,\sigma_x^2\,2^{2(B+1)}}{R^2} \\ &= 16.81 + 6.02\,B + 20\log\sigma_x - 20\log R \end{aligned} \tag{4.28}$$

실제 실무에서 다루는 다수의 아날로그 신호들은 그 값이 대부분 평균 부근에 몰려 있으며, 평균에서 멀어질수록 발생 빈도가 급격히 감소하는 추세를 보인다. 따라서 일반적으로 $\sigma_x = R/8$ $(= X_m/4)$이나 $\sigma_x = R/6 (= X_m/3)$을 주로 사용한다. 그러면 식 (4.28)은 다음과 같이 간단히 나타낼 수 있다.

$$\text{SNR} = \begin{cases} 6.02\,B - 1.25, & \sigma_x = R/8 \\ 6.02\,B + 1.25, & \sigma_x = R/6 \end{cases} \tag{4.29}$$

식 (4.29)에서 우변의 ± 1.25[dB] 항은 입력 신호의 특성에 의해 좌우되는 값이며, 양자화기의 성능과 직결되는 것은 $6.02\,B$[dB] 항이라고 할 수 있다. 이 항은 1비트 늘어날 때마다 SNR이 6[dB] 정도 개선됨을 의미하는 것으로, 양자화기의 **동적 구간** dynamic range이라고 부른다. 동적 구간은 양자화기의 성능을 표시할 때 널리 사용된다.

양자화기의 성능 지표

- **양자화 간격(분해능)** : $B+1$비트 양자화시 같은 레벨이 되는 값의 범위 $\Delta = R/2^{B+1}$
- **동적 구간** : $B+1$비트 양자화기의 신호에 독립적인 SNR 값 $6.02\,B$

예제 4-8 고음질 CD를 위한 양자화기의 선정

고음질의 CD에서는 일반적으로 90[dB] 이상의 SNR을 요구한다. 이를 맞추기 위해 최소 몇 비트의 양자화기를 사용해야 하는지 결정하라.

풀이

90[dB] 이상의 SNR을 맞추기 위해 몇 비트의 양자화기를 사용해야 하는지는 식 (4.29)에 의해 바로 알아낼 수 있다. 식 (4.29)로부터 SNR 조건을 구하면

$$6.02\,B + 1.25 \geq 90$$

이 되고, 이 부등식을 풀면 $B \geq 14.73$을 얻는다. 따라서 최소한 16비트 양자화기를 사용해야만 원하는 SNR을 보장할 수 있음을 알 수 있다.

4.5.4 D/A 변환

디지털 시스템의 출력은 디지털 신호이므로, 대부분 응용에서는 이를 다시 아날로그 신호로 되돌려주는 디지털/아날로그(D/A) 변환 과정이 필요하다. D/A 변환은 A/D 변환의 역과정으로서, 부호화에서 채용했던 원리를 정반대로 적용하여 이진 코드를 수치로 바꾸어 이산 신호를 만들어내는 복호화와 이를 통해 얻은 이산 신호를 연속 신호로 바꾸어주는 복원의 두 과정으로 이루어진다. [그림 4-20]은 이러한 D/A 변환기의 기본적인 구성을 보여준다.

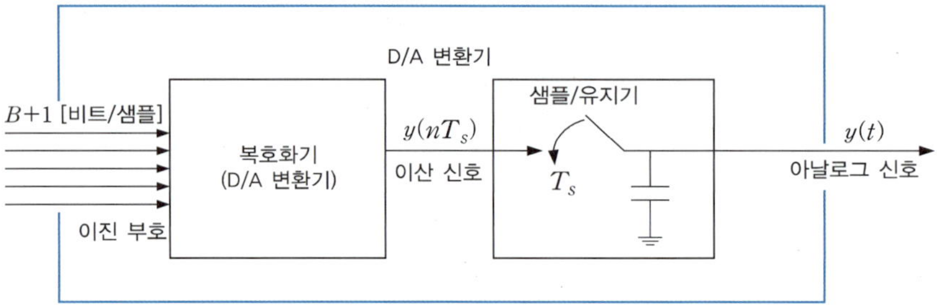

[그림 4-20] 기본적인 D/A 변환 시스템 구성

복호화에 의해 $B+1$비트 디지털 신호 $y_b[n]=[b_0\ b_1\ b_2 \cdots\ b_B]$를 이산 신호 $y_Q[n]$으로 변환할 때, 변환기가 양극성인지 단극성인지, 그리고 이진 코드가 어떤 부호화 방법을 채용한 것인지에 따라 결과가 달라진다.

가장 흔히 사용되는 몇 가지 경우에 대한 복호화 관계식은 다음과 같다.

- **단극성 자연 이진 부호화($0 \le y_Q[n] < R$)**

$$\begin{aligned} y_Q[n] &= [(b_0 2^{-1} + b_1 2^{-2} + \cdots + b_B 2^{-(B+1)})R]_{10} \\ &= [(b_0 2^{B} + b_1 2^{B-1} + \cdots + b_B 2^{0})\Delta]_{10} \end{aligned} \tag{4.30}$$

- **양극성 2의 보수형 부호화($-R/2 \le y_Q[n] < R/2$)**

$$y_Q[n] = [(-b_0 2^0 + b_1 2^{-1} + b_2 2^{-2} + \cdots + b_B 2^{-B})R/2]_{10} \tag{4.31}$$

- **양극성 부호부 크기 부호화($-R/2 \le y_Q[n] < R/2$)**

$$y_Q[n] = [(-1)^{b_0}(b_1 2^{-1} + b_2 2^{-2} + \cdots + b_B 2^{-B})R/2]_{10} \tag{4.32}$$

이와 같은 복호화 과정을 거쳐 이산 신호를 얻으면, 샘플링의 역동작인 신호 복원 과정을 통해 이산 신호가 연속 신호로 탈바꿈하게 된다. 신호의 복원에 대해서는 이미 앞 절에서 자세히 다룬 바 있는데, 실무에서는 [그림 4-20]에 보인 바와 같이 샘플/유지기(영차 홀드)를 이용한 복원 방법이 가장 널리 사용된다.

[그림 4-21]은 샘플/유지기를 이용한 A/D 변환의 한 예로, [그림 4-17]에 보인 A/D 변환 결과를 다시 연속 신호로 변환한 것이다. [그림 4-17]의 A/D 변환되기 전 원래의 연속 신호와 비교해 볼 때, [그림 4-21(b)]의 복원된 연속 신호는 다수의 불연속점이 존재하고 파형이 매끄럽지 못하여 원래 신호와는 거리가 있음을 알 수 있다. 그러므로 4.1절에서 살펴본 것처럼 후처리 필터를 이용하여 파형을 매끄럽게 만들어야 한다.

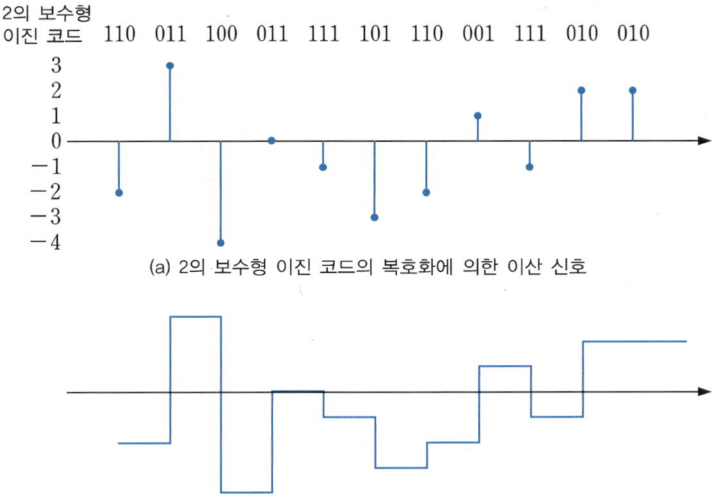

(a) 2의 보수형 이진 코드의 복호화에 의한 이산 신호

(b) 샘플/유지기에 의한 출력 연속 신호

[그림 4-21] 양극성 2의 보수형 이진 코드 신호의 D/A 변환

예제 4-9 디지털 신호(이진 코드)의 복호화

디지털 신호 $y_b[n] = 10110_2$에 대해 다음 부호화 방법에 따른 변환 이산 신호 $y_Q[n]$를 구하라. 단, 신호의 전 범위는 $R = 64 = 2^6$이다.

(a) 단극성 자연 이진 부호화

(b) 양극성 2의 보수형 부호화

(c) 양극성 부호부 크기 부호화

풀이

(a) $y_Q[n] = (1 \times 2^{-1} + 0 \times 2^{-2} + 1 \times 2^{-3} + 1 \times 2^{-4} + 0 \times 2^{-5}) \times 2^5 = 22_{10}$

(b) $y_Q[n] = (-1 \times 2^0 + 0 \times 2^{-1} + 1 \times 2^{-2} + 1 \times 2^{-3} + 0 \times 2^{-4}) \times 2^4 = -10_{10}$

(c) $y_Q[n] = ((-1)^1 (0 \times 2^{-1} + 1 \times 2^{-2} + 1 \times 2^{-3} + 0 \times 2^{-4}) \times 2^4 = -6_{10}$

CHAPTER 04_연습문제

【Quick Review】

※ 다음 문제에서 맞는 것을 골라라.

(1) 전처리 필터는 신호의 대역을 제한하여 주파수 중첩 현상을 방지한다. (O, ×)

(2) 전처리 필터와 후처리 필터는 (아날로그, 디지털, 저역 통과, 고역 통과) 필터이다.

(3) A/D 변환에 포함되지 않는 기능은 (샘플링, 양자화, 복호화)이다.

(4) 부호화의 이점이 아닌 것은 (데이터 증가, 보안성 강화, 오류 검출 및 정정)이다.

(5) D/A 변환에서 역동작이 불필요한 A/D 변환의 동작은 (샘플링, 양자화, 부호화)이다.

(6) 유한 어장 효과와 양자화 오차는 상관이 없다. (O, ×)

(7) 디지털 주파수는 물리적인 차원이 없다. (O, ×)

(8) 샘플링에 의해 같은 이산 신호를 얻을 수 있는 연속 정현파는 유일하다. (O, ×)

(9) 앨리어스는 (샘플링, 꺾기, 기본) 주파수의 정수 배만큼 차이가 나는 주파수 집합이다.

(10) 주파수 중첩은 샘플링에 의해 주기 반복되는 스펙트럼이 겹치는 현상이다. (O, ×)

(11) 샘플링 정리는 모든 신호에 대해 유효하다. (O, ×)

(12) 꺾기 주파수는 (샘플링 주파수, 복원 필터의 차단 주파수)의 절반이 되는 주파수이다.

(13) 앨리어스 정현파들은 신호 복원 시 모두 같은 연속 정현파로 복원된다. (O, ×)

(14) 주파수 꺾기로 위상 반전이 일어나면 (코사인파, 사인파)는 부호가 바뀐다.

(15) 유한 구간 신호는 샘플링에 의한 주파수 중첩 현상을 피할 수 없다. (O, ×)

(16) 물리적으로 이산 신호로부터 연속 신호의 완전 복원이 가능하다. (O, ×)

(17) 대역 제한 신호는 시간 영역에서 신호의 길이가 (유한, 무한)하다.

(18) 샘플링 주파수가 낮을수록 영차 홀드를 이용한 복원 특성이 좋아진다. (O, ×)

(19) 양자화에서 어떤 자르기를 채택하더라도 양자화 오차의 크기는 같다. (O, ×)

(20) 양자화기의 동적 구간은 1비트 늘어나면 SNR이 (0, 3, 6)[dB] 개선됨을 시사한다.

【기초 문제】

4.1 샘플링과 관련한 다음의 설명 중 옳은 것은?

㉮ 다른 주파수의 정현파를 같은 샘플링 주기로 샘플링하면 항상 다른 이산 신호가 얻어진다.
㉯ 앨리어스 정현파는 삼각함수의 2π 주기성 때문에 생기게 된다.
㉰ 연속 신호를 샘플링하더라도 신호에 담긴 정보는 손실 없이 그대로 보존된다.
㉱ 샘플링 주기를 알고 있으면 항상 원래의 아날로그 신호로 복원할 수 있다.

4.2 샘플링 주파수 $f_s = 4[\mathrm{Hz}]$에 대해 앨리어스 신호가 아닌 것을 모두 골라라.

㉮ $\cos(4\pi t)$ ㉯ $\cos(8\pi t)$ ㉰ $\cos(12\pi t)$ ㉱ $\cos(14\pi t)$
㉲ $\cos(18\pi t)$ ㉳ $\cos(20\pi t)$ ㉴ $\cos(28\pi t)$ ㉵ $\cos(36\pi t)$

4.3 주파수 중첩과 관련한 다음의 설명 중 틀린 것은?

㉮ 주파수 중첩은 샘플링한 신호를 다시 아날로그로 복원한 신호에 왜곡이 생기게 만든다.
㉯ $\sin(14\pi t)$를 샘플링 주파수 $f_s = 4[\mathrm{Hz}]$로 샘플링한 뒤에 저역 통과 필터를 이용하여 복원하면 $\sin(2\pi t)$가 나온다.
㉰ $\cos(14\pi t)$를 샘플링 주파수 $f_s = 4[\mathrm{Hz}]$로 샘플링한 뒤에 저역 통과 필터를 이용하여 복원하면 $\cos(2\pi t)$가 나온다.
㉱ 샘플링 주파수 f_s로 샘플링한 뒤에 저역 통과 필터를 이용하여 복원한 정현파의 주파수는 결코 $f_s/2$보다 높을 수 없다.

4.4 샘플링된 신호를 실제로는 완전 복원할 수 없는 이유를 옳게 설명한 것은?

㉮ 주파수 중첩이 생기지 않도록 샘플링 주파수를 충분히 높게 만들 수 없기 때문이다.
㉯ 천이 대역이 없고 통과 대역의 이득이 평탄한 필터를 만들 수 없기 때문이다.
㉰ 원래의 아날로그 신호의 길이가 길수록 주파수 중첩이 심해지기 때문이다.
㉱ 원래의 아날로그 신호의 스펙트럼이 기저대역에 없기 때문이다.

4.5 A/D 변환과 관련한 다음의 설명 중 옳은 것은?

㉮ 신호가 샘플링된 후에는 양자화가 이루어지는 동안 값의 변화가 발생해도 상관없다.
㉯ 샘플링 주파수는 신호에 상관없이 무조건 높게 하면 된다.
㉰ 양자화에서 비트 수를 1비트 늘리면 양자화기의 동적 구간은 6[dB] 개선된다.
㉱ 부호화로는 아날로그 잡음의 영향이나 데이터의 양을 감소시키지 못한다.

4.6 $x(t) = A\cos(2\pi f_0 t)$를 1초 동안 나이퀴스트 샘플링 주파수로 샘플링하여 모두 100개의 샘플을 얻었다. $x(t)$의 주파수 f_0와 샘플링된 신호의 디지털 주파수 F_0를 구하라.

4.7 이산 신호 $x[n] = A\cos(2\pi F_0 n + \phi)$는 연속 신호 $x(t) = \sin(30\pi t)$를 샘플링 주파수 f_s로 샘플링하여 얻은 것이다. 샘플링 주파수가 다음과 같을 때 디지털 주파수 F_0와 위상 ϕ의 값을 결정하라.

(a) $f_s = 10[\text{Hz}]$　　(b) $f_s = 20[\text{Hz}]$

(c) $f_s = 30[\text{Hz}]$　　(d) $f_s = 40[\text{Hz}]$

4.8 정현파 $x(t) = \cos(120\pi t)$가 샘플링 주파수 $f_s = 200[\text{Hz}]$로 샘플링되었다.

(a) 샘플링으로 얻어진 이산 신호 $x[n]$의 주기 N은 얼마인가?

(b) $x[n]$의 한 주기인 N개의 샘플을 얻기 위해 $x(t)$의 몇 주기가 필요한가?

(c) 같은 샘플링 주파수에 의해 같은 이산 신호 $x[n]$을 만들 수 있는 최소 주파수를 갖는 연속 정현파를 구하라.

4.9 다음과 같은 연속 정현파 $x(t)$를 주기 T_s로 샘플링하여 $x[n]$을 얻었다.

$$x(t) = \cos(20\pi t), \quad x[n] = \cos\left(\frac{\pi}{5}n\right)$$

(a) 이 결과에 부합하는 샘플링 주기 T_s를 구하라.

(b) (a)에서 구한 T_s는 유일한가? 그렇지 않다면 다른 T_s를 구하라.

4.10 $x[n] = \cos\left(\frac{\pi}{2}n\right)$은 연속 신호 $x(t)$를 $f_s = 20[\text{Hz}]$로 샘플링하여 얻은 것이다.

(a) 이 신호를 발생시키기 위한 두 개의 다른 연속 신호를 구하라.

(b) (a)에서 구한 연속 신호에 대해 샘플링 주기를 다르게 하여 같은 $x[n]$을 얻을 수 있다면, 그 샘플링 주기를 구하라.

4.11 이산 신호 $x[n] = 2\cos\left(0.2\pi n - \frac{\pi}{4}\right)$는 연속 신호 $x(t) = A\cos(2\pi f_0 t + \phi)$를 샘플링 주파수 $f_s = 100[\text{Hz}]$로 샘플링하여 얻은 것이다. $x[n]$을 만들 수 있는 연속 신호 중에서 $|f_0| \le 200[\text{Hz}]$인 것을 구하라.

4.12 다음 신호에 대한 나이퀴스트 샘플링 주파수를 결정하라.

(a) $x(t) = 10\cos(10\pi t)$　　(b) $x(t) = 10\cos(10\pi t) + \sin(15\pi t)$

(c) $x(t) = \text{sinc}\left(\frac{400}{\pi}t\right)$　　(d) $x(t) = 10\cos(10\pi t)\sin(15\pi t)$

(e) $x(t) = 10\cos^2(10\pi t)$

(f) $x(t) = 2\cos(30\pi t) - \cos(60\pi t) + 4\cos(120\pi t)$

4.13 다음의 각 대역 제한 신호 $x(t)$에 대해 주파수 중첩이 일어나지 않는 최소 샘플링 주파수를 구하라.

(a) $X(f)\begin{cases} \neq 0, & 9[\text{kHz}] < |f| < 12[\text{kHz}] \\ = 0, & \text{그 외} \end{cases}$

(b) $X(f)\begin{cases} \neq 0, & 18[\text{kHz}] < |f| < 22[\text{kHz}] \\ = 0, & \text{그 외} \end{cases}$

4.14 연속 신호 $x(t)$가 다음 그림과 같은 주파수 스펙트럼을 가진다고 하자. 샘플링 주파수 80[Hz], 100[Hz], 120[Hz], 140[Hz]로 각각 샘플링하여 $|f| \leq 180$[Hz]의 범위 내에서 샘플링된 신호의 주파수 스펙트럼을 그림으로 나타내라. 이상적인 저역 통과 필터를 이용한 신호 복원을 위해서는 어떤 샘플링 주파수를 선택해야 하는가?

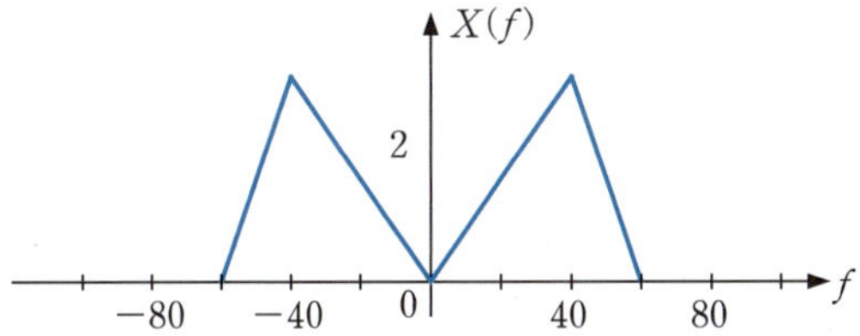

4.15 다음의 신호 $x(t)$를 샘플링한 뒤 $f_c = f_s/2$인 이상적인 저역 통과 필터로 복원한다.

$$x(t) = \cos(2\pi t) + \sin(6\pi t) + \sin(10\pi t) + \sin(14\pi t) + \sin(18\pi t)$$

(a) 완전 복원이 가능하기 위한 나이퀴스트 샘플링 주파수를 결정하라.

(b) $f_s = 4$[Hz], $f_s = 8$[Hz], $f_s = 12$[Hz], $f_s = 16$[Hz]로 각각 샘플링할 경우, 각 경우에 대한 복원 신호 $x_r(t)$를 결정하라.

4.16 $x(t)$를 샘플링 주파수 $f_s = 1$[Hz]로 샘플링하여 얻은 신호가 $x[n] = [1,\ 2,\ \underset{\uparrow}{3},\ 2,\ 1]$이라고 한다. 이 신호를 다음 방법으로 복원했을 때 $t = 1.5,\ 2.5,\ 3.5$에서의 복원 신호 $x_r(t)$의 값을 구하라.

(a) 영차 홀드 복원

(b) 일차 홀드(선형 보간) 복원

4.17 크기 $[-2,\ 2]$의 범위에 있는 신호를 B 비트로 양자화했다. 양자화 오차의 전력이 0.01보다 작아지게 하는 최소 B 값은 얼마인가?

4.18 정현파 $x(t) = A\cos(2\pi ft + \phi)$를 B 비트 양자화기로 양자화할 경우, 양자화 오차의 신호 대 잡음비(SNR)는 얼마가 되는가?

4.19 화상은 최소 80[dB]의 양자화 SNR을 가지고 샘플링된다. 화상 명암도가 [0, 1]의 범위 안으로 떨어지도록 눈금을 정한다고 가정할 때 원하는 양자화 SNR을 얻기 위해서는 얼마나 많은 비트가 필요한지 구하라.

4.20 디지털 신호 $y_b[n]=101011_2$에 대해 4.5.4절에서 설명한 각기 다른 부호화 방법에 따른 변환 이산 신호 $y_Q[n]$를 구하라. 단 신호의 전 범위는 $R=128=2^7$이다.

【응용 문제】

4.21 다음과 같은 사인 정현파 $x(t)$를 주기 $T_s=0.01$로 샘플링하여 $x[n]$을 얻었다.

$$x(t)=\sin(20\pi t), \quad x[n]=x(nT_s)=\sin(20\pi nT_s), \quad -\infty<n<\infty$$

(a) 사인파의 한 주기 동안 얼마나 많은 샘플이 취해지는가?

(b) 사인파 $y(t)=\sin(\omega_0 t)$가 모든 n에 대해 $y(nT_s)=x(nT_s)$가 되면서 $\omega_0>20\pi$인 주파수 ω_0를 찾아라.

(c) (b)의 ω_0에 대해 $x(t)$의 한 주기 동안 나오는 샘플의 개수는 얼마인가?

(d) 샘플링 주파수를 바꾸어 샘플링할 때, 이산 신호 $x[n]$의 값이 최댓값 1까지 도달하게 하는 가장 작은 샘플링 주파수의 값은 얼마인가?

4.22 연속 신호 $x(t)$를 $f_s=10$[Hz]로 샘플링함으로써 다음의 이산 신호를 얻었다. 이 신호를 발생시키기 위한 두 개의 다른 연속 신호를 구하라.

(a) $x[n]=\cos\left(\frac{\pi}{2}n\right)$

(b) $x[n]=\cos\left(\frac{\pi}{8}n\right)$

4.23 이산 신호 $x[n]=A\cos(2\pi F_0 n+\phi)$은 연속 신호 $x(t)=\sin\left(120\pi t+\frac{\pi}{4}\right)$를 샘플링 주파수 f_s로 샘플링하여 얻은 것이다. 샘플링 주파수가 다음과 같을 때 F_0와 ϕ의 값을 결정하고, 과샘플링인지 부족샘플링인지 판별하라.

(a) $f_s=40$[Hz]

(b) $f_s=80$[Hz]

(c) $f_s=120$[Hz]

(d) $f_s=160$[Hz]

4.24 $x(t)$의 나이퀴스트 샘플링 주파수가 f_s일 때, 다음의 각 신호들의 나이퀴스트 샘플링 주파수를 구하라.

(a) $x(2t)$

(b) $\frac{dx(t)}{dt}$

(c) $x^2(t)$

(d) $x(t)\cos(2\pi f_0 t)$

4.25 다음과 같은 신호 $x(t)$를 샘플링 주파수 f_s로 샘플링한 뒤 차단 주파수 $f_c = f_s/2$인 저역 통과 필터로 복원할 경우에 복원 신호 $x_r(t)$를 결정하라.

$$x(t) = 2\sin(10\pi t)\cos(4\pi t)$$

(a) $f_s = 4\,[\text{Hz}]$ (b) $f_s = 8\,[\text{Hz}]$ (c) $f_s = 12\,[\text{Hz}]$ (d) $f_s = 16\,[\text{Hz}]$

4.26 영화는 보통 매초 30프레임frame의 정지 화상으로 동영상을 만든다. 그러므로 연속 화상을 샘플링 주파수 $f_s = 30\,[\text{samples/sec}]$로 샘플링한 것으로 생각할 수 있다. 영화에서도 때때로 주파수 중첩과 비슷한 현상을 관찰할 수 있는데, 서부 영화에서 마차 바퀴가 천천히 앞이나 뒤로 돌아가거나 가만히 정지해 있는 화면이 그 예이다. 만약 마차가 오른쪽에서 왼쪽으로 이동한다면, 정상적으로는 바퀴는 반시계 방향으로 각속도 ω_0로 회전하는 것처럼 보일 것이다. 바퀴의 반지름을 $r = 0.25\,[\text{m}]$라 하자.

(a) 바퀴가 겉보기에 가만히 정지하고 있는 것 같을 때의 조건을 구하라.
(b) 바퀴가 겉보기에 천천히 앞으로 돌아갈 때의 조건을 구하라.
(c) 바퀴가 겉보기에 천천히 뒤로 돌아갈 때의 조건을 구하라.

4.27 어떤 소리 신호가 다음과 같이 표현된다. 단, 시간의 단위는 [msec]이다.

$$x(t) = 2A\cos(10\pi t) + 2B\cos(30\pi t) + 2C\cos(50\pi t) + 2D\cos(60\pi t) + 2E\cos(90\pi t) + 2F\cos(125\pi t)$$

(a) 이 신호는 몇 개의 주파수로 구성되어 있는가? 어떤 주파수가 가청 가능한지 선택하고 이유를 설명하라.
(b) 이 신호를 다음 그림과 같이 전처리 필터 $H(f)$에 의해 필터링한 뒤에 필터 출력 $y(t)$를 $f_s = 40\,[\text{kHz}]$로 샘플링하여 다시 신호 복원기를 거쳐 아날로그 신호 $y_r(t)$를 얻는다고 하자.

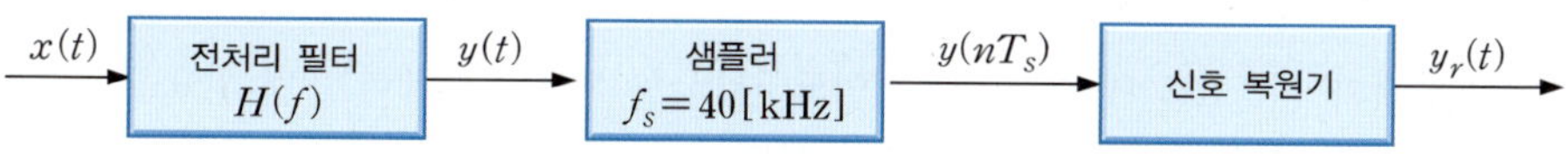

다음의 각 경우에 대한 $y(t)$와 $y_r(t)$를 결정하라.
(i) 전처리 필터가 없을 경우, 즉 $H(f) = 1,\ \forall f$
(ii) 전처리 필터가 차단 주파수 $f_c = f_s/2 = 20\,[\text{kHz}]$인 이상적인 필터

4.28 다음 그림 (a)의 시스템으로 (b)의 스펙트럼을 갖는 아날로그 신호를 처리하고자 한다. 저역 통과 필터의 차단 주파수가 $f_c = \pi/2$일 때 다음 물음에 답하라.

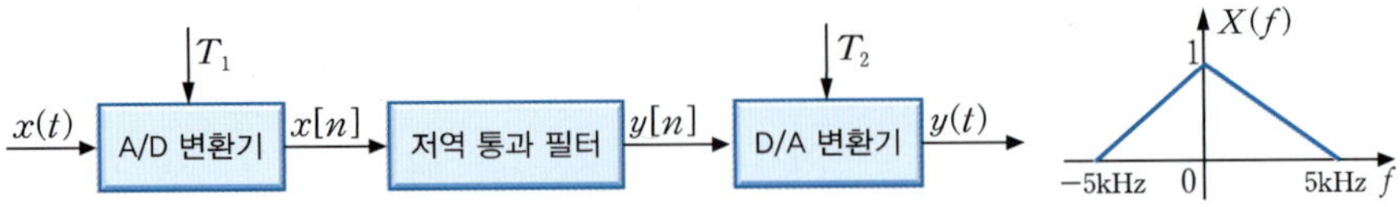

(a) 신호 처리 시스템 (b) 신호 스펙트럼

(a) A/D 변환기와 D/A 변환기의 샘플링 주파수가 $f_1 = f_2 = 10$[kHz]일 때, $y(t)$의 스펙트럼을 구하라.

(b) $f_1 = 20$[kHz], $f_2 = 10$[kHz]일 때, $y(t)$의 스펙트럼을 구하라.

(c) $f_1 = 10$[kHz], $f_2 = 20$[kHz]일 때, $y(t)$의 스펙트럼을 구하라.

4.29 샘플링 정리는 저역 통과 신호를 고려함으로써 유도되었지만, 대역폭 ω_b의 대역 통과 신호에도 똑같이 잘 적용된다. 다음 그림과 같은 진폭 스펙트럼 $|X(\omega)|$를 갖는 대역 통과 신호 $x(t)$에 대해 다음 물음에 답하라.

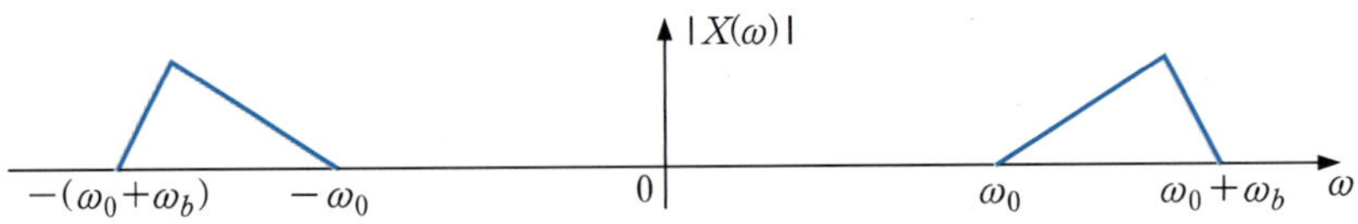

(a) $\omega_0 = \omega_s = 2\omega_b$에 대해서 샘플링된 신호의 스펙트럼을 그려라.

(b) $\omega_0 = 3\omega_b$와 $\omega_s = 2\omega_b$에 대하여 (a)를 반복하라.

(c) (a)와 (b)에서 어떻게 $x[n]$으로부터 $x(t)$를 복원할 수 있는지 설명하라.

(d) 정수 k에 대하여 $\omega_0 \neq k\omega_b$라면 (a)와 (b)에서 무엇이 발생하는가?

4.30 크기 [−20, 20]의 범위에 있는 신호를 위한 균일 양자화기를 설계하려고 한다.

(a) 양자화기의 신호 대 잡음비가 적어도 5[dB]이 되도록 설계하는 데 필요한 양자화 레벨의 수를 구하라. 신호의 전력은 10으로 가정한다.

(b) (a)의 양자화 레벨에 대해 만약 신호의 범위가 [−10, 10]이라면 신호 대 잡음비는 어떻게 변하는가?

CHAPTER 04_MATLAB 실습

실습목표

- 샘플링 주파수에 따라 정현파 신호가 앨리어스로 복원됨을 확인한다.
- 영차 홀드와 일차 홀드를 이용한 복원 신호의 차이를 확인한다.
- 양자화와 양자화 오차에 대해 알아본다.

MATLAB 4-1 샘플링 주파수에 따른 이산 정현파 신호의 스펙트럼

다음의 정현파 신호에 대해 다음을 구하라.

$$x(t) = \cos(2\pi f_0 t), \quad f_0 = 100\,[\text{Hz}]$$

(a) 샘플링 주파수 $f_s = 75\,[\text{Hz}]$, $f_s = 100\,[\text{Hz}]$, $f_s = 125\,[\text{Hz}]$, $f_s = 400\,[\text{Hz}]$에 대한 샘플링 신호를 그려라.

(b) (a)의 샘플링된 신호의 주파수 스펙트럼을 그려라.

풀이

(a) 샘플링 주파수에 따라 신호를 샘플링하여 그리는 것은 시간축만 조정하면 되는 매우 간단한 작업이다. 이미 1장의 [MATLAB 1-1]을 풀면서 작성해 둔 샘플링된 신호를 그리는 함수 m-파일 'sample_signal_1.m'을 활용하면 샘플링 주파수를 바꾸어가면서 샘플링된 신호를 그릴 수 있다. 이처럼 함수 파일을 만들 때 범용으로 쓸 수 있게 코딩해 두면, 매번 비슷한 작업을 하는 프로그램을 새로 짜지 않고서도 편하게 매트랩 프로그램을 만들 수 있다.

함수 m-파일을 이용하여 주어진 샘플링 주파수에 대해 샘플링된 이산 신호를 그리는 매트랩 프로그램은 다음과 같다.

MATLAB_4_1a.m

```
f0=100;                                        % 연속 정현파 x(t)의 고유 주파수 설정
ti=-0.02; tf=0.02; dt=0.00001;                 % 시간축 설정 위한 파라미터 값 지정
fs=[75,100,125,400];                           % 샘플링 주파수 설정
sample_signal_1(ti,tf,dt,fs(1),1,f0,2,2,1);    % 샘플링 주파수 75[Hz]인 이산 정현파 그림
sample_signal_1(ti,tf,dt,fs(2),1,f0,2,2,2);    % 샘플링 주파수 100[Hz]인 이산 정현파 그림
sample_signal_1(ti,tf,dt,fs(3),1,f0,2,2,3);    % 샘플링 주파수 125[Hz]인 이산 정현파 그림
sample_signal_1(ti,tf,dt,fs(4),1,f0,2,2,4);    % 샘플링 주파수 400[Hz]인 이산 정현파 그림
```

이 프로그램의 실행 결과를 [그림 4-22]에 나타내었다.

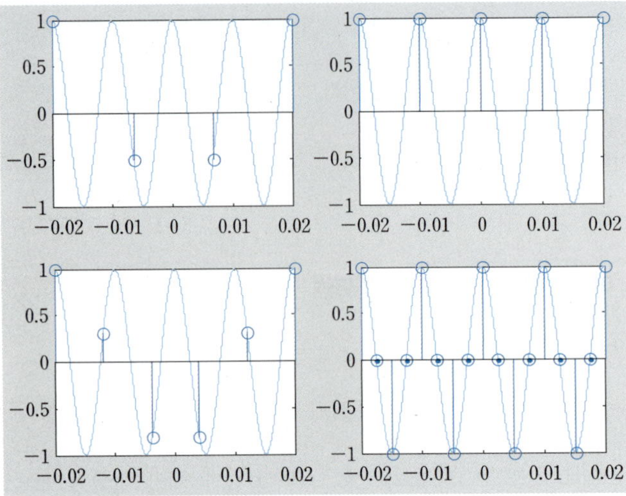

[그림 4-22] 서로 다른 샘플링 주파수로 샘플링된 이산 정현파

(b) 샘플링된 신호의 스펙트럼을 그리기 위해서는 6장에서 배우게 될 이산 시간 푸리에 변환이 필요하다. 컴퓨터를 이용하여 푸리에 변환으로 스펙트럼을 구할 경우에는 8장에서 배우게 될 고속 푸리에 변환Fast Fourier Transform(FFT)이라는 특별한 알고리즘을 이용해야 한다. 이들에 대한 상세한 내용이 궁금하면 7장에서 살펴볼 수 있다.

매트랩에서는 FFT를 수행하는 fft 명령을 제공하고 있어서 손쉽게 스펙트럼을 계산할 수 있으며, fft(x) 또는 fft(x,N)으로 사용한다. fft(x,N)는 N개의 데이터로 fft를 수행하도록 제한하여 데이터 x의 개수가 N을 넘는 것은 버리고, 모자라면 영점 채우기를 통해 N에 맞추어 푸리에 변환을 수행해 준다. 데이터 수는 보통 2의 거듭제곱으로 선정하게 된다.

충분한 해상도를 확보하고 프로그램을 간단히 하기 위해 데이터 개수를 $N=1024=2^{10}$으로 선정했으며, 샘플링 주파수만 달리하여 동일한 작업을 반복하므로 다음과 같이 함수 m-파일을 만들었다.

plot_spectrum_1.m

```
function plot_spectrum_1(fs,N,w)            % 샘플링된 신호의 진폭 스펙트럼 그림

f0=100;                                     % 연속 정현파 신호 x(t)의 주파수
Ts=1/fs;                                    % 샘플링 주기 계산
df=fs/N;                                    % 주파수 해상도 계산
n=0:Ts:(N-1)*Ts;                            % 샘플 추출 시간 설정
x=cos(2*pi*f0*n);                           % 샘플링된 신호 x[n] 생성
X=fft(x);                                   % 고속 푸리에 변환에 의한 스펙트럼 계산
X=fftshift(X);                              % 스펙트럼을 좌우 대칭이 되게 정렬
f=df*[-N/2+1:N/2]                           % 그림을 그리기 위한 주파수축 설정
Xmag=abs(X)/max(abs(X));                    % (규준화된) 진폭 스펙트럼 계산

subplot(2,2,w);                             % 2행 2열 분할 그림 창의 w번 창
plot(f,Xmag);                               % 진폭 스펙트럼 그림
axis([f(1) f(length(f)) 0 1.2]);            % x축 및 y축 그림 영역 설정
title('\bf{샘플링된 신호의 진폭 스펙트럼}');   % 그림 제목
xlabel('\bf{f}');                           % x축 라벨 표시
```

이 함수 파일을 이용하여 샘플링 주파수에 따른 샘플링된 이산 신호의 스펙트럼을 그리는 프로그램은 다음과 같다.

MATLAB_4_1b.m

```
fs=[75,100,125,400];              % 샘플링 주파수 설정
N=1024;                           % 데이터 개수 설정
plot_spectrum_1(fs(1),N,1);       % fs=75인 샘플링된 신호의 진폭 스펙트럼 그림
plot_spectrum_1(fs(2),N,2);       % fs=100인 샘플링된 신호의 진폭 스펙트럼 그림
plot_spectrum_1(fs(3),N,3);       % fs=125인 샘플링된 신호의 진폭 스펙트럼 그림
plot_spectrum_1(fs(4),N,4);       % fs=400인 샘플링된 신호의 진폭 스펙트럼 그림
```

매트랩 프로그램의 실행 결과는 [그림 4-23]에 나타내었는데, 얻어진 결과가 4.3절에서의 설명과 완전히 부합됨을 관찰할 수 있다. 즉 샘플링 주파수가 $f_s = 75[\mathrm{Hz}]$인 경우에는 주파수 꺾기에 의해 고유 주파수가 $25[\mathrm{Hz}]$인 정현파 신호로 복원되며, 샘플링 주파수가 $f_s = 100[\mathrm{Hz}]$의 경우에는 완전히 직류 신호로 복원된다. 또한 샘플링 주파수가 $f_s = 125[\mathrm{Hz}]$의 경우에는 주파수 중첩에 의해 샘플링 주파수가 $f_s = 75[\mathrm{Hz}]$인 경우와 마찬가지로 고유 주파수가 $25[\mathrm{Hz}]$인 정현파 신호로 복원되며, 샘플링 정리를 만족하는 $f_s = 400[\mathrm{Hz}]$의 경우에만 원래의 신호인 $100[\mathrm{Hz}]$ 정현파 신호로 복원된다.

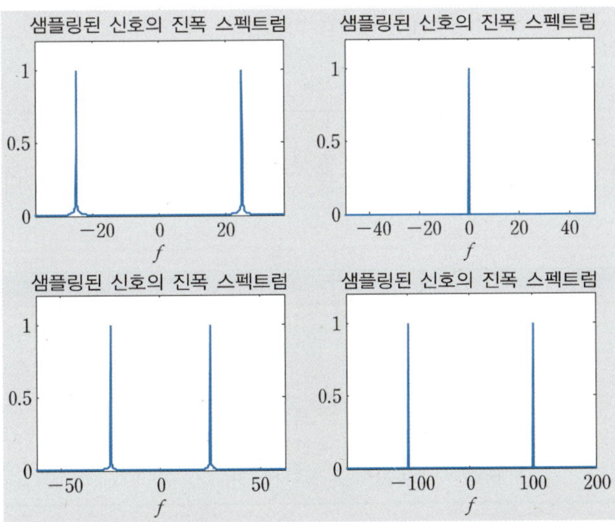

[그림 4-23] [MATLAB 4-1]의 샘플링 주파수에 따른 이산 정현파 신호의 스펙트럼

MATLAB 4-2 샘플링된 신호의 복원

정현파 신호 $x(t) = \cos(2\pi t)$를 샘플링 주파수를 각각 $f_s = 5[\mathrm{Hz}]$, $20[\mathrm{Hz}]$로 하여 샘플링한 이산 신호에 대해 다음을 구하라.

(a) 영차 홀드를 이용하여 원래 신호를 복원하라.

(b) 일차 홀드를 이용하여 원래 신호를 복원하라.

풀이

(a) 여러 주파수에 대해 동일한 작업을 반복하므로 함수 m-파일로 만들면 편리하다. 영차 홀드를 이용한 신호 복원의 효과를 비교할 수 있도록 샘플링된 신호 $x[n]$과 복원 신호 $x_r(t)$를 그리는 함수 m-파일 프로그램은 다음과 같다.

zero_hold.m

```
function zero_hold(fs, ti, tf, t, xt, w)      % 영차 홀드를 이용한 샘플링된 신호 복원

n=ti:1/fs:tf;                                 % 샘플링 주파수에 따른 샘플 개수 설정
xn=cos(2*pi*n);                               % 샘플링된 신호 x[n] 계산

subplot(2,2,w(1));                            % 2행 2열 분할 그림 창의 w(1)번 창
plot(t,xt,'k:')                               % 원래의 연속 신호 x(t) 그림
axis([ti tf -1.5 1.5])                        % x축과 y축의 그림 영역 설정
hold on                                       % 현재 창 유지해 연속해서 그림
stem(n,xn)                                    % 샘플링된 이산 신호 x[n] 그림
title('\bf{샘플링된 이산 신호}');               % 그림 제목
xlabel('\bf{t}');                             % x축 라벨 표시
subplot(2,2,w(2));                            % 2행 2열 분할 그림 창의 w(2)번 창
plot(t,xt,'k:')                               % 원래의 연속 신호 x(t) 그림
axis([ti tf -1.5 1.5])                        % x축과 y축의 그림 영역 설정
hold on                                       % 현재 창 유지해 연속해서 그림
stairs(n,xn)                                  % 영차 홀드에 의한 복원 신호 xr(t) 그림
title('\bf{영차 홀드에 의한 복원 신호}');       % 그림 제목
xlabel('\bf{t}');                             % x축 라벨 표시
```

이 함수 m-파일을 이용하여 주어진 주파수에 대해 복원 신호를 그리는 매트랩 프로그램은 다음과 같다.

MATLAB_4_2a.m

```
fs=[5,20];                                    % 샘플링 주파수 설정
ti=-2; tf=2; dt=0.001;                        % 시간 파라미터 설정
t=ti:dt:tf;                                   % 시간축 설정
xt=cos(2*pi*t);                               % 원래의 연속 신호 x(t) 생성
zero_hold(fs(1),ti,tf,t,xt,[1 3])             % fs=5일 때의 x[n] 및 xr(t) 그림
zero_hold(fs(2),ti,tf,t,xt,[2 4]);            % fs=20일 때의 x[n] 및 xr(t) 그림
```

매트랩 프로그램의 실행 결과를 [그림 4-24]에 나타내었다. 그림에서 왼쪽은 $f_s = 5\,[\text{Hz}]$, 오른쪽은 $f_s = 20\,[\text{Hz}]$이다. 샘플링 주파수가 충분히 높으면 영차 홀드에 의한 복원 신호가 원래 신호의 파형에 매우 가까워짐을 볼 수 있다.

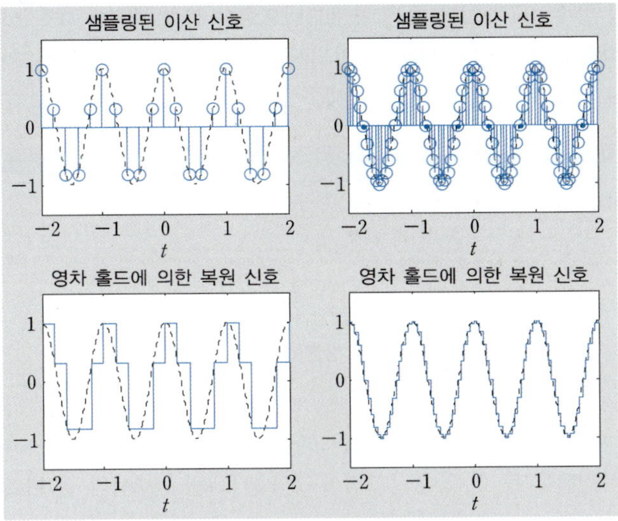

[그림 4-24] [MATLAB 4-2]의 영차 홀드에 의한 정현파 신호의 복원

(b) 일차 홀드 역시 다음과 같이 함수 m-파일로 작성하면 편리하다.

first_hold.m

```
function first_hold(fs, ti, tf, t, xt, w)       % 일차 홀드를 이용한 샘플링된 신호 복원

n=ti:1/fs:tf;                                   % 샘플링 주파수에 따른 샘플 개수 설정
xn=cos(2*pi*n);                                 % 샘플링된 신호 x[n] 계산
nf=length(xn);                                  % 배열 데이터의 길이 파악
x1=zeros(1,nf); x2=zeros(1,nf);                 % 배열 데이터 초기화(0으로 둠)
for m=1:2:nf
   x1(m)=xn(m);                                 % 각 샘플의 일차 홀드 파형 표시용 데이터
end
for m=2:2:nf
   x2(m)=xn(m);                                 % 각 샘플의 일차 홀드 파형 표시용 데이터
end

subplot(2,2,w(1));                              % 2행 2열 분할 그림 창의 w(1)번 창
plot(t,xt,'k:')                                 % 원래의 연속 신호 x(t) 그림
axis([ti tf -1.5 1.5])                          % x축과 y축의 그림 영역 설정
hold on                                         % 현재 창 유지해 연속해서 그림
plot(n,x1,'k:')                                 % 각 샘플에서의 일차 홀드 파형 표시(왼쪽)
plot(n,x2,'k:')                                 % 각 샘플에서의 일차 홀드 파형 표시(오른쪽)
stem(n,xn)                                      % 샘플링된 이산 신호 x[n] 그림
title('\bf{샘플링된 이산 신호}');                  % 그림 제목
xlabel('\bf{t}');                               % x축 라벨 표시
subplot(2,2,w(2));                              % 2행 2열 분할 그림 창의 w(2)번 창
plot(t,xt,'k:')                                 % 원래의 연속 신호 x(t) 그림
axis([ti tf -1.5 1.5])                          % x축과 y축의 그림 영역 지정
hold on                                         % 현재 창 유지해 연속해서 그림
plot(n,xn)                                      % 일차 홀드에 의한 복원 신호 xr(t) 그림
title('\bf{일차 홀드에 의한 복원 신호}');           % 그림 제목
xlabel('\bf{t}');                               % x축 라벨 표시
```

이 함수 m-파일은 기본적으로 (a)의 함수 m-파일과 같은 프로그램으로서 신호 복원에 대한 이해를 돕기 위해 각 샘플에서 일차 홀드의 파형을 표시하는 부분이 추가되어 있을 뿐이다. 이 함수 m-파일을 이용하여 신호 복원을 수행하는 매트랩 프로그램은 다음과 같다.

MATLAB_4_2b.m

```
fs=[5,20];                              % 샘플링 주파수 설정
ti=-2; tf=2; dt=0.001;                  % 시간 파라미터 설정
t=ti:dt:tf;                             % 시간축 설정
xt=cos(2*pi*t);                         % 원래의 연속 신호 x(t) 생성
first_hold(fs(1),ti,tf,t,xt,[1 3])      % fs=5일 때의 x[n] 및 xr(t) 그림
first_hold(fs(2),ti,tf,t,xt,[2 4]);     % fs=20일 때의 x[n] 및 xr(t) 그림
```

매트랩 프로그램의 실행 결과는 [그림 4-25]에 나타내었다. 그림에서 일차 홀드를 사용하면 $f_s = 5\,[\mathrm{Hz}]$의 경우만 해도 거의 원래 파형으로 복원됨을 볼 수 있다. [그림 4-25]를 [그림 4-24]와 잘 비교해보기 바란다.

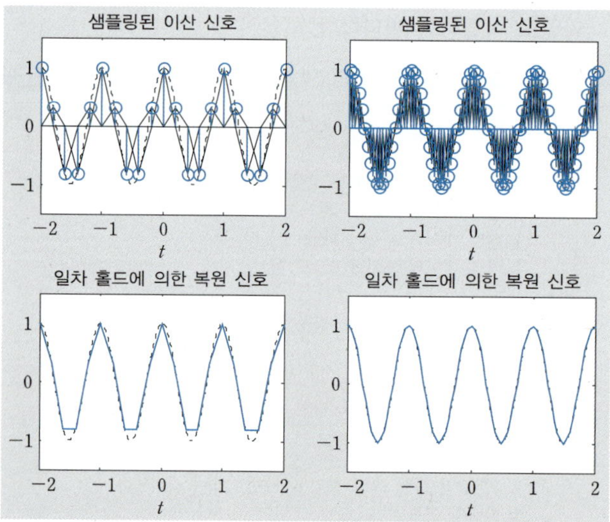

[그림 4-25] [MATLAB 4-2]의 일차 홀드에 의한 정현파 신호의 복원

MATLAB 4-3 양자화 및 양자화 잡음의 SNR

정현파 신호 $x(t)=\sin(2\pi t)$를 주기당 100개의 샘플로 샘플링하여 3[bit] 반올림 양자화기로 양자화할 때 양자화된 이산 신호 $x_Q[n]$과 양자화 오차 $e[n]=x_Q[n]-x[n]$을 그려라. 또한 $e[n]$, 즉 양자화 잡음에 대한 SNR을 계산하라.

풀이

샘플링된 이산 정현파 신호 $x[n]$의 값을 양자화 간격으로 나눈 뒤 반올림하면 양자화 레벨이 얻어지고, 이에 양자화 간격을 곱하면 양자화된 신호 $x_Q[n]$을 얻을 수 있다.

신호에 대한 반올림은 매트랩에서 제공하는 `round` 명령을 사용하면 된다. 문제의 조건에 따라 양자화 간격을 구하여 반올림으로 정현파 신호를 양자화하고 양자화 잡음의 SNR을 계산하는 매트랩 프로그램은 다음과 같다.

MATLAB_4_3.m

```
b=3;                                      % 양자화기의 비트 수 설정
t=0:0.01:1;                               % 한 주기에 100개의 샘플을 취함
x=sin(2*pi*t);                            % 샘플링된 정현파 신호 x[n] 생성
R=max(x)-min(x);                          % 신호 값의 전 구간 R 계산
L=2^b;                                    % 양자화 레벨의 수 L 계산
dq=R/L;                                   % 양자화 간격 Δ_Q 계산
xq=dq*round(x/dq);                        % 반올림으로 양자화한 신호 x_Q[n] 생성
eq=xq-x;                                  % 양자화 오차 e[n] 계산
snr=10*log10(sum(x.*x)/sum(eq.*eq));      % 양자화 잡음의 SNR 계산

subplot(2,1,1);                           % 2행 1열 분할 그림 창의 1번 창
plot(t,x,'r');                            % 정현파 신호 x(t) 그림
hold on;                                  % 현재 창 유지해 연속으로 그림
stem(t,xq);                               % 양자화된 신호 x_Q[n] 그림
title('양자화기의 출력 신호 x_Q[n]');       % 그림 제목
subplot(2,1,2);                           % 2행 1열 분할 그림 창의 2번 창
stem(t,eq);                               % 양자화 오차 e[n] 그림
title('양자화 오차 e[n]');                 % 그림 제목
fprintf('양자화기의 SNR은 %.4f \n',snr);    % 명령창에 양자화기의 SNR 값 표시
```

매트랩 프로그램을 실행하면 명령창에 다음과 같이 양자화기의 SNR이 출력된다.

```
양자화기의 SNR은 20.2163
```

이때 양자화기의 출력 신호와 양자화 오차는 [그림 4-26]과 같이 그려진다. 프로그램에서 샘플링된 이산 신호 $x[n]$을 `stem` 명령을 사용하여 출력하면 양자화기의 출력 신호 $x_Q[n]$과 겹쳐져서 구분이 잘 안되므로, `plot` 명령으로 연속 신호 $x(t)$를 그리도록 했다. 이렇게 하면 $x_Q[n]$의 위치에서 $x(t)$의 값이 바로 $x[n]$ 신호이므로 양자화 전과 양자화 후의 차이를 잘 살펴볼 수 있을 것이다.

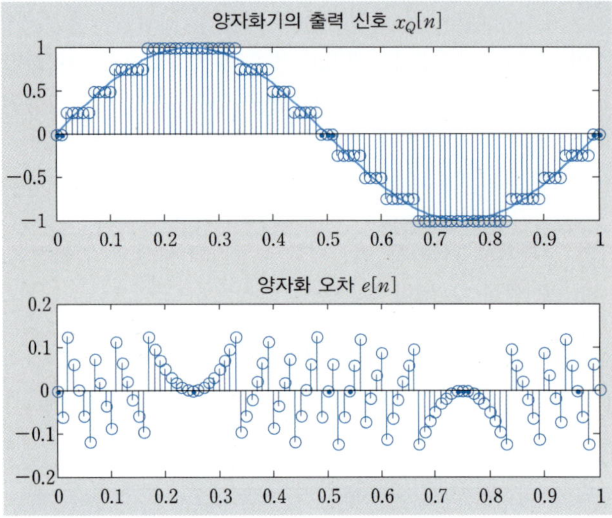

[그림 4-26] [MATLAB 4-3]의 양자화된 정현파 신호와 양자화 오차

CHAPTER

05

주파수 영역 해석의 기초

Fundamentals of Frequency Domain Analysis

학습목표

- 신호를 주파수 영역에서 표현하는 것의 유용성을 이해할 수 있다.
- 신호의 표현 변환과 푸리에 해석의 기본 아이디어를 이해할 수 있다.
- 푸리에 급수의 정의와 형식에 대해 이해할 수 있다.
- 진폭 및 위상 스펙트럼의 역할과 의미를 이해할 수 있다.
- 푸리에 변환의 정의 및 푸리에 급수와의 관계를 이해할 수 있다.
- 주요 신호의 푸리에 변환쌍들을 잘 이해할 수 있다.
- 주기 신호의 푸리에 변환에 대해 잘 이해할 수 있다.
- 푸리에 급수 및 변환의 주요 성질을 이해하고 잘 활용할 수 있다.

【미리보기】

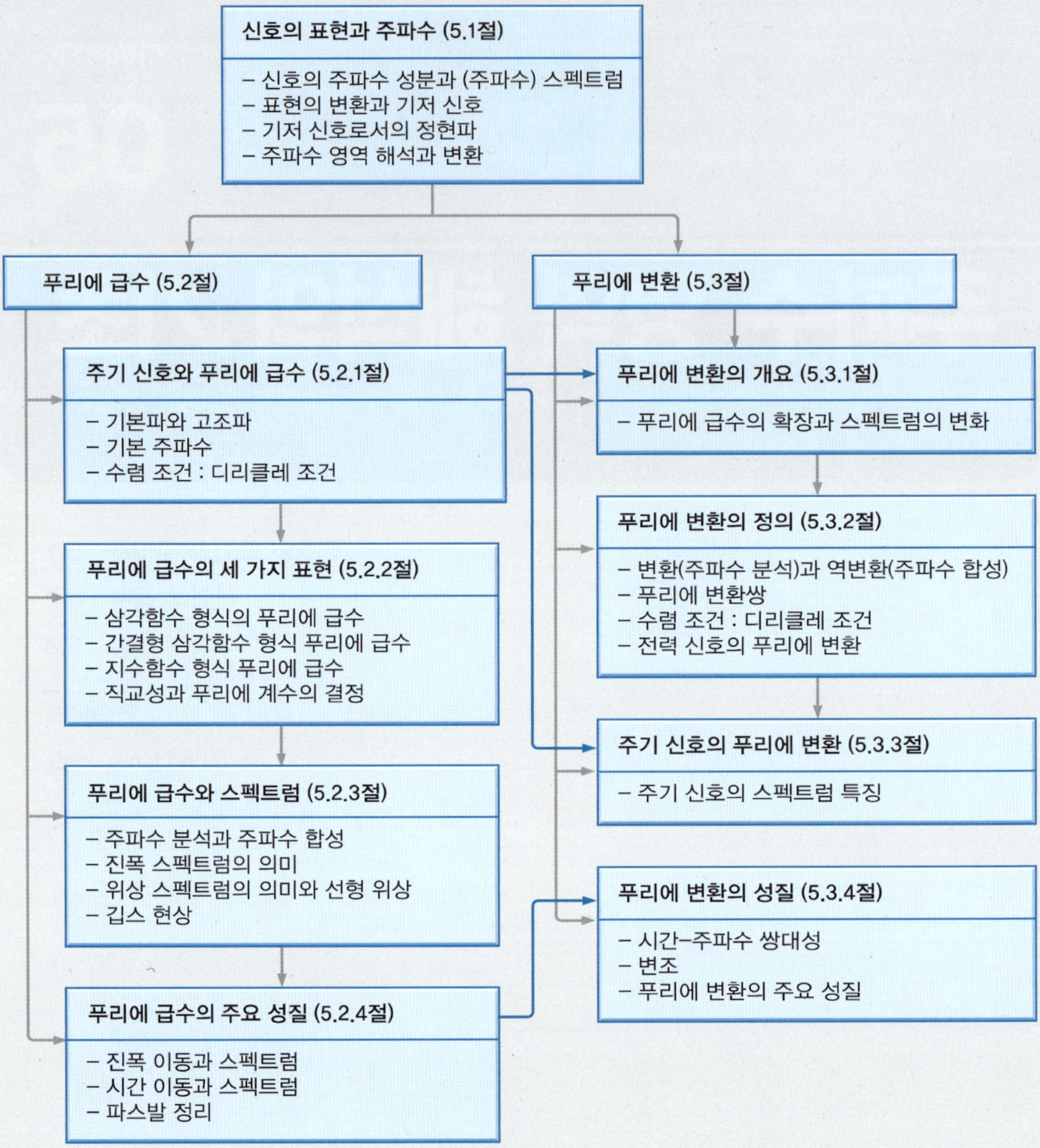

신호를 시간의 함수로 표현하는 게 자연스럽고 익숙한 방법이긴 하나, 주파수의 관점에서 신호를 다루면 유용할 때가 많다. 이를 위해서는 시간의 함수로 표현된 신호를 주파수에 대한 표현으로 바꾸어주는 푸리에 급수/변환이 필요하다. 연속이냐 이산이냐 하는 시간적 속성에 따라 그 형태가 달라지긴 하지만 바탕 개념은 같으므로, 이 장에서는 더 친숙한 연속 신호의 푸리에 급수/변환을 간략히 살펴보고 주요 개념들을 정리하여 주파수 영역 해석에 대한 이해와 기초를 확실히 해두도록 한다.

SECTION 5.1

신호의 표현과 주파수

학습포인트

- 주파수에 기반을 둔 신호 표현의 유용성을 이해한다.
- 신호 표현의 변환을 위해 기저 신호가 지녀야 할 성질에 대해 알아본다.
- 정현파가 변환을 위한 기저 신호로 적합한 이유를 이해한다.
- 주파수 스펙트럼의 개념과 이를 나타내는 방법에 대해 알아본다.

신호와 시스템을 주파수와 관련하여 나타내고 해석하는 것은 시간 영역에서 할 수 없었던 많은 일을 가능하게 한다. 시간의 함수에서 주파수의 함수로 신호의 표현을 바꾸는 작업을 '변환'이라고 하는데, 그 바탕에는 간단한 기본 신호들을 이용하여 대상 신호를 표현할 수 있다는 아이디어가 깔려 있다. 따라서 이 절에서는 주파수와 신호의 스펙트럼, 그리고 신호의 표현을 바꾸기 위한 변환의 개념을 간단히 소개하기로 한다.

신호의 주파수 성분

신호를 처리하려면 그 특성을 잘 알아야 한다. 그런데 시간 함수인 신호의 파형만으로는 주기성처럼 겉으로 드러나는 일부 특성을 제외한 감추어진 특성들은 찾아내기가 쉽지 않다. 이들을 알아낼 수 있는 해결책의 실마리는 햇빛을 프리즘에 통과시키면 무지개 색깔이 나타나는 현상으로부터 얻을 수 있다. 이는 햇빛이 서로 다른 파장(주파수)을 갖는 성분들이 합쳐져 있기 때문이며, 시간의 흐름을 따라 관찰하여 얻어진 결과가 아니라는 점을 주목할 필요가 있다. '햇빛과 프리즘'의 예는 몇 가지 중요한 결론을 담고 있다.

- (대부분의) 신호는 더 기본적인 신호들로 쪼갤 수 있다.
- (신호를 구성하는) 기본적인 신호들이 각기 다른 주파수를 대표하는 것이라면, 이는 신호를 주파수 성분별로 나눈 것과 같다(이것이 바로 신호의 (주파수) 스펙트럼이다).
- 신호를 주파수의 관점에서 살펴보면, 신호의 특성을 파악하거나 다른 신호와 비교 분석할 때 편리하고 유용하다.

TV나 컴퓨터 모니터는 빨강(R), 초록(G), 파랑(B)의 세 빛깔(빛의 삼원색)을 가지고 수십만 가지의 색을 합성해 보여준다. 뒤집어 말하면 수많은 색도 결국 세 개의 빛깔로 쪼갤 수 있고, 그것들을 어떻게 섞느냐에 따라 빛깔이 달라진다. 마찬가지로 신호에는 서로 다른 주파수 성분들이 섞여 있으며, 신호의 파형이나 특성은 이 주파수 성분들이 어떻게 섞여 있느냐에 따라 달라진다. 그러므로 신호를 주파수의 관점에서 다루고자 한다면 빛의 삼원색과 같은 역할을 담당할 신호가 어떤 것인지, 그리고 그 신호들이 어떻게 섞여 있느냐를 찾아내는 방법이 무엇인지의 두 가지 문제가 해결되어야 한다.

[그림 5-1]의 신호를 살펴보자. (a)와 (b)의 두 신호 모두 주기 $T=1$인 주기 신호이지만, 파형은 완전히 다르다. 그림에 나타낸 것처럼 (a)의 신호 $x(t)$는 주파수 $1[\text{Hz}]$와 $2[\text{Hz}]$인 두 개의 코사인파로 이루어졌고, (b)의 신호 $y(t)$는 주파수 $1[\text{Hz}]$와 $3[\text{Hz}]$인 두 개의 코사인파로 이루어졌다. 이를 알기 쉽게 나타낸 것이 오른쪽의 그림(스펙트럼)으로, 어떤 주파수의 코사인파가 얼마만 한 크기로 그 신호에 포함되어 있는지 나타낸 것이다(모든 코사인파의 위상이 0이므로 위상은 따로 표시하지 않았다). 그러나 왼쪽 그림의 신호 파형만 보고서는 이런 사실들을 알아내기란 거의 불가능하므로, 햇빛에 대한 프리즘과 같이 신호를 주파수 성분별로 나누어줄 수 있는 도구가 필요하다. 또한 정현파(코사인파)가 빛의 삼원색과 같은 역할을 하는 신호인지도 확인되어야만 이 예의 결과를 일반화할 수 있을 것이다.

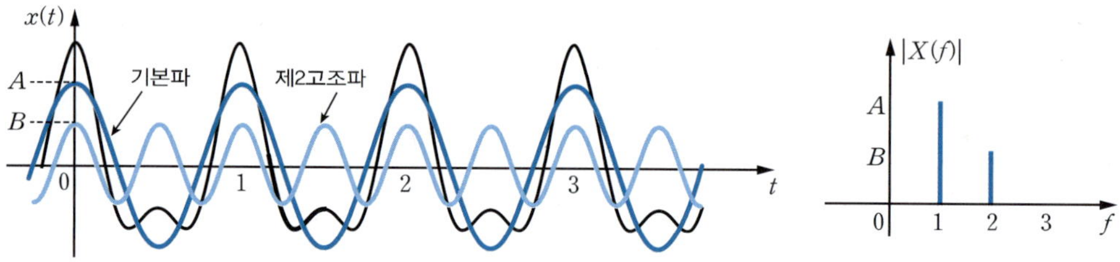

(a) 주기 신호(= 기본파 + 제2고조파)와 스펙트럼

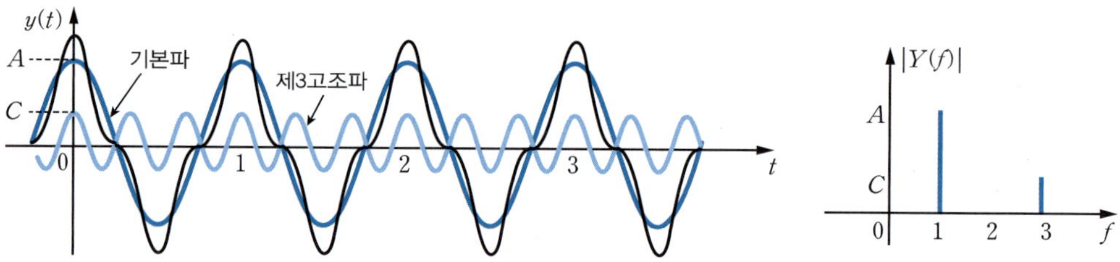

(b) 주기 신호(= 기본파 + 제3고조파)와 스펙트럼

[그림 5-1] 같은 주기를 가지는 두 주기 신호

신호의 표현과 변환

[그림 5-1]에서는 신호를 두 개의 정현파로 쪼갰지만, 정현파가 아닌 다른 신호를 기본 신호로 사용하여 쪼개볼 수도 있을 것이다. 기본 신호 집합(**기저** basis)을 달리해 신호의 표현을 바꾸는 작업을 수학적으로는 **변환** transform이라고 한다. 그런데 변환은 신호의 표현만 바꿀 뿐이지 신호 자체가 달라지는 것은 아니라는 점을 주의해야 한다.

시간 영역에서 주파수 영역으로 신호의 표현을 바꾸는 변환을 찾으려면 어떤 신호를 기본 신호로 채택하면 좋을까? 다음과 같은 성질을 만족하는 신호라면 여러모로 유용할 것이다.

❶ 한 주파수에 대해 오직 하나의 기본 신호만 존재(일대일 대응)해야 한다.
❷ 형태가 단순하며, 신호의 표현을 구하기 쉬워야 한다.
❸ 다양하고 폭넓은 신호들을 표현할 수 있어야 한다.
❹ 표현된 신호에 대한 시스템의 응답을 편리하게 표기할 수 있어야 한다.

기본 신호 집합(기저) $\{\psi_i(t)\}$가 선정되면 식 (5.1)과 같이 이들의 일차 결합으로 신호를 나타낼 수 있으며, 신호의 표현을 구하는 문제는 결국 계수 c_i를 구하는 문제가 된다.

$$x(t) = \sum_i c_i \psi_i(t) \tag{5.1}$$

기저 신호의 바람직한 성질들을 만족시키는 대표적인 신호가 정현파이다. 오직 하나의 주파수만 가지며(성질 ❶), 파형이 단순하고 직교성을 지닌다(성질 ❷). 직교성은 식 (5.1)의 계수를 간편하게 구할 수 있게 해준다. 또한 **푸리에**Fourier 급수와 변환에 의해 광범위한 신호들을 표현할 수 있다(성질 ❸). 그리고 전기 회로에 정현파 입력을 넣으면 출력 역시 같은 정현파로 크기와 위상만 달라지므로 시스템 응답을 편리하게 구할 수 있다(성질 ❹). 그러므로 이 장에서는 정현파를 이용하여 주파수의 관점에서 신호를 표현하고 해석하는 문제를 다루게 되며, 이때 푸리에 급수와 변환이 햇빛에 대한 프리즘의 역할을 하므로, 이를 신호의 푸리에 해석이라고도 한다.

정현파의 스펙트럼

모든 정현파는 파형이 같으므로, 서로 구별할 수 있는 정보는 한 주기의 파형이 $t=0$으로부터 얼마나 떨어진 위치에서 출발해서(위상 ϕ), 얼마만한 크기로(진폭 A), 얼마나 빨리 반복되는지(주기 T 또는 주파수 $f_0(\omega_0)$)에 관한 것뿐이다.

$$x(t) = A\cos(2\pi f_0 t + \phi) = A\cos(\omega_0 t + \phi) \tag{5.2}$$

따라서 정현파를 시간의 함수로 나타내는 것보다 주파수의 함수로 취급하여 주파수축 상에 진폭과 위상으로 나타내는 것이 정보를 훨씬 효과적으로 전달할 수 있다. 이것이 바로 **(주파수) 스펙트럼** (frequency) spectrum으로, 신호의 주파수 해석에서 가장 중요한 바탕 개념이 된다.

- **(주파수) 스펙트럼**은 정현파를 주파수의 함수로 취급하여 주파수축 상에서 정현파의 진폭과 위상을 나타낸 것이다([그림 5-2]). 진폭을 나타낸 것을 **진폭 스펙트럼**, 위상을 나타낸 것을 **위상 스펙트럼**이라고 한다.
- 스펙트럼 표현에는 삼각함수 정현파나 복소 정현파 양쪽을 모두 사용할 수 있다.

[그림 5-2]는 정현파의 스펙트럼을 나타낸 것이다. 식 (5.2)의 진폭과 위상을 [그림 5-2(a)]와 같이 바로 그릴 수도 있지만, 오일러 공식을 이용하여 정현파를 식 (5.3)과 같이 복소 정현파로 바꾸어 표현하고, 이것의 진폭과 위상을 [그림 5-2(b)]처럼 그리는 것이 더 일반적이다. 주파수축은 그림에서 보듯이 $f\,[\mathrm{Hz}]$나 $\omega\,[\mathrm{rad/sec}]$ 어느 쪽을 써도 상관없다.

$$x(t) = \frac{A}{2}e^{j\phi}e^{j2\pi f_0 t} + \frac{A}{2}e^{-j\phi}e^{-j2\pi f_0 t} = \frac{A}{2}e^{j\phi}e^{j\omega_0 t} + \frac{A}{2}e^{-j\phi}e^{-j\omega_0 t} \tag{5.3}$$

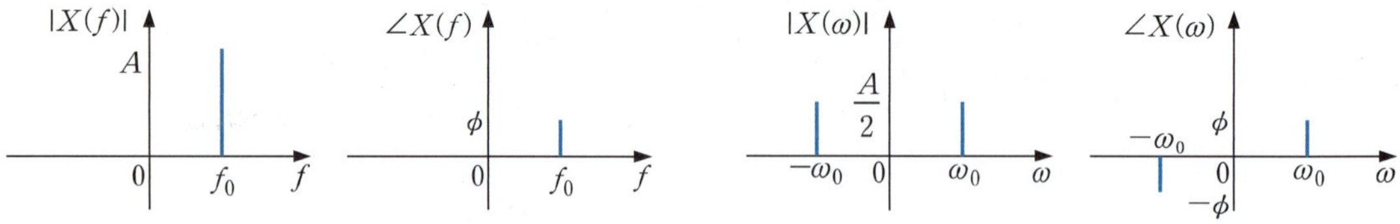

(a) 정현파의 진폭 및 위상 스펙트럼 (b) 복소 정현파의 진폭 및 위상 스펙트럼

[그림 5-2] 정현파의 스펙트럼 표현

[그림 5-2]의 두 스펙트럼 표현을 비교하면, 복소 정현파를 이용한 스펙트럼에서는 음의 주파수 성분이 존재하며, 진폭은 반으로 줄고, 위상은 크기는 변함이 없으나 음의 주파수와 양의 주파수의 위상의 부호가 서로 반대임을 알 수 있다.

예제 5-1 신호의 스펙트럼 표현

[그림 5-3]의 신호 $x(t)$는 다음과 같이 주파수가 다른 두 개의 정현파를 더해 얻은 것이다. 이 신호의 스펙트럼을 그려라.

$$x(t) = 2\cos(8\pi t - 72°) + 4\cos(10\pi t - 90°)$$

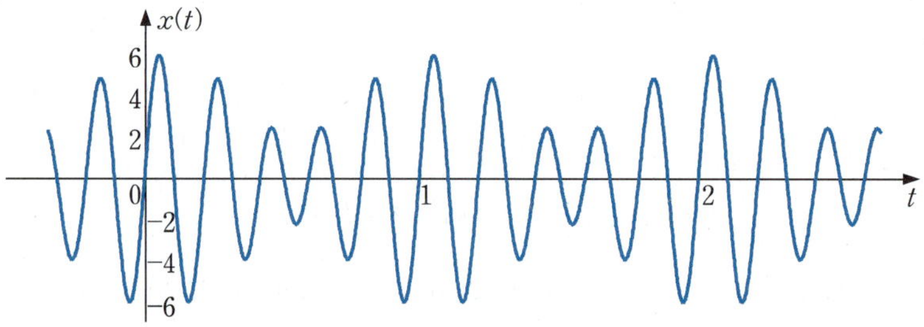

[그림 5-3] [예제 5-1]의 신호 $x(t)$

풀이

주어진 신호 $x(t)$는 주파수가 4[Hz]와 5[Hz]인 두 개의 코사인파가 합쳐진 것으로, 4[Hz] 코사인파는 진폭 2, 위상 $-72°$이고, 5[Hz]인 코사인파는 진폭 4, 위상 $-90°$이다. 이를 식 (5.3)의 복소 정현파 표현으로 바꾸어 진폭 스펙트럼과 위상 스펙트럼을 그리면 각각 [그림 5-4(a)]와 [그림 5-4(b)]와 같

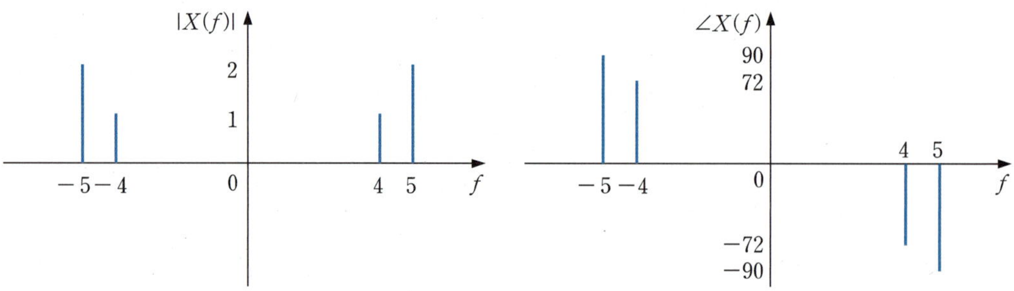

(a) 신호의 진폭 스펙트럼 (b) 신호의 위상 스펙트럼

[그림 5-4] [예제 5-1]의 스펙트럼

이 그릴 수 있다. 시간 파형만 봐서는 단순히 두 개의 정현파가 더해진 신호임을 알기 어렵지만, 스펙트럼을 구해보면 확연히 알 수 있다. 그러므로 신호를 주파수 성분으로 쪼개줄 수 있는 도구, 다시 말해 스펙트럼을 구할 수 있는 도구인 '변환'이 필요한 것이다. 거꾸로 스펙트럼이 주어지면, 식 (5.2)를 이용해 문제의 수식과 같이 나타냄으로써 [그림 5-3]의 신호를 만들어 낼 수도 있다.

주파수 영역 해석과 변환

신호와 시스템은 시간 영역에서 나타낼 수도 있고 주파수 영역에서 나타낼 수도 있다. 어떤 특성은 시간 영역에서 쉽게 파악되지만, 주파수 영역에서 더 잘 볼 수 있는 것들도 있다.

- 시간 영역에서 신호는 파형 함수, 시스템은 임펄스 응답으로 나타낸다.
- 주파수 영역에서 신호는 스펙트럼, 시스템은 주파수 응답(또는 전달 함수)으로 표현한다.
- 시간 영역 표현은 보통 실험과 관측을 통해 직접 얻을 수 있다.
- 주파수 영역 표현은 시간 영역 표현에 대해 변환을 적용하여 간접적으로 얻어진다.

변환은 시간 영역과 주파수 영역을 이어주는 다리와 같다. 변환은 [그림 5-5]에 나타낸 것처럼 시간 영역에서의 속성에 따라 달라진다. 주파수 영역 변환 도구가 다양해도 개념적 토대는 모두 앞의 설명에 뿌리를 두고 있다.

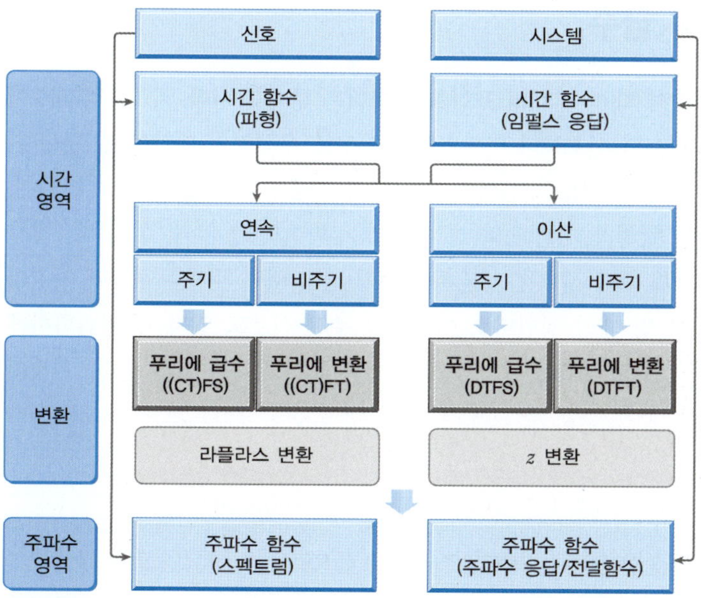

[그림 5-5] 신호와 시스템의 시간 영역 및 주파수 영역 표현과 변환

SECTION 5.2

푸리에 급수

학습포인트

- 주기 신호에 대한 푸리에 급수(FS) 표현 방법을 이해한다.
- 기본파, 고조파, 기본 주파수의 정의와 개념을 이해한다.
- (복소) 정현파의 직교성을 이용한 푸리에 계수의 결정 방법을 잘 익혀둔다.
- 푸리에 급수의 수렴 조건(디리클레Dirichlet 조건)과 이의 중요성을 이해한다.
- 푸리에 급수에 의한 주파수 분해 및 합성의 개념을 이해한다.
- 진폭 및 위상 스펙트럼의 물리적 의미와 중요성을 이해한다.
- 파스발 정리를 비롯한 몇 가지 푸리에 급수의 주요 성질에 대해 알아본다.

정현파를 이용하여 주파수에 대한 신호의 표현을 찾는 방법은 푸리에Fourier가 처음으로 제안했다. 주기 신호는 같은 파형이 계속 반복되어 다루기가 편하며 정현파 자체도 주기 신호이므로, 이 절에서는 주기 신호를 대상으로 하는 푸리에 급수(FS)의 정의와 수학적 취급, 진폭 및 위상 스펙트럼의 역할과 의미에 대해서 살펴본다.

5.2.1 주기 신호와 푸리에 급수

기본 신호로 정현파를 채택하여 주파수에 대한 신호의 표현을 찾아내는 문제를 다룰 때, 같은 파형이 규칙적으로 반복되는 주기 신호가 무질서한 신호보다 다루기가 쉬우므로 우선적인 대상이 될 것이다. [그림 5-1]을 보면, 주기 신호들은 파형이 서로 다름에도 불구하고 공통된 특징을 가지고 있는데, 주기 신호는 자신과 같은 주기를 갖는 정현파(기본파)와 그 정현파 주파수의 정수 배 주파수를 갖는 정현파(고조파)들로만 이루어져 있다. 즉 주기 신호는 기본 주파수의 정수 배인 주파수 성분만 가진다는 것이다. [그림 5-1]과 같이 간단히 몇 개의 정현파로 이루어진 주기 신호도 있지만, 일반화하게 되면 수없이 많은 정현파들이 더해진 것으로 나타낼 수 있으므로 무한급수 형태를 띠게 된다. 이것이 바로 푸리에 급수이다.

푸리에 급수(FS)

- **푸리에 급수(FS)**Fourier Series는 주기 신호를 기본파와 고조파들의 합으로 나타낸 것으로 무한급수 형태가 된다.

$$x(t) = \text{직류}(DC) + \text{기본파}(\cos\text{항} + \sin\text{항}) + \text{고조파들}(\cos\text{항} + \sin\text{항}) \tag{5.4}$$
$$= a_0 + \sum_{k=1}^{\infty} a_k \cos(k\omega_0 t) + \sum_{k=1}^{\infty} b_k \sin(k\omega_0 t)$$

- **기본파** fundamental wave는 주기 신호와 같은 주기(T)를 갖는 정현파이다.
- **고조파** harmonics는 기본파의 주파수인 기본 주파수의 정수 배 주파수를 갖는 정현파이다. 즉 k고조파는 주파수가 $kf_0(k\omega_0,\ k=2,3,4,\cdots)$인 고조파이다.
- **기본 주파수** fundamental frequency는 기본파의 주파수로서 $f_0=\dfrac{1}{T}\left(\omega_0=\dfrac{2\pi}{T}\right)$이다.

식 (5.4)의 푸리에 급수 표현의 등식이 항상 성립하기 위해서는 유한한 값을 갖도록 푸리에 급수가 수렴해야 한다. 푸리에 급수의 수렴 조건을 **디리클레** Dirichlet **조건**이라고 하는데, 우리가 실제로 사용하는 거의 모든 물리적인 주기 신호는 이 수렴 조건을 만족한다.

푸리에 급수의 수렴 조건 : 디리클레 조건

❶ 신호의 한 주기 내에서 $x(t)$는 절대 적분 가능 absolutely integrable해야 한다.

$$\int_T |x(t)|\,dt < \infty \tag{5.5}$$

$\int_T$는 한 주기에 대한 적분으로 시작점 위치에 무관하게 같은 결과가 얻어진다.

❷ 신호의 한 주기 내에 존재하는 극대·극소점의 수는 유한해야 한다.

❸ 신호의 한 주기 내에 존재하는 불연속점의 수는 유한해야 한다.

5.2.2 푸리에 급수의 세 가지 표현

식 (5.4)의 삼각함수 형식 푸리에 급수는 물리적으로 이해하기 쉽고 실제적이지만, 하나의 주파수에 사인파와 코사인파 두 개의 정현파가 대응되는 형태라 주파수 스펙트럼을 표시하기 쉽지 않다. 이론적 해석에서는 오일러 공식을 이용하여 식 (5.4)의 삼각함수 정현파를 복소 정현파로 바꾸어 얻어지는 (복소) 지수함수 형식 푸리에 급수를 주로 사용한다. 왜냐하면 이 형식이 삼각함수 형식보다 표현식과 계수 결정이 더 간결하고, 적분을 비롯한 수학적 조작과 취급이 훨씬 쉬우며, 푸리에 변환으로의 확장이 가능하기 때문이다.

식 (5.4)의 삼각함수 정현파를 복소 정현파로 바꾼 뒤 정리하면 다음과 같이 된다.

$$\begin{aligned} x(t) &= a_0+\sum_{k=1}^{\infty}\left(a_k\cos(k\omega_0 t)+b_k\sin(k\omega_0 t)\right) \\ &= a_0+\sum_{k=1}^{\infty}\left(a_k\frac{e^{jk\omega_0 t}+e^{-jk\omega_0 t}}{2}+b_k\frac{e^{jk\omega_0 t}-e^{-jk\omega_0 t}}{2j}\right) \\ &= a_0+\sum_{k=1}^{\infty}\left(\frac{a_k-jb_k}{2}e^{jk\omega_0 t}+\frac{a_k+jb_k}{2}e^{-jk\omega_0 t}\right) \\ &= \sum_{k=-\infty}^{\infty}X_k e^{jk\omega_0 t} \end{aligned} \tag{5.6}$$

여기서 계수 X_k는 복소수로서 다음과 같고, $X_k = X^*_{-k}$를 만족한다.

$$X_k = \begin{cases} \dfrac{1}{2}(a_k - jb_k), & k > 0 \\ a_0, & k = 0 \\ \dfrac{1}{2}(a_k + jb_k), & k < 0 \end{cases} \tag{5.7}$$

식 (5.6)의 (복소) 지수함수 형식 푸리에 급수 표현은 삼각함수 정현파 대신 복소 정현파 $e^{jk\omega_0 t}$을 기저 신호로 채택하여 복소 푸리에 계수 X_k로 주기 신호의 주파수 정보를 나타낸 것이다. 이때 X_k의 크기 $|X_k|$와 위상 $\angle X_k$가 곧 주파수 $k\omega_0$ 성분의 진폭과 위상이 된다.

또한 식 (5.4)에 삼각함수 합성 공식을 적용하면 다음과 같이 '하나의 주파수에 하나의 정현파만 대응'하는 표현을 얻을 수 있다(자세한 내용은 <심화학습 자료> 참조).

$$\begin{aligned} x(t) &= a_0 + \sum_{k=1}^{\infty}(a_k \cos(k\omega_0 t) + b_k \sin(k\omega_0 t)) \\ &= c_0 + \sum_{k=1}^{\infty} c_k \cos(k\omega_0 t + \phi_k) \end{aligned} \tag{5.8}$$

$$\begin{cases} c_0 = a_0 \\ c_k = \sqrt{a_k^2 + b_k^2}, & k = 1, 2, 3, \cdots \\ \phi_k = -\tan^{-1}\dfrac{b_k}{a_k}, & k = 1, 2, 3, \cdots \end{cases} \tag{5.9}$$

식 (5.8)의 푸리에 급수는 코사인파 성분의 진폭과 위상을 가지고 주기 신호의 주파수 정보를 나타내는 표현이지만, c_k와 ϕ_k를 직접 구하는 간편한 계산식이 없어 불편하다.

푸리에 계수의 결정

주기 신호를 식 (5.4) 또는 식 (5.6)의 푸리에 급수로 나타내는 것은 결국 **푸리에 계수**Fourier coefficients a_k, b_k 또는 X_k를 구하는 문제로 귀결된다. 푸리에 급수 표현에 사용되는 기저 신호인 (복소) 정현파는 직교성을 지니고 있어서 푸리에 계수를 쉽게 구할 수 있다.

함수의 내적과 직교성

- 두 함수 $f(t)$, $g(t)$의 **내적**은 다음과 같이 정의된다.

$$< f(t), g(t) > = \int_a^b f(t) \cdot g^*(t)\, dt \tag{5.10}$$

여기서 구간 $[a, b]$는 두 함수의 정의 구간이고, *는 복소 공액쌍을 나타낸다.

- 두 함수의 내적 $< f(t), g(t) > = 0$이면 두 함수가 **직교한다**고 한다.

복소 정현파의 직교성을 알아보기 위해 $e^{jk\omega_0 t}$와 $e^{jm\omega_0 t}$의 내적을 구하면 다음과 같다.

$$\int_0^T e^{jk\omega_0 t} e^{-jm\omega_0 t} dt = \int_0^T e^{j(k-m)\omega_0 t} dt = \begin{cases} \dfrac{1}{j(k-m)\omega_0}(e^{j(k-m)2\pi} - 1) = 0, & m \neq k \\ T, & m = k \end{cases} \tag{5.11}$$

그러므로 식 (5.6)의 양변을 $e^{jm\omega_0 t}$와 내적을 취하여 정리하면 다음과 같이 X_m이 구해진다.

$$X_m = \frac{1}{T}\int_0^T x(t) e^{-jm\omega_0 t} dt \tag{5.12}$$

식 (5.4)의 삼각함수 형식 푸리에 급수 표현의 푸리에 계수 a_k, b_k도 직교성을 이용하여 쉽게 구할 수 있다(자세한 내용은 〈심화학습 자료〉 참조). 식 (5.4), 식 (5.6), 식 (5.8)의 세 가지 푸리에 급수 표현을 [표 5-1]에 요약하여 나타내었다. 이들의 상호 관계 및 상호 변환에 대해 익숙해지도록 노력해야 한다.

[표 5-1] 주기 신호의 푸리에 급수 표현

형식	푸리에 급수	계수 계산	변환 공식
삼각함수	$x(t) = a_0 + \sum_{k=1}^{\infty} a_k \cos(k\omega_0 t) + \sum_{k=1}^{\infty} b_k \sin(k\omega_0 t)$	$a_0 = \frac{1}{T}\int_T x(t)\,dt$ $a_k = \frac{2}{T}\int_T x(t)\cos(k\omega_0 t)\,dt$ $b_k = \frac{2}{T}\int_T x(t)\sin(k\omega_0 t)\,dt$	$a_0 = c_0 = X_0$ $a_k = c_k \cos(\phi_k) = X_k + X_{-k}$ $b_k = -c_k \sin(\phi_k) = j(X_k - X_{-k})$
간결형 삼각함수	$x(t) = \sum_{k=0}^{\infty} c_k \cos(k\omega_0 t + \phi_k)$	$c_0 = a_0,\ \phi_0 = 0$ $c_k = \sqrt{a_k^2 + b_k^2}$ $\phi_k = -\tan^{-1}\left(\frac{b_k}{a_k}\right)$	$c_0 = X_0$ $c_k = 2\lvert X_k \rvert$ $\phi_k = \angle X_k$
지수함수	$x(t) = \sum_{k=-\infty}^{\infty} X_k e^{jk\omega_0 t}$	$X_k = \frac{1}{T}\int_T x(t) e^{-jk\omega_0 t}\,dt$	$X_0 = a_0 = c_0$ $X_k = \frac{c_k}{2} e^{j\phi_k} = \frac{1}{2}(a_k - jb_k)$ $X_{-k} = X_k^*$

[표 5-1]에서 알 수 있는 중요한 사실은, 푸리에 급수를 어떤 형태로 표현하더라도 주기 신호는 기본 주파수의 정수 배가 되는 주파수 성분만 가진다는 것이다.

예제 5-2 주기 신호의 푸리에 급수 표현

다음의 주기 신호에 대해 지수함수 형식 푸리에 급수 표현을 구하고 스펙트럼을 그려라.

$$x(t) = 1 + 4\cos\left(\pi t - \frac{\pi}{4}\right) - 2\sin(2\pi t) + \cos\left(3\pi t + \frac{\pi}{3}\right)$$

풀이

$x(t)$의 정현파 성분 3개의 주파수가 각각 π, 2π, 3π이므로, 이 주기 신호의 기본 주파수는 $\omega_0=\pi$이다. 따라서 $x(t)$는 DC, 기본파, 2고조파, 3고조파로 이루어진 신호이다. 신호가 정현파들로만 구성된 경우, 오일러 공식을 이용해 복소 정현파로 바꾸어 나타내는 것이 식 (5.12)의 적분 형태 푸리에 계수 계산보다 쉽고 간편하다.

$$
\begin{aligned}
x(t) &= 1+4\cos\left(\pi t-\frac{\pi}{4}\right)-2\sin(2\pi t)+\cos\left(3\pi t+\frac{\pi}{3}\right) \\
&= 1+2\left(e^{j\left(\pi t-\frac{\pi}{4}\right)}+e^{-j\left(\pi t-\frac{\pi}{4}\right)}\right)+j\left(e^{j2\pi t}-e^{-j2\pi t}\right)+\frac{1}{2}\left(e^{j\left(3\pi t+\frac{\pi}{3}\right)}+e^{-j\left(3\pi t+\frac{\pi}{3}\right)}\right) \\
&= \frac{1}{2}e^{-j\frac{\pi}{3}}e^{-j3\pi t}+e^{-j\frac{\pi}{2}}e^{-j2\pi t}+2e^{j\frac{\pi}{4}}e^{-j\pi t}+1+2e^{-j\frac{\pi}{4}}e^{j\pi t}+e^{j\frac{\pi}{2}}e^{j2\pi t}+\frac{1}{2}e^{j\frac{\pi}{3}}e^{j3\pi t}
\end{aligned}
$$

그런데 이보다 더 편리한 방법이 있다. 일단 각 정현파 성분이 몇 고조파에 해당하는지 확인한 후에, 먼저 $k>0$의 경우에 대해 $|X_k|$는 정현파 진폭의 반으로 두고, $\angle X_k$는 코사인 정현파이면 위상을 그대로, 사인 정현파이면 위상에 $-\frac{\pi}{2}$를 더한 값으로 구한다. $(-1)=e^{\pm j\pi}$로 두면 된다. 그런 다음 $k<0$에 대해서는 $X_k=X_{-k}^*$의 관계를 이용하여 $|X_{-k}|=|X_k|$, $\angle X_{-k}=-\angle X_k$로 구하면 된다. 스펙트럼은 이를 그대로 그리면 되고, 푸리에 계수 X_k는 극좌표 형식 $X_k=|X_k|e^{j\angle X_k}$로 구해주면 된다. 이렇게 구한 스펙트럼은 [그림 5-6]과 같고, 푸리에 계수는 다음과 같다.

$$
\begin{cases}
X_{-3}=0.5e^{-j\frac{\pi}{3}} & X_3=0.5e^{j\frac{\pi}{3}} \\
X_{-2}=e^{-j\frac{\pi}{2}} & X_2=e^{j\frac{\pi}{2}} \\
X_{-1}=2e^{j\frac{\pi}{4}} & X_1=2e^{-j\frac{\pi}{4}} \\
X_0=1 & X_k=0,\ \text{그 외}
\end{cases}
$$

이로부터 다음과 같이 푸리에 급수 표현을 얻을 수 있다.

$$
x(t)=\frac{1}{2}e^{-j\frac{\pi}{3}}e^{-j3\omega_0 t}+e^{-j\frac{\pi}{2}}e^{-j2\omega_0 t}+2e^{j\frac{\pi}{4}}e^{-j\omega_0 t}+1+2e^{-j\frac{\pi}{4}}e^{j\omega_0 t}+e^{j\frac{\pi}{2}}e^{j2\omega_0 t}+\frac{1}{2}e^{j\frac{\pi}{3}}e^{j3\omega_0 t}
$$

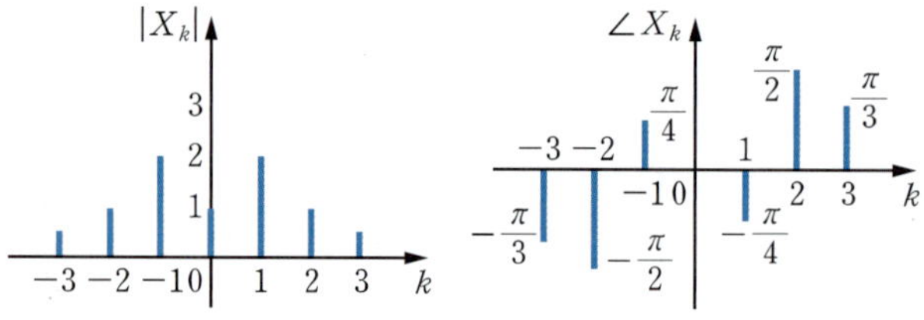

[그림 5-6] [예제 5-2]의 신호 $x(t)$의 스펙트럼

[그림 5-6]의 스펙트럼을 보면 진폭 스펙트럼은 우대칭, 위상 스펙트럼은 기대칭을 만족하는 것을 볼 수 있는데, 실수 신호의 스펙트럼은 이러한 대칭성을 지닌다.

예제 5-3 사각 펄스 주기 신호의 푸리에 급수 전개

[그림 5-7]의 사각 펄스 주기 신호에 대해 (a) 삼각함수 형식 (b) 지수함수 형식 푸리에 급수 표현을 구하라.

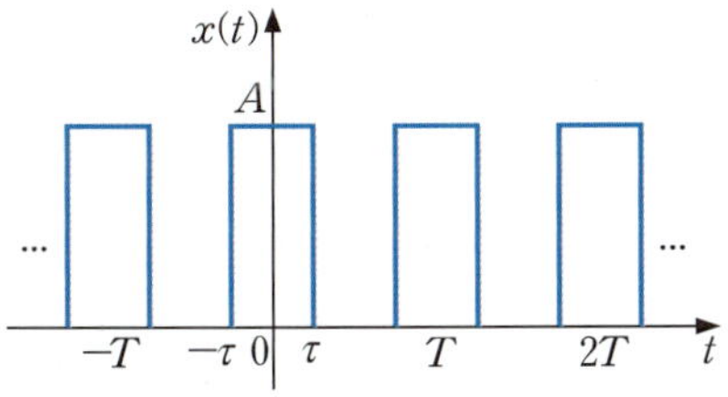

[그림 5-7] [예제 5-3]의 사각 펄스 주기 신호

풀이

(a) 주기 신호의 한 주기 적분은 적분 구간의 시작점에 상관없이 그 값이 같다. 주어진 신호의 파형이 우대칭이므로 적분 구간을 $[-T/2,\ T/2]$로 하여 삼각함수 형식의 푸리에 급수 표현의 계수를 계산하면 다음과 같이 된다.

$$a_0 = \frac{1}{T}\int_{-\tau}^{\tau} A dt = \frac{2A\tau}{T}$$

$$a_k = \frac{2}{T}\int_{-\tau}^{\tau} A\cos(k\omega_0 t)\,dt = \frac{2A}{T}\frac{1}{k\omega_0}\sin(k\omega_0 t)\Big|_{-\tau}^{\tau}$$

$$= \frac{4A\tau}{T}\frac{\sin(k\omega_0\tau)}{k\omega_0\tau} = \frac{4A\tau}{T}\mathrm{sinc}(2kf_0\tau) = \frac{4A\tau}{T}\mathrm{sinc}\left(\frac{2k\tau}{T}\right)$$

$$b_k = \frac{2}{T}\int_{-\tau}^{\tau} A\sin(k\omega_0 t)\,dt = 0$$

따라서 $x(t)$의 삼각함수 형식 푸리에 급수 표현은 다음과 같이 구해진다.

$$x(t) = \frac{2A\tau}{T} + \frac{4A\tau}{T}\sum_{k=1}^{\infty}\mathrm{sinc}\left(\frac{2k\tau}{T}\right)\cos(k\omega_0 t)$$

위의 결과는 그 자체로 간결형 삼각함수 형식의 푸리에 급수 표현이기도 하다.

(b) 지수함수 형식의 푸리에 급수 표현의 계수 X_k는 다음과 같이 계산된다.

$$X_k = \frac{1}{T}\int_{-\tau}^{\tau} Ae^{-jk\omega_0 t}dt = \frac{A}{T}\left(-\frac{1}{jk\omega_0}\right)e^{-jk\omega_0 t}\Big|_{-\tau}^{\tau}$$

$$= \frac{A}{T}\left(-\frac{1}{jk\omega_0}\right)\left(e^{-jk\omega_0\tau} - e^{jk\omega_0\tau}\right) = \frac{2A}{k\omega_0 T}\sin(k\omega_0\tau)$$

$$= \frac{2A\tau}{T}\frac{1}{k\omega_0\tau}\sin(k\omega_0\tau) = \frac{2A\tau}{T}\mathrm{sinc}(2kf_0\tau) = \frac{2A\tau}{T}\mathrm{sinc}\left(\frac{2k\tau}{T}\right)$$

따라서 $x(t)$의 지수함수 형식의 푸리에 급수는 다음과 같다.

$$x(t) = \frac{2A\tau}{T} \sum_{k=-\infty}^{\infty} \text{sinc}\left(\frac{2k\tau}{T}\right) e^{jk\omega_0 t} \tag{5.13}$$

[그림 5-8]에 $\tau = \frac{T}{10}$일 때의 푸리에 계수 X_k를 나타내었다. 사각 펄스 신호의 푸리에 계수(스펙트럼)는 sinc 함수가 된다는 사실은 잘 기억해 둘 필요가 있다.

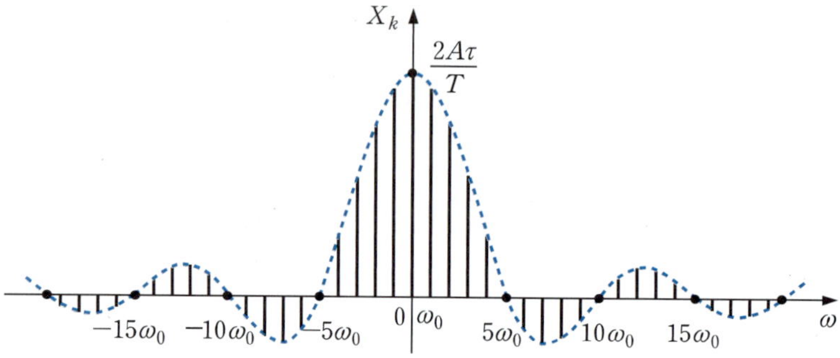

[그림 5-8] 사각 펄스 주기 신호의 푸리에 계수(스펙트럼) $\left(\tau = \frac{T}{10}\right)$

신호가 실수이면서 우대칭일 경우에는 푸리에 계수 X_k가 실수가 된다. 푸리에 계수가 실수인 경우에는 [그림 5-8]과 같이 그림으로 나타낼 수 있으므로 간편하게 이를 그리고 (푸리에) 스펙트럼이라고 하기도 하지만 진폭 스펙트럼과 위상 스펙트럼을 따로 나타내는 것이 일반적이다. 그 경우 진폭 스펙트럼은 [그림 5-8]의 X_k의 값이 음인 부분을 꺾어 올리면 된다. 그리고 위상 스펙트럼은 꺾어 올린 부분에서 $\pm\pi$가 되도록 그리되 기대칭이 되도록 그리면 된다.

5.2.3 푸리에 급수와 스펙트럼

푸리에 급수 표현은 시간 영역 표현과 주파수 영역 표현을 연결해주는 다리와 같다. [그림 5-9(a)]는 시간축 정보 $x(t)$로부터 주파수축 정보 $X(\omega)(X_k)$를 구하는 **주파수 분석(분해)** 과정을, [그림 5-9(b)]는 주파수축 정보 $X(\omega)$를 이용하여 시간축 정보 $x(t)$를 생성하는 **주파수 합성** 과정을 표시한 것이다.

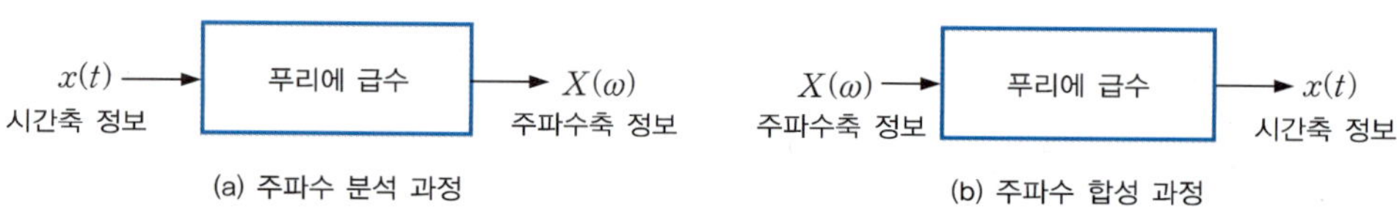

[그림 5-9] 푸리에 급수에 의한 주파수 분석 및 합성

주파수 분석과 주파수 합성

- **주파수 분석(분해)**은 신호로부터 스펙트럼을 구하는 과정이다.

$$X_k = \frac{1}{T}\int_T x(t)e^{-jk\omega_0 t}dt$$

- **주파수 합성**은 스펙트럼에 표현된 그대로 정현파들을 합하여 신호를 만드는 과정이다.

$$x(t) = \sum_{k=-\infty}^{\infty} X_k e^{jk\omega_0 t}$$

예제 5-4 주파수 분석 – 임펄스열 주기 신호의 스펙트럼

[그림 5-10]의 임펄스열 주기 신호의 스펙트럼을 구하라.

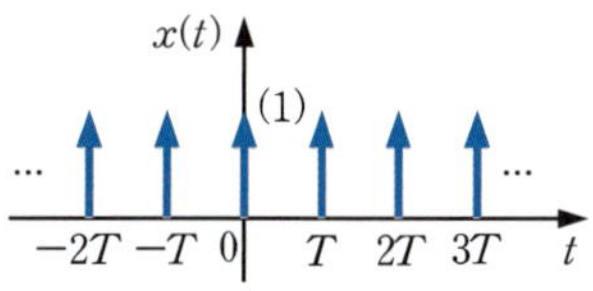

[그림 5-10] 임펄스열 신호

풀이

임펄스열의 주기는 T이고 기본 주파수는 $\omega_0 = \dfrac{2\pi}{T}$이다. 푸리에 계수를 구하면 다음과 같다.

$$X_k = \frac{1}{T}\int_{-\frac{T}{2}}^{\frac{T}{2}} x(t)e^{-jk\omega_0 t}dt = \frac{1}{T}\int_{-\frac{T}{2}}^{\frac{T}{2}} \delta(t)e^{-jk\omega_0 t}dt = \frac{1}{T}$$

이때 마지막 등식은 임펄스 함수의 체 거르기 성질을 적용하여 얻어진 것이다. 따라서 임펄스열 신호의 스펙트럼은 진폭과 위상이 $|X_k| = \dfrac{1}{T}$, $\angle X_k = 0$이 된다. 위상이 0이므로 진폭 스펙트럼만 나타내면 [그림 5-11]과 같다.

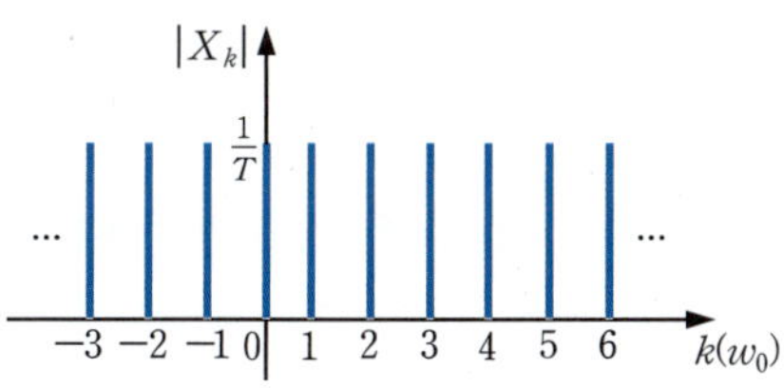

[그림 5-11] 임펄스열 신호의 진폭 스펙트럼

예제 5-5 주파수 합성

[그림 5-12]는 어떤 주기 신호 $x(t)$의 스펙트럼이다. 주기 신호 $x(t)$를 구하라.

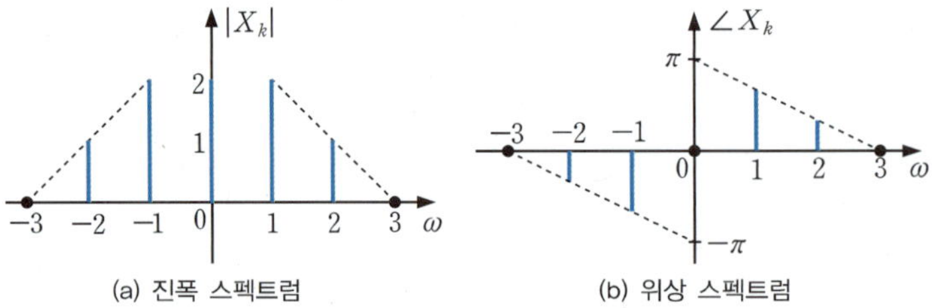

[그림 5-12] [예제 5-5]의 주기 신호 $x(t)$의 스펙트럼

풀이

[그림 5-12]로부터 기본 주파수는 $\omega_0 = 1$이다. 그런데 식 (5.6)으로부터 바로 물리적인 신호를 만들 수는 없다. 따라서 오일러 공식에 의해 복소 정현파를 코사인파로 바꾸거나, 스펙트럼으로부터 코사인파의 진폭($c_k = 2|X_k|$)과 위상($\phi_k = \angle X_k$)을 구하여 신호를 합성해야 한다.

[그림 5-12]에서 신호가 DC, 기본파, 2고조파로 이루어짐을 알 수 있고, 각각의 진폭은 $|X_0| = 2$, $2|X_1| = 4$, $2|X_2| = 2$, 위상은 $\angle X_1 = \frac{2\pi}{3}$, $\angle X_2 = \frac{\pi}{3}$이다. 따라서 정현파의 합으로 표현된 주기 신호 $x(t)$는 다음과 같다.

$$x(t) = 2 + 4\cos\left(t + \frac{2\pi}{3}\right) + 2\cos\left(2t + \frac{\pi}{3}\right)$$

푸리에 급수에 의해 주기 신호는 오직 기본 주파수의 정수 배 주파수를 갖는 (복소) 정현파 성분들로만 쪼개어진다. 이 정현파 성분들을 주파수에 대해 나타낸 것이 스펙트럼이다. 스펙트럼은 추상적인 주파수 개념과 관련된 신호의 성질을 시각적으로 보여준다는 점에서 매우 유용하다.

주기 신호의 스펙트럼

- 주기 신호의 **스펙트럼**은 모든 (복소) 정현파 성분의 진폭과 위상을 주파수에 대해 표시한 것으로, 푸리에 급수 표현에서 푸리에 계수 X_k의 크기(진폭) $|X_k|$와 위상 $\angle X_k$을 주파수 $\omega(f)$에 대해 나타내면 된다.
- 주기 신호의 스펙트럼은 기본 주파수의 정수 배에서만 값을 가지므로 주파수에 대해 불연속적이며 그래프에서 선으로 표시된다. 따라서 **선**line **스펙트럼**이라고 한다.

진폭 스펙트럼의 역할

- 진폭 스펙트럼은 신호가 갖는 다양한 주파수 성분의 양(정현파의 진폭)을 나타낸다.
- 진폭 스펙트럼은 통상 저주파에서 고주파로 갈수록 값이 감쇠하는 양상을 보인다.
- 파형의 시간적 변화가 완만한smooth 신호는 진폭 스펙트럼의 감쇠가 급격하고, 반대로 시간적으로 파형이 급격한 변화를 보이는 신호는 진폭 스펙트럼의 감쇠가 완만하다.
- 파형 변화가 가장 완만한 신호는 정현파이다. 그러므로 신호의 파형이 정현파에 가까울수록 주파수 증가에 따른 진폭 스펙트럼의 감쇠가 더 빠르고 급해진다.

파형 변화가 급하지 않고 비교적 매끄러운 신호라면, 신호의 대략적인 모양을 만들어주는 몇 개의 두드러진 낮은 주파수의 정현파와 세부적인 변화를 맞추어주는 작은 값의 높은 주파수의 정현파들만으로 신호를 만들 수 있다. 이 때문에 진폭 스펙트럼은 주파수 증가에 따라 빠르게 감쇠하게 된다. 극단적인 예로 정현파의 경우에는 기본 주파수 ω_0에서만 진폭 스펙트럼의 값이 나타난다. 반면에, 값이 빠르게 변하거나 불연속점을 갖는 사각 펄스처럼 급격한 변화를 포함하는 신호는 이를 맞춰내기 위해 많은 주파수 성분이 필요할 뿐 아니라 고주파 성분의 크기도 상대적으로 무시할 수 없게 된다. 따라서 진폭 스펙트럼은 주파수 증가에 따라 느리게 감쇠할 것이고, 신호를 근사적으로 합성할 때 오차를 작게 하려면 많은 수의 푸리에 급수 항, 즉 높은 주파수 성분들이 필요하다.

사각 펄스 주기 신호는 [예제 5-3]에서 본 것처럼, 푸리에 급수로 전개하면 무한 개의 주파수 성분을 가진다. [그림 5-13]은 고조파들을 차례로 더하여 사각 펄스 신호를 합성하는 과정을 보인 것이다. 그림에서 보면, 3개의 고조파만 더해져도 사각 펄스와 비슷한 모양을 갖추지만, 아직 불연속점의 날카로운 모서리가 나타나지 않는다. 왜냐하면 날카로운 모서리를 구현하기 위해서는 급격히 변하는(고주파) 성분이 필요하기 때문이다. 고조파의 수를 점차 늘림에 따라 모서리는 서서히 날카로워져서 사각 펄스에 더욱 가까워진다.

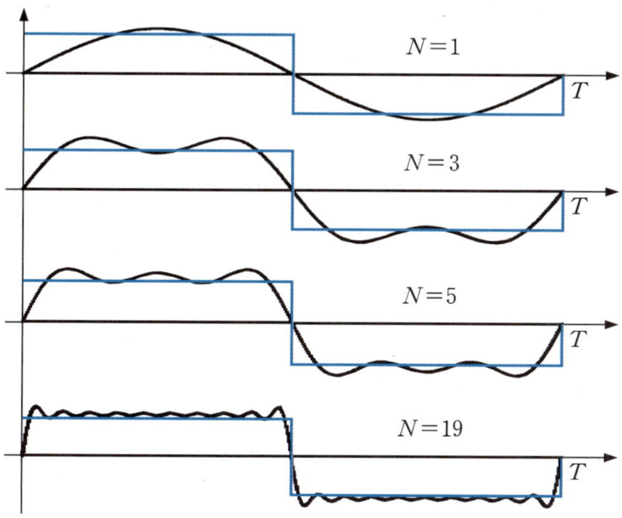

[그림 5-13] 주파수 합성에 의한 사각 펄스 신호의 근사화

Tip & Note 깁스 현상

고조파를 사용해 사각 펄스 주기 신호를 근사적으로 합성할 때 특이한 현상을 관찰할 수 있다. [그림 5-13]에서 보듯이 합성 신호 파형에는 공통되게 작은 **맥동**ripple이 있으며 불연속점 부근에서 불연속 크기의 약 9%의 오버슈트가 생긴다. 고조파의 수를 아무리 늘리더라도, 불연속점 부근의 오버슈트는 크기가 변하지 않고 맥동은 고조파 수에 비례하여 크기가 줄고 진동이 더 빨라질 뿐으로, 이를 깁스Gibbs 현상이라고 한다. 깁스 현상의 원인은, 실제로는 불연속점에서 주기 신호의 값을 정의할 수 없음에도 푸리에 급수 표현에서는 불연속의 중간으로 값이 정해져 불일치가 생기기 때문이다(자세한 내용은 〈심화학습 자료〉 참조).

위상 스펙트럼의 역할

위상 스펙트럼은 정현파로 표시된 주파수 성분의 시간축 상의 위치를 표시한다. 따라서 진폭 스펙트럼이 같더라도 위상 스펙트럼이 다르면 합성되는 신호의 파형이 달라진다.

- 진폭 스펙트럼이 같더라도 위상 스펙트럼이 다르면 합성 신호는 달라진다.
- 시간축에서 모든 주파수 성분의 시간 이동이 똑같으면 합성된 파형이 변하지 않을 것이다. 이것은 위상이 주파수에 직선적으로 비례하는 선형 위상 조건임을 의미한다.
- 불연속점을 갖는 주기 신호는 불연속점에서 모든 고조파 성분이 동일한 부호 변화를 보이며, 영점을 통과하도록 위상이 일치해야 한다.

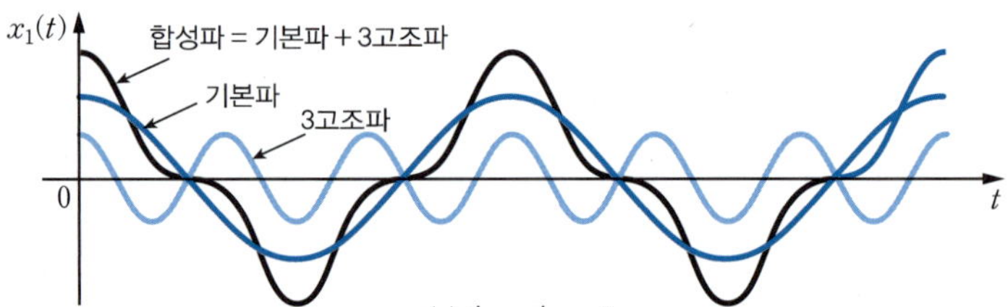

(a) $\phi_1 = \phi_3 = 0$

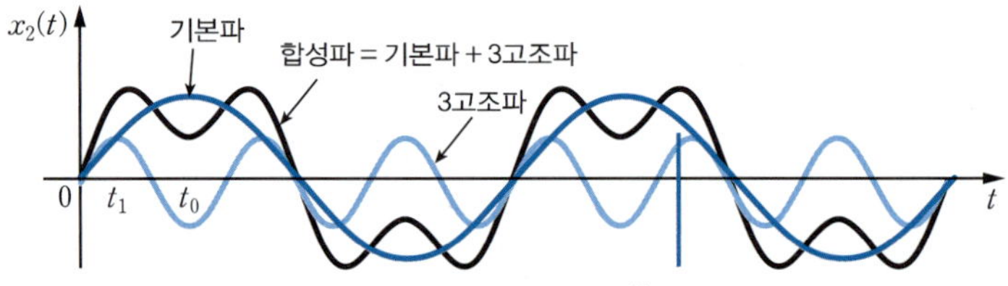

(b) $\phi_1 = \phi_3 = -\frac{\pi}{2}$

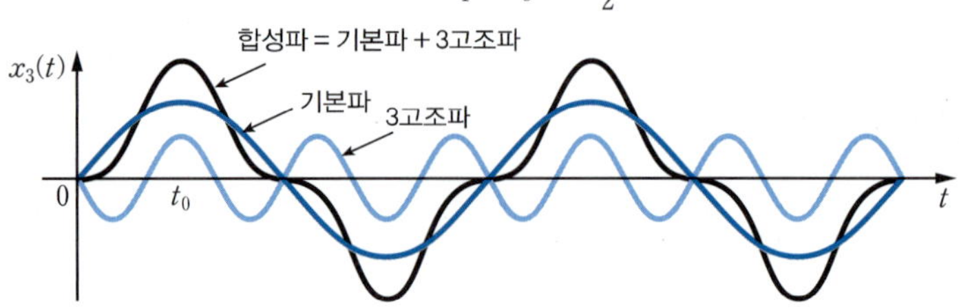

(c) $3\phi_1 = \phi_3 = -t_0\omega$

[그림 5-14] 신호 파형에 대한 위상 스펙트럼의 영향

[그림 5-14]의 신호는 모두 기본파와 3고조파가 더해져서 만들어진 것으로, 주파수 성분의 진폭은 같으나 위상이 다른 경우이다. [그림 5-14(a)]의 $x_1(t)$는 기본파와 고조파의 위상이 $\phi_1 = \phi_3 = 0$으로 코사인파인 신호이고, [그림 5-14(b)]의 $x_2(t)$는 기본파와 고조파 모두 위상이 $\phi_1 = \phi_3 = -\pi/2$로 사인파인 신호로 파형이 $x_1(t)$와 다르다. 그 까닭은 기본파와 고조파의 위상은 같지만, 위상에 상응하는 시간 값이 기본파는 $t_0(=3t_1)$, 3고조파는 t_1으로 각 주파수 성분들의 시간 이동 값이 같지 않기 때문이다. 그런데 [그림 5-14(c)]와 같이 기본파와 3고조파가 같은 시간 값 t_0만큼 이동하게 되면 신호의 파형은 그대로 유지될 것이다. $x_3(t)$는 기본파의 위상이 $\phi_1 = -t_0\omega_0$, 3고조파의 위상은 $\phi_3 = 3\phi_1$으로 위상이 주파수에 비례한다. 다시 말해 위상 스펙트럼이 기울기가 $-t_0$인 직선 $\phi = -t_0\omega$(선형 위상)가 된다.

위상 스펙트럼도 중요한 또 다른 이유는 불연속점과 같은 급격한 변화가 있는 신호를 통해 살펴볼 수 있는데, 불연속점에서 모든 고조파 성분이 동일한 부호 변화를 보이며 영점을 통과하도록 위상이 일치해야만 모든 고조파에서 일어나는 이러한 부호 변화가 더해져서 날카로운 변화가 생기게 되어 불연속점이 형성된다는 것이다(자세한 내용은 〈심화학습 자료〉 참조).

예제 5-6 진폭 및 위상 스펙트럼의 중요성

주파수가 각각 1[Hz]와 2[Hz]인 코사인파의 진폭과 위상을 각각 달리하여 더해서 주기 1인 주기 신호를 다음과 같이 만들었다. 이 신호들의 파형을 그리고 비교하라.

$$x_1(t) = 2\cos(2\pi t) + \cos(4\pi t)$$

$$x_2(t) = \cos(2\pi t) + 2\cos(4\pi t)$$

$$x_3(t) = 2\cos(2\pi t) + \cos\left(4\pi t - \frac{2\pi}{3}\right)$$

$$x_4(t) = 2\cos(2\pi t) + 2\cos\left(4\pi t - \frac{4\pi}{3}\right)$$

풀이

4개의 신호는 모두 기본파와 2고조파를 더해 합성한 신호이다. $x_1(t)$를 기준으로, $x_2(t)$는 두 주파수 성분의 진폭을 다르게 한 것이고, $x_3(t)$는 2고조파의 위상을 달리 한 것이며, $x_4(t)$는 2고조파의 진폭과 위상을 달리 한 것이다. [그림 5-15]는 4개 신호의 주파수 성분과 합성 파형과 스펙트럼을 나타낸 것이다. 그림에서 보듯이 같은 주파수 성분을 갖더라도 진폭과 위상의 변화에 따라 합성되는 파형은 완전히 달라진다.

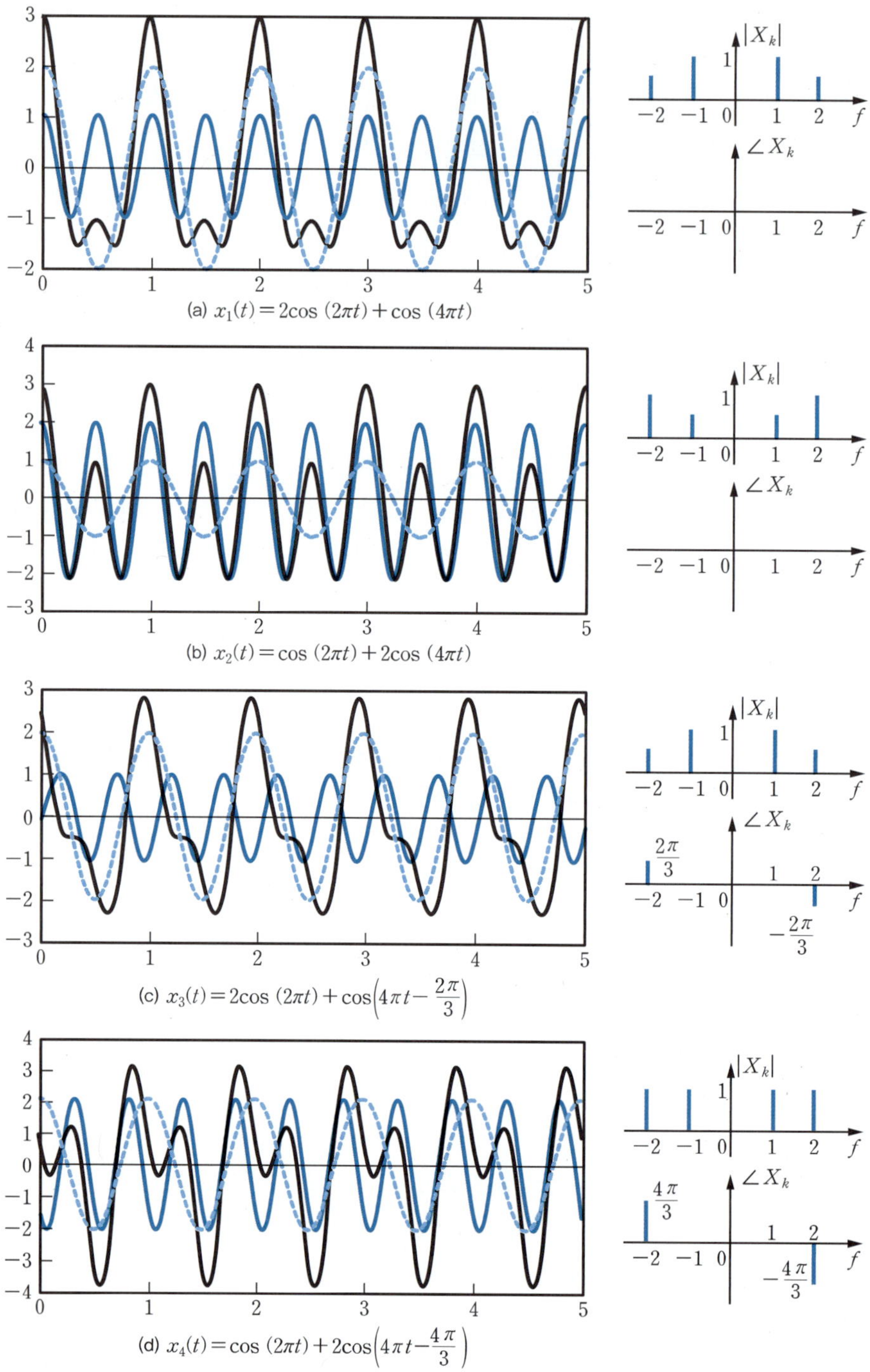

(a) $x_1(t) = 2\cos(2\pi t) + \cos(4\pi t)$

(b) $x_2(t) = \cos(2\pi t) + 2\cos(4\pi t)$

(c) $x_3(t) = 2\cos(2\pi t) + \cos\left(4\pi t - \frac{2\pi}{3}\right)$

(d) $x_4(t) = \cos(2\pi t) + 2\cos\left(4\pi t - \frac{4\pi}{3}\right)$

[그림 5-15] 진폭과 위상에 따른 합성 파형의 변화

이상의 논의로부터 알 수 있듯이, 주파수 성분의 진폭과 위상을 함께 적절히 조합해야 임의의 주기 신호 $x(t)$를 합성할 수 있으며, 이 고유한 조합이 바로 푸리에(주파수) 스펙트럼이다.

5.2.4 푸리에 급수의 주요 성질

신호를 처리할 때 직류 오프셋이 더해지거나 시간 지연이 발생하는 경우가 종종 있다. 직류 오프셋을 더하는 것은 신호가 수직축을 따라 상하로 이동하는 동작이고, 시간 지연은 수평축을 따라 좌우로 이동하는 동작에 해당한다.

- 신호의 진폭 이동 : 진폭 스펙트럼의 DC 성분만 바뀌고, 나머지 기본파와 고조파의 스펙트럼(진폭 및 위상)은 변하지 않는다.
- 신호의 시간 이동 : 진폭 스펙트럼은 변하지 않으나, 위상 스펙트럼은 시간 이동 값에 비례하여(즉 선형적으로) 변하게 된다.

a만큼 진폭 이동(상하 이동)된 신호 $y(t)=x(t)+a$의 푸리에 급수는 다음과 같이 되어, 진폭 스펙트럼의 직류 성분만 X_0에서 $Y_0=X_0+a$로 바뀐다.

$$y(t)=x(t)+a=\sum_{k=-\infty}^{\infty} Y_k e^{jk\omega_0 t}=\sum_{k=-\infty}^{-1} X_k e^{jk\omega_0 t}+(X_0+a)+\sum_{k=1}^{\infty} X_k e^{jk\omega_0 t} \quad (5.14)$$

또한 t_0만큼 시간 이동(좌우 이동)된 신호 $y(t)=x(t-t_0)$의 푸리에 급수는 다음과 같다.

$$y(t)=x(t-t_0)=\sum_{k=-\infty}^{\infty} Y_k e^{jk\omega_0 t}=\sum_{k=-\infty}^{\infty} X_k e^{jk\omega_0 (t-t_0)}=\sum_{k=-\infty}^{\infty} e^{-jk\omega_0 t_0} X_k e^{jk\omega_0 t} \quad (5.15)$$

즉 $Y_k=e^{-jk\omega_0 t_0}X_k$이므로 $|Y_k|=|X_k|$, $\angle Y_k=\angle X_k-k\omega_0 t_0$가 되어, 진폭 스펙트럼은 변화 없이 위상 스펙트럼만 시간 이동 값 $-t_0$를 기울기로 하여 직선적으로 감소하게 된다.

예제 5-7 파형 이동과 스펙트럼 – 구형파와 방형파의 스펙트럼

파형의 이동에 따른 스펙트럼의 변화 성질을 이용하여, [그림 5-16(a)]의 사각 펄스(구형파)의 푸리에 계수로부터 [그림 5-16(b)]의 방형파의 푸리에 계수를 구하라.

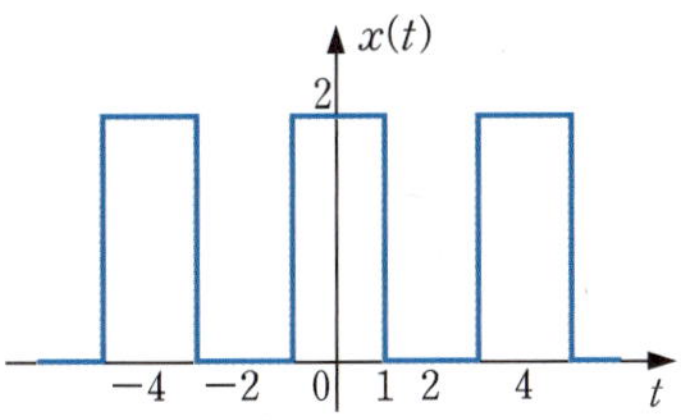

(a) 구형파

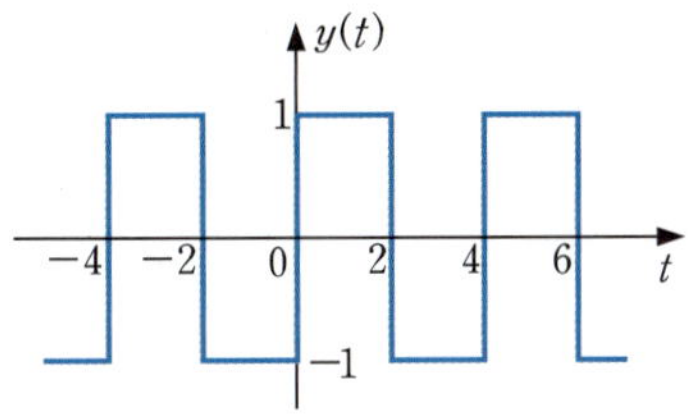

(b) 방형파

[그림 5-16] 구형파와 방형파 주기 신호

풀이

[그림 5-16(a)]의 구형파 $x(t)$는 [예제 5-3]의 사각 펄스에서 $A=2$, $T=4$, $\tau=1$인 경우이므로,

푸리에 계수는 다음과 같이 된다.

$$X_k = \frac{2A\tau}{T}\text{sinc}\left(\frac{2k\tau}{T}\right) = \text{sinc}\left(\frac{k}{2}\right)$$

[그림 5-16(b)]의 방형파 $y(t)$는 $x(t)$를 수직축으로 $a=-1$만큼 이동시키고, $t_0=1$만큼 시간 지연시킨 것과 같다. 따라서 두 신호의 관계는 $y(t)=x(t-1)-1$이 되고, $y(t)$의 스펙트럼은 $x(t)$의 스펙트럼에서 진폭 스펙트럼의 DC 성분 및 위상 스펙트럼이 달라진다. 그러므로 방형파 $y(t)$의 푸리에 계수 Y_k는 X_k로부터 식 (5.14)와 식 (5.15)의 관계를 이용하여 $Y_0=X_0-1$, $Y_k=e^{-j\frac{\pi}{2}k}X_k$로 구할 수 있다.

$$\begin{aligned} Y_0 &= X_0 - 1 = \text{sinc}(0) - 1 = 1 - 1 = 0 \\ Y_k &= e^{-j\frac{\pi}{2}k}X_k = e^{-j\frac{\pi}{2}k}\text{sinc}\left(\frac{k}{2}\right) = e^{-j\frac{\pi}{2}k}\frac{2}{k\pi}\sin\left(\frac{k\pi}{2}\right) \\ &= \frac{2}{k\pi}e^{-j\frac{\pi}{2}k}\frac{e^{j\frac{\pi}{2}k}-e^{-j\frac{\pi}{2}k}}{j2} = -j\frac{1}{k\pi}(1-e^{-j\pi k}) = \begin{cases} -j\dfrac{2}{k\pi}, & k=\text{홀수} \\ 0, & k=\text{짝수} \end{cases} \end{aligned}$$

주기 신호는 전력이 유한한 전력 신호이다. 주기 신호를 푸리에 급수로 표현하면, 기저 신호로 사용되는 (복소) 정현파의 직교성 때문에 전력에 대해 **파스발**Parseval **정리**가 성립한다.

파스발 정리

$$P = \frac{1}{T}\int_T |x(t)|^2\,dt = \sum_{k=-\infty}^{\infty}|X_k|^2 \tag{5.16}$$

- 주기 신호의 전력은 시간 영역에서 구하나 주파수 영역에서 구하나 마찬가지이다.
- 서로 다른 주파수 성분 간에는 전력이 전혀 만들어지지 않는다. 그러므로 주기 신호의 전력은 각 고조파 성분의 전력을 합하면 된다.

식 (5.16)이 성립하는 것은 다음과 같이 쉽게 보일 수 있다.

$$\begin{aligned} P &= \frac{1}{T}\int_T |x(t)|^2\,dt = \frac{1}{T}\int_T\left|\sum_{k=-\infty}^{\infty}X_k e^{jk\omega_0 t}\right|^2 dt \\ &= \frac{1}{T}\int_T\left(\sum_{k=-\infty}^{\infty}X_k e^{jk\omega_0 t}\right)\left(\sum_{m=-\infty}^{\infty}X_m^* e^{-jm\omega_0 t}\right)dt \\ &= \frac{1}{T}\sum_{k=-\infty}^{\infty}\int_T\left(\sum_{m=-\infty}^{\infty}X_k X_m^* e^{jk\omega_0 t}e^{-jm\omega_0 t}\right)dt \\ &= \frac{1}{T}\sum_{k=-\infty}^{\infty}X_k X_k^* T = \sum_{k=-\infty}^{\infty}|X_k|^2 \end{aligned} \tag{5.17}$$

그런데 $X_{-k} = X_k^*$ 로부터 $|X_{-k}| = |X_k|$ 이고, 간결형 삼각함수 푸리에 급수의 표현식인 식 (5.8)로부터 k고조파 코사인파의 진폭 $c_k = 2|X_k|$, 실횻값 $\bar{c}_k = \sqrt{2}|X_k|$(단, $c_0 = \bar{c}_0 = X_0$)이므로, 식 (5.16)은 다음과 같이 다시 쓸 수 있다.

$$P = \sum_{k=-\infty}^{\infty} |X_k|^2 = |X_0|^2 + \sum_{k=1}^{\infty} 2|X_k|^2 \tag{5.18}$$

$$P = c_0^2 + \sum_{k=1}^{\infty} \left(\frac{c_k}{\sqrt{2}}\right)^2 = \sum_{k=0}^{\infty} \bar{c}_k^2 = \sum_{k=0}^{\infty} P_k \tag{5.19}$$

식 (5.16)에서 $|X_k|^2$은 신호의 전력이 주파수 성분별로 어떻게 분포되어 있는지를 알려주므로 **전력 스펙트럼**power spectrum이라고 부른다.

예제 5-8 푸리에 급수 표현에 의한 주기 신호의 전력 – 파스발 정리

다음과 같이 푸리에 급수로 나타낸 주기 신호 $x(t)$의 전력을 계산하라.

$$x(t) = 4 + 3\sqrt{2}\cos(2\pi t) + 2\sqrt{2}\cos(4\pi t) + \sqrt{2}\cos(6\pi t)$$

풀이

주어진 신호는 주기 $T=1$, 기본 주파수 $\omega_0 = 2\pi$인 주기 신호로, DC 성분과 기본파, 2고조파, 그리고 3고조파로 이루어진 신호이다. 신호의 전력을 직접 계산하려면 다음과 같이 적분을 수행해야 한다.

$$P = \frac{1}{T}\int_T |x(t)|^2 dt = \int_T \left(4 + 3\sqrt{2}\cos(2\pi t) + 2\sqrt{2}\cos(4\pi t) + \sqrt{2}\cos(6\pi t)\right)^2 dt$$

위의 적분 계산은 복잡하고 까다로우므로, 파스발 정리를 이용하여 스펙트럼으로부터 전력을 계산하는 것이 훨씬 낫다. 각 주파수 성분의 푸리에 계수는 $X_0 = 4$, $X_1 = 1.5\sqrt{2}$, $X_2 = \sqrt{2}$, $X_3 = 0.5\sqrt{2}$ 이므로 식 (5.18)에 의해 $x(t)$의 전력은 다음과 같이 계산한다.

$$P = \sum_{k=-3}^{3} |X_k|^2 = 4^2 + 2\{(1.5\sqrt{2})^2 + (\sqrt{2})^2 + (0.5\sqrt{2})^2\} = 30$$

이보다는 식 (5.19)를 이용하여 각 고조파의 전력을 합하는 것이 좀 더 간편하다. $x(t)$의 각 고조파 성분의 실효값은 $\bar{c}_0 = 4, \bar{c}_1 = 3, \bar{c}_2 = 2, \bar{c}_3 = 1$이므로, 전력은 다음과 같이 구할 수 있다.

$$P = \sum_{k=0}^{3} \bar{c}_k^2 = 4^2 + 3^2 + 2^2 + 1^2 = 30$$

SECTION

5.3 푸리에 변환

학습포인트

- 푸리에 급수로부터 푸리에 변환(FT)을 유도하는 과정에 대해 이해한다.
- 푸리에 변환의 정의와 특징을 이해한다.
- 전력 신호 및 주기 신호의 푸리에 변환에 대해 알아본다.
- 주기 신호와 비주기 신호의 스펙트럼은 어떤 차이가 있는지 알아본다.
- 시간-주파수 쌍대성과 변조 성질을 비롯한 푸리에 변환의 주요 성질에 대해 알아본다.
- 실제 문제에 대한 푸리에 변환의 성질들의 활용법을 이해한다.

푸리에 급수로는 주기 신호만 주파수 영역으로 표현을 바꿀 수 있을 뿐이다. 따라서 비주기 신호에도 적용할 수 있는 변환 도구가 필요하다. 이때, 논리적 일관성을 위해 되도록 푸리에 급수와 같은 이론적 배경을 가지는 게 바람직할 것이다. 그러므로 이 절에서는 푸리에 급수의 개념을 확장하여 푸리에 변환을 유도하고, 이에 대한 주요 성질 등을 간략히 살펴볼 것이다.

5.3.1 푸리에 변환의 개요

푸리에 급수에 대한 논의를 통해 신호를 주파수 영역에서 스펙트럼으로 표현하는 것이 매우 유용함을 알았다. 그런데 실제 문제에서는 주기 신호보다 비주기 신호가 훨씬 많은데, 푸리에 급수는 주기 신호에 대해서만 변환 가능할 뿐이다. 그러므로 더 폭넓게 비주기 신호에도 적용할 수 있는 주파수 영역 변환 도구를 찾아야만 한다.

비주기 신호의 주파수 영역 변환 : 푸리에 급수의 확장

- 비주기 신호를 주파수 영역으로 변환하기 위한 현실적인 해결책은 비주기 신호를 주기가 무한대, 즉 주기 $T=\infty$ 인 주기 신호로 간주하여 푸리에 급수를 확장하는 것이다.
- $T\to\infty$ 이면 $\omega_0\to 0$ 이 되어 스펙트럼이 연속적으로 이어지게 된다.

주기 신호의 주기를 점점 크게 하면 어떤 현상이 생기는지 [그림 5-17]의 사각 펄스(구형파) 주기 신호를 가지고 살펴보자. 이 신호의 진폭 스펙트럼은 sinc 함수인 포락선을 따라 기본 주파수 ω_0 간격으로 늘어선 선 스펙트럼이다. 그런데 ω_0는 주기 T에 반비례하므로, T를 크게 할수록 ω_0는 점점 작아져서 선 스펙트럼의 배열 간격이 점점 줄어들어 조밀해진다. [그림 5-17]을 보면, 신호의 주기가 2배가 되면 선 스펙트럼의 배열 간격이 반으로 줄어들어 스펙트럼이 빽빽해진다[그림 5-17(b)]). 주기를 크게 할수록 이러한 현상은 더욱 심해지고([그림 5-17(c)]), 극단적으로 주기가 무한대이면, 즉 $T\to\infty$ 의 극한을 취하면 $\omega_0\to 0$ 이 되어 스펙트럼이 연속적으로 이어지게 된다([그림 5-17(d)]). 따라서 신호의 모든 주파수 성분을 다 모으기 위해서는 덧셈이 아닌 적분 연산을 수행해야 하며, 이에 맞춰 변수도 변화할 것이다. 이렇게 얻어진 비주기 신호에 대한 주파수 영역 표현을 푸리에 급수와 구별하여 **푸리에 변환** Fourier transform 이라고 한다.

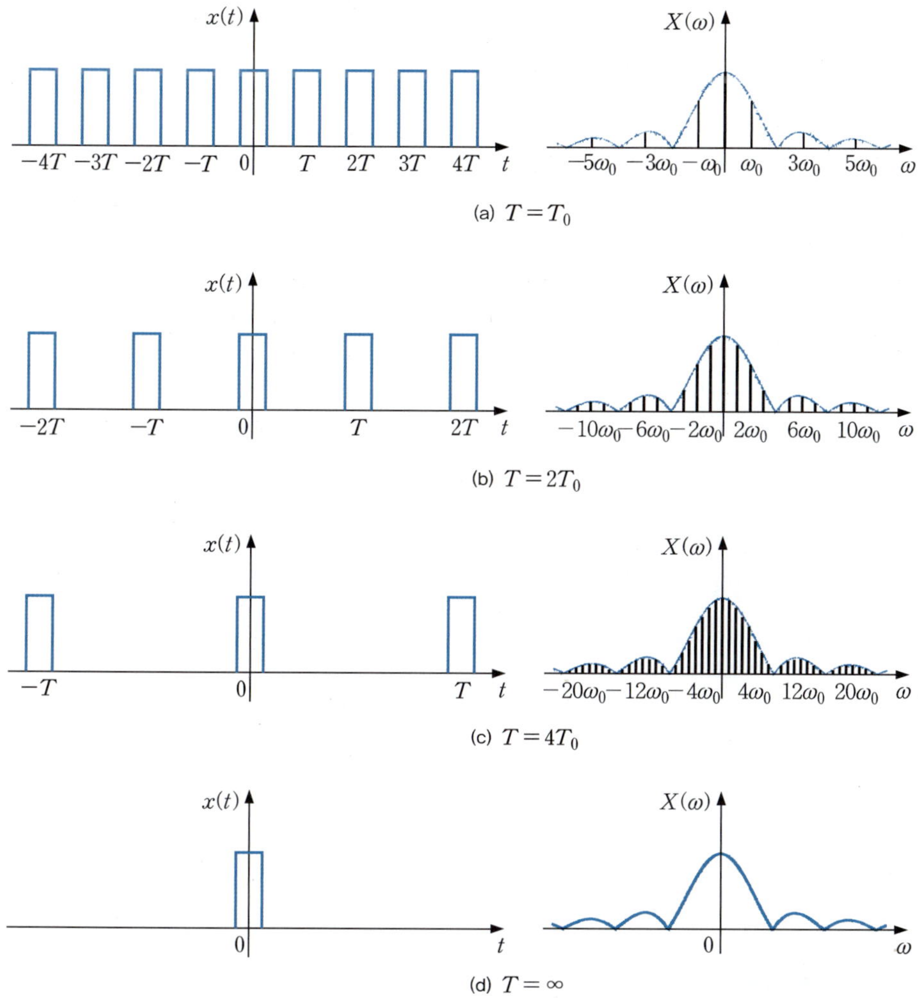

[그림 5-17] 주기에 따른 스펙트럼의 변화

5.3.2 푸리에 변환의 정의

푸리에 계수 식 (5.12)를 이용하여 푸리에 급수 식 (5.6)을 다시 쓰면 다음과 같다.

$$x(t) = \sum_{k=-\infty}^{\infty} X_k e^{jk\omega_0 t} = \sum_{k=-\infty}^{\infty} \left(\frac{\omega_0}{2\pi} \int_{-T/2}^{T/2} x(t) e^{-jk\omega_0 t} dt \right) e^{jk\omega_0 t} \tag{5.20}$$

푸리에 급수를 확장한 수학적 결과를 얻기 위해 $T \to \infty$의 극한을 취하면, $\omega_0 = 2\pi / T$는 무한소가 되어 $d\omega$로, $k\omega_0$는 연속 변수 ω로, 총합은 적분으로 바뀌어 다음과 같이 된다.

$$x(t)=\int_{-\infty}^{\infty}\left[\frac{d\omega}{2\pi}\int_{-\infty}^{\infty}x(t)e^{-j\omega t}dt\right]e^{j\omega t}=\frac{1}{2\pi}\int_{-\infty}^{\infty}\left[\int_{-\infty}^{\infty}x(t)e^{-j\omega t}dt\right]e^{j\omega t}d\omega \tag{5.21}$$

식 (5.21)에서 두 번째 등식의 대괄호 안의 적분항은 ω의 함수이므로 이를 $X(\omega)$로 나타내면 푸리에 변환을 얻게 된다. 표기가 편리하도록 $X(\omega)$가 $x(t)$의 푸리에 변환임은 $X(\omega)=\mathcal{F}\{x(t)\}$로, $x(t)$가 $X(\omega)$의 푸리에 역변환임은 $x(t)=\mathcal{F}^{-1}\{X(\omega)\}$로 나타낸다.

- **푸리에 변환**(FT)Fourier Transform은 시간 함수로 표현된 신호 $x(t)$에 대해 주파수의 함수로 표현된 스펙트럼 $X(\omega)$를 구하는 **주파수 분석**(**분해**)이다.

$$X(\omega)=\mathcal{F}\{x(t)\}=\int_{-\infty}^{\infty}x(t)e^{-j\omega t}dt \tag{5.22}$$

- **푸리에 역**inverse**변환**(IFT)은 변환과는 정반대로 스펙트럼 $X(\omega)$로부터 시간 신호 $x(t)$를 구하는 **주파수 합성**이다.

$$x(t)=\mathcal{F}^{-1}\{X(\omega)\}=\frac{1}{2\pi}\int_{-\infty}^{\infty}X(\omega)e^{j\omega t}d\omega \tag{5.23}$$

- $X(\omega)=|X(\omega)|e^{j\angle X(\omega)}$은 연속된 주파수에 대해 값을 갖는 복소 함수로, $|X(\omega)|$와 $\angle X(\omega)$를 각각 **진폭 스펙트럼**과 **위상 스펙트럼**이라 한다.
- 푸리에 급수와 마찬가지로, 식 (5.23)은 기저 신호 $e^{j\omega t}$을 이용해 $x(t)$를 주파수 성분별로 구분하여 표시한 것으로 이해할 수 있다.
- **푸리에 변환쌍**Fourier Transform Pair $x(t)\Leftrightarrow X(\omega)$는 1:1 대응 관계가 성립하는 쌍이다.

푸리에 변환도 푸리에 급수와 마찬가지로 수렴 조건을 만족하는 신호에 대해서만 변환할 수 있다. 푸리에 변환을 주기 T가 무한대인 푸리에 급수로 간주했으므로, 푸리에 급수에 대한 수렴 조건인 디리클레 조건도 이에 맞추어 약간 변형된다.

푸리에 변환의 수렴 조건 : 디리클레 조건

❶ 전 시간 구간에 대해 $x(t)$는 절대 적분 가능해야 한다.

$$\int_{-\infty}^{\infty}|x(t)|\,dt<\infty \tag{5.24}$$

❷ 어떤 유한한 시간 구간에서 신호의 극대·극소점의 수는 유한해야 한다.

❸ 어떤 유한한 시간 구간에서 신호의 불연속점의 수는 유한해야 한다.

유한한 에너지를 갖는 에너지 신호는 식 (5.24)의 수렴 조건을 항상 충족시킨다. 이와 달리, 널리 사용되며 중요한 역할을 하는 계단 신호나 주기 신호처럼 에너지는 무한하고 전력이 유한한 전력 신호는 식 (5.24)를 충족시키지 못해 이론적으로는 푸리에 변환을 할 수가 없다.

전력 신호의 푸리에 변환

- 이론적으로는 푸리에 변환을 할 수 없지만, 필요에 따라 특별히 전력 신호는 푸리에 변환이 존재하는 것으로 취급한다.
- 수렴 조건이 충족되지 않기 때문에 전력 신호의 푸리에 변환은 식 (5.24)의 정의식을 사용하여 구할 수 없다. 따라서 우회적인 방법을 이용하여 구해야 한다.
- 전력 신호의 푸리에 변환은 주파수 영역에서 임펄스 함수를 포함한다.

전력 신호도 푸리에 변환이 가능한 것으로 취급하면, 대표적인 전력 신호인 주기 신호도 푸리에 변환으로 다룰 수 있게 된다. 그렇게 되면 [그림 5-18]에 나타낸 것처럼 푸리에 변환 하나만으로 주기, 비주기 신호를 모두 주파수 영역으로 변환할 수 있게 되므로 편리하다. [그림 5-18]에서 주기 신호의 스펙트럼은 기본 주파수의 정수 배 성분들만 존재하는 선 스펙트럼으로 주파수에 대해 이산 함수였지만, 푸리에 변환에 의한 비주기 신호의 스펙트럼은 주파수에 대해 연속 함수라는 사실은 잘 기억해두어야 한다.

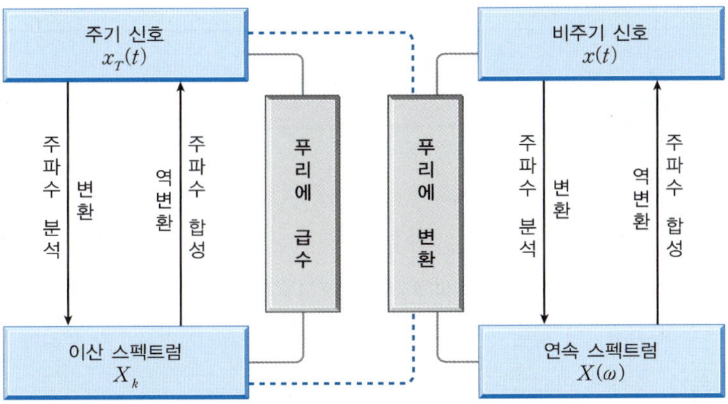

[그림 5-18] 신호의 시간 영역 및 주파수 영역 표현과 변환

예제 5-9 임펄스로 표현되는 시간 신호 및 스펙트럼의 푸리에 변환쌍

(a) 임펄스 신호 $x(t)=\delta(t)$의 푸리에 변환을 구하라.

(b) 스펙트럼 $Y(\omega)=2\pi\delta(\omega)$을 푸리에 역변환하여 대응되는 시간 신호를 구하라.

풀이

(a) 푸리에 변환의 정의식 식 (5.22)를 사용하여 임펄스 신호의 푸리에 변환을 구하면 임펄스 함수의 체 거르기 성질에 의해 다음과 같이 된다.

$$X(\omega)=\mathcal{F}\{\delta(t)\}=\int_{-\infty}^{\infty}\delta(t)e^{-j\omega t}dt=e^{-j\omega 0}=1$$

(b) 식 (5.23)에 의해 $Y(\omega)$를 푸리에 역변환하면, 마찬가지로 임펄스 함수의 체 거르기 성질에 의해 다음과 같이 된다.

$$y(t) = \frac{1}{2\pi}\int_{-\infty}^{\infty} 2\pi\delta(\omega)e^{j\omega t}d\omega = e^{j0t} = 1$$

즉 $y(t)$는 모든 시간에서 값이 1인 상수(DC) 신호로서 전력 신호이다. 만약 푸리에 변환의 정의식 식 (5.22)를 사용하여 직접 $y(t)=1$을 푸리에 변환하게 되면, 식 (5.24)의 수렴 조건이 충족되지 않아 적분이 유한한 값으로 수렴하지 않기 때문에 $Y(\omega)$를 구할 수 없다.

이상의 결과를 푸리에 변환쌍으로 나타내면 다음과 같고, 이를 각각 [그림 5-19]와 [그림 5-20]에 보였다.

$$\delta(t) \Leftrightarrow 1 \tag{5.25}$$

$$1 \Leftrightarrow 2\pi\delta(\omega) \tag{5.26}$$

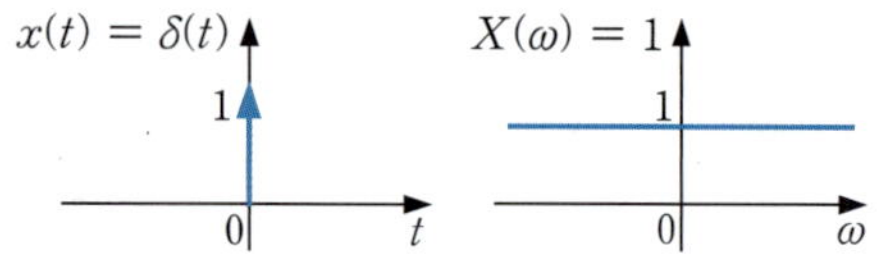

[그림 5-19] 임펄스 신호의 푸리에 변환쌍

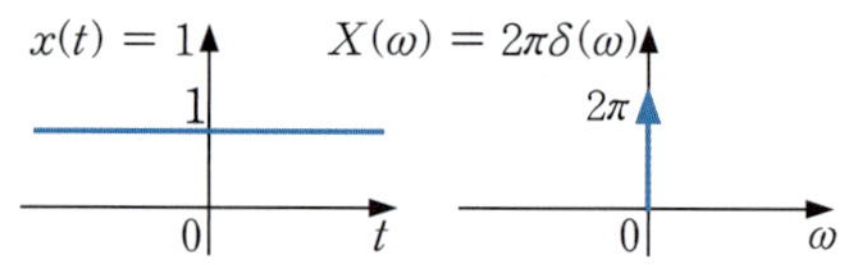

[그림 5-20] 상수 신호의 푸리에 변환쌍

예제 5-10 정현파 신호의 푸리에 변환쌍

정현파 $x(t)=\cos(\omega_0 t)$의 푸리에 변환을 구하라.

풀이

정현파는 전력 신호로 식 (5.24)의 수렴 조건을 만족하지 않으므로, 정의식을 직접 이용하여 푸리에 변환을 구할 수 없다. 그러므로 [예제 5-9(b)]의 방법과 비슷하게 우선 $Z(\omega)=2\pi\delta(\omega-\omega_0)$을 푸리에 역변환하면, 임펄스 함수의 체 거르기 성질에 의해 다음과 같이 된다.

$$z(t) = \frac{1}{2\pi}\int_{-\infty}^{\infty} 2\pi\delta(\omega-\omega_0)e^{j\omega t}d\omega = e^{j\omega_0 t}$$

$$e^{j\omega_0 t} \Leftrightarrow 2\pi\delta(\omega-\omega_0) \tag{5.27}$$

[예제 5-9(b)]의 결과와 비교하면 $z(t)=e^{j\omega_0 t}y(t)$이다. 즉 스펙트럼을 ω_0만큼 주파수 이동시키면 시간 영역에서 신호에 $e^{j\omega_0 t}$가 곱해짐을 알 수 있다.

이제 오일러 공식을 이용하여 식 (5.27)로부터 정현파의 푸리에 변환쌍을 손쉽게 구할 수 있다.

$$\mathcal{F}\{x(t)=\cos(\omega_0 t)\} = \mathcal{F}\left\{\frac{1}{2}(e^{j\omega_0 t}+e^{-j\omega_0 t})\right\} = \pi\delta(\omega-\omega_0)+\pi\delta(\omega+\omega_0)$$

$$\cos(\omega_0 t) \Leftrightarrow \pi\delta(\omega-\omega_0)+\pi\delta(\omega+\omega_0) \tag{5.28}$$

식 (5.28)의 푸리에 변환쌍을 보면, $\pm\omega_0$에서 스펙트럼이 존재하는 것은 푸리에 급수 표현과 다를 바 없으나 스펙트럼이 임펄스인 게 다르다. 이 예제와 [예제 5-9(b)]의 결과에서 전력 신호의 푸리에 변환, 즉 스펙트럼은 임펄스를 포함함을 알 수 있다.

예제 5-11 실수 지수 신호의 푸리에 변환쌍

실수 지수 신호 $x(t)=e^{-at}u(t)$의 푸리에 변환을 구하여 푸리에 변환쌍으로 나타내라.

풀이

푸리에 변환의 정의식 식 (5.22)로부터 푸리에 변환은 다음과 같이 구해진다.

$$X(\omega)=\int_0^\infty e^{-at}e^{-j\omega t}dt=-\frac{1}{a+j\omega}e^{-(a+j\omega)t}\Big|_0^\infty=\frac{1}{a+j\omega}$$

$$=\frac{a}{a^2+\omega^2}-j\frac{\omega}{a^2+\omega^2}=\frac{1}{\sqrt{a^2+\omega^2}}e^{j\angle-\tan^{-1}\frac{\omega}{a}}$$

$$e^{-at}u(t)\Leftrightarrow\frac{1}{a+j\omega}\tag{5.29}$$

이 푸리에 스펙트럼을 [그림 5-21]에 나타내었다. [그림 5-21(a)]는 직교좌표 형식으로 표시한 것이고, [그림 5-21(b)]는 극좌표 형식으로 표시한 것이다.

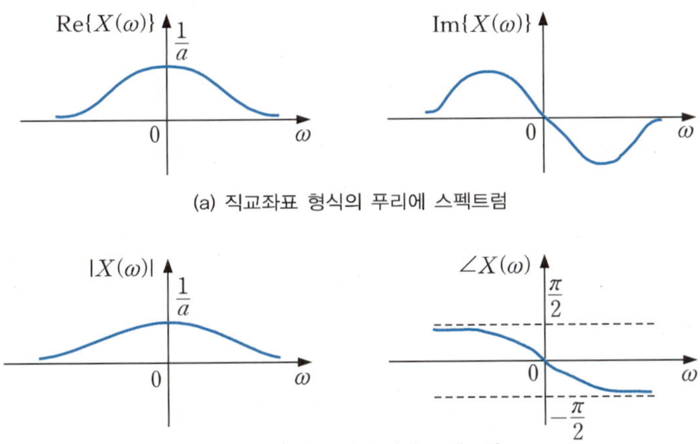

(a) 직교좌표 형식의 푸리에 스펙트럼

(b) 극좌표 형식의 푸리에 스펙트럼

[그림 5-21] 실수 지수 신호와 푸리에 스펙트럼

그림에서 보듯이, 실수 신호의 스펙트럼은 항상 직교좌표 표현에서는 실수부가 우대칭, 허수부가 기대칭이 되며, 극좌표 표현에서는 진폭 스펙트럼이 우대칭, 위상 스펙트럼이 기대칭이 된다.

5.3.3 주기 신호의 푸리에 변환

주기 신호에 대해서도 푸리에 변환을 사용하면 주기 신호와 비주기 신호를 일관적으로 취급할 수 있게 된다. 주기 신호 $x_T(t)$의 푸리에 급수와 푸리에 변환 $X_T(\omega)$, 그리고 $x_T(t)$의 한 주기만 떼어낸 비주기 신호 $x(t)$의 푸리에 변환 $X(\omega)$의 관계를 살펴보자.

$x_T(t)$의 푸리에 급수와 푸리에 변환 $X_T(\omega)$, $x(t)$의 푸리에 변환 $X(\omega)$는 다음과 같다.

$$x_T(t) = \sum_{k=-\infty}^{\infty} X_k e^{jk\omega_0 t} \tag{5.30}$$

$$\begin{aligned} X_T(\omega) &= \int_{-\infty}^{\infty} x_T(t) e^{-j\omega t} dt = \int_{-\infty}^{\infty} \left(\sum_{k=-\infty}^{\infty} X_k e^{jk\omega_0 t} \right) e^{-j\omega t} dt \\ &= \sum_{k=-\infty}^{\infty} X_k \int_{-\infty}^{\infty} \left(e^{jk\omega_0 t}\right) e^{-j\omega t} dt = 2\pi \sum_{k=-\infty}^{\infty} X_k \delta(\omega - k\omega_0) \end{aligned} \tag{5.31}$$

$$X(\omega) = \int_{-\infty}^{\infty} x(t) e^{-j\omega t} dt \tag{5.32}$$

$x(t) = \begin{cases} x_T(t), & 0 \le t \le T \\ 0, & \text{그 외} \end{cases}$ 이므로 주기 신호의 푸리에 계수 X_k는 다음과 같이 된다.

$$X_k = \frac{1}{T} \int_T x_T(t) e^{-jk\omega_0 t} dt = \frac{1}{T} \int_{-\infty}^{\infty} x(t) e^{-jk\omega_0 t} dt = \frac{1}{T} X(k\omega_0) \tag{5.33}$$

$x_T(t)$의 푸리에 변환 $X_T(\omega)$은 식 (5.31)과 식 (5.33)으로부터 다음과 같이 된다.

$$X_T(\omega) = \frac{2\pi}{T} \sum_{k=-\infty}^{\infty} X(k\omega_0) \delta(\omega - k\omega_0) = \omega_0 \sum_{k=-\infty}^{\infty} X(k\omega_0) \delta(\omega - k\omega_0) \tag{5.34}$$

- **주기 신호의 푸리에 급수와 비주기 신호의 푸리에 변환의 관계**

  X_k는 $X(\omega)$를 기본 주파수의 정수 배, 즉 $k\omega_0$에서 샘플링하여 $\frac{1}{T}$배한 것과 같다.

  $$X_k = \frac{1}{T} X(k\omega_0)$$

- **주기 신호의 푸리에 급수와 주기 신호의 푸리에 변환의 관계**

  $X_T(\omega)$는 $k\omega_0$에 위치한 세기 $2\pi X_k$인 임펄스들로 이루어진다.

  $$X_T(\omega) = \sum_{k=-\infty}^{\infty} 2\pi X_k \delta(\omega - k\omega_0)$$

- **주기 신호의 푸리에 변환과 비주기 신호의 푸리에 변환의 관계**
  $X_T(\omega)$는 $X(\omega)$을 $k\omega_0$에서 세기 ω_0인 임펄스들로 샘플링한 것이다.

$$X_T(\omega) = \omega_0 \sum_{k=-\infty}^{\infty} X(k\omega_0)\delta(\omega - k\omega_0)$$

- 주기 신호의 푸리에 변환은 임펄스들로 구성된다.

어떤 경우이든지 주기 신호의 스펙트럼은 기본 주파수의 정수 배인 $k\omega_0$에서만 존재하는 불연속적인 이산 함수임을 주의하라.

5.3.4 푸리에 변환의 성질

신호의 속성에 따라 네 가지 푸리에 표현이 존재하는데, 바탕이 되는 개념은 같으므로 그 성질들도 비슷하다. 신호와 시스템의 해석에 유용한 푸리에 표현의 성질에 대해서는 이산 신호에 대한 푸리에 해석을 다루는 6장에서 자세히 살펴보기로 한다. 여기에서는 중요한 성질만 간단히 살펴보고, 그 외에는 결과만 제시하도록 하겠다([표 5-2]).

시간 – 주파수 쌍대성

푸리에 변환과 역변환의 정의를 나타내는 식 (5.22)와 식 (5.23)을 잘 살펴보면 변환과 역변환 연산의 수식 구조가 매우 비슷하다는 흥미로운 사실을 발견할 수 있다. 수식뿐만 아니라 [예제 5-9]의 [그림 5-19]와 [그림 5-20]을 보면, 임펄스 신호와 상수(DC) 신호의 푸리에 변환쌍은 시간 파형과 스펙트럼을 뒤바꾼 관계임을 알 수 있다. 다시 말해 $x(t)$와 $X(\omega)$가 역할을 맞바꾸어도 둘의 짝은 여전히 변함없다. 이처럼 푸리에 변환과 역변환 사이에 서로 시간 변수와 주파수 변수를 맞바꾸어도 푸리에 변환쌍이 그대로 유지되는 관계를 수학적으로 **쌍대성**duality이라고 한다.

$$x(t) \Leftrightarrow X(\omega) \quad \rightarrow \quad X(t) \Leftrightarrow 2\pi x(-\omega) \tag{5.35}$$

식 (5.35)의 쌍대성은 푸리에 변환과 역변환의 정의식 식 (5.22)와 식 (5.23)에 $\omega \rightarrow t$, $t \rightarrow -\omega$로 바꾸어 대입하면 간단히 증명할 수 있다.

$$X(t) = \int_{-\infty}^{\infty} x(-\omega)e^{-jt(-\omega)}d\omega = \int_{-\infty}^{\infty} x(-\omega)e^{j\omega t}d\omega \tag{5.36}$$

$$x(-\omega) = \frac{1}{2\pi}\int_{-\infty}^{\infty} X(t)e^{jt(-\omega)}dt = \frac{1}{2\pi}\int_{-\infty}^{\infty} X(t)e^{-j\omega t}dt \tag{5.37}$$

시간-주파수 쌍대성 개념은 푸리에 변환 전반에 통용되는 특성으로서, 시간-주파수 쌍대성을 이용하면 까다로운 계산을 하지 않고도 이미 알고 있는 푸리에 변환쌍으로부터 새로운 변환쌍을 얻을 수도 있고, 신호의 해석이나 처리에서 시간과 주파수의 역할을 바꾸어 접근할 수도 있는 등 여러모로 편리하다. 예를 들어, 사각 펄스의 (푸리에) 스펙트럼이 sinc 함수라는 사실을 알고 있다면, 계산할 필요 없이 sinc 함수의 스펙트럼은 사각 펄스가 된다는 것을 끌어낼 수 있다. 또한 주기 신호의 스펙트럼은 이산 함수이고, 비주기 신호의 스펙트럼은 연속 함수라는 사실로부터 연속 신호의 스펙트럼은 비주기 함수, 이산 신호의 스펙트럼은 주기 함수라는 것도 미루어 알 수 있게 된다.

예제 5-12 시간 - 주파수 쌍대성을 이용한 sinc 신호의 푸리에 변환

다음 신호의 푸리에 변환을 구하라.

(a) $x(t)=\text{rect}\left(\dfrac{t}{2\tau}\right)=\begin{cases}1, & |t|<\tau \\ 0, & \text{그 외}\end{cases}$　　　(b) $x(t)=\text{sinc}\left(\dfrac{\tau t}{\pi}\right)$

풀이

(a) 주어진 사각 펄스 신호의 푸리에 변환은 식 (5.22)로부터 다음과 같이 구해진다.

$$X(\omega)=\int_{-\tau}^{\tau}e^{-j\omega t}dt=-\frac{1}{j\omega}\left(e^{-j\omega\tau}-e^{j\omega\tau}\right)=2\tau\frac{\sin(\tau\omega)}{\tau\omega}=2\tau\cdot\text{sinc}\left(\frac{\tau\omega}{\pi}\right)$$

즉 사각 펄스 신호의 스펙트럼은 sinc 함수로, 푸리에 변환쌍은 다음과 같다. 이 결과는 스펙트럼이 연속이라는 것 외엔 [예제 5-3]의 사각 펄스 주기 신호의 결과와 비슷하다.

$$p_\tau(t)=\text{rect}\left(\frac{t}{2\tau}\right)\Leftrightarrow P_\tau(\omega)=2\tau\cdot\text{sinc}\left(\frac{\tau\omega}{\pi}\right)\tag{5.38}$$

(b) sinc 신호에 대한 푸리에 변환은 복잡하게 계산할 필요 없이 식 (5.38)의 사각 펄스의 푸리에 변환쌍에 시간-주파수 쌍대성을 적용해 다음과 같이 간단히 구할 수 있다.

$$P_\tau(t)=2\tau\cdot\text{sinc}\left(\frac{\tau t}{\pi}\right)$$

$$2\pi p_\tau(-\omega)=2\pi\cdot\text{rect}\left(-\frac{\omega}{2\tau}\right)=2\pi\cdot\text{rect}\left(\frac{\omega}{2\tau}\right)$$

따라서 새로운 푸리에 변환쌍이 다음과 같이 얻어지며, 이를 [그림 5-22]에 나타내었다.

$$\text{sinc}\left(\frac{\tau t}{\pi}\right)\Leftrightarrow\frac{\pi}{\tau}\text{rect}\left(\frac{\omega}{2\tau}\right)\tag{5.39}$$

이 변환쌍 관계가 유효한지 다음과 같이 직접 역변환을 계산하여 확인할 수 있다.

$$x(t)=\frac{1}{2\pi}\int_{-\tau}^{\tau}\frac{\pi}{\tau}e^{j\omega t}d\omega=\frac{1}{2\tau}\frac{1}{jt}\left(e^{j\tau t}-e^{-j\tau t}\right)=\frac{1}{\tau t}\sin(\tau t)=\text{sinc}\left(\frac{\tau t}{\pi}\right)$$

이 경우뿐만 아니라 모든 푸리에 변환쌍에 대해 시간-주파수 쌍대성을 적용하여 새로운 변환쌍을 얻을 수 있다.

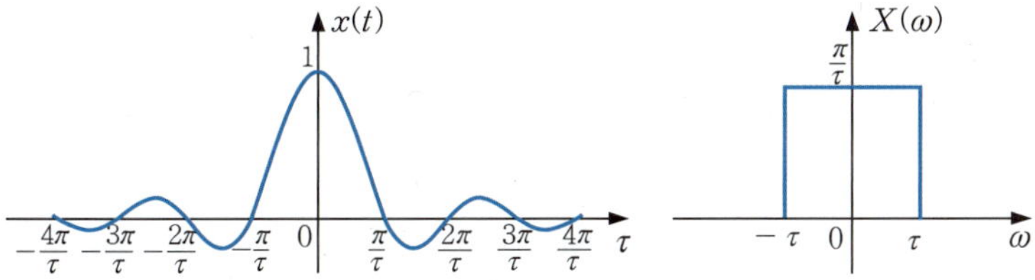

[그림 5-22] sinc 신호와 스펙트럼 : 푸리에 변환의 쌍대성

변조

어떤 신호에 다른 신호를 곱해 새로운 신호를 만들어 내는 동작을 **변조**modulation라고 하는데, 가장 기본적인 변조 방식이 [그림 5-23]에 나타낸 **진폭 변조**(AM)amplitude modulation이다.

- **변조**는 어떤 신호에 다른 신호를 곱하여 새로운 신호를 만들어 내는 동작이다.
- **진폭 변조**(AM)는 신호 $x(t)$에 정현파 $\cos\omega_0 t$를 곱하여 정현파의 진폭을 변조시킨다.
- 정현파 $\cos\omega_0 t$는 신호 $x(t)$를 담아 나르는 역할을 하기 때문에 **반송파**carrier라고 하고, 주파수 ω_0는 **반송 주파수**carrier frequency라고 한다.
- 진폭 변조에 의해 반송파의 주파수로 스펙트럼의 대역 이동이 이루어진다.

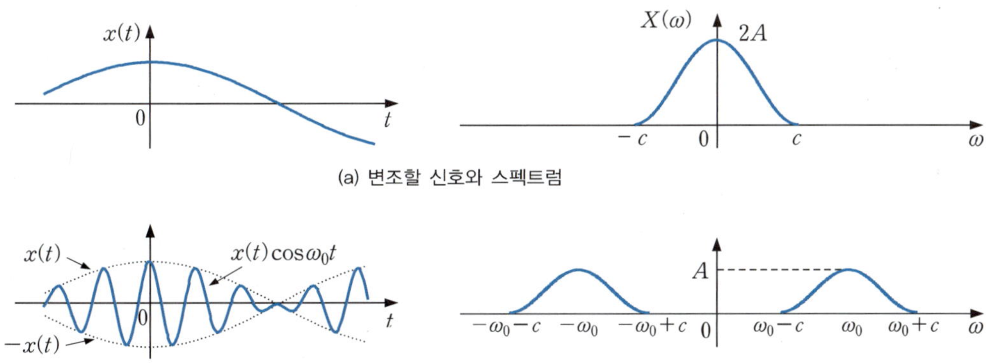

(a) 변조할 신호와 스펙트럼

(b) 변조된 신호와 스펙트럼

[그림 5-23] 신호의 진폭 변조와 스펙트럼의 대역 이동

정현파 $\cos\omega_0 t$로 진폭 변조된 신호의 푸리에 변환을 구하면 다음과 같이 된다.

$$\begin{aligned}\mathscr{F}\{x(t)\cos(\omega_0 t)\} &= \frac{1}{2}\int_{-\infty}^{\infty}\left[x(t)(e^{j\omega_0 t}+e^{-j\omega_0 t})\right]e^{-j\omega t}\,dt \\ &= \frac{1}{2}\left(\int_{-\infty}^{\infty}x(t)e^{-j(\omega-\omega_0)t}\,dt+\int_{-\infty}^{\infty}x(t)e^{-j(\omega+\omega_0)t}\,dt\right) \qquad (5.40) \\ &= \frac{1}{2}\left(X(\omega-\omega_0)+X(\omega+\omega_0)\right)\end{aligned}$$

식 (5.40)은 진폭 변조에 의해 신호 $x(t)$의 스펙트럼 $X(\omega)$가 $\pm\omega_0$만큼 이동됨을 보여준다.

이처럼 진폭 변조는 신호의 주파수 대역 이동에 이용된다. 예를 들어, 모든 라디오 방송국이 동시에 음성신호를 방송하면, 신호 상호 간에 간섭으로 인해 수신기는 그 방송들을 분리할 수 없을 것이다. 그러나 각 라디오 방송국이 서로 다른 반송 주파수를 할당받아 고유의 주파수 영역으로 주파수를 이동한 (변조된) 신호를 전송하면, 라디오 수신기는 원하는 방송의 주파수 대역에 동조하여 방송을 수신할 수 있게 된다. 변조를 사용하는 또 다른 이유는 많은 경우에 원래의 기저대역 신호가 전송채널(안테나, 동축케이블, 광섬유 등)로 전송하기에 적합하지 않기 때문이다. 예를 들어, 음성신호는 주파수대가 너무 낮아서, 즉 파장이 너무 길어 이를 전파하려면 큰 안테나가 필요하다. 그렇지만 변조에 의해 (파장이 짧은) 높은 주파수 영역으로 스펙트럼을 이동시키면 안테나가 작아도 문제가 없게 된다.

이외에도 유용한 성질들이 많이 있으며, [표 5-2]에 주요 성질들을 정리하여 나타내었다(상세한 설명은 <심화학습 자료>를 참조하라).

[표 5-2] 푸리에 변환(FT)의 주요 성질(계속)

	성질	푸리에 변환쌍
1	선형성	$\alpha x(t)+\beta y(t) \Leftrightarrow \alpha X(\omega)+\beta Y(\omega)$
2	시간 척도조절	$x(at) \Leftrightarrow \frac{1}{\lvert a\rvert}X\left(\frac{\omega}{a}\right)$
3	시간 반전	$x(-t) \Leftrightarrow X(-\omega)$
4	파스발 정리	$\int_{-\infty}^{\infty}\lvert x(t)\rvert^2 dt = \frac{1}{2\pi}\int_{-\infty}^{\infty}\lvert X(\omega)\rvert^2 d\omega$
5	시간-주파수 쌍대성	$X(t) \Leftrightarrow 2\pi x(-\omega)$
6	시간 이동	$x(t-t_0) \Leftrightarrow X(\omega)e^{-jt_0\omega}$
7	주파수 이동	$x(t)e^{j\omega_0 t} \Leftrightarrow X(\omega-\omega_0)$
8	변조	$x(t)\cos\omega_0 t \Leftrightarrow \frac{1}{2}[X(\omega-\omega_0)+X(\omega+\omega_0)]$
9	시간 미분	$\frac{d^m x(t)}{dt^m} \Leftrightarrow (j\omega)^m X(\omega),\quad m=1, 2, \cdots$
10	시간 적분	$\int_{-\infty}^{t} x(\lambda)d\lambda \Leftrightarrow \frac{1}{(j\omega)}X(\omega) + \pi X(0)\delta(\omega)$
11	주파수 미분	$-jtx(t) \Leftrightarrow \frac{dX(\omega)}{d\omega}$
12	시간 컨벌루션	$x(t) * y(t) \Leftrightarrow X(\omega)Y(\omega)$
13	주파수 컨벌루션	$x(t)y(t) \Leftrightarrow \frac{1}{2\pi}X(\omega) * Y(\omega)$

[표 5-2] 푸리에 변환(FT)의 주요 성질

	성질	푸리에 변환쌍
14	대칭성	$X^*(\omega) = X(-\omega)$, $x(t)$는 실수
		$\begin{cases} \mathrm{Re}\{X(\omega)\} = \mathrm{Re}\{X(-\omega)\}, & x(t)\text{는 실수} \\ \mathrm{Im}\{X(\omega)\} = -\mathrm{Im}\{X(-\omega)\}, & x(t)\text{는 실수} \end{cases}$
		$\begin{cases} \lvert X(\omega)\rvert = \lvert X(-\omega)\rvert, & x(t)\text{는 실수} \\ \angle X(\omega) = -\angle X(-\omega), & x(t)\text{는 실수} \end{cases}$
		$\begin{cases} \mathrm{Re}\{X(\omega)\} = \mathrm{Re}\{X(-\omega)\}, & x(t)\text{는 실수 우함수} \\ \mathrm{Im}\{X(\omega)\} = 0, & x(t)\text{는 실수 우함수} \end{cases}$
		$\begin{cases} \mathrm{Re}\{X(\omega)\} = 0, & x(t)\text{는 실수 기함수} \\ \mathrm{Im}\{X(\omega)\} = -\mathrm{Im}\{X(-\omega)\}, & x(t)\text{는 실수 기함수} \end{cases}$

예제 5-13 푸리에 변환의 성질을 이용한 푸리에 변환

[그림 5-24]의 신호들의 푸리에 변환을 [예제 5-12]에서 구한 사각 펄스 신호의 푸리에 변환쌍 식 (5.38)과 [표 5-2]의 푸리에 변환의 성질을 이용하여 구하라.

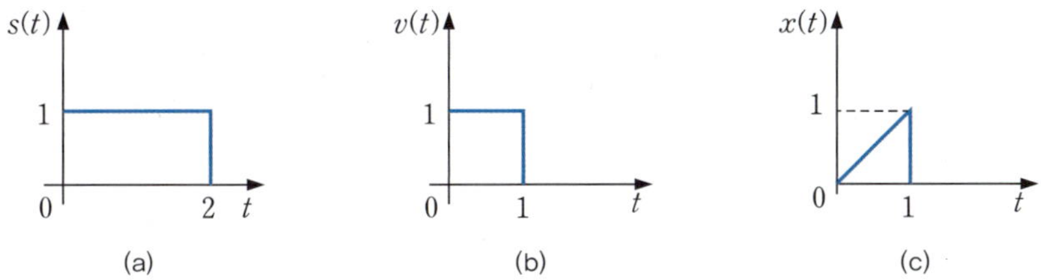

[그림 5-24] [예제 5-13]의 신호

풀이

(a) $s(t)$는 폭이 2인 사각 펄스를 $t=1$만큼 시간 지연한 경우, 즉 $s(t) = p_1(t-1)$이므로 주어진 푸리에 변환쌍에 시간 이동 성질을 적용하면 푸리에 변환을 구할 수 있다.

$$S(\omega) = e^{-j\omega} P_1(\omega) = e^{-j\omega} 2\mathrm{sinc}\left(\frac{2\omega}{2\pi}\right) = e^{-j\omega} \frac{2\sin(\omega)}{\omega}$$

(b) $v(t) = s(2t)$이므로, 시간 척도조절 성질을 이용하여 (a)에서 구한 $S(\omega)$로부터 다음과 같이 $v(t)$의 푸리에 변환을 구할 수 있다.

$$V(\omega) = \frac{1}{2} S\left(\frac{\omega}{2}\right) = \frac{2\sin(\omega/2)}{\omega} e^{-j\omega/2}$$

(c) $x(t)=tv(t)$이므로 주파수 미분 성질을 이용할 수 있다. 즉 $\dfrac{dV(\omega)}{d\omega} \Leftrightarrow -jtv(t)$가 되므로 $x(t)$ $\Leftrightarrow j\dfrac{dV(\omega)}{d\omega}$임을 알 수 있다.

$$
\begin{aligned}
X(\omega) &= j\frac{dV(\omega)}{d\omega} \\
&= j\frac{\cos(\omega/2)}{\omega}e^{-j\omega/2} + \frac{\sin(\omega/2)}{\omega}e^{-j\omega/2} - j\frac{2\sin(\omega/2)}{\omega^2}e^{-j\omega/2} \\
&= j\frac{e^{-j\omega/2}}{\omega}\left[e^{-j\omega/2} - \frac{2\sin(\omega/2)}{w}\right]
\end{aligned}
$$

이상의 결과에서 보듯이, 기본 신호에 대한 푸리에 변환쌍만 주어지면 푸리에 변환의 성질들을 적절히 이용하여 다양한 신호에 대한 푸리에 변환을 간편하게 얻을 수 있다.

CHAPTER 05_연습문제

【Quick Review】

※ 다음 문제에서 맞는 것을 골라라.

(1) 신호의 표현을 바꾸는 수학적인 작업을 (해석, 변환, 모형화)(이)라고 한다.

(2) 신호를 주파수 성분별로 나누어 해당 정현파들로 나타낸 것이 스펙트럼이다. (O, ×)

(3) 서로 다른 신호라도 스펙트럼은 같을 수 있다. (O, ×)

(4) 주기 신호는 연속적인 주파수 성분들을 갖는다. (O, ×)

(5) 푸리에 급수 전개의 기저 신호들은 서로 직교성을 만족한다. (O, ×)

(6) 기본파보다 높은 주파수를 갖는 모든 정현파는 고조파이다. (O, ×)

(7) 진폭 스펙트럼은 시간축 상에서 각 정현파 성분의 위치를 나타낸다. (O, ×)

(8) 파형의 시간적 변화가 완만한 신호는 진폭 스펙트럼의 감쇠가 (빠르다, 느리다).

(9) 조파 합성으로 완벽한 사각펄스를 만들 수 (있다, 없다)

(10) 신호의 상하 이동은 (직류, 기본파, 고조파) 스펙트럼의 변화를 가져온다.

(11) 시간 이동된 신호는 원 스펙트럼에서 진폭과 위상 스펙트럼 모두 변한다. (O, ×)

(12) 시간 이동에 대해 기본파 위상 변화가 θ라면, 3고조파 위상 변화는 (θ, 3θ, 모름)이다.

(13) 홀수 고조파끼리는 서로 전력을 형성한다. (O, ×)

(14) 비주기 신호는 주파수에 대해 (이산, 연속)인 스펙트럼을 가진다.

(15) 모든 신호에 대해 푸리에 변환이 가능하다. (O, ×)

(16) (에너지, 전력) 신호는 푸리에 변환의 수렴 조건을 만족한다.

(17) 전력 신호의 푸리에 변환은 임펄스 함수를 포함한다. (O, ×)

(18) 주기 신호의 푸리에 급수와 푸리에 변환은 선 스펙트럼 간격이 (같다, 다르다).

(19) 푸리에 변환은 시간신호와 스펙트럼이 역할을 맞바꾸어도 변환쌍이 유지된다. (O, ×)

(20) 진폭 변조의 주된 목적은 스펙트럼의 (변형, 대역 이동)이다.

【기초 문제】

5.1 푸리에 급수에 대한 다음의 설명 중 틀린 것은?

㉮ 주기 T인 주기 신호는 $\omega=\dfrac{3\pi}{T}$와 $\omega=\dfrac{9\pi}{T}$의 주파수 성분을 갖는다.

㉯ 5고조파의 주파수가 10π인 주기 신호의 주기는 $T=2$이다.

㉰ $\tan(\pi t)$는 푸리에 급수 표현이 불가능하다.

㉱ 홀수 고조파와 짝수 고조파는 서로 직교한다.

5.2 신호의 스펙트럼에 관한 다음의 설명 중 옳은 것은?

㉮ 위상 스펙트럼과 상관없이 진폭 스펙트럼이 같으면 같은 신호이다.

㉯ 진폭이 같다면, 주기 삼각파와 주기 사각 펄스의 3고조파의 진폭 스펙트럼은 같다.

㉰ 전파 정류 회로의 출력이 주기 사각 펄스 신호보다 진폭 스펙트럼의 감쇠가 급격하다.

㉱ $x(t)=\cos(\pi t)+\cos(3\pi t)$를 시간 지연하면, 코사인 성분은 같은 위상 뒤짐을 갖는다.

5.3 푸리에 변환과 관련한 다음의 설명 중 틀린 것은?

㉮ 램프 신호 $r(t)=tu(t)$의 푸리에 변환은 존재하지 않는다.

㉯ 푸리에 변환에 의해 얻어진 비주기 신호의 스펙트럼은 연속적이다.

㉰ $X(\omega)=\delta(\omega)$인 신호의 에너지는 유한하다.

㉱ 전력 신호의 푸리에 변환은 푸리에 변환의 정의식(적분식)으로 직접 계산할 수 있다.

5.4 푸리에 변환과 관련한 다음의 설명 중 옳은 것은?

㉮ 주기 신호의 푸리에 변환과 푸리에 급수 전개 결과는 똑같다.

㉯ 비주기 신호 $x(t)$의 푸리에 변환과 $x(t)$를 반복시켜 만든 주기 신호의 푸리에 변환은 아무런 관련이 없다.

㉰ 주기 신호를 푸리에 변환하여 얻은 스펙트럼에는 푸리에 급수 전개하여 얻은 스펙트럼보다 더 많은 주파수 성분이 포함되어 있다.

㉱ 주기 신호의 푸리에 급수 전개에 의한 스펙트럼과 푸리에 변환에 의한 스펙트럼은 모두 이산 함수이다.

5.5 다음의 신호 중에서 푸리에 변환이 존재하는 것을 모두 골라라.

㉮ $x(t)=|t|$

㉯ $x(t)=t^2e^{-2t}u(t)$

㉰ $x(t)=\dfrac{1}{t}$

㉱ $x(t)=e^{-2|t|}$

5.6 어떤 주기 신호의 삼각함수 형식 푸리에 급수가 다음과 같다.

$$x(t) = 3 + \sqrt{3}\cos(2t) + \sin(2t) + \sin(3t) - \frac{1}{2}\cos\left(5t + \frac{\pi}{3}\right)$$

(a) 간결형 삼각함수 형식 푸리에 스펙트럼을 그려라.

(b) (a)의 결과로부터 지수함수 형식 푸리에 스펙트럼을 그려라.

(c) (b)의 스펙트럼을 보고 $x(t)$의 지수함수 형식 푸리에 급수를 구하라.

5.7 다음의 주기 신호에 대해 지수함수 형식 푸리에 급수를 구하고 스펙트럼을 그려라.

(a) $x(t) = 2\sin(\pi t) + \cos(3\pi t) - \cos(5\pi t)$

(b) $x(t) = 1 + 4\cos\left(\pi t - \frac{\pi}{4}\right) - \cos\left(3\pi t + \frac{\pi}{3}\right)$

(c) $x(t) = \cos\left(2\pi t + \frac{\pi}{4}\right) - \sin(4\pi t) + \sin\left(6\pi t - \frac{\pi}{3}\right)$

(d) $x(t) = 1 + 4\sin\left(t - \frac{\pi}{4}\right) - 2\cos(2t) + \sin\left(3t + \frac{\pi}{3}\right)$

5.8 다음 그림의 주기 신호에 대해 지수함수 형식 푸리에 급수를 구하고 스펙트럼을 그려라.

(a)

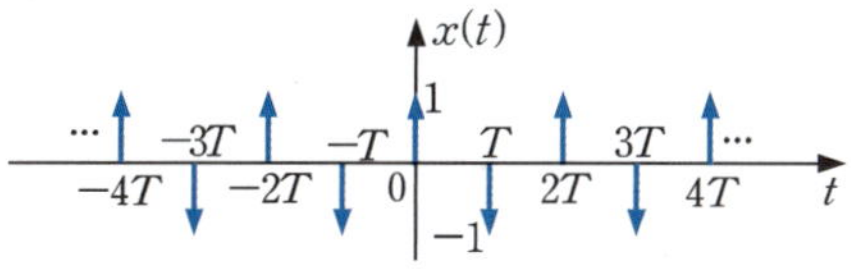

(b)

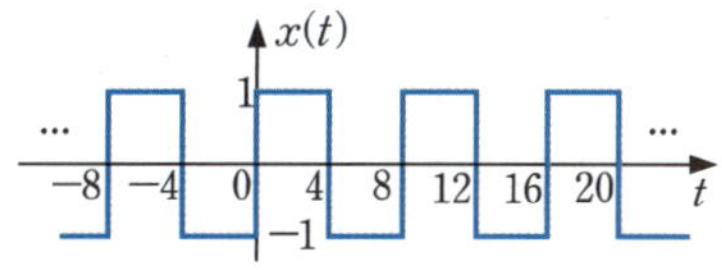

(c)

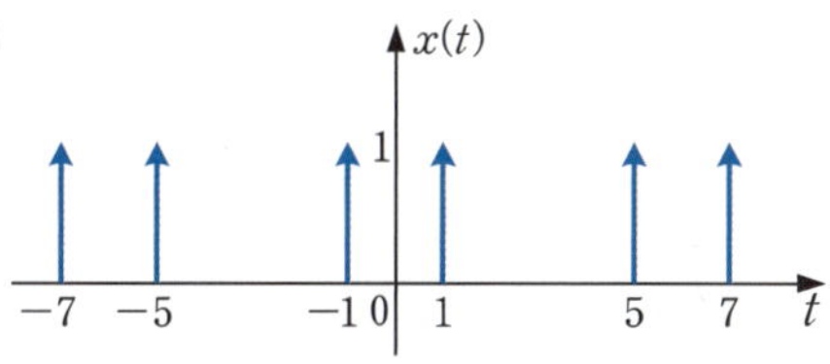

(d)

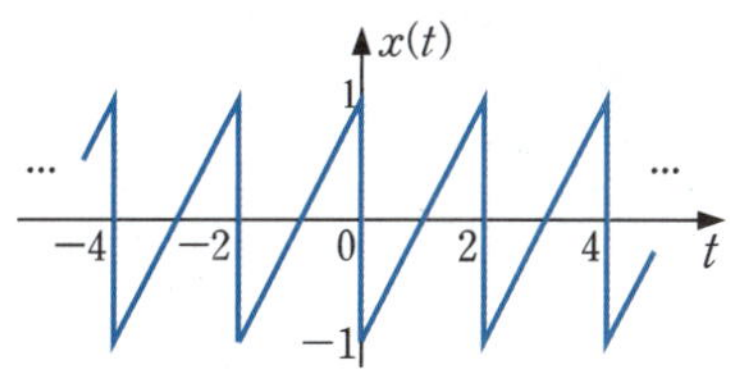

5.9 주기 신호의 지수함수 형식 푸리에 급수가 다음과 같을 때, 실수 주기 신호를 구하라.

(a) $x(t) = e^{j\frac{\pi}{2}}e^{-j3\pi t} + 2e^{j\frac{\pi}{3}}e^{-j\pi t} + 3 + 2e^{-j\frac{\pi}{3}}e^{j\pi t} + e^{-j\frac{\pi}{2}}e^{j3\pi t}$

(b) $x(t) = -je^{-j4\pi t} + (1 - j1)e^{-j2\pi t} + 2 + (1 + j1)e^{j2\pi t} + je^{j4\pi t}$

5.10 주기 신호의 스펙트럼이 다음 그림과 같을 때, 주기 신호를 구하라.

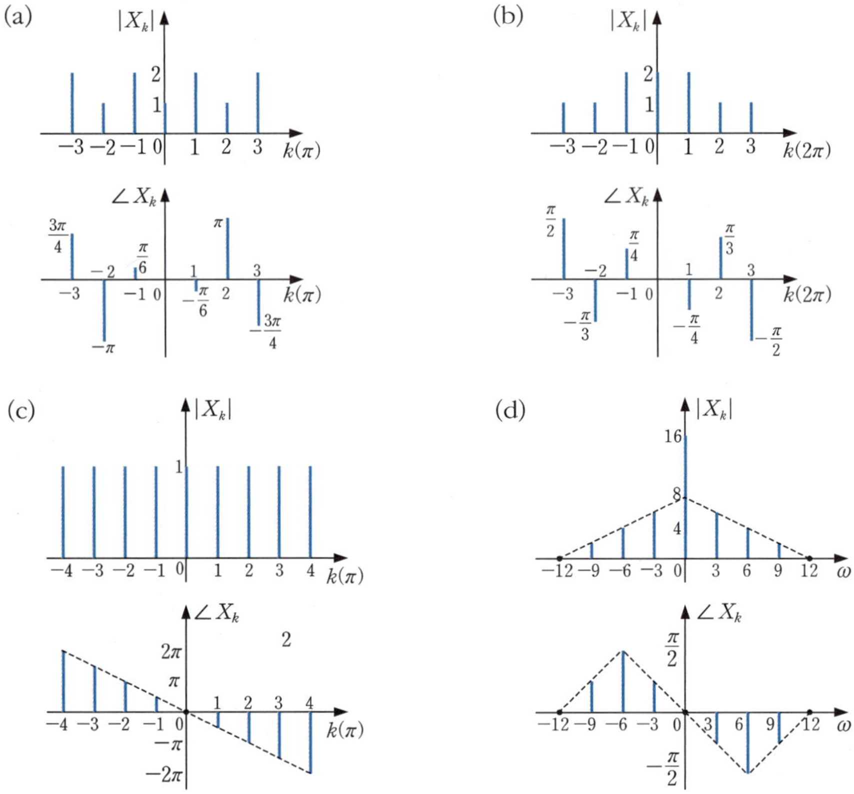

5.11 정현파 $x(t)=A\sin(\omega_0 t)$의 전력을 파스발 정리를 이용하여 구하라.

5.12 다음에 주어진 주기 신호 $x(t)$의 전력을 계산하라.

(a) $x(t)=1+2\cos\left(\dfrac{2\pi}{3}t+\dfrac{\pi}{3}\right)+4\sin\left(\dfrac{4\pi}{5}t+\dfrac{\pi}{6}\right)$

(b) $x(t)=2+\cos\left(t+\dfrac{\pi}{4}\right)+2\cos\left(3t+\dfrac{\pi}{6}\right)-\sin\left(4t+\dfrac{\pi}{3}\right)$

(c) $x(t)=2+\cos(\pi t)-\sin(\pi t)-3\cos(2\pi t)+4\cos\left(3\pi t-\dfrac{\pi}{3}\right)$

(d) $x(t)=1+2\sin\left(\dfrac{7\pi}{3}t\right)-2\sqrt{3}\cos\left(\dfrac{7\pi}{3}t\right)+\sin\left(7\pi t+\dfrac{\pi}{4}\right)+\cos\left(\dfrac{28\pi}{3}t-\dfrac{\pi}{6}\right)$

5.13 다음 그림의 신호 $x(t)$의 푸리에 변환을 구하라.

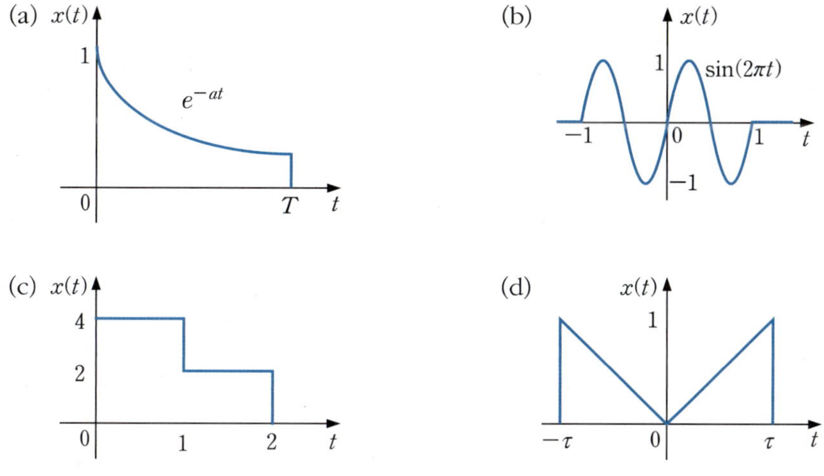

5.14 다음 그림의 스펙트럼 $X(\omega)$를 푸리에 역변환하여 신호 $x(t)$를 구하라.

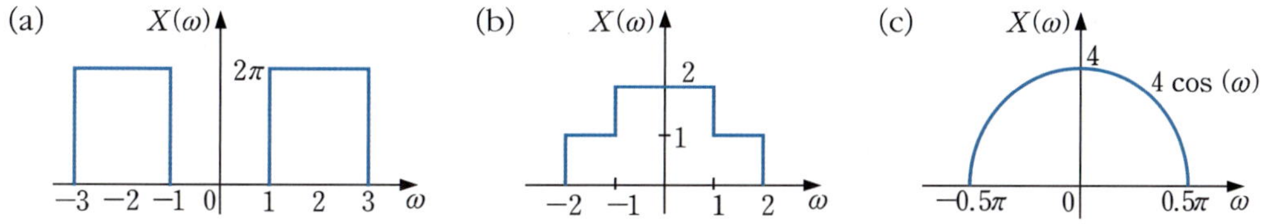

5.15 다음 신호의 푸리에 변환을 정의식을 이용하여 구하고, 부록의 푸리에 변환쌍 표와 [표 5-2]의 푸리에 변환의 성질을 이용하여 다시 구하라.

(a) $x(t) = u(t) - u(t-4)$

(b) $x(t) = e^{-2t}[u(t) - u(t-4)]$

(c) $x(t) = t[u(t) - u(t-4)]$

5.16 [표 5-2]의 푸리에 변환의 성질을 이용하여 다음 신호에 대한 푸리에 변환을 구하라.

(a) $x(t) = e^{-2|t|}$

(b) $x(t) = \frac{d}{dt}(e^{-2|t|})$

(c) $x(t) = \frac{d}{dt}(te^{-2t}u(t))$

(d) $x(t) = \text{sinc}^2(t)$

(e) $x(t) = \text{sinc}(t) * \text{sinc}(t)$

(f) $x(t) = e^{-\pi t}[\sin(\omega_0 t)]u(t)$

5.17 다음 그림의 신호 $x(t)$의 푸리에 변환을 아래의 방법으로 구하라.

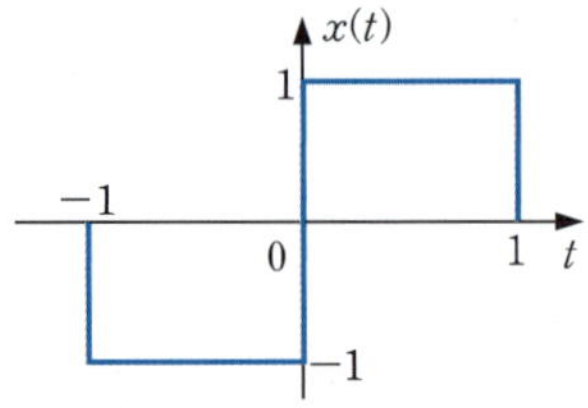

(a) 푸리에 변환의 정의식을 이용

(b) 시간 이동 성질을 이용한 방법

(c) 시간 미분과 시간 이동 성질을 이용한 방법

(d) 시간 컨벌루션 및 시간 이동 성질을 이용

5.18 다음 물음에 답하라.

(a) 푸리에 변환의 컨벌루션 성질을 이용해 다음 $X(\omega)$의 푸리에 역변환 $x(t)$를 구하라.

$$X(\omega)=\frac{1}{(a+j\omega)^2}$$

(b) 푸리에 변환의 미분 성질을 이용해 문제 (a)를 반복하라.

(c) 미분 성질을 이용해 다음 푸리에 변환의 역변환을 구하는 일반식을 구하라.

$$X(\omega)=\frac{1}{(a+j\omega)^m}$$

5.19 푸리에 변환이 다음과 같을 때, 각 경우에 해당하는 신호 $x(t)$를 구하라.

(a) $X(\omega)=2(\cos(2\omega))\left(\mathrm{sinc}\left(\frac{\omega}{\pi}\right)\right)$

(b) $X(\omega)=e^{-a|\omega|},\ a>0$

(c) $X(\omega)=\mathrm{sinc}\left(\frac{\omega-2\pi}{\pi}\right)+\mathrm{sinc}\left(\frac{\omega+2\pi}{\pi}\right)$

(d) $X(\omega)=j[u(-\omega)-u(\omega)]$

(e) $X(\omega)=\begin{cases}2\cos(\omega), & |\omega|<\pi \\ 0, & |\omega|>\pi\end{cases}$

(f) $X(\omega)=\begin{cases}j\omega, & |\omega|<1 \\ 0, & |\omega|>1\end{cases}$

5.20 파스발 정리를 이용하여 다음 신호의 에너지를 구하라.

(a) $x(t)=\mathrm{sinc}(t)$

(b) $x(t)=\mathrm{sinc}^2\left(\frac{t}{\pi}\right)$

(c) $x(t)=\frac{2a}{a^2+t^2}$

(d) $x(t)=e^{-2|t|}$

【응용 문제】

5.21 다음의 주기 신호에 대하여 기본 주파수 ω_0의 값을 구하고, 푸리에 급수를 삼각함수 형식과 지수함수 형식으로 각각 전개하라.

(a) $x(t)=\sin(2t+\pi/4)$

(b) $x(t)=|\sin(2t)|$

(c) $x(t)=\sin(2t)+\cos(4t)$

(d) $x(t)=(\sin(3t))(\cos(5t))$

5.22 다음 물음에 답하라.

(a) 반파 정류 회로에 주기 $T=1$인 정현파 $\sin(2\pi t)$를 입력으로 인가했을 때 출력 파형의 지수함수 형식 푸리에 급수 표현을 구하라.

(b) 같은 정현파를 전파 정류 회로에 인가할 때 출력 파형의 지수함수 형식 푸리에 급수 표현을 구하라.

(c) (a)의 결과를 이용하여 전파 정류 회로 출력 파형의 푸리에 급수를 구해 (b)의 결과와 일치하는지 확인하라.

5.23 다음 그림의 신호 $x(t)$에 대한 푸리에 계수가 $X_k=\text{sinc}\left(\dfrac{k}{2}\right)$라고 한다. 푸리에 급수의 성질을 이용하여 나머지 신호들의 지수함수 형식 푸리에 급수를 구하라.

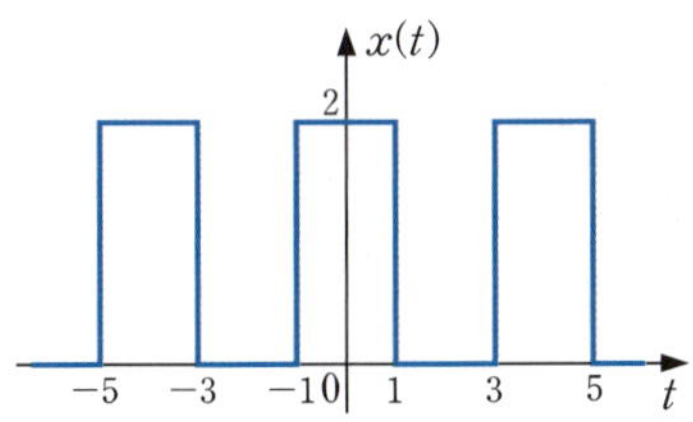

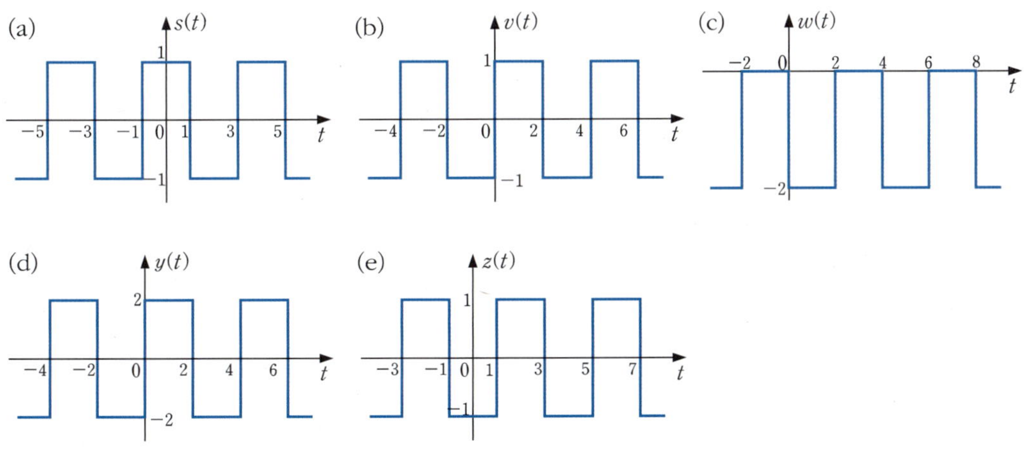

5.24 다음 그림의 구형파 주기 신호에 대해 다음 물음에 답하라.

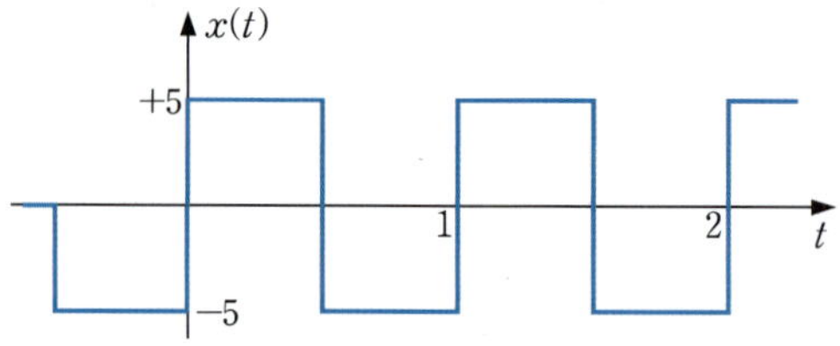

(a) 푸리에 급수를 구하라.

(b) 이 신호를 100[Ω]의 저항에 인가할 때, 저항에서 소비되는 전력을 구하라.

5.25 다음 그림과 같은 스펙트럼 $X(\omega)$에 대한 푸리에 역변환 $x(t)$를 구하라.

(a)

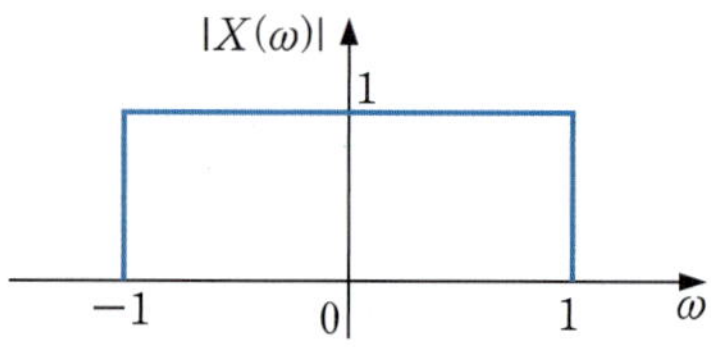

(b)

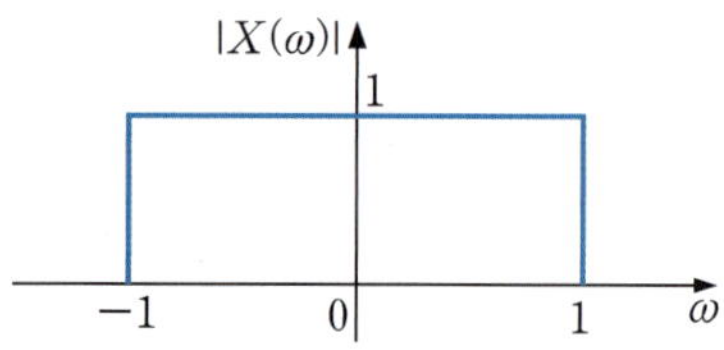

(c)

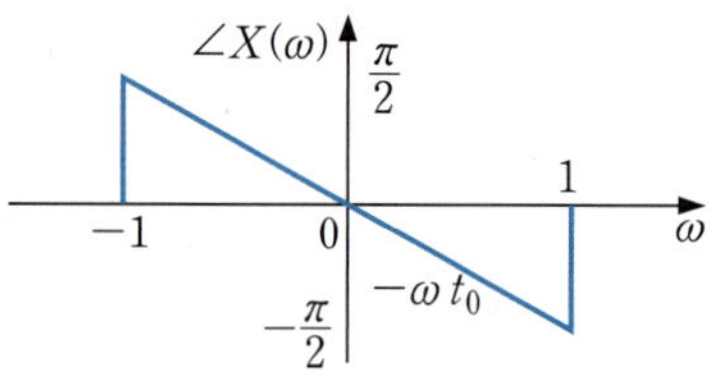

(d)

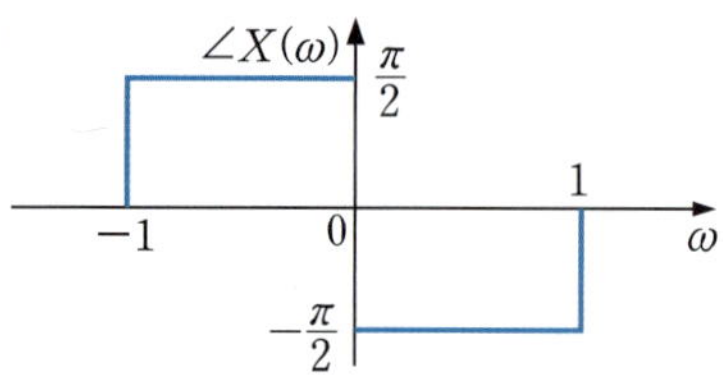

5.26 다음 그림의 $x(t)$의 푸리에 변환이 $X(\omega)=\frac{1}{\omega^2}(e^{j\omega}-j\omega e^{j\omega}-1)$로 주어졌다. 푸리에 변환의 성질을 이용하여 나머지 신호의 푸리에 변환을 구하라.

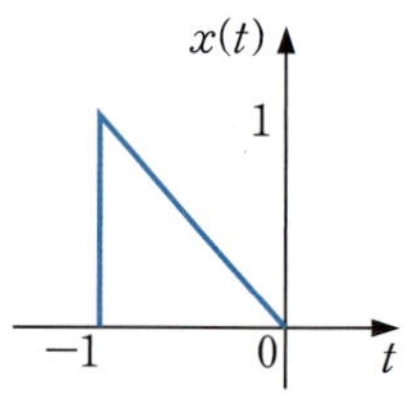

(a)

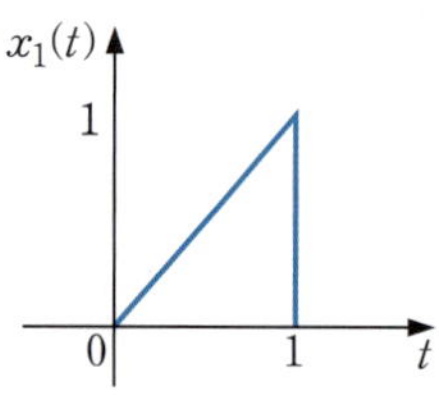

(b)

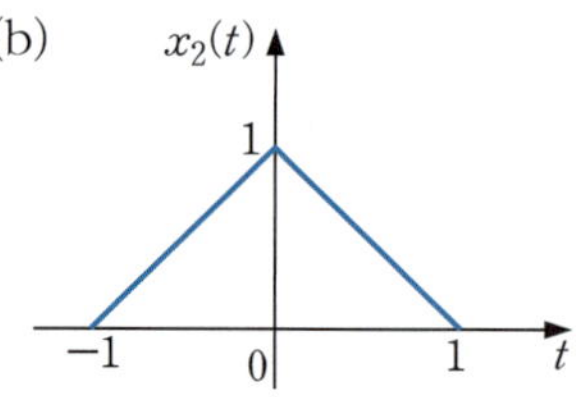

(c)

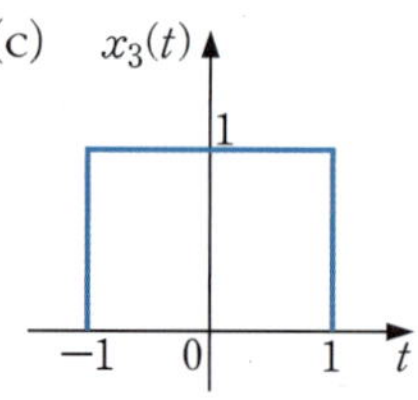

5.27 신호 $x(t)$의 푸리에 변환이 다음 식과 같을 때, 다음에 대한 푸리에 변환을 구하라.

$$X(\omega)=\frac{1}{1+j\omega}$$

(a) $x(2t)$

(b) $x(3t-6)$

(c) $x(t)*x(t-2)$

(d) $x(t)\sin(2\pi t)$

5.28 푸리에 변환의 시간-주파수 쌍대성 성질을 이용하여 다음의 신호 $x(t)$의 푸리에 변환을 구하라.

(a) $x(t)=\delta(t+t_0)+\delta(t-t_0)$

(b) $x(t)=\dfrac{1}{1+jt}$

(c) $x(t)=\dfrac{2a}{a+t^2}$

5.29 다음 물음에 답하라.

(a) $x(t)\Leftrightarrow X(\omega)$일 때 시간 이동 성질을 이용하여 다음을 보여라.

$$x(t+T)+x(t-T)\ \Leftrightarrow\ 2X(\omega)\cos(T\omega)$$

(b) 이 결과와 푸리에 변환쌍 표를 이용하여 다음 그림의 신호에 대한 푸리에 변환을 구하라.

(c) 그림의 가로축이 시간축 t가 아니라 주파수축 ω일 때, 즉 그림의 파형이 신호의 스펙트럼일 경우 주파수 이동 성질을 이용하여 이의 푸리에 역변환을 구하라.

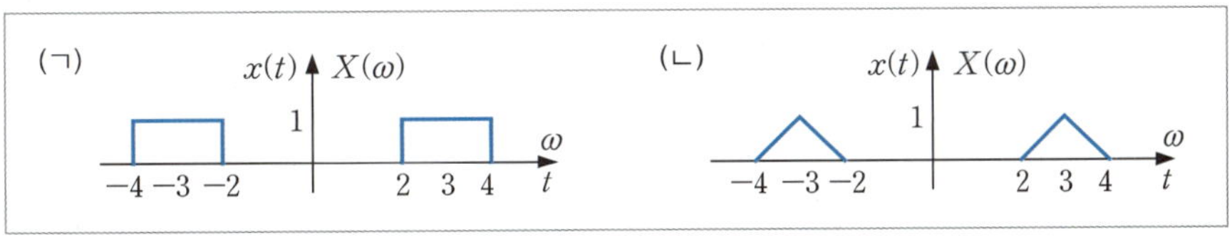

5.30 $x(t)\cos(\omega_0 t)$로부터 신호 $x(t)$를 복구하는 과정을 복조라고 한다. 신호 $x(t)\cos(\omega_0 t)$에 $2\cos(\omega_0 t)$를 곱하고 대역폭이 W인 저역 통과 필터를 통과시켜 복조될 수 있음을 보여라. 이때 $W<\omega_0$로 가정한다.

실습목표

- MATLAB을 이용하여 사각 펄스 주기 신호 입력에 대한 RC 병렬회로의 출력을 살펴본다.
- MATLAB을 이용하여 푸리에 변환을 이용한 컨벌루션 계산을 수행한다.
- MATLAB을 이용하여 진폭 변조를 살펴본다.

MATLAB 5-1 사각 펄스 주기 신호 입력에 대한 RC 병렬 회로의 출력

[그림 5-25(a)]의 RC 병렬 회로에 입력 신호로 [그림 5-25(b)]의 사각 펄스 주기 신호 $x(t)$를 인가했다.

(a) $x(t)$를 푸리에 급수 전개한 푸리에 계수를 구하여 그려라.

(b) $x(t)$의 신호 파형으로부터 fft 명령을 이용하여 스펙트럼을 그려라.

(c) (a)의 결과를 이용하여 스펙트럼으로부터 $x(t)$를 조파 합성하여 그려라.

(d) $R=1[\Omega]$, $C=1[\text{F}]$일 때와 $R=1[\Omega]$, $C=0.1[\text{F}]$일 때 RC 회로의 주파수 응답을 각각 그려라.

(e) $x(t)$를 입력으로 넣었을 때, RC 회로의 출력의 진폭 및 위상 스펙트럼을 그려라.

(f) $x(t)$를 입력으로 넣었을 때, RC 회로의 출력 파형을 구하여 그려라.

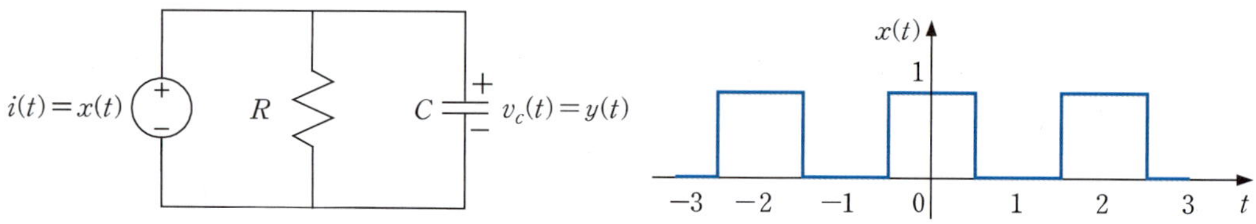

(a) RC 병렬 회로　　(b) 사각 펄스 주기 신호

[그림 5-25] [MATLAB 5-1]의 RC 병렬 회로와 입력 신호

풀이

(a) 삼각함수 형식의 경우 $x(t)$는 우함수이므로 푸리에 계수는 직류 항과 cos 항만 존재한다. 따라서 삼각함수 형식 표현이 그대로 간결형 삼각함수 형식 표현이 된다.

$$c_0 = a_0 = \frac{1}{2}\int_{-0.5}^{0.5} 1dt = \frac{1}{2}$$

$$c_k = a_k = \int_{-0.5}^{0.5} \cos k(\omega_0 t)\, dt = \frac{1}{k\omega_0}\sin k(\omega_0 t)\Big|_{-0.5}^{0.5} = \text{sinc}\left(\frac{k}{2}\right)$$

따라서 c_k는 k가 홀수일 경우에만 값을 갖는다. 지수함수 형식의 푸리에 계수는 다음과 같이 구해진다.

$$X_k = \frac{1}{2}\int_{-0.5}^{0.5} e^{-jk\omega_0 t}dt = -\frac{1}{2}\frac{1}{jk\omega_0}e^{-jk\omega_0 t}\Big|_{-0.5}^{0.5} = -\frac{1}{k\pi}\frac{e^{-jk\pi/2}-e^{jk\pi/2}}{j2} = \frac{1}{2}\text{sinc}\left(\frac{k}{2}\right)$$

이 결과는 [예제 5-3]에서 구한 푸리에 급수 표현 결과와 일치한다.

구해진 푸리에 계수를 이용하여 신호 $x(t)$의 진폭 및 위상 스펙트럼을 그리는 매트랩 프로그램은 다음과 같다. 프로그램 실행 결과를 [그림 5-26(a)]에 나타내었다.

MATLAB_5_1a.m

```
k=0:30;                                 % 주파수축(고조파의 차수)을 설정함
for n=1:2:29
   ck(n)=sinc(n/2);                     % 간결형 삼각함수 형식 푸리에 계수 계산
   ck(n+1)=0;                           % 푸리에 계수의 짝수 항 설정
end
ck=[0.5 ck];                            % 직류 항을 포함한 푸리에 계수 설정
subplot(2,1,1);                         % 2행 1열 분할 그림 창의 1번 창
stem(k,abs(ck));                        % 진폭 스펙트럼을 그림
title('\bf{진폭 스펙트럼}');             % 그림 제목
xlabel('\bf{k}'); grid on;              % x축 라벨 및 그리드 표시
subplot(2,1,2);                         % 2행 1열 분할 그림 창의 2번 창
stem(k,angle(ck));                      % 위상 스펙트럼을 그림
title('\bf{위상 스펙트럼}');             % 그림 제목
xlabel('\bf{k}'); grid on;              % x축 라벨 및 그리드 표시
```

(b) 신호 $x(t)$의 데이터 값으로부터 fft 명령을 이용하여 바로 스펙트럼을 구하는 매트랩 프로그램은 다음과 같다.

MATLAB_5_1b.m

```
T=2;                                              % 신호의 주기 설정
N=1024;                                           % 데이터 개수 설정
Ts=T/N;                                           % 샘플링 주기 설정
t=Ts*[0:(N-1)];                                   % 시간축을 설정함
xt=stepfun(t,0)-stepfun(t,0.5)+stepfun(t,1.5);    % 사각 펄스 주기 신호 생성
Xf=(1/N)*fft(xt);                                 % fft로 스펙트럼 계산
k=0:30;                                           % 주파수축(고조파의 차수) 설정
subplot(2,1,1);                                   % 2행 1열 분할 그림 창의 1번 창
stem(k,abs(Xf(1:length(k))));                     % 진폭 스펙트럼을 그림
title('\bf{진폭 스펙트럼}');                       % 그림 제목
xlabel('\bf{k}'); grid on;                        % x축 라벨 및 그리드 표시
subplot(2,1,2);                                   % 2행 1열 분할 그림 창의 2번 창
stem(k,angle(Xf(1:length(k))));                   % 위상 스펙트럼을 그림
title('\bf{위상 스펙트럼}');                       % 그림 제목
xlabel('\bf{k}'); grid on;                        % x축 라벨 및 그리드 표시
```

프로그램 실행 결과를 [그림 5-26(b)]에 나타내었다. fft에 의해 스펙트럼을 구하면 지수함수 형식의 푸리에 계수 X_k가 얻어지므로 진폭 스펙트럼은 직류 항 X_0를 제외하면 크기가 반으로 줄어든다. 그리고 위상의 경우도 부호가 거꾸로 표시되어 있다. 또한 그림에서는 잘 드러나지 않지만, 데이터의 수를 적게 하여 프로그램을 실행시키면 스펙트럼의 정확도가 낮아져서 [그림 5-26(a)]의 결과(특히 위상)와 차이가 나는 것을 확인할 수 있을 것이다.

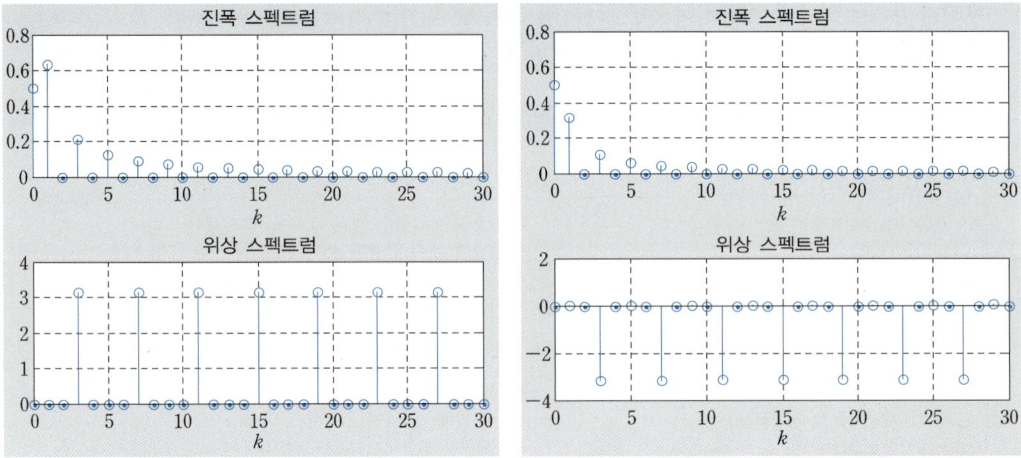

(a) 수식 계산에 의한 스펙트럼 (b) fft에 의한 스펙트럼

[그림 5-26] 사각 펄스 주기 신호의 진폭 및 위상 스펙트럼

(c) 정현파를 이용하여 신호 $x(t)$를 합성하기 위해서는 간결형 삼각함수 형식의 푸리에 급수 전개를 이용한다. 이 경우 실제적인 관점에서 볼 때 무한 차수의 고조파를 사용할 수는 없으므로 문제를 풀기 위해서는 몇 고조파까지 사용할 것인가를 결정해야 한다. 그림에서 보면 $k > 20$에 해당하는 고조파 성분은 미미한 수준이어서 신호에 기여하지 못함을 알 수 있다.

MATLAB_5_1c.m

```
t=-3:0.005:3;                          % 시간의 범위를 설정함
N=20;                                  % 고조파의 차수를 선택함
c0=0.5;                                % 직류 성분의 푸리에 계수
w0=pi;                                 % 기본 주파수 설정
xr=c0*ones(1,length(t));               % 합성 신호 xr(t)의 직류 성분
for k=1:N
   xr=xr+sinc(k/2)*cos(k*w0*t);        % N차까지 고조파들을 더하여 합성 신호 생성
end
plot(t,xr)                             % 합성 신호 xr(t)의 파형을 그림
title('합성 신호 xr(t)');               % 그림 제목
xlabel('t');                           % x축 라벨 표시
```

20고조파까지 합성($N=20$)한 경우와 40고조파까지 합성($N=40$)한 경우를 [그림 5-27]에 나타내었다. 그림에서 볼 수 있듯이 $N=20$의 경우만 해도 진동을 제외하고는 사각 펄스에 근사한 파형이 되며, $N=40$의 경우처럼 합성에 더욱 많은 고조파를 사용하면 원래의 파형 모습에 더욱 가까워지지만 진동은 사라지지 않는 깁스 현상을 관찰할 수 있다.

만약 (b)의 결과를 이용하여 사각 펄스 주기 신호의 한 주기 파형을 구하려면, (b)의 프로그램 끝에 다음과 같이 `ifft` 명령을 사용하여 덧붙이면 깁스 현상이 나타나지 않은 온전한 파형을 얻을 수 있다.

```
>>xr=N*ifft(Xf);
>>plot(t,xr);
```

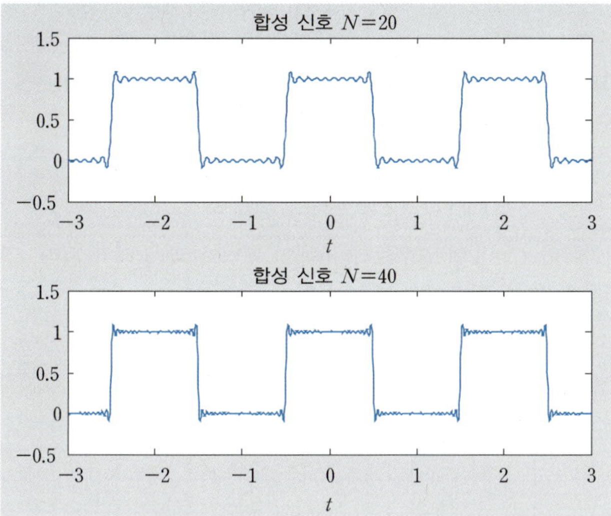

[그림 5-27] 스펙트럼에 의한 사각 펄스 주기 신호의 합성

(d) 키르히호프의 전류 연속의 법칙(KCL)을 적용하면 RC 회로의 회로 방정식은

$$x(t) = \frac{1}{R}y(t) + C\frac{dy(t)}{dt}$$

가 된다. 이를 푸리에 변환하여 주파수 응답을 구하면 다음과 같다.

$$H(\omega) = \frac{Y(\omega)}{X(\omega)} = \frac{1}{\frac{1}{R} + j\omega C} = \frac{\frac{1}{C}}{j\omega + \frac{1}{RC}}$$

이로부터 RC 회로의 주파수 응답을 계산하여 그리는 매트랩 프로그램은 다음과 같다.

MATLAB_5_1d.m

```
dw=0.01;                              % 주파수 간격 설정
w=0:dw:1000;                          % 주파수 범위를 설정
R=1; C=1;                             % R과 C의 값을 설정
H=1/C./(j*w+1/(R*C));                 % 주파수 응답 계산
subplot(2,1,1);                       % 2행 1열 분할 그림 창의 1번 창
plot(log10(w),abs(H));                % RC 회로의 진폭 응답 곡선을 그림
title('\bf{진폭 응답}');               % 그림 제목
xlabel('\bf{log\omega}'); grid on;    % x축 라벨 및 그리드 표시
subplot(2,1,2);                       % 2행 1열 분할 그림 창의 2번 창
plot(log10(w),angle(H));              % RC 회로의 위상 응답 곡선을 그림
title('\bf{위상 응답}');               % 그림 제목
xlabel('\bf{log\omega}'); grid on;    % y축 라벨 및 그리드 표시
```

매트랩의 실행결과를 [그림 5-28]에 나타내었다. 회로 파라미터 R, C값, 즉 회로 시정수가 달라질 경우의 변화를 살펴보기 위해 [그림 5-28(a)]에는 $R=1[\Omega]$, $C=1[\text{F}]$의 경우를, [그림 5-28(b)]에는 $R=1[\Omega]$, $C=0.1[\text{F}]$의 경우를 나타내었다. RC 회로의 주파수 응답으로부터 차단 주파수를 구해 보면, $R=1$, $|H(\omega)|_{\max}=1$이므로

$$\omega_c=\omega\Big|_{|H(\omega)|=1/\sqrt{2}}=\frac{1}{C}$$

이다. 따라서 $C=0.1[\text{F}]$인 경우의 대역폭이 $C=1$인 경우보다 10배인 저역 통과 필터가 된다. 그림에서도 이를 확인할 수 있는데, 주파수축이 로그 척도임을 주의하라.

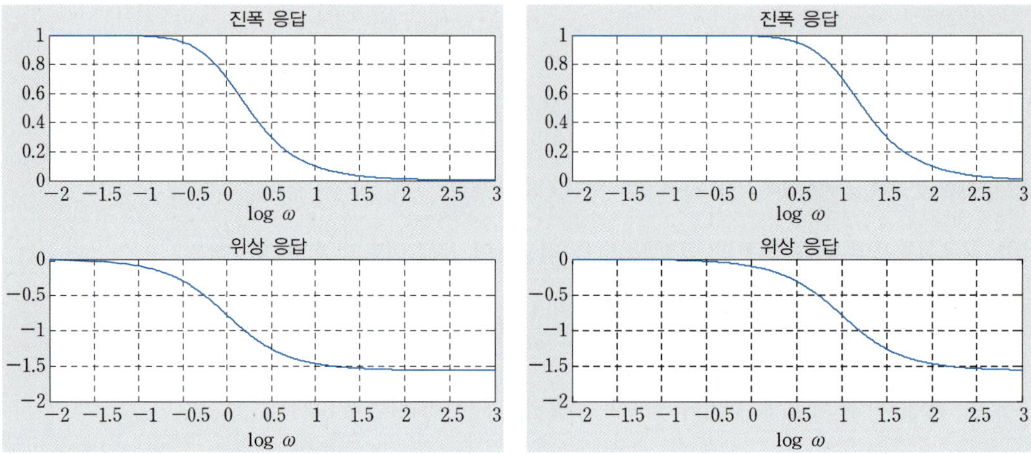

(a) $R=1[\Omega]$, $C=1[\text{F}]$의 경우 (b) $R=1[\Omega]$, $C=0.1[\text{F}]$의 경우

[그림 5-28] RC 회로의 주파수 응답

(e) 푸리에 변환의 시간 컨벌루션 성질에 의해 출력의 스펙트럼은 입력 신호의 스펙트럼과 주파수 응답의 곱으로 주어진다. 이를 수행하는 매트랩 프로그램은 다음과 같다.

MATLAB_5_1e.m

```
k=0:30;                                   % 주파수축(고조파의 차수)을 설정함
w0=pi;                                    % 기본 주파수 설정
R=1; C=1;                                 % R과 C의 값 설정
c0=0.5;                                   % 입력 푸리에 계수 직류 항 값 설정
for n=1:2:29;
  Yk(n)=sinc(n/2)*(1/C/(j*n*w0+1/R/C));   % 출력의 스펙트럼 계산
  Yk(n+1)=0;
end
Yk=[c0*R Yk];                             % 직류 항을 포함한 출력 스펙트럼 생성

subplot(2,1,1);                           % 2행 1열 분할 그림 창의 1번 창
stem(k,abs(Yk));                          % 출력의 진폭 스펙트럼을 그림
title('\bf{진폭 스펙트럼}');              % 그림 제목
xlabel('\bf{k}'); grid on;                % x축 라벨 및 그리드 표시
subplot(2,1,2);                           % 2행 1열 분할 그림 창의 2번 창
```

```
stem(k,angle(Yk)));                          % 출력의 위상 스펙트럼을 그림
title('\bf{위상 스펙트럼}');                    % 그림 제목
xlabel('\bf{k}'); grid on;                   % y축 라벨 및 그리드 표시
```

앞에서와 마찬가지로 서로 다른 회로 파라미터에 대한 매트랩 실행 결과를 [그림 5-29]에 나타내었다. [그림 5-29(a)]는 $R=1[\Omega]$, $C=1[\mathrm{F}]$의 경우이고, [그림 5-29(b)]는 $R=1[\Omega]$, $C=0.1[\mathrm{F}]$의 경우이다. 두 경우를 비교해보면 [그림 5-29(b)]의 경우가 출력에 고조파 성분이 더 많이 포함됨을 알 수 있다. 이는 (d)에서 본 것처럼 $R=1[\Omega]$, $C=0.1[\mathrm{F}]$의 경우가 차단 주파수가 10배 커서 대역폭이 훨씬 넓으므로 당연한 결과이다.

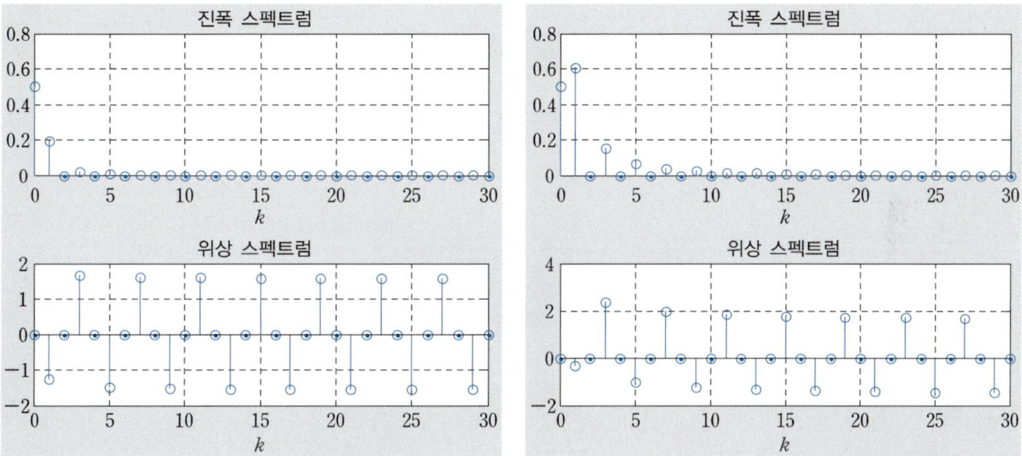

(a) $R=1[\Omega]$, $C=1[\mathrm{F}]$의 경우 　　(b) $R=1[\Omega]$, $C=0.1[\mathrm{F}]$의 경우

[그림 5-29] *RC* 회로 출력의 스펙트럼

(f) 출력의 파형은 푸리에 급수 전개 결과를 유효 항까지 절단하여 근사화된 파형을 구하면 된다. (c)에서 이미 정현파에 의한 조파 합성 예를 보였으므로, 이번에는 지수함수 형식 푸리에 급수 전개로부터 출력 파형을 구해보도록 한다. 매트랩 프로그램은 다음과 같다.

MATLAB_5_1f.m

```
t=-3:0.01:3;                                          % 출력할 시간축의 크기를 선택
w0=pi;                                                % 기본 주파수 설정
R=1; C=1;                                             % R과 C의 값 설정
N=40;                                                 % 고조파의 차수를 선택함
X0=0.5; H0=R;                                         % X0, H(0)의 값을 설정
y=X0*H0*ones(1,length(t));                            % 출력의 직류 성분 계산
for k=1:N
  Yk=(sinc(k/2)/2)*(1/C/(j*k*w0+1/R/C));              % RC 회로 출력의 스펙트럼 계산
  y=y+Yk*exp(j*k*w0*t)+conj(Yk)*exp(-j*k*w0*t);       % RC 회로 출력 y(t)를 계산
end
plot(t,y);                                            % 출력 파형 도시
title('\bf{출력 y(t)}');                                % RC 회로 출력 y(t)를 그림
xlabel('\bf{t}');                                     % x축 라벨 표시
```

서로 다른 회로 파라미터에 대한 매트랩 실행 결과를 [그림 5-30]에 나타내었다. 그림에서 [그림 5-30(a)]는 $R=1[\Omega]$, $C=1[\text{F}]$의 경우이고 [그림 5-30(b)]는 $R=1[\Omega]$, $C=0.1[\text{F}]$의 경우이다. 두 그림을 비교해보면 시정수의 역할 또는 필터의 대역폭(또는 차단 주파수)의 의미가 확연히 드러난다. [그림 5-30(a)]의 경우 저역 통과 필터의 대역폭이 좁아서(시정수 $RC=1$) 고차의 고조파 성분을 차단시키므로 출력 파형이 좀 더 시간적으로 완만한 변화를 보이는 반면, [그림 5-30(b)]의 경우 [그림 5-30(a)]에 비해 대역폭이 10배(시정수 $RC=0.1$)로 조파 합성에 유효한 입력 고조파의 대부분을 통과시키므로 출력 파형이 입력의 파형과 유사하다. 시정수를 다양하게 바꾸어 시뮬레이션을 수행해보면, 시정수가 점점 작아질수록(예를 들어, $RC=0.01$) 출력이 더욱 더 입력 파형에 가까워짐을 볼 수 있을 것이며, 이때에도 깁스 현상이 관찰될 것이다.

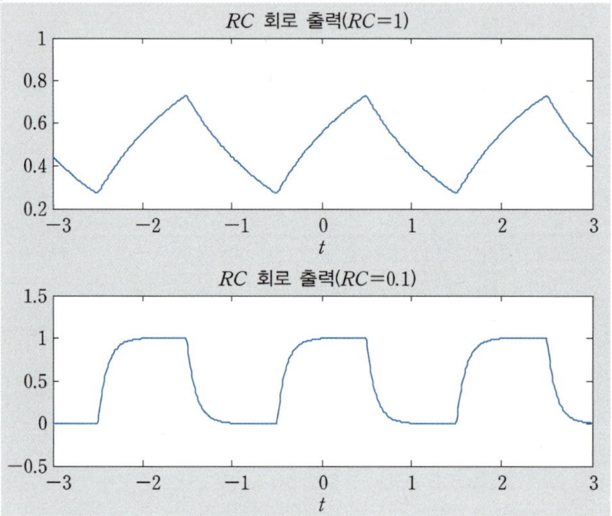

[그림 5-30] RC 회로의 출력 파형

MATLAB 5-2 푸리에 변환을 이용한 컨벌루션 계산

[그림 5-31]에 나타낸 신호 $x(t)$에 대해 컨벌루션 $y(t)=x(t)*x(t)$를 계산하고자 한다. 푸리에 변환을 이용하여 이 컨벌루션을 수행하고 그 결과를 시간 영역에서 직접 컨벌루션한 결과와 비교하라.

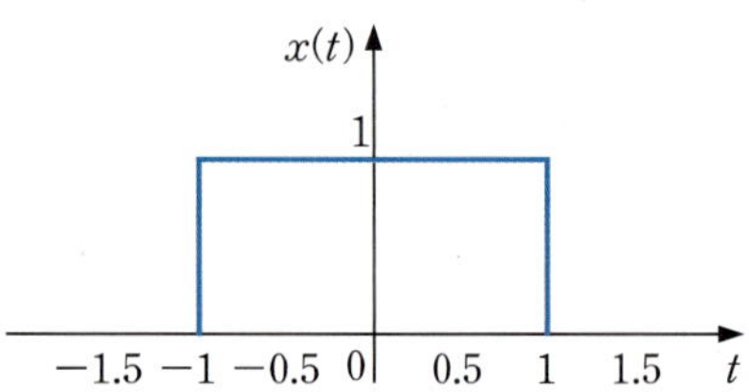

[그림 5-31] [MATLAB 5-2]의 사각 펄스 신호

풀이

시간 영역에서의 컨벌루션은 주파수 영역에서 두 신호의 푸리에 변환의 곱이 되므로 [그림 5-24]의 사각 펄스 신호의 푸리에 변환을 구하여 제곱한 뒤 역변환을 하면 된다. 주파수 영역과 시간 영역에서 각각 컨벌루션을 수행하는 매트랩 프로그램은 다음과 같다.

MATLAB_5_2.m

```
N=512;                                   % 데이터 수 설정
dt=6/N;                                  % 시간 간격 설정
t=dt*[-N/2+1:N/2];                       % 시간축 설정
x=stepfun(t,-1)-stepfun(t,1);            % 사각 펄스 신호 생성
y1=conv(x,x)*dt;                         % 시간 영역 컨벌루션 수행
Xf=dt*fft(x);                            % x(t)의 푸리에 변환 수행
Yf=Xf.*Xf;                               % 두 신호의 스펙트럼을 곱함
y=fftshift((1/dt)*ifft(Yf));             % 푸리에 역변환에 의한 y(t) 계산

subplot(2,1,1);                          % 2행 1열 분할 그림 창의 1번 창
plot(t,y1(257:768));                     % 시간 영역 컨벌루션 결과를 그림
title('\bf{시간 영역 컨벌루션 결과}');      % 그림 제목
axis([-3 3 0 2.5]);                      % 그림 영역 설정
xlabel('\bf{t}');                        % x축 라벨 표시
subplot(2,1,2);                          % 2행 1열 분할 그림 창의 2번 창
plot(t,y2);                              % FT에 의한 컨벌루션 결과를 그림
axis([-3 3 0 2.5]);                      % 그림 영역 설정
title('\bf{FT에 의한 컨벌루션 결과}');      % 그림 제목
xlabel('\bf{t}');                        % x축 라벨 표시
```

매트랩 프로그램의 실행 결과는 [그림 5-32]에 나타내었다. 이미 알고 있듯이 두 가지 방식에 의한 컨벌루션 결과는 같다.

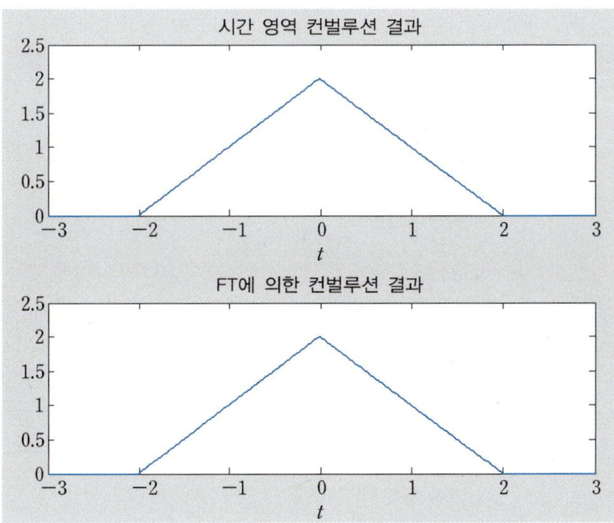

[그림 5-32] 컨벌루션 $y(t)=x(t)*x(t)$의 결과

MATLAB 5-3 진폭 변조

메시지 신호 $m(t)=\cos(2\pi t)$를 전송하기 위해 반송파 $c(t)=2\cos(40\pi t)$로 진폭 변조하고자 한다.

(a) 양측파대-반송파 억압(DSB-SC)Double SideBand-Suppressed Carrier 방식으로 변조한 변조 신호 $s(t)$의 파형과 스펙트럼을 그려라. 또한 이 변조 신호에 대해 복조 신호를 구하는 방법을 설명하라.

(b) 양측파대-큰 반송파(DSB-LC)Double SideBand-Large Carrier 방식으로 변조한 변조 신호 $s(t)$의 파형과 스펙트럼을 그려라. 또한 변조 지수에 따른 파형의 변화를 관찰하라.

풀이

푸리에 변환의 성질에서 설명한 진폭 변조 방식은 다음과 같이 단순히 메시지 신호 $m(t)$에 반송파 $c(t)=A_c\cos(\omega_c t)$를 곱하여 변조 신호 $s(t)$를 만드는 방식으로, 다음과 같이 나타낸다.

$$s(t)=m(t)c(t)=A_c m(t)\cos(\omega_c t) \tag{5.41}$$

이 방식은 수신단에서 동기 검출coherent detection이 필요하므로 수신 시스템의 구성이 복잡해진다. 따라서 실제 방송국에서 AM 방송에 사용하는 진폭 변조 방식은 DSB-LC 방식이다. 이 방식에서는 다음과 같이 메시지 신호 $m(t)$에 반송파 $c(t)$를 곱하고 다시 반송파를 더하여 전송을 위한 변조 신호 $s(t)$를 만든다.

$$s(t)=A_c(1+k_a m(t))\cos(\omega_c t) \tag{5.42}$$

여기서 k_a는 변조기의 진폭 민감도 지수이다. 이 방식은 DSB-SC 방식에 비해 전력 낭비 등의 문제점이 있지만 수신단에서 간단한 다이오드 회로로 구성된 포락선 검파기로 쉽게 복조할 수 있으므로 하나의 송신자에 매우 많은 수신자가 존재하는 방송에는 더 적합하다. 이 문제에서 메시지 신호 $m(t)$의 주파수는 1[Hz], 반송파 $c(t)$의 주파수는 20[Hz]이다.

(a) DSB-SC 방식으로 변조한 변조 신호를 구하고 스펙트럼을 그리는 매트랩 프로그램은 다음과 같다.

MATLAB_5_3a.m

```
N=1024;                                  % 데이터 수 설정
f0=1; fc=20;                             % 메시지 신호 및 반송파의 주파수 설정
ti=0; tf=1;                              % 시간 구간 값 설정
Ts=(tf-ti)/N;                            % 시간(샘플링) 간격 설정
t=[ti:Ts:tf-Ts];                         % 시간축 생성
df=1/(Ts*N);                             % 주파수축 간격(해상도) 설정
f=df*[-N/2:N/2-1];                       % 주파수축 생성
m=cos(2*pi*f0*t);                        % 메시지 신호 생성
c=2*cos(2*pi*fc*t);                      % 반송파 생성
s=m.*c;                                  % 변조 신호 생성
Sf=fftshift((1/N)*fft(s));               % 변조 신호의 스펙트럼 계산

subplot(3,1,1);                          % 3행 1열 분할 그림 창의 1번 창
plot(t,m,t,c,':r');                      % 메시지 신호와 반송파를 그림
title('\bf{메시지 신호 m(t)와 반송파 c(t)}');   % 그림 제목
xlabel('\bf{t}');                        % x축 라벨 표시
subplot(3,1,2);                          % 3행 1열 분할 그림 창의 2번 창
plot(t,s);                               % 변조 신호를 그림
```

```
title('\bf{변조 신호 s(t)}');                    % 그림 제목
xlabel('\bf{t}');                                % x축 라벨 표시
subplot(3,1,3);                                  % 3행 1열 분할 그림 창의 3번 창
stem(f,abs(Sf));                                 % 변조 신호의 스펙트럼을 그림
axis([-25 25 0 1]);                              % 그림 영역 설정
title('\bf{변조 신호 s(t)의 스펙트럼}');         % 그림 제목
xlabel('\bf{f}');                                % x축 라벨 표시
```

매트랩 실행 결과는 [그림 5-33]에 나타내었다. 프로그램에서 변조 신호의 진폭 스펙트럼은 보통 plot 명령을 써서 그리지만, 그럴 경우 스펙트럼이 양옆의 0인 값과 연결되어 삼각형 모양으로 나타난다. 따라서 정현파의 선 스펙트럼을 정확히 보여주기 위해 일부러 stem 명령을 썼으며, 또한 axis 명령으로 주파수 범위를 제한해 나타내었다. 그림에서 스펙트럼은 정확히 반송파 주파수만큼 대역 이동된 것을 확인할 수 있다.

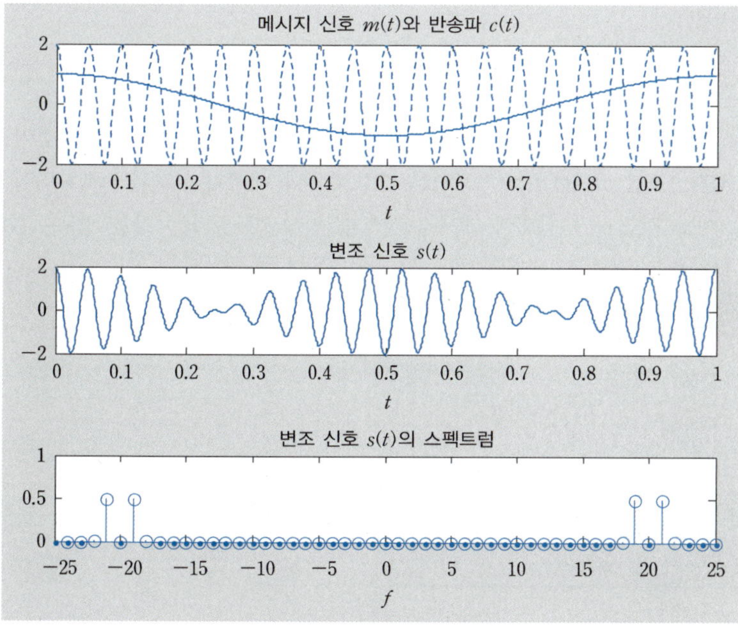

[그림 5-33] DSB-SC 변조 신호의 파형과 스펙트럼

변조된 신호의 복조를 위해서는 우선 다음과 같이 변조 신호에 다시 반송파를 곱한다.

$$m_d(t) = s(t)c(t) = m(t)(A_c\cos(\omega_c t))^2 = \frac{A_c^2}{2}m(t)(1+\cos(2\omega_c t))$$

$m_d(t)$는 크기가 $A_c^2/2$배된 메시지 신호와 이 신호를 주파수 $2\omega_c$로 변조하여 대역 이동시킨 신호의 합이다. $m_d(t)$를 푸리에 변환하여 스펙트럼을 구해보면 다음과 같이 된다.

$$M_d(\omega) = \frac{A_c^2}{2}M(\omega) + \frac{A_c^2}{4}(M(\omega-2\omega_c)+M(\omega+2\omega_c))$$

따라서 $m_d(t)$를 차단 주파수가 반송파 주파수보다 낮은 저역 통과 필터에 통과시킨 뒤 크기만 조정해 주면 원래의 메시지 신호 $m(t)$를 얻을 수 있다. $m_d(t)$의 파형과 스펙트럼을 그리는 매트랩 프로그램은 앞의 프로그램에 다음의 코드만 덧붙이면 된다.

```
md=s.*c;                                % 복조 신호 생성
Mdf=fftshift((1/N)*fft(md));            % 복조 신호의 스펙트럼 계산

figure                                  % 새 그림 창을 만듦
subplot(2,1,1);                         % 2행 1열 분할 그림 창의 1번 창
plot(t,md,t,4*m,':r');                  % 복조 신호와 메시지 신호를 그림
title('\bf{복조 신호와 메시지 신호}');    % 그림 제목
xlabel('\bf{t}');                       % x축 라벨 표시
subplot(2,1,2);                         % 2행 1열 분할 그림 창의 2번 창
stem(f,abs(Mdf));                       % 복조 신호의 스펙트럼을 그림
axis([-50 50 0 1]);                     % 그림 영역 설정
title('\bf{복조 신호의 스펙트럼}');       % 그림 제목
xlabel('\bf{f}');                       % x축 라벨 표시
```

매트랩 실행 결과는 [그림 5-34]에 나타내었다. 그림에서 보면, $m_d(t)$의 시간 파형의 포락선이 메시지 신호 $m(t)$임을 알 수 있다. 또한 $m_d(t)$의 스펙트럼은 기저 대역에 메시지 신호의 스펙트럼이 나타나므로 저역 통과 필터로 이를 걸러내어 원래의 메시지 신호를 얻을 수 있다는 것을 알 수 있다.

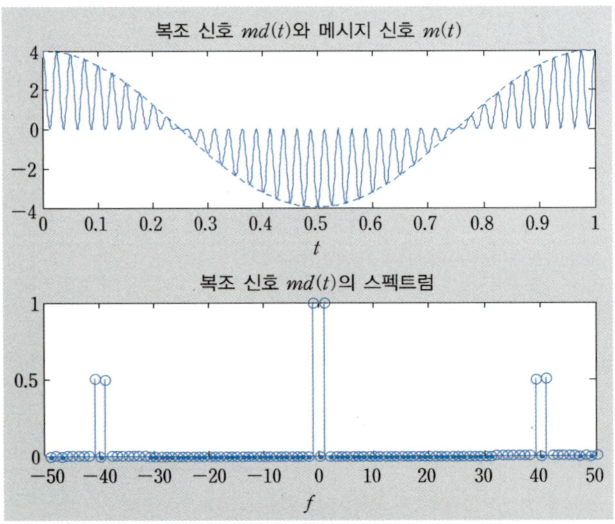

[그림 5-34] DSB-SC 복조 신호의 파형과 스펙트럼

(b) DSB-LC 방식으로 변조한 변조 신호를 구하고 스펙트럼을 그리는 매트랩 프로그램은 다음과 같다.

MATLAB_5_3b.m

```
N=1024;                              % 데이터 수 설정
f0=1; fc=20;                         % 메시지 신호 및 반송파의 주파수 설정
ka=[0.5 1 2];                        % 변조 민감도 지수 설정
ti=0; tf=2;                          % 시간 구간 값 설정
Ts=(tf-ti)/N;                        % 시간(샘플링) 간격 설정
t=[ti:Ts:tf-Ts];                     % 시간축 생성
df=1/(Ts*N);                         % 주파수축 간격(해상도) 설정
f=df*[-N/2:N/2-1];                   % 주파수축 생성
m=cos(2*pi*f0*t);                    % 메시지 신호 생성
c=2*cos(2*pi*fc*t);                  % 반송파 생성
s1=(1+ka(1)*m).*c;                   % 변조 신호(ka=0.5) 생성
s2=(1+ka(2)*m).*c;                   % 변조 신호(ka=1) 생성
s3=(1+ka(3)*m).*c;                   % 변조 신호(ka=2) 생성
Sf=fftshift((1/N)*fft(s2));          % 변조 신호의 스펙트럼 계산

subplot(2,2,1);                      % 2행 2열 분할 그림 창의 1번 창
plot(t,s1);                          % 변조 신호(ka=0.5) 그림
title('\bf{변조 신호(변조 지수=0.5)}'); % 그림 제목
xlabel('\bf{t}');                    % x축 라벨 표시
subplot(2,2,3);                      % 2행 2열 분할 그림 창의 3번 창
plot(t,s2);                          % 변조 신호(ka=1) 그림
title('\bf{변조 신호(변조 지수=1)}');   % 그림 제목
xlabel('\bf{t}');                    % x축 라벨 표시
subplot(2,2,2);                      % 2행 2열 분할 그림 창의 2번 창
plot(t,s3);                          % 변조 신호(ka=2) 그림
title('\bf{변조 신호(변조 지수=2)}');   % 그림 제목
xlabel('\bf{t}');                    % x축 라벨 표시
subplot(2,2,4);                      % 2행 2열 분할 그림 창의 4번 창
stem(f,abs(Sf));                     % 변조 신호(ka=1)의 스펙트럼을 그림
axis([-25 25 0 1]);                  % 그림 영역 설정
title('\bf{변조 신호의 스펙트럼}');     % 그림 제목
xlabel('\bf{f}');                    % x축 라벨 표시
```

매트랩 실행 결과는 [그림 5-35]에 나타내었다. 그림에서 k_a의 값에 따라 변조 신호의 파형이 달라짐을 볼 수 있는데, 엄밀히 이야기하면 이런 변조 파형의 구분은 k_a보다 변조 지수에 의해 이루어진다. 메시지 신호의 최댓값을 $m_{\max}$ 라고 하면 변조 지수는 $\mu = k_a m_{\max}$ 로 정의되며, $\mu \le 1$이면 부족변조, $\mu > 1$이면 과변조라고 한다. 그림에서 보듯이 부족변조의 경우에만 변조 신호의 포락선이 메시지 신호의 파형에 대응되고, 과변조에서는 포락선 왜곡이 발생한다. 이 문제의 경우에는 메시지 신호의 최댓값 $m_{\max} = 1$이므로 진폭 민감도 지수 k_a와 변조 지수 μ가 같아서 $k_a = 2 > 1$인 경우에는 포락선 왜곡이 발생하는 것을 그림에서 확인할 수 있다.

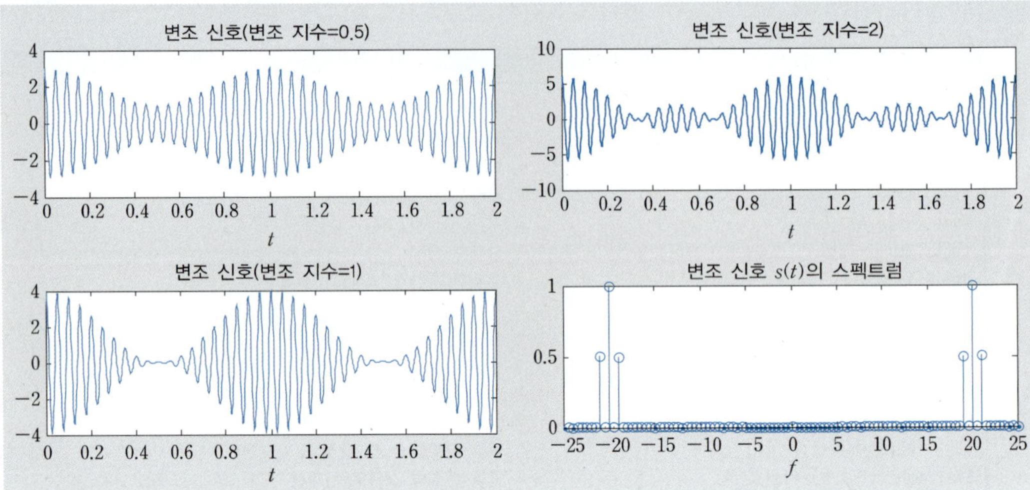

[그림 5-35] DSB-LC 변조 신호의 파형과 스펙트럼

DSB-SC의 경우와 마찬가지로 변조 신호에 다시 반송파를 곱하면

$$m_d(t) = s(t)c(t) = (1 + k_a m(t))(A_c \cos(\omega_c t))^2 = \frac{A_c^2}{4}(1 + k_a m(t))(1 + \cos(2\omega_c t))$$
$$= \frac{A_c^2}{4}(1 + k_a m(t) + \cos(2\omega_c t) + k_a m(t)\cos(2\omega_c t))$$

와 같이 된다. 보다시피 $m_d(t)$에는 DSB-SC의 경우와 달리 상수(직류)와 $\cos(2\omega_c t)$가 추가되어 있다. 따라서 $m_d(t)$의 스펙트럼에는 주파수 0과 $\pm 2\omega_c$에서 임펄스가 존재하므로, 저역 통과 필터를 사용하여 기저 대역의 메시지 신호의 스펙트럼만 추출할 수 없다.

CHAPTER

06

이산 시간 푸리에 급수 및 변환

Discrete Time Fourier Series and Transform

학습목표

- 이산 정현파 신호의 주기성으로 인한 특성을 이해할 수 있다.
- 이산 시간 푸리에 급수(DTFS)의 개념과 특징을 이해할 수 있다.
- 이산 시간 푸리에 변환(DTFT)의 개념과 DTFS와의 관계를 이해할 수 있다.
- 이산 신호의 스펙트럼 특성을 이해할 수 있다.
- DTFS와 DTFT가 갖는 여러 유용한 성질에 대해 이해하고 잘 활용할 수 있다.
- 주파수 응답의 개념과 활용에 대해 이해할 수 있다.
- 여러 푸리에 표현의 연관성과 상호 관계에 대해 이해할 수 있다.

【미리보기】

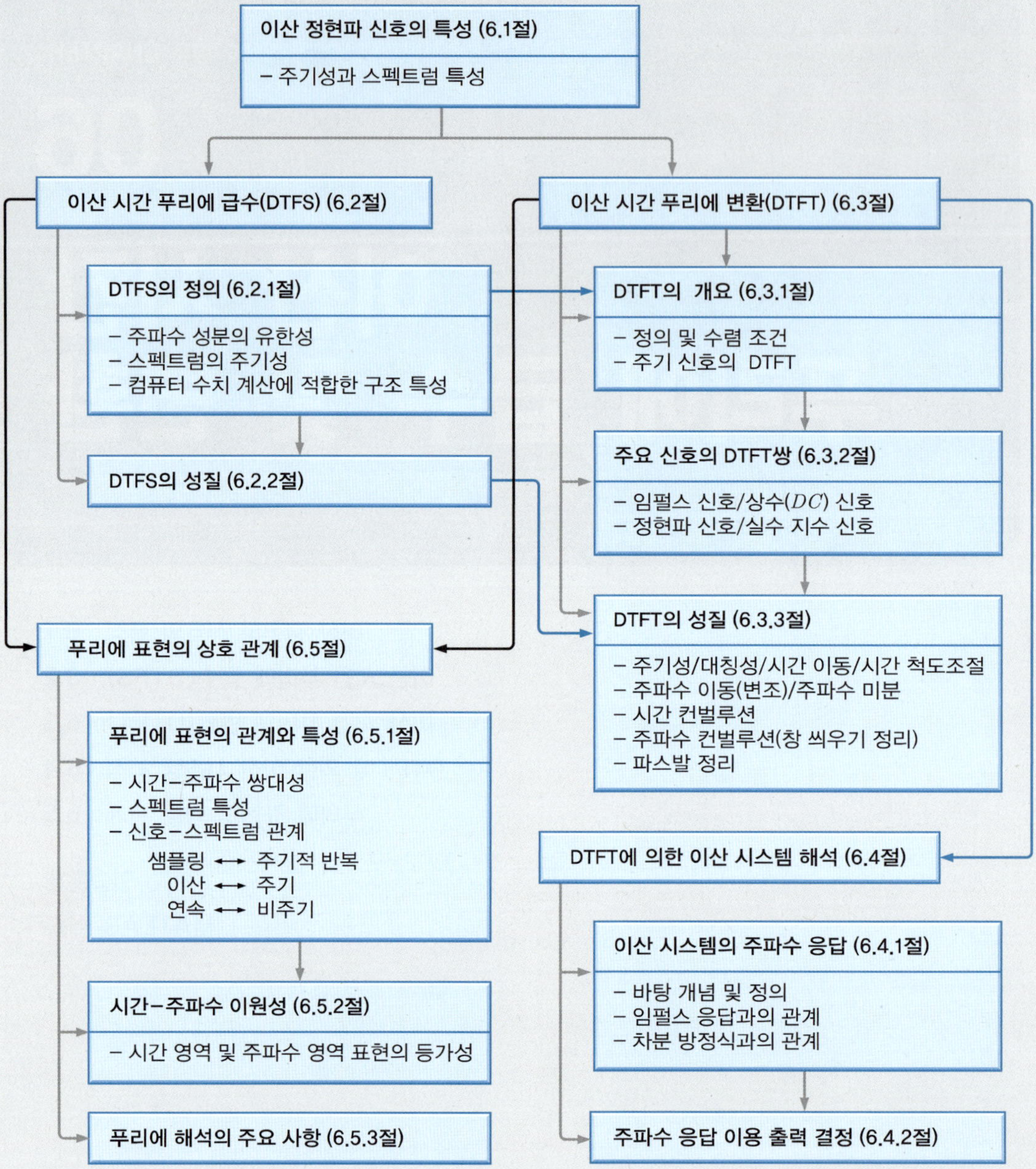

이산 신호와 시스템의 푸리에 해석은 5장에서 살펴본 연속계의 푸리에 해석의 연장선 위에 있기에 서로 비슷하지만, 스펙트럼이 주기성을 띠는 등 크게 다른 점도 있다. 따라서 이 장에서는 이산계 푸리에 해석의 개념을 파악하고 연속계 푸리에 해석과의 유사점과 차이점, 그리고 그 이유를 정확히 이해하는 데 초점을 맞추어 설명할 것이다. 또한 주파수 응답을 이용한 시스템의 해석에 대해서도 살펴보고, 여러 가지 푸리에 표현의 상호 관계에 대해서도 알아볼 것이다.

SECTION 6.1

이산 정현파 신호의 특성

학습포인트

- 연속계와 이산계의 푸리에 해석의 유사성과 차이를 이해한다.
- 이산 정현파 신호의 주기성과 이와 관련한 주요 성질을 파악한다.
- 이산 신호의 주파수 스펙트럼의 특징과 표현 방법에 대해 알아본다.

연속 시간 푸리에 급수/변환과 이산 시간 푸리에 급수/변환은 같은 이론적 틀을 각각 연속 신호와 이산 신호에 적용한 결과이므로 대체로 비슷하다. 그러나 2장에서 살펴보았던 이산 정현파 신호의 특성으로 인해 뚜렷이 구분되는 차이점도 있다. 그러므로 이 절에서는 이산 시간 푸리에 급수/변환을 설명하기에 앞서 이산 정현파의 특성을 간단히 되짚어보기로 한다.

이산 정현파 신호의 주기성

이산 신호의 경우도 연속 신호 때와 마찬가지로, 주파수 영역으로 표현을 변환해주는 기본 신호로 (복소) 정현파를 사용한다. 그런데 2.1.2절에서 살펴본 것처럼 이산 정현파 신호는 연속 정현파와 비교해 다음의 차이점을 가진다.

- 이산 (복소) 정현파는 디지털 주파수가 유리수일 경우에만 주기 신호가 된다.

$$\frac{\Omega_0}{2\pi} = F_0 = \frac{k}{N} \quad (k,\ N\text{은 정수}) \tag{6.1}$$

- 주파수가 2π의 정수 배만큼 차이 나는 이산 정현파들은 구분할 수 없는 같은 신호이다.

$$e^{j(\Omega_0 + 2\pi k)n} = e^{j\Omega_0 n} e^{j2\pi kn} = e^{j\Omega_0 n} \tag{6.2a}$$

$$\cos\left((\Omega_0 + 2\pi k)n\right) = \cos\left(\Omega_0 n + 2\pi kn\right) = \cos\left(\Omega_0 n\right) \tag{6.2b}$$

- 이산 정현파 신호는 주파수 $0 \le \Omega \le 2\pi (0 \le F \le 1)$ 범위 내에서만 구분할 수 있고, 가질 수 있는 최대 주파수가 $\Omega_{\max} = 2\pi (F_{\max} = 1)$를 넘지 않는다.
- 이산 주기 정현파 신호의 최대 주파수는 $\Omega_{\max} = \pi (F_{\max} = 0.5)$이다.

이런 차이는 이산 신호의 시간 변수 n이 정수이기 때문에 생긴다. 연속 (복소) 정현파의 경우에는 시간 변수 t가 연속적인 값을 가지므로, t값이 정수인 순간들을 제외하면 $e^{j\omega_0 t}$과 $e^{j(\omega_0 + 2\pi k)t}$이 같지 않다. 그러나 이산 (복소) 정현파는 n이 항상 정수이므로, 정현파의 2π-주기성에 의해 어떠한 순간에도 $e^{j\Omega_0 n}$과 $e^{j(\Omega_0 + 2\pi k)n}$이 완벽하게 일치한다.

이산 정현파 신호의 스펙트럼

이산 신호는 식 (4.1)과 같이 연속 신호를 샘플링한 것으로 취급할 수 있는데, 샘플링된 이산 신호의 스펙트럼은 식 (4.5)에서 보듯이 연속 신호의 스펙트럼을 샘플링 주파수 ω_s(또는 f_s)를 주기로 반복한 형태가 된다. 원래부터 이산 신호라면 샘플링 주기 $T_s = 1$인 경우로 볼 수 있으므로, 스펙트럼은 주기가 $\omega_s = \dfrac{2\pi}{T_s} = 2\pi$인 주기 함수가 된다. 따라서 전 주파수 구간이 아니라 한 주기 구간에서만 나타내도 충분한데, $-\pi \leq \Omega \leq \pi(-0.5 \leq F \leq 0.5)$ 구간이 선호된다. 구간을 이렇게 잡으면 실수 신호의 스펙트럼의 대칭성을 적용하여 $0 \leq \Omega \leq \pi(0 \leq F \leq 0.5)$에 대해서만 스펙트럼을 나타내면 되기 때문이다.

- 이산 신호의 스펙트럼은 2π 주기로 같은 값이 반복되는 주기 함수이다. 따라서 한 주기 구간인 2π의 주파수 범위에 대해서만 나타내어도 충분하다.
- 이산 실수 신호의 스펙트럼은 $0 \leq \Omega \leq \pi(0 \leq F \leq 0.5)$에서만 나타내어도 충분하다.

예제 6-1 이산 주기 정현파의 최대 주파수

이산 주기 정현파가 가질 수 있는 최대 주파수를 구하라.

풀이

주파수와 주기는 반비례하므로, 주파수가 높으려면 주기가 짧아야 한다. 이산 신호에서 주기가 가장 짧은 경우는 주기 $N=1$인 경우이다. 그러나 이 경우는 신호 값이 모든 시간 변수 n에 대해 같아지므로, 오히려 주파수가 0으로 최저인 직류 신호가 된다.

두 번째로 짧은 주기인 $N=2$의 경우를 살펴보자. 이에 대응하는 이산 정현파는 [그림 6-1]과 같이 n의 증가에 따라 최댓값, 최솟값이 번갈아 나타나는 형태가 된다. 이 신호는 이산 정현파 중에 주기가 가장 짧게 되므로 주파수가 제일 높다. 이때 (각)주파수는 $\Omega_0 = 2\pi/N = \pi$이므로, 이산 정현파가 가질 수 있는 최대 (각)주파수는 $\Omega_{\max} = \pi$이다. 그러므로 모든 이산 정현파는 $-\pi \leq \Omega \leq \pi$에서만 정의해도 최저 주파수부터 최고 주파수까지 모두 나타낼 수 있다.

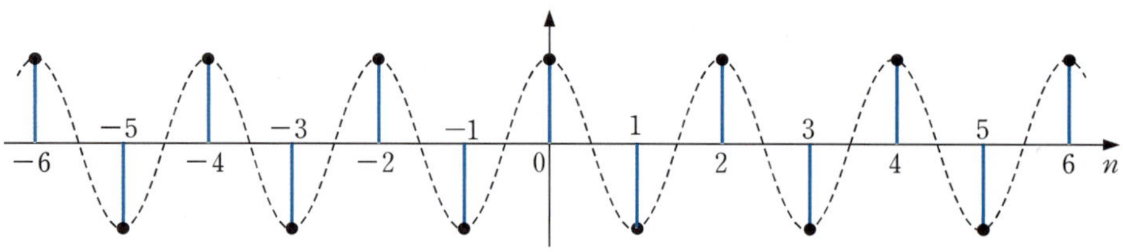

[그림 6-1] 최대 주파수를 갖는 이산 정현파

예제 6-2 이산 정현파 신호의 2π – 주기성과 스펙트럼

주파수가 2π 차이 나는 이산 정현파 $x[n]=\cos(\Omega_0 n)$과 $y[n]=\cos((\Omega_0+2\pi)n)$의 스펙트럼을 그리고 어떤 관계인지 설명하라.

풀이

$x[n]$의 스펙트럼은 [그림 6-2(a)]와 같이 회색 굵은 실선으로 표시된 선스펙트럼 쌍이 2π 간격으로 반복되는 형태이다. 그림에서는 반복되는 선스펙트럼 쌍을 서로 구분하여 나타내었다. [그림 6-2(b)]는 $y[n]$의 스펙트럼으로, [그림 6-2(a)]와 마찬가지로 대응되는 선스펙트럼 쌍들은 같은 패턴으로 나타나 있다.

그림처럼 짝을 지어 선스펙트럼을 구분하지 않는다면, 즉 선스펙트럼의 원 출처를 따지지 않는다면, 두 신호는 모든 선스펙트럼이 같은 주파수에서 존재한다. 결과적으로 두 신호의 스펙트럼은 완전히 일치한다. 따라서 두 신호는 구분할 수 없는 같은 신호이다.

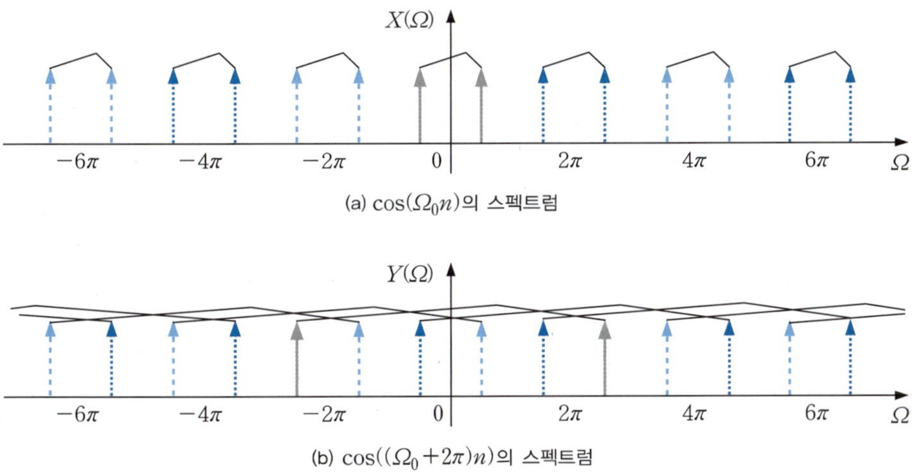

[그림 6-2] 스펙트럼에 의한 이산 정현파의 2π–주기성 확인

SECTION 6.2

이산 시간 푸리에 급수(DTFS)

학습포인트

- 이산 주기 신호가 유한 개의 주파수 성분만을 가진다는 사실을 이해한다.
- 이산 시간 푸리에 급수(DTFS)의 정의와 계산 방법을 명확히 이해한다.
- 여러 이산 주기 신호의 DTFS 계산을 통하여 DTFS의 특성을 파악한다.
- 연속 시간 푸리에 급수와 이산 시간 푸리에 급수의 관계에 대해 이해한다.
- DTFS의 주요 성질들에 대해 이해한다.

연속 신호에서 사용했던 접근법과 마찬가지로, 이산 신호의 주파수 영역 해석도 먼저 주기 신호에 대한 주파수 영역 표현인 푸리에 급수에 대해 살펴본 후 그 결과를 비주기 신호로 확장하여 살펴보는 것이 편리하다. 이산 시간 푸리에 급수는 연속 시간 푸리에 급수와는 달리 유한 개의 주파수 성분만으로 구성되는 주기 함수로서, 계산이나 성질 등에서 차이가 있다. 이 절에서는 이산 시간 푸리에 급수의 정의와 계산, 그리고 성질에 대해 간단히 살펴보기로 한다.

6.2.1 이산 시간 푸리에 급수의 정의

연속 주기 신호와 마찬가지로, 주파수 영역으로 이산 주기 신호의 표현을 바꾸기 위한 기저 신호로는 (복소) 정현파 신호가 사용된다. 이때 이산 주기 신호의 주기성을 맞출 수 있게끔 기본 주파수의 정수배인 주파수를 갖는 정현파(기본파 및 고조파) 성분들만 나타난다.

이산 주기 신호의 주파수 성분

- 이산 주기 신호의 주파수 성분은 DC와 기본 주파수의 정수 배 주파수를 갖는 기본파 및 고조파 성분으로 이루어진다.
- 주기가 N인 이산 주기 신호의 (서로 다른) 주파수 성분은 N개를 넘을 수 없다.
- 이산 주기 신호의 N개의 주파수 성분은 복소평면의 단위원을 실축에서부터 N등분한 각 점에 상응한다.

주기가 N인 이산 $N-$주기 신호의 기본 주파수는 $\Omega_0 = \dfrac{2\pi}{N}\left(F_0 = \dfrac{1}{N}\right)$이고, k고조파의 주파수는 $k\Omega_0 = \dfrac{2\pi}{N}k$가 된다. 그런데 식 (6.2)의 $2\pi-$주기성에 의해 다음과 같이 k고조파와 $k+N$, $k+2N$, $k+3N$, $\cdots$ 고조파는 구분되지 않는 같은 신호이므로 이산 주기 신호가 가질 수 있는 주파

수 성분은 1, $e^{j\Omega_0}$, $e^{j2\Omega_0}$, …, $e^{j(N-1)\Omega_0}$의 N개밖에 없다.

$$e^{j\frac{2\pi}{N}(k+mN)n} = e^{j\frac{2\pi}{N}kn} e^{j2\pi mn} = e^{j\frac{2\pi}{N}kn} \tag{6.3}$$

하나의 예로, [그림 6-3]은 $N=8$인 이산 주기 신호의 주파수 성분들을 나타낸 것이다. $e^{jk\Omega_0 n}$은 크기가 1이므로 복소평면의 단위원을 실축에서부터 N등분한 점에 위치하며, k가 1씩 커짐에 따라 반시계 방향으로 위상이 $\Omega_0 = \dfrac{2\pi}{8}$씩 회전한다. 따라서 k가 8번 증가하면 한 바퀴 돌아서 처음 위치로 되돌아오게 된다. 즉 주기 $N=8$로 같은 패턴을 반복하기 때문에, 구분 가능한 주파수 성분은 그림에 나타낸 것처럼 오직 $N=8$개뿐이다.

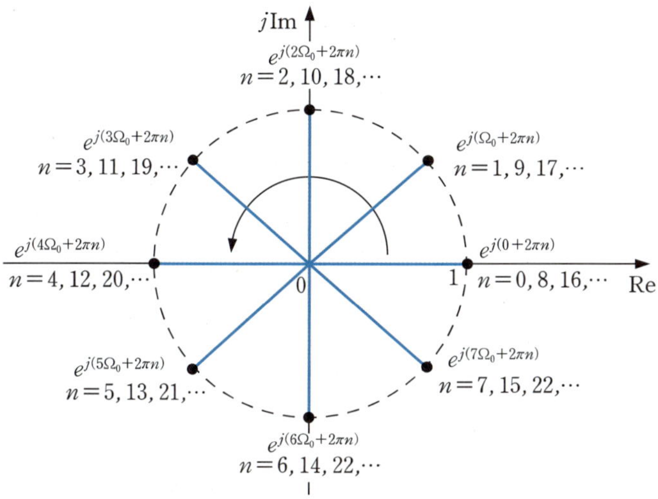

[그림 6-3] 이산 주기 신호의 고조파($N=8$)

이산 시간 푸리에 급수(DTFS)의 정의

이산 N-주기 신호 $x_N[n]$에 대한 **이산 시간 푸리에 급수**(DTFS)Discrete Time Fourier Series는 다음과 같이 N개의 주파수 성분에 대응하는 복소 정현파의 일차 결합으로 표현된다. 이산 신호에 대한 푸리에 표현 앞에 항상 '이산 시간(DT)'이란 용어를 붙여서 연속 시간의 경우와 구분할 것이다.

- **이산 시간 푸리에 급수**(주파수 합성) : $x_N[n] = \sum_{m=0}^{N-1} X_m e^{jm\Omega_0 n}$ (6.4)
- **푸리에 계수**(주파수 분석) : $X_k = \dfrac{1}{N}\sum_{n=0}^{N-1} x_N[n] e^{-jk\Omega_0 n}$ (6.5)

이산 시간 푸리에 급수는 최대 N개의 주파수 성분만 가지며, 스펙트럼이 2π 구간 내에 대역 제한되어 주기적으로 반복된다. 또한 식 (6.4)에서 보듯이 한 주기에 대한 계산이므로 항상 수렴한다.

이런 특성들은 일반적으로 무한 개의 주파수 성분을 갖고, 스펙트럼의 대역폭도 무한대가 되며, 수렴 조건을 충족해야만 급수 전개가 가능한 연속 시간 푸리에 급수와 대비되는 특성이다.

식 (6.5)는 연속 시간의 경우와 마찬가지로 직교성을 이용하여 얻을 수 있다. 식 (6.4)의 양변에 $e^{-jk\Omega_0 n}$을 곱하여 한 주기에 대한 총합을 취하면 다음과 같이 된다.

$$\begin{aligned}\sum_{n=0}^{N-1} x_N[n]\, e^{-jk\Omega_0 n} &= \sum_{n=0}^{N-1}\sum_{m=0}^{N-1} X_m\, e^{j(m-k)\Omega_0 n} \\ &= \sum_{m=0}^{N-1} X_m \left[\sum_{n=0}^{N-1} e^{j(m-k)\Omega_0 n}\right]\end{aligned} \tag{6.6}$$

그런데 $e^{jN\Omega_0 n}=1$이므로 식 (6.6)의 대괄호 안의 총합은 다음과 같이 된다.

$$\sum_{n=0}^{N-1} e^{jl\Omega_0 n} = \begin{cases} \displaystyle\sum_{n=0}^{N-1} 1 = N, & l = 0,\ \pm N,\ \pm 2N,\ \cdots \\[2ex] \dfrac{1-e^{jl\Omega_0 N}}{1-e^{jl\Omega_0}} = 0, & l \neq 0,\ \pm N,\ \pm 2N,\ \cdots \end{cases} \tag{6.7}$$

즉 식 (6.6)의 대괄호 안의 총합은 모든 $m \neq k$에 대해 0이고, 오직 $m=k$일 때만 N이 되어 푸리에 계수 X_k는 식 (6.5)와 같이 구해진다. 이산 정현파의 2π-주기성 때문에 X_k도 주기 N인 주기 함수가 되는데, 이는 다음과 같이 간단히 보일 수 있다.

$$\begin{aligned}X_{k+lN} &= \frac{1}{N}\sum_{n=0}^{N-1} x_N[n]\, e^{-j(k+lN)\Omega_0 n} = \frac{1}{N}\sum_{n=0}^{N-1} x_N[n]\, e^{-jk\Omega_0 n} e^{-jlN\Omega_0 n} \\ &= \frac{1}{N}\sum_{n=0}^{N-1} x_N[n]\, e^{-jk\Omega_0 n} e^{-j2\pi l n} = \frac{1}{N}\sum_{n=0}^{N-1} x_N[n]\, e^{-jk\Omega_0 n} = X_k\end{aligned} \tag{6.8}$$

연속 주기 신호의 경우와 마찬가지로 푸리에 계수 X_k는 일반적으로 복소수이다. 따라서 극좌표 형식 $X_k = |X_k| e^{j\angle X_k}$으로 나타낼 수 있고, 여기서 $|X_k|$는 진폭 스펙트럼, $\angle X_k$는 위상 스펙트럼이 된다.

식 (6.4)와 식 (6.5)의 $x_N[n]$과 X_k는 N-주기 신호이고, 고조파 $e^{jk\Omega_0 n}$의 공통 주기도 N이다. 주기가 N인 두 신호를 곱한 결과도 주기 N을 만족하므로, $X_k e^{jk\Omega_0 n}$과 $x_N[n]\, e^{-jk\Omega_0 n}$도 N-주기 신호가 된다. 그런데 N-주기 신호는 매 N 샘플마다 같은 값이 반복되므로, 한 주기에 대한 총합 계산의 구간을 반드시 0에서부터 $N-1$로 한정할 필요 없이 임의의 연속된 N개의 샘플을 더하기만 하면 같은 결과를 얻는다. 그러므로 신호와 스펙트럼의 대칭성을 이용하여 계산이 간단해지도록 총합 구간을 정하면 편리하다.

따라서 이산 시간 푸리에 급수 표현은 다음과 같이 다시 쓸 수 있다.

- **이산 시간 푸리에 급수**(주파수 합성) : $x_N[n] = \sum_{k=<N>} X_k e^{jk\Omega_0 n}$ (6.9)
- **푸리에 계수**(주파수 분석) : $X_k = \frac{1}{N}\sum_{n=<N>} x_N[n]\, e^{-jk\Omega_0 n}$ (6.10)
- 일반적으로 총합 구간은 대칭성을 이용해 계산이 간단해지도록 정한다.

이때 $\sum_{k=<N>}$ 은 구간이 어디든지 연속된 N개의 샘플을 더한다는 뜻이다.

이산 시간 푸리에 급수 표현은 식 (6.9)의 합성식과 식 (6.10)의 분석식 모두 한 주기에 대한 총합, 즉 유한 개 항의 합이므로 수치 계산에 매우 적합한 형태임을 주목할 필요가 있다. 컴퓨터를 이용한 푸리에 해석에는 바로 이 구조가 활용된다(7장 참조).

예제 6-3 정현파로 구성된 이산 주기 신호의 푸리에 계수 계산

이산 주기 신호 $x[n] = 1 + \sin\left(\frac{\pi}{4}n\right) + 2\cos\left(\frac{\pi}{2}n\right)$에 대해 푸리에 급수를 구하라.

풀이

$x[n]$이 정현파들로만 구성되어 있으므로, 식 (6.10)의 정의식을 이용하여 직접 계산하기보다는 오일러 공식을 이용하여 직관적으로 푸리에 계수를 결정하는 것이 더 수월하다. 사인 항의 주기는 $N_1 = 8$이고 코사인 항의 주기는 $N_2 = 4$이므로, 두 항의 공통 주기인 $N = 8$이 신호 $x[n]$의 주기가 되고 기본 주파수는 $\Omega_0 = \frac{\pi}{4}$이다. 따라서 오일러 공식을 이용하여 정현파들을 복소 정현파로 바꾸어 나타내면 다음과 같다.

$$
\begin{aligned}
x[n] &= e^{j0\frac{\pi}{4}n} + \frac{1}{j2}\left(e^{j\frac{\pi}{4}n} - e^{-j\frac{\pi}{4}n}\right) + \left(e^{j2\frac{\pi}{4}n} + e^{-j2\frac{\pi}{4}n}\right) \\
&= e^{j0\frac{\pi}{4}n} - j\frac{1}{2}\left(e^{j\frac{\pi}{4}n} - e^{j\left(-\frac{\pi}{4}+2\pi\right)n}\right) + \left(e^{j2\frac{\pi}{4}n} + e^{j\left(-\frac{2\pi}{4}+2\pi\right)n}\right) \\
&= e^{j0\frac{\pi}{4}n} - j\frac{1}{2}e^{j\frac{\pi}{4}n} + e^{j2\frac{\pi}{4}n} + e^{j6\frac{\pi}{4}n} + j\frac{1}{2}e^{j7\frac{\pi}{4}n}
\end{aligned}
$$

이때 첫 번째 등식($<N> = [-4, 3]$) 또는 마지막 등식($<N> = [0, 7]$)과 식 (6.10)을 비교하여 다음과 같은 푸리에 계수를 얻을 수 있으며, 이를 통해 $X_{N-k} = X_{-k} = X_k^*$가 성립함을 볼 수 있다.

$$\begin{cases} X_{-4}=0 \\ X_{-3}=0 \\ X_{-2}=1 \\ X_{-1}=j\dfrac{1}{2} \\ X_0=1 \\ X_1=-j\dfrac{1}{2} \\ X_2=1 \\ X_3=0 \end{cases} \quad \text{또는} \quad \begin{cases} X_0=1 \\ X_1=-j\dfrac{1}{2} \\ X_2=1 \\ X_3=0 \\ X_4=0 \\ X_5=0 \\ X_6=1 \\ X_7=j\dfrac{1}{2} \end{cases}$$

푸리에 계수로부터 구한 진폭 스펙트럼과 위상 스펙트럼을 [그림 6-4]에 나타내었다. 이때 주파수축은 k, Ω, F 중 어느 것을 채택해도 무방하다. 그림에서 보면 스펙트럼도 주기 $N=8$로 반복되고 있으며, 진폭 스펙트럼은 우대칭, 위상 스펙트럼은 기대칭을 만족하고 있다. 따라서 5장에서 살펴본 실수 연속 신호의 푸리에 스펙트럼에 대한 대칭성이 실수 이산 신호의 경우에도 성립함을 알 수 있다. 그런데 스펙트럼이 주기적으로 반복되면서 대칭성을 만족하려면, 한 주기 내에서도 반주기에 해당하는 점(그림에서 $k=\pm 4$ 또는 $\Omega=\pm\pi$의 경우)을 대칭축으로 하여 대칭성이 그대로 성립해야 한다. 이는 그림에서 바로 확인할 수 있다. 따라서 실수 이산 신호는 반주기 구간 $0 \le \Omega \le \pi$의 스펙트럼만 주어지면 전 주파수 구간의 스펙트럼을 구성할 수 있다.

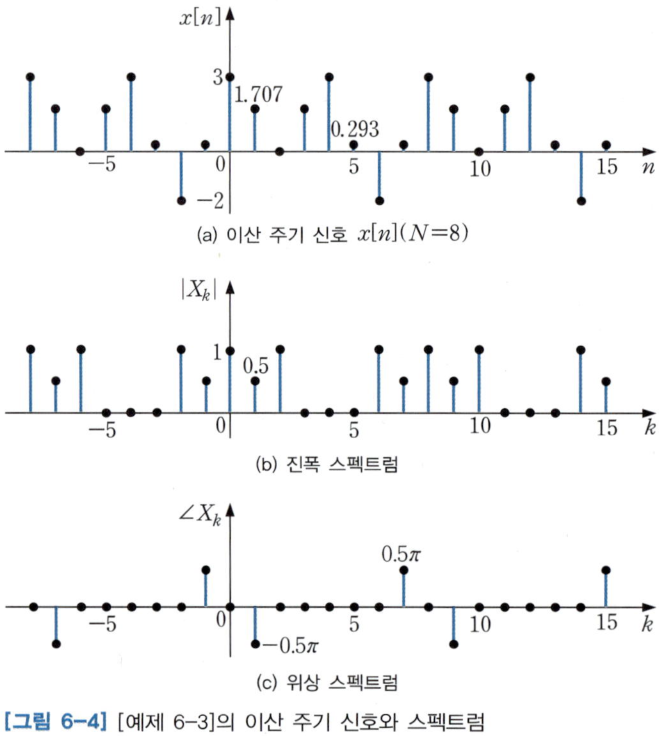

[그림 6-4] [예제 6-3]의 이산 주기 신호와 스펙트럼

예제 6-4 이산 주기 신호의 푸리에 급수와 스펙트럼

[그림 6-5]의 이산 주기 신호에 대해 푸리에 급수 표현과 스펙트럼을 구하라.

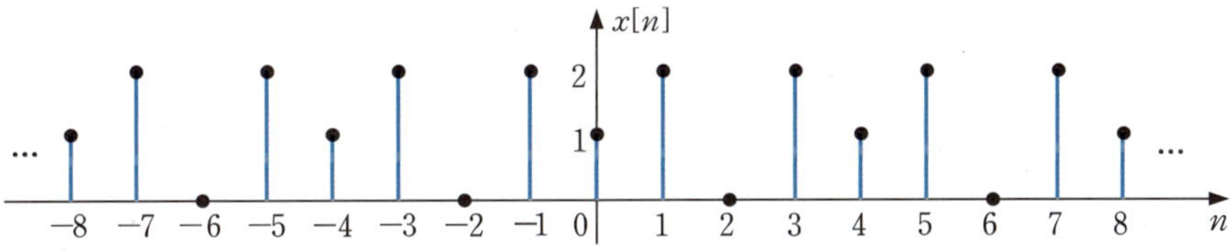

[그림 6-5] [예제 6-4]의 이산 주기 신호

풀이

이 신호의 주기는 $N=4$이며, 기본 주파수는 $\Omega_0 = \frac{\pi}{2}$이다. 신호가 우대칭이므로 식 (6.10)에서 $n=-2$부터 $n=1$까지 총합을 취하는 편이 더 낫다.

$$X_k = \frac{1}{4}\sum_{n=-2}^{1} x[n]e^{-jk\frac{\pi}{2}n} = \frac{1}{4}\left(2e^{j\frac{k\pi}{2}} + 1 + 2e^{-j\frac{k\pi}{2}}\right) = \frac{1}{4}\left(1+4\cos\left(\frac{k\pi}{2}\right)\right)$$

이 결과에 $k=0, 1, 2, 3$를 대입하여 정리하면 다음을 얻는다.

$$X_0 = \frac{1}{4}\left(1+4\cos\left(\frac{0\pi}{2}\right)\right) = \frac{5}{4} \qquad X_2 = \frac{1}{4}\left(1+4\cos\left(\frac{2\pi}{2}\right)\right) = -\frac{3}{4}$$

$$X_1 = \frac{1}{4}\left(1+4\cos\left(\frac{\pi}{2}\right)\right) = \frac{1}{4} \qquad X_3 = \frac{1}{4}\left(1+4\cos\left(\frac{3\pi}{2}\right)\right) = \frac{1}{4}$$

$k=-2, -1, 0, 1$을 넣어도 같은 결과가 나온다. 예를 들어, $k=-1(=3-4)$이면 다음과 같다.

$$X_{-1} = \frac{1}{4}\left(1+4\cos\left(\frac{-\pi}{2}\right)\right) = \frac{1}{4}\left(1+4\cos\left(\frac{3\pi}{2}\right)\right) = X_3$$

푸리에 계수 X_k는 모두 실수이므로 진폭과 위상을 따로 구분하지 않고 바로 [그림 6-6]에 나타냈는데, [그림 6-5]와 마찬가지로 주기 4로 반복되고 있음을 확인할 수 있다.

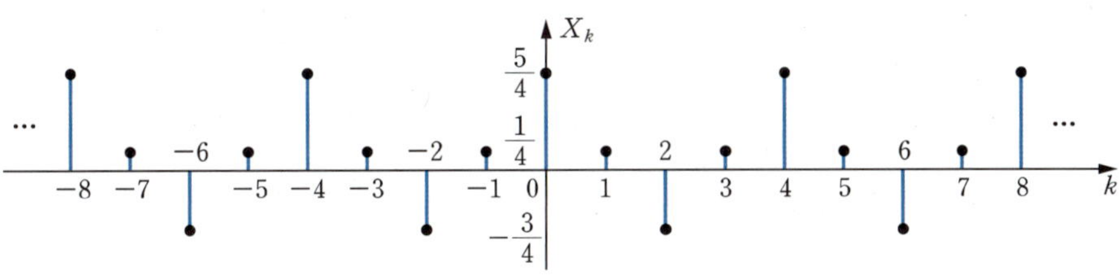

[그림 6-6] [예제 6-4]의 이산 주기 신호의 푸리에 스펙트럼

예제 6-5 스펙트럼에 의한 이산 주기 신호의 합성

[그림 6-7]의 스펙트럼이 주어질 때, 이로부터 대응되는 이산 신호를 구하라.

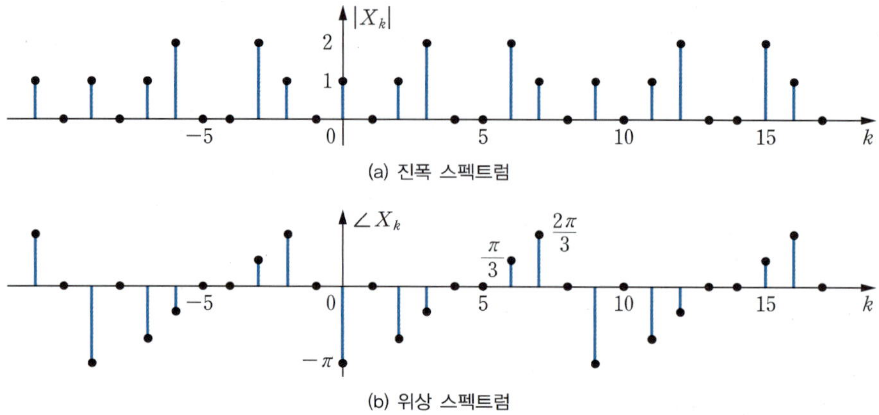

[그림 6-7] [예제 6-5]의 이산 신호의 스펙트럼

풀이

[방법 1] [그림 6-7]의 스펙트럼이 주기 $N=9$인 선스펙트럼이므로, 대응되는 이산 신호는 같은 주기를 갖는 주기 신호이고 기본 주파수는 $\Omega_0 = \frac{2\pi}{9}$임을 알 수 있다. 식 (6.9)의 DTFS 합성식에서 총합 구간을 $\langle N \rangle = [-4, 4]$로 두어 이산 신호를 구하면 다음과 같다.

$$\begin{aligned} x[n] &= \sum_{k=-4}^{4} X_k e^{jk\frac{2\pi}{9}n} \\ &= 2e^{j\frac{\pi}{3}}e^{-j\frac{6\pi}{9}n} + e^{j\frac{2\pi}{3}}e^{-j\frac{4\pi}{9}n} + 1e^{-j\pi} + e^{-j\frac{2\pi}{3}}e^{j\frac{4\pi}{9}n} + 2e^{-j\frac{\pi}{3}}e^{j\frac{6\pi}{9}n} \\ &= -1 + \left(e^{j\left(\frac{4\pi}{9}n - \frac{2\pi}{3}\right)} + e^{-j\left(\frac{4\pi}{9}n - \frac{2\pi}{3}\right)}\right) + 2\left(e^{j\left(\frac{6\pi}{9}n - \frac{\pi}{3}\right)} + e^{-j\left(\frac{6\pi}{9}n - \frac{\pi}{3}\right)}\right) \\ &= -1 + 2\cos\left(\frac{4\pi}{9}n - \frac{2\pi}{3}\right) + 4\cos\left(\frac{6\pi}{9}n - \frac{\pi}{3}\right) \end{aligned}$$

[방법 2] 스펙트럼에서 직류 항은 그대로 두고 양의 주파수의 스펙트럼을 크기가 2배인 정현파로 바꾸면 식 (6.9)의 계산을 직접 하지 않고서도 간편하게 합성 신호를 얻을 수 있다. 그림에서 보면, 양의 반주기 구간 $0 \le \Omega \le \pi (0 \le k < 5)$ 내에 주파수 0에서 크기 1이고 위상 $-\pi$인 주파수 성분, $2\Omega_0$에서 크기 1이고 위상 $-\frac{2\pi}{3}$인 주파수 성분, $3\Omega_0$에서 크기 2이고 위상 $-\frac{\pi}{3}$인 주파수 성분이 있으므로 합성 신호 $x[n]$은 다음과 같이 된다.

$$\begin{aligned} x[n] &= |X_0|e^{j\angle X_0} + 2|X_2|\cos(2\Omega_0 n + \angle X_2) + 2|X_3|\cos(3\Omega_0 n + \angle X_3) \\ &= -1 + 2\cos\left(\frac{4\pi}{9}n - \frac{2\pi}{3}\right) + 4\cos\left(\frac{6\pi}{9}n - \frac{\pi}{3}\right) \end{aligned}$$

[방법 1]과 비교해보면 이 방법이 더 간편하다는 것을 알 수 있다.

6.2.2 이산 시간 푸리에 급수의 성질

DTFS의 성질은 이산 시간 푸리에 변환(DTFT)과 별반 차이가 없다. 그러므로 중요한 결과만 간단히 [표 6-1]에 정리하고, 상세한 내용은 다음 절에서 다루기로 한다.

[표 6-1] 이산 시간 푸리에 급수(DTFS)의 주요 성질

	성질	이산 시간 푸리에 급수쌍
1	주기성	$x[n+mN]=x[n] \Leftrightarrow X_{k+mN}=X_k$
2	시간 이동	$x[n-n_0] \Leftrightarrow X_k e^{-jk\frac{2\pi}{N}n_0}$
3	시간 컨벌루션*	$x[n]⊛y[n]=\sum_{m=0}^{N-1}x[m]y[n-m] \Leftrightarrow NX_k Y_k$
4	주파수 컨벌루션	$x[n]y[n] \Leftrightarrow \sum_{m=0}^{N-1}X_m Y_{k-m}=X_k⊛Y_k$
5	파스발 정리	$\frac{1}{N}\sum_{n=0}^{N-1}\lvert x[n]\rvert^2=\sum_{k=0}^{N-1}\lvert X_k\rvert^2$
6	대칭성	$X_k=X^*_{-k}=X^*_{N-k}$, $x[n]$은 실수
		$\begin{cases}\lvert X_k\rvert=\lvert X_{-k}\rvert, & x[n]\text{은 실수}\\ \angle X_{k=}-\angle X_{-k}, & x[n]\text{은 실수}\end{cases}$

* 컨벌루션 성질의 ⊛ 기호는 원형 컨벌루션을 나타내는 것으로 7장에서 상세히 다룰 것이다.

예제 6-6 신호의 시간 이동에 대한 스펙트럼 변화

[그림 6-8]의 이산 주기 신호에 대해 푸리에 급수 표현과 스펙트럼을 구하라.

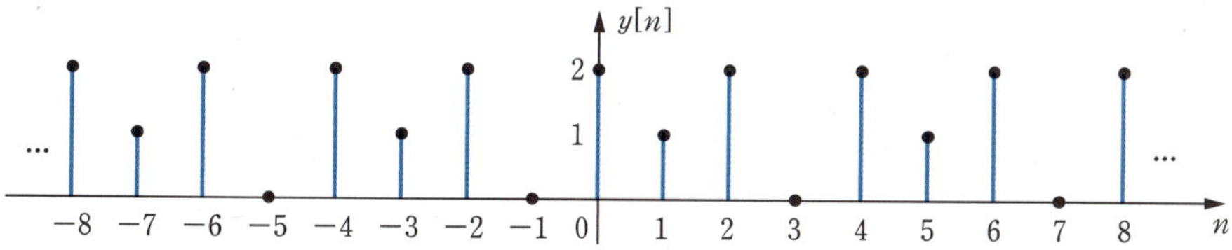

[그림 6-8] [예제 6-6]의 이산 주기 신호

풀이

이 신호는 [예제 6-4]의 신호 $x[n]$을 $n_0=1$만큼 지연한 신호이다. 즉 $y[n]=x[n-1]$로, 주기 $N=4$, 기본 주파수 $\Omega_0=\frac{\pi}{2}$이다. 이 경우는 신호의 대칭성을 이용할 수 없으므로 식 (6.10)에서 $n=0$부터 $n=3$까지 총합을 취하여 푸리에 계수를 구하면 다음과 같다.

$$Y_k = \frac{1}{4}\sum_{n=0}^{3} y[n]e^{-jk\frac{\pi}{2}n} = \frac{1}{4}\left(2 + e^{-j\frac{k\pi}{2}} + 2e^{-j\frac{2k\pi}{2}}\right)$$

$$= \frac{1}{4}e^{-j\frac{k\pi}{2}}\left(2e^{j\frac{k\pi}{2}} + 2e^{-j\frac{k\pi}{2}} + 1\right)$$

$$= \frac{1}{4}e^{-j\frac{k\pi}{2}}\left(4\cos\left(\frac{k\pi}{2}\right) + 1\right)$$

이 결과를 [예제 6-4]에서 구한 $X_k = \frac{1}{4}\left(4\cos\left(\frac{k\pi}{2}\right) + 1\right)$과 비교하면, $Y_k = X_k e^{-jn_0 k\Omega_0}$가 됨을 알 수 있다. 즉 시간 이동 성질을 만족하여, 진폭 스펙트럼은 변하지 않고 위상 스펙트럼만 주파수에 비례하여 기울기 n_0로 선형적으로 감소한다. 그런데 주기 N만큼 시간 이동하면 다시 원래 신호가 되므로, 시간 이동 효과는 $n_0 \bmod N$으로 최대 N을 넘지 못하고 고조파의 위상 변화도 2π, 즉 $\pm\pi$를 넘지 못한다.

예제 6-7 푸리에 급수 표현에 의한 주기 신호의 전력

주기 신호 $x[n] = 1 + \sin\left(\frac{\pi}{4}n\right) + 2\cos\left(\frac{\pi}{2}n\right)$의 전력을 계산하라.

풀이

주어진 신호는 [예제 6-3]의 신호 $x[n]$으로 주기는 $N=8$, 기본 주파수는 $\Omega_0 = \frac{\pi}{4}$이다. 이 신호의 전력을 시간 영역에서 직접 계산하려면 다음의 총합 계산을 수행해야 한다.

$$P = \frac{1}{N}\sum_{n=0}^{N-1}|x[n]|^2 = \frac{1}{8}\sum_{n=0}^{7}\left(1 + \sin\left(\frac{\pi}{4}n\right) + 2\cos\left(\frac{\pi}{2}n\right)\right)^2$$

위의 총합을 계산하는 것보다는 파스발 정리를 이용하여 스펙트럼으로부터 전력을 계산하는 편이 쉽다. [예제 6-3]에서 구한 $x[n]$의 푸리에 계수는 다음과 같다.

$$X_0 = 1,\ X_1 = -j\frac{1}{2},\ X_2 = 1,\ X_6 = 1,\ X_7 = j\frac{1}{2}$$

따라서 파스발 정리를 적용하면 다음과 같이 전력을 구할 수 있다.

$$P = \sum_{k=0}^{7}|X_k|^2 = 1^2 + \left(\frac{1}{2}\right)^2 + 1^2 + 1^2 + \left(\frac{1}{2}\right)^2 = 3.5$$

SECTION 6.3

이산 시간 푸리에 변환(DTFT)

학습포인트

- 이산 시간 푸리에 급수(DTFS)로부터 이산 시간 푸리에 변환(DTFT)을 유도하는 과정을 이해한다.
- (CT)FS, (CT)FT, DTFS와 DTFT의 수렴 조건과 스펙트럼의 차이를 이해한다.
- 전력 신호와 주기 신호의 DTFT의 특징을 이해한다.
- 주요 이산 신호의 푸리에 변환쌍을 이해한다.
- 대칭성, 이동 성질, 컨벌루션 성질, 파스발 정리 등 DTFT의 주요 성질들을 알아본다.

연속 신호와 같은 논리로 이산 시간 푸리에 급수의 결과를 확장하여 이산 비주기 신호의 주파수 영역 해석을 위한 이산 시간 푸리에 변환(DTFT)을 끌어낼 수 있다. (CT)FS, (CT)FT, DTFS, DTFT의 네 가지 푸리에 표현은 그 이론적 토대가 같으므로 대상 신호의 속성에 따라 차이가 조금씩 있을 뿐 공통된 성질을 공유하는데, 신호와 시스템의 해석에 도움이 되는 유용한 성질들이 많다. 그러므로 이 절에서는 DTFS를 확장하여 DTFT를 유도하고 특징을 간단히 살펴볼 것이다. 또한 임펄스를 비롯한 주요 신호에 대해 푸리에 변환쌍을 구해보고, DTFT의 주요 성질에 대해 알아볼 것이다.

6.3.1 이산 시간 푸리에 변환의 개요

이산 시간 푸리에 변환의 정의

주기 N인 N-주기 신호 $x_N[n]$의 한 주기를 취한 비주기 신호를 $x[n]$이라 하면

$$x[n]=\begin{cases} x_N[n], & n\in[0,\ N-1] \\ 0, & \text{그 외} \end{cases} \tag{6.11}$$

와 같이 표현할 수 있다. 그런데 주기 N을 점점 크게 하여 무한대까지 접근시키면 주기 신호와 비주기 신호는 점차 같아지게 될 것이다. 즉 $x[n]$은 $x_N[n]$의 주기 N이 무한대인 경우로 간주할 수 있다. 따라서 주기 신호의 이산 시간 푸리에 급수에 $N\to\infty$의 극한을 취하면 비주기 신호 $x[n]$의 주파수 영역 표현을 얻을 수 있는데, 이를 **이산 시간 푸리에 변환**(DTFT)[Discrete Time Fourier Transform]이라고 한다. 주기 신호 $x_N[n]$에 대한 이산 시간 푸리에 급수의 계수 X_k는 식 (6.11)의 관계를 이용하면 다음과 같이 쓸 수 있다.

$$X_k=\frac{1}{N}\sum_{n=<N>}x_N[n]\,e^{-jk\Omega_0 n}=\frac{1}{N}\sum_{n=-\infty}^{\infty}x[n]\,e^{-jk\Omega_0 n} \tag{6.12}$$

$N \to \infty$의 극한을 취하게 되면 X_k의 크기가 0으로 수렴하므로, 이를 피할 수 있도록 먼저 다음과 같이 NX_k의 **포락선**envelope 함수 $X(\Omega)$를 정의한다.

$$X(\Omega) = \sum_{n=-\infty}^{\infty} x[n]\, e^{-j\Omega n} \tag{6.13}$$

푸리에 계수 X_k는 $X(\Omega)$를 등간격 Ω_0로 샘플링하여 $1/N$배 한 것과 같다.

$$X_k = \frac{1}{N} X(k\Omega_0) \tag{6.14}$$

그러면 $x_N[n]$의 이산 시간 푸리에 급수 표현은 다음과 같이 쓸 수 있다.

$$\begin{aligned} x_N[n] &= \sum_{k=<N>} X_k e^{jk\Omega_0 n} = \frac{1}{N} \sum_{k=<N>} X(k\Omega_0)\, e^{jk\Omega_0 n} \\ &= \frac{\Omega_0}{2\pi} \sum_{k=<N>} X(k\Omega_0)\, e^{jk\Omega_0 n} \end{aligned} \tag{6.15}$$

식 (6.15)에 $N \to \infty$의 극한을 취하면, $x_N[n]$은 $x[n]$이 되고 Ω_0는 무한소인 $d\Omega$로, $k\Omega_0$는 연속 변수 Ω로, 한 주기 구간 $< N >$에 대한 총합은 주파수 Ω의 한 주기 2π에 대한 적분으로 바뀐다.

$$x[n] = \frac{1}{2\pi} \int_{2\pi} X(\Omega)\, e^{j\Omega n}\, d\Omega \tag{6.16}$$

식 (6.13)과 식 (6.16)은 쌍을 이뤄 이산 비주기 신호 $x[n]$을 주파수 영역 표현으로 바꾸어주고 다시 시간 영역 표현으로 되돌리는 역할을 한다.

- **이산 시간 푸리에 변환(DTFT)**은 $x[n]$으로부터 스펙트럼 $X(\Omega)$를 구하는 **주파수 분석(분해)**를 뜻한다.

$$X(\Omega) = \mathscr{F}\{x[n]\} = \sum_{n=-\infty}^{\infty} x[n]\, e^{-j\Omega n}$$

- **이산 시간 푸리에 역**inverse**변환(IDTFT)**은 $X(\Omega)$로부터 $x[n]$을 재현하는 **주파수 합성**이다.

$$x[n] = \mathscr{F}^{-1}\{X(\Omega)\} = \frac{1}{2\pi} \int_{2\pi} X(\Omega)\, e^{j\Omega n}\, d\Omega$$

- **이산 시간 푸리에 변환쌍** $x[n] \Leftrightarrow X(\Omega)$는 1:1 대응 관계가 성립하는 쌍이다.
- $X(\Omega) = |X(\Omega)| e^{j\angle X(\Omega)}$은 연속된 주파수에 대한 복소함수로서, $|X(\Omega)|$를 **진폭 스펙트럼**, $\angle X(\Omega)$를 **위상 스펙트럼**이라 한다.

연속 시간 푸리에 변환에서와 마찬가지로, 분석식 식 (6.13)은 이산 신호 $x[n]$이 어떤 주파수 성분을 가지는가를 보여준다. 그리고 합성식 식 (6.16)은 스펙트럼 $X(\Omega)$로부터 어떻게 이산 신호 $x[n]$을 재현할 수 있는지를 나타내는데, 단지 주파수의 한 주기 2π 내의 (복소) 정현파 성분들만 모두 더하여 만들어낼 수 있다는 점이 연속 시간 푸리에 변환과는 다르다. 식 (6.13)의 DTFT는 기저 신호로 $e^{j\Omega n}$을 사용하여 $x[n]$을 주파수 영역 표현으로 바꾸어주는 변환이라고 이해할 수 있다.

예제 6-8 이산 비주기 신호의 푸리에 변환

[그림 6-9]의 이산 신호에 대해 이산 시간 푸리에 변환(DTFT)을 구하라.

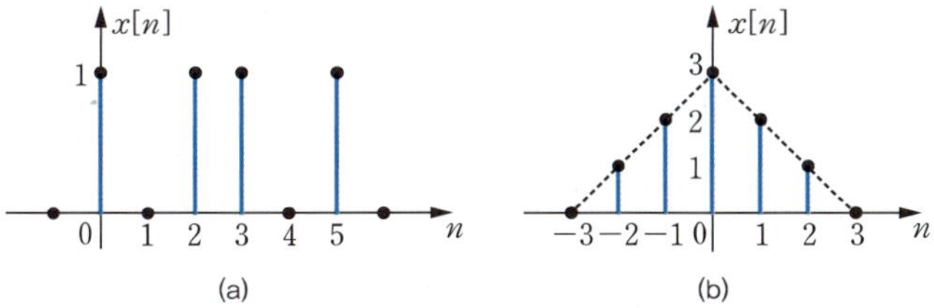

[그림 6-9] [예제 6-8]의 이산 비주기 신호

풀이

(a) 이산 시간 푸리에 변환의 정의식인 식 (6.13)으로부터 $x[n]$의 DTFT는 다음과 같다.

$$
\begin{aligned}
X(\Omega) &= \sum_{n=0}^{5} x[n]e^{-j\Omega n} = 1 + e^{-j2\Omega} + e^{-j3\Omega} + e^{-j5\Omega} \\
&= e^{-j\Omega}(e^{j\Omega} + e^{-j\Omega}) + e^{-j4\Omega}(e^{j\Omega} + e^{-j\Omega}) \\
&= 2(e^{-j\Omega} + e^{-j4\Omega})\cos(\Omega) = 4e^{-j\frac{5}{2}\Omega}\cos\left(\frac{3}{2}\Omega\right)\cos(\Omega)
\end{aligned}
$$

풀이에서 보듯이, 오일러 공식을 이용해서 복소 지수함수를 삼각함수 정현파로 바꾸어 정리하는 것이 바람직하다.

(b) 이산 시간 푸리에 변환의 정의식인 식 (6.13)으로부터 $x[n]$의 DTFT는 다음과 같다.

$$
\begin{aligned}
X(\Omega) &= \sum_{n=-2}^{2} x[n]e^{-j\Omega n} = e^{j2\Omega} + 2e^{j\Omega} + 3 + 2e^{-j\Omega} + e^{-j2\Omega} \\
&= 3 + 2(e^{j\Omega} + e^{-j\Omega}) + (e^{j2\Omega} + e^{-j2\Omega}) \\
&= 3 + 4\cos(\Omega) + 2\cos(2\Omega)
\end{aligned}
$$

이산 시간 푸리에 변환의 수렴 조건

한 주기에 대한 총합 계산인 이산 시간 푸리에 급수와 달리, 식 (6.13)의 이산 시간 푸리에 변환은 전 시간 구간에 대한 총합이므로 수렴을 보장하기 위한 $x[n]$의 조건이 필요하다.

이산 시간 푸리에 변환(DTFT)의 수렴 조건

- $x[n]$이 **절대 총합 가능** absolutely summable 하면 이산 시간 푸리에 변환이 존재한다.

$$\sum_{n=-\infty}^{\infty} |x[n]| < \infty \tag{6.17}$$

- 에너지 신호는 항상 수렴 조건을 만족하여 이산 시간 푸리에 변환이 존재한다.
- 전력 신호는 수렴 조건을 만족하지 않지만, 특별히 푸리에 변환이 가능한 것으로 취급한다. 전력 신호의 이산 시간 푸리에 변환, 즉 스펙트럼은 임펄스를 포함한다.

신호의 에너지에 대한 정의를 생각해보면, 유한한 에너지를 갖는 에너지 신호는 식 (6.17)의 수렴 조건을 당연히 충족시킨다는 것을 알 수 있다. 이와 달리, 계단 신호나 주기 신호처럼 에너지는 무한하고 전력이 유한한 전력 신호는 식 (6.17)을 충족시키지 못해 이론적으로는 푸리에 변환을 할 수 없지만, 특별히 푸리에 변환이 가능한 것으로 취급한다. 대신에 전력 신호의 푸리에 변환은 식 (6.13)의 정의식을 사용하여 구할 수 없다. 따라서 우회적인 방법을 이용하여 구해야 한다. 전력 신호에 대해서도 푸리에 변환이 가능한 것으로 취급하면 주기 신호도 푸리에 변환으로 다룰 수 있게 되어, [그림 6-10]에 나타낸 것처럼 푸리에 변환 하나만으로 주기, 비주기 가릴 것 없이 신호를 주파수 영역으로 변환할 수 있게 되므로 편리하다.

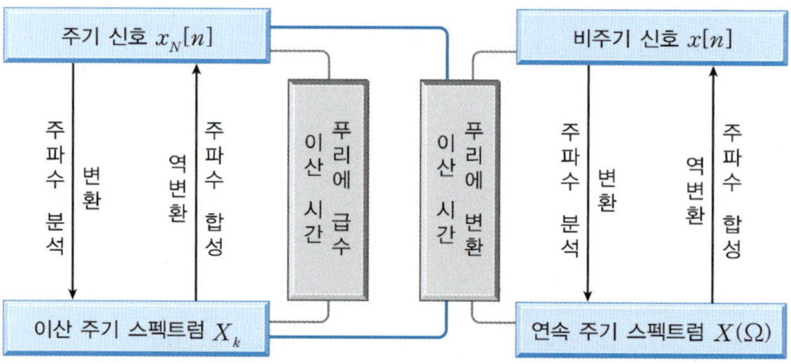

[그림 6-10] 신호의 시간 영역 및 주파수 영역 표현과 변환

예제 6-9 임펄스 스펙트럼의 이산 시간 푸리에 역변환(IDTFT)

스펙트럼이 임펄스인 $X(\Omega)=2\pi\delta(\Omega-\Omega_0)$에 대응되는 시간 신호 $x[n]$을 구하라.

풀이

IDTFT의 정의식에 임펄스 함수의 체 거르기 성질을 적용하면 $x[n]$은 다음과 같이 된다.

$$x[n] = \frac{1}{2\pi}\int_{2\pi} 2\pi\delta(\Omega-\Omega_0)e^{j\Omega n}\,d\Omega = e^{j\Omega_0 n}$$

따라서 다음의 DTFT쌍을 얻는다.

$$e^{j\Omega_0 n} \Leftrightarrow 2\pi\delta(\Omega-\Omega_0) \tag{6.18}$$

시간 신호 $x[n]=e^{j\Omega_0 n}$은 모든 n에 대해 $|x[n]|=1$이므로 $\sum_{n=-\infty}^{\infty}|x[n]|=\infty$가 되어 식 (6.17)의 수렴 조건을 만족하지 않는다. 그러므로 식 (6.13)의 정의식으로는 푸리에 변환을 계산할 수가 없어서 우회적으로 변환쌍을 찾은 것이다.

이산 시간 푸리에 변환과 스펙트럼

$x[n]$의 이산 시간 푸리에 변환 $X(\Omega)$은 $x[n]$의 주파수 성분을 나타낸 스펙트럼으로, 극좌표 표현 $X(\Omega)=|X(\Omega)|e^{j\angle X(\Omega)}$로부터 진폭 스펙트럼과 위상 스펙트럼을 구할 수 있다. 진폭 스펙트럼 $|X(\Omega)|$는 $x[n]$의 주파수 성분들의 상대적 크기를, 위상 스펙트럼 $\angle X(\Omega)$는 시간축 상에서 주파수 성분들의 상대적인 위치를 나타낸다. 이산 정현파의 2π-주기성으로 인해 이산 비주기 신호의 스펙트럼도 주기 2π로 반복된다.

$$\begin{aligned} X(\Omega+2\pi m) &= \sum_{n=-\infty}^{\infty} x[n]e^{-j(\Omega+2\pi m)n} \\ &= \sum_{n=-\infty}^{\infty} x[n]e^{-j\Omega n}e^{-j2\pi mn} = X(\Omega) \end{aligned} \tag{6.19}$$

식 (6.19)는 이산 신호의 합성에 필요한 주파수 정보가 스펙트럼의 2π 구간에 모두 들어있음을 뜻한다. 따라서 식 (6.16)의 적분 구간을 2π로 제한해도 아무런 문제가 없는 것이다.

주기 신호의 이산 시간 푸리에 변환

주기 신호 $x_N[n]$의 푸리에 급수 계수 X_k와 푸리에 변환 $X_N(\Omega)$, 그리고 $x_N[n]$의 한 주기만 떼어낸 비주기 신호 $x[n]$의 푸리에 변환 $X(\Omega)$의 관계는 다음과 같이 정리할 수 있다.

- **이산 주기 신호의 푸리에 급수와 이산 비주기 신호의 푸리에 변환의 관계**

  X_k는 $X(\Omega)$을 기본 주파수의 정수 배, 즉 $k\Omega_0$에서 샘플링하여 $\frac{1}{N}$배 한 것과 같다.

$$X_k = \frac{1}{N}X(k\Omega_0)$$

- **이산 주기 신호의 푸리에 급수와 이산 주기 신호의 푸리에 변환의 관계**

  $X_N(\Omega)$는 $k\Omega_0$에 위치한 세기 $2\pi X_k$인 임펄스들로 이루어진다.

$$X_N(\Omega) = \sum_{k=<N>} 2\pi X_k \delta(\Omega - k\Omega_0) \tag{6.20}$$

- **이산 주기 신호의 푸리에 변환과 이산 비주기 신호의 푸리에 변환의 관계**

  $X_N(\Omega)$는 $X(\Omega)$를 $k\Omega_0$에서 세기 Ω_0인 임펄스들로 샘플링한 것이다.

$$X_N(\Omega) = \Omega_0 \sum_{k=<N>} X(k\Omega_0)\delta(\Omega - k\Omega_0) \tag{6.21}$$

식 (6.13)과 식 (6.14)로부터 식 (6.20)과 식 (6.21)의 관계를 얻을 수 있는데, 그 과정은 다음과 같다. 여기서 네 번째 등식은 식 (6.18)의 변환쌍을 적용한 결과이다.

$$\begin{aligned} X_N(\Omega) &= \sum_{n=-\infty}^{\infty} x_N[n]e^{-j\Omega n} = \sum_{n=-\infty}^{\infty}\left(\sum_{k=<N>} X_k e^{jk\Omega_0 n}\right)e^{-j\Omega n} \\ &= \sum_{k=<N>} X_k\left(\sum_{n=-\infty}^{\infty} e^{jk\Omega_0 n}e^{-j\Omega n}\right) = \sum_{k=<N>} 2\pi X_k \delta(\Omega - k\Omega_0) \\ &= \frac{2\pi}{N}\sum_{k=<N>} X(k\Omega_0)\delta(\Omega - k\Omega_0) = \Omega_0 \sum_{k=<N>} X(k\Omega_0)\delta(\Omega - k\Omega_0) \end{aligned} \tag{6.22}$$

이상의 논의에서 푸리에 급수든 변환이든 상관없이 이산 주기 신호의 스펙트럼은 기본 주파수의 정수배인 $k\Omega_0$에서만 존재하는 불연속적인 이산 함수임을 알 수 있다.

예제 6-10 이산 주기 신호의 푸리에 변환

(a) $x[n] = [1, \underset{\uparrow}{0}, 1]$의 DTFT를 구하라.

(b) $x[n]$을 주기 $N=3$으로 반복한 주기 신호 $x_N[n]$의 DTFT를 구하라.

(c) $y[n] = [0, x[n], 0]$을 주기 $N=5$로 반복한 주기 신호 $y_N[n]$의 DTFT를 구하라.

풀이

(a) DTFT의 정의식으로부터 $x[n]$의 DTFT는 다음과 같이 된다.

$$X(\Omega) = \sum_{n=-1}^{1} x[n]e^{-j\Omega n} = e^{j\Omega} + e^{-j\Omega} = 2\cos(\Omega)$$

(b) $x_N[n]$의 기본 주파수는 $\Omega_0 = \frac{2\pi}{3}$이므로, 식 (6.21)로부터 DTFT는 다음과 같다.

$$X_N(\Omega) = \Omega_0 \sum_{k=<N>} X(k\Omega_0)\,\delta(\Omega - k\Omega_0) = \sum_{k=<N>} \frac{4\pi}{3}\cos\left(\frac{2\pi}{3}k\right)\delta\left(\Omega - \frac{2\pi}{3}k\right)$$

(c) $y_N[n]$은 $x[n]$의 반복 간격, 즉 주기만 더 늘려 주기 신호로 만든 것이다. $y_N[n]$의 기본 주파수는 $\Omega_0 = \frac{2\pi}{5}$이므로, 식 (6.21)로부터 DTFT는 다음과 같다.

$$Y_N(\Omega) = \Omega_0 \sum_{k=<N>} X(k\Omega_0)\,\delta(\Omega - k\Omega_0) = \sum_{k=<N>} \frac{4\pi}{5}\cos\left(\frac{2\pi}{5}k\right)\delta\left(\Omega - \frac{2\pi}{5}k\right)$$

(b)와 (c)의 결과를 비교해보면, 같은 비주기 신호라 하더라도 반복 주기에 따라 만들어진 주기 신호의 기본 주파수가 달라지므로 주기 신호의 스펙트럼(DTFT)은 달라진다. [그림 6-11]에 각 신호의 파형과 스펙트럼을 나타내었다. 그림에서 $X_N(\Omega)$와 $Y_N(\Omega)$ 모두 $X(\Omega)$를 임펄스로 샘플링한 것은 같지만, 기본 주파수에 따라 샘플링된 스펙트럼이 달라짐을 확인할 수 있다. 한 주기에 $X_N(\Omega)$는 3개, $Y_N(\Omega)$는 5개의 주파수 성분을 가진다.

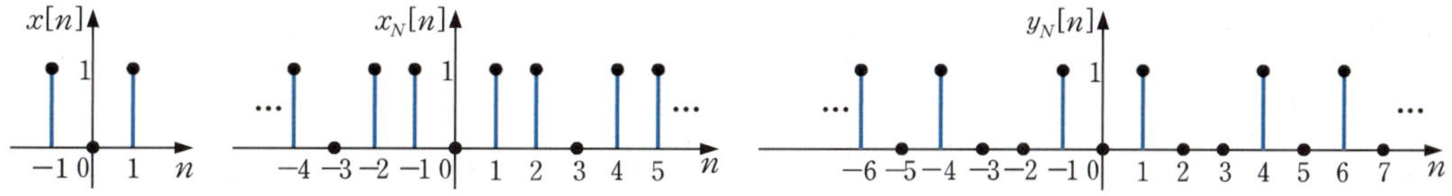

(a) 신호 파형

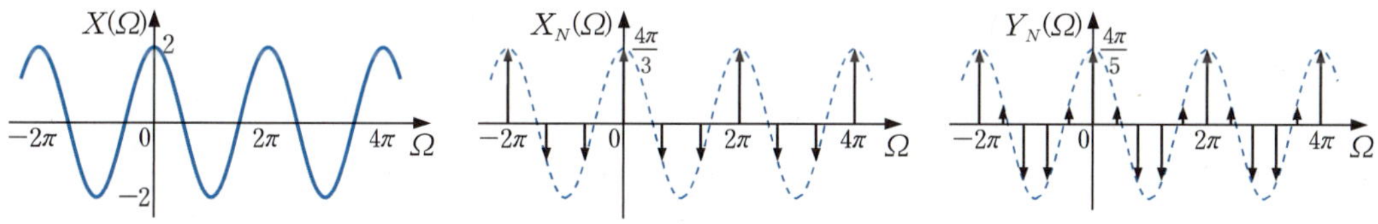

(b) 신호의 푸리에 스펙트럼

[그림 6-11] [예제 6-10]의 신호 파형 및 스펙트럼

6.3.2 주요 신호의 DTFT쌍

자주 사용되는 주요 신호의 이산 시간 푸리에 변환쌍은 어떻게 되는지 알아보자.

임펄스 신호

단위 임펄스 신호 $x[n]=\delta[n]$의 이산 시간 푸리에 변환을 구하면

$$X(\Omega)=\sum_{n=-\infty}^{\infty}\delta[n]\,e^{-j\Omega n}=e^{j0}=1 \tag{6.23}$$

이다. 따라서 임펄스 신호의 DTFT쌍은 다음과 같고, 이를 [그림 6-12]에 보였다.

$$\delta[n] \Leftrightarrow 1 \tag{6.24}$$

즉 (연속 신호와 마찬가지로) 임펄스 신호는 모든 주파수 성분을 포함한다. 따라서 시스템의 주파수에 따른 응답 특성을 알아보려면 임펄스 신호를 입력으로 인가하면 될 것이다.

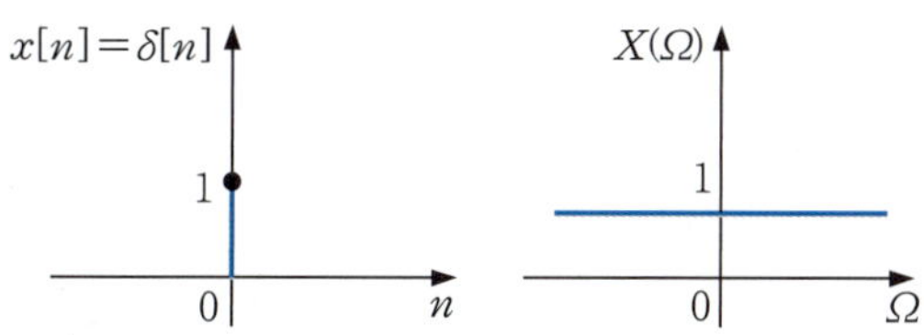

[그림 6-12] 이산 임펄스 신호의 DTFT쌍

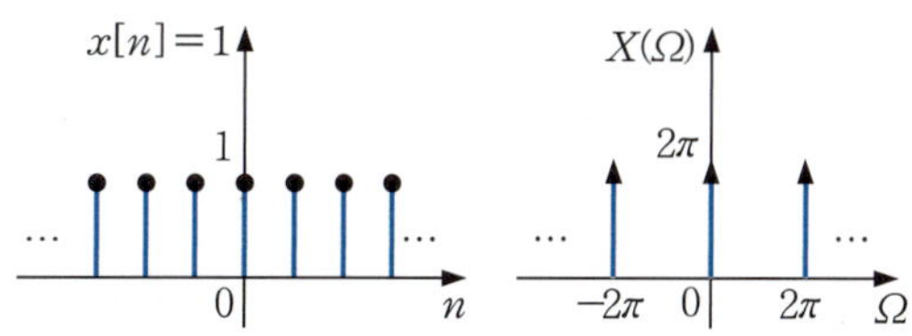

[그림 6-13] 이산 상수 신호의 DTFT쌍

상수 신호

상수(DC) 신호 $x[n]=1$은 전력 신호이므로 변환의 수렴 조건을 만족하지 않아 식 (6.13)으로는 푸리에 스펙트럼을 계산할 수 없다. 그러므로 역으로 임펄스 스펙트럼 $X(\Omega)=2\pi\delta(\Omega)$에 대응되는 이산 신호를 구해보면, 식 (6.18)의 DTFT쌍에서 $\Omega_0=0$인 경우로 $x[n]=e^{j0n}=1$이다. 이로부터 다음의 DTFT쌍을 얻을 수 있고, 이를 [그림 6-13]에 보였다.

$$1 \Leftrightarrow 2\pi\delta(\Omega) \qquad (6.25)$$

즉 상수 신호의 주파수 스펙트럼은 임펄스가 된다. 이 결과로부터도 확인할 수 있듯이 전력 신호의 스펙트럼에는 임펄스가 포함된다. 식 (6.24)와 식 (6.25)의 결과는 시간 신호와 주파수 스펙트럼이 서로 역할을 맞바꾸어도 '임펄스 ⇔ 상수'의 변환쌍 관계가 그대로 유지됨을 보여준다.

정현파 신호

오일러 공식을 이용하여 이산 정현파를 이산 복소 정현파로 바꾸어 나타내면, 식 (6.18)의 변환쌍으로부터 이산 정현파에 대한 푸리에 변환쌍도 손쉽게 구할 수 있다.

$$\mathscr{F}\{\cos(\Omega_0 n)\}=\mathscr{F}\left\{\frac{e^{j\Omega_0 n}+e^{-j\Omega_0 n}}{2}\right\}=\pi\delta(\Omega-\Omega_0)+\pi\delta(\Omega+\Omega_0) \qquad (6.26)$$

$$\cos(\Omega_0 n) \Leftrightarrow \pi\delta(\Omega-\Omega_0)+\pi\delta(\Omega+\Omega_0) \qquad (6.27)$$

주파수 $\pm\Omega_0$에서 스펙트럼이 존재하는 것은 푸리에 급수 표현과 같지만, 정현파 신호가 전력 신호이기 때문에 스펙트럼이 임펄스로 이루어진 것이 다르다.

실수 지수 신호

정의식을 이용하여 실수 지수 신호 $x[n]=a^n u[n]$, $|a|<1$의 DTFT를 구하면

$$X(\Omega)=\sum_{n=0}^{\infty}a^n e^{-j\Omega n}=\sum_{n=0}^{\infty}(ae^{-j\Omega})^n=\frac{1}{1-ae^{-j\Omega}} \qquad (6.28)$$

이다. 따라서 이산 실수 지수 신호의 푸리에 변환쌍은 다음과 같다.

$$a^n u[n] \Leftrightarrow \frac{1}{1-ae^{-j\Omega}} \qquad (6.29)$$

[그림 6-14]는 이산 실수 지수 신호의 진폭 및 위상 스펙트럼을 나타낸 것으로, (a)는 $0<a<1$, (b)는 $-1<a<0$인 경우이다. 그림에서 보듯이, 진폭 스펙트럼과 위상 스펙트럼 모두 주기 2π 인

주기 함수이며, 진폭 스펙트럼은 우대칭이고 위상 스펙트럼은 기대칭이다. 이미 이산 시간 푸리에 급수에서도 [예제 6-3]을 통해 살펴본 것처럼, 주기성과 대칭성을 동시에 만족시키기 위해 π, 3π, $\cdots$ 축에 대해서도 진폭 스펙트럼은 우대칭, 위상 스펙트럼은 기대칭을 만족한다.

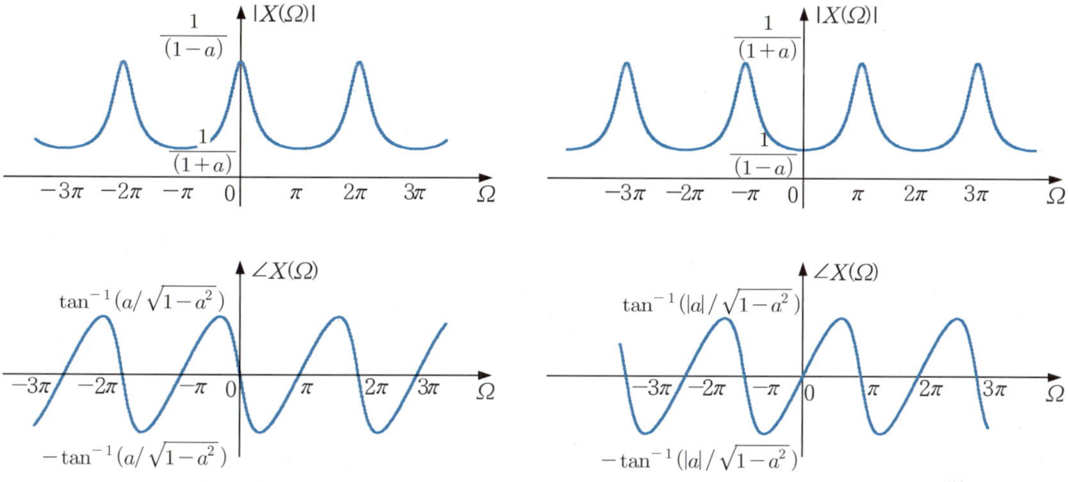

[그림 6-14] 이산 실수 지수 신호 $x[n]=a^n u[n]$, $|a|<1$의 스펙트럼

예제 6-11 이산 사각 펄스 신호의 푸리에 변환

[그림 6-15]에 나타낸 이산 사각 펄스의 푸리에 변환(DTFT)을 구하라.

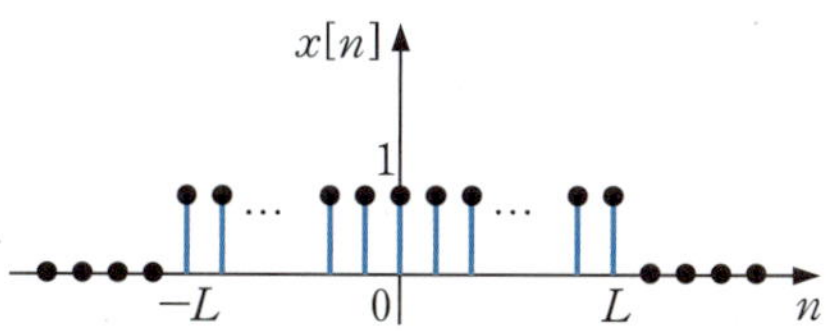

[그림 6-15] 이산 사각 펄스

풀이

이산 시간 푸리에 변환의 정의식 식 (6.13)으로부터 $x[n]$의 DTFT는 $X(\Omega)=\sum_{n=-\infty}^{\infty} x[n]e^{-j\Omega n}$ $=\sum_{n=-L}^{L}(e^{-j\Omega})^n$과 같다. $\Omega=0$, $\pm 2\pi$, $\pm 4\pi$, $\cdots$이면 $e^{-j\Omega n}=1$이므로 $X(\Omega)=2L+1$이 되며, 이 경우를 제외하면 $X(\Omega)$는 공비 $e^{-j\Omega}$인 등비급수이므로 다음과 같이 된다.

$$
\begin{aligned}
X(\Omega) &= e^{jL\Omega}\frac{1-e^{-j(2L+1)\Omega}}{1-e^{-j\Omega}} = e^{jL\Omega}\frac{e^{-j\frac{2L+1}{2}\Omega}\left(e^{j\frac{2L+1}{2}\Omega}-e^{-j\frac{2L+1}{2}\Omega}\right)}{e^{-j\frac{\Omega}{2}}\left(e^{j\frac{\Omega}{2}}-e^{-j\frac{\Omega}{2}}\right)} \\
&= \frac{e^{j\frac{2L+1}{2}\Omega}-e^{-j\frac{2L+1}{2}\Omega}}{e^{j\frac{\Omega}{2}}-e^{-j\frac{\Omega}{2}}} = \frac{\sin\left(\frac{2L+1}{2}\Omega\right)}{\sin\left(\frac{\Omega}{2}\right)}
\end{aligned}
\tag{6.30}
$$

$X(\Omega)$는 [그림 6-16]과 같이 나타낼 수 있다. 이는 sinc 함수를 2π 주기로 반복한 것을 합한 것과 같은 형태로서 **디리클레**Dirichlet **함수**라고 한다.

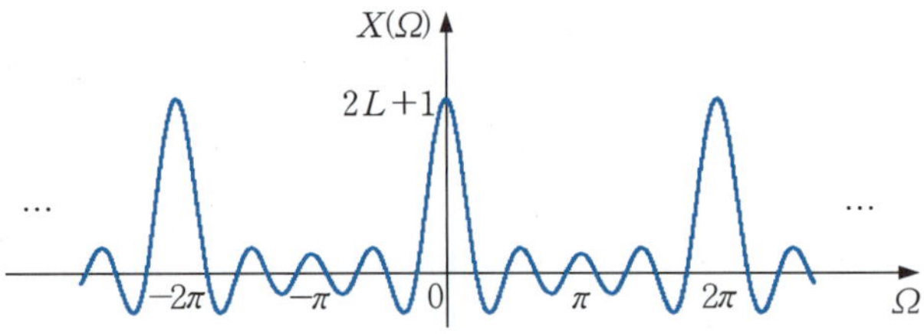

[그림 6-16] 이산 사각 펄스의 푸리에 스펙트럼

예제 6-12 사각 펄스 스펙트럼의 이산 시간 푸리에 역변환(IDTFT)

[예제 6-11]과는 반대로, [그림 6-17]과 같이 사각 펄스 스펙트럼이 주어질 때, 이에 대응되는 이산 신호를 구하라.

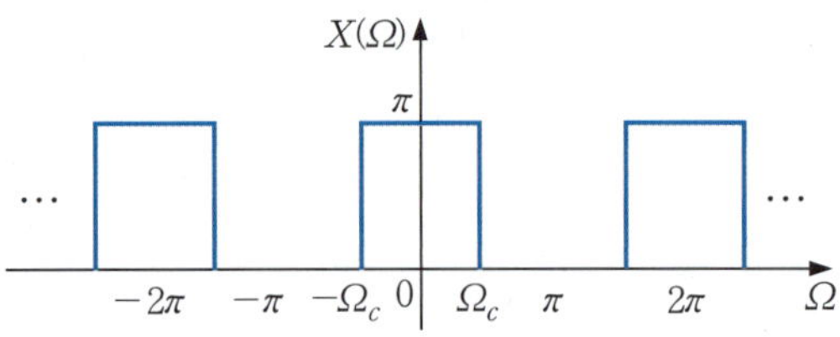

[그림 6-17] 주기 사각 펄스 스펙트럼

풀이

$X(\Omega)=\pi$, $|\Omega|<\Omega_c$이므로, IDTFT 정의식인 식 (6.16)을 이용하면 다음을 얻는다.

$$\begin{aligned} x[n] &= \frac{1}{2\pi}\int_{-\Omega_c}^{\Omega_c} \pi e^{j\Omega n}\,d\Omega = \frac{1}{j2n}\,e^{j\Omega n}\Big|_{-\Omega_c}^{\Omega_c} = \frac{1}{j2n}\left(e^{j\Omega_c n}-e^{-j\Omega_c n}\right) \\ &= \frac{\Omega_c}{\Omega_c n}\sin(\Omega_c n) = \Omega_c \mathrm{sinc}\left(\frac{\Omega_c}{\pi}n\right) = 2\pi F_c \mathrm{sinc}(2F_c n) \end{aligned} \tag{6.31}$$

[그림 6-18]은 신호 $x[n]$을 나타낸 것이다.

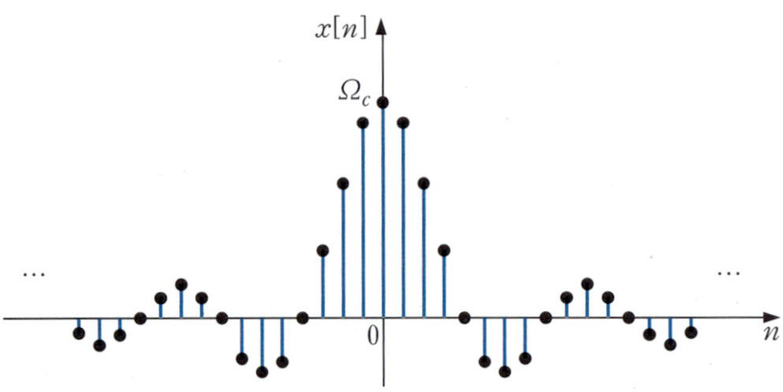

[그림 6-18] 주기 사각 펄스 스펙트럼의 IDTFT 결과 신호

[예제 6-11]과 [예제 6-12]의 결과를 비교해보면, 이산 신호의 스펙트럼이 주기적으로 반복되는 까닭에 수식적으로 정확한 쌍대성이 성립되지는 않지만, 약간 변형된 형태로 '사각 펄스 ⇔ sinc 함수'의 시간-주파수 쌍대성 개념이 유지되고 있음을 직관으로 파악할 수 있다.

주요 신호들에 대한 이산 시간 푸리에 변환쌍을 [부록 B.4]에 정리해 두었다. 부록에 제시된 이산 시간 푸리에 변환쌍들은 신호와 시스템의 취급에서 널리 활용되는 것들이므로, 이 절에서 구한 변환쌍들과 다음 절에서 배울 푸리에 변환의 성질을 이용하여 스스로 유도해보고 잘 익혀두길 바란다.

6.3.3 이산 시간 푸리에 변환의 성질

네 가지 푸리에 표현 (CT)FS, (CT)FT, DTFS, DTFT는 이론적 토대가 같아서 그 성질들도 비슷하다. 이제 DTFT가 갖는 유용한 성질들을 살펴보고, 다른 푸리에 표현과의 차이점에 대해서도 알아보자.

주기성

$X(\Omega)$는 주기 2π인 주기 함수이며, 이 점이 연속 신호의 스펙트럼 $X(\omega)$와 다른 점이다.

$$X(\Omega+2\pi m)=X(\Omega), \quad m\text{은 정수}$$

선형성

선형성은 이산 시간 푸리에 변환의 정의식으로부터 바로 얻을 수 있는데, 간단한 기본 신호들의 선형 결합으로 이루어진 신호의 푸리에 변환을 쉽게 구할 수 있게 해준다.

$$\alpha x[n]+\beta y[n] \Leftrightarrow \alpha X(\Omega)+\beta Y(\Omega) \tag{6.32}$$

예제 6-13 선형성을 이용한 DTFT 구하기

선형성을 이용하여 신호 $x[n]=a^{|n|}$, $|a|<1$의 DTFT를 구하라.

풀이

주어진 신호는 다음과 같이 정의되는 $x_1[n]$과 $x_2[n]$의 합 $x[n]=x_1[n]+x_2[n]$으로 나타낼 수 있다. 그러므로 DTFT는 선형성에 의해 $X(\Omega)=X_1(\Omega)+X_2(\Omega)$가 된다.

$$x_1[n]=\begin{cases}a^n, & n\geq 0\\ 0, & n<0\end{cases}, \quad x_2[n]=\begin{cases}a^{-n}, & n<0\\ 0, & n\geq 0\end{cases}$$

$x_1[n]$의 DTFT는 식 (6.29)와 같고, $x_2[n]$의 DTFT는 정의식으로부터 다음과 같다.

$$X_2(\Omega)=\sum_{n=-\infty}^{-1} a^{-n}e^{-j\Omega n}=\sum_{m=1}^{\infty}(ae^{j\Omega})^m=\frac{ae^{j\Omega}}{1-ae^{j\Omega}}$$

따라서 $x[n]$의 DTFT는 다음과 같이 구해져서 식 (6.33)의 변환쌍이 성립한다.

$$X(\Omega)=X_1(\Omega)+X_2(\Omega)=\frac{1}{1-ae^{-j\Omega}}+\frac{ae^{j\Omega}}{1-ae^{j\Omega}}=\frac{1-a^2}{1-2a\cos(\Omega)+a^2}$$

$$x[n]=a^{|n|},\ |a|<1 \Leftrightarrow \frac{1-a^2}{1-2a\cos(\Omega)+a^2} \tag{6.33}$$

대칭성

이산 실수 신호 $x[n]$의 DTFT도 연속 실수 신호의 CTFT와 똑같은 대칭성을 만족한다. 즉 스펙트럼이 공액 대칭을 만족하여 실수 신호 $x[n]$의 DTFT의 실수부 $\mathrm{Re}\{X(\Omega)\}$는 우대칭이고, 허수부 $\mathrm{Im}\{X(\Omega)\}$는 기대칭이다. 그리고 진폭 스펙트럼은 우함수이고, 위상 스펙트럼은 기함수가 된다. 또한 $x[n]$이 실수 우함수이면 $X(\Omega)$도 순수한 실수 우함수가 되고, $x[n]$이 실수 기함수이면 $X(\Omega)$는 순수한 허수 기함수가 된다. 한편 이산 실수 신호의 스펙트럼은 대칭성과 주기성을 동시에 만족해야 하므로 반주기점 $\Omega=(2l+1)\pi$를 대칭축으로 하여 대칭성이 그대로 성립한다.

$$X(\Omega)=X^*(-\Omega)\quad \&\quad X^*(\Omega)=X(-\Omega),\quad x[n]\text{은 실수} \tag{6.34}$$

$$\begin{cases}\mathrm{Re}\{X(\Omega)\}=\mathrm{Re}\{X(-\Omega)\}, & x[n]\text{ 은 실수}\\ \mathrm{Im}\{X(\Omega)\}=-\mathrm{Im}\{X(-\Omega)\}, & x[n]\text{ 은 실수}\end{cases} \tag{6.35}$$

$$\begin{cases}|X(\Omega)|=|X(-\Omega)|, & x[n]\text{ 은 실수}\\ \angle X(\Omega)=-\angle X(-\Omega), & x[n]\text{ 은 실수}\end{cases} \tag{6.36}$$

$$\begin{cases}\mathrm{Re}\{X(\Omega)\}=\mathrm{Re}\{X(-\Omega)\}, & x[n]\text{ 은 실수 우함수}\\ \mathrm{Im}\{X(\Omega)\}=0, & x[n]\text{ 은 실수 우함수}\end{cases} \tag{6.37}$$

$$\begin{cases}\mathrm{Re}\{X(\Omega)\}=0, & x[n]\text{ 은 실수 기함수}\\ \mathrm{Im}\{X(\Omega)\}=-\mathrm{Im}\{X(-\Omega)\}, & x[n]\text{ 은 실수 기함수}\end{cases} \tag{6.38}$$

DTFT의 대칭성을 끌어내는 과정 또한 CTFT와 같다. 우선 $x[n]$이 실수이면 $x^*[n]=x[n]$이므로 다음과 같이 공액 대칭을 만족함을 보일 수 있다.

$$X^*(\Omega)=\left(\sum_{n=-\infty}^{\infty}x[n]e^{-j\Omega n}\right)^*=\sum_{n=-\infty}^{\infty}x[n]e^{j\Omega n}=X(-\Omega) \tag{6.39}$$

식 (6.39)과 $X(\Omega)$의 직교좌표($\mathrm{Re}\{X(\Omega)\}+j\,\mathrm{Im}\{X(\Omega)\}$) 및 극좌표($|X(\Omega)|e^{j\angle X(\Omega)}$) 표현을 결합하면 식 (6.35)와 식 (6.36)의 대칭성을 얻게 된다. 한편 $x[n]$이 실수이고 우함수라면 $x^*[n]=x[n]=x[-n]$이므로 다음과 같다.

$$\begin{aligned} X^*(\Omega) &= \sum_{n=-\infty}^{\infty} x[n]e^{j\Omega n} = \sum_{n=-\infty}^{\infty} x[-n]e^{-j\Omega(-n)} \\ &= \sum_{m=\infty}^{-\infty} x[m]e^{-j\Omega m} = \sum_{n=-\infty}^{\infty} x[n]e^{-j\Omega n} = X(\Omega) \end{aligned} \tag{6.40}$$

그리고 $x[n]$이 실수이고 기함수라면 $x^*[n]=x[n]=-x[-n]$이므로 다음과 같다.

$$\begin{aligned} X^*(\Omega) &= \sum_{n=-\infty}^{\infty} x[n]e^{j\Omega n} = -\sum_{n=-\infty}^{\infty} x[-n]e^{-j\Omega(-n)} \\ &= -\sum_{m=\infty}^{-\infty} x[m]e^{-j\Omega m} = -\sum_{n=-\infty}^{\infty} x[n]e^{-j\Omega n} = -X(\Omega) \end{aligned} \tag{6.41}$$

식 (6.39)와 식 (6.40)을 비교하면 $X(\Omega)=X(-\Omega)$이다. 즉 $X(\Omega)$는 순수한 실수 우함수로 식 (6.37)의 대칭성이 성립한다. 또한 식 (6.39)와 식 (6.41)을 비교하면 $X(\Omega)=-X(-\Omega)$이다. 즉 $X(\Omega)$는 순수한 허수 기함수로 식 (6.38)의 대칭성이 성립함을 알 수 있다.

이런 대칭성이 성립하는 예로 [예제 6-11]의 이산 사각 펄스 신호의 스펙트럼을 들 수 있다. 신호가 실수 우함수이므로 [그림 6-16]에서 푸리에 스펙트럼이 실수 우함수이며, 반주기점에 대해서도 우대칭을 만족함을 볼 수 있다.

시간 이동

DTFS와 마찬가지로([예제 6-6] 참조), DTFT는 신호의 시간 이동에 대해 진폭 스펙트럼은 바뀌지 않고 위상 스펙트럼만 선형적으로 바뀐다. 이때 시간 이동 값이 선형 위상 변화의 기울기가 된다.

$$x[n-n_0] \Leftrightarrow e^{-jn_0\Omega}X(\Omega) \tag{6.42}$$

시간 이동 성질도 푸리에 변환의 정의식으로부터 간단히 얻을 수 있다.

$$\begin{aligned} \mathcal{F}\{x[n-n_0]\} &= \sum_{n=-\infty}^{\infty} x[n-n_0]e^{-j\Omega n} \\ &= \sum_{m=-\infty}^{\infty} x[m]e^{-j\Omega(m+n_0)} \\ &= e^{-j\Omega n_0}\sum_{m=-\infty}^{\infty} x[m]e^{-j\Omega m} = e^{-jn_0\Omega}X(\Omega) \end{aligned} \tag{6.43}$$

예제 6-14 단위 계단 신호 $u[n]$의 DTFT

단위 계단 신호 $u[n]$의 DTFT를 구하라.

풀이

단위 계단 신호 $u[n]$은 전력 신호이므로 정의식을 이용하여 직접적으로 DTFT를 구할 수 없다. 따라서 $u[n]-u[n-1]=\delta[n]$과 같은 차분을 이용한다. 이에 대해 DTFT를 구하면 시간 이동 성질에 의해

$$U(\Omega)(1-e^{-j\Omega})=1$$

이 된다. 그런데 $\Omega=0$이면 $1-e^{-j\Omega}=0$이므로 등식이 모든 Ω에 대해 성립하기 위해서는 $U(\Omega)$가 반드시 다음과 같은 형태여야 한다.

$$U(\Omega)=\frac{1}{1-e^{-j\Omega}}+c\delta(\Omega),\ \ |\Omega|\le\pi$$

한편, DTFT쌍 $1 \Leftrightarrow 2\pi\delta(\Omega)$으로부터 $c\delta(\Omega)$는 크기 $\frac{c}{2\pi}$인 상수(DC)의 DTFT임을 알 수 있는데, $u[n]$의 직류 성분은 전 시간 $[-\infty,\infty]$에 대한 평균인 $\frac{1}{2}$이므로 $c=\pi$이다. 따라서 다음의 DTFT쌍이 성립한다.

$$u[n] \Leftrightarrow \frac{1}{1-e^{-j\Omega}}+\pi\delta(\Omega),\ \ |\Omega|\le\pi \tag{6.44}$$

주파수 이동과 변조

시간 이동과는 반대로 주파수 영역에서 스펙트럼을 Ω_0만큼 이동시키면, 이와 같은 주파수를 갖는 복소 정현파 $e^{j\Omega_0 n}$을 시간 영역 신호 $x[n]$에 곱하는 것과 같다.

- **주파수 이동** : $x[n]e^{j\Omega_0 n} \Leftrightarrow X(\Omega-\Omega_0)$ (6.45)
- **변조** : $x[n]\cos(\Omega_0 n) \Leftrightarrow \frac{1}{2}[X(\Omega-\Omega_0)+X(\Omega+\Omega_0)]$ (6.46)

IDTFT의 정의식 식 (6.16)으로부터 다음과 같이 식 (6.45)의 관계를 얻을 수 있다.

$$\begin{aligned}\mathcal{F}^{-1}\{X(\Omega-\Omega_0)\}&=\frac{1}{2\pi}\int_{2\pi}X(\Omega-\Omega_0)e^{j\Omega n}d\Omega\\&=\frac{1}{2\pi}\int_{2\pi}X(\Omega')e^{j\Omega' n}e^{j\Omega_0 n}d\Omega'\\&=e^{j\Omega_0 n}\cdot\frac{1}{2\pi}\int_{2\pi}X(\Omega')e^{j\Omega' n}d\Omega'\\&=e^{j\Omega_0 n}x[n]\end{aligned} \tag{6.47}$$

그런데 $e^{j\Omega_0 n}$을 물리적으로는 만들 수 없으므로, 실제로 주파수 이동을 시키려면 오일러 공식을 이용해 $x[n]$에 정현파 $\cos(\Omega_0 n) = (e^{j\Omega_0 n} + e^{-j\Omega_0 n})/2$을 곱해야 한다. 즉 변조 동작이 된다.

예제 6-15 변조 성질을 이용한 이산 시간 푸리에 변환

신호 $x[n] = a^n \cos(\Omega_0 n) u[n]$의 푸리에 변환을 구하라.

풀이

$x[n]$은 실수 지수 신호 $a^n u[n]$에 $\cos(\Omega_0 n)$을 곱한 것이다. 따라서 식 (6.29)의 변환쌍과 식 (6.46)의 변조 성질에 의해 다음과 같이 $x[n]$의 푸리에 변환을 구할 수 있다.

$$\begin{aligned} X(\Omega) &= \frac{1}{2}\left(\frac{1}{1-ae^{-j(\Omega+\Omega_0)}} + \frac{1}{1-ae^{-j(\Omega-\Omega_0)}}\right) \\ &= \frac{1}{2}\frac{2-a(e^{-j(\Omega+\Omega_0)} + e^{-j(\Omega-\Omega_0)})}{(1-ae^{-j(\Omega+\Omega_0)})(1-ae^{-j(\Omega-\Omega_0)})} \\ &= \frac{1-a\cos(\Omega_0)e^{-j\Omega}}{1-2a\cos(\Omega_0)e^{-j\Omega}+a^2e^{-j2\Omega}} \end{aligned}$$

시간 반전

신호를 시간축에 대해 뒤집는 시간 반전의 효과는 주파수 반전이다.

$$x[-n] \Leftrightarrow X(-\Omega) \tag{6.48}$$

식 (6.48)의 관계도 DTFT의 정의식에서 간단히 얻을 수 있다.

$$\begin{aligned} \mathcal{F}\{x[-n]\} &= \sum_{n=-\infty}^{\infty} x[-n]e^{-j\Omega n} \\ &= \sum_{m=-\infty}^{\infty} x[m]e^{-j(-\Omega)m} = X(-\Omega) \end{aligned} \tag{6.49}$$

시간 척도조절

이산 신호의 시간 변수 n은 항상 정수여야 하는 까닭에 시간 척도조절은 제한적인 조건에서만 가능함을 2.2.2절에서 살펴보았다. 신호의 시간 척도를 바꾸면 스펙트럼에 정반대의 효과가 나타난다. 다시 말해, 시간 영역에서 신호를 압축하면 주파수 스펙트럼은 늘어나고, 역으로 신호를 늘이면 주파수 스펙트럼이 압축된다. 이때 시간 늘이기(보간)는 0을 삽입한 경우로 한정한다.

$$x[an] \Leftrightarrow X\left(\frac{\Omega}{a}\right) \tag{6.50}$$

식 (6.50)의 관계는 DTFT의 정의식에 $an = m$으로 변수 치환하여 쉽게 얻을 수 있다.

$$\begin{aligned}\mathcal{F}\{x[an]\} &= \sum_{n=-\infty}^{\infty} x[an]\,e^{-j\Omega n} = \sum_{m=-\infty}^{\infty} x[m]e^{-j\Omega m/a} \\ &= \sum_{m=-\infty}^{\infty} x[m]\,e^{-j(\Omega/a)m} = X(\Omega/a)\end{aligned} \tag{6.51}$$

[그림 6-19]는 이산 사각 펄스의 예를 보인 것이다.

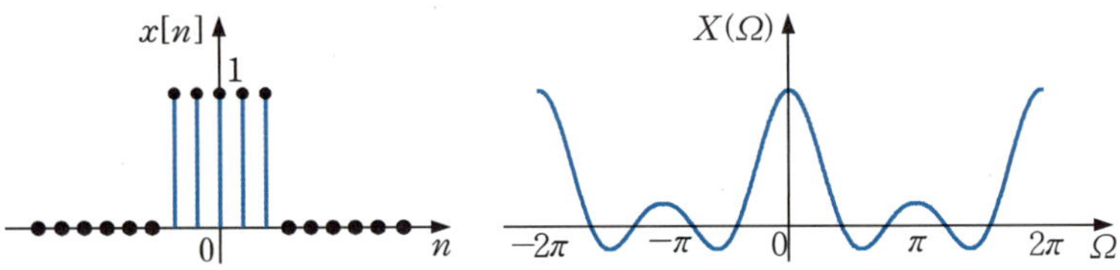

(a) $x[n]$과 푸리에 스펙트럼

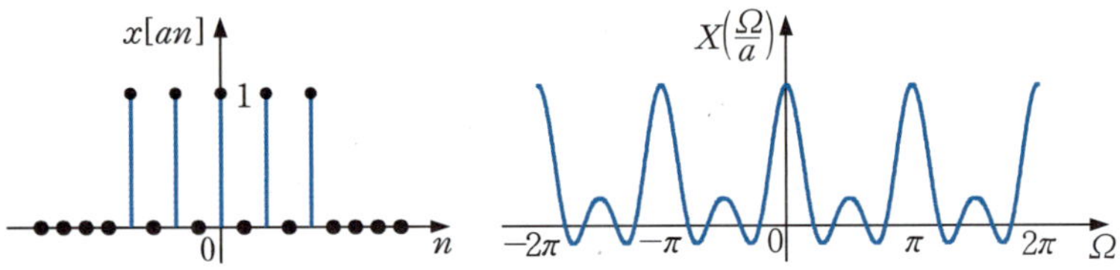

(b) $x[an]$과 푸리에 스펙트럼

[그림 6-19] 신호의 시간 척도조절과 주파수 스펙트럼의 관계

예제 6-16 시간 척도조절을 이용한 DTFT 구하기

[그림 6-20]의 이산 신호에 대해 (a) $x[n]$의 DTFT를 구하고, (b) 이를 이용하여 $y[n]$의 DTFT를 구하라.

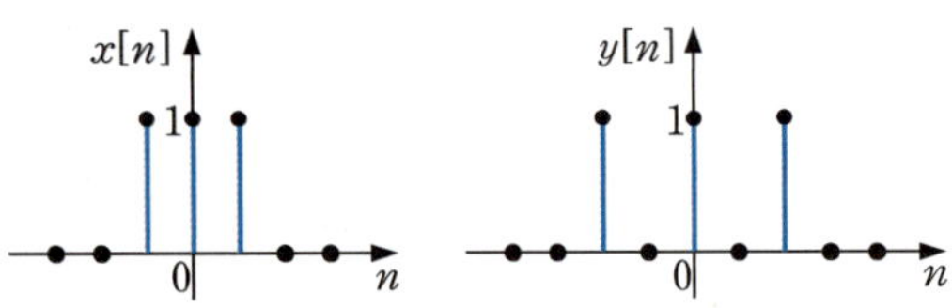

[그림 6-20] [예제 6-16]의 신호

풀이

(a) $x[n]$의 DTFT를 구하면 다음과 같다.

$$X(\Omega) = \sum_{n=-1}^{1} x[n]e^{-j\Omega n} = e^{j\Omega} + 1 + e^{-j\Omega} = 1 + 2\cos(\Omega)$$

(b) $y[n]$은 $x[n]$에 대해 0 삽입으로 시간축을 2배로 늘인 것과 같다. 즉 $y[n]=x[n/2]$이다. 따라서 식 (6.50)의 시간 척도조절 성질에 의해 $y[n]$의 DTFT는 다음과 같이 된다.

$$Y(\Omega)=X(2\Omega)=1+2\cos(2\Omega)$$

이 결과가 옳은지 DTFT의 정의식을 이용하여 확인해보자. $y[n]$을 직접 푸리에 변환하면 다음과 같이 일치하는 결과가 나온다.

$$Y(\Omega)=\sum_{n=-2}^{2}x[n]e^{-j\Omega n}=e^{j2\Omega}+1+e^{-j2\Omega}=1+2\cos(2\Omega)$$

주파수 미분

$$nx[n] \Leftrightarrow j\frac{dX(\Omega)}{d\Omega} \tag{6.52}$$

DTFT의 정의식 식 (6.13)의 양변을 Ω에 대해 미분하면 다음과 같다.

$$\frac{dX(\Omega)}{d\Omega}=\sum_{n=-\infty}^{\infty}(-jn)x[n]e^{-j\Omega n} \tag{6.53}$$

식 (6.53)의 양변에 j를 곱하면 식 (6.52)의 관계를 얻을 수 있다. 주파수 미분 성질은 시간 변수 n의 거듭제곱이 곱해진 신호의 DTFT를 구할 때 이용된다.

예제 6-17 주파수 미분 성질을 이용한 DTFT 구하기

신호 $x[n]=na^nu[n]$의 DTFT를 구하라.

풀이

$x'[n]=a^nu[n]$이라 두면 $x[n]=na^nu[n]=nx'[n]$으로 나타낼 수 있다. $x'[n]$의 DTFT는 $X'(\Omega)=\frac{1}{1-ae^{-j\Omega}}$과 같고, 이에 주파수 미분 성질을 적용하면 다음과 같이 $x[n]$의 DTFT가 구해진다.

$$X(\Omega)=j\frac{dX'(\Omega)}{d\Omega}=j\frac{-jae^{-j\Omega}}{(1-ae^{-j\Omega})^2}=\frac{ae^{-j\Omega}}{(1-ae^{-j\Omega})^2}$$

따라서 다음의 DTFT쌍이 성립한다.

$$na^nu[n] \Leftrightarrow \frac{ae^{-j\Omega}}{(1-ae^{-j\Omega})^2} \tag{6.54}$$

시간 컨벌루션

LTI 시스템의 출력 $y[n]$은 입력 $x[n]$과 임펄스 응답 $h[n]$의 컨벌루션 $y[n]=x[n]*h[n]$으로 주어지므로, 시간 컨벌루션의 푸리에 변환을 구하는 것은 대단히 중요하다. 시간 영역에서 두 신호의 컨벌루션은 주파수 영역에서 각 신호의 푸리에 변환(스펙트럼)의 곱하기가 된다. 따라서 주파수 영역에서 시스템의 입출력 특성을 파악하고 분석하는 것이 더 편리하다.

$$x[n]*h[n] \Leftrightarrow X(\Omega)H(\Omega) \tag{6.55}$$

시간 컨벌루션 성질은 컨벌루션과 DTFT의 정의식을 이용하여 다음과 같이 구한다.

$$\begin{aligned}
\mathcal{F}\{x[n]*h[n]\} &= \sum_{n=-\infty}^{\infty}\left(\sum_{k=-\infty}^{\infty} x[k]h[n-k]\right)e^{-j\Omega n} \\
&= \sum_{k=-\infty}^{\infty} x[k]\left(\sum_{n=-\infty}^{\infty} h[n-k]\,e^{-j\Omega n}\right) \\
&= \sum_{k=-\infty}^{\infty} x[k]\left(\sum_{m=-\infty}^{\infty} h[m]e^{-j\Omega(m+k)}\right) \\
&= \left(\sum_{k=-\infty}^{\infty} x[k]e^{-j\Omega k}\right)\left(\sum_{m=-\infty}^{\infty} h[m]e^{-j\Omega m}\right) \\
&= X(\Omega)H(\Omega)
\end{aligned} \tag{6.56}$$

예제 6-18 시간 누적합의 DTFT

시간 누적합 $y[n]=\sum_{k=-\infty}^{n} x[k]$의 DTFT를 구하라.

풀이

시간 누적합은 적분에 대한 이산 시간의 상대적인 개념이라고 할 수 있다. $x[k]$를 임펄스 함수의 성질 식 (2.5)를 이용하여 나타내고 또 식 (2.8)의 관계를 적용하면, $y[n]$은 다음과 같이 정리할 수 있다.

$$\begin{aligned}
y[n] &= \sum_{k=-\infty}^{n}\left(\sum_{m=-\infty}^{\infty} x[m]\,\delta[k-m]\right) \\
&= \sum_{m=-\infty}^{\infty} x[m]\sum_{k=-\infty}^{n}\delta[k-m] \\
&= \sum_{m=-\infty}^{n} x[m]u[n-m] = x[n]*u[n]
\end{aligned}$$

다시 말해, $x[n]$의 시간 누적합은 $x[n]$과 $u[n]$의 컨벌루션으로 생각할 수 있다.

따라서 시간 컨벌루션 성질을 적용하여 DTFT를 구하면

$$Y(\Omega)=X(\Omega)\,U(\Omega)=X(\Omega)\left(\frac{1}{1-e^{-j\Omega}}+\pi\,\delta(\Omega)\right),\quad |\Omega|\le\pi$$

이다. 즉 다음과 같은 DTFT쌍이 성립한다.

$$\sum_{k=-\infty}^{n}x[k]\Leftrightarrow X(\Omega)\left(\frac{1}{1-e^{-j\Omega}}+\pi\,\delta(\Omega)\right),\quad |\Omega|\le\pi \qquad (6.57)$$

주파수 컨벌루션(창 씌우기 정리)

시간 컨벌루션 성질의 시간-주파수 쌍대 관계로, 시간 영역에서 두 신호의 곱은 주파수 영역에서 각 신호의 푸리에 변환(스펙트럼)의 컨벌루션에 대응된다. 주파수 컨벌루션 성질은 시간 영역 신호에 창을 씌우는windowing 효과를 주파수 영역에서 이해할 수 있게 해주므로, **창 씌우기 정리**라고도 한다.

$$x[n]w[n]\Leftrightarrow \frac{1}{2\pi}X(\Omega)\circledast W(\Omega) \qquad (6.58)$$

여기서 ⊛은 원형(주기) 컨벌루션을 나타낸다. 이산 신호의 스펙트럼은 주기 함수인데, 주기 함수의 선형 컨벌루션은 무한대가 되어 정의되지 않으므로, 한 주기에 대한 컨벌루션만 취하는 원형 컨벌루션을 사용하는 것이다(7장에서 자세히 살펴볼 것이다).

식 (6.58)의 관계는 다음과 같이 간단히 증명할 수 있다.

$$\begin{aligned}\mathcal{F}\{x[n]w[n]\}&=\sum_{n=-\infty}^{\infty}x[n]w[n]e^{-j\Omega n}\\&=\sum_{n=-\infty}^{\infty}w[n]\left(\frac{1}{2\pi}\int_{2\pi}X(\theta)\,e^{j\theta n}\,d\theta\right)e^{-j\Omega n}\\&=\frac{1}{2\pi}\int_{2\pi}X(\theta)\left(\sum_{n=-\infty}^{\infty}w[n]\,e^{-j(\Omega-\theta)n}\right)d\theta\\&=\frac{1}{2\pi}\int_{2\pi}X(\theta)\,W(\Omega-\theta)\,d\theta=\frac{1}{2\pi}X(\Omega)\circledast W(\Omega)\end{aligned} \qquad (6.59)$$

창 씌우기는 데이터를 처리하거나 필터를 설계할 때 흔히 사용되는 동작으로, [그림 6-21]은 창 함수를 이용하여 저역 통과 필터를 설계하는 예를 보인 것이다. [그림 6-21]의 왼쪽 열에 보인 것처럼 이상적인 저역 통과 필터의 임펄스 응답 $h[n]$에 유한 구간을 갖는 창 함수 $w[n]$을 곱하면, 마치 창을 통해 바깥의 풍경을 보는 것과 같이 창의 유효 구간을 벗어난 신호 값은 잘리게 되는데, 이 동작이 주파수 영역에서는 [그림 6-21]의 오른쪽 열에 보인 것처럼 두 신호의 스펙트럼의 컨벌루션으로

나타나게 되는 것이다. 컨벌루션을 계산하기 위해 $W(\Omega)$를 뒤집어 왼쪽 끝에서부터 오른쪽으로 미끄러뜨리며 이동시키면, '작은 진동을 이루는 부엽 - 에너지 대부분이 몰려 있는 주엽 - 작은 진동을 이루는 부엽'의 순으로 사각 펄스와 겹쳐 지나가면서 [그림 6-21]의 오른쪽 열 마지막에 보인 형태의 컨벌루션 결과가 얻어진다. 이 결과로부터 볼 수 있듯이, 필터의 물리적 구현을 위해 어쩔 수 없이 이상적인 저역 통과 필터의 임펄스 응답을 잘라내면, 그 대가로 주파수 영역에서 통과 대역과 저지 대역에 작은 진동이 발생하고 천이 대역의 폭이 넓어지게 되는 것이다. 이에 대해서는 10장에서 다시 한번 자세히 살펴볼 것이다.

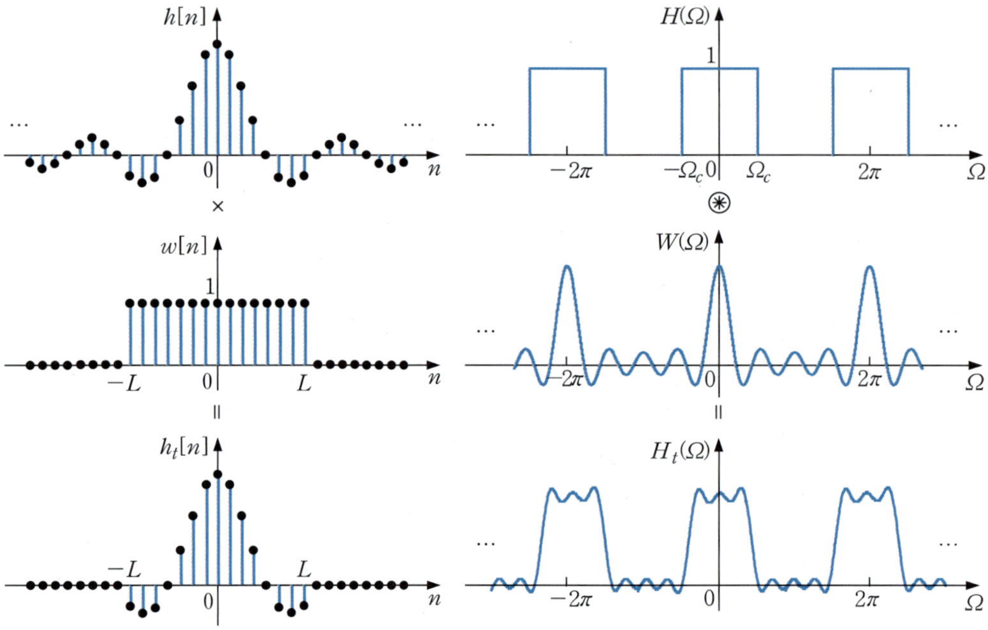

[그림 6-21] 창 씌우기가 스펙트럼에 미치는 효과(주파수 컨벌루션)

파스발 정리

파스발Parseval **정리**는 시간 영역에서 구한 신호의 에너지(전력)는 푸리에 표현, 즉 주파수 영역에서도 같으며, 이때 다른 주파수 성분끼리는 에너지(전력)를 형성하지 않는다는 것을 말한다. 그러므로 신호의 에너지(전력)는 각 주파수 성분의 에너지(전력)를 모으면 된다(수렴 조건을 만족하는 에너지 신호를 다루는 푸리에 변환과 달리, 푸리에 급수에서는 대상인 주기 신호가 전력 신호이므로 [표 6-1]에서 보듯이 전력 관계로 정의된다).

$$E = \sum_{n=-\infty}^{\infty} |x[n]|^2 = \frac{1}{2\pi} \int_{2\pi} |X(\Omega)|^2 d\Omega \qquad (6.60)$$

DTFT에 대한 파스발 정리는 다음과 같이 간단히 유도할 수 있다.

$$\begin{aligned}\sum_{n=-\infty}^{\infty}|x[n]|^2 &= \sum_{n=-\infty}^{\infty}x[n]x^*[n] = \sum_{n=-\infty}^{\infty}x[n]\left(\frac{1}{2\pi}\int_{2\pi}X^*(\Omega)e^{-j\Omega n}d\Omega\right) \\ &= \frac{1}{2\pi}\int_{2\pi}X^*(\Omega)\left(\sum_{n=-\infty}^{\infty}x[n]e^{-j\Omega n}\right)d\Omega = \frac{1}{2\pi}\int_{2\pi}|X(\Omega)|^2 d\Omega\end{aligned} \tag{6.61}$$

식 (6.60)에서 $|X(\Omega)|^2$은 신호 $x[n]$이 갖는 에너지의 주파수 분포를 알려주기 때문에 **에너지 밀도 스펙트럼**energy density spectrum이라고 한다. $|X(\Omega)|^2$은 스펙트럼의 크기만 관련되므로, 같은 에너지 밀도 스펙트럼을 가지는 신호가 여럿 존재할 수 있지만, 어떤 신호이든 오직 하나의 에너지 밀도 스펙트럼만 가진다.

예제 6-19 파스발 정리를 이용한 싱크 함수의 에너지

$x[n]=\text{sinc}\left(\frac{1}{2}n\right)$의 에너지를 구하라.

풀이

$x[n]$의 에너지는 시간 영역에서 다음과 같이 구해지는데, 계산이 매우 까다롭다.

$$E_x = \sum_{n=-\infty}^{\infty}|x[n]|^2 = \sum_{n=-\infty}^{\infty}\left|\text{sinc}\left(\frac{1}{2}n\right)\right|^2$$

하지만 [예제 6-12]에서 구한 푸리에 변환쌍과 파스발 정리를 이용하면 훨씬 간단하게 구할 수 있다.

$$E_x = \frac{1}{2\pi}\int_{-\pi}^{\pi}|2\text{rect}(\Omega/\pi)|^2 d\Omega = \frac{4}{2\pi}\int_{-\pi/2}^{\pi/2}1\,d\Omega = 2$$

시간-주파수 쌍대성

수학적으로 엄밀하게 시간-주파수 쌍대성이 성립하려면, 변환(분석식)과 역변환(합성식)의 수식 형태가 같아야 한다. 그런데 DTFT는 변환과 역변환의 수식 형태가 총합과 적분으로 완전히 달라서 수학적으로 딱 맞아떨어지지는 않지만, 앞에서 여러 신호의 DTFT쌍을 구할 때 보았듯이 쌍대성의 구도가 개념적으로는 유효하다. 시간-주파수 쌍대성은 푸리에 표현과 관련된 어떠한 결과나 관계에도 신호와 스펙트럼의 역할을 맞바꾼 쌍대적인 결과 또는 관계가 존재하는 것을 보장해주므로 여러모로 편리하다.

지금까지 살펴본 이산 시간 푸리에 변환의 주요 성질들을 [표 6-2]에 정리했다. 이 성질들은 푸리에 변환의 개념을 이해하고, 기본 DTFT쌍을 이용하여 다양한 신호의 DTFT쌍을 구하는 데 유용하게 활용되므로 잘 익혀두길 바란다.

[표 6-2] 이산 시간 푸리에 변환(DTFT)의 주요 성질

	성질	푸리에 변환쌍
1	주기성	$X(\Omega+2m\pi)=X(\Omega)$
2	선형성	$\alpha x[n]+\beta y[n] \Leftrightarrow \alpha X(\Omega)+\beta Y(\Omega)$
3	대칭성	$X^*(\Omega)=X(-\Omega)$, $x[n]$은 실수
		$\begin{cases} \mathrm{Re}\{X(\Omega)\}=\mathrm{Re}\{X(-\Omega)\}, & x[n]\text{은 실수} \\ \mathrm{Im}\{X(\Omega)\}=-\mathrm{Im}\{X(-\Omega)\}, & x[n]\text{은 실수} \end{cases}$
		$\begin{cases} \lvert X(\Omega)\rvert=\lvert X(-\Omega)\rvert, & x[n]\text{은 실수} \\ \angle X(\Omega)=-\angle X(-\Omega), & x[n]\text{은 실수} \end{cases}$
		$\begin{cases} \mathrm{Re}\{X(\Omega)\}=\mathrm{Re}\{X(-\Omega)\}, & x[n]\text{은 실수 우함수} \\ \mathrm{Im}\{X(\Omega)\}=0, & x[n]\text{은 실수 우함수} \end{cases}$
		$\begin{cases} \mathrm{Re}\{X(\Omega)\}=0, & x[n]\text{은 실수 기함수} \\ \mathrm{Im}\{X(\Omega)\}=-\mathrm{Im}\{X(-\Omega)\}, & x[n]\text{은 실수 기함수} \end{cases}$
4	시간 이동	$x[n-n_0] \Leftrightarrow e^{-jn_0\Omega}X(\Omega)$
5	주파수 이동	$e^{j\Omega_0 n}x[n] \Leftrightarrow X(\Omega-\Omega_0)$
	변조	$x[n]\cos(\Omega_0 n) \Leftrightarrow \frac{1}{2}[X(\Omega-\Omega_0)+X(\Omega+\Omega_0)]$
6	시간 반전	$x[-n] \Leftrightarrow X(-\Omega)$
7	시간 척도조절	$x[an] \Leftrightarrow X\left(\frac{\Omega}{a}\right)$, $\begin{cases} \text{솎음}: a\text{는 정수} \\ \text{보간}: 1/a\text{는 정수} \end{cases}$
8	주파수 미분	$nx[n] \Leftrightarrow j\frac{dX(\Omega)}{d\Omega}$
9	시간 컨벌루션	$x[n]*y[n] \Leftrightarrow X(\Omega)\,Y(\Omega)$
10	주파수 컨벌루션	$x[n]w[n] \Leftrightarrow \frac{1}{2\pi}X(\Omega)\circledast W(\Omega)$
11	파스발 정리	$\sum_{n=-\infty}^{\infty}\lvert x[n]\rvert^2=\frac{1}{2\pi}\int_{2\pi}\lvert X(\Omega)\rvert^2 d\Omega$

SECTION 6.4

DTFT에 의한 이산 시스템 해석

학습포인트

- 이산 시스템의 주파수 응답의 정의와 개념을 이해한다.
- 임펄스 응답, 주파수 응답, 차분 방정식의 상호 관계를 이해한다.
- 주파수 응답을 이용한 시스템의 출력 결정 방법에 대해 알아본다.

3장에서 이산 LTI 시스템을 시간 영역에서 컨벌루션과 차분 방정식으로 표현하고 해석하는 문제를 다루었다. 그런데 푸리에 변환을 이용하여 주파수 영역에서 시스템을 표현하고 해석하는 것이 더 편리한 경우가 많다. 주파수 영역 해석의 중심에는 주파수 응답이 있다. 따라서 이 절에서는 이산 시스템의 주파수 응답을 소개하고, 주파수 응답과 임펄스 응답 및 차분 방정식의 상호 관계를 살펴본다. 또한 주파수 응답과 푸리에 변환이 시스템 해석에 어떻게 활용되는지도 간단히 알아볼 것이다.

주파수 영역에서 시스템을 표현하고 해석할 때 푸리에 변환 기법이 갖는 장점은 다음과 같다.

❶ 신호와 시스템의 주파수 특성을 직관적이고 명확하게 나타낼 수 있다.

❷ 시스템의 입출력 관계가 컨벌루션으로 주어질 경우, 푸리에 변환의 시간 컨벌루션 성질에 의해 주파수 영역에서는 곱으로 표현되므로 해석이 간편해진다.

❸ 시스템의 입출력 관계가 차분 방정식으로 주어질 경우, 푸리에 변환의 시간 이동 성질을 이용하면 쉽게 결과를 얻을 수 있다.

6.4.1 이산 시스템의 주파수 응답

주파수 응답의 바탕 개념

시스템을 분석하고 해석하는 첫걸음은 입력에 대한 시스템의 출력이 어떻게 되는지 알아보는 것이다. 그런데 가령 $n=1$에서 입력의 크기가 똑같이 1이라 하더라도 입력이 계단 신호냐 정현파 신호냐에 따라 출력 값이 달라지며, 심지어 같은 꼴의 입력이 $n=1$과 $n=3$에서 크기가 같더라도 출력 값이 달라지기도 한다. 즉 시간 기준으로는 입력과 출력의 크기에 일정한 관계가 형성되지 않기 때문에 시스템의 특성을 제대로 알려면 온갖 종류의 입력을 다 넣어서 오랜 시간 동안 관찰하는 수밖에 없는데, 이것은 너무 비효율적이고 무모하다. 그러므로 관점을 전환하여 입력의 주파수에 따라 시스템이 어떻게 반응하는지 살펴보는 것도 좋을 것이다. 이때 (복소) 정현파를 입력 신호로 선택하면 장점이 많다. 우선 정현파 신호는 주파수와 1:1 대응 관계이며, 이에 대한 출력 역시 같은 주파수의 정현파가 된다. 이뿐만 아니라 푸리에 표현의 기저 신호이므로 그 틀을 그대로 활용할 수 있다.

주파수 응답의 정의

시스템의 주파수 응답은 입력 주파수의 변화에 대한 시스템의 응답 특성이다.

이산 시스템의 주파수 응답

- 이산 시스템의 주파수 응답 $H(\Omega)$는 주파수의 함수로 표현된 입력과 출력의 비, 즉 입력 $x[n]$의 DTFT인 $X(\Omega)$에 대한 출력 $y[n]$의 DTFT인 $Y(\Omega)$의 비로 정의한다.

$$H(\Omega) = \frac{Y(\Omega)}{X(\Omega)} = |H(\Omega)|e^{j\angle H(\Omega)} \tag{6.62}$$

- 주파수 응답 $H(\Omega)$의 크기 $|H(\Omega)|$와 위상 $\angle H(\Omega)$를 Ω에 대해 각각 그린 것을 **진폭 (주파수) 응답**과 **위상 (주파수) 응답** 곡선이라고 한다.
- 주파수 응답은 입력 정현파에 대한 출력 정현파의 진폭과 위상 변화를 나타낸 것으로, 주파수에 따라 입력 신호의 크기와 위상을 증가 또는 감소시키는 시스템의 응답 특성을 보여준다.
- 주파수 응답은 시스템 임펄스 응답 $h[n]$의 푸리에 변환 $H(\Omega) = \mathscr{F}\{h[n]\}$이다. 따라서 입력의 형태와 상관없고 시스템이 바뀌지 않는 한 달라지지 않는다.
- 이산 시스템의 주파수 응답 $H(\Omega)$는 주기가 2π인 주기 함수이다.

주파수 응답은 물리적으로는 주파수와 1:1 대응 관계에 있는 정현파를 주파수만 계속 바꾸어 시스템에 인가할 때의 출력 변화를 주파수에 대해 표시한 것이다. 그런데 정현파 입력에 대한 LTI 시스템의 출력은 같은 주파수를 갖는 정현파로 진폭과 위상만 달라진다.

한편 이산 LTI 시스템의 입출력 관계가 컨벌루션 $x[n] * h[n]$으로 주어질 때, DTFT의 시간 컨벌루션 성질을 적용하면 $Y(\Omega) = H(\Omega)X(\Omega)$가 되므로 주파수 응답은 다음과 같이 임펄스 응답의 DTFT가 된다.

$$H(\Omega) = \mathscr{F}\{h[n]\} = \frac{Y(\Omega)}{X(\Omega)} \tag{6.63}$$

그러므로 [그림 6-22]에 나타낸 것처럼, 임펄스 응답 또는 주파수 응답 중 어느 것을 사용하여 이산 LTI 시스템을 표시해도 무방하다.

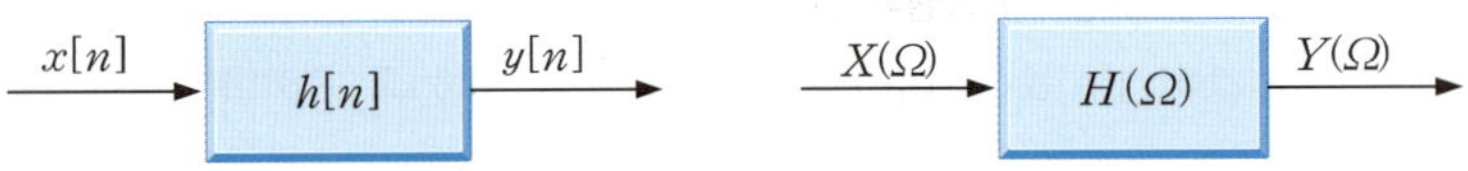

(a) 임펄스 응답 표현 (b) 주파수 응답 표현

[그림 6-22] 이산 LTI 시스템의 표현

이산 신호의 푸리에 스펙트럼은 주기가 2π인 주기 함수이므로 $X(\Omega)$에 대한 $Y(\Omega)$의 비로 주어지는 주파수 응답 $H(\Omega)$도 주기 함수가 되며, 연속 시스템의 주파수 응답과 이 점에서 차이가 난다.

차분 방정식과 주파수 응답의 관계

이산 LTI 시스템은 일반적으로 다음과 같은 차분 방정식으로 표현된다.

$$y[n]+a_1 y[n-1]+\cdots+a_p y[n-p]=b_0 x[n]+\cdots+b_q x[n-q] \tag{6.64}$$

식 (6.64)의 양변을 선형성과 시간 이동 성질을 이용하여 DTFT하면 다음과 같이 된다.

$$\begin{aligned} &Y(\Omega)+a_1 e^{-j\Omega}Y(\Omega)+\cdots+a_p(e^{-j\Omega})^p Y(\Omega) \\ &=b_0 X(\Omega)+b_1 e^{-j\Omega}X(\Omega)+\cdots+b_q(e^{-j\Omega})^q X(\Omega) \end{aligned} \tag{6.65}$$

이를 정리하여 $X(\Omega)$에 대한 $Y(\Omega)$의 비, 즉 주파수 응답 $H(\Omega)$를 구하면 다음과 같다.

$$H(\Omega)=\frac{Y(\Omega)}{X(\Omega)}=\frac{b_0+b_1 e^{-j\Omega}+\cdots+b_q(e^{-j\Omega})^q}{1+a_1 e^{-j\Omega}+\cdots+a_p(e^{-j\Omega})^p}=\frac{\sum_{i=0}^{q} b_i(e^{-j\Omega})^i}{\sum_{i=0}^{p} a_i(e^{-j\Omega})^i} \tag{6.66}$$

여기서 $a_0=1$이다. 식 (6.66)에서 보듯이 분자 다항식의 계수는 차분 방정식의 입력 항들의 계수와 같고, 분모 다항식의 계수는 출력 항들의 계수와 같다. 그러므로 차분 방정식으로 표현된 이산 LTI 시스템의 주파수 응답은 $X(\Omega)$와 $Y(\Omega)$를 계산하는 중간 과정을 거치지 않고 차분 방정식으로부터 직접 구할 수 있다. 차분 방정식의 계수들에 의해 주파수 응답이 결정되므로, 주파수 응답은 시스템이 바뀌지 않는 한 달라지지 않으며 입력과는 무관하다. 식 (6.66)에서 주파수 응답이 $e^{j\Omega}$의 함수로 취급될 수 있다는 사실에 주목할 필요가 있다. $e^{j\Omega}$은 복소평면에서 단위원에 해당된다. 따라서 이산 시스템의 주파수 응답은 복소평면의 단위원을 따라 주파수 Ω를 변화시켜가며 구한 값이다. 그러므로 2π의 주기로 같은 모양이 반복되는 것이다.

예제 6-20 이동 평균 시스템의 주파수 응답

다음과 같은 두 개의 이동 평균(MA) 시스템이 있다. 시스템 1은 연속 입력 값을 평균하는 시스템이고, 시스템 2는 연속 입력 값의 차를 구하는 시스템이다. 주파수 응답을 구하여 그리고, 이로부터 어떤 특성을 갖는 시스템인지 판별하라.

$$\text{시스템 1}: y_1[n]=(x[n]+x[n-1])/2$$
$$\text{시스템 2}: y_2[n]=(x[n]-x[n-1])/2$$

풀이

두 시스템의 임펄스 응답은 $x[n]=\delta[n]$일 때의 출력이므로

$$h_1[n]=(\delta[n]+\delta[n-1])/2$$
$$h_2[n]=(\delta[n]-\delta[n-1])/2$$

이다. 이들의 DTFT를 구하면 다음과 같이 두 시스템의 주파수 응답이 구해진다.

$$H_1(\Omega)=\frac{1}{2}(1+e^{-j\Omega})=e^{-j\frac{\Omega}{2}}\frac{e^{j\frac{\Omega}{2}}+e^{-j\frac{\Omega}{2}}}{2}=e^{-j\frac{\Omega}{2}}\cos\left(\frac{\Omega}{2}\right)$$

$$H_2(\Omega)=\frac{1}{2}(1-e^{-j\Omega})=je^{-j\frac{\Omega}{2}}\frac{e^{j\frac{\Omega}{2}}-e^{-j\frac{\Omega}{2}}}{j2}=e^{j\frac{\pi}{2}}e^{-j\frac{\Omega}{2}}\sin\left(\frac{\Omega}{2}\right)$$

따라서 두 시스템의 진폭 응답과 위상 응답은 다음과 같이 된다. 이때 임펄스 응답이 실수여서 진폭 응답은 우대칭, 위상 응답은 기대칭을 만족해야 하므로 시스템 2의 위상 응답은 구간을 나누어 표시된다($-\pi \le \Omega < 0$에서 $\sin\left(\frac{\Omega}{2}\right)=-\left|\sin\left(\frac{\Omega}{2}\right)\right|=\left|\sin\left(\frac{\Omega}{2}\right)\right|e^{-j\pi}$).

$$\begin{cases}|H_1(\Omega)|=\left|\cos\left(\frac{\Omega}{2}\right)\right|, & |\Omega|\le\pi \\ \angle H_1(\Omega)=-\frac{\Omega}{2}, & |\Omega|\le\pi\end{cases} \qquad \begin{cases}|H_2(\Omega)|=\left|\sin\left(\frac{\Omega}{2}\right)\right|, & |\Omega|\le\pi \\ \angle H_2(\Omega)=\begin{cases}-\frac{\Omega}{2}+\frac{\pi}{2}, & 0\le\Omega\le\pi \\ -\frac{\Omega}{2}-\frac{\pi}{2}, & -\pi\le\Omega<0\end{cases}\end{cases}$$

[그림 6-23]에 두 시스템의 진폭 및 위상 응답을 나타내었는데, 시스템 1의 진폭 응답은 저역 통과 필터, 시스템 2의 진폭 응답은 고역 통과 필터의 특성을 보인다. 사실 두 시스템은 저역 통과 필터와 고역 통과 필터에 대한 가장 거친 근사화라고 볼 수 있다.

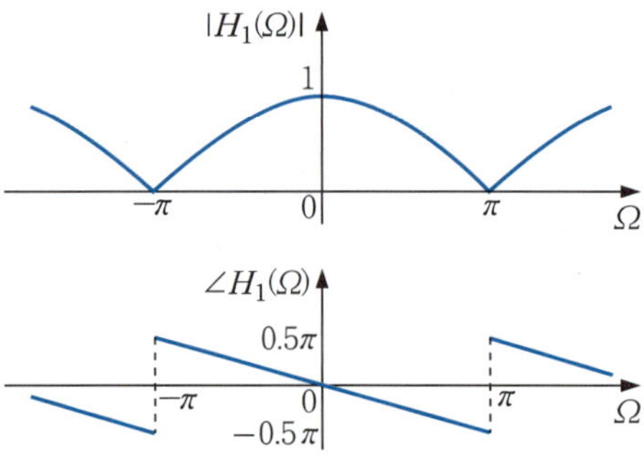

(a) 시스템 1의 진폭 및 위상 응답

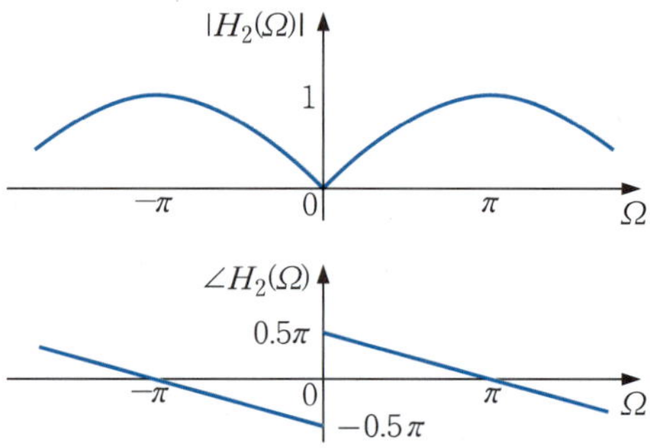

(b) 시스템 2의 진폭 및 위상 응답

[그림 6-23] 1차 평균 및 차분 시스템의 주파수 응답

예제 6-21 이산 (IIR) 시스템의 주파수 응답

다음의 차분 방정식으로 표현되는 LTI 시스템의 주파수 응답과 임펄스 응답을 구하라. 그리고 어떤 시스템인지 설명하라.

(a) $y[n]-0.8y[n-1]=x[n]$　　　(b) $y[n]+0.8y[n-1]=x[n]$

풀이

(a) 주어진 차분 방정식을 시간 이동 성질을 이용하여 DTFT하면 $Y(\Omega)-0.8e^{-j\Omega}Y(\Omega)=X(\Omega)$가 되므로, 주파수 응답은 다음과 같이 구해진다.

$$H_1(\Omega) = \frac{Y(\Omega)}{X(\Omega)} = \frac{1}{1-0.8e^{-j\Omega}}$$

이로부터 진폭 응답은 다음과 같이 된다.

$$|H_1(\Omega)| = \frac{1}{\sqrt{(1-0.8\cos(\Omega))^2 + (0.8\sin(\Omega))^2}}$$

한편 주파수 응답을 역변환하면 다음의 임펄스 응답을 얻는다.

$$h_1[n] = \mathscr{F}^{-1}\{H(\Omega)\} = (0.8)^n u[n]$$

(b) (a)와 같은 방법으로 주파수 응답, 진폭 응답, 임펄스 응답을 구하면 다음과 같다.

$$H_2(\Omega) = \frac{1}{1+0.8e^{-j\Omega}}$$

$$|H_2(\Omega)| = \frac{1}{\sqrt{(1+0.8\cos(\Omega))^2 + (0.8\sin(\Omega))^2}}$$

$$h_2[n] = (-0.8)^n u[n] = (-1)^n (0.8)^n u[n]$$

두 시스템의 진폭 응답을 그리면 [그림 6-24]와 같다.

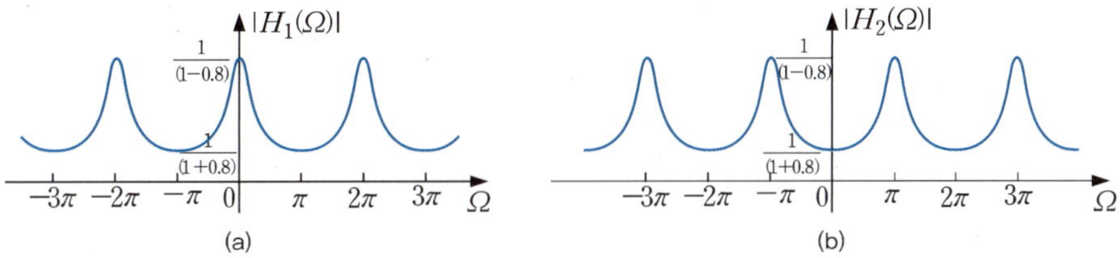

[그림 6-24] [예제 6-21]의 이산(IIR) 시스템의 진폭 응답

그림에서 보면, (a)의 $|H_1(\Omega)|$는 DC 이득이 제일 크고 고주파($\Omega = \pi$) 이득이 제일 작은 저역 통과 특성을, (b)의 $|H_2(\Omega)|$는 이와 반대로 DC 이득이 제일 작고 고주파($\Omega = \pi$) 이득이 제일 큰 고역 통과 특성을 보인다. 다시 말해 (a)의 시스템은 IIR 시스템 중에서 가장 간단한 저역통과 필터, (b)의 시스템은 IIR 시스템 중에서 가장 간단한 고역 통과 필터이다. 그런데 (b)의 시스템의 임펄스 응답은 다음과 같이 쓸 수 있으므로,

$$h_2[n] = (-1)^n (0.8)^n u[n] = e^{j\pi n}(0.8)^n u[n] = e^{j\pi n} h_1[n]$$

DTFT의 주파수 이동 성질에 의해 다음 관계가 성립한다.

$$H_2(\Omega) = H_1(\Omega - \pi)$$

즉 (b)의 시스템의 주파수 응답은 (a)의 시스템의 주파수 응답을 가장 고주파인 $\Omega = \pi$를 중심으로 이동시킨 것이다. 따라서 저역 통과 필터가 고역 통과 필터로 바뀌게 된 것이다.

예제 6-22 주파수 응답, 임펄스 응답, 차분 방정식의 결정

LTI 시스템에 입력 $x[n]=\left(-\frac{1}{2}\right)^n u[n]$을 넣었을 때 출력이 $y[n]=\left(2\left(\frac{1}{2}\right)^n-\left(\frac{1}{4}\right)^n\right)u[n]$이라고 한다. 이 시스템의 주파수 응답, 임펄스 응답, 그리고 시스템 차분 방정식을 구하라.

풀이

우선 입력과 출력을 각각 이산 시간 푸리에 변환하면 다음과 같고,

$$X(\Omega)=\frac{1}{1+\frac{1}{2}e^{-j\Omega}}$$

$$Y(\Omega)=\frac{2}{1-\frac{1}{2}e^{-j\Omega}}-\frac{1}{1-\frac{1}{4}e^{-j\Omega}}=\frac{1}{\left(1-\frac{1}{2}e^{-j\Omega}\right)\left(1-\frac{1}{4}e^{-j\Omega}\right)}$$

주파수 응답은 정의식인 식 (6.62)로부터 다음과 같이 구할 수 있다.

$$H(\Omega)=\frac{Y(\Omega)}{X(\Omega)}=\frac{\dfrac{1}{\left(1-\frac{1}{2}e^{-j\Omega}\right)\left(1-\frac{1}{4}e^{-j\Omega}\right)}}{\dfrac{1}{1+\frac{1}{2}e^{-j\Omega}}}=\frac{1+\frac{1}{2}e^{-j\Omega}}{\left(1-\frac{1}{2}e^{-j\Omega}\right)\left(1-\frac{1}{4}e^{-j\Omega}\right)}$$

$$=\frac{4}{1-\frac{1}{2}e^{-j\Omega}}-\frac{3}{1-\frac{1}{4}e^{-j\Omega}}$$

이를 역변환하면 다음과 같이 임펄스 응답을 얻을 수 있다.

$$h[n]=\left(4\left(\frac{1}{2}\right)^n-3\left(\frac{1}{4}\right)^n\right)u[n]$$

한편 주파수 응답으로부터 다음의 관계를 얻을 수 있고,

$$\left(1-\frac{1}{2}e^{-j\Omega}\right)\left(1-\frac{1}{4}e^{-j\Omega}\right)Y(\Omega)=\left(1+\frac{1}{2}e^{-j\Omega}\right)X(\Omega)$$

위 식을 시간 이동 성질을 이용하여 역변환하면 다음과 같은 차분 방정식을 얻는다.

$$y[n]-\frac{3}{4}y[n-1]+\frac{1}{8}y[n-2]=x[n]+\frac{1}{2}x[n-1]$$

[예제 6-22]의 임펄스 응답을 구하는 풀이 과정에서 핵심은 주파수 응답 $H(\Omega)$를 부분분수로 전개하여 역변환하는 것이다. 이 예제에서는 큰 어려움이 없지만, 더 복잡한 형태의 $H(\Omega)$일 경우에는 $e^{-j\Omega}$의 함수로 표시되어 있어 분모의 인수분해와 부분분수의 계수를 구하는 작업이 번거롭고 까다

롭다. 따라서 주파수 영역을 거쳐 시스템의 임펄스 응답이나 출력을 구하는 문제에서는 8장에서 배울 z 변환과 전달 함수를 주로 사용한다.

6.4.2 주파수 응답을 이용한 시스템 출력 결정

까다로운 컨벌루션 계산보다는 단순한 곱셈이 훨씬 간편하므로, 주파수 영역에서 출력의 스펙트럼을 구한 뒤 이를 푸리에 역변환하여 시스템 출력을 구하는 게 더 낫다.

주파수 응답을 이용한 시스템 출력의 계산

❶ 입력과 임펄스 응답의 푸리에 변환을 수행한다.
❷ 입력 스펙트럼에 시스템 주파수 응답을 곱해 출력 스펙트럼을 구한다.
❸ 출력 스펙트럼의 푸리에 역변환을 수행하여 출력 신호를 구한다.

위 계산 과정을 [그림 6-25]에 정리하여 나타냈다. 언뜻 보기엔 여러 단계를 거치므로 더 복잡해 보이지만, 7장에서 배우게 될 고속 푸리에 변환(FFT)이라는 알고리즘을 이용하면 컨벌루션을 직접 계산하는 것보다 훨씬 효율적이므로 널리 사용된다.

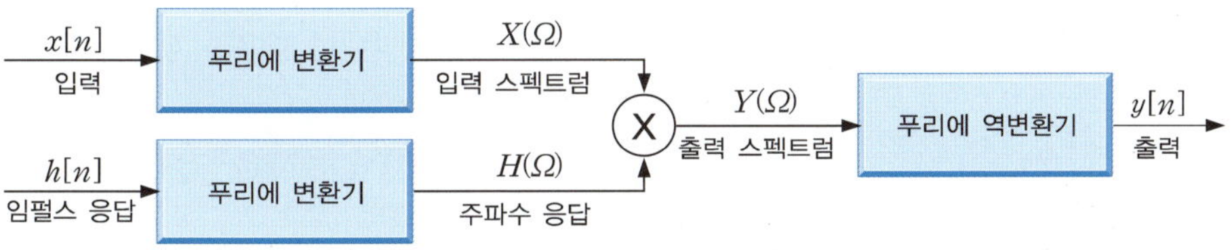

[그림 6-25] 주파수 응답과 DTFT를 이용한 이산 LTI 시스템의 출력 계산

주파수 영역에서 스펙트럼 그래프를 이용하면 계산을 보다 효율적으로 할 수 있으며, 주파수와 관련한 시스템의 동작 특성을 직관적으로 이해할 수도 있다. 출력 스펙트럼 $Y(\Omega)=H(\Omega)X(\Omega)$을 극좌표 형식으로 나타내면 다음과 같이 된다.

$$\begin{aligned}|Y(\Omega)|e^{j\angle Y(\Omega)} &= |H(\Omega)|e^{j\angle H(\Omega)}|X(\Omega)|e^{j\angle X(\Omega)} \\ &= |H(\Omega)||X(\Omega)|e^{j(\angle H(\Omega)+\angle X(\Omega))}\end{aligned} \tag{6.67}$$

- 출력의 진폭 스펙트럼은 입력의 진폭 스펙트럼에 시스템의 진폭 응답을 곱한 것이다.

$$|Y(\Omega)|=|H(\Omega)||X(\Omega)| \tag{6.68}$$

- 출력의 위상 스펙트럼은 입력의 위상 스펙트럼에 시스템의 위상 응답을 더한 것이다.

$$\angle Y(\Omega)=\angle H(\Omega)+\angle X(\Omega) \tag{6.69}$$

예제 6-23 DTFT를 이용한 이산 시스템의 출력 구하기

[그림 6-26]의 주파수 응답을 갖는 시스템이 있다. 이 시스템에 다음의 입력을 넣었을 때의 출력을 구하라.

$$x[n] = \cos\left(\frac{\pi}{4}n\right) + \cos\left(\frac{\pi}{2}n\right) + \cos\left(\frac{3\pi}{4}n\right)$$

풀이

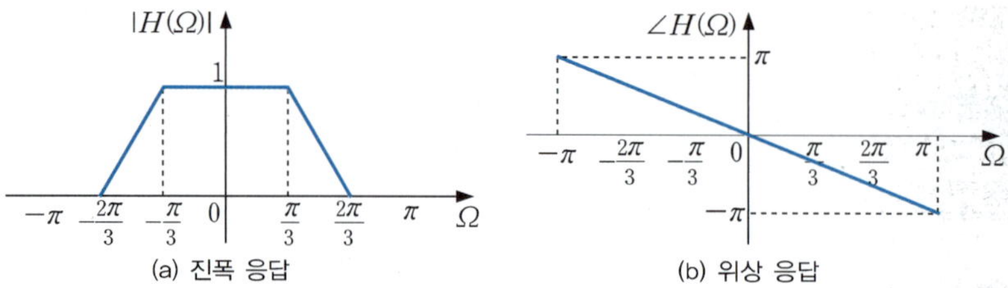

[그림 6-26] [예제 6-23]의 시스템의 주파수 응답

입력을 DTFT하여 스펙트럼을 구하면 다음과 같다.

$$X(\Omega) = \pi\left[\delta\left(\Omega+\frac{\pi}{4}\right)+\delta\left(\Omega-\frac{\pi}{4}\right)\right]+\pi\left[\delta\left(\Omega+\frac{\pi}{2}\right)+\delta\left(\Omega-\frac{\pi}{2}\right)\right]+\pi\left[\delta\left(\Omega+\frac{3\pi}{4}\right)+\delta\left(\Omega-\frac{3\pi}{4}\right)\right]$$

입력 신호의 스펙트럼 $X(\Omega)$를 그리면 [그림 6-27(a)]와 같고, 진폭은 곱하고 위상은 더하여 출력 신호의 스펙트럼을 구하면 [그림 6-27(b)]와 같이 된다. 이를 수식으로 나타내면 다음과 같다.

$$Y(\Omega) = \pi\left[e^{j\frac{\pi}{4}}\delta\left(\Omega+\frac{\pi}{4}\right)+e^{-j\frac{\pi}{4}}\delta\left(\Omega-\frac{\pi}{4}\right)\right]+\frac{1}{2}\pi\left[e^{j\frac{\pi}{2}}\delta\left(\Omega+\frac{\pi}{2}\right)+e^{-j\frac{\pi}{2}}\delta\left(\Omega-\frac{\pi}{2}\right)\right]$$

$Y(\Omega)$를 역변환하면 다음과 같이 진폭과 위상이 달라진 정현파의 합이 된다.

$$y[n] = \cos\left(\frac{\pi}{4}n-\frac{\pi}{4}\right)+\frac{1}{2}\cos\left(\frac{\pi}{2}n-\frac{\pi}{2}\right) = \cos\left(\frac{\pi}{4}(n-1)\right)+\frac{1}{2}\cos\left(\frac{\pi}{2}(n-1)\right)$$

즉 입력의 주파수 성분들이 $\Omega_1 = \frac{\pi}{4}$인 정현파는 진폭이 그대로이고, $\Omega_2 = \frac{\pi}{2}$인 정현파는 진폭이 반으로 줄어들어 $n_0 = 1$만큼 시간 지연된 채 출력으로 나오게 된다. 그리고 $\Omega_3 = \frac{3\pi}{4}$인 정현파는 차단되어 전혀 출력으로 나오지 않는다. [그림 6-26]은 전형적인 저역 통과 필터의 주파수 응답을 단순하게 근사화한 것이다.

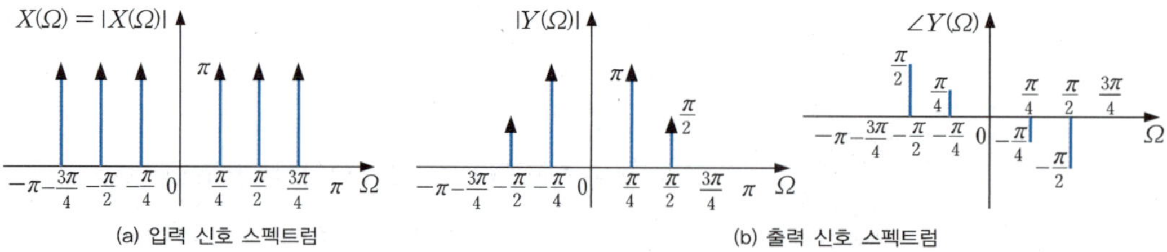

[그림 6-27] 입력과 출력의 스펙트럼

SECTION 6.5

푸리에 표현의 상호 관계

학습포인트

- 네 가지 푸리에 표현의 각각의 특징을 이해한다.
- 네 가지 푸리에 표현의 상호 관계 및 시간 신호와 주파수 스펙트럼의 관계를 명확히 이해한다.
- 신호와 시스템을 시간 및 주파수 영역에서 이원적으로 표현하고 취급하는 것을 개념적으로 이해하고 상호 변환에 대해 이해한다.
- 푸리에 해석에서 유의해야 할 주요 사항들을 이해한다.

5장과 6장에 걸쳐 네 가지의 푸리에 표현을 살펴보았다. 이들은 서로 다른 별개의 변환이 아니라 같은 이론적 토대에 뿌리를 두고 있어 서로 비슷하며 밀접한 연관성을 가지고 있다. 이러한 사실들을 체계적으로 잘 정리해 익혀둔다면, 더는 푸리에 해석이 까다로운 주제가 아니라 편리하고 강력한 수단이 될 것이다. 따라서 이 절에서는 지금까지 살펴본 푸리에 표현들 사이의 연관성을 정리하고 통합적인 관점에서 신호와 (푸리에 표현에 의해 얻어지는) 스펙트럼의 관계를 개념적으로 정리하기로 한다. 또한 푸리에 표현에서 특히 유의해야 할 점들도 정리해 볼 것이다.

신호의 유형에 따라 수식 표현이 달라지긴 하지만, 푸리에 표현의 기본 구조는 모두 똑같다. 신호는 주파수와 일대일 대응 관계를 갖는 복소 정현파 신호의 가중합으로 표현된다. 즉 신호는 주파수 변수를 가진 복소 정현파 신호와 곱해진 다음, 시간 변수가 이산인지 연속인지에 따라 더해지거나 적분이 수행된다. 그러므로 기본 성질이 비슷할 수밖에 없다.

6.5.1 푸리에 표현 사이의 관계와 특성

푸리에 표현은 연속 주기 신호에 대해서는 연속 시간 푸리에 급수(FS), 연속 비주기 신호에 대해서는 연속 시간 푸리에 변환(FT), 이산 주기 신호에 대해서는 이산 시간 푸리에 급수(DTFS), 이산 비주기 신호에 대해서는 이산 시간 푸리에 변환(DTFT)의 네 가지 표현이 존재한다. 이러한 푸리에 표현의 형태를 [표 6-3]에 정리하여 나타냈다.

[표 6-3] 푸리에 표현의 형태

시간 영역	주기		비주기		
연속	FS	합성식 $x(t) = \sum_{k=-\infty}^{\infty} X_k e^{jk\omega_0 t}$	FT	합성식 $x(t) = \frac{1}{2\pi}\int_{-\infty}^{\infty} X(\omega) e^{j\omega t} d\omega$	비주기
		분석식 $X_k = \frac{1}{T}\int_T x(t) e^{-jk\omega_0 t} dt$		분석식 $X(\omega) = \int_{-\infty}^{\infty} x(t) e^{-j\omega t} dt$	
이산	DTFS	합성식 $x[n] = \sum_{k=<N>} X_k e^{jk\Omega_0 n}$	DTFT	합성식 $x[n] = \frac{1}{2\pi}\int_{2\pi} X(\Omega) e^{j\Omega n} d\Omega$	주기
		분석식 $X_k = \frac{1}{N}\sum_{n=<N>} x[n] e^{-jk\Omega_0 n}$		분석식 $X(\Omega) = \sum_{n=-\infty}^{\infty} x[n] e^{-j\Omega n}$	
	이산		연속		주파수 영역

시간-주파수 쌍대성

이미 알고 있듯이, 푸리에 표현은 기본적으로 시간과 주파수의 역할을 맞바꾸어도 상호 관계가 그대로 유지되어 성립되는 시간-주파수 쌍대성을 만족한다. 이론적인 관점에서 엄격하게 따지자면, 쌍대성이 성립하기 위해서는 변환(분석식)과 역변환(합성식)의 수식 표현이 같은 형태여야만 한다. [표 6-3]에서 보면, FT와 DTFS는 분석식과 합성식의 수식 형태가 같으므로 자체적으로 쌍대성이 성립하지만 FS와 DTFT는 그렇지 못하다. 하지만 6.3절에서 주요 신호의 변환쌍이나 변환의 성질에서 보았던 것처럼, 개념적으로는 시간-주파수 쌍대 관계가 모든 푸리에 표현에 대해 유효하다. 다만 신호나 스펙트럼의 형태에 맞춰 살짝 변형되어 있을 뿐이다.

스펙트럼 특성

푸리에 급수에서 푸리에 변환으로 넘어올 때 비주기 신호를 주기가 무한대인 주기 신호인 것처럼 취급하였는데, 이를 통해 주기 신호의 이산 스펙트럼으로부터 비주기 신호의 스펙트럼이 연속 함수가 된다는 사실을 끌어낼 수 있었다. 거꾸로 주기 신호는 비주기 신호를 주기적으로 반복시킨 것으로 간주할 수도 있는데, 이러한 접근으로 주기 신호의 스펙트럼이 비주기 신호의 연속 스펙트럼으로부터 샘플링에 의해 이산 함수로 얻어진다는 결과를 얻어낼 수 있었다. 이로부터 주기 신호는 이산 스펙트럼을 가지고 비주기 신호는 연속 스펙트럼을 가지며, 주기 신호의 스펙트럼은 비주기 신호의 스펙트럼의 샘플값에 대응된다는 사실을 알 수 있다. 한편 이산 신호는 연속 신호를 샘플링한 것으로 취급할 수 있는데, 이미 4장에서 샘플링에 의해 얻어진 이산 신호의 스펙트럼은 샘플링 주파수 간격마다 연속 신호의 스펙트럼을 반복하게 된다는 사실을 배웠다. 따라서 연속 신호의 스펙트럼은 비주기적이고, 이산 신호의 스펙트럼은 주기 함수가 된다는 또 하나의 결론을 얻는다.

이상의 결과는 주기 ⇔ 이산, 비주기 ⇔ 연속이라는 변환쌍이 시간-주파수 쌍대성을 만족함을 보여주는 것으로 [표 6-3]에서도 확인할 수 있다.

신호-스펙트럼 관계

지금까지 살펴본 각기 다른 형태의 시간 신호와 네 가지 푸리에 표현으로 얻어지는 스펙트럼의 관계를 이해하기 쉽도록 [그림 6-28]에 정리했다. 신호와 스펙트럼의 각 영역 내부의 관계는 샘플링과 주기적 반복이라는 두 개의 조작으로 설명할 수 있고, 영역 간의 관계는 푸리에 표현으로 규정된다. 한 영역에서 샘플링은 다른 영역에서는 주기적 반복에 대응되며, 샘플링 간격과 반복 주기는 서로 역관계이다.

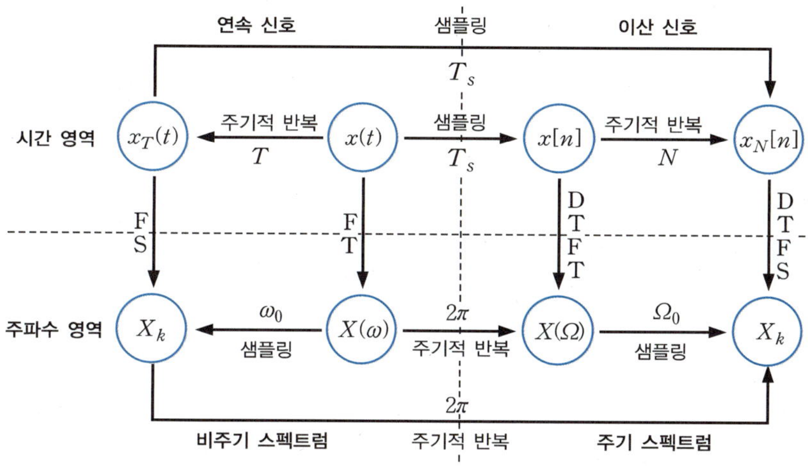

[그림 6-28] 시간 신호와 주파수 스펙트럼의 관계

[그림 6-28]에서 보면, 연속 비주기 신호 $x(t)$로부터 샘플링과 주기적 반복 조작을 통해 나머지 모든 신호, 즉 연속 주기 신호 $x_T(t)$, 이산 비주기 신호 $x[n]$, 이산 주기 신호 $x_N[n]$을 만들어낼 수 있다. 이러한 관계는 주파수 영역에서도 그대로 보존되므로, 이론적으로는 FT가 푸리에 표현의 가장 근간이 되는 변환이라고 할 수 있다.

6.5.2 시간-주파수 이원성

푸리에 급수와 변환은 주파수의 관점에서 신호에 대한 또 다른 표현 방법일 뿐이지 신호 그 자체가 바뀐 것은 결코 아니다. 따라서 신호와 시스템은 동전의 앞과 뒤처럼 시간 영역과 주파수 영역이라는 이원적인 특성을 갖는다. 예를 들어, $x(t)=e^{-2t}u(t)$라는 신호를 생각해보자. 시간 영역 표현은 시정수 0.5로 지수함수적으로 감소하는 신호를 묘사한다. 이의 주파수 영역 표현인 푸리에 스펙트럼 $X(\omega)=1/(j\omega+2)$은 진폭이 대략 주파수에 따라 반비례로 감소하는 정현파들에 의하여 합성될 수 있는 저역 통과 신호로 규정한다.

시스템 역시 [그림 6-22]와 같이 시간 영역에서는 임펄스 응답, 그리고 주파수 영역에서는 주파수 응답으로 표현되거나 규정된다. 임펄스 응답은 입력에 대한 시스템의 반응이 시간에 따라 어떻게 전개되는지를 보여준다. 반면에 주파수 응답은 시스템이 정현파 입력에 대해 주파수에 따라 어떤 반응을 보이는지를 크기와 위상의 변화로 나타내어 시스템의 필터링 특성을 잘 보여준다.

신호와 시스템의 성질이나 특성은 이 영역에서 잘 파악되는 것이 있는가 하면 다른 영역에서 더 쉽게 볼 수 있는 것도 있으므로, 시간 영역 및 주파수 영역에서의 표현과 취급은 서로 보완적이다. 따라서 시간 영역과 주파수 영역 둘 다 충분한 지식을 갖추어 해석이나 설계 문제가 주어질 때 더 적합한 방법을 선택하여 사용할 수 있도록 해야 한다.

6.5.3 푸리에 해석의 주요 사항 요약

[표 6-4]에 푸리에 해석에서 반드시 이해하고 알아두어야 할 몇 가지 주요 개념과 성질들을 정리했다. 관련된 내용들을 복습하면서 잘 익혀두기 바란다.

[표 6-4] 푸리에 해석의 주요 사항 요약

주요 사항
• 시간 영역에서 주기 신호는 주파수 영역에서 이산 스펙트럼을 갖는다. • 시간 영역에서 비주기 신호는 주파수 영역에서 연속 스펙트럼을 갖는다. • 시간 영역에서 연속 신호는 주파수 영역에서 비주기 스펙트럼을 갖는다. • 시간 영역에서 이산 신호는 주파수 영역에서 주기 스펙트럼을 갖는다.
• 시간 영역에서 길이가 유한한 신호의 스펙트럼은 전 주파수 범위에서 값을 갖는다. 즉 주파수 영역에서 대역 제한되지 않는다. • 전 시간 범위에서 값을 갖는 신호의 스펙트럼은 유한한 주파수 범위에서만 값을 갖는다. 즉 주파수 영역에서 대역 제한된다.
• 시간축 상에서 신호를 늘이면 스펙트럼은 주파수축 상에서 압축된다. • 시간축 상에서 신호를 압축하면 스펙트럼은 주파수축 상에서 늘어난다.
• 시간 영역에서 신호를 시간 지연(선행)시키면 진폭 스펙트럼은 변화가 없고, 위상 스펙트럼만 시간 지연(선행)에 비례하여 선형적으로 감소(증가)한다. • 시간 영역에서 신호 파형의 변화가 느리고 매끄러울수록 진폭 스펙트럼은 급격히 감소한다. • 시간 영역에서 신호 파형이 급격히 변화할수록 스펙트럼은 더 높은 주파수 성분을 포함한다.
• 시간 영역에서 신호가 $t=0(n=0)$의 수직축을 중심으로 우대칭이면 위상 스펙트럼은 0이 된다. • 시간 영역에서 신호가 임의의 수직축을 중심으로 우대칭을 만족하면 위상 스펙트럼은 선형이 된다.
• 시간 영역에서 두 신호의 컨벌루션은 주파수 영역에서 스펙트럼의 곱으로 나타난다. • 시간 영역에서 구한 신호의 에너지(전력)는 주파수 영역에서 구한 에너지(전력)와 같고, 이때 서로 다른 주파수 성분끼리는 에너지를 형성하지 않는다(파스발 정리).

CHAPTER 06_연습문제

【Quick Review】

※ 다음 문제에서 맞는 것을 골라라.

(1) 주파수 Ω_0와 $\Omega_0 + 2\pi k$인 이산 정현파는 서로 다른 신호이다. (O, ×)

(2) 이산 신호의 스펙트럼은 (주기, 비주기) 함수이다.

(3) 이산 주기 신호의 주파수 성분은 주기 N보다 더 많을 수 있다. (O, ×)

(4) 이산 주기 신호의 고조파는 복소평면의 (단위원, 허축)에 (등간격, 임의)(으)로 존재한다.

(5) 연속이든 이산이든 상관없이 주기 신호의 스펙트럼은 선스펙트럼이다. (O, ×)

(6) DTFS는 항상 $[0,\ N-1]$의 주기 구간에 대해서만 계산을 수행해야 한다. (O, ×)

(7) 이산 실수 신호의 스펙트럼은 최소한 (반주기, 주기, 전 주파수)에서 주어지면 된다.

(8) 이산 비주기 신호의 스펙트럼은 (이산, 연속)인 (주기, 비주기) 함수이다.

(9) 이산 시간 푸리에 역변환은 전 주파수 구간에 대해 적분해야 한다. (O, ×)

(10) DTFT를 할 수 없는 신호는 존재하지 않는다. (O, ×)

(11) (에너지, 전력) 신호는 DTFT의 수렴 조건을 만족한다.

(12) DTFT한 스펙트럼에 임펄스가 포함되는 것은 (에너지, 전력, 불연속) 신호이다.

(13) 주기 신호의 DTFS와 DTFT에 의한 선스펙트럼 간격은 (같다, 다르다).

(14) 푸리에 표현에서 (주기 ⇔ 이산, 주기 ⇔ 연속)이라는 시간-주파수 쌍대성이 성립한다.

(15) 시간 영역에서 샘플링은 주파수 영역에서 주기적 반복으로 나타난다. (O, ×)

(16) 임펄스 신호의 스펙트럼은 모든 주파수에 대해 존재한다. (O, ×)

(17) 이산 실수 우대칭 신호의 DTFT $X(\Omega)$는 Ω에 대한 (실수, 허수, 복소수) 함수이다.

(18) 두 이산 신호 곱의 DTFT는 두 신호 스펙트럼을 (선형, 원형) 컨벌루션한 것과 같다.

(19) 신호의 다른 주파수 성분끼리 전력 또는 에너지를 형성할 수 있다. (O, ×)

(20) 이산 시스템의 주파수 응답은 복소평면의 (실축, 허축, 단위원)을 따라 계산한 값이다.

【기초 문제】

6.1 이산 신호의 스펙트럼과 관련한 다음의 설명 중 틀린 것은?

㉮ 이산 정현파는 스펙트럼이 $\Omega=2\pi$를 주기로 반복되므로, 2π 주파수 범위 내에서만 서로 다른 신호로 구분할 수 있다.

㉯ 주기 N인 이산 주기 신호의 주파수 성분은 신호에 따라 무수히 많을 수 있다.

㉰ 이산 신호는 $0 \le \Omega \le \pi$의 스펙트럼만 주어지면 전 주파수 범위에 대한 스펙트럼을 구할 수 있다.

㉱ 이산 정현파 신호는 주파수와 일대일 대응이 되지 않는다.

6.2 이산 시간 푸리에 급수에 관한 다음의 설명 중 옳은 것은?

㉮ 주기 N인 이산 주기 신호의 푸리에 급수는 수렴 조건이 필요하다.

㉯ 같은 주기를 갖는 이산 주기 신호들의 고조파 개수는 모두 다를 수 있다.

㉰ 이산 주기 신호의 푸리에 급수와 푸리에 계수는 반드시 $\Omega=[0,\ 2\pi]$ 구간에서만 계산해야 한다.

㉱ 이산 주기 신호의 고조파들은 복소평면의 단위원을 주기로 등분한 점에 위치한다.

6.3 이산 시간 푸리에 변환과 관련한 다음의 설명 중 옳은 것은?

㉮ 이산 비주기 신호를 합성하려면 전 주파수 $[0,\ \infty]$에 대한 주파수 성분이 필요하다.

㉯ 주기 신호에 대해 DTFS로 얻은 스펙트럼은 이산이지만, DTFT로 얻은 스펙트럼은 연속이다.

㉰ 이산 전력 신호의 푸리에 변환은 DTFT의 정의식으로 직접 계산할 수 없다.

㉱ $X(\Omega)$에 임펄스를 포함한 신호의 전력은 0이다.

6.4 이산 시간 푸리에 변환과 관련한 다음의 설명 중 틀린 것은?

㉮ 이산 실수 신호의 진폭 스펙트럼은 $\Omega=\pm\pi$에 대해서 우대칭이다.

㉯ 기대칭 실수 신호의 위상 스펙트럼은 $\pm\pi/2$ 값만 나타난다.

㉰ $x[n]=y[n]$이면 $|X(\Omega)|^2=|Y(\Omega)|^2$이다.

㉱ $|X(\Omega)|^2=|Y(\Omega)|^2$이면 $x[n]=y[n]$이다.

6.5 이산 시스템의 주파수 응답에 관한 다음의 설명 중 옳은 것을 모두 골라라.

㉮ 주파수 응답은 입출력 관계의 컨벌루션 표현으로부터 구할 수 있다.

㉯ 이산 시스템의 차분 방정식의 계수는 주파수 응답에 영향을 미치지 못한다.

㉰ 시스템의 임펄스 응답을 알면 주파수 응답을 알 수 있지만, 역은 성립하지 않는다.

㉱ 이산 시스템의 주파수 응답은 길이 2π인 주파수 구간에서만 나타내면 충분하다.

6.6 다음과 같은 이산 신호가 주기 $N=4$로 반복되는 이산 주기 신호 $x[n]$의 이산 시간 푸리에 급수를 구하라.

(a) $[\underset{\uparrow}{1},\ 2,\ 1,\ 0]$ (b) $[\underset{\uparrow}{-1},\ 2,\ -1,\ 0]$

(c) $[\underset{\uparrow}{1},\ 1,\ 0,\ 0]$ (d) $[\underset{\uparrow}{0},\ 0,\ 1,\ 1]$

6.7 다음과 같은 이산 주기 신호의 이산 시간 푸리에 급수를 구하라.

(a) $x[n]=\begin{cases}1, & n=\text{짝수}\\ 0, & n=\text{홀수}\end{cases}$

(b) $x[n]=\begin{cases}+1, & n=\text{짝수}\\ -1, & n=\text{홀수}\end{cases}$

(c) $x[n]=\sum_{m=-\infty}^{\infty}\delta[n-mN]$

(d) $x[n]=\sum_{m=-\infty}^{\infty}(\delta[n+1-mN]+\delta[n-mN]+\delta[n-1-mN])$

6.8 다음과 같은 이산 주기 신호에 대해서 이산 시간 푸리에 급수의 계수를 구하고, 진폭 및 위상 스펙트럼을 그려라.

(a) $x[n]=\cos\left(\frac{\pi}{4}(n-1)\right)$ (b) $x[n]=\sin\left(\frac{3\pi}{2}(n-1)\right)$

(c) $x[n]=\cos\left(\frac{2\pi}{3}n\right)+\sin\left(\frac{2\pi}{4}n\right)$

6.9 다음 그림과 같은 이산 주기 신호에 대해서 이산 시간 푸리에 급수의 계수를 구하고, 진폭 및 위상 스펙트럼을 그려라.

(a)

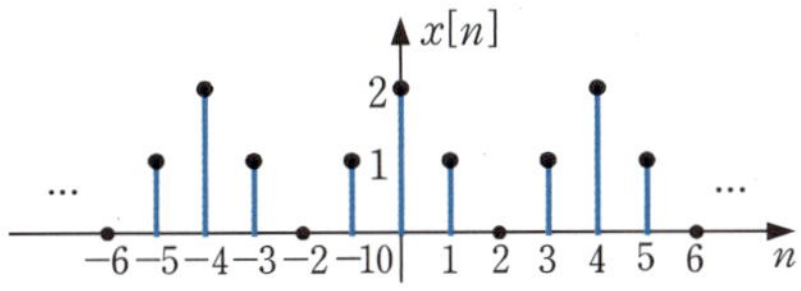

(b)

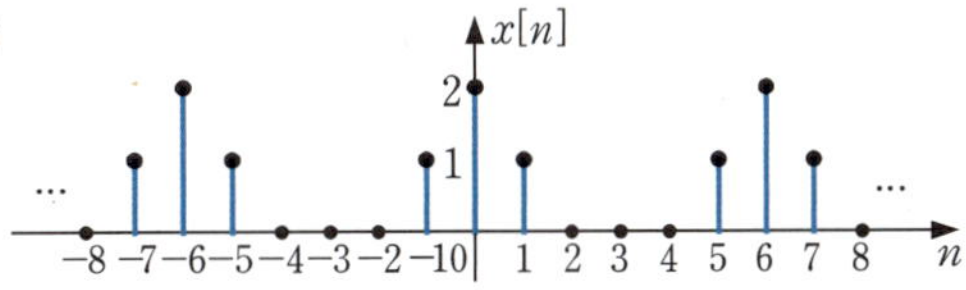

6.10 다음 각 경우에 주기 $N=8$인 이산 주기 신호의 DTFS 계수가 주어져 있다. 이에 대응하는 신호 $x[n]$을 구하라.

(a) $X_k=\delta[k+3]+2\delta[k]+\delta[k-3],\ -4\le k\le 3$

(b) $X_k=(-1)^k,\ 0\le k\le 7$

(c) $X_k=\delta[k]+\delta[k-2]+\delta[k-4]+\delta[k-6],\ 0\le k\le 7$

(d) $X_k=\delta[k-1]+\delta[k-3]+\delta[k-5]+\delta[k-7],\ 0\le k\le 7$

6.11 파스발 정리를 이용하여 다음 이산 주기 신호의 전력을 계산하라.

(a) $x[n]=\cos\left(\dfrac{2\pi}{3}n\right)-\sin\left(\dfrac{2\pi}{7}n\right)$

(b) $x[n]=1+2\sin\left(\dfrac{\pi}{6}n\right)-4\cos\left(\dfrac{\pi}{3}n\right)+2\cos\left(\dfrac{\pi}{2}n\right)-4\sin\left(\dfrac{3\pi}{4}n\right)$

6.12 다음 그림의 이산 신호에 대해 이산 시간 푸리에 변환을 구하라.

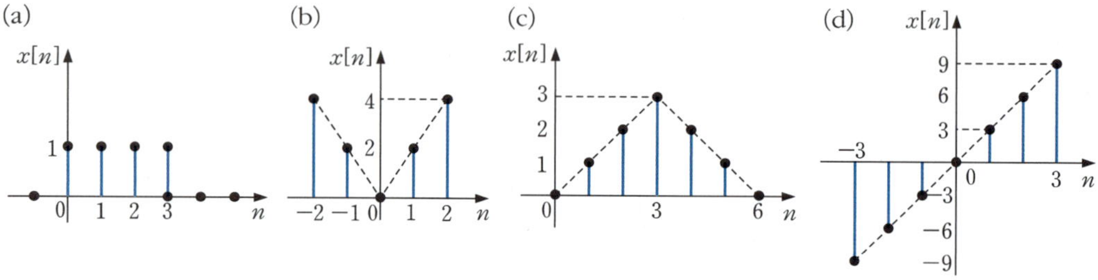

6.13 다음과 같은 이산 주기 신호의 DTFT를 구하라.

(a) $x[n]=\begin{cases}1, & n=\text{짝수}\\ 0, & n=\text{홀수}\end{cases}$

(b) $x[n]=\begin{cases}1, & 0\le n\le 1\\ 0, & 2\le n\le 3\end{cases},\quad N=4$

(c) $x[n]=\begin{cases}1, & 0\le n\le 3\\ 0, & 4\le n\le 7\end{cases},\quad N=8$

(d) $x[n]=\cos\left(\dfrac{\pi}{4}n-\dfrac{\pi}{4}\right)$

6.14 다음 신호의 이산 시간 푸리에 변환을 구하라.

(a) $x[n]=n(u[n+N]-u[n-N-1])$

(b) $x[n]=n(0.5)^n u[n]$

(c) $x[n]=(0.5)^n u[n]+(-1)^n(0.5)^n u[n]$

(d) $x[n]=(0.5)^n u[n]+(0.5)^{-n}u[-n-1]$

(e) $x[n]=(0.5)^n\cos\left(\dfrac{\pi}{2}n\right)u[n]$

(f) $x[n]=(0.5)^{|n|}\cos\left(\dfrac{\pi}{2}n\right)$

6.15 다음과 같이 DTFT가 주어질 때, 이에 대응하는 이산 신호를 구하라.

(a) $X(\Omega)=1-2e^{-j3\Omega}+4e^{j2\Omega}+3e^{-j6\Omega}$

(b) $X(\Omega)=\begin{cases}0, & 0\le|\Omega|\le\dfrac{3\pi}{4}\\ 1, & \dfrac{3\pi}{4}<|\Omega|\le\pi\end{cases}$

(c) $|X(\Omega)|=\begin{cases}0, & 0\le|\Omega|\le\dfrac{\pi}{3}\\ 1, & \dfrac{\pi}{3}<|\Omega|\le\dfrac{2\pi}{3}\\ 0, & \dfrac{2\pi}{3}<|\Omega|\le\pi\end{cases},\quad \angle X(\Omega)=2\Omega$

(d) $X(\Omega)=\displaystyle\sum_{k=-\infty}^{\infty}(-1)^k\delta\left(\Omega-\frac{k\pi}{2}\right)$

6.16 파스발 정리를 이용하여 신호 $x[n]=\text{sinc}\left(\frac{n}{2}\right)\cos\left(\frac{\pi}{2}n\right)$의 에너지를 구하라.

6.17 다음과 같은 차분 방정식으로 표현되는 이산 LTI 시스템의 주파수 응답과 임펄스 응답을 구하라.

(a) $y[n]+0.8y[n-1]=x[n]-0.5x[n]$

(b) $y[n]+0.64y[n-2]=x[n-1]$

(c) $y[n]-\frac{5}{6}y[n-1]+\frac{1}{6}y[n-2]=x[n-1]$

(d) $y[n]-0.3y[n-1]-0.4y[n-2]=2x[n-1]-x[n-2]$

6.18 입력 $x[n]=\delta[n]+0.5\delta[n-1]$에 대한 출력이 $y[n]=\delta[n]-2\delta[n-1]-\delta[n-2]$와 같은 이산 시스템에 대해 다음을 구하라.

(a) 이산 시스템의 주파수 응답

(b) 이산 시스템의 임펄스 응답

(c) 이산 시스템을 나타내는 차분 방정식 표현

6.19 다음의 임펄스 응답을 갖는 이산 LTI 시스템에 $x[n]=\cos\left(\frac{3\pi}{4}n\right)$을 입력으로 인가할 때 출력 $y[n]$을 구하라.

(a) $h[n]=[1\ \ \underset{\uparrow}{1},\ 1]$

(b) $h[n]=[-1\ \ \underset{\uparrow}{1},\ -1]$

6.20 인과 LTI 시스템이 차분 방정식 $y[n]+0.5y[n-1]=x[n]$으로 표현된다고 한다.

(a) 시스템의 주파수 응답 $H(\Omega)$를 구하라.

(b) 시스템의 임펄스 응답 $h[n]$을 구하라.

(c) 입력이 $x[n]=(0.5)^n u[n]$일 때 시스템 출력을 구하라.

(d) 입력의 DTFT가 $X(\Omega)=1+2e^{-j3\Omega}$일 때 시스템 출력을 구하라.

【응용 문제】

6.21 주기 N인 이산 주기 신호 $x[n]$의 푸리에 계수를 X_k라고 할 때, 다음에 주어진 신호의 푸리에 계수를 X_k로 나타내어라.

(a) $x[n]-x[n-1]$

(b) $y[n]=x[n]+x[-n]$

(c) $(-1)^n x[n]$

(d) $x[n]+x\left[n+\frac{N}{2}\right]$ (N은 짝수)

6.22 $x[n]$의 DTFT가 $X(\Omega)=\dfrac{1}{1-0.5e^{-j\Omega}}$ 일 때, 주어진 각 신호의 DTFT를 구하라.

(a) $y[n]=x[-n]$　　　(b) $y[n]=x[n-1]$

(c) $y[n]=nx[n]$　　　(d) $y[n]=x[n+1]+x[n-1]$

(e) $y[n]=x[n]\cos(\pi n)$　　　(f) $y[n]=x[n]*x[n]$

6.23 이산 신호 $x_1[n]$의 DTFT $X_1(\Omega)$가 다음 그림과 같이 주어졌다.

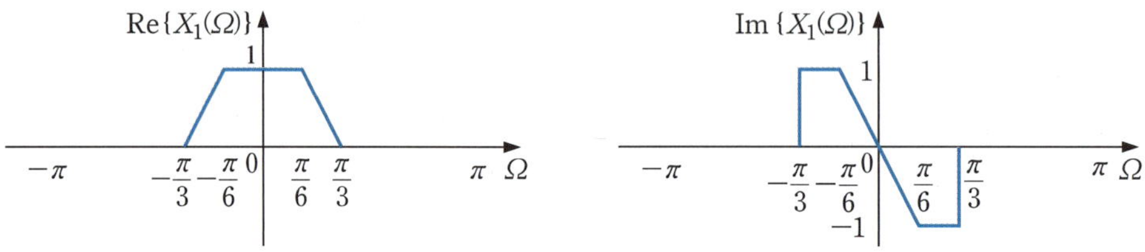

(a) 아래 그림 (ㄱ)의 $X_2(\Omega)$에 대응하는 신호 $x_2[n]$을 $x_1[n]$으로 표현하라.

(b) 아래 그림 (ㄴ)의 $X_3(\Omega)$에 대응하는 신호 $x_3[n]$을 $x_1[n]$으로 표현하라.

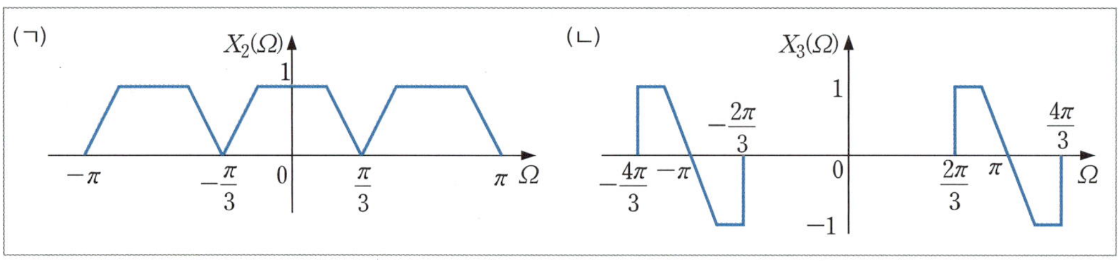

6.24 아래 그림의 신호 $x[n]$에 대해, $X(\Omega)$를 직접 구하지 말고 다음의 값을 구하라.

(a) $X(0)$　　　(b) $X(\pi)$　　　(c) $\dfrac{1}{2\pi}\displaystyle\int_{-\pi}^{\pi}X(\Omega)\,d\Omega$　　　(d) $\dfrac{1}{2\pi}\displaystyle\int_{-\pi}^{\pi}|X(\Omega)|^2\,d\Omega$

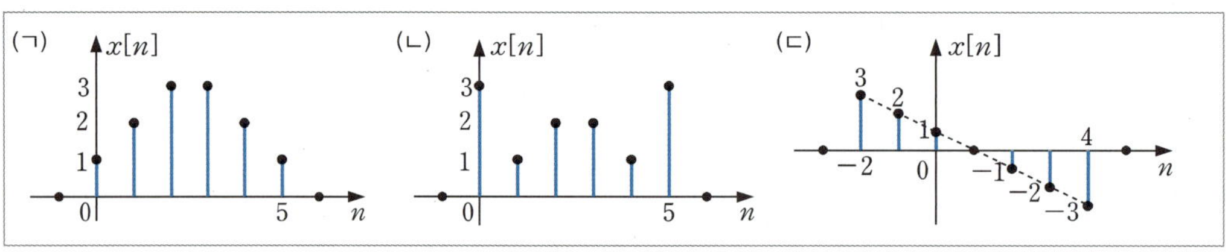

6.25 $x[n]=na^n u[n]$의 DTFT를 시간 컨벌루션 및 시간 이동 성질을 이용하여 구하라.

6.26 이산 신호 $x[n]$의 DTFT $X(\Omega)$가 다음과 같은 특성을 갖는다고 할 때, 이러한 주파수 영역에서의 특성에 해당하는 시간 영역에서의 특성을 결정하라.

(a) $X(0)=0$ (b) $\int_{-\pi}^{\pi} X(\Omega)\, d\Omega = 0$

6.27 다음과 같은 이산 시스템에 입력 (1) $x[n]=(0.8)^n u[n]$, (2) $x[n]=(-0.8)^n u[n]$을 넣었을 때 출력을 구하라. 두 시스템의 동작은 어떤 차이가 있는가? 그 이유는 무엇인가?

(a) $y[n]-0.8y[n-1]=x[n]$ (b) $y[n]+0.8y[n-1]=x[n]$

6.28 주파수 응답이 다음 그림과 같은 이산 시스템이 있다. 이 시스템의 임펄스 응답을 구하고, 아래와 같은 입력을 인가할 때 출력을 구하라.

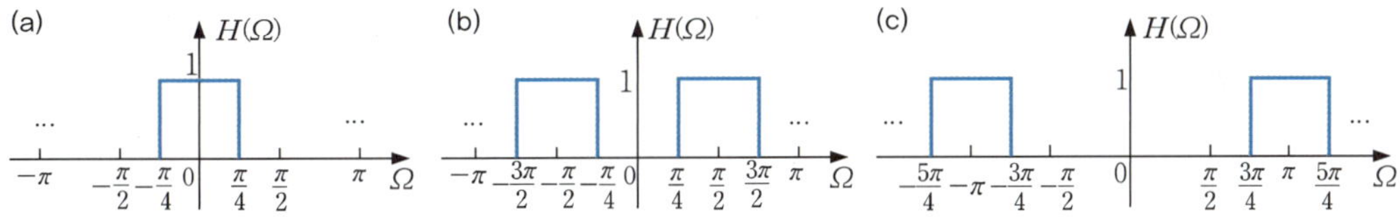

(i) $x_1[n]=1+\cos\left(\frac{\pi}{6}n\right)+\cos\left(\frac{\pi}{3}n\right)+\sin\left(\frac{5\pi}{6}n\right)$

(ii) $x_2[n]=\delta[n]+\cos\left(\frac{\pi}{2}n\right)$

6.29 다음 그림과 같은 시스템 $h[n]$에 대하여 물음에 답하라.

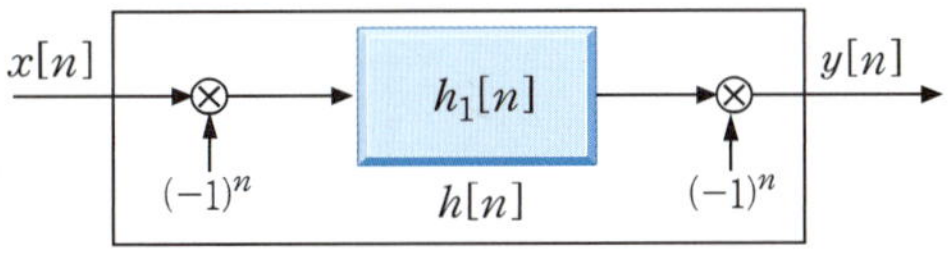

(a) 전체 시스템의 주파수 응답 $H(\Omega)$를 $H_1(\Omega)$를 이용하여 나타내라.

(b) 전체 시스템의 임펄스 응답 $h[n]$을 $h_1[n]$을 이용하여 나타내라.

(c) 만약 $H_1(\Omega)$가 저역 통과 필터라면, $H(\Omega)$는 어떤 필터인가?

(d) $h_1[n]=a^n u[n], 0<a<1$일 때 $|H_1(\Omega)|$과 $|H(\Omega)|$를 그려라.

6.30 차분 방정식 $y[n]=ay[n-1]+bx[n]$으로 표현되는 이산 LTI 시스템이 있다.

(a) $H(0)=1$이고 $H(\pi)$가 최소가 되기 위한 a, b의 조건을 구하라.

(b) $H(\pi)=1$이고 $H(0)$가 최소가 되기 위한 a, b의 조건을 구하라.

실습목표

- MATLAB을 이용하여 이산 신호의 푸리에 해석을 학습한다.
- MATLAB을 이용하여 DTFT의 대칭성과 주파수 이동 성질을 확인한다.
- MATLAB을 이용하여 대역 통과 필터에 푸리에 해석 기법을 응용해본다.

MATLAB 6-1 이산 신호의 푸리에 해석

[그림 6-29]는 주기 $N=18$인 이산 주기 신호 $x[n]$의 한 주기 파형이다.

(a) 이 주기 신호의 이산 시간 푸리에 급수(DTFS) 표현의 계수를 구하고 그려라.

(b) 이 신호의 한 주기 파형을 비주기 신호 $y[n]$이라고 할 때, 이 신호를 이산 시간 푸리에 변환(DTFT)하여 스펙트럼을 그려라. 그리고 이를 다시 이산 시간 푸리에 역변환(IDTFT)한 신호를 그려라.

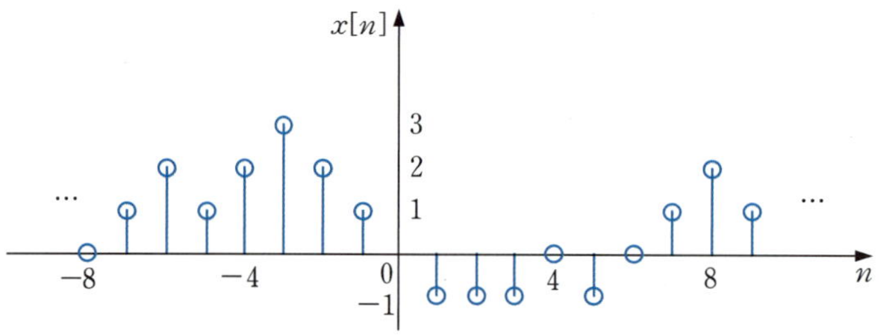

[그림 6-29] 이산 주기 신호의 한 주기 파형

풀이

(a) DTFS의 정의를 나타내는 식 (6.11)을 이용하면 다음과 같이 간단히 구할 수 있다.

MATLAB_6_1a.m

```
N=18;                                      % 한 주기의 신호의 샘플 개수
x=[0 1 2 1 2 3 2 1 0 -1 -1 -1 0 -1 0 1 2 1];  % x[n], -8≤n≤9 생성
w0=2*pi/N;                                 % 기본 주파수 설정
n=-N/2+1:N/2;                              % 시간 구간 설정
WN=exp(-j*w0*n);                           % 복소 정현파 W_N^n=e^(-j2πn/N) 생성
for m=1:N
   Xk(m)=sum(x.*WN.^(m-1))/N;              % 푸리에 계수 X_k 계산
end
k=0:N-1;                                   % 주파수축(고조파 차수) 생성
Xk                                         % 푸리에 계수 X_k 계산 결과 표시

subplot(2,1,1);                            % 2행 1열 분할 그림 창의 1번 창
stem(k,abs(Xk))                            % 진폭 스펙트럼을 그림
title('\bf{진폭 스펙트럼}');                % 그림 제목
xlabel('\bf{k}'); grid on;                 % x축 라벨 및 그리드 표시
subplot(2,1,2);                            % 2행 1열 분할 그림 창의 2번 창
 stem(k,angle(Xk))                         % 위상 스펙트럼을 그림
title('\bf{위상 스펙트럼}');                % 그림 제목
xlabel('\bf{k}'); grid on;                 % x축 라벨 및 그리드 표시
```

실행 결과는 [표 6-5]와 [그림 6-30]에 나타내었다. [표 6-5]를 보면 푸리에 계수들이 $\Omega=\pi$ $(k=N/2=9)$를 대칭축으로 하여 공액 대칭(실수부는 우대칭, 허수부는 기대칭)을 만족함을 확인할 수 있다. 또한 [그림 6-30]에서 같은 대칭축에 대해 진폭 스펙트럼은 우대칭, 위상 스펙트럼은 기대칭이 되는 것을 볼 수 있다.

[표 6-5] 신호 $x[n]$에 대한 DTFS의 푸리에 계수

k	X_k	k	X_k	k	X_k
0	$0.6667+j0.0000$	6	$0.0833+j0.0481$	12	$0.0833-j0.0481$
1	$-0.1832+j0.6147$	7	$-0.0845+j0.0485$	13	$0.1011+j0.2028$
2	$-0.0459+j0.4032$	8	$-0.0130+j0.0651$	14	$-0.1078-j0.1796$
3	$-0.1389-j0.0481$	9	$0.1111+j0.0000$	15	$-0.1389+j0.0481$
4	$-0.1078+j0.1796$	10	$-0.0130-j0.0651$	16	$-0.0459-j0.4032$
5	$0.1011-j0.2028$	11	$-0.0845-j0.0485$	17	$-0.1832-j0.6147$

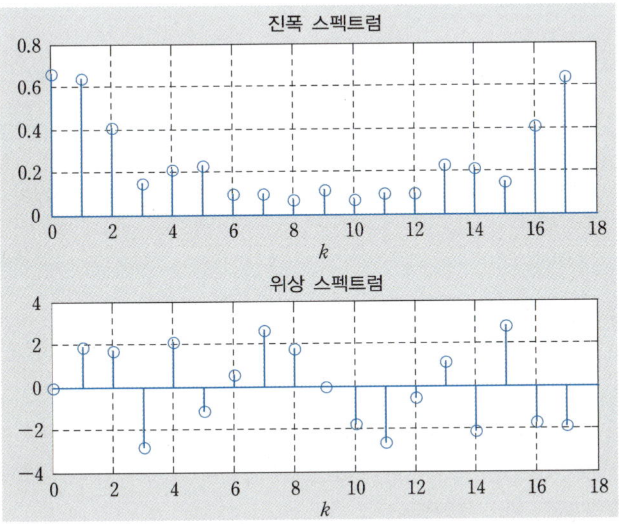

[그림 6-30] 주기 신호 $x[n]$의 푸리에 스펙트럼

(b) 이산 시간 푸리에 변환은 명령 `fft`를 사용하여 쉽게 수행할 수 있는데, 이때 충분한 주파수 해상도를 얻기 위해 다수의 0을 첨가하여 데이터 길이를 길게 만든다. 그리고 $n=0$에서 데이터가 시작되도록 데이터를 다시 정렬해야 한다. 또한 역변환으로 얻은 신호 데이터에 대해서도 재정렬해야 한다. 이를 수행하는 매트랩 프로그램은 다음과 같다.

MATLAB_6_1b.m

```
N=1024;                                           % 한 주기의 신호의 샘플 개수
df=1/N;                                           % 주파수 해상도 설정
f=df*[-N/2+1:N/2];                                % 주파수축 생성
x=[0 1 2 1 2 3 2 1 0 -1 -1 -1 0 -1 0 1 2 1];     % x[n], -8≤n≤9 생성
xa=zeros(1,N);                                    % 데이터 집합에 0 첨가
xa(1:10)=x(9:18); xa(N-7:N)=x(1:8);               % 데이터 재정렬
Xf=fft(xa); Xfr=fftshift(Xf);                     % fft 실행 및 재정렬

figure(1)                                         % 그림 창 1 지정
subplot(2,1,1);                                   % 2행 1열 분할 그림 창의 1번 창
plot(f,abs(Xfr));                                 % 진폭 스펙트럼을 그림
title('\bf{진폭 스펙트럼}');                      % 그림 제목
xlabel('\bf{F}'); grid on;                        % x축 라벨 및 그리드 표시
subplot(2,1,2);                                   % 2행 1열 분할 그림 창의 2번 창
plot(f,angle(Xfr))                                % 위상 스펙트럼을 그림
title('\bf{위상 스펙트럼}');                      % 그림 제목
xlabel('\bf{F}'); grid on;                        % x축 라벨 및 그리드 표시
yn=ifft(Xf);                                      % 역변환 수행
y=[yn(N-9:N) yn(1:11)];                           % 데이터 재정렬
n=-10:10;                                         % 시간축 생성
figure(2)                                         % 그림 창 2 지정
stem(n,y);                                        % 비주기 신호 y[n]을 그림
title('\bf{비주기 신호 y[n]}');                   % 그림 제목
xlabel('\bf{n}'); grid on;                        % x축 라벨 및 그리드 표시
```

실행 결과는 [그림 6-31]과 [그림 6-32]에 나타내었는데, 이때 [그림 6-32]는 [그림 6-29]의 신호 $x[n]$과 완전히 일치함을 알 수 있다.

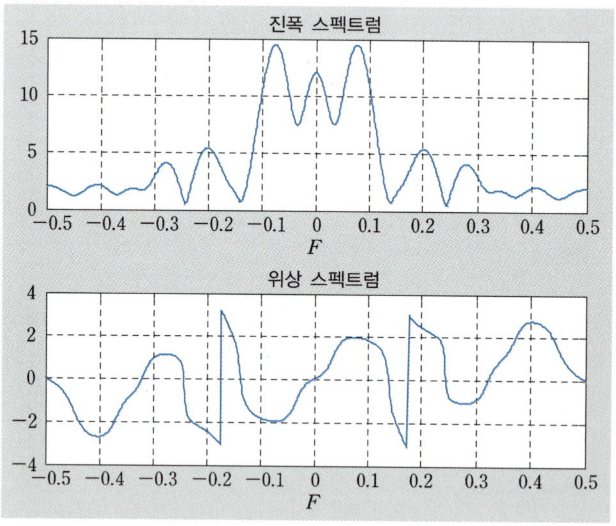

[그림 6-31] 비주기 신호 $y[n]$의 스펙트럼

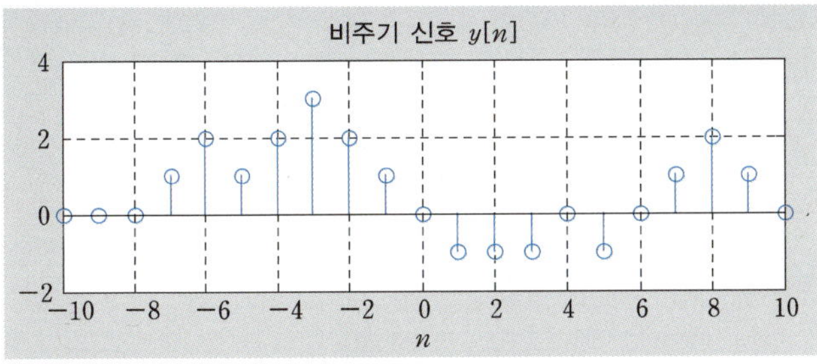

[그림 6-32] DTFT-IDTFT에 의한 신호 $y[n]$

MATLAB 6-2 DTFT의 대칭성과 주파수 이동 성질

이산 비주기 신호 $x[n]=\begin{cases}\sin(\pi n/2), & -5 \le n \le 10 \\ 0, & \text{그 외}\end{cases}$ 에 대해 물음에 답하라.

(a) 이산 시간 푸리에 변환을 구하여 실수부와 허수부로 나타내라.

(b) $x[n]$의 우함수 성분 $x_e[n]$와 기함수 성분 $x_o[n]$을 구하고, 이들을 각각 이산 시간 푸리에 변환하라. 그리고 그 결과를 (a)의 결과와 비교하라.

(c) $y[n]=e^{j\frac{\pi}{4}n}x[n]$을 이산 시간 푸리에 변환하여 스펙트럼을 그리고, $x[n]$의 스펙트럼과 비교하라.

풀이

(a) 주어진 신호에 대해 DTFT를 구하여 실수부와 허수부로 나누어 나타내는 매트랩 프로그램은 다음과 같다. 실행 결과는 [그림 6-33]에 나타내었다. 그림에서 보듯이 실수부는 우대칭, 허수부는 기대칭을 만족한다.

MATLAB_6_2a.m

```
n=-5:10;                          % 시간축 설정
x=sin(pi*n/2);                    % 신호 x[n] 생성
w=-pi:1/200:pi;                   % 주파수축 설정
Xf=x*(exp(-j*n'*w);               % x의 DTFT X(Ω) 계산
XR=real(X);                       % X(Ω)의 실수부
XI=imag(X);                       % X(Ω)의 허수부

subplot(2,1,1);                   % 2행 1열 분할 그림 창의 1번 창
plot(w/(2*pi),XR);                % X(Ω)의 실수부를 그림
title( ' \bf{스펙트럼의 실수부} ' );  % 그림 제목
xlabel( ' \bf{F} ' );             % x축 라벨 표시
subplot(2,1,2);                   % 2행 1열 분할 그림 창의 2번 창
plot(w/(2*pi),XI);                % X(Ω)의 허수부를 그림
title( ' \bf{스펙트럼의 허수부} ' );  % 그림 제목
xlabel( ' \bf{F} ' );             % x축 라벨 표시
```

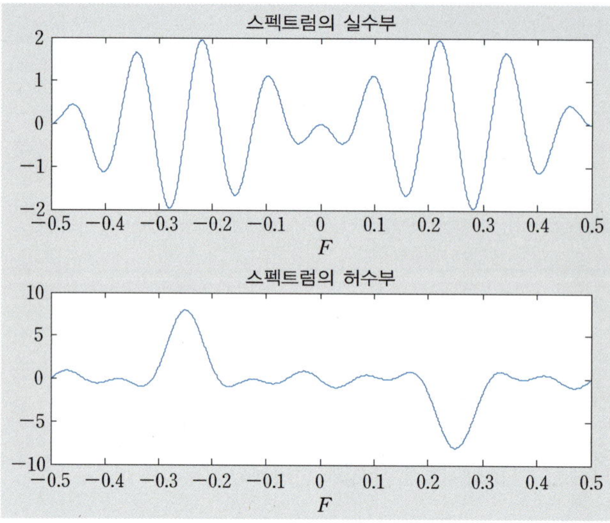

[그림 6-33] $x[n]$의 스펙트럼의 실수부와 허수부

(b) $x[n]$의 우함수 성분 $x_e[n]$와 기함수 성분 $x_o[n]$을 나타내면 다음과 같다.

$$x_e[n] = \frac{x[n]+x[-n]}{2}, \quad x_o[n] = \frac{x[n]-x[-n]}{2}$$

이를 계산하여 스펙트럼을 구하는 매트랩 프로그램은 다음과 같다.

MATLAB_6_2b.m

```
n=-5:10;                                    % 시간축 설정
w=-pi:1/200:pi;                             % 주파수축 설정
x=sin(pi*n/2);                              % 신호 x[n] 생성
nr=-fliplr(n);                              % 시간축 반전
m=min([n,nr]):max([n,nr]);                  % 신호 반전을 위한 시간축 m 설정
xx=zeros(1,length(m));                      % m축에서의 x[n] 초기화
xx(n(1)-m(1)+1:n(1)-m(1)+length(m))=x;      % m축 상에 x[n]을 나타냄
xe=0.5*(xx+fliplr(xx));                     % 우함수 성분 xe[n] 계산
xo=0.5*(xx-fliplr(xx));                     % 기함수 성분 xo[n] 계산
Xef=xe*(exp(-j*m'*w);                       % xe[n]의 DTFT Xe(Ω) 계산
Xof=xo*(exp(-j*m'*w);                       % xo[n]의 DTFT Xo(Ω) 계산

subplot(2,1,1);                             % 2행 1열 분할 그림 창의 1번 창
plot(w/(2*pi),real(Xef));                   % Xe(Ω)를 그림
title( ' \bf{우함수 성분의 스펙트럼} ' );      % 그림 제목
xlabel( ' \bf{F} ' );                       % x축 라벨 표시
subplot(2,1,2);                             % 2행 1열 분할 그림 창의 2번 창
plot(w/(2*pi),imag(Xof));                   % Xo(Ω)를 그림
title( ' \bf{기함수 성분의 스펙트럼} ' );      % 그림 제목
xlabel( ' \bf{F} ' );                       % x축 라벨 표시
```

실행 결과는 [그림 6-34]에 나타내었다. 그림에서 보듯이 신호의 우함수 성분의 스펙트럼은 신호의 스펙트럼의 실수부와, 기함수 스펙트럼은 신호의 스펙트럼의 허수부와 일치한다.

$$\begin{cases} X_e(\Omega) = \mathrm{Re}\{X(\Omega)\} \\ X_o(\Omega) = j\,\mathrm{Im}\{X(\Omega)\} \end{cases}$$

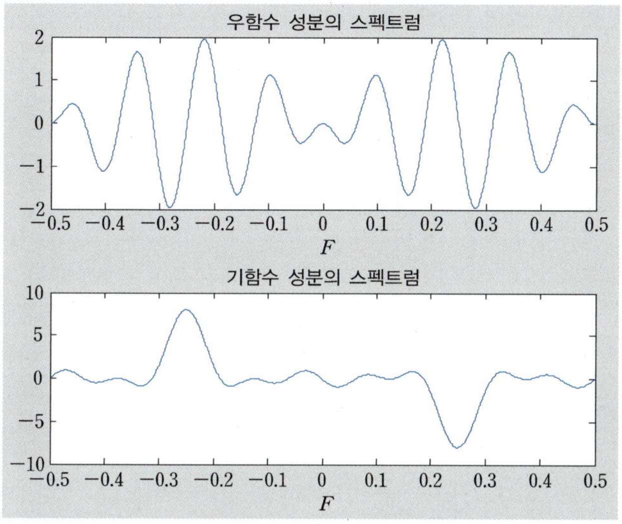

[그림 6-34] $x[n]$의 우함수 성분과 기함수 성분의 스펙트럼

(c) DTFT의 주파수 이동 성질로부터 $y[n] = e^{j\frac{\pi}{4}n}x[n]$의 스펙트럼 $Y(\Omega)$은 $x[n]$의 스펙트럼 $X(\Omega)$를 $\frac{\pi}{4}$ 만큼 이동시킨 것이 된다. 즉 $Y(\Omega) = X\left(\Omega - \frac{\pi}{4}\right)$이다. 두 신호의 스펙트럼을 구하여 그리는 매트랩 프로그램은 다음과 같다.

MATLAB_6_2c.m

```
n=-5:10;                                      % 시간축 설정
w=-pi:1/200:pi;                               % 주파수축 설정
x=sin(pi*n/2);                                % 신호 x[n] 생성
y=sin(pi*n/2).*exp(j*pi*n/4);                 % 신호 y[n] 생성
Xf=x*(exp(-j*n'*w);                           % x[n]의 DTFT X(Ω) 계산
Yf=y*(exp(-j*n'*w);                           % y[n]의 DTFT Y(Ω) 계산

subplot(2,2,1);                               % 2행 2열 분할 그림 창의 1번 창
plot(w/(2*pi),abs(Xf));                       % 신호 x[n]의 진폭 스펙트럼을 그림
title( ' \bf{신호 x[n]의 진폭 스펙트럼} ' );    % 그림 제목
xlabel( ' \bf{F} ' );                         % x축 라벨 표시
subplot(2,2,2);                               % 2행 2열 분할 그림 창의 2번 창
plot(w/(2*pi),angle(Xf));                     % 신호 x[n]의 위상 스펙트럼을 그림
title( ' \bf{신호 x[n]의 위상 스펙트럼} ' );    % 그림 제목
xlabel( ' \bf{F} ' );                         % x 라벨 표시
subplot(2,2,3);                               % 2행 2열 분할 그림 창의 3번 창
plot(w/(2*pi),abs(Xf));                       % 신호 y[n]의 진폭 스펙트럼을 그림
```

```
title( ' \bf{신호 y[n]의 진폭 스펙트럼} ' );      % 그림 제목
xlabel( ' \bf{F} ' );                           % x축 라벨 표시
subplot(2,2,4);                                 % 2행 2열 분할 그림 창의 4번 창
plot(w/(2*pi),angle(Xf));                       % 신호 y[n]의 위상 스펙트럼을 그림
title( ' \bf{신호 y[n]의 위상 스펙트럼} ' );      % 그림 제목
xlabel( ' \bf{F} ' );                           % x축 라벨 표시
```

실행 결과는 [그림 6-35]에 나타내었다. 그림에서 보듯이 $Y(\Omega)$는 정확히 $X(\Omega)$를 $\frac{\pi}{4}$만큼 이동시킨 것과 같다.

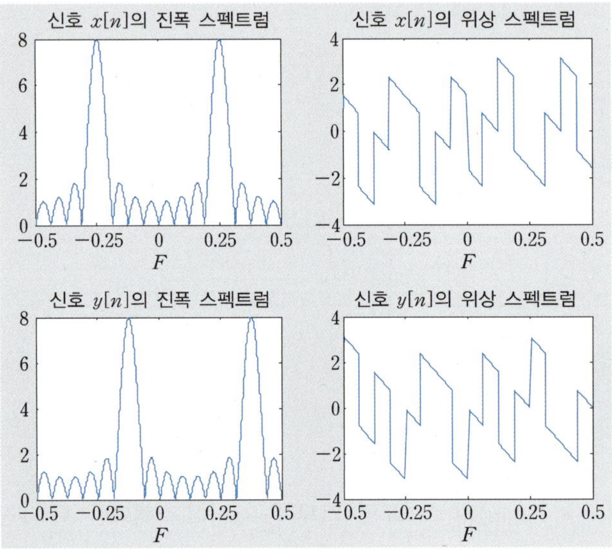

[그림 6-35] $x[n]$과 $y[n]$의 스펙트럼

MATLAB 6-3 대역 통과 필터

다음과 같은 차분 방정식으로 표현되는 대역 통과 필터가 있다.

$$y[n]-1.5y[n-1]+0.85y[n-2]=x[n]$$

(a) 이 필터의 주파수 응답을 구하여 그리고, 통과 대역의 중심 주파수와 차단 주파수(또는 대역폭)를 구하라.

(b) 이 필터의 임펄스 응답을 이산 시간 푸리에 역변환을 이용하여 구하여 그려라.
차분 방정식을 풀어 임펄스 응답을 구하여 그리고 두 결과를 비교하라.

(c) 입력이 다음과 같을 때 이 필터의 출력을 구하여 그려라.

$$x[n]=2\cos\left(\frac{\pi}{5}n\right)+\cos\left(\frac{\pi}{6}n-\frac{\pi}{3}\right)+2\cos\left(\frac{\pi}{3}n+\frac{\pi}{4}\right)$$

풀이

(a) 주어진 차분 방정식을 DTFT하면

$$Y(\Omega)-1.5e^{-j\Omega}Y(\Omega)+0.85e^{-j2\Omega}Y(\Omega)=X(\Omega)$$

이므로, 주파수 응답은 다음과 같다.

$$H(\Omega)=\frac{Y(\Omega}{X(\Omega)}=\frac{1}{1-1.5e^{-j\Omega}+0.85e^{-j2\Omega}}$$

통과 대역 중심 주파수는 명령 find를 이용하여 주파수 응답의 크기가 가장 큰 주파수를 찾고, 차단 주파수는 주파수 응답의 크기가 $\frac{1}{\sqrt{2}}$ 이 되는 주파수를 찾으면 된다. 주파수 응답을 그리고, 통과 대역 중심 주파수와 차단 주파수를 구하는 매트랩 프로그램은 다음과 같다.

MATLAB_6_3a.m

```
N=1024;                                               % 데이터 수 설정
dw=2*pi/N;                                            % 주파수 간격 설정
w=dw*[0:N-1];                                         % 주파수축 생성
Hw=1./(1-1.5*exp(-j*w)+0.85*exp(-j*2*w);              % 주파수 응답 H(Ω) 계산
H=Hw(1:N/2);                                          % H(Ω)를 [0 π] 구간만 취함
w0=find(abs(H)>=max(abs(H)))*dw                       % 통과 대역 중심 주파수 찾음
wc1=find(abs(H)>=max(abs(H))/sqrt(2),1,'first')*dw    % 하측 대역 차단 주파수 찾음
wc2=find(abs(H)>=max(abs(H))/sqrt(2),1,'last')*dw     % 상측 대역 차단 주파수 찾음

subplot(2,1,1);                                       % 2행 1열 분할 그림 창의 1번 창
plot(w(1:N/2),abs(H));                                % 진폭 응답을 그림
title('\bf{진폭 응답}');                               % 그림 제목
xlabel('\bf{\Omega}');                                % x축 라벨 표시
subplot(2,1,2);                                       % 2행 1열 분할 그림 창의 2번 창
plot(w(1:N/2),angle(H));                              % 위상 응답을 그림
title('\bf{위상 응답}');                               % 그림 제목
xlabel('\bf{\Omega}');                                % x축 라벨 표시
```

이 프로그램에서 주파수 응답은 명령 freqz(B,A,w)나 freqz(B,A,N,'whole')을 사용하여 간단히 구할 수 있다. 이때 B는 차분 방정식의 입력항의 계수, A는 출력항의 계수, w는 주파수축 벡터, N은 데이터 수, whole는 $[0\ 2\pi]$의 전체 주파수 구간 지정으로서 사용하지 않는 경우에는 $[0\ \pi]$ 구간의 값을 되돌려준다. 또한 데이터 수를 지정하지 않으면 $N=512$로 수행된다.

```
>>Hw=freqz([1 0 0],[1 -1.5 0.85],w);
>>[Hw, w]=freqz([1 0 0],[1 -1.5 0.85],N,'whole');
```

어느 방법으로 계산하든지 결과는 동일하게 나오며, 실행 결과는 [그림 6-36]에 나타내었다.

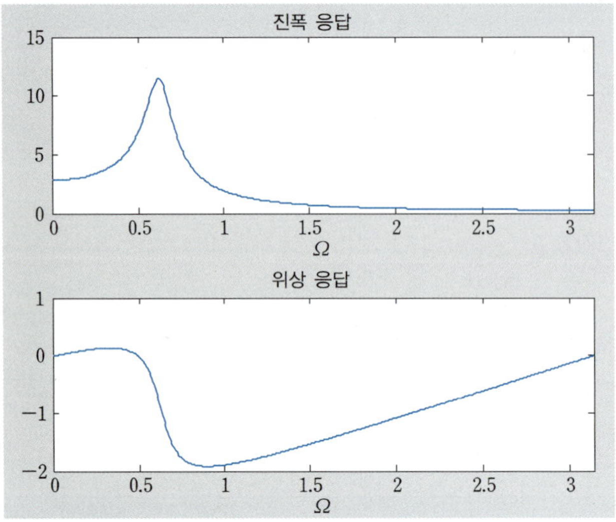

[그림 6-36] 대역 통과 필터의 주파수 응답

또한 명령 창에 통과 대역 중심 주파수와 차단 주파수는 다음과 같이 출력된다.

```
w0  = 0.6197 : 통과 대역 중심 주파수
wc1 = 0.5400 : 하측 대역 차단 주파수
wc2 = 0.6995 : 상측 대역 차단 주파수
```

(b) 이산 시간 푸리에 역변환을 이용하여 이 필터의 임펄스 응답을 구하는 프로그램은 (a)의 주파수 응답 계산 프로그램에 명령 ifft를 이용하여 주파수 응답을 역변환하는 코드만 간단히 덧붙여 주면 된다. 그리고 차분 방정식을 풀어 임펄스 응답을 구하는 프로그램은 [MATLAB 3-2]의 반복 대입법 풀이를 그대로 활용하면 된다. 매트랩 프로그램은 다음과 같다.

MATLAB_6_3b.m

```
N=1024;                                         % 데이터 수 설정
dw=2*pi/N;                                      % 주파수 간격 설정
w=dw*[0:N-1];                                   % 주파수축 생성
Hw=freaz([1 0 0],[1 -1.5 0.85],w);              % 주파수 응답 H(Ω) 계산
hn=ifft(Hw);                                    % 역변환에 의한 h[n] 계산
n=0:40;                                         % 시간축 생성
y=[0 0 zeros(1,length(n))];                     % 차분 방정식의 해 초기화
x=zeros(1,length(n)); x(1)=1;                   % 입력 데이터 생성 x[n]=δ[n]
for k=3:2+length(n)
  y(k)=1.5*y(k-1)-0.85*y(k-2)+x(k-2);           % y[n] 계산
end
yn=y(3:2+length(n));                            % y[n] 재배열(초깃값 제외)

subplot(2,1,1);                                 % 2행 1열 분할 그림 창의 1번 창
stem(n,hn(1:length(n)));                        % 주파수 응답의 역변환에 의한 임펄스 응답을 그림
title('\bf{주파수 응답의 역변환에 의한 임펄스 응답}');  % 그림 제목
```

```
xlabel('\bf{n}');                                    % x축 라벨 표시
subplot(2,1,2);                                      % 2행 1열 분할 그림 창의 2번 창
stem(n,yn);                                          % 차분 방정식의 풀이에 의한 임펄스 응답을 그림
title('\bf{차분 방정식의 풀이에 의한 임펄스 응답}');  % 그림 제목
xlabel('\bf{n}');                                    % x축 라벨 표시
```

실행 결과는 [그림 6-37]에 나타내었다. 그림에서 볼 수 있듯이 임펄스 응답을 구하는 두 방법의 결과는 동일하다. 사실 차분 방정식으로부터 임펄스 응답을 구하는 가장 간단한 프로그램은 다음과 같이 `dimpulse(NUM,DEN,N)` 명령을 사용하는 것이고, 이도 같은 결과를 얻는다.

```
>>hn=dimpulse([1 0 0],[1 -1.5 0.85],40);
```

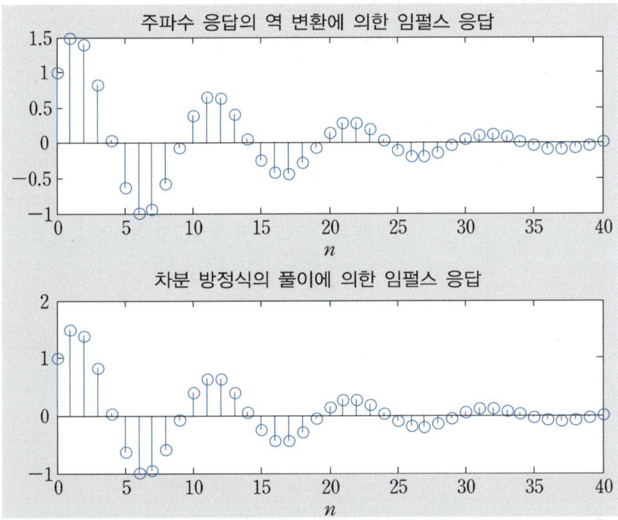

[그림 6-37] 대역 통과 필터의 임펄스 응답

(c) 주어진 입력은 통과 대역 중심 주파수 부근의 주파수 $\Omega_1 = \pi/5$, 하측 대역 차단 주파수 부근의 주파수 $\Omega_2 = \pi/6$, 상측 대역 차단 주파수에서 멀리 떨어진 주파수 $\Omega_3 = \pi/3$의 세 주파수 성분으로 이루어진 신호이다.

이 신호를 주어진 대역 통과 필터에 입력으로 인가하면 Ω_1의 주파수 성분만 거의 그대로 나타나고, Ω_2의 주파수 성분은 상당히 감쇠되고, Ω_3의 주파수 성분은 거의 차단될 것이다.

필터의 출력은 차분 방정식을 풀지 않고 명령 `filter`를 사용하면 간단히 구할 수 있다. 프로그램에서 파형의 변화를 잘 볼 수 있도록 `stem` 명령 대신 `plot` 명령을 사용하여 입력과 출력의 파형을 나타내었다. 또한 필터에 의한 차단 효과를 확인할 수 있도록 입력과 출력의 스펙트럼도 나타내었으며, 매트랩 프로그램은 다음과 같다.

MATLAB_6_3c.m

```
N=1024;                                                  % 데이터 수 설정
n=[0:N-1];                                               % 시간축 생성
f=(1/N)*[-N/2+1:N/2];                                    % 주파수축 생성
x=2*cos(pi*n/5)+cos(pi*n/6-pi/3)+2*cos(pi*n/3+pi/4);     % 입력 데이터 생성
Xfr=fftshift((1/N)*fft(x));                              % 입력 스펙트럼 생성
y=filter([1 0 0],[1 -1.5 0.85],x);                       % 필터 출력 생성
Yfr=fftshift((1/N)*fft(y));                              % 출력 스펙트럼 생성

nn=[0:300]; nl=length(nn);                               % 파형 표시 시간축 설정
figure(1)                                                % 그림 창 1 지정
subplot(2,1,1);                                          % 2행 1열 분할 그림 창의 1번 창
plot(nn,x(1:nl));                                        % 입력 신호를 그림
title('\bf{입력 신호}');                                  % 그림 제목
xlabel('\bf{n}');                                        % x축 라벨 표시
subplot(2,1,2);                                          % 2행 1열 분할 그림 창의 2번 창
plot(f,abs(Xfr));                                        % 입력 스펙트럼을 그림
title('\bf{입력 신호의 스펙트럼}');                        % 그림 제목
xlabel('\bf{F}');                                        % x축 라벨 표시
figure(2)                                                % 그림 창 2 지정
subplot(2,1,1);                                          % 2행 1열 분할 그림 창의 1번 창
plot(nn,y(1:nl));                                        % 출력 신호를 그림
title('\bf{출력 신호}');                                  % 그림 제목
xlabel('\bf{n}');                                        % x축 라벨 표시
subplot(2,1,2);                                          % 2행 1열 분할 그림 창의 2번 창
plot(f,abs(Yfr));                                        % 출력 신호의 스펙트럼을 그림
title('\bf{출력 신호의 스펙트럼}');                        % 그림 제목
xlabel('\bf{F}');                                        % x축 라벨 표시
```

실행 결과는 [그림 6-38]과 [그림 6-39]에 나타내었다.

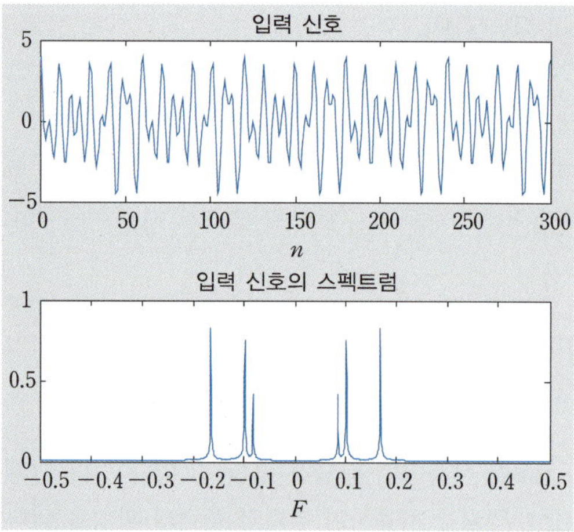

[그림 6-38] BP 필터 입력 신호의 파형과 스펙트럼

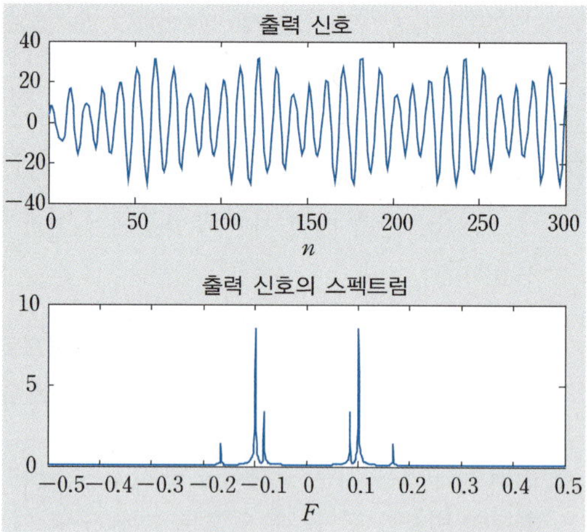

[그림 6-39] BP 필터 출력 신호의 파형과 스펙트럼

CHAPTER

07

이산 및 고속 푸리에 변환

Discrete Fourier Transform and Fast Fourier Transform

학습목표

- 이산 푸리에 변환의 필요성과 원리를 이해할 수 있다.
- 이산 푸리에 변환의 여러 특성을 이해할 수 있다.
- 원형 컨벌루션의 정의와 계산을 이해할 수 있다.
- 원형 컨벌루션을 이용한 선형 컨벌루션의 계산 방법을 이해할 수 있다.
- 고속 푸리에 변환의 개념과 특징을 이해할 수 있다.
- 이산 푸리에 변환과 고속 푸리에 변환을 이용한 디지털 신호 처리를 이해할 수 있다.

【미리보기】

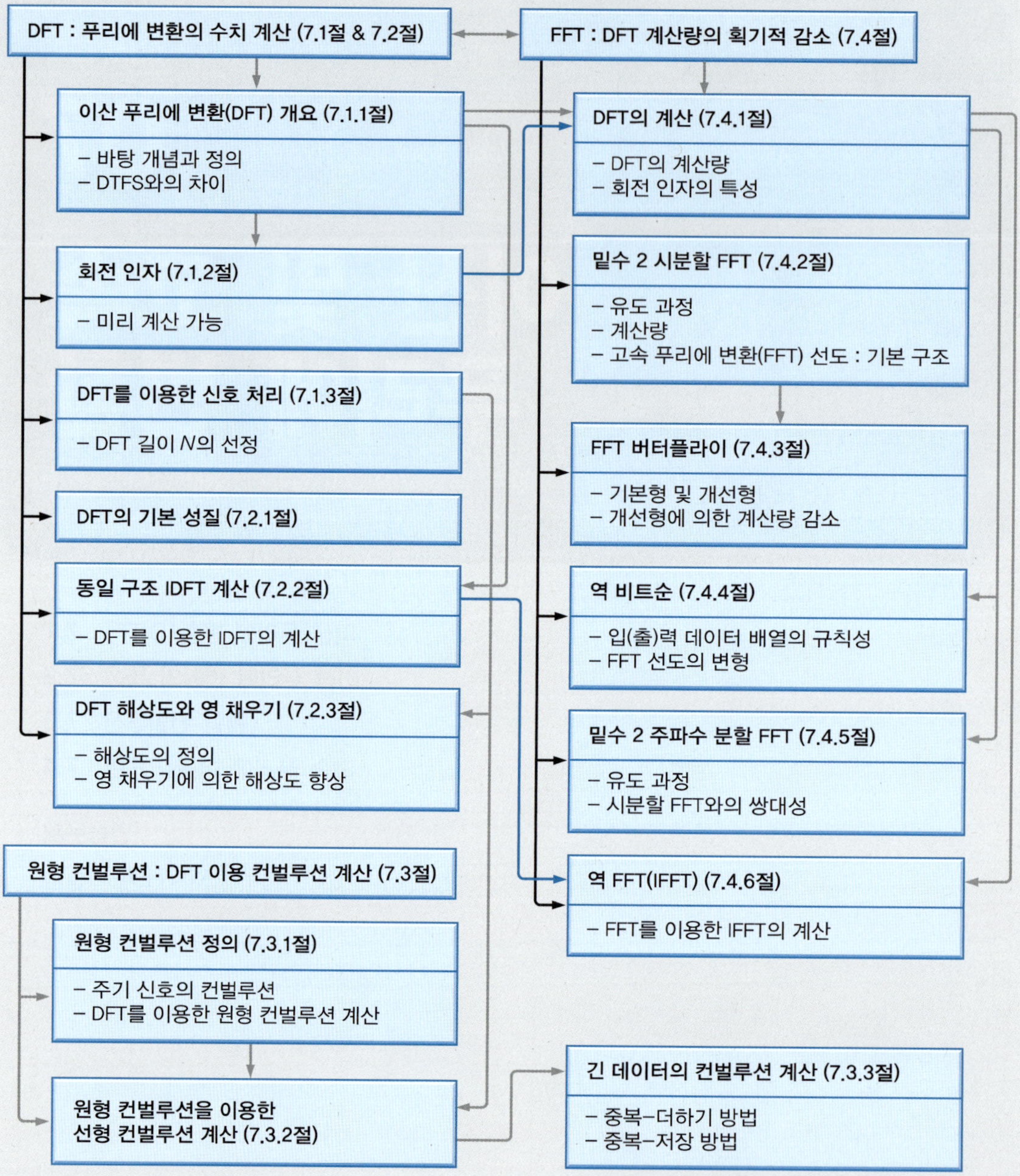

푸리에 해석 기법은 주파수라는 관점으로 신호와 시스템을 취급하는 유용한 수단이지만 실제 문제에 적용하기는 쉽지 않다. 그래서 컴퓨터를 이용하기에 적합하도록 고안된 것이 바로 이산 푸리에 변환(DFT)이고, 계산량을 획기적으로 줄여 효율적으로 DFT를 계산할 수 있게 만든 것이 고속 푸리에 변환(FFT)이다. 실제 문제에서는 거의 FFT를 활용한다. 이 장에서는 DFT의 원리와 특성, 원형 컨벌루션에 대해 알아본 다음, FFT의 유도와 변형, 버터플라이 선도 등에 대해 살펴볼 것이다.

SECTION 7.1

이산 푸리에 변환(DFT)

학습포인트

- 이산 푸리에 변환(DFT)의 필요성에 대해 이해한다.
- 스펙트럼의 샘플링에 대한 시간 영역의 결과가 무엇인지 이해한다.
- DFT의 정의와 개념을 이해하고 DTFS, DTFT와의 차이를 파악한다.
- 회전 인자의 정의와 특성, 그리고 이와 관련한 계산에 대해 알아본다.
- DFT를 이용한 신호의 처리 방법과 길이 N의 선정에 대해 알아본다.

이론적인 푸리에 급수/변환은 매우 유용하기는 하나, 무한한 데이터가 필요하다거나 (비정형 함수의) 적분 계산이 요구된다든지 등의 이유로 실제 사용하기는 부적합하다. 컴퓨터를 이용한 수치 해석적인 처리가 가능한 구조의 푸리에 표현은 변환(분석식)과 역변환(합성식) 모두 유한한 데이터에 대한 총합 계산인 이산 시간 푸리에 급수(DTFS)뿐인데, 그 대상이 이산 주기 신호로 한정된다. 이런 딜레마를 교묘하게 기술적으로 해결한 것이 이산 푸리에 변환(DFT)으로, 푸리에 해석에 실용성을 부여해준다. 이 절에서는 DFT의 개념과 DTFS, DTFT와의 차이를 살펴보고, DFT 계산에 필요한 회전 인자에 대해서도 알아본다. 또한 DFT를 이용한 신호의 처리 방법과 DFT의 길이 N의 선정에 대해서도 알아보기로 한다.

7.1.1 이산 푸리에 변환의 개요

이산 푸리에 변환의 바탕 개념

5장과 6장에서 살펴본 푸리에 급수/변환은 시간 영역에서 파악하기 어려운 특성들을 주파수 영역에서 볼 수 있게 해주므로 신호와 시스템을 분석하고 취급하는 데 매우 유용하다. 그런데 대부분의 실제 문제는 이론적으로 전개된 결과에 100% 부합하지 않을 뿐 아니라, 손으로 간단히 계산할 수도 없다. 그러므로 결국 컴퓨터를 이용하여 처리할 수밖에 없는데, 이때 두 가지 장애 요소에 맞닥뜨리게 된다. 하나는 대상 신호 대부분이 아날로그 신호라는 점이고, 다른 하나는 주기 신호와 같은 특수한 경우를 제외하고는 통상 스펙트럼이 주파수에 대한 연속 함수라는 사실이다. 잘 알다시피 컴퓨터는 디지털 데이터만 처리할 수 있다.

신호에 대해서는 4장에서 배운 것처럼 샘플링으로 문제를 해결할 수 있을 것이다. 샘플링을 통해 신호를 이산 신호로 바꾸면 DTFT를 적용할 수 있으나, 스펙트럼이 연속 함수가 되는 문제는 여전히 남는다. 단순하게 생각해서, 샘플링을 통해 연속 신호를 이산 신호로 만드는 것처럼 연속 스펙트럼도 샘플링하게 되면 신호와 스펙트럼 둘 다 이산 데이터가 되어 컴퓨터를 이용한 처리에 알맞게 바뀔 것이다. 그러면 남은 것은 이 아이디어에 이론적인 푸리에 급수/변환과의 논리적인 일관성을 부여하는 일이다.

우리는 이미 푸리에 변환의 성질에서 시간 신호가 이산이면 스펙트럼이 주기 함수가 되고, 스펙트럼이 이산이면 시간 신호가 주기 함수가 된다는 사실을 알고 있다. 결국 논리적 모순 없이 신호와 스펙트럼 모두가 이산이 되는 조합은 '이산 주기 신호 ⇔ 이산 주기 스펙트럼'의 구조이다. 따라서 실제로는 그렇지 않지만, (이산 비주기 신호를 DTFT하여 얻어진 연속 주기 스펙트럼을 샘플링한) 샘플 스펙트럼에 대응되는 시간 신호를 마치 원래의 비주기 신호를 주기적으로 반복시킨 주기 신호인 것처럼 취급하여 변환쌍을 이루게 하면 될 것이다. 이렇게 하면 변환과 역변환 모두 한 주기에 대해서만 계산하면 되므로, 데이터 수가 항상 유한해지는 장점도 확보된다.

이같이 이산 신호와 이산 스펙트럼을 짝지어 컴퓨터 수치 계산에 적합한 형태로 푸리에 변환을 변형한 것이 바로 **이산 푸리에 변환**(DFT)Discrete Fourier Transform이다. 즉, DFT는 이론적인 틀이 아니라 단지 수치적으로 푸리에 변환을 수행하기 위한 도구이다(그러므로 명칭에 시간이라는 용어가 쓰이지 않았다). [그림 7-1]에 이러한 이산 푸리에 변환의 바탕 개념을 그림으로 나타내었다.

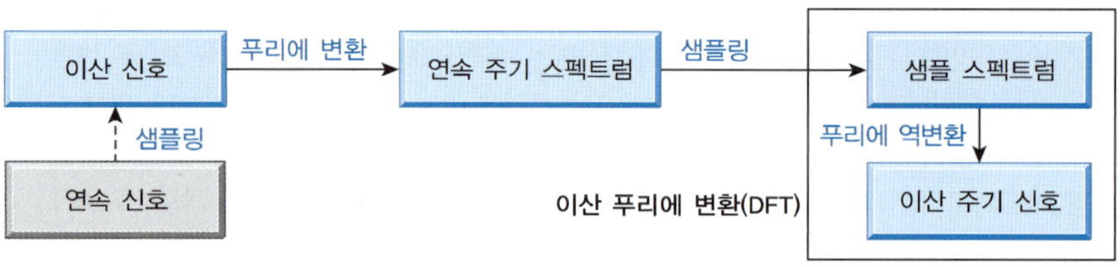

[그림 7-1] 이산 푸리에 변환의 바탕 개념도

이산 푸리에 변환의 정의

방금 설명한 아이디어에 기초하여 이산 푸리에 변환을 유도해보자. 이산 신호 $x[n]$을 $n=0$에서 시작하는 길이 N인 신호라고 하면, $x[n]$의 DTFT $X(\Omega)$는 다음과 같다.

$$X(\Omega)=\mathcal{F}\{x[n]\}=\sum_{n=0}^{N-1}x[n]e^{-j\Omega n} \tag{7.1}$$

주파수에 대해 연속 함수인 $X(\Omega)$의 한 주기 $0\le\Omega\le 2\pi$의 범위에서 등간격 $\Delta\Omega=2\pi/M$으로 M개의 샘플을 취하면

$$X_M(\Omega)=X(k\Delta\Omega)=\sum_{n=0}^{N-1}x[n]e^{-j\frac{2\pi}{M}kn},\quad k=0,\,1,\,\cdots,\,M-1 \tag{7.2}$$

가 된다. 식 (7.2)의 샘플 스펙트럼을 역변환하여 시간 신호로 되돌리면, 푸리에 표현의 시간-주파수 쌍대 관계 '이산 ⇔ 주기' 쌍에 의해 $x[n]$을 주기 M으로 반복한 주기 신호 $x_M[n]$이 될 것이다. 그런데, 만약 $M<N$이면 신호의 길이보다 반복 주기가 짧아서 $X_M(\Omega)$로부터 복원된 주기 신호 $x_M[n]$은 파형의 중첩이 발생한다.

따라서 스펙트럼의 샘플 수는 반드시 $M \geq N$이 되어야 하는데, $M = N$이면 주기 신호에 대한 DTFS인 것처럼 취급할 수 있고, 변환과 역변환에 대해 수치 계산을 할 때 N개의 미지수에 대한 N개의 연립 방정식을 푸는 문제로 바뀌어 여러 가지 이점이 생기므로 기본적으로 이렇게 설정한다. 이런 관계를 [그림 7-2]에 나타내었는데, [그림 7-1]의 DFT의 개념도를 구체화한 것이다.

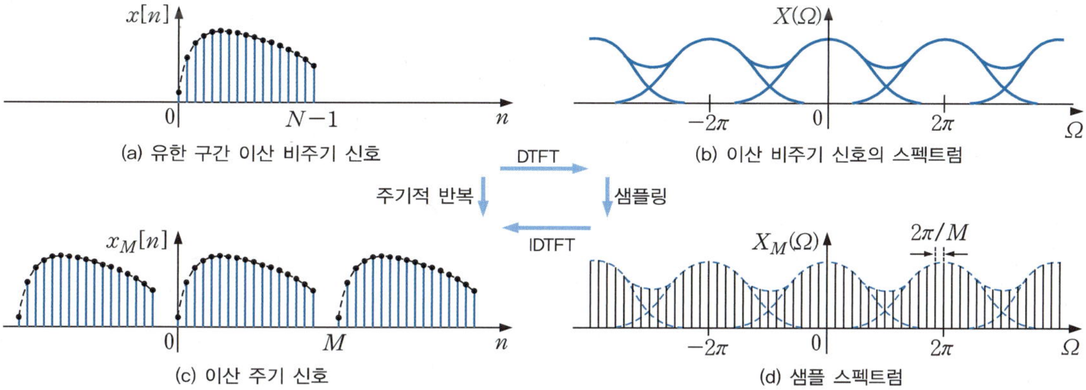

[그림 7-2] 스펙트럼의 샘플링에 의한 신호의 주기적 반복 효과

[그림 7-2]에서 주의 깊게 살펴보아야 할 것이 있다. 유한 구간 신호의 스펙트럼은 주파수 중첩이 발생한다는 사실이다. 이는 4장에서 살펴본 바와 같이 시간 영역에서 길이가 유한한 유한 구간 신호는 주파수 영역에서 대역 제한되지 않아서 발생하는 문제이다.

이제 신호 $x[n]$의 N개의 시간 샘플에 대응되는 N개의 스펙트럼 샘플 관계가 명확하게 확립되었으므로, 이산 푸리에 변환(DFT)과 **이산 푸리에 역변환(IDFT)**Inverse DFT을 다음과 같이 정의할 수 있다.

이산 푸리에 변환(DFT)

- 이산 푸리에 변환(DFT)은 컴퓨터를 이용해 수치 해석적으로 푸리에 변환을 계산하기 위한 도구로, 유한 개의 이산 데이터로부터 유한 개의 이산 스펙트럼을 생성한다.
- **이산 푸리에 변환(DFT)** : $X[k] = \sum_{n=o}^{N-1} x[n] W_N^{kn}, \ k = 0, 1, \cdots, N-1$ (7.3)
- **이산 푸리에 역변환(IDFT)** : $x[n] = \dfrac{1}{N} \sum_{k=0}^{N-1} X[k] W_N^{-kn}, \ n = 0, 1, \cdots, N-1$ (7.4)
- DTFS는 이산 주기 신호를 푸리에 변환한 결과로 이산 스펙트럼이 얻어진 것이고, DFT는 연속 스펙트럼을 샘플링하여 이산 스펙트럼으로 만들고 나니 이에 대응되는 시간 신호가 이산 주기 신호가 된 것이다.

식 (7.3)에서 샘플 스펙트럼을 $X[k]$로 표기한 것은 이산 함수임을 강조하여 $x[n]$과 대비되도록 표시한 것이다. 또한 W_N은 식 (7.2)의 복소 지수 $e^{-j2\pi/N}$을 간결하게 나타낸 것으로 **회전 인자** twiddle factor라고 한다.

식 (7.3)과 식 (7.4)가 변환쌍을 이루는 것은 어렵지 않게 증명할 수 있다. 식 (7.3)을 식 (7.4)에 대입하면

$$x[n] = \frac{1}{N}\sum_{k=0}^{N-1}\left[\sum_{m=0}^{N-1} x[m]\, W_N^{km}\right] W_N^{-kn} = \frac{1}{N}\sum_{m=0}^{N-1} x[m]\left(\sum_{k=0}^{N-1} W_N^{k(m-n)}\right) \tag{7.5}$$

이고, 식 (7.5)의 ( ) 안의 총합은 식 (6.7)과 마찬가지로 다음과 같이 계산된다.

$$\sum_{k=0}^{N-1} W_N^{k(m-n)} = \begin{cases} \dfrac{1-W_N^{(m-n)N}}{1-W_N^{m-n}} = 0, & m \neq n \\ N, & m = n \end{cases} \tag{7.6}$$

따라서 식 (7.5)의 우변은 오직 $m=n$에 해당하는 항만 남아 다음과 같이 된다.

$$x[n] = \frac{1}{N}x[n]N = x[n] \tag{7.7}$$

DFT쌍은 시간 영역과 주파수 영역에서 모두 이산 주기 함수라는 점이 겉보기에는 DTFS와 같다. 그러나 DFT와 IDFT의 정의식을 살펴보면 DTFS와의 차이를 발견할 수 있다. DFT는 식 (7.1)의 DTFT된 스펙트럼의 샘플링 개념으로 유도되었기 때문에 $1/N$의 인자가 식 (7.4)의 합성식에 붙은 반면에, DTFS에서는 $1/N$의 인자가 식 (6.5)의 분석식, 즉 푸리에 계수 계산식에 붙는 것이 다르다. 이 점을 주의해야 한다.

7.1.2 회전 인자 W_N^{kn}

- **회전 인자** twiddle factor 는 다음과 같이 정의된다.

$$W_N = e^{-j\frac{2\pi}{N}} \tag{7.8}$$

- 회전 인자 W_N^{kn}은 복소평면의 단위원을 N등분한 점들로 이루어진다([그림 7-3]).
- 회전 인자 W_N^{kn}은 주기 N인 주기 함수이다.

$$W_N^{kn+N} = W_N^{kn} \tag{7.9}$$

- DFT를 계산할 때, 데이터의 개수 N만 정해지면 데이터의 값에 상관없이 회전 인자 W_N^{kn} 값들을 미리 계산해 둘 수 있다(처리 속도가 빨라야 하는 경우 도움이 된다).

회전 인자라는 이름은 W_N이 한번 곱해질 때마다 시계 방향으로 돌면서 한 점씩 위치를 옮겨가기 때문에 붙여진 것이다. $N=8$인 경우의 회전 인자를 [그림 7-3]에 나타내었다.

그림에서 보면 회전 인자는 N번 이동하여 한 바퀴 회전하면 다시 원위치로 돌아오게 된다. 즉 회전 인자 W_N^{kn}은 주기 N인 주기 함수이다.

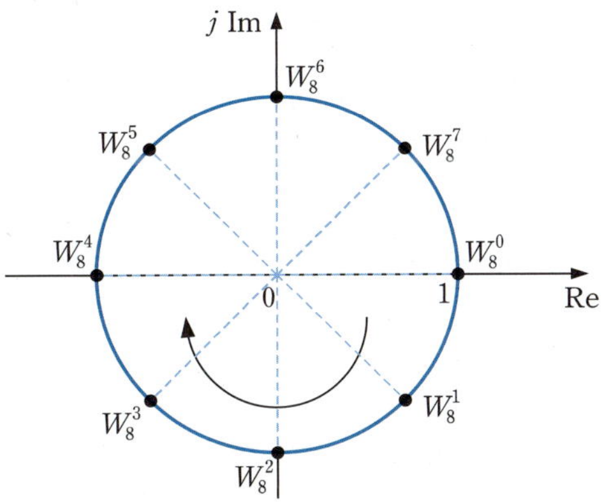

[그림 7-3] 회전 인자($N=8$)

예제 7-1 유한 구간 신호의 DFT

[그림 7-4]와 같은 유한 구간 신호 $x[n]$의 DFT를 구하라. 단 $N=4$이다.

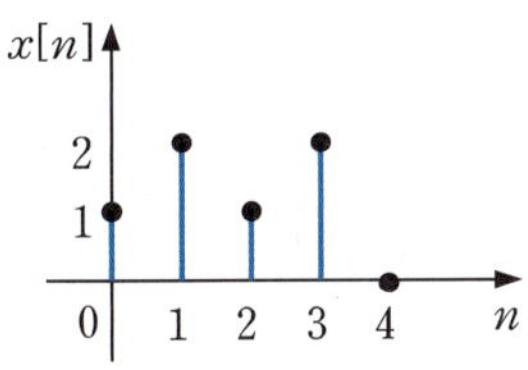

[그림 7-4] [예제 7-1]의 이산 신호 $x[n]$

풀이

회전 인자는 [그림 7-5(b)]와 같이 $W_4^{kn}=\left(e^{-j\frac{2\pi}{4}}\right)^{kn}=(-j)^{kn}$으로 미리 계산할 수 있으므로, DFT의 정의식인 식 (7.3)에 의해 $x[n]$의 DFT는 다음과 같이 계산된다.

$$X[k]=\sum_{n=0}^{3}x[n]\,W_4^{kn}$$

$$\begin{aligned}X[0]&=x[0]\,W_4^0+x[1]\,W_4^0+x[2]\,W_4^0+x[3]\,W_4^0\\&=(1)(1)+(2)(1)+(1)(1)+(2)(1)=6\end{aligned}$$

$$\begin{aligned}X[1]&=x[0]\,W_4^0+x[1]\,W_4^1+x[2]\,W_4^2+x[3]\,W_4^3\\&=(1)(1)+(2)(-j)+(1)(-1)+(2)(j)=0\end{aligned}$$

$$\begin{aligned}X[2]&=x[0]\,W_4^0+x[1]\,W_4^2+x[2]\,W_4^4+x[3]\,W_4^6\\&=(1)(1)+(2)(-1)+(1)(1)+(2)(-1)=-2\end{aligned}$$

$$\begin{aligned}X[3]&=x[0]\,W_4^0+x[1]\,W_4^3+x[2]\,W_4^6+x[3]\,W_4^9\\&=(1)(1)+(2)(j)+(1)(-1)+(2)(-j)=0\end{aligned}$$

이렇게 구한 샘플 스펙트럼 $X[k]$를 [그림 7-5(a)]에 나타내었다. 그림의 샘플 스펙트럼을 보면, $k=4$가 $\Omega=2\pi$에 해당히므로 $k=2$기 $\Omega=\pi$가 된다. 그림을 살펴보면 신호 $x[n]$이 실수 신호이므로 반주기($k=2$)에 대해 우대칭을 만족함을 볼 수 있다.

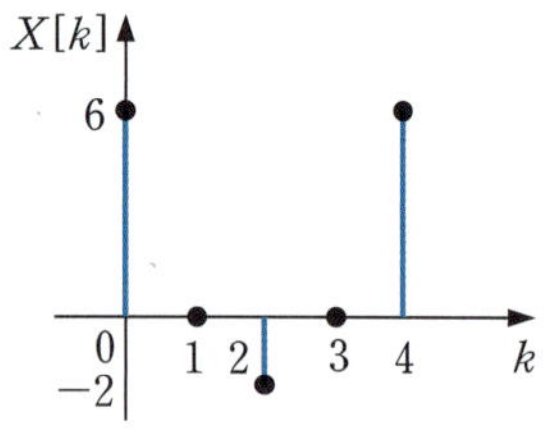

(a) 샘플 스펙트럼

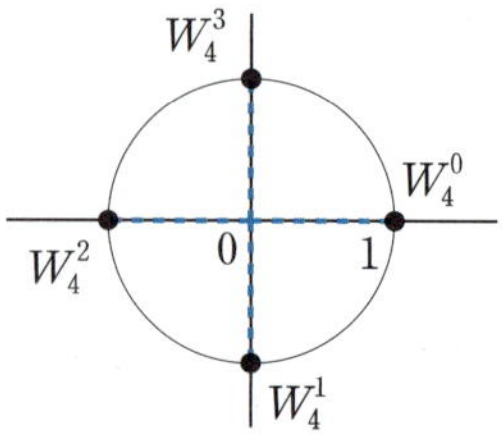

(b) 회전 인자

[그림 7-5] [예제 7-1]의 스펙트럼과 회전 인자

위의 DFT 계산식들을 잘 살펴보면 흥미로운 사실을 발견할 수 있다. $X[0]$은 모든 데이터에 $W_4^0=1$이 곱해지고, $X[1]$은 데이터 수열에 회전 인자가 1점씩 이동하여 순서대로 곱해진다. 그리고 $X[2]$는 데이터 수열에 회전 인자가 2점씩 이동하여, $X[3]$는 회전 인자가 3점씩 이동하여 데이터 수열에 순서대로 곱해진다. 즉 $X[k]$는 데이터 수열에 회전 인자를 k점씩 이동시켜 순서대로 곱하여 더한 것으로 계산이 매우 기계적으로 이루어짐을 알 수 있다. 따라서 컴퓨터를 이용한 수치 계산에 아주 적합한 구조라 할 수 있다.

7.1.3 DFT를 이용한 신호 처리

DFT쌍을 이용하면 이산 신호의 푸리에 해석뿐 아니라 연속 신호의 아날로그 처리 시스템을 디지털 시스템으로 대체할 수 있다. DFT를 이용한 연속 신호의 디지털 처리 시스템을 [그림 7-6]에 나타내었다. 만약 처리해야 할 신호가 원래부터 이산 신호라면, 그림에서 A/D 변환과 D/A 변환 과정만 생략하면 된다.

DFT를 이용한 연속 신호의 디지털 처리

❶ 입력으로 인가할 연속 신호 $x(t)$를 A/D 변환하여 이산 신호 $x[n]$으로 만든다. 이때 필요하다면 신호를 적당한 길이로 자른다.
❷ $x[n]$의 DFT를 수행한다.
❸ $x[n]$의 DFT에 (미리 계산해 둔) 시스템의 임펄스 응답 $h[n]$의 DFT를 곱하여 출력 $y[n]$의 샘플 스펙트럼 $Y[k]$를 구한다.
❹ 출력 샘플 스펙트럼 $Y[k]$의 IDFT를 수행하여 출력 $y[n]$을 구한다.
❺ 이산 신호 $y[n]$을 D/A 변환하여 연속 신호 $y(t)$로 변환한다.

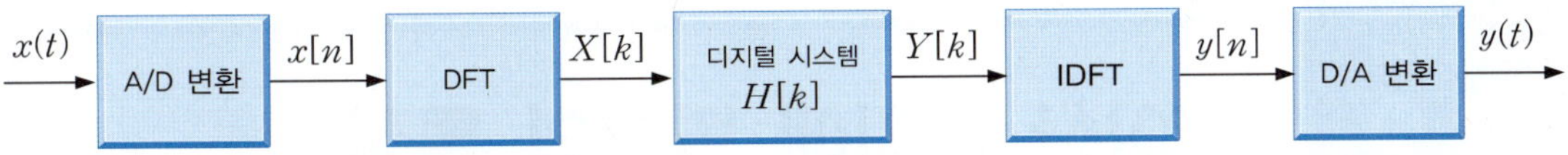

[그림 7-6] DFT를 이용한 연속 신호의 디지털 처리

DFT를 이용한 신호의 처리에서 주의해야 할 점은 앞에서도 언급했지만 수치 계산을 위해 신호의 길이를 유한하게 제한하면 반드시 스펙트럼의 중첩이 발생한다는 것이다. 이는 신호 처리의 정확도에 악영향을 미치게 된다.

DFT의 길이 N의 선정

[그림 7-6]과 같이 DFT를 이용하여 연속 신호를 처리할 때, 스펙트럼의 해상도와 정확도가 DFT의 길이 N과 밀접하게 관련되어 있으므로 N의 선정은 중요하다. DFT의 길이 N을 선정하는 데 있어서 반드시 고려되어야 할 사항은 크게 두 가지이다. 하나는 변환에 의해 신호로부터 스펙트럼이 얻어질 때 주파수 중첩을 피할 수 있도록 샘플링 정리의 조건을 만족해야 한다는 것이고, 다른 하나는 역변환에 의해 스펙트럼으로부터 시간 신호로 되돌릴 때 주기 N으로 파형이 반복되더라도 중첩(이를 절단 왜곡이라 한다)이 발생하지 않아야 한다는 것이다.

따라서 연속 신호의 길이(지속시간)를 t_l, 신호의 (유효) 대역폭을 f_b, 샘플링 주파수를 f_s라고 하면, DFT의 길이 N은 다음의 관계를 만족해야만 한다.

$$f_s = \frac{1}{T_s} \geq 2f_b \tag{7.10}$$

$$NT_s \geq t_l \tag{7.11}$$

두 조건을 결합하면 최종적으로 다음의 결과를 얻게 된다.

> DFT의 길이 N은 최소한 연속 신호의 지속시간과 (유효) 대역폭의 곱, 다시 말해, 시간-대역폭 곱의 두 배 이상은 되어야 한다.
>
> $$N \geq 2t_l f_b \tag{7.12}$$

DFT를 이용하는 한 데이터의 길이는 유한할 수밖에 없어 주파수 중첩을 피할 도리가 없다. 따라서 현실적인 대안은 주파수 중첩의 영향을 되도록 줄이는 것뿐이며, 그러려면 신호의 길이 N을 충분히 크게 할 필요가 있다. 신호의 길이가 길어질수록 스펙트럼 폭이 좁아지면서 유효 에너지가 기저대역에 몰리고 고주파 성분의 영향이 줄어드는 효과가 생긴다. 그 결과 스펙트럼이 겹치는 정도도 작아질 뿐만 아니라 왜곡되는 정도도 낮아진다. 하지만 데이터 길이가 너무 크면 계산량이 그만큼 많아져서 부담된다. 그래서 보통 정보 손실, 즉 신호 왜곡이 크게 문제 되지 않는 선에서 적당히 자른 다음 0 데이터를 조금 추가하여 신호의 반복 주기에 완충지대를 확보해두는 방법으로 해결한다.

SECTION 7.2

이산 푸리에 변환의 특성

학습포인트

- DFT의 기본 성질들을 알아보고, 다른 푸리에 변환들의 성질과의 유사성과 차이점을 이해한다.
- 동일 구조에 의한 역 DFT(IDFT) 계산 방법에 대해 알아본다.
- 데이터 수와 DFT에 의한 스펙트럼의 정확도와 해상도의 관계를 알아본다.
- DFT의 해상도에 대한 영 채우기의 효과를 이해한다.

DFT는 DTFT로 얻은 연속 스펙트럼의 샘플링 개념으로부터 유도되어 그 결과가 DTFS와 같기 때문에 기본 성질은 DTFS 및 DTFT와 매우 비슷하다. 하지만 DFT는 푸리에 변환의 수치적 계산을 위한 실용성에 초점이 맞추어져 있으므로 이와 관련한 몇 가지 흥미로운 특성들을 추가로 고려할 수 있다. 이 절에서는 DFT의 기본 성질들을 간단히 요약하고, DFT 알고리즘을 활용하여 IDFT를 계산하는 방법에 대해 살펴본다. 그리고 DFT의 해상도와 영 채우기 동작의 효과에 대해 알아본다.

7.2.1 이산 푸리에 변환의 기본 성질

DFT의 기본 성질은 DTFS 및 DTFT와 거의 같으므로, 특별한 유도 과정이나 증명 없이 결과만 정리하여 [표 7-1]에 제시했다.

[표 7-1] DFT의 기본 성질

	성질	DFT 변환쌍
1	주기성	$x[n]=x[n+N] \Leftrightarrow X[k]=X[k+N]$
2	선형성	$\alpha x[n]+\beta y[n] \Leftrightarrow \alpha X[k]+\beta Y[k]$
3	대칭성	$X^*[k]=X[-k]$, $x[n]$은 실수
		$\begin{cases} \mathrm{Re}\{X[k]\}=\mathrm{Re}\{X[-k]\}, & x[n]\text{은 실수} \\ \mathrm{Im}\{X[k]\}=-\mathrm{Im}\{X(-k)\}, & x[n]\text{은 실수} \end{cases}$
		$\begin{cases} \lvert X[k]\rvert=\lvert X[-k]\rvert, & x[n]\text{은 실수} \\ \angle X[k]=-\angle X[-k], & x[n]\text{은 실수} \end{cases}$
4	시간 이동	$x[n-n_0] \Leftrightarrow X[k]\,W_N^{kn_0}$
5	주파수 이동	$x[n]\,W_N^{-k_0 n} \Leftrightarrow X[k-k_0]$
6	시간 컨벌루션	$x[n]\circledast y[n] \Leftrightarrow X[k]\,Y[k]$
7	주파수 컨벌루션	$x[n]y[n] \Leftrightarrow \dfrac{1}{N}X[k]\circledast Y[k]$

[표 7-1]과 관련하여, DFT가 비록 유한한 길이 N 구간 내의 데이터만 고려하여 취급하지만 신호와 (샘플) 스펙트럼 모두 주기 함수라는 전제를 잊어버리면 안 된다. 그러므로 시간이나 주파수에 대한 이동은 강강술래 놀이를 할 때 손을 잡고 원을 그리며 빙빙 도는 것처럼 **원형(환상) 이동** circular shift이 되며, 컨벌루션 역시 원형(주기) 컨벌루션이 된다.

7.2.2 동일 구조에 의한 IDFT의 계산

$X[k]$로부터 $x[n]$을 복원하고자 할 때, 식 (7.4)에 나타낸 IDFT의 정의식이 아닌 다른 방법을 사용할 수 있다. DFT의 정의식인 식 (7.3)과 IDFT의 정의식인 식 (7.4)를 비교하면, 회전 인자의 지수의 부호가 반대이고 $1/N$이 합성식에 곱해져 있다는 것만 제외하면 변환과 역변환이 같은 구조의 계산식으로 되어 있음을 알 수 있다.

식 (7.4)에 복소수 계산의 성질 $(a+b)^*=a^*+b^*$, $(ab)^*=a^*b^*$을 적용하면

$$x^*[n]=\left(\frac{1}{N}\sum_{k=0}^{N-1}X[k]\,W_N^{-kn}\right)^*=\frac{1}{N}\sum_{k=0}^{N-1}X^*[k]\,W_N^{kn} \tag{7.13}$$

이고, 식 (7.13)의 공액을 취하면 식 (7.4)와는 다른 IDFT 계산식을 얻을 수 있다.

$$x[n]=(x^*[n])^*=\frac{1}{N}\left(\sum_{k=0}^{N-1}X^*[k]\,W_N^{kn}\right)^* \tag{7.14}$$

식 (7.14)의 ( ) 안의 계산은 $x[n]$ 대신 $X^*[k]$값을 입력으로 사용한다는 점을 제외하고는 DFT를 계산하는 식 (7.3)과 똑같다. 그러므로 IDFT를 위한 별도의 알고리즘이나 하드웨어가 필요 없이 DFT의 계산 구조를 그대로 활용할 수 있게 된다. 식 (7.14)를 이용한 IDFT 과정은 다음과 같은 과정을 거친다.

동일 구조에 의한 IDFT의 계산 과정

❶ $X[k]$의 허수부의 부호를 바꾸어 공액 복소수 $X^*[k]$로 만든다.
❷ $X^*[k]$를 데이터로 입력하여 DFT 알고리즘을 실행한다.
❸ 단계 ❷ 결과의 허수부 부호를 바꾸어 공액 복소수를 구한다.
❹ 단계 ❸ 결과를 N으로 나눈다.

이 계산 과정은 언뜻 보기에는 번거로울 것 같지만 변환과 역변환에 같은 알고리즘이나 하드웨어를 사용할 수 있다는 점에서 실제적으로는 매우 유용하다. 그리고 이 방법은 식 (7.4)를 이용하는 경우와 비교해도 계산량에 대한 추가 부담이 없다. 왜냐하면 단계 ❶과 단계 ❸의 복소수 공액을 취하는 연산은 허수부의 부호만 바꾸는 동작이기 때문이다.

예제 7-2 DFT 알고리즘을 이용한 IDFT 계산

$x[n] = [\underset{\uparrow}{1},\ 2,\ 3,\ 4]$에 대해 DFT를 구하고, 다시 이를 IDFT하여 $x[n]$을 계산하라. 단 $N=4$이다.

풀이

[예제 7-1]에서 이미 $N=4$일 경우의 회전 인자 W_4^{kn}를 구했었다. 이를 이용하여 $x[n]$의 DFT를 구하면 다음과 같다.

$$\begin{aligned}
X[0] &= x[0]W_4^0 + x[1]W_4^0 + x[2]W_4^0 + x[3]W_4^0 \\
&= (1)(1) + (2)(1) + (3)(1) + (4)(1) = 10 \\
X[1] &= x[0]W_4^0 + x[1]W_4^1 + x[2]W_4^2 + x[3]W_4^3 \\
&= (1)(1) + (2)(-j) + (3)(-1) + (4)(j) = -j + j2 \\
X[2] &= x[0]W_4^0 + x[1]W_4^2 + x[2]W_4^4 + x[3]W_4^6 \\
&= (1)(1) + (2)(-1) + (3)(1) + (4)(-1) = -2 \\
X[3] &= x[0]W_4^0 + x[1]W_4^3 + x[2]W_4^6 + x[3]W_4^9 \\
&= (1)(1) + (2)(j) + (3)(-1) + (4)(-j) = -2 - j2
\end{aligned}$$

따라서 $X[k]$를 정리하면 다음과 같다.

$$X[k] = [10,\ -2+j2,\ -2,\ -2-j2]$$

이번에는 역으로 DFT 알고리즘에 샘플 스펙트럼 $X[k]$를 입력으로 하여 IDFT를 계산해보자. 단계 ❶은 $X[k]$의 공액 복소수를 취하는 연산으로 허수부의 부호를 바꾸면 된다.

$$X^*[k] = [10,\ -2-j2,\ -2,\ -2+j2]$$

단계 ❷는 $X^*[k]$에 대한 DFT의 수행이고, 이때 얻어지는 결과는 $Nx^*[n]$이 된다.

$$\begin{aligned}
4x^*[0] &= X^*[0]W_4^0 + X^*[1]W_4^0 + X^*[2]W_4^0 + X^*[3]W_4^0 \\
&= (10)(1) + (-2-j2)(1) + (-2)(1) + (-2+j2)(1) = 4 \\
4x^*[1] &= X^*[0]W_4^0 + X^*[1]W_4^1 + X^*[2]W_4^2 + X^*[3]W_4^3 \\
&= (10)(1) + (-2-j2)(-j) + (-2)(-1) + (-2+j2)(j) = 8 \\
4x^*[2] &= X^*[0]W_4^0 + X^*[1]W_4^2 + X^*[2]W_4^4 + X^*[3]W_4^6 \\
&= (10)(1) + (-2-j2)(-1) + (-2)(1) + (-2+j2)(-1) = 12 \\
4x^*[3] &= X^*[0]W_4^0 + X^*[1]W_4^3 + X^*[2]W_4^6 + X^*[3]W_4^9 \\
&= (10)(1) + (-2-j2)(j) + (-2)(-1) + (-2+j2)(-j) = 16
\end{aligned}$$

단계 ❷의 결과가 모두 실수이므로 단계 ❸의 공액 복소수를 취하는 연산은 필요가 없다.

마지막으로 단계 ❹는 단계 ❷의 결과를 4로 나누면 된다.

$$x[n]=[1,\ 2,\ 3,\ 4]$$

식 (7.4)를 이용하여 직접 $x[n]$을 계산해보자.

$$\begin{aligned}
x[0]&=\left\{X[0]W_4^0+X[1]W_4^0+X[2]W_4^0+X[3]W_4^0\right\}/4\\
&=\{(10)(1)+(-2+j2)(1)+(-2)(1)+(-2-j2)(1)\}/4=1\\
x[1]&=\left\{X[0]W_4^0+X[1]W_4^{-1}+X[2]W_4^{-2}+X[3]W_4^{-3}\right\}/4\\
&=\{(10)(1)+(-2+j2)(j)+(-2)(-1)+(-2-j2)(-j)\}/4=2\\
x[2]&=\left\{X[0]W_4^0+X[1]W_4^{-2}+X[2]W_4^{-4}+X[3]W_4^{-6}\right\}/4\\
&=\{(10)(1)+(-2+j2)(-1)+(-2)(1)+(-2-j2)(-1)\}/4=3\\
x[3]&=\left\{X[0]W_4^0+X[1]W_4^{-3}+X[2]W_4^{-6}+X[3]W_4^{-9}\right\}/4\\
&=\{(10)(1)+(-2+j2)(-j)+(-2)(-1)+(-2-j2)(j)\}/4=4
\end{aligned}$$

앞의 경우와 같은 결과가 얻어지지만 이처럼 정의식으로 직접 IDFT를 하는 경우는 데이터에 곱해지는 회전 인자가 다르므로 계산 프로그램을 새로 짜야 한다.

7.2.3 DFT의 해상도와 영 채우기

DFT의 해상도

DFT로는 신호의 스펙트럼 전체가 아니고 단지 스펙트럼의 샘플만을 볼 수 있다. 이것은 마치 나무 울타리 틈 사이로 풍경을 바라보는 것과 같으므로 이러한 DFT의 특성을 **울타리 효과** picket fence effect 라고 한다. 울타리 효과와 관련해 문제가 되는 것은 스펙트럼 샘플의 간격이 너무 넓어서 실제 연속인 스펙트럼의 변화를 적절히 보여주지 못하는 경우이다.

- **해상도(분해능)** resolution 는 스펙트럼에서 인접한 두 주파수 성분을 구분해낼 수 있는 능력으로 정의한다.
- 디지털 주파수에 대한 N점 DFT의 해상도는 다음과 같다.

$$\Delta F=\frac{1}{N}\quad \text{또는}\quad \Delta\Omega=\frac{2\pi}{N} \tag{7.15}$$

- 아날로그 주파수에 대한 N점 DFT의 해상도는 다음과 같다.

$$\Delta f=\frac{\text{한 주기 구간에 해당하는 주파수}}{\text{샘플 개수}}=\frac{f_s}{N}=\frac{1}{NT_s} \tag{7.16}$$

- DFT의 해상도는 데이터의 샘플 수 N에 따라 달라진다.

이산 신호의 스펙트럼은 주기 $1(2\pi)$인 주기 함수이고 N점 DFT는 스펙트럼의 한 주기에 N개의 샘플을 가지므로, 디지털 주파수에 대해 구분 가능한 최소 주파수 간격은 식 (7.15)가 될 것이다. 또한 4장에서 샘플링에 의한 이산 신호의 스펙트럼은 연속 신호의 스펙트럼이 샘플링 주파수 f_s를 주기로 반복됨을 보았는데, 이는 결국 아날로그 주파수 f_s가 디지털 주파수 1에 해당함을 뜻한다. 따라서 아날로그 주파수에 대해 구분 가능한 최소 주파수 간격은 식 (7.16)이 된다. 결국 DFT의 해상도는 데이터의 샘플 수 N에 따라 달라지므로, 더 높은 주파수 해상도가 필요하다면 더 많은 시간 신호 샘플을 사용해야 한다. 이는 역으로, 샘플 스펙트럼 $X[k]$에 요구되는 해상도가 반드시 사용해야 할 시간 신호 $x[n]$의 샘플 수를 제약함을 의미한다.

예제 7-3 DFT의 길이 N의 선정과 DFT의 해상도

지속시간 $t_l = 2$[초]이고 유효 대역폭 $f_b = 10$[kHz]인 연속 신호에 대해 주파수 중첩과 파형의 절단 왜곡이 생기지 않기 위한 DFT의 길이 N을 결정하라. 그리고 연속 신호를 나이퀴스트 샘플링 주파수로 샘플링한다면, 그때의 DFT 해상도를 구하라.

풀이

식 (7.12)로부터 주파수 중첩과 절단 왜곡이 없을 DFT의 길이에 대한 조건을 구하면

$$N \geq 2t_l \cdot f_b = 2 \times 2 \times 10^4 = 4 \times 10^4$$

이 되므로 최솟값으로 잡으면 $N = 4 \times 10^4$이다. 나이퀴스트 샘플링 주파수 $f_s = 2 \times 10^4$[Hz]로 샘플링하면, 스펙트럼의 해상도는 식 (7.16)으로부터 다음과 같이 된다.

$$\Delta f = \frac{f_s}{N} = \frac{2 \times 10^4}{4 \times 10^4} = 0.5\,[\text{Hz}]$$

영 채우기와 DFT의 해상도

만약 요구되는 스펙트럼 해상도를 맞추기 위해 N_2개의 시간 신호 샘플이 필요한데 사용할 수 있는 시간 신호의 유효 샘플이 N_1개뿐이라면, $N_2 - N_1$개의 추가적인 데이터를 확보하는 것이 문제가 된다. 그렇다고 해서 아무 데이터나 임의로 추가하면, 이는 시간 신호가 원래 신호와는 달라지는 것이므로 엉뚱한 스펙트럼을 구하는 결과를 초래하게 된다.

- **영 채우기**zero padding는 요구되는 DFT의 해상도 조건을 맞추기 위해 (스펙트럼의 변화를 가져오지 않도록) $N_2 - N_1$개의 0을 첨가하여 DFT의 데이터 수를 늘리는 것을 말한다.
- 영 채우기를 하면 스펙트럼 해상도는 높아지지만, 스펙트럼의 **정확도**accuracy가 증가하지는 않는다.
- 스펙트럼의 정확도를 향상하려면 반드시 신호의 유효 샘플 수를 늘려야 한다.

데이터 수를 늘릴 때 유효 데이터를 추가하는 것이 당연히 가장 바람직하다. 늘어난 신호의 길이로 인해 스펙트럼의 해상도가 향상될 뿐만 아니라, DFT에 의해 얻어지는 스펙트럼 값의 정확도도 더 높아지기 때문이다. 그러나 0의 데이터들은 스펙트럼 값에는 전혀 영향을 미치지 못한다. 그러므로 영 채우기는 도저히 신호의 유효 샘플 수를 늘려 데이터를 확보하는 것이 힘들 때의 차선책에 불과하다.

간단한 예를 통해 확인해보자. 다음과 같은 $N=4$인 신호 $x[n]$의 DTFT가 있다고 하자.

$$X(\Omega)=\sum_{n=0}^{3}x[n]e^{-j\Omega n} \tag{7.17}$$

$x[n]$에 대해 4개의 0을 추가한 $x'[n]=[x[0],\ x[1],\ x[2],\ x[3],\ 0,\ 0,\ 0,\ 0]$의 DTFT는 다음과 같다.

$$X'(\Omega)=\sum_{n=0}^{7}x'[n]e^{-j\Omega n}=\sum_{n=0}^{3}x[n]e^{-j\Omega n} \tag{7.18}$$

$X(\Omega)$와 $X'(\Omega)$가 같으므로 둘을 샘플링한 DFT의 스펙트럼의 정확도는 바뀌지 않는다. 다만 $x'[n]$의 길이가 $x[n]$의 두 배이므로 스펙트럼 샘플 수가 배로 증가하여 해상도는 높아지게 된다. 0 대신에 유효 샘플이 4개 추가된 $x''[n]$의 DTFT는 다음과 같다.

$$X''(\Omega)=\sum_{n=0}^{7}x''[n]e^{-j\Omega n}=\sum_{n=0}^{3}x[n]e^{-j\Omega n}+\sum_{n=4}^{7}x''[n]e^{-j\Omega n} \tag{7.19}$$

따라서 식 (7.17)의 $X(\Omega)$와는 다른 값이 되어 정확도가 증가할 것이다.

예제 7-4 영 채우기에 의한 스펙트럼 해상도 향상

[예제 7-1]의 $x[n]$에 대해 4개의 0을 추가하여 $N=8$일 때의 DFT를 구하라.

풀이

신호 데이터를 정리하여 나타내면 다음과 같다.

$$x[n]=[x[0],\ x[1],\ x[2],\ x[3],\ 0,\ 0,\ 0,\ 0]=[\underset{\uparrow}{1},\ 2,\ 1,\ 2,\ 0,\ 0,\ 0,\ 0]$$

$N=8$인 경우의 회전 인자는 $W_8^{kn}=\left(e^{-j\frac{2\pi}{8}}\right)^{kn}=\left(\frac{1}{\sqrt{2}}-j\frac{1}{\sqrt{2}}\right)^{kn}$이고 주기 함수이므로 $W_8^{kn}=W_8^{(kn \bmod 8)}$이다. 따라서 회전 인자는 다음의 8개 값으로 구성된다.

$$\begin{aligned}
&W_8^0=1 && W_8^4=-1\\
&W_8^1=\frac{1}{\sqrt{2}}-j\frac{1}{\sqrt{2}} && W_8^5=-\frac{1}{\sqrt{2}}+j\frac{1}{\sqrt{2}}\\
&W_8^2=-j && W_8^6=j\\
&W_8^3=-\frac{1}{\sqrt{2}}-j\frac{1}{\sqrt{2}} && W_8^7=\frac{1}{\sqrt{2}}+j\frac{1}{\sqrt{2}}
\end{aligned}$$

주어진 데이터에 대해 8점 DFT를 수행하면 다음과 같다.

$$X[0]=x[0]W_8^0+x[1]W_8^0+x[2]W_8^0+x[3]W_8^0$$
$$=(1)(1)+(2)(1)+(1)(1)+(2)(1)=6$$

$$X[1]=x[0]W_8^0+x[1]W_8^1+x[2]W_8^2+x[3]W_8^3$$
$$=(1)(1)+(2)\left(\frac{1}{\sqrt{2}}-j\frac{1}{\sqrt{2}}\right)+(1)(-j)+(2)\left(-\frac{1}{\sqrt{2}}-j\frac{1}{\sqrt{2}}\right)=1-j\frac{4+\sqrt{2}}{\sqrt{2}}$$

$$X[2]=x[0]W_8^0+x[1]W_8^2+x[2]W_8^4+x[3]W_8^6$$
$$=(1)(1)+(2)(-j)+(1)(-1)+(2)(j)=0$$

$$X[3]=x[0]W_8^0+x[1]W_8^3+x[2]W_8^6+x[3]W_8^1$$
$$=(1)(1)+(2)\left(-\frac{1}{\sqrt{2}}-j\frac{1}{\sqrt{2}}\right)+(1)(j)+(2)\left(\frac{1}{\sqrt{2}}-j\frac{1}{\sqrt{2}}\right)=1-j\frac{4-\sqrt{2}}{\sqrt{2}}$$

$$X[4]=x[0]W_8^0+x[1]W_8^4+x[2]W_8^0+x[3]W_8^4$$
$$=(1)(1)+(2)(-1)+(1)(1)+(2)(-1)=-2$$

$$X[5]=x[0]W_8^0+x[1]W_8^5+x[2]W_8^2+x[3]W_8^7$$
$$=(1)(1)+(2)\left(-\frac{1}{\sqrt{2}}+j\frac{1}{\sqrt{2}}\right)+(1)(-j)+(2)\left(\frac{1}{\sqrt{2}}+j\frac{1}{\sqrt{2}}\right)=1+j\frac{4-\sqrt{2}}{\sqrt{2}}$$

$$X[6]=x[0]W_8^0+x[1]W_8^6+x[2]W_8^4+x[3]W_8^2$$
$$=(1)(1)+(2)(j)+(1)(-1)+(2)(-j)=0$$

$$X[7]=x[0]W_8^0+x[1]W_8^7+x[2]W_8^6+x[3]W_8^5$$
$$=(1)(1)+(2)\left(\frac{1}{\sqrt{2}}+j\frac{1}{\sqrt{2}}\right)+(1)(j)+(2)\left(-\frac{1}{\sqrt{2}}+j\frac{1}{\sqrt{2}}\right)=1+j\frac{4+\sqrt{2}}{\sqrt{2}}$$

따라서 샘플 스펙트럼을 구하면 다음과 같다.

$$X[k]=\left[6,\ 1-j\frac{4+\sqrt{2}}{\sqrt{2}},\ 0,\ 1-j\frac{4-\sqrt{2}}{\sqrt{2}},\ -2,\ 1+j\frac{4-\sqrt{2}}{\sqrt{2}},\ 0,\ 1+j\frac{4+\sqrt{2}}{\sqrt{2}}\right]$$

이 샘플 스펙트럼을 [예제 7-1]의 샘플 스펙트럼과 비교하면, 1, 3, 5, 7번째 스펙트럼 샘플 $X[0]$, $X[2]$, $X[4]$, $X[6]$은 [예제 7-1]의 결과와 일치한다. 그리고 해상도를 두 배로 높인 결과로 새롭게 나타난 2, 4, 6, 8번째의 스펙트럼 샘플 $X[1]$, $X[3]$, $X[5]$, $X[7]$은 [예제 7-1]에서는 볼 수 없었던 스펙트럼 샘플들 사이의 스펙트럼 값의 변화를 보여준다. 이 결과로부터 눈에 보이지 않는다고 해서 스펙트럼 값이 0인 것은 아니라는 사실을 확인할 수 있으며, 스펙트럼의 해상도가 매우 민감하고 중요한 문제라는 것을 깨달을 수 있을 것이다.

SECTION 7.3

원형 컨벌루션

학습포인트

- 원형(주기) 컨벌루션의 정의와 개념, 계산 방법에 대해 알아본다.
- DFT를 이용한 원형 컨벌루션의 계산 방법에 대해 익혀둔다.
- 원형 컨벌루션을 이용한 선형 컨벌루션의 계산 방법에 대해 알아본다.
- 중복-더하기overlap-add 및 중복-저장overlap-save 방법의 개념과 계산 과정을 이해한다.

푸리에 변환의 성질을 설명하면서, 시간 컨벌루션 성질을 이용해 시간 영역의 컨벌루션을 주파수 영역에서 곱셈으로 바꾸어 계산하면 편리함을 강조한 바 있다. 그런데 실용적인 푸리에 변환, 즉 DFT를 컨벌루션 계산에 사용할 수 있으려면 먼저 해결되어야 할 문제가 있다. DFT는 신호가 마치 주기 신호인 것처럼 전제하는데, 주기 신호에는 (선형) 컨벌루션이 정의될 수 없다. 그러므로 새롭게 한 주기 값을 이용한 원형 컨벌루션을 정의하게 된다. 이 절에서는 원형 컨벌루션의 정의와 간편 계산을 살펴보고, DFT를 이용한 원형 컨벌루션의 계산에 대해서도 알아본다. 또한 원형 컨벌루션을 이용한 (선형) 컨벌루션의 계산 방법도 살펴보게 될 것이다.

7.3.1 원형 컨벌루션의 개념과 정의

원형 컨벌루션의 개념

7.1절에서 보았듯이, DFT는 샘플 스펙트럼에 대응되는 시간 신호가 주기 신호라고 전제한다. 그런데, 주기 신호는 전 시간 구간 $(-\infty, \infty)$에 걸쳐 값이 존재하므로 주기 신호끼리의 (선형) 컨벌루션은 값이 수렴하지 않아 정의할 수 없다. 하지만 주기가 같은 두 주기 신호의 컨벌루션을 살펴보면 흥미로운 사실을 발견할 수 있다.

예를 들어, 주기 $N=4$인 두 주기 신호 $x[n]=[1, 2, 3, 4]$와 $h[n]=[a, b, c, d]$의 컨벌루션을 살펴보자. 컨벌루션 계산에서 $x[n]$을 고정하고 $h[n]$을 뒤집어서 이동시키는 동작은 [그림 7-7]과 같이 나타낼 수 있다.

…	1	2	3	4	1	2	3	4	1	2	…
…	a	d	c	b	a	d	c	b	a	d	…
…	b	a	d	c	b	a	d	c	b	a	…
…	c	b	a	d	c	b	a	d	c	b	…
…	d	c	b	a	d	c	b	a	d	c	…
…	a	d	c	b	a	d	c	b	a	d	…
…	b	a	d	c	b	a	d	c	b	a	…

[그림 7-7] 두 주기 신호의 컨벌루션 예

[그림 7-7]에서 보면, 주기 신호의 컨벌루션은 신호의 주기성으로 인해 이동 신호가 한 주기만큼 이동하면 정확히 같은 패턴을 반복한다. 다시 말해, 컨벌루션 결과값이 주기마다 똑같이 반복되는 주기 특성을 띠게 된다. 또한 선으로 구분한 한 주기 블록 내의 신호 값들만 살펴보면, 한 스텝 이동하면 제일 앞의 신호가 사라지는 게 아니라 마치 동그란 고리로 연결된 것처럼 맨 뒤로 나타난다. 그리고 전체 시간 구간에 대한 컨벌루션 계산 값은 일반적으로 무한대가 되지만 한 주기 구간만 떼어 놓고 본다면 유한한 값이 됨을 알 수 있다. 따라서 전체 시간 구간을 고려하는 (선형) 컨벌루션은 정의할 수 없으나, 신호의 1주기에 대한 특별한 컨벌루션을 정의할 수 있는데, 이를 **원형(환상)**circular **컨벌루션**이라고 한다. [그림 7-7]의 경우, 원형 컨벌루션은 다음과 같이 된다($h[-k]=h[N-k]$ 이용).

$$y[0]=x[0]h[0]+x[1]h[-1]+x[2]h[-2]+x[3]h[-3]=1\cdot a+2\cdot d+3\cdot c+4\cdot b$$
$$y[1]=x[0]h[1]+x[1]h[0]+x[2]h[-1]+x[3]h[-2]=1\cdot b+2\cdot a+3\cdot d+4\cdot c$$
$$y[2]=x[0]h[2]+x[1]h[1]+x[2]h[0]+x[3]h[-1]=1\cdot c+2\cdot b+3\cdot a+4\cdot d$$
$$y[3]=x[0]h[3]+x[1]h[2]+x[2]h[1]+x[3]h[0]=1\cdot d+2\cdot c+3\cdot b+4\cdot a$$

원형 컨벌루션의 정의

위의 결과를 일반화하여 원형 컨벌루션을 다음과 같이 정의할 수 있다.

- **원형(환상, 주기) 컨벌루션**은 같은 길이의 주기 신호의 한 주기에 대한 컨벌루션으로, 신호는 주기적으로 반복된다고 보고 고정 신호와 이동 신호를 곱한 값을 더하는 계산만 한 주기 구간에서 수행하는 연산으로 정의한다($h[-k]=h[N-k]$ 이용).

$$y[n]=\sum_{m=0}^{N-1}x[m]h[n-m]=x[n]\circledast h[n] \tag{7.20}$$

- 원형 컨벌루션은 길이가 같은 두 신호에 대해서만 가능하며, 컨벌루션 결과 신호도 길이가 같아진다. 즉 $x[n]$, $h[n]$, $y[n]$ 모두 길이가 N으로 같다.
- 원형 컨벌루션의 계산은 [그림 7-8]과 같이 동심원을 이용하면 훨씬 간편하다.

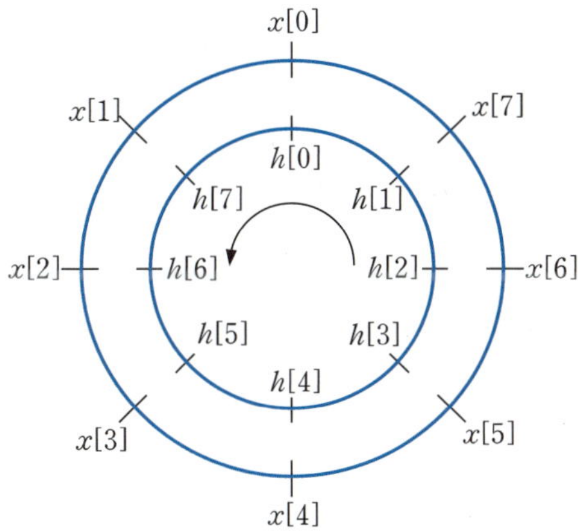

[그림 7-8] 원형 컨벌루션의 계산 원리

식 (7.20)의 원형 컨벌루션 계산은 [그림 7-8]과 같이 두 개의 동심원 위에 한 주기 신호 값을 등간격으로 늘어놓으면 훨씬 편리하다. 이때 두 신호 중의 하나인 $h[n]$을 뒤집는 동작은 그림에 나타낸 것처럼 원 위에 샘플을 늘어놓는 순서를 거꾸로, 즉 반대 방향으로 돌면서 배치하는 것과 같다(안쪽 원). 그러면 원형 컨벌루션 계산은 다음과 같이 이루어진다.

동심원을 이용한 원형 컨벌루션 계산

❶ 두 개의 동심원에 한 주기 신호 값을 등간격으로 늘어놓는다($h[n]$은 역순으로 배열).
❷ $n=0$이면, 현재 위치에서 서로 마주 보는 샘플끼리 곱한 다음 모두 더한다.
❸ n이 1씩 증가함에 따라 $x[n]$이 배치된 원은 고정한 채, $h[n]$이 배치된 원을 반시계 방향으로 한 샘플씩 회전시킨다. 이때 마주 보는 샘플끼리 곱하여 모두 더하는 동작을 반복한다.
❹ 원이 한 바퀴 돌아서 제자리에 오면 계산을 종료한다.

이렇게 하면 (구태여 $h[-k]=h[N-k]$라는 주기 신호의 성질을 적용하지 않고서도) 아주 쉽게 간단히 식 (7.20)의 계산을 해낼 수 있다. 원형 컨벌루션이라는 이름은 이처럼 컨벌루션 동작이 두 신호를 안과 밖의 두 동심원 위에 표시하여 하나를 고정하고 다른 하나를 한 샘플씩 회전시키며 계산하는 것과 같아 붙여진 것이다. 원이 한 바퀴 돌 때마다 같은 결과가 반복되므로 **주기**periodic **컨벌루션**이라고도 한다. 그림에서 알 수 있듯이, 원형 컨벌루션이 가능하려면 반드시 두 신호의 길이가 같아야만 한다. 3장의 시스템의 시간 영역 해석에서 보았던 일반적인 컨벌루션은 **선형**linear **컨벌루션**이라고 불러 원형 컨벌루션과 구분한다.

선형 컨벌루션은 신호의 길이, 즉 N개 이외의 샘플 값은 0으로 간주하여 계산을 진행하지만, 원형 컨벌루션은 신호가 주기적으로 반복된다고 보고 곱한 값을 더하는 계산만 한 주기 구간에서 수행한다. 다시 말해 선형 컨벌루션은 데이터를 직선 위에 펼쳐놓지만, 원형 컨벌루션은 한 바퀴 돌 때마다 동일한 데이터 패턴이 꼬리를 물고 반복되도록 원 위에 펼쳐서 곱한 결과의 합을 구하는 동작이라는 차이를 유의해야 한다.

원형 컨벌루션과 DFT의 관계

일반적으로 주파수 영역 변환 기법들에서는 '두 신호를 컨벌루션한 것과 두 신호의 스펙트럼을 곱한 것이 대응된다'는 시간 컨벌루션 성질이 성립함을 보았다. 원형 컨벌루션은 주기 신호에 대한 연산이고, 주기 신호를 주파수 영역으로 넘겨주는 푸리에 표현이 DFT이므로, DFT에 대해서도 시간 컨벌루션 성질이 만족하는지 살펴보자.

신호들의 샘플 스펙트럼 $X[k]$, $H[k]$, $Y[k]$ 간에 $Y[k]=X[k]H[k]$가 성립한다고 가정하고, 이를 IDFT한 것이 $y[n]=x[n]\circledast h[n]$가 되는지 확인해보자. 주어진 가정에 의해

$$Y[k]=X[k]H[k]=\left(\sum_{l=0}^{N-1}x[l]\,W_N^{kl}\right)\left(\sum_{m=0}^{N-1}h[m]\,W_N^{km}\right) \tag{7.21}$$

이고, 이를 IDFT하면 다음과 같다.

$$\begin{aligned} y[n]&=\frac{1}{N}\sum_{k=0}^{N-1}\left[\left(\sum_{l=0}^{N-1}x[l]\,W_N^{kl}\right)\left(\sum_{m=0}^{N-1}h[m]\,W_N^{km}\right)\right]W_N^{-kn} \\ &=\frac{1}{N}\sum_{l=0}^{N-1}x[l]\sum_{m=0}^{N-1}h[m]\left(\sum_{k=0}^{N-1}W_N^{k(l+m-n)}\right) \end{aligned} \tag{7.22}$$

그런데 식 (7.22) 두 번째 등식의 괄호 안에 있는 회전 인자에 대한 총합은 식 (7.6)에 의해 $l+m-n=0$인 경우에만 값 N을 갖는다. 그러므로 이를 $N\delta[l+m-n]$으로 표시할 수 있고, 따라서 식 (7.22)는 다음과 같이 된다.

$$\begin{aligned} y[n]&=\frac{1}{N}\sum_{l=0}^{N-1}x[l]\sum_{m=0}^{N-1}h[m]N\delta[l+m-n] \\ &=\sum_{l=0}^{N-1}x[l]h[n-l]=x[n]\circledast h[n] \end{aligned} \tag{7.23}$$

식 (7.23)은 두 N-주기 신호 $x[n]$과 $h[n]$의 원형 컨벌루션이다. 그러므로 다음과 같이 원형 컨벌루션과 신호의 DFT 사이에는 시간 컨벌루션 성질이 성립한다는 것이 증명된다.

$$y[n]=x[n]\circledast h[n] \;\Leftrightarrow\; Y[k]=X[k]\,H[k] \tag{7.24}$$

따라서 각각의 신호를 DFT하여 곱한 뒤에 이를 IDFT하면 원형 컨벌루션 결과를 얻을 수 있다. 얼핏 보기에는 식 (7.20)으로 원형 컨벌루션을 직접 계산하면 N^2번의 곱셈이 필요한 데 반해, 식 (7.24)처럼 DFT를 이용하면 DFT와 IDFT 과정에서 최소한 3배 이상의 곱셈이 필요해 보인다. 하지만 다음 절에서 배울 고속 푸리에 변환(FFT)이 DFT의 계산량을 획기적으로 줄여주므로, 데이터 수가 많아질수록 식 (7.24)를 이용한 컨벌루션 계산이 훨씬 효율적이다.

예제 7-5 원형 컨벌루션 계산

이산 주기 신호 $x[n]=[1,\ 2,\ 0,\ -1]$과 $h[n]=[1,\ 3,\ -1,\ -2]$의 원형 컨벌루션을 (a) 정의식을 이용하여, (b) DFT를 이용하여 계산하라.

풀이

(a) 원형 컨벌루션의 정의식에 의한 계산은 [그림 7-9(c)]의 동심원을 이용하면 다음과 같이 간단히 구해진다.

$$y[0]=x[0]h[0]+x[1]h[3]+x[2]h[2]+x[3]h[1]=-6$$
$$y[1]=x[0]h[1]+x[1]h[0]+x[2]h[3]+x[3]h[2]=6$$
$$y[2]=x[0]h[2]+x[1]h[1]+x[2]h[0]+x[3]h[3]=7$$
$$y[3]=x[0]h[3]+x[1]h[2]+x[2]h[1]+x[3]h[0]=-5$$

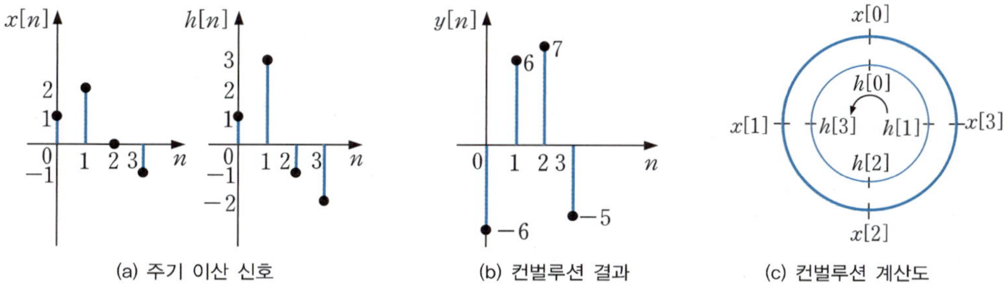

[그림 7-9] [예제 7-5]의 원형 컨벌루션 계산

(b) $N=4$이므로 회전 인자는 $W_4^{kn}=(-j)^{kn}$이다. DFT의 정의식으로부터 $x[n]$과 $h[n]$의 DFT를 계산하면 다음과 같다.

$$X[0]=x[0]W_4^0+x[1]W_4^0+x[2]W_4^0+x[3]W_4^0=1+2-1=2$$
$$X[1]=x[0]W_4^0+x[1]W_4^1+x[2]W_4^2+x[3]W_4^3=1-j2-j=1-3j$$
$$X[2]=x[0]W_4^0+x[1]W_4^2+x[2]W_4^0+x[3]W_4^2=1-2+1=0$$
$$X[3]=x[0]W_4^0+x[1]W_4^3+x[2]W_4^2+x[3]W_4^1=1+j2+j=1+3j$$

$$H[0]=h[0]W_4^0+h[1]W_4^0+h[2]W_4^0+h[3]W_4^0=1$$
$$H[1]=h[0]W_4^0+h[1]W_4^1+h[2]W_4^2+h[3]W_4^3=1-j3+1-j2=2-j5$$
$$H[2]=h[0]W_4^0+h[1]W_4^2+h[2]W_4^0+h[3]W_4^2=1-3-1+2=-1$$
$$H[3]=h[0]W_4^0+h[1]W_4^3+h[2]W_4^2+h[3]W_4^1=1+j3+1+j2=2+j5$$

$Y[k]$는 다음과 같이 $k=0,\ 1,\ 2,\ 3$에 대해 $X[k]$와 $H[k]$를 곱하여 구한다.

$$Y[0]=H[0]X[0]=2$$
$$Y[1]=H[1]X[1]=-13-j11$$
$$Y[2]=H[2]X[2]=0$$
$$Y[3]=H[3]X[3]=-13+j11$$

이제 IDFT를 이용해서 $y[n]$을 구하면 다음과 같다.

$$y[0]=\left(Y[0]W_4^0+Y[1]W_4^0+Y[2]W_4^0+Y[3]W_4^0\right)/4=-6$$
$$y[1]=\left(Y[0]W_4^0+Y[1]W_4^{-1}+Y[2]W_4^{-2}+Y[3]W_4^{-3}\right)/4=6$$
$$y[2]=\left(Y[0]W_4^0+Y[1]W_4^{-2}+Y[2]W_4^{-4}+Y[3]W_4^{-6}\right)/4=7$$
$$y[3]=\left(Y[0]W_4^0+Y[1]W_4^{-3}+Y[2]W_4^{-6}+Y[3]W_4^{-9}\right)/4=-5$$

7.3.2 원형 컨벌루션을 이용한 선형 컨벌루션 계산

선형 컨벌루션을 원형 컨벌루션, 즉 DFT를 이용하여 계산할 수 있으며, 실제 응용에서 많이 활용된다. 길이가 N_1인 이산 신호와 N_2인 이산 신호의 선형 컨벌루션 결과는 길이가 N_1+N_2-1인 신호가 된다. 그런데 원형 컨벌루션은 컨벌루션할 두 신호와 컨벌루션 결과 신호의 길이가 모두 같으므로, 컨벌루션 수행 전에 먼저 신호의 길이부터 맞춰주어야 한다.

원형 컨벌루션을 이용한 선형 컨벌루션 계산

❶ 길이가 N_1인 신호 $x[n]$과 N_2인 신호 $h[n]$에 대해 모두 길이가 N_1+N_2-1이 되도록 모자라는 샘플 개수만큼 주어진 신호에 영 채우기를 한다.

❷ 영 채우기 한 신호 $x_a[n]$과 $h_a[n]$의 원형 컨벌루션 $y[n]=x_a[n]\circledast h_a[n]$을 계산한다.

❸ 원형 컨벌루션 결과 $y[n]$이 바로 선형 컨벌루션 $x[n]*h[n]$의 결과이다.

과연 영 채우기 한 두 신호의 원형 컨벌루션이 선형 컨벌루션과 같은지 [그림 7-7]의 예로 돌아가 확인해보자. $x[n]$과 $h[n]$ 모두 길이 $N=4$인 신호이므로, $N'=4+4-1=7$이 되도록 두 신호에 영 채우기를 하면 $x_a[n]=[1,\ 2,\ 3,\ 4,\ 0,\ 0,\ 0]$, $h_a[n]=[a,\ b,\ c,\ d,\ 0,\ 0,\ 0]$이 되고, 이 두 신호의 원형 컨벌루션은 [그림 7-10]과 같이 된다. 그림에서 보면, $x[n]$에 영 채우기 한 부분은 이동 신호의 값에 상관없이 항상 둘의 곱이 0이 되므로 컨벌루션 값에 전혀 영향을 주지 않으며, 결과적으로 선형 컨벌루션과 같아짐을 알 수 있다.

…	1	2	3	4	⋮	0	0	0	1	2	3	4	⋮	0	0	0	1	2	…
…	a	0	0	0	⋮	d	c	b	a	0	0	0	⋮	d	c	b	a	0	…
…	b	a	0	0	⋮	0	d	c	b	a	0	0	⋮	0	d	c	b	a	…
…	c	b	a	0	⋮	0	0	d	c	b	a	0	⋮	0	0	d	c	b	…
…	d	c	b	a	⋮	0	0	0	d	c	b	a	⋮	0	0	0	d	c	…
…	0	d	c	b	⋮	a	0	0	0	d	c	b	⋮	a	0	0	0	d	…
…	0	0	d	c	⋮	b	a	0	0	0	d	c	⋮	b	a	0	0	0	…
…	0	0	0	d	⋮	c	b	a	0	0	0	d	⋮	c	b	a	0	0	…
…	a	0	0	0	⋮	d	c	b	a	0	0	0	⋮	d	c	b	a	0	…

[그림 7-10] 영 채우기 한 두 신호의 원형 컨벌루션

그런데 원형 컨벌루션은 DFT로 계산할 수 있으므로, 결국 DFT를 이용하여 선형 컨벌루션을 계산할 수 있다. [그림 7-11]은 이를 나타낸 것으로, FFT와 결합하면 매우 유용하다.

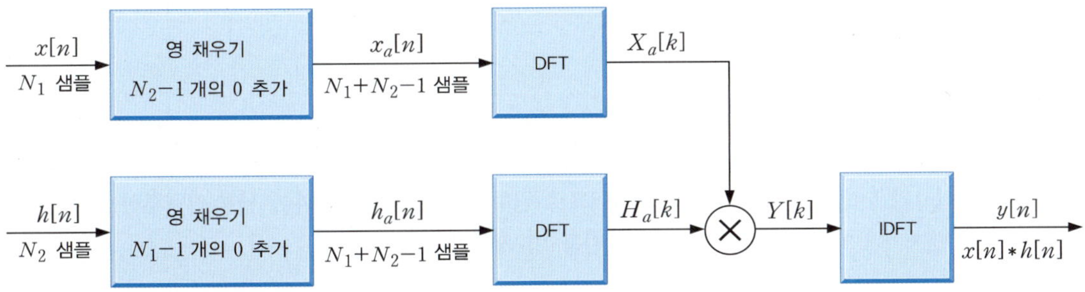

[그림 7-11] DFT를 이용한 선형 컨벌루션 계산

예제 7-6 원형 컨벌루션에 의한 선형 컨벌루션 계산

[그림 7-12]와 같은 두 신호에 대해 다음의 방법으로 선형 컨벌루션을 계산하라.

(a) 직접 선형 컨벌루션 수행 (b) 원형 컨벌루션 이용

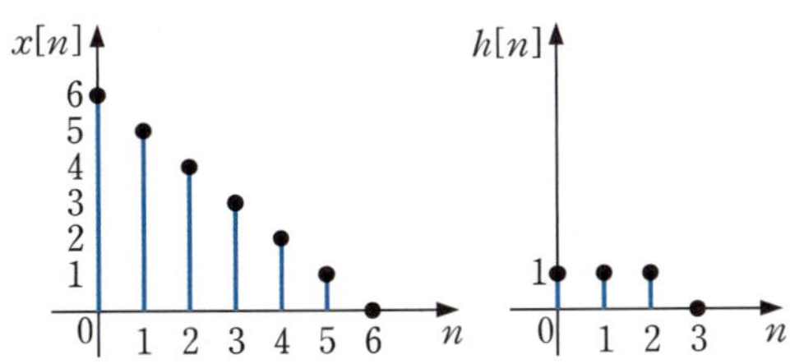

[그림 7-12] [예제 7-6]의 두 신호

풀이

(a) 주어진 신호에 대해 미끄럼 방식 컨벌루션 계산표를 작성하면 [표 7-2]와 같고, [그림 7-13]은 구해진 $y[n]$을 그림으로 나타낸 것이다.

[표 7-2] [예제 7-6]의 미끄럼 방식 컨벌루션 계산표

	n \ k	**0**	**1**	**2**	**3**	**4**	**5**	
$x[k]$		**6**	**5**	**4**	**3**	**2**	**1**	$y[n]$
$h[n-k]$	0	1						6
	1	1	1					11
	2	1	1	1				15
	3		1	1	1			12
	4			1	1	1		9
	5				1	1	1	6
	6					1	1	3
	7						1	1

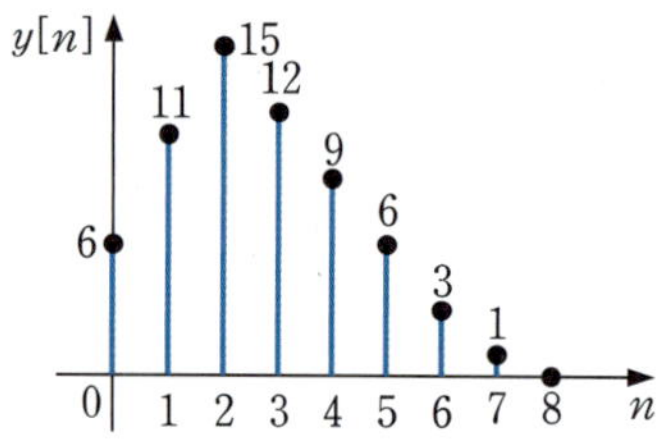

[그림 7-13] 컨벌루션 결과 신호

(b) 신호 $x[n]$과 $h[n]$의 길이는 각각 6과 3이므로 원형 컨벌루션을 이용하여 선형 컨벌루션을 계산하려면, 먼저 $6+3-1=8$에서 모자라는 만큼 영 채우기를 해야 한다.

$$x_a[n]=[x[0],\ x[1],\ x[2],\ x[3],\ x[4],\ x[5],\ 0,\ 0]=[6,\ 5,\ 4,\ 3,\ 2,\ 1,\ 0,\ 0]$$
$$h_a[n]=[h[0],\ h[1],\ h[2],\ 0,\ 0,\ 0,\ 0,\ 0]=[1,\ 1,\ 1,\ 0,\ 0,\ 0,\ 0,\ 0]$$

원형 컨벌루션은 [그림 7-8]의 동심원을 이용하여 간단히 계산할 수 있다.

$$y[0]=(6)(1)+(5)(0)+(4)(0)+(3)(0)+(2)(0)+(1)(0)+(0)(1)+(0)(1)=6$$
$$y[1]=(6)(1)+(5)(1)+(4)(0)+(3)(0)+(2)(0)+(1)(0)+(0)(0)+(0)(1)=11$$
$$y[2]=(6)(1)+(5)(1)+(4)(1)+(3)(0)+(2)(0)+(1)(0)+(0)(0)+(0)(0)=15$$
$$y[3]=(6)(0)+(5)(1)+(4)(1)+(3)(1)+(2)(0)+(1)(0)+(0)(0)+(0)(0)=12$$
$$y[4]=(6)(0)+(5)(0)+(4)(1)+(3)(1)+(2)(1)+(1)(0)+(0)(0)+(0)(0)=9$$
$$y[5]=(6)(0)+(5)(0)+(4)(0)+(3)(1)+(2)(1)+(1)(1)+(0)(0)+(0)(0)=6$$
$$y[6]=(6)(0)+(5)(0)+(4)(0)+(3)(0)+(2)(1)+(1)(1)+(0)(1)+(0)(0)=3$$
$$y[7]=(6)(0)+(5)(0)+(4)(0)+(3)(0)+(2)(0)+(1)(1)+(0)(1)+(0)(1)=1$$

이 결과는 (a)에서 구한 결과와 일치한다. 만약 데이터의 길이를 $N=8$로 하지 않았으면 (a)와 같은 결과를 얻을 수 없으며, $N=8$로 하더라도 0이 아닌 다른 값을 추가했다면 컨벌루션 결과도 달라지리라는 것을 위의 계산식에서 확인할 수 있다.

예제 7-7 DFT를 이용한 선형 컨벌루션의 계산

$x[n]=[1,\ 2,\ 3,\ 4]$ 와 $h[n]=[0,\ 1,\ 2,\ 3]$ 의 선형 컨벌루션을 DFT를 이용해 계산하라.

풀이

먼저 각 신호가 $N_1+N_2-1=7$개의 샘플을 갖도록 영 채우기를 하면 다음과 같다.

$$x_a[n]=[1,\ 2,\ 3,\ 4,\ 0,\ 0,\ 0],\quad h_a[n]=[0,\ 1,\ 2,\ 3,\ 0,\ 0,\ 0]$$

$x_a[n]$과 $h_a[n]$의 DFT와 이를 곱해 얻은 $y[n]=x_a[n]\circledast h_a[n]$의 DFT를 [표 7-3]에 나타냈다. 마지막으로 $Y[k]$의 IDFT를 구하면 다음과 같이 컨벌루션 결과를 얻게 된다.

$$y[n]=[0,\ 1,\ 4,\ 10,\ 16,\ 17,\ 12]$$

[표 7-3] [예제 7-7]의 신호 및 컨벌루션 출력의 DFT

k	$X_a[k]$	$H_a[k]$	$Y[k]$
0	10	6	60
1	$-2.0245-j6.2240$	$-2.5245-j4.0333$	$-19.9928+j23.8775$
2	$0.3460+j2.4791$	$-0.1540+j2.2383$	$-5.6024+j0.3927$
3	$0.1784-j2.4220$	$-0.3216-j1.7950$	$-4.4049+j0.4585$
4	$0.1784+j2.4220$	$-0.3216+j1.7950$	$-4.4049-j0.4585$
5	$0.3460-j2.4791$	$-0.1540-j2.2383$	$-5.6024-j0.3927$
6	$-2.0245+j6.2240$	$-2.5245+j4.0333$	$-19.9928-j23.8775$

7.3.3 원형 컨벌루션을 이용한 긴 데이터의 컨벌루션

하드웨어가 아니라 컴퓨터 소프트웨어로도 디지털 신호 처리 시스템을 구현할 수 있는데, 시스템의 출력을 입력과 임펄스 응답의 컨벌루션으로 계산하도록 프로그램하면 된다. 그런데 시스템이 긴 시간 동안 동작해야 하는 경우를 생각해보자. 예를 들어, MP3 플레이어로 노래를 들을 때 그 곡의 데이터 양, 즉 입력 신호의 길이가 엄청나게 길어서 재생 버튼을 누른 뒤에 컨벌루션 계산이 다 될 때까지 한참을 기다려야 한다면, 그리고 새 노래를 들을 때마다 이 과정을 반복해야 한다면 짜증 나서 이 기기를 쓰지 않을 것이다.

이처럼 입력 신호의 길이가 매우 길거나 실시간 처리가 필요한 경우라 할지라도 원형 컨벌루션을 이용해서 문제없이 시스템을 구현할 수 있는 좋은 해결책이 있다. 이 해결책의 기본 아이디어는 입력 신호를 (한 번에 실시간 처리가 가능한) 적당한 크기의 구간으로 나누어 N점 원형 컨벌루션을 연속해서 수행하는 것이다. 이는 일종의 블록 처리로서, 기술적인 어려움은 3장([그림 3-11] 참조)에서 보았던 것처럼, 어떤 시간 순간 n_0에서의 입력값 $x[n_0]$은 임펄스 응답 $h[n]$의 길이만큼 이후 출력에 계속 관여하기 때문에 그 영향을 짧은 구간으로 나눈 원형 컨벌루션의 결과에 어떻게 올바르게 반영해 주느냐 하는 데 있다. 이를 위해 **중복-더하기**overlap-add **방법**과 **중복-저장**overlap-save **방법**의 두 가지 방법이 주로 사용된다.

컨벌루션할 임펄스 응답 $h[n]$과 긴 입력 $x[n]$이 [그림 7-14]와 같다고 하자. 임펄스 응답의 길이는 M으로 입력 신호에 비하면 매우 짧다.

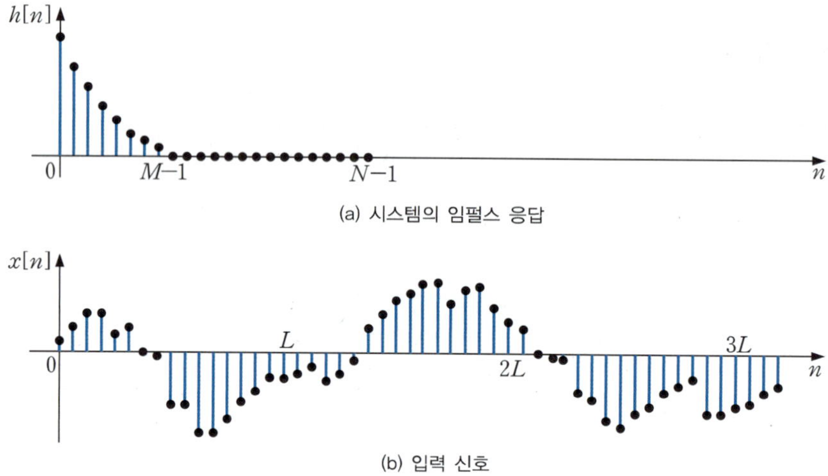

[그림 7-14] 시스템의 임펄스 응답과 입력 신호

중복-더하기 방법

중복-더하기 방법은 이전 입력의 출력에 대한 영향을 원형 컨벌루션을 계산한 뒤에 반영시키는 방법이다.

[그림 7-15]에서 보면, 입력의 첫 번째 블록에 의한 원형 컨벌루션은 시간 L에서부터 $N-1$까지는 입력이 없음에도 출력이 나타난다. 그 이유는 L 이전의 입력들이 $L-1$에 임펄스 응답 길이 M을 더한 $N-1$ 순간까지의 출력에 계속 기여하기 때문이다. 두 번째 입력 블록에 의한 원형 컨벌루션 결과에서 L 순간부터 $N-1$ 순간까지의 결과는 과거 입력의 영향이 배제된 채 시간 L 순간부터의 입력에 의한 출력이므로, 이 둘을 더해야 온전한 출력을 얻게 된다. 이후의 블록에 대해서도 마찬가지이다.

중복-더하기 방법에 의한 컨벌루션 계산

❶ $h[n]$에 $L-1$개의 영 채우기를 해서 길이 $N=L+M-1$인 $h_a[n]$을 만든다.

❷ $x[n]$을 중복 없이 길이 L의 블록들로 나누어 각각 $M-1$개의 영 채우기를 해서 역시 길이 $N=L+M-1$인 블록 $x_i[n]$들을 만든다.

❸ DFT와 IDFT를 이용해 블록마다 N점 원형 컨벌루션 $y_i[n]=x_i[n]\circledast h_a[n]$을 수행한다.

❹ 각 블록의 원형 컨벌루션 수행 결과를 그대로 합하여 출력으로 낸다.

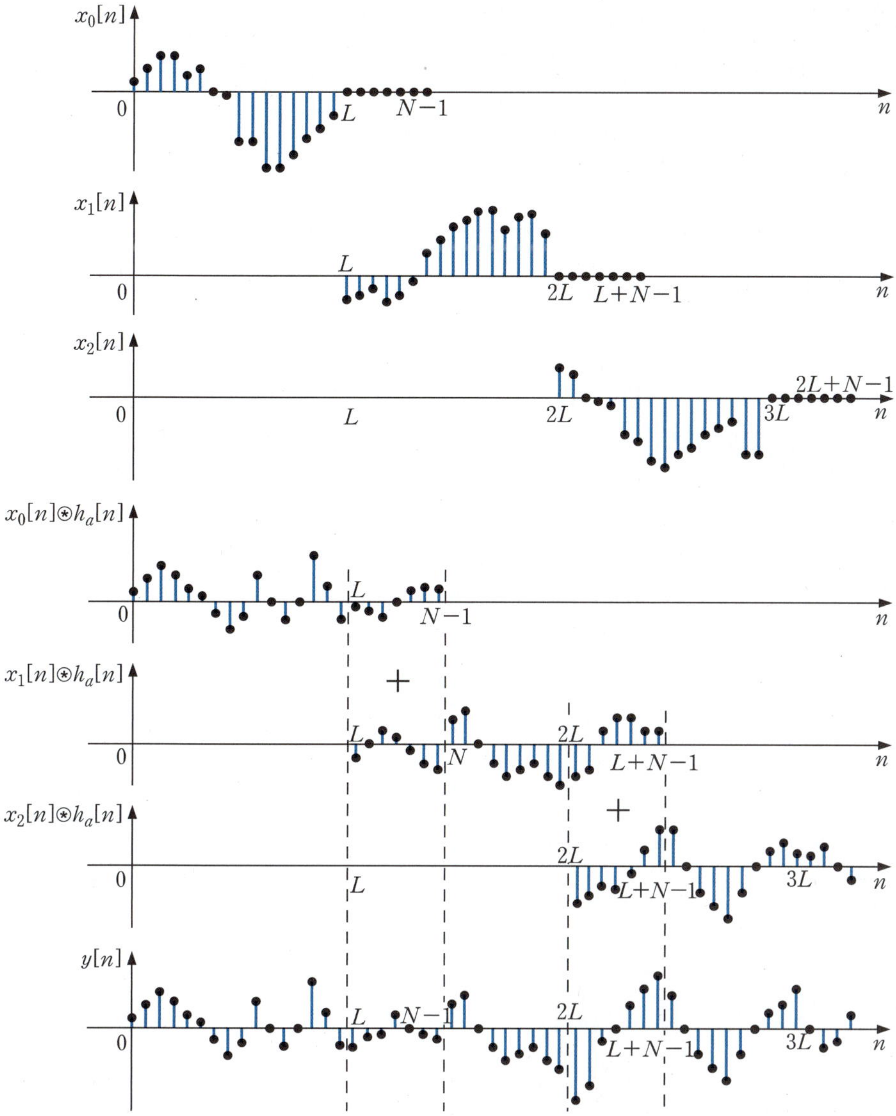

[그림 7-15] 중복-더하기 방법에 의한 긴 데이터의 컨벌루션 계산

중복-저장 방법

중복-저장 방법은 이전 입력의 출력에 대한 영향을 원형 컨벌루션 계산 과정에서 반영시켜버리는 방법이다.

중복-저장 방법에 의한 컨벌루션 계산

❶ $h[n]$에 $L-1$개의 영 채우기를 해서 길이 $N=L+M-1$인 $h_a[n]$을 만든다.

❷ $x[n]$을 $M-1$ 샘플씩 중복되도록 길이 $N=L+M-1$인 블록 $x_i[n]$으로 나눈다. 첫 번째 블록의 경우는 중복 샘플이 없으므로 맨 앞부분에 $M-1$개의 영을 채운다.

❸ DFT와 IDFT를 이용해 블록마다 N점 원형 컨벌루션 $y_i[n] = x_i[n] \circledast h_a[n]$을 수행한다.

❹ 각각의 원형 컨벌루션 결과에서 앞의 $M-1$샘플을 버린 뒤 합하여 출력으로 낸다.

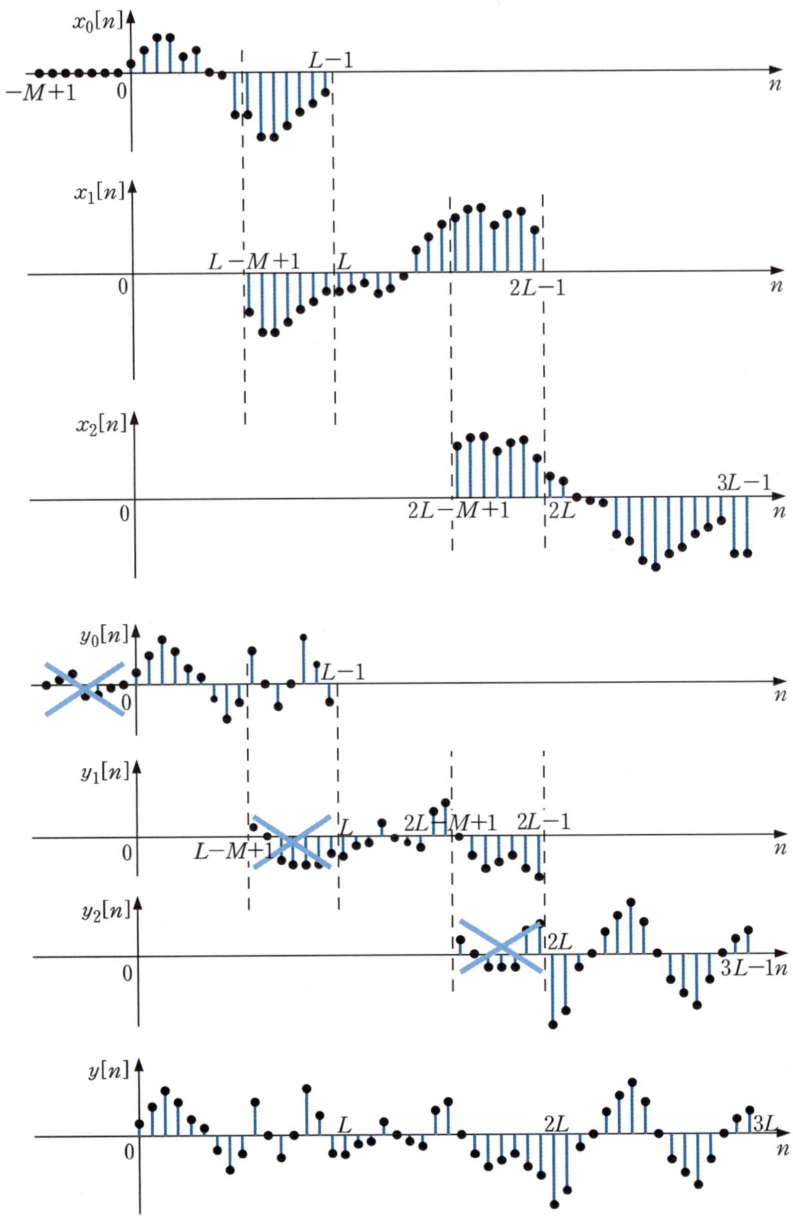

[그림 7-16] 중복-저장 방법에 의한 긴 데이터의 컨벌루션 계산

[그림 7-16]에서 보면, 입력 블록 앞부분의 중복되도록 자른 $M-1$ 샘플은 단지 임펄스 응답의 길이에 의한 이전 입력의 영향을 시간 M 이후의 출력에 반영하기 위해 포함시킨 것뿐이다. 그 결과 M 이후의 출력은 과거와 현재의 입력의 영향이 모두 반영된 온전한 출력이므로, 이전 입력의 영향이 반영되지 않은 불완전한 출력인 중복된 입력 구간의 출력은 버려도 상관이 없다.

이러한 두 방법은 시스템의 특성에 의해 입력이 발생 순간만이 아니라 이후 상당 기간 출력에 영향을 미치는 것을 어떻게 반영해서 올바른 출력을 얻을 것인가에 대한 교묘한 기술적 해결 방안이다. 이렇게 하면 다음에 배울 FFT를 이용해 원형 컨벌루션을 실시간 처리하도록 수행하는 프로그램을 짜서 컴퓨터를 이용하여 디지털 신호 처리를 할 수 있게 된다.

예제 7-8 중복 – 더하기 방법에 의한 선형 컨벌루션 계산

[예제 7-6]의 컨벌루션을 중복–더하기 방법으로 수행하라.

풀이

[그림 7-17]에 나타낸 것처럼 입력 $x[n]$을 2 샘플씩 잘라서, 즉 $L=2$로 하여 원형 컨벌루션을 수행하면, 임펄스 응답의 길이 $M=3$이므로 $N=2+3-1=4$가 된다. 따라서 각 입력 블록 $x_i[n]$에는 2개, $h_a[n]$에는 1개의 영 채우기를 해야 한다. 그런 다음 블록마다 원형 컨벌루션 $y_i[n]=x_i[n] \circledast h_a[n]$을 계산하여 그 결과를 모두 합하면 된다. 이러한 계산 과정이 [그림 7-17]에 나타나 있다.

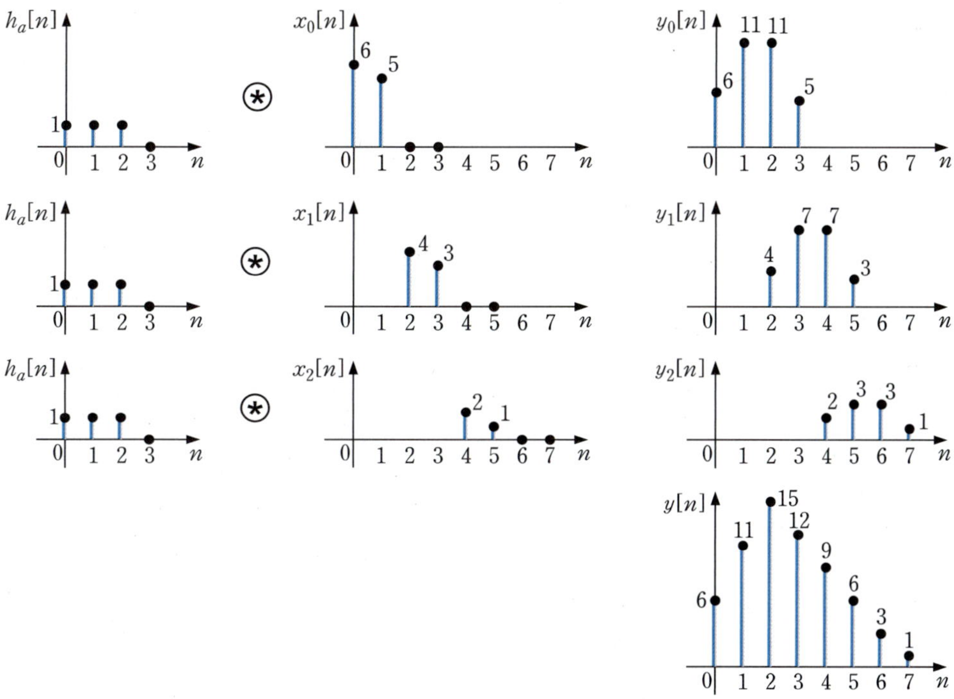

[그림 7-17] [예제 7-8]의 중복–더하기 방법 계산

예제 7-9 중복-저장 방법에 의한 선형 컨벌루션 계산

[예제 7-6]의 컨벌루션을 중복-저장 방법으로 수행하라.

풀이

[그림 7-16]과 같이 입력 $x[n]$을 4개씩 자르되 2개씩 겹치도록 잘라보자. 원형 컨벌루션을 수행하려면 $L=2$, 길이 $M=3$이므로 $N=2+3-1=4$가 된다.

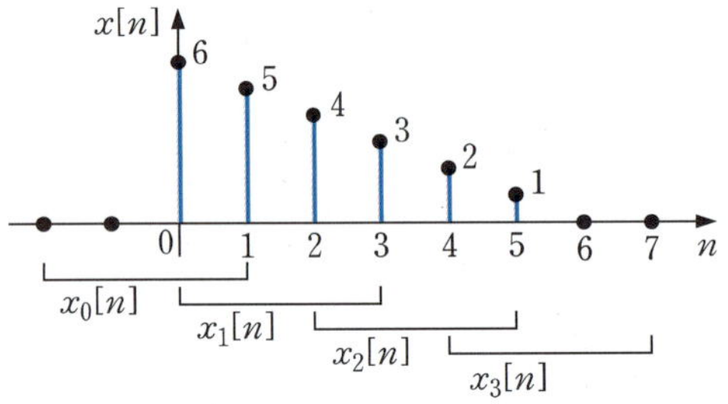

[그림 7-18] [예제 7-6]의 입력 신호 블록 분할

처음 입력 블록에는 겹치는 입력이 없으므로 2개의 0을 앞부분에 채워 넣어야 한다. 그런 다음 $y_i[n]=x_i[n] \circledast h_a[n]$을 계산하여 각 블록마다 입력이 겹치는 부분에 해당하는 앞의 2 샘플은 버리고 모두 더하면 된다. 이러한 계산 과정은 [그림 7-19]에 나타냈다.

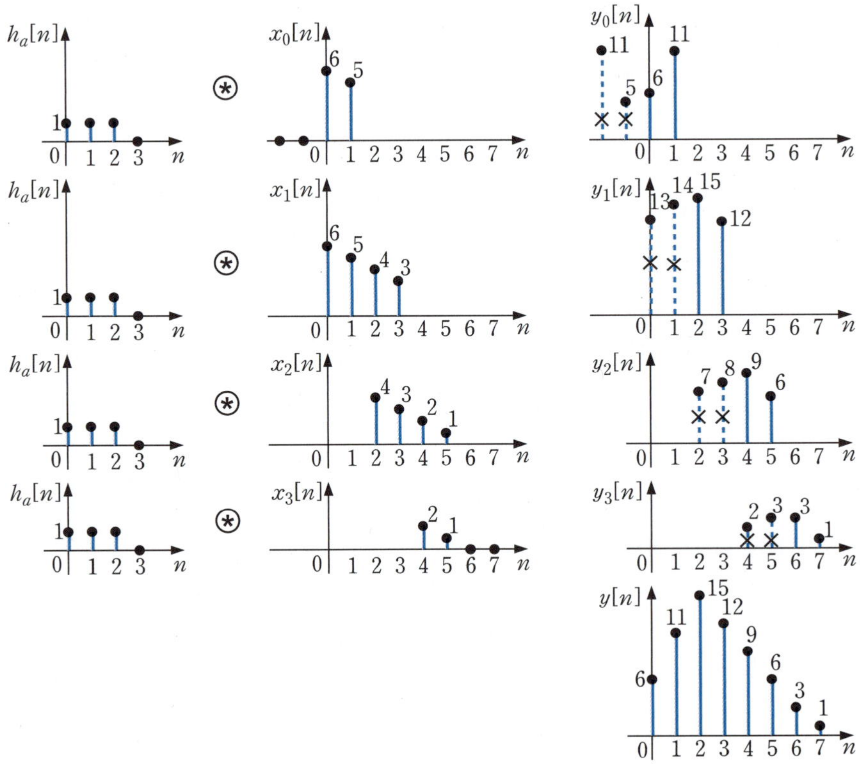

[그림 7-19] [예제 7-9]의 중복-저장 방법 계산

SECTION 7.4

고속 푸리에 변환(FFT)

학습포인트

- DFT의 분할에 의한 고속 푸리에 변환(FFT)의 기본 개념을 이해한다.
- 밑수 2 시분할 FFT 알고리즘의 개념과 유도 과정을 이해한다.
- FFT 버터플라이와 FFT 선도의 구조에 대해 알아본다.
- FFT에 의한 계산량 절감 효과를 이해한다.
- 역 비트순이 무엇인지, 왜 발생하는지에 대해 알아본다.
- FFT 선도의 변형 구조에 대해 알아본다.
- 밑수 2 주파수 분할 FFT 알고리즘의 개념과 유도 과정을 이해한다.
- 동일 구조를 이용한 역 FFT(IFFT) 계산 방법에 대해 알아본다.

DFT는 컴퓨터를 이용해 수치 해석적으로 수행할 수 있는 유일한 푸리에 해석 기법이다. 컴퓨터 계산 알고리즘은 주로 곱셈 양으로 계산량을 비교하는데, DFT는 N^2번의 곱셈이 필요하다. 그러므로 N이 커질수록 곱셈 양이 엄청나게 늘어나서 큰 부담을 주게 된다. 이를 해결하기 위해 DFT를 길이가 짧은 여러 개의 DFT로 계속 분할함으로써 곱셈 양이 N에 비례하도록 만든 알고리즘이 바로 고속 푸리에 변환(FFT)이다. 이 절에서는 FFT의 개념과 밑수 2 FFT 알고리즘의 유도 과정을 살펴본다. 그리고 FFT 버터플라이와 FFT 선도 및 이들의 변형에 대해서도 알아본다. 또한 동일 구조를 이용한 역 FFT(IFFT) 계산 방법도 살펴보기로 한다.

7.4.1 DFT의 계산

DFT의 계산량

DFT는 수치 해석적인 관점으로는 한 영역에서 주어진 N개의 데이터와 N개의 연립 방정식에 의해 다른 영역의 N개의 미지수 값을 결정하는 계산 알고리즘이다. 컴퓨터 계산 알고리즘은 수치에 대한 곱셈과 덧셈이 기본 연산인데, 범용 CPU에서 곱셈은 서브루틴을 돌려야 하므로 계산 시간의 대부분을 소모한다. 또한 VLSI와 같은 하드웨어로 구현할 경우에도 곱셈기는 덧셈기에 비해 훨씬 넓은 영역이 필요하다. 그러므로 알고리즘의 효율성 비교에는 주로 곱셈 연산의 양을 따지게 된다. DFT를 직접 계산할 경우, N개의 $x[n]$ 데이터를 이용하여 하나의 $X[k]$를 계산하는 식을 풀어서 쓰면 다음과 같다.

$$X[k] = x[0]\,W_N^0 + x[1]\,W_N^k + x[2]\,W_N^{2k} + \cdots + x[N-1]\,W_N^{(N-1)k} \tag{7.25}$$

식 (7.25)의 계산은 N번의 복소수 곱셈이 필요하다. $k = 0, 1, \cdots, N-1$에 대하여 $X[k]$의 값을 모두 구해야 하므로, DFT 계산에는 총 N^2번의 복소수 곱셈이 필요하다. 따라서 N이 커질수록 계산량은 기하급수적으로 증가한다.

회전 인자의 계산 특성

식 (7.25)에서 보듯이 DFT 계산에는 회전 인자 W_N^{kn}의 값이 필요한데, 이는 복소 지수로서 결국 삼각함수의 계산이 요구되며 입력 데이터와의 곱셈 또한 복잡해서 계산 시간을 소모하는 요소로 작용한다. 그런데 $W_N^N = 1$임을 이용하면 회전 인자는 다음의 대칭성과 주기성을 만족한다. 이러한 대칭성과 주기성은 [그림 7-3]을 이용하면 금방 이해할 수 있다.

$$W_N{}^{k(N-n)} = W_N{}^{kN} \cdot W_N{}^{-kn} = (W_N{}^{kn})^* \tag{7.26}$$

$$W_N{}^{k(n+N)} = W_N{}^{kn} \cdot W_N{}^{kN} = W_N{}^{kn} \tag{7.27}$$

$$W_N{}^{(k+N)n} = W_N{}^{kn} \cdot W_N{}^{Nn} = W_N{}^{kn} \tag{7.28}$$

DFT 계산에는 $0 \le kn \le (N-1)^2$의 회전 인자 W_N^{kn} 항이 필요하지만, 주기성에 의해 N개의 서로 다른 회전 인자 값만 있으면 된다. 예를 들어 $N=8$인 경우, $0 \le kn \le 49$이지만 $kn = 0, 1, 2, \cdots, 7$의 8개만 있으면 되는데, k와 n에 따른 kn 값은 [표 7-4]와 같이 된다. 표를 보면 대각선을 축으로 대칭이다. 이런 회전 인자의 성질을 잘 활용하여 DFT의 계산을 효과적으로 감소시킨 방법이 바로 쿨리[Cooley]와 터키[Tukey]의 **고속 푸리에 변환**(FFT)[Fast Fourier Transform]이다.

[표 7-4] 회전 인자의 지수 $kn(N=8)$

k \ n	0	1	2	3	4	5	6	7
0	0	0	0	0	0	0	0	0
1	0	1	2	3	4	5	6	7
2	0	2	4	6	0	2	4	6
3	0	3	6	1	4	7	2	5
4	0	4	0	4	0	4	0	4
5	0	5	2	7	4	1	6	3
6	0	6	4	2	0	6	4	2
7	0	7	6	5	4	3	2	1

$$\begin{cases} W_N^0 = 1 \\ W_N^1 = \dfrac{(1-j)}{\sqrt{2}} \\ W_N^2 = -j \\ W_N^3 = -\dfrac{(1+j)}{\sqrt{2}} \\ W_N^4 = -1 \\ W_N^5 = -\dfrac{(1-j)}{\sqrt{2}} \\ W_N^6 = j \\ W_N^7 = \dfrac{(1+j)}{\sqrt{2}} \end{cases}$$

7.4.2 밑수 2 시분할 FFT 알고리즘

DFT는 곱셈 수가 데이터양의 제곱에 비례해 늘어난다. 즉 데이터양이 10배가 되면 곱셈 수는 100배로 증가한다. 예를 들어, $N=100$이면 1만 번의 곱셈이 필요하고, $N=1000$이 되면 1백만 번의 곱셈이 필요하다. 그러므로 실용성을 높이기 위해서는 계산량의 부담을 줄이는 것이 무엇보다 절실한데, 그 해결책이 바로 고속 푸리에 변환(FFT)이다.

- **고속 푸리에 변환(FFT)**은 새로운 형태의 변환이 아니라 DFT를 효과적으로 계산하는 알고리즘이다.
- FFT는 신호를 여러 개의 길이가 짧은 신호로 나누어 분할된 신호들의 DFT를 구한 뒤에 그 결과들을 적절하게 결합하여 DFT를 수행한다.
- 시분할 FFT는 시간 신호를 계속 짧게 나누어서, 주파수 분할 FFT는 샘플 스펙트럼을 계속 짧게 나누어서 DFT를 분할 계산한다.
- 밑수 p는 주어진 데이터의 수 N을 p의 거듭제곱으로 표시하여 나눈다는 의미이다.
- $N=2^q$점 FFT 연산은 q개의 **단계**[stage]로 나누어지고, 각 단계의 입출력은 N개씩으로 기본적인 계산 형태는 **FFT 버터플라이**[butterfly]로 이루어진다.
- 밑수 2 FFT는 기본적으로 $N\log_2 N$개의 곱셈이 필요하며, 개선된 버터플라이를 채택하면 $(N/2)\log_2 N$개로 다시 반으로 줄어든다.

고속 푸리에 변환(FFT)은 DFT를 효율적으로 계산하기 위해 고안된 알고리즘으로서, 회전 인자의 특성을 활용한 FFT의 기본 원리는 주어진 이산 신호를 여러 개의 길이가 짧은 신호로 분할하여 분할된 신호들의 DFT를 구한 후, 그 결과들을 적절하게 결합하여 주어진 신호의 DFT를 수행하는 것이다. 푸리에 해석 기법을 실제 문제에 적용하는 단계에서는 거의 FFT를 활용한다. 사실 주파수 영역 기법을 이용한 신호와 시스템의 취급이 실용화될 수 있었던 배경에는 FFT가 자리 잡고 있다.

FFT 알고리즘은 다양한 형태가 제안되어 있는데, 일단 **밑수 2 시분할**[radix 2 decimation in time] **FFT**에서부터 출발할 것이다. 밑수 2는 데이터 수 N을 2의 거듭제곱으로 표시하여 나눈다는 뜻으로 $N=2^q$로 가정한다. 그리고 시분할은 시간 영역의 신호 수열을 쪼갠다는 뜻이다.

밑수 2 시분할 FFT의 유도

밑수 2 시분할 FFT에서는 $x[n]$을 짝수 항과 홀수 항으로 나누어 각각 길이가 $N/2$인 두 개의 신호로 만든다. 그러면 $x[n]$의 DFT $X[k]$는 다음과 같이 다시 쓸 수 있다.

$$X[k]=\sum_{n=even} x[n]\,W_N^{kn}+\sum_{n=odd} x[n]\,W_N^{kn} \tag{7.29}$$

식 (7.29) 우변의 짝수 항 총합에서 $n=2r$로 두고, 홀수 항 총합에서 $n=2r+1$로 두면 다음과 같이 된다.

$$\begin{aligned} X[k] &= \sum_{r=0}^{N/2-1} x[2r]\,W_N^{2kr}+\sum_{r=0}^{N/2-1} x[2r+1]\,W_N^{(2r+1)k} \\ &= \sum_{r=0}^{N/2-1} g[r]\,W_N^{2kr}+W_N^{k}\sum_{r=0}^{N/2-1} h[r]\,W_N^{2rk} \end{aligned} \tag{7.30}$$

여기서 $g[r]=x[2r]$, $h[r]=x[2r+1]$이다.

회전 인자 W_N^2는 다음의 관계를 만족하므로

$$W_N^2 = \left(e^{-j\frac{2\pi}{N}}\right)^2 = e^{-j\frac{2\pi}{N/2}} = W_{N/2} \tag{7.31}$$

식 (7.30)은 다음과 같이 된다.

$$\begin{aligned} X[k] &= \sum_{r=0}^{N/2-1} g[r]\, W_{N/2}^{rk} + W_N^k \sum_{r=0}^{N/2-1} h[r]\, W_{N/2}^{rk} \\ &= G[k] + W_N^k\, H[k] \end{aligned} \tag{7.32}$$

이렇게 해서 N점 DFT $X[k]$를 구하는 문제는 두 개의 $N/2$점 DFT $G[k]$와 $H[k]$를 구하는 문제로 바뀐다. 그런데 $G[k]$와 $H[k]$가 $N/2$점 DFT라서 식 (7.32)로는 $X[k]$를 모두 계산할 수 없고 절반인 $k=0, 1, \cdots, N/2-1$까지만 계산할 수 있다. 하지만 이것도 식 (7.32)를 다음과 같이 두 개의 계산식으로 나누어 $G[k]$와 $H[k]$가 주기 $N/2$인 주기 함수임을 이용하면 쉽게 해결할 수 있다.

$$X[k] = G[k] + W_N^k\, H[k], \quad k=0, 1, \cdots, N/2-1 \tag{7.33a}$$

$$\begin{aligned} X[k+N/2] &= G[k+N/2] + W_N^{k+N/2}\, H[k+N/2] \\ &= G[k] + W_N^{k+N/2}\, H[k], \quad k=0, 1, \cdots, N/2-1 \end{aligned} \tag{7.33b}$$

식 (7.33)으로 표현된 $X[k]$의 계산 과정을 **신호 흐름 선도**signal flow graph를 이용하여 나타낼 수 있는데, 이를 **FFT 선도**라고 한다. 신호 흐름 선도는 각 신호를 마디node로 나타내고, 신호의 흐름을 따라 마디 간의 연결 관계를 화살표로 방향을 표시한 가지branch로 나타낸 뒤 입력과 출력 사이의 전달 이득을 가중치로 표시한 것이다. 일례로 $N=8$의 경우에 대해 식 (7.33)처럼 두 개의 DFT로 분할하여 계산하는 FFT 선도를 [그림 7-20]에 나타내었다.

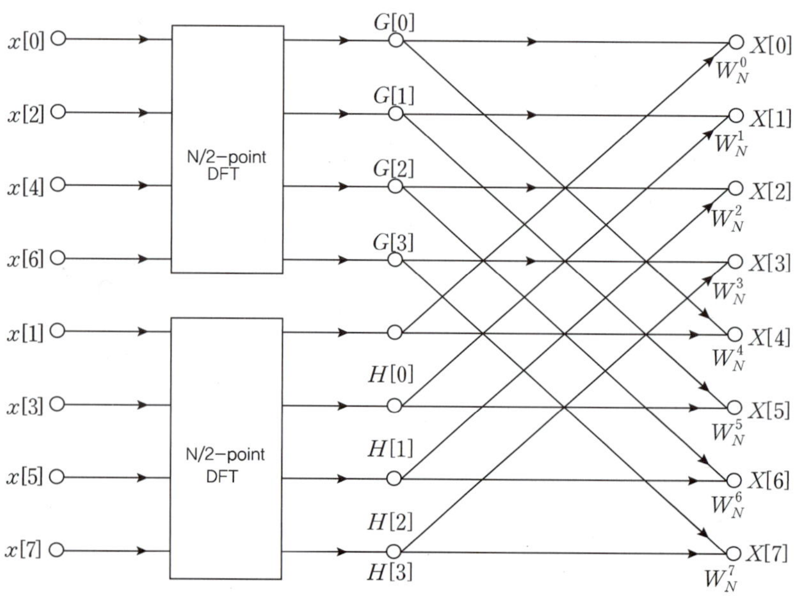

[그림 7-20] N점 DFT를 두 개의 $N/2$점 DFT로 분할 계산($N=8$)

[그림 7-20]과 같이 DFT를 계산할 경우, $N/2$점 DFT 계산에 $(N/2)^2$개의 곱셈, 두 DFT를 묶는 데 N개의 곱셈이 필요하므로, 총 $(N^2/2)+N$번의 곱셈이 필요하다. 이것은 직접 N점 DFT를 계산할 때 요구되는 N^2개의 곱셈에 비해 거의 절반 수준으로 감소된 것이다.

다시 $N/2$점 DFT를 반으로 쪼개어 $N/4$점 DFT로 분할하면 다음과 같다. 이때 $x[n]$에 대해 표현되도록 $g[2l]=x[4l]$, $g[2l+1]=x[4l+2]$, $h[2l]=x[4l+1]$, $h[2l+1]=x[4l+3]$임을 이용했다.

$$G[k]=\sum_{l=0}^{(N/4)-1} x[4l]\,W_{N/4}^{lk}+W_{N/2}^{k}\sum_{l=0}^{(N/4)-1} x[4l+2]\,W_{N/4}^{lk} \tag{7.34}$$

$$H[k]=\sum_{l=0}^{(N/4)-1} x[4l+1]\,W_{N/4}^{lk}+W_{N/2}^{k}\sum_{l=0}^{(N/4)-1} x[4l+3]\,W_{N/4}^{lk} \tag{7.35}$$

결과적으로 N점 DFT가 4개의 $N/4$점 DFT로 분할되어 결합된 것으로, 두 $N/4$점 DFT의 결합에 작용하는 회전 인자는 $W_{N/2}=W_N^2$을 이용하여 $W_{N/2}^k$을 W_N^{2k}로 바꿀 수 있다. 이 경우 계산량은 $N/4$점 DFT에 $(N/4)^2$개의 곱셈, 두 DFT를 결합시키는 데 $N/2$개의 곱셈이 필요하여 전체적으로 $(N^2/4)+N+N$개의 곱셈이 요구된다.

이렇게 계속 DFT를 재분할하면, 마지막에는 [그림 7-21]과 같이 2점 DFT의 계산으로 바뀌게 된다. $N=2^q$점 DFT를 2점 DFT로 분할하려면 $\log_2 N=q$의 분할 과정이 필요하다. 이렇게 시간 신호를 계속 반으로 나누어 DFT를 분할 계산하게끔 만든 것이 바로 밑수 2 시분할 FFT이다.

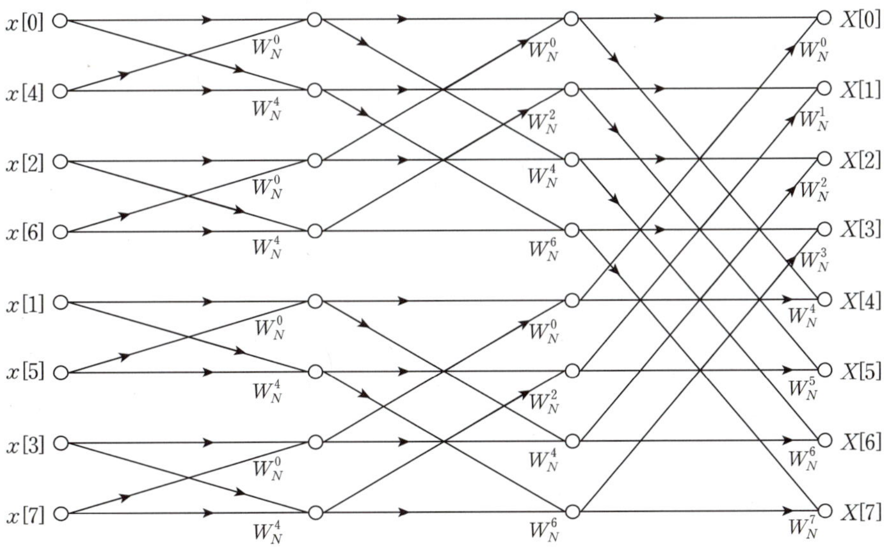

[그림 7-21] 밑수 2 시분할 FFT 선도($N=8$)

FFT의 계산량

[그림 7-20]에서부터 [그림 7-21]까지 도달하는 과정을 잘 살펴보면, DFT를 반으로 쪼갤 때마다 쪼개진 DFT를 결합시키기 위해 회전 인자를 곱하는 과정에서 N번의 곱셈이 필요함을 볼 수 있다. 따라서 $\log_2 N$번의 분할 과정을 거쳐 최종적으로 2점 DFT로 분할한 밑수 2 시분할 FFT 알고리즘은 $N\log_2 N$개의 곱셈이 필요하게 된다. 얼마나 계산량이 감소되는지 감이 안 온다면 $N=2^{10}$의 경우를 생각해보라. 이 경우 10,240개의 곱셈이 필요한데, 이는 $N^2=1,048,576$개의 곱셈과 비교하면 1/100 수준에 불과하다. 데이터의 수가 더 많아질수록 계산량의 이득은 더욱 커진다. 이것이 FFT의 위력이다.

7.4.3 FFT 버터플라이

[그림 7-21]의 FFT 선도를 잘 살펴보면, $N(=2^q)$점 FFT 연산은 q개의 단계stage로 나누어지고, 각 단계는 입출력이 N개씩으로 기본적인 계산 형태는 [그림 7-22]의 2점 DFT의 신호 흐름 선도들로 이루어져 있다.

FFT의 기본 구성 요소인 [그림 7-22]의 구조를 그 모양이 나비를 닮았다고 해서 **FFT 버터플라이** butterfly라고 부른다. 버터플라이의 구성에는 각각 한 쌍의 입력과 출력 마디가 필요하므로 각 단계에는 $N/2$개의 버터플라이가 만들어진다. [그림 7-21]에서 보면, $N=8$이므로 각 단계에 4개씩 버터플라이가 있다. 버터플라이의 입출력 관계는 다음과 같이 나타낼 수 있다.

$$\begin{cases} X_{m+1}[i] = X_m[i] + W_N^r X_m[j] \\ X_{m+1}[j] = X_m[i] + W_N^{r+N/2} X_m[j] \end{cases} \tag{7.36}$$

여기서 회전 인자의 지수 r은 단계 1에서는 0, 단계 2에서는 0, 2, 단계 3에서는 0, 1, 2, 3, …과 같이 값을 갖는다.

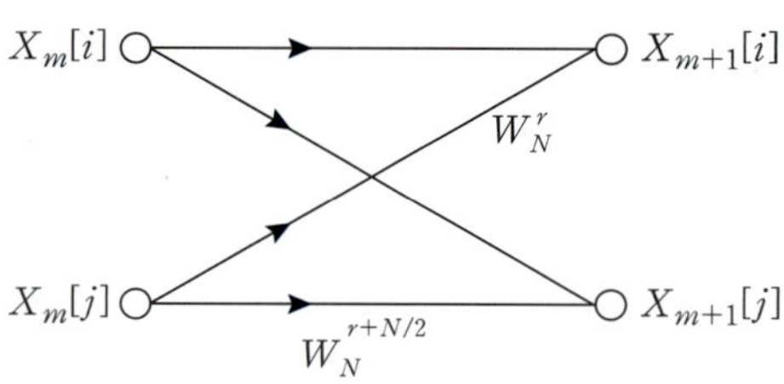

[그림 7-22] 2점 DFT 선도(FFT 버터플라이)

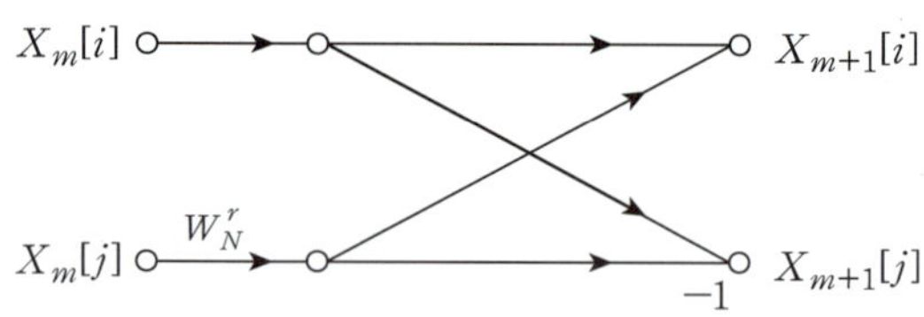

[그림 7-23] 개선된 버터플라이 선도

그런데 $W_N^{r+N/2} = W_N^r W_N^{N/2} = -W_N^r$에 의해 버터플라이의 입출력 관계는 다음과 같이 된다.

$$\begin{cases} X_{m+1}[i] = X_m[i] + W_N^r X_m[i] \\ X_{m+1}[j] = X_m[j] - W_N^r X_m[j] \end{cases} \tag{7.37}$$

따라서 버터플라이에서 회전 인자 곱셈을 분리하여 [그림 7-23]처럼 개선할 수 있다. 그림을 보면 곱셈은 둘에서 하나로 줄어든다. 그러므로 FFT 수행에 필요한 곱셈은 $(N/2)\log_2 N$개로 다시 반으로 줄어들게 된다. $N = 2^{10}$의 경우 곱셈은 단지 5,120개에 불과하다. 이러한 개선 버터플라이를 채택하여 [그림 7-21]의 FFT 선도를 개선한 것이 [그림 7-24]이다.

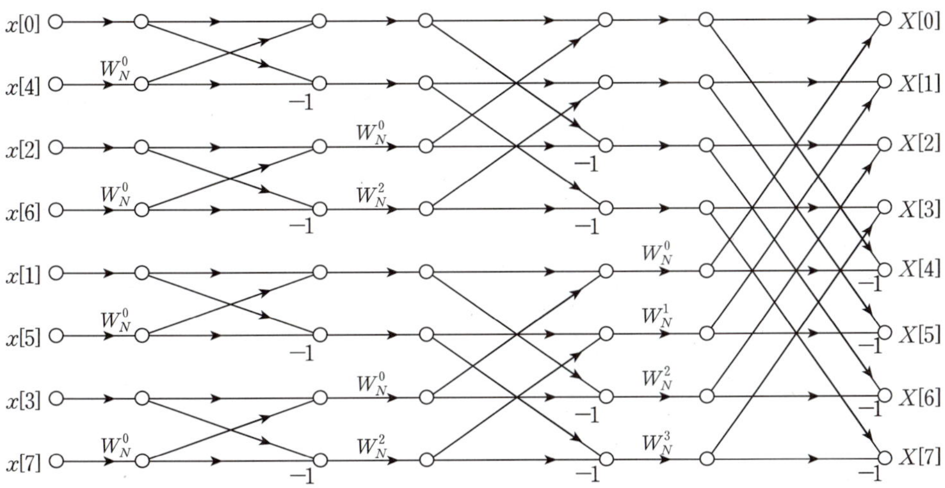

[그림 7-24] 계산량이 줄어든 개선 시분할 FFT 선도($N=8$)

7.4.4 역 비트순

[그림 7-24]의 FFT 선도는 입력 데이터가 순서대로 배열되어 있지 않다. 그렇지만 여기에도 엄연히 규칙성이 존재하는데, 식 (7.38)에 나타낸 것처럼 입력 수열의 순서는 시간 변수 n을 2진수로 바꾼 뒤 비트 순서를 역으로 하여 다시 십진수로 나타낸 것과 같다. 이를 **역 비트순** bit-reversed order 이라 한다.

$$\begin{array}{cccc} x[n] \rightarrow & x[n_2 n_1 n_0] \rightarrow & x[n_0 n_1 n_2] \rightarrow & x[n'] \\ \hline x[0] \rightarrow & x[000] \rightarrow & x[000] & \rightarrow x[0] \\ x[1] \rightarrow & x[001] \rightarrow & x[100] & \rightarrow x[4] \\ x[2] \rightarrow & x[010] \rightarrow & x[010] & \rightarrow x[2] \\ x[3] \rightarrow & x[011] \rightarrow & x[110] & \rightarrow x[6] \\ x[4] \rightarrow & x[100] \rightarrow & x[001] & \rightarrow x[1] \\ x[5] \rightarrow & x[101] \rightarrow & x[101] & \rightarrow x[5] \\ x[6] \rightarrow & x[110] \rightarrow & x[011] & \rightarrow x[3] \\ x[7] \rightarrow & x[111] \rightarrow & x[111] & \rightarrow x[7] \end{array} \tag{7.38}$$

이는 [그림 7-25]처럼 수열을 계속 두 개의 반쪽 수열로 나누는 과정에서 비롯된 것이다.

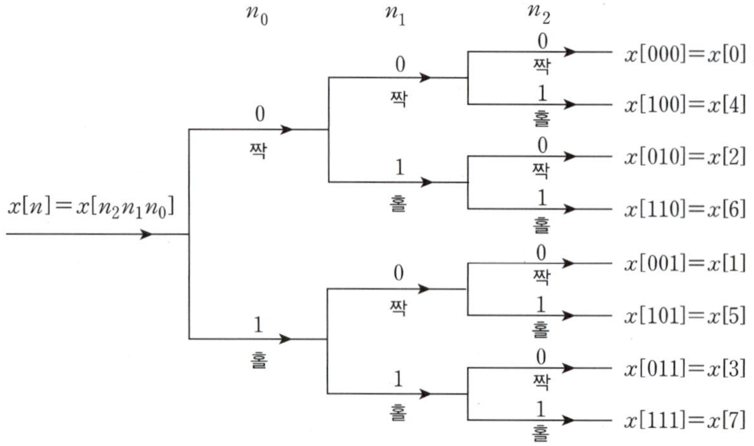

[그림 7-25] 데이터 분할에 의한 역 비트순 과정

입력에 대한 역 비트순이 불편하다면 [그림 7-26]과 같이 입력 $x[n]$이 정상 순서, 출력 $X[k]$가 역 비트순인 형태로 FFT 구조를 바꿀 수 있다.

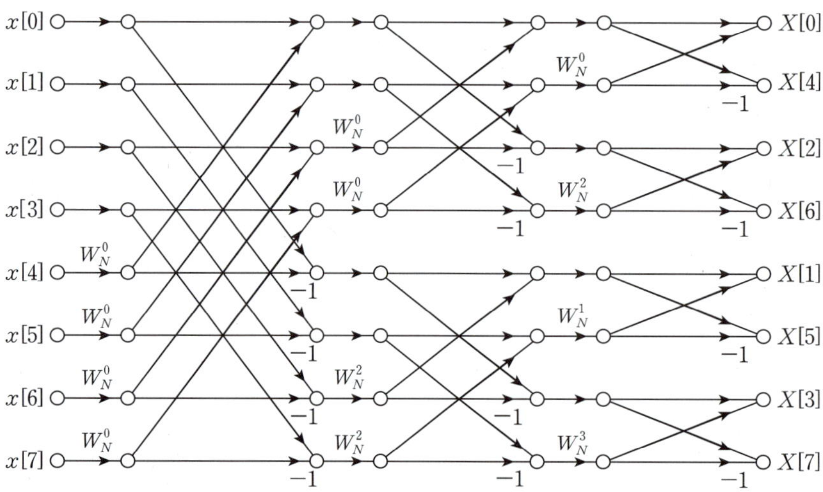

[그림 7-26] 출력 $X[k]$가 역 비트순인 시분할 FFT 선도($N=8$)

이는 신호 흐름 선도에서는 마디의 연결 관계만 바뀌지 않으면 그림의 형태가 바뀌어도 동일한 대상을 표현한다는 특성을 이용한 결과이다. 즉 FFT 선도에서 마디의 연결만 달라지지 않으면 그림에 나타낸 마디의 순서가 바뀌어도 계산 결과는 같게 된다. 따라서 FFT를 입력과 출력 모두가 정상 순서, 각 단계의 기하 구조가 같은 형태 등 여러 가지 형태로 변형할 수 있다(〈심화학습 자료〉 참조).

7.4.5 밑수 2 주파수 분할 FFT

시간 신호 수열을 분할하는 대신 샘플 스펙트럼 수열을 분할해도 앞 절의 FFT와 같은 결과를 얻을 수 있다. 이렇게 얻어진 FFT를 **주파수 분할** decimation in frequency **FFT**라고 한다.

- **주파수 분할 FFT**는 샘플 스펙트럼 $X[k]$를 계속해서 작은 수열로 분할함으로써 구해지는 FFT 알고리즘이다.
- 주파수 분할 FFT에서는 기본적으로 $X[k]$가 역 비트순이 된다.
- 주파수 분할 FFT와 시분할 FFT는 쌍대 관계이다. 시분할 FFT를 뒤집어서 입력과 출력 마디를 교환하고 화살표 방향을 반대로 하면 주파수 분할 FFT가 얻어진다.

시간 신호 $x[n]$을 앞뒤의 절반으로 나누어 $X[k]$를 나타내면 다음과 같다.

$$\begin{aligned} X[k] &= \sum_{n=0}^{(N/2)-1} x[n]\, W_N^{nk} + \sum_{n=N/2}^{N-1} x[n]\, W_N^{nk} \\ &= \sum_{n=0}^{(N/2)-1} x[n]\, W_N^{nk} + W_N^{(N/2)k} \sum_{n=0}^{(N/2)-1} x\left[n+\frac{N}{2}\right] W_N^{nk} \end{aligned} \tag{7.39}$$

그런데 $W_N^{(N/2)k} = (-1)^k$이므로

$$X[k] = \sum_{n=0}^{(N/2)-1} \left(x[n] + (-1)^k x\left[n+\frac{N}{2}\right]\right) W_N^{nk} \tag{7.40}$$

가 된다. 이제 $X[k]$를 짝수 항과 홀수 항으로 나누면

$$\begin{aligned} X[2r] &= \sum_{n=0}^{(N/2)-1} \left(x[n] + x\left[n+\frac{N}{2}\right]\right) W_N^{2rn} \\ &= \sum_{n=0}^{(N/2)-1} g[n]\, W_{N/2}^{rn} \end{aligned} \tag{7.41}$$

$$\begin{aligned} X[2r+1] &= \sum_{n=0}^{(N/2)-1} \left(x[n] - x\left[n+\frac{N}{2}\right]\right) W_N^{n}\ W_N^{2rn} \\ &= \sum_{n=0}^{(N/2)-1} h[n]\, W_N^{n}\ W_{N/2}^{rn} \end{aligned} \tag{7.42}$$

이다. 여기서 $g[n] = x[n] + x[n+N/2]$, $h[n] = x[n] - x[n+N/2]$이다. 식 (7.41)과 식 (7.42)는 $g[n]$과 $h[n]\, W_N^n$에 대한 $N/2$점 DFT이다.

같은 방법을 반복 적용하여 2점 DFT가 될 때까지 분할할 수 있는데, 기본 버터플라이는 [그림 7-27]과 같고 이의 입출력 관계는 다음과 같다.

$$\begin{cases} X_{m+1}[i] = X_m[i] + X_m[j] \\ X_{m+1}[j] = (X_m[i] - X_m[j])\, W_N^r \end{cases} \tag{7.43}$$

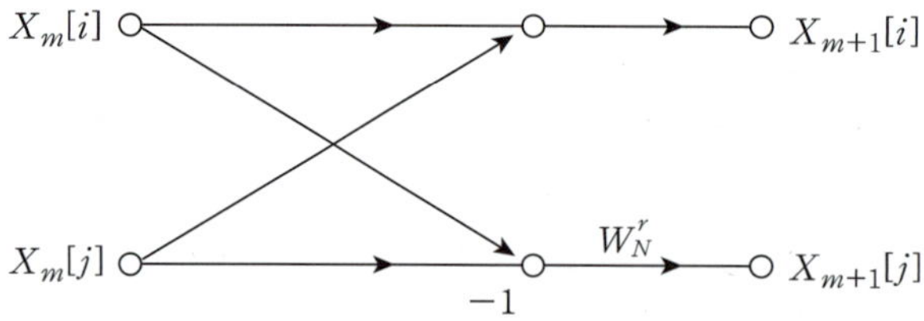

[그림 7-27] 주파수 분할 FFT 버터플라이

[그림 7-28]에 $N=8$인 밑수 2 주파수 분할 FFT 선도를 나타내었다. 주파수 분할의 경우에도 시분할의 경우와 마찬가지로 계속해서 절반으로 나누어지는 수열인 $X[k]$가 역 비트순이 된다.

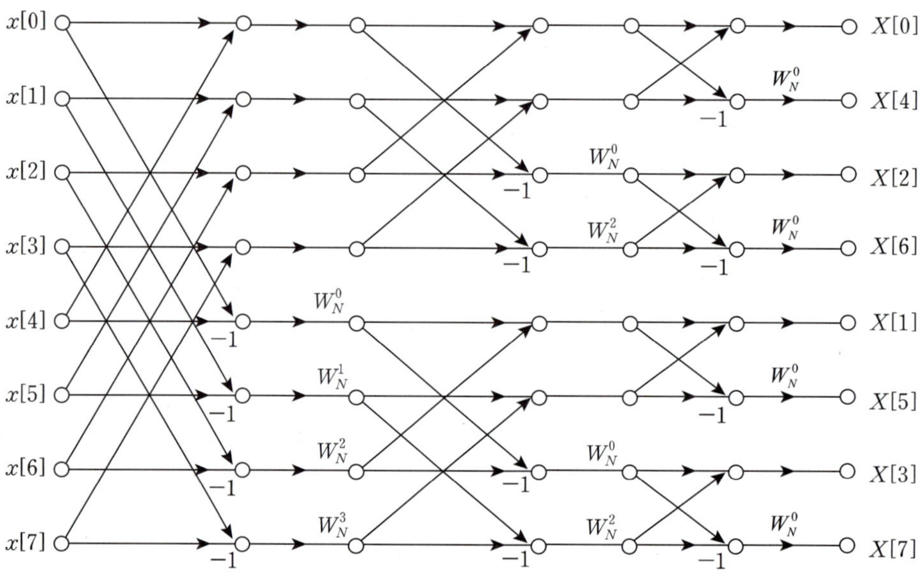

[그림 7-28] 출력 역 비트순 주파수 분할 FFT 선도($N=8$)

시분할 FFT와 마찬가지로, 주파수 분할 FFT에 대해서도 입력이 역 비트순이고 출력이 정상 순서인 FFT나, 입력과 출력이 모두 정상 순서인 형태, 그리고 단계마다 같은 기하 구조를 갖는 형태로 다양한 변형이 가능하다.

[그림 7-24]와 [그림 7-28]을 비교해보면 알 수 있는데, 주파수 분할 FFT는 시분할 FFT와 쌍대적(전치) 관계에 있다. 시분할 FFT를 뒤집어서 입력과 출력 마디를 교환하고 화살표 방향을 반대로 하면 주파수 분할 FFT가 그대로 얻어진다. 이는 모든 형태의 FFT 선도에 적용되는 사실이다. 따라서 주파수 분할 FFT의 계산량도 시분할 FFT와 다를 바가 없다. 개선된 버터플라이를 쓸 경우 $(N/2)\log_2 N$개의 곱셈이 요구된다.

예제 7-10 FFT를 이용한 샘플 스펙트럼 계산

[그림 7-29]의 이산 신호 $x[n]$의 샘플 스펙트럼을 다음과 같은 방법으로 구하라.

(a) 4점 시분할 FFT 이용 (b) 4점 주파수 분할 FFT 이용

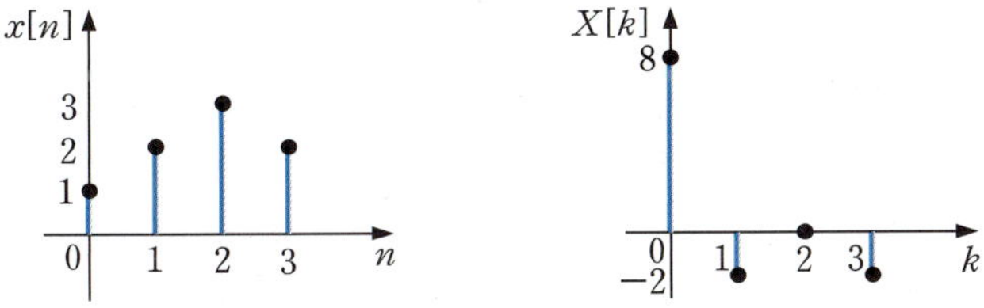

(a) 이산 신호 (b) 샘플 스펙트럼

[그림 7-29] [예제 7-10]의 신호와 FFT 결과

풀이

(a) 시분할 FFT 선도는 [그림 7-30(a)]와 같고, $X[k]$는 다음과 같이 계산된다.

$$\begin{aligned} G[0]&=x[0]+x[2]=4 \\ G[1]&=x[0]-x[2]=-2 \\ H[0]&=x[1]+x[3]=4 \\ H[1]&=x[1]-x[3]=0 \end{aligned} \quad\Rightarrow\quad \begin{aligned} X[0]&=G[0]+H[0]=8 \\ X[1]&=G[1]+(-j)\cdot H[1]=-2 \\ X[2]&=G[0]-H[0]=0 \\ X[3]&=G[1]-(-j)\cdot H[1]=-2 \end{aligned}$$

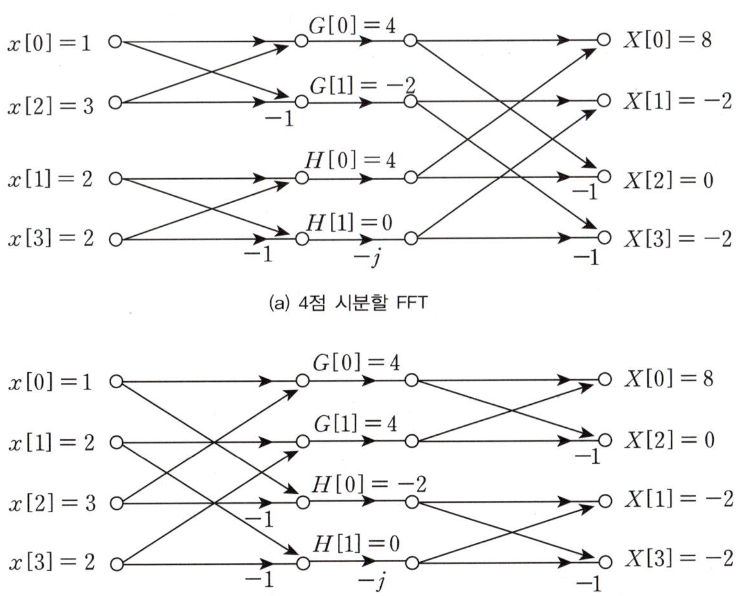

(a) 4점 시분할 FFT

(b) 4점 주파수 분할 FFT

[그림 7-30] [예제 7-10]의 FFT 선도

(b) 주파수 분할 FFT 선도는 [그림 7-30(b)]와 같고, $X[k]$는 다음으로 계산된다.

$$\begin{aligned} G[0] &= x[0]+x[3]=4 \\ G[1] &= x[2]+x[4]=4 \\ H[0] &= x[0]-x[2]=-2 \\ H[1] &= (x[1]-x[3])(-j)=0 \end{aligned} \quad \Rightarrow \quad \begin{aligned} X[0] &= G[0]+G[1]=8 \\ X[2] &= G[0]-G[1]=0 \\ X[1] &= H[0]+H[1]=-2 \\ X[3] &= H[0]-H[1]=-2 \end{aligned}$$

그림에서 보듯이, [그림 7-30(b)]를 뒤집어 입출력만 바꾸면 [그림 7-30(a)]와 같은 FFT 선도가 된다.

7.4.6 역 FFT

역 FFT(IFFT) Inverse FFT는 DFT와 기본적으로 동일 구조를 갖는 계산 알고리즘이다. 식 (7.3)과 식 (7.4)를 비교하면, DFT에서 $x[n]$과 $X[k]$의 위치를 서로 바꾸고 W_N을 W_N^{-1}로 바꾼 뒤 우변을 N으로 나누면 IDFT의 식을 얻는다. 이를 FFT 선도에서 보면, $x[n]$과 $X[k]$ 마디를 교환하고 회전인자의 지수 부호를 바꾸어 주고(즉 공액 복소수를 취하고) 마지막 또는 맨 앞에서 N으로 나누는 것과 같다. 따라서 기존의 FFT 선도를 그대로 IFFT 계산에도 활용할 수 있다.

[그림 7-31]과 [그림 7-32]에 주파수 분할 및 시분할 IFFT 선도를 각각 나타내었다. N으로 나누는 것을 각 단계마다 2로 나누는 형태를 취한 이유는, 컴퓨터에서 2를 나누는 것은 비트를 오른쪽으로 한 자리 이동시키는 것과 같아서 추가적인 계산량 부담이 필요 없기 때문이다.

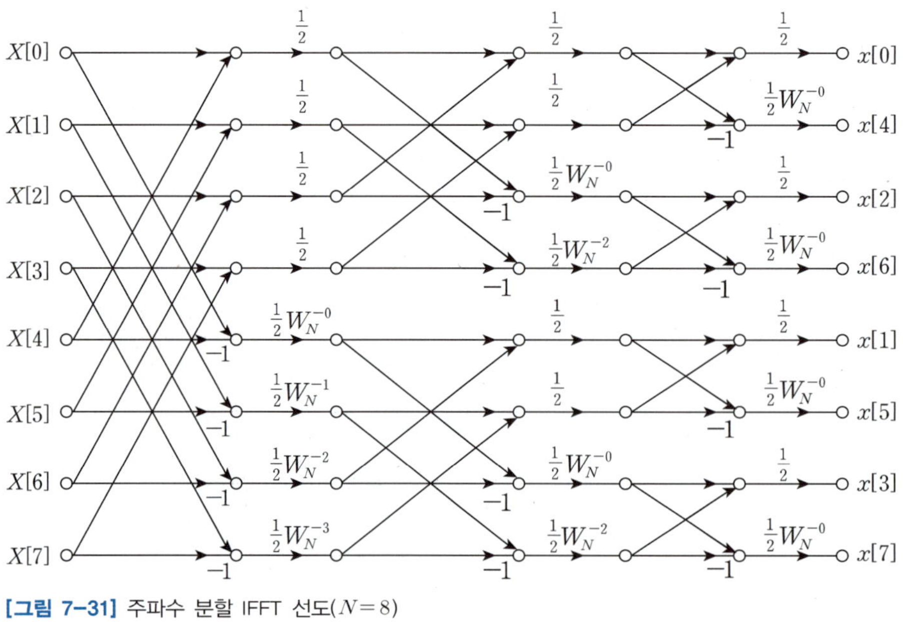

[그림 7-31] 주파수 분할 IFFT 선도($N=8$)

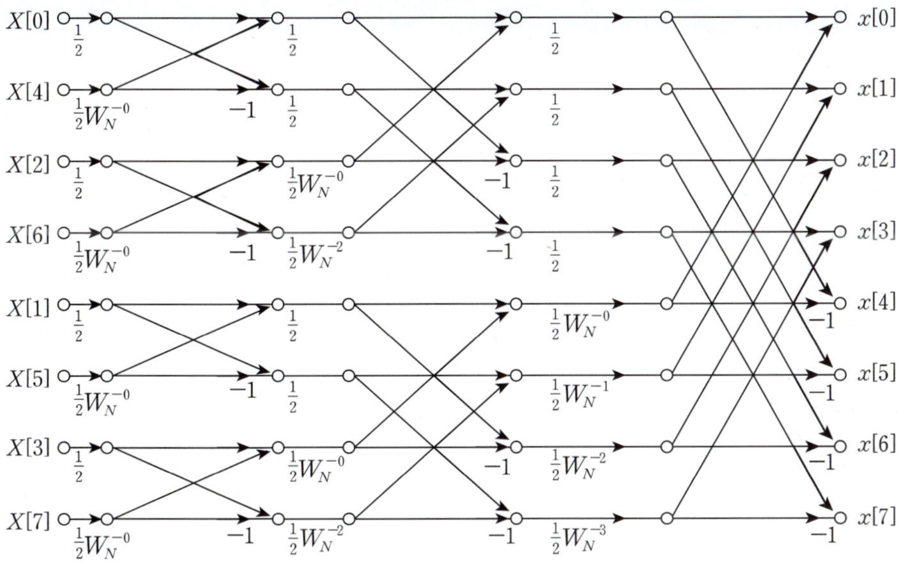

[그림 7-32] 시분할 IFFT 선도($N=8$)

예제 7-11 역 FFT 계산

[예제 7-10]의 FFT 결과를 IFFT하여 이산 신호 $x[n]$을 구하라.

풀이

[그림 7-30(b)]의 주파수 분할 FFT 선도에 입력을 $X[k]$로 바꾸어 계산하면 다음과 같다.

$$\begin{aligned} G[0] &= X[0]+X[2]=8 \\ G[1] &= X[1]+X[3]=-4 \\ H[0] &= X[0]-X[2]=8 \\ H[1] &= (X[1]-X[3])(j)=0 \end{aligned} \quad \Rightarrow \quad \begin{aligned} x[0] &= G[0]+G[1]=4 \\ x[2] &= G[0]-G[1]=12 \\ x[1] &= H[0]+H[1]=8 \\ x[3] &= H[0]-H[1]=8 \end{aligned}$$

이때 FFT 선도에서 회전 인자의 부호를 바꿔주는 것을 유의해야 한다. 계산된 결과를 $N=4$로 나누면 $x[n]=[1,\ 2,\ 3,\ 2]$를 얻는다. 이는 원래의 신호와 일치한다.

CHAPTER 07_연습문제

【Quick Review】

※ 다음 문제에서 맞는 것을 골라라.

(1) 샘플 스펙트럼을 푸리에 역변환하면 이산 (주기, 비주기) 신호이다.

(2) DFT와 DTFS는 완전히 똑같다. (O, ×)

(3) DFT에서 신호의 샘플 수와 샘플 스펙트럼의 수는 (같다, 다르다).

(4) 회전 인자 W_N^{kn}은 복소 평면의 (실축, 허축, 단위원)을 N등분한 점이다.

(5) 데이터의 값을 알아야만 회전 인자의 값을 계산할 수 있다. (O, ×)

(6) DFT의 길이 N은 (시간-대역폭, 이득-대역폭) 곱의 (한, 두) 배 이상이어야 한다.

(7) IDFT는 DFT 계산 구조를 그대로 활용하여 계산할 수 있다. (O, ×)

(8) DFT의 해상도는 데이터 수에 반비례한다. (O, ×)

(9) 신호의 유효 샘플 수를 늘리면 DFT의 해상도와 정확도가 모두 향상된다. (O, ×)

(10) 주기 신호끼리의 선형 컨벌루션을 정의할 수 있다. (O, ×)

(11) 길이가 다른 두 주기 신호를 원형 컨벌루션할 수 있다. (O, ×)

(12) 시간 영역에서 원형 컨벌루션은 주파수 영역에서 두 신호 DFT의 곱과 같다. (O, ×)

(13) DFT를 이용하여 선형 컨벌루션을 계산할 수 있다. (O, ×)

(14) 두 N-주기 신호의 원형 컨벌루션 결과는 길이 (N, $2N-1$, $2N$)이 된다.

(15) 원형 컨벌루션을 이용하여 길이 N_1과 N_2인 두 신호의 선형 컨벌루션을 수행하려면 먼저 영 채우기로 신호의 길이를 ($\max(N_1, N_2)$, N_1+N_2-1, N_1+N_2)로 만든다.

(16) 시간 신호를 홀, 짝으로 계속 나누어나가는 것은 (시분할, 주파수 분할) FFT이다.

(17) 밑수 2 FFT는 데이터의 수가 반드시 2의 거듭제곱이 되어야 한다. (O, ×)

(18) $N=2^q$점 FFT는 (q, N)개의 단계와 단계마다 ($N/2$, N)개의 버터플라이를 가진다.

(19) 8점 FFT의 최소 곱셈 양은 (12, 32, 64)이다.

(20) 시분할 FFT 선도만 주어지면 바로 주파수 분할 FFT 선도를 구할 수 있다. (O, ×)

【기초 문제】

7.1 DFT에 관한 다음의 설명 중 틀린 것은?

㉮ DFT는 이산 비주기 신호의 샘플 스펙트럼을 구하는 도구이지만, 결과적으로는 이산 주기 신호와 이산 주기 스펙트럼의 쌍으로 취급된다.

㉯ 유한한 길이의 실제 관측 데이터를 DFT해서 구한 스펙트럼에는 항상 주파수 중첩의 영향이 들어 있다.

㉰ 컴퓨터로 IDFT를 수행하려면 반드시 DFT와 다른 새로운 프로그램을 짜야만 한다.

㉱ DFT를 이용하여 연속 신호를 처리할 경우, DFT의 길이는 샘플링 정리만 만족하도록 선정하면 된다.

7.2 다음은 $N=6$인 실수 이산 신호의 DFT이다. 잘못된 것을 모두 골라라.

㉮ $[3,\ 2,\ 1,\ 0,\ 1,\ 2]$

㉯ $[1,\ -1+j1,\ -2-j1,\ 3,\ -2+j1,\ -1-j1]$

㉰ $[1,\ -1,\ 1,\ 1,\ 1,\ -1]$

㉱ $[3,\ -1+j1,\ j2,\ -2+j1,\ -1-j1,\ -j2]$

㉲ $[j3,\ j2,\ j1,\ 1,\ -j1,\ -j2]$

㉳ $[1,\ -1+j1,\ -j1,\ 0,\ -j1,\ -1+j1]$

7.3 DFT의 해상도에 관한 다음의 설명 중 옳은 것은?

㉮ DFT의 해상도와 DFT의 길이는 아무런 관계가 없다.

㉯ 연속 신호를 DFT할 경우, 해상도는 샘플링 주파수와 DFT의 길이에 모두 영향을 받는다.

㉰ DFT에 충분한 개수의 영 채우기를 하면 해상도와 함께 정확도도 향상된다.

㉱ 유효한 데이터의 수를 늘리면 같은 수의 영 채우기를 하는 것보다 해상도가 높아진다.

7.4 $x[n]=[1,\ 2,\ 3]$, $h[n]=[a,\ b,\ c]$일 때, $z[n]=x[n]*h[n]$에 관한 설명 중 틀린 것은?

㉮ $z[n]=[1,\ 2,\ 3,\ 0,\ 0] \circledast [a,\ b,\ c,\ 0,\ 0]$이다.

㉯ $z[n]=[1,\ 2,\ 3,\ 0,\ 0] * [a,\ b,\ c,\ 0,\ 0]$이다.

㉰ 선형 컨벌루션을 원형 컨벌루션으로 계산하려면, $x[n]$과 $h[n]$의 길이가 같아야 한다.

㉱ $x[n]$, $h[n]$의 DFT를 $X[k]$, $H[k]$라고 하면 $z[n] \neq \mathrm{IDFT}\{X[k]H[k]\}$이다.

7.5 고속 푸리에 변환(FFT)에 관한 다음의 설명 중 옳은 것은?

㉮ $N=32$인 신호의 밑수 2 시분할 FFT 선도의 입력 데이터 순서는 $x[0]$, $x[8]$, $x[4]$, $x[16]$, $x[12]$, $x[24]$, $\cdots$이다.

㉯ $N=32$인 신호를 FFT하려면 80개의 버터플라이가 필요하다.

㉰ $N=32$인 신호를 FFT할 때 필요한 최소 곱셈 수는 160이다.

㉱ $N=32$인 신호의 밑수 2 시분할 FFT 선도는 입력이나 출력 중의 하나는 반드시 역 비트순이 된다.

7.6 다음의 신호에 대한 N점 DFT $X[k]$를 구하라.

(a) $x[n] = \delta[n]$

(b) $x[n] = \delta[n-n_0], \quad 0 < n_0 < N-1$

(c) $x[n] = a^n, \quad 0 \le n \le N-1$

(d) $x[n] = 4 + \cos^2(2\pi n/N), \quad 0 \le n \le N-1$

7.7 다음에 주어진 $X[k]$에 대하여 IDFT를 수행하여 $x[n]$을 구하라.

(a) $X[k] = [1,\ j,\ 0,\ -j]$

(b) $X[k] = [1,\ 1,\ 1,\ 1]$

(c) $X[k] = [1,\ -1,\ 1,\ -1]$

(d) $X[k] = [2,\ 0,\ -2,\ 0]$

(e) $X[k] = [1,\ 0,\ 0,\ j,\ 0,\ -j,\ 0,\ 0]$

(f) $X[k] = \begin{cases} 3, & k=0 \\ 1, & 1 \le k \le 9 \end{cases}$

7.8 이산 신호 $x[n]$의 4점 DFT가 다음과 같을 때 $x[n]$을 구하라.

k	$\lvert X[k] \rvert$	$\angle X[k]$
0	20.0000	0
1	8.4853	$-3\pi/4$
2	0.0000	0
3	8.4853	$3\pi/4$

7.9 다음 그림은 $N=8$인 몇 개의 N점 이산 신호를 나타낸다.

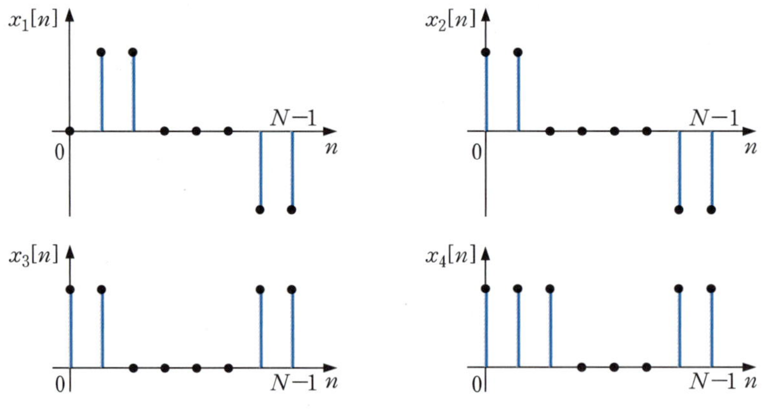

(a) 어느 신호가 실수인 DFT를 가지는가?

(b) 어느 신호가 허수인 DFT를 가지는가?

(c) 어떤 신호에 대해 $X[0]=0$이 되는가?

(d) $k=2, 4, 6$에 대해 어떤 신호가 $X[k]=0$이 되는가?

7.10 실수 신호 $x[n]$의 DFT $X[k]$가 다음과 같을 때 빈칸을 채워라. 그리고 각 경우에 대해 $n=0$에서의 신호 값 $x[0]$를 구하라.

(a) $X[k]=[0,\ -j,(\ ),\ -2,\ 2-j,\ (\ )]$

(b) $X[k]=[4,\ 2,(\ ),\ 2+j,\ (\ ),\ 0,\ (\ ),\ -1,\ (\ )]$

(c) $X[k]=[-1,\ (\ ),\ 1,\ (\ ),\ 0,\ j2,\ (\ ),\ 1-j]$

7.11 이산 신호 $x[n]=[1,\ -2,\ 3,\ -4,\ 5,\ -6,\ 7,\ -8]$의 DFT $X[k]$를 계산하지 않고 다음의 값을 구하라.

(a) $X[0]$ (b) $X[4]$ (c) $\sum_{k=0}^{7} X[k]$ (d) $\sum_{k=0}^{7}(-1)^k X[k]$

7.12 이산 신호 $x[n]=\delta[n]+2\delta[n-4]$에 대해 물음에 답하라.

(a) 8점 DFT $X[k]$를 구하라.

(b) (a)에서 구한 $X[k]$에 대해 DFT가 $Y[k]=e^{-j\frac{2\pi}{8}2k}X[k]$인 신호 $y[n]$을 구하라.

7.13 $x[n]$의 DFT가 $X[k]=[3,\ -1,\ 3,\ -1]$이라 할 때, 다음의 신호에 대한 DFT를 구하라.

(a) $y[n]=[x[n],\ x[n]]$ (b) $y[n]=x[n/2]$ (0 삽입)

(c) $y[n]=(-1)^n x[n]$

7.14 정현파 신호 $x(t)=2\cos(100\pi t)$를 3주기 동안 나이퀴스트 샘플링 주파수의 2배로 샘플링했다. 이렇게 얻어진 이산 신호의 DFT를 구하라.

7.15 아날로그 신호 $x(t)$를 샘플링 주파수 8[kHz]로 샘플링하여 이산 신호 $x[n]$을 얻은 뒤, 이를 8점 DFT하여 다음과 같은 $X[k]$를 얻었다. 원래의 신호 $x(t)$를 구하라.

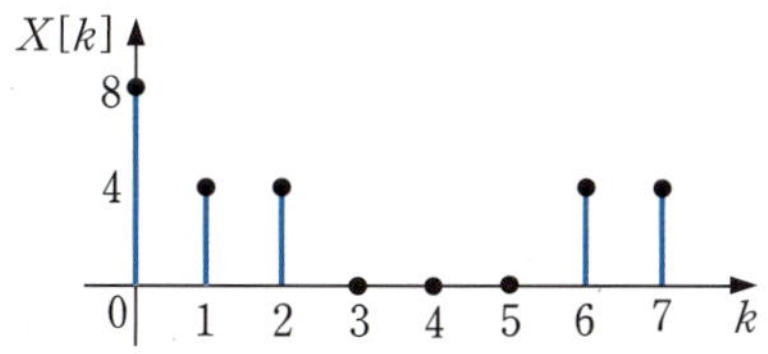

7.16 1초 구간의 아날로그 신호 $x(t)$에 대해 등간격으로 256개의 샘플을 취해 DFT했다.

(a) 아날로그 영역에서의 주파수 해상도는 얼마인가?

(b) DFT로 구한 스펙트럼에서 나타나는 가장 높은 주파수는 얼마인가?

(c) DFT로 구한 스펙트럼의 디지털 주파수 해상도는 얼마인가?

(d) 주파수 중첩이 일어나지 않았다면 아날로그 신호의 가장 높은 주파수는 얼마인가?

7.17 신호 $x[n]=[\underset{\uparrow}{1},\ 0,\ 2,\ 1]$에 대해 물음에 답하라.

(a) 4점 DFT $X[k]$를 구하라.

(b) $y[n]=x[n]\circledast x[n]$을 원형 컨벌루션 정의를 이용하여 계산하라.

(c) $y[n]=x[n]\circledast x[n]$을 DFT를 이용하여 계산하라.

(d) $h[n]=[\underset{\uparrow}{1},\ 0,\ 2,\ 1,\ 0,\ 0]$에 대해 $z[n]=h[n]\circledast h[n]$을 계산하라.

7.18 두 이산 신호 $x[n]=[-1,\ 2,\ 1,\ 3]$과 $y[n]=[-2,-1,\ 0,\ 2]$에 대해 물음에 답하라.

(a) 선형 컨벌루션 $x[n]*y[n]$을 구하라.

(b) 원형 컨벌루션 $x[n]\circledast y[n]$을 구하라.

(c) $x[n]$과 $y[n]$에 세 개의 영 채우기를 하여 원형 컨벌루션을 수행하라.

7.19 LTI 시스템의 임펄스 응답 $h[n]$과 입력 $x[n]$이 다음과 같이 주어질 때, 중복-더하기 방법과 중복-저장 방법으로 선형 컨벌루션하여 시스템의 출력 $y[n]$을 구하라.

(a) $x[n]=[\underset{\uparrow}{1},\ 2,\ 3,\ 4,\ 3,\ 2,\ 1]$, $h[n]=[\underset{\uparrow}{1},\ 1,\ 1]$

(b) $x[n]=[\underset{\uparrow}{1},\ 1,\ 2,\ 3,\ 0,\ 1,\ 2,\ 3]$, $h[n]=[\underset{\uparrow}{1},\ -1,\ 1]$

(c) $x[n]=[\underset{\uparrow}{1},\ 2,\ 3,\ 3,\ 4,\ 5]$, $h[n]=[\underset{\uparrow}{1},\ 1,\ 1]$

7.20 다음의 신호들에 대해 밑수 2 주파수 분할 역 비트순 FFT, 밑수 2 시분할 역 비트순 FFT를 이용하여 샘플 스펙트럼을 각각 구하고, 이에 대한 FFT 선도를 그려라.

(a) $x[n]=[1,\ 2,\ 3,\ 2]$

(b) $x[n]=[1,\ 0,\ -1,\ 1,-1,\ 1,\ 0,-1]$

(c) $x[n]=[1,\ -1,\ 1,\ -1]$

(d) $x[n]=[1,\ 2,\ 3,\ 2,\ 1,\ 0,\ 0,\ 0]$

【응용 문제】

7.21 $x[n]$의 DFT가 $X[k]=[1,\ 3,\ 2,\ 4]$일 때, 다음 신호의 DFT를 구하라.

(a) $y[n]=x[n-2]$

(b) $y[n]=2x[n]+x[n+1]$

(c) $y[n]=x[-n]$

(d) $y[n]=x^*[n]$

(e) $y[n]=x^2[n]$

(f) $y[n]=x[n]\circledast x[n]$

7.22 정현파 신호 $x(t)=2\sin\left(2\pi f_0 t+\frac{\pi}{3}\right)$를 $t=0$에서부터 샘플링하여 다음과 같은 이산 신호를 얻을 때, 각 이산 신호의 DFT를 별도로 계산하지 말고 구하라.

(a) 1주기 4샘플 (b) 1주기 8샘플

(c) 2주기 6샘플 (d) 2주기 8샘플

7.23 차단 주파수 10[kHz]인 저역 통과 필터로 전처리된 아날로그 신호 $x(t)$의 스펙트럼을 DFT를 이용하여 구하려고 한다. 이때 원하는 주파수 해상도는 0.1[Hz] 이하이다.

(a) 주파수 중첩이 일어나지 않을 최저 샘플링 주파수는 얼마인가?

(b) 절단 왜곡이 일어나지 않을 DFT의 최소 길이 N은 얼마인가?

(c) 밑수 2 FFT를 이용하여 DFT를 계산한다면 N은 얼마가 되어야 하는가?

(d) (c)의 경우에 주파수 중첩과 절단 왜곡이 발생하지 않기 위해서는 샘플링되어야 할 아날로그 신호의 최대 폭은 얼마가 되어야 하는가?

7.24 여러 응용문제에서 신호에 창 함수 $w[n]$을 곱하는 동작이 때때로 필요하다. N점 신호 $x[n]$에 다음과 같은 해닝Hanning 창 $w[n]$을 씌울 때, $x[n]$의 DFT $X[k]$로 창이 씌워진 신호 $x_t[n]=x[n]w[n]$의 DFT를 구하려면 어떻게 해야 하는가?

$$w[n]=\frac{1}{2}+\frac{1}{2}\cos\left(\frac{2\pi}{N}\left(n-\frac{N}{2}\right)\right)$$

7.25 10[kHz]로 대역 제한된 아날로그 신호 $x(t)$를 샘플링 주파수 20[kHz]로 샘플링하여 이산 신호 $x[n]$을 만든 뒤, 이에 대해 1000점 DFT를 수행하여 스펙트럼을 구했다.

(a) DFT $X[k]$의 $k=150$과 $k=800$에 해당하는 아날로그 주파수는 각각 얼마인가?

(b) 스펙트럼의 디지털 주파수 해상도는 얼마인가? 이는 아날로그 주파수로 얼마에 해당하는가?

7.26 아날로그 신호 $x(t)=\cos(30\pi t)+\sin(100\pi t)$를 샘플링 주파수 100[Hz]로 샘플링하여 DFT로 스펙트럼을 구했다.

(a) $N=100$일 때 $X[k]$는 어떤 k값에서 스펙트럼 첨두가 발생하겠는가? 이 k값과 $x(t)$의 정현파 성분 주파수는 정확히 일치하는가?

(b) $N=128$일 때 $X[k]$는 어떤 k값에서 스펙트럼 첨두가 발생하겠는가? 이 k값과 $x(t)$의 정현파 성분 주파수는 정확히 일치하는가?

7.27 100[Hz]로 대역 제한된 구간 1[초]짜리 아날로그 신호 $x(t)$의 스펙트럼을 구하는 데 DFT를 이용하려고 한다.

(a) 나이퀴스트 샘플링률을 적용할 때, 얻는 데이터의 개수와 주파수 해상도는 얼마인가?

(b) (a)에서 얻어진 데이터에 대해 스펙트럼의 주파수 해상도를 배로 높이려면 데이터 개수는 얼마가 되고 몇 개의 영 채우기를 해야 하는가?

(c) (b)의 경우에 밑수 2 FFT를 이용하여 DFT를 계산하려면 데이터의 개수는 얼마가 되고 몇 개의 영 채우기가 필요한가?

7.28 N점 이산 신호 $x[n]$에 대해 밑수 2 FFT 알고리즘을 이용하여 주파수 구간 $7\pi/16 \leq \Omega \leq 15\pi/16$에서 등간격인 샘플 스펙트럼 128개를 얻고자 한다. 필요한 과정을 (a) $N=120$, (b) $N=1000$의 두 가지 경우에 대해 각각 설명하라.

7.29 1초 구간에서 연속 신호 $x(t)$를 샘플링하여 4096개의 샘플을 얻었다.

(a) 주파수 중첩이 일어나지 않았다면 연속 신호 $x(t)$의 최대 주파수는 얼마인가?

(b) 얻어진 샘플 데이터에 대해 4096점 DFT를 수행할 경우 스펙트럼의 디지털 주파수 해상도와 이에 해당하는 아날로그 주파수 해상도는 얼마인가?

(c) 만약 $100 \leq f \leq 200$[Hz] 범위의 주파수 스펙트럼만 중요하다면 이 값들을 직접 DFT로 계산하기 위해서는 얼마나 많은 복소수 곱셈이 필요한가? 또 밑수 2 시분할 FFT를 쓸 경우에는 얼마나 많은 복소수 곱셈이 필요한가?

(d) (c)와 관련하여 DFT를 직접 계산하는 것보다 FFT로 계산하는 것이 더 효율적이기 위한 최소한의 주파수 샘플 수는 얼마인가?

7.30 길이 $M=512$인 임펄스 응답 $h[n]$을 갖는 디지털 필터에 길이 $N=8192$인 입력이 인가되어 출력 $y[n]$이 발생되었다.

(a) 컨벌루션을 직접 계산하여 출력을 구할 때 곱셈의 양은 얼마인가?

(b) 1024점 밑수 2 시분할 FFT와 중복 더하기 방법을 결합하여 컨벌루션 계산을 수행할 경우 곱셈의 양은 얼마인가?

CHAPTER 07_MATLAB 실습

실습목표

- DFT와 IDFT의 계산을 수행한다.
- DFT를 이용한 원형 컨벌루션 및 선형 컨벌루션 계산을 수행한다.
- 원형 컨벌루션을 이용하여 창 씌우기의 효과를 알아본다.

MATLAB 7-1 DFT 및 IDFT 실습

이산 비주기 신호 $x[n]=[\underset{\uparrow}{1},\ 2,\ 2,\ 1]$에 대해 다음을 구하라.

(a) 4점 DFT 및 IDFT를 수행하라. 그리고 DFT의 결과를 DTFT와 비교하라.

(b) 영 채우기를 시행하여 같은 신호에 대해 16점 DFT 및 IDFT를 수행하라.

풀이

(a) 정의식을 이용하면 $x[n]$의 DFT와 IDFT, DTFT를 쉽게 구할 수 있다. 매트랩 프로그램은 다음과 같다.

MATLAB_7_1a.m

```
N=4;                                    % 한 주기의 신호의 샘플 개수
x=[1 2 2 1];                            % 신호 x[n] 데이터 입력
n=0:N-1;                                % 시간축 설정
k=0:N-1;                                % 샘플 스펙트럼의 주파수축 설정
WN=exp(-j*2*pi/N).^n;                   % 회전 인자 W_N^n 계산
for m=1:N
   X(m)=sum(x.*WN.^(m-1));              % DFT 수행
end
df=1/500; f=df*[0:500];                 % DTFT 스펙트럼의 주파수축 설정
W=exp(-j*2*pi.*f);                      % e^jΩ 계산
Xf=zeros(1,length(f));                  % DTFT 초기화
for m=1:N
   Xf=Xf+x(m)*W.^(m-1);                 % DTFT 수행
end
for m=1:N
   x(m)=sum(X.*(WN.^(-1)).^(m-1))/N;    % IDFT 수행
end
subplot(2,1,1);                         % 2행 1열 배열 그림 창의 1번 창
stem(k,abs(X));                         % DFT의 진폭 스펙트럼을 그림
hold on                                 % 현재의 그림 창을 그대로 유지
plot(f*N,abs(Xf),'--r');                % DTFT의 진폭 스펙트럼을 그림
title('진폭 스펙트럼');                  % 그림 제목
xlabel('\bf{F}'); grid on;              % x축 라벨 및 그리드 표시
subplot(2,1,2);                         % 2행 1열 배열 그림 창의 2번 창
stem(k,angle(X));                       % DFT의 위상 스펙트럼을 그림
hold on                                 % 현재의 그림 창을 그대로 유지
plot(f*N,angle(Xf),'--r');              % DTFT의 위상 스펙트럼을 그림
title('위상 스펙트럼');                  % 그림 제목
xlabel('\bf{F}'); grid on;              % x축 라벨 및 그리드 표시
```

실행 결과를 [표 7-5]와 [그림 7-33]에 나타내었다. 결과에서 보듯이 DFT에 의한 샘플 스펙트럼이 DTFT에 의한 연속 스펙트럼과 값이 같은 것을 확인할 수 있다.

[표 7-5] 신호 $x[n]$에 대한 4점 DFT와 IDFT 결과

n/k	$X[k]$	$x[n]$
0	6	1
1	$-1-j1$	2
2	0	2
3	$-1+j1$	1

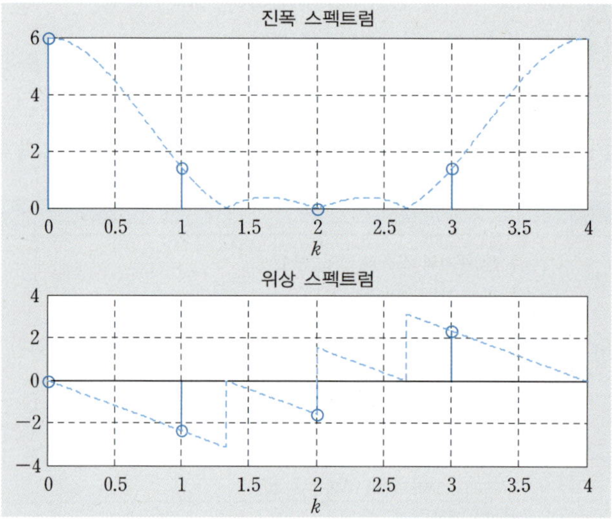

[그림 7-33] 4점 DFT와 DTFT에 의한 $x[n]$의 스펙트럼

DFT와 IDFT는 다음과 같이 명령 fft와 ifft를 사용하여 간단히 실행할 수도 있다.

```
>>X=fft(x);
>>x=ifft(X);
```

DTFT의 정의식은 다음과 같으므로

$$X(\Omega)=\sum_{n=-\infty}^{\infty}x[n]e^{-j\Omega n}=\sum_{n=-\infty}^{\infty}x[n]z^{-n}\Big|_{z=e^{j\Omega}}$$

$x[n]$ 데이터들이 $X(\Omega)$의 분자의 계수 역할을 하는 것으로 생각할 수 있다. 따라서 freqz 명령을 사용하면 다음과 같이 간단하게 한 줄로 구할 수도 있다.

```
>>Xf=freqz(x,1,2*pi*f)
```

(b) 영 채우기를 하여 16점 DFT를 수행하는 것은 (a)의 매트랩 프로그램에서 신호의 데이터 값을 입력하는 처음의 두 줄만 아래와 같이 수정하면 되고, 나머지는 동일하다.

```
>>N=16;
>>x=[1 2 2 1];
>>x=[x zeros(1,N-length(x))];
```

실행 결과는 [표 7-6]과 [그림 7-34]에 나타내었다. 결과에서 보듯이 해상도는 4배 높아졌지만 정확도는 달라지지 않는다. 즉 (b)의 $X[0]$, $X[4]$, $X[8]$, $X[12]$가 (a)의 $X[0]$, $X[1]$, $X[2]$, $X[3]$과 일치한다. 그리고 DFT에 의한 샘플 스펙트럼이 DTFT에 의한 연속 스펙트럼과 값이 같은 것도 확인할 수 있다.

[표 7-6] 신호 $x[n]$에 대한 16점 DFT와 IDFT 결과

n/k	$X[k]$	$x[n]$	n/k	$X[k]$	$x[n]$
0	6	1	8	0	0
1	$4.6447-j3.1035$	2	9	$0.1838+j0.2750$	0
2	$1.7071-j4.1213$	2	10	$0.2929+j0.1213$	0
3	$-0.5727-j2.8793$	1	11	$-0.2557+j0.0509$	0
4	$-1-j1$	0	12	$-1+j1$	0
5	$-0.2557-j0.0509$	0	13	$-0.5727+j2.8793$	0
6	$0.2929-j0.1213$	0	14	$1.7071+j4.1213$	0
7	$0.1838-j0.2750$	0	15	$4.6447+j3.1035$	0

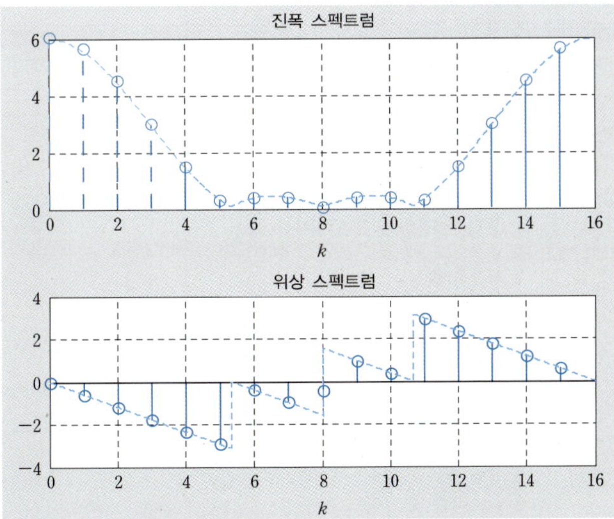

[그림 7-34] 16점 DFT와 DTFT에 의한 $x[n]$의 스펙트럼

MATLAB 7-2 DFT를 이용한 선형 및 원형 컨벌루션 계산

신호 $x[n]$과 $h[n]$이 다음과 같이 주어질 때($N=8$) 물음에 답하라.

$$x[n]=[\underset{\uparrow}{1},\ 1,\ 2,\ 1,\ 0,\ -1,\ -2,\ -1],\quad h[n]=[\underset{\uparrow}{1},\ 1,\ 2,\ 3,\ 2,\ 3,\ 2,\ 1]$$

(a) 두 신호의 원형 컨벌루션 $y_N[n]=x[n]\circledast h[n]$을 직접 계산하여 결과를 그려라. 또한 DFT를 이용하여 계산하고, 두 결과를 비교하라.

(b) 두 신호의 선형 컨벌루션 $y[n]=x[n]*h[n]$을 직접 계산하여 결과를 그려라. 또한 원형 컨벌루션을 이용하여 계산하고, 두 결과를 비교하라.

(c) 두 신호의 주기가 $N=8$이 아니라 $N=16$으로 두 배 늘어난 경우, 다음의 두 신호 $x_{2N}[n]$과 $h_{2N}[n]$의 원형 컨벌루션 $y_{2N}[n]=x_{2N}[n]\circledast h_{2N}[n]$을 구하여 그리고, (a)의 결과와 비교하라.

$$x_{2N}[n]=[x[n]\,x[n]],\quad h_{2N}[n]=[h[n]\,h[n]]$$

풀이

(a) 원형 컨벌루션에서는 고정되지 않고 이동하는 신호가 컨벌루션하는 시간 구간을 벗어나면 사라지는 것이 아니라 꼬리를 물고 반복된다. 따라서 원형 컨벌루션 $y_N[n]$은 선형 컨벌루션 $y[n]$과 다음의 관계를 갖는다.

$$y_N[n]=y[n]+y[n+N],\quad y[2N]=0$$

이 관계와 conv 명령을 이용하면 쉽게 원형 컨벌루션을 직접 계산할 수 있다. 그리고 DFT를 이용하여 원형 컨벌루션을 계산하는 것은 명령 fft를 사용하면 쉽게 해결된다. 따라서 원형 컨벌루션을 계산하는 매트랩 프로그램은 다음과 같다.

MATLAB_7_2a.m

```
x=[1 1 2 1 0 -1 -2 -1];                 % 신호 x[n]
h=[1 1 2 3 2 3 2 1];                    % 신호 h[n]
N=length(x);                            % 신호의 길이(주기) N
yl=[conv(x,h) 0];                       % 선형 컨벌루션 계산
yc=yl(1:N)+yl(N+1:2*N);                 % 시간 영역 원형 컨벌루션 계산
yp=ifft(fft(x).*fft(h));                % DFT를 이용한 원형 컨벌루션 계산

n=0:N-1;                                % 시간축 설정
subplot(2,2,1);                         % 2행 2열 배열 그림 창의 1번 창
stem(n,x);                              % 신호 x[n]을 그림
title('신호 x[n]');                      % 그림 제목
xlabel('\bf{n}'); grid on;              % x축 라벨 및 그리드 표시
subplot(2,2,2);                         % 2행 2열 배열 그림 창의 2번 창
stem(n,h);                              % 신호 h[n]을 그림
title('신호 h[n]');                      % 그림 제목
xlabel('\bf{n}'); grid on;              % x축 라벨 및 그리드 표시
subplot(2,2,3);                         % 2행 2열 배열 그림 창의 3번 창
stem(n,yc);                             % 시간 영역 원형 컨벌루션 결과 그림
title('시간 영역 원형 컨벌루션 결과');        % 그림 제목
```

```
xlabel('\bf{n}'); grid on;                 % x축 라벨 및 그리드 표시
subplot(2,2,4);                            % 2행 2열 배열 그림 창의 4번 창
stem(n,yp);                                % DFT에 의한 주파수 영역 원형 컨벌루션 결과 그림
title('주파수 영역 원형 컨벌루션 결과');    % 그림 제목
xlabel('\bf{n}'); grid on;                 % x축 라벨 및 그리드 표시
```

실행 결과는 [그림 7-35]에 나타내었다. 그림에서 보듯이 시간 영역에서 계산한 결과와 주파수 영역에서 계산한 결과가 일치한다.

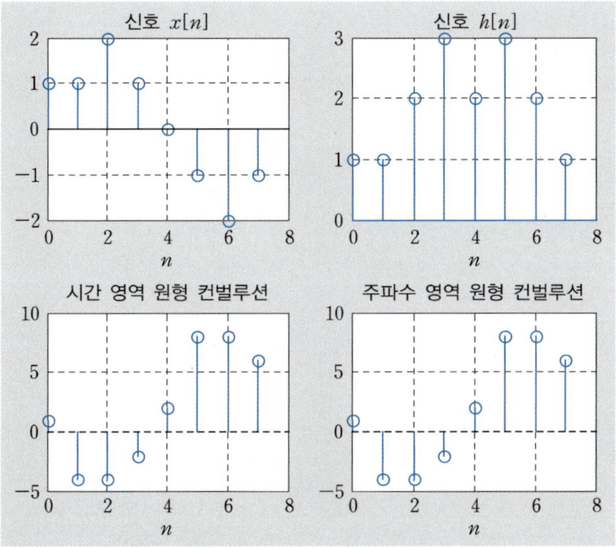

[그림 7-35] 원형 컨벌루션 $y_N[n] = x[n] \circledast h[n]$

(b) 선형 컨벌루션을 원형 컨벌루션을 이용하여 계산하려면, 신호 길이 $N_x + N_h - 1$에서 모자라는 만큼 영 채우기를 한 뒤 원형 컨벌루션을 해야 한다. 이를 수행하는 매트랩 프로그램은 다음과 같다.

MATLAB_7_2b.m

```
x=[1 1 2 1 0 -1 -2 -1];                    % 신호 x[n]
h=[1 1 2 3 2 3 2 1];                       % 신호 h[n]
Nx=length(x); Nh=length(h);                % 신호의 길이
N=Nx+Nh-1;                                 % 컨벌루션 결과 신호의 길이
xa=[x zeros(1,N-Nx)];                      % 신호 x[n]에 영 채우기
ha=[h zeros(1,N-Nh)];                      % 신호 h[n]에 영 채우기
yl=conv(x,h);                              % 직접 선형 컨벌루션 계산
yc=ifft(fft(xa).*fft(ha));                 % 원형 컨벌루션으로 선형 컨벌루션 계산
n=0:N-1;                                   % 시간축 설정
subplot(2,1,1);                            % 2행 1열 배열 그림 창의 1번 창
stem(n,yl);                                % 직접 선형 컨벌루션 결과 그림
title('직접 컨벌루션 계산 결과');           % 그림 제목
xlabel('\bf{n}'); grid on;                 % x축 라벨 및 그리드 표시
subplot(2,1,2);                            % 2행 1열 배열 그림 창의 2번 창
```

```
stem(n,yc);                                    % 원형 컨벌루션을 이용 계산 결과 그림
title('원형 컨벌루션 이용 계산 결과');            % 그림 제목
xlabel('\bf{n}'); grid on;                     % x축 라벨 및 그리드 표시
```

실행 결과는 [그림 7-36]에 나타내었다. 그림에서 보듯이 직접 선형 컨벌루션을 계산한 결과와 원형 컨벌루션을 이용하여 계산한 결과가 일치한다.

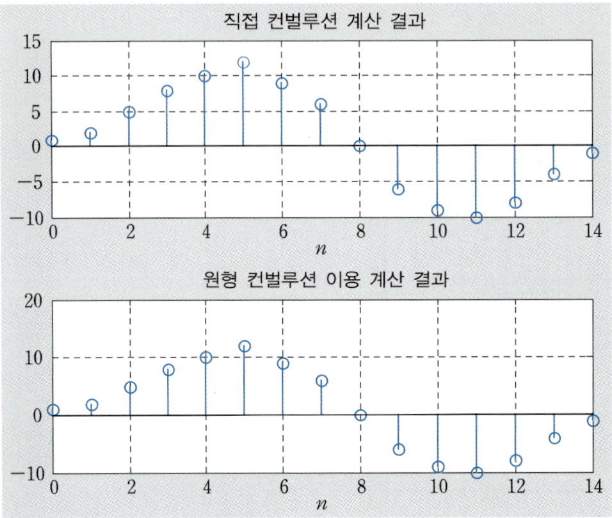

[그림 7-36] 선형 컨벌루션 $y[n]=x[n]*h[n]$

(c) 주기가 두 배로 늘어난 신호 $x_{2N}[n]=[x[n]\,x[n]]$과 $h_{2N}[n]=[h[n]\,h[n]]$의 원형 컨벌루션을 계산하는 것은 (a)의 프로그램에서 신호 데이터만 두 배로 늘려주면 된다. 매트랩 프로그램은 다음과 같다.

MATLAB_7_2c.m

```
x=[1 1 2 1 0 -1 -2 -1];                        % 신호 x[n]
h=[1 1 2 3 2 3 2 1];                           % 신호 h[n]
x2=[x x];                                      % 주기가 2배인 신호 x2N[n]
h2=[h h];                                      % 주기가 2배인 신호 h2N[n]
y2=ifft(fft(x2).*fft(h2));                     % 주기가 2배인 원형 컨벌루션 계산
n=0:length(y2)-1;                              % 시간축 설정
stem(n,y2);                                    % 주기가 2배인 원형 컨벌루션 결과 그림
title('주기가 2배인 원형 컨벌루션 결과');          % 그림 제목
xlabel('\bf{n}'); grid on;                     % x축 라벨 및 그리드 표시
```

실행 결과는 [그림 7-37]에 나타내었다. 그림에서 보면 주기를 두 배로 하여 원형 컨벌루션을 했음에도 불구하고, 컨벌루션의 결과는 원래의 주기로 반복되고 있다. 다만, 값이 두 배가 된 것을 확인할 수 있다.

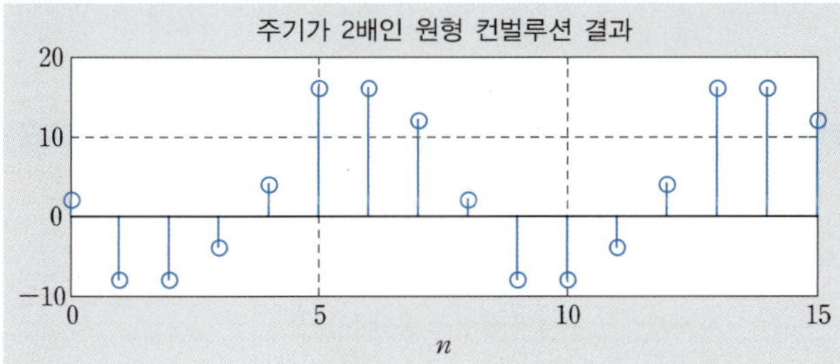

[그림 7-37] 주기가 두 배인 원형 컨벌루션 $y_{2N}[n]=x_{2N}[n]⊛h_{2N}[n]$

MATLAB 7-3 창 씌우기와 원형 컨벌루션

차단 주파수 $\Omega_c=0.4\pi(F_c=0.2)$인 이상적인 저역 통과 필터에 대해 다음을 구하라.

(a) 임펄스 응답 $h_d[n]$에 사각 창 $w_r[n]=u[n+20]-u[n-21]$을 씌운 임펄스 응답 $h_r[n]$을 그려라. 또한 그 결과로 얻은 저역 통과 필터의 주파수 응답 $H_r(\Omega)$를 구하여 그려라.

(b) 임펄스 응답 $h_d[n]$에 삼각 창 $w_b[n]=(u[n+10]-u[n-11])*(u[n+10]-u[n-11])$을 씌운 임펄스 응답 $h_b[n]$을 그려라. 또한 그 결과로 얻은 저역 통과 필터의 주파수 응답 $H_b(\Omega)$를 구하여 그려라.

풀이

(a) 차단 주파수 $F_c=0.2$인 이상적인 저역 통과 필터의 임펄스 응답은 다음과 같다.

$$h_d[n]=\frac{2F_c}{2\pi F_c n}\sin(2\pi F_c n)=2F_c\,\mathrm{sinc}(2F_c n)$$

이 임펄스 응답을 [그림 7-38]에 나타내었다.

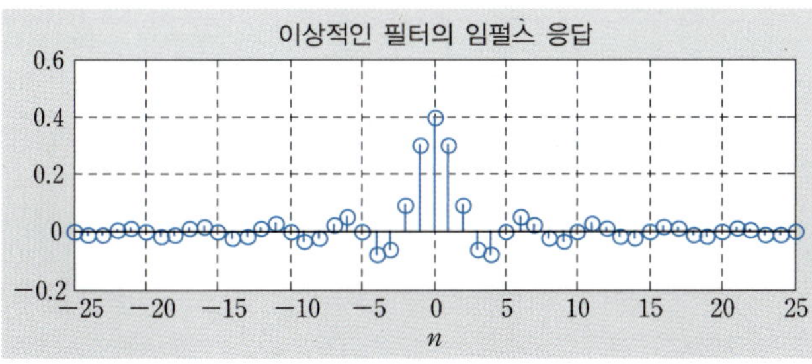

[그림 7-38] 이상적인 필터의 임펄스 응답

이상적인 임펄스 응답 $h_d[n]$에 창 $w[n]$을 씌우는 동작은 두 신호의 곱이 된다. 그리고 필터의 주파수 응답은 각각의 스펙트럼의 원형 컨벌루션으로 주어진다.

사각 창 $w_r[n]=1,\ |n|\le M$의 스펙트럼은 다음과 같다.

$$W_r(\Omega)=(2M+1)\,\mathrm{sinc}[(2M+1)F]/\mathrm{sinc}(F)$$

$h_d[n]$에 사각 창 $w_r[n]$을 씌운 임펄스 응답 $h_r[n]$과 필터의 주파수 응답 $H_r(\Omega)$를 구하여 그리는 매트랩 프로그램은 다음과 같다.

MATLAB_7_3a.m

```
n=-30:30;                                   % 시간축 설정
N=400; df=1/N; f=df*[-N/2:N/2-1];           % 주파수축 설정
fc=0.2;                                     % 차단 주파수 설정
hd=2*fc*sinc(2*fc*n);                       % 이상적인 필터의 임펄스 응답 hd[n]
wr=zeros(1,61); wr(11:51)=1;                % 사각 창 wr[n]
hr=hd.*wr;                                  % 사각 창을 씌운 임펄스 응답 hr[n]
Hd=zeros(1,N); Hd(N/2-0.2*N:N/2+0.2*N)=1;   % 이상적인 필터의 주파수 응답 Hd(Ω)
Wr=41*sinc(41*f)./sinc(f);                  % 사각 창의 스펙트럼 Wr(Ω)
Hr1=[conv(Hd,Wr) 0];                        % Hd(Ω)와 Wr(Ω)의 선형 컨벌루션 계산
Hr=(Hr1(1:N)+Hr1(N+1:2*N))/N;               % 원형 컨벌루션으로 Hr(Ω) 계산
Hr=fftshift(Hr);                            % Hr(Ω) 재정렬(-0.5≤F≤0.5)

subplot(2,1,1);                             % 2행 1열 배열 그림 창의 1번 창
stem(n,hr);                                 % 사각 창을 씌운 임펄스 응답 hr[n]을 그림
title(' \bf{사각 창을 씌운 임펄스 응답} '); % 그림 제목
xlabel('\bf{n}'); grid on;                  % x축 라벨 및 그리드 표시
subplot(2,1,2);                             % 2행 1열 배열 그림 창의 2번 창
plot(f,Hr);                                 % 사각 창을 씌운 주파수 응답 Hr(Ω)을 그림
title(' \bf{사각 창을 씌운 주파수 응답} '); % 그림 제목
xlabel('\bf{F}'); grid on;                  % x축 라벨 및 그리드 표시
```

실행 결과는 [그림 7-39]에 나타내었다. 그림에서 보면 주파수 응답에 경계 대역에 오버슈트와 통과 및 저지 대역에 작은 맥동, 즉 깁스 현상의 효과가 나타나고 있음을 알 수 있다.

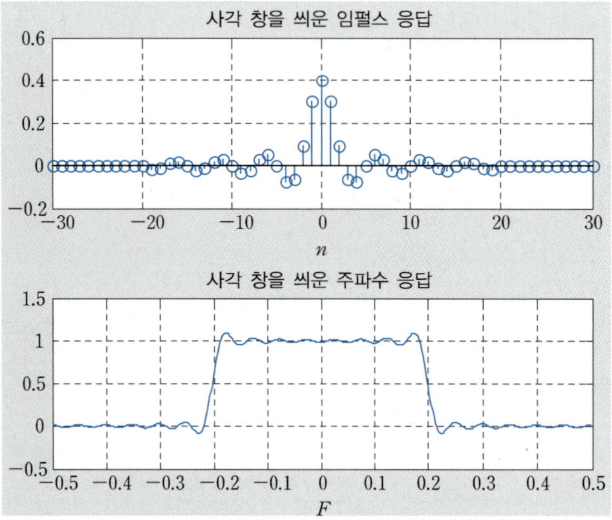

[그림 7-39] 사각 창을 사용한 임펄스 응답 및 주파수 응답

(b) 삼각 창은 주어진 것처럼 길이가 절반인 사각 창의 컨벌루션으로 나타낼 수 있다. 따라서 스펙트럼은 길이가 절반인 사각 창 스펙트럼의 제곱이 된다. 주파수 응답 $H_b(\Omega)$을 계산하려면 삼각 창 스펙트럼 $W_b(\Omega)$와 이상적인 저역 통과 필터의 주파수 응답 $H_d(\Omega)$의 원형 컨벌루션 계산을 해야 하는데, (a)의 경우와는 달리 원형 컨벌루션 계산을 DFT, 즉 fft 명령을 사용하여 수행하도록 프로그램한다.

DFT는 계산 도구에 불과하므로 주파수 영역이나 시간 영역에 상관없이 데이터가 주어지면 이들의 원형 컨벌루션의 계산은 '두 데이터를 각각 DFT한 후 두 DFT 결과를 곱하여 IDFT을 수행'하면 됨을 확인하고자 한다.

$h_d[n]$에 삼각 창 $w_b[n]$을 씌운 임펄스 응답 $h_b[n]$과 필터의 주파수 응답 $H_b(\Omega)$를 구하여 그리는 매트랩 프로그램은 다음과 같다.

MATLAB_7_3b.m

```
n=-30:30;                                   % 시간축 설정
N=400; df=1/N; f=df*[-N/2:N/2-1];           % 주파수축 설정
fc=0.2;                                     % 차단 주파수 설정
hd=2*fc*sinc(2*fc*n);                       % 이상적인 필터의 임펄스 응답 hd[n]
wd=zeros(1,31); wd(6:26)=1;                 % 길이가 절반인 사각 창 wd[n]
wb=conv(wd,wd)/21;                          % 삼각 창 wb[n]=wd[n]*wd[n]
hb=hd.*wb;                                  % 삼각 창을 씌운 임펄스 응답 hb[n]
Hd=zeros(1,N); Hd(N/2-0.2*N:N/2+0.2*N)=1;   % 이상적인 필터의 주파수 응답 Hd(Ω)
Wb=21*(sinc(21*f)./sinc(f)).^2;             % 삼각 창의 스펙트럼 Wb(Ω)
Hdf=fft(Hd);                                % Hd(Ω)에 대한 DFT 수행
Wbf=fft(Wb);                                % Wr(Ω)에 대한 DFT 수행
Hbf=Hdf.*Wbf;                               % Hb(Ω)에 대한 DFT 수행
Hb=fftshift((1/N)*ifft(Hbf));               % IDFT 수행 및 재정렬

subplot(2,1,1);                             % 2행 1열 배열 그림 창의 1번 창
stem(n(6:56),hb(6:56));                     % 삼각 창을 씌운 임펄스 응답 hb[n]을 그림
title( ' \bf{삼각 창을 씌운 임펄스 응답} ' ); % 그림 제목
xlabel('\bf{n}'); grid on;                  % x축 라벨 및 그리드 표시
subplot(2,1,2);                             % 2행 1열 배열 그림 창의 2번 창
plot(f,Hb);                                 % 주파수 응답 Hb(Ω)을 그림
title( ' \bf{삼각 창을 씌운 주파수 응답} ' ); % 그림 제목
xlabel('\bf{F}'); grid on;                  % x축 라벨 및 그리드 표시
```

실행 결과는 [그림 7-40]에 나타내었다. 그림에서 보면 천이 대역 특성은 사각 창의 경우보다 좀 더 나빠졌지만 깁스 현상은 나타나지 않음을 알 수 있다. 10장에서 배우겠지만, [그림 7-39]에서 보았던 사각 창의 문제점을 해결하기 위해 여러 창들이 제안되었으며, 삼각 창도 그 중의 하나이다.

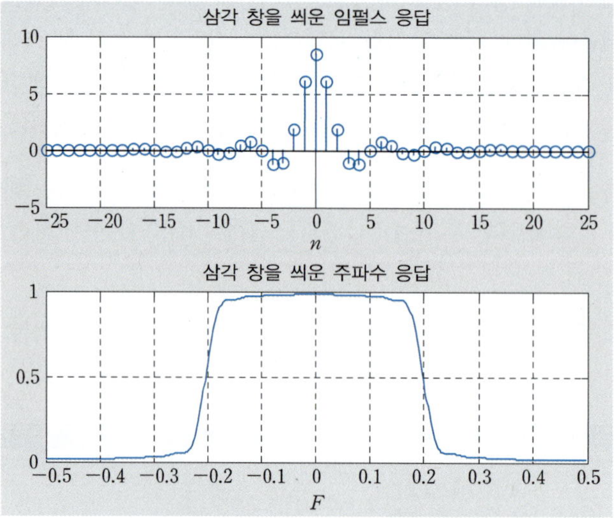

[그림 7-40] 삼각 창을 사용한 임펄스 응답 및 주파수 응답

CHAPTER

08

z 변환

z Transform

학습목표

- z 변환의 개념과 수렴 영역에 대해 이해할 수 있다.
- 주요 신호의 z 변환쌍을 잘 익혀둘 수 있다.
- z 변환의 주요 성질을 이해할 수 있다.
- 부분분수 전개를 이용한 z 역변환 방법을 잘 익혀둘 수 있다.
- z 변환을 이용한 차분 방정식의 해석 방법에 대해 잘 익혀둘 수 있다.
- 전달 함수의 개념과 중요성에 대해 이해할 수 있다.
- 전달 함수 극/영점의 역할과 중요성에 대해 이해할 수 있다.
- z 변환과 라플라스 변환의 관계에 대해 이해할 수 있다.

【미리보기】

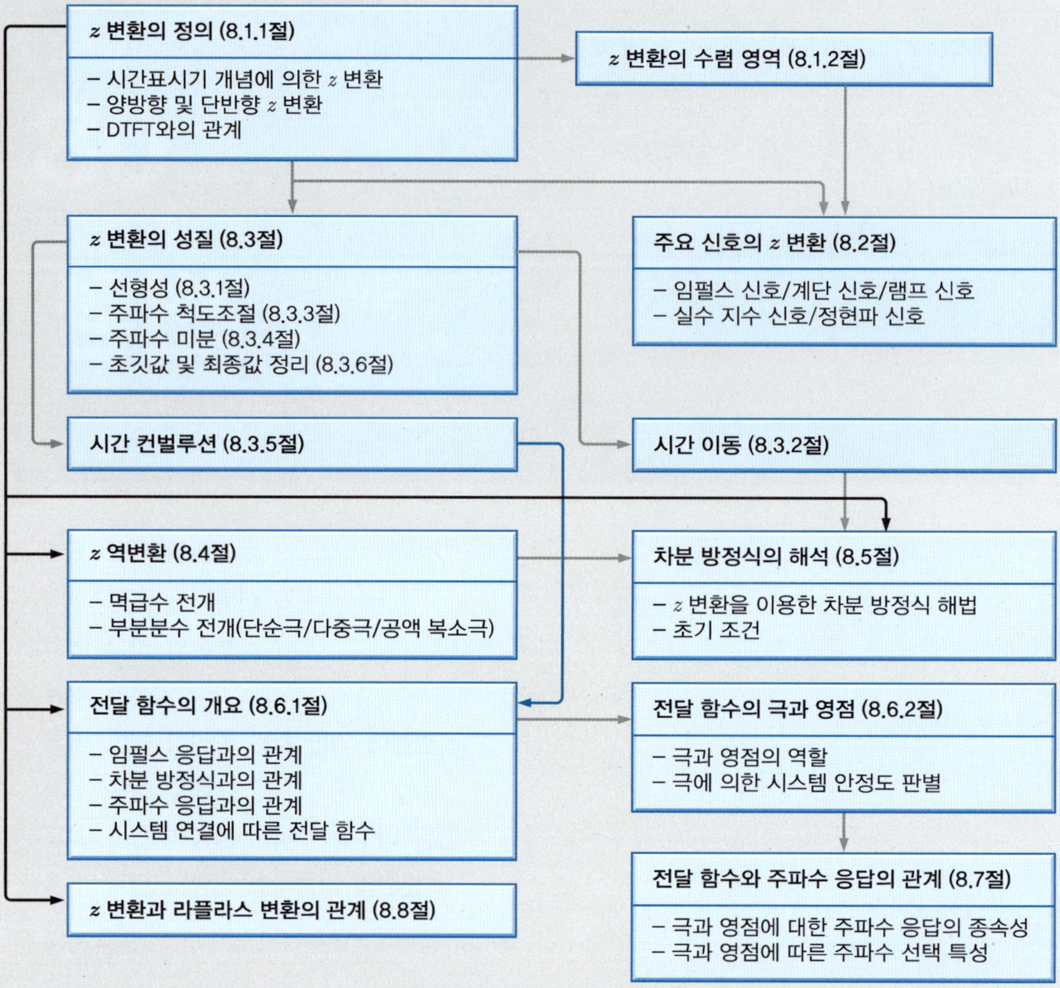

z 변환은 이산 시간 푸리에 변환(DTFT)을 할 수 없는 이산 신호들도 주파수 영역에서 취급할 수 있게 해주며, 연속 신호와 시스템에 대한 라플라스 변환과 똑같은 역할을 이산 신호와 시스템에서 담당한다. 이 장에서는 z 변환의 정의 및 수렴 특성, 주요 성질, 그리고 역변환 방법에 대해 살펴볼 것이다. 또한 전달 함수와 극/영점의 관점에서 이산 시스템을 해석하는 방법도 알아본다. 끝으로 z 변환과 라플라스 변환과의 관계에 대해서도 간단히 살펴보기로 한다.

SECTION 8.1

z 변환의 개요

학습포인트

- z 변환의 바탕 개념이 다른 주파수 영역 변환과 다른 점을 이해한다.
- 단방향과 양방향 z 변환의 차이를 이해한다.
- z 변환의 수렴 조건과 수렴 영역(ROC)에 대해 알아본다.
- 신호의 형태에 따라 z 변환의 수렴 영역이 어떻게 되는지 알아본다.
- (DTFT와 비교하여) z 변환의 장점들이 무엇인지 알아본다.

z 변환은 다른 변환들과 달리 출발점이 매우 단순하다. 이산 신호 샘플의 발생 시간(순서)을 알려주는 시간표시기로 복소 변수 z를 사용하여 급수 형태로 표현한 것이 바로 z 변환이다. 그렇긴 하지만 z 변환은 연속 신호에 대한 라플라스 변환과 똑같이 이산 신호에 대한 푸리에 변환(DTFT)을 보다 일반화한 주파수 영역 변환의 역할을 담당한다. 이 절에서는 z 변환의 바탕 개념과 정의를 설명하고 그 특징, 특히 수렴 영역에 대해 간단히 살펴본다. 그리고 양방향 및 단방향 변환의 차이를 알아보기로 한다.

8.1.1 z 변환의 정의

z 변환의 바탕 개념

신호의 표현을 주파수 영역으로 변환하는 여러 기법 중에서 아이디어의 출발점이 다르고 바탕 개념이 가장 단순하여 주파수와 관련짓지 않고서도 설명할 수 있는 것이 z 변환이다.

다음과 같은 이산 신호를 생각해보자.

$$x[n] = \begin{cases} (2)^n, & n \geq 0 \\ (3)^n, & n < 0 \end{cases} \tag{8.1}$$

이 신호는 $\left\{\cdots, \left(\frac{1}{3}\right)^2, \frac{1}{3}, \underset{\uparrow}{1}, 2, (2)^2, \cdots, (2)^n, \cdots\right\}$와 같이 순서대로 값을 나열한 무한수열로 나타낼 수 있지만, 이 수열 표현으로는 값이 어떻게 변화하고 있는지만 파악할 수 있을 뿐 하나의 함수로 표현되었을 때처럼 다양한 수학적인 조작이 불가능하다. 그러나 다음과 같이 복소 변수 z에 관한 무한급수로 표현하면, 간결한 형태의 z의 함수로 나타낼 수 있으므로 수학적인 접근이 가능해진다.

$$\cdots + \left(\frac{1}{3}\right)^2 z^2 + \frac{1}{3}z + 1 + 2z^{-1} + (2)^2 z^{-2} + \cdots + (2)^n z^{-n} + \cdots \tag{8.2}$$

식 (8.2)는 $x[n]$의 샘플 값의 발생 시간을 알려주는 시간표시기로 복소 변수 z를 사용하여 급수 형태로 표현한 것에 불과하다. 예를 들어, z^{-3}은 시간 $n=3$이고, z^4은 시간 $n=-4$임을 가리킨다. 즉 z^{-n}의 계수는 시간 n일 때의 신호 값 $x[n]$을 나타낸다. 양의 시간에 대한 시간표시기로 z^n이 아닌 z^{-n}을 사용한 것은 뒤에 보겠지만 이산 시간 푸리에 변환과의 일관성을 고려했기 때문이다.

식 (8.2)의 무한급수의 합을 닫힌 꼴의 수식으로 나타내면 신호 $x[n]$을 z의 함수로 나타낸 새로운 표현 $X(z)$를 얻게 되는데, 이것이 바로 z 변환이다. 이때 무한급수의 합이 존재하려면 수렴해야 하므로 이를 위한 z의 조건이 필요한데, 이를 z 변환의 **수렴 영역(ROC)** Region Of Convergence 이라고 한다. 예를 들어, 식 (8.2)의 무한급수는 다음과 같이 두 개의 무한급수의 합이 되며, 등비급수의 수렴 조건(|공비|<1)에 의해 $|z|<3$과 $|z|>2$를 동시에 만족시키는 $2<|z|<3$에서 수렴한다.

$$X(z)=\frac{\frac{1}{3}z}{1-\frac{1}{3}z}+\frac{1}{1-2z^{-1}}=\frac{-z}{z-3}+\frac{z}{z-2}=\frac{-z}{(z-2)(z-3)} \tag{8.3}$$

z 변환의 정의

$x[n]$과 $X(\Omega)$가 1:1로 대응되는 이산 시간 푸리에 변환과 달리, z 변환은 수렴 영역에 따라 변환쌍이 유일하지 않을 수 있으므로 양방향 변환과 단방향 변환으로 나누어 취급한다.

- **양방향** bilateral **z 변환** : $X(z)=Z\{x[n]\}=\sum_{n=-\infty}^{\infty}x[n]z^{-n}$ (8.4)
- **단방향** unilateral **z 변환** : $X(z)=Z\{x[n]\}=\sum_{n=0}^{\infty}x[n]z^{-n}$ (8.5)
- **z 역** inverse **변환** : $x[n]=Z^{-1}\{X(z)\}=\frac{1}{2\pi j}\oint_{\Gamma}X(z)z^{n-1}dz$ (8.6)
- 양방향 z 변환은 $-\infty<n<\infty$의 시간 범위에 존재하는 모든 신호를 변환할 수 있다.
- 양방향 z 변환은 수렴 영역이 지정되지 않으면 $x[n]$과 $X(z)$가 1:1 대응이 되지 않는다. 그러므로 항상 수렴 영역을 표시해야 한다.
- 단방향 z 변환은 인과 신호($x[n]=0,\ n<0$)만을 대상으로 한 변환이다.
- 단방향 z 변환은 $x[n]$과 $X(z)$가 1:1로 대응된다. 따라서 수렴 영역을 별도로 표시할 필요가 없다.
- DTFT는 z 변환의 특수한 경우로서 $z=e^{j\Omega}$, 즉 z 평면의 단위원 상에서 계산된 z 변환이다. 따라서 z 변환이 더 포괄적인 변환이다.

$$X(\Omega)=\sum_{n=-\infty}^{\infty}x[n]e^{-j\Omega n}=\sum_{n=-\infty}^{\infty}x[n]z^{-n}\bigg|_{z=e^{j\Omega}}=X(z)\bigg|_{z=e^{j\Omega}} \tag{8.7}$$

식 (8.2)를 일반화한 수식으로 나타내면 다음과 같이 신호 $x[n]$의 z 변환이 정의된다.

$$\begin{aligned} X(z) &= \cdots + x[-1]z^{1} + x[0]z^{0} + x[1]z^{-1} + \cdots + x[n]z^{-n} + \cdots \\ &= Z\{x[n]\} = \sum_{n=-\infty}^{\infty} x[n]z^{-n} \end{aligned} \tag{8.8}$$

z 변환 또한 $Z\{\cdot\}$와 변환쌍 $x[n] \Leftrightarrow X(z)$로 나타낸다. z는 $z = e^{\Sigma + j\Omega} = re^{j\Omega}$인 복소 변수이다(라플라스 변환에서도 변수 s는 $s = \sigma + j\omega$인 복소 변수이다). 식 (8.6)의 z 역변환 정의식은 z 평면의 폐구간 경로 Γ에 대한 주회 적분으로 복소 변수 이론에 대한 지식이 요구되므로, 라플라스 변환과 마찬가지로 일반적으로 부분분수 전개법을 사용하여 z 역변환을 구한다.

양방향 z 변환과 단방향 z 변환의 차이는 급수의 총합 구간이다. 양방향 z 변환은 총합 구간이 $(-\infty, \infty)$이므로 수렴 조건만 만족하면 어떠한 신호라도 변환할 수 있다. 따라서 $n < 0$에서 값을 가지는 비인과 신호의 변환도 가능하다. 반면에 단방향 z 변환은 총합의 하한이 0으로 인과 신호만을 대상으로 한 변환이다. 두 개의 z 변환을 별도로 구분하는 이유는 양방향 z 변환에서는 $X(z)$에 대응되는 $x[n]$이 유일하지 않기 때문이다. 그러나 단방향 z 변환에서는 $x[n]$과 $X(z)$가 1:1로 대응되어 역변환할 때도 아무런 어려움이 없다.

만약 식 (8.4)에서 $z = e^{j\Omega}$으로 두면 z 변환은 6장에서 배운 DTFT와 같아진다. 다시 말해 z 변환이 더 일반화된 변환이며, DTFT는 z 변환의 특수한 경우로 볼 수 있다. 게다가 DTFT는 $e^{j\Omega}$항이 드러나 있어서 계산과 취급이 불편했으나, z 변환은 복소수가 변수 내로 숨어 들어가 겉으로 보이지 않아 간결하고 편리한 표현이 된 것도 z 변환의 장점이다. 또한 7장에서 다룬 DFT는 DTFT를 샘플링한 것이고, DTFT는 z 평면의 단위원 위에서 계산된 z 변환의 값에 해당하므로 DFT와 z 변환의 관계는 다음과 같이 된다.

$$X[k] = \sum_{n=0}^{N-1} x[n]e^{-j\frac{2\pi}{N}kn} = \sum_{n=-\infty}^{\infty} x[n]z^{-n}\bigg|_{z=e^{j\frac{2\pi}{N}k}} = X(z)\bigg|_{z=e^{j\frac{2\pi}{N}k}} \tag{8.9}$$

즉 DFT는 z 평면상의 단위원 위에 등간격으로 위치한 N개의 점에서 z 변환의 값을 구한 것과 같다. 이 관계는 10장에서 주파수 샘플링 기법을 다룰 때 유용하게 쓰인다.

8.1.2 z 변환의 수렴 영역

z 변환은 식 (8.4)의 무한급수가 수렴해야만 존재하는데, z 변환의 수렴 조건은 $x[n]z^{-n}$이 **절대 총합 가능** absolutely summable 해야 한다.

$$\sum_{n=-\infty}^{\infty} |x[n]z^{-n}| < \infty \tag{8.10}$$

이 조건을 만족하는 z의 집합을 z 변환 $X(z)$의 수렴 영역(ROC)이라고 한다.

수렴 영역과 단방향 z 변환의 필요성

양방향 z 변환에서는 서로 다른 두 시간 신호가 수렴 영역만 다를 뿐 똑같은 $X(z)$로 표현되는 경우가 발생한다. 다음 예제를 통해 이를 살펴보자.

예제 8-1 우편향 인과 신호의 양방향 z 변환과 수렴 영역

실수 지수 신호 $x[n]=a^n u[n]$의 z 변환과 수렴 조건을 구하라.

풀이

$x[n]$은 우편향 인과 신호로 양방향 z 변환은 식 (8.4)로부터 다음과 같고, $|az^{-1}|<1$, 즉 $|z|>|a|$인 영역(z 평면에서 반지름이 $|a|$인 원의 외부)에서 수렴한다.

$$\begin{aligned} X(z) &= \sum_{n=0}^{\infty} a^n z^{-n} = \sum_{n=0}^{\infty} (az^{-1})^n \\ &= \frac{1}{1-az^{-1}} = \frac{z}{z-a}, \quad |z|>|a| \end{aligned} \tag{8.11}$$

예제 8-2 좌편향 비인과 신호의 양방향 z 변환과 수렴 영역

실수 지수 신호 $y[n]=-a^n u[-n-1]$의 z 변환과 수렴 영역을 구하라.

풀이

$y[n]$은 좌편향 비인과 신호로 양방향 z 변환은 식 (8.4)로부터 다음과 같고, $|a^{-1}z|<1$, 즉 $|z|<|a|$인 영역(z 평면에서 반지름이 $|a|$인 원의 내부)에서 수렴한다.

$$\begin{aligned} Y(z) &= -\sum_{n=-\infty}^{-1} a^n z^{-n} = -\sum_{n=1}^{\infty} a^{-n} z^{n} = -a^{-1}z\sum_{n=0}^{\infty} (a^{-1}z)^n \\ &= -\frac{a^{-1}z}{1-a^{-1}z} = \frac{1}{1-az^{-1}} = \frac{z}{z-a}, \quad |z|<|a| \end{aligned} \tag{8.12}$$

식 (8.12)의 $Y(z)$는 식 (8.11)의 $X(z)$와 같고 수렴 영역만 다를 뿐이다. 따라서 수렴 영역이 명시되지 않으면 역변환의 결과가 $x[n]$인지 $y[n]$인지 결정할 수 없다. 즉 양방향 z 변환은 수렴 영역이 명시되지 않는 한, z 역변환이 유일하지 않다. 같은 $X(z)$에 대해 $x[n]$이 1:1 대응이 되지 못하는 까닭은 양방향 z 변환이 좌편향 신호와 우편향 신호를 모두 변환할 수 있기 때문이다. 애초에 대상 신호를 두 유형 중의 하나로 제한한다면 이런 애매함은 없을 것이다. 그런데 대부분의 물리적 시스템은 인과적이며 인과 신호를 취급하므로, 인과 우편향 신호만을 대상으로 하는 단방향 z 변환으로 한정하면 역변환도 유일하고 굳이 수렴 영역을 밝힐 필요가 없게 된다. 따라서 이 책에서는 단방향 z 변환만을 다룰 것이다. 이후 별도의 언급이 없는 한 z 변환이라 하면 단방향 z 변환을 뜻한다.

신호 유형에 따른 수렴 영역의 형태

신호의 유형에 따라 z 변환의 수렴 영역은 다른데, [그림 8-1]에 신호의 유형에 따른 z 변환의 수렴 영역을 나타내었다.

z 변환의 수렴 영역의 특징

❶ 수렴 영역의 경계는 원점이 중심인 원($|z| = \rho$)이 된다.
❷ 유한 구간 신호는 전 z-평면이 수렴 영역이 된다(단, 인과 신호는 $z = 0$ 제외, 비인과 신호는 $|z| = \infty$ 제외).
❸ 우편향 신호는 경계선의 바깥쪽 $|z| > \rho_1$이 수렴 영역이다.
❹ 좌편향 신호는 경계선의 안쪽 $|z| < \rho_2$이 수렴 영역이다.
❺ 양방향 신호는 일반적으로 좌편향 신호의 경계선 $|z| = \rho_2$와 우편향 신호의 경계선 $|z| = \rho_1$ 사이의 도넛 형태로 수렴 영역이 주어진다($\rho_1 > \rho_2$). 만약 $\rho_1 < \rho_2$이면 수렴 영역이 정의되지 않는다. 즉 z 변환이 존재하지 않는다.
❻ 수렴 영역이 단위원($|z| = 1$)을 포함하지 않는 신호들은 z 변환은 존재하지만 푸리에 변환은 존재하지 않는다.

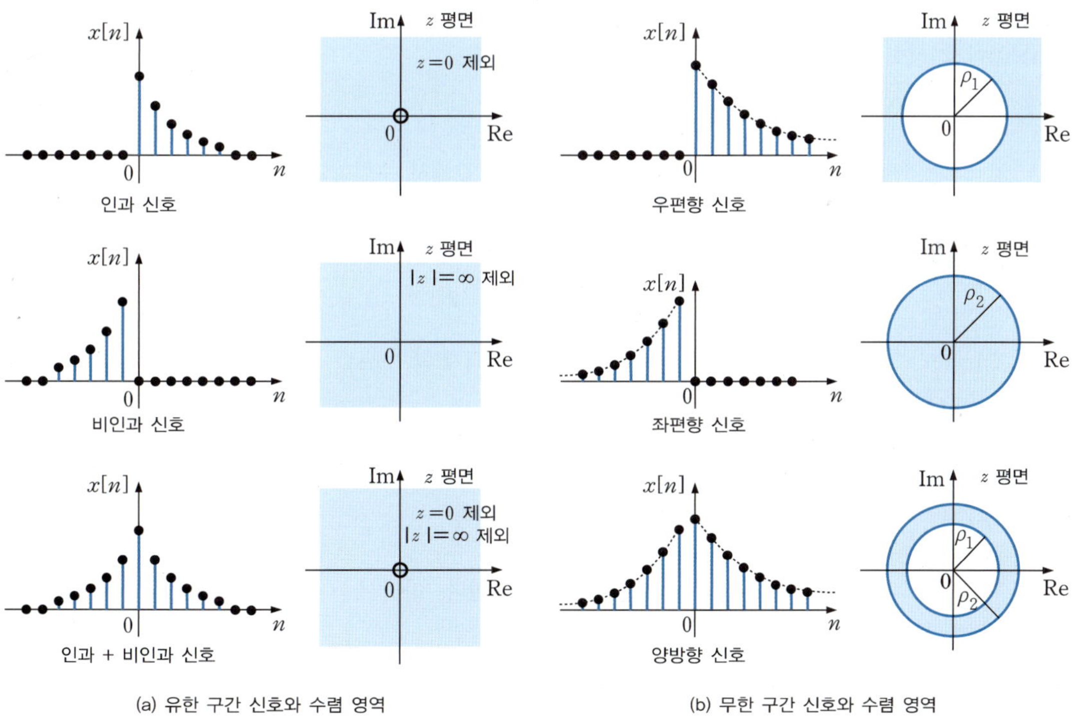

[그림 8-1] 신호의 형태에 따른 z 변환의 수렴 영역

수렴 영역의 모든 z에 대해 $X(z)$가 값을 가져야 하므로, 식 (8.3)과 같이 $X(z)$가 유리 함수로 주어질 때 분모 값이 0이 되는 점($X(z)$의 극)이 수렴 영역에 포함되면 안 된다. 또한 DTFT가 불가능한 신호일지라도 z 변환은 존재할 수 있다. DTFT는 식 (6.17)에 나타낸 것처럼 $x[n]$이 절대 총합 가능

한 경우에만 존재하는데, z를 특정하게 선정하면 $x[n]$이 절대 총합 가능하지 않더라도 식 (8.10)을 만족시킬 수 있다. 예를 들어, 식 (8.1)의 신호값이 $x[n]=a^n u[n]$에서 $|a|>1$이면 DTFT는 존재하지 않는다. 그런데 $|z|=r>a$로 선정하면 $|az^{-1}|<1$이 되어 $x[n]z^{-n}$은 절대 총합 가능해지므로 z 변환이 존재하게 된다. 이처럼 z 변환은 DTFT보다 훨씬 많은 신호를 주파수 영역으로 변환할 수 있게 해준다. 식 (8.7)에서 보듯이 푸리에 변환은 z 평면의 단위원을 따라 계산된 z 변환이므로, z 변환의 수렴 영역이 단위원을 포함하지 않으면 그 신호의 푸리에 변환은 계산할 수 없다.

예제 8-3 유한 구간 신호의 z 변환과 수렴 영역

다음의 이산 신호에 대해 z 변환을 수행하고, 수렴 영역을 구하라.

(a) $x_1[n]=\delta[n]$

(b) $x_2[n]=[\underset{\uparrow}{1},\ 1,\ 1]=\delta[n]+\delta[n-1]+\delta[n-2]$ (우편향 유한 구간 신호)

(c) $x_3[n]=[1,\ 1,\ \underset{\uparrow}{1}]=\delta[n+2]+\delta[n+1]+\delta[n]$ (좌편향 유한 구간 신호)

(d) $x_4[n]=[1,\ \underset{\uparrow}{1},\ 1]=\delta[n+1]+\delta[n]+\delta[n-1]$ (양방향 유한 구간 신호)

풀이

(a) 주어진 신호를 z 변환하면 다음과 같다.

$$X_1(z)=\delta[0]z^0=1$$

$X_1(z)$는 1이므로 $z=0$을 포함한 z 평면의 모든 z값에서 수렴한다.

(b) 주어진 신호를 z 변환하면 다음과 같다.

$$X_2(z)=\delta[n]z^0+\delta[n-1]z^{-1}+\delta[n-2]z^{-2}=1+z^{-1}+z^{-2}$$

$X_2(z)$는 z^{-1}과 z^{-2} 항 때문에 $z=0$에서 값이 정의되지 않으므로, $z=0$을 제외한 모든 z 값에서 수렴한다.

(c) 주어진 신호를 z 변환하면 다음과 같다.

$$X_3(z)=\delta[n+2]z^2+\delta[n+1]z^1+\delta[n]z^0=z^2+z^1+1$$

$X_3(z)$는 z와 z^2 항 때문에 $|z|=\infty$인 점에서 발산한다. 따라서 $|z|=\infty$를 제외한 모든 z값에서 수렴한다.

(d) 주어진 신호를 z 변환하면 다음과 같다.

$$X_4(z)=\delta[n+1]z+\delta[n]z^0+\delta[n-1]z^{-1}=z^1+1+z^{-1}$$

$X_4(z)$는 z와 z^{-1} 항을 모두 포함하고 있으므로 $z=0$과 $|z|=\infty$인 점을 제외한 모든 z값에서 수렴한다.

예제 8-4 양방향 무한 구간 신호의 z 변환과 수렴 영역

다음 신호의 양방향 z 변환과 수렴 영역을 구하라.

(a) $x[n]=2^{|n|}$ (b) $x[n]=\left(\frac{1}{2}\right)^{|n|}$

풀이

(a) 주어진 신호를 다시 쓰면

$$x[n]=2^n u[n]+2^{-n}u[-n-1]=2^n u[n]+\left(\frac{1}{2}\right)^n u[-n-1]$$

과 같이 되고, 따라서 $x[n]$의 z 변환은 [예제 8-1]과 [예제 8-2]에서 구한 식 (8.11)과 식 (8.12)로부터 다음과 같이 구할 수 있다.

$$X(z)=\frac{z}{z-2}-\frac{z}{z-\frac{1}{2}}=\frac{\frac{3}{2}z}{(z-2)\left(z-\frac{1}{2}\right)}=\frac{3z}{(z-2)(2z-1)}$$

$2^n u[n]$의 수렴 영역은 $|z|>2$, $2^{-n}u[-n-1]$의 수렴 영역은 $|z|<\frac{1}{2}$이다. $X(z)$의 수렴 영역은 두 수렴 영역을 동시에 만족시켜야 하는데, 겹치는 구간이 없으므로 z 변환은 존재하지 않는다. 다시 말해 위에서 구해진 $X(z)$는 $x[n]$의 z 변환이 아니다.

(b) 주어진 신호를 다시 쓰면

$$x[n]=\left(\frac{1}{2}\right)^n u[n]+\left(\frac{1}{2}\right)^{-n}u[-n-1]=\left(\frac{1}{2}\right)^n u[n]+2^n u[-n-1]$$

과 같이 되고, 따라서 $x[n]$의 z 변환은 식 (8.11)과 식 (8.12)로부터 다음과 같이 구할 수 있다.

$$X(z)=\frac{z}{z-\frac{1}{2}}-\frac{z}{z-2}=-\frac{\frac{3}{2}z}{(z-2)\left(z-\frac{1}{2}\right)}=-\frac{3z}{(z-2)(2z-1)}$$

$\left(\frac{1}{2}\right)^n u[n]$의 수렴 영역은 $|z|>\frac{1}{2}$, $\left(\frac{1}{2}\right)^{-n}u[-n-1]$의 수렴 영역은 $|z|<2$이다. $X(z)$의 수렴 영역은 두 수렴 영역을 동시에 만족시켜야 하므로 $\frac{1}{2}<|z|<2$이다.

이상의 두 결과에서 보듯이, 양방향 신호의 경우 우편향 신호와 좌편향 신호의 수렴 영역이 겹치는 구간이 있어야만 z 변환이 존재하게 된다.

예제 8-5 인과 신호의 z 변환

인과 신호 $x[n]=\begin{cases}2^n-3^n, & n\geq 0\\ 0, & n<0\end{cases}$의 z 변환을 구하라.

풀이

$x[n]$의 z 변환은 식 (8.4)로부터 다음과 같이 된다.

$$X(z)=\sum_{n=0}^{\infty}2^n z^{-n}-\sum_{n=0}^{\infty}3^n z^{-n} \tag{8.13}$$

$$=\frac{1}{1-2z^{-1}}-\frac{1}{1-3z^{-1}}=\frac{-z}{(z-2)(z-3)}$$

수렴 영역은 $|2z^{-1}|<1$, 즉 $|z|>2$와 $|3z^{-1}|<1$, 즉 $|z|>3$을 동시에 만족시켜야 하므로 $|z|>3$이 되는데, 인과 신호의 수렴 영역이 $|z|>\rho$의 꼴이라는 사실에 들어맞는다. z 변환의 수렴 영역 $|z|>3$은 단위원($|z|=1$)을 포함하지 않으므로 수렴 영역의 특징 ❻에 의해 DTFT가 존재하지 않지만, 수렴 영역에 따라 z 변환이 가능해진다. 주어진 신호 $x[n]$에 대해 식 (6.17)의 DTFT의 수렴 조건을 따져보아도 같은 결론을 얻을 수 있다.

그런데 식 (8.13)은 식 (8.3)과 같으므로, 하나의 $X(z)$에 대해 식 (8.1)의 신호와 이 예제의 신호가 동시에 대응되는 상황이 발생한다. 그러나 단방향 z 변환, 즉 수렴 영역을 $|z|>\rho$의 꼴이라고 한정하게 되면 두 신호가 동시에 대응되는 일이 없이 오직 이 예제의 $x[n]$으로 역변환된다.

SECTION 8.2 주요 신호의 z 변환

학습포인트

- 임펄스 신호, 계단 신호, 램프 신호 등의 z 변환쌍을 익혀둔다.
- 지수 신호와 정현파 신호에 대한 z 변환쌍을 익혀둔다.
- 부록의 z 변환쌍표에 제시된 주요 신호들의 z 변환쌍을 익혀둔다.

자주 사용되는 기본적이고 중요한 신호들에 대한 z 변환쌍을 알고 있으면 역변환을 비롯한 다양한 상황에 활용할 수 있어서 여러모로 편리하다. 이 절에서는 몇 가지 주요 신호들에 대한 z 변환쌍을 구해보기로 한다. 지금부터 특별한 언급이 없는 한 z 변환이라 함은 단방향 z 변환을 가리킨다.

임펄스 신호

[예제 8-3]에서 구한 바와 같이, 임펄스 신호 $\delta[n]$에 대한 z 변환쌍은 다음과 같고, 수렴 영역은 모든 z 평면이다.

$$\delta[n] \Leftrightarrow 1 \tag{8.14}$$

(단위) 계단 신호

단위 계단 신호 $x[n]=u[n]$은 $x[0]=x[1]=\cdots=x[n]=\cdots=1$이므로,

$$\begin{aligned} X(z) &= \sum_{n=0}^{\infty} x[n]z^{-n} = 1+z^{-1}+z^{-2}+\cdots+z^{-n}+\cdots \\ &= \frac{1}{1-z^{-1}} = \frac{z}{z-1} \end{aligned} \tag{8.15}$$

이고, 수렴 영역은 $|z^{-1}|<1$, 즉 $|z|>1$이다. 따라서 $u[n]$에 대한 z 변환쌍은 다음과 같다.

$$u[n] \Leftrightarrow \frac{z}{z-1}, \quad |z|>1 \tag{8.16}$$

(단위) 램프 신호

램프 신호 $x[n]=nu[n]$에 대해서는

$$X(z)=\sum_{n=0}^{\infty}nz^{-n}=0+z^{-1}+2z^{-2}+\cdots+nz^{-n}+\cdots \tag{8.17}$$

이므로, 합을 구하기 좋게 다음과 같이 등비급수로 바꾸면

$$(1-z^{-1})X(z)=z^{-1}+z^{-2}+\cdots+z^{-n}+\cdots \tag{8.18}$$

가 된다. 식 (8.18)을 정리하면 다음과 같이 $X(z)$를 구할 수 있다.

$$X(z)=\frac{z^{-1}}{(1-z^{-1})^2}=\frac{z}{(z-1)^2} \tag{8.19}$$

식 (8.19)의 수렴 영역은 $|z|>1$로, 램프 신호의 z 변환쌍은 다음과 같다.

$$nu[n] \Leftrightarrow \frac{z}{(z-1)^2}, \quad |z|>1 \tag{8.20}$$

지수 신호

[예제 8-1]에서 구한 바와 같이, 지수 신호 $a^n u[n]$에 대한 z 변환쌍은 다음과 같고, 수렴 영역은 $|z|>|a|$이다.

$$a^n u[n] \Leftrightarrow \frac{z}{z-a}, \quad |z|>|a| \tag{8.21}$$

정현파 신호

코사인파 $x[n]=\cos(\Omega n)u[n]$은 오일러 공식에 의해 $e^{j\Omega n}$으로 나타낼 수 있고, $e^{j\Omega n}$은 $a=e^{j\Omega}$인 지수 신호와 같으므로 식 (8.21)을 이용해 다음과 같이 변환할 수 있다.

$$\begin{aligned}X(z)&=Z\left\{\left(\frac{e^{j\Omega n}+e^{-j\Omega n}}{2}\right)u[n]\right\}=\frac{1}{2}\left[\frac{z}{z-e^{j\Omega}}+\frac{z}{z-e^{-j\Omega}}\right]\\&=\frac{z}{2}\left[\frac{2z-(e^{j\Omega}+e^{-j\Omega})}{z^2-(e^{j\Omega}+e^{-j\Omega})z+1}\right]=\frac{z(z-\cos(\Omega))}{z^2-2\cos(\Omega)z+1}\end{aligned} \tag{8.22}$$

이때 수렴 영역은 $|z| > |e^{\pm j\Omega}| = 1$이다. 사인파 $x[n] = \sin(\Omega n)u[n]$의 경우도 같은 방법으로 z 변환을 구할 수 있으며, 수렴 영역도 코사인파의 경우와 마찬가지로 $|z| > 1$이 된다.

$$\begin{aligned} X(z) &= Z\left\{\left(\frac{e^{j\Omega n} - e^{-j\Omega n}}{2j}\right)u[n]\right\} = \frac{1}{2j}\left[\frac{z}{z - e^{j\Omega}} + \frac{z}{z - e^{-j\Omega}}\right] \\ &= \frac{z}{2j}\left[\frac{e^{j\Omega} - e^{-j\Omega}}{z^2 - (e^{j\Omega} + e^{-j\Omega})z + 1}\right] = \frac{\sin(\Omega)z}{z^2 - 2\cos(\Omega)z + 1} \end{aligned} \tag{8.23}$$

따라서 정현파에 대한 z 변환쌍은 다음과 같다.

$$\cos(\Omega n)u[n] \Leftrightarrow \frac{z(z - \cos(\Omega))}{z^2 - 2\cos(\Omega)z + 1}, \quad |z| > 1 \tag{8.24}$$

$$\sin(\Omega n)u[n] \Leftrightarrow \frac{\sin(\Omega)z}{z^2 - 2\cos(\Omega)z + 1}, \quad |z| > 1 \tag{8.25}$$

지수적으로 진폭이 변하는 정현파 $a^n\cos(\Omega n)u[n]$, $a^n\sin(\Omega n)u[n]$의 경우에는 식 (8.22)와 식 (8.23)에서 $e^{j\Omega} \to ae^{j\Omega}$, $e^{-j\Omega} \to ae^{-j\Omega}$으로 치환하면 쉽게 z 변환을 구할 수 있다. 이때 수렴 영역은 $|z| > |a|$이다.

$$a^n\cos(\Omega n)u[n] \Leftrightarrow \frac{z(z - a\cos(\Omega))}{z^2 - 2a\cos(\Omega)z + a^2}, \quad |z| > |a| \tag{8.26}$$

$$a^n\sin(\Omega n)u[n] \Leftrightarrow \frac{a\sin(\Omega)z}{z^2 - 2a\cos(\Omega)z + a^2}, \quad |z| > |a| \tag{8.27}$$

지금까지 중요한 기본 신호에 대한 z 변환을 살펴보았다. 이 절에서 설명하지 않는 주요 신호에 대한 z 변환쌍은 부록의 z 변환표를 참조하기를 바라며, 잘 익혀두어야 한다.

예제 8-6 주요 신호의 단방향 z 변환

다음 신호의 z 변환을 구하라.

(a) $x[n] = \delta[n - n_0]$ (b) $x[n] = na^nu[n]$

풀이

(a) z 변환의 정의식과 임펄스의 체 거르기 성질로부터 $x[n] = \delta[n - n_0]$의 z 변환은 다음과 같이 구해진다.

$$X(z) = Z\{\delta[n - n_0]\} = \sum_{n=0}^{\infty}\delta[n - n_0]z^{-n} = z^{-n_0}$$

(b) $na^n u[n]$의 z 변환은 정의식 식 (8.5)에 의해 다음과 같다.

$$X(z)=\sum_{n=0}^{\infty}na^n z^{-n}=0+az^{-1}+2a^2z^{-2}+\cdots+na^n z^{-n}+\cdots$$

이를 급수의 합이 간단히 얻어지도록 다음과 같이 등비 급수 형태로 바꾸어 나타낸 뒤,

$$(1-az^{-1})X(z)=az^{-1}+a^2z^{-2}+\cdots+a^n z^{-n}+\cdots=\frac{az^{-1}}{1-az^{-1}}$$

$X(z)$에 관해 정리하면 다음의 결과를 얻는다.

$$X(z)=\frac{az^{-1}}{(1-az^{-1})^2}=\frac{az}{(z-a)^2}$$

즉 다음의 변환쌍이 성립한다.

$$na^n u[n] \Leftrightarrow \frac{az}{(z-a)^2} \tag{8.28}$$

SECTION 8.3

z 변환의 성질

학습포인트

- 시간 이동 성질을 알아본다. 특히 단방향 z 변환의 경우 주의해야 할 점을 살펴본다.
- 주파수 미분 및 주파수 척도조절 성질에 대해 알아본다.
- 시간 컨벌루션 성질과 그 중요성을 이해한다.
- 초깃값 정리와 최종값 정리에 대해 이해한다.

z 변환은 신호 및 시스템의 해석에 도움이 되는 유용한 성질들이 많다. z 변환은 이산 시간 푸리에 변환(DTFT)을 일반화한 것으로 볼 수 있으므로 그 성질도 비슷하며, 라플라스 변환과도 비슷한 성질을 갖는다. 이 성질들은 다양한 신호에 대한 z 변환을 구하거나 이산 LTI 시스템을 나타낸 차분 방정식의 해를 구하는 데에도 유용하게 쓰인다. 이 절에서는 z 변환의 성질들을 살펴보고 활용법을 익히도록 한다. 시간 이동을 제외하면 단방향 z 변환과 양방향 z 변환의 성질은 별 차이가 없다.

8.3.1 선형성

z 변환도 선형성을 만족한다. 선형성은 신호가 간단한 기본 신호들의 선형 결합으로 이루어졌을 때 z 변환을 쉽게 구할 수 있게 해준다.

$$\alpha x[n]+\beta y[n] \Leftrightarrow \alpha X(z)+\beta Y(z) \tag{8.29}$$

식 (8.29)는 z 변환의 정의식을 이용하여 다음과 같이 간단히 증명할 수 있다.

$$\begin{aligned} Z\{\alpha x[n]+\beta y[n]\} &= \sum_{n=0}^{\infty}(\alpha x[n]+\beta y[n])z^{-n} \\ &= \alpha\sum_{n=0}^{\infty}x[n]z^{-n}+\beta\sum_{n=0}^{\infty}y[n]z^{-n} \\ &= \alpha X(z)+\beta Y(z) \end{aligned} \tag{8.30}$$

8.3.2 시간 이동

시간 이동 성질은 양방향 z 변환과 단방향 z 변환에 대해 차이가 존재한다. 시간 이동 성질은 z 변환을 이용한 차분 방정식의 해석에 요긴하게 사용되므로 잘 익혀두어야 한다.

- **시간 지연** : $x[n-n_0]u[n] \Leftrightarrow z^{-n_0}X(z)+z^{-n_0}\sum_{n=1}^{n_0}x[-n]z^n$ (8.31)

  $x[n-n_0]u[n],\ x[n]=0,\ n<0 \Leftrightarrow z^{-n_0}X(z)$ (인과 신호) (8.32)

- **시간 선행** : $x[n+n_0]u[n] \Leftrightarrow z^{n_0}X(z)-z^{n_0}\sum_{n=0}^{n_0-1}x[n]z^{-n}$ (8.33)

단방향 z 변환은 총합 계산의 구간이 $n \geq 0$이므로, [그림 8-2]에서 보듯이 신호의 시간 이동에 대해 $n=0$을 경계로 비인과 신호를 시간 지연시키면 (점선으로 표시된) 샘플들이 추가로 나타나고, 인과 신호를 시간 선행시키면 (점선으로 표시된) 샘플들이 사라져 없어진다. 인과 신호 $x[n]$을 $n_0=-3$만큼 시간 선행시킨 $x[n+3]$에 대한 단방향 z 변환에서는 세로축 $n=0$ 왼쪽으로 이동된 샘플 $x[0]$, $x[1]$, $x[2]$가 사라지고, 비인과 신호 $y[n]$을 $n_0=3$만큼 시간 지연시킨 $y[n-3]$에 대한 단방향 z 변환에서는 세로축 $n=0$ 오른쪽으로 이동된 샘플 $y[-3]$, $y[-2]$, $y[-1]$이 추가되어 나타난다. 따라서 시간 이동 후 단방향 z 변환될 신호는 시간 이동하기 전의 신호와 달라지므로, 그에 대한 영향을 고려해줘야만 한다.

시간 지연과 시간 선행의 결과로 단방향 z 변환되어야 할 신호는 $x[n-n_0]u[n]$과 $x[n+n_0]u[n]$임에 주의해야 한다. 다만 인과 신호, 즉 $x[n]=0$, $n<0$이면 시간 지연에 대한 z 변환쌍은 $x[n-n_0]u[n] \Leftrightarrow z^{-n_0}X(z)$가 된다.

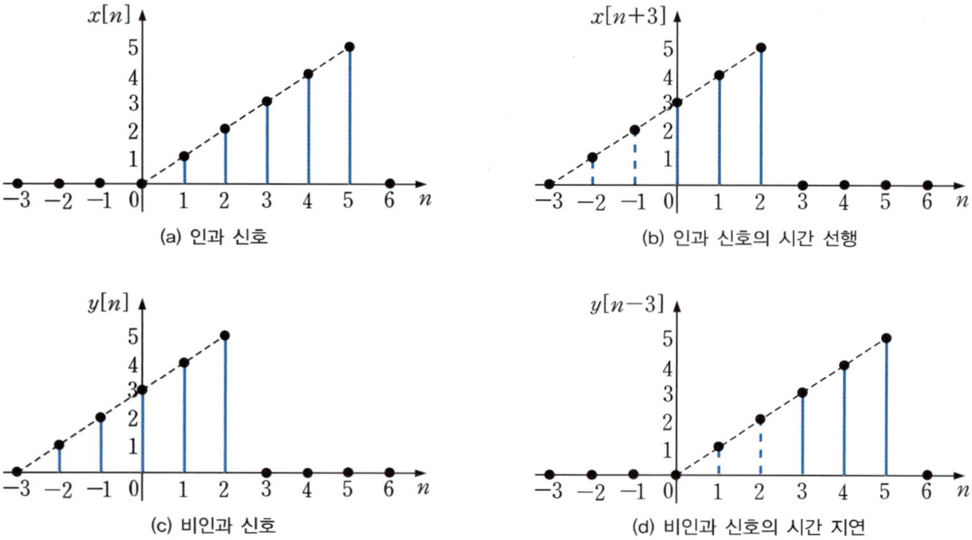

[그림 8-2] 신호의 시간 이동과 샘플의 추가 및 상실

[그림 8-2]에 나타낸 4개의 신호에 대한 단방향 z 변환은 다음과 같다.

(a) $x[n]$: $x[0]z^0 + x[1]z^{-1} + x[2]z^{-2} + x[3]z^{-3} + x[4]z^{-4} + x[5]z^{-5}$

(b) $x[n+3]$: $x[3]z^0 + x[4]z^{-1} + x[5]z^{-2}$

(c) $y[n]$: $y[0]z^0 + y[1]z^{-1} + y[2]z^{-2}$

(d) $y[n-3]$: $y[-3]z^0 + y[-2]z^{-1} + y[-1]z^{-2} + y[0]z^{-3} + y[1]z^{-4} + y[2]z^{-5}$

예제 8-7 시간 이동 성질을 이용한 신호의 단방향 z 변환

[그림 8-2(a)]의 신호에 대해 시간 이동 성질을 이용하여 z 변환을 구하라.

풀이

[그림 8-2(a)]의 인과 신호 $x[n]$은 램프 신호 $nu[n]$에 사각 펄스 $u[n]-u[n-6]$을 곱한 것으로 나타낼 수 있는데, 시간 이동 성질을 적용하기 위해 다시 쓰면 다음과 같다.

$$\begin{aligned} x[n] &= n(u[n]-u[n-6]) \\ &= nu[n] - \{(n-6)u[n-6] + 6u[n-6]\} \end{aligned}$$

인과 신호에 대한 시간 이동 성질을 적용하려면 $(n-6)u[n-6]$와 같이 함수와 곱해지는 계단 신호의 시간 변수를 일치시켜야 한다. 계단 신호와 램프 신호에 대한 z 변환쌍과 시간 이동(지연) 성질 식 (8.32)를 이용하면, $x[n]$의 z 변환은 다음과 같이 된다.

$$X(z) = \frac{z}{(z-1)^2} - z^{-6}\frac{z}{(z-1)^2} - z^{-6}\frac{6z}{(z-1)} = \frac{z^6 - 6z + 5}{z^5(z-1)^2}$$

예제 8-8 시간 이동 성질을 이용한 단방향 z 변환

계단 신호 $u[n]$을 한 스텝 시간 선행시킨 $u[n+1]$의 z 변환을 구하라.

풀이

식 (8.33)의 시간 이동 성질을 적용하면 $u[n+1]$의 z 변환은 다음과 같이 구해진다.

$$Z\{u[n+1]\} = zU(z) - u[0]z = \frac{z^2}{z-1} - z = \frac{z}{z-1}$$

이것은 $u[n]$의 z 변환과 같은데, $n \geq 0$에서 $u[n+1] = u[n]$이므로 당연한 결과이다.

8.3.3 주파수 척도조절

주파수 척도조절은 시간 영역에서 보면 두 신호의 곱으로 되어 있으므로 신호에 대한 변조이다.

$$z_0^n x[n] \Leftrightarrow X\left(\frac{z}{z_0}\right) \tag{8.34}$$

식 (8.34)의 변환쌍은 z 변환의 정의식을 이용하여 다음과 같이 간단히 증명할 수 있다.

$$Z\left\{z_0^n x[n]\right\} = \sum_{n=-\infty}^{\infty} z_0^n x[n] z^{-n} = \sum_{n=-\infty}^{\infty} x[n]\left(\frac{z}{z_0}\right)^{-n} = X\left(\frac{z}{z_0}\right) \tag{8.35}$$

$z_0 = e^{j\Omega_0}$인 경우에는 식 (8.34)의 변환쌍 관계가 다음과 같이 된다.

$$e^{j\Omega_0 n} x[n] \Leftrightarrow X\left(ze^{-j\Omega_0}\right) \tag{8.36}$$

$\cos(\Omega_0 n) = \frac{1}{2}(e^{j\Omega_0 n} + e^{-j\Omega_0 n})$이므로 식 (8.36)으로부터 변조에 대한 변환쌍도 얻을 수 있다.

$$x[n]\cos(\Omega_0 n) \Leftrightarrow \frac{1}{2}\left[X\left(ze^{j\Omega_0}\right) + X\left(ze^{-j\Omega_0}\right)\right] \tag{8.37}$$

식 (8.36)은 주파수 영역에서 각 Ω_0만큼 이동(회전)시키는 동작에 대응된다.

예제 8-9 주파수 척도조절 성질을 이용한 z 변환

$s[n] = \cos(\Omega n)u[n]$의 z 변환쌍으로부터 $x[n] = a^n\cos(\Omega n)u[n]$의 z 변환을 구하라.

풀이

$x[n]$은 $\cos(\Omega n)u[n]$에 a^n이 곱해진 신호이므로 식 (8.24)의 코사인파의 변환쌍에 식 (8.34)의 주파수 척도조절 성질을 적용하면 다음과 같이 z 변환을 얻을 수 있다.

$$X(z) = S\left(\frac{z}{a}\right) = \frac{\frac{z}{a}\left(\frac{z}{a} - \cos(\Omega)\right)}{\left(\frac{z}{a}\right)^2 - 2\cos(\Omega)\frac{z}{a} + 1} = \frac{z(z - a\cos(\Omega))}{z^2 - 2a\cos(\Omega)z + a^2}$$

위의 풀이가 $a^n u[n]$의 변환쌍에 식 (8.37)을 적용하는 것보다 계산이 좀 더 간편하다.

8.3.4 주파수 미분

z 변환은 연속 함수여서 미분 가능하므로, 다음과 같은 주파수 미분 성질을 갖는다.

$$nx[n] \Leftrightarrow -z\frac{d}{dz}X(z) \tag{8.38}$$

식 (8.38)은 다음과 같이 z 변환의 정의식을 z에 관해 미분함으로써 증명할 수 있다.

$$\begin{aligned} -z\frac{d}{dz}X(z) &= -z\frac{d}{dz}\left\{\sum_{n=-\infty}^{\infty} x[n]z^{-n}\right\} = -z\sum_{n=-\infty}^{\infty} x[n]\cdot\frac{dz^{-n}}{dz} \\ &= -z\sum_{n=-\infty}^{\infty} x[n]\cdot(-nz^{-n-1}) = \sum_{n=-\infty}^{\infty} nx[n]z^{-n} \\ &= Z\{nx[n]\} \end{aligned} \tag{8.39}$$

예제 8-10 주파수 미분 성질을 이용한 z 변환

주파수 미분 성질을 이용하여 $x[n]=n^2a^nu[n]$의 z 변환을 구하라.

풀이

$x_1[n]=a^nu[n]$이라 두면 $x[n]=n^2x_1[n]$이므로, 식 (8.21)의 변환쌍에 식 (8.38)의 관계를 2번 거듭 적용하면 다음과 같이 $x[n]$의 z 변환을 구할 수 있다.

$$\begin{aligned} Z\{x[n]\} &= (-z)\frac{d}{dz}\left(-z\frac{dX_1(z)}{dz}\right) = (-z)\frac{d}{dz}\left(\frac{az^{-1}}{(1-az^{-1})^2}\right) \\ &= (-z)\frac{d}{dz}\frac{az}{(z-a)^2} = \frac{az(z+a)}{(z-a)^3} \end{aligned}$$

$$n^2a^nu[n] \Leftrightarrow \frac{az(z+a)}{(z-a)^3} \tag{8.40}$$

풀이 과정에서 [예제 8-6(b)]에서 구한 $na^nu[n]$의 z 변환 $\frac{az}{(z-a)^2}$도 구해졌는데, 이는 [예제 8-6(b)]의 결과와 일치한다.

8.3.5 시간 컨벌루션

시간 영역에서 두 신호의 컨벌루션은 z 영역에서 두 신호의 z 변환의 대수 곱으로 주어진다. 이산 LTI 시스템에서는 입력과 임펄스 응답의 컨벌루션으로 출력이 주어지므로 이 성질을 이용하면 시스템 해석을 간편하게 할 수 있다.

$$x[n] * y[n] \Leftrightarrow X(z)Y(z) \tag{8.41}$$

식 (8.41)은 z 변환의 정의를 이용하여 다음과 같이 간단히 증명할 수 있다.

$$\begin{aligned} Z\{x[n] * y[n]\} &= \sum_{n=0}^{\infty}\left(\sum_{k=0}^{\infty}x[k]y[n-k]\right)z^{-n} = \sum_{k=0}^{\infty}x[k]\left(\sum_{n=0}^{\infty}y[n-k]z^{-n}\right) \\ &= \sum_{k=0}^{\infty}x[k]\left(\sum_{l=-k}^{\infty}y[l]z^{-l-k}\right) = \left(\sum_{k=0}^{\infty}x[k]z^{-k}\right)\left(\sum_{l=0}^{\infty}y[l]z^{-l}\right) \\ &= X(z)Y(z) \end{aligned} \tag{8.42}$$

예제 8-11 컨벌루션 성질을 이용한 누적합의 z 변환

인과 신호 $x[n]$의 값을 누적하는 누적합 $y[n] = \sum_{k=0}^{n} x[k]$의 z 변환을 구하라.

풀이

누적합 $y[n]$은 $x[n]$과 $u[n]$의 컨벌루션 $x[n] * u[n]$과 같으므로([예제 6-18] 참조), 시간 컨벌루션 성질에 의해 $y[n]$의 z 변환은 다음과 같고, 식 (8.43)의 변환쌍이 얻어진다.

$$Y(z) = X(z)U(z) = \frac{z}{z-1}X(z)$$

$$\sum_{k=0}^{n} x[k] \Leftrightarrow \frac{z}{z-1}X(z) \tag{8.43}$$

예제 8-12 z 변환 성질들의 혼합 적용

$x[n] = na^n u[n]$의 z 변환을 시간 컨벌루션 및 선형성 성질을 이용하여 구하라.

풀이

$x'[n] = a^n u[n] * a^n u[n]$이라 두면 다음과 같이 되므로, $x[n] = x'[n] - a^n u[n]$이 된다.

$$x'[n] = a^n u[n] * a^n u[n] = \sum_{k=0}^{n} a^k a^{n-k} = \sum_{k=0}^{n} a^n = (n+1)a^n u[n]$$

시간 컨벌루션 성질에 의해 $x'[n]$의 z 변환은 다음과 같다.

$$X'(z) = \frac{1}{1-az^{-1}}\frac{1}{1-az^{-1}} = \frac{1}{(1-az^{-1})^2} = \frac{z^2}{(z-a)^2}$$

따라서 $x[n]$의 z 변환은 선형성에 의해 다음과 같이 구해진다.

$$X(z) = X'(z) - Z\{a^n u[n]\} = \frac{z^2}{(z-a)^2} - \frac{z}{z-a} = \frac{az}{(z-a)^2}$$

하나의 신호 $x[n] = na^n u[n]$에 대해 [예제 8-6]에서는 정의식을 사용하여, [예제 8-10]에서는 주파수 미분 성질을 이용하여, 그리고 이 예제에서는 컨벌루션 성질과 선형성을 이용하여 z 변환을 구했다. 이처럼 z 변환을 구하는 방법은 여러 가지가 있을 수 있으므로, z 변환의 성질은 잘 익혀두면 매우 유용하다.

8.3.6 초깃값 정리와 최종값 정리

라플라스 변환과 마찬가지로 z 변환도 다음의 초깃값 정리와 최종값 정리를 만족한다.

- **초깃값 정리** : $x[0] = \lim_{z\to\infty} X(z)$ (8.44)
- **최종값 정리** : $\lim_{n\to\infty} x[n] = x[\infty] = \lim_{z\to 1}(z-1)X(z)$ (8.45)

초깃값 정리는 신호의 초깃값 $x[0]$을 그 신호의 z 변환으로부터 직접적으로 구하는 것과 연관되며, z 변환의 정의로부터 z을 무한대로 극한을 취함으로써 얻을 수 있다.

$$\lim_{z\to\infty} X(z) = \lim_{z\to\infty}\left(x[0] + x[1]z^{-1} + x[2]z^{-2} + \cdots\right) = x[0] \tag{8.46}$$

최종값 정리는 신호의 z 변환으로부터 직접 최종값(신호의 정상상태 값)을 구할 수 있게 해주는데, 이는 신호가 최종값을 가질 때에만, 즉 안정한 신호에 대해서만 유효하다. 식 (8.45)의 관계는 다음과 같이 유도할 수 있다.

$$\begin{aligned}\lim_{z\to 1} Z\{x[n+1]-x[n]\} &= \lim_{z\to 1}\left[\lim_{k\to\infty}\left(\sum_{n=0}^{k} x[n+1]z^{-n} - \sum_{n=0}^{k} x[n]z^{-n}\right)\right] \\ &= \lim_{z\to 1}\left[\lim_{k\to\infty}\left(\sum_{n=1}^{k} x[n](z^{-n+1}-z^{-n}) + x[k+1]z^{-k} - x[0]\right)\right]\end{aligned} \tag{8.47}$$

위 식 우변의 극한을 취하는 순서를 바꾸면 다음과 같이 되어 식 (8.45)가 얻어진다.

$$\lim_{z\to 1}\left((z-1)X(z) - z\,x[0]\right) = \lim_{k\to\infty}\left(x[k+1] - x[0]\right) \tag{8.48}$$

예제 8-13 임펄스 응답의 초깃값과 최종값

임펄스 응답 $h[n]$의 z 변환이 $H(z)=\dfrac{0.5z(z+1)}{(z-1)(z-0.5)}$와 같을 때, 이의 초깃값과 정상상태 값을 구하라.

풀이

초깃값 정리를 적용하면 임펄스 응답의 초깃값은 다음과 같이 구해진다.

$$h[0]=\lim_{z\to\infty}H(z)=\lim_{z\to\infty}\frac{0.5z(z+1)}{(z-1)(z-0.5)}=0.5$$

최종값 정리를 적용하면 임펄스 응답의 정상상태 값은 다음과 같다.

$$h[\infty]=\lim_{z\to 1}(z-1)\,H(z)=\lim_{z\to 1}(z-1)\frac{0.5z(z+1)}{(z-1)(z-0.5)}=\frac{1}{0.5}=2$$

$H(z)$를 역변환하여 임펄스 응답을 구하면 다음과 같다([예제 8-21] 참조).

$$h[n]=(2-1.5(0.5)^n)u[n]$$

위 식에 $n=0$을 대입하면 $h[0]=0.5$로 초깃값 정리를 적용해 얻은 값과 일치한다. 또한 $h[n]$에 $n=\infty$을 대입하면 $h[\infty]=2$로 최종값 정리에서 구한 값이 옳음을 알 수 있다.

예제 8-14 정현파 신호의 초깃값과 최종값

정현파 신호 $x[n]=\cos\left(\dfrac{\pi}{3}n\right)u[n]$에 초깃값 정리와 최종값 정리를 적용해 값을 구하라.

풀이

주어진 정현파 신호의 z 변환은 식 (8.24)로부터 다음과 같이 구할 수 있다.

$$X(z)=\frac{z\left(z-\cos\left(\frac{\pi}{3}\right)\right)}{z^2-2\cos\left(\frac{\pi}{3}\right)z+1}=\frac{z(z-0.5)}{z^2-z+1}$$

여기에 초깃값 정리를 적용하면 다음과 같이 되며, 이는 $x[0]=\cos(0)=1$과 일치한다.

$$x[0]=\lim_{z\to\infty}X(z)=\lim_{z\to\infty}\frac{z(z-0.5)}{z^2-z+1}=1$$

이제 $X(z)$에 최종값 정리를 적용해보자. 식 (8.45)에 의해

$$x[\infty]=\lim_{z\to 1}(z-1)X(z)=\lim_{z\to 1}(z-1)\frac{z(z-0.5)}{z^2-z+1}=0$$

이 된다. 정현파 신호는 끊임없이 진동하기 때문에 정상상태 값을 가질 수 없지만, 최종값 정리를 적용하면 0의 정상상태 값이 나와 물리적 현상에 어긋나는 결과가 얻어진다.

지금까지 살펴본 z 변환의 주요 성질들을 [표 8-1]에 정리하여 나타내었다.

[표 8-1] z 변환의 주요 성질

성질		변환쌍 관계
1	선형성	$\alpha x[n]+\beta y[n] \Leftrightarrow \alpha X(z)+\beta Y(z)$
2	시간 선행	$x[n+n_0]u[n] \Leftrightarrow z^{n_0}\left(X(z)-\sum_{n=0}^{n_0-1} x[n]z^{-n}\right),\quad n_0>0$
	시간 지연	$x[n-n_0]u[n] \Leftrightarrow z^{-n_0}\left(X(z)+\sum_{n=1}^{n_0} x[-n]z^{n}\right),\quad n_0>0$
	시간 지연(인과 신호)	$x[n-n_0]u[n] \Leftrightarrow z^{-n_0}X(z)$
3	주파수 척도조절	$z_0^n x[n] \Leftrightarrow X\left(\frac{z}{z_0}\right),\quad e^{\Omega_0 n}x[n] \Leftrightarrow X\left(ze^{-j\Omega_0}\right)$
4	주파수 미분	$nx[n] \Leftrightarrow -z\frac{dX(z)}{dz}$
5	시간 컨벌루션	$x[n]*y[n] \Leftrightarrow X(z)Y(z)$
6	초깃값 정리	$x[0]=\lim_{z\to\infty}X(z)$
7	최종값 정리	$\lim_{n\to\infty}x[n]=x[\infty]=\lim_{z\to 1}(z-1)X(z)$

예제 8-15 z 변환 성질들의 혼합 적용

$X(z)=\log(1+az^{-1})$에 대해 z 변환의 성질을 이용하여 $x[n]$을 구하라.

풀이

주파수 미분 성질과 $\frac{d}{dz}\log(V(z))=\frac{1}{V(z)}\frac{dV(z)}{dz}$를 이용하면 다음의 관계를 얻는다.

$$-z\frac{dX(z)}{dz}=\frac{az^{-1}}{1+az^{-1}}=Z\{nx[n]\}$$

그런데 $(-a)^n u[n] \Leftrightarrow \frac{1}{1+az^{-1}}$이므로 위 식의 우변은 선형성과 시간 이동 성질에 의해 $(-a)^n u[n]$을 a배하고 1만큼 시간 지연시킨 것에 대응된다. 즉 다음과 같다.

$$\frac{az^{-1}}{1+az^{-1}}=Z\{a(-a)^{n-1}u[n-1]\}$$

따라서 두 식을 비교하면 다음과 같은 결과를 얻을 수 있다.

$$x[n]=\frac{-(-a)^n}{n}u[n-1]$$

SECTION 8.4

z 역변환

학습포인트

- 멱급수 전개에 의한 역변환 방법을 이해하고 숙지한다.
- 부분분수 전개에 의한 역변환 방법을 숙지한다. 특히 $X(z)/z$를 부분분수로 전개해야 하는 이유를 명확히 이해한다.
- 단순극, 다중극, 공액복소극에 따른 부분분수의 계수 계산 방법과 이에 따른 역변환 결과의 형태를 잘 익혀둔다.

z 역변환 정의식 식 (8.6)은 까다로운 복소 적분을 요구하므로, 라플라스 변환과 마찬가지로 변환쌍 표와 부분분수 전개를 결합하여 역변환하게 되는데, $X(z)/z$을 부분분수로 전개해야 역변환이 간편해진다는 차이가 있다. 한편 z 변환은 긴 나눗셈에 의한 멱급수 전개법을 이용하여 손쉽게 역변환할 수 있는데, 신호의 초기 몇몇 값들을 얻는 데 유용하게 활용할 수 있다. 따라서 이 절에서는 먼저 멱급수 전개에 의한 역변환 방법을 간단히 살펴본 다음, 부분분수 전개에 의한 역변환의 원리와 부분분수 항의 계수 결정에 대해 자세히 알아보기로 한다.

8.4.1 멱급수 전개에 의한 z 역변환

- **멱급수 전개법**은 유리함수 형태로 주어진 $X(z)$에 대해 직접 긴 나눗셈을 수행하여 z^{-1}의 멱급수 형태로 전개하는 방법이다.
- 멱급수 전개법은 닫힌 꼴의 해를 제공하지 못하므로, 짧은 유한 구간 신호의 z 역변환이나 신호의 처음 몇 개의 샘플 값을 구하는 데 주로 사용한다.

z 변환의 정의식인 식 (8.4)를 보면, z 변환을 z^{-1}에 대한 멱급수로 전개했을 때 급수의 계수는 $\cdots$, $x[0]$, $x[1]$, $\cdots$, $x[n]$, $\cdots$에 해당한다.

예제 8-16 유한 구간 신호의 z 역변환

다음의 $X(z)$에 대해 z 역변환을 수행하여 시간 신호 $x[n]$을 구하라.

$$X(z)=\frac{z^2+2z+3}{z^2}$$

풀이

분자를 분모로 직접 나누면 다음과 같다.

$$
\begin{array}{r|llll}
 & 1 & +\ 2z^{-1} & +\ 3z^{-2} \\ \hline
z^2 & z^2 & +\ 2z & +\ 3 \\
 & z^2 & & \\ \hline
 & & 2z & +\ 3 \\
 & & 2z & \\ \hline
 & & & 3 \\
 & & & 3 \\ \hline
 & & & 0
\end{array}
$$

따라서 $X(z)$는 다음과 같이 z^{-1}의 멱급수로 전개된다.

$$X(z)=1+2z^{-1}+3z^{-2}=x[0]+x[1]z^{-1}+x[2]z^{-2}$$

그러므로 $x[n]$은 $x[0]=1$, $x[1]=2$, $x[3]=3$의 세 샘플로 이루어진다.

$$x[n]=\delta[n]+2\delta[n-1]+3\delta[n-2]$$

예제 8-17 무한 구간 신호의 z 역변환

다음의 z 변환 $X(z)$에 대해 z 역변환을 구하라.

$$X(z)=\frac{0.5z}{z^2-1.5z+0.5}$$

풀이

분자를 분모로 직접 나누면 다음과 같다.

$$
\begin{array}{r|lllll}
 & 0.5z^{-1} & +\ 0.75z^{-2} & +\ 0.875z^{-3} & +\ 0.9375z^{-4} & +\ \cdots \\ \hline
z^2-1.5z+0.5 & 0.5z & & & & \\
 & 0.5z & -\ 0.75 & +\ 0.25z^{-1} & & \\ \hline
 & & 0.75 & -\ 0.25z^{-1} & & \\
 & & 0.75 & -\ 1.125z^{-1} & +\ 0.375z^{-2} & \\ \hline
 & & & 0.875z^{-1} & -\ 0.375z^{-2} & \\
 & & & 0.875z^{-1} & -\ 1.3125z^{-2} & +\ 0.4375z^{-3} \\ \hline
 & & & & 0.9375z^{-2} & -\ 0.43755z^{-3} \\
 & & & & \vdots &
\end{array}
$$

그러므로 $X(z)$는 다음과 같은 멱급수 형태로 쓸 수 있다.

$$X(z)=\sum_{n=0}^{\infty}x[n]z^{-n}=0.5z^{-1}+0.75z^{-2}+0.875z^{-3}+0.9735z^{-4}+\cdots$$

따라서 $x[0]=0$, $x[1]=0.5$, $x[2]=0.75$, $x[3]=0.875$, $x[4]=0.9375$, $\cdots$와 같이 $x[n]$의 값을 구할 수는 있으나, 완전한 해를 구하려면 나눗셈을 무한정 계속해야만 한다.

[예제 8-17]에서 볼 수 있듯이, 긴 나눗셈에 의한 멱급수 전개법은 n의 값이 큰 경우에는 $x[n]$을 구하기가 매우 번거롭고, $x[n]$을 닫힌 꼴로 표현할 수 없다. 따라서 멱급수로 전개하여 z 역변환을 구하는 방법은 보통 신호의 처음 몇 개의 샘플 값을 구하는 데 사용한다.

8.4.2 부분분수 전개법에 의한 z 역변환

부분분수 전개를 통해 $X(z)$를 다음과 같이 변환쌍표에 나와 있는 간단한 함수의 합으로 표현하면 별도의 추가적인 계산 없이 바로 역변환을 할 수 있다.

$$a^n u[n] \Leftrightarrow \frac{1}{1-az^{-1}} = \frac{z}{z-a} \tag{8.49}$$

그런데 식 (8.49)를 비롯한 주요 신호의 z 변환쌍은 공통으로 분자에 z 항을 가진다. 그러므로 z 변환쌍들을 이용해 역변환하고자 한다면 전개된 부분분수의 분자에 z가 있어야 하지만, $X(z)$를 그대로 부분분수 전개하면 $\dfrac{K_i}{z-p_i}$ 꼴이 되어 이를 만족시키지 못한다. 그러므로 먼저 $\dfrac{X(z)}{z}$를 부분분수로 전개한 뒤 z를 곱해주면 $\dfrac{K_i z}{z-p_i}$의 꼴로 되어 변환쌍을 이용한 역변환이 가능해진다. 부분분수로 전개했을 때 각 부분분수 항의 계수는 라플라스 역변환과 마찬가지로 **헤비사이드**Heaviside의 **커버업**cover-up 기법을 이용하면 간편하게 구할 수 있다.

부분분수 전개에 의한 z 역변환

❶ $X(z)$의 극 $\{p_i\}$를 구하여(분모를 인수분해해서) $\dfrac{X(z)}{z}$를 부분분수로 전개한다.

$$\text{단순극 : } \frac{X(z)}{z} = \frac{K_1}{z-p_1} + \frac{K_2}{z-p_2} + \cdots + \frac{K_p}{z-p_m} = \sum_{i=1}^{m} \frac{K_i}{z-p_i} \tag{8.50}$$

$$\text{다중극 : } \frac{X(z)}{z} = \frac{K_{11}}{(z-p_1)} + \frac{K_{12}}{(z-p_1)^2} + \cdots + \frac{K_{1r}}{(z-p_1)^r} + \sum_{i=r+1}^{m} \frac{K_i}{z-p_i} \tag{8.51}$$

❷ 단순극에 대응되는 부분분수 항의 계수 K_i는 다음과 같이 구한다.

$$K_i = (z-p_i)X(z)\big|_{z=p_i} \tag{8.52}$$

다중극에 대응되는 부분분수 항의 계수 $K_{1j}\,(j=r,\ \cdots,\ 1)$는 다음과 같이 최고차 항의 계수부터 내림차순으로 계산한다.

$$K_{1j} = \frac{1}{(r-j)!}\frac{d^{r-j}}{dz^{r-j}}\left[(z-p_1)^r X(z)\right]\Big|_{z=p_1} \tag{8.53}$$

❸ 부분분수 전개된 $\dfrac{X(z)}{z}$의 양변에 z를 곱하여 $X(z)$의 부분분수 항의 분자에 z 항이 있도록 하여 식 (8.49)의 변환쌍과 주파수 미분 성질을 이용하여 역변환한다.

단순극에 해당하는 부분분수 항 $\dfrac{K_i z}{z-p_i}$는 식 (8.49)의 변환쌍에 의해 $K_i a^n u[n]$으로 역변환되고, 다중극에 해당하는 부분분수 항 $\dfrac{K_i z}{(z-p_i)^j}$는 [예제 8-10]에서 본 것처럼 식 (8.49)의 변환쌍에 주파수 미분 성질을 적용하면 역변환을 구할 수 있다.

예제 8-18 $X(z)$의 분모가 서로 다른 근을 갖는 경우의 z 역변환

다음의 $X(z)$에 대해 부분분수 전개법으로 z 역변환을 구하라.

(a) $X(z)=\dfrac{0.5z}{z^2-1.5z+0.5}$ (b) $H(z)=\dfrac{0.5z(z+1)}{(z-1)(z-0.5)}$

풀이

(a) $X(z)$는 [예제 8-17]의 $X(z)$로서, $\dfrac{X(z)}{z}$를 부분분수 전개하면 다음과 같다.

$$\frac{X(z)}{z}=\frac{0.5}{(z-1)(z-0.5)}=\frac{K_1}{z-1}+\frac{K_2}{z-0.5}$$

식 (8.52)를 이용하여 부분분수 항들의 계수를 결정하면

$$K_1=\frac{0.5}{(z-1)(z-0.5)}(z-1)\bigg|_{z=1}=\frac{0.5}{1-0.5}=1$$

$$K_2=\frac{0.5}{(z-1)(z-0.5)}(z-0.5)\bigg|_{z=0.5}=\frac{0.5}{0.5-1}=-1$$

이므로, $X(z)$는 다음과 같이 부분분수로 전개된다.

$$X(z)=\frac{z}{z-1}-\frac{z}{z-0.5}$$

따라서 식 (8.49)로부터 $x[n]$은 다음과 같이 역변환된다.

$$x[n]=u[n]-(0.5)^n u[n]=(1-(0.5)^n)u[n]$$

(b) $H(z)$는 [예제 8-13]의 $H(z)$로서, $H(z)/z$를 부분분수로 전개하면 다음과 같다.

$$\frac{H(z)}{z}=\frac{0.5(z+1)}{(z-1)(z-0.5)}=\frac{K_1}{z-1}+\frac{K_2}{z-0.5}$$

식 (8.52)를 이용하여 부분분수 항들의 계수를 결정하면 다음과 같다.

$$K_1=\frac{0.5(z+1)}{(z-1)(z-0.5)}(z-1)\bigg|_{z=1}=\frac{1}{1-0.5}=2$$

$$K_2=\frac{0.5(z+1)}{(z-1)(z-0.5)}(z-0.5)\bigg|_{z=0.5}=\frac{0.75}{0.5-1}=-1.5$$

구해진 부분분수 전개 결과를 z 역변환하면 다음과 같이 $h[n]$을 얻을 수 있다.

$$H(z)=\frac{2z}{z-1}-\frac{1.5z}{z-0.5}$$
$$h[n]=2u[n]-1.5(0.5)^n u[n]=(2-1.5(0.5)^n)u[n]$$

예제 8-19 $X(z)$의 분모가 중근을 갖는 경우의 z 역변환

다음의 $X(z)$에 대해 부분분수 전개법으로 z 역변환을 구하라.

$$X(z)=\frac{z^3}{z^3-z^2-z+1}=\frac{z^3}{(z+1)(z-1)^2}$$

풀이

$X(z)/z$를 부분분수로 전개하면

$$\frac{X(z)}{z}=\frac{z^2}{(z+1)(z-1)^2}=\frac{K_1}{z+1}+\frac{K_{21}}{z-1}+\frac{K_{22}}{(z-1)^2}$$

이고, 계수 K_1은 식 (8.52)에 의해 다음과 같이 구해진다.

$$K_1=\frac{z^2}{(z+1)(z-1)^2}(z+1)\bigg|_{z=-1}=\frac{1}{4}=0.25$$

중근 $z=1$에 대응하는 부분분수 항들의 계수는 식 (8.53)에 의해 가장 높은 차수부터 차수를 낮춰가며 다음과 같이 구할 수 있다.

$$K_{22}=\frac{z^2}{(z+1)(z-1)^2}(z-1)^2\bigg|_{z=1}=\frac{1}{2}=0.5$$
$$K_{21}=\frac{d}{dz}\left(\frac{z^2}{z+1}\right)\bigg|_{z=1}=\frac{2z(z+1)-z^2}{(z+1)^2}\bigg|_{z=1}=\frac{3}{4}=0.75$$

따라서 $X(z)$의 부분분수 전개는 다음과 같다.

$$X(z)=\frac{0.25z}{z+1}+\frac{0.75z}{z-1}+\frac{0.5z}{(z-1)^2}$$

이로부터 식 (8.49)와 8.2절에서 구한 램프 신호의 z 변환쌍 식 (8.20)을 이용하여 다음의 역변환 결과를 얻을 수 있다.

$$x[n]=0.25(-1)^n u[n]+0.75u[n]+0.5nu[n]$$

$X(z)$의 분모가 복소근을 가질 때는 반드시 공액쌍으로 존재하며, 이를 부분분수로 전개한 계수도 서로 공액쌍이 된다. 따라서 역변환 결과는 실수 신호가 되고, 보통 지수함수와 정현파가 곱해진 형태가 된다. $X(z)$의 분모가 공액 복소근을 가질 때는 단순근을 갖는 부분분수 항으로 전개하기보다, 다음과 같이 2차 항으로 전개하여 지수 감쇠 정현파의 z 변환쌍 식 (8.26)과 식 (8.27)을 이용하여 역변환하는 것이 복소수 계산을 피할 수 있으므로 더 쉽고 편리하다. 그리고 필요하다면 삼각함수 합성 공식을 적용하여 정리하면 된다.

$$\frac{X(z)}{z}=\frac{Az+B}{z^2+2bz+a^2}=\frac{A(z-b)}{z^2+2bz+a^2}+\frac{Ab+B}{z^2+2bz+a^2} \tag{8.54}$$

예제 8-20 $X(z)$의 분모가 공액 복소근을 갖는 경우의 z 역변환

다음과 같은 $X(z)$를 z 역변환하여 $x[n]$을 구하라.

$$X(z)=\frac{z(4z-1+\sqrt{3})}{4z^2-2z+1}$$

풀이

$X(z)$를 식 (8.54)의 형태로 다시 쓰면 다음과 같으므로

$$X(z)=\frac{z(4z-1+\sqrt{3})}{4z^2-2z+1}=\frac{4z(z-0.25)}{4(z^2-0.5z+0.25)}+\frac{\sqrt{3}\,z}{4(z^2-0.5z+0.25)}$$

이를 식 (8.26), 식 (8.27)과 비교하면 다음 관계를 얻는다.

$$\begin{cases}2a\cos(\Omega)=0.5\\ a^2=0.25\end{cases}\quad\longrightarrow\quad\begin{cases}a=\dfrac{1}{2}\\ \Omega=\cos^{-1}\left(\dfrac{1}{2}\right)=\dfrac{\pi}{3}\end{cases}$$

그러므로 $X(z)$의 역변환은 식 (8.26)과 식 (8.27)의 z 변환쌍으로부터 다음과 같이 된다. 마지막 등식은 삼각함수 합성 공식을 적용한 결과이다.

$$\begin{aligned}x[n]&=(a^n\cos(\Omega n)+a^n\sin(\Omega n))\,u[n]\\&=\left(\frac{1}{2}\right)^n\left(\cos\left(\frac{\pi}{3}n\right)+\sin\left(\frac{\pi}{3}n\right)\right)u[n]\\&=\left(\frac{1}{2}\right)^n\cos\left(\frac{\pi}{3}n-\frac{\pi}{4}\right)u[n]\end{aligned}$$

SECTION

8.5 z 변환에 의한 차분 방정식 해석

학습포인트

- z 변환과 시간 이동 성질을 이용한 차분 방정식의 풀이 방법을 숙지한다.
- 초기 조건의 처리에 유의하고, 입력 인가 전후의 초기 조건의 차이와 중요성에 대해 이해한다.
- 영입력 응답+영상태 응답, 고유 응답+강제 응답 형태로 해를 얻는 차이를 알아둔다.

z 변환을 이용하여 차분 방정식을 풀고 해석하는 문제는 라플라스 변환을 이용하여 미분 방정식을 해석하는 문제와 완전히 같은 구조이다. 이산 LTI 시스템을 나타내는 차분 방정식에 z 변환의 시간 이동 성질을 적용하면 z에 대한 대수 방정식으로 바뀔 뿐만 아니라 변환 과정에서 초기 조건이 자동으로 포함되기 때문에 해를 구하기가 훨씬 간편하다. 이 절에서는 z 변환을 이용한 차분 방정식의 해법과 초기 조건의 개입 및 응답의 구분에 대해서 살펴보기로 한다.

실제 시스템은 인과이고, 입력을 넣는 순간을 시간 기점 $n=0$으로 두는 것이 보통이다. 따라서 단방향 z 변환만으로 충분히 시스템을 주파수 영역에서 해석할 수 있다.

z 변환을 이용한 차분 방정식의 풀이 과정

❶ 차분 방정식의 z 변환을 구한다. 이때 시간 이동(지연) 성질에 의해 초기 조건은 방정식에 자동적으로 포함된다.

$$x[n-n_0] \Leftrightarrow z^{-n_0}\left(X(z)+\sum_{n=1}^{n_0} x[-n]z^n\right) \tag{8.55}$$

❷ z에 대한 대수 방정식을 미지수 $Y(z)$에 대해 푼다. 이 결과는 z에 대한 유리 함수 형태로 주어진다.

❸ 얻어진 $Y(z)$에 대해 부분분수 전개법을 이용하여 z 역변환하여 응답을 구한다.

이 방법은 '시간 함수의 변환 → 주파수 영역에서 대수 방정식 풀이 → 시간 영역으로 역변환'의 과정을 거쳐 해를 구하므로 언뜻 보기에는 복잡한 것 같지만, 실제로는 시간 영역에서의 고전적 해법보다 오히려 풀이가 쉽고 간단하다.

예제 8-21 z 변환을 이용한 차분 방정식의 풀이

[예제 3-9]의 문제를 z 변환을 이용해 풀어보자. 차분 방정식 $y[n]-y[n-1]-2y[n-2]=x[n]+x[n-1]$으로 표현되는 LTI 시스템에서 계단 입력 $x[n]=u[n]$에 대한 응답을 z 변환을 이용해 구하라. 단, 초기 조건은 $y[-1]=1$, $y[-2]=1$이다.

풀이

먼저 계단 입력 $x[n]$의 z 변환은 $X(z)=\dfrac{z}{z-1}$이다. 시간 이동 성질을 이용하여 차분 방정식을 z 변환할 때, 초기 조건 $y[-1]$, $y[-2]$이 시간 이동되면서 $n\geq 0$의 위치로 옮겨오게 되므로 이를 반드시 z 변환에 포함해줘야 한다.

$$Y(z)-(z^{-1}Y(z)+y[-1])-2(z^{-2}Y(z)+y[-1]z^{-1}+y[-2])=X(z)+z^{-1}X(z)$$

이를 정리하면 다음과 같다.

$$(1-z^{-1}-2z^{-2})\,Y(z)=y[-1]+2y[-2]+2y[-1]z^{-1}+(1+z^{-1})X(z) \qquad \cdots ①$$

식 ①에서 보듯이, 차분 방정식을 z 변환하는 과정에서 초기 조건이 방정식에 저절로 포함되었을 뿐만 아니라 z에 대한 대수 방정식으로 바뀌어 취급이 쉬워진다. 식 ①의 양변에 z^2을 곱하고 $X(z)$와 주어진 초기 조건을 대입하여 $Y(z)$에 관해 정리하면 다음과 같다.

$$\begin{aligned} Y(z)&=\frac{(y[-1]+2y[-2])z^2+2y[-1]z}{z^2-z-2}+\frac{z(z+1)}{z^2-z-2}\frac{z}{z-1} \qquad \cdots ② \\ &=\frac{z(3z+2)}{(z+1)(z-2)}+\frac{z^2}{(z-2)(z-1)}=Y_1(z)+Y_2(z) \end{aligned}$$

식 ②의 우변의 첫 항 $Y_1(z)$은 초기 조건에 의한 응답이고, 두 번째 항 $Y_2(z)$은 입력에 의한 응답이다. 또한 식 ②의 우변의 두 항 모두 분모에 z^2-z-2의 공통인수가 있는데, 이것은 주어진 차분 방정식의 특성 다항식(방정식)과 같다. 그리고 초기 조건에 의한 응답이 입력과는 무관하게 분리되어 있으므로 $n<0$의 초기 조건을 써야 옳은 것이다.

식 ②를 역변환할 때 어떻게 부분분수로 전개하느냐에 따라 ❶ 영입력 응답 + 영상태 응답이나 ❷ 고유 응답 + 강제 응답의 형태로 출력을 구할 수 있다.

❶ '영입력 응답 + 영상태 응답' 형태

식 ②의 우변의 첫 항은 초기 조건에 의한 출력 성분이므로 영입력 응답이고, 두 번째 항은 입력에 의한 출력 성분이므로 영상태 응답이다. 그러므로 이 두 항을 각각 따로 부분분수로 전개하면

$$\frac{Y(z)}{z}=\left[\frac{K_1}{z+1}+\frac{K_2}{z-2}\right]+\left[\frac{K_3}{z-2}+\frac{K_4}{z-1}\right] \qquad \cdots ③$$

이고, 부분분수 항의 계수는 다음과 같이 구해진다.

$$K_1=\frac{Y_1(z)}{z}(z+1)\bigg|_{z=-1}=\frac{3z+2}{z-2}\bigg|_{z=-1}=\frac{-1}{-3}=\frac{1}{3}$$

$$K_2=\frac{Y_1(z)}{z}(z-2)\bigg|_{z=2}=\frac{3z+2}{z+1}\bigg|_{z=2}=\frac{8}{3}$$

$$K_3=\frac{Y_2(z)}{z}(z-2)\bigg|_{z=2}=\frac{z}{z-1}\bigg|_{z=2}=\frac{2}{1}=2$$

$$K_4=\frac{Y_2(z)}{z}(z-1)\bigg|_{z=1}=\frac{z}{z-2}\bigg|_{z=1}=\frac{1}{-1}=-1$$

따라서 $Y(z)$는 다음과 같이 쓸 수 있다.

$$Y(z) = \underbrace{\left[\frac{1}{3}\frac{z}{z+1} + \frac{8}{3}\frac{z}{z-2}\right]}_{\text{(영입력 응답)}} + \underbrace{\left[\frac{2z}{z-2} - \frac{z}{z-1}\right]}_{\text{(영상태 응답)}}$$

이를 z 역변환하면 다음과 같이 시스템의 출력이 구해진다.

$$y[n] = \underbrace{\left[\frac{1}{3}(-1)^n + \frac{8}{3}(2)^n\right]u[n]}_{\text{(영입력 응답)}} + \underbrace{[2(2)^n + (-1)]u[n]}_{\text{(영상태 응답)}} \tag{8.56}$$

❷ '고유 응답 + 강제 응답' 형태

식 ②의 우변을 통째로 묶어서 부분분수로 전개한 뒤에 특성 방정식과 관련된 $(z+1)$과 $(z-2)$ 항들과 입력에 의한 $(z-1)$ 항으로 나누어 구분하면 된다.

$$\frac{Y(z)}{z} = \left[\frac{K_1}{z+1} + \frac{K_2}{z-2}\right] + \left[\frac{K_3}{z-1}\right]$$

식 ②를 굳이 통분할 필요 없이 그대로 식 (8.52)를 이용하여 부분분수 항들의 계수를 계산하면

$$K_1 = \frac{Y(z)}{z}(z+1)\Big|_{z=-1} = \left(\frac{3z+2}{z-2} + \frac{z(z+1)}{(z-2)(z-1)}\right)\Big|_{z=-1} = \frac{-1}{-3} + 0 = \frac{1}{3}$$

$$K_2 = \frac{Y(z)}{z}(z-2)\Big|_{z=2} = \left(\frac{3z+2}{z+1} + \frac{z}{z-1}\right)\Big|_{z=2} = \frac{8}{3} + \frac{2}{1} = \frac{14}{3}$$

$$K_3 = \frac{Y(z)}{z}(z-1)\Big|_{z=1} = \left(\frac{(3z+2)(z-1)}{(z+1)(z-2)} + \frac{z}{z-2}\right)\Big|_{z=1} = 0 + \frac{1}{-1} = -1$$

이다. 따라서 $Y(z)$는 다음과 같이 쓸 수 있다.

$$Y(z) = \underbrace{\left[\frac{1}{3}\frac{z}{z+1} + \frac{14}{3}\frac{z}{z-2}\right]}_{\text{(고유 응답)}} + \underbrace{\left[-\frac{z}{z-1}\right]}_{\text{(강제 응답)}}$$

이를 z 역변환하면 다음과 같이 출력이 얻어진다.

$$y[n] = \underbrace{\left[\frac{1}{3}(-1)^n + \frac{14}{3}(2)^n\right]u[n]}_{\text{(고유 응답)}} + \underbrace{[(-1)]u[n]}_{\text{(강제 응답)}} \tag{8.57}$$

식 (8.56)과 식 (8.57)의 결과는 같고, 식 (8.57)은 [예제 3-9]에서 고전적 해법으로 구한 '고유 응답 + 강제 응답'의 결과인 식 (3.24)와 일치한다.

[예제 8-21]에서 볼 수 있듯이, z 변환을 이용한 차분 방정식의 풀이는 시간 영역에서 차분 방정식을 고전적 해법으로 푸는 것보다 쉬울 뿐만 아니라 '영입력 응답 + 영상태 응답' 또는 '고유 응답 + 강제 응답'의 어느 형태로든 손쉽게 얻을 수 있어서 시스템의 해석에 매우 편리하고 유용한 방법이다.

SECTION

8.6 전달 함수

학습포인트

- 전달 함수의 정의와 개념을 이해한다.
- 전달 함수, 주파수 응답, 임펄스 응답, 차분 방정식의 상호 관계를 이해한다.
- 시스템(전달 함수)의 극과 영점의 정의와 역할 및 중요성에 대해 이해한다.
- 극의 위치에 따른 임펄스 응답의 형태에 대해 알아본다.
- 전달 함수로부터 시스템의 안정도를 판별하는 방법에 대해 알아본다.

연속 시스템이든 이산 시스템이든 전달 함수의 개념은 똑같다. 이산 LTI 시스템의 경우 z 변환으로 표현된 입력에 대한 출력의 비로 전달 함수를 정의한다. 전달 함수는 z 변환이 갖는 장점으로 인해 푸리에 변환에 의한 주파수 응답보다 훨씬 폭넓게 시스템 해석과 설계에 활용된다. 따라서 이 절에서는 전달 함수의 개념, 주파수 응답 및 임펄스 응답과의 상호 관계, 그리고 극과 영점의 정의와 중요성에 대해 살펴보기로 한다. 또한 전달 함수로부터 안정도 등의 시스템 특성을 해석하는 방법에 대해서도 알아볼 것이다.

8.6.1 전달 함수의 개요

전달 함수의 정의

주파수 응답과 마찬가지로 전달 함수도 주파수 영역에서 나타낸 입력과 출력의 비이지만, 주파수 영역으로 변환하는 도구가 z 변환이라는 점이 주파수 응답과 다르다. 또한 겉보기에 복소수가 드러나지 않아 취급에 편리할 뿐만 아니라 인과 시스템에 대해서는 주파수 응답을 전달 함수의 특수한 경우로 취급할 수 있어서 시스템 해석에 다양하게 활용된다.

- 시스템의 **전달 함수** transfer function $H(z)$는 복소 주파수 z의 함수로 표현된 입력과 출력의 비, 즉 입력 $x[n]$의 z 변환 $X(z)$에 대한 출력 $y[n]$의 z 변환 $Y(z)$의 비로 정의한다.

$$H(z) = \frac{Y(z)}{X(z)} = \frac{N(z)}{D(z)} \tag{8.58}$$

- 전달 함수는 z에 관한 유리 함수로서 시스템이 입력을 출력 쪽으로 전달한 정도를 보여주는 함수이다.
- 전달 함수는 시스템 임펄스 응답 $h[n]$의 z 변환 $H(z) = Z\{h[n]\}$이다. 따라서 입력의 형태와 상관없고 시스템이 바뀌지 않는 한 달라지지 않는다.

임펄스 응답이 $h[n]$인 LTI 시스템의 입출력 관계는 $y[n]=x[n]*y[n]$으로 주어지고, 이를 z 변환하면 시간 컨벌루션 성질에 의해 $Y(z)=H(z)X(z)$가 된다. 이로부터 전달 함수는 임펄스 응답의 z 변환과 같음을 알 수 있고, 따라서 전달 함수는 입력의 형태와는 무관한 시스템의 고유한 성질임을 파악할 수 있다.

$$H(z)=Z\{h[n]\}=\frac{Y(z)}{X(z)} \tag{8.59}$$

임펄스 응답의 z 변환이 전달 함수이므로 시스템의 블록선도 표현에 [그림 8-3]과 같이 임펄스 응답 대신 전달 함수를 이용하여 나타낼 수 있으며, 이러한 표현이 널리 쓰인다.

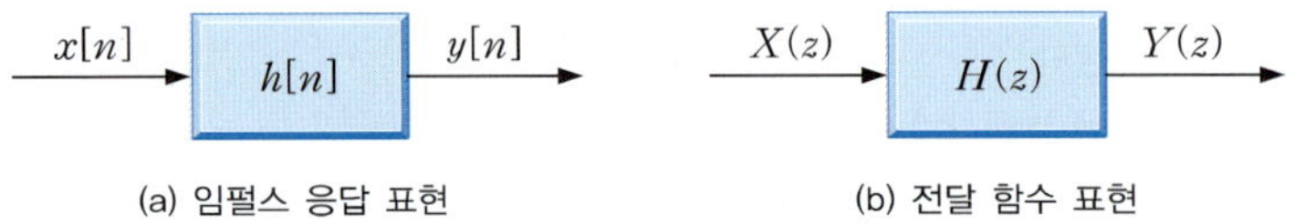

[그림 8-3] 이산 LTI 시스템의 표현

차분 방정식과 전달 함수의 관계

시스템이 다음과 같은 차분 방정식으로 주어질 경우를 살펴보자.

$$y[n]+a_1y[n-1]+\cdots+a_py[n-p]=b_0x[n]+\cdots+b_qx[n-q] \tag{8.60}$$

시간 이동 성질을 이용하여 식 (8.60)을 z 변환하면 다음과 같다. 이때 전달 함수는 오직 입력에 대한 출력의 비를 나타내므로, 모든 초기 조건은 0으로 두고 변환해야 한다.

$$Y(z)+a_1z^{-1}Y(z)+\cdots+a_pz^{-p}Y(z)=b_0X(z)+\cdots+b_qz^{-q}X(z) \tag{8.61}$$

- 시스템 차분 방정식 식 (8.60)을 z 변환하면 다음과 같은 전달 함수를 얻을 수 있다.

$$\begin{aligned}H(z)=\frac{N(z)}{D(z)}&=\frac{b_0+b_1z^{-1}+\cdots+b_qz^{-q}}{1+a_1z^{-1}+\cdots+a_pz^{-p}}\\&=\frac{b_0z^p+b_1z^{p-1}+\cdots+b_qz^{p-q}}{z^p+a_1z^{p-1}+\cdots+a_p}\end{aligned} \tag{8.62}$$

- 전달 함수의 분모 $D(z)=0$인 방정식을 전달 함수(시스템)의 특성 방정식이라고 하며, 이는 시스템의 고유한 특성을 반영한다.

$$D(z)=z^p+a_1z^{p-1}+\cdots+a_p=0 \tag{8.63}$$

식 (8.62)에서 전달 함수의 분모 $D(z)=0$은 변수의 표기만 γ 대신 z로 바뀌었을 뿐 3장에서 살펴본 차분 방정식의 특성 방정식과 같다. 한편 주파수 응답과 달리 전달 함수의 수식 표현에는 복소수 표현이 겉으로 전혀 나타나지 않기 때문에 다루기가 간편하다.

식 (8.62)의 분자 다항식의 계수는 차분 방정식의 입력 항들의 계수, 분모 다항식의 계수는 출력 항들의 계수와 같다. 그러므로 전달 함수는 별다른 중간 계산 과정을 거칠 필요 없이 차분 방정식으로부터 직접 간단히 구할 수 있다. 거꾸로, 식 (8.62)의 전달 함수로부터 차분 방정식으로 바로 바꾸는 것도 어렵지 않다. 한편 이러한 결과로부터 전달 함수는 입력의 형태와는 무관한 시스템의 고유한 성질임을 다시 확인할 수 있다.

전달 함수와 주파수 응답

주파수 응답과 전달 함수 둘 다 주파수 영역에서 LTI 시스템을 표현하는 방법으로, 어떤 변환을 이용해 임펄스 응답을 주파수 영역 표현으로 바꾼 것인가의 차이만 있을 뿐 본질은 같다. 주파수 응답은 임펄스 응답 $h[n]$을 푸리에 변환한 것이고, 전달 함수는 $h[n]$을 z 변환한 것이다. 그런데 z 변환에서 $z=e^{j\Omega}$으로 두면 푸리에 변환이 되므로, 주파수 응답을 전달 함수의 특수한 경우로 취급할 수 있다.

$$H(\Omega)=H(z)\big|_{z=e^{j\Omega}}=b_0\frac{(z-z_1)(z-z_2)\cdots(z-z_q)}{(z-p_1)(z-p_2)\cdots(z-p_p)}\bigg|_{z=e^{j\Omega}} \tag{8.64}$$

시스템의 필터링 특성을 분석할 때 등 일부 경우를 제외하면, 전달 함수를 사용하는 것이 복소수 계산을 피할 수 있을 뿐 아니라 필요하다면 식 (8.64)에 의해 주파수 응답도 구할 수 있어 훨씬 편리하므로, 시스템의 취급과 분석에는 일반적으로 전달 함수가 사용된다.

예제 8-22 입출력으로부터 전달 함수와 차분 방정식 구하기

LTI 시스템에 입력 $x[n]=(-1)^n u[n]x[n]$을 넣었을 때 출력이 $y[n]=\left(1-\frac{1}{2}\left(\frac{1}{2}\right)^n\right)u[n]$라고 한다. 이 시스템과 관련하여 (a) 전달 함수와 (b) 시스템 차분 방정식을 구하라.

풀이

(a) 주어진 입력과 출력의 z 변환을 구하면

$$X(z)=\frac{z}{z+1}$$

$$Y(z)=\frac{z}{z-1}-\frac{1}{2}\frac{z}{z-0.5}=\frac{0.5z^2}{(z-1)(z-0.5)}$$

이므로, 전달 함수는 다음과 같다.

$$H(z)=\frac{Y(z)}{X(z)}=\frac{0.5z(z+1)}{(z-1)(z-0.5)}$$

이는 [예제 8-13]의 $H(z)$와 같다. 그리고 [예제 8-18]에서 $H(z)$를 역변환하여 임펄스 응답을 $h[n]=(2-1.5(0.5)^n)u[n]$으로 구한 바 있다.

(b) 차분 방정식을 구하기 위해 전달 함수 $H(z)$의 분자와 분모 모두를 z^2으로 나누어 $H(z)$를 z^{-1}의 다항식으로 바꾸면

$$H(z)=\frac{Y(z)}{X(z)}=\frac{0.5+0.5z^{-1}}{1-1.5z^{-1}+0.5z^{-2}}$$

이다. 이로부터 다음의 등식을 얻을 수 있다.

$$(1-1.5z^{-1}+0.5z^{-2})Y(z)=(0.5+0.5z^{-1})X(z)$$

따라서 이를 z 역변환하여 다음과 같이 시스템의 차분 방정식을 구한다.

$$y[n]-1.5y[n-1]+0.5y[n-2]=0.5x[n]+0.5x[n-1]$$

예제 8-23 차분 방정식으로부터 전달 함수와 임펄스 응답 구하기

인과 LTI 시스템이 다음 차분 방정식으로 표현될 때, 이 시스템의 전달 함수와 임펄스 응답을 구하라.

$$y[n]-\frac{1}{4}y[n-1]-\frac{3}{8}y[n-2]=x[n]-2x[n-1]$$

풀이

모든 초기 조건을 0으로 두고($y[-1]=y[-2]=0$) 차분 방정식을 z 변환하면

$$Y(z)-\frac{1}{4}z^{-1}Y(z)-\frac{3}{8}z^{-2}Y(z)=X(z)-2z^{-1}X(z)$$

이고, 이를 정리하여 전달 함수를 구하면 다음과 같다.

$$H(z)=\frac{Y(z)}{X(z)}=\frac{1-2z^{-1}}{1-\frac{1}{4}z^{-1}-\frac{3}{8}z^{-2}}=\frac{z^2-2z}{z^2-\frac{1}{4}z-\frac{3}{8}}$$

임펄스 응답을 구하기 위해 $\frac{H(z)}{z}$를 부분분수로 전개하면

$$\frac{H(z)}{z}=\frac{z-2}{\left(z+\frac{1}{2}\right)\left(z-\frac{3}{4}\right)}=\frac{K_1}{z+\frac{1}{2}}+\frac{K_2}{z-\frac{3}{4}}$$

이고, 각각의 계수를 구하면 다음과 같다.

$$K_1=\frac{z-2}{\left(z+\frac{1}{2}\right)\left(z-\frac{3}{4}\right)}\left(z+\frac{1}{2}\right)\Bigg|_{z=-\frac{1}{2}}=2$$

$$K_2 = \frac{z-2}{\left(z+\frac{1}{2}\right)\left(z-\frac{3}{4}\right)}\left(z-\frac{3}{4}\right)\Bigg|_{z=\frac{3}{4}} = -1$$

따라서 $H(z)$는 다음과 같이 부분분수로 전개된다.

$$H(z) = \frac{2z}{z+\frac{1}{2}} - \frac{z}{z-\frac{3}{4}}$$

이를 역변환하면 다음의 임펄스 응답이 얻어진다.

$$h[n] = 2\left(-\frac{1}{2}\right)^n u[n] - \left(\frac{3}{4}\right)^n u[n]$$

시스템 연결에 따른 전달 함수

- 시스템이 종속 연결되면 전달 함수는 각 시스템의 전달 함수를 곱하면 된다.

$$H(z) = H_1(z) \cdots H_M(z) \tag{8.65}$$

- 시스템이 병렬 연결되면 전달 함수는 각 시스템의 전달 함수를 더하면 된다.

$$H(z) = H_1(z) + \cdots + H_M(z) \tag{8.66}$$

- 전달 함수는 시스템 연결 순서와는 무관하다.

3.3절에서 살펴본 컨벌루션의 성질에 z 변환의 시간 컨벌루션 성질(종속 연결)과 선형성(병렬 연결)을 적용하면 식 (8.65)와 식 (8.66)의 결과를 얻을 수 있다. 이를 [그림 8-4]에 나타내었다.

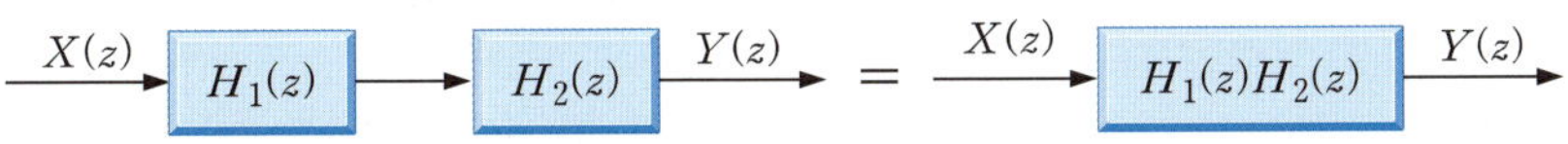

(a) 종속 연결

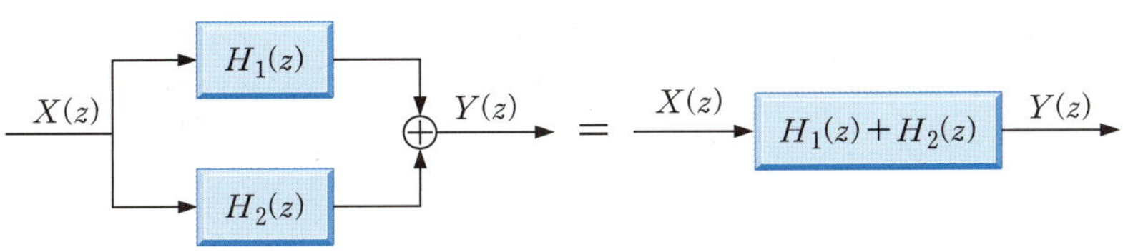

(b) 병렬 연결

[그림 8-4] 시스템 연결에 따른 전달 함수

예제 8-24 시스템 연결에 따른 전달 함수

다음과 같은 임펄스 응답을 갖는 두 개의 시스템을 (a) 종속 연결, (b) 병렬 연결할 경우의 전체 시스템의 전달 함수 $H(z)$를 구하라.

$$h_1[n] = a^n u[n], \qquad h_2[n] = \delta[n] + b\delta[n-1]$$

풀이

우선 주어진 두 시스템의 임펄스 응답을 z 변환하여 전달 함수를 구하면 다음과 같다.

$$H_1(z) = \frac{1}{1-az^{-1}} = \frac{z}{z-a}$$

$$H_2(z) = 1 + bz^{-1} = \frac{z+b}{z}$$

(a) 종속 연결의 경우 $H(z)$는 두 시스템의 전달 함수를 곱하여 얻는다.

$$H(z) = H_1(z)H_2(z) = \frac{z}{z-a}\frac{z+b}{z} = \frac{z+b}{z-a}$$

임펄스 응답 $h[n]$은 $H(z)$를 다음과 같이 부분분수로 전개한 뒤 역변환하면 얻어진다.

$$H(z) = \frac{z}{z-a} + z^{-1}\frac{bz}{z-a}$$

$$h[n] = a^n u[n] + ba^{n-1}u[n-1]$$

(b) 병렬 연결의 경우 $H(z)$는 두 시스템의 전달 함수를 더하여 얻는다.

$$H(z) = H_1(z) + H_2(z) = \frac{z}{z-a} + \frac{z+b}{z} = \frac{2z^2 + (b-a)z - ab}{z(z-a)}$$

병렬 연결의 임펄스 응답 $h[n]$은 그냥 두 시스템의 임펄스 응답을 더하면 된다.

8.6.2 전달 함수의 극과 영점

극과 영점의 정의 및 역할

시스템의 전달 함수 $H(z)$와 관련하여 z 평면에서 두 종류의 특별한 z값에 관심을 가지게 된다. 하나는 $H(z)$의 값이 0이 되는 경우이고, 다른 하나는 $H(z)$의 값이 정의되지 않는 경우이다. 전자를 **영점** zero, 후자를 **극** pole이라고 한다.

$$\begin{aligned} H(z) = \frac{N(z)}{D(z)} &= \frac{b_0 z^q + b_1 z^{q-1} + \cdots + b_q}{z^p + a_1 z^{p-1} + \cdots + a_p} \\ &= b_0 \frac{(z-z_1)(z-z_2)\cdots(z-z_q)}{(z-p_1)(z-p_2)\cdots(z-p_p)} \end{aligned} \tag{8.67}$$

- 전달 함수 $H(z)$의 **극**은 특성 방정식 $D(z)=0$을 만족하는 p개의 근 $\{p_i\}$이다.
- 전달 함수 $H(z)$의 **영점**은 분자 다항식 $N(z)=0$을 만족하는 q개의 근 $\{z_i\}$이다.
- 극과 영점이 복소수가 될 경우는 반드시 공액쌍으로 존재한다.
- 극이 곧 특성근이므로 극에 의해 시스템 자체의 고유한 특성을 나타내는 시스템 모드가 결정되고, 따라서 극에 의해 안정도, 과도 응답 등 시스템 동작 특성이 지배된다.
- 임펄스 응답은 시스템 모드들로 이루어지므로 그 형태가 극에 의해 결정된다.
- 전달 함수(시스템)의 분자 다항식 $N(z)$는 차분 방정식 우변의 입력 항들에 의해 결정되는 다항식이므로 영점은 시스템과 입력의 연관 작용을 결정하는 요소이다.

z 평면상에서 극은 ×, 영점은 ○으로 표시한다. 이때 통상적으로 z 평면의 원점이 중심인 단위원을 함께 그려서 영점과 극들의 위치 및 상호 관계들을 쉽게 파악할 수 있도록 한다. 한 예로 다음과 같은 IIR 시스템의 전달 함수 $H_1(z)$와 FIR 시스템의 전달 함수 $H_2(z)$의 극과 영점을 [그림 8-5(a)]와 [그림 8-5(b)]에 각각 나타내었다.

$$H_1(z) = \frac{z^2(z+1)}{(z-0.5+j0.5)(z-0.5-j0.5)(z-0.8)} \tag{8.68}$$

$$H_2(z) = \frac{(z^3-1)(z^2+1)}{z^5} \tag{8.69}$$

그림에서 보면 $H_1(z)$는 $z=0$에서 이중 영점을 가진다. $H_2(z)$는 5중 극이 원점에 존재하며, $(z^3-1)=0$을 만족하는 3개의 영점은 단위원 위에 같은 간격으로 분포함을 볼 수 있다.

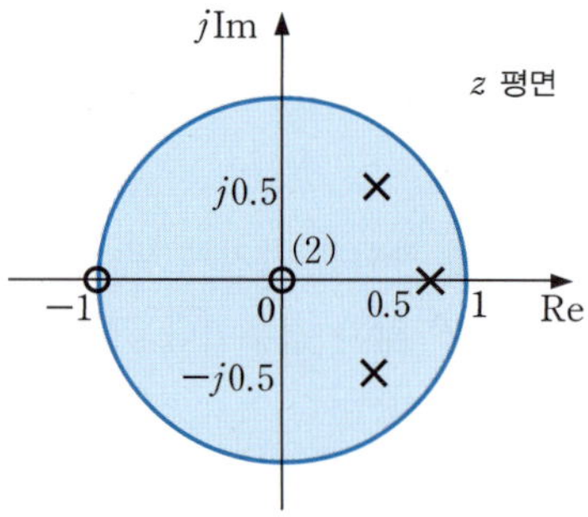

(a) $H_1(z)$의 극과 영점

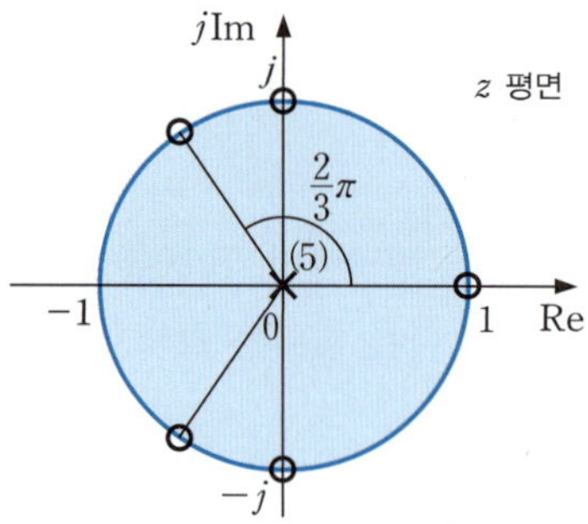

(b) $H_2(z)$의 극과 영점

[그림 8-5] 전달 함수(시스템)의 극과 영점

예제 8-25 전달 함수(시스템) 영점의 역할 – 무응답[null] 필터

다음과 같은 전달 함수로 표현되는 인과 LTI 시스템에 대해 극과 영점을 z 평면상에 나타내어라. 그리고 영점의 위치각과 같은 주파수를 갖는 정현파 입력에 대한 출력을 구하여 이 시스템이 어떤 특성을 갖는 필터인지 확인하라.

$$H(z)=\frac{z^3-2z^2+2z-1}{z^3}=\frac{(z-1)(z-0.5+j0.5\sqrt{3})(z-0.5-j0.5\sqrt{3})}{z^3}$$

풀이

이 시스템의 극과 영점은 [그림 8-6]과 같이 그려진다.

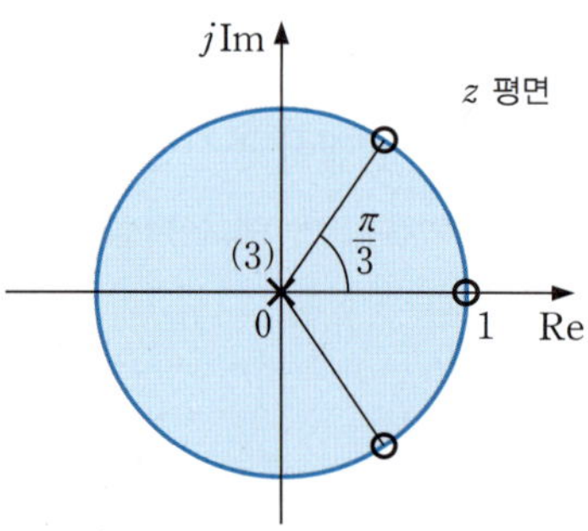

[그림 8-6] [예제 8-25]의 $H(z)$의 극과 영점

그림에서 보듯이 이 시스템의 영점은 모두 단위원 위에 존재하며, 위치각은 0, $\pm\pi/3$이다. 따라서 영점의 위치각과 같은 주파수를 갖는 세 개의 정현파 입력은 다음과 같다.

$$x_1[n]=u[n]$$
$$x_2[n]=\cos\left(\frac{\pi}{3}n\right)$$
$$x_3[n]=\cos\left(-\frac{\pi}{3}n\right)$$

이 중에서 $x_2[n]$의 경우에 대해 출력을 구해보자. $x_2[n]$의 z 변환은 다음과 같다.

$$X_2(z) = \frac{z\left(z - \cos\left(\frac{\pi}{3}\right)\right)}{z^2 - 2\cos\left(\frac{\pi}{3}\right)z + 1} = \frac{z(z-0.5)}{z^2 - z + 1}$$

그러므로 시스템의 출력의 z 변환은 다음과 같이 된다.

$$\begin{aligned} Y(z) = H(z)X_2(z) &= \frac{z^3 - 2z^2 + 2z - 1}{z^3} \cdot \frac{z(z-0.5)}{z^2 - z + 1} \\ &= \frac{(z-1)(z-0.5)}{z^2} = \frac{z^2 - 1.5z + 0.5}{z^2} \end{aligned}$$

이에 대해 부분분수 전개보다 좀 더 쉬운 방법으로 역변환을 구해보자. $Y(z)$의 분모, 분자를 z^2으로 나누면 다음과 같다.

$$Y(z) = 1 - 1.5z^{-1} + 0.5z^{-2}$$

따라서 z 변환의 정의로부터 $Y(z)$는 다음과 같이 역변환할 수 있다.

$$y[n] = \delta[n] - 1.5\delta[n-1] + 0.5\delta[n-2]$$

구해진 출력 $y[n]$은 세 개의 과도적인 샘플 $y[0] = 1$, $y[1] = -1.5$, $y[2] = 0.5$를 제외하고는 $y[n] = 0$, $n \geq 3$이다. 나머지 두 개의 입력에 대해서도 마찬가지로 출력은 0이 되는데, 각자 확인해보기를 바란다. 이 시스템은 특정한 주파수의 입력에 대해 출력이 0인, 다시 말해 차단하는 특성을 갖는 필터이다.

[예제 8-25]에서 살펴본 것처럼, 단위원 위에 존재하는 전달 함수의 영점들은 시스템 이득이 0이 되는 주파수들에 대응된다. 그러므로 이 주파수들에 해당하는 정현파 입력은 시스템에 의해 차단, 즉 출력이 0이 된다. 이처럼 영점을 단위원 위에 위치시켜 특정한 정현파 입력에 대한 출력을 0으로 만드는, 즉 특정 주파수의 입력을 차단시키는 FIR 필터를 무응답 필터라고 한다. 이는 레이더 또는 통신 시스템에서 방해 전파들을 제거하는 데 이용된다.

전달 함수를 부분분수로 전개하여 역변환하면 시스템의 임펄스 응답이 얻어진다. 이로부터 임펄스 응답의 형태가 극에 의해 결정됨을 알 수 있다. [그림 8-7]에 극의 위치에 따른 시스템 임펄스 응답의 형태를 나타내었다.

$$H(z) = \sum_{i=1}^{m} \frac{K_i z}{z - p_i} \Leftrightarrow h[n] = \sum_{i=1}^{m} K_i (p_i)^n u[n] \qquad (8.70)$$

극에 의한 임펄스 응답의 형태

- 극이 z 평면의 단위원 내부에 있으면 임펄스 응답이 수렴하여 시스템은 안정하다.
- 극이 z 평면의 단위원 외부에 있으면 임펄스 응답이 발산하여 시스템은 불안정하다.
- 공액 복소극의 경우 진동이 발생하며, 단위원 상에 있으면 순수 진동한다.

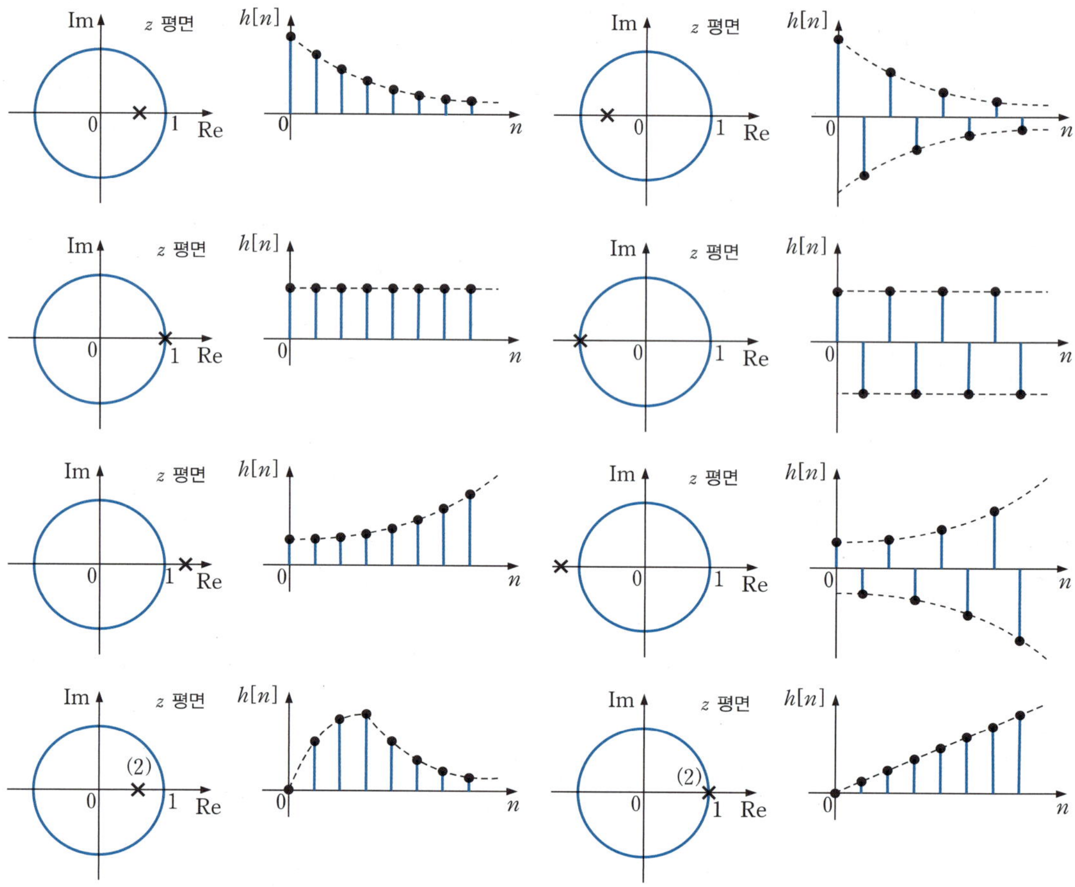

(a) 실수 극의 경우

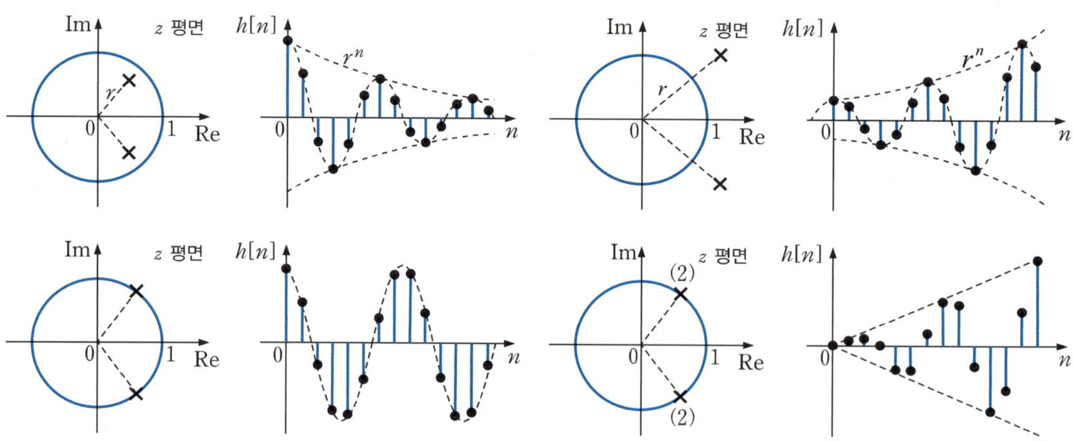

(b) 공액 복소극의 경우

[그림 8-7] 전달 함수의 극의 위치에 따른 시스템 임펄스 응답의 형태

극과 시스템 안정도

전달 함수로부터 시스템의 여러 특성을 분석하고 판별할 수 있는데, 안정도에 대해서 간단히 살펴보기로 한다.

> 이산 인과 LTI 시스템이 BIBO 안정하기 위해서는 $|p_i| < 1$, 다시 말해 전달 함수의 극 p_i가 z 평면에서 단위원 안에 존재해야 한다.

3장에서 이산 인과 LTI 시스템이 BIBO 안정하려면 임펄스 응답이 다음과 같이 절대 총합 가능해야 함을 이미 배운 바 있다.

$$\sum_{n=0}^{\infty} |h[n]| < \infty \tag{8.71}$$

임펄스 응답에 대한 z 변환의 정의식에 절댓값을 취하면 다음의 부등식을 얻을 수 있다.

$$|H(z)| = \left| \sum_{n=0}^{\infty} h[n] z^{-n} \right| \leq \sum_{n=0}^{\infty} |h[n]| |z^{-n}| \tag{8.72}$$

전달 함수의 극 $z = p_i$에서는 식 (8.72)의 좌변이 ∞가 되고, 이때 $|p_i| \geq 1$이면 $\left|p_i^{-n}\right| \leq 1$이므로 식 (8.72)는 다음과 같이 된다.

$$\infty \leq \sum_{n=0}^{\infty} |h[n]| |p_i^{-n}| \leq \sum_{n=0}^{\infty} |h[n]| \tag{8.73}$$

이는 식 (8.71)의 BIBO 안정 조건에 부합되지 않는다. 따라서 $|p_i| < 1$이어야 한다. 이러한 결론은 [그림 8-7]에서도 확인할 수 있다. 그림에서 보면, 극이 단위원 내부에 있을 때는 값이 점차 작아져서 0으로 수렴하여 식 (8.71)의 조건을 충족하고, 단위원 외부에 있으면 시간이 지남에 따라 발산한다. 또한 단위원 상에 있으면 계속 진동하거나 상수가 되어 BIBO 안정 조건을 만족시키지 못한다.

예제 8-26 순허극을 갖는 시스템의 안정도

2개의 순허극을 가지는 인과 LTI 시스템의 전달 함수가 다음과 같다고 한다. 이 시스템의 안정도를 판별하라.

$$H(z) = \frac{2z^2}{(z-ja)(z+ja)} = \frac{z}{z-ja} + \frac{z}{z+ja}$$

풀이

$H(z)$를 역변환하면 다음과 같이 임펄스 응답 $h[n]$이 얻어진다.

$$h[n]=((ja)^n+(-ja)^n)u[n]=\left(\left(ae^{j\frac{\pi}{2}}\right)^n+\left(ae^{-j\frac{\pi}{2}}\right)^n\right)u[n]$$
$$=a^n\left(e^{j\frac{\pi}{2}n}+e^{-j\frac{\pi}{2}n}\right)u[n]=2a^n\cos\left(\frac{\pi}{2}n\right)u[n]$$

따라서 $|a|<1$이면 $h[n]$은 0으로 수렴하고, $|a|=1$이면 $h[n]$은 정현파로 순수하게 진동하며, $|a|>1$이면 $h[n]$은 ∞로 발산한다. 시스템의 극이 $z=\pm ja$이므로, 결국 극의 위치에 따라 시스템의 안정도가 달라진다. 즉 극이 단위원 안에 있으면 안정, 단위원 위에 있으면 임계 안정, 단위원 밖에 있으면 불안정한 시스템이 된다. 안정, 불안정으로 구분해야만 할 경우, 임계 안정은 식 (8.71)의 안정도 조건을 만족시키지 못하므로 불안정으로 판별하면 된다.

예제 8-27 시스템의 안정도 판별

전달 함수가 다음과 같은 이산 LTI 시스템의 안정도를 판별하라.

(a) $H(z)=\dfrac{(z+1)(z-1)}{(z+0.5)(z-0.8)(z+0.3)}$

(b) $H(z)=\dfrac{(z+0.5)(z-0.3)}{(z-1)(z^2-z+1)}$

(c) $H(z)=\dfrac{(z+3)(z-4)}{(z^2+0.5z+0.25)(z+0.5)}$

(d) $H(z)=\dfrac{(z+0.5)(z-0.4)}{(z+2)(z-0.5)(z+0.4)}$

(e) $H(z)=\dfrac{(z+0.5)(z+1)}{(z-1)^2(z-0.5)}$

(f) $H(z)=\dfrac{(z-3)(z+0.5)}{(z-0.5)(z+0.4)(z-3)}$

풀이

(a) 극이 $z=-0.5,\ 0.8,\ -0.3$으로 모두 단위원 안에 있다. 그러므로 안정한 시스템이다.

(b) 극이 $z=1,\ \dfrac{1}{2}\pm j\dfrac{\sqrt{3}}{2}$로 모두 단위원 위에 있다. 그러므로 임계 안정한 시스템이다. 안정, 불안정으로 나누면 불안정한 시스템이다.

(c) 극이 $z=-\dfrac{1}{4}\pm j\dfrac{\sqrt{3}}{4},\ -0.5$로 모두 단위원 안에 있다. 그러므로 안정한 시스템이다.

(d) 극이 $z=-2,\ 0.5,\ -0.4$로 극 하나가 단위원 밖에 있다. 그러므로 불안정한 시스템이다.

(e) 극이 $z=1,\ 1,\ 0.5$로 단위원 위에 중극이 존재한다. 그러므로 불안정한 시스템이다.

(f) 극이 $z=0.5,\ -0.4,\ 3$으로 극 하나가 단위원 밖에 있지만, $z=3$의 영점과 상쇄되어 사라지므로 단위원 안에 $z=0.5,\ -0.4$만 있는 셈이다. 그러므로 안정한 시스템이다.

SECTION 8.7

전달 함수와 주파수 응답의 관계

학습포인트

- 전달 함수와 주파수 응답의 상호 관계를 이해한다.
- 극과 영점에 대한 주파수 응답의 의존성과 계산에 대해 알아본다.
- 극과 영점의 주파수 선택 특성을 이해한다.

주파수 응답과 전달 함수 둘 다 주파수 영역에서 LTI 시스템을 표현하는 방법으로, 역변환하면 시스템의 임펄스 응답이 되므로 두 표현의 본질은 같다고 할 수 있다. 그런데 z 변환과 푸리에 변환의 관계로부터 주파수 응답을 전달 함수의 특수한 경우로 취급할 수 있다. 그러므로 주파수 응답은 전달 함수의 극-영점과 밀접하게 연관된다. 이 절에서는 두 표현의 관계와 극과 영점에 대한 주파수 응답의 종속성, 그리고 극과 영점의 주파수 선택 특성과 역할에 대해 살펴보기로 한다.

8.7.1 극과 영점에 대한 주파수 응답의 종속성

임펄스 응답 $h[n]$을 DTFT하면 주파수 응답이 되고, z 변환하면 전달 함수가 된다. 그리고 식 (8.7)에서 보듯이 DTFT는 z 변환에서 $z=e^{j\Omega}$로 둔 것과 같으므로, 주파수 응답과 전달 함수의 관계는 다음과 같이 정리된다.

- 주파수 응답은 전달 함수를 복소평면의 단위원 $z=e^{j\Omega}$을 따라 계산한 것이다.

$$H(\Omega)=H(z)\big|_{z=e^{j\Omega}} \tag{8.74}$$

- 주파수 응답은 전달 함수의 극과 영점을 이용하여 구할 수 있다.

$$|H(\Omega)|=b_0\frac{\prod_{i=1}^{q}|e^{j\Omega}-z_i|}{\prod_{i=1}^{p}|e^{j\Omega}-p_i|}=b_0\frac{\text{각 영점에서 } e^{j\Omega}\text{까지 거리의 곱}}{\text{각 극에서 } e^{j\Omega}\text{까지 거리의 곱}} \tag{8.75}$$

$$\begin{aligned}\angle H(\Omega)&=\sum_{i=1}^{q}\angle(e^{j\Omega}-z_i)-\sum_{i=1}^{p}\angle(e^{j\Omega}-p_i) \\ &=[e^{j\Omega}\text{에 대한 영점 각의 합}]-[e^{j\Omega}\text{에 대한 극 각의 합}]\end{aligned} \tag{8.76}$$

식 (8.74)로부터 주파수 응답은 전달 함수의 극 및 영점과 관련하여 다음과 같이 쓸 수 있다.

$$H(\Omega) = b_0 \frac{(z-z_1)(z-z_2)\cdots(z-z_q)}{(z-p_1)(z-p_2)\cdots(z-p_p)}\bigg|_{z=e^{j\Omega}} \tag{8.77}$$

여기서 $p_1, p_2, \cdots, p_p$는 전달 함수의 극이고 $z_1,\ z_2, \cdots, z_q$는 영점이다. 식 (8.77)의 인수들은 일반적으로 복소수이므로 복소수의 곱과 나눗셈의 성질에 의해 주파수 응답의 진폭 응답과 위상 응답은 다음과 같게 된다.

$$|H(\Omega)| = b_0 \frac{|z-z_1||z-z_2|\cdots|z-z_q|}{|z-p_1||z-p_2|\cdots|z-p_p|}\bigg|_{z=e^{j\Omega}} \tag{8.78}$$

$$\begin{aligned}\angle H(\Omega) = [&\{\angle(z-z_1) + \cdots + \angle(z-z_q)\} \\ &- \{\angle(z-p_1) + \cdots + \angle(z-p_p)\}]_{z=e^{j\Omega}}\end{aligned} \tag{8.79}$$

그런데 $|z-z_i|$는 복소평면에서 점 z와 z_i 사이의 거리이고 $\angle(z-z_i)$는 점 z와 점 z_i를 연결한 선분이 수평축과 이루는 각이므로, 결국 주파수 응답의 진폭 응답과 위상 응답은 각각 식 (8.75)와 식 (8.76)과 같이 구할 수 있다. 식 (8.75)와 식 (8.76)의 계산은 z 평면에 그림을 그리면 쉽게 해결할 수 있는데, z 평면의 단위원 위에 점 $e^{j\Omega}$을 두고 Ω 값을 변화시키면서 모든 Ω 값에 대해 계산 과정을 반복하면 $H(\Omega)$가 얻어진다. 이때 Ω가 커지며 단위원을 한 바퀴 돌 때마다 같은 값이 반복되어 계산되므로, 이산 시스템의 주파수 응답은 2π 주기로 반복되는 주기 함수가 된다.

8.7.2 극과 영점에 따른 주파수 선택 특성

방금 살펴본 것처럼, 시스템의 주파수 응답은 전달 함수(시스템)의 극과 영점에 의해 결정되는데, 주파수 응답과 관련하여 극과 영점의 역할을 정리하면 다음과 같다.

- 극은 공진 주파수 부근에서 이득을 증가시키는 주파수 선택적 동작을 한다. 즉 극은 진폭 응답에 **뾰족 마루(첨두)**[peak]를 형성한다.
- 극이 단위원에 가까울수록 이득의 증가가 두드러진다.
- 영점은 공진 주파수 부근에서 이득을 억제하는 주파수 선택적 동작을 한다. 즉 영점은 진폭 응답에 **골**[valley]을 형성한다.
- 영점이 단위원에 가까울수록 이득 억제는 두드러진다.
- 극과 영점에 의한 이득 변화는 공진 주파수 부근에서 더 급하게 나타난다.
- 중복 극과 영점은 주파수 선택 효과를 강화한다.

주파수 응답에 대한 이러한 극의 영향을 이해하기 위해 [그림 8-8(a)]와 같은 복소극 $re^{j\Omega_0}$에 대한 경우를 생각해보자. 극에서 단위원 위의 점 $e^{j\Omega}$까지의 거리를 d라고 하면 $|H(\Omega)|$는 $1/d$에 비례한다. Ω가 0에서부터 증가하여 값 Ω_0에 도달할 때까지 d는 연속적으로 감소하고, Ω가 Ω_0를 지나면서부터 π에 도달할 때까지 d는 다시 연속적으로 증가한다. 따라서 $|H(\Omega)|$는 $\Omega=0$에서부터 $\Omega=\Omega_0$가 될 때까지 점차 증가하여 $\Omega=\Omega_0$에서 최댓값이 되고 Ω가 Ω_0를 넘어서면서부터는 다시 감소하게 된다.

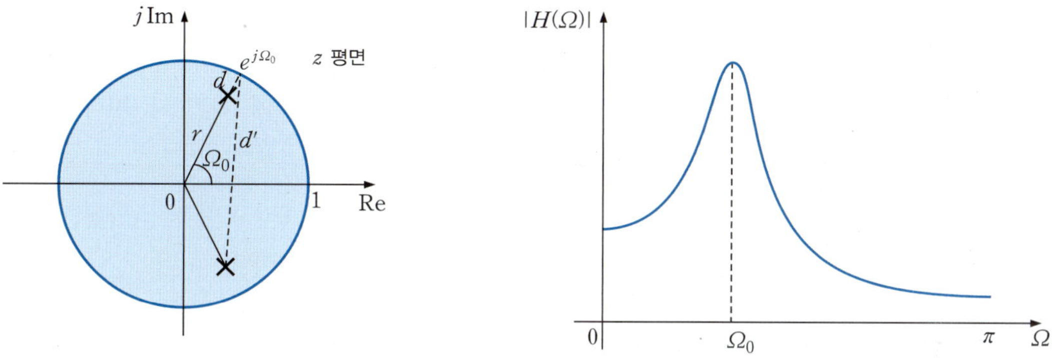

(a) 전달 함수의 공액 복소극

(b) 주파수 응답의 진폭 응답

[그림 8-8] 극에 의한 진폭 응답 특성

결과적으로 $re^{j\Omega_0}$은 주파수 Ω_0에서 이득을 최대로 만드는 주파수 선택적 동작(공진)을 한다. 극이 단위원에 가까이 위치할수록 극과 $e^{j\Omega_0}$ 사이의 거리가 짧아지므로 이득은 더 커지며, 극단적으로 극이 $e^{j\Omega_0}$에 위치하면 Ω_0에서의 이득이 무한대가 된다. 실제 시스템에서 복소극 $re^{j\Omega_0}$은 공액쌍인 $re^{-j\Omega_0}$을 반드시 동반한다. 그러나 공액극 $re^{-j\Omega_0}$은 $re^{j\Omega_0}$에 비해 양의 반원에서 멀리 떨어져 있기에, Ω가 0에서 π까지 바뀌는 동안 길이 d'의 극적인 변화는 생기지 않는다. 그러므로 이득의 변화에 주도적인 영향을 미치지는 못하지만 Ω의 변화에 따라 d'의 값도 달라지고 주파수 응답의 이득은 $1/dd'$에 비례하기 때문에 주파수 선택 특성은 단일 극일 때와는 조금 달라진다. 공액 복소극에 의한 진폭 응답의 변화는 [그림 8-8(b)]에 나타나 있다.

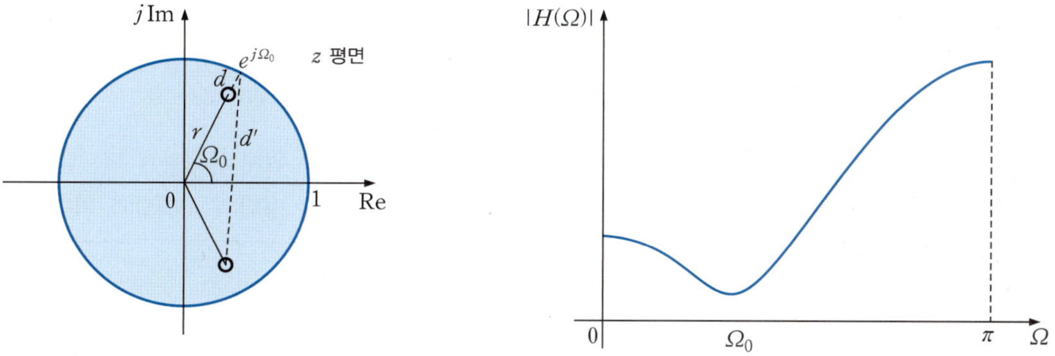

(a) 전달 함수의 공액 복소영점

(b) 주파수 응답의 진폭 응답

[그림 8-9] 영점에 의한 진폭 응답 특성

식 (8.77)을 보면 전달 함수의 극과 영점은 주파수 응답에 정반대로 기여하고 있다. 그러므로 영점은 공진 주파수 부근에서 이득을 억제하여 골을 만든다. 복소영점에 의한 주파수 응답의 특성 예를 [그림 8-9]에 보였다.

영점의 주파수 선택 효과를 이용하는 사례로, 특정한 주파수의 신호 전달을 완전히 억제하려면 하나의 영점을 그 주파수에 해당하는 단위원 위의 점에 놓으면 된다([예제 8-25]). 이것이 **노치**[notch] 필터(대역 저지 필터)의 원리이다.

원점과 단위원 위의 점 사이의 길이는 1이므로, 원점에 위치한 극이나 영점은 진폭 응답에 전혀 영향을 미치지 못한다. 그 대신 원점에 위치한 극(영점)은 $\angle H(\Omega)$에 각 $-\Omega(\Omega)$를 유발한다. 이 위상 스펙트럼 $-\Omega(\Omega)$는 주파수에 관한 선형 함수이므로 순수 시간 지연(선행)에 해당한다. 따라서 원점에 위치한 극(영점)은 응답에 시간 지연(선행)을 유발하지만 크기에는 영향이 없다.

이상의 논의로부터 전달 함수의 극과 영점을 적절히 배치하면 특정한 주파수 응답 특성을 갖는 시스템을 구현할 수 있음을 알 수 있다. 이는 필터 설계의 바탕이 되는 개념이다.

- 전달 함수의 형태가 같다 하더라도 극의 위치에 따라 주파수 응답의 형태가 달라지고, 그 결과 주파수 선택 특성이 달라진다.
- IIR 필터는 극이 z 평면의 1, 4분면에 있으면 저역 통과 필터가 되고, 2, 3분면에 있으면 고역 통과 필터가 된다.
- FIR 필터는 영점이 z 평면의 1, 4분면에 위치하면 고역 통과 필터가 되고, 2, 3분면에 위치하면 저역 통과 필터가 된다.

전달 함수의 극과 영점의 위치에 따라 주파수 응답이 달라진다는 것을 간단한 예를 통해 알아보기로 하자. 다음과 같이 전달 함수가 실수 극 하나만 갖는 1차 시스템은 가장 간단한 시스템이다.

$$H(z) = \frac{z}{z-a} \tag{8.80}$$

$z = e^{j\Omega}$로 두어 주파수 응답의 진폭 응답을 계산하면 다음과 같다.

$$|H(\Omega)| = \frac{1}{\sqrt{(1-a\cos(\Omega))^2 + (a\sin(\Omega))^2}} = \frac{1}{\sqrt{1+a^2-2a\cos(\Omega)}} \tag{8.81}$$

시스템이 안정하려면 $|a| < 1$이어야 하고, 이때 극은 단위원 내의 실축 위에 존재하게 되는데 a가 양일 때와 음일 때의 두 경우로 나눌 수 있다. $0 < a < 1$의 경우 진폭 응답의 최댓값과 최솟값은 다음과 같다.

$$\begin{cases} |H(\Omega)|_{\max} = |H(0)| = \dfrac{1}{1-a}, \ 0 < a < 1 \\ |H(\Omega)|_{\min} = |H(\pi)| = \dfrac{1}{1+a}, \ 0 < a < 1 \end{cases} \tag{8.82}$$

따라서 $\Omega=0$인 저주파에서 최대 이득을 가지고 $\Omega=\pi$인 고주파에서 최소 이득이 되는 저역 통과 필터에 해당한다. $-1<a<0$의 경우에는 진폭 응답이 이와 반대로 나타난다.

$$\begin{cases} |H(\Omega)|_{\max}=|H(\pi)|=\dfrac{1}{1+a},\ -1<a<0 \\ |H(\Omega)|_{\min}=|H(0)|=\dfrac{1}{1-a},\ -1<a<0 \end{cases} \tag{8.83}$$

따라서 고주파인 $\Omega=\pi$에서 이득이 최대가 되고 저주파인 $\Omega=0$에서 이득이 최소가 되는 고역 통과 필터가 된다. 이러한 결과는 [그림 8-10]에 나타낸 진폭 응답에서도 확인할 수 있다. 그리고 두 경우 모두 극의 위치가 단위원에 가까울수록 최대 이득이 증가하고 대역폭이 좁아져서 주파수 선택 효과가 더욱 커진다는 사실을 그림 [그림 8-10(b)]와 [그림 8-10(c)]를 비교하면 알 수 있다.

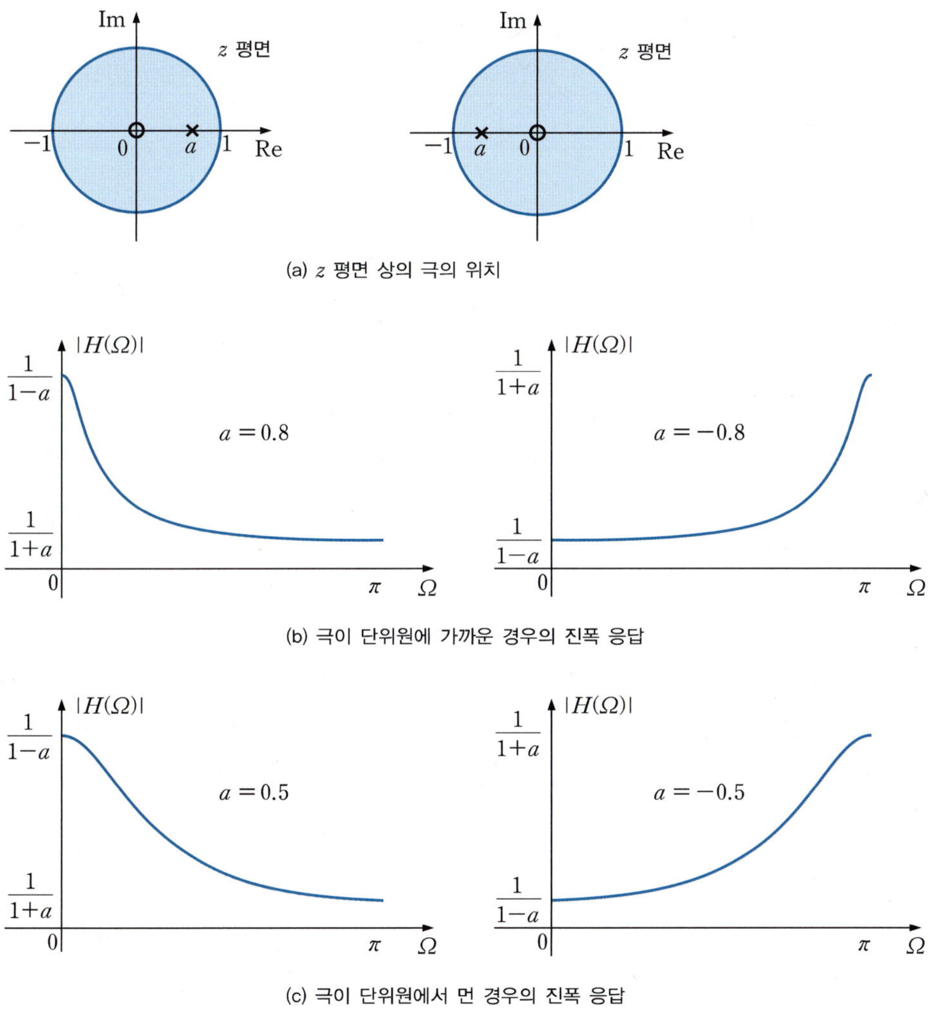

[그림 8-10] 1차 극의 위치에 따른 진폭 응답 특성의 변화

SECTION

8.8 z 변환과 라플라스 변환의 관계

학습포인트

- z 변환과 라플라스 변환의 관계를 이해한다.
- s 영역에서 z 영역으로의 사상 관계를 잘 이해한다.

z 변환을 배우면서 거의 모든 면에서 라플라스 변환과 묘한 대응 관계가 이루어지고 있음을 느꼈을 것이다. 이산 신호는 연속 신호를 샘플링한 것으로 취급할 수 있다는 사실을 잘 이용하면 둘 사이의 유사성과 대응 관계가 어디에서 비롯된 것인지 찾아낼 수 있는데, 결론적으로 z 변환은 라플라스 변환의 특수한 경우로 취급할 수 있다. 둘의 관계를 설명해주는 s 영역에서 z 영역으로의 사상 관계는 시스템 안정도나 주파수 중첩 등에 대한 이해를 도와주므로 잘 알아둘 필요가 있다. 이 절에서는 샘플링에서 출발하여 두 표현의 관계와 s 영역에서 z 영역으로의 사상 관계를 알아보고 관련된 특성을 살펴보기로 한다.

샘플링 신호의 라플라스 변환과 z 변환

지금까지 살펴보았듯이 z 변환은 성질이나 기능 면에서 라플라스 변환과 아주 비슷하다. 둘은 적용 대상이 다르다는 것을 빼면 거의 같은 구조로 다루어질 수 있다. 이산계에 대한 z 변환과 연속계에 대한 라플라스 변환의 연결 고리는 이산 신호를 연속 신호의 샘플링으로 볼 수 있다는 사실이다. 이미 4장에서 샘플링은 다음과 같이 연속 신호 $x(t)$에 등간격 임펄스열 $p(t)$를 곱한 임펄스 변조로 취급할 수 있음을 보았다.

$$\tilde{x}(t) = x(t)p(t) = \sum_{n=0}^{\infty} x(t)\delta(t-nT) = \sum_{n=0}^{\infty} x(nT)\delta(t-nT) \tag{8.84}$$

식 (8.84)의 샘플링된 신호 $\tilde{x}(t)$는 [그림 8-11]에서 볼 수 있듯이 이산 신호 $x[n]$과 같은데, 다만 임펄스로 표현되어 있을 뿐이다. 식 (8.84)를 라플라스 변환하면 다음과 같다.

$$\begin{aligned}\widetilde{X}(s) &= \pounds\left\{\sum_{n=0}^{\infty} x(nT)\delta(t-nT)\right\} = \sum_{n=0}^{\infty} x(nT)\,\pounds\{\delta(t-nT)\} \\ &= \sum_{n=0}^{\infty} x(nT)e^{-nTs} = \sum_{n=0}^{\infty} x(nT)(e^{Ts})^{-n}\end{aligned} \tag{8.85}$$

한편 이산 신호 $x[n]$에 대한 z 변환은 다음과 같이 정의된다.

$$X(z) = \sum_{n=0}^{\infty} x[n]z^{-n} \tag{8.86}$$

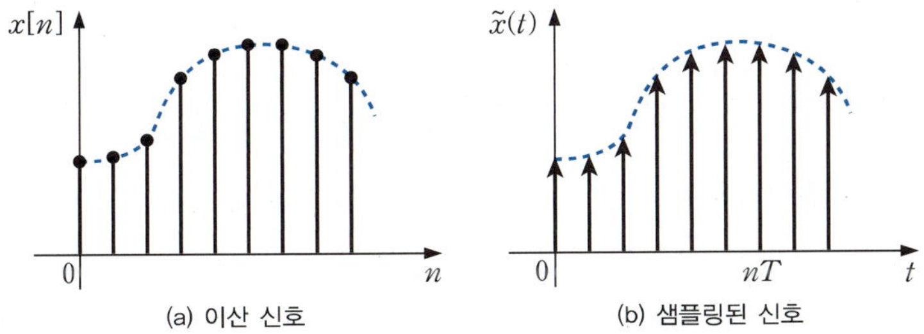

[그림 8-11] 이산 신호와 샘플링된 신호의 동일성

[그림 8-11]에서 보듯이 $x(nT)=x[n]$을 만족하므로 식 (8.85)의 $x(nT)$를 $x[n]$으로 대체하고 $e^{Ts}=z$라 두면 식 (8.85)와 식 (8.86)은 같아진다.

라플라스 변환과 z 변환의 사상 관계

- z 변환은 $e^{Ts}=z$로 둔 라플라스 변환의 특수한 경우로 생각할 수 있다.
- $z=e^{Ts}$의 변환은 s 평면의 허축 $j\omega$를 2π씩 잘라 z 평면의 단위원으로 중복해서 사상시킨다. 이로 인해 연속 신호를 샘플링하면 주파수 중첩의 문제가 발생한다.
- $z=e^{Ts}$의 변환은 s 평면의 좌반면을 z 평면의 단위원 내부로, s 평면의 우반면을 z 평면의 단위원 외부로 사상시킨다.

라플라스 변환과 z 변환의 대응 관계를 나타낸 [그림 8-12]를 이용하여 이를 확인해보자. 이때 편의상 $T=1$로 두기로 한다. $s=\sigma+j\omega$이므로 $z=e^s=e^{\sigma+j\omega}=e^{\sigma}e^{j\omega}$이다. 그림에 나타낸 것처럼 ❶ s 평면의 $-j\pi$에서 출발하여 허축을 따라 $j\pi$까지 가서, ❷ 실축에 평행하게 $-\infty+j\pi$까지 이동한 뒤, ❸ 다시 허축에 평행하게 $-\infty-j\pi$까지 갔다가, ❹ 마지막으로 실축에 평행하게 $-j\pi$로 되돌아오는 닫힌 경로를 따라 z 값의 변화를 따져보자.

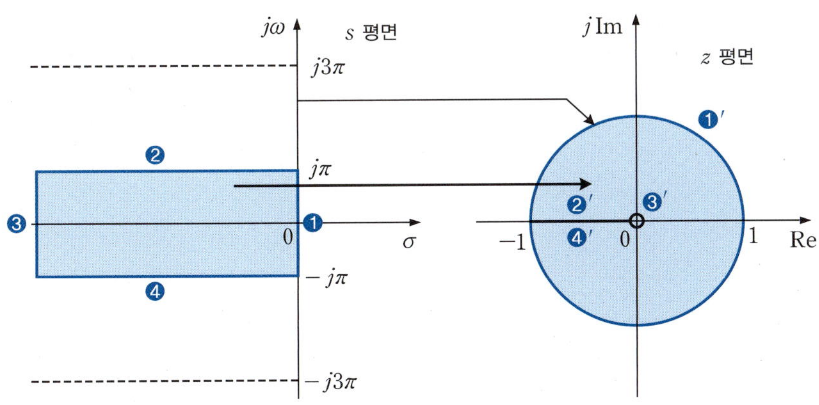

[그림 8-12] 라플라스 변환과 z 변환의 사상 관계

경로 ❶에 대해서는 $z=e^{j\omega}$이므로 ω가 $-\pi$에서 π까지 증가함에 따라 z는 $z=-1$에서 출발하여 반지름 1인 원을 그리며 반시계 방향으로 $z=-1$까지 움직인다(❶'). 경로 ❷에 대해서는 $z=e^{\sigma}e^{j\pi}$이므로 σ가 $-\infty$로 접근함에 따라 음의 실축 위에서 0으로 접근한다(❷'). 경로 ❸에 대해서는 $z=e^{-\infty}e^{j\omega}$이므로 ω가 π에서 $-\pi$로 진행됨에 따라 거의 0에 가까운 반지름 ϵ인 원을 그리며 시계 방향으로 한 바퀴 돌게 된다(❸'). 마지막으로 경로 ❹에 대해서는 $z=e^{\sigma}e^{-j\pi}$이므로 σ가 0으로 접근함에 따라 음의 실축 위에서 $z=-1$로 접근한다(❹').

경로 ❶에 대한 사상 관계로부터 s 평면의 허축이 z 평면의 단위원으로 사상되는 것을 알 수 있다. 그리고 나머지 경로에 대한 사상 관계로부터 s 평면의 좌반면을 허축을 따라 2π씩 자른 무한 띠가 반복적으로 z 평면의 단위원과 원 내부의 음의 실축으로 사상됨을 알 수 있다(이 때문에 연속 신호를 샘플링하면 주파수 중첩의 문제가 발생하게 된다).

s 평면의 좌반면이 z 평면의 단위원 내부로 사상되는 것은 s 평면의 좌반면 임의의 한 점에 대한 z 평면의 사상을 구해보면 쉽게 확인할 수 있다. s 평면의 우반면은 $\sigma>0$이므로 $|e^{\sigma T}|>1$이 되기 때문에 2π씩 자른 실축에 평행한 무한 띠가 반복적으로 z 평면의 단위원 밖으로 사상된다.

CHAPTER 08_연습문제

【Quick Review】

※ 다음 문제에서 맞는 것을 골라라.

(1) z 변환은 DTFT에 비해 더 (많은, 적은) 이산 신호를 변환할 수 있다.

(2) 단방향 z 변환은 (인과, 비인과) 신호를 대상으로 한다.

(3) z 변환은 모든 이산 신호를 주파수 영역으로 변환할 수 있다. (O, ×)

(4) $x[n]$과 $X(z)$가 일대일 대응이 되는 것은 (단방향, 양방향) z 변환이다.

(5) 수렴 영역에 극이 존재하면 $X(z)$는 정의되지 않는다. (O, ×)

(6) 단방향 z 변환에서 항상 $x[n-n_0] \Leftrightarrow z^{-n_0}X(z)$가 성립한다. (O, ×)

(7) 차분 방정식의 풀이에 유용한 성질은 (시간 컨벌루션, 시간 이동) 성질이다.

(8) 최종값 정리는 모든 이산 신호에 적용할 수 있다. (O, ×)

(9) z 역변환은 $\left(\dfrac{X(z)}{z},\ X(z),\ zX(z)\right)$를 부분분수로 전개하는 것이 간편하다.

(10) 다중극에 대한 부분분수 계수 결정은 보통 최저차항부터 오름차순으로 한다. (O, ×)

(11) 5차 $X(z)$가 3중극을 가지면 (3, 4, 5, 6)개의 부분분수 항으로 전개된다.

(12) z 변환을 이용한 차분 방정식 풀이의 초기 조건은 $n<0$에서의 값이다. (O, ×)

(13) 시스템의 전달 함수는 입력의 형태에 따라 달라질 수 있다. (O, ×)

(14) 두 시스템을 직렬 연결한 시스템의 전달 함수는 각 전달 함수의 (합, 곱)과 같다.

(15) 임펄스 응답의 형태는 극의 위치에 따라 결정된다. (O, ×)

(16) z 평면의 단위원 위에 중극을 가지면 시스템은 불안정하다. (O, ×)

(17) 시스템에 대한 입력의 연관 작용을 지배하는 것은 (극, 영점)이다.

(18) 시스템이 안정하려면 (극, 영점)이 z 평면의 단위원 (안, 밖)에 위치해야 한다.

(19) 전달 함수에서 ($z=j\Omega$, $z=e^{j\Omega}$, $z=re^{j\Omega}$)로 두면 주파수 응답이 된다.

(20) s 평면의 좌반면은 z 평면의 단위원 외부로 사상된다. (O, ×)

【기초 문제】

8.1 z 변환의 수렴 영역과 관련한 다음의 설명 중 틀린 것은?

㉮ 수렴 영역이 단위원($|z|=1$)을 포함하지 않는 신호는 이론적으로 DTFT를 할 수 없다.
㉯ 인과 유한 구간 신호는 $z=0$을 제외한 전 z 평면이 수렴 영역이다.
㉰ z 변환을 할 수 없는 신호는 존재하지 않는다.
㉱ 단방향 z 변환에서는 같은 $X(z)$에 두 개의 수렴 영역이 대응되지 않는다.

8.2 $x[n] \Leftrightarrow \dfrac{z}{(z-1)^2}$ 일 때 다음의 단방향 z 변환쌍 중 틀린 것은?

㉮ $x[n+1]u[n] \Leftrightarrow \dfrac{z^2}{(z-1)^2}$　　㉯ $x[n-1]u[n-1] \Leftrightarrow \dfrac{1}{(z-1)^2}$

㉰ $x[n-1]u[n] \Leftrightarrow \dfrac{z}{(z-1)^2}$　　㉱ $x[n]u[n-1] \Leftrightarrow \dfrac{z}{(z-1)^2}$

8.3 전달 함수와 관련한 다음의 설명 중 틀린 것은?

㉮ 차분 방정식의 계수에 의해 전달 함수는 완전히 결정된다.
㉯ z 평면의 단위원 위의 모든 점에 대해 전달 함수 값을 구한 것과 주파수 응답은 같다.
㉰ 서로 다른 임펄스 응답을 갖는 시스템이라도 같은 전달 함수를 가질 수도 있다.
㉱ 전달 함수의 극은 시스템 모드와 임펄스 응답의 형태를 결정한다.

8.4 시스템의 극과 영점에 관한 다음의 설명 중 옳은 것은?

㉮ 극이 z 변환의 수렴 영역에 존재하면, 그 시스템은 안정하다.
㉯ 이득에 미치는 극과 영점의 영향을 크게 하려면 원점에 가깝게 위치시키는 것이 좋다.
㉰ z 평면의 단위원 위에 있는 위상이 Ω_0인 영점은 주파수가 Ω_0인 입력에 대해 출력이 0이다.
㉱ z 평면의 원점에 있는 극은 주파수 응답의 크기와 위상에 모두 영향을 미친다.

8.5 z 변환과 라플라스 변환의 관계에 관한 다음의 설명 중 틀린 것은?

㉮ z 변환은 라플라스 변환의 특수한 경우로 볼 수 있다.
㉯ s 평면을 z 평면으로 사상할 때, 시스템의 안정도는 보존되지 않는다.
㉰ 인과 신호에 대한 라플라스 변환의 수렴 영역은 z 변환의 수렴 영역으로 사상된다.
㉱ s 평면의 허축이 z 평면의 단위원으로 중복 사상되기 때문에 주파수 중첩이 발생한다.

8.6 다음의 신호 $x[n]$에 대해 $y[n]=x[n+3]$의 단방향 z 변환을 구하라.

(a) $x[n]=a^n u[n]$　　(b) $x[n]=nu[n]$

8.7 z 변환의 정의식을 이용하여 다음 신호의 z 변환을 구하라.

(a) $x[n]=(0.5)^n(u[n]-u[n-5])$

(b) $x[n]=n(0.5)^n u[n]$

(c) $x[n]=\begin{cases}1, & n\geq 0\text{인 짝수}\\ 0, & n\geq 0\text{인 홀수}\end{cases}$

(d) $x[n]=\begin{cases}+1, & n\geq 0\text{인 짝수}\\ -1, & n\geq 0\text{인 홀수}\end{cases}$

8.8 z 변환의 성질과 변환쌍 표를 이용하여 다음 신호의 z 변환을 구하라.

(a) $x[n]=u[n-m]$

(b) $x[n]=(0.5)^{n+1}u[n-1]$

(c) $x[n]=\sin\left(\frac{\pi}{8}n-\frac{\pi}{4}\right)u[n-2]$

(d) $x[n]=u[n-2]*\left(\frac{2}{3}\right)^n u[n]$

(e) $x[n]=n\sin\left(\frac{\pi}{2}n\right)u[n]$

(f) $x[n]=\left((0.5)^n\cos\left(\frac{\pi}{3}n\right)\right)u[n-1]$

8.9 $x[n]$의 z 변환이 다음과 같을 때, 다음의 신호들의 z 변환을 구하라.

$$X(z)=\frac{z}{(z+0.5)^2},\quad |z|>0.5$$

(a) $y[n]=x[n-1]$

(b) $y[n]=(2)^n x[n]$

(c) $y[n]=(-1)^n x[n]$

(d) $y[n]=x[n]*x[n-2]$

8.10 다음 물음에 답하라.

(a) $y[n]=\sum_{k=0}^{n}x[k]$의 z 변환이 $Y(z)=\frac{z}{z-1}X(z)$임을 보여라.

(b) (a)의 결과를 이용하여 $r[n]=nu[n]$의 z 변환을 구하라.

(c) $s[n]=\sum_{k=0}^{n}(u[k]-u[k-1])$의 z 변환을 구하라.

8.11 $X(z)$가 신호 $x[n]=(0.5)^n u[n]$의 z 변환일 때, 다음의 z 변환에 대응되는 시간 신호를 구하라.

(a) $Y(z)=X(z^{-1})$

(b) $Y(z)=X(-z)$

(c) $Y(z)=\frac{zX(z)}{z-1}$

(d) $Y(z)=X^2(z)$

8.12 다음에 주어진 두 신호 $x[n]$과 $h[n]$의 컨벌루션 $y[n]=x[n]*h[n]$을 z 변환을 이용하여 구하라.

(a) $x[n]=[\underset{\uparrow}{1},\ 2,\ 3],\quad h[n]=[\underset{\uparrow}{1},\ 1,\ 1]$

(b) $x[n]=\delta[n]+\delta[n-4],\quad h[n]=u[n]$

(c) $x[n]=u[n],\quad h[n]=u[n]$

(d) $x[n]=u[n],\quad h[n]=\left(\frac{1}{2}\right)^n u[n]$

8.13 다음과 같은 단방향 z 변환에 대해 역변환을 하지 말고 초깃값과 최종값을 구하라. 만약 값을 구할 수 없다면 그 이유를 설명하라.

(a) $X(z) = \dfrac{z}{z^2 - 0.3z - 0.1}$ (b) $X(z) = \dfrac{z(z-0.5)}{z^2 - z + 1}$

(c) $X(z) = \dfrac{z^2}{z^2 + 1.5z - 1}$ (d) $X(z) = \dfrac{z(z-0.25)}{z^2 - 0.5z + 0.25}$

8.14 다음의 단방향 z 변환의 역변환 $x[n]$을 부분분수 전개법으로 구하라.

(a) $X(z) = \dfrac{0.5z(z+1)}{(z-1)(z-0.5)}$ (b) $X(z) = \dfrac{z(2z+3)}{(z-1)(z^2-5z+6)}$

(c) $X(z) = \dfrac{z^2}{(z-1)(z-0.5)}$ (d) $X(z) = \dfrac{z^3}{(z+1)(z-1)^2}$

(e) $X(z) = \dfrac{z^2}{z^2 - z + 0.5}$ (f) $X(z) = \dfrac{z(3z-1)}{(z+1)(z-1)^3}$

8.15 다음 차분 방정식으로 표현된 LTI 시스템의 출력을 z 변환을 이용하여 구하라.

(a) $y[n] - \frac{1}{3}y[n-1] = 2x[n], \quad y[-1] = 0, \quad x[n] = \left(-\frac{1}{2}\right)^n u[n]$

(b) $y[n] - \frac{1}{3}y[n-1] = 2x[n], \quad y[-1] = 1, \quad x[n] = \left(-\frac{1}{2}\right)^n u[n]$

(c) $y[n] - \frac{3}{4}y[n-1] + \frac{1}{8}y[n-2] = \frac{3}{8}x[n], \quad x[n] = u[n], \quad y[-1] = 1, \quad y[-2] = 5$

(d) $y[n] - \frac{1}{6}y[n-1] - \frac{1}{6}y[n-2] = x[n] - \frac{1}{2}x[n-1], \quad x[n] = \left(\frac{1}{3}\right)^n u[n],$

$y[-1] = 1, \quad y[-2] = 0$

8.16 인과 LTI 시스템의 입출력이 다음과 같이 주어질 때, 이 시스템의 전달 함수, 임펄스 응답, 차분 방정식을 구하라.

(a) $x[n] = \delta[n] + \frac{1}{4}\delta[n-1] - \frac{1}{8}\delta[n-2], \quad y[n] = \delta[n] - \frac{3}{4}\delta[n-1]$

(b) $x[n] = \left(\frac{1}{2}\right)^n u[n], \quad y[n] = \left(\frac{1}{4}\right)^n u[n]$

(c) $x[n] = \left(-\frac{1}{3}\right)^n u[n], \quad y[n] = \left(3(-1)^n + \left(\frac{1}{3}\right)^n\right) u[n]$

(d) $x[n] = 2u[n], \quad y[n] = \left(4\left(\frac{1}{2}\right)^n - 3\left(-\frac{3}{4}\right)^n\right) u[n]$

8.17 다음의 차분 방정식으로 표현되는 인과 LTI 시스템의 전달 함수와 임펄스 응답을 구하라. 또한 시스템의 극과 영점을 구하고 안정도를 판별하라.

(a) $y[n]-0.3y[n-1]-0.1y[n-2]=x[n]$

(b) $y[n]-\frac{5}{6}y[n-1]+\frac{1}{6}y[n-2]=x[n]+x[n-1]$

(c) $y[n]-\frac{3}{2}y[n-1]+\frac{9}{16}y[n-2]=2x[n]+x[n-1]$

(d) $y[n]+2y[n-1]+2y[n-2]=x[n]+x[n-1]$

8.18 다음과 같은 임펄스 응답을 갖는 두 개의 시스템을 (a) 종속 연결, (b) 병렬 연결할 경우에 전체 시스템의 전달 함수 $H(z)$를 구하라.

$$h_1[n]=a^n u[n], \quad h_2[n]=b^{(n-1)}u[n-1]$$

8.19 이산 인과 LTI 시스템의 전달 함수가 $H(z)=\dfrac{6(5z-1)}{6z^2-5z+1}$ 일 때, 주어진 입력에 대한 출력을 구하라.

(a) $(4)^{-n}u[n]$

(b) $(4)^{-(n-2)}u[n-2]$

(c) $(4)^{-(n-2)}u[n]$

(d) $(4)^{-n}u[n-2]$

8.20 다음 차분 방정식으로 표현되는 이산 LTI 시스템에 관해 물음에 답하라.

$$y[n]-0.3y[n-1]-0.1y[n-2]=7x[n]$$

(a) 이 시스템의 임펄스 응답을 구하라.

(b) 이 시스템은 안정한가? 불안정한가?

(c) 입력 $x[n]=\delta[n]$을 인가할 때, z 변환을 이용하여 '영입력 응답 + 영상태 응답' 형태로 $y[n]$을 구하라. 단, $y[-1]=3$, $y[-2]=-1$이다.

(d) (c)의 결과와 (a)의 임펄스 응답은 어떻게 다른가?

【응용 문제】

8.21 다음의 $X(z)$에 대해 주어진 수렴 영역을 만족하는 역변환 $x[n]$을 구하라.

(a) $X(z)=\dfrac{2z-1}{z^2-z-0.75}$ (i) $|z|>1.5$ (ii) $0.5<|z|<1.5$ (iii) $|z|<0.5$

(b) $X(z)=\dfrac{z^2-z-0.75}{2z-1}$ (i) $|z|>0.5$ (ii) $0<|z|<0.5$

(c) $X(z)=\dfrac{z^2+5z}{z^2-2z-3}$ (i) $|z|>3$ (ii) $1<|z|<3$ (iii) $|z|<1$

8.22 신호 $x[n]$의 z 변환이 다음과 같다.

$$X(z)=\frac{z^3}{z^3-3z^2+5z-9}$$

(a) $x_1[n]=x[n-3]u[n-3]$의 z 변환을 구하라.

(b) $x_2[n]=x[n+3]u[n]$의 z 변환을 구하라.

(c) 긴 나눗셈을 이용한 멱급수 형태의 역변환을 통해 $n=0, 3$일 때의 $x[n]$ 값, $n=3$일 때의 $x_1[n]$ 값, $n=0$일 때의 $x_2[n]$ 값을 구하라.

(d) (c)의 결과로 얻은 샘플들의 값은 일치하는가? 그렇다면 이유를 설명하라.

8.23 다음에 주어진 $X(z)$의 역변환을 멱급수 전개와 부분분수 전개의 두 가지 방법으로 각각 구하라.

(a) $X(z)=\dfrac{z^2+2z}{z^2+4z+3}$ (b) $X(z)=\dfrac{z^2+\frac{1}{2}z}{z^2-\frac{3}{4}z+\frac{1}{8}}$ (c) $X(z)=\dfrac{z^2+2z}{z^2-2z+1}$

8.24 임펄스 응답이 $h[n]=\left(\frac{1}{2}\right)^n u[n]$인 인과 LTI 시스템의 출력이 다음과 같을 때, 시스템에 인가된 입력을 구하라.

(a) $y[n]=2\delta[n-4]$ (b) $y[n]=2u[n]-\left(\frac{1}{2}\right)^n u[n]$

(c) $y[n]=\frac{1}{3}u[n]+\frac{2}{3}\left(-\frac{1}{2}\right)^n u[n]$

8.25 다음 차분 방정식으로 표현된 LTI 시스템의 출력을 z 변환을 이용하여 구하라.

(a) $2y[n]-3y[n-1]+y[n-2]=4x[n]-3x[n-1]$, $x[n]=u[n]$, $y[-1]=0$, $y[-2]=1$

(b) $y[n]-y[n-1]+y[n-2]=x[n]$, $y[-1]=1$, $y[-2]=0$, $x[n]=\left(\frac{1}{2}\right)^n u[n]$

8.26 다음과 같은 이산 시간 시스템의 블록선도가 있다.

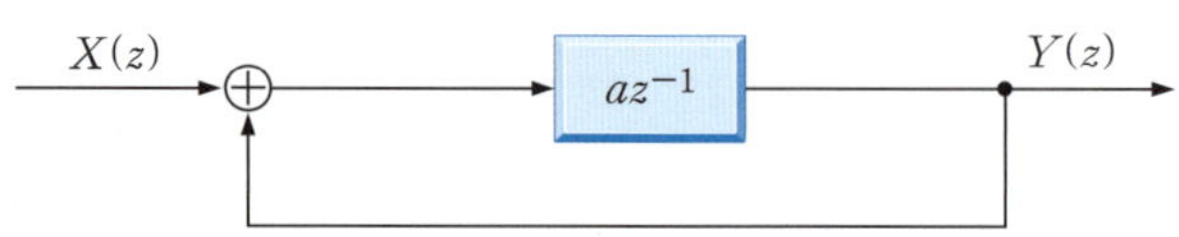

(a) 이 시스템의 차분 방정식 모델을 구하라.

(b) 시스템의 전달 함수를 구하라.

(c) 이 시스템이 BIBO 안정일 경우 파라미터 a의 범위를 결정하라.

(d) 이 시스템의 임펄스 응답을 구하라. (c)는 임펄스 응답으로부터 명백한가? 그 이유는 무엇인가?

(e) $a=0.5$일 때 이 시스템의 (단위) 계단 응답을 구하라.

8.27 다음의 차분 방정식으로 표현되는 이산 LTI 시스템에 대해 z 변환을 이용하여 입력 $x[n]=u[n]$일 때 출력 $y[n]$을 '영입력 응답 + 영상태 응답', '고유 응답 + 강제 응답' 형태로 각각 구하라.

(a) $y[n]-0.25y[n-1]=x[n],\ \ y[-1]=1$

(b) $y[n]-\dfrac{3}{4}y[n-1]+\dfrac{1}{8}y[n-2]=x[n],\ \ y[-1]=-1,\ \ y[-2]=1$

(c) $y[n]-0.9y[n-1]+0.2y[n-2]=x[n],\ \ y[-1]=1,\ \ y[-2]=-4$

(d) $2y[n]-3y[n-1]+y[n-2]=4x[n]-3x[n-1],\ \ y[-1]=0,\ \ y[-2]=1$

8.28 다음 그림과 같이 연결된 이산 LTI 시스템에 대해 전체 시스템의 임펄스 응답을 구하라. 단, 각 시스템의 임펄스 응답은 다음과 같다.

(a)

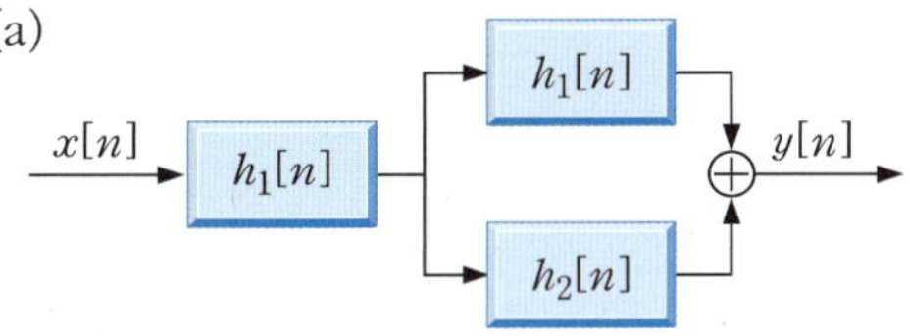

$h_1[n]=\left(\dfrac{1}{2}\right)^n u[n],\ \ h_2[n]=\delta[n],$

$h_3[n]=u[n-1]$

(b)

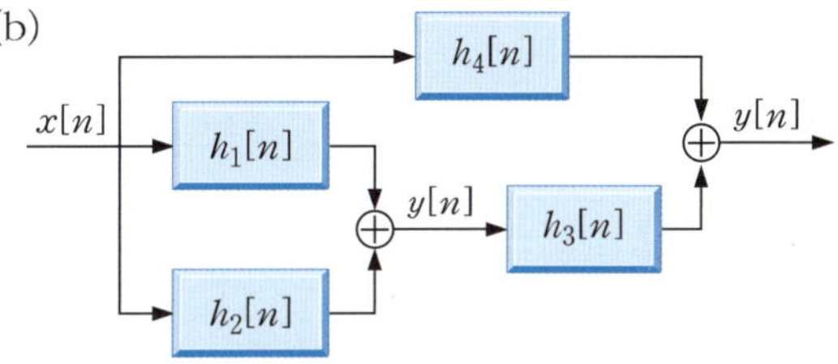

$h_1[n]=2\delta[n],\ \ h_2[n]=-2(0.5)^n u[n],$

$h_3[n]=0.5\delta[n]-0.25\delta[n-1],$

$h_4[n]=\delta[n]+0.5\delta[n-1]$

8.29 다음 물음에 답하라.

(a) 연속 신호 e^{-t}를 $t=0$에서 시작하여 매 0.2초 간격으로 샘플링했다. 샘플링된 신호의 z 변환을 구하라.

(b) 또 다른 연속 신호 $e^{-0.2t}$를 $t=0$에서 매 1초 간격으로 샘플링했다. 샘플링된 신호의 z 변환을 구하라.

(c) (a)와 (b)에서 구한 z 변환이 동일한 이유를 밝혀라.

(d) 세 번째 연속 신호 e^{at}는 매 T초 간격으로 샘플링했다. 샘플링된 신호의 z 변환이 (a), (b)의 변환과 같도록 하는 $(a,\ T)$를 구하라.

8.30 z 평면의 극과 영점을 이용한 주파수 응답의 계산을 이용하여 다음과 같은 형태의 극-영점 분포를 갖는 시스템의 대략적인 진폭 응답 특성을 그려라. 이들 시스템은 어떤 종류의 필터인가?

(a)

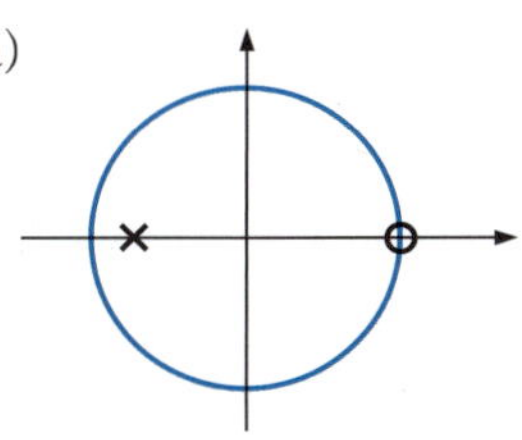

(b)

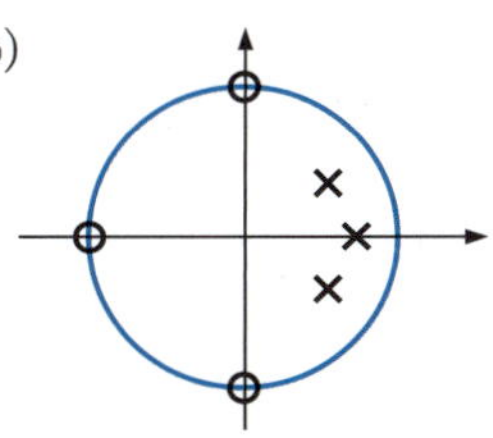

(c)

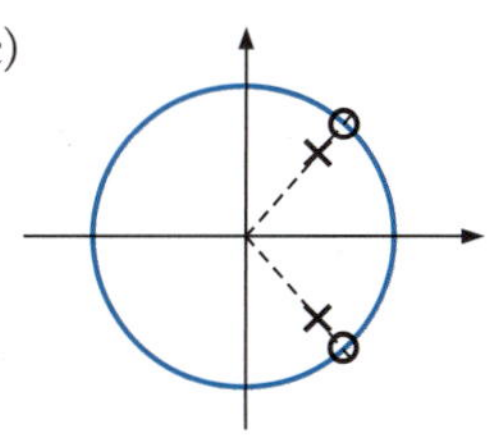

| 실습목표

- z 변환을 이용하여 이산 LTI 시스템의 해석을 수행한다.
- MATLAB으로 부분분수 전개법을 이용한 z 역변환을 수행한다.
- 극과 영점에 따른 시스템의 특성 변화를 살펴본다.

MATLAB 8-1 z 변환을 이용한 이산 LTI 시스템의 해석

이산 LTI 시스템의 전달 함수는 다음과 같다. 이때 시스템의 극과 영점, 주파수 응답, 임펄스 응답, 계단 응답을 각각 그려라.

$$H[z] = \frac{z^2 + 0.5z}{z^2 - 1.6z + 0.8}$$

풀이

이 문제는 매트랩의 명령어를 사용하면 매우 간편하게 풀 수 있다. 극과 영점을 그리는 명령은 pzmap 또는 zplane, 주파수 응답은 freqz, 임펄스 응답은 dimpulse, 계단 응답은 dstep을 사용하면 된다. 매트랩 프로그램은 다음과 같다.

MATLAB_8_1.m

```
n=0:40;                                  % 시간축 설정
num=[1 0.5 0];                           % 전달 함수 분자의 계수
den=[1-1.6 0.8];                         % 전달 함수 분모의 계수
[p z]=pzmap(num,den);                    % 극, 영점 계산
Hf=freqz(num, den);                      % 주파수 응답 계산
h=dimpulse(num,den,length(n));           % 임펄스 응답 계산
s=dstep(num,den,length(n));              % 계단 응답 계산

figure(1)                                % 그림 창 1 지정
zplane(num, den);                        % 극과 영점을 그림
title( ' \bf{시스템의 극과 영점} ' );      % 그림 제목
figure(2)                                % 그림 창 2 지정
freqz(num, den);                         % 시스템의 주파수 응답을 그림
title( ' \bf{시스템의 주파수 응답} ' );    % 그림 제목
figure(3)                                % 그림 창 3 지정
subplot(2,1,1);                          % 2행 1열 분할 그림 창의 1번 창
stem(n,h);                               % 시스템의 임펄스 응답을 그림
title( ' \bf{시스템의 임펄스 응답} ' );    % 그림 제목
xlabel( ' \bf{n} ' ); grid on;           % x축 라벨 및 그리드 표시
subplot(2,1,2);                          % 2행 1열 분할 그림 창의 2번 창
stem(n,s);                               % 시스템의 계단 응답을 그림
title( ' \bf{시스템의 계단 응답} ' );      % 그림 제목
xlabel( ' \bf{n} ' ); grid on;           % x축 라벨 및 그리드 표시
```

실행 결과는 [그림 8-13] 에서부터 [그림 8-15]에 나타내었다. [그림 8-13]은 극과 영점을 그린 것이고, [그림 8-14]는 시스템의 주파수 응답을 그린 것이며, [그림 8-15]는 임펄스 응답과 계단 응답을 그린 것이다. 임펄스 응답과 계단 응답을 그릴 때도 주파수 응답의 경우와 같이 dimpulse, dstep 명령을 사용할 수 있지만, 그럴 경우에는 구간 연속인 파형으로 그려진다. 그러므로 프로그램에서는 계산 결과를 stem 명령을 이용하여 그린다. 또한 freqz 명령은 별도로 지정해주지 않는 한 구간 $[0\ \pi]$에서 $N=512$의 데이터 값을 돌려준다.

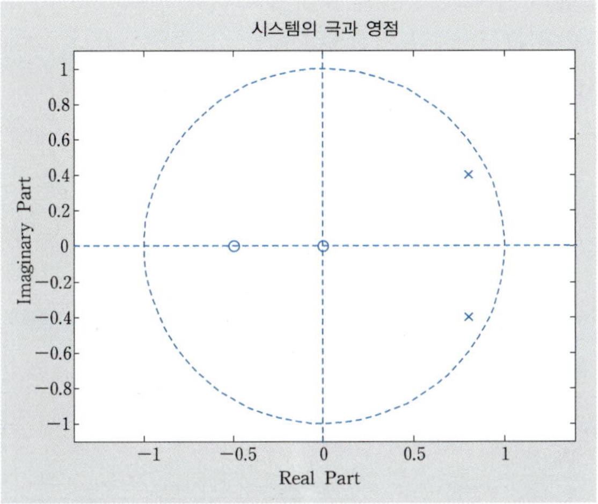

[그림 8-13] 시스템의 극과 영점

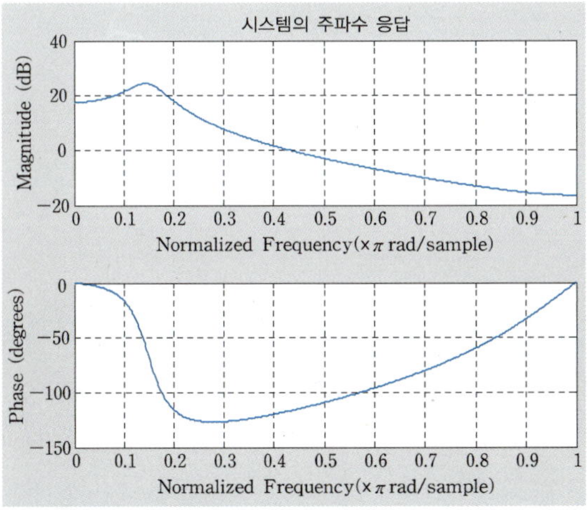

[그림 8-14] 시스템의 주파수 응답

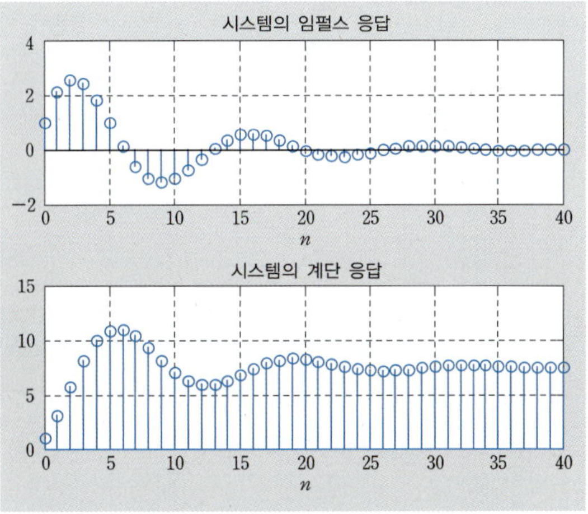

[그림 8-15] 시스템의 임펄스 응답과 계단 응답

MATLAB 8-2 부분분수 전개를 이용한 z 역변환

이산 LTI 시스템의 전달 함수가 다음과 같을 때 물음에 답하라.

$$H(z)=\frac{z^2-0.25}{z^2+0.64}$$

(a) 어떤 특성을 갖는 시스템인지 주파수 응답을 구하여 확인하라.

(b) $H(z)/z$를 부분분수로 전개하고, 이로부터 시스템의 임펄스 응답을 구하여 그려라.

(c) 입력 신호가 $x[n]=2((0.8)^n-(0.3)^n)u[n]$일 때, 입력 신호 $x[n]$과 출력 신호 $y[n]$의 z 변환을 구하라. 그리고 이로부터 시스템의 출력 $y[n]$을 구하여 그려라.

풀이

(a) 주파수 응답을 구하여 그리는 것은 [MATLAB 8-1]에서 이미 풀어보았으므로 쉽게 그릴 수 있을 것이다. 매트랩 프로그램은 다음과 같다.

MATLAB_8_2a.m

```
num=[1 0 -0.25];                    % 전달 함수 분자의 계수
den=[1 0 0.64];                     % 전달 함수 분모의 계수
freqz(num, den);                    % 시스템 주파수 응답을 그림
title( ' \bf{시스템의 주파수 응답} ' );   % 그림 제목
```

실행 결과는 [그림 8-16]에 나타내었다. 주파수 응답을 보면 $\Omega_0=\pi/2$를 중심 주파수로 하는 대역통과 필터의 특성을 가짐을 알 수 있다.

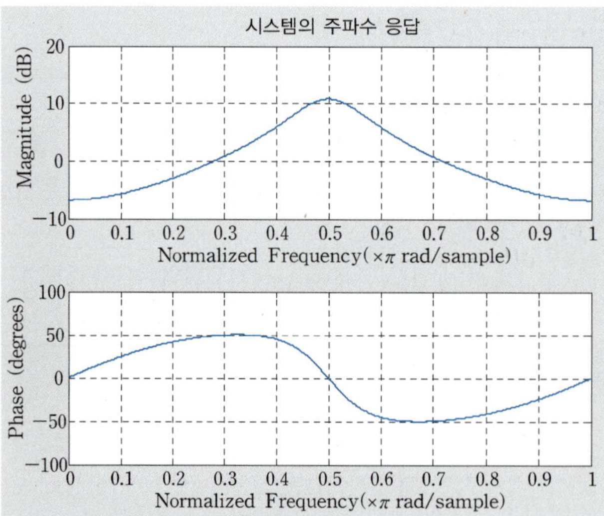

[그림 8-16] 시스템의 주파수 응답

(b) $H(z)/z$를 부분분수로 전개하면 다음과 같은 형태가 된다.

$$\frac{H(z)}{z}=\frac{z^2-0.25}{z^3+0.64z}=\frac{K_1}{z-p_1}+\frac{K_2}{z-p_2}+\frac{K_3}{z-p_3}$$

이처럼 부분분수로 전개했을 때 부분분수의 극 p_i와 계수 K_i는 residue 명령을 이용하면 쉽게 계산할 수 있다. [R P K]=residue(B,A)는 다음과 같이 분수 형태의 유리 함수를 부분분수로 만들어 결과를 돌려준다.

$$\frac{B(z)}{A(z)}=\frac{R(1)}{z-P(1)}+\frac{R(2)}{z-P(2)}+\cdots+\frac{R(n)}{z-P(n)}+K(z)$$

부분분수 전개법에서는 변환쌍 $a^n u[n] \Leftrightarrow \frac{z}{z-a}$을 이용하여 역변환하므로, 각 부분분수가 바로 $R(i)P(i)^n$로 역변환되도록 프로그램하면 된다. residue에 의해 극 $p_i=P(i)$와 계수 $K_i+R(i)$는 다음과 같이 구해진다.

$$\begin{cases} P(1)=j0.8 \\ P(2)=-j0.8 \\ P(3)=0 \end{cases} \qquad \begin{cases} R(1)=0.6953 \\ R(2)=0.6953 \\ R(3)=-0.3906 \end{cases}$$

또한 전달 함수 $H(z)$를 역변환하여 구한 임펄스 응답은 다음과 같다.

$$\begin{aligned} h[n] &= -0.3906\delta[n]+0.6953((j0.8)^n+(-j0.8)^n)u[n] \\ &= -0.3906\delta[n]+1.3906(0.8)^n\sin\left(\frac{\pi}{2}n\right)u[n] \end{aligned}$$

매트랩 프로그램은 다음과 같다.

MATLAB_8_2b.m

```
num=[1 0 -0.25];                          % 전달 함수 분자의 계수
den=[1 0 0.64];                           % 전달 함수 분모의 계수
[R P]=residue(num,[den 0]);               % 부분분수 전개의 극과 계수 계산
n=0:30;                                   % 시간축 설정
h=R(1)*P(1).^n+R(2)*P(2).^n+R(3)*P(3).^n; % 역변환에 의한 임펄스 응답 계산
hh=dimpulse(num,den,length(n));           % dimpulse에 의한 임펄스 응답 계산

subplot(2,1,1);                           % 2행 1열 분할 그림 창의 1번 창
stem(n,h);                                % z 역변환에 의한 임펄스 응답을 그림
title('\bf{z 역변환에 의한 임펄스 응답}');    % 그림 제목
xlabel('\bf{n}'); grid on;                % x축 라벨 및 그리드 표시
subplot(2,1,2);                           % 2행 1열 분할 그림 창의 2번 창
stem(n,hh);                               % dimpulse로 구한 임펄스 응답을 그림
title('\bf{dimpulse로 구한 임펄스 응답}');    % 그림 제목
xlabel('\bf{n}'); grid on;                % x축 라벨 및 그리드 표시
```

역변환으로 얻은 결과의 검증을 위하여 dimpulse 명령으로 구한 임펄스 응답을 함께 그리도록 했으며, 실행 결과는 [그림 8-17]에 나타내었다. 그림에서 두 결과가 일치하는 것을 확인할 수 있다.

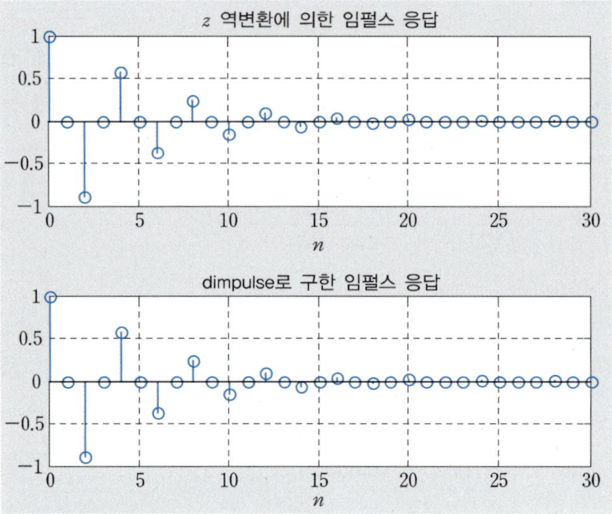

[그림 8-17] 시스템의 임펄스 응답

(c) 이산 신호의 z 변환은 매트랩의 ztrans 명령을 사용하여 해결할 수 있다. ztrans 명령은 기호로 지정된 변수의 함수에 대해 단방향 z 변환만 가능하며, 나온 결과는 문자처럼 취급한다. 따라서 $x[n]$ 형태로 표현된 것만 변환이 가능하고, stepfun과 같이 매트랩에서 제공되는 많은 함수 명령어의 z 변환은 불가능하다. 또한 명령 iztrans를 사용하면 거꾸로 역변환된 시간 신호를 얻을 수 있다. 우선 입력과 출력의 z 변환을 구하는 매트랩 프로그램은 다음과 같다.

MATLAB_8_2c1.m

```
syms n z                              % 변수를 기호로 지정
X=ztrans(2*((0.8)^n-(0.3)^n));       % x[n]의 z 변환 수행
H=(z^2-0.25)/(z^2+0.64);             % 전달 함수 H(z)
Y=X*H;                               % 출력의 z 변환 계산 Y(z)=X(z)H(z)
```

이를 실행한 결과는 다음과 같이 구해진다.

```
X = (2*z)/(z-4/5)-(2*z)/(z-3/10)
Y = ((z^2-1/4)*((2*z)/(z-4/5)-(2*z)/((z-3/10)))/(z^2+16/25))
```

$Y(z)$를 정리하여 나타내면 다음과 같다.

$$Y(z)=\frac{z^3-0.25z}{z^4-1.1z^3+0.88z^2-0.704z+0.1536}$$

이 매트랩 실행 결과가 옳은지 확인하기 위하여 다음과 같이 직접 입력과 출력의 z 변환을 구해보면, 결과가 일치함을 알 수 있다.

$$X(z)=2\left(\frac{1}{1-0.8z^{-1}}\right)-2\left(\frac{1}{1-0.3z^{-1}}\right)=\frac{z}{(z-0.3)(z-0.8)}$$

$$Y(z)=X(z)H(z)=\left[\frac{z}{(z^2-1.1z+0.24)}\right]\left[\frac{z^2-0.25}{z^2+0.64}\right]$$

$$=\frac{z^3-0.25z}{z^4-1.1z^3+0.88z^2-0.704z+0.1536}$$

residue를 이용하여 $Y(z)$를 역변환하여 출력을 구하고, 입력과 출력을 그리는 매트랩 프로그램은 다음과 같다.

MATLAB_8_2c2.m

```
num=[1 0 -0.25 0];                      % 전달 함수 분자의 계수
den=[1 -1.1 0.88 -0.704 0.1536];        % 전달 함수 분모의 계수
[R P]=residue(num,[den 0]);             % 부분분수 전개의 극과 계수 계산
n=0:30;                                 % 시간축 설정
x=2*((0.8).^n-(0.3).^n);                % 입력 신호 x[n] 생성
y=zeros(1,length(n);                    % 출력 신호 y[n] 초기화
for k=1:length(R)
   y=y+R(k)*P(k).^n;                    % 역변환에 의한 출력 신호 계산
end

subplot(2,1,1);                         % 2행 1열 분할 그림 창의 1번 창
stem(n,x);                              % 입력 신호 x[n]을 그림
title('\bf{입력 신호}');                 % 그림 제목
xlabel('\bf{n}'); grid on;              % x축 라벨 및 그리드 표시
subplot(2,1,2);                         % 2행 1열 분할 그림 창의 2번 창
stem(n,y);                              % 출력 신호 y[n]을 그림
title('\bf{출력 신호}');                 % 그림 제목
xlabel('\bf{n}'); grid on;              % x축 라벨 및 그리드 표시
```

이 매트랩 프로그램의 실행 결과는 [그림 8-18]에 나타내었다.

위의 프로그램 대신 첫 번째 프로그램에서 구한 $Y(z)$에 대해 iztrans(Y)를 실행하면 다음과 같이 $y[n]$을 구할 수 있는데, 이를 이용하여 출력 신호를 그려도 같은 결과를 얻을 수 있다. 이는 각자 확인해보기 바란다.

```
y = ((979*i)/2336+445/2336)*(-4*i)/5)^(n-1)
   -((979*i)/2336-445/2336)*(4*i)/5)^(n-1)
   +(39*(4/5)^n)/64+(32*(3/10)^n)/73
```

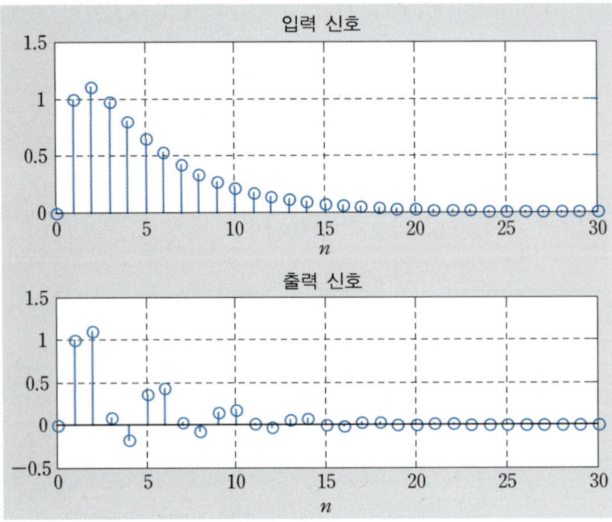

[그림 8-18] 시스템의 입력 및 출력 신호

MATLAB 8-3 극과 영점에 따른 시스템 특성의 변화

이산 시스템의 전달 함수가 다음과 같이 주어질 때 물음에 답하라.

$$H(z) = \frac{1}{(z - re^{j\theta})(z - re^{-j\theta})}$$

(a) $r = 0.98$, $\theta = \pi/4$일 때, 시스템의 진폭 응답과 임펄스 응답을 그려라.
또한 $r = 0.5$로 바뀔 경우의 시스템의 진폭 응답과 임펄스 응답을 그려라.

(b) $r = 0.98$, $\theta = 3\pi/4$일 때, 시스템의 진폭 응답과 임펄스 응답을 그려라.
또한 $r = 0.5$로 바뀔 경우의 시스템의 진폭 응답과 임펄스 응답을 그려라.

(c) (a)에서 극과 같은 위치각을 갖는 $z = e^{\pm j\theta}$의 공액 복소 영점이 추가될 경우, 시스템의 진폭 응답과 임펄스 응답을 그려라.

풀이

$H(z)$를 정리하여 다시 쓰면 다음과 같다.

$$H(z) = \frac{1}{(z - re^{j\theta})(z - re^{-j\theta})} = \frac{1}{z^2 - 2r\cos(\theta)z + r^2}$$

따라서 이 전달 함수에 대해 주파수 응답과 임펄스 응답을 구하여 그리는 프로그램은 기본적으로 (a), (b), (c) 모두 동일하다. 다만 주어진 조건에 따라 r과 θ의 값을 바꾸어주고, (c)에서는 $H(z)$의 분자의 계수를 조건에 맞추어 바꾸어주면 된다. 따라서 여기서는 (a)의 경우에 대한 매트랩 프로그램만 다음과 같이 제시한다.

MATLAB_8_3a.m

```
r=0.98; theta=pi/4;                     % 시스템 극 파라미터 설정
n=0:100;                                % 시간축 설정
N=512; df=1/(2*N); f=df*(0:N-1);        % 주파수축 설정
num=[0 0 1];                            % 전달 함수의 분자 계수
den=[1-2*r*cos(theta) r^2];             % 전달 함수의 분모 계수
Hf=freqz(num,den,N);                    % 주파수 응답 계산
h=dimpulse(num,den,length(n));          % 임펄스 응답 계산

subplot(2,1,1);                         % 2행 1열 분할 그림 창의 1번 창
plot(f,abs(Hf));                        % 진폭 응답 그림
title('\bf{진폭 응답}');                % 그림 제목
xlabel('\bf{F}'); grid on;              % x축 라벨 및 그리드 표시
subplot(2,1,2);                         % 2행 1열 분할 그림 창의 2번 창
stem(n,h);                              % 임펄스 응답 그림
title('\bf{임펄스 응답}');              % 그림 제목
xlabel('\bf{n}'); grid on;              % x축 라벨 및 그리드 표시
```

(a) 실행 결과는 [그림 8-19]와 같다. $r=0.98$, $\theta=\pi/4$의 경우는 $\pi/4$를 공진 주파수로 하는 대역 통과 특성의 협대역 필터가 되지만, $r=0.5$, $\theta=\pi/4$의 경우는 저역 통과 필터에 가까운 것을 알 수 있다.

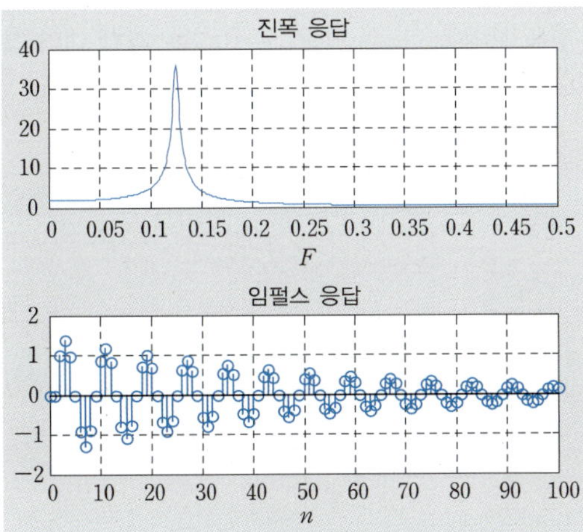

(a) $r=0.98$, $\theta=\pi/4$

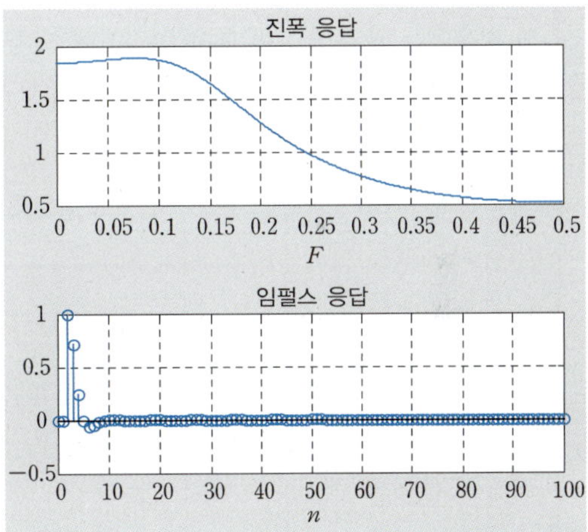

(b) $r=0.5$, $\theta=\pi/4$

[그림 8-19] 시스템의 진폭 응답과 임펄스 응답

(b) 실행 결과는 [그림 8-20]과 같다. 그림을 보면 $r=0.98$, $\theta=3\pi/4$의 경우는 $3\pi/4$를 공진 주파수로 하는 대역 통과 특성의 협대역 필터가 되지만, $r=0.5$, $\theta=3\pi/4$의 경우는 고역 통과 필터에 가까운 것을 알 수 있다.

(c) (a)에서 $z=1$의 영점이 추가되면 전달 함수는 다음과 같이 된다.

$$H(z)=\frac{(z-e^{j\theta})(z-e^{-j\theta})}{(z-re^{j\theta})(z-re^{-j\theta})}=\frac{z^2-2\cos(\theta)z+1}{z^2-2r\cos(\theta)z+r^2}$$

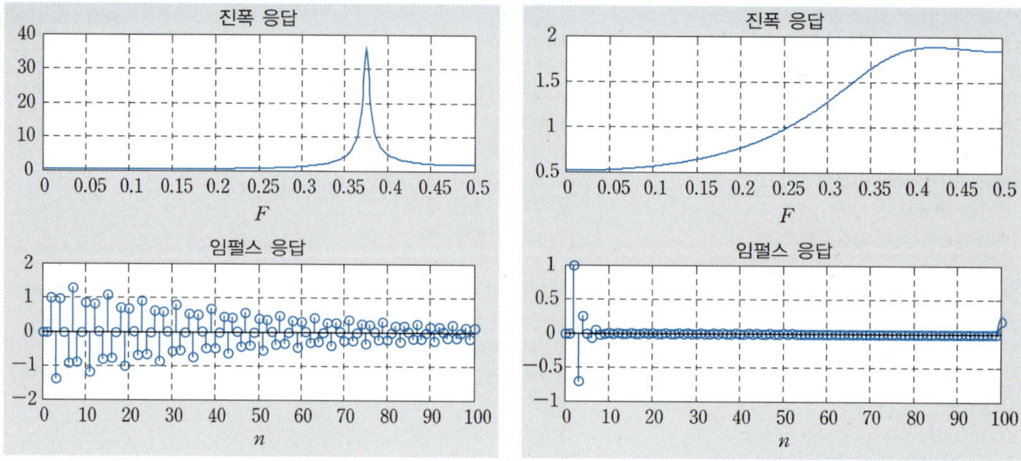

(a) $r = 0.98,\ \theta = 3\pi/4$　　(b) $r = 0.5,\ \theta = 3\pi/4$

[그림 8-20] 시스템의 진폭 응답과 임펄스 응답

따라서 프로그램에서 분자항의 계수만 `num=[1 -2*cos(theta) 1]`로 바꿔주면 된다. 프로그램 실행 결과는 [그림 8-21]에 나타내었다. [그림 8-21(a)]는 $r = 0.98$, [그림 8-21(b)]는 $r = 0.8$일 때의 진폭 응답으로 영점으로 인해 영점의 위치각에서 이득이 0이 되는 대역 저지 특성을 보인다. 특히 $r = 0.98$의 경우에는 극과 영점이 매우 인접하여 노치 특성을 보임을 볼 수 있다. $r = 0.5$는 저지 대역 특성이 퍼져서 대신에 $r = 0.8$의 경우를 보인 것이다.

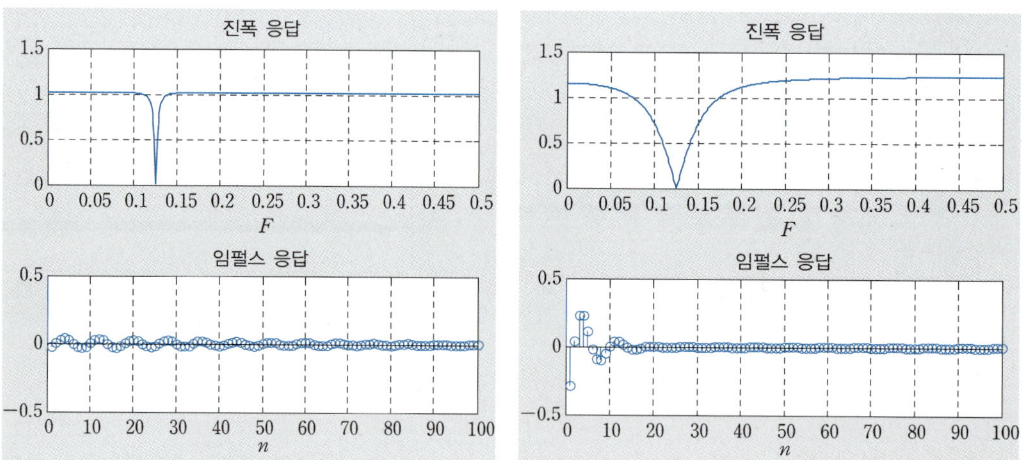

(a) $r = 0.98$　　(b) $r = 0.8$

[그림 8-21] 영점 추가 시 진폭 응답과 임펄스 응답

이상의 결과에서 시스템의 주파수 응답 특성은 극과 영점에 따라 달라진다는 것을 알 수 있다.

CHAPTER

09

디지털 필터의 기초

Fundamentals of Digital Filter

학습목표

- 필터의 개념을 이해하고, 필터들을 분류할 수 있다.
- 필터의 특성을 규정하는 요소들을 알 수 있다.
- 필터의 주요 특성과 그 중요성을 이해할 수 있다.
- 필터 설계의 전체적인 흐름을 파악할 수 있다.
- 필터 설계에서 고려해야 하는 사항들을 알 수 있다.
- 간단한 실용 필터들의 종류와 특성을 알 수 있다.

【미리보기】

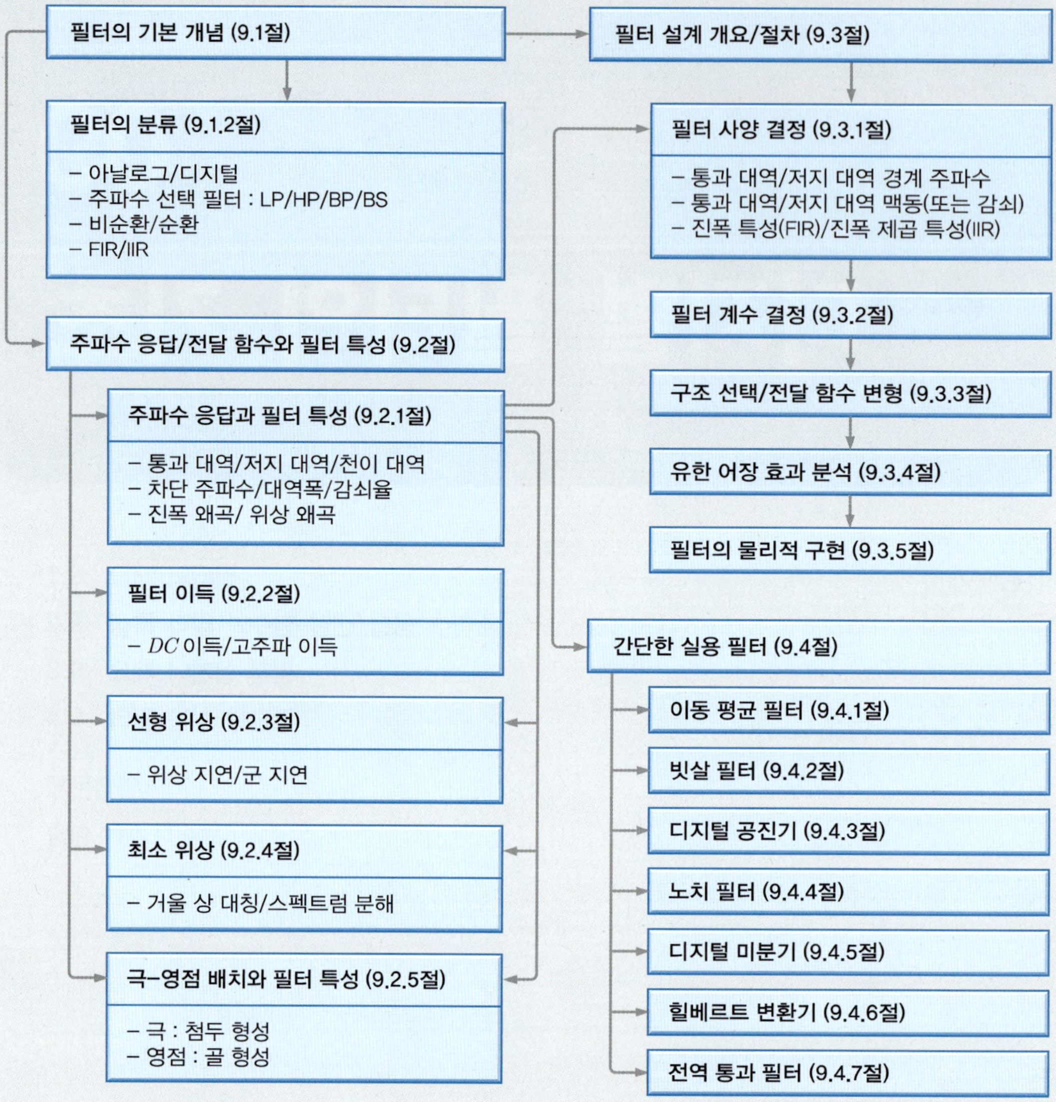

신호 처리의 주된 작업 중 하나는 수신 또는 관측된 신호에 원하지 않는 다른 신호나 잡음이 섞여 있을 때 필요한 신호만을 뽑아내는 일인데, 이를 수행하는 장치를 필터라고 한다. 목적에 적합한 필터를 설계하려면 먼저 필터의 기능과 종류, 그리고 특성에 대해 잘 이해하고 있어야 한다. 그러므로 이 장에서는 필터의 개요와 종류, 선형 위상을 비롯한 중요 특성에 대해 알아보고, 디지털 필터의 설계 요소와 절차들을 간단히 살펴볼 것이다. 또한 몇 가지 간단한 실용 필터에 대해서도 알아보기로 한다.

SECTION
9.1 필터의 개요

학습포인트

- 필터가 신호에 대해 어떤 동작을 하는 시스템인지 이해한다.
- 여러 기준에 따라 필터가 어떻게 구분되는지 알아본다.
- 주파수 선택 필터의 기본 유형에 대해 잘 알아둔다.
- FIR과 IIR, 그리고 비순환과 순환 필터의 관계에 대해 이해한다.
- FIR 필터와 IIR 필터의 특성의 차이가 무엇인지 알아본다.

필터링은 신호 처리에서 기본이자 핵심인 동작으로, 필터의 설계는 아주 중요한 과제이다. 원하는 용도에 적합하고 성능이 좋은 필터를 설계하려면 우선 필터의 의미와 역할을 어떻게 바라볼 수 있고, 어떤 종류와 특성의 필터들이 있는지에 대한 사전 지식을 갖추어야 할 필요가 있다. 따라서 이 절에서는 필터의 기본 개념과 분류에 대해 간단히 살펴보기로 한다.

9.1.1 필터의 기본 개념

- **필터**는 주어진 신호에 섞여 있는 잡음이나 원하지 않는 다른 신호 성분을 걸러내고 필요한 정보만 뽑아내어 제공해주는 장치이다.
- 주파수의 관점에서 필터는 입력 신호의 스펙트럼 $X(\Omega)$를 주파수 응답 $H(\Omega)$로 변형시켜 $Y(\Omega)$를 만들어내는 장치로 해석할 수 있다.

$$Y(\Omega) = H(\Omega)X(\Omega) \tag{9.1}$$

- 필터의 설계는 임펄스 응답이나 전달 함수의 극/영점 또는 계수를 결정하는 문제이다.

신호 처리에서 필터는 정수기, 공기청정기, 커피메이커 등에 들어 있는 필터와 마찬가지로 그 처리 대상의 속성에 맞추어 통과시킬 것과 통과시키지 않을 것을 분리하는 역할을 한다. 필터링 기준으로는 신호나 시스템의 주파수 영역 특성이 주로 사용된다. 이때 필터의 입출력 관계는 [그림 9-1]과 같이 나타낼 수 있으며, 주파수 영역에서는 식 (9.1)로 표현된다. 식 (9.1)과 같은 필터의 동작을 **스펙트럼(주파수) 성형**spectrum(frequency)-shaping이라고도 하는데, 말 그대로 불만족스러운 입력 신호의 스펙트럼을 성형 수술을 통해 만족스러운 스펙트럼으로 바꾸는 것이 바로 필터의 역할이다.

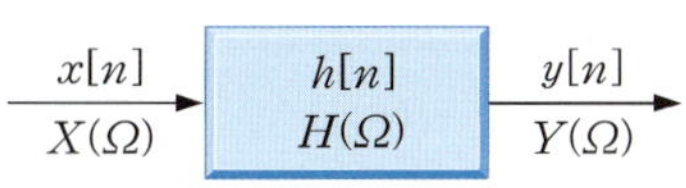

[그림 9-1] 디지털 필터

그러므로 필터의 기능은 주파수 응답 $H(\Omega)$에 따라 달라진다. 그런데 6장과 8장에서 살펴본 것처럼 주파수 응답은 임펄스 응답의 푸리에 변환이면서 전달 함수의 극과 영점에 의해 그 값이 결정되므로, 결국 필터 설계는 임펄스 응답이나 전달 함수의 극과 영점 또는 계수를 결정하는 문제가 된다. 같은 전달 함수라 할지라도 물리적 구현, 즉 필터의 구조는 여러 가지 형태로 나타날 수 있다.

9.1.2 필터의 분류

신호와 시스템을 특성에 따라 다양하게 분류했던 것과 마찬가지로, 필터도 취급 신호의 형태, 주파수 선택 특성, 차분 방정식의 형태, 임펄스 응답의 형태 등을 기준으로 나누어볼 수 있다.

취급 신호에 따른 분류

필터는 입출력 신호에 따라 연속 신호를 처리하는 아날로그 필터와 이산 신호를 처리하는 디지털 필터로 나눌 수 있다. 아날로그 필터와 디지털 필터의 대응 관계는 [표 9-1]에 나타내었다.

[표 9-1] 아날로그 필터와 디지털 필터의 대응 관계

표현 \ 분류	아날로그 필터	디지털 필터
수식	미분 방정식 $\sum_{i=0}^{p} a_i \frac{d^{p-i}y(t)}{dt^{p-i}} = \sum_{i=0}^{q} b_i \frac{d^{q-i}x(t)}{dt^{q-i}}$	차분 방정식 $\sum_{i=0}^{p} a_i y[n-i] = \sum_{i=0}^{q} b_i x[n-i]$
변환	라플라스 변환 $\int_0^{\infty} h(t)e^{-st}dt$	z 변환 $\sum_{n=0}^{\infty} h[n]z^{-n}$
전달 함수	$H(s) = \frac{Y(s)}{X(s)}$	$H(z) = \frac{Y(z)}{X(z)}$
주파수 응답	$H(\omega) = H(s)\vert_{s=j\omega}$	$H(\Omega) = H(z)\vert_{z=e^{j\Omega}}$
물리적 구현	하드웨어	하드웨어, 소프트웨어

주파수 선택 특성에 따른 분류

필터는 기능적 측면에서 주파수 선택 특성에 따라 [그림 9-2]에 나타낸 것처럼 다음 네 가지의 주파수 응답 특성 형태로 나눌 수 있다. 이는 1.3.3절에서 간단히 소개한 바 있다.

- **저역 통과(LP)**Low Pass **필터** : 낮은 주파수 대역의 신호만 통과([그림 9-2(a)])
- **고역 통과(HP)**High Pass **필터** : 높은 주파수 대역의 신호만 통과([그림 9-2(b)])
- **대역 통과(BP)**Band Pass **필터** : 특정한 주파수 대역의 신호만 통과([그림 9-2(c)])
- **대역 저지(BS)**Band Stop **필터** : 특정한 주파수 대역의 신호만 차단([그림 9-2(d)])
- 디지털 필터는 주파수 응답이 2π 주기로 반복되며 π가 가장 높은 주파수가 된다.

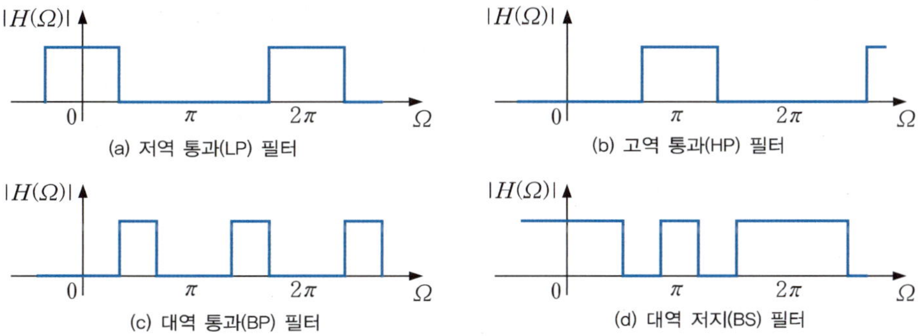

[그림 9-2] 이상적인 주파수 선택 필터

[그림 9-2]와 같은 이상적인 주파수 선택 필터는 물리적으로 구현할 수 없으며, 단지 실제 필터를 이상화하여 수학적으로 나타냈을 뿐이다. 따라서 실제로는 주파수 응답 특성이 비슷하도록 근사화해야 한다.

차분 방정식 형태에 따른 분류

필터를 표현한 차분 방정식의 형태에 따라 **비순환 필터**non-recursive filter와 **순환 필터**recursive filter로 나눌 수 있다.

- **비순환 필터**는 현재 및 과거의 입력만으로 출력을 표현한다.

$$y[n]=\sum_{k=0}^{q} b_k x[n-k] \tag{9.2}$$

- **순환 필터**는 과거의 출력과 현재 및 과거의 입력으로 출력을 표현한다.

$$\sum_{k=0}^{p} a_k y[n-k]=\sum_{k=0}^{q} b_k x[n-k] \tag{9.3}$$

- 비순환 필터는 출력의 회귀, 즉 궤환이 없으므로 항상 안정한 필터가 된다.
- 순환 필터는 출력 회귀 항의 계수 a_k의 선정에 따라 극의 위치가 달라질 수 있으므로 안정성이 항상 보장되는 것이 아니며, 불안정해질 수도 있다.

식 (9.2)를 z 변환하면, 비순환 필터의 전달 함수를 다음과 같이 얻을 수 있다.

$$H(z)=\sum_{k=0}^{q} b_k z^{-k}=B(z^{-1}) \tag{9.4}$$

여기서 $B(z^{-1})=b_0+b_1 z^{-1}+\cdots+b_q z^{-q}$이다.

한편 식 (9.3)을 z 변환하여 구한 순환 필터의 전달 함수는 다음과 같은데, 여기서 $A(z^{-1}) = a_0 + a_1 z^{-1} + \cdots + a_p z^{-p}$이다.

$$H(z) = \frac{\sum_{k=0}^{q} b_k z^{-k}}{\sum_{k=0}^{p} a_k z^{-k}} = \frac{B(z^{-1})}{A(z^{-1})} \tag{9.5}$$

식 (9.4)의 비순환 필터의 전달 함수를 보면, q개의 극이 중복해서 원점에 위치하는 것을 알 수 있다. 그러므로 항상 안정하며, 필터 설계는 결국 전달 함수 영점의 배치 문제가 된다. 즉 분자 계수 b_k를 결정하는 문제가 된다. 이와 달리 순환 필터는 식 (9.5)의 전달 함수에서 보듯이 극과 영점 모두를 결정해야 하므로 분모와 분자의 계수 a_k와 b_k를 결정하는 문제가 된다. 또한 극이 복소평면의 단위원 밖에 놓이게 되면 필터가 불안정해지는 것이다.

임펄스 응답의 형태에 따른 분류

3장에서 살펴본 바와 같이 임펄스 응답의 형태에 따라 필터는 유한 구간 임펄스 응답을 갖는 FIR 필터와 무한 구간 임펄스 응답을 갖는 IIR 필터로 나눌 수 있다.

- **FIR 필터**는 임펄스 응답의 길이가 유한한 필터이다.

$$y[n] = \sum_{k=0}^{n} h[k]x[n-k] \tag{9.6}$$

- **IIR 필터**는 임펄스 응답의 길이가 무한한 필터이다.

$$y[n] = \sum_{k=0}^{\infty} h[k]x[n-k] \tag{9.7}$$

- FIR 필터는 일반적으로 비순환 필터에 대응된다.
- IIR 필터는 무한한 임펄스 응답의 영향을 반영하기 위해 자기 회귀 항을 포함하는 순환 필터로만 구현할 수 있다([예제 3-1], [예제 3-6] 참조).

식 (9.2)와 식 (9.6)을 비교하면, 총합의 상한 $n = q$이고 $h[k] = b_k$가 되면 두 식이 완전히 일치한다. 이로부터 FIR 필터가 기본적으로 비순환 필터가 됨을 알 수 있다. 그러나 두 필터가 항상 같은 것은 아니며, FIR 필터는 낮은 차수의 순환 필터 형태로 구현할 수도 있음을 주의해야 한다.

FIR 필터와 IIR 필터는 각각 나름의 장단점을 가지고 있는데, 이러한 FIR 필터와 IIR 필터의 주요 특징들을 [표 9-2]에 비교하여 나타내었다.

[표 9-2] FIR 필터와 IIR 필터의 주요 특징 비교

특성 \ 필터	FIR 필터	IIR 필터
임펄스 응답	유한 구간 임펄스 응답	무한 구간 임펄스 응답
필터 구현	비순환 필터 구현(순환 필터도 가능)	순환 필터로만 구현 가능
위상 응답	선형 위상	비선형 위상(특히 대역 경계부)
안정도	항상 안정	경우에 따라 불안정할 수 있음
유한 어장 효과	유한 어장 효과의 영향 작음	유한 어장 효과의 영향 큼
차단 특성	양호한 차단 특성을 위해 고차 필요	저차로 양호한 차단 특성 가능
아날로그 관련성	아날로그 필터와 무관	아날로그 필터와 상사성 있음

표에서 보면, 안정도나 주파수 응답의 위상 특성, 유한 어장 효과의 영향 등에서는 FIR 필터가 더 바람직하나, 훨씬 낮은 차수의 필터로 양호한 차단 특성을 얻을 수 있다든지, 설계 체계가 잘 정립되어 있는 아날로그 필터와 상사 관계analogy를 갖는 점은 IIR 필터의 장점이라고 할 수 있다.

SECTION

9.2 주파수 응답/전달 함수와 필터 특성

학습포인트

- 필터의 주파수 응답 특성을 규정하는 요소들의 정의와 의미를 이해한다.
- 필터의 표현에 따른 DC 및 고주파 이득을 구하는 방법을 알아본다.
- 진폭 왜곡과 위상 왜곡의 개념을 이해한다.
- 선형 위상의 개념과 조건, 그리고 그 중요성에 대해 이해한다.
- 위상 지연 및 군 지연의 정의와 선형 위상과의 관계에 대해 알아본다.
- 극-영점 분포에 따른 필터의 주파수 선택 특성의 변화를 이해한다.
- 원하는 필터 설계를 위한 극-영점 배치의 가이드라인에 대해 알아본다.

주파수 선택 필터는 주파수 영역 특성에 따라 구분되므로, 주파수 응답 또는 전달 함수와 관련하여 성능이나 특성을 정의하고 설명한다. 이 절에서는 필터의 성능 기준, 이득과 선형 위상 및 최소 위상 등의 주요 특성, 그리고 극/영점과 필터 특성의 관계들에 대해 간단히 살펴보기로 하자.

9.2.1 주파수 응답과 필터 특성

필터를 규정하고 비교 평가하는 데 기준으로 사용하기 위해 몇 가지 요소들을 필터의 주파수 응답의 크기(진폭 응답) 특성과 관련하여 정의하게 된다. 이를 [그림 9-3]의 저역 통과(LP) 필터의 진폭 응답을 통해 알아보자. [그림 9-3(a)]는 이상적인 LP 필터, [그림 9-3(b)]는 실제 구현 가능한 LP 필터의 진폭 응답을 나타낸다.

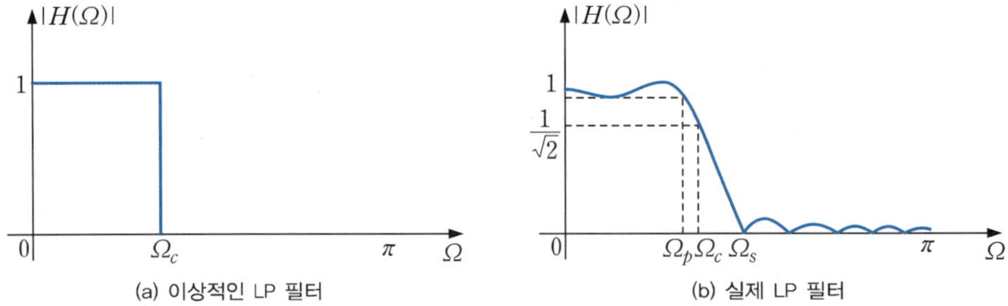

[그림 9-3] LP 필터의 진폭 응답 특성

4장에서 이미 언급했듯이, [그림 9-3(a)]의 이상적인 필터는 물리적으로 구현할 수 없으므로, 실제로는 [그림 9-3(b)]과 같은 주파수 응답 특성을 갖는 필터를 설계해서 사용하는데, 두 주파수 응답을 비교하면 차이가 드러난다.

- **통과 대역**pass band은 큰 이득으로 입력을 통과시켜 출력으로 내보내는 주파수 범위이다.
  - 이상적인 필터 : 차단 주파수 Ω_c까지의 주파수 범위
  - 실제적인 필터 : 통과 대역 경계 주파수 Ω_p까지의 주파수 범위
- **저지 대역**stop band은 작은 이득으로 입력을 차단하여 출력을 내지 않는 주파수 범위이다.
  - 이상적인 필터 : 차단 주파수 Ω_c 이후의 주파수 범위
  - 실제적인 필터 : 저지 대역 경계 주파수 Ω_s 이후의 주파수 범위
- **천이 대역**transition band은 통과 대역에서 저지 대역으로 옮겨가는 주파수 범위($\Omega_p \sim \Omega_s$)이다.
- **차단 주파수**cut-off frequency는 입력이 실효적으로 차단되기 시작하는 주파수이다.
  - 이상적인 필터 : 통과 대역과 저지 대역의 경계 주파수
  - 실제적인 필터 : 반전력 주파수, 즉 이득이 -3[dB]인 주파수
- **대역폭**band width은 입력이 실효적으로 통과되는 차단 주파수까지의 주파수 범위이다.
- **감쇠율(차단율)**roll-off rate은 천이 대역의 이득이 직선적으로 감소하는 기울기이다.

우선 이상적인 LP 필터는 통과 대역에서 이득이 1로 일정하고 통과 대역과 저지 대역이 칼같이 구분되어 천이 대역이 없는 반면, 실제 LP 필터는 통과 대역 이득이 일정하지 않고 변동할뿐더러 이득이 점진적으로 감소하여 두 대역의 정확한 구분이 모호하다. 따라서 이득이 $1-\delta_p$로 변동 최저치가 되는 경계 주파수 Ω_p까지를 통과 대역, 이득이 매우 작아서 δ_s 이하로 떨어지는 경계 주파수 Ω_s부터 π까지를 저지 대역, 그리고 두 경계 주파수 Ω_p에서 Ω_s 사이는 천이 대역이라고 정의한다. 따라서 실제 필터에서는 입력이 변형 없이 온전하게 통과하여 출력으로 나오거나 전혀 통과하지 못하고 완벽하게 차단되는 경우는 생기지 않는다. 그런 까닭에 실제 필터에 대해서는 어떤 주파수부터 신호를 차단하는 것으로 취급할 것인지 기준을 정할 필요가 있다.

실제 필터의 차단 주파수 Ω_c는 입력과 출력의 전력비가 반이 되는 주파수로 정의한다.

$$\left.\frac{P_y}{P_x}\right|_{\Omega=\Omega_c} = |H(\Omega)|^2_{\Omega=\Omega_c} = \frac{1}{2} \tag{9.8}$$

따라서 Ω_c는 $|H(\Omega_c)| = \dfrac{1}{\sqrt{2}}(=-3[\text{dB}])$이 되는 주파수이다. 전력은 신호의 실질적 효과(영향력)에 대한 지표라고 할 수 있으므로, 신호의 영향력이 절반 이하로 줄어서 나오게 되면 차단된 것으로 간주하겠다는 의미이다.

이상적인 필터는 천이 대역이 없어 통과 대역 경계 주파수, 저지 대역 경계 주파수, 차단 주파수가 같지만, 실제 필터는 차단 주파수와 통과 대역 경계 주파수가 다르다는 점을 유의해야 한다.

이상적인 필터와 같이 통과 대역에서 입력의 파형이 왜곡되지 않고 그대로 온전하게 출력으로 나오려면, 통과 대역에서 이득 값이 일정하고 선형 위상을 가져야 한다. 즉 주파수 응답이 다음과 같아야 한다.

$$H(\Omega) = Ke^{-jn_0\Omega}, \quad 0 \le \Omega \le \Omega_c \tag{9.9}$$

필터가 식 (9.9)의 조건을 만족시키지 못하면, 출력에는 왜곡이 발생하게 된다.

- **진폭 왜곡** amplitude distortion은 통과 대역 내의 필터 이득 값이 일정하지 않아 각 주파수 성분의 크기가 제각각 달라져서 발생하는 출력 파형의 찌그러짐이다.
- **위상 왜곡** phase distortion은 통과 대역 내의 필터 위상이 선형 관계가 아니어서 각 주파수 성분의 시간 지연이 불일치하여 발생하는 출력 파형의 찌그러짐이다.
- 진폭 왜곡과 위상 왜곡을 최소화하려면, 통과 대역에서 평탄한 이득과 선형 위상을 갖도록 해야 한다.

또한 실제 필터에서 통과 신호와 차단 신호의 구분이 좀 더 명확하려면, 구분하기가 애매한 구간인 천이 대역의 폭이 좁아야 한다. 천이 대역은 이득이 거의 직선적으로 감쇠하는 구간으로, 기울기가 클수록 더 빨리 저지 대역에 진입하게 된다. 따라서 기울기, 즉 감쇠율이 클수록, 다시 말해 천이 대역의 폭이 좁을수록 차단 특성은 좋아진다.

9.2.2 필터 이득

필터의 특성을 빨리 파악하기 위해 몇몇 특별한 주파수에서 필터 이득 값을 참조하는 경우가 종종 있다. 이때 특히 저주파 대역을 대표하는 $\Omega = 0$에서의 DC 이득과 고주파 대역을 대표하는 $\Omega = \pi$에서의 고주파 이득을 따져보게 된다. 이들은 필터의 여러 가지 표현으로부터 손쉽게 확인할 수 있다.

필터의 $DC(\Omega=0)$ 이득 및 고주파($\Omega=\pi$) 이득

- **전달 함수** $H(z)$:
$$\begin{cases} DC \text{ 이득} = |H(z)|_{z=1} \\ \text{고주파 이득} = |H(z)|_{z=-1} \end{cases} \tag{9.10}$$

- **주파수 응답** $H(\Omega)$:
$$\begin{cases} DC \text{ 이득} = |H(\Omega)|_{\Omega=0} \\ \text{고주파 이득} = |H(\Omega)|_{\Omega=\pi} \end{cases} \tag{9.11}$$

- **임펄스 응답** $h[n]$:
$$\begin{cases} DC \text{ 이득} = \left| \sum_{n=0}^{\infty} h[n] \right| \\ \text{고주파 이득} = \left| \sum_{n=0}^{\infty} (-1)^n h[n] \right| \end{cases} \tag{9.12}$$

- **차분 방정식** :
$$\begin{cases} DC \text{ 이득} = \dfrac{\left| \sum_{i=0}^{q} b_i \right|}{\left| \sum_{i=0}^{p} a_i \right|} \\ \text{고주파 이득} = \dfrac{\left| \sum_{i=0}^{q} (-1)^i b_i \right|}{\left| \sum_{i=0}^{p} (-1)^i a_i \right|} \end{cases} \tag{9.13}$$

전달 함수에서 $z=e^{j\Omega}$로 두면 주파수 응답이 되므로, $\Omega=0$ 대신 $z=1$, $\Omega=\pi$ 대신 $z=-1$을 전달 함수에 대입하면 식 (9.10)과 같이 필터 이득을 구할 수 있다. 주파수 응답에서는 $\Omega=0$과 $\Omega=\pi$에서의 진폭 응답 값을 찾으면 바로 DC 이득과 고주파 이득이 된다.

또한 임펄스 응답의 푸리에 변환이 주파수 응답이므로

$$H(\Omega)=\sum_{n=0}^{\infty} h[n]e^{-j\Omega n} \tag{9.14}$$

이다. 식 (9.14)에 $\Omega=0$과 $\Omega=\pi$를 대입하면, 식 (9.12)와 같이 DC 이득과 고주파 이득을 구할 수 있다. 한편 필터의 차분 방정식과 이의 z 변환이 다음과 같다면,

$$a_0 y[n]+a_1 y[n-1]+\cdots+a_p y[n-p]=b_0 x[n]+\cdots+b_q x[n-q] \tag{9.15}$$

$$(a_0+a_1 z^{-1}+\cdots+a_p z^{-p})Y(z)=(b_0+b_1 z^{-1}+\cdots+b_q z^{-q})X(z) \tag{9.16}$$

전달 함수에서 보았듯이 $\Omega=0$ 대신 $z=1$, $\Omega=\pi$ 대신 $z=-1$을 식 (9.16)에 대입하여 입력과 출력의 비를 구하면, 식 (9.13)과 같이 차분 방정식의 계수로부터 DC 이득 및 고주파 이득을 구할 수 있다.

9.2.3 선형 위상

앞에서 보았듯이, 필터가 선형 위상을 만족하지 못하면 위상 왜곡이 발생해 출력 파형에 찌그러짐이 생긴다. 필터의 선형 위상 여부는 **위상 지연**phase delay과 **군 지연**group delay이라는 두 가지 개념을 이용하여 판별할 수 있다.

- **선형 위상**은 필터 주파수 응답의 위상 특성이 주파수의 증가에 따라 직선적으로 감소 또는 증가하는 특성을 가리킨다.
- **위상 지연** τ_p는 필터에 의한 특정 주파수 성분의 시간 지연을 주파수 Ω와 관련해 나타낸 것이다. $\theta(\Omega)$는 필터의 위상 응답, 즉 $\angle H(\Omega)=\theta(\Omega)$이다.

$$\tau_p=-\frac{\theta(\Omega)}{\Omega} \tag{9.17}$$

- **군 지연** τ_g는 필터에 의한 모든 주파수 성분들의 평균 시간 지연을 주파수 Ω에 대해 나타낸 것이다.

$$\tau_g=-\frac{d\theta(\Omega)}{d\Omega} \tag{9.18}$$

- 필터가 선형 위상이 되기 위해서는 위상 지연과 군 지연이 일치해야 한다.

$$\tau_p=\tau_g \tag{9.19}$$

식 (9.9)와 같이 선형 위상을 갖는 필터에 입력 $x[n]$을 인가할 경우 출력의 스펙트럼은 다음과 같고,

$$Y(\Omega) = H(\Omega)X(\Omega) = KX(\Omega)e^{-jn_0\Omega} \tag{9.20}$$

이를 역변환하면, 시간 이동 성질에 의해 출력 $y[n]$은 다음과 같이 n_0만큼 시간 지연될 뿐 파형의 형태에는 전혀 변화가 없다. 즉 신호에 담긴 정보의 왜곡은 생기지 않는다.

$$y[n] = Kx[n-n_0] \tag{9.21}$$

1.4.1절에서 이미 위상이 시간축 상의 위치, 즉 시간 지연에 대응되는 개념임을 살펴보았다. 그리고 식 (1.10) $\phi = -t_1 2\pi f = -t_1\omega$로부터 시간 지연 값 t_1이 위상–주파수 평면에서 기울기 역할을 함을 알 수 있다. 따라서 식 (9.17)로 정의된 위상 지연은 위상으로부터 특정한 한 주파수 성분의 시간 지연을 환산한 것에 해당한다. 그런데 신호에는 통상적으로 여러 주파수 성분이 섞여 있는데, 필터를 통과하면서 신호에 포함된 모든 주파수 성분이 똑같은 시간만큼 지연되어야만 파형의 변화, 즉 왜곡이 생기지 않고 식 (9.21)과 같이 시간 지연만 되어 온전히 출력으로 나올 것이다. 이것이 바로 식 (9.18)로 정의되는 군 지연을 고려해야 하는 이유이다. 선형 위상을 판별하는 식 (9.19)는 결국 한 주파수 성분의 시간 지연과 모든 주파수 성분의 시간 지연이 일치할 조건이라고 할 수 있다.

예제 9-1 선형 위상 조건

주파수가 각각 Ω_1, $\Omega_2(<\Omega_3)$인 두 개의 정현파로 구성된 신호 $s[n]$에 주파수가 더 높은 정현파 간섭 신호 $d[n]$이 하나 더 붙은 다음과 같은 신호가 수신되었다.

$$x[n] = s[n] + d[n] = (\cos(\Omega_1 n) + \cos(\Omega_2 n)) + (\cos(\Omega_3 n))$$

불필요한 간섭 신호 정현파 $d[n]$을 제거하기 위해 다음과 같이 통과 대역 이득이 1인 이상적인 LP 필터를 사용했을 때, 아래의 위상 조건에 대한 필터 출력과 위상 지연 및 군 지연을 각각 구하라.

$$H(\Omega) = \begin{cases} 1e^{j\theta(\Omega)}, & \Omega < \Omega_3 \\ 0, & \Omega \geq \Omega_3 \end{cases}$$

(a) $\theta(\Omega) = -n_0\Omega$

(b) $\theta(\Omega) = -n_0\Omega - \Omega_2$

풀이

LP 필터는 $\Omega = \Omega_3$에서 이득이 0이므로 간섭 신호 $d[n]$을 차단하여 출력으로 내보내지 않는다. 따라서 $Y(\Omega) = S(\Omega)H(\Omega)$를 역변환하여 다음과 같이 필터의 출력을 얻는다.

$$y[n] = \cos(\Omega_1 n + \theta(\Omega_1)) + \cos(\Omega_2 n + \theta(\Omega_2)) \quad \cdots ①$$

(a) 주어진 위상 조건을 보면 선형 위상임을 알 수 있다. 필터 출력 $y[n]$은 식 ①로부터 다음과 같이 쓸 수 있다.

$$\begin{aligned} y[n] &= \cos(\Omega_1 n - n_0\Omega_1) + \cos(\Omega_2 n - n_0\Omega_2) \\ &= \cos(\Omega_1(n-n_0)) + \cos(\Omega_2(n-n_0)) = s[n-n_0] \end{aligned}$$

필터 출력은 단지 n_0만큼의 시간 지연이 생겼을 뿐 파형의 왜곡은 발생하지 않았다. 위상 지연과 군 지연은 각각 다음과 같다.

$$\tau_{p1} = -\frac{\theta(\Omega_1)}{\Omega_1} = -\frac{-n_0\Omega_1}{\Omega_1} = n_0, \quad \tau_{p2} = -\frac{\theta(\Omega_2)}{\Omega_2} = -\frac{-n_0\Omega_2}{\Omega_2} = n_0$$

$$\tau_g = -\frac{d\theta(\Omega)}{d\Omega} = n_0$$

모든 주파수 성분에 대해 $\tau_{p1} = \tau_{p2} = \tau_g$로 식 (9.19)의 선형 위상 조건을 만족한다.

(b) 주어진 위상 조건을 보면 동차성을 만족하지 않아 선형 위상이 아님을 알 수 있지만, 필터 출력과 위상 지연 및 군 지연을 구해서 확인해보자. 필터 출력 $y[n]$은 식 ① 로부터 다음과 같이 쓸 수 있다.

$$\begin{aligned} y[n] &= \cos(\Omega_1 n - n_0\Omega_1 - \Omega_2) + \cos(\Omega_2 n - n_0\Omega_2 - \Omega_2) \\ &= \cos(\Omega_1(n-n_0) - \Omega_2) + \cos(\Omega_2(n-(n_0+1))) \neq s[n-n_0] \end{aligned}$$

이 출력을 보면, 주파수 Ω_1인 코사인파는 n_0로 시간 지연되어 위상 Ω_2에 해당하는 만큼 이동한 출력으로 나타나지만, 주파수 Ω_2인 코사인파는 n_0+1만큼 시간 지연된 출력으로 나와 두 코사인파의 시간 지연이 일치하지 않는다. 그러므로 출력 파형 모양이 $s[n]$과 달라질 수밖에 없다. 위상 지연과 군 지연을 구해보면 다음과 같다.

$$\tau_{p1} = -\frac{\theta(\Omega_1)}{\Omega_1} = -\frac{-n_0\Omega_1 - \Omega_2}{\Omega_1} = n_0 + \frac{\Omega_2}{\Omega_1}$$

$$\tau_{p2} = -\frac{\theta(\Omega_2)}{\Omega_2} = -\frac{-n_0\Omega_2 - \Omega_2}{\Omega_2} = n_0 + 1$$

$$\tau_g = -\frac{d\theta(\Omega)}{d\Omega} = n_0$$

따라서 $\tau_{p1} \neq \tau_{p2} \neq \tau_g$이므로 식 (9.19)의 선형 위상 조건을 만족하지 않는다.

[예제 9-1(b)]처럼 $\theta(\Omega) = -\tau_g\Omega + \phi$인 경우에는 $\tau_p \neq \tau_g$이므로, 각 주파수 성분의 시간 지연이 일치하지 않는다. 단 $\phi = \pm\pi/2$인 경우는 예외이다. 이 경우에는 정현파들이 삼각함수의 성질에 의해 다음과 같이 사인은 코사인으로, 코사인은 사인으로 바뀌기 때문에 실제 위상 변화는 $-\tau_g\Omega$가 되어 시간 지연이 일치하게 된다.

$$\begin{cases} \sin\left(-\tau_g\Omega \pm \dfrac{\pi}{2}\right) = \cos(-\tau_g\Omega) \\ \cos\left(-\tau_g\Omega \pm \dfrac{\pi}{2}\right) = \mp\sin(-\tau_g\Omega) \end{cases} \tag{9.22}$$

9.2.4 최소 위상

푸리에 해석에서 언급했듯이, 특정 신호의 파워(에너지 밀도) 스펙트럼은 유일하지만, 그 역은 성립하지 않는다. 즉, 파워 스펙트럼이 같은 신호가 여러 개 있을 수 있는데, 필터 설계에 이 사실이 어떻게 활용될 수 있는지 알아보자.

$h[n]$이 어떤 시스템의 임펄스 응답이라고 할 때, 이에 대한 z 변환은 다음과 같다.

$$H(z) = K\frac{(z-z_1)(z-z_2)\cdots(z-z_q)}{(z-p_1)(z-p_2)\cdots(z-p_p)} \tag{9.23}$$

그리고 파워 스펙트럼은 $H(z)$와 관련하여 다음과 같이 쓸 수 있다.

$$|H(\Omega)|^2 = H(z)H^*(z)\big|_{z=e^{j\Omega}} = H(z)H(z^{-1})\big|_{z=e^{j\Omega}} \tag{9.24}$$

[그림 9-4]에 나타낸 것처럼, $H(z)H(z^{-1})$의 극과 영점은 z 평면의 단위원에 대해 방사상 대칭으로 위치한다. 즉, $z=\alpha$가 극(영점)이면 $z=1/\alpha$도 극(영점)이 되고, 복소수이면 공액으로 존재하게 되므로 α, α^*, $1/\alpha$, $1/\alpha^*$이 한 쌍을 이루어 공액 역 쌍으로 나타난다. 이를 **거울 상**mirror image **대칭**이라고 한다.

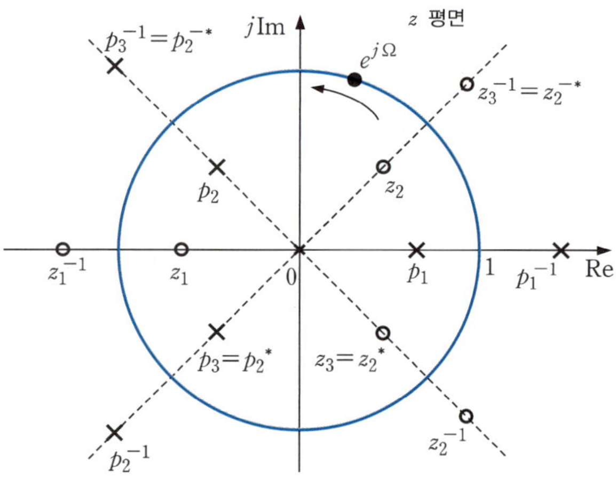

[그림 9-4] $H(z)H(z^{-1})$의 극-영점 분포

따라서 극-영점 조합에 따라 파워 스펙트럼이 같더라도 서로 다른 $H(z)$를 여럿 만들 수 있다. [그림 9-4]의 경우 안정하면서 같은 파워 스펙트럼을 갖는 $H(z)$를 만드는 극-영점 조합은, 우선 극이 단위원 안에 존재해야 하고 복소 극이나 영점의 경우 공액 쌍이 되어야 하므로 다음의 네 가지 형태로 나타낼 수 있다.

$$H_1(z)=\frac{(z-z_1)(z-z_2)(z-z_3)}{(z-p_1)(z-p_2)(z-p_3)} \tag{9.25a}$$

$$H_2(z)=\frac{(z-z_1^{-1})(z-z_2^{-1})(z-z_3^{-1})}{(z-p_1)(z-p_2)(z-p_3)} \tag{9.25b}$$

$$H_3(z)=\frac{(z-z_1)(z-z_2^{-1})(z-z_3^{-1})}{(z-p_1)(z-p_2)(z-p_3)} \tag{9.25c}$$

$$H_4(z)=\frac{(z-z_1^{-1})(z-z_2)(z-z_3)}{(z-p_1)(z-p_2)(z-p_3)} \tag{9.25d}$$

$z=e^{j\Omega}$, 즉 단위원 상에서 주파수 응답을 계산해보면 진폭 응답은 모두 같고, 영점이 모두 단위원 안에 있는 $H_1(z)$이 모든 주파수에서 위상이 최소이고 모든 영점이 단위원 밖에 있는 $H_2(z)$의 위상이 최대가 됨을 확인할 수 있다. 이러한 사실로부터 최소 위상 시스템을 정의할 수 있는데, 최소 위상 시스템의 개념은 극과 영점을 모두 선정해야 하는 IIR 필터의 설계에서 유용하게 사용된다.

최소 위상 시스템

- **최소 위상 시스템** minimum phase system은 진폭 응답 특성이 같은 시스템 중에서 안정하면서 위상이 최소가 되는 시스템이다.
- 최소 위상 시스템은 모든 극과 영점이 z 평면의 단위원 안에 위치하는 시스템이다. 따라서 이 시스템의 역 시스템도 항상 안정하고 최소 위상이 된다.
- 최소 위상 시스템은 시간 영역의 관점에서 보면 시간 지연이 가장 작은 시스템이다.
- 최소 위상 시스템의 설계는 다음과 같은 단계를 거친다.
  1. 주어진 주파수 응답으로부터 $H(z)H(z^{-1})$를 구한다.
  2. $H(z)H(z^{-1})$의 극과 영점을 구한다.
  3. 안정도 보장을 위해 모든 극을 단위원 안에 위치하도록 선택한다.
  4. 최소 위상 보장을 위해 모든 영점을 단위원 안에 위치하도록 선택한다.
  5. 선택된 극과 영점을 이용하여 전달 함수 $H(z)$를 구성한다.

예제 9-2 최소 위상 시스템

다음과 같은 전달 함수에 각각 대응되는 세 개의 필터에 대해 진폭 응답과 위상 응답 특성을 비교하라.

$$H_1(z)=\frac{\left(z-\frac{1}{2}\right)\left(z-\frac{4}{5}\right)}{\left(z-\frac{1}{3}\right)\left(z-\frac{1}{5}\right)},\quad H_2(z)=\frac{\left(1-\frac{1}{2}z\right)\left(z-\frac{4}{5}\right)}{\left(z-\frac{1}{3}\right)\left(z-\frac{1}{5}\right)},\quad H_3(z)=\frac{\left(1-\frac{1}{2}z\right)\left(1-\frac{4}{5}z\right)}{\left(z-\frac{1}{3}\right)\left(z-\frac{1}{5}\right)}$$

풀이

이 필터들의 극-영점 분포는 [그림 9-5]와 같다. 그림에서 보듯이 이들의 극은 모두 단위원 안에 있으므로 안정하며, 이들의 영점은 거울상 대칭 관계에 있으므로 같은 진폭 응답 특성을 가진다.

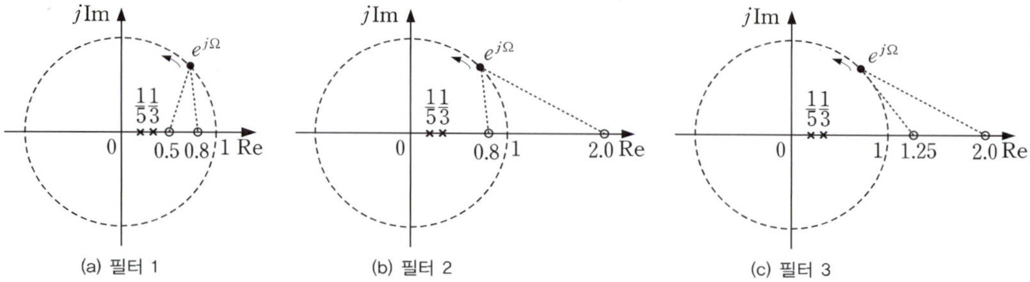

[그림 9-5] 같은 진폭 응답을 갖는 안정한 필터의 극-영점 분포

그림에서 영점에 의한 위상을 따져보면, 점 $z=e^{j\Omega}$이 $\Omega=[0,\ \pi]$에서 단위원 위를 움직일 때, 필터 1의 경우에는 두 영점에 의한 위상이 모두 0으로 출발하여 예각을 이루다가 순차적으로 둔각이 되어 $\Omega=\pi$일 때 모두 π가 된다. 필터 2의 경우에는 단위원 안의 영점에 의한 위상은 0에서 시작하여 계속 증가하고 단위원 밖의 영점에 의한 위상은 π로 시작해 처음에는 줄어들다가 다시 증가하여 둘 다 $\Omega=\pi$일 때 값이 π가 된다. 필터 3의 경우에는 두 영점에 의한 위상 모두 π에서 시작하여 처음에는 줄어들다가 다시 증가하여 π까지 가게 된다. 따라서 항상 필터 1이 최소 위상이고, 필터 3이 최대 위상이 된다.

예제 9-3 최소 위상 시스템의 설계

다음과 같은 파워 스펙트럼 특성을 만족하는 최소 위상 필터를 구하라.

$$|H(\Omega)|^2=\frac{5+4\cos(\Omega)}{17+8\cos(\Omega)}$$

풀이

오일러 공식을 이용하면 $|H(\Omega)|^2$은 다음과 같이 쓸 수 있다.

$$|H_{p(}\Omega)|^2=\frac{5+2e^{j\Omega}+2e^{-i\Omega}}{17+4e^{j\Omega}+4e^{-j\Omega}}$$

이 식에서 $e^{j\Omega}=z$로 치환하면 다음의 관계를 얻는다.

$$H(z)H(z^{-1})=\frac{5+2z+2z^{-1}}{17+4z+4z^{-1}}=\frac{2z^2+5z+2}{4z^2+17z+4}=\frac{(2z+1)(z+2)}{(4z+1)(z+4)}$$

단위원 안에 있는 극과 영점을 선택하여 전달 함수를 다음과 같이 구성한다.

$$H(z)=\frac{(2z+1)}{(4z+1)}=0.5\frac{(z+0.5)}{(z+0.25)}$$

9.2.5 극-영점 배치와 필터 특성

8장에서 살펴보았듯이 필터의 주파수 응답은 극과 영점의 위치에 따라 달라지며, 공진 주파수 부근에서 극은 이득을 크게 하는 **첨두**peak **특성**을, 영점은 이득을 억제하는 **골**valley **특성**을 나타낸다. 그리고 이러한 주파수 선택적 효과는 극과 영점이 단위원에 가까이 위치할수록 커진다. 따라서 극과 영점을 적절히 조합하여 배치함으로써 원하는 주파수 응답 특성을 만족하는 필터를 얻을 수 있다.

예제 9-4 극과 영점의 위치에 따른 필터의 주파수 선택 특성

[그림 9-6]에 나타낸 것과 같은 극과 영점을 갖는 필터들의 진폭 응답을 분석하여 주파수 선택 특성을 비교하라.

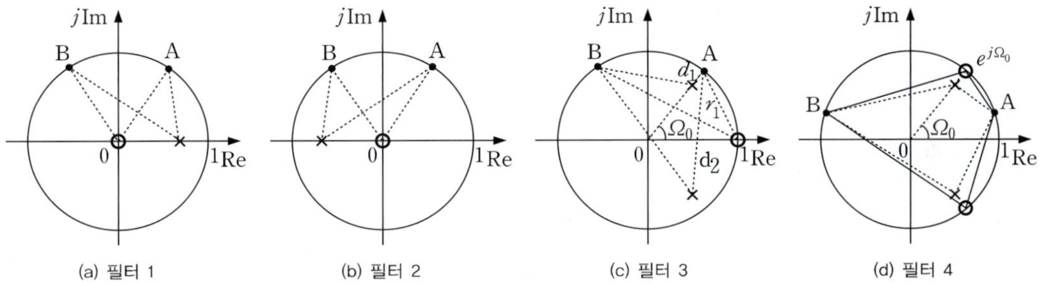

[그림 9-6] 간단한 필터의 극-영점 분포

풀이

이 필터들은 단위원 내에 극과 영점이 존재하므로 안정하며 최소 위상을 갖는다.

[그림 9-6(a)]의 필터 1의 진폭 응답은 영점이 원점에 위치하므로 분자의 크기가 항상 1이고, 극이 양의 실축에 위치하므로 분모는 $\Omega=0$에서 최소, $\Omega=\pi$에서 최대가 된다. 따라서 진폭 응답은 $\Omega=0$에서 최대이고 주파수가 증가함에 따라 점차적으로 감소하게 되어 LP 특성을 나타낸다. [그림 9-6(b)]의 필터 2의 진폭 응답도 영점이 원점에 위치하므로 분자의 크기는 항상 1이고, 극이 음의 실축에 위치하므로 분모는 $\Omega=0$에서 최대, $\Omega=\pi$에서 최소가 된다. 따라서 진폭 응답은 $\Omega=0$에서 최소이며 주파수의 증가에 따라 점차적으로 커져서 $\Omega=\pi$에서 최대가 되는 HP 특성을 보인다.

[그림 9-6(c)]의 필터 3의 진폭 응답은 영점이 $z=1$에 위치하므로 $\Omega=0$에서 0이다. Ω의 증가에 따라 $\Omega=\Omega_0$가 될 때까지 r_1과 d_2는 커지지만 d_1은 오히려 작아져서 진폭 응답은 커지게 되며, $\Omega=\Omega_1$에서 d_1이 최소이므로 진폭 응답은 최대가 된다. 다시 Ω가 계속 증가하면 r_1, d_1, d_2 모두 커지지만, 이 경우 r_1과 d_1의 차이는 그다지 크지 않고 d_2가 셋 중에서 가장 크기 때문에 진폭 응답은 점차 감소하게 된다. 따라서 중심 주파수가 Ω_0인 BP 특성을 나타낸다. [그림 9-6(d)]의 필터 4는 영점 위치각 주파수 $\Omega=\Omega_0$에서 진폭 응답이 0이 된다. 그리고 $\Omega=\Omega_0$를 어느 정도 벗어난 주파수에 대해서는 극과 영점의 길이가 거의 같아서 진폭 응답은 1에 가까운 상수가 된다. 따라서 Ω_0 부근을 차단하는 BS 특성을 보인다. 이 필터에서는 극과 영점이 위치각이 Ω_0인 같은 직선 위에 있음을 주목할 필요가 있다.

[그림 9-6]에서 또 한 가지 관찰할 수 있는 사실은 LP 필터나 HP 필터의 경우에는 극과 영점 각각 하나인 시스템만으로도 구현할 수 있지만, 더 복잡한 주파수 응답을 지니는 BP 필터나 BS 필터의 경우는 최소한 2차 시스템 이상은 되어야 구현 가능하다는 점이다.

원하는 주파수 선택 특성을 갖는 필터를 설계하려면, 통과 대역과 저지 대역의 중심 주파수를 단위원 상에 잡은 뒤 [표 9-3]의 사항들을 고려하여 극과 영점을 배치하면 된다. 이때 원하는 주파수 응답을 더 세밀하게 잘 근사화하려면 더 많은 극과 영점이 필요하다.

[표 9-3] 필터의 특성에 따른 극과 영점의 배치 요령

고려 사항	설명
인과성	인과 필터가 되려면 극이 영점보다 많거나 최소한 같아야 한다.
안정도	안정한 필터가 되려면 모든 극이 단위원 안에 위치해야 한다.
물리적 구현	모든 복소극과 복소영점이 공액 쌍으로 존재해야 물리적으로 구현할 수 있다.
통과 대역	극이 단위원에 가까울수록 이득은 커지고 대역폭은 좁아진다. 중심 주파수 Ω_0이고 대역폭이 좁은 협대역 필터의 경우 주먹구구 법칙으로 극의 반지름(원점에서 극까지 거리)을 $r \simeq 1-0.5\Delta\Omega$로 잡으면 된다.
저지 대역	단위원 위의 영점에서는 진폭 응답이 0이 된다. 따라서 저지 대역은 단위원에 인접하여 중심 주파수에 해당하는 위치나 양 경계 주파수에 해당하는 위치에 영점을 두면 된다.
천이 대역	극을 저지 대역 영점에 매우 가깝게 두고, 이 극-영점 쌍을 단위원에 인접시키는 것이 가파른 천이 특성에 효과가 크다.
최소 위상	최소 위상이 되려면 모든 영점이 단위원 내에 존재해야 한다.
위상	원점에 위치한 극과 영점은 이득의 가감 없이 위상만 변화시킨다.

SECTION 9.3

필터 설계의 개요

학습포인트

- 필터 설계의 전반적인 과정과 각 세부 과정의 핵심 내용에 대해 알아본다.
- 디지털 필터의 설계 및 구현 방법은 어떤 것들이 있는지 알아본다.
- 필터 설계 사양의 파라미터들과 그 선정 기준에 대해 알아본다.
- 선형 척도와 로그 척도(dB)에 의한 진폭 특성 표현의 차이를 이해한다.
- 필터 계수 결정 과정에 대해 알아본다.
- 필터 구조의 선택을 위한 고려 사항은 무엇인지 알아본다.
- 유한 어장 효과의 중요성과 필터 성능에 미치는 영향에 대해 알아본다.
- 필터의 물리적 구현 방법과 그 장단점에 대해 알아본다.

디지털 필터의 설계는 크게 FIR 필터와 IIR 필터로 나뉘는데, 이 책에서는 10장에서 FIR 필터, 11장에서 IIR 필터의 설계를 다루며 12장에서는 이들 필터를 구현하기 위한 필터 구조를 살펴볼 것이다. 이 절에서는 본격적으로 필터 설계를 다루기에 앞서, 필터 설계의 흐름이 어떤 순서를 따라 이루어지는지, 각 단계에서 고려해야 할 핵심 사항들은 무엇인지 등 필터 설계와 관련한 전반적인 사항들을 간략히 알아보기로 한다.

디지털 필터의 주요 설계법과 구현 방법은 [표 9-4]와 [표 9-5]에 나타내었다. 표에서 보듯이 설계 및 구현 모두 여러 방법이 존재한다. 따라서 대상 신호의 특성, 설계 사양, 설계 및 구현 편의성, 동작 안정성, 신뢰성, 경제성 등의 여러 요인을 고려하여 적절한 방법을 선택해야 한다. 필터의 설계는 경험적인 요소들이 개입되므로, MATLAB 등의 소프트웨어를 이용하여 다양한 경우를 시뮬레이션하고 분석해 보는 것이 중요하다.

[표 9-4] 디지털 필터의 설계 방법

종류	설계 방법
FIR 필터	• 창 함수를 이용한 근사화 • 주파수 샘플링 • 최적 등맥동 필터
IIR 필터	• 극-영점 배치 • 임펄스 불변 • 쌍선형 변환 • 유한 차분 근사 • 정합 z 변환

[표 9-5] 디지털 필터의 구현 방법

종류	구현 방법
FIR 필터	• 직접형 • 종속형 • 선형 위상형 • 주파수 샘플링형 • 격자형 • 고속 컨벌루션
IIR 필터	• 직접형 • 종속형 • 병렬형 • 격자형

디지털 필터의 설계 과정과 단계별 주요 이슈를 정리하면 다음과 같다.

디지털 필터의 설계 절차

❶ 필터의 사양 결정
- 원하는 주파수 선택 필터의 형태 결정
- 샘플링 주파수 결정(연속 신호의 디지털 처리 시 필요)
- 원하는 필터의 진폭 및 위상 응답 특성 결정

❷ 사양에 적합한 필터 계수 결정
- FIR과 IIR 필터 중 택일
- 원하는 필터 사양을 만족하는 전달 함수(또는 차분 방정식)의 계수 결정

❸ 적절한 필터 구조 선택 및 전달 함수 변형
- 필터의 성능 요소와 필요 소자 수를 고려한 필터 구조의 선정
- 선정된 필터 구조에 맞게 전달 함수를 분해 또는 변형

❹ 유한 어장 효과 분석
- 수치 자르기 근사round-off 및 양자화 오차 등으로 인한 필터 성능 영향 분석

❺ 필터의 물리적 구현
- 하드웨어 구현
- 소프트웨어 구현

이러한 필터 설계 과정은 꼭 순서대로 지켜져야 하거나 단계별로 독립적으로 진행되어야만 하는 것은 아니지만 보편적인 설계의 흐름을 나타낸 것이다. 이제 이들 설계 과정을 단계마다 좀 더 구체적으로 살펴보도록 하자.

9.3.1 필터의 사양 결정

필터를 설계하기에 앞서 필터가 만족해야 하는 조건과 성능에 대한 사양을 결정해야 한다.

- 설계할 필터의 종류는 [그림 9-2]의 네 가지 기본적인 주파수 선택 필터 중에서 필터의 사용 목적에 적합한 것을 선택한다.
- 연속 신호를 디지털 처리할 경우는 필터 설계에 앞서 샘플링 주파수를 선정해야 한다. 샘플링 주파수는 이산 신호의 주파수 스펙트럼이 반복되는 주기의 기준이 된다.
- 사양 결정에서 가장 중요한 핵심은 주파수 응답 특성을 결정하는 것으로, [그림 9-7]과 같이 전형적인 LP 필터의 진폭 응답 사양을 주로 사용한다.
- FIR 필터는 [그림 9-7]의 진폭 특성 $|H(\Omega)|$을, IIR 필터는 진폭 제곱 특성 $|H(\Omega)|^2$([그림 11-4])을 설계 사양의 기준으로 사용한다.
- 진폭 응답 특성을 규정하는 파라미터로는 [표 9-6]에 나타낸 것과 같이 통과 대역 경계 주파수 Ω_p, 저지 대역 경계 주파수 Ω_s, 통과 대역 맥동 δ_p, 저지 대역 맥동 δ_s의 4가지를 사용한다.

- δ_p와 δ_s 대신 통과 대역과 저지 대역의 이득 감쇠를 필터의 최대 이득으로 정규화하여 [dB]로 표시한 상대적인 파라미터를 사용하기도 한다.

$$A_p = -20\log_{10}\frac{1-\delta_p}{1+\delta_p} \tag{9.26}$$

$$A_s = -20\log_{10}\frac{\delta_s}{1+\delta_p} \tag{9.27}$$

- 주파수 응답 특성은 보통 통과 대역 이득의 평탄함과 큰 저지 대역 감쇠, 그리고 양호한 차단 특성의 요구 조건을 절충하여 결정한다.
- 위상 응답 특성은 입력의 모든 주파수 성분이 똑같은 시간 지연을 가지도록 선형 위상 특성이 되게끔 하는 것이 최선이다.

필터의 사양과 관련해서 제일 먼저 해야 할 일은 용도에 맞는 주파수 선택 필터를 선택하는 것이다. 다음으로는 필요하다면 샘플링 주파수를 결정해야 한다. 실제 응용은 대부분 연속 신호를 디지털 처리하는 것이어서 이 과정이 필요하다. 연속 신호를 샘플링하면 샘플링 주파수를 주기로 스펙트럼이 반복됨을 4.2절에서 보았다. 예를 들어, 음성 신호가 8[kHz]의 샘플링 주파수로 이산 신호로 변환되었다면, 이 8[kHz]의 주파수가 이산 신호의 주파수축에서 주기인 2π에 해당하는 기준점이 된다. 이처럼 샘플링 주파수는 필터링할 이산 신호가 원래의 연속 신호로부터 어떻게 이산 신호로 만들어졌는지에 대한 정보를 제공해준다.

사양 결정의 핵심은 주파수 응답 특성을 결정하는 것이다. 주파수 선택 필터 설계 실무에서는 LP 필터를 기본으로 설계하여, 이로부터 다른 유형의 주파수 선택 필터로 변환하는 것이 일반적이다. 그러므로 [그림 9-7]의 전형적인 LP 필터의 주파수 응답, 특히 진폭 응답 사양을 사용하는데, 통상 진폭 왜곡의 영향이 위상 왜곡보다 더 심각하며, 위상 응답에 대해서는 할 수 있는 일이 제한적이기 때문이다.

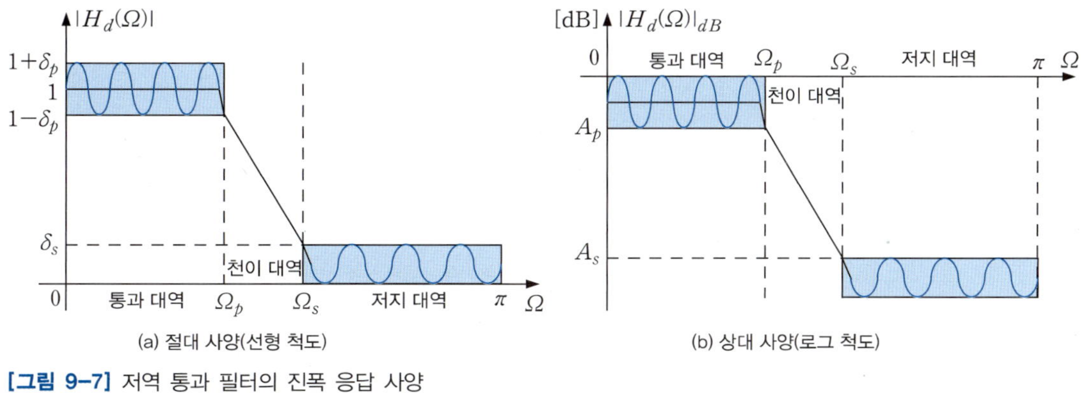

(a) 절대 사양(선형 척도)　　(b) 상대 사양(로그 척도)

[그림 9-7] 저역 통과 필터의 진폭 응답 사양

IIR 필터가 진폭 제곱 특성 $|H(\Omega)|^2$을 쓰는 이유는 FIR 필터와 달리 전달 함수의 극도 선정해야 하는 시스템으로서 안정도가 보장되도록 설계해야 하기 때문이다.

9.2절에서 최소 위상 시스템을 다루면서 설명했던 것처럼, IIR 필터는 $|H(\Omega)|^2$을 이용하여 공액 역쌍으로 존재하는 극을 먼저 구한 뒤 단위원 안에 존재하는 극들을 선택하여 안정한 필터 전달 함수를 구성하게 된다.

진폭 응답의 특성은 [표 9–6]에 나타낸 파라미터들에 의해 규정된다.

[표 9–6] 디지털 필터 사양 파라미터

필터 사양 파라미터	정의	표시 방법
통과 대역 경계 주파수 Ω_p	통과 대역의 끝 주파수	디지털 각주파수(주파수)/ 아날로그 각주파수(주파수)
저지 대역 경계 주파수 Ω_s	저지 대역의 시작 주파수	디지털 각주파수(주파수)/ 아날로그 각주파수(주파수)
통과 대역 맥동 δ_p	통과 대역 이득 맥동 허용 한계	로그 척도[dB]/선형 척도
저지 대역 맥동 δ_s	저지 대역 이득 맥동 허용 한계	로그 척도[dB]/선형 척도

필터 설계 사양으로 사용되는 진폭 응답 특성 파라미터 중에서 δ_p와 δ_s는 값의 차이가 확연히 나타나도록 선형 척도scale보다는 로그 척도, 즉 [dB]로 표시하는 것이 일반적이다. 한편 δ_p와 δ_s 대신 식 (9.26)과 식 (9.27)을 사용하기도 한다. 이들은 다양한 필터의 성능을 상대적으로 비교할 때 절대적인 크기보다 적합한 사양이라 할 수 있다.

필터의 진폭 응답 역시 선형 척도와 함께 다음의 로그 척도도 사용한다.

$$|H(\Omega)|_{dB} = 20\log_{10}|H(\Omega)|\,[\mathrm{dB}] \tag{9.28}$$

진폭 응답을 로그 척도로 그리면 저지 대역의 감쇠 특성 차이를 명확히 볼 수 있게 된다. 그러나 통과 대역의 맥동은 통과 대역의 평균 이득과 비교해 매우 작아서 로그 척도로 나타내더라도 필터 사이의 차이가 두드러지게 나타나지 않으므로, 통과 대역 맥동은 필요하다면 별도로 선형 척도로 확대하여 나타냄으로써 상대적인 비교가 가능하게 한다.

필터가 불필요한 성분은 확실히 걸러내고 필요한 신호는 파형의 왜곡 없이 출력하도록 동작하려면, 진폭 왜곡과 위상 왜곡이 없어야 하며 천이 대역의 폭이 좁아서 차단 특성이 양호해야 한다. 그리고 큰 저지 대역 감쇠를 가지는 것이 바람직하다. 진폭 왜곡을 방지하기 위해 통과 대역 이득을 최대한 평탄하게 하면 천이 대역이 넓어져 차단 특성이 나빠지게 된다. 이처럼 요구 조건을 다 맞추기는 쉽지 않으므로, 처리할 신호의 특성, 특별히 강조되는 요구 성능 등을 종합적으로 고려하여 잘 절충해서 최적의 필터 사양을 결정해야 한다.

위상 응답 특성은 입력 신호와 출력 신호 사이의 시간 지연이 전혀 없게 모든 주파수에서 위상이 0이면 가장 이상적이다. 그러나 이러한 위상 특성은 물리적으로 구현 가능한 인과 필터로는 도저히 맞출 수가 없다. 따라서 위상 왜곡이 생기지 않게끔 선형 위상 특성을 갖도록 하는 것이 최선이다.

예제 9-5 필터 설계 사양의 표시

8[kHz]로 샘플링한 음성 신호를 처리하는 디지털 LP 필터가 다음과 같은 사양을 갖는다고 한다.

통과 대역 경계 주파수 $\Omega_p = 0.2\pi$
통과 대역 맥동 $\delta_p = 0.01$, $\delta_p = 0.1$
저지 대역 맥동 $\delta_s = 0.01$, $\delta_s = 0.1$

이를 [표 9-6]에 나타낸 다른 표시 방법으로 바꾸어 표현하라. 또한 이들 사양에 상응하는 디지털 LP 필터의 진폭 응답을 선형 척도와 로그 척도로 그려라.

풀이

통과 대역 경계 주파수 $\Omega_p = 0.2\pi$는 디지털 주파수로는 $F_p = 0.2\pi / 2\pi = 0.1$이고, 아날로그 주파수로는 $f_p = 0.1 \times 8 \times 10^3 = 800$[Hz]가 된다. 주어진 사양의 통과 대역 맥동과 저지 대역 맥동은 값이 같은데, $\delta_p = \delta_s = 0.01$의 경우는 [dB]로 나타내면 $\delta_p|_{\text{dB}} = \delta_s|_{\text{dB}} = 20\log_{10}0.01 = -40$[dB]이다. 그리고 $\delta_p = \delta_s = 0.1$의 경우에는 -20[dB]가 된다. 주어진 사양에 대한 필터의 진폭 응답 특성을 [그림 9-8]에 선형 척도와 로그 척도로 각각 나타내었다.

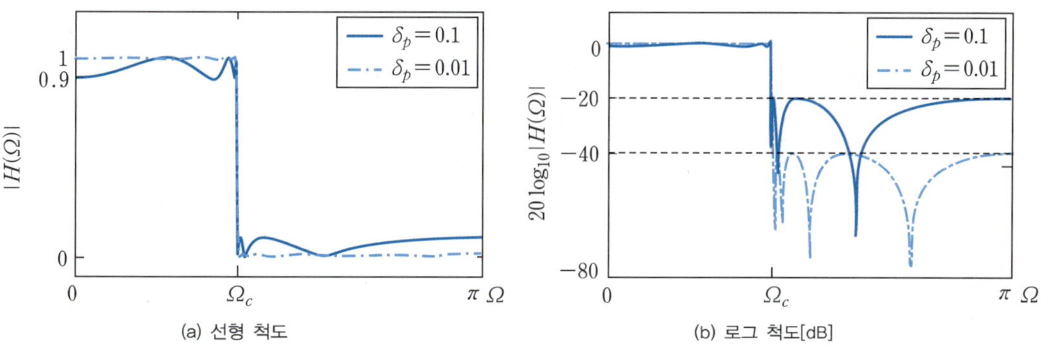

[그림 9-8] 진폭 응답의 표시 방법

필터의 진폭 응답을 선형 척도로 나타낼 경우 [그림 9-8(a)]에서 보듯이 저지 대역 감쇠 특성을 명확히 비교하기가 어려우나, [그림 9-8(b)]와 같이 로그 척도로 나타내면 저지 대역 감쇠 특성의 차이가 확연히 드러난다. 하지만 이 경우에 통과 대역 맥동은 거의 드러나지 않아 비교하기가 쉽지 않음을 볼 수 있다.

9.3.2 필터 계수의 결정

사양이 결정되면 실질적인 필터 설계를 진행해야 한다. 필터는 전달 함수, 차분 방정식, 또는 임펄스 응답으로 표현할 수 있으므로 주어진 주파수 응답 사양을 이용하여 이들 중의 하나를 구하는 과정이 바로 필터 계수의 결정 단계이다. 이들 표현은 결국 상수 계수 값을 찾는 문제가 되므로 필터 계수의 결정 단계라고 하는 것이다.

그런데, 필터 계수를 구하기 전에 FIR 필터로 할지 IIR 필터로 할지를 먼저 결정해야 한다. 이는 주어진 문제의 성질과 설계 사양이 어디에 중점을 두고 있느냐에 따라 종속적으로 이루어지는 문제이다. 같은 사양의 FIR과 IIR 필터를 설계할 때의 장단점은 이미 [표 9-2]에 보였으므로 이를 참고하기를 바란다. 필터의 계수를 결정하는 방법은 두 필터가 서로 다르며, 설계 사양으로 규정되는 주파수 응답으로부터 임펄스 응답이나 전달 함수를 근사화하는 과정이 포함된다. 어떠한 방법들이 주로 사용되는지는 [표 9-4]에 정리하여 제시했다. 자세한 방법은 10장과 11장에서 다루게 될 것이다.

9.3.3 필터 구조 선택 및 전달 함수 변형

만약 집을 짓는다면 방을 몇 개로 하고 공간 배치를 어떻게 하라는 등의 건축주의 요구 사항과 건물의 구조 안전성(필터의 설계 사양에 해당)을 반영하여 설계 도면을 완성(필터 계수의 결정에 해당)할 것이다. 하지만 그 설계 도면을 가지고 어떤 방식으로 건축을 하느냐 하는 것은 별개의 문제이다. 이처럼 전달 함수가 결정되었더라도 필터를 어떤 구조로 어떻게 물리적으로 만들 것인가의 선택이 필요하다.

전달 함수는 입출력의 관계만을 규정할 뿐이므로 필터 구조는 다양한 형태를 취할 수 있다. 차분 방정식이나 전달 함수가 주어질 때, 가산기, 승산기, 시간 지연기의 기본 요소들로 디지털 필터를 구성하는 여러 형태의 구조는 FIR 필터와 IIR 필터가 다른데, [표 9-5]에 정리해 제시했으며 12장 필터 구조에서 자세히 알아볼 것이다.

필터 구조를 선택할 때 주요한 고려 사항에는 필요한 소자의 수와 계산량, 그리고 유한 어장 효과가 있다. 특히 디지털 시스템 구현에 유한한 비트를 사용하기 때문에 발생하는 **유한 어장 효과**finite wordlength effect는 필터 성능의 저하나 시스템 정지와 같은 오동작을 유발하기 때문에 이 영향을 최소화할 수 있는 필터 구조를 선택하는 것이 바람직하다. 일반적으로 필터의 차수가 높은 경우에는 직접형보다는 종속형이나 병렬형을 많이 이용한다. 직접형은 차수가 높아지면 유한 어장의 영향으로 감도 문제가 심각하기 때문이다. 가능하면 3차 이상의 직접형 구조는 피하는 것이 좋다.

9.3.4 유한 어장 효과 분석

필터 설계의 순서에 따라 정확하게 필터의 계수를 구하고 알고리즘의 연산 동작도 정확하게 이루어졌다고 하더라도, 디지털 필터를 물리적으로 구현할 때 필터 계수 표현에 유한한 비트를 사용하기 때문에 양자화 오차를 피할 수가 없다. 연속 신호의 디지털 처리에서는 A/D 변환 과정에서 발생하는 양자화 오차도 있다. 비록 이런 양자화 오차가 작은 값이라 할지라도, 필터 동작 중에 데이터가 지속해서 반복 처리되면서 그 영향이 누적되면 동작 불안정성이 발생할 수도 있으므로 주의해야 한다. 따라서 이와 같은 유한 어장 효과의 영향을 덜 받는 필터 구조를 선택하는 것이 바람직하다.

유한 어장 효과를 발생시키는 요소들과 이로 인한 주요한 필터 성능의 열화는 다음과 같다.

- **필터 계수의 양자화 오차 영향**
  필터 계수의 양자화에 기인하는 오차로 인해 FIR 및 IIR 필터의 특성이 달라진다. 특히 IIR형의 경우에는 불안정한 필터가 될 수도 있다.
- **신호 양자화 오차 영향**
  아날로그 신호를 디지털 필터로 처리할 때, 아날로그 신호를 A/D 변환하는 과정에서 양자화 오차가 발생하며, 처리의 부정확성과 순환 처리에 의한 **와인드 업**wind-up으로 불안정성을 야기할 수 있다.
- **오버플로우 발진**
  데이터의 연산(처리) 결과가 허용된 어장(비트 길이)을 초과하면 **오버플로우 발진**overflow oscillation이 발생하는데, 잘못된 출력을 초래하고 IIR 필터의 경우 불안정의 원인이 된다.

9.3.5 필터의 물리적 구현

디지털 필터 설계의 마지막 단계는 결정된 필터 구조에 맞추어 하드웨어나 소프트웨어로 디지털 필터를 직접 구현하는 것이다.

하드웨어 구현

2장에서 살펴본 바와 같이 디지털 필터의 기본 구성 요소는 승산기, 가산기, 그리고 시간 지연기이며, 이에 더해 계수를 기억시켜둘 기억 소자가 필요하다. 전용 하드웨어로 디지털 필터를 구현하게 되면 고속으로 동작할 수 있는 이점이 있지만, 설계에 따른 제작이 어렵고 필터의 종류에 따라 하드웨어를 따로 구성해야 하며 가격이 비싸지는 단점이 있다.

소프트웨어 구현

필터 알고리즘을 수행하는 프로그램 형태로 디지털 필터를 구현할 수도 있다. 이 경우 프로그램은 범용 컴퓨터나 마이크로프로세서 또는 DSP칩에 탑재된다. 이러한 소프트웨어 구현은 전용 하드웨어로 구현하는 것보다 일반적으로 동작 속도가 늦다. 그러나 최근 신호 처리 전용으로 개발된 DSP칩은 상당한 수준의 고속 처리가 가능하기 때문에 이를 이용하여 만족할만한 동작 속도를 가진 디지털 필터를 구현할 수 있다. 소프트웨어 구현의 가장 큰 장점은 같은 시스템을 이용하여 프로그램의 변경만으로 다양한 필터를 구현할 수 있다는 점이다.

SECTION 9.4

간단한 실용 필터

학습포인트

- 간단한 실용 필터들에는 어떤 것들이 있는지 알아본다.
- 이동 평균 필터, 빗살 필터, 디지털 공진기, 노치notch 필터의 구성과 특성에 대해 알아본다.
- 디지털 미분기, 힐베르트Hilbert 변환기, 전역 통과 필터의 구성과 특성에 대해 알아본다.

디지털 필터에는 네 가지 기본 유형의 주파수 선택 필터뿐만 아니라, 힘들여 설계할 필요 없이 간단한 파라미터만 선정하면 되는 특수한 형태와 용도의 필터들도 있다. 이 절에서는 이러한 간단한 구조의 실용 필터들에 대해 간략히 살펴보기로 한다.

9.4.1 이동 평균 필터

가장 간단한 FIR 필터의 하나로 **이동 평균**(MA) **필터**Moving Average filter가 있다. 이동 평균 필터는 필터링 특성이 썩 좋은 편은 아니지만 간단하고 구현이 쉬워서 폭넓게 이용되고 있다.

- 이동 평균 필터는 연속된 여러 입력 값의 평균을 출력으로 내는 필터이다.

$$y[n]=\frac{1}{N}\sum_{k=0}^{N-1}x[n-k] \tag{9.29}$$

- 이동 평균 필터는 출력 신호의 매끄러운 정도가 필터 길이에 종속적인 LP 필터이다.
- 이동 평균 필터의 전달 함수는 다음과 같다.

$$\begin{aligned}H(z)&=\frac{1}{N}\sum_{k=0}^{N-1}z^{-k}=\frac{1}{N}\frac{1-z^{-N}}{1-z^{-1}}\\&=\frac{1}{N}\frac{z^{N}-1}{z^{N-1}(z-1)}\end{aligned} \tag{9.30}$$

- $z=1$에 위치한 극과 영점은 서로 상쇄되고, 나머지 $N-1$개의 극은 모두 원점에 위치하며, $N-1$개의 영점은 단위원을 N등분한 점들에 $z=1(\Omega=0)$을 빼고 위치한다.

식 (9.29)에서 입력 $x[n]=\delta[n]$으로 두면, 다음과 같이 임펄스 응답을 얻게 된다.

$$h[n]=\frac{1}{N}\sum_{k=0}^{N-1}\delta[n-k] \tag{9.31}$$

임펄스 응답을 z 변환하면 식 (9.30)의 전달 함수가 얻어지고, DTFT하면 다음과 같이 주파수 응답이 구해진다.

$$
\begin{aligned}
H(\Omega) &= \frac{1}{N}\sum_{k=0}^{N-1} e^{-j\Omega k} = \frac{1}{N}\frac{1-e^{-j\Omega N}}{1-e^{-j\Omega}} \\
&= \frac{1}{N}\frac{e^{-j\Omega N/2}(e^{j\Omega N/2}-e^{-j\Omega N/2})}{e^{-j\Omega/2}(e^{j\Omega/2}-e^{-j\Omega/2})} \\
&= \frac{1}{N}\frac{\sin(N\Omega/2)}{\sin(\Omega/2)}e^{-j(N-1)\Omega/2} \\
&= \frac{1}{N}D_N(\Omega)e^{-j(N-1)\Omega/2}
\end{aligned} \tag{9.32}
$$

식 (9.32)의 $D_N(\Omega)$는 디리클레[Dirichlet] 함수로서, N이 매우 커지면 sinc 함수에 가까워진다. 또한 지수 항은 인과 필터가 되는 데 따른 위상 성분이다(식 (9.31)은 [예제 6-11]의 사각 펄스를 인과 신호가 되도록 시간 이동시킨 것과 같다).

[그림 9-9]는 $N=11$일 때 이동 평균 필터의 주파수 응답과 극-영점 분포를 보여준다. 그림에서 보듯이 이동 평균 필터의 주파수 응답은 이상적인 저역 통과 필터와는 다르게 주엽[main lobe]과 부엽[side lobe]이 존재하고 $\Omega=0$에서 최대 이득을 가진다. 그리고 필터의 길이 N이 매우 커지면 주파수 응답은 더욱 sinc 함수에 가까워지고 주엽의 폭이 줄어 좁은 대역의 LP 필터가 된다.

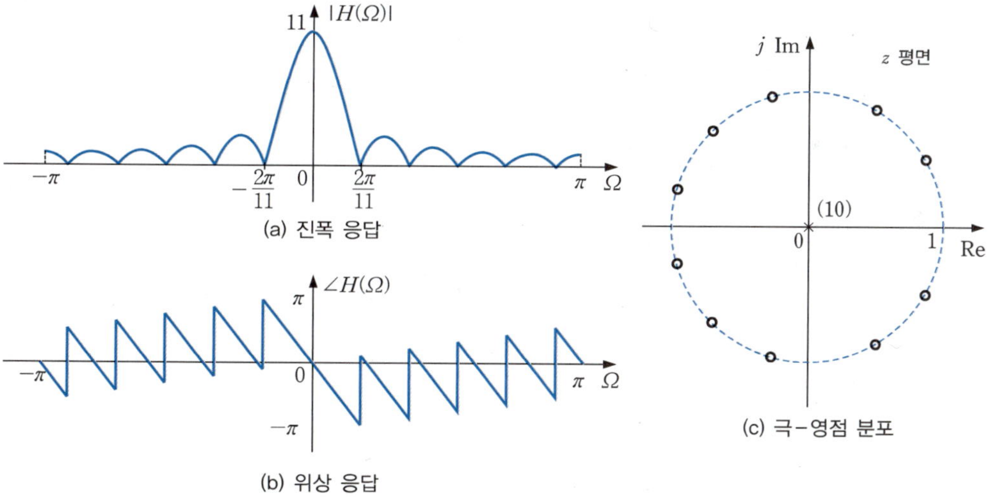

[그림 9-9] 이동 평균 필터의 주파수 응답과 극-영점 분포($N=11$)

이동 평균 필터는 FIR 필터로 극은 모두 원점에 위치하기 때문에 영점의 위치가 중요하다. 영점은 $z^N-1=0$을 만족하는 N개의 복소근 $z=e^{j2\pi k/N}$, $k=0,\ 1,\ \cdots,\ N-1$으로 단위원을 N등분한 점들에 위치한다. 그리고 $z=1$의 영점은 같은 위치의 극과 상쇄된다. 그 결과 통과 대역이 $\Omega=0$을 포함하며, 또한 주파수 응답을 $\Omega=0$에서 더 커지도록 하여 최대 이득을 갖게 만든다. 단위원 상의 다른 영점들은 이득이 0인 점들로 그 주파수 부근에서 주파수 응답을 작게 만들어서 LP 필터 주파수 응답을 만든다.

9.4.2 빗살 필터

빗살 필터comb firter는 [그림 9-10]과 [그림 9-11]과 같이 진폭 응답이 마치 빗과 같이 생겼다고 해서 이름 붙여진 것이다. 빗살 필터는 전력선의 고조파 제거, 이동 표적 추적 레이더의 산란 억제 등 다양한 분야에 활용된다.

- **빗살 필터**는 주파수 응답이 0이 되는 점이 주기적으로 반복되는 일종의 **노치**notch **필터**이다.
- 기본 빗살 필터는 다음과 같이 DC 이득이 0이 되는 것($H_1(z)$)과, 정반대로 DC 이득이 최대가 되는 것($H_2(z)$)이 있다.

$$H_1(z) = 1 - z^{-N} = \frac{z^N - 1}{z^N} \tag{9.33}$$

$$H_2(z) = 1 + z^{-N} = \frac{z^N + 1}{z^N} \tag{9.34}$$

- 기본 빗살 필터의 극은 모두 z 평면의 원점에 N 중극으로 존재하고, 영점은 단위원을 N등분한 점들에 위치한다. 단 $H_1(z)$는 $z=1$에서부터, $H_2(z)$는 $z=e^{j\pi/N}$에서부터 N등분하는 것이 다르다.
- $H_1(z)$와 $H_2(z)$ 모두 필터 차수 N이 홀수냐 짝수냐에 따라 영점의 분포가 달라져서 고주파를 차단할 수도 있고 고주파 이득이 최대가 될 수도 있다.
  - N이 홀수 : $|H_1(\pi)| =$ 최대, $|H_2(\pi)| = 0$
  - N이 짝수 : $|H_1(\pi)| = 0$, $|H_2(\pi)| =$ 최대

식 (9.33)과 식 (9.34)의 전달 함수를 z 역변환하면 다음의 임펄스 응답을 얻게 된다.

$$h_1[n] = \delta[n] - \delta[n-N] \tag{9.35}$$

$$h_2[n] = \delta[n] + \delta[n-N] \tag{9.36}$$

[그림 9-10]과 [그림 9-11]에 $N=4$와 $N=5$인 경우에 대해 이들 두 빗살 필터의 진폭 응답과 극-영점 분포를 보였다. 빗살 필터 또한 FIR 필터로 극은 모두 원점에 위치하므로 영점의 위치가 중요하다.

$H_1(z)$의 영점은 $z^N - 1 = 0$의 복소근 $z = e^{j2\pi k/N}$, $k = 0, 1, \cdots, N-1$로서 단위원 위에 $z=1$에서부터 N등분한 점들에 위치한다. 그러므로 DC 이득은 $|H_1(0)| = 0$이다. N이 짝수이면 영점이 $z=-1$, 즉 $\Omega = \pi$에 위치해 $|H_1(\pi)| = 0$이 되고, N이 홀수이면 $z=-1$이 인접한 두 영점의 가운데가 되므로 고주파 이득은 최대인 $|H_1(\pi)| = 2$가 된다.

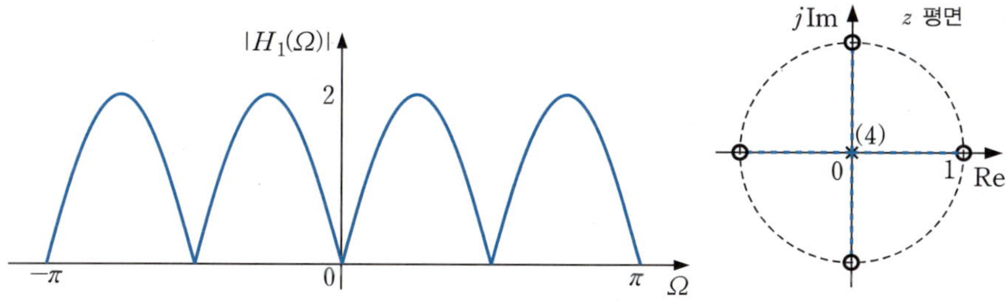

(a) N이 짝수일 때(N=4)

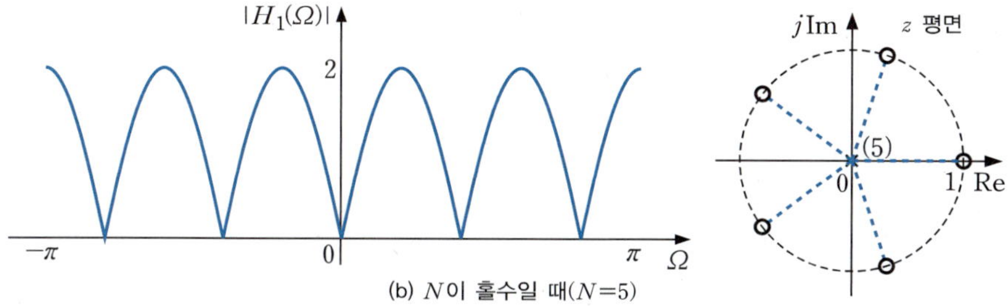

(b) N이 홀수일 때(N=5)

[그림 9-10] 빗살 필터 $H_1(z)$의 진폭 응답과 극-영점 분포

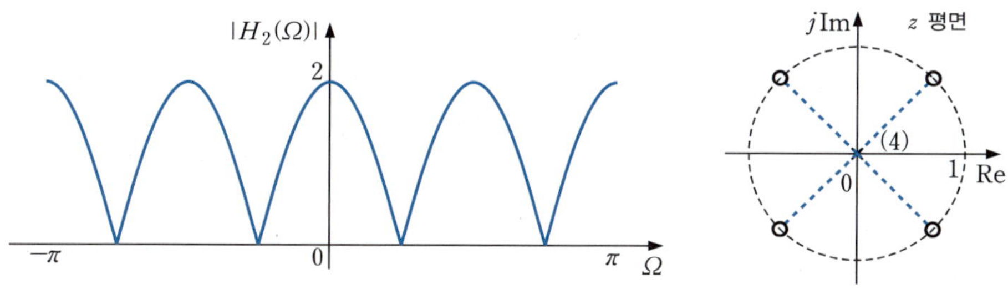

(a) N이 짝수일 때(N=4)

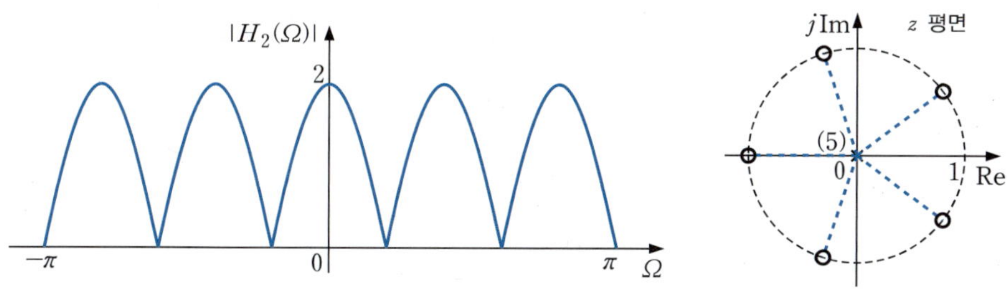

(b) N이 홀수일 때(N=5)

[그림 9-11] 빗살 필터 $H_2(z)$의 진폭 응답과 극-영점 분포

$H_2(z)$의 영점은 $z^N+1=0$의 복소근 $z=e^{j(2k+1)\pi/N}$, $k=0,\ 1,\ \cdots,\ N-1$로서, $k=0$이면 $z=e^{j\pi/N}$이다. 따라서 $z=1$이 인접한 두 영점의 가운데가 되므로 DC 이득은 최대인 $|H_2(0)|=2$이다. 또한 $H_1(z)$와는 정반대로 N이 홀수이면 영점이 $z=-1$에 위치하므로, 고주파 이득은 N이 홀수이면 $|H_2(\pi)|=0$, N이 짝수이면 최대인 $|H_2(\pi)|=2$가 된다.

식 (9.35)와 식 (9.36)의 임펄스 응답의 $\delta[n-N]$ 항을 $\alpha\delta[n-N]$으로 바꾸면 좀 더 일반적인 빗살 필터를 얻을 수 있고, 이 경우 진폭 응답의 형태는 [그림 9-10], [그림 9-11]과 다르지 않으나 최소 이득이 $1-\alpha$, 최대 이득이 $1+\alpha$로 달라진다. 이 외에도 전달 함수에 z 대신 z^p을 대입하면 평균 이동 필터의 진폭 응답이 주기적으로 반복되어 겹쳐 나타나는 형태의 빗살 필터를 얻을 수도 있다.

9.4.3 디지털 공진기

디지털 공진기resonator는 앞에서 살펴본 두 필터와는 달리 IIR 필터로서, 전달 함수의 극에서 주파수 응답이 첨두 특성을 가지는 것을 이용하여 두 개의 공액 복소극으로 공진이 일어나도록 만든 필터이다. RLC 공진회로가 가장 간단한 BP 필터임은 잘 알고 있을 것이다.

- **디지털 공진기**는 공진 특성을 이용한 대역폭이 좁은 BP 필터이다.
- 디지털 공진기는 공액 복소극 쌍을 z 평면의 단위원 가까이에 위치시켜 극의 위치각 주파수 부근에서 공진이 일어나도록 만든 필터이다.
- 디지털 공진기의 영점은 두 개를 원점에 중복해서 두거나 $z=1$과 $z=-1$에 각각 하나씩 두는 두 가지 형태를 주로 사용한다.
- 극이 단위원에 가까울수록 더 날카로운 주파수 선택 특성을 보인다. 대신에 공진 주파수 부근에서 위상의 변화는 더욱 급격해진다.

원하는 공진 주파수가 $\Omega_r = \Omega_0$라면, 전달 함수의 극은 $p_{1,2} = re^{\pm j\Omega_0}$으로 두면 된다. 이때 필터의 안정도를 보장하기 위해 $0 < r < 1$, 즉 단위원 안에 극이 존재하도록 해야 한다. 디지털 공진기는 영점도 두 개 갖도록 만드는데, 모두 원점에 둔 경우에 디지털 공진기의 전달 함수는 다음과 같다.

$$\begin{aligned} H(z) &= \frac{b_0}{(1-re^{j\Omega_0}z^{-1})(1-re^{-j\Omega_0}z^{-1})} \\ &= \frac{b_0 z^2}{(z-re^{j\Omega_0})(z-re^{-j\Omega_0})} = \frac{b_0 z^2}{z^2-(2r\cos(\Omega_0))z+r^2} \end{aligned} \tag{9.37}$$

디지털 공진기의 대역폭은 극의 반지름 r이 1에 가깝다는 가정 아래 공진 주파수와 진폭 응답의 첨두치를 이용하여 다음과 같은 근사식을 얻을 수 있다(자세한 사항은 <심화학습 자료> 참조).

$$\Delta\Omega \simeq 2(1-r) \tag{9.38}$$

$$r \simeq 1-0.5\Delta\Omega \tag{9.39}$$

[그림 9-12]에 $\Omega_0 = \dfrac{\pi}{3}$인 경우에 대해 주파수 응답과 극-영점 분포를 보였다. 진폭 응답은 극이 단위원에 더 가까운 $r=0.95$의 경우가 $r=0.8$에 비해 공진 특성(첨예도)이 훨씬 날카로움을 볼 수 있다. 그 대신에 공진 주파수 부근의 위상 변화는 더욱 급격하다.

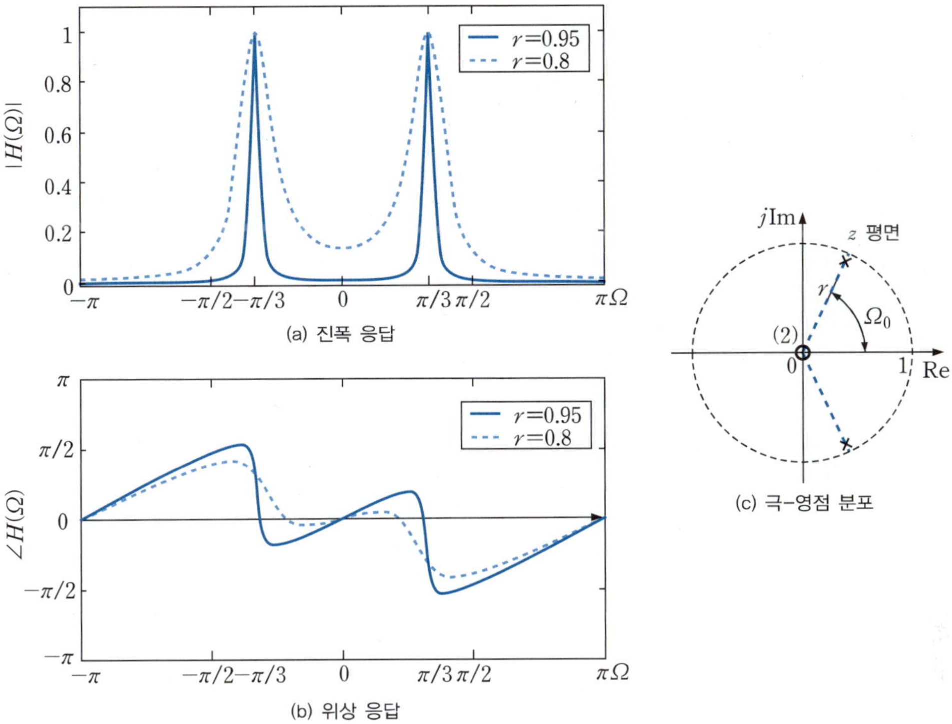

(a) 진폭 응답

(b) 위상 응답

(c) 극-영점 분포

[그림 9-12] 디지털 공진기의 주파수 응답 및 극-영점 분포

저주파($\Omega = 0$)와 고주파($\Omega = \pi$)에서 주파수 응답을 확실하게 0으로 만들기 위해 두 개의 영점을 원점이 아니라 $z = 1(\Omega = 0)$과 $z = -1(\Omega = \pi)$에 둘 수 있다. 이렇게 변형된 디지털 공진기의 전달 함수는 다음과 같다.

$$
\begin{aligned}
H(z) &= \frac{b_0(1 - z^{-1})(1 + z^{-1})}{(1 - re^{j\Omega_0}z^{-1})(1 - re^{-j\Omega_0}z^{-1})} \\
&= \frac{b_0(z-1)(z+1)}{(z - re^{j\Omega_0})(z - re^{-j\Omega_0})} = \frac{b_0(z^2 - 1)}{z^2 - (2r\cos(\Omega_0))z + r^2}
\end{aligned}
\tag{9.40}
$$

이러면 영점의 영향으로 인해 공진 주파수와 대역폭 등이 살짝 변하게 된다. 그리고 달라진 영점의 위치로 인해 특히 위상 응답 특성은 많은 변화를 가져오게 된다.

9.4.4 노치 필터

노치 필터notch filter는 영점의 무응답null 특성을 이용해서 두 개의 공액 복소 영점으로 특정 주파수 부근에 좁고 깊은 노치를 만든 필터로, 전력선 간섭 제거와 같이 특정한 주파수 성분을 제거하는 데 주로 사용된다.

- **노치 필터**는 주파수 응답이 좁고 깊은 노치를 포함하는 일종의 BS 필터이다.
- 노치를 만들려면, 영점의 무응답 특성을 이용해서 z 평면의 단위원 상에 차단하고자 하는 주파수와 똑같은 위치각 Ω_0를 갖는 공액 복소 영점을 위치시키면 된다.
- 노치 필터는 FIR 필터와 IIR 필터 모두 구현이 가능하나, FIR 노치 필터는 노치 폭이 비교적 넓고 특성이 썩 좋지 않기 때문에 주로 IIR 노치 필터를 사용한다.
- IIR 노치 필터는 영점과 같은 위치각을 갖는 극을 영점 가까이에 배치하여 Ω_0 부근에서 공진이 일어나도록 함으로써 노치의 폭을 좁게 만든 것이다.

가장 단순한 형태의 노치 필터는 FIR 필터로서, 전달 함수는 다음과 같다.

$$\begin{aligned} H(z) &= b_0(1-e^{j\Omega_0}z^{-1})(1-e^{-j\Omega_0}z^{-1}) \\ &= b_0[1-(2\cos(\Omega_0))z^{-1}+z^{-2}] = b_0 N(z) \\ &= b_0\frac{z^2-(2\cos(\Omega_0))z+1}{z^2} \end{aligned} \tag{9.41}$$

그리고 같은 위치각을 갖는 극을 추가한 IIR 노치 필터의 전달 함수는 다음과 같다.

$$\begin{aligned} H(z) &= b_0\frac{1-(2\cos(\Omega_0))z^{-1}+z^{-2}}{1-(2r\cos(\Omega_0))z^{-1}+r^2z^{-2}} \\ &= b_0\frac{N(z)}{N(z/r)} = b_0\frac{z^2-(2\cos(\Omega_0))z+1}{z^2-(2r\cos(\Omega_0))z+r^2} \end{aligned} \tag{9.42}$$

여기서 필터의 안정도 보장을 위해서 $r<1$이어야 한다. [그림 9-13]에 두 노치 필터의 진폭 응답을 $\Omega_0=\frac{\pi}{4}$ 인 경우에 대해 나타내었다.

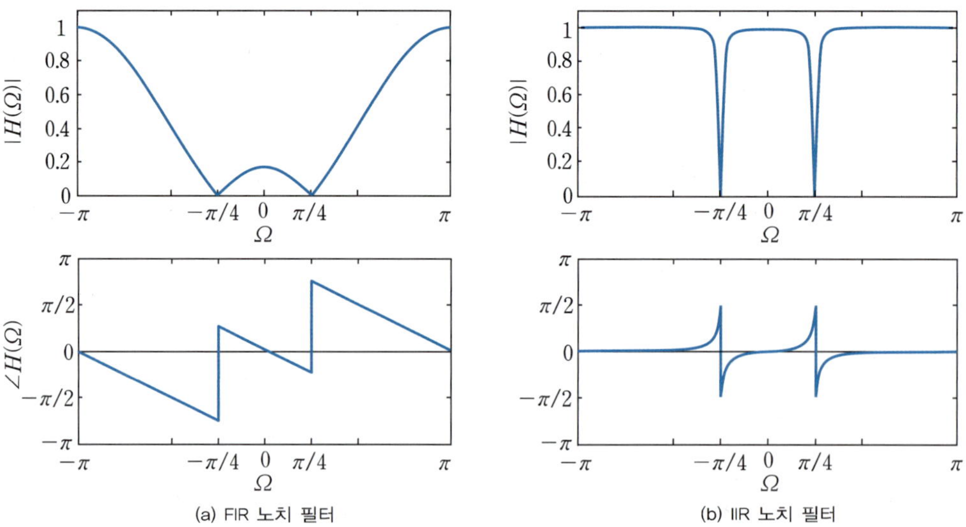

(a) FIR 노치 필터 (b) IIR 노치 필터

[그림 9-13] 노치 필터의 주파수 응답$\left(\Omega_0=\frac{\pi}{4}\right)$

[그림 9-13(a)]에서 보듯이, FIR 노치 필터는 노치의 폭이 비교적 넓어서 Ω_0 부근의 주파수 성분들까지 심하게 감소하는 단점을 보인다. 반면에 IIR 노치 필터는 [그림 9-13(b)]에서 보듯이 추가된 극의 영향으로 인해 노치의 대역폭이 줄어 한층 날카로워진 것을 볼 수 있다. 그런데 이러한 극의 추가는 공진의 여파로 통과 대역에 작은 맥동을 일으킨다. 이는 또 다른 극이나 영점을 추가함으로써 줄일 수는 있으나 위치 선정에 일정한 원칙이 없고 경험에 따라야 하는 어려운 점이 있다.

[그림 9-10]이나 [그림 9-11]에서 빗살 필터의 진폭 응답 특성이 주기적으로 0이 되어 노치를 가지는 것을 보았을 것이다. 그러므로 빗살 필터의 노치를 훨씬 날카롭게 한다면 만족스러운 노치 필터가 될 것이다. 따라서 빗살 필터의 전달 함수 식 (9.33)에 원점에 위치하는 N 중극 대신 식 (9.42)와 같이 영점에 가까운 극들로 대치함으로써 다음의 전달 함수를 갖는 노치 필터를 얻을 수 있다.

$$H(z)=\frac{1-z^{-N}}{1-(z/r)^{-N}}=\frac{N(z)}{N(z/r)}=\frac{z^N-1}{z^N-r^N} \tag{9.43}$$

9.4.5 디지털 미분기

신호의 미분은 신호의 순간적인 변화율이나 기울기에 대한 정보를 제공하므로 신호 처리에서 자주 사용된다. 간단한 예로, 움직이는 물체나 차의 위치를 나타내는 신호가 있으면 미분을 이용해 속도를 구할 수 있다.

미분한 신호의 푸리에 변환은 원래 신호의 푸리에 변환에 $j\omega$가 곱해진다(5장 [표 5-2]). 그러므로 이상적인 디지털 미분기의 주파수 응답은 다음과 같다.

$$H(\Omega)=j\Omega, \quad |\Omega|\le\pi \tag{9.44}$$

따라서 식 (9.44)를 역변환하여 임펄스 응답을 구하면

$$\begin{aligned} h[n] &= \frac{1}{2\pi}\int_{-\pi}^{\pi} H(\Omega)e^{j\Omega n}\,d\Omega \\ &= \frac{1}{2\pi}\int_{-\pi}^{\pi} j\Omega e^{j\Omega n}\,d\Omega = \begin{cases} 0, & n=0 \\ \dfrac{\cos(\pi n)}{n}, & n\neq 0 \end{cases} \end{aligned} \tag{9.45}$$

이다. 식 (9.45)의 $h[n]$은 $h[0]=0$이고 $h[n]=-h[-n]$이므로 기대칭이다. 이상적인 미분기의 임펄스 응답과 주파수 응답을 [그림 9-14]에 나타내었다.

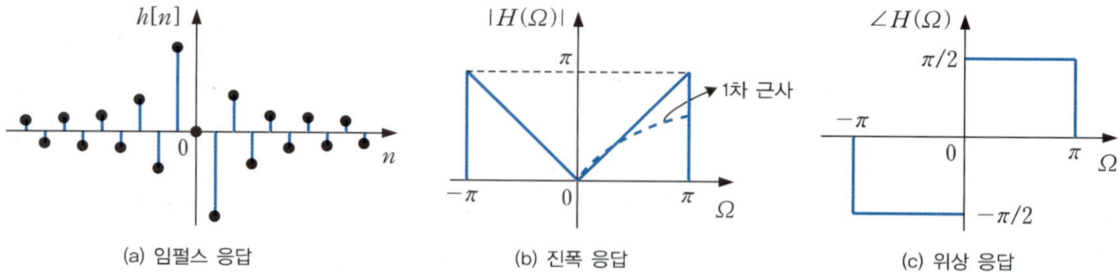

[그림 9-14] 이상적인 미분기의 임펄스 응답과 주파수 응답

식 (9.45)의 임펄스 응답은 길이가 무한하고 비인과라서 실제로 구현할 수 없다. 따라서 근사적으로 구현해야 하는데, 가장 단순한 방법은 미분을 기울기로 생각하여 1차 차분으로 근사화하는 것이다. 그러면 주파수 응답은 다음과 같이 된다.

$$H(\Omega)=1-e^{-j\Omega}=1-\cos(\Omega)+j\sin(\Omega) \tag{9.46}$$

식 (9.46)으로부터 진폭 응답은 다음과 같이 계산된다.

$$|H(\Omega)|=\sqrt{(1-\cos(\Omega))^2+\sin^2(\Omega)}=2\sin(\Omega/2) \tag{9.47}$$

Ω가 작으면 $|H(\Omega)|\simeq\Omega$로 이상적인 미분기와 거의 같지만, Ω가 π에 가까워지면 [그림 9-14(b)]의 점선과 같이 이득 증가율이 비선형으로 둔화된다.

실제 디지털 미분기의 설계와 구현은 10장에서 배우게 될 창 함수 기법이나 최적 등맥동 FIR 필터 설계 방법을 이용한다.

9.4.6 힐베르트 변환기

힐베르트Hilbert **변환기**는 일종의 전역 통과 필터로서 신호의 위상을 $\pi/2(90°)$ 이동시키는 장치이다. 힐베르트 변환기는 단측 측대역 변조, 레이더, 음성 처리 등 통신이나 신호 처리에서 자주 사용된다.

이상적인 힐베르트 변환기의 주파수 응답은 다음과 같다.

$$H(\Omega)=\begin{cases}-j, & 0\le\Omega\le\pi\\ +j, & -\pi\le\Omega\le 0\end{cases} \tag{9.48}$$

이를 역 DTFT하여 임펄스 응답을 구하면

$$\begin{aligned}h[n]&=\frac{1}{2\pi}\int_{-\pi}^{\pi}H(\Omega)e^{j\Omega n}d\Omega=\frac{1}{2\pi}\int_{-\pi}^{0}je^{j\Omega n}d\Omega-\int_{0}^{\pi}je^{j\Omega n}d\Omega\\ &=\begin{cases}0, & n=0\\ \dfrac{2}{\pi}\dfrac{\sin^2(\pi n/2)}{n}=\dfrac{1-\cos(\pi n)}{\pi n}, & n\ne 0\end{cases}\end{aligned} \tag{9.49}$$

이다. 식 (9.49)의 $h[n]$은 $h[0]=0$이고 $h[n]=-h[-n]$이므로 기대칭이다. 이상적인 힐베르트 변환기의 임펄스 응답과 주파수 응답을 [그림 9-15]에 보였다.

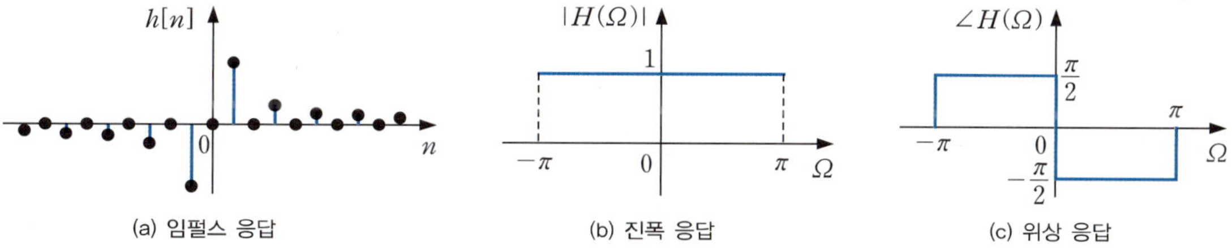

[그림 9-15] 이상적인 힐베르트 변환기의 임펄스 응답과 주파수 응답

식 (9.49)의 임펄스 응답 역시 비인과이고 길이가 무한하므로 실제로 구현할 수 없다. 따라서 10장에서 다루게 될 FIR 필터 설계 방법을 이용하여 힐베르트 변환기를 설계한다.

힐베르트 변환기에서 주목할 점은 식 (9.49)에서 짝수인 n에 대해서는 $h[n]=0$이 된다는 사실이다. 이 사실을 이용하면 필터의 계산량을 거의 절반가량 줄일 수 있으므로 매우 유용한데, 제3형 선형 위상 FIR 필터(10.2절 참조)로 구현할 때 이 성질을 이용하게 된다.

9.4.7 전역 통과 필터

전역 통과(AP) 필터 All Pass filter는 모든 주파수에서 이득이 1인 필터이다. 따라서 어떠한 주파수의 신호라도 모두 통과시키므로 전역 통과 필터라고 하는 것이다.

이미 모든 주파수에서 스펙트럼이 1인 신호가 임펄스임을 알고 있다. 그러므로 가장 간단한 전역 통과 필터는 임펄스 응답이 임펄스가 되는 경우이다. 즉,

$$H(z)=\sum_{n=0}^{\infty}\delta[n-k]\,z^{-n}=z^{-k} \tag{9.50}$$

이다. 전역 통과 필터는 신호의 각 주파수 성분의 위상 변화, 즉 시간 지연의 조정이 주된 용도인데, 식 (9.50)의 필터는 선형 위상 특성을 갖기 때문에 임의로 위상 조정이 어렵다. 따라서 다음과 같은 형태의 전달 함수를 갖는 전역 통과 필터를 주로 사용한다.

$$\begin{aligned} H(z) &= \frac{a_N + a_{N-1}z^{-1} + \cdots + a_1 z^{-N+1} + z^{-N}}{1 + a_1 z^{-1} + \cdots + a_N z^{-N}} \\ &= \frac{\sum_{k=0}^{N} a_k z^{-N+k}}{\sum_{k=0}^{N} a_k z^{-k}} = z^{-N}\frac{A(z^{-1})}{A(z)} \end{aligned} \tag{9.51}$$

여기서 $a_0=1$이다. 식 (9.51)의 전달 함수로부터 파워 스펙트럼을 구하면

$$|H(\Omega)|^2 = H(z)H(z^{-1})\big|_{z=e^{j\Omega}} = 1 \tag{9.52}$$

이 되므로, 식 (9.51)은 전역 통과 필터임을 확인할 수 있다. 이 전달 함수는 분모와 분자 다항식의 계수가 순서가 거꾸로 되어 있는 것이 특징이다. 이 때문에 z_0가 $H(z)$의 극이라면 z_0^{-1}은 $H(z)$의 영점이 된다. 즉 전역 통과 필터의 극과 영점은 공액 역 쌍으로 존재한다. 극 및 영점과 관련하여 식 (9.51)을 다시 쓰면 다음과 같다.

$$H_{AP}(z) = \prod_{k=1}^{N_R} \frac{z^{-1} - a_k}{1 - a_k z^{-1}} \prod_{k=1}^{N_C} \frac{(z^{-1} - \beta_k)(z^{-1} - \beta_k^*)}{(1 - \beta_k z^{-1})(1 - \beta_k^* z^{-1})} \tag{9.53}$$

여기서 N_R은 실수 극-영점 쌍의 개수이고, N_C는 공액 역 극-영점 쌍의 개수이다. 그리고 필터가 안정하기 위해 $|\alpha_k| < 1$, $|\beta_k| < 1$이다.

[그림 9-16]에 각각 1차 극($z = -0.6$)과 2차 극($re^{\pm j\Omega_0}(r = 0.9,\ \Omega_0 = \pi/4)$)을 갖는 전역 통과 필터의 주파수 응답과 극-영점 분포를 보였다. 그림에서 보면, 1차 전역 통과 필터의 경우 저주파 영역에서 위상 특성이 거의 선형이고, 고주파로 가면서 비선형으로 된다. 반면에 2차 필터의 경우에는 위상 특성이 매우 비선형적일 뿐만 아니라 $\pi/4$에서는 급격한 위상 반전이 일어남을 볼 수 있다. 이처럼 전역 통과 필터는 일반적으로 차수가 높아질수록 위상 응답 특성이 복잡해진다. 전역 통과 필터는 이러한 위상 특성을 이용하여 다른 필터들의 위상 특성을 개선하여 원하는 위상 특성을 얻는 데 널리 이용된다.

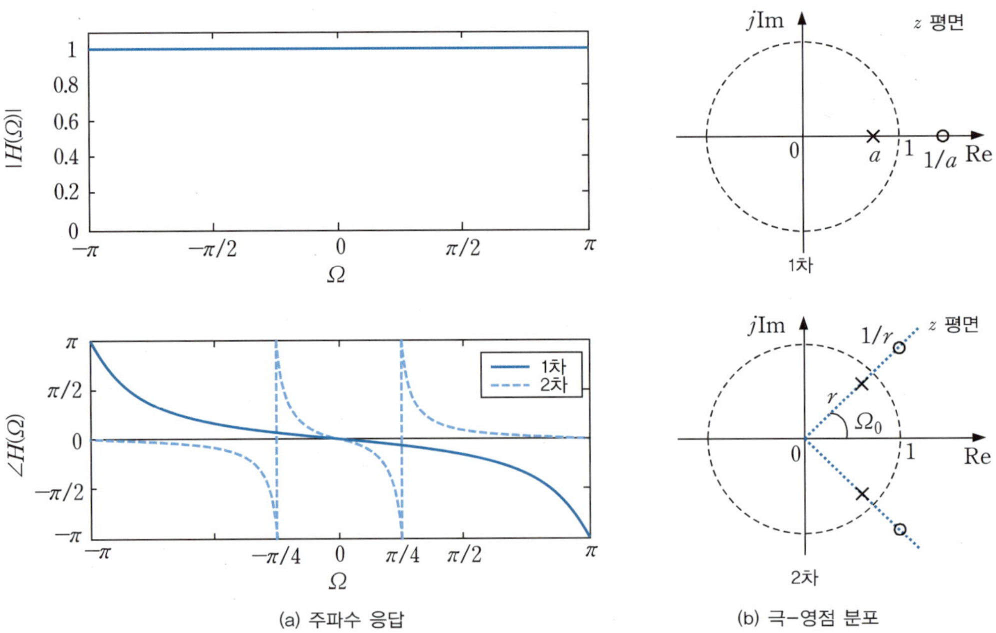

(a) 주파수 응답

(b) 극-영점 분포

[그림 9-16] 전역 통과 필터의 주파수 응답 및 극-영점 분포

CHAPTER 09_연습문제

【Quick Review】

※ 다음 문제에서 맞는 것을 골라라.

(1) 주파수 선택 필터는 특정 주파수 대역에 속한 신호를 통과 또는 차단한다. (○, ×)

(2) 디지털 필터의 고역 통과(HP) 필터의 중심 주파수는 ($\Omega = \pi$, $\Omega = 2\pi$, $\Omega = \infty$)이다.

(3) 항상 안정한 필터는 (비순환, 순환) 필터이다.

(4) FIR 필터는 반드시 비순환 필터로만 구현할 수 있다. (○, ×)

(5) 이상적인 필터와 실제 물리적 필터의 차단 주파수는 같다. (○, ×)

(6) 실제 물리적 필터에서는 통과 대역 경계 주파수와 차단 주파수가 (같다, 다르다).

(7) 실제 물리적 필터의 차단 주파수는 이득이 (3, 1, 0, -3)[dB]이 되는 주파수이다.

(8) 천이 대역은 차단 주파수에서 저지 대역 경계 주파수까지이다. (○, ×)

(9) 대역폭은 (통과 대역 경계 주파수, 차단 주파수)까지의 주파수 범위이다.

(10) 필터 이득 값이 일정하지 않아 출력 신호가 찌그러지는 현상은 (진폭, 위상) 왜곡이다.

(11) 필터가 선형 위상이면 입력 신호의 모든 주파수 성분의 시간 지연이 같다. (○, ×)

(12) 필터에 의한 특정 주파수 성분의 시간 지연에 해당하는 것은 (위상, 군) 지연아다.

(13) $H(z)H(z^{-1})$의 극과 영점은 z 평면의 (허축, 단위원)에 대해 방사상 대칭으로 위치하는 거울상 대칭 분포를 갖는다.

(14) 최소 위상 시스템은 모든 극과 영점이 단위원 안에 위치한다. (○, ×)

(15) IIR 필터 사양 선정에는 (진폭 특성, 진폭 제곱 특성)을 기준으로 사용한다.

(16) 저지 대역 감쇠 특성을 강조하여 비교할 수 있는 필터 사양은 (절대, 상대) 사양이다.

(17) 이동 평균 필터는 출력 신호의 매끄러운 정도가 필터의 (대역폭, 차단 주파수, 차수)에 종속적인 (LP, HP, BP) 필터이다.

(18) 빗살 필터와 노치 필터는 둘 다 대역 저지 필터의 일종이다. (○, ×)

(19) 디지털 공진기는 대역폭이 좁은 (LP, HP, BP) 필터의 특수한 경우로, 공액 복소극을 단위원에 (가까이, 멀리) 위치시켜 공진을 일으킨다.

(20) 힐베르트 변환기와 전역 통과 필터의 진폭 응답 특성은 같다. (○, ×)

【기초 문제】

9.1 주파수 선택 필터와 관련한 다음의 설명 중 틀린 것은?

㉮ 천이 대역을 갖지 않는 주파수 선택 필터를 물리적으로 만들 수 없다.
㉯ 라디오의 주파수 선국을 위한 동조(공진) 회로는 대역 통과 필터이다.
㉰ 모든 주파수 선택 필터에 대한 가장 단순한 물리적 구현은 1차 시스템으로 가능하다.
㉱ 고역 통과 필터의 중심 주파수는 아날로그 필터와 디지털 필터가 다르다.

9.2 필터의 위상 특성과 관련한 다음의 설명 중 틀린 것은?

㉮ 선형 위상이 되면, 신호의 저주파 성분과 고주파 성분의 시간 지연이 같아진다.
㉯ 위상 응답이 원점을 지나는 직선인 경우에만 선형 위상이 되며, 예외는 없다.
㉰ 진폭 응답은 같고 위상 응답 특성은 다른 시스템이 여러 개 존재할 수 있다.
㉱ 최소 위상 시스템은 항상 안정할 뿐만 아니라, 그 역 시스템도 항상 안정하다.

9.3 필터의 주파수 응답 사양과 관련한 다음의 설명 중 맞는 것은?

㉮ 통과 대역 맥동과 진폭 왜곡은 서로 관련 없다.
㉯ 통과 대역 경계 주파수와 차단 주파수는 같다.
㉰ 천이 대역이 좁을수록 차단 특성이 양호하지만, 일반적으로 통과 대역과 저지 대역 맥동은 커지게 된다.
㉱ 저지 대역 맥동 δ_s가 같으면, 통과 대역 맥동 δ_p에 상관없이 저지 대역 감쇠 A_s가 같다.

9.4 유한 어장 효과와 관련한 다음의 설명 중 맞는 것은?

㉮ 유한 어장 효과는 비트 수를 늘리더라도 개선되지 않는다.
㉯ 유한 어장 효과의 원인은 필터 계수의 양자화 오차뿐이다.
㉰ 유한 어장 효과의 영향은 IIR 필터가 FIR 필터보다 더 민감하다.
㉱ 유한 어장 효과는 필터 동작의 정확도에만 영향을 미칠 뿐 안정성과는 관련이 없다.

9.5 간단한 실용 필터에 관한 다음의 설명 중 틀린 것은?

㉮ 이동 평균 필터는 차수가 높아질수록 대역폭이 좁아진다.
㉯ 디지털 공진기와 IIR 노치 필터는 극을 단위원 가까이 위치시킬수록 공진 특성 및 노치 특성이 더 날카로워진다.
㉰ 힐버트 변환기와 디지털 미분기는 주파수 응답 특성을 물리적으로 정확하게 구현할 수 있다.
㉱ 전역 통과 필터는 차수가 높아질수록 위상 특성이 비선형적으로 더 복잡해진다.

9.6 임펄스 응답 $h[n]=[1,\ \underset{\uparrow}{1},\ 1]$인 필터에 대해서 다음 물음에 답하라.

(a) 주파수 응답을 구하고 진폭 응답과 위상 응답을 그려라.

(b) 입력 $x[n]=\cos\left(\frac{\pi n}{3}\right)$에 대한 출력을 구하라.

(c) 입력 $x[n]=\cos(\pi n)$에 대한 출력을 구하라.

(d) 이 필터는 어떤 유형의 필터인가?

9.7 임펄스 응답 $h[n]=[1,\ \underset{\uparrow}{-1},\ 1]$인 필터에 대해서 다음 물음에 답하라.

(a) 주파수 응답을 구하고 진폭 응답과 위상 응답을 그려라.

(b) 입력 $x[n]=\cos\left(\frac{\pi n}{3}\right)$에 대한 출력을 구하라.

(c) 입력 $x[n]=\cos(\pi n)$에 대한 출력을 구하라.

(d) 이 필터는 어떤 유형의 필터인가?

9.8 다음과 같은 전달 함수를 갖는 필터에 대해서 다음 물음에 답하라.

$$H(z)=\frac{z+2}{z+0.5}$$

(a) 주파수 응답을 구하고 진폭 응답과 위상 응답을 그려라.

(b) 입력 $x[n]=\cos\left(\frac{\pi n}{2}\right)$에 대한 출력을 구하라.

(c) 입력 $x[n]=\cos(\pi n)$에 대한 출력을 구하라.

(d) 이 필터는 어떤 유형의 필터인가?

9.9 다음과 같은 차분 방정식으로 표현되는 필터들에 대해 진폭 응답을 대략 그리고 어떤 유형의 필터인지 판별하라.

(a) $y[n]+0.95y[n-1]=x[n]$

(b) $y[n]-0.95y[n-1]=x[n-1]$

(c) $y[n]-0.25y[n-1]=x[n]-4x[n-1]$

(d) $y[n]-0.25y[n-1]=x[n]-x[n-1]$

9.10 다음과 같은 전달 함수를 갖는 필터의 극-영점 분포와 주파수 응답을 그리고 어떤 유형의 필터인지 판별하라.

(a) $H(z)=\frac{z-0.5}{z+0.5}$

(b) $H(z)=\frac{z+0.5}{z-0.5}$

(c) $H(z)=\frac{z-2}{z+0.5}$

(d) $H(z)=\frac{z+2}{z-0.5}$

9.11 다음과 같은 차분 방정식으로 표현되는 주파수 선택 필터에 대해 다음 물음에 답하라.

$$y[n]+0.9y[n-1]=0.1x[n]$$

(a) 필터의 전달 함수 $H(z)$를 구하라.
(b) 필터의 임펄스 응답 $h[n]$을 구하라.
(c) 이 필터는 안정한가?
(d) $\Omega=0$과 $\Omega=\pi$에서의 $|H(\Omega)|$의 값을 각각 구하라.
(e) (d)의 결과로 미루어 볼 때 이 필터는 어떤 필터인가?

9.12 다음의 차분 방정식으로 표현되는 필터에 대해 [문제 9.11]을 반복하라.

$$y[n]-0.7y[n-1]+0.1y[n-2]=0.4x[n]$$

9.13 다음의 설명이 맞는지 틀리는지 판별하고 그 이유를 밝혀라.

(a) 필터가 선형 위상이면 모든 영점은 단위원 안에 존재한다.
(b) 모든 FIR 필터는 선형 위상이다.
(c) 인과 IIR 필터는 결코 선형 위상이 될 수 없다.
(d) 선형 위상 필터가 $z=1$의 영점을 가지지 않으면 임펄스 응답은 중점에 대해 우대칭이다.
(e) 선형 위상 필터의 임펄스 응답이 중점에 대해 기대칭이면 항상 $z=1$의 영점을 홀수 개 가진다.
(f) 선형 위상 필터를 종속 연결한 것 역시 선형 위상 필터이다.
(g) 선형 위상 필터를 병렬 연결한 것 역시 선형 위상 필터이다.

9.14 다음과 같이 정의되는 시스템에 대해 최소 위상인 전달 함수를 구하라.

(a) $H(z)H(z^{-1})=\dfrac{3z^2+10z+3}{2z^2-5z+2}$

(b) $|H(\Omega)|^2=\dfrac{2+2\cos(\Omega)}{26+10\cos(\Omega)}$

9.15 다음의 차분 방정식으로 표현되는 필터가 FIR 필터인지 IIR 필터인지 판별하라.

(a) $y[n]-y[n-1]=x[n]-x[n-1]$
(b) $y[n]-y[n-1]=x[n]+x[n-1]$
(c) $y[n]-y[n-1]=x[n]+2x[n-1]-3x[n-2]$
(d) $y[n]-y[n-1]-y[n-2]=x[n]+2x[n-1]-3x[n-2]$

9.16 다음의 차분 방정식으로 표현되는 디지털 필터에 대해 다음 물음에 답하라.

$$y[n]+ay[n-1]=x[n]+bx[n-1]$$

(a) 필터가 안정하기 위한 계수 a와 b의 조건을 구하라.
(b) 필터가 선형 위상이 되기 위한 계수 a와 b의 조건을 구하라.
(c) 필터가 최소 위상이 되기 위한 계수 a와 b의 조건을 구하라.
(d) 필터가 전역 통과 필터가 되기 위한 계수 a와 b의 조건을 구하라.

9.17 다음과 같은 두 개의 인과 안정 최소 위상 필터가 있을 때

$$H_1(z)=\frac{z}{z+0.5},\quad H_2(z)=\frac{z-0.5}{z+0.5}$$

다음의 각 경우에 대해 인과성, 안정도, 최소 위상 특성을 만족하는지 판별하고 그 이유를 밝혀라.

(a) $H(z)=\dfrac{1}{H_1(z)}$
(b) $H(z)=\dfrac{1}{H_2(z)}$
(c) $H(z)=H_1(z)H_2(z)$
(d) $H(z)=H_1(z)+H_2(z)$

9.18 $h[n]$이 차단 주파수 $\Omega_c=\dfrac{\pi}{4}$인 이상적인 저역 통과 필터의 임펄스 응답이라고 할 때, 임펄스 응답 $g[n]=h[2n]$을 가지는 필터의 주파수 응답을 구하라. 이 필터의 차단 주파수는 얼마인가?

9.19 $h[n]$이 차단 주파수 $\Omega_c=\dfrac{3\pi}{4}$인 이상적인 고역 통과 필터의 임펄스 응답이라고 할 때, 임펄스 응답 $g[n]=h[2n]$을 가지는 필터의 주파수 응답을 구하라. 이 필터의 차단 주파수는 얼마인가?

9.20 $h[n]$을 차단 주파수 Ω_c인 저역 통과 필터의 임펄스 응답이라고 하자.

(a) 어떤 유형의 필터가 임펄스 응답 $g[n]=(-1)^n h[n]$을 가지는가?
(b) 만약 임펄스 응답 $h[n]$인 저역 통과 필터가 다음의 형태의 차분 방정식으로 표현된다면 임펄스 응답이 $g[n]=(-1)^n h[n]$인 필터의 차분 방정식 표현은 어떻게 되겠는가?

$$y[n]=-\sum_{k=1}^{p}a_k y[n-k]+\sum_{k=0}^{q}b_k x[n-k]$$

【응용 문제】

9.21 주파수 응답이 다음 그림과 같은 고역 통과 필터와 대역 통과 필터를 종속 연결할 경우와 병렬 연결할 경우에 대해 각각 임의의 입력에 대한 출력의 주파수 범위를 구하라.

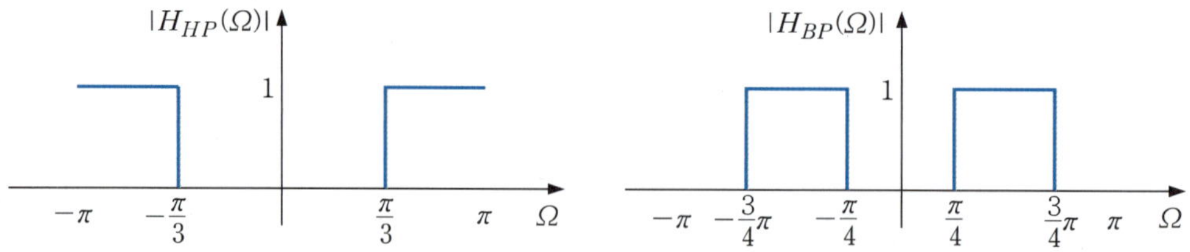

9.22 가장 적은 수의 극과 영점을 사용하여 다음과 같은 성능을 가지는 디지털 필터를 설계하여 전달 함수 $H(z)$와 임펄스 응답을 구하라.

- $H(0)=0$, $H(\pi/3)=0$
- 중심 주파수 $\Omega=\frac{2\pi}{3}$인 협대역 대역 통과 필터로 극이 z 평면의 $r=0.9$에 위치한다.
- 가능한 한 출력 신호의 지연을 최소로 하라.

9.23 FIR 필터의 입력과 출력의 관계가 다음과 같다.

$$y[n]=\sum_{k=0}^{N-1} b_k x[n-k]$$

이때 아래 조건을 만족하는 가장 작은 차수의 필터의 계수 b_k를 구하라.

- 필터는 선형 위상을 갖는다.
- 주파수 $\Omega_0=\frac{\pi}{3}$인 정현파를 완벽하게 차단한다.
- $|H(\pi)|=|H(0)|=1$

9.24 전송로를 거쳐 수신된 신호 $y[n]$에 다음과 같이 송신 신호 $x[n]$에 두 개의 반사 신호가 포함되어 있는 경우에 $y[n]$으로부터 $x[n]$을 다시 복구할 수 있는 필터를 구하라.

$$y[n]=x[n]+\frac{1}{2}x[n-n_d]+\frac{1}{4}x[n-2n_d]$$

9.25 어떤 FIR 선형 위상 필터의 임펄스 응답 $h[n]$은 구간 $0 \le n \le 7$에서만 값을 갖는다. $h[0]=1$이고 필터 전달 함수가 $z=0.4e^{j\pi/3}$과 $z=3$의 영점을 가질 때 $H(z)$를 구하라.

9.26 인과 FIR 필터의 전달 함수가 $H(z)=(1-0.3z^{-1}+0.9z^{-2})(1-0.5z^{-1})$일 때, $h(0)<1$을 만족하면서 같은 크기의 주파수 응답을 가지는 세 개의 다른 인과 FIR 필터를 구하라.

9.27 다음과 같은 불안정한 필터에 대해 다음 물음에 답하라.

$$H(z)=\frac{1}{4}\frac{z+3}{z-2}$$

(a) 가능한 한 최소 차수의 필터를 이용하여 이 필터의 주파수 응답 크기를 그대로 유지하면서 안정하게 만들려면 어떻게 해야 하는가?

(b) 가능한 한 최소 차수의 필터를 이용하여 이 필터의 주파수 응답 크기를 그대로 유지하면서 안정하고 최소 위상인 필터로 만들려면 어떻게 해야 하는가?

9.28 인과 LTI 시스템의 전달 함수가 다음과 같을 때, 이를 최소 위상 필터 $H_{\min}(z)$와 전역 통과 필터 $H_{ap}(z)$의 종속 연결 형태로 분해하라. 즉, $H(z)=H_{\min}(z)H_{ap}(z)$로 나타내라.

$$H(z)=\frac{(1-2z^{-2})(1+0.4z^{-1})}{1-0.85z^{-1}}$$

| 실습목표

- 이동 평균 필터의 특성과 동작에 대해 실습한다.
- 다양한 방법으로 간단한 대역 통과 필터를 구현해본다.
- 다양한 방법으로 디지털 미분기를 구현해본다.

MATLAB 9-1 이동 평균 필터

이동 평균 필터는 가장 간단한 FIR 필터의 하나이다.

(a) 11점 이동 평균 필터의 극-영점 분포와 주파수 응답을 그리고, 이 필터의 차단 주파수를 구하라. 또한 다음의 입력에 대해 필터의 출력을 구하고, 입력 신호와 출력 신호의 진폭 스펙트럼을 그려 필터링 효과를 확인하라.

$$x[n] = \cos(0.04\pi) + \cos\left(0.1\pi - \frac{\pi}{3}\right) + \cos\left(0.3\pi + \frac{\pi}{4}\right)$$

(b) 21점 이동 평균 필터에 대하여 (a)를 반복하라.

풀이

이동 평균 필터는 연속된 여러 입력 값의 평균을 출력으로 내는 필터로서 임펄스 응답은 다음과 같다 (식 (9.31)).

$$h[n] = \frac{1}{N}\sum_{k=0}^{N-1}\delta[n-k]$$

따라서 전달 함수는 다음과 같이 된다(식 (9.30)).

$$H(z) = \frac{1}{N}\sum_{k=0}^{N-1} z^{-k} = \frac{1}{N}\frac{1-z^{-N}}{1-z^{-1}} = \frac{z^N - 1}{Nz^{N-1}(z-1)}$$

(a) 전달 함수가 주어질 때 극-영점 분포와 주파수 응답을 그리는 매트랩 프로그램은 이미 7장에서 실습한 바 있다. 또한 [MATLAB 6-3]에서 차분 방정식/주파수 응답/전달 함수가 주어질 경우 입력에 대한 출력을 계산하고 스펙트럼을 구하여 그리는 프로그램을 이미 실습한 바 있다. 같은 방법으로 이동 평균 필터에 대해 문제를 해결하는 매트랩 프로그램은 다음과 같다.

MATLAB_9_1a.m

```
N=11;                                              % 필터 차수 설정
Nd=1024;                                           % 데이터 수 설정
n=0:Nd-1;                                          % 시간축 생성
num=zeros(1,N+1); num(1)=1; num(N+1)=-1;           % 전달 함수 분자의 계수
den=zeros(1,N+1); den(1)=N; den(2)=-N;             % 전달 함수 분모의 계수
[Hf,f]=freqz(num, den);                            % 주파수 응답 계산
fc=find(abs(Hf)>=max(abs(Hf))/sqrt(2),1, ' last ');  % 차단 주파수 탐색
fc=(fc-1)/(2*length(f))                            % 차단 주파수 계산
```

```
x=cos(0.04*pi*n)+cos(0.1*pi*n-pi/3)+cos(0.3*pi*n+pi/4);   % 입력 신호 생성
y=filter(num,den,x);                                        % 필터 출력 신호 계산
f2=(1/Nd)*[-Nd/2+1:Nd/2];                                   % 주파수축 생성
Xf=fftshift((1/Nd)*fft(x));                                 % 입력 스펙트럼 생성
Yf=fftshift((1/Nd)*fft(y));                                 % 출력 스펙트럼 생성

figure(1)                                                   % 그림 창 1 지정
zplane(num, den);                                           % 이동 평균 필터의 극과 영점을 그림
title( ' \bf{이동 평균 필터의 극과 영점} ' );                  % 그림 제목

figure(2)                                                   % 그림 창 2 지정
subplot(2,1,1);                                             % 2행 1열 분할 그림 창의 1번 창
plot(f/(2*pi),abs(Hf));                                     % 이동 평균 필터의 진폭 응답을 그림
title('\bf{이동 평균 필터의 진폭 응답}');                      % 그림 제목
xlabel('\bf{F}'); grid on;                                  % x축 라벨 및 그리드 표시
subplot(2,1,2);                                             % 2행 1열 분할 그림 창의 2번 창
plot(f/(2*pi),angle(Hf));                                   % 이동 평균 필터의 위상 응답을 그림
title('\bf{이동 평균 필터의 위상 응답}');                      % 그림 제목
xlabel('\bf{F}'); grid on;                                  % x축 라벨 및 그리드 표시

figure(3)                                                   % 그림 창 3 지정
subplot(2,1,1);                                             % 2행 1열 분할 그림 창의 1번 창
stem(n(1:101),x(1:101));                                    % 입력 신호를 그림
title('\bf{입력 신호}');                                      % 그림 제목
xlabel('\bf{n}'); grid on;                                  % x축 라벨 및 그리드 표시
subplot(2,1,2);                                             % 2행 1열 분할 그림 창의 2번 창
stem(n(1:101),y(1:101));                                    % 출력 신호를 그림
title('\bf{출력 신호}');                                      % 그림 제목
xlabel('\bf{n}'); grid on;                                  % x축 라벨 및 그리드 표시

figure(4)                                                   % 그림 창 4 지정
subplot(2,1,1);                                             % 2행 1열 분할 그림 창의 1번 창
plot(f2,abs(Xf));                                           % 입력 신호 스펙트럼을 그림
title('\bf{입력 신호의 스펙트럼}');                           % 그림 제목
xlabel('\bf{F}');                                           % x축 라벨 표시
subplot(2,1,2);                                             % 2행 1열 분할 그림 창의 2번 창
plot(f2,abs(Yf));                                           % 출력 신호 스펙트럼을 그림
title('\bf{출력 신호의 스펙트럼}');                           % 그림 제목
xlabel('\bf{F}');                                           % x축 라벨 표시
```

프로그램을 실행하면 차단 주파수는 $F_c = 0.04$이다. 주파수 응답과 극-영점 분포는 [그림 9-17], 입력 신호와 필터 출력 신호의 파형 및 진폭 스펙트럼은 [그림 9-18]에 나타내었다.

[그림 9-17(a)]에서 보듯이 영점은 단위원을 $N = 11$로 균등하게 나눈 등간격으로 배열되어 있으며, $z = 1$에는 극과 영점이 함께 표시되어 극-영점 상쇄가 일어남을 볼 수 있다. 나머지 10개의 극은 원점에 위치한다. [그림 9-17(b)]의 주파수 응답을 보면, 완만한 천이 대역과 큰 저지 대역 맥동을 가진 비교적 거친 저역 통과 특성과 선형 위상 특성을 보이고 있음을 알 수 있다. 또한 [그림 9-18(a)]의 출력 신호 파형을 입력 신호와 비교하면, 높은 주파수 성분이 상당히 감쇠되어 비교적 완만한 파형을 보이고 있다. 이는 [그림 9-18(b)]의 스펙트럼 그림에서도 확인된다.

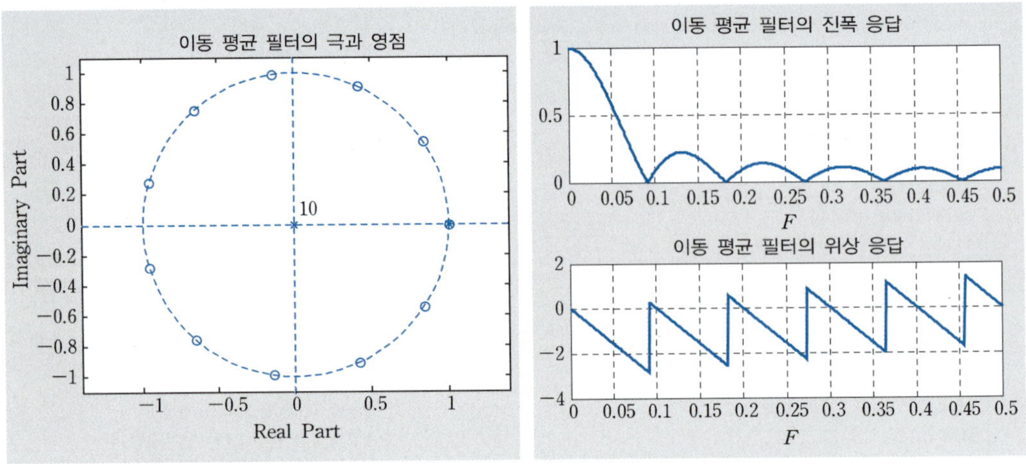

(a) 극-영점 분포

(b) 주파수 응답

[그림 9-17] 11점 이동 평균 필터의 극-영점 분포와 주파수 응답

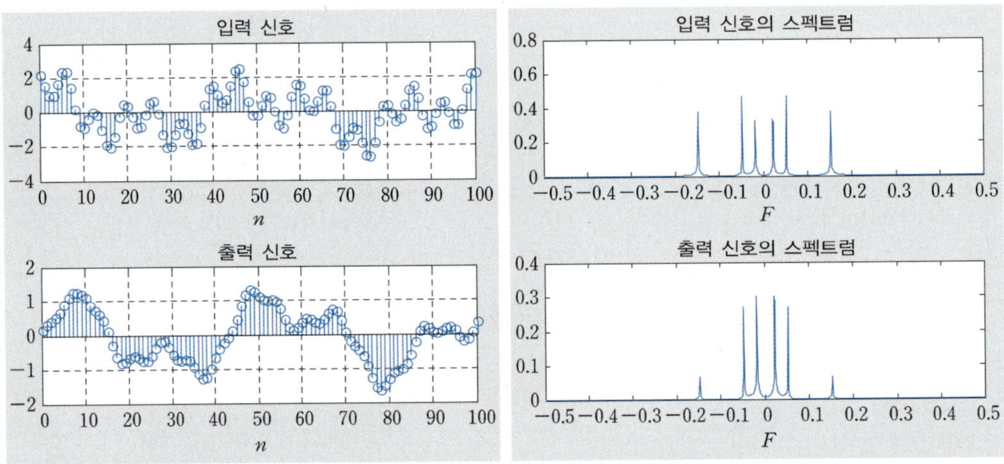

(a) 입력 및 출력 신호 파형

(b) 입력 및 출력 신호 스펙트럼

[그림 9-18] 11점 이동 평균 필터의 입력 신호와 출력 신호 파형 및 스펙트럼

(b) 21점 이동 평균 필터는 $N=21$로 이동 평균 필터의 길이를 두 배한 경우로서 필터 특성이 개선될 것을 기대할 수 있다. 매트랩 프로그램은 $N=21$로 두는 것 말고는 (a)의 경우와 똑같다. 프로그램을 실행하면 차단 주파수는 $F_c=0.0205$가 나오고, 주파수 응답과 극-영점 분포는 [그림 9-19], 입력 신호와 필터 출력 신호의 파형 및 진폭 스펙트럼은 [그림 9-20]에 나타내었다.

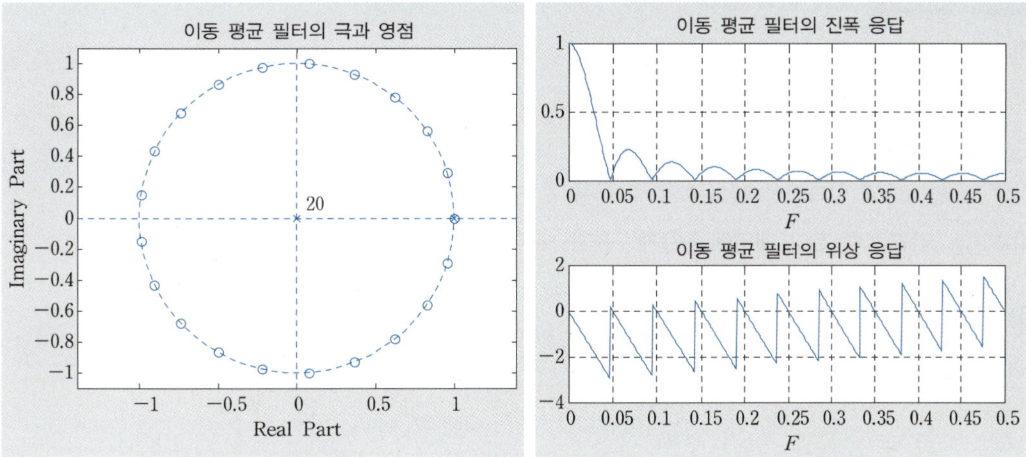

(a) 극-영점 분포　　　　(b) 주파수 응답

[그림 9-19] 21점 이동 평균 필터의 극-영점 분포와 주파수 응답

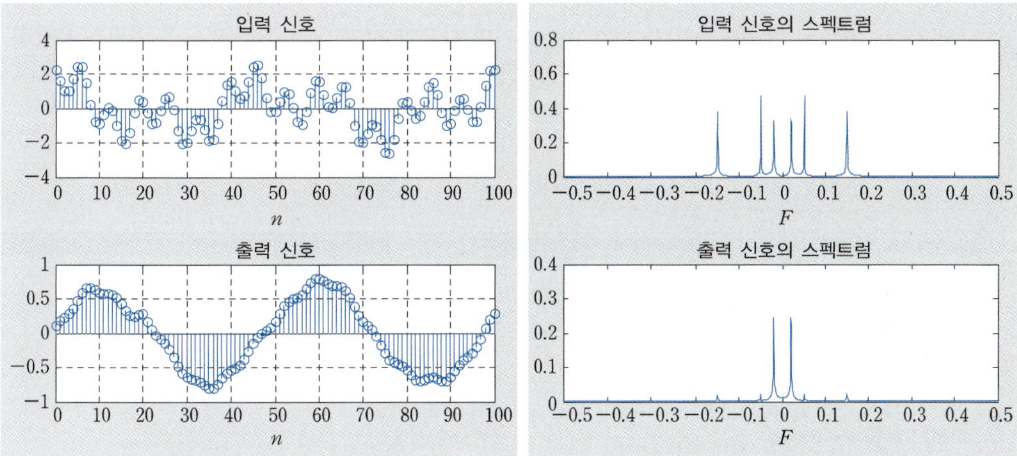

(a) 입력 및 출력 신호 파형　　　　(b) 입력 및 출력 신호 스펙트럼

[그림 9-20] 21점 이동 평균 필터의 입력 신호와 출력 신호 파형 및 스펙트럼

[그림 9-19(b)]의 주파수 응답을 보면 (a)의 경우보다 필터 대역폭이 좁아졌으나, 천이 대역 특성이나 저지 대역 맥동이 개선된 것을 확인할 수 있다. 필터 성능의 개선 효과는 [그림 9-20]에서 출력 신호의 파형과 스펙트럼을 보면 확실히 알 수 있다. (a)의 경우에 비해 출력 파형 값의 변화가 완만하고 부드러우며, 스펙트럼을 보면 필터의 통과 대역 내에 속하는 $F_1 = 0.04$의 정현파 성분만 거의 그대로 통과하고 나머지 두 정현파 성분들은 (a)에 비해 훨씬 크게 감쇠되어 거의 차단된 상태에 가까움을 볼 수 있다.

MATLAB 9-2 대역 통과 필터

중심 주파수 $\Omega_0 = \frac{\pi}{2}$, 통과 대역폭이 대략 0.1π, 천이 대역폭이 상하 각각 대략 0.05π인 대역 통과 필터를 다음과 같은 방법으로 구현하여 주파수 응답을 그려라.

(a) 이상적인 저역 통과 필터의 임펄스 응답을 $N=61$인 사각 창으로 절단한 뒤, 주파수 $\Omega_0 = \frac{\pi}{2}$인 정현파로 변조하고 인과적인 필터를 위해 이를 $n_0 = 31$만큼 시간 이동한다.

(b) $\frac{\pi}{40}$ 간격으로 천이 대역에 1+1개, 통과 대역에 5개의 디지털 공진기를 병렬로 연결한다.

풀이

(a) 차단 주파수 $\Omega_c = 0.05\pi (F_c = 0.025)$인 이상적인 저역 통과 필터의 임펄스 응답은 다음과 같다.

$$h_t[n] = \frac{1}{\pi n}\sin(\Omega_c n) = 2F_c \text{sinc}(2F_c n), \quad |n| \le \frac{N-1}{2}$$

이를 $\Omega_0 = \frac{\pi}{2}$인 정현파로 주파수 이동(변조)하면 다음과 같다.

$$h_m[n] = 4F_c \text{sinc}(2F_c n)\cos(\Omega_0 n), \quad |n| \le \frac{N-1}{2}$$

마지막으로 이를 $n_0 = \frac{N-1}{2}$만큼 시간 이동시키면 다음과 같이 대역 통과 필터의 임펄스 응답이 얻어진다.

$$h_{bp}[n] = 4F_c \text{sinc}[2F_c(n-n_0)]\cos[\Omega_0(n-n_0)], \quad 0 \le n \le N-1$$

이 임펄스 응답에 대해 주파수 응답을 구하여 그리는 매트랩 프로그램은 다음과 같다.

MATLAB_9_2a.m

```
w0=pi/2;                                        % 필터 중심 주파수 설정
fc=0.025;                                       % 차단 주파수 설정
N=61; Nh=(N-1)/2;                               % 필터 임펄스 응답 길이 설정
n=0:N-1;                                        % 시간축 설정
h=2*fc*sinc(2*fc*(n-Nh)).*cos(w0*(n-Nh));       % 필터 임펄스 응답 생성
M=512; w=[0:M-1]*pi/M;                          % 주파수축 설정
Hf=h*exp(-j*n'*w);                              % h[n]의 DTFT H(Ω) 계산

subplot(3,1,1);                                 % 3행 1열 분할 그림 창의 1번 창
plot(w/(2*pi),abs(Hf));                         % 대역 통과 필터의 진폭 응답을 그림
title('\bf{대역 통과 필터의 진폭 응답}');          % 그림 제목
xlabel('\bf{F}'); grid on;                      % x축 라벨 및 그리드 표시
subplot(3,1,2);                                 % 3행 1열 분할 그림 창의 2번 창
plot(w/(2*pi),angle(Hf));                       % 대역 통과 필터의 위상 응답을 그림
%title('\bf{대역 통과 필터의 위상 응답}');         % 그림 제목
xlabel('\bf{F}'); grid on;                      % x축 라벨 및 그리드 표시
subplot(3,1,3);                                 % 3행 1열 분할 그림 창의 3번 창
stem(n,h);                                      % 대역 통과 필터의 임펄스 응답을 그림
title('\bf{대역 통과 필터의 임펄스 응답}');        % 그림 제목
xlabel('\bf{n}'); grid on;                      % x축 라벨 및 그리드 표시
```

실행 결과는 [그림 9-21]에 나타내었다. 그림에서 보듯이 천이 특성은 비교적 가파르나 통과 대역과 저지 대역에 깁스 현상에 의한 맥동이 생기는 것을 확인할 수 있다.

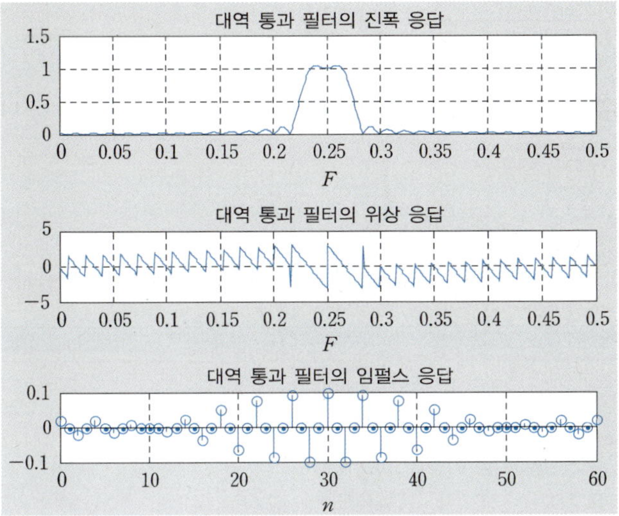

[그림 9-21] 사각 창을 이용한 대역 통과 필터

(b) 저주파($\Omega = 0$)와 고주파($\Omega = \pi$) 이득을 확실하게 0으로 만들기 위해 $z = \pm 1$에 영점을 위치시킨 디지털 공진기의 전달 함수는 다음과 같다.

$$H_r(z) = b_0 \frac{(1-z^{-1})(1+z^{-1})}{(1-re^{j\Omega_0}z^{-1})(1-re^{-j\Omega_0}z^{-1})} = b_0 \frac{z^2-1}{z^2-(2r\cos(\Omega_0))z+r^2}$$

이로부터 디지털 공진기의 차분 방정식은 다음과 같이 쓸 수 있다.

$$y[n] = (2r\cos(\Omega_0))\,y[n-1] - r^2 y[n-2] + b_0 x[n] - b_0 x[n-2]$$

천이 대역과 저지 대역의 경계 주파수가 $0.5\pi - 0.1\pi = 0.4\pi$, $0.5\pi + 0.1\pi = 0.6\pi$이므로 [그림 9-22]와 같이 $[0.4\pi,\ 0.6\pi]$ 구간을 $\frac{\pi}{40}$ 간격으로 나눈 주파수들이 디지털 공진기의 공진 주파수가 되도록 설정하면 된다. 디지털 공진기들의 공진 주파수는 다음과 같다.

$$\Omega_{r1} = \frac{17\pi}{40},\ \Omega_{r2} = \frac{18\pi}{40},\ \Omega_{r3} = \frac{19\pi}{40},\ \Omega_{r4} = \frac{20\pi}{40},\ \Omega_{r5} = \frac{21\pi}{40},\ \Omega_{r6} = \frac{22\pi}{40},\ \Omega_{r7} = \frac{23\pi}{40}$$

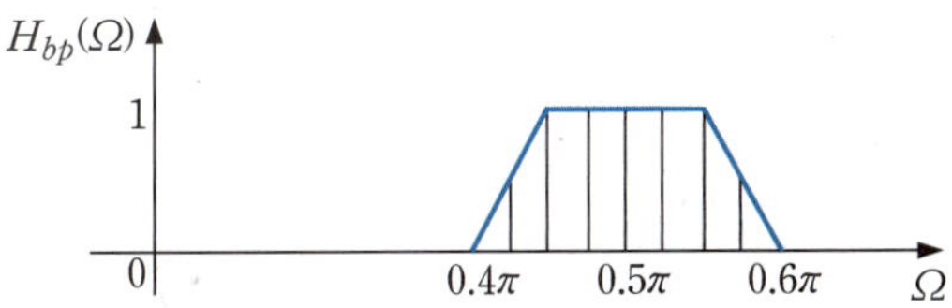

[그림 9-22] 대역 통과 필터의 주파수 응답 구간 분할

그리고 Ω_{r1}과 Ω_{r7}에서는 주파수 응답의 크기가 $\frac{b_0}{2}$이고 나머지는 모두 b_0이다. b_0는 다음과 같이 계산되는 값이다(〈심화학습 자료〉 참조).

$$b_0 = \sqrt{(1-r)^2(1-2r\cos(2\Omega_r)+r^2)}$$

디지털 공진기들이 병렬 연결되어 대역 통과 필터를 구성하므로 대역 통과 필터의 전달 함수는 다음과 같이 된다.

$$H_{bp}(z) = H_{r1}(z) + H_{r2}(z) + H_{r3}(z) + \cdots + H_{r7}(z)$$

따라서 7개의 디지털 공진기를 병렬로 하여 대역 통과 필터를 구성하는 매트랩 프로그램은 다음과 같다.

MATLAB_9_2b.m

```
r=0.88; w0=pi/2;                                         % 필터 파라미터 설정
dw=pi/40;                                                % 주파수 간격 설정
wr=dw*[17:29];                                           % 각 공진기의 공진 주파수 설정
for k=1:7
   b0=sqrt((1-r)^2*(1-2*r*cos(2*wr(k))+r^2);             % b0 계산
   den(k,1:3)=[1 -2*r*cos(wr(k)) r^2];                   % 공진기 전달 함수 분모 계수
   num(k,1:3)=[1 0 -1]*b0;                               % 공진기 전달 함수 분자 계수
end
num(1,1:3)=num(1,1:3)/2; num(7,1:3)=num(1,1:3);          % 공진기 전달 함수 분자 계수

M=512; Hf=zeros(1,M);                                    % 각 공진기 주파수 응답 초기화
for k=1:7
   [Hfr(k,1:M),w]=freqz(num(k,!:3), den(k,1:3),M);       % 각 공진기 주파수 응답 계산
   Hf=Hf+Hfr(k,1:M);                                     % 대역 통과 필터 주파수 응답 계산
end
h=ifft(Hf);                                              % IDTFT로 임펄스 응답 계산
n=0:30;                                                  % 시간축 설정

subplot(3,1,1);                                          % 3행 1열 분할 그림 창의 1번 창
plot(w/(2*pi),abs(Hf));                                  % 대역 통과 필터의 진폭 응답을 그림
title('\bf{대역 통과 필터의 진폭 응답}');                    % 그림 제목
xlabel('\bf{F}'); grid on;                               % x축 라벨 및 그리드 표시
subplot(3,1,2);                                          % 3행 1열 분할 그림 창의 2번 창
plot(w/(2*pi),angle(Hf));                                % 대역 통과 필터의 위상 응답을 그림
%title('\bf{대역 통과 필터의 위상 응답}');                   % 그림 제목
xlabel('\bf{F}'); grid on;                               % x축 라벨 및 그리드 표시
subplot(3,1,3);                                          % 3행 1열 분할 그림 창의 3번 창
stem(n,h(1:31));                                         % 대역 통과 필터의 임펄스 응답을 그림
title('\bf{대역 통과 필터의 임펄스 응답}');                  % 그림 제목
xlabel('\bf{n}'); grid on;                               % x축 라벨 및 그리드 표시
```

프로그램 실행 결과는 [그림 9-23]에 나타내었다.

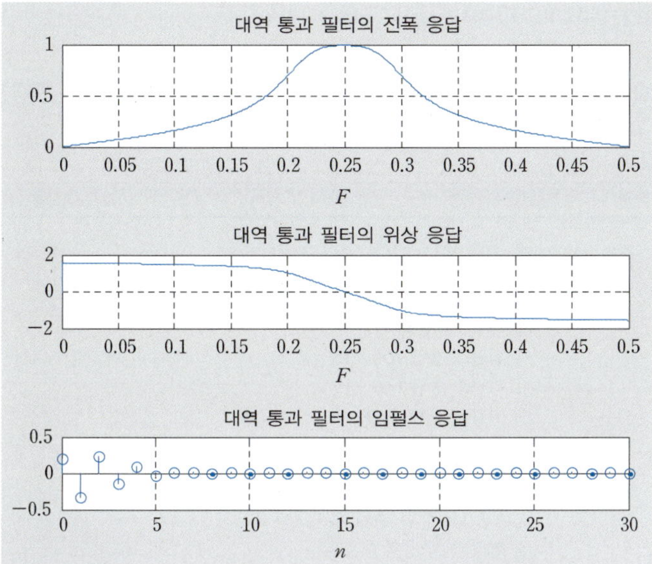

[그림 9-23] 디지털 공진기를 병렬 연결한 대역 통과 필터

그림에서 보듯이 여러 개의 공진기를 더하여 필터를 구성했기 때문에 천이 대역 특성은 좋지 않다. 디지털 공진기의 극의 위치를 단위원에 더 가깝게 하면, 즉 r을 1에 보다 가까운 값으로 하면 천이 특성은 개선되지만 공진기의 주파수 선택도가 민감해져서 통과 대역에 지나친 맥동이 형성되고, 더불어 위상 특성도 저하됨을 볼 수 있을 것이다.

MATLAB 9-3 디지털 미분기

다음의 방법을 이용하여 디지털 미분기를 구현하고 임펄스 응답과 주파수 응답을 그려라.

(a) 길이 $N=21$인 해밍 창(10.3절 참조)

(b) $N=31$점 샘플 스펙트럼을 이용(주파수 샘플링)(10.4절 참조)

풀이

이상적인 디지털 미분기의 주파수 응답과 임펄스 응답은 다음과 같다.

$$H(\Omega)=j\Omega, \quad |\Omega|\le\pi$$

$$h[n]=\begin{cases}0, & n=0\\ \dfrac{\cos(\pi n)}{n}=\dfrac{1}{n}(-1)^n, & n\ne 0\end{cases}$$

디지털 미분기의 임펄스 응답과 주파수 응답은 기대칭을 만족하며, 문제에서 주어진 필터 길이가 홀수이므로 3형 선형 위상 FIR 필터로 구현해야 한다.

(a) $N=21$인 해밍 창은 다음과 같으므로

$$w_{HM}[n]=0.54+0.46\cos\left(\frac{n\pi}{10}\right),\quad |n|\le 10$$

이다. 이를 이용하여 임펄스 응답을 절단 근사화하여 디지털 미분기를 구현하는 매트랩 프로그램은 다음과 같다.

MATLAB_9_3a.m

```
N=21; Nh=(N-1)/2;                       % 필터 임펄스 응답 길이 설정
n=0:N-1;                                % 시간축 설정
m=1:Nh;                                 % 길이 반인 시간축 설정
w_ham=0.54+0.546*cos(pi*m/Nh);          % 해밍 창 생성
hp=((-1).^m./m).*w_ham;                 % 임펄스 응답 n>0 생성
hn=-((-1).^(-m)./m).*w_ham;             % 임펄스 응답 n<0 생성
h=[fliplr(hn) 0 hp];                    % 임펄스 응답 생성
M=512; w=[0:M-1]*pi/M;                  % 주파수축 설정
Hf=h*exp(-j*n'*w);                      % h[n]의 DTFT H(Ω) 계산

subplot(3,1,1);                         % 3행 1열 분할 그림 창의 1번 창
plot(w/(2*pi),abs(Hf));                 % 필터 진폭 응답을 그림
hold on                                 % 현재 창 유지
plot(w/(2*pi),w,'r');                   % 디지털 미분기의 응답을 그림
title('\bf{디지털 미분기의 진폭 응답}'); % 그림 제목
xlabel('\bf{F}'); grid on;              % x축 라벨 및 그리드 표시
hold off                                % 현재 창 유지 해제
subplot(3,1,2);                         % 3행 1열 분할 그림 창의 2번 창
plot(w/(2*pi),angle(Hf));               % 디지털 미분기의 위상 응답을 그림
%title('\bf{디지털 미분기의 위상 응답}'); % 그림 제목
xlabel('\bf{F}'); grid on;              % x축 라벨 및 그리드 표시
subplot(3,1,3);                         % 3행 1열 분할 그림 창의 3번 창
stem(n,h);                              % 디지털 미분기의 임펄스 응답을 그림
title('\bf{디지털 미분기의 임펄스 응답}'); % 그림 제목
xlabel('\bf{n}'); grid on;              % x축 라벨 및 그리드 표시
```

프로그램 실행 결과는 [그림 9-24]에 나타내었다. 그림에서 보면 맥동은 나타나지 않지만 π 부근의 특성은 떨어지는 것을 볼 수 있다.

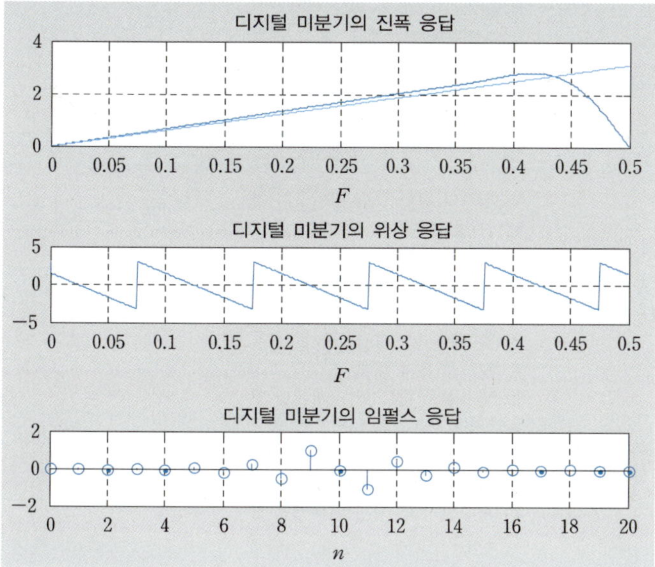

[그림 9-24] 해밍 창을 이용한 디지털 미분기

(b) $[0,\ 2\pi]$ 구간을 $N=21$ 점 샘플링을 하면, 미분기의 주파수 응답은 다음과 같이 된다.

$$H_r[k]=\begin{cases} j\dfrac{2\pi}{N}k, & 0\le k\le\left[\dfrac{N-1}{2}\right] \\ -j\dfrac{2\pi}{N}(N-k), & \left[\dfrac{N-1}{2}\right]+1\le k\le N-1 \end{cases}$$

이때 선형 위상 필터가 되기 위해서는 샘플 스펙트럼의 위상이 다음과 같아야 한다.

$$\angle H[k]=\begin{cases} -\dfrac{N-1}{2}\dfrac{2\pi}{N}k, & 0\le k\le\left[\dfrac{N-1}{2}\right] \\ \dfrac{N-1}{2}\dfrac{2\pi}{N}(N-k), & \left[\dfrac{N-1}{2}\right]+1\le k\le N-1 \end{cases}$$

따라서 샘플 스펙트럼은 다음과 같이 쓸 수 있다.

$$H[k]=H_r[k]e^{j\angle H[k]}$$

이를 IDFT하면 근사화된 디지털 미분기의 임펄스 응답을 구할 수 있고, 다시 이를 DTFT하면 주파수에 대해 연속인 주파수 응답을 구할 수 있다. 이를 수행하는 매트랩 프로그램은 다음과 같다.

MATLAB_9_3b.m

```
N=31;                                     % 필터 임펄스 응답 길이 설정
a=(N-1)/2;                                % 파라미터 설정
dw=2*pi/N;                                % 주파수 간격 설정
k1=0:floor(a); k2=floor(a)+1:N-1;         % 샘플링 구간 생성
Hr=[j*dw*k1 -j*dw*(N-k2)];                % 샘플 스펙트럼의 진폭 생성
```

```
Hang=[-a*dw*k1 a*dw*(N-k2)];                 % 샘플 스펙트럼의 위상 생성
Hk=Hr.*exp(j*Hang);                          % 샘플 스펙트럼 계산
h=ifft(Hk);                                  % H[k]를 IDFT하여 임펄스 응답 구함
n=0;N-1;                                     % 시간축 설정
M=512; w=[0:M-1]*pi/M;                       % 주파수축 설정
Hf=h*exp(-j*n'*w);                           % h[n]의 DTFT H(Ω) 계산

subplot(3,1,1);                              % 3행 1열 분할 그림 창의 1번 창
plot(w/(2*pi),abs(Hf));                      % 디지털 미분기의 진폭 응답을 그림
hold on                                      % 현재 창 유지
plot(w/(2*pi),w,'r');                        % 디지털 미분기의 진폭 응답을 그림
title('\bf{디지털 미분기의 진폭 응답}');     % 그림 제목
xlabel('\bf{F}'); grid on;                   % x축 라벨 및 그리드 표시
hold off                                     % 현재 창 유지 해제
subplot(3,1,2);                              % 3행 1열 분할 그림 창의 2번 창
plot(w/(2*pi),angle(Hf));                    % 디지털 미분기의 위상 응답을 그림
%title('\bf{디지털 미분기의 위상 응답}');    % 그림 제목
xlabel('\bf{F}'); grid on;                   % x축 라벨 및 그리드 표시
subplot(3,1,3);                              % 3행 1열 분할 그림 창의 3번 창
stem(n,h);                                   % 임펄스 응답을 그림
title('\bf{디지털 미분기의 임펄스 응답}');   % 그림 제목
xlabel('\bf{n}'); grid on;                   % x축 라벨 및 그리드 표시
```

프로그램 실행 결과는 [그림 9-25]에 나타내었다. 그림에서 보면 맥동이 발생하며, (a)의 해밍 창의 경우보다 임펄스 응답의 길이가 길므로 π 부근에서 늦게 0으로 떨어지지만 그 대가로 맥동의 크기가 커진 것을 볼 수 있다. 이 경우는 샘플 스펙트럼의 위상을 달리하는 것을 제외하면 사실 사각 창을 사용하는 경우와 기본적으로 같기 때문에 깁스 현상에 의한 맥동이 관찰되며, 경계부에 근사 오차가 몰리게 되는 것이다.

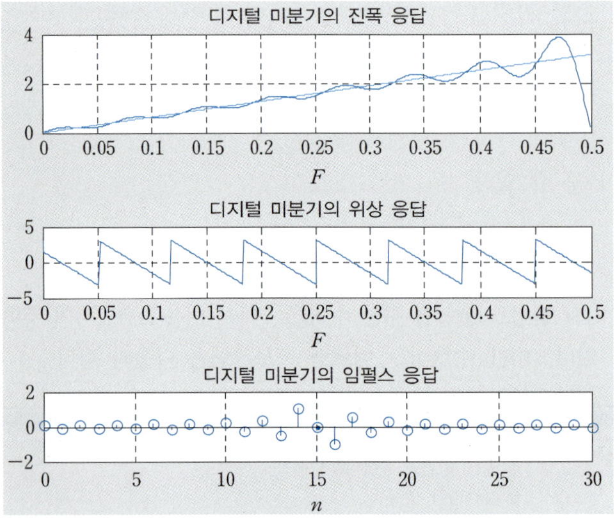

[그림 9-25] 주파수 샘플링을 이용한 디지털 미분기

CHAPTER

10

FIR 필터 설계

FIR Filter Design

학습목표

- FIR 필터 설계의 기본 개념을 이해할 수 있다.
- 선형 위상 필터의 유형과 특성을 알 수 있다.
- 여러 가지 창 함수들의 특성을 비교할 수 있다.
- 창 함수를 이용한 FIR 필터 설계 방법을 알 수 있다.
- 주파수 샘플링에 의한 FIR 필터 설계 방법을 알 수 있다.
- 최적 등맥동 FIR 필터 설계의 원리와 알고리즘을 이해할 수 있다.
- FIR 필터의 주파수 대역 변환 방법을 알 수 있다.

【미리보기】

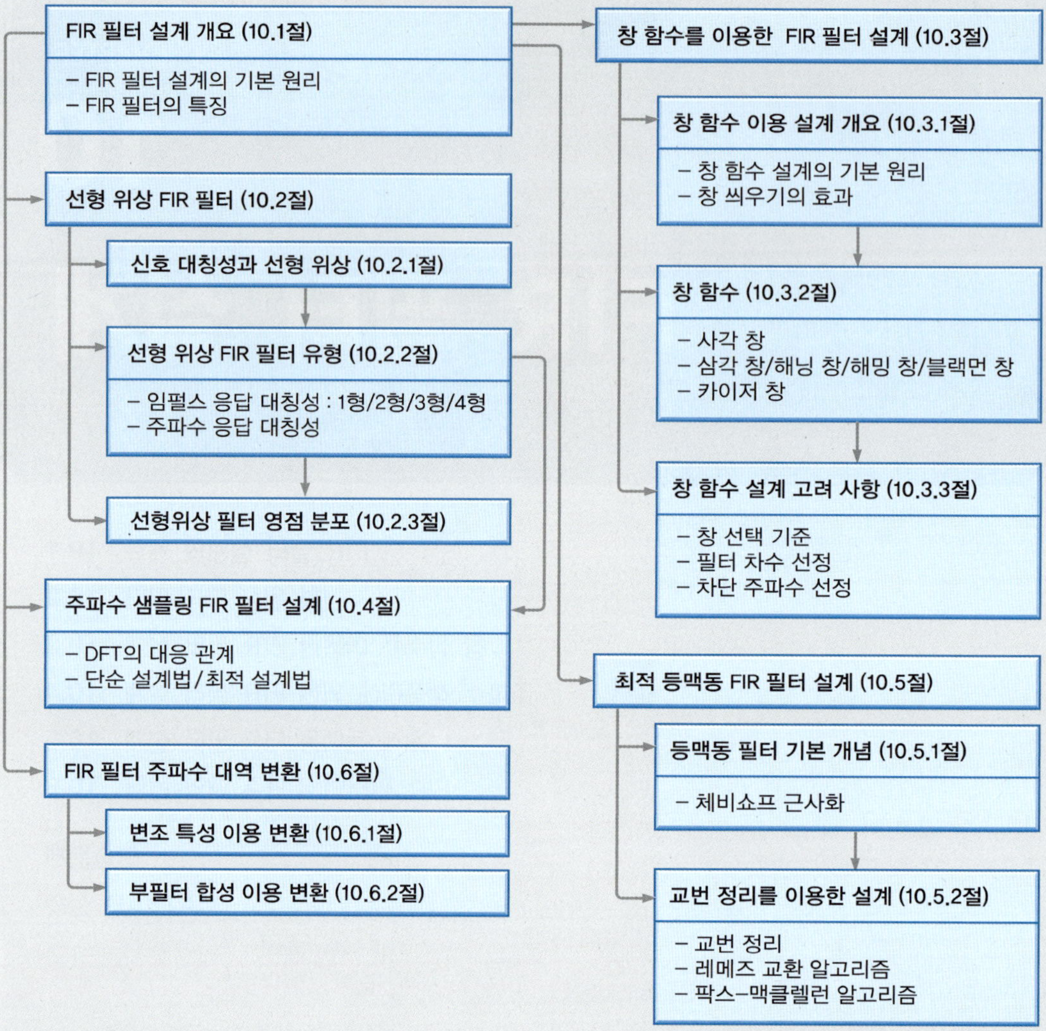

FIR 필터는 전달 함수 극을 설계할 필요가 없어 항상 안정성이 보장될 뿐만 아니라 선형 위상이 되도록 설계할 수 있는 장점이 있다. 하지만 같은 사양을 충족시키는 IIR 필터보다 차수가 매우 커지기 때문에 물리적 구현에 필요한 소자 수나 알고리즘 계산량이 늘어나는 단점도 있다. 이 장에서는 먼저 FIR 필터의 특성과 선형 위상 FIR 필터에 대해 살펴보고, 창 함수법, 주파수 샘플링법, 등맥동 최적화법 등 일반적인 FIR 필터 설계 방법을 알아볼 것이다. 그리고 원형[prototype] 저역 통과 필터로부터 다른 주파수 선택 필터를 얻는 방법도 알아본다.

SECTION 10.1

FIR 필터 설계의 개요

학습포인트

- 이상적인 필터로부터 FIR 필터로 근사화하는 기본 개념과 과정을 이해한다.
- FIR 필터의 설계는 곧 임펄스 응답의 결정 문제임을 이해한다.
- FIR 필터의 특징(안정도와 선형 위상)에 대해 알아본다.
- FIR 필터의 설계 사양이 무엇인지 알아본다. 절대 사양과 상대 사양의 차이를 이해한다.

FIR 필터는 임펄스 응답의 길이가 유한하므로 출력을 회귀시킬 필요가 없다. 그로 인해 비순환형의 간단한 구조를 가져 구현이 쉽고 안정성이 보장되며, 특히 선형 위상을 갖는다는 장점이 있다. 기본적으로 FIR 필터 설계는 사양을 충족시키도록 적절한 길이의 대칭 파형을 갖는 임펄스 응답을 찾아내는 문제이다. 이 절에서는 FIR 필터 설계의 기본 원리와 특징에 대해 간단히 살펴보기로 한다.

FIR 필터 설계의 기본 원리

FIR 필터 설계의 개념을 이해하기 위해, 먼저 저역 통과(LP) 필터를 FIR 필터로 구현하는 문제를 생각해보자. 이상적인 LP 필터의 주파수 응답은 다음과 같다.

$$H_d(\Omega) = \begin{cases} 1, & |\Omega| \le \Omega_c \\ 0, & |\Omega| > \Omega_c \end{cases} \tag{10.1}$$

이를 역변환(IDTFT)하여 임펄스 응답을 구하면 이미 아는 것처럼 sinc 함수가 된다.

$$\begin{aligned} h_d[n] &= \frac{1}{2\pi}\int_{-\Omega_c}^{\Omega_c} H_d(\Omega)e^{j\Omega n}\,d\Omega \\ &= \frac{1}{j2n\pi}\left(e^{j\Omega_c n} - e^{-j\Omega_c n}\right) \\ &= \frac{1}{n\pi}\sin(\Omega_c n) = \frac{\Omega_c}{\pi}\operatorname{sinc}\left(\frac{\Omega_c}{\pi}n\right) \\ &= 2F_c\operatorname{sinc}(2F_c n) \end{aligned} \tag{10.2}$$

[그림 10-1(a)]에 나타낸 이상적인 LP 필터의 임펄스 응답은 비인과라서 물리적으로 구현할 수가 없다. 더군다나 길이가 무한하므로 FIR 필터로는 더더욱 구현 불가능하다.

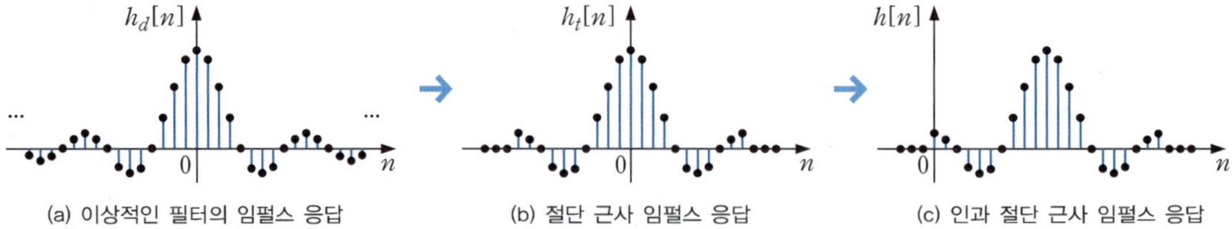

(a) 이상적인 필터의 임펄스 응답 (b) 절단 근사 임펄스 응답 (c) 인과 절단 근사 임펄스 응답

[그림 10-1] 이상적인 LP 필터와 인과 FIR 필터의 임펄스 응답 관계

- 임펄스 응답의 길이가 유한한 인과 FIR 필터를 만들려면 두 가지 과정을 거쳐야 한다.
  1. 이상적인 임펄스 응답 $h_d[n]$을 진폭 응답 특성이 그다지 나빠지지 않는 범위에서 적당한 길이로 자른다([그림 10-1(b)]).
  2. 잘린 임펄스 응답을 $n=0$에서부터 시작되는 인과 신호가 되도록 시간축에서 오른쪽으로 이동시켜 FIR 필터의 임펄스 응답 $h[n]$을 얻는다([그림 10-1(c)]).
- 물리적으로 구현 가능한 길이 N인 인과 FIR 필터의 주파수 응답 $H(\Omega)$는 다음과 같다.

$$H(\Omega)=\sum_{n=0}^{N-1}h[n]e^{-j\Omega n}=\sum_{n=0}^{N-1}h[n](\cos(\Omega n)-j\sin(\Omega n)) \tag{10.3}$$

- 인과 필터를 만들기 위한 시간 이동으로 인해 인과 FIR 필터는 선형 위상을 갖는다. 따라서 위상 왜곡이 발생하지 않으므로 필터 설계는 진폭 응답만 고려하면 된다.
- 주파수 영역 관점에서 FIR 필터의 설계는 주어진 설계 사양에 대해 $|H_d(\Omega)-H(\Omega)|^2$을 최소화하는 $h[n]$을 구하는 최적화 문제가 된다.
- 시간 영역 관점에서 FIR 필터의 설계는 $h[n]$(sinc 함수)의 부엽에 의한 누설이 허용 범위를 넘지 않도록 절단 근사 임펄스 응답의 길이 N을 결정하는 문제와 같다.
- 극-영점 배치의 관점에서 FIR 필터의 설계는 $N-1$개의 영점 배치 문제가 된다.

절단 근사화한 $h[n]$의 길이가 N이라면, 인과 FIR 필터의 전달 함수는 다음과 같다.

$$H(z)=\sum_{n=0}^{N-1}h[n]z^{-n} \tag{10.4}$$

원하는 이상적인 필터와 실제 FIR 필터의 주파수 응답의 오차가 작을수록 좋은 설계라 할 수 있으므로, FIR 필터의 설계는 $|H_d(\Omega)-H(\Omega)|^2$을 최소화하는 최적화 문제와 같다. 한편 시간 영역 관점에서는 $h_d[n]$을 자를 때 잘려 나간 부분에 의한 에너지(정보) 손실이 허용 범위를 넘지 않도록 $h[n]$의 길이를 결정하는 것과 마찬가지이다. 식 (10.4)의 FIR 필터의 전달 함수 $H(z)$의 극은 모두 z 평면의 원점에 중극으로 위치하므로 항상 안정하다. 따라서 FIR 필터의 설계는 $N-1$개의 영점 배치만 신경 쓰면 된다.

[그림 10-1(a)]의 이상적인 필터의 임펄스 응답이나 [그림 10-1(b)]의 절단 근사 임펄스 응답은 $n=0$을 중심으로 우대칭이므로, 위상은 모든 주파수에 대해 0(또는 $\pm\pi$)이다. 그러므로 [그림 10-1(b)]를 시간 이동한 [그림 10-1(c)]의 인과 FIR 필터의 주파수 응답 $H(\Omega)$은 시간 이동에 상응하는 선형 위상 특성을 갖게 된다. 따라서 FIR 필터의 설계는 진폭 특성만 고려하면 된다. 설계 사양은 9.3절의 [그림 9-7]의 진폭 응답 $|H(\Omega)|$를 사용하여 원하는 성능에 맞게 Ω_p, Ω_s, δ_p, δ_s를 선정하면 된다. [그림 9-7(a)]의 절대 사양 대신 저지 대역 감쇠 특성을 명확하게 알아볼 수 있고 필터 간에 상대적인 비교가 가능한 [그림 9-7(b)]의 상대 사양을 사용할 수도 있다. 이 경우에는 δ_p, δ_s 대신 식 (9.26)의 A_p와 식 (9.27)의 A_s가 설계 사양으로 사용된다. 설계하고자 하는 FIR 필터가 연속 신호의 디지털 처리를 위한 것이라면 디지털 주파수의 기준을 잡을 수 있도록 샘플링 주파수가 함께 주어져야 한다.

FIR 필터의 특징

인과 FIR 필터의 출력은 다음과 같이 입력과 임펄스 응답의 컨벌루션으로 나타낼 수 있는데, $h[k]$를 계수 b_k로 하는 비순환 필터의 입출력 관계 식 (9.2)와 같다.

$$y[n]=\sum_{k=0}^{N-1}h[k]x[n-k] \tag{10.5}$$

- FIR 필터는 출력 회귀가 없는 비순환 필터형의 간단한 구조로 구현이 비교적 쉽다.
- FIR 필터는 출력 회귀가 없으므로 신호나 필터 계수의 양자화에 의한 유한 어장 효과에 덜 민감하다.
- 필터의 물리적 구현을 위해 이상적인 저역 통과 필터의 임펄스 응답을 잘라낸 대가로 필터의 통과 대역과 저지 대역에 작은 맥동이 발생하고 천이 대역의 폭이 넓어진다.
- FIR 필터는 주어진 사양에 맞추어 설계를 진행하더라도 근사화 과정으로 인해 설계 결과의 주파수 응답 특성이 주어진 사양과 달라진다. 즉 대역 경계 주파수가 이동하거나 대역 감쇠 값이 달라진다.

물리적인 인과 FIR 필터 구현을 위해 식 (10.2)의 이상적인 임펄스 응답 $h_d[n]$을 잘라내게 되면, 주파수 응답이 작은 맥동과 천이 대역 등으로 이상적인 필터의 주파수 응답과는 달라진 특성을 보이게 된다. 왜 그렇게 되는지는 10.3.1절에서 자세히 살펴볼 것이다. 또한 10.3절 이후의 설계 예제에서 보게 되겠지만, FIR 필터를 사양에 맞추어 설계하더라도 근사화로 인해 주파수 응답 특성이 단번에 정확히 맞추어지지 않는다. 그러므로 보통 설계는 한 번에 끝나지 않고 시행착오의 과정을 몇 번 반복하여 설계 사양을 확실히 충족시키는 필터를 얻게 된다. 따라서 필터의 설계는 경험에 의한 노하우가 필요하다.

SECTION 10.2

선형 위상 FIR 필터

학습포인트

- 신호의 대칭성과 선형 위상의 관계를 이해한다.
- 선형 위상 FIR 필터의 네 가지 유형과 각 유형에 따른 임펄스 응답 및 주파수 응답의 대칭성의 차이, 구현 가능한 필터 종류 등에 대해 알아본다.
- 선형 위상 FIR 필터의 영점 분포의 특징과 $z=\pm 1$의 영점에 따른 필터 유형의 판별 방법에 대해 알아본다.

FIR 필터의 가장 큰 특징은 위상의 선형성이다. 선형 위상이 되면 입력 신호의 모든 주파수 성분이 시간축 상에서 같은 시간을 이동하게 되어 출력 신호에 왜곡이 생기지 않는데, 이는 아주 바람직한 성질이다. 이 절에서는 FIR 필터의 선형 위상 특성과 임펄스 응답 $h[n]$의 대칭성 사이의 관련성에 대해 살펴보고, 네 가지 유형의 선형 위상 FIR 필터와 특징에 대해 알아보기로 한다.

10.2.1 신호의 대칭성과 선형 위상

- DTFT의 대칭성 성질에 의해 실수이고 우대칭인 신호의 DTFT(스펙트럼)의 위상은 DTFT가 양이면 0, 음이면 $\pm\pi$의 상수가 된다.
- DTFT의 대칭성 성질에 의해 실수이고 기대칭인 신호의 DTFT(스펙트럼)의 위상은 DTFT의 부호에 따라 구간별로 $\pm\pi/2$의 상수가 된다.
- 대칭 신호를 n_0만큼 오른쪽으로 시간 이동시키면 $-n_0\Omega$만큼의 위상 변화가 생기므로, 인과이며 대칭 신호의 DTFT(스펙트럼)의 위상은 구간별로 선형 특성을 나타낸다.

6.3절 [표 6-2]에 정리된 DTFT의 성질 중 대칭성에 의하면, 실수이고 우대칭인 신호의 DTFT는 허수부가 0인 실수 함수가 되고, 실수이고 기대칭인 신호의 DTFT는 실수부가 0인 순허수 함수가 된다. 실수는 양수면 0, 음수면 $\pm\pi$의 위상을 갖고, 순허수는 위상이 부호가 +이면 $\pi/2$, −이면 $-\pi/2$가 된다. 또 신호를 n_0만큼 시간 지연시키면 DTFT의 시간 이동 성질에 의해 $-n_0\Omega$만큼 선형적으로 위상이 변한다. 따라서 대칭 신호는 위에 정리한 위상 특성을 띠게 된다. 이와 같은 대칭성이 만족하도록 FIR 필터의 임펄스 응답을 선정하면 선형 위상 특성을 갖는 필터가 될 것이다.

이러한 인과 대칭 신호 스펙트럼 위상의 선형 특성의 대표적인 유형을 [그림 10-2]에 나타내었다. [그림 10-2(a)]는 스펙트럼이 항상 양의 값을 갖는 우대칭 신호의 위상을 그대로 나타낸 것이고, [그림 10-2(b)]는 기대칭 신호의 위상으로 $\Omega=0$에서 π만큼의 불연속이 있다.

[그림 10-2(c)]는 모든 위상값을 $[-\pi, \pi]$의 표준 구간으로 제한하여 나타낸 것이며, [그림 10-2(d)]는 스펙트럼이 부호 변화가 생기는 점에서 π만큼의 불연속이 발생하는 것을 나타낸 것이다.

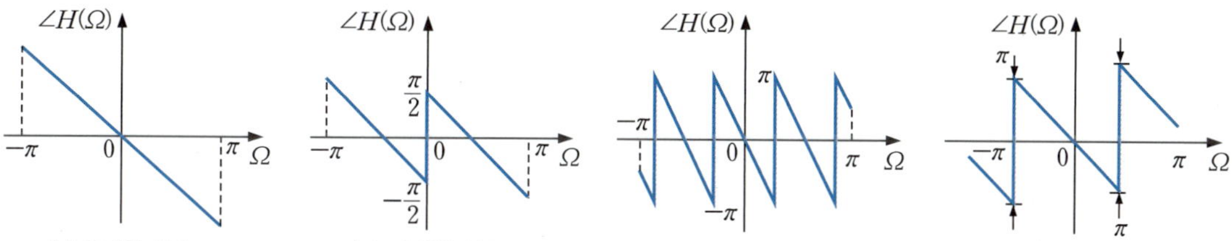

[그림 10-2] 신호의 대칭성에 의한 선형 위상 예

10.2.2 선형 위상 FIR 필터의 유형

대칭성을 만족하는 임펄스 응답 $h[n]$의 형태는 우대칭 $h[n]=h[N-1-n]$인 경우와 기대칭 $h[n]=-h[N-1-n]$인 경우의 두 가지로 나눌 수 있다. 그리고 각각에 대해 $h[n]$의 길이 N이 홀수와 짝수인 두 가지 경우가 가능하므로 총 네 가지 유형이 생긴다(네 가지 유형의 주파수 응답에 관한 자세한 유도 과정은 <심화학습 자료> 참조). 이때 N이 홀수이면 $h[n]$의 한가운데 있는 샘플 위치가 대칭축이 되고, N이 짝수라면 가운데 있는 두 샘플의 중간점이 대칭축이 된다. 여러 문헌에서 신호의 대칭 관계를 나타낼 때 우대칭을 **대칭**symmetric, 기대칭을 **반대칭**antisymmetric이라고도 한다. 필터의 주파수 응답을 그래프로 나타낼 때, $|H(\Omega)|$는 진폭 값이 음인 부분을 꺾어 올렸기 때문에 위상이 연속적이지 못하고 꺾이는 부분에서 π만큼의 불연속을 가진다. 그러므로 연속적인 위상 변화를 보여주기 위해 절댓값을 취하지 않은 진폭 $H_r(\Omega)$를 사용하는 경우가 많다. 앞으로 $|H(\Omega)|$는 크기 응답, $H_r(\Omega)$는 진폭 응답으로 구분하여 나타낼 것이다.

1형 선형 위상 FIR 필터

- 1형은 임펄스 응답이 우대칭, 즉 $h[n]=h[N-1-n]$이고 길이 N이 홀수인 경우이다.
- 1형의 위상 응답은 $-\dfrac{(N-1)}{2}\Omega$의 선형 위상을 가진다.
- 1형의 진폭 응답 $H_{1r}(\Omega)$는 코사인 함수로 이루어져 있으므로 우대칭이며, $\Omega=\pi$에 대해서도 우대칭을 만족한다.
- 저주파 이득 $|H_1(0)|$와 고주파 이득 $|H_1(\pi)|$는 임펄스 응답의 값에 따라 모두 0이 아닐 수도 있다. 따라서 모든 유형의 주파수 선택 필터를 구현할 수 있다.

1형 선형 위상 FIR 필터의 주파수 응답은 다음과 같다.

$$H_1(\Omega)=\left(\sum_{k=0}^{(N-1)/2} a_k \cos(k\Omega)\right)e^{-j\frac{(N-1)}{2}\Omega}=H_{1r}(\Omega)e^{-j\frac{(N-1)}{2}\Omega} \quad (10.6)$$

여기서 $H_{1r}(\Omega)$는 절댓값을 취하지 않은 진폭 응답이고, 계수 a_k는 다음과 같다.

$$\begin{cases} a_0 = h_1\left[\dfrac{(N-1)}{2}\right] \\ a_k = 2h_1\left[\dfrac{(N-1)}{2} - k\right], \quad k = 1, 2, \cdots, \dfrac{(N-1)}{2} \end{cases} \tag{10.7}$$

[그림 10-3]은 1형 선형 위상 FIR 필터의 임펄스 응답과 진폭 응답 $H_{1r}(\Omega)$의 한 예이다. 그림에서 진폭 응답 $H_{1r}(\Omega)$이 우대칭이며, $\Omega = \pi$에 대해서도 우대칭임을 볼 수 있다.

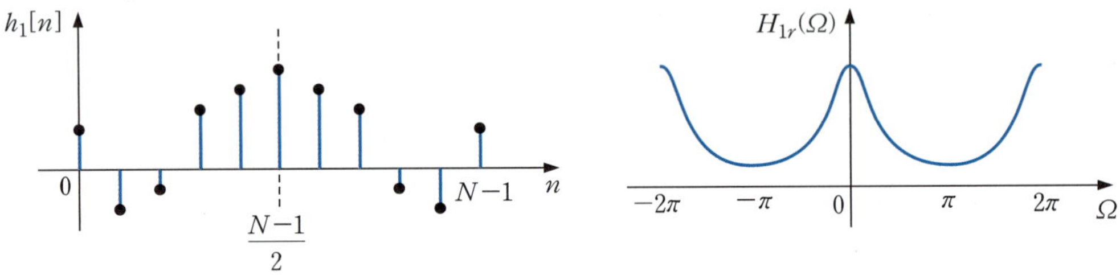

(a) 임펄스 응답(N은 홀수, 우대칭)　　(b) 진폭 응답(실수, 우대칭)

[그림 10-3] 1형 선형 위상 FIR 필터의 임펄스 응답 및 진폭 응답

2형 선형 위상 FIR 필터

- 2형은 임펄스 응답이 우대칭, 즉 $h[n] = h[N-1-n]$이고 길이 N이 짝수인 경우이다.
- 2형의 위상 응답은 $-\dfrac{(N-1)}{2}\Omega$의 선형 위상을 갖는다.
- 2형의 진폭 응답 $H_{2r}(\Omega)$는 코사인 함수로 이루어져 있으므로 우대칭이며, $\Omega = \pi$에 대해 기대칭을 만족한다.
- $|H_2(\pi)| = 0$이므로 고역 통과(HP) 필터나 대역 저지(BS) 필터를 구현할 수 없다.

2형 선형 위상 FIR 필터의 주파수 응답은 다음과 같다.

$$H_2(\Omega) = \left(\sum_{k=1}^{N/2} b_k \cos\left(\left(k - \frac{1}{2}\right)\Omega\right)\right) e^{-j\frac{(N-1)}{2}\Omega} = H_{2r}(\Omega) e^{-j\frac{(N-1)}{2}\Omega} \tag{10.8}$$

여기서

$$b_k = 2h_2\left[\frac{N}{2} - k\right], \; k = 1, \; 2, \; \cdots, \; \frac{N}{2} \tag{10.9}$$

이다. 2형의 주파수 응답은 1형의 주파수 응답과 매우 비슷하지만, $k - \frac{1}{2}$이 항상 $\frac{1}{2}$의 홀수 배이기 때문에 $\Omega = \pi$에서 $H_{2r}(\pi) = 0$가 되어 $H_{2r}(\Omega)$가 $\Omega = \pi$에 대해 기대칭이 되는 점이 다르다. 그래서 BP 또는 BS 필터를 만들 수 없고, 만약 $H_{2r}(\Omega)$ 대신 $|H_2(\Omega)|$를 쓴다면 위상 응답이 $\Omega = \pi$에서 π만큼의 불연속을 보일 것이다. [그림 10-4]에 2형 선형 위상 FIR 필터의 임펄스 응답과 진폭 응답 $H_{2r}(\Omega)$의 한 예를 나타내었다.

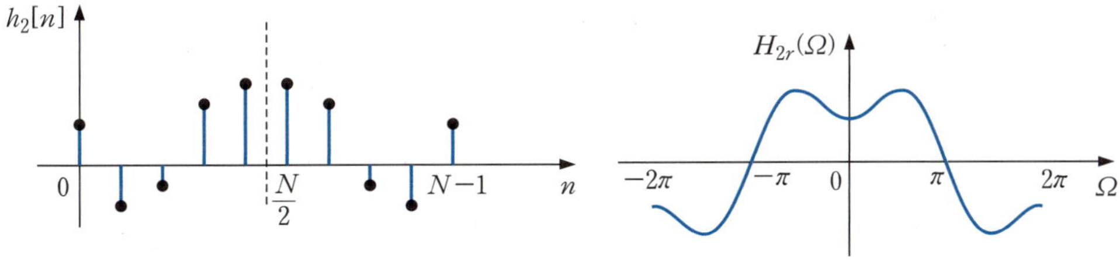

(a) 임펄스 응답(N은 짝수, 우대칭)　　(b) 진폭 응답(실수, 우대칭)

[그림 10-4] 2형 선형 위상 FIR 필터의 임펄스 응답 및 진폭 응답

3형 선형 위상 FIR 필터

- 3형은 임펄스 응답이 기대칭, 즉 $h[n] = -h[N-1-n]$이고 길이 N이 홀수인 경우이다.
- 3형의 위상 응답은 $-\dfrac{\Omega(N-1)}{2}+\dfrac{\pi}{2}$의 선형 위상을 가져 $\Omega=0$에서 π만큼 불연속이 생긴다.
- 3형의 진폭 응답 $H_{3r}(\Omega)$는 사인 함수로 이루어져 있으므로 기대칭이며, $\Omega=\pi$에 대해서도 기대칭을 만족한다.
- $|H_3(0)|=0$, $|H_3(\pi)|=0$이므로 오직 대역 통과(BP) 필터만 구현할 수 있다.

3형 선형 위상 FIR 필터의 경우, 임펄스 응답의 대칭축에 있는 샘플이 항상 0이므로 주파수 응답은

$$\begin{aligned} H_3(\Omega) &= \left(\sum_{k=1}^{(N-1)/2} a_k \sin(k\Omega)\right) e^{-j\left(\frac{(N-1)}{2}\Omega-\frac{\pi}{2}\right)} \\ &= H_{3r}(\Omega) e^{-j\left(\frac{(N-1)}{2}\Omega-\frac{\pi}{2}\right)} \end{aligned} \tag{10.10}$$

이 된다. 여기서

$$a_k = 2h_3\left[\frac{(N-1)}{2}-k\right], \quad k=1,\ 2,\ \cdots,\ \frac{(N-1)}{2} \tag{10.11}$$

이다. 9.2.3절에서 보았듯이, 위상 응답의 $\dfrac{\pi}{2}$는 삼각함수의 형태를 변환하는 역할을 하므로 이를 제외한 $-\dfrac{(N-1)}{2}\Omega$이 실제 시간 지연에 해당하는 위상이 된다. [그림 10-5]는 3형 선형 위상 FIR 필터의 임펄스 응답과 진폭 응답의 한 예이다.

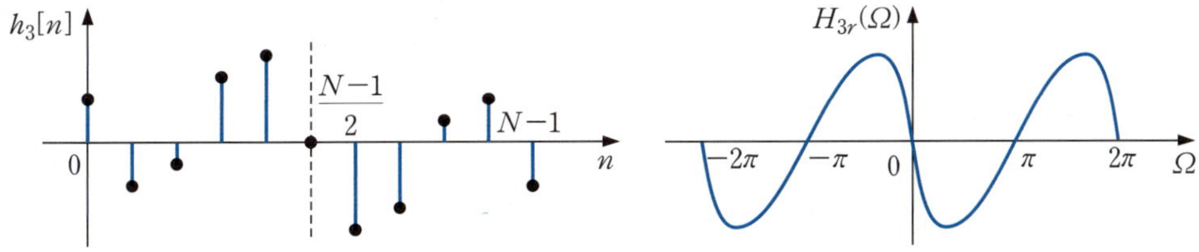

(a) 임펄스 응답(N은 홀수, 기대칭)　　(b) 진폭 응답(허수, 기대칭)

[그림 10-5] 3형 선형 위상 FIR 필터의 임펄스 응답 및 진폭 응답

4형 선형 위상 FIR 필터

- 4형은 임펄스 응답이 기대칭, 즉 $h[n] = -h[N-1-n]$ 이고 길이 N이 짝수인 경우이다.
- 4형의 위상 응답은 $-\dfrac{\Omega(N-1)}{2} + \dfrac{\pi}{2}$ 의 선형 위상을 가져 $\Omega = 0$ 에서 π 만큼 불연속이 생긴다.
- 4형의 진폭 응답 $H_{4r}(\Omega)$는 사인 함수로 이루어져 있으므로 기대칭이며, $\Omega = \pi$에 대해 우대칭을 만족한다.
- $|H_4(0)| = 0$ 이므로 저역 통과(LP) 필터를 구현할 수 없다.

4형 선형 위상 FIR 필터의 주파수 응답은 다음과 같다.

$$\begin{aligned} H_4(\Omega) &= \left(\sum_{k=1}^{N/2} b_k \sin\left(\left(k - \frac{1}{2}\right)\Omega\right)\right) e^{-j\left(\frac{(N-1)}{2}\Omega - \frac{\pi}{2}\right)} \\ &= H_{4r}(\Omega) e^{-j\left(\frac{(N-1)}{2}\Omega - \frac{\pi}{2}\right)} \end{aligned} \tag{10.12}$$

여기서

$$b_k = 2h_4\left[\frac{N}{2} - k\right], \quad k = 1, 2, \cdots, \frac{N}{2} \tag{10.13}$$

이다. 4형의 주파수 응답은 3형의 주파수 응답과 매우 비슷하지만, $k - \dfrac{1}{2}$ 이 항상 $\dfrac{1}{2}$ 의 홀수배이기 때문에 $H_{4r}(\pi) \neq 0$ 으로 $H_{4r}(\Omega)$가 $\Omega = \pi$에 대해 우대칭이 되는 점이 다르다. [그림 10-6]은 4형 선형 위상 FIR 필터의 임펄스 응답과 진폭 응답의 한 예이다. DC 이득이 0이므로 결코 LP 필터를 만들 수 없다.

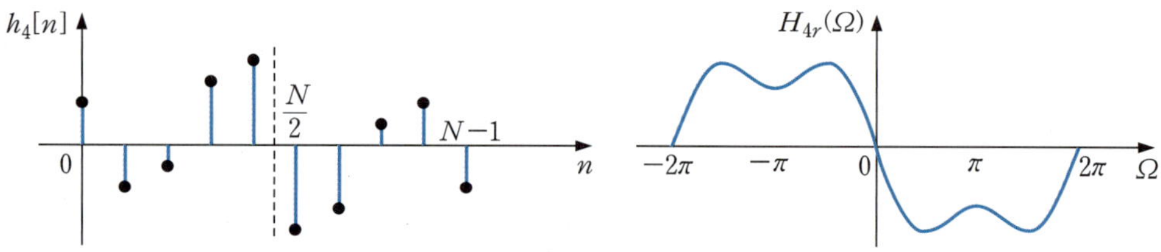

[그림 10-6] 4형 선형 위상 FIR 필터의 임펄스 응답 및 진폭 응답

지금까지 살펴본 선형 위상 FIR 필터의 결과를 [표 10-1]에 요약하여 나타내었다. 1형과 2형은 위상 지연과 군 지연이 $\tau_p = \tau_g = \alpha = \dfrac{(N-1)}{2}$ 로 같아서 선형 위상 조건 식 (9.19)를 만족한다. 3형과 4형은 군 지연만 $\tau_g = \alpha = \dfrac{(N-1)}{2}$ 로 일정하나, 식 (9.22)의 삼각 함수의 성질로 인해 선형 위상이 된다(〈심화학습 자료〉 참조). [표 10-1]을 보면, 선형 위상 필터는 필터 길이 N의 반에 해당하는 필터 계수만 결정하면 된다는 것을 알 수 있다. 이는 계산량 측면에서 큰 이점이다.

[표 10-1] 선형 위상 FIR 필터의 유형

형	N	주파수 응답 $H(\Omega)$	대칭성: 임펄스 응답	대칭성: 진폭 응답 $H_r(\Omega)$ $-\pi \le \Omega \le \pi$	대칭성: 진폭 응답 $H_r(\Omega)$ $0 \le \Omega \le 2\pi$	지연 특성	가능 필터	영점 위치
1	홀수	$e^{-j\frac{N-1}{2}\Omega}\sum_{k=0}^{(N-1)/2} a_k\cos(k\Omega)$	우대칭	우대칭	우대칭	$\tau_p=\tau_g=\frac{N-1}{2}$	LP, BP, HP, BS	$z=-1$: 짝수 $z=1$: 짝수
2	짝수	$e^{-j\frac{N-1}{2}\Omega}\sum_{k=1}^{N/2} b_k\cos\left(\left(k-\frac{1}{2}\right)\Omega\right)$	우대칭	우대칭	기대칭	$\tau_p=\tau_g=\frac{N-1}{2}$	LP, BP	$z=-1$: 홀수 $z=1$: 짝수
3	홀수	$e^{-j\left(\frac{N-1}{2}\Omega-\frac{\pi}{2}\right)}\sum_{k=1}^{(N-1)/2} a_k\sin(k\Omega)$	기대칭	기대칭	기대칭	$\tau_g=\frac{N-1}{2}$	BP	$z=1$: 홀수 $z=-1$: 홀수
4	짝수	$e^{-j\left(\frac{N-1}{2}\Omega-\frac{\pi}{2}\right)}\sum_{k=1}^{N/2} b_k\sin\left(\left(k-\frac{1}{2}\right)\Omega\right)$	기대칭	기대칭	우대칭	$\tau_g=\frac{N-1}{2}$	BP, HP	$z=1$: 홀수 $z=-1$: 짝수

$$a_0=h\left[\frac{N-1}{2}\right],\ a_k=2h\left[\frac{N-1}{2}-k\right],\ b_k=2h\left[\frac{N}{2}-k\right]$$

우대칭 : $h[n]=h[N-1-n]$, 기대칭 : $h[n]=-h[N-1-n]$

[그림 10-3]에서 [그림 10-6]까지의 진폭 응답을 비교해보면, 1형의 경우는 DC 이득과 고주파 이득을 임의로 설정할 수 있으므로 모든 유형의 주파수 선택 필터를 설계할 수 있지만, 2형은 $H_{2r}(\pi)=0$이므로 고역 통과 필터 설계를 할 수 없다. 그리고 3형의 경우는 $H_{3r}(0)=0$, $H_{3r}(\pi)=0$이므로 대역 통과 필터만 설계할 수 있으며, 마지막으로 4형의 경우는 $H_{4r}(0)=0$이므로 저역 통과 필터를 설계할 수 없다. 특히 대역 저지 필터는 $H_r(0)\neq 0$, $H_r(\pi)\neq 0$이어야 하므로 1형의 경우에 한해 설계가 가능하다. 3형과 4형은 미분기와 힐베르트 변환기 설계에도 이용된다.

예제 10-1 선형 위상 FIR 필터

임펄스 응답이 다음과 같은 선형 위상 FIR 필터의 주파수 응답을 구하라.

$$h[n]=\delta[n]+\delta[n-1]+\delta[n-2]$$

풀이

이 임펄스 응답은 $N=3$이고 $\delta[n-1]$을 중심으로 우대칭을 만족하므로 1형 선형 위상 FIR 필터에 해당한다. 이 필터의 주파수 응답은 다음과 같다.

$$\begin{aligned}H(\Omega)&=\sum_{n=0}^{2}h[n]e^{-j\Omega n}=1+e^{-j\Omega}+e^{-j2\Omega}\\&=(e^{j\Omega}+1+e^{-j\Omega})e^{-j\Omega}=(1+2\cos(\Omega))e^{-j\Omega}\end{aligned}$$

따라서 크기 응답과 위상 응답은

$$\begin{cases} |H(\Omega)| = |1+2\cos(\Omega)|, & 0 \le \Omega \le \pi \\ \angle H(\Omega) = \begin{cases} -\Omega, & 0 \le \Omega < \dfrac{2\pi}{3} \\ -\Omega+\pi, & \dfrac{2\pi}{3} \le \Omega \le \pi \end{cases} \end{cases}$$

이고, 진폭 응답과 그에 따른 위상 응답은 다음과 같다.

$$\begin{cases} H_r(\Omega) = 1+2\cos(\Omega), & 0 \le \Omega \le \pi \\ \angle H(\Omega) = -\Omega, & 0 \le \Omega \le \pi \end{cases}$$

[그림 10-7]에 이 응답들을 나타내었다. 그림에서 주파수축에 유의해야 한다. 주파수 응답은 대칭성과 주기성을 동시에 만족시키기 위해 $\Omega=\pi$에 대해서도 대칭성이 성립하므로 [0, π] 구간에서만 나타내도 충분하다. 디지털 주파수 F에 대해서는 그림에 나타낸 것처럼 0.5까지만 나타내면 된다. 그림에서 보면 크기 응답에 대한 위상 응답은 구간별로 선형이지만 진폭 응답에 대한 위상 응답은 구간 전체에서 선형임을 알 수 있다.

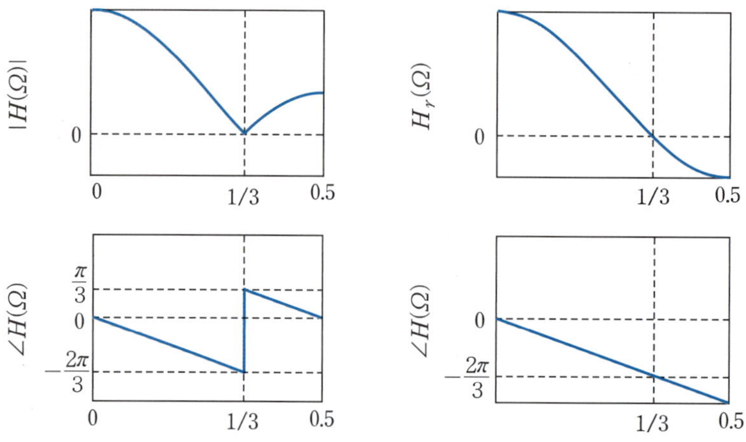

(a) 크기 응답-위상 응답 (b) 진폭 응답-위상 응답

[그림 10-7] [예제 10-1]의 선형 위상 FIR 필터의 주파수 응답

10.2.3 선형 위상 FIR 필터의 영점 분포

선형 위상 FIR 필터의 임펄스 응답은 $h[n] = \pm h[N-1-n]$ 의 대칭성을 만족해야 하므로 전달함수도 특정한 형태를 가지게 된다. 따라서 필터의 영점도 임의로 위치할 수 없고 특정한 형태로 배치된다.

선형 위상 FIR 필터의 전달 함수는 다음과 같이 주어진다.

$$H(z) = \sum_{n=0}^{N-1} h[n]z^{-n} = h[0] + h[1]z^{-1} + \cdots + h[N-1]z^{-(N-1)}$$

$$= \begin{cases} z^{-\frac{N-1}{2}}\left(h\left[\frac{N-1}{2}\right] + \sum_{n=0}^{(N-3)/2} h[n]\left(z^{\frac{N-1-2n}{2}} \pm z^{-\frac{N-1-2n}{2}}\right)\right), & N = \text{홀수} \\ z^{-\frac{N-1}{2}} \sum_{n=0}^{(N/2)-1} h[n]\left(z^{\frac{N-1-2n}{2}} \pm z^{-\frac{N-1-2n}{2}}\right), & N = \text{짝수} \end{cases} \tag{10.14}$$

식 (10.14)에 z 대신 z^{-1}을 대입하고 양변에 $z^{-(N-1)}$을 곱하면 다음 관계를 얻는다.

$$z^{-(N-1)}H(z^{-1}) = \pm H(z) \tag{10.15}$$

식 (10.15)는 $H(z) = 0$의 근이 $H(z^{-1}) = 0$의 근과 같다는 것을 의미한다. 따라서 임펄스 응답 $h[n]$이 실수 신호라면 $H(z) = 0$의 근, 즉 선형 위상 FIR 필터의 영점은 공액 역 쌍으로 존재한다. 다시 말해 z_1이 $H(z)$의 영점이면 $1/z_1^*$ 또한 $H(z)$의 영점이 되므로, 복소 영점은 네 개가 짝을 이뤄 거울상 대칭 분포를 보이게 된다. [그림 10-8]은 선형 위상 FIR 필터의 영점 분포의 한 예이다.

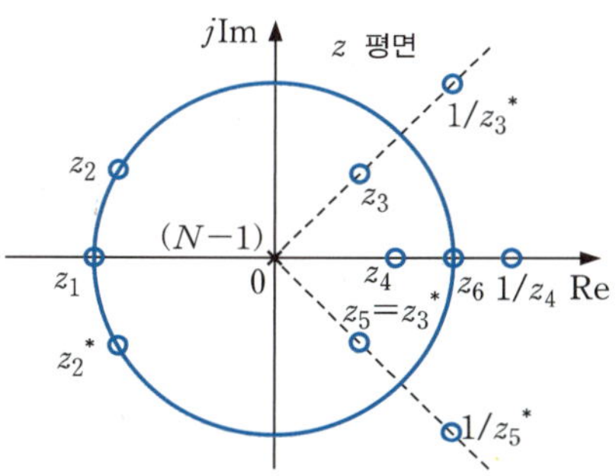

[그림 10-8] 선형 위상 FIR 필터의 영점 분포

선형 위상 FIR 시스템의 영점 분포

- 선형 위상 FIR 필터의 영점은 공액 역 쌍(거울 상 대칭)으로 존재한다.
  1. $z = \pm 1$ 은 공액과 역수 모두 자신과 같으므로 단독으로 나타날 수 있다.
  2. 실수 영점 $z_i (z_i \neq \pm 1)$는 항상 그 역수 z_i^{-1}과 짝을 이루어 나타난다.
  3. 복소 영점은 항상 네 개의 영점 z_i, z_i^{-1}, z_i^*, z_i^{-*}이 짝을 이루어 나타난다.
     단, 단위원 상의 복소 영점은 두 개의 공액 짝으로 나타날 수 있다.
- 단위원 위에 있는 영점들은 주로 저지 대역을 만드는 역할을 하며, 그렇지 않은 영점들은 주파수 응답의 통과 대역을 만드는 역할을 한다.

그런데 만약 $h[n]$의 길이 N이 홀수이면, 짝을 이루지 못하는 영점이 최소한 하나 있기 때문에 $z = \pm 1$을 하나 이상 반드시 포함하게 된다. 그리고 $h[n]$이 기대칭이면, $z = 1$의 영점이 반드시 홀수 개라야 한다. 이러한 관계를 이용하면 $z = \pm 1$ 에 위치한 영점의 개수를 보고 선형 위상 FIR 필터의 형을 판별할 수 있다. 그 방법을 나타내면 [표 10-2]와 같으며, 이에 대한 한 예를 [그림 10-9]에 나타내었다.

[표 10-2] 영점의 개수에 따른 선형 위상 FIR 필터의 형 판별

영점의 개수	필터의 형
$z = -1$의 영점이 짝수 개, $z = 1$의 영점이 짝수 개	1형
$z = -1$의 영점이 홀수 개, $z = 1$의 영점이 짝수 개	2형
$z = -1$의 영점이 홀수 개, $z = 1$의 영점이 홀수 개	3형
$z = -1$의 영점이 짝수 개, $z = 1$의 영점이 홀수 개	4형

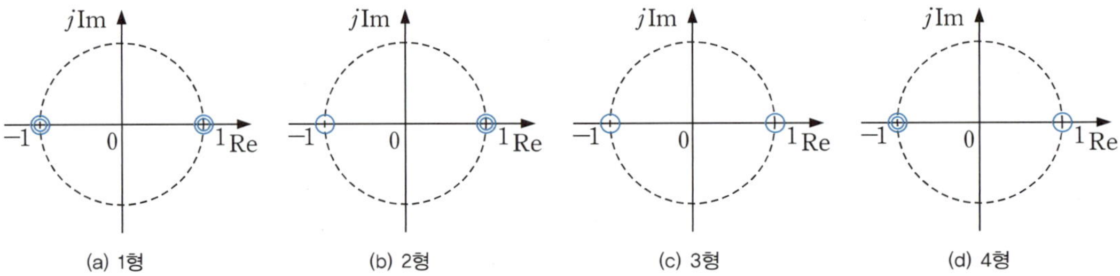

[그림 10-9] $z = \pm 1$의 영점에 의한 선형 위상 FIR 필터의 유형(○는 반드시 홀수, ◎는 반드시 짝수)

지금까지 살펴본 선형 위상 FIR 필터의 특징에 대하여 정리하면 다음과 같다.

선형 위상 FIR 필터의 특징

- 주파수 응답이 선형 위상을 가지므로 위상 왜곡이 생기지 않는다.
- 임펄스 응답의 대칭성과 길이에 따라 네 가지 형이 있다.
- 모든 극은 $z = 0$에 있으므로 항상 안정하다.
- 주파수 응답은 $H_r(\Omega)e^{-j(N-1)\Omega/2}$ 또는 $jH_r(\Omega)e^{-j(N-1)\Omega/2}$이다.
- 영점은 공액 역 쌍으로 존재하며 $z = \pm 1$ 의 영점은 단독으로 있을 수 있다.
- $z = \pm 1$ 의 영점의 개수를 가지고 필터의 형을 판별할 수 있다.
- 필터의 형에 따라 구현 가능한 주파수 선택 필터 형태가 다르다.
- $\tau_p = \tau_g = \dfrac{(N-1)}{2}$ (1형, 2형) 또는 $\tau_g = \dfrac{(N-1)}{2}$ (3형, 4형)이다.
- 실수 연산만을 포함하고 복소수 연산이 필요 없다.

예제 10-2 선형 위상 FIR 필터의 유형 판별

다음의 임펄스 응답을 갖는 FIR 필터가 선형 위상 필터인지 살펴보고, 선형 위상 필터라면 필터의 형을 판별하라.

$$h[n]=\delta[n]+2\delta[n-1]+2\delta[n-2]+\delta[n-3]$$

풀이

이 임펄스 응답은 $n=\frac{3}{2}$을 중심으로 우대칭이므로 선형 위상 필터이다. 전달 함수는

$$\begin{aligned} H(z) &= \sum_{n=0}^{3} h[n]z^{-n} = 1+2z^{-1}+2z^{-2}+z^{-3} \\ &= z^{-3}(z^3+2z^2+2z+1) = z^{-3}(z+1)(z^2+z+1) \end{aligned}$$

이므로, 전달 함수의 영점은 $z=-1$, $z=\frac{(-1\pm j\sqrt{3})}{2}$이다.

복소 영점은 $|z|=1$, 즉 단위원 위에 위치하므로 공액으로만 존재할 수 있다. 그리고 $z=-1$의 영점은 하나로 홀수 개이고, $z=1$의 영점은 0으로 짝수 개이므로 2형에 속한다. 이는 주어진 임펄스 응답으로부터도 확인할 수 있다. 즉 $N=4$로 짝수이고 우대칭을 만족하므로 2형이다.

예제 10-3 선형 위상 FIR 필터의 유형별 특성

다음과 같은 네 개의 선형 위상 FIR 필터의 임펄스 응답에 대해 영점 분포와 진폭 응답을 그리고, 이로부터 네 가지 유형의 필터 중 어떤 것인지 판별하라.

$$h_1[n]=[-4,1,-1,-2,5,6,5,-2,-1,1,-4]$$

$$h_2[n]=[-4,1,-1,-2,5,6,6,5,-2,-1,1,-4]$$

$$h_3[n]=[-4,1,-1,-2,5,0,-5,2,1,-1,4]$$

$$h_4[n]=[-4,1,-1,-2,5,6,-6-5,2,1,-1,4]$$

풀이

[표 10-1]에 나타낸 주파수 응답 관계식으로부터 각 필터의 진폭 응답을 구하면 다음과 같다(직접 계산해보기를 바란다).

$$H_{1r}(\Omega)=6+10\cos(\Omega)-4\cos(2\Omega)-2\cos(3\Omega)+2\cos(4\Omega)-8\cos(5\Omega)$$

$$\begin{aligned} H_{2r}(\Omega) &= 12\cos\left(\frac{\Omega}{2}\right)+10\cos\left(\frac{3\Omega}{2}\right)-4\cos\left(\frac{5\Omega}{2}\right) \\ &\quad -2\cos\left(\frac{7\Omega}{2}\right)+2\cos\left(\frac{9\Omega}{2}\right)-8\cos\left(\frac{11\Omega}{2}\right) \end{aligned}$$

$$H_{3r}(\Omega) = 0 + 10\sin(\Omega) - 4\sin(2\Omega) - 2\sin(3\Omega) + 2\sin(4\Omega) - 8\sin(5\Omega)$$

$$H_{4r}(\Omega) = 12\sin\left(\frac{\Omega}{2}\right) + 10\sin\left(\frac{3\Omega}{2}\right) - 4\sin\left(\frac{5\Omega}{2}\right)$$
$$-2\sin\left(\frac{7\Omega}{2}\right) + 2\sin\left(\frac{9\Omega}{2}\right) - 8\sin\left(\frac{11\Omega}{2}\right)$$

네 개의 임펄스 응답에 대한 진폭 응답과 영점 분포를 MATLAB 프로그램을 이용하여 구하여 [그림 10-10]~[그림 10-13]에 나타내었다.

[그림 10-10]에서 보면, $h_1[n]$은 $z=\pm1$에 영점이 없다. 다시 말해 $z=1$과 $z=-1$에 짝수 개의 영점을 가진다. 따라서 $h_1[n]$은 1형 선형 위상 FIR 필터이다.

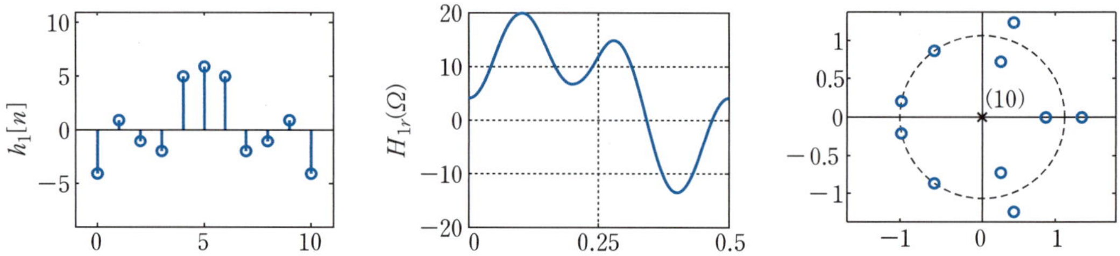

(a) 임펄스 응답 (b) 진폭 응답 (c) 영점 분포

[그림 10-10] 1형 선형 위상 FIR 필터

[그림 10-11]에서 보면, $h_2[n]$은 $z=-1$에 1개(홀수), $z=1$에 0개(짝수)의 영점을 가진다. 따라서 $h_2[n]$은 2형 선형 위상 FIR 필터이다.

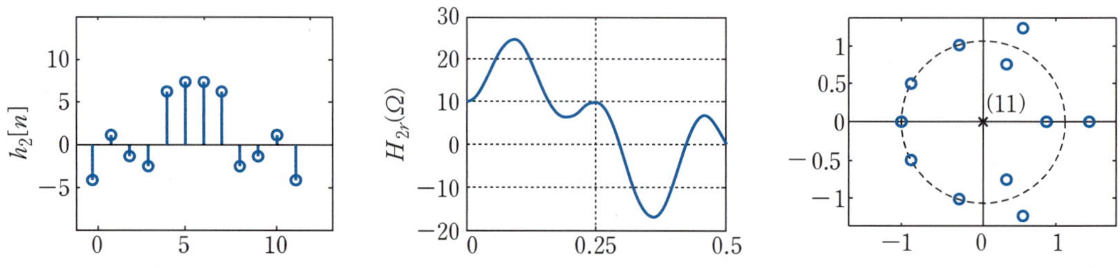

(a) 임펄스 응답 (b) 진폭 응답 (c) 영점 분포

[그림 10-11] 2형 선형 위상 FIR 필터

[그림 10-12]에서 보면, $h_3[n]$은 $z=-1$에 1개(홀수), $z=1$에 1개(홀수)의 영점을 가진다. 따라서 $h_3[n]$은 3형 선형 위상 FIR 필터이다.

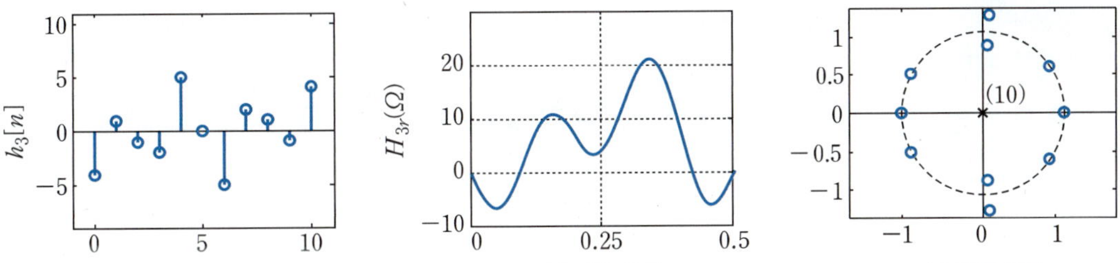

[그림 10-12] 3형 선형 위상 FIR 필터

마지막으로 [그림 10-13]에서 보면, $h_4[n]$은 $z=-1$에 0개(짝수), $z=1$에 1개(홀수)의 영점을 가진다. 따라서 $h_4[n]$은 4형 선형 위상 FIR 필터이다.

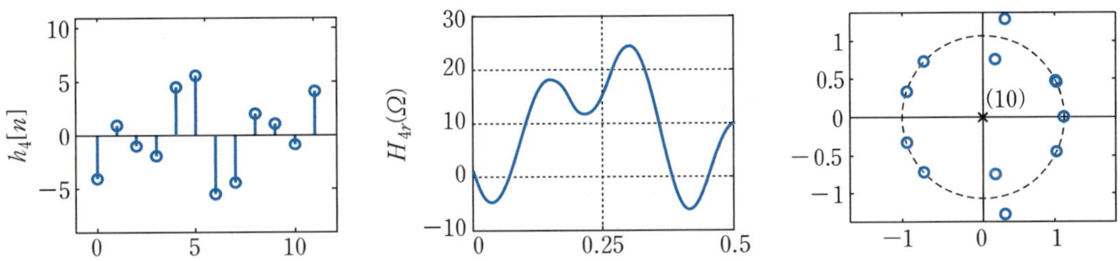

[그림 10-13] 4형 선형 위상 FIR 필터

진폭 응답을 가지고도 같은 결론을 내릴 수 있다. [그림 10-10]과 같이 진폭 응답이 $\Omega=0(F=0)$과 $\Omega=\pi(F=0.5)$ 모두에서 0이 아닌 경우는 $\Omega=0$과 $\Omega=\pi$에 대해 우대칭을 만족하므로 1형이다. [그림 10-11]과 같이 진폭 응답이 $\Omega=0$에서는 0이 아니고 $\Omega=\pi$에서는 0인 경우는 $\Omega=0$에 대해 우대칭, $\Omega=\pi$에 대해 기대칭을 만족하므로 2형이다. 진폭 응답이 [그림 10-12]와 같이 $\Omega=0$과 $\Omega=\pi$ 모두에서 0인 경우는 $\Omega=0$과 $\Omega=\pi$에 대해 기대칭을 만족하므로 3형이다. 마지막으로 [그림 10-13]과 같이 진폭 응답이 $\Omega=0$에서는 0이고 $\Omega=\pi$에서는 0이 아닌 경우는 $\Omega=0$에 대해 기대칭, $\Omega=\pi$에 대해 우대칭을 만족하므로 4형이다.

이상의 결론은 선형 위상 FIR 필터의 형을 정의하는 기준인 임펄스 응답의 대칭성과 길이를 따져보아도 마찬가지이다.

SECTION

10.3 창 함수를 이용한 FIR 필터 설계

학습포인트

- 창 함수 설계법의 기본 개념을 이해한다.
- 창 함수로 임펄스 응답을 절단 근사화할 때 발생하는 현상들에 대해 이해한다. 특히 창 함수 스펙트럼의 주엽과 부엽의 역할을 명확히 이해한다.
- 사각 창, 삼각 창, 해닝 창, 해밍 창, 블랙먼 창, 카이저 창의 특성과 성능, 그리고 차이와 장단점에 대해 알아본다.
- 창 함수를 이용해 설계된 필터의 주파수 응답의 특징을 파악한다.
- 창 함수를 이용한 필터 설계 시 고려 사항으로는 어떤 것이 있는지 알아본다.

FIR 필터 설계의 기본은 길이가 무한한 이상적인 필터의 임펄스 응답을 설계 사양을 충족시킬 수 있을 정도의 근사화가 가능한 길이로 자르는 일이다. 이 역할을 담당하는 것이 창 함수인데, 천이 대역 특성과 저지 대역 감쇠의 절충을 어떻게 할 것인가에 따라 여러 창들이 제안되었다. 이 절에서는 FIR 필터 설계에 널리 활용되고 있는 창 함수들을 살펴보고 이들의 특성을 비교하여 FIR 필터를 설계할 때 고려해야 할 사항들을 알아보기로 한다.

10.3.1 창 함수를 이용한 필터 설계의 개요

필터의 설계는 원하는 주파수 응답을 만족시키도록 임펄스 응답, 필터의 계수, 전달 함수 중의 하나를 결정하는 문제이다. 그런데 전달 함수 결정과 관련하여 극-영점 배치 방법은 FIR 필터의 설계에서는 거의 사용하지 않는다. 왜냐하면 FIR 필터는 일반적으로 차수가 커서 많은 영점이 필요한데, 이런 고차 다항식에 대해서는 원하는 주파수 응답 특성에 맞는 영점의 위치를 찾기가 쉽지 않기 때문이다. 그러므로 다른 접근 방법을 사용하며, 가장 보편적인 방법이 창 함수를 이용하여 설계하는 것이다.

창 함수를 이용한 설계의 기본 원리

10.1절에서 보았듯이, 필터 설계는 실제 필터의 주파수 응답 $H(\Omega)$가 이상적인 필터의 주파수 응답 $H_d(\Omega)$에 가깝도록 인과이면서 길이가 유한한 임펄스 응답 $h[n]$을 선정하는 문제와 같다. 이때 가까운 정도의 측정은 다음과 같은 평균 제곱 오차를 이용할 수 있다.

$$\begin{aligned} E &= \frac{1}{2\pi}\int_{-\pi}^{\pi} |H_d(\Omega) - H(\Omega)|^2 d\Omega \\ &= \frac{1}{2\pi}\int_{-\pi}^{\pi} |H_d(\Omega) - H_t(\Omega)|^2 d\Omega \end{aligned} \tag{10.16}$$

여기서 $H_t(\Omega)$는 [그림 10-1(b)]의 비인과적인 절단 근사 임펄스 응답 $h_t[n]$의 DTFT로서 인과 필터의 주파수 응답 $H(\Omega)$와 진폭 특성은 같고 위상만 다를 뿐이다.

결과적으로 필터의 설계는 식 (10.16)의 E를 최소화하는 최적화 문제가 되는데, 푸리에 변환의 성질 중에서 파스발의 정리를 이용하면 식 (10.16)은 다음과 같이 다시 쓸 수 있다.

$$E = \sum_{n=-\infty}^{\infty} |h_d[n] - h_t[n]|^2 \tag{10.17}$$

이 식에서 설계자가 조절할 수 있는 파라미터는 필터의 임펄스 응답 $h_t[n]$이며, 허용 오차의 정도에 따라 $h_t[n]$의 길이 N이 달라질 것이다. 무한한 길이의 $h_d[n]$으로부터 적당한 길이로 자른 절단 근사 임펄스 응답 $h_t[n]$을 얻는 것은 다음과 같이 $h_d[n]$에 길이 N인 창 함수 $w[n]$을 곱하는 동작과 같다.

$$h_t[n] = h_d[n]\,w[n] \tag{10.18}$$

식 (10.18)로 구해진 $h_t[n]$을 M만큼 우측으로 이동시키면 인과 FIR 필터의 임펄스 응답 $h[n]$을 최종적으로 얻게 된다. 이러한 이유로 식 (10.18)과 같이 원하는 주파수 응답에 대응되는 임펄스 응답 $h_d[n]$의 절단 근사화에 기초한 FIR 필터의 설계를 **창 기법**window method이라고 한다. 창 함수를 이용한 FIR 필터의 설계는 다음과 같은 단계를 거쳐 이루어진다.

창 함수를 이용한 FIR 필터의 설계 절차

❶ 원하는 (이상적인) 필터 특성(사양)을 주파수 응답으로 표현한다.

$$H_d(\Omega) = \sum_{n=-\infty}^{\infty} h_d[n]\,e^{-j\Omega n} \tag{10.19}$$

❷ 푸리에 역변환(IDTFT)을 통해 임펄스 응답 $h_d[n]$을 구한다.

$$h_d[n] = \frac{1}{2\pi}\int_{-\pi}^{\pi} H_d(\Omega)\,e^{j\Omega n}\,d\Omega \tag{10.20}$$

❸ 식 (10.18)과 같이 창 함수를 이용하여 설계 사양을 만족하는 범위에서 $h_d[n]$을 잘라 $(N=2M+1)$ 근사화하여 $h_t[n]$을 얻는다.

$$h_t[n] = h_d[n]\,w[n]$$

❹ 인과 필터를 얻기 위해 $n=0$에서 시작되도록 $h_t[n]$을 우측으로 M만큼 이동시킨다.

$$h[n] = h_t[n-M] \tag{10.21}$$

창 함수를 이용한 설계는 '$h_d[n]$(비인과 무한 수열) → $h_t[n]$(비인과 유한 수열) → $h[n]$(인과 유한 수열)'으로 실제 필터의 임펄스 응답을 구하는 과정으로, 식 (10.18)의 창 함수 $w[n]$의 선정이 매우 중요하다. 임펄스 응답 $h_d[n]$에 대해 창 바깥의 샘플들을 잘라 버리는 것은 모든 창 함수가 같지만, 창 안의 샘플들을 어떻게 처리하는가는 창 함수마다 차이가 있다. 그리고 이에 따라 원하는 주파수 응답 $H_d(\Omega)$를 근사화한 결과가 달라지므로 특별히 요구되는 성능 사양에 가장 적합한 창을 찾아내는 것이 창 함수를 이용한 FIR 필터 설계의 핵심적인 요소가 될 것이다.

창 씌우기의 효과

식 (10.18)과 같이 데이터에 창 함수를 곱하면 어떤 효과가 나는지는 이미 6.3.3절에서 DTFT의 주파수 컨벌루션 성질(창 씌우기 정리)과 관련해 간단히 살펴본 바 있다. 창 씌우기는 FIR 필터 설계에서 중요한 역할을 하므로 좀 더 상세히 알아보기로 하자.

$H_d(\Omega)$가 식 (10.1)의 이상적인 저역 통과 필터의 주파수 응답이라면, 이를 역변환한 식 (10.2)의 $h_d[n]$은 이상적인 LP 필터의 임펄스 응답이고 [그림 10-14(a)]에 나타나 있다.

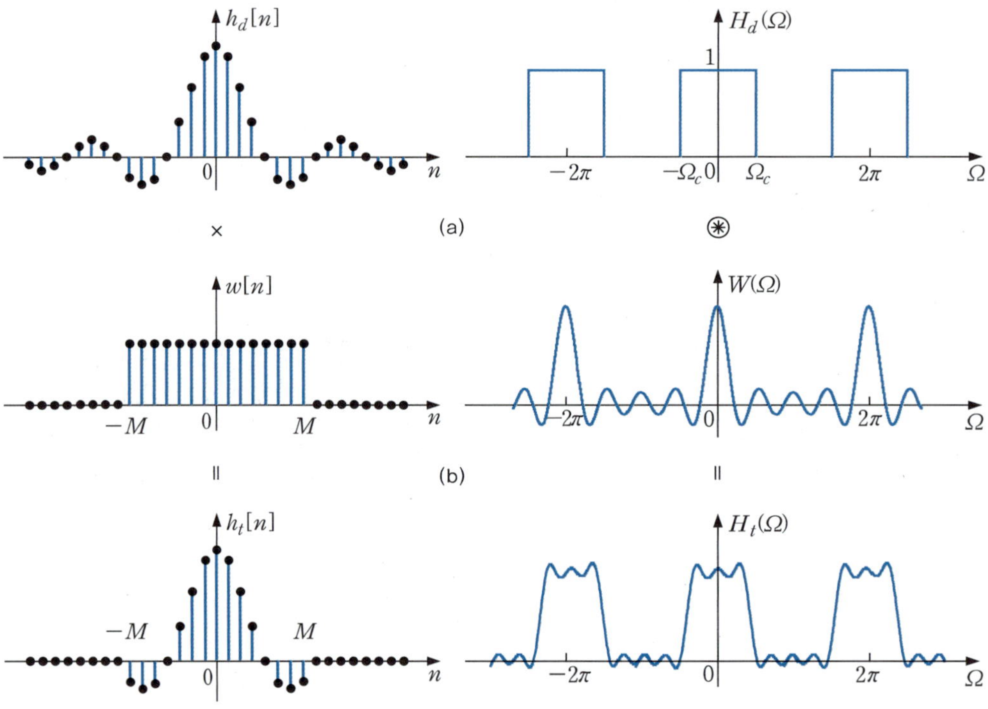

[그림 10-14] 창 씌우기가 필터 주파수 응답에 미치는 효과

창 함수로 다음과 같은 사각 펄스 형태의 창([그림 10-14(b)])를 사용한다고 하자.

$$w[n] = \begin{cases} 1, & |n| \le M \\ 0, & |n| > M \end{cases} \tag{10.22}$$

식 (10.18)에 식 (6.58)의 주파수 컨벌루션 성질을 적용하면 다음의 관계를 얻는다.

$$
\begin{aligned}
H_t(\Omega) = H_d(\Omega) \circledast W(\Omega) &= \frac{1}{2\pi}\int_{2\pi} H_d(\theta)\, W(\Omega-\theta)\, d\theta \\
&= \frac{1}{2\pi}\int_{-\Omega_c}^{\Omega_c} W(\Omega-\theta)\, d\theta
\end{aligned}
\tag{10.23}
$$

즉 $H_t(\Omega)$는 $|\theta| \le \Omega_c$에서 $W(\Omega-\theta)$의 면적이다.

[그림 10-14]에서 볼 수 있듯이 창 함수 $w[n]$의 DTFT $W(\Omega)$는 sinc 함수와 비슷한 모양으로 에너지 대부분이 몰려 있는 주엽과 상대적으로 작은 진동들이 모인 부엽으로 이루어져 있다. 컨벌루션 계산을 하기 위해 $W(\theta)$를 뒤집어($W(-\theta)$) 오른쪽으로 이동시키면, 부엽의 작은 진동 중에서 주엽에 가까이 있는 크기가 큰 것들이 적분 구간 경계 Ω_c를 통과하여 빠져나가고, 대신에 주엽에서 멀리 있는 상대적으로 크기가 작은 것들이 경계 $-\Omega_c$를 거쳐 적분 구간에 추가되어 들어온다. 이동거리 Ω가 커짐에 따라 빠져나가는 작은 진동의 크기는 점점 커지고 들어오는 진동의 크기는 점점 작아진다. 따라서 적분되는 면적, 즉 $H_t(\Omega)$의 값의 변화는 주로 빠져나가는 진동에 의해 영향을 받게 된다. 양의 진동 부분이 경계를 빠져나가면 면적이 감소하고, 음의 진동들이 빠져나가면 면적은 증가하여 $H_t(\Omega)$에도 유사한 진동이 만들어지게 된다.

통과 대역의 큰 이득은 $W(\theta)$의 주엽에 의해 만들어진다. Ω가 Ω_c에 가까워지면 주엽이 경계를 이탈하기 시작하여 면적이 급격하게 줄어들며 천이 대역을 형성한다. 이때 줄어드는 속도는 주엽의 폭에 비례할 것이다. 이는 천이 대역 폭이 주엽의 폭에 비례함을 의미한다. 주엽이 적분 구간을 다 빠져나가더라도 부엽의 작은 진동들이 남아 있기 때문에 $H_t(\Omega)$에는 값은 매우 작지만 추가적인 진동들이 생긴다. 따라서 $H_t(\Omega)$는 [그림 10-14(c)]에 보인 것과 같이 된다.

지금까지 살펴본 것처럼, 필터의 물리적 구현을 위해 어쩔 수 없이 이상적인 저역 통과 필터의 임펄스 응답을 잘라내면, 그 대가로 주파수 영역에서 통과 대역과 저지 대역에 맥동이 발생하고 천이 대역이 만들어진다. 창 함수 스펙트럼의 주엽은 천이 대역, 부엽은 통과 대역과 저지 대역의 맥동을 형성하는 주요인으로 작용한다.

10.3.2 창 함수

창 함수를 이용한 FIR 필터 설계의 기본 창은 방금 살펴본 사각 창이다. 그러나 사각 창은 깁스 현상으로 인한 문제점이 있으므로 이를 개선하기 위한 다른 창들이 제안되었다. 여기서는 이들 창에 대해서 알아보기로 한다.

사각 창

가장 단순한 형태의 창은 식 (10.22)와 같은 사각 펄스 형태의 창으로 **사각 창** rectangular window이라고 한다. 사각 창은 창 구간 안의 샘플을 그대로 취해 필터의 절단 근사 임펄스 응답을 만든다.

$$h_t[n] = \begin{cases} h_d[n], & |n| \le M \\ 0, & |n| > M \end{cases} \tag{10.24}$$

창 함수를 서로 구분하기 위해 아래 첨자를 사용하여 사각 창은 $w_R[n]$으로 나타낸다. 사각 창은 같은 길이($N=2M+1$)의 창 중에서는 식 (10.17)을 최소화하는, 즉 최적인 창이다. 사각 창의 주파수 영역에서의 특성과 창 씌우기의 효과는 앞에서 자세히 살펴본 바 있는데, 핵심 역할을 하는 사각 창의 스펙트럼은 다음과 같이 디리클레 함수가 된다([예제 6-11]의 식 (6.30) 참조).

$$W_R(\Omega) = \frac{\sin\left(N\frac{\Omega}{2}\right)}{\sin\left(\frac{\Omega}{2}\right)} \tag{10.25}$$

[그림 10-14]에 나타나 있는 사각 창 스펙트럼 $W_R(\Omega)$의 특징은 다음과 같다.

- 한 주기에 M개의 극대점을 가진다.
- 면적은 1이고 $\Omega=0$에서 값이 최대가 된다.
- 주엽의 폭은 $\frac{2}{N}$이며 각 부엽의 폭은 $\frac{1}{N}$이다.
- $\Omega=\frac{2\pi k}{N}$, $k=1, 2, \cdots, N-1$ 에서 $W_R(\Omega)=0$이다.
- $W_R(\pi)=\pm 1$이다(M이 짝수면 -1, 홀수면 +1).
- N을 증가시키면 주엽의 높이가 커지고 부엽은 압축된다.
- 주엽과 부엽의 크기 비는 N이 증가하더라도 어느 범위 내(4~4.7)에서 상수에 가깝게 유지된다.

이러한 $W_R(\Omega)$의 특징들로 인해 이상적인 주파수 응답의 모양이 왜곡되어 [그림 10-14(c)]처럼 되는 것이다. 사각 창 스펙트럼의 주엽에 의해 통과 대역의 큰 이득과 천이 대역이 형성되며, 천이 대역 폭은 주엽 폭에 비례한다. 통과 대역과 저지 대역 맥동은 부엽에 의해 만들어진다. 사각 창의 길이를 증가시키면 주엽 폭이 줄어들므로 통과 대역이 좁아지고 차단 주파수 주변에 맥동이 몰리며 천이 대역의 기울기가 급해지지만, 깁스 현상에 의해 맥동의 크기(DC 이득의 9%)는 변하지 않는다.

[그림 10-15]는 사각 창의 진폭 스펙트럼의 한 예로, 저지 대역 감쇠 특성을 잘 볼 수 있도록 로그 척도, 즉 [dB]로 나타낸 것이다. 창의 길이가 배로 늘면($N=51$) 주엽의 폭은 줄어들지만, 부엽의 최대 크기는 변하지 않으며 비교적 값이 큰 것을 볼 수 있다. 비록 사각 창이 식 (10.17)을 최소화하는 최적 창으로 차단 특성이 가장 날카롭기는 하지만, 이처럼 (깁스 현상에 의해) 부엽의 영향이 커서 감쇠 특성이 좋지 않은 까닭에 실제로 많이 쓰이지는 않는다.

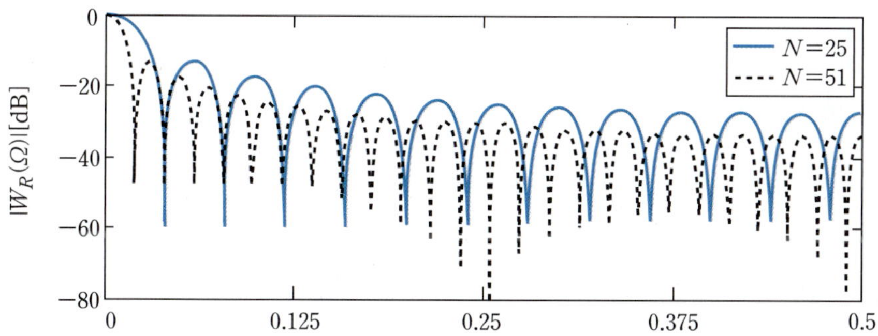

[그림 10-15] 사각 창의 진폭 스펙트럼

여러 가지 다른 창 함수들

필터에서는 날카로운 차단 특성, 즉 좁은 천이 대역뿐만 아니라 통과 대역과 저지 대역의 맥동을 줄이는 것도 필요하므로, 맥동 개선을 위해 여러 형태의 변형 창들이 쓰인다.

이런 창들은 기본적으로 사각 창이 갖는 문제점, 즉 부엽을 어떻게 줄일 것인가에 초점이 맞추어져 있다. 사각 창의 큰 부엽은 값의 급격한 불연속으로 인해 나타난다. 따라서 창 안에서 창 밖의 임펄스 응답으로 연결될 때 급격한 불연속이 생기지 않는다면, 부엽의 크기와 그 영향을 줄일 수 있을 것이다. 또한 주엽의 진폭은 크게 하되 폭은 좁게 하고 부엽의 진폭을 줄이게 되면, $W(\Omega)$가 임펄스에 가까워져 $H_d(\Omega)$와 컨벌루션한 결과가 $H_d(\Omega)$의 형태를 거의 유지할 수 있을 것이다.

그러므로 대부분 창 함수들은 비교적 좋은 차단 특성을 나타낼 수 있도록 가능한 한 주엽의 폭을 좁게 하면서 동시에 맥동을 줄일 수 있도록 작은 부엽을 갖게 고안되었다.

■ 삼각 창

삼각(버틀렛) 창 Bartlett window은 다음과 같이 표현되는 삼각형 형태의 창으로, 사각 창의 급격한 불연속을 없앤 창이다.

$$w_T[n] = \begin{cases} \dfrac{(M+1)-|n|}{M+1}, & |n| \le M \\ 0, & |n| > M \end{cases} \tag{10.26}$$

사각 창 두 개를 컨벌루션하면 삼각 창이 되므로 삼각 창의 스펙트럼은 사각 창의 스펙트럼의 제곱과 같다. 따라서 사각 창보다 주엽 폭이 두 배로 넓어져서 천이 대역이 넓어지지만 부엽은 [dB] 단위로 대략 절반으로 줄어든다.

$$\begin{aligned} W_T(\Omega) &= \frac{1}{(M+1)} + \frac{2}{(M+1)^2}\sum_{k=1}^{M}(M+1-k)\cos(k\Omega) \\ &= \frac{1}{N}W_R^2(\Omega) = \frac{\sin^2(N\Omega/2)}{N\sin^2(\Omega/2)} \end{aligned} \tag{10.27}$$

■ 해닝 창

해닝 창 Hanning window은 불연속을 없애는 과정에 코사인 함수를 이용하여 삼각 창보다 중심 값 부근을 좀 더 강조하면서 부엽 성능을 개선한 것이다.

$$w_{HN}[n] = \begin{cases} 0.5 + 0.5\cos\left(\dfrac{n\pi}{M+1}\right), & |n| \le M \\ 0, & |n| > M \end{cases} \tag{10.28}$$

■ 해밍 창

해밍 창 Hamming window은 다음과 같이 해닝 창의 양 끝에서 작은 값의 불연속을 가지도록 하여 부엽 성능이 더욱 개선되도록 한 것이다.

$$w_{HM}[n] = \begin{cases} 0.54 + 0.46\cos\left(\dfrac{n\pi}{M}\right), & |n| \le M \\ 0, & |n| > M \end{cases} \tag{10.29}$$

■ 블랙먼 창

블랙먼 창 Blackman window은 해밍 창보다 코사인 함수를 하나 더 사용하여 부엽 성능을 좀 더 개선한 것이다.

$$w_B[n] = \begin{cases} 0.42 + 0.5\cos\left(\dfrac{n\pi}{M}\right) + 0.08\cos\left(\dfrac{2n\pi}{M}\right), & |n| \le M \\ 0, & |n| > M \end{cases} \tag{10.30}$$

지금까지 알아본 여러 가지 창들의 시간 파형을 [그림 10-16]에, 진폭 스펙트럼을 [그림 10-17]과 [그림 10-18]에 나타내었다. 그리고 창들을 이용한 이상적인 주파수 응답의 절단 근사화 결과를 [그림 10-19]에 나타내었다.

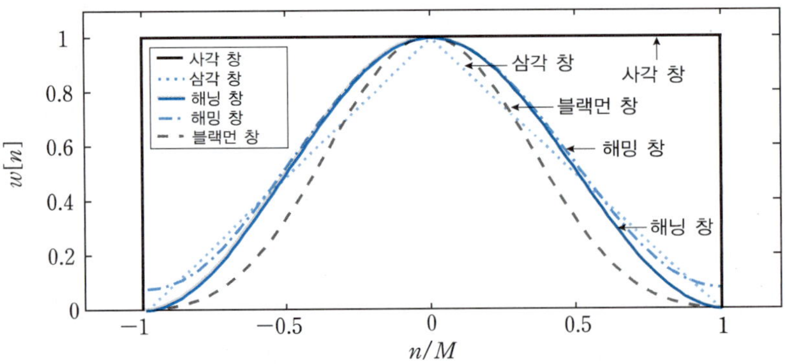

[그림 10-16] 여러 가지 창 함수의 시간 파형

[그림 10-17]을 보면 삼각 창의 스펙트럼은 사각 창 스펙트럼의 제곱이므로 값이 음인 부엽이 없다. 그리고 해닝 창, 해밍 창, 블랙먼 창은 값이 음인 부엽의 크기가 매우 작아 양인 부엽에 비해 총면적이 작다.

따라서 이들 창에 의해 근사화된 FIR 필터의 주파수 응답에서는 [그림 10-19]에서 보듯이 맥동이 생기지 않는다. 그리고 주엽 폭이 넓어진 만큼 천이 대역 폭이 넓어지고, 부엽 진폭이 감소하는 만큼 저지 대역 감쇠가 커진다.

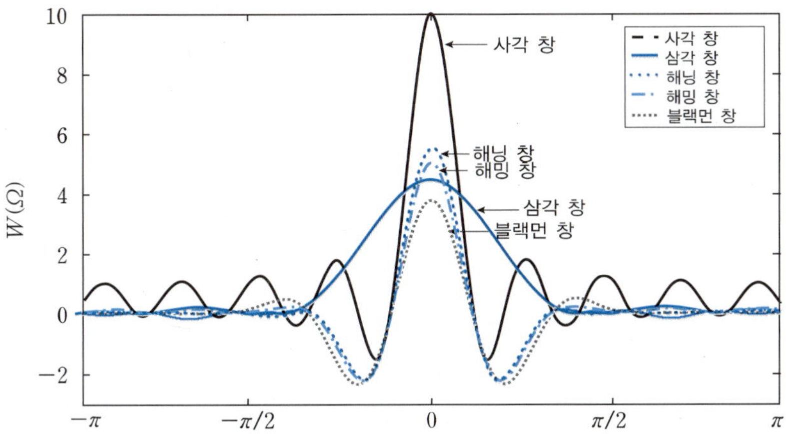

[그림 10-17] 여러 가지 창 함수의 스펙트럼

[그림 10-18]과 [그림 10-15]의 사각 창의 진폭 스펙트럼을 비교하면, 삼각 창은 저지 대역 감쇠 특성이 그다지 개선되지 않지만, 나머지 창들은 천이 대역 폭이 조금 넓어지는 손실을 감수한 결과로 저지 대역 감쇠를 상당히 개선했음을 알 수 있다.

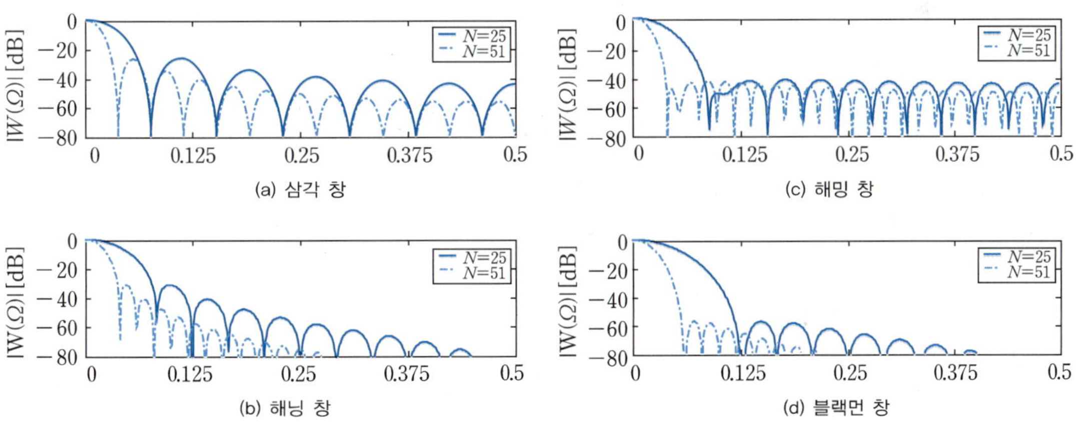

[그림 10-18] 여러 가지 창 함수의 [dB] 크기 스펙트럼

[그림 10-19]를 보면, 부엽의 감소는 블랙먼 창이 가장 우수하나 천이 대역 폭이 넓다. 이는 [dB] 척도로 보면 더욱 뚜렷하게 드러난다. 이들 창 가운데 해밍 창의 천이 대역이 가장 좁고 저지 대역 감쇠 특성도 양호하므로 널리 사용된다.

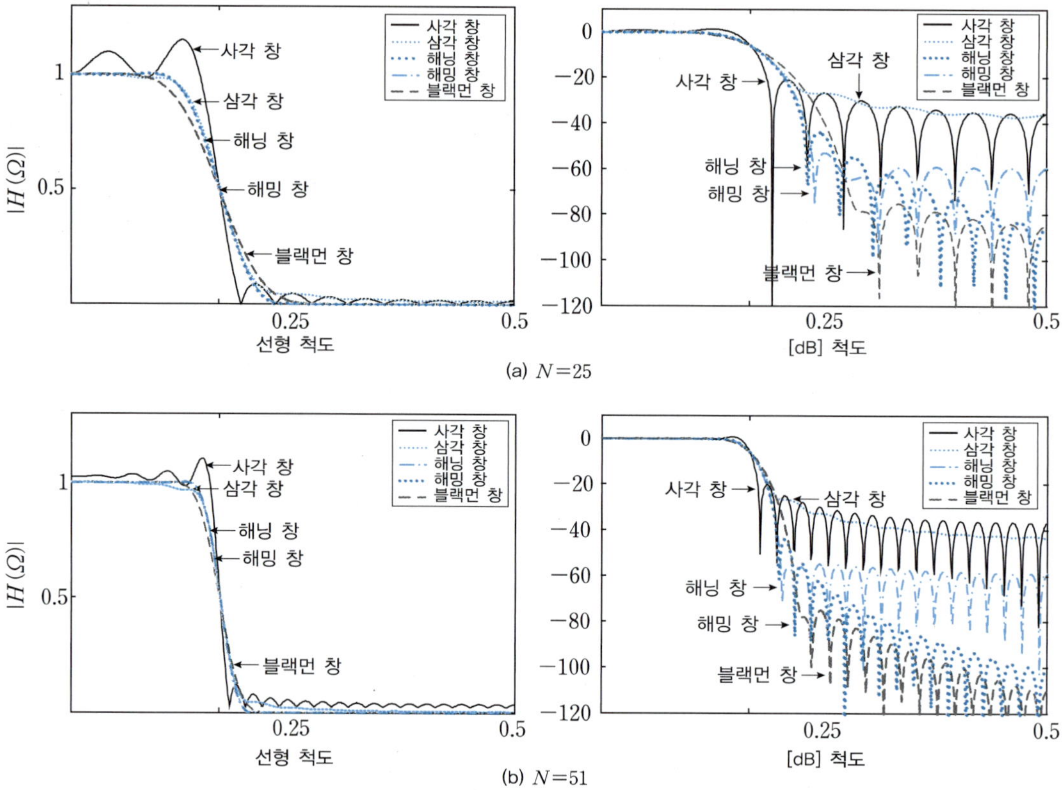

[그림 10-19] 여러 가지 창 함수를 사용한 저역 통과 필터의 크기 응답

[그림 10-19]의 창 함수들을 이용하여 근사화된 필터의 크기(진폭) 응답은 다음과 같은 특징을 나타낸다.

- 이상적인 주파수 응답의 차단 주파수 Ω_c에서 크기가 0.5(−6[dB])이다.
- 통과 대역 맥동 최댓값, 부엽 최대 진폭, 통과 대역 감쇠 등은 창의 길이 N이 증가하더라도 어느 범위 내에서 일정하게 유지된다.
- 천이 대역의 폭은 주엽의 폭에 비례하며 주엽의 폭보다 약간 작다.
- 천이 대역의 폭은 창의 길이에 반비례한다.
- 저지 대역 감쇠는 일반적으로 부엽의 최대 진폭보다 약간 크다.

[그림 10-20]은 해밍 창의 경우에 필터의 차수, 즉 창의 길이에 따른 FIR 필터의 크기 응답 변화를 나타낸 것이다. N이 커질수록 천이 대역 폭은 좁아지지만 저지 대역 감쇠는 변화가 없음을 보여준다.

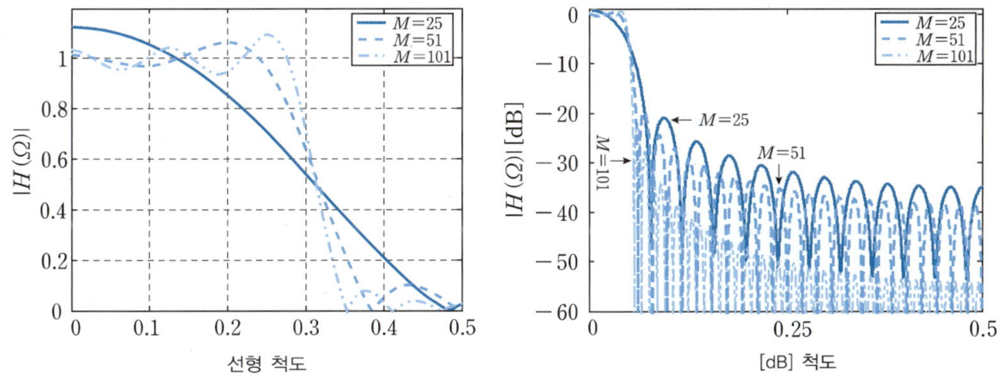

[그림 10-20] 창의 길이에 따른 FIR 필터의 크기 응답 변화(해밍 창)

[표 10-3]에 이러한 각종 창의 성능을 비교하여 나타내었다.

[표 10-3] 각종 창의 주요 성능

특성 / 창 함수	주엽 폭	부엽 최대 진폭[dB]	최소 저지 대역 감쇠[dB]	주엽 첨두치
사각 창	$\frac{4\pi}{N}$	−13.3	−21	1
삼각 창	$\frac{8\pi}{N}$	−26.5	−25	0.5
해닝 창	$\frac{8\pi}{N}$	−31.5	−44	0.5
해밍 창	$\frac{8\pi}{N}$	−42.7	−53	0.54
블랙먼 창	$\frac{12\pi}{N}$	−58.1	−74	0.42

카이저 창

지금까지 설명한 창 함수들은 고정 창으로서, 주엽 폭과 부엽 크기 사이에 일정한 관계가 있어 성능을 개선하는 데 한계가 있다. 이에 반해 **카이저 창** Kaiser window은 주엽의 폭과 부엽의 크기를 설계자가 조정할 수 있는 창이다.

카이저 창은 다음과 같이 주어지며, 파라미터 α 값을 변화시켜 다양한 천이 대역 폭과 최적에 가까운 저지 대역 감쇠를 실현할 수 있다.

$$w_K[n] = \begin{cases} \dfrac{I_0\left(\alpha\sqrt{1-\left(\dfrac{n}{M}\right)^2}\right)}{I_0(\alpha)}, & |n| \le M \\ 0, & |n| > M \end{cases} \tag{10.31}$$

여기서 $I_0(\cdot)$는 수정 0차 베셀[Bessel] 함수로 다음과 같이 쓸 수 있다.

$$I_0(x) = 1 + \sum_{n=1}^{\infty}\left(\left(\frac{x}{2}\right)^n \frac{1}{n!}\right)^2 \tag{10.32}$$

예를 들어, $\alpha = 5.658$ 이면 천이 대역 폭이 $7.8\pi/M$이고 최소 저지 대역 감쇠가 60[dB]이므로 해밍 창과 비슷한 동작을 한다.

카이저 창의 설계에서 α는 창의 양 끝으로 가면서 값이 줄어드는 것을 조정하여 부엽 크기를 조절하기 때문에 주파수 응답의 맥동 δ에 따라 다음과 같이 α 값을 결정한다. 카이저 창이 다른 창 함수와 유사한 특성을 갖도록 하는 α값은 <심화학습 자료>를 참조하면 된다.

$$\alpha = \begin{cases} 0.1102(A_s - 8.7), & A_s \geq 50 \\ 0.5842(A_s - 21)^{0.4} + 0.07866(A_s - 21), & 21 < A_s < 50 \\ 0, & A_s \leq 21 \end{cases} \tag{10.33}$$

여기서 A_s는 저지 대역 감쇠이다. 맥동 δ가 주어질 때 천이 대역 폭은 창의 길이와 관계가 있으므로, 이로부터 다음과 같이 필터의 차수 N을 결정한다.

$$N \geq \frac{A_s - 7.95}{2.2855\,\Omega_T} + 1 \tag{10.34}$$

여기서 Ω_T는 천이 대역 폭으로 $\Omega_T = (\Omega_s - \Omega_p)$이다. 만약 창의 길이가 너무 길다면, 천이 대역 폭과 맥동 값을 증가시키는 방향으로 필터의 설계 사양을 바꿔야 한다.

10.3.3 창 함수를 이용한 필터 설계의 고려 사항

앞에서 살펴본 여러 가지 창 함수들의 특성을 고려하여 필터 설계에 적합한 창과 길이를 선정해야 한다. 여기서는 일반적인 가이드라인을 알아보기로 한다.

창의 선택

창을 선택하는 첫 번째 기준은 저지 대역 감쇠 A_s이다. 물론 통과 대역 감쇠 A_p도 만족시켜야 하지만, 실제로 충족되지 않는 경우는 별로 없으므로 이는 고려하지 않는다.

사각 창의 경우에서 보았듯이, 최적의 임펄스 응답과 최적의 창 함수를 사용한다고 해서 절단 근사화한 필터가 최적의 특성을 보여준다고 보장할 수 없다. 그러므로 경험적인 요소가 필요하다. 일반적으로 해밍 창, 해닝 창, 카이저 창이 많이 사용된다.

필터 차수(창의 길이)의 선정

창의 길이를 선정할 때는 천이 대역 폭 Ω_T가 창의 길이와 반비례 관계에 있음을 이용한다. 창마다 반비례하는 정도가 달라서 창의 길이도 다르게 선정되어야 하는데, 대략 사각 창은 $\frac{1.8\pi}{\Omega_T}$, 삼각 창은 $\frac{6.1\pi}{\Omega_T}$, 해닝 창은 $\frac{6.2\pi}{\Omega_T}$, 해밍 창은 $\frac{6.6\pi}{\Omega_T}$, 블랙먼 창은 $\frac{11\pi}{\Omega_T}$ 정도로 본다. 실제로는 이보다 조금 낮게 잡으면 무난하다.

차단 주파수의 선정

일반적으로 차단 주파수는 $\Omega_c = \frac{(\Omega_p + \Omega_s)}{2}$로 선정한다. 차단 주파수는 창의 길이 N에 영향을 받는다. 사양을 만족하는 최소 길이로 설계된 필터에서는 실제 차단 주파수가 이 값보다 조금 낮게 나올 경우가 많다. 그러므로 맨 처음 설계 시에는 이 값보다는 조금 높게 잡아서 설계한 뒤에 결과가 만족스러운지 검토하여 창의 길이를 조절하거나 Ω_c 값을 변경하여 다시 설계하면 된다.

창 함수 설계의 한계

창 함수를 이용한 FIR 필터 설계는 창 함수와 필터 차수의 선정 외엔 조정할 여지가 없어 통과 대역 맥동과 저지 대역 맥동이 같이 묶여서 결정되고, 창 함수가 달라지지 않는 한 필터 차수를 바꾸어도 저지 대역 감쇠가 변하지 않는다. 또한 이상적인 필터의 주파수 응답과 창 함수 스펙트럼의 컨벌루션의 영향으로 인해 설계된 필터의 통과 대역 및 저지 대역 경계 주파수가 정확히 지켜지지 않게 된다.

예제 10-4 창 함수를 이용한 FIR 저역 통과(LP) 필터

이득이 1이고 차단 주파수가 $f_c = 100\,[\text{Hz}]$인 이상적인 저역 통과 필터에 대해 다음의 창 함수들을 사용하여 근사화한 FIR LP 필터를 설계하라. 단, 샘플링 주파수는 $S = 1\,[\text{kHz}]$이고 창의 길이는 $N=7$이다. 또한 설계된 필터의 DC 이득이 1이 되어야 한다.

(a) 사각 창

(b) 해밍 창

풀이

(a) 주어진 아날로그 사양을 디지털 사양으로 바꾸면 아날로그 샘플링 주파수 S가 디지털 주파수 $F=1$에 해당하므로 디지털 차단 주파수는 $F_c = 0.1$, 즉 $\Omega_c = 0.2\pi$가 된다.

창의 길이가 $N=7$이므로, 이상적인 LP 필터의 임펄스 응답 식 (10.2)를 사각 창으로 절단 근사화한 비인과 임펄스 응답과 이로부터 계산된 임펄스 응답 샘플은 다음과 같다.

$$h_t[n] = \frac{1}{\pi n}\sin(0.2\pi n) = 0.2\,\text{sinc}(0.2n), \quad |n| \le 3$$

$$h_t[0] = 0.2\,\mathrm{sinc}(0) = 0.2$$

$$h_t[1] = h[-1] = 0.2\,\mathrm{sinc}(0.2) = 0.1871$$

$$h_t[2] = h[-2] = 0.2\,\mathrm{sinc}(0.4) = 0.1514$$

$$h_t[3] = h[-3] = 0.2\,\mathrm{sinc}(0.6) = 0.1009$$

인과 LP 필터의 임펄스 응답 $h[n]$은 $h_t[n]$을 3만큼 시간 지연한 것, 즉 $h[n] = h_t[n-3]$이므로, 필터의 주파수 응답은 다음과 같으며 [그림 10-21(a)]에 나타내었다.

$$H(\Omega) = e^{-3\Omega} H_t(\Omega) = e^{-3\Omega} \sum_{-3}^{3} h_t[n] e^{-j\Omega n}$$

이 필터의 DC 이득을 9.2.2절 식 (9.11)을 이용하여 구해보면 다음과 같다.

$$\begin{aligned} DC \text{ 이득} &= |H(0)| = \left| \sum_{n=-3}^{3} h_t[n] \right| \\ &= 0.2 + 2(0.1871 + 0.1514 + 0.1009) = 1.0788 \end{aligned}$$

따라서 실제 설계된 필터의 이득이 1이 되게 하려면 $h[n]$을 DC 이득으로 나누어주면 된다. 이렇게 하여 얻어진 필터의 전달 함수는 다음과 같다.

$$\begin{aligned} H(z) &= \frac{1}{1.0788} \sum_{n=0}^{6} h[n] z^{-n} \\ &= 0.0935(1 + z^{-6}) + 0.1403(z^{-1} + z^{-5}) + 0.1734(z^{-2} + z^{-4}) + 0.1854 z^{-3} \end{aligned}$$

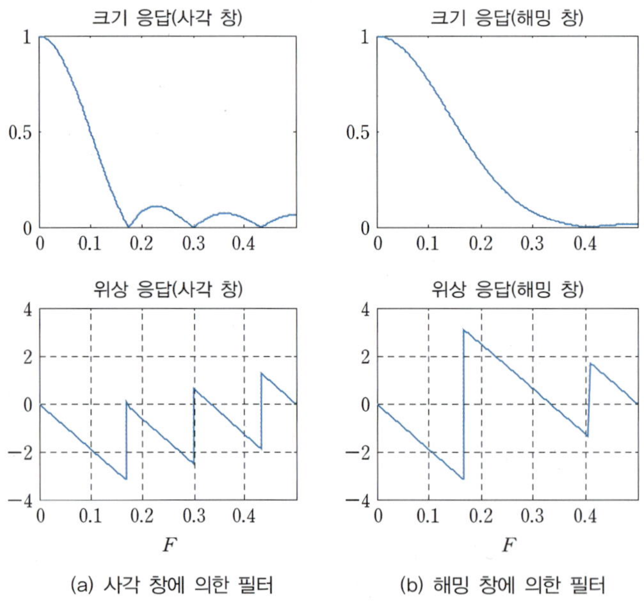

[그림 10-21] 창 함수를 이용한 저역 통과 필터 설계 예

(b) 길이 $N=7$인 해밍 창은 식 (10.29)로부터 다음과 같다.

$$w[n]=0.54+0.46\cos\left(\frac{\pi n}{3}\right),\quad |n|\le 3$$

따라서 이상적인 LP 필터를 해밍 창으로 절단 근사화한 비인과 임펄스 응답과 이로부터 계산된 임펄스 응답 샘플은 다음과 같다.

$$h_t[n]=h_d[n]w[n]=0.2\text{sinc}(0.2n)\left(0.54+0.46\cos\left(\frac{\pi n}{3}\right)\right)$$

$$h_t[0]=h_d[0]w[0]=0.2$$

$$h_t[1]=h[-1]=h_d[1]w[1]=0.1441$$

$$h_t[2]=h[-2]=h_d[2]w[2]=0.0469$$

$$h_t[3]=h[-3]=h_d[3]w[3]=0.0081$$

(a)의 경우와 같은 방법으로 DC 이득을 구하면 $|H(0)|=0.5982$가 된다. 따라서 $h[n]$을 DC 이득으로 나누어 구한 필터의 전달 함수는 다음과 같고, [그림 10-21(b)]에 나타내었다.

$$\begin{aligned}H(z)&=\frac{1}{0.5982}\sum_{n=0}^{6}h[n]z^{-n}\\&=0.2(1+z^{-6})+0.1441(z^{-1}+z^{-5})+0.0469(z^{-2}+z^{-4})+0.0081z^{-3}\end{aligned}$$

그림에서 보듯이 사각창의 경우가 천이 특성은 더 우수하나 해밍창에 비해 저지 대역에 비교적 큰 맥동이 존재한다.

예제 10-5 창 함수를 이용한 FIR 필터 설계

필터 사양이 다음과 같이 주어질 때 FIR 저역 통과(LP) 필터를 설계하라.

- 샘플링 주파수 : $S=20\,[\text{kHz}]$
- 통과 대역 경계 주파수 : $f_p=3\,[\text{kHz}]$
- 저지 대역 경계 주파수 : $f_s=4\,[\text{kHz}]$
- 통과 대역 감쇠 : $A_p=0.25\,[\text{dB}]$
- 저지 대역 감쇠 : $A_s=50\,[\text{dB}]$

풀이

먼저 주어진 아날로그 주파수 사양으로부터 대응되는 디지털 주파수 사양을 구해야 한다. 샘플링 주파수 $S=20$[kHz]이므로

$$\Omega_p=\frac{2\pi f_p}{S}=\frac{2\pi\times 3\times 10^3}{2\times 10^4}=0.3\pi$$

$$\Omega_s=\frac{2\pi f_s}{S}=\frac{2\pi\times 4\times 10^3}{2\times 10^4}=0.4\pi$$

이다. 저지 대역 감쇠가 $A_s=50$[dB]이므로, [표 10-3]에서 해밍 창이나 블랙먼 창을 써야 함을 알 수 있다. 주어진 사양에 대해 더 낮은 차수로 설계 가능한 해밍 창을 선택하여 설계해보자.

필터의 차수, 즉 창의 길이는 천이 대역 폭이 $\Omega_T=\Omega_s-\Omega_p=0.1\pi$이므로 다음과 같다.

$$N\cong\frac{6.6\pi}{\Omega_T}=\frac{6.6\pi}{0.1\pi}=66$$

따라서 $N=67$ 정도로 선정하여 필터 설계를 진행한 뒤, 얻어지는 결과가 주어지는 사양을 만족하는지 확인해보고 맞지 않으면 다시 차수를 변경하여 반복해야 한다. $N=67$일 때 매트랩을 이용한 필터 설계 결과를 [그림 10-22]에 나타내었다. 설계 결과로 실제 저지 대역 감쇠 50[dB], 통과 대역 감쇠 0.0458[dB]를 얻었으며, 이는 주어진 설계 사양을 잘 만족시키고 있다.

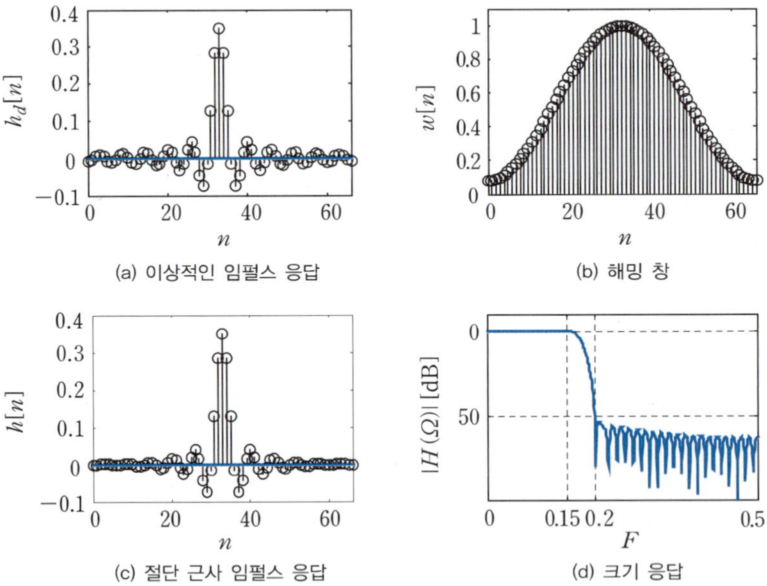

(a) 이상적인 임펄스 응답 (b) 해밍 창

(c) 절단 근사 임펄스 응답 (d) 크기 응답

[그림 10-22] 해밍 창을 이용한 저역 통과 필터 설계 예

예제 10-6 카이저 창을 이용한 FIR 필터 설계

[예제 10-5]를 카이저 창을 이용하여 설계하라.

풀이

저지 대역 감쇠가 $A_s = 50$[dB]이므로 식 (10.33)으로부터 α는 다음과 같이 계산된다.

$$\alpha = 0.1102(A_s - 8.7) = 0.1102(50 - 8.7) = 4.5513$$

그리고 필터의 차수는 식 (10.34)로부터

$$N \geq \frac{A_s - 7.95}{2.2855\,\Omega_T} + 1 = \frac{50 - 7.95}{2.2855 \times 0.1\pi} + 1 = 59.5646$$

이 되는데, 약간의 여유를 두어 $N=61$로 선정하자. [그림 10-23]은 $N=61$, $\alpha = 4.5513$인 카이저 창을 이용하여 설계한 결과이다. 이 경우에도 실제 저지 대역 감쇠는 51[dB], 통과 대역 감쇠 0.0433[dB]로 설계 사양을 잘 만족시킨다. 카이저 창의 경우가 같은 특성을 더 낮은 차수로 구현할 수 있음을 볼 수 있다.

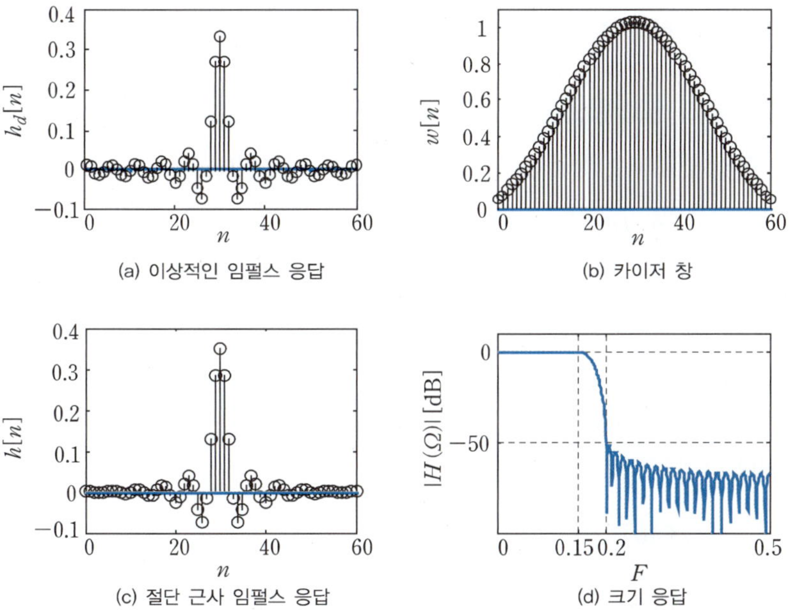

[그림 10-23] 카이저 창을 이용한 저역 통과 필터 설계 예

SECTION

10.4 주파수 샘플링에 의한 FIR 필터 설계

학습포인트

- 주파수 샘플링 설계법의 기본 개념을 이해한다.
- 주파수 샘플링에 의한 FIR 필터 설계의 특징을 파악한다.

주파수 샘플링을 이용한 FIR 필터 설계는 DFT의 대응 관계를 이용하는 것이다. 원하는 필터의 주파수 응답을 샘플링하여 N개 샘플을 구한 뒤 이를 IDFT하게 되면, N개의 필터 임펄스 응답 샘플을 얻을 수 있다. 이 절에서는 주파수 샘플링 설계 기법의 원리와 특성에 대해 간단히 살펴보기로 한다.

7장에서 다룬 DFT는 샘플 스펙트럼과 상응하는 시간 신호의 길이가 같게 고안된 것이다. 예를 들어, 시간 영역에서 20개의 샘플을 DFT하면 주파수 영역에서 역시 20개의 샘플 스펙트럼을 얻게 되며, 그 역도 마찬가지이다. 임펄스 응답의 스펙트럼이 곧 주파수 응답이므로, 만약 샘플 스펙트럼이 FIR 필터의 원하는 주파수 응답을 샘플링한 값이라면 IDFT로 얻은 시간 영역 신호 샘플은 당연히 필터의 임펄스 응답이 될 것이다. 이것이 주파수 샘플링 설계 기법의 기본 개념이다.

주파수 응답 $H(\Omega)$의 샘플 스펙트럼 $H[k]$는 다음과 같이 표현할 수 있다.

$$H[k] = \sum_{n=0}^{N-1} h[n] e^{-j\frac{2\pi kn}{N}} = H(\Omega)\big|_{\Omega=\frac{2\pi k}{N}} = H_r\left(\frac{2\pi k}{N}\right) e^{j\angle H\left(\frac{2\pi k}{N}\right)} \tag{10.35}$$

선형 위상 FIR 필터의 경우 $h[n] = \pm h[N-1-n]$ 의 대칭성을 만족하므로, 샘플 스펙트럼의 진폭 스펙트럼은 다음과 같이 된다.

$$H_r\left(\frac{2\pi k}{N}\right) = \begin{cases} H_r(0), & k=0 \\ H_r\left(\dfrac{2\pi(N-k)}{N}\right), & k=1, 2, \cdots, N-1 \end{cases} \tag{10.36}$$

위상 스펙트럼은 형에 따라 다른데, 1형의 경우에는 다음과 같다.

$$\angle H\left(\frac{2\pi k}{N}\right) = \begin{cases} -\left(\dfrac{N-1}{2}\right)\left(\dfrac{2\pi k}{N}\right), & k=0, \cdots, \dfrac{N-1}{2} \\ \left(\dfrac{N-1}{2}\right)\left(\dfrac{2\pi(N-k)}{N}\right), & k=\dfrac{N+1}{2}, \cdots, N-1 \end{cases} \tag{10.37}$$

그리고 3형의 경우에는 다음과 같이 주어진다.

$$\angle H\left(\frac{2\pi k}{N}\right)=\begin{cases}\pm\dfrac{\pi}{2}-\left(\dfrac{N-1}{2}\right)\left(\dfrac{2\pi k}{N}\right), & k=0,\cdots,\dfrac{N-1}{2}\\ \mp\dfrac{\pi}{2}+\left(\dfrac{N-1}{2}\right)\left(\dfrac{2\pi(N-k)}{N}\right), & k=\dfrac{N+1}{2},\cdots,N-1\end{cases} \tag{10.38}$$

2형은 식 (10.37)에서, 그리고 4형은 식 (10.38)에서 k가 $\left[0,\ \dfrac{N}{2}-1\right]$, $\left[\dfrac{N}{2},\ N-1\right]$의 구간으로 나뉘는 것만 다르다. 따라서 식 (10.36)~식 (10.38)로부터 식 (10.35)로 표현되는 샘플 스펙트럼 $H[k]$에 대해 IDFT를 수행하면, 다음과 같이 필터의 임펄스 응답 $h[n]$을 얻게 된다.

$$h[n]=\frac{1}{N}\sum_{k=0}^{N-1}H[k]e^{j\frac{2\pi k}{N}n} \tag{10.39}$$

그러므로 필터 설계는 우선 주어진 이상적인 필터의 주파수 응답 $H_d(\Omega)$에 대해 필터의 차수 N을 선정하고, $[0, 2\pi]$ 구간에서 등간격으로 N개의 샘플을 취하여 $H[k]$ 수열을 구성한 뒤 이를 IDFT 하여 필터의 임펄스 응답 $h[n]$을 찾으면 될 것이다.

주파수 샘플링에 의한 FIR 필터의 설계 절차

❶ 설계 사양을 결정하여 이상적인 필터의 주파수 응답 $H_d(\Omega)$를 구한다.
❷ 필터 차수 N을 선정하여 등간격으로 $H_d(\Omega)$의 샘플을 N개 취하여 샘플 스펙트럼 $H[k]$의 진폭을 결정한다.
❸ 설계하고자 하는 선형 위상 필터의 형에 따라 식 (10.37) 또는 식 (10.38)을 이용하여 샘플 스펙트럼 $H[k]$의 위상을 결정한다.
❹ 단계 ❷와 ❸에서 구한 진폭 및 위상 응답 샘플로부터 식 (10.35)로 $H[k]$를 구성한다.
❺ $H[k]$를 IDFT하여 실제 필터의 임펄스 응답 $h[n]$을 구한다.

이 방법은 샘플 주파수에서는 정확히 원하는 주파수 응답을 만족시키지만, 나머지 주파수에서는 원하는 주파수 응답과 다를 수 있다는 문제점이 있다. 주파수 응답의 근사 오차는 이상적인 주파수 응답 $H_d(\Omega)$의 모양에 의존한다. $H_d(\Omega)$의 감쇠율이 가파를수록 근사 오차는 커지며, 오차는 대역 끝 부근에서 커지고 대역 내에서는 작아진다(깁스 현상의 결과). 높은 저지 대역 감쇠를 위해 천이 대역 내의 샘플 값을 0이 아닌 값으로 설정하는 대안을 생각할 수 있는데, 이는 샘플링 간격을 줄이는 것과 같으므로 필터 차수를 증가시키게 된다. 이러한 기법을 일반적인 단순 설계 방법과 대비하여 **최적 설계 방법**이라고 한다.

[그림 10-24]에 주파수 샘플링 설계의 원리를 나타내었다. [그림 10-24(a)]처럼 이상적인 주파수 응답을 샘플링하여 역변환하면 [그림 10-24(b)]와 같은 임펄스 응답을 얻게 되는데, 이를 DTFT하여 실제 주파수 응답을 구해 그려보면 [그림 10-24(c)]와 같이 된다. [그림 10-24(d)]는 저지 대역 감쇠를 보기 위해 이를 [dB] 척도로 나타낸 것이다.

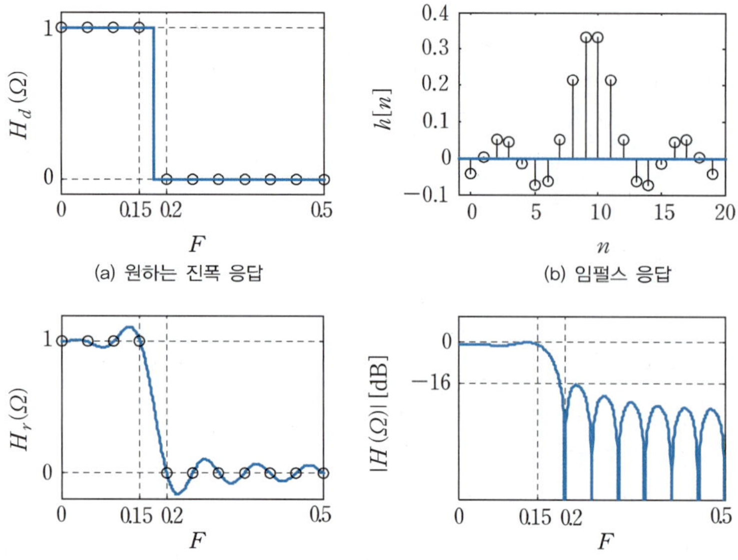

(a) 원하는 진폭 응답 (b) 임펄스 응답 (c) 실제 진폭 응답 (d) 실제 크기 응답[dB]

[그림 10-24] 단순 주파수 샘플링에 의한 FIR LP 필터($N=20$)

[그림 10-24]에서 보면 저지 대역 감쇠 특성이 좋은 편이 아니므로, [그림 10-25]와 같이 천이 대역에서 한 점을 샘플링하게 되면 결과적으로 [그림 10-24]보다 샘플 스펙트럼이 두 배로 증가, 즉 필터 차수가 두 배가 되지만 훨씬 양호한 감쇠 특성을 보이게 된다.

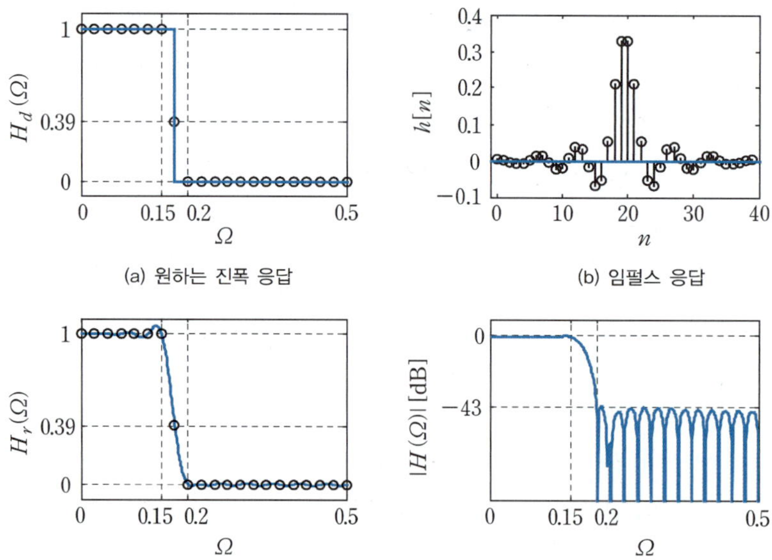

(a) 원하는 진폭 응답 (b) 임펄스 응답 (c) 실제 진폭 응답 (d) 실제 크기 응답[dB]

[그림 10-25] 최적 주파수 샘플링에 의한 FIR LP 필터($N=40$)

[그림 10-26]과 같이 천이 대역에서 2점을 샘플링하면, 필터 차수는 세 배로 늘어나는 대신 감쇠 특성은 더욱 개선된다. 모든 그림에서 샘플 스펙트럼의 위치에서는 필터의 주파수 응답이 원하는 주파수 응답과 정확히 일치함을 볼 수 있다.

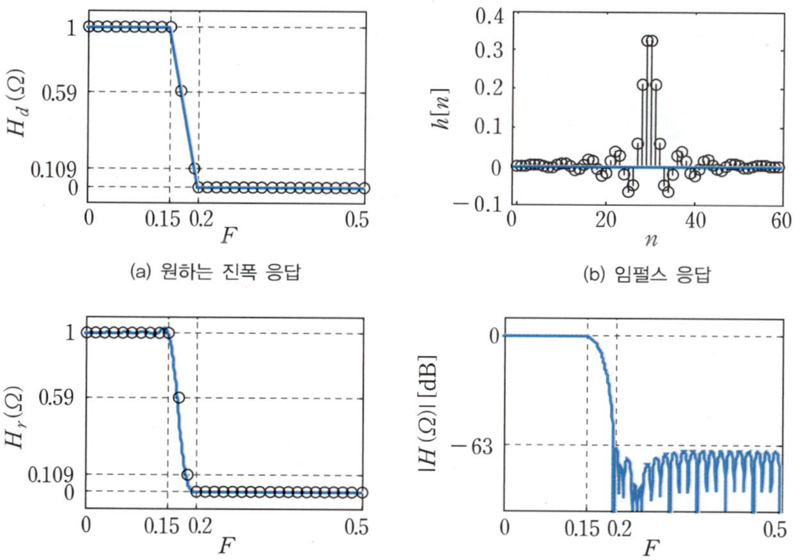

(a) 원하는 진폭 응답　(b) 임펄스 응답

(c) 실제 진폭 응답　(d) 실제 크기 응답[dB]

[그림 10-26] 최적 주파수 샘플링에 의한 FIR LP 필터($N=60$)

[그림 10-24]에서 보듯이, 단순 설계 방법은 저지 대역 감쇠 특성이 나빠서 실제 설계에는 잘 사용되지 않는다. 천이 대역에 샘플을 취하는 최적 설계 방법에서, 같은 개수의 샘플을 취하더라도 어떤 값으로 선택하느냐에 따라 필터 특성은 달라진다.

[그림 10-24]~[그림 10-26]에 나타낸 필터의 실제 주파수 응답 $H(\Omega)$는 번거롭게 $H[k]$를 IDFT 하여 $h[n]$을 얻은 뒤 이를 다시 DTFT하여 구하지 않더라도, 다음과 같이 샘플 스펙트럼 $H[k]$로부터 보간에 의해 직접 구할 수 있다(<심화학습 자료> 참조).

$$H(\Omega) = H(z)\big|_{z=e^{j\Omega}} = \left(\frac{1-e^{-j\Omega N}}{N}\right)\sum_{k=0}^{N-1}\frac{H[k]}{1-e^{j2\pi k/N}e^{-j\Omega}} \qquad (10.40)$$

주파수 샘플링에 의한 FIR 필터 설계 방법의 특징을 정리하면 다음과 같다.

- 주파수 샘플링 기법은 DFT의 시간 신호와 샘플 스펙트럼 간의 대응 관계를 이용한 방법이다.
- 임의의 형태의 주파수 응답에 대해서도 손쉽게 설계할 수 있다.
- 샘플링된 주파수에서는 근사 오차, 즉 이상적인 응답과 실제 응답의 차이가 0이다.
- 모든 주파수에서 근사 오차는 이상적인 응답의 모양에 의존한다. 즉 이상적인 응답의 천이 대역 특성이 가파를수록 근사 오차는 커진다.
- 근사 오차는 대역 경계부에서는 커지고, 대역 안에서는 작아진다.
- 구해지는 임펄스 응답이 실수여야 하므로 $H[k]$는 $k=\dfrac{N}{2}$을 중심으로 공액 대칭이 된다. 이 경우 $H[0]$은 짝이 없으므로 어떠한 값으로도 둘 수 있다.
- 샘플 스펙트럼의 진폭 응답은 천이 대역을 제외하고는 1(통과 대역) 아니면 0(저지 대역)이므로 IDFT의 계산이 매우 간편하다.

SECTION 10.5

최적 등맥동 FIR 필터 설계

학습포인트

- 최적 등맥동 필터의 기본 개념을 이해한다.
- 오차 함수의 최적화와 관련하여 교번 정리의 원리를 이해한다.
- 레메즈Remez 교환 알고리즘에 의한 최적 등맥동 필터 설계 과정을 이해한다.

필터 설계에서 천이 특성에 대한 요구 조건과 통과 대역 및 저지 대역의 맥동에 대한 요구 조건은 서로 상충하게 된다. 지금까지 살펴본 FIR 필터 설계 방법은 이러한 요구 사항들을 절충할 때 설계 사양에서 제시되는 기준들을 각기 독립적으로 반영하지 못한다. 이러한 문제를 해결하고 더 낮은 차수로 같은 성능의 필터를 구현하려는 시도가 최적 등맥동 필터이다. 이 절에서는 최적 등맥동 필터의 설계 원리와 이를 실제로 구현하는 알고리즘에 대해 알아보기로 한다.

10.5.1 등맥동 필터의 기본 개념

필터 설계의 본질은 주파수 응답에 대한 근사화로, 천이 대역 폭과 맥동 사이에 적당한 절충점을 찾게 된다. 그런데 창 함수 및 주파수 샘플링 기법은 대역 경계 주파수 Ω_p, Ω_s가 정확히 결정되지 않고 설계의 결과로 얻어진 값을 그냥 수용할 수밖에 없다는 문제가 있다. 또한 통과 대역과 저지 대역의 맥동 δ_p, δ_s를 동시에 지정할 수 없으며, 근사 오차가 대역 구간에 걸쳐 균일하게 분포하지 않고 경계부에 몰린다는 문제를 지니고 있다.

이러한 문제를 해결하려는 설계 기법이 등맥동 필터 설계이다. 등맥동 필터 설계는 근사화 오차를 대역 전체에 균일하게 분포시켜 같은 사양을 만족시키는 더 낮은 차수의 필터를 설계하고자 하는 것으로, 체비쇼프Chebyshev 오차라고 부르는 근사 오차의 최댓값을 최소화하는 최적화 문제를 푸는 방법이다. 이 설계 방법은 대역 전체에 근사화 오차를 고루 분산시킨다는 점에서 아날로그 필터의 체비쇼프 필터나 타원형elliptic 필터와 유사한 개념의 필터라고 할 수 있다. 다른 FIR 필터 설계 방법에 비하면 기본 개념과 이론이 까다롭고 어렵지만, 필터 성능을 독립적으로 제어할 수 있다는 점에서 잘 이해해두면 유용할 것이다.

선형 위상 FIR 필터의 주파수 응답은 다음과 같은 형태로 나타낼 수 있다.

$$H(\Omega) = H_r(\Omega)e^{j\phi}e^{-j(N-1)\Omega/2} \tag{10.41}$$

여기서 ϕ는 1형과 2형에서는 0, 3형과 4형에서는 $\frac{\pi}{2}$이며, 각 형에 따른 진폭 응답 $H_r(\Omega)$는 [표 10-1]에서 찾아볼 수 있다. $H_r(\Omega)$에 대해 삼각함수의 항등식 관계들을 적용하여 정리하면 다음과 같이 코사인의 합으로 이루어진 $P(\Omega)$와 고정 함수 $Q(\Omega)$의 곱으로 나타낼 수 있다.

$$H_r(\Omega) = Q(\Omega)P(\Omega) \tag{10.42}$$

선형 위상 필터의 형에 따른 $Q(\Omega)$와 $P(\Omega)$는 [표 10-4]에 나타내었다.

[표 10-4] 선형 위상 FIR 필터에 대한 $P(\Omega)$와 $Q(\Omega)$

필터의 형	$Q(\Omega)$	$P(\Omega)$	L	계수 α_k
1형	1	$\sum_{k=0}^{L} \alpha_k \cos(k\Omega)$	$\frac{N-1}{2}$	$\alpha_k = a_k$
2형	$\cos\left(\frac{\Omega}{2}\right)$	$\sum_{k=0}^{L} \alpha_k \cos(k\Omega)$	$\frac{N}{2}-1$	$\alpha_k = 2b_k - \alpha_{k-1}$ $\alpha_0 = b_1/2,\quad \alpha_{N/2-1} = 2b_{N/2}$
3형	$\sin(\Omega)$	$\sum_{k=0}^{L} \alpha_k \cos(k\Omega)$	$\frac{N-3}{2}$	$\alpha_{k-1} - \alpha_{k+1} = 2a_k$ $\alpha_0 + \alpha_2/2 = a_1$
4형	$\sin\left(\frac{\Omega}{2}\right)$	$\sum_{k=0}^{L} \alpha_k \cos(k\Omega)$	$\frac{N}{2}-1$	$\alpha_{k-1} - \alpha_k = 2b_k$ $\alpha_0 - \alpha_1/2 = b_1,\quad \alpha_{N/2-1} = 2b_{N/2}$

식 (10.42)의 $P(\Omega)$는 다음과 같이 $\cos(\Omega)$의 멱급수, 즉 체비쇼프 다항식의 합으로 표현할 수 있다.

$$P(\Omega) = \sum_{k=0}^{L} \alpha_k \cos(k\Omega) = \sum_{k=0}^{L} \widetilde{\alpha}_k (\cos\Omega)^k \tag{10.43}$$

필터 설계는 다음과 같이 원하는 필터의 진폭 응답 $H_d(\Omega)$와 식 (10.42)의 진폭 응답 $H_r(\Omega)$의 가중 오차를 최소화하는 최적화 문제로 생각할 수 있다.

$$E(\Omega) = W(\Omega)[H_d(\Omega) - H_r(\Omega)] \tag{10.44}$$

가중 함수 $W(\Omega)$는 통과 대역과 저지 대역의 맥동 δ_1, δ_2을 독립적으로 조정하기 위해 도입된 것이다. 가중 함수는 다음과 같이 오차 함수 $E(\Omega)$의 극대 및 극소점에서의 크기가 저지 대역 맥동 δ_2와 같도록 선정한다.

$$W(\Omega) = \begin{cases} \dfrac{\delta_2}{\delta_1}, & \Omega \le \Omega_p \\ 1, & \Omega \ge \Omega_s \end{cases} \tag{10.45}$$

오차 함수를 나타내는 식 (10.44)를 다시 쓰면 다음과 같다.

$$E(\Omega) = W(\Omega)\,Q(\Omega)\left(\frac{H_d(\Omega)}{Q(\Omega)} - P(\Omega)\right) = W'(\Omega)\big(H'_d(\Omega) - P(\Omega)\big) \tag{10.46}$$

여기서 $W'(\Omega) = W(\Omega)\,Q(\Omega)$, $H'_d(\Omega) = H_d(\Omega)/Q(\Omega)$이다.

드디어 식 (10.46)에 의해 네 가지 유형의 선형 위상 FIR 필터 설계 문제가 같은 형태의 오차 함수를 최소화하도록 $P(\Omega)$를 결정하는 단일한 문제로 표현되었다.

오차 함수 $E(\Omega)$의 최댓값 $|E|_{\max}$을 최소화하도록 $H_r(\Omega)$를 선정하는 문제, 즉 $P(\Omega)$의 코사인 항들의 계수 $\{\alpha_k\}$를 선정하는 문제를 **체비쇼프 근사화**라고 한다. 이 문제의 해답은 $H_r(\Omega)$가 [그림 10-27]과 같이 통과 대역과 저지 대역에서 등맥동이어야 하고 최소한 $L+2$개의 극값을 가져야 한다는 것이다. 그림에서 보듯이 극값은 통과 대역에서 $1\pm\delta_1$, 저지 대역에서 $\pm\delta_2$로서 극값이 일어나는 주파수 Ω_k는 **교번 정리**alternation theorem에 의해서 그 개수가 정해진다.

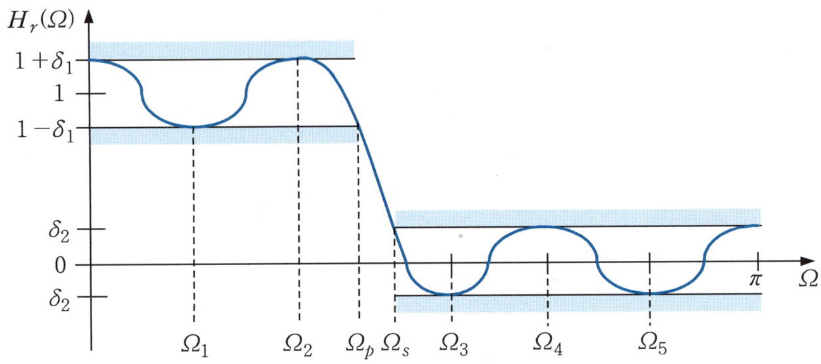

[그림 10-27] 등맥동 필터의 진폭 응답

10.5.2 교번 정리를 이용한 등맥동 필터 설계

체비쇼프 근사화 문제의 해와 관련한 교번 정리는 다음과 같다.

교번 정리alternation theorem

$E(\Omega)$가 등맥동일 때, $H_d(\Omega)$에 대해 $H_r(\Omega)$가 $E(\Omega)$의 최댓값을 최소화하는 유일한 최소-최대min-max 근사해가 되기 위한 필요충분조건은 $E(\Omega)$가 적어도 $L+2$개의 교번, 즉 극값 주파수 Ω_k가 적어도 $L+2$개 존재하는 것이다.

❶ 오차는 두 극대, 극소점 사이에서 교번한다. 그러므로 다음이 성립한다.

$$E(\Omega_k) = -E(\Omega_{k+1}), \quad k=1, 2, \cdots, L+1 \tag{10.47}$$

❷ 주파수 Ω_k에서의 오차 값은 오차 함수 $E(\Omega)$의 최댓값이다.

$$|E(\Omega_k)| = |E(\Omega)|_{\max}, \quad k=1, 2, \cdots, L+2 \tag{10.48}$$

대부분의 등맥동 필터는 $L+2$개의 교번을 갖는다. 그러나 Ω_s와 Ω_p의 조건을 만족시킬 수 있도록 필요한 경우 $L+3$개의 교번을 갖는 등맥동 필터를 얻을 수도 있다. 이런 필터는 남는 여분의 맥동을 하나 갖기 때문에 **잉여 맥동 필터**extra-ripple filter라고 한다.

교번 정리에 의해 식 (10.46), 식 (10.47), 식 (10.48)로부터 극값 주파수 $\{\Omega_i\}$에서 다음과 같은 연립 방정식을 얻게 된다.

$$W'(\Omega_i)\left[H'_d(\Omega_i)-P(\Omega_i)\right]=(-1)^i\delta, \quad i=0,\,1,\,\cdots,\,L+1 \tag{10.49}$$

여기서 $\delta=|E|_{\max}$이며, 실제로 식 (10.45)에 의해 δ_2가 된다. $P(\Omega_i)$를 코사인 항의 합으로 나타내어 식 (10.49)를 다시 정리하면

$$\sum_{k=0}^{L}\alpha_k\cos(k\Omega_i)+\frac{(-1)^i\delta}{W'(\Omega_i)}=H'_d(\Omega_i), \quad i=0,\,1,\,\cdots,\,L+1 \tag{10.50}$$

이다. 식 (10.50)에서 코사인 항의 계수 $\{\alpha_k\}$와 최대 오차 δ를 미지수로 보면 다음과 같은 행렬 형태의 연립 방정식을 얻게 된다.

$$\begin{bmatrix} 1 & \cos(\Omega_0) & \cdots & \cos(L\Omega_0) & \dfrac{1}{W'(\Omega_0)} \\ 1 & \cos(\Omega_1) & \cdots & \cos(L\Omega_1) & \dfrac{-1}{W'(\Omega_1)} \\ \vdots & \vdots & \cdots & \vdots & \vdots \\ 1 & \cos(\Omega_L) & \cdots & \cos(L\Omega_L) & \dfrac{(-1)^L}{W'(\Omega_L)} \\ 1 & \cos(\Omega_{L+1}) & \cdots & \cos(L\Omega_{L+1}) & \dfrac{(-1)^{L+1}}{W'(\Omega_{L+1})} \end{bmatrix} \begin{bmatrix} \alpha_0 \\ \alpha_1 \\ \vdots \\ \alpha_L \\ \delta \end{bmatrix} = \begin{bmatrix} H'_d(\Omega_0) \\ H'_d(\Omega_1) \\ \vdots \\ H'_d(\Omega_L) \\ H'_d(\Omega_{L+1}) \end{bmatrix} \tag{10.51}$$

잘 알다시피 식 (10.51)은 가우스 소거법을 사용하면 쉽게 해를 구할 수 있으나, 문제는 극값 주파수 $\{\Omega_i\}$를 모른다는 것이다. 따라서 미지수를 계산하기 위한 좌우변의 데이터 행렬을 만들 수가 없다.

팍스-맥클렐런Parks-McClellan은 **레메즈 교환 알고리즘**Remez exchange algorithm을 이용하여 효과적인 해결책을 제시했는데, 식 (10.51)의 풀이에 가장 널리 이용되고 있다.

레메즈 교환 알고리즘

❶ 극값 주파수 $\{\Omega_i\}$를 임의로 선정하여 식 (10.51)의 데이터 행렬을 구성한다.
❷ 식 (10.52)의 방정식을 풀어서 $\{\alpha_k\}$와 δ를 구한다.
❸ 구해진 $\{\alpha_k\}$와 δ를 이용하여 오차 함수 $E(\Omega)$를 계산한다.
❹ 계산된 $E(\Omega)$로부터 새로운 극값 주파수 $\{\Omega_i\}$를 찾아내어 데이터 행렬을 구성한다.
❺ 최적 해에 수렴할 때까지 과정 ❷~❹를 반복한다.

교환 알고리즘이란 이름은 예전의 $\{\Omega_i\}$를 새 $\{\Omega_i\}$로 교환하여 $\{\alpha_k\}$를 계산하고, 다시 이를 예전의 $\{\alpha_k\}$와 교환하여 새로운 $\{\Omega_i\}$를 찾는 과정을 되풀이하기 때문에 붙은 것이다.

팍스-맥클렐런의 방법에서는 필터 길이 N과 Ω_p, Ω_s, δ_s/δ_p를 고정값으로 두고 레메즈 교환 알고리즘을 이용하여 식 (10.51)의 방정식을 푼다.

팍스-맥클렐런 알고리즘

❶ 필터의 길이 N을 정한다(카이저 창의 식 (10.34)를 이용할 수 있다).

❷ $L+2$개의 극값 주파수 $\{\Omega_i\}$를 선정한다. 단 Ω_p와 Ω_s는 이들 주파수에 포함시킨다.

❸ 식 (10.51)을 풀어 $\{\alpha_k\}$와 δ를 구한다.

❹ 식 (10.46)을 이용하여 $[0,\ \pi]$ 구간에 등간격으로 분포된 충분히 많은 수($\simeq 20N$)의 주파수에서 $E(\Omega)$를 계산한다. 만일 이들 주파수에서 $|E(\Omega)| > \delta$이면 단계 ❺로 가고, 그렇지 않으면 단계 ❻으로 간다.

❺ $E(\Omega)$의 L개의 극대, 극소점을 구하고 극값 주파수를 얻는다. 여기에 Ω_p와 Ω_s를 더해 $L+2$개의 새로운 극값 주파수 집합 $\{\Omega_i\}$를 구성한다. 단계 ❸으로 돌아가서 과정을 반복한다.

❻ 구해진 α_k를 이용하여 필터의 임펄스 응답을 구한다.

단계 ❹는 극값 주파수 $\{\Omega_i\}$를 찾기 위한 편법이라고 생각하면 된다. 극값에서 기울기가 0이 되는 사실을 이용하여 복잡하고 어렵게 $\dfrac{dE(\Omega)}{d\Omega}=0$을 만족하는 Ω_i를 찾아 $E(\Omega_i)$를 계산하여 δ와 비교하는 대신에 $[0,\ \pi]$ 내의 충분히 많은 점에서 $E(\Omega)$를 계산하면, 그 안에 $E(\Omega)=|E|_{\max}$가 되는 점이 당연히 포함되어 있으리라 간주하여 식 (10.51)을 풀어서 찾은 δ가 $|E|_{\max}$가 맞는지 확인하는 것이다.

그리고 단계 ❻의 임펄스 응답 계산은 [표 10-1]의 $h[n]$과 a_k, b_k의 관계와 [표 10-4]의 a_k, b_k와 α_k의 관계를 이용하여 원하는 형의 필터로 구할 수 있다.

위의 알고리즘에 의해 필터를 설계하더라도 필터의 길이 N은 임의로 선정한 것일 뿐 최적값은 아니기 때문에 최대 오차 δ가 δ_2와 다를 수 있다. 이럴 경우, $\delta > \delta_2$라면 N을 증가시켜야 하고 $\delta < \delta_2$라면 N을 감소시켜야 한다. 그런 뒤에 새로운 δ를 구하기 위해 레메즈 알고리즘을 다시 수행해야 한다. 이 과정을 $\delta \le \delta_2$일 때까지 반복하면 이 절의 앞머리에서 언급했던 세 가지 요구 사항을 모두 만족시키는 최적 등맥동 FIR 필터를 설계할 수 있다. 그런데 설계 사양에서는 δ_2가 저지 대역 감쇠 A_s와 관련된다. 따라서 필터의 임펄스 응답 $h[n]$을 구한 후에 저지 대역 감쇠를 조사해서 주어진 A_s와 비교하여 필터의 차수를 줄이거나 늘리면 된다.

예제 10-7 최적 등맥동 저역 통과 FIR 필터의 설계

[예제 10-5]의 설계 사양에 대해 팍스-맥클렐런 알고리즘으로 최적 등맥동 필터를 설계하라.

풀이

계산된 저지 대역 감쇠가 주어진 A_s를 충족시킬 때 레메즈 알고리즘을 반복하여 찾은 최적의 N값은 $N=47$이다. 이 값은 카이저 창 함수를 사용한 경우의 $N=61$이나 주파수 샘플링의 $N=60$보다는 상당히 작은 값이다.

[그림 10-28]에 필터의 설계 결과를 나타내었다. [그림 10-28(c)]나 [그림 10-28(d)]의 주파수 응답에서 볼 수 있듯이 통과 대역과 저지 대역에서 등맥동 특성을 보이고 있으며, [그림 10-28(b)]에서 보듯이 오차 함수 $E(\Omega)$ 역시 두 대역에서 등맥동을 나타내고 있다.

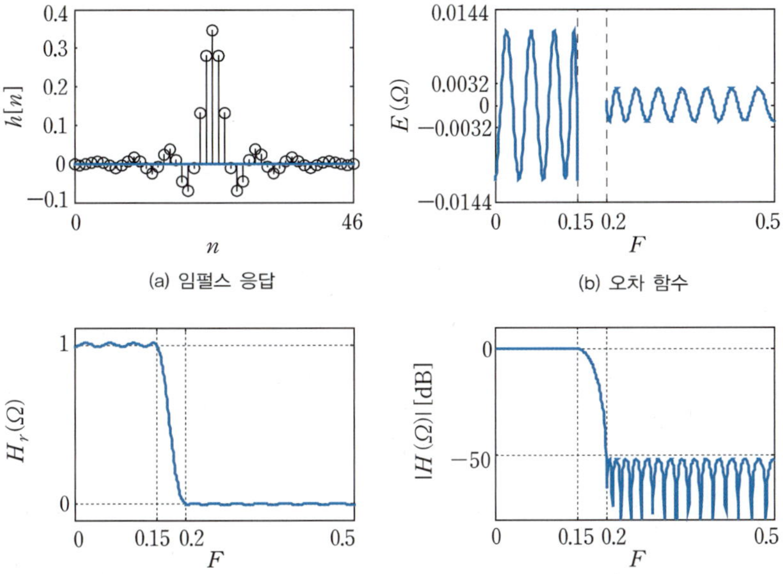

(a) 임펄스 응답

(b) 오차 함수

(c) 진폭 응답

(d) 크기 응답[dB]

[그림 10-28] 최적 등맥동 저역 통과 FIR 필터

SECTION 10.6

FIR 필터의 주파수 대역 변환

학습포인트

- 변조 특성을 이용한 주파수 대역 변환 방법에 대해 알아본다.
- 부필터들의 합성에 의한 주파수 대역 변환 방법에 대해 알아본다.

지금까지 살펴본 디지털 필터의 설계는 모두 LP 필터 설계에만 초점이 맞추어져 있었다. 그러므로 나머지 HP, BP, BS 필터의 설계는 어떻게 해야 할지 궁금할 것이다. 그러나 실제로 LP 필터를 설계할 수 있으면, 다른 주파수 선택 특성을 갖는 필터도 이를 이용하여 설계할 수 있다. 이 절에서는 LP 필터로부터 다른 주파수 선택 특성을 갖는 필터를 얻는 방법에 대해 알아보기로 한다.

10.6.1 변조 특성을 이용한 방법

DTFT의 변조(주파수 이동) 성질(식 (6.46) 참조)을 이용하여 LP 필터로부터 HP 또는 BP 필터와 같은 다른 주파수 선택 필터를 얻을 수 있다.

$$2x[n]\cos(\Omega_0 n) \Leftrightarrow [X(\Omega-\Omega_0)+X(\Omega+\Omega_0)] \tag{10.52}$$

❶ LP 필터의 임펄스 응답 $h_{LP}[n]$을 $n=0$에서 대칭성을 만족하도록 왼쪽으로 M만큼 이동시켜 대칭인 비인과 임펄스 응답 $h'_{LP}[n]$을 얻는다.

❷ $h'_{LP}[n]$에 BP 필터는 $2\cos(\Omega_0 n)$, HP 필터는 $\cos(\pi n)$을 곱해 LP 필터의 주파수 응답 $H_{LP}(\Omega)$을 Ω_0(또는 π)만큼 대역 이동시킨다.

$$h'_{HP}[n]=h'_{LP}[n]\cos(\pi n)=(-1)^n h'_{LP}[n]\,,\ |n|\le M \tag{10.53}$$

$$h'_{BP}[n]=2h'_{LP}[n]\cos(\Omega_0 n)\,,\ |n|\le M \tag{10.54}$$

❸ ❷에서 구한 임펄스 응답을 M만큼 오른쪽으로 이동시켜 $n=0$에서 시작되는 인과 필터의 임펄스 응답을 얻는다.

$$h_{HP}[n]=h'_{HP}[n-M]\,,\quad h_{BP}[n]=h'_{BP}[n-M] \tag{10.55}$$

과정 ❶이 필요한 이유는 대칭성을 확보해 선형 위상 특성을 보존하기 위함이다. 그리고 HP 필터는 중심 주파수가 $\Omega_0=\pi$인데, 이산 신호의 스펙트럼은 2π를 주기로 반복되기 때문에 식 (10.52)에서 $X(\Omega-\Omega_0)=X(\Omega-\pi)$와 $X(\Omega+\Omega_0)=X(\Omega+\pi)$가 정확히 겹쳐지게 된다. 따라서 $2\cos(\Omega_0 n)$

이 아니라 $\cos(\Omega_0 n)$만 곱하면 됨을 주의해야 한다.

예제 10-8 변조 특성을 이용한 필터의 대역 변환 – HP 필터

길이 $N=11$, 차단 주파수 $\Omega_H=0.6\pi$인 HP 필터를 LP 필터로부터 구하라.

풀이

고주파 대역의 차단 주파수가 $\Omega_H=0.6\pi$이므로 $\pi-\Omega_H=0.4\pi$를 차단 주파수로 하는 LP 필터를 먼저 설계해야 한다. 이상적인 저역 통과 필터의 주파수 응답은 식 (10.2)로부터

$$h_d[n]=\frac{\Omega_c}{\pi}\operatorname{sinc}\left(\frac{\Omega_c}{\pi}n\right)=\frac{0.4\pi}{\pi}\operatorname{sinc}(0.4\,n)=0.4\operatorname{sinc}(0.4n)$$

이다. 따라서 고역 통과 필터의 비인과 임펄스 응답은

$$h'_{HP}[n]=(-1)^n 0.4\operatorname{sinc}(0.4\,n),\quad -5\le n\le 5$$

이고, 이를 오른쪽으로 5만큼 이동시켜 인과 HP 필터의 임펄스 응답을 얻는다.

$$h_{HP}[n]=(-1)^{n-5}0.4\operatorname{sinc}(0.4\pi(n-5)),\quad 0\le n\le 10$$

예제 10-9 변조 특성을 이용한 필터의 대역 변환 – BP 필터

길이 $N=11$이고 대역 중심 주파수 $\Omega_0=0.5\pi$, 차단 주파수 $\Omega_B=0.7\pi$인 BP 필터를 LP 필터로부터 구하라.

풀이

차단 주파수 $\Omega_C=\Omega_B-\Omega_0=0.2\pi$인 LP 필터를 먼저 설계해야 한다. 이 필터의 이상적인 임펄스 응답은 다음과 같다.

$$h_d[n]=\frac{\Omega_c}{\pi}\operatorname{sinc}\left(\frac{\Omega_c}{\pi}n\right)=\frac{0.2\pi}{\pi}\operatorname{sinc}(0.2\,\mathrm{n})=0.2\operatorname{sinc}(0.2\,n)$$

따라서 대역 통과 필터의 비인과 임펄스 응답은

$$h'_{BP}[n]=0.4\operatorname{sinc}(0.2\,n)\cos(0.5\pi n),\quad -5\le n\le 5$$

이고, 이를 오른쪽으로 5만큼 이동시켜 인과 BP 필터의 임펄스 응답을 얻는다.

$$h_{BP}[n]=0.4\operatorname{sinc}(0.2(n-5))\cos(0.5\pi(n-5)),\quad 0\le n\le 10$$

만약 순서를 바꿔 시간 이동을 먼저 시켜서 인과적으로 만든 뒤에 변조하게 되면

$$h_{BP}[n]=0.4\operatorname{sinc}(0.2(n-5))\cos(0.5\pi n),\quad 0\le n\le 10$$

이 되어 앞의 결과와 다름을 알 수 있다. 즉 전혀 다른 필터가 된다.

10.6.2 부필터들의 합성을 이용한 방법

변조 특성을 이용한 대역 변환보다 개념적으로 더 이해하기 쉬운 방법으로 두 개의 필터를 합성함으로써 원하는 주파수 특성의 필터를 구하는 방법이 있다. 이는 그림을 통해 살펴보면 쉽게 이해할 수 있다.

모든 영역에서 주파수 응답이 1이 되는 이상적인 전역통과 필터는 임펄스 응답이 임펄스인 경우, 즉 $h_{AP}[n] = \delta[n]$으로 생각할 수 있다. 그러면 [그림 10-29]에 나타낸 것처럼 HP 필터는 전역통과 필터에서 LP 필터를 뺀 것으로 볼 수 있으므로 임펄스 응답은 다음과 같이 된다.

$$h_{HP}[n] = \delta[n] - h_{LP}[n] \tag{10.56}$$

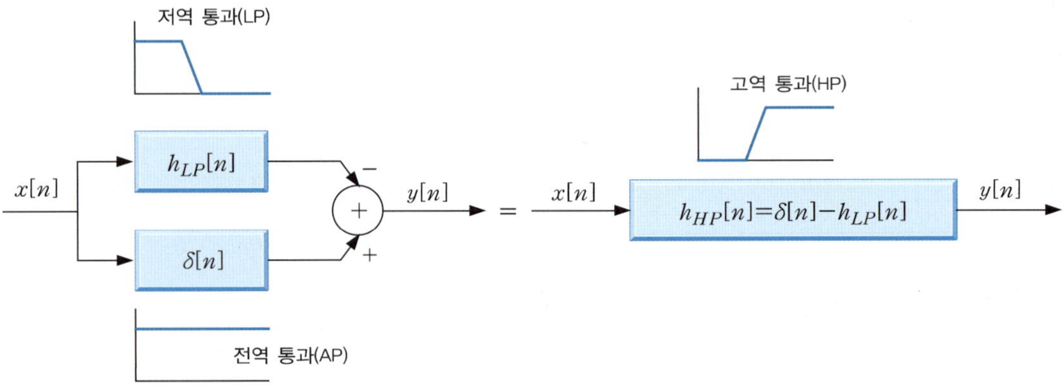

[그림 10-29] 고역 통과 필터의 합성

[그림 10-30]에 나타낸 것처럼 BP 필터는 LP 필터와 HP 필터의 주파수 응답을 곱하여 얻을 수 있다. 주파수 영역에서의 곱은 시간 영역에서 컨벌루션이므로 임펄스 응답은 다음과 같이 된다.

$$h_{BP}[n] = h_{LP}[n] \circledast h_{HP}[n] \tag{10.57}$$

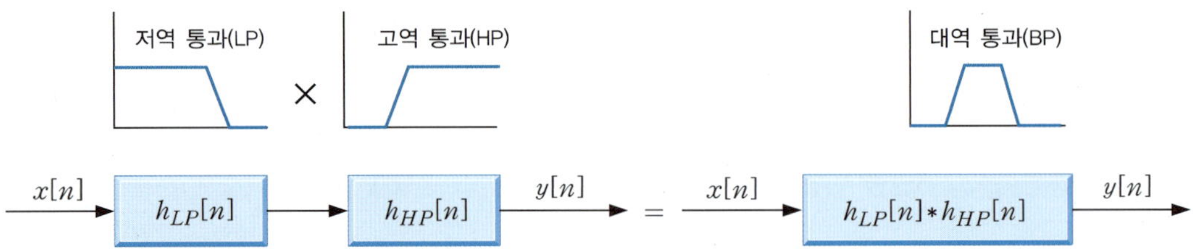

[그림 10-30] 대역 통과 필터의 합성

물론 BP 필터는 차단 주파수가 높은 LP 필터에서 차단 주파수가 낮은 LP 필터를 빼서 얻을 수도 있다. 이 경우 임펄스 응답은 다음과 같다.

$$h_{BP}[n] = h_{LP1}[n] - h_{LP2}[n] \tag{10.58}$$

그리고 [그림 10-31]과 같이 BS 필터는 $\Omega_c < \Omega_H$인 LP 필터와 HP 필터의 주파수 응답을 더하여 얻을 수 있으므로 임펄스 응답은 다음과 같이 된다.

$$h_{BS}[n] = h_{LP}[n] + h_{HP}[n] \tag{10.59}$$

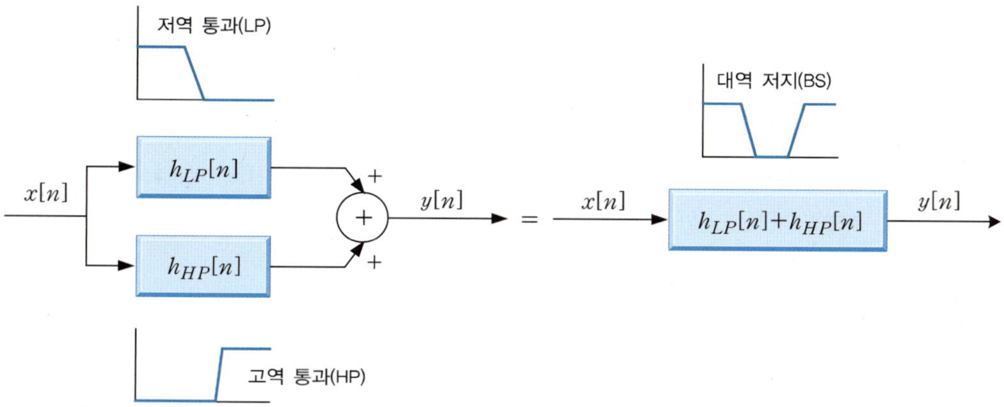

[그림 10-31] 대역 저지 필터의 합성

물론 BS 필터는 전역통과 필터의 주파수 응답에서 BP 필터의 주파수 응답을 빼서 얻을 수도 있으며, 이때 임펄스 응답은 다음과 같다.

$$h_{BS}[n] = \delta[n] - h_{BP}[n] \tag{10.60}$$

지금까지 살펴본 것처럼, FIR 필터의 경우 매우 간편하게 주파수 대역 변환이 되는 이유는 극이 모두 원점에 있어 항상 안정하기 때문이다.

CHAPTER 10_연습문제

【Quick Review】

※ 다음 문제에서 맞는 것을 골라라.

(1) FIR 필터는 항상 안정하며 선형 위상을 갖는 비순환 필터로 만들 수 있다. (O, ×)

(2) FIR 필터는 사양에 맞게 설계하더라도 얻어진 결과의 대역 경계 주파수가 이동하거나 대역 감쇠값이 사양과 차이가 날 수 있다. (O, ×)

(3) 선형 위상 FIR 필터는 필터 차수만큼의 필터 계수를 결정해야 한다. (O, ×)

(4) 선형 위상 FIR 필터 중에서 1형과 2형은 임펄스 응답이 (우대칭, 기대칭)이고 3형과 4형은 임펄스 응답이 (우대칭, 기대칭)이다. 또한 임펄스 응답의 길이가 홀수인 것은 (1, 2, 3, 4)형이고, 길이가 짝수인 것은 (1, 2, 3, 4)형이다.

(5) 선형 위상 FIR 필터 중 진폭 응답이 $\Omega = 0$와 $\Omega = \pi$에 대해 모두 기대칭인 것은 (1, 2, 3, 4)형이다.

(6) (1, 2, 3, 4)형 선형 위상 FIR 필터의 위상 응답은 $\Omega = 0$에서 ($\pi/2$, π, 2π)만큼의 불연속을 갖는다.

(7) 선형 위상 FIR 필터는 형과 상관없이 모든 주파수 선택 필터를 만들 수 있다. (O, ×)

(8) 선형 위상 FIR 필터의 영점 중 z평면의 단위원 위가 아닌 곳에 위치한 영점들은 (저지 대역, 통과 대역)을 만드는 역할을 한다.

(9) 선형 위상 FIR 필터는 $z = \pm 1$에 위치한 영점의 개수로 형을 판별할 수 있다. (O, ×)

(10) 창 스펙트럼의 (주엽, 부엽)은 천이 대역 형성에, (주엽, 부엽)은 통과 대역 및 저지 대역 맥동 형성에 기여한다.

(11) FIR 필터의 천이 대역 폭과 창 함수 스펙트럼의 주엽 폭은 서로 비례한다. (O, ×)

(12) 창 함수들 중에서 근사화 오차를 최소화하는 최적 창은 사각창이다. (O, ×)

(13) 사각창의 단점을 개선하고자 제안된 창들은 천이 대역 특성을 희생하여 저지 대역 감쇠를 개선한다. (O, ×)

(14) 창 함수의 길이(차수)가 커지면 저지 대역 감쇠는 (커진다, 줄어든다, 그대로이다).

(15) 블랙먼 창은 창 스펙트럼 주엽 폭이 가장 넓은 대신 저지 대역 감쇠 특성이 제일 양호하다. (O, ×)

(16) 창 스펙트럼의 주엽 폭과 부엽 크기를 조정할 수 있는 창은 카이저 창뿐이다. (O, ×)

(17) 주파수 샘플링법에 의해 설계된 FIR 필터의 주파수 응답은 모든 주파수에서 원하는 주파수 응답과 일치한다. (O, ×)

(18) 주파수 샘플링 설계법에서 높은 저지 대역 감쇠를 얻기 위해 (통과, 천이, 저지) 대역에 추가로 0이 아닌 샘플을 취한다.

(19) 변조 특성을 이용하여 FIR 필터를 대역 변환할 때, 항상 LP 필터의 비인과 임펄스 응답을 먼저 시간 이동시켜 인과 필터로 만든 다음에 변조시켜야 한다. (O, ×)

(20) 임펄스 응답이 $\delta[n]$인 필터와 FIR 저역 통과(LP) 필터를 합성하여 (BP, HP) 필터를 얻을 수 있다.

【기초 문제】

10.1 FIR 필터의 특징에 대한 다음의 설명 중 틀린 것은?

㉮ FIR 필터는 출력 회귀가 없으므로 유한 어장 효과에 덜 민감하다.

㉯ FIR 필터의 진폭 응답 특성은 필터 전달 함수의 영점에 의해 달라진다.

㉰ 물리적인 FIR 저역 통과 필터는 이상적인 저역 통과 필터의 임펄스 응답을 절단 근사화한 대가로 진폭 응답에 맥동이 발생한다.

㉱ FIR 필터는 일반적으로 설계 사양을 정확히 만족하도록 단번에 설계할 수 있다.

10.2 선형 위상 FIR 필터에 대한 다음의 설명 중 맞는 것은?

㉮ 임펄스 응답이 대칭이 아니더라도 선형 위상 FIR 필터를 구현할 수 있다.

㉯ $z=1$과 $z=-1$에 각각 홀수 개의 영점을 가진 선형 위상 FIR 필터는 대역 통과(BP) 필터만 구현할 수 있다.

㉰ 선형 위상 FIR 필터의 영점 분포는 특별한 대칭성이 없다.

㉱ 선형 위상 FIR 필터의 진폭 응답은 $\Omega=\pi$에 대해서는 대칭성을 만족하지 않는다.

10.3 창 함수와 관련한 다음의 설명 중 틀린 것은?

㉮ 필터 차수가 같을 때 천이 대역 특성이 가장 좋은 창은 사각창이다.

㉯ 창 양단의 불연속을 없애거나 매우 작게 만들면, 천이 대역 특성과 저지 대역 감쇠가 개선된다.

㉰ 카이저 창은 더 낮은 차수로 다른 창들과 비슷한 특성을 나타내는 필터를 구현할 수 있다.

㉱ 창의 길이가 길수록 천이 대역 폭은 좁아지지만 저지 대역 감쇠는 달라지지 않는다.

10.4 FIR 필터의 설계와 관련한 다음의 설명 중 맞는 것은?

㉮ 주파수 샘플링 설계에서 진폭 응답의 샘플 개수와 임펄스 응답 샘플 수는 같지 않다.

㉯ 주파수 샘플링 설계에서 천이 대역에 0이 아닌 샘플을 하나 취하게 되면 필터의 차수가 1 증가한다.

㉰ 최적 등맥동 필터에서 통과 대역과 저지 대역에 등맥동이 생기도록 하면, 근사화 오차가 대역에 골고루 분산되어 더 낮은 차수로 사양을 만족시키는 필터를 설계할 수 있다.

㉱ 최적 등맥동 필터 설계 시 등맥동의 극값 주파수는 이론적으로 정확히 찾아낼 수 있다.

10.5 FIR 필터의 대역 변환에 관한 다음의 설명 중 옳은 것은?

㉮ 위상 특성을 위해 대역 변환을 하더라도 임펄스 응답의 대칭성은 보존되어야 한다.

㉯ 변조를 이용해 대역 변환할 경우, 변환하고자 하는 필터 종류에 상관없이 같은 진폭의 코사인 정현파를 저역 통과 필터에 곱하면 된다.

㉰ 저역 통과 필터의 비인과 임펄스 응답에 대해 시간 이동과 변조를 적용하는 순서는 바뀌어도 상관없다.

㉱ 부필터의 합성으로 대역 변환된 특정한 주파수 선택 필터를 얻는 방법은 유일하다.

10.6 다음의 FIR 필터에 대해 선형 위상 필터의 형을 판별하라. 그리고 $H(0)$와 $H(\pi)$를 구하여 어떤 주파수 선택 필터가 될 수 있는지 결정하라.

(a) $h[n]=[\underset{\uparrow}{1},\ 0,\ 1]$

(b) $h[n]=[\underset{\uparrow}{1},\ 0,\ -1]$

(c) $h[n]=[\underset{\uparrow}{1},\ 2,\ 2,\ 1]$

(d) $h[n]=[-\underset{\uparrow}{1},\ 2,\ -2,\ 1]$

10.7 필터 설계 사양이 다음과 같을 때 창 함수법으로 디지털 저역 통과 FIR 필터를 설계하려고 한다.

$$\Omega_p=0.19\pi,\quad \Omega_c=0.21\pi,\quad \delta_p=0.01,\quad \delta_s=0.01$$

(a) 설계 사양을 충족시키기 위해 어떤 창 함수를 선택하는 것이 좋겠는가?

(b) 선택된 창 함수에 대해 필터 차수를 결정하라.

(c) 창 함수를 이용하여 절단 근사화된 인과 필터의 임펄스 응답을 구하라.

10.8 필터 설계 사양이 다음과 같을 때 카이저 창을 사용하여 디지털 저역 통과 FIR 필터를 설계하려고 한다.

$$\Omega_p=0.24\pi,\quad \Omega_c=0.26\pi,\quad \delta_p=0.01,\quad \delta_s=0.01$$

(a) 필터의 차수를 결정하라.

(b) 창 함수를 이용하여 절단 근사화된 인과 필터의 임펄스 응답을 구하라.

10.9 주파수 샘플링 방법을 사용하여 $\Omega_p=0.4\pi$, $\Omega_s=0.6\pi$인 디지털 저역 통과 FIR 필터를 설계하려고 한다.

(a) 이상적인 LP 필터의 진폭 응답을 그리고 필터의 차수를 최소로 결정하여 샘플 스펙트럼을 표시하라.

(b) (a)의 결과를 이용하여 인과적인 필터의 임펄스 응답 $h[n]$을 구하라.

(c) 필터의 성능 개선을 위해 천이 대역에 샘플 스펙트럼을 둔다면, 이때 필터의 최소 차수는 얼마가 되는가?

(d) (c)의 경우에 대해 인과적인 필터의 임펄스 응답 $h[n]$을 구하라.

10.10 대역 저지 필터를 최적 등맥동 설계법으로 차수 $N=30$인 1형 선형 위상 FIR 필터로 설계하려고 한다.

(a) 이 필터는 최소한 몇 번의 교번을 가지는가?

(b) 이 필터가 가질 수 있는 최대 교번은 얼마인가?

10.11 $H_1(\Omega)$는 차단 주파수가 $\Omega_{c1}=0.3\pi$, $H_2(\Omega)$는 차단 주파수가 $\Omega_{c2}=0.7\pi$인 저역 통과 필터이다. 이 필터들을 이용하여 다음과 같은 필터를 구현하는 블록선도를 그리고 주파수 응답을 구하라.

(a) 차단 주파수 $\Omega_H=0.7\pi$인 고역 통과 필터

(b) 통과 대역이 $0.3\pi \le \Omega \le 0.7\pi$인 대역 통과 필터

(c) 저지 대역이 $0.3\pi \le \Omega \le 0.7\pi$인 대역 저지 필터

【응용 문제】

10.12 필터 설계 사양이 다음과 같을 때 창 함수법을 사용하여 디지털 저역 통과 FIR 필터를 설계하라.

$$\Omega_p = 0.2\pi, \quad \Omega_s = 0.3\pi, \quad A_p = 0.25\,[\text{dB}], \quad A_s = 50\,[\text{dB}]$$

10.13 [문제 10.12]를 카이저 창으로 반복하라.

10.14 다음의 사양을 갖는 디지털 대역 통과 필터를 설계하라.

$$\Omega_{pl} = 0.35\pi, \ \Omega_{pu} = 0.65\pi, \ \Omega_{sl} = 0.2\pi, \ \Omega_{su} = 0.8\pi,$$
$$A_p = 1\,[\text{dB}], \ A_s = 60\,[\text{dB}]$$

10.15 $N=21$인 해밍 창을 이용하여 디지털 FIR 미분기를 설계하라.

10.16 $N=25$인 해닝 창을 이용하여 디지털 힐베르트 변환기를 설계하라.

10.17 [문제 10.12]를 최적 주파수 샘플링법을 사용하여 반복하라.

10.18 [문제 10.12]를 팍스-맥클렐런 알고리즘을 사용하여 반복하라.

실습목표

- 이동 평균 필터의 특성과 동작에 대해 실습한다.
- 다양한 방법으로 간단한 대역 통과 필터를 구현해본다.
- 다양한 방법으로 디지털 미분기를 구현해본다.

MATLAB 10-1 여러 창 함수의 비교

(a) $N=11$일 때, 사각 창, 삼각 창, 해닝 창, 해밍 창, 블랙먼 창, 카이저 창($\alpha=5.658$)의 크기 응답 및 위상 응답을 그려라. 단 크기 응답은 선형 척도를 사용한다.
(b) $N=21$일 때 (a)를 반복하라. 단 크기 응답은 로그 척도, 즉 [dB]로 나타낸다.

풀이

매트랩에서는 각종 창 함수들에 대한 명령을 제공하고 있다. 사각 창은 boxcar(N), 삼각 창은 bartlett(N), 해닝 창은 hann(N), 해밍 창은 hamming(N)이다. 또한 블랙먼 창은 blackman(N), 카이저 창은 kaiser(N,alpha)이다. 이들을 이용하면 아주 간단하게 창 함수를 얻을 수 있다. 이들을 이용하여 각종 창들의 크기 응답 및 위상 응답을 그리는 매트랩 프로그램은 다음과 같다.

MATLAB_10_1a.m

```
N=11;                                           % 창 길이 설정
alpha=5.658;                                    % 카이저 창 α 값 지정
x1=boxcar(N);                                   % 사각 창
x2=triang(N);                                   % 삼각 창
x3=hann(N);                                     % 해닝 창
x4=hamming(N);                                  % 해밍 창
x5=blackman(N);                                 % 블랙먼 창
x6=kaiser(N,alpha);                             % 카이저 창
[H1 w]=freqz(x1);                               % 사각 창 주파수 응답 생성
H2=freqz(x2);                                   % 삼각 창 주파수 응답 생성
H3=freqz(x3);                                   % 해닝 창 주파수 응답 생성
H4=freqz(x4);                                   % 해밍 창 주파수 응답 생성
H5=freqz(x5);                                   % 블랙먼 창 주파수 응답 생성
H6=freqz(x6);                                   % 카이저 창 주파수 응답 생성

figure(1)                                       % 그림 창 1 지정
subplot(2,2,1);                                 % 2행 2열 분할 그림 창의 1번 창
plot(w/(2*pi),abs(H1)); axis([0 0.5 0 12]);     % 사각 창 크기 응답을 그림
title('\bf{사각 창 크기 응답}');                  % 그림 제목
subplot(2,2,3);                                 % 2행 2열 분할 그림 창의 3번 창
plot(w/(2*pi),angle(H1)/pi); axis([0 0.5 -1 1]); % 사각 창 위상 응답을 그림
title('\bf{사각 창 위상 응답}');                  % 그림 제목
xlabel('\bf{F}'); grid on;                      % x축 라벨 및 그리드 표시
subplot(2,2,2);                                 % 2행 2열 분할 그림 창의 2번 창
plot(w/(2*pi),abs(H2)); axis([0 0.5 0 6]);      % 삼각 창 크기 응답을 그림
title('\bf{삼각 창 크기 응답}');                  % 그림 제목
```

```
subplot(2,2,4);                                       % 2행 2열 분할 그림 창의 4번 창
plot(w/(2*pi),angle(H2)/pi); axis([0 0.5 -1 1]);      % 삼각 창 위상 응답을 그림
title('\bf{삼각 창 위상 응답}');                        % 그림 제목
xlabel('\bf{F}'); grid on;                            % x축 라벨 및 그리드 표시

figure(2)                                             % 그림 창 2 지정
subplot(2,2,1);                                       % 2행 2열 분할 그림 창의 1번 창
plot(w/(2*pi),abs(H3); axis([0 0.5 0 6]);             % 해닝 창 크기 응답을 그림
title('\bf{해닝 창 크기 응답}');                        % 그림 제목
subplot(2,2,3);                                       % 2행 2열 분할 그림 창의 3번 창
plot(w/(2*pi),angle(H3)/pi); axis([0 0.5 -1 1]);      % 해닝 창 위상 응답을 그림
title('\bf{해닝 창 위상 응답}');                        % 그림 제목
xlabel('\bf{F}'); grid on;                            % x축 라벨 및 그리드 표시
subplot(2,2,2);                                       % 2행 2열 분할 그림 창의 2번 창
plot(w/(2*pi),abs(H4)); axis([0 0.5 0 6]);            % 해밍 창 크기 응답을 그림
title('\bf{해밍 창 크기 응답}');                        % 그림 제목
subplot(2,2,4);                                       % 2행 2열 분할 그림 창의 4번 창
plot(w/(2*pi),angle(H4)/pi); axis([0 0.5 -1 1]);      % 해밍 창 위상 응답을 그림
title('\bf{해밍 창 위상 응답}');                        % 그림 제목
xlabel('\bf{F}'); grid on;                            % x축 라벨 및 그리드 표시

figure(3)                                             % 그림 창 3 지정
subplot(2,2,1);                                       % 2행 2열 분할 그림 창의 1번 창
plot(w/(2*pi),abs(H5)); axis([0 0.5 0 6]);            % 블랙먼 창 크기 응답을 그림
title('\bf{블랙먼 창 크기 응답}');                      % 그림 제목
subplot(2,2,3);                                       % 2행 2열 분할 그림 창의 3번 창
plot(w/(2*pi),angle(H5)/pi); axis([0 0.5 -1 1]);      % 블랙먼 창 위상 응답을 그림
title('\bf{블랙먼 창 위상 응답}');                      % 그림 제목
xlabel('\bf{F}'); grid on;                            % x축 라벨 및 그리드 표시
subplot(2,2,2);                                       % 2행 2열 분할 그림 창의 2번 창
plot(w/(2*pi),abs(H6)); axis([0 0.5 0 6]);            % 카이저 창 크기 응답을 그림
title('\bf{카이저 창 크기 응답}');                      % 그림 제목
subplot(2,2,4);                                       % 2행 2열 분할 그림 창의 4번 창
plot(w/(2*pi),angle(H6)/pi); axis([0 0.5 -1 1]);      % 카이저 창 위상 응답을 그림
title('\bf{카이저 창 위상 응답}');                      % 그림 제목
xlabel('\bf{F}'); grid on;                            % x축 라벨 및 그리드 표시
```

실행 결과는 [그림 10-32]에 나타내었다. 앞에서 배운 내용과 일치하는 결과를 확인할 수 있을 것이다.

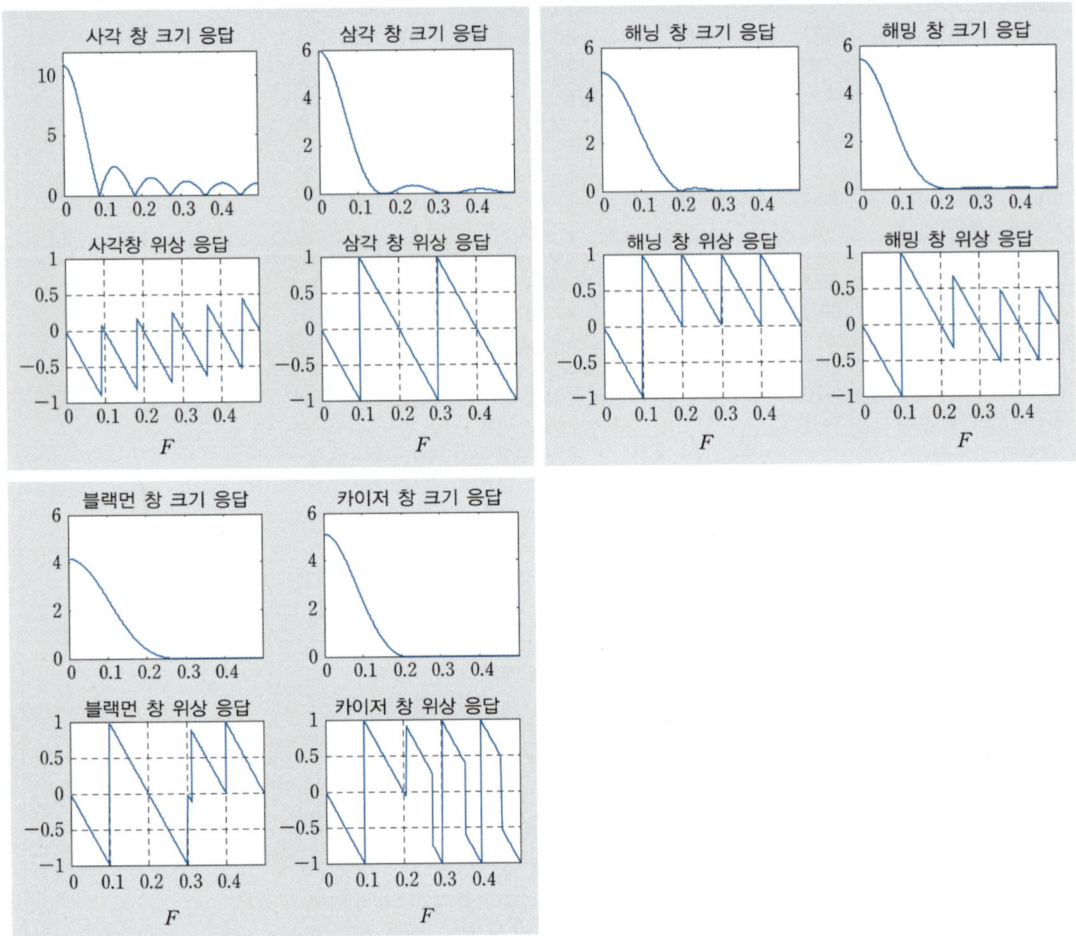

[그림 10-32] 각종 창 함수의 주파수 응답

(b)의 경우는 창의 길이 N만 바꾸어 설정해주고, 각 창에 대해 주파수 응답을 구한 뒤 다음과 같이 크기 응답을 [dB] 척도로 바꿔주는 코드만 추가하여 이 계산 결과를 크기 응답으로 그리게 하면(즉 `abs(H)` 대신 `Hmag` 사용), 나머지는 앞의 프로그램과 동일하다.

```
>>H1mag=20*log10(abs(H1)/max(abs(H1)));      % 사각 창 [dB] 크기 응답 계산
>>H2mag=20*log10(abs(H2)/max(abs(H2)));      % 삼각 창 [dB] 크기 응답 계산
>>H3mag=20*log10(abs(H3)/max(abs(H3)));      % 해닝 창 [dB] 크기 응답 계산
>>H4mag=20*log10(abs(H4)/max(abs(H4)));      % 해밍 창 [dB] 크기 응답 계산
>>H5mag=20*log10(abs(H5)/max(abs(H5)));      % 블랙먼 창 [dB] 크기 응답 계산
>>H6mag=20*log10(abs(H6)/max(abs(H6)));      % 카이저 창 [dB] 크기 응답 계산
```

프로그램 실행 결과는 [그림 10-33]에 나타내었다. 각 창의 저지 대역 감쇠 차이가 [dB]로 표현된 [그림 10-33]에서 확연히 드러남을 볼 수 있다.

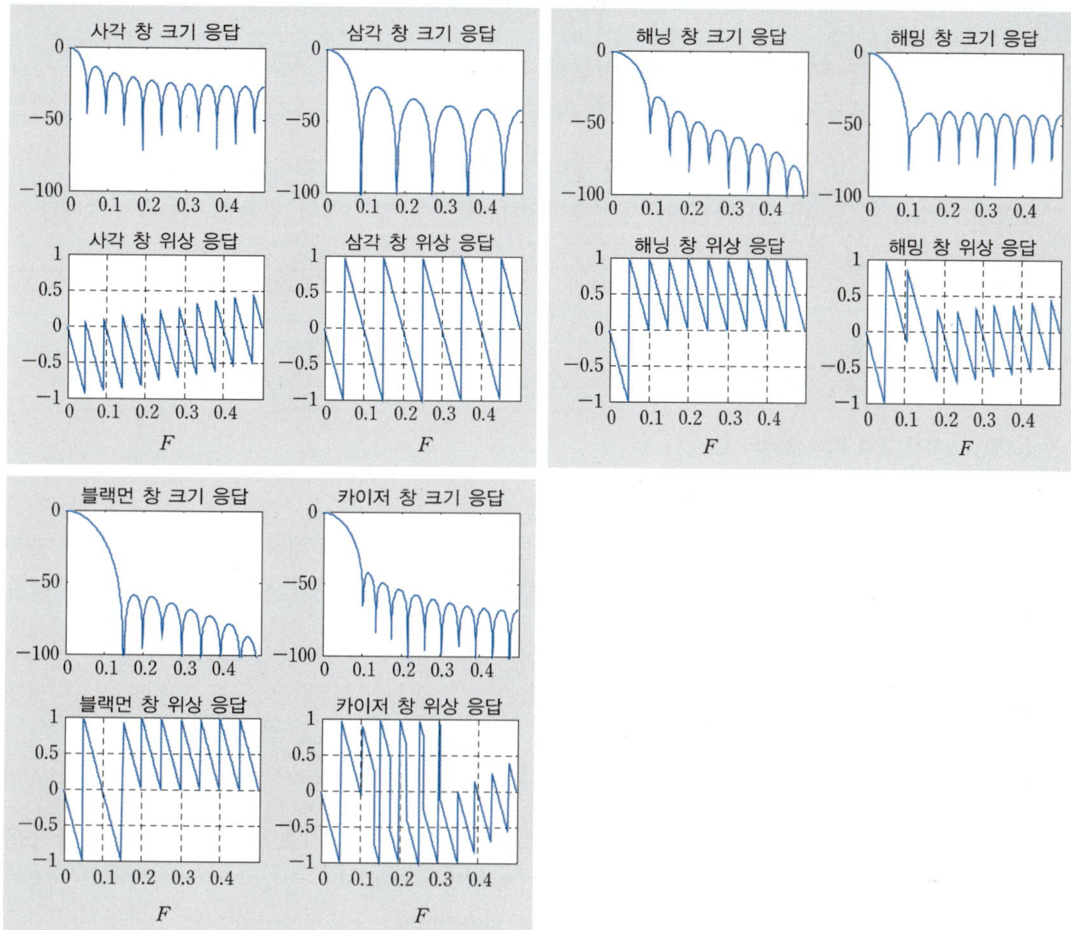

[그림 10-33] 각종 창 함수의 주파수 응답([dB])

MATLAB 10-2 FIR 대역 통과 필터 설계

다음의 사양을 충족시키는 디지털 대역 통과 필터를 지정된 방법을 사용하여 설계하라.

- 하측 저지 대역 경계 주파수 $\Omega_{sl} = 0.2\pi$
- 상측 저지 대역 경계 주파수 $\Omega_{sh} = 0.8\pi$
- 하측 통과 대역 경계 주파수 $\Omega_{pl} = 0.35\pi$
- 상측 통과 대역 경계 주파수 $\Omega_{ph} = 0.65\pi$
- 통과 대역 감쇠 $A_p = 1\,[\text{dB}]$
- 저지 대역 감쇠 $A_s = 60\,[\text{dB}]$

(a) 창 함수 사용

(b) 주파수 샘플링 기법

풀이

(a) 필터 사양에서 저지 대역 감쇠를 60[dB] 이상 요구하고 있으므로 사용 가능한 창 함수는 블랙먼 창과 카이저 창밖에 없다. 여기서는 블랙먼 창을 이용해 설계해보자.

대역 통과 필터는 10.6절에서 살펴본 바와 같이 부필터들의 합성으로 구현할 수 있으며, 그 중 가장 간편한 방법은 [그림 10-34]와 같이 차단 주파수가 다른 두 저역 통과 필터를 이용하는 것이다.

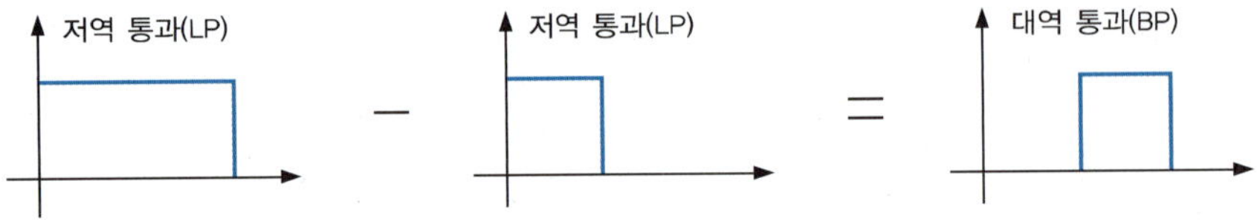

[그림 10-34] 대역 통과 필터의 합성

따라서 상측 통과 대역 경계 주파수와 저지 대역 경계 주파수의 중간 값을 차단 주파수로 갖는 이상적인 저역 통과 필터의 임펄스 응답에서 하측 통과 대역 경계 주파수와 저지 대역 경계 주파수의 중간 값을 차단 주파수로 갖는 이상적인 저역 통과 필터의 임펄스 응답을 빼서 대역 통과 필터의 임펄스 응답을 구한 뒤 이에 블랙먼 창을 씌우면 될 것이다.

두 저역 통과 필터의 차단 주파수는 다음과 같다.

$$\Omega_{cl} = \frac{\Omega_{sl} + \Omega_{pl}}{2}, \quad \Omega_{ch} = \frac{\Omega_{sh} + \Omega_{ph}}{2}$$

이 대역의 폭은 창의 주엽 폭에 비례하며, 약간 작으므로 창의 길이는 [표 10-2]로부터 블랙먼 창의 경우 대략 $11\pi \sim 12\pi$를 천이 대역폭으로 나누어 가까운 정수로 취하면 될 것이다. 블랙먼 창을 이용하여 대역 통과 필터를 설계하는 매트랩 프로그램은 다음과 같다.

MATLAB_10_2a.m

```
wsl=0.15*pi; wsh=0.75*pi;                    % 저지 대역 경계 주파수 설정
wpl=0.3*pi; wph=0.6*pi;                      % 통과 대역 경계 주파수 설정
wcl=(wsl+wpl)/2; wch=(wsh+wph)/2;            % 저역 통과 필터 차단 주파수 계산
wd_tr=min((wpl-wsl),(wsh-wph));              % 천이 대역폭 계산
N=ceil(11*pi/wd_tr)+1;                       % 창의 길이 설정
n=0:N-1; M=(N-1)/2;                          % 시간축 생성
hd1=(wch/pi)*sinc((wch/pi)*(n-M));           % 저역 통과 필터 1의 임펄스 응답
hd2=(wcl/pi)*sinc((wcl/pi)*(n-M));           % 저역 통과 필터 2의 임펄스 응답
hd=hd1-hd2;                                  % 이상적인 대역 통과 필터 임펄스 응답
w_blkm=blackman(N);                          % 블랙먼 창 생성
h=hd'.*w_blkm;                               % 실제 대역 통과 필터 임펄스 응답
[H w]=freqz(h,[1]);                          % 필터 주파수 응답 계산
L=length(w); dw=pi/L;                        % 주파수축 간격
Hmag=20*log10(abs(H)/max(abs(H)));           % 로그 척도([dB]) 크기 응답 계산
Ap=-min(Hm\ag(wpl/dw+1:wph/dw))              % 필터 통과 대역 감쇠 계산
As=-max(Hmag(wsh/dw+1:length(w)))            % 필터 저지 대역 감쇠 계산
wc1=find(Hmag>=-3,1,‘first’)/L               % 하측 대역 차단 주파수 계산
wc2=find(Hmag>=-3,1,‘last’)/L                % 상측 대역 차단 주파수 계산
```

```
subplot(2,2,1);                              % 2행 2열 분할 그림 창의 1번 창
stem(n,hd); axis([0 75 -0.5 0.5]);           % 이상적인 임펄스 응답을 그림
title('\bf{이상적인 임펄스 응답}');            % 그림 제목
subplot(2,2,2);                              % 2행 2열 분할 그림 창의 2번 창
stem(n,w_blkm); axis([0 75 -0.1 1.1]);       % 블랙먼 창을 그림
title('\bf{블랙먼 창}');                      % 그림 제목
subplot(2,2,3);                              % 2행 2열 분할 그림 창의 3번 창
stem(n,h); axis([0 75 -0.5 0.5]);            % 실제 임펄스 응답을 그림
title('\bf{실제 임펄스 응답}');               % 그림 제목
xlabel('\bf{n}'); grid on;                   % x축 라벨 및 그리드 표시
subplot(2,2,4);                              % 2행 2열 분할 그림 창의 4번 창
plot(w/(2*pi),Hmag); axis([0 0.5 -120 10]);  % 필터 크기 응답([dB])을 그림
title('\bf{필터 크기 응답}');                 % 그림 제목
xlabel('\bf{F}'); grid on;                   % x축 라벨 및 그리드 표시
```

프로그램 실행 결과는 [그림 10-35]에 나타내었다. 그리고 필터 설계 사양은 다음과 같이 잘 충족시킴을 확인할 수 있다.

```
Ap=0.0029
As=74.5470
wc1=0.2422
wc2=0.6621
```

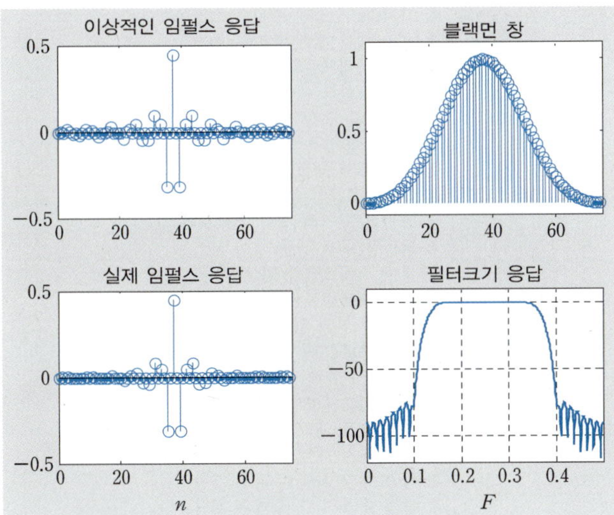

[그림 10-35] 블랙먼 창을 이용한 대역 통과 필터

(b) 이미 주파수 샘플링을 이용한 설계는 [MATLAB 9-2]에서 한번 실습해본 바 있다. 이 문제에서는 천이 대역폭을 고려하여 천이 대역에서 2점의 샘플 스펙트럼을 취하는 최적 주파수 샘플링 기법으로 대역 통과 필터를 설계해보자.

천이 대역의 폭이 0.15π이므로 대략 0.05π 간격으로 샘플 스펙트럼을 취하면 될 것이다. 따라서 $[0\ 2\pi]$ 구간에 $N=40$점의 샘플 스펙트럼을 취하여 설계하면 된다. 이때 천이 대역의 스펙트럼 샘플 값은 [그림 10-26]에 나타나 있듯이 0.109와 0.59로 두면 된다. 그러면 $[0\ \pi]$ 구간의 샘플 스펙트럼 값은 다음과 같고 π를 중심으로 대칭이 되게 $[\pi\ 2\pi]$ 구간에 샘플 스펙트럼들이 선택된다.

$$[0\ 0\ 0\ 0\ 0\ 0.109\ 0.59\ 1\ 1\ 1\ 1\ 1\ 1\ 1\ 0.59\ 0.109\ 0\ 0\ 0\ 0]$$

이때 선형 위상 필터가 되기 위해서는 샘플 스펙트럼의 위상은 다음과 같아야 한다.

$$\angle H[k]=\begin{cases}-\dfrac{N-1}{2}\dfrac{2\pi}{N}k, & 0\le k\le\left[\dfrac{N-1}{2}\right]\\[2ex] \dfrac{N-1}{2}\dfrac{2\pi}{N}(N-k), & \left[\dfrac{N-1}{2}\right]+1\le k\le N-1\end{cases}$$

이와 같이 주파수 샘플링 기법으로 주어진 설계 사양을 만족시키는 대역 통과 필터를 설계하는 매트랩 프로그램은 다음과 같다.

MATLAB_10_2b.m

```
wsl=0.15*pi; wsh=0.75*pi;                          % 저지 대역 경계 주파수 설정
wpl=0.3*pi; wph=0.6*pi;                            % 통과 대역 경계 주파수 설정
N=40;                                              % 샘플 스펙트럼의 수 설정
n=0:N-1;                                           % 시간축 설정
a=(N-1)/2;                                         % 스펙트럼 구간 경계 설정
wr=2*pi/N;                                         % 주파수축 샘플링 간격(해상도)
d1=0.109; d2=0.59;                                 % 천이 대역 샘플 스펙트럼 값
Hr=[zeros(1,4) d1 d2 ones(1,7) d2 d1 zeros(1,5)];  % [0 π] 구간의 샘플 스펙트럼 값
Hr=[Hr 0 fliplr(Hr(2:length(Hr)))];                % [0 2π] 구간의 샘플 스펙트럼 값
k1=0:floor(a); k2=floor(a)+1:N-1;                  % 샘플링 구간 생성
Hang=[-a*wr*k1 a*wr*(N-k2)];                       % 샘플 스펙트럼의 위상 계산
Hk=Hr.*exp(j*Hang);                                % 샘플 스펙트럼 생성
h=ifft(Hk);                                        % IDFT에 의해 임펄스 응답 구함
[H w]=freqz(h,[1]);                                % 필터 주파수 응답 계산
L=length(w); dw=pi/L;                              % 주파수축 간격
Hmag=20*log10(abs(H)/max(abs(H)));                 % 로그 척도([dB]) 크기 응답 계산
Ap=-min(Hmag(ceil(wpl/dw):ceil(wph/dw)))           % 필터 통과 대역 감쇠 계산
As=-max(Hmag(ceil(wsh/dw):length(w)))              % 필터 저지 대역 감쇠 계산
wc1=find(Hmag>=-3,1,'first')/L                     % 하측 대역 차단 주파수 계산
wc2=find(Hmag>=-3,1,'last')/L                      % 상측 대역 차단 주파수 계산

Hd=[0 0 1 1 0 0];                                  % 이상적 크기 응답 데이터
wd=[0 0.15 0.3 0.6 0.75 1]/2;                      % 이상적 크기 응답 값 주파수

subplot(2,2,1);                                    % 2행 2열 분할 그림 창의 1번 창
plot(n(1:N/2)/N,Hr(1:N/2),'o',wd, Hd,'r');         % 샘플 스펙트럼 응답을 그림
axis([0 0.5 -0.1 1.1]);
title('\bf{샘플 스펙트럼}');                        % 그림 제목
```

```
xlabel('\bf{F}'); grid on;                              % x축 라벨 및 그리드 표시
subplot(2,2,2);                                         % 2행 2열 분할 그림 창의 2번 창
stem(n,h); axis([0 40 -0.3 0.4]);                       % 필터 임펄스 응답을 그림
title('\bf{임펄스 응답}');                                % 그림 제목
xlabel('\bf{n}'); grid on;                              % x축 라벨 및 그리드 표시
subplot(2,2,3);                                         % 2행 2열 분할 그림 창의 3번 창
plot(n(1:N/2)/N,Hr(1:N/2), 'o' ,w/(2*pi), abs(H));      % 샘플 스펙트럼 응답을 그림
axis([0 0.5 -0.1 1.1]);
title('\bf{크기 응답}');                                  % 그림 제목
xlabel('\bf{F}'); grid on;                              % x축 라벨 및 그리드 표시
subplot(2,2,4);                                         % 2행 2열 분할 그림 창의 4번 창
plot(w/(2*pi),Hmag); axis([0 0.5 -110 10]);             % 필터 크기 응답([dB])을 그림
title('\bf{크기 응답(dB)}');                              % 그림 제목
xlabel('\bf{F}'); grid on;                              % x축 라벨 및 그리드 표시
```

프로그램 실행 결과는 [그림 10-36]에 나타내었다. 그리고 필터 설계 사양은 다음과 같이 잘 충족시킴을 확인할 수 있다.

```
Ap=0.3005
As=59.5802
wc1=0.2637
wc2=0.6387
```

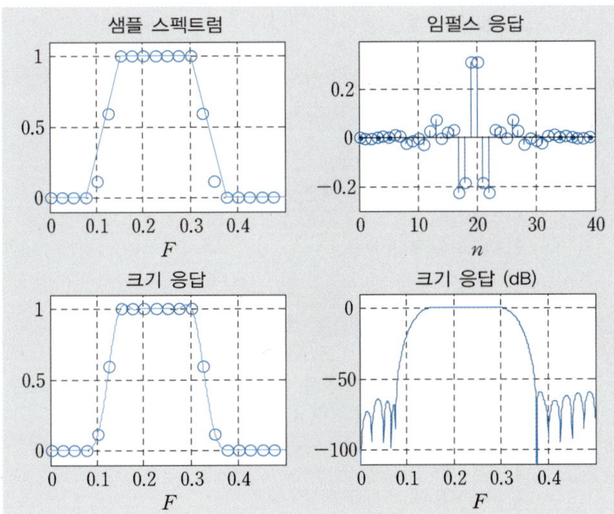

[그림 10-36] 주파수 샘플링을 이용한 대역 통과 필터

그림에서 보면 샘플 스펙트럼과 실제 설계된 필터의 주파수 응답이 일치하는 것을 확인할 수 있다. 그리고 블랙먼 창을 이용할 경우보다 저지 대역 감쇠 특성이 나빠지는 것도 확인할 수 있다.

MATLAB 10-3 힐베르트 변환기 설계

선형 위상 힐베르트 변환기를 다음의 방법을 사용하여 설계하라.

(a) 창 함수 사용 (b) 주파수 샘플링 기법

풀이

(a) 9.3절에서 살펴보았듯이, 힐베르트 변환기는 신호의 위상을 $\frac{\pi}{2}$ 이동시키는 장치로서 이상적인 변환기의 주파수 응답과 임펄스 응답은 다음과 같다.

$$H_d(\Omega) = \begin{cases} -j, & 0 < \Omega < \pi \\ +j, & -\pi < \Omega < \pi \end{cases}$$

$$h_d[n] = \begin{cases} 0, & n = 0 \\ \dfrac{2}{\pi}\dfrac{\sin^2(\pi n/2)}{n} = \dfrac{1-\cos(\pi n)}{\pi n}, & n \neq 0 \end{cases}$$

임펄스 응답이 기대칭이므로 3형이나 4형 선형 위상 필터로 설계해야 한다. 길이 $N=25$인 해닝 창을 사용하여 힐베르트 변환기를 설계하는 매트랩 프로그램은 다음과 같다.

MATLAB_10_3a.m

```
N=21; Nh=(N-1)/2;                     % 필터 임펄스 응답 길이 설정
n=0:N-1;                              % 시간축 설정
m=1:Nh;                               % 양의 시간축 설정
hp=(1-cos(pi*m))./(pi*m);             % 이상적인 임펄스 응답 절반 생성
hd=[-fliplr(hp) 0 hp];                % 이상적인 임펄스 응답 생성
w_han=hann(N);                        % 해닝 창 생성
h=hd'.*w_han;                         % 실제 임펄스 응답 계산
ak=2*h(Nh:-1:1);                      % 3형 진폭 응답 계수 계산
M=1024; w=[0:M-1]*2*pi/M;             % 주파수축 설정
Hr=ak'*sin(m'*w);                     % 3형 진폭 응답 계산

subplot(2,2,1);                       % 2행 2열 분할 그림 창의 1번 창
stem(n,hd);                           % 이상적인 임펄스 응답을 그림
title('\bf{이상적인 임펄스 응답}');      % 그림 제목
xlabel('\bf{n}'); grid on;            % x축 라벨 및 그리드 표시
subplot(2,2,2);                       % 2행 2열 분할 그림 창의 2번 창
stem(n,w_han); axis([0 N-1 -0.1 1.1]); % 해닝 창을 그림
title('\bf{해닝 창}');                  % 그림 제목
xlabel('\bf{n}'); grid on;            % x축 라벨 및 그리드 표시
subplot(2,2,3);                       % 2행 2열 분할 그림 창의 3번 창
stem(n,h));                           % 실제 임펄스 응답을 그림
title('\bf{실제 임펄스 응답}');          % 그림 제목
xlabel('\bf{n}'); grid on;            % x축 라벨 및 그리드 표시
subplot(2,2,4);                       % 2행 2열 분할 그림 창의 4번 창
plot(w/(2*pi),Hr); axis([0 1 -1.1 1.1]); % 필터 진폭 응답을 그림
title('\bf{필터 진폭 응답}');            % 그림 제목
xlabel('\bf{F}'); grid on;            % x축 라벨 및 그리드 표시
```

프로그램 실행 결과는 [그림 10-37]에 나타내었다. 그림에서 보면, 경계부를 제외하고는 위상 전이 특성이 양호함을 볼 수 있다.

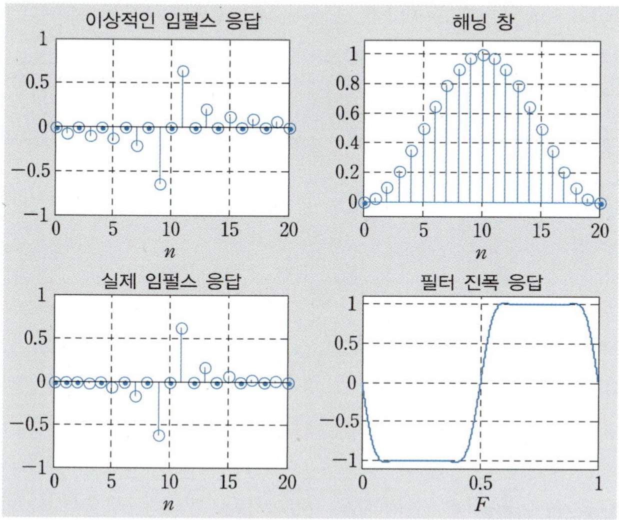

[그림 10-37] 해닝 창을 이용한 힐베르트 변환기

(b) $[0\ 2\pi]$ 구간에 $N=51$ 점의 샘플 스펙트럼을 취하여 설계할 경우, $\Omega=\pi$를 경계로 부호 변화가 생기므로, 이 천이 대역 부근에 샘플을 하나 취하도록 하면 된다. 이때 천이 대역의 스펙트럼 샘플 값은 [그림 10-26]에 나타나 있듯이 0.39로 두면 된다. 매트랩 프로그램은 다음과 같다.

MATLAB_10_3b.m

```
N=41;                                    % 샘플 스펙트럼의 수 설정
n=0:N-1; Nh=(N-1)/2; m=1:Nh;             % 시간축 설정
dw=2*pi/N;                               % 주파수 간격 설정
k1=0:floor(Nh); k2=floor(Nh)+1:N-1;      % 샘플링 구간 생성
Hrp=[-j*ones(1,Nh-1) -0.59j];            % 샘플 스펙트럼의 진폭 반 구간 생성
Hrs=[0 Hrp -fliplr(Hrp)]                 % 샘플 스펙트럼의 진폭 생성
Hang=[-Nh*dw*k1 Nh*dw*(N-k2)];           % 샘플 스펙트럼의 위상 계산
Hk=Hrs.*exp(j*Hang);                     % 샘플 스펙트럼 생성
h=ifft(Hk);                              % H[k]를 IDFT하여 임펄스 응답 구함
ak=2*h(Nh:-1:1);                         % 3형 진폭 응답 계수 계산
M=1024; w=[0:M-1]*2*pi/M;                % 주파수축 설정
Hr=ak*sin(m'*w);                         % 3형 진폭 응답 계산

subplot(2,1,1);                          % 2행 2열 분할 그림 창의 1번 창
stem(n,h);                               % 임펄스 응답을 그림
title('\bf{임펄스  응답}');              % 그림 제목
xlabel('\bf{n}'); grid on;               % x축 라벨 및 그리드 표시
subplot(2,1,2);                          % 2행 2열 분할 그림 창의 2번 창
plot(n/N,-j*Hrs,'o',w/(2*pi),Hr);        % 필터 진폭 응답을 그림
title('\bf{필터 진폭 응답}');            % 그림 제목
xlabel('\bf{F}'); grid on;               % x축 라벨 및 그리드 표시
```

프로그램 실행 결과는 [그림 10-38]에 나타내었다. 이 경우도 양호한 위상 전이를 보인다.

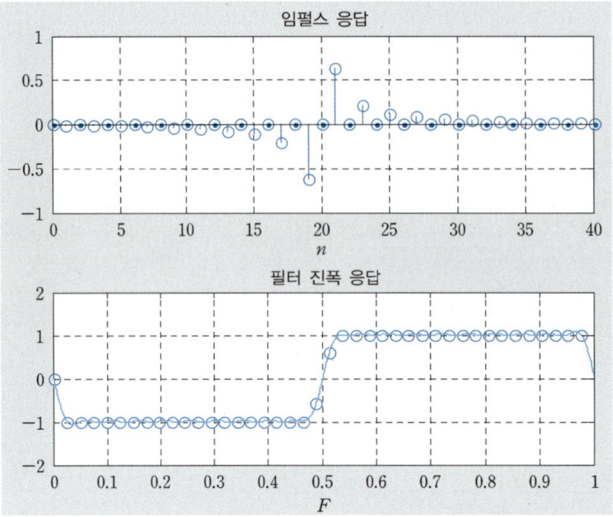

[그림 10-38] 주파수 샘플링을 이용한 힐베르트 변환기

CHAPTER

11

IIR 필터 설계

IIR Filter Design

학습목표

- IIR 필터 설계의 기본 개념을 이해할 수 있다.
- 극-영점 배치에 의한 IIR 필터 설계 방법을 알 수 있다.
- 아날로그 필터의 종류와 설계 방법을 알 수 있다.
- 아날로그 필터들의 특성과 장단점을 파악할 수 있다.
- 필터 변환의 개념과 변환 방법들을 알 수 있다.
- 임펄스 불변 변환과 쌍선형 변환을 익힐 수 있다.
- 주파수 대역 변환의 원리를 이해할 수 있다.

【미리보기】

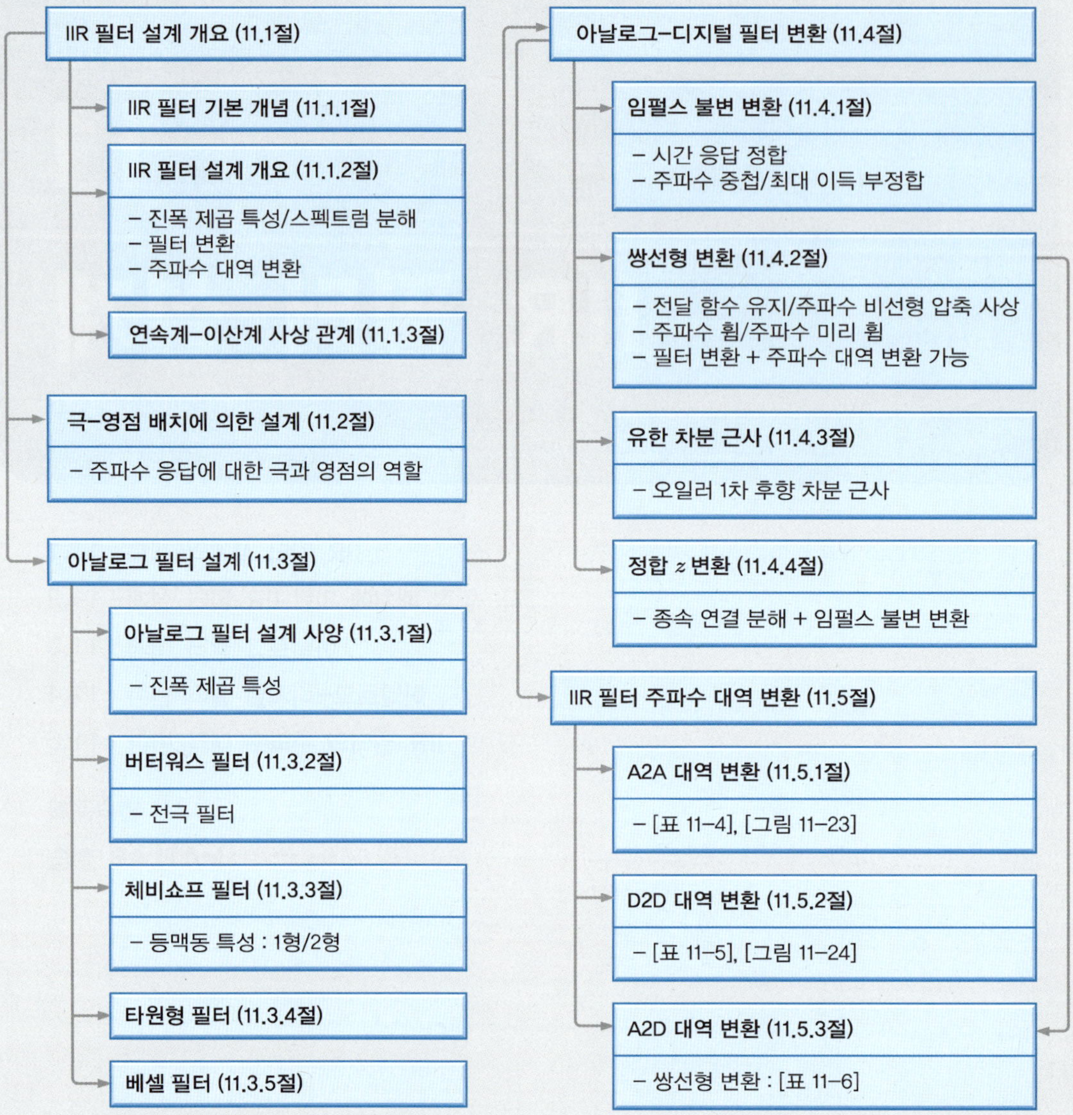

IIR 필터는 동일한 설계 사양에 대해 FIR 필터보다 훨씬 적은 수의 계수를 갖도록 구현할 수 있어 계산량을 대폭 줄일 수 있다. IIR 필터는 안정한 전달 함수를 구하는 작업이 아날로그 영역에서 훨씬 쉽고 간편하므로, 먼저 원형 저역 통과(LP) 아날로그 필터를 설계하여 디지털 필터로 변환한 뒤에 주파수 대역 변환을 통해 원하는 주파수 선택 특성의 IIR 필터를 얻는다. 이 장에서는 IIR 필터 설계의 개요, 아날로그 필터의 기본형의 특성과 설계, 필터 변환과 주파수 대역 변환에 대해 알아볼 것이다.

SECTION 11.1

IIR 필터 설계의 개요

학습포인트

- IIR 필터와 FIR 필터 설계의 기본적인 차이점을 이해한다.
- 필터 안정도와 IIR 필터 설계의 연관 관계를 파악함으로써 아날로그 필터 설계에 의한 우회적 방법으로 디지털 필터를 설계하는 이유를 이해한다.
- IIR 필터의 특징과 그 설계 방법은 어떤 것들이 있는지 알아본다.

IIR 필터는 임펄스 응답의 길이가 무한해서 출력의 회귀가 존재하는 순환 필터로 구현할 수밖에 없다. 이때 필터 전달 함수의 극이 잘못 선택되면 불안정해질 수 있으므로 필터의 안정성을 보장하는 것이 설계의 최우선적인 목표이다. 이 절에서는 IIR 필터의 기본 개념과 이러한 문제를 어떻게 효과적으로 해결하는지에 대해 간략히 살펴본다.

11.1.1 IIR 필터의 기본 개념

IIR 필터는 임펄스 응답의 길이가 무한하기 때문에 FIR 필터처럼 임펄스 응답을 바로 필터의 계수로 사용할 수 없다.

- IIR 필터는 출력의 회귀 항을 포함하는 순환 필터 형태로 표현하고 구현한다.

$$y[n] = -\sum_{k=1}^{p} a_k y[n-k] + \sum_{k=0}^{q} b_k x[n-k] \tag{11.1}$$

- IIR 필터 설계는 사양을 만족하도록 전달 함수의 극과 영점을 배치하는 문제가 된다. 이때 극이 잘못 선정되면 필터가 불안정해진다.

$$H(z) = \frac{\sum_{k=0}^{q} b_k z^{-k}}{\sum_{k=0}^{p} a_k z^{-k}} = K z^{p-q} \frac{\prod_{k=0}^{q} (z-z_k)}{\prod_{k}^{p} (z-p_k)} \tag{11.2}$$

- 같은 설계 사양에 대해 IIR 필터는 출력 회귀 항의 도입으로 인해 필터 계수의 수가 FIR 필터보다 현저히 줄어든다.
- IIR 필터는 임펄스 응답이 대칭성을 만족하지 않아 위상 특성이 비선형이다.
- IIR 필터는 사양을 잘 충족시킬 수 있는 설계 방법이 체계화되어 있다.

식 (11.2)의 전달 함수에서 $a_0 = 1$이다. IIR 필터의 장점 중 하나가 낮은 차수로 같은 설계 사양을 충족시킬 수 있다는 것이다. 실제로 음성 신호 처리 등의 응용에서 FIR 필터는 100차 이상이 필요하지만, IIR 필터로는 10개 미만의 계수로도 충분할 수 있다. 대신에 IIR 필터는 위상 특성이 비선형이라는 약점을 가진다. 10.2절에서 보았듯이, 필터의 위상 응답이 선형 위상이 되려면 임펄스 응답이 대칭성을 만족해서 $H(z) = \pm z^{-(N-1)/2} H(z^{-1})$가 성립해야 한다. 즉 극과 영점이 공액 역 쌍으로 존재해야 하는데, 이렇게 되면 반드시 극이 단위원 위나 바깥에 존재할 수밖에 없어 안정한 IIR 필터를 만들 수 없기 때문이다. 선형 위상은 필터가 지녀야 할 바람직한 특성이므로, IIR 필터가 통과 대역 내에서 위상의 선형성을 확보하기가 어려우면 전역 통과 필터를 이용해 선형 위상 특성에 가깝게 바꾸는 등(위상 등화기)의 보완책이 필요하다. 만약 선형 위상 특성이 엄격히 요구되지 않는다면, IIR 필터가 FIR 필터보다 낮은 차수와 양호한 저지 대역 감쇠(작은 부엽) 등 특성 면에서 더 유리하다. 또한 필터 사양을 딱 맞게 충족시킬 수 있는 설계 방법이 체계화되어 있으므로 통상적으로 IIR 필터를 선호한다.

11.1.2 IIR 필터 설계의 개요

IIR 필터 설계가 FIR 필터 설계와 다른 점은 FIR 필터는 임펄스 응답이 곧 필터 계수이므로 '필터 설계= 임펄스 응답 구하기'의 등식이 성립하지만 IIR 필터에서는 그렇지 않다는 것이다. 그러므로 IIR 필터 설계는 주어진 설계 사양에 맞게 식 (11.2)로 표현되는 필터의 전달 함수를 구하는 문제가 된다. FIR 필터는 항상 안정하기 때문에 설계 사양만 고려했지만, IIR 필터 설계에서는 설계 사양, 즉 주파수 응답 특성과 함께 필터의 안정도를 반드시 확보해야 한다. 어떻게 하면 주파수 응답 특성과 안정도를 동시에 만족시키는 필터를 설계할 수 있을까? 이미 9장에서 최소 위상 시스템의 개념을 살펴볼 때 이 문제를 다루었는데, 다시 그 결과를 간단히 살펴보자. 진폭 응답 $|H(\Omega)|$를 만족시키는 것과 $|H(\Omega)|^2$을 만족시키는 것은 마찬가지이므로 $|H(\Omega)|^2$을 전달 함수와 관련하여 나타내면 다음과 같다.

$$|H(\Omega)|^2 = H(z)H^*(z)\big|_{z=e^{j\Omega}} = H(z)H(z^{-1})\big|_{z=e^{j\Omega}} \tag{11.3}$$

식 (11.3)의 $H(z)H(z^{-1})$의 극과 영점은 z 평면에서 단위원에 대해 방사상 대칭, 즉 공액 역 쌍으로 존재한다. 그러므로 극-영점의 조합에 따라 같은 $|H(\Omega)|$를 가지는 서로 다른 $H(z)$를 여러 개 만들 수 있는데, 극이 항상 단위원 안에 존재하도록 선정하면 시스템의 안정도를 보장할 수 있다. 보통 시간 지연이 최소화되도록 영점도 단위원 안에 존재하는 최소 위상 시스템으로 택하게 된다.

- IIR 필터 설계에서 주파수 응답 특성과 안정도를 동시에 해결하는 방법은, 설계 사양을 만족시키는 $|H(\Omega)|^2$을 갖는 함수를 찾아서 최소 위상 시스템 $H(z)$와 그렇지 않은 $H(z^{-1})$으로 분리하는 것이다. 이를 **스펙트럼 분해**spectral factorization라고 한다.
- z 영역보다는 s 영역에서 스펙트럼 분해가 간편하므로, IIR 필터를 실제로 설계할 때는 먼저 아날로그 필터를 설계한 뒤 디지털 필터로 변환한다([그림 11-1]).
  - (원하는 주파수 선택 특성에 맞게) 주파수 대역 변환 → 디지털 필터로 필터 변환
  - 디지털 필터로 필터 변환 → (원하는 주파수 선택 특성에 맞게) 주파수 대역 변환

- **필터 변환**은 진폭 응답 특성을 유지하면서 동시에 필터의 안정성이 보존되도록 변환할 수 있느냐가 관건으로 다음의 방법이 있다.
  - **임펄스 불변 변환** impulse invariance transformation
  - **쌍선형 변환** bilinear transformation
  - **유한 차분 근사** finite difference approximation
  - **정합 z 변환** matched z transform

IIR 필터의 설계는 먼저 아날로그 필터를 설계한 뒤 디지털 필터로 변환하는 우회적인 방법을 사용한다. 왜냐하면 식 (11.3)의 극과 영점이 z 평면의 단위원에 대해 방사상 대칭이어서 스펙트럼 분해를 적용하기가 까다로운 반면에, s 영역에서는 대칭축이 허축($s = j\omega$)으로 분리 가능 조건이 간단하여 안정한 아날로그 필터를 쉽게 설계할 수 있기 때문이다. 뿐만 아니라 아날로그 필터의 설계는 거의 완벽하게 연구되어 잘 체계화되어 있으므로, 아날로그 필터를 거치는 우회 방법이 직접 디지털 필터를 설계하는 것보다 편리하다. 안정한 아날로그 필터를 안정한 디지털 필터로 변환하는 필터 변환은 s 영역에서 z 영역으로의 사상 방법에 따라 앞에서 언급한 4가지 방법들로 구분된다. 이들에 대해서는 11.4절에서 상세히 살펴보게 될 것이다.

이미 FIR 필터에서 살펴본 바와 같이, 필터 설계는 우선 원형 LP 필터를 설계한 후에 주파수 대역을 변환하여 HP 필터나 BP 필터 등을 구하는 것이 일반적이다. 이런 방법을 IIR 필터에도 적용하면 [그림 11-1]에 보인 것처럼 두 가지 경우가 가능하다.

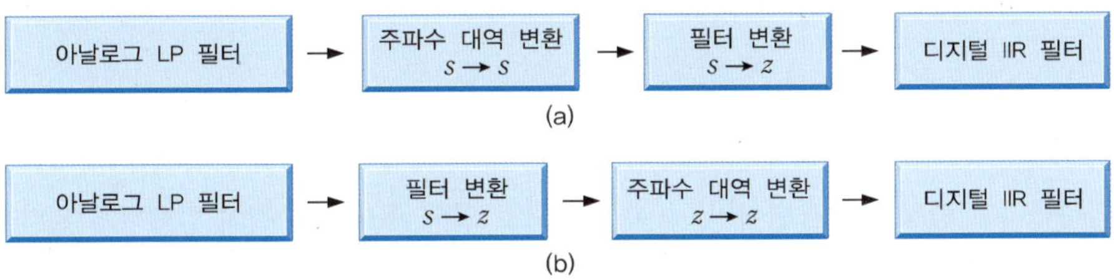

[그림 11-1] 아날로그 필터 설계를 이용한 디지털 IIR 필터 설계

그런데 [그림 11-1(a)]의 방법은 HP 필터나 BP 필터를 설계할 때 주파수 중첩이 발생하는 임펄스 불변 변환과 같은 방법을 사용할 수 없다는 제한이 따른다. 그러므로 필터 변환 방법의 선택에 제한이 없는 [그림 11-1(b)]의 방법을 사용하는 것이 일반적이다.

아날로그 필터를 이용한 디지털 IIR 필터 설계 절차

1. 샘플링 주파수 S로 대역 경계 주파수를 나누어 정규화한다.
   (샘플링 간격을 $T=1$로 두는 것과 같다.)
2. 차단 주파수 $\omega_c = 1$인 원형 아날로그 LP 필터 $H_P(s)$를 설계한다.
3. 적절한 필터 변환 방법을 선택하여 원형 디지털 LP 필터 $H_P(z)$로 변환한다.
4. 디지털 영역에서 주파수 대역을 변환하여 $H_P(z)$로부터 설계하고자 하는 주파수 특성을 갖는 필터 $H(z)$를 구한다.

만약 쌍선형 변환을 사용한다면 단계 ❸과 ❹의 필터 변환과 주파수 대역 변환을 한꺼번에 수행할 수 있다. 또한 쌍선형 변환은 주파수 중첩이 발생하지 않으므로 아날로그 필터를 이용한 우회적인 디지털 IIR 필터 설계에서 가장 널리 사용되는 설계 방법이다.

11.1.3 연속계와 이산계의 사상 관계

아날로그 필터 설계를 거쳐서 디지털 IIR 필터를 얻으려면, 결국 연속계의 s 영역에서 이산계의 z 영역으로의 사상이 필요하다. 8.8절에서 살펴보았던 s 영역과 z 영역의 사상 관계의 주요 결과들을 다시 정리해보자.

- z 변환은 라플라스 변환의 특수한 경우로 취급할 수 있다(T는 샘플링 주기).

$$e^{Ts} = z \quad \text{또는} \quad s = \frac{1}{T}\ln(z) \tag{11.4}$$

- 시스템의 안정한 극의 존재 영역인 s 평면의 좌반면이 z 평면의 안정 영역인 단위원 내부로 사상된다. 따라서 연속 시스템을 변환한 이산 시스템의 안정도는 바뀌지 않는다.
- s 평면에서 z 평면으로 사상할 때, 허수축이 ω_s씩 잘려 겹쳐지며 사상된다. 그 결과 z 영역에서는 주파수 Ω에 대해 2π 주기로 반복되며, s 영역에서 $\omega_0 \pm k\omega_s$인 모든 주파수가 z 영역에서 하나의 점 $\Omega_0 = \omega_0 T$에 중복해서 대응되어 주파수 중첩이 발생한다.

[그림 11-2]에 나타낸 것처럼, 식 (11.4)에 의해 s 평면의 허수축은 z 평면의 단위원으로 사상되며 s 평면의 좌반면은 폭 $2\pi(\omega_s)$의 띠로 잘려 z 평면의 단위원 내부로 겹쳐서 사상된다. 따라서 연속에서 이산으로 변환하더라도 안정도는 불변이며, 중복 사상으로 인해 주파수 중첩이 발생하게 된다. s 영역의 스펙트럼이 중첩되지 않고 z 영역으로 사상되기 위해서는 스펙트럼의 구간이 $-0.5\omega_s \leq \omega \leq 0.5\omega_s$로 제한되어야만 z 영역에서 $-\pi \leq \pi \leq \pi$ 구간으로 겹치지 않고 사상될 수 있다. 이 조건은 $2\omega_b \leq \omega_s$라는 샘플링 정리와 일치한다.

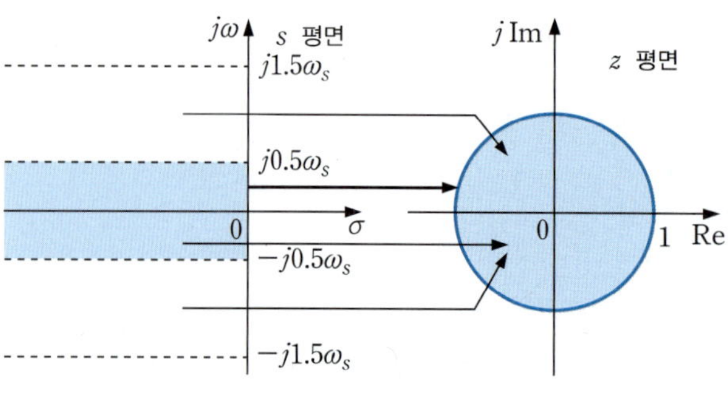

[그림 11-2] s 영역에서 z 영역으로의 사상 관계

SECTION 11.2

극-영점 배치에 의한 IIR 필터 설계

학습포인트

- 극-영점 배치에 의한 간단한 IIR 필터 설계 원리와 방법에 대해 알아본다.

원하는 주파수 응답 특성이 얻어지도록 IIR 필터의 전달 함수의 극과 영점을 직접 배치하는 설계 방법은 모든 문제에 효과적이지는 않지만, 이를 통해 IIR 필터의 전달 함수와 주파수 응답의 연관성에 대해 좀 더 잘 이해할 수 있다. 이 절에서는 간단한 필터의 설계에 이용 가능한 전달 함수의 극-영점 배치에 의한 IIR 필터 설계에 대해 알아보기로 한다.

극-영점 배치 설계 방법은 시스템의 극이 주파수 응답의 첨두[peak] 특성을 지배하고 영점이 골[valley] 특성을 지배하는 사실을 이용한다. 즉 일반적으로 주파수 응답은 극이 z 평면의 단위원에 가까울수록 더 첨예한 첨두를 가지고 영점이 단위원에 가까울수록 더 깊은 골을 가진다는 사실을 이용하여 직접 z 평면상에 극-영점을 배치하여 이로부터 필터의 전달 함수 또는 차분 방정식을 구한다.

설계된 필터의 주파수 응답과 설계 사양을 비교하여 오차가 크면 다시 극-영점의 위치를 미세 조정하는 과정을 반복함으로써 원하는 특성의 IIR 필터를 얻는다. 따라서 이 방법은 설계자의 경험에 많이 의존한다. 복잡한 필터의 경우에는 적용하기는 어렵지만, 필터의 극과 영점에 따른 주파수 응답 특성의 차이가 잘 드러난다는 점에서 필터를 이해하는 데 유용하다.

IIR 필터에 대한 전달 함수의 극과 영점은 다음의 세 가지로 구분할 수 있다.

❶ 원점에 위치한 극과 영점 : $p_k=0$, $z_k=0$

$$|H_0(\Omega)|=|e^{j\Omega}-0|^{\pm 1}=1 \tag{11.5}$$

필터의 진폭 응답에는 전혀 영향을 주지 않는다.

❷ 실수 극과 영점 : $p_k=a$, $z_k=a$

$$\begin{aligned}|H_R(\Omega)|&=|e^{j\Omega}-a|^{\pm 1}=|(\cos(\Omega)-a)+j\sin(\Omega)|^{\pm 1}\\&=\{(\cos(\Omega)-a)^2+\sin^2(\Omega)\}^{\pm 1/2}=\{1-2a\cos(\Omega)+a^2\}^{\pm 1/2}\end{aligned} \tag{11.6}$$

설계자가 조절할 수 있는 파라미터는 a 하나로, 진폭 응답이 a의 값에 따라 단순 증가 또는 감소하게 된다.

❸ **공액 복소 극과 영점 : $p_k = re^{\pm j\theta}$, $z_k = re^{\pm j\theta}$**

$$
\begin{aligned}
&|H_C(\Omega)| \\
&= |(e^{j\Omega} - re^{j\theta})(e^{j\Omega} - re^{-j\theta})|^{\pm 1} \\
&= |(\cos(2\Omega) - 2r\cos(\theta)\cos(\Omega) + r^2) + j(\sin(2\Omega) - 2r\cos(\theta)\sin(\Omega))|^{\pm 1} \\
&= \{(\cos(2\Omega) - 2r\cos(\theta)\cos(\Omega) + r^2)^2 + (\sin(2\Omega) - 2r\cos(\theta)\sin(\Omega))^2\}^{\pm 1/2}
\end{aligned}
\tag{11.7}
$$

설계자가 조절할 수 있는 파라미터는 r과 θ의 두 개로, 실수 극/영점보다 훨씬 복잡한 주파수 응답 패턴을 형성할 수 있다.

따라서 간단한 시스템의 경우 9.2.5절에서 살펴보았던 것처럼, 실수 극의 위치에 따라 LP 또는 HP 필터를 구현할 수 있고, 공액 복소 극과 영점의 위치에 따라 BP 필터 또는 BS 필터를 구현할 수 있다([예제 9-4] 참조). 극과 영점의 배치 요령은 기본적으로 [표 9-3]을 참조할 수 있다.

공액 복소 극과 영점을 가지는 2차 필터에 대해 좀 더 자세히 살펴보자. 이에 대한 전달 함수는 다음과 같이 쓸 수 있다.

$$
H(z) = \frac{b_0 z^2 + b_1 z + b_2}{z^2 + a_1 z + a_2} = b_0 \frac{(z - r_z e^{j\theta_z})(z - r_z e^{-j\theta_z})}{(z - r_p e^{j\theta_p})(z - r_p e^{-j\theta_p})} \tag{11.8}
$$

만약 극과 영점을 위치각이 같게($\theta_p = \theta_z = \Omega_0$) 배치한다면, r_p와 r_z의 관계에 따라 진폭 응답이 $\Omega = \Omega_0$에서 매우 날카로운 첨두나 좁고 깊은 골을 보일 것이다. 안정도를 위해 무조건 $r_p < 1$이므로 진폭 응답 특성은 [표 11-1]과 같이 $r_z < 1$와 $r_z > 1$의 두 경우로 나누어 요약할 수 있다. 이를 통해 원하는 주파수 응답에 따른 극-영점 위치를 추측으로 적당히 정해 주파수 응답을 구해본 뒤 설계 사양과 맞지 않으면 위치를 다시 조금씩 조정하면 된다.

[표 11-1] 공액 복소 극과 영점의 위치에 따른 필터 진폭 응답 특성

위상 조건	진폭 응답 특성
$r_z < 1$인 경우 (최소 위상)	• $r_z > r_p$이면 $\Omega = \Omega_0$ 부근에서 골이 나타난다. • $r_z < r_p$이면 $\Omega = \Omega_0$ 부근에서 첨두가 나타난다. • $r_z = 0$이면 $\Omega = \Omega_0$ 부근에서 첨두가 나타난다. • $r_p = 0$이면 $\Omega = \Omega_0$ 부근에서 골 또는 노치가 나타난다.
$r_z > 1$인 경우 (비최소 위상)	• $r_z = 1$이면 $\Omega = \Omega_0$에서 DC 이득이 0인 노치 필터가 된다. • $1 < r_z < \frac{1}{r_p}$이면 $\Omega = \Omega_0$ 부근에서 골이 나타난다. • $r_z = \frac{1}{r_p}$이면 전역 통과 필터가 된다(극과 영점이 공액 역 쌍). • $r_z > r_p$이면 $\Omega = \Omega_0$ 부근에서 첨두가 나타난다.

예제 11-1 극-영점 배치에 의한 대역 통과 필터의 설계

필터 사양이 다음과 같을 때 극-영점 배치 방법으로 대역통과 IIR 필터를 설계하라.

- 샘플링 주파수 $S = 400\,[\text{Hz}]$
- 통과 대역 중심 주파수 $f_0 = 100\,[\text{Hz}]$
- 통과 대역 대역폭 $\Delta f = 20\,[\text{Hz}]$
- 저지 대역 경계 주파수 $f_s = 50\,[\text{Hz}]$, $150\,[\text{Hz}]$

풀이

디지털 IIR 필터의 사양은 아날로그 사양으로부터 다음과 같이 구한다.

$$\text{통과 대역 중심 주파수 : } \Omega_0 = 2\pi \times \frac{100}{400} = \frac{\pi}{2}$$

$$\text{통과 대역 대역폭 : } \Delta\Omega = 2\pi \times \frac{20}{400} = \frac{\pi}{10}$$

$$\text{저지 대역 경계 주파수 : } \begin{cases} \Omega_{s1} = 2\pi \times \dfrac{50}{400} = \dfrac{\pi}{4} \\ \Omega_{s2} = 2\pi \times \dfrac{150}{400} = \dfrac{3\pi}{4} \end{cases}$$

통과 대역 중심 주파수로부터 공액 복소 극의 위상 $\theta_p = \Omega_0 = \frac{\pi}{2}$를 얻고, 통과 대역 대역폭 조건에서 극의 크기 $r_p = 1 - 0.5\Delta\Omega = 0.8429$를 얻는다. 따라서 이 필터의 극은 다음과 같다.

$$p_{1,2} = r_p e^{\pm j\theta_p} = 0.8429\, e^{\pm j\pi/2} = \pm j0.8429$$

또한 두 저지 대역 경계 주파수에 상응하는 두 쌍의 공액 복소 영점의 위상은 각각 $\theta_{z1} = \Omega_{s1} = \frac{\pi}{4}$와 $\theta_{z2} = \Omega_{s2} = \frac{3\pi}{4}$가 된다. 저지 대역을 형성하기 위한 영점은 단위원 상에 놓으면 되므로 이 필터의 영점은 다음과 같다.

$$z_{1,2} = e^{\pm j\theta_{z1}} = e^{\pm j\pi/4}$$
$$z_{3,4} = e^{\pm j\theta_{z2}} = e^{\pm j3\pi/4}$$

영점이 극보다 많으므로 비인과 필터가 되는 것을 피하려면 극을 최소한 두 개 추가해야 하는데, 얻은 주파수 응답 특성이 훼손되지 않도록 이미 구한 극을 중극으로 한다. 그렇게 하면 주파수 선택 특성은 더 날카로워지지만, 스펙트럼 형태의 변화나 주파수의 이동은 생기지 않아 큰 문제가 없을 것이다.

따라서 설계된 필터의 전달 함수는 다음과 같이 된다.

$$H(z) = \frac{(z-e^{j\pi/4})(z-e^{-j\pi/4})(z-e^{j3\pi/4})(z-e^{-j3\pi/4})}{(z-j0.8429)^2(z+j0.8429)^2}$$

$$= \frac{z^4+1}{(z^2+0.7105)^2} = \frac{z^4+1}{z^4+1.4210z^2+0.5048}$$

이 필터의 진폭 응답과 극-영점 배치를 [그림 11-3]에 보였다. 그림에서 보듯이 통과 대역 중심 주파수 부근에서 날카로운 첨두 특성이 나타난다.

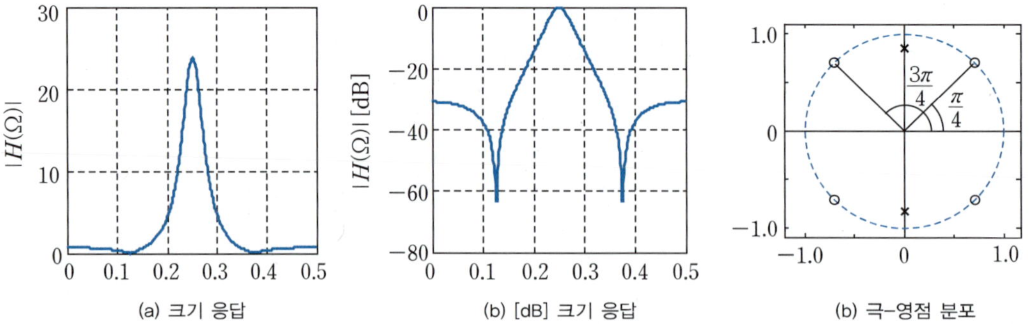

[그림 11-3] [예제 11-1]의 대역 통과 필터

SECTION

11.3 아날로그 필터 설계

학습포인트

- 아날로그 필터의 설계 사양은 FIR 필터의 경우와 어떻게 다른지 알아본다.
- 원형 아날로그 필터의 종류에는 어떤 것들이 있는지 알아본다.
- 버터워스, 체비쇼프, 타원형 필터의 특성과 극 분포 그리고 설계 원리 및 방법에 대해 알아본다.
- 원형 아날로그 필터들의 장단점과 성능을 비교해본다.

IIR 필터 설계는 아날로그 필터로부터 디지털 필터를 구현하는 것이 직접 디지털 필터를 설계하는 것보다 편리하다. 아날로그 필터의 설계는 거의 완벽하게 연구되어, 설계 절차가 체계화되어 있고 닫힌 꼴의 설계 공식과 많은 표로 잘 정리된 표준 설계 결과들이 제공되는 까닭에 설계가 매우 간편하다. 널리 쓰이는 원형 아날로그 필터에는 버터워스 필터, 체비쇼프 필터, 타원형 필터, 베셀 필터의 네 종류가 있다. 이 절에서는 이러한 아날로그 필터의 특성과 설계에 대해 간단히 살펴본다.

11.3.1 아날로그 필터의 설계 사양

주파수 선택 필터 설계의 첫 단계는 기본 LP 필터, 즉 원형prototype 필터를 설계하는 것이다. IIR 필터의 설계에는 진폭 제곱 특성을 사용한다. 필터의 진폭 응답 사양이 [그림 9-7]과 같을 때, 진폭 제곱 특성은 [그림 11-4]와 같이 나타낼 수 있다.

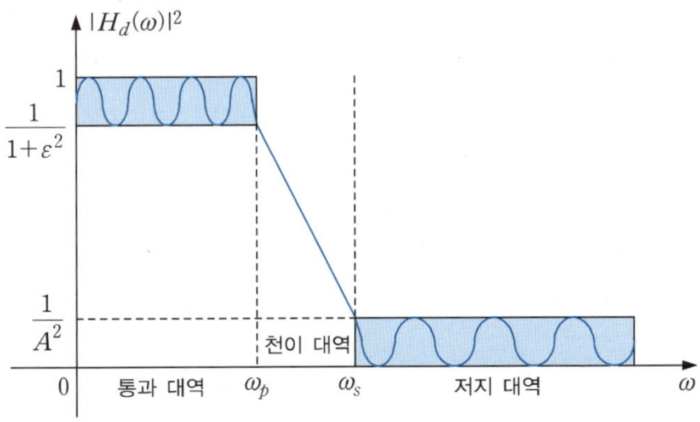

[그림 11-4] 아날로그 필터의 진폭 제곱 특성

[그림 11-4]의 진폭 제곱 특성은 원하는 아날로그 필터의 전달 함수 $H_d(s)$와 관련하여 다음과 같이 나타낼 수 있다.

$$|H_d(\omega)|^2 = H_d(\omega)\cdot H_d(-\omega) = H_d(s)H_d(-s)\big|_{s=j\omega} \tag{11.9}$$

식 (11.9)의 함수는 극-영점 분포가 허수축($s = j\omega$)에 대해 거울상 대칭이므로, 최소 위상 필터가 되도록 극-영점을 선택하여 $H(s)$와 $H(-s)$로 분리하면 된다. 진폭 제곱 특성과 [그림 9-7]의 진폭 특성의 관계는 다음과 같다.

$$\begin{cases} \left(\dfrac{1-\delta_p}{1+\delta_p}\right)^2 = \dfrac{1}{1+\epsilon^2} \\ \dfrac{\delta_s}{1+\delta_p} = \dfrac{1}{A} \end{cases} \tag{11.10}$$

$$\begin{cases} A_p = -10\log_{10}\dfrac{1}{1+\epsilon^2} \\ A_s = -10\log_{10}\dfrac{1}{A^2} \end{cases} \tag{11.11}$$

이를 ϵ과 A에 대해 정리하면 다음과 같은 관계를 얻는다.

$$\begin{cases} \epsilon = \dfrac{2\sqrt{\delta_p}}{1-\delta_p} = \sqrt{10^{A_p/10}-1} \\ A = \dfrac{1+\delta_p}{\delta_s} = 10^{A_s/20} \end{cases} \tag{11.12}$$

따라서 진폭 특성이 설계 사양으로 주어지면 식 (11.12)를 사용하여 진폭 제곱 특성으로 변환한 다음에 아날로그 필터를 설계하면 된다.

11.3.2 버터워스 필터

버터워스 필터 Butterworth filter는 원형 아날로그 필터 중에서 설계가 가장 쉽고 간편한 필터이지만, 필터 특성은 다른 필터에 비해 나쁜 편이다. 여기서는 버터워스 필터가 어떤 필터인지 소개하고 설계 방법에 대해 간략히 살펴보기로 한다.

버터워스 필터의 개요

- **버터워스 필터**는 주파수 ω에 대해 단조 감소인 진폭 제곱 특성을 갖는다([그림11-5]).

$$|H(\omega)|^2 = \frac{1}{1+\left(\dfrac{\omega}{\omega_c}\right)^{2N}} \tag{11.13}$$

- 버터워스 필터는 극만 존재하는 **전극**all pole **필터**이다.
- 버터워스 필터는 차수 N이 커짐에 따라 이상적인 저역 통과 필터에 가까워진다.
- 버터워스 필터는 네 가지 아날로그 필터 중에서 가장 평탄한 통과 대역 특성을 갖는다.
- 버터워스 필터는 $\omega = 0$ 부근에서는 최대로 평탄하지만, 주파수가 높아질수록 감쇠가 커져서 통과 대역 전체에서는 주파수 응답이 고르지 못하다.

[그림 11-5]는 버터워스 필터의 진폭 제곱 특성을 나타낸 것으로, $|H(\omega)|^2$은 값이 양이고 유리 함수이며 우함수이므로 분리할 수 있다. 또한 필터 차수에 상관없이 $\omega=0$에서 $|H(0)|^2=1$이며, 차단 주파수 ω_c에서 $|H(\omega)|^2=0.5$이다.

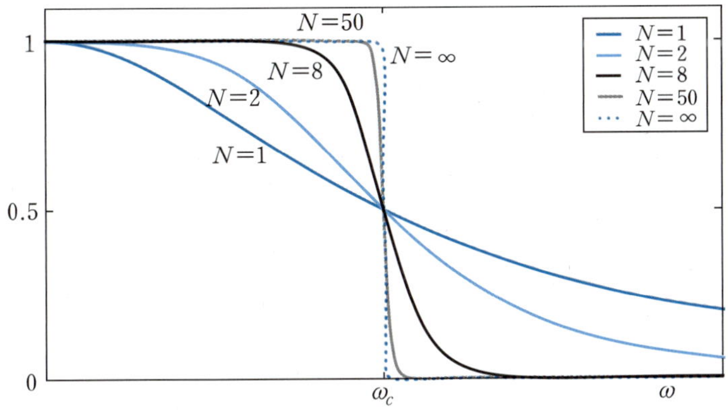

[그림 11-5] 버터워스 필터의 진폭 제곱 특성

식 (11.13)에 $\omega=\dfrac{s}{j}$를 대입하여 정리하면 다음과 같이 된다.

$$|H(\omega)|^2_{\omega=s/j}=H(s)H(-s)=\frac{1}{1+\left(\dfrac{s}{j\omega_c}\right)^{2N}}=\frac{(j\omega_c)^{2N}}{s^{2N}+(j\omega_c)^{2N}} \tag{11.14}$$

위 식의 분모$=0$을 만족하는 극 p_k는 다음과 같다.

$$\begin{aligned} p_k &= j(-1)^{1/2N}\omega_c = j\omega_c e^{j(2k+1)\pi/2N} \\ &= \omega_c\left[-\sin\left(\frac{(2k+1)\pi}{2N}\right)+j\cos\left(\frac{(2k+1)\pi}{2N}\right)\right], \quad k=0,\,1,\,\cdots,\,2N-1 \end{aligned} \tag{11.15}$$

식 (11.15)의 $H(s)H(-s)$의 극은 s 평면에서 다음과 같은 성질을 만족하며 분포한다.

- 극은 반지름이 ω_c인 원 위에 $\dfrac{2\pi}{2N}$의 등간격으로 위치한다.
- N이 홀수이면 극은 $p_k=\omega_c e^{jk\pi/N}$, $k=0,\,1,\,\cdots,\,2N-1$이 된다. 따라서 실수축 상에 극이 존재한다.
- N이 짝수이면 극은 $p_k=\omega_c e^{j(\pi/2N+k\pi/N)}$, $k=0,\,1,\,\cdots,\,2N-1$이 된다. 따라서 실수축 상에 극이 존재할 수 없다.
- 극은 $j\omega$축에 대해 대칭으로 위치하며, $j\omega$축 상에는 존재하지 않는다.

[그림 11-6]은 극 분포의 한 예로, 스펙트럼 분해를 적용해 이렇게 분포된 극 중에서 좌반면의 극들을 선택하면 안정한 필터 전달 함수를 구할 수 있다.

$$H(s) = \frac{\omega_c^N}{\prod_{LHP\,poles}(s - p_k)}, \quad k = 1,\ 2,\ \cdots,\ N \tag{11.16}$$

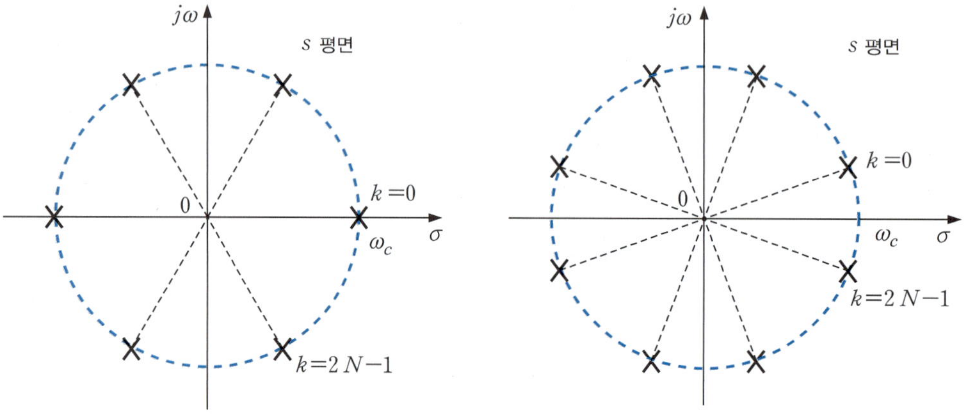

(a) N이 홀수($N=3$)

(b) N이 짝수($N=4$)

[그림 11-6] 버터워스 필터의 극 분포

아날로그 필터에 대한 설계 이론은 이미 잘 정립되어 있으므로, 정리된 결과를 나타내면 다음과 같다.

$$H(s) = \begin{cases} \dfrac{\omega_c}{s+1} \displaystyle\prod_{k=1}^{(N-1)/2} \dfrac{\omega_c^2}{s^2 + 2\cos(\phi_k)s + 1}, & N = \text{홀수} \\ \displaystyle\prod_{k=1}^{N/2} \dfrac{\omega_c^2}{s^2 + 2\cos(\phi_k)s + 1}, & N = \text{짝수} \end{cases} \tag{11.17}$$

여기서

$$\phi_k = \begin{cases} \dfrac{k\pi}{N}, & N = \text{홀수} \\ \dfrac{(k + 1/2)\pi}{N}, & N = \text{짝수} \end{cases} \tag{11.18}$$

이다. [표 11-2]는 정규화된 차단 주파수, 즉 $\omega_c = 1$인 경우에 대해 식 (11.17)을 이용하여 계산한 버터워스 필터의 전달 함수의 분모 다항식을 나타낸 것이다. 만약 $\omega_c \neq 1$인 경우라면 [표 11-2]의 다항식에서 s를 $\dfrac{s}{\omega_c}$로 대치하면 된다.

[표 11-2] 버터워스 필터의 전달 함수 분모 다항식($\omega_c = 1$)

필터 차수 N	분모 다항식 $P(s)$
1	$s+1$
2	$s^2+\sqrt{2}\,s+1$
3	s^3+2s^2+2s+1
4	$s^4+2.6131s^3+3.4142s^2+2.6131s+1$
5	$s^5+3.2361s^4+5.2361s^3+5.2361s^2+3.2361s+1$
6	$s^6+3.8637s^5+7.4641s^4+9.1416s^3+7.4641s^2+3.8637s+1$

버터워스 필터의 설계

아날로그 LP 필터의 설계 사양은 진폭 특성과 관련하여 ω_p, ω_s, A_p, A_s 네 개의 파라미터로 주어진다. 이 설계 사양에 대해 차수 N과 차단 주파수 ω_c를 결정하는 것이 버터워스 필터 설계의 핵심이다. 이들만 결정되면 전달 함수를 구하는 것은 이미 잘 정리되어 있는 결과를 이용해 기계적으로 이루어진다.

버터워스 필터의 설계 절차

❶ 주어진 사양으로부터 식 (11.24)에 의해 필터의 차수 N을 결정한다.
❷ 구해진 N과 사양을 이용하여 식 (11.27)로 차단 주파수 ω_c를 구한다.
❸ 마지막으로 식 (11.17)을 이용하여 전달 함수를 구한다.

주어진 사양으로부터 N과 ω_c를 구하는 방법을 살펴보자.

통과 대역 경계 주파수 $\omega=\omega_p$에서 $-10\log_{10}|H(\omega_p)|^2 = A_p$이므로

$$-10\log_{10}\left(\frac{1}{1+\left(\dfrac{\omega_p}{\omega_c}\right)^{2N}}\right) = A_p \tag{11.19}$$

이고, 저지 대역 경계 주파수 $\omega=\omega_s$에서 $-10\log_{10}|H(\omega_s)|^2 = A_s$이므로

$$-10\log_{10}\left(\frac{1}{1+\left(\dfrac{\omega_s}{\omega_c}\right)^{2N}}\right) = A_s \tag{11.20}$$

이다. 식 (11.19)와 식 (11.20)을 변형하면

$$\left(\frac{\omega_p}{\omega_c}\right)^{2N} = 10^{A_p/10} - 1 \tag{11.21}$$

$$\left(\frac{\omega_s}{\omega_c}\right)^{2N} = 10^{A_s/10} - 1 \tag{11.22}$$

을 얻는다. 또한 식 (11.21)을 식 (11.22)로 나누면 다음과 같이 된다.

$$\left(\frac{\omega_p}{\omega_s}\right)^{2N} = \frac{10^{A_p/10} - 1}{10^{A_s/10} - 1} \tag{11.23}$$

이를 N에 대해 풀면 다음과 같이 된다.

$$N = \left\lceil \frac{\log_{10}\left(\dfrac{10^{A_p/10} - 1}{10^{A_s/10} - 1}\right)}{2\log_{10}\dfrac{\omega_p}{\omega_s}} \right\rceil \tag{11.24}$$

따라서 필터 차수 N은 식 (11.24)보다 크거나 같은 최소의 정수를 선택한다. 차단 주파수는 N을 식 (11.21)과 식 (11.22)에 대입하여 다음과 같이 구한다.

$$\omega_{cp} = \frac{\omega_p}{\sqrt[2N]{10^{A_p/10} - 1}} \tag{11.25}$$

$$\omega_{cs} = \frac{\omega_s}{\sqrt[2N]{10^{A_s/10} - 1}} \tag{11.26}$$

ω_{cp}는 통과 대역 조건은 엄격하게 만족하나 저지 대역에서 감쇠 여유를 가지고, 반대로 ω_{cs}는 저지 대역 조건은 엄격하게 만족하나 통과 대역에서 손실 여유가 생긴다. 따라서 차단 주파수 ω_c는 이 두 값 사이에서 선택하면 된다.

$$\omega_{cp} \le \omega_c \le \omega_{cs} \tag{11.27}$$

예제 11-2 버터워스 필터 설계

다음 사양을 만족하는 버터워스 필터를 설계하라.

$$A_p = 1\,[\text{dB}], \quad A_s = 15\,[\text{dB}], \quad f_p = 1.5\,[\text{kHz}], \quad f_s = 2\,[\text{kHz}]$$

풀이

우선 주파수 f_p, f_s를 각주파수 ω_p, ω_s로 표현하면 다음과 같다.

$$\omega_p = 3\pi \times 10^3\,[\text{rad/sec}], \quad \omega_s = 4\pi \times 10^3\,[\text{rad/sec}]$$

식 (11.24)로부터 필터의 차수 N을 구하면 다음과 같다.

$$N = \frac{\log\left(\dfrac{10^{20/10}-1}{10^{0.5/10}-1}\right)}{2\log\left(\dfrac{4\pi\times 10^3}{2\pi\times 10^3}\right)} = 8.2955$$

따라서 차수 N은 9차로 하면 된다. 이때 식 (11.25) 및 식 (11.26)으로부터

$$\omega_{cp} = 3.192\times 10^3 [\text{rad/sec}], \quad \omega_{cs} = 3.264\times 10^3 [\text{rad/sec}]$$

이므로, 식 (11.27)을 만족하는 값은 $\omega_c = 3.2\times 10^3 [\text{rad/sec}]$로 하면 된다.

설계된 버터워스 필터의 주파수 응답과 임펄스 응답을 [그림 11-7]에 나타내었다. 이는 FIR 필터의 경우와는 달리 진폭 응답이 설계 사양을 비슷하게 충족시켜 주어진 감쇠를 만족시키는 ω_p와 ω_s의 이동이 거의 없음을 주목하라. 위상 응답은 통과 대역에서 비교적 선형 위상에 가까운 특성을 보인다.

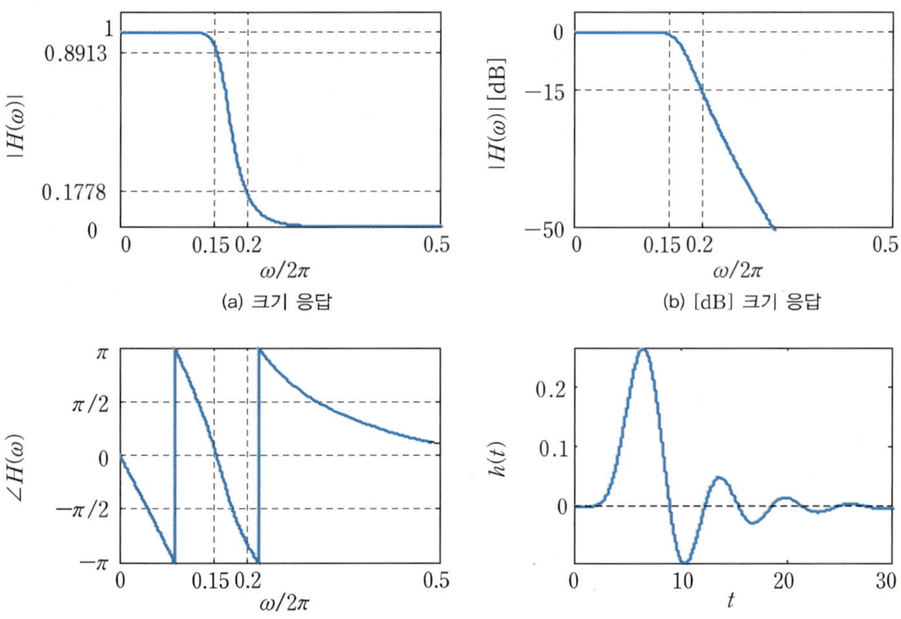

(a) 크기 응답 (b) [dB] 크기 응답 (c) 위상 응답 (d) 임펄스 응답

[그림 11-7] 버터워스 필터의 주파수 응답 및 임펄스 응답

11.3.3 체비쇼프 필터

체비쇼프 필터 Chebyshev filter는 10장에서 다룬 최적 등맥동 FIR 필터와 꽤 비슷하다. 여기서는 체비쇼프 필터의 원리와 설계 방법에 대해 간단히 살펴보기로 한다.

체비쇼프 필터의 개요

- **체비쇼프 필터**는 통과 대역이나 저지 대역에서 등맥동 특성을 갖게 함으로써 오차를 대역 전체에 고르게 분산시키는 필터이다([그림 11-8]).
- 체비쇼프 필터는 통과 대역에서 등맥동, 저지 대역에서 단조 감소 특성을 보이는 **1형**과 저지 대역에서 등맥동, 통과 대역에서 단조 감소 특성을 보이는 **2형**이 있다.

$$1\text{형}: |H(\omega)|^2 = \frac{1}{1+\epsilon^2 C_N^2\left(\dfrac{\omega}{\omega_c}\right)} \tag{11.28}$$

$$2\text{형}: |H(\omega)|^2 = \frac{1}{1+\left[\epsilon^2 C_N^2(\omega_c/\omega)\right]^{-1}} \tag{11.29}$$

$C_N(x)$는 다음과 같이 정의되는 체비쇼프 다항식이다.

$$C_N(x) = \begin{cases} \cos(N\cos^{-1}x), & |x| \le 1 \\ \cosh(N\cosh^{-1}x), & |x| > 1 \end{cases} \tag{11.30}$$

- 체비쇼프 필터는 버터워스 필터와 비교해 통과 대역 특성은 다소 개선되나 저지 대역 특성은 비슷하다(1형).
- 필터 차수를 증가시키면 저지 대역의 성능은 개선되나 통과 대역의 맥동이 커진다(1형).
- 체비쇼프 필터는 같은 차수의 버터워스 필터보다 날카로운 천이 특성을 보인다.
- 체비쇼프 필터는 같은 사양에 대해 버터워스 필터보다 낮은 차수로 설계할 수 있다.
- 1형 체비쇼프 필터는 극만 가지는 전극 필터이지만, 2형 체비쇼프 필터는 극과 영점을 모두 가진다.
- 2형 체비쇼프 필터는 영점으로 인해 위상 보상이 이루어지므로 1형보다는 위상 특성이 좀 더 양호하다.

식 (11.30)의 체비쇼프 다항식은 다음 관계를 만족한다.

$$C_{N+1}(x) - 2x\,C_N(x) + C_{N-1}(x) = 0 \tag{11.31}$$

이로부터 계산되는 처음의 몇 항들을 나타내면

$$\begin{cases} C_0(x) = 1 \\ C_1(x) = x \\ C_2(x) = 2x^2 - 1 \\ C_3(x) = 4x^3 - 3x \\ C_4(x) = 8x^4 - 8x + 1 \\ \quad \vdots \end{cases}, \qquad |x| \le 1 \tag{11.32}$$

이다. 체비쇼프 다항식 $C_N(x)$는 $0 < x < 1$에서 -1과 1 사이를 진동하고, $1 < x < \infty$에서 단조 증가 함수이다. 이로 인해 체비쇼프 필터는 등맥동과 단조 감소 특성을 띠게 된다.

식 (11.28)의 1형 체비쇼프 필터의 진폭 제곱 특성은 다음에 나타낸 것처럼 $\omega = 0$ 에서 필터 차수가 홀수일 때와 짝수일 때 값이 서로 다르다.

$$\begin{cases} |H(0)|^2 = 1, & N = \text{홀수} \\ |H(0)|^2 = \dfrac{1}{1+\epsilon^2}, & N = \text{짝수} \end{cases} \tag{11.33}$$

그리고 차단 주파수 ω_c에서는 다음과 같이 된다.

$$|H(\omega_c)|^2 = \frac{1}{1+\epsilon^2} \tag{11.34}$$

또한 $\omega_r = \dfrac{\omega_s}{\omega_p}$ 에서는

$$|H(\omega_r)|^2 = \frac{1}{A^2} \tag{11.35}$$

과 같이 되며, $0 < \omega < \omega_c$에서는 1과 $\dfrac{1}{1+\epsilon^2}$ 사이에서 진동하고, $\omega > \omega_c$에서는 단조 감소하게 된다. 이러한 관계를 [그림 11-8]에 나타내었다.

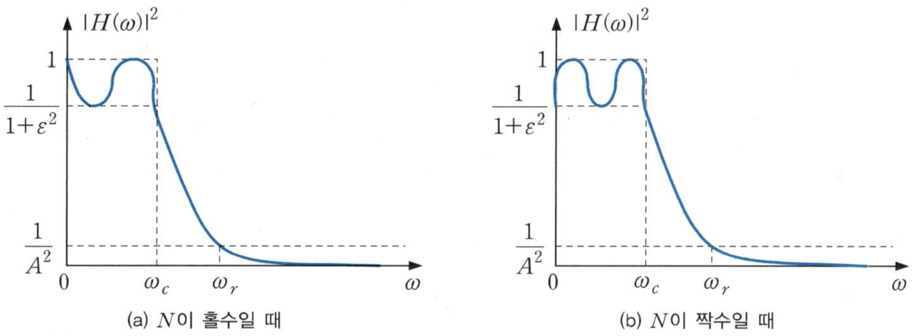

[그림 11-8] 체비쇼프 필터의 진폭 제곱 특성(1형)

2형 체비쇼프 필터는 1형을 간단히 변환하여 얻을 수 있다. 식 (11.28)에서 체비쇼프 다항식의 변수 $\dfrac{\omega}{\omega_c}$에 역수를 취하고 다항식 자체도 역을 취하면 식 (11.29)의 진폭 제곱 특성을 얻게 된다. 2형 체비쇼프 필터는 통과 대역이 단조 감소, 저지 대역이 등맥동 특성을 나타내므로 식 (11.29)에서 알 수 있듯이 극과 영점을 모두 가지게 된다.

식 (11.28)에 $\omega = \dfrac{s}{j}$를 대입하면 다음과 같이 쓸 수 있다.

$$H(s)H(-s) = \frac{1}{1+\epsilon^2 C_N^2\left(\dfrac{s}{j\omega_c}\right)} \tag{11.36}$$

식 (11.36)의 분모가 0이 되는 극을 구하면 다음과 같다.

$$\begin{aligned} p_k &= \sigma_k + j\omega_k \\ &= \omega_c\left[-a\sin\left(\frac{2k+1}{N}\frac{\pi}{2}\right) + jb\cos\left(\frac{2k+1}{N}\frac{\pi}{2}\right)\right], \quad k=0, \cdots, 2N-1 \end{aligned} \tag{11.37}$$

여기서

$$\begin{cases} a = \dfrac{\left(\sqrt[N]{\alpha} - \sqrt[N]{\dfrac{1}{\alpha}}\right)}{2} \\ b = \dfrac{\left(\sqrt[N]{\alpha} + \sqrt[N]{\dfrac{1}{\alpha}}\right)}{2} \\ \alpha = \dfrac{1+\sqrt{1+\epsilon^2}}{\epsilon} \end{cases} \tag{11.38}$$

이다(상세한 유도 과정은 〈심화학습 자료〉 참조). 식 (11.37)의 극의 허수부와 실수부는 다음의 관계를 만족한다.

$$\frac{\sigma_k^2}{a^2} + \frac{\omega_k^2}{b^2} = 1 \tag{11.39}$$

식 (11.39)는 b를 장축, a를 단축으로 하는 타원 방정식이다. 따라서 체비쇼프 필터의 진폭 제곱 특성의 극 p_k는 이 타원 상의 허수축에 대해 대칭으로 분포한다. [그림 11-9(a)]에 이를 나타내었다.

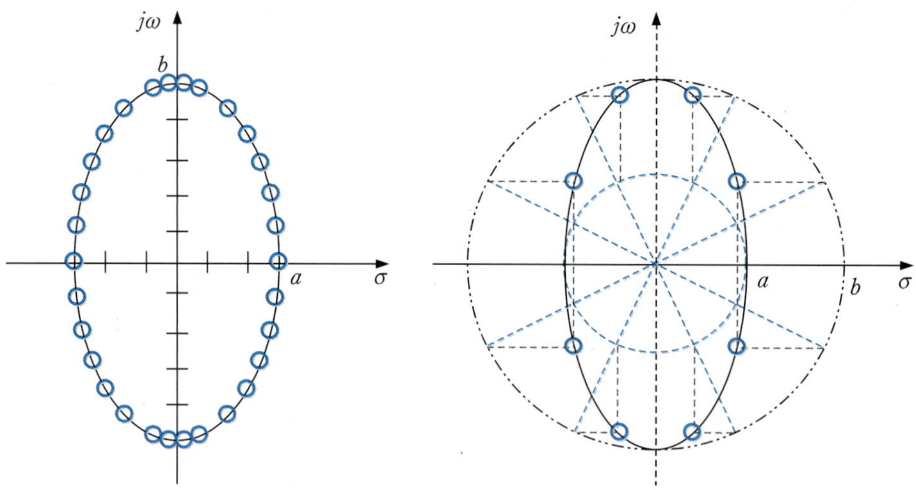

(a) 체비쇼프 필터의 극 분포 (b) 버터워스 필터의 극과의 관계

[그림 11-9] 체비쇼프 필터의 극 분포

안정한 필터를 얻으려면, 식 (11.40)과 같이 극 중에서 좌반면에 위치한 것들을 선택하면 된다.

$$H(s) = \frac{K}{\prod_{\text{LHP poles}} (s - p_k)} \tag{11.40}$$

여기서 K는 $|H(0)|$의 값을 맞추기 위한 정규화 인자로서 다음과 같다.

$$K = \begin{cases} \prod(-p_k), & N = \text{홀수} \\ \dfrac{1}{\sqrt{1+\epsilon^2}} \prod(-p_k) = 10^{-0.05A_p} \prod(-p_k), & N = \text{짝수} \end{cases} \tag{11.41}$$

버터워스 필터의 극을 나타내는 식 (11.15)와 체비쇼프 필터의 극을 나타내는 식 (11.37)을 비교하면, 체비쇼프 필터의 극은 버터워스 필터의 극과 [그림 11-9(b)]와 같은 관계를 갖는다. 그림에서 보면, 반지름이 a와 b인 동심원 위에 버터워스 필터의 극을 그린 뒤 바깥쪽 원 위의 극으로부터 그은 수평선과 안쪽 원 위의 극으로부터 그은 수직선이 만나는 점이 체비쇼프 필터의 극이 된다. 이 관계는 체비쇼프 필터의 극을 기하학적으로 구할 때 많이 활용된다.

체비쇼프 필터의 설계

체비쇼프 필터를 설계하려면 주어진 설계 사양 ω_p, ω_s, A_p, A_s로부터 ϵ, ω_c, N의 세 파라미터를 구해야 한다. 이들만 구하면 안정한 체비쇼프 필터의 전달 함수를 구하는 것은 버터워스 필터와 마찬가지로 이미 잘 정리되어있는 결과를 이용해 기계적으로 이루어진다.

체비쇼프 필터의 설계 절차

❶ 주어진 ω_p, ω_s를 이용하여 $\omega_c = \omega_p$, $\omega_r = \dfrac{\omega_s}{\omega_p}$를 구한다.

❷ 주어진 A_p, A_s를 이용하여 식 (11.12)로부터 ϵ과 A를 구한다.

❸ ϵ과 A를 이용하여 식 (11.45)에 의해 필터 차수 N을 결정한다.

❹ ϵ, ω_c, N을 이용하여 식 (11.40)과 같이 안정한 전달 함수를 구한다.

필터 차수 N은 다음과 같은 과정을 거쳐 결정식을 구할 수 있다. 일단 저지 대역 특성으로부터 다음이 성립한다.

$$A_s = -20\log_{10}|H_N(\omega_r)| = 10\log_{10}\left[1 + \epsilon^2 C_N^2(\omega_r)\right] \tag{11.42}$$

따라서 식 (11.42)에 식 (11.30)의 $|x| > 1$일 때의 관계와 식 (11.12)를 대입하면

$$\epsilon^2 \cosh^2\left[N \cosh^{-1}(\omega_r)\right] = 10^{A_s/10} - 1 \tag{11.43}$$

$$\cosh\left[N\cosh^{-1}(\omega_r)\right]=\left[\frac{10^{A_s/10}-1}{10^{A_p/10}-1}\right]^{1/2}=\sqrt{\frac{(A^2-1)}{\epsilon^2}}=g \tag{11.44}$$

가 된다. 식 (11.44)를 차수 N에 대해 정리하면

$$N=\frac{\cosh^{-1}(g)}{\cosh^{-1}(\omega_r)}=\left[\frac{\log_{10}(g+\sqrt{g^2-1})}{\log_{10}(\omega_r+\sqrt{\omega_r^2-1})}\right] \tag{11.45}$$

이다. 따라서 필터 차수 N은 식 (11.45)보다 크거나 같은 최소의 정수를 선택하면 된다.

예제 11-3 체비쇼프 필터의 설계

[예제 11-2]와 같은 사양을 만족하는 체비쇼프 필터를 설계하라.

풀이

먼저 필요한 파라미터들을 구하면 다음과 같다.

$$\omega_c=\omega_p=0.3\pi$$

$$\omega_r=\frac{0.4\pi}{0.3\pi}=\frac{4}{3}$$

$$A=10^{15/20}=5.6234$$

$$\epsilon=\sqrt{10^{1/10}-1}=0.5088$$

식 (11.44)로부터

$$g=\sqrt{\frac{(A^2-1)}{\epsilon^2}}=10.8761$$

이므로, 필터의 차수는 식 (11.45)로부터 다음과 같이 계산된다.

$$N=\frac{\log_{10}(g+\sqrt{g^2-1})}{\log_{10}(\omega_r+\sqrt{\omega_r^2-1})}=3.8694$$

따라서 필터의 차수 $N=4$가 된다. 이제 전달 함수를 구해보자. 먼저 식 (11.38)로부터 다음을 구할 수 있다.

$$\alpha=\frac{1}{\epsilon}+\sqrt{1+\frac{1}{\epsilon^2}}=4.1706$$

$$a=0.5\left(\sqrt[N]{\alpha}-\sqrt[N]{\frac{1}{\alpha}}\right)=0.3646$$

$$b=0.5\left(\sqrt[N]{\alpha}+\sqrt[N]{\frac{1}{\alpha}}\right)=1.0644$$

그러면 안정한 네 개의 극은 다음과 같이 구해진다.

$$p_{0,3} = -a\omega_c \sin\left(\frac{\pi}{8}\right) \pm jb\omega_c \cos\left(\frac{\pi}{8}\right) = -0.1315 \pm j0.9268$$

$$p_{1,2} = -a\omega_c \sin\left(\frac{3\pi}{8}\right) \pm jb\omega_c \cos\left(\frac{3\pi}{8}\right) = -0.3175 \pm j0.3839$$

따라서 설계하고자 하는 체비쇼프 필터의 전달 함수는 다음과 같다.

$$H_a(s) = \frac{K}{\prod_{k=0}^{3}(s - p_k)} = \frac{0.1939}{(s^2 + 0.2630s + 0.8763)(s^2 + 0.6350s + 0.2482)}$$

[그림 11-10]에 구해진 필터의 주파수 응답과 임펄스 응답을 나타내었다. 그림을 보면, 9차로 설계되었던 버터워스 필터의 [그림 11-7]과 비교해볼 때, 절반 이하인 4차로도 설계 사양을 잘 만족시키고 있음을 알 수 있다. 진폭 특성은 통과 대역에서 등맥동 특성을 보이고 있으며, 천이 대역에서 버터워스 필터보다 감쇠 정도가 더 가파르다.

그러나 위상 특성은 명확히 구분하기는 힘들지만, 통과 대역 경계 부근에서부터 버터워스 필터보다 더 비선형이 되어 천이 대역에서는 그 정도가 심해지고 있다. 이는 임펄스 응답이 버터워스 필터의 경우에 비해 주엽의 폭은 좀 더 좁지만 부엽의 상대적인 크기가 크고 꼬리 부분의 영향이 더 증가하기 때문이다.

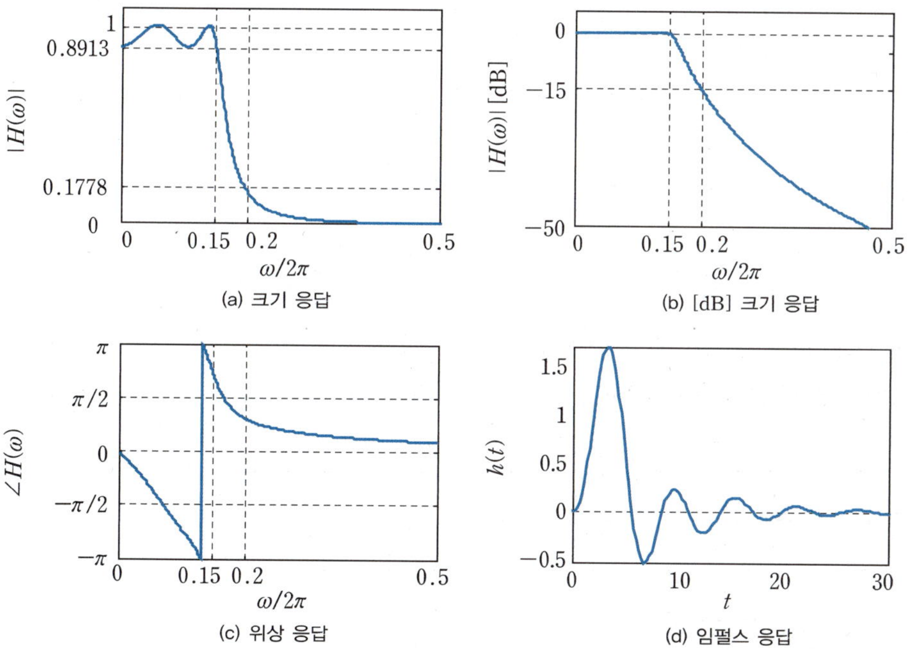

[그림 11-10] 체비쇼프 필터의 주파수 응답 및 임펄스 응답

11.3.4 타원형 필터

타원형 필터elliptic filter는 마치 체비쇼프 필터의 1형과 2형을 합한 것과 같은 필터로 10장에서 배운 최적 등맥동 FIR 필터와 아주 비슷하다.

- **타원형 필터**는 통과 대역과 저지 대역에서 모두 등맥동 특성을 갖게 함으로써 오차를 대역 전체에 고르게 분산시키는 필터이다([그림 11-11]).
- 타원형 필터의 진폭 제곱 특성은 다음과 같으며, $U_N(\cdot)$은 야코비안Jacobian 타원 함수다.

$$|H(\omega)|^2 = \frac{1}{1+\epsilon^2 U_N^2\left(\frac{\omega}{\omega_c}\right)} \tag{11.46}$$

- 타원형 필터는 통과 대역 및 저지 대역 특성을 모두 개선하여 동일한 차수의 필터 중 가장 가파른 천이 대역 특성을 갖는다.
- 전달 함수가 극과 영점을 가지므로 주어진 사양에 대해 가장 낮은 차수로 필터를 설계할 수 있다.
- 타원형 필터는 설계가 까다롭고 통과 대역에서 매우 비선형적인 위상 특성을 갖는다.

타원형 필터도 체비쇼프 필터와 마찬가지로 등맥동이 생기는 대가로 필터의 특성을 개선한 것이며, 진폭 제곱 특성은 [그림 11-11]과 같다.

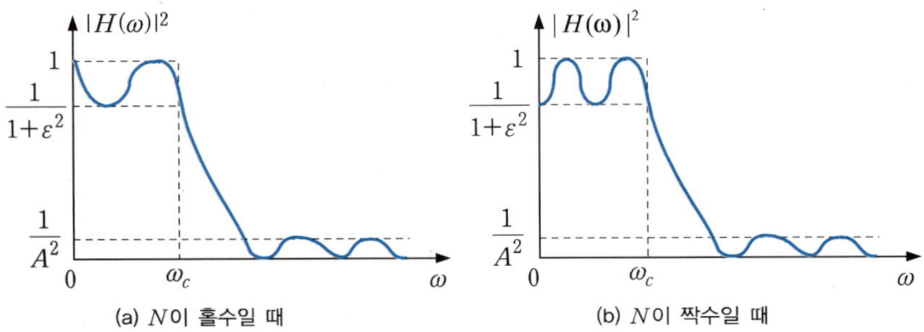

[그림 11-11] 타원형 필터의 진폭 제곱 특성

타원형 필터는 수학적 해석이 까다로우므로 간단히 결과만 살펴보기로 하자. 먼저 타원형 필터의 전달 함수를 나타내면 다음과 같다.

$$H(s) = \frac{H_0}{D_0(s)} \prod_{i=1}^{r} \frac{s^2 + b_{0i}}{s^2 + a_{1i}s + a_{0i}} \tag{11.47}$$

타원형 필터의 설계는 주어진 설계 사양에 대해 우선 다음과 같은 변별도를 구한다.

$$k_1 = \frac{\epsilon}{\sqrt{A^2-1}} = \left(\frac{10^{0.1A_p}-1}{10^{0.1A_s}-1}\right)^{1/2} \tag{11.48}$$

그리고 이를 통해 다음과 같이 필터의 차수를 결정한다.

$$N = \frac{K(k)K(\sqrt{1-k_1^2})}{K(k_1)K(\sqrt{1-k^2})} \tag{11.49}$$

여기서 $k = \frac{\omega_p}{\omega_s}$ 이며, $K(x)$는 다음과 같이 정의되는 제1종 완전 타원 적분이다.

$$K(x) = \int_0^{\pi/2} \frac{d\theta}{\sqrt{1-x^2\sin^2(\theta)}} \tag{11.50}$$

예제 11-4 타원형 필터 설계

[예제 11-2]와 같은 사양을 만족하는 타원형 필터를 설계하라.

풀이

MATLAB을 이용하여 구해진 타원형 필터는 3차로서 지금까지 살펴본 세 가지 유형의 아날로그 필터 중에서 차수가 가장 낮다. 이 문제에 대한 타원형 필터의 전달 함수는 다음과 같다.

$$H(s) = \frac{s^2 + 1.4237}{s^3 + 0.9241s^2 + 1.0883s + 0.6322}$$

구해진 필터의 주파수 응답 및 임펄스 응답을 [그림 11-12]에 보였다.

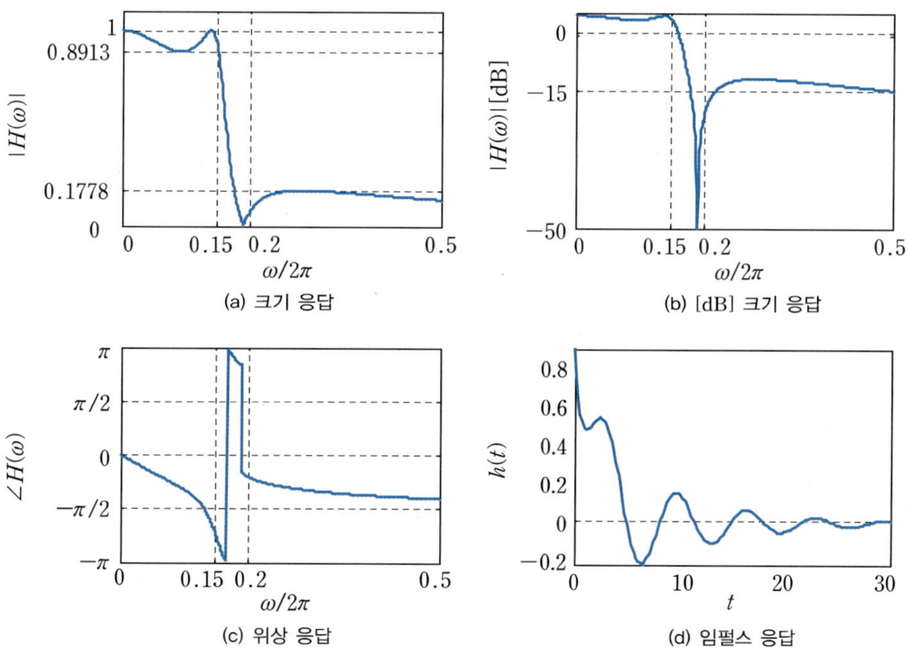

[그림 11-12] 타원형 필터의 주파수 응답 및 임펄스 응답

그림에서 보듯이 천이 대역의 감쇠가 매우 가팔라서 주어진 ω_s 이전에 A_s 수준 이하로 떨어지고 있다. 그 대신 위상이 통과 대역에서부터 비선형적이며, 살펴본 세 가지 유형의 아날로그 필터 중에서 비선형성이 가장 심하다. 그 이유는 임펄스 응답의 파형을 보면 알겠지만, 대칭성을 거의 만족하지 않기 때문이다.

11.3.5 베셀 필터

베셀 필터 Bessel filter는 전달 함수의 분모에 다음과 같은 베셀 다항식을 가진다.

$$H(s) = \frac{B_0}{\sum_{k=0}^{N} B_k s^k} = \frac{B_0}{s^n B_N\left(\frac{1}{s}\right)} \tag{11.51}$$

여기서 $B_N(\cdot)$은 베셀 다항식이고, B_k는 다음과 같이 주어진다.

$$B_k = \frac{(2N-k)!}{2^{N-k}k!(N-k)!} \tag{11.52}$$

베셀 필터의 진폭 제곱 특성과 위상 특성은 다음과 같다.

$$\begin{cases} |H(\omega)|^2 = \dfrac{2B_0^2}{\pi\,\omega^{2N+1}\left[J_{-v}^2(\omega) + J_v^2(\omega)\right]} \\ \theta(\omega) = -\omega + \tan^{-1}\dfrac{(-1)^N J_v(\omega)}{J_{-v}(\omega)} \end{cases} \tag{11.53}$$

여기서 $J_v(\cdot)$는 차수 v인 1형 베셀 함수이다. 이를 다시 정리하면, 진폭 제곱 특성과 위상의 군 지연은 다음과 같이 되어 저주파에서 진폭 특성 값이 1, 군 지연이 1로 상수가 된다.

$$\begin{cases} |H(\omega)|^2 = 1 - \dfrac{\omega^2}{2N-1} + \cdots \\ \tau_g = -\dfrac{d\theta(\omega)}{d\omega} = 1 - \dfrac{\omega^{2N}}{B_0^2}|H(\omega)|^2 \end{cases} \tag{11.54}$$

다시 말해, 통과 대역에서 군 지연이 일정하므로 선형 위상 특성을 갖게 된다. 이처럼 통과 대역의 위상 특성을 개선한 것이 베셀 필터이다.

다음 절로 넘어가기 전에 한 가지 짚고 넘어가야 할 점은 10장에서의 FIR 필터 설계에 대한 예들과 비교해볼 때, 아날로그 IIR 필터는 낮은 차수로도 양호한 진폭 응답 특성을 나타낸다는 사실이다. 이에 더해 설계된 결과로 얻은 필터들이 주어진 설계 사양에서 거의 벗어나지 않는다는 것도 예제들을 통해 확인할 수 있다. 이는 FIR 필터에서 설계하여 얻은 결과를 그냥 받아들이거나, 아니면 설계 과정을 반복하여 시행착오를 거쳐 원하는 특성을 얻어내었던 것에 비하면 무척 바람직한 성질이다.

SECTION 11.4

아날로그-디지털 필터 변환

학습포인트

- 필터 변환의 개념과 그 방법들에 대해 알아보고 성능과 특성을 살펴본다.
- 임펄스 불변 변환의 원리와 개념을 이해한다. 또한 s 영역에서 z 영역으로의 사상 관계를 파악하고 주파수 중첩의 영향에 대해 알아본다.
- 임펄스 불변 변환의 특징과 이를 이용한 필터 설계 방법에 대해 알아본다.
- 쌍선형 변환의 원리와 개념을 이해한다. 그리고 이 변환에 의한 s 영역에서 z 영역으로의 사상 관계를 파악한다.
- 주파수 휨 frequency warping과 주파수 미리 휨 prewarping의 개념을 이해한다.
- 쌍선형 변환의 특징과 이를 이용한 필터 설계 방법에 대해 알아본다.
- 유한 차분 근사의 개념과 원리, 사상 관계와 장단점에 대해 알아본다.
- 정합 z 변환의 개념과 원리 그리고 특징에 대해 알아본다.

원형 아날로그 필터가 설계되면, 이를 디지털 필터로 바꾸어야 한다. 필터 변환은 s 영역에서 z 영역으로의 사상을 이용하여 아날로그 필터의 전달 함수로부터 디지털 필터의 전달 함수를 얻는 과정이다. 이때 변환의 결과로 얻어진 디지털 필터 전달 함수는 안정도가 반드시 보장되어야 한다. 이 절에서는 몇 가지 실용적인 필터 변환 방법들의 원리와 특징에 대해 살펴보기로 한다.

11.1.3절에서 보았던 s 영역에서 z 영역으로의 변환식 (11.4)의 $s=\dfrac{1}{T}\ln(z)$ 는 (분수 꼴의) 유리 전달 함수 $H(s)$에서 유리 전달 함수 $H(z)$로 직접 변환시켜주지는 못한다. 그러므로 몇 가지 실용적인 변환 방법들이 제안되었는데, 이러한 방법들은 아날로그 필터의 시간 응답 또는 주파수 응답을 근사적으로 정합하는 데 근거한다. 이러한 방법들을 정리하면 다음과 같으며, 임펄스 불변 변환은 시간 응답, 나머지 변환은 주파수 응답을 근사적으로 정합하는 방법이다. 이들 중에서는 특성이 양호한 쌍선형 변환이 가장 널리 사용된다.

- 임펄스 불변 변환 : 시간 영역 응답이 일치되도록 변환
- 쌍선형 변환 : $s=\dfrac{1}{T}\ln(z)$의 근사 유리화에 의한 변환
- 유한 차분 근사 : 미분의 근사에 의한 변환
- 정합 z 변환 : $H(s)$의 각 인수들에 맞추도록 변환

11.4.1 임펄스 불변 변환

임펄스 불변 변환impulse invariance transformation은 시간 응답 정합 기법 중의 하나이다. 시간 응답 정합 기법은 특정한 입력 신호에 대해 그 입력과 출력 값이 아날로그 필터의 입력과 출력 신호의 샘플 값이 되도록 디지털 필터를 만드는 방법이다.

즉 [그림 11-13]에 나타낸 것과 같이 아날로그 필터 $H(s)$의 입력 $x(t)$에 대한 출력은 $y(t)=\mathcal{L}^{-1}\{H(s)X(s)\}$로 주어지고, 이를 샘플링 주기 T로 샘플링하여 $y[n]=y(nT)$를 얻는다. 또한 입력 $x(t)$를 샘플링하여 $x[n]=x(nT)$를 얻은 후, 이들을 z 변환하여 입력과 출력의 비를 구하면 디지털 필터의 전달 함수 $H(z)$가 구해진다. 그 결과 설계에 사용된 입력에 대해서만 시간 응답이 정합되도록 $H(z)$가 생성된다. 또한 샘플 값들에 대해서만 일치하도록 설계되기 때문에 샘플링 주기 T의 선정이 매우 중요하다.

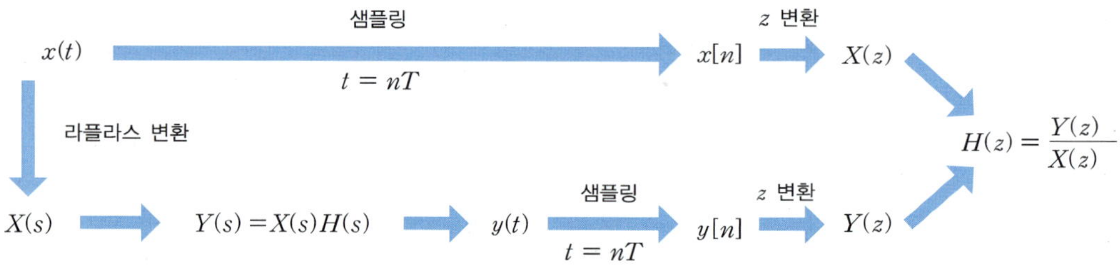

[그림 11-13] 시간 응답 정합 기법의 원리

- 임펄스 불변 변환은 디지털 필터의 임펄스 응답이 아날로그 필터의 임펄스 응답 형태를 유지하도록, 즉 $h[n]=h(nT)$로 임펄스 입력에 대한 응답이 같게 하는 변환이다.
- 아날로그 필터와 임펄스 불변 변환으로 구한 디지털 필터의 전달 함수는 다음과 같다. (논의가 간편하도록 전달 함수가 서로 다른 단순극을 갖는 경우로 한정함)

$$H(s)=\sum_{k=1}^{N}\frac{K_k}{s-p_k} \tag{11.55}$$

$$H(z)=\sum_{k=1}^{N}\frac{K_k}{1-e^{p_kT}z^{-1}} \tag{11.56}$$

- 아날로그 필터와 디지털 필터의 전달 함수를 비교해보면, s 영역에서 z 영역으로의 사상 관계가 11.1.3절에서 살펴본 식 (11.4)와 같이 된다.

$$z=e^{sT} \qquad \text{또는} \qquad s=\frac{1}{T}\ln z$$

- 임펄스 불변 변환 기법은 샘플링 주파수(또는 주기)의 선정이 매우 중요하다.
  - 시간 영역 관점에서는 필터의 임펄스 응답이 $h[n]=h(nT)$, 즉 샘플 값에 대해서만 일치하도록 설계되기 때문이다.

- 주파수 영역 관점에서는 식 (11.4)의 중복 사상에 의해 디지털 필터의 주파수 응답에 주파수 중첩이 발생하게 되며, 이에 의한 왜곡이 샘플링 주파수에 따라 상당히 달라질 수 있기 때문이다([그림 11-14]).

• 샘플링 주파수가 너무 낮으면, 임펄스 불변 변환으로 얻어진 디지털 필터는 천이 대역 및 저지 대역 감쇠 특성이 나빠진다. 그러므로 임펄스 불변 변환은 저지 대역에 진동이 없고 기본적으로 대역 제한된 아날로그 필터의 경우에 유용하다.

• 임펄스 불변 변환에 의한 디지털 필터 설계는 식 (11.55)의 전달 함수를 병렬형으로 구현한 아날로그 필터를 식 (11.56)과 같이 상응하는 병렬형 디지털 필터로 구현하는 것과 같다([그림 11-15]).

• 임펄스 불변 변환에 의한 디지털 필터는 아날로그 필터와 최대 이득이 정합되지 않는다.

식 (11.55)의 아날로그 필터 전달 함수는 부분분수 형태로 전개된 것이므로, 라플라스 역변환하면 다음과 같은 임펄스 응답을 얻게 된다.

$$h(t) = \sum_{k=1}^{N} K_k e^{p_k t} u(t) \tag{11.57}$$

따라서 임펄스 불변 변환에 의한 디지털 필터의 임펄스 응답은 다음과 같고,

$$h[n] = h(t)|_{t=nT} = \sum_{k=1}^{N} K_k e^{p_k nT} u[n] \tag{11.58}$$

이를 z 변환하면 식 (11.56)의 디지털 필터 전달 함수를 얻을 수 있다.

$$\begin{aligned} H(z) &= \sum_{n=0}^{\infty} h[n] z^{-n} = \sum_{n=0}^{\infty} \left(\sum_{k=1}^{N} K_k e^{p_k Tn} \right) z^{-n} \\ &= \sum_{k=1}^{N} K_k \sum_{n=0}^{\infty} (e^{p_k T} z^{-1})^n = \sum_{k=1}^{N} \frac{K_k}{1 - e^{p_k T} z^{-1}} \end{aligned} \tag{11.59}$$

임펄스 불변 변환의 사상 관계 식 (11.4)는 [그림 11-2]에서 보았듯이 s 영역의 허수축을 2π 간격으로 자른 좌반면의 띠가 z 영역의 단위원 안으로 겹쳐져 사상되는 다대일의 중복 사상이다. 그러므로 두 전달 함수의 관계는 다음과 같이 되며, 디지털 주파수와 아날로그 주파수는 $\Omega = \omega T$의 선형 관계를 갖는다.

$$H(z) = \frac{1}{T} \sum_{k=-\infty}^{\infty} H\left(s - j \frac{2\pi}{T} k \right) \tag{11.60}$$

이러한 사상 관계는 식 (11.60)의 필터 변환이 인과이며 안정한 아날로그 필터를 인과이며 안정한 디지털 필터로 변환하는 것을 보장한다.

그러나 중복 사상에 의한 주파수 중첩으로 인해 디지털 영역과 아날로그 영역의 주파수 응답이 같지 않으며, [그림 11-14]에 나타낸 것처럼 샘플링 주파수에 따라 주파수 응답이 심각하게 달라질 수 있다. 연속 신호 $h(t)$가 $|\omega| \le \frac{\omega_s}{2}$로 대역 제한될 경우만 주파수 중첩이 발생하지 않아 아날로그 필터와 디지털 필터의 주파수 응답 특성이 일치한다.

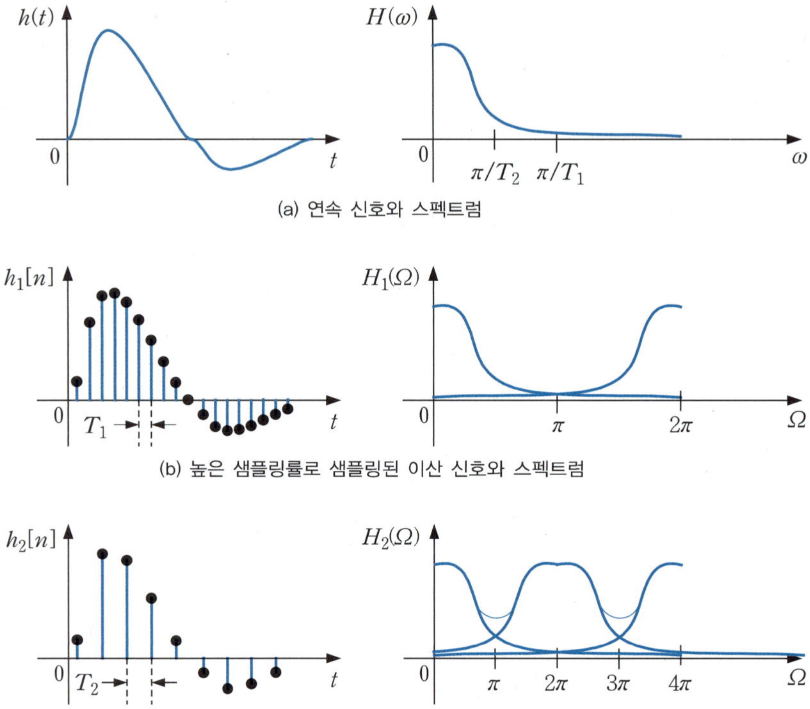

(a) 연속 신호와 스펙트럼

(b) 높은 샘플링률로 샘플링된 이산 신호와 스펙트럼

(c) 낮은 샘플링률로 샘플링된 이산 신호와 스펙트럼

[그림 11-14] 임펄스 불변 변환에 대한 샘플링 주파수의 영향

[그림 11-14(b)]와 같이 샘플링 주파수가 충분하게 높은 경우에는 주파수 중첩에 의한 왜곡이 미미하지만, [그림 11-14(c)]와 같이 샘플링 주파수가 너무 낮으면 스펙트럼의 겹쳐지는 부분이 커져서 원래 형태와 많이 달라진다. 스펙트럼의 겹침, 즉 주파수 중첩에 의한 왜곡은 고주파 대역 쪽에서 훨씬 심하므로, 변환된 디지털 필터의 저지 대역 특성이 큰 영향을 받게 된다. 따라서 임펄스 불변 변환은 2형 체비쇼프 필터나 타원형 필터와 같이 저지 대역에 맥동이 있는 필터에는 사용하지 않는 것이 낫다.

결국 임펄스 불변 변환에 의한 디지털 필터 설계는 [그림 11-15]에 나타낸 것처럼 병렬형 아날로그 필터를 상응하는 병렬형 디지털 필터로 바꾸는 것과 같다.

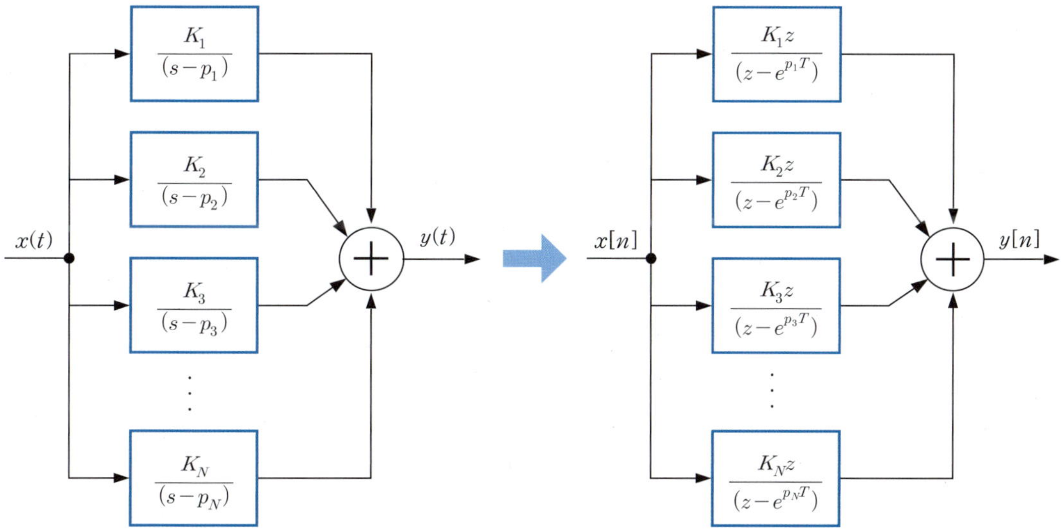

(a) $H(s)$ (b) $H(z)$

[그림 11-15] 임펄스 불변 변환에 의한 등가 필터 변환

임펄스 불변 변환을 이용한 디지털 IIR 필터 설계

❶ 주어지는 디지털 필터의 사양 Ω_p, Ω_s, A_p, A_s에 대해 샘플링 주기 T를 선정하고, 아날로그 주파수들을 다음과 같이 결정한다.

$$\omega_p = \frac{\Omega_p}{T}, \quad \omega_s = \frac{\Omega_s}{T} \tag{11.61}$$

❷ 사양 ω_p, ω_s, A_p, A_s를 사용하여 아날로그 필터 $H(s)$를 설계한다.

❸ 부분분수 전개를 이용하여 $H(s)$를 식 (11.55)와 같이 전개한다.

❹ 식 (11.56)으로 아날로그 극 p_k를 디지털 극 $e^{p_k T}$으로 변환하여 디지털 필터를 얻는다.

만약 아날로그 필터의 전달 함수 $H(s)$가 단순극만 있는 게 아니라면, [표 11-3]의 변환 관계를 이용하면 된다.

[표 11-3] 극의 유형에 따른 임펄스 불변 변환

극 유형	$H(s)$	$H(z)$ (단, $\alpha = e^{pT}$)
단순극	$\frac{K}{(s-p)}$	$\frac{Kz}{(z-\alpha)}$
공액 복소극	$\frac{Ke^{j\phi}}{s-p+j\omega_0} + \frac{Ke^{-j\phi}}{s-p-j\omega_0}$	$\frac{(2K\cos(\phi))z^2 - (2K\alpha\cos(\phi+\omega_0 T))z}{z^2 - (2\alpha\cos(\omega_0 T))z + \alpha^2}$
이중극	$\frac{K}{(s-p)^2}$	$KT\frac{\alpha z}{(z-\alpha)^2}$
삼중극	$\frac{K}{(s-p)^3}$	$0.5KT^2\frac{\alpha z(z+\alpha)}{(z-\alpha)^3}$

다음 [예제 11-5]는 1차 필터의 설계에 실제로는 임펄스 불변 변환 기법이 잘 쓰이진 않지만, 임펄스 불변 변환 기법의 특성을 살펴보기 위한 예제이다.

예제 11-5 임펄스 불변 변환을 이용한 필터 변환

다음과 같이 제일 간단한 1차 아날로그 필터에 대해 임펄스 불변 변환을 이용하여 디지털 필터로 변환하라.

$$H(s) = \frac{1}{s+1}$$

풀이

이 필터의 임펄스 응답은 $h(t) = e^{-t}u(t)$이고, 이를 주기 T로 샘플링하여 얻은 디지털 필터의 임펄스 응답은 $h[n] = e^{-nT}u[n]$이다. 따라서 이를 z 변환하면 다음과 같이 디지털 필터의 전달 함수를 얻을 수 있다.

$$H(z) = \frac{z}{z - e^{-T}}$$

샘플링 주기 $T=1$의 경우에는

$$H(z) = \frac{z}{z - e^{-1}} = \frac{z}{z - 0.3679}$$

이고, $T = 0.1$의 경우에는

$$H(z) = \frac{z}{z - e^{-0.1}} = \frac{z}{z - 0.9048}$$

이다. 두 경우의 전달 함수에 대한 진폭 응답을 [그림 11-16]에 나타내었는데, 아날로그 필터의 주파수 응답과 비교하기 위해 DC 이득을 1로 정합시켰다.

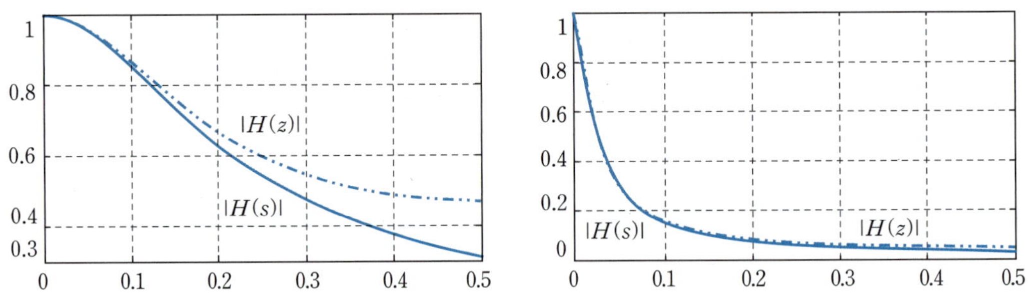

(a) $T=1$의 경우 (b) $T=0.1$의 경우

[그림 11-16] 샘플링 주기에 따른 임펄스 불변 변환에 의한 진폭 응답

임펄스 불변 변환에 의해 필터 변환된 디지털 필터는 아날로그 필터와 최대 이득이 정합되지 않는다. 여기에서도 아날로그 필터는 DC 이득이 1이지만, 디지털 필터는 샘플링 주기 $T=1$인 경우에는 1.5820, $T=0.1$인 경우에는 11.5042이다. 그러므로 이득에 대한 정합이 필요하다.

그림에서 볼 수 있듯이 두 경우 모두 아날로그 필터의 응답 특성을 비슷하게 따라가지만, 다른 점도 있다. 특히 샘플링 주기가 큰 [그림 11-16(a)]의 경우는 주파수 중첩 때문에 주파수가 높아질수록 진폭 응답의 차이가 커진다. 반면에 [그림 11-16(b)]의 경우는 주파수 중첩에 의한 왜곡이 거의 없음을 볼 수 있다. 일반적으로 샘플링 주파수에 따라 주파수 중첩의 영향은 매우 달라져서, 샘플링 주파수가 너무 낮으면, 즉 T가 너무 크면 천이 대역 및 저지 대역 감쇠 특성이 매우 나빠진다.

임펄스 불변 변환으로 얻는 디지털 필터의 최대 이득과 아날로그 필터의 최대 이득이 달라지는 문제를 살펴보기 위해 다음과 같이 간단한 1차 필터의 경우를 생각해보자.

$$\begin{cases} H(s) = \dfrac{1}{s-p} \\ H(z) = \dfrac{z}{z-e^{pT}} \end{cases} \tag{11.62}$$

이 필터는 저역 통과 필터로서 DC 이득이 최대 이득이다. DC 이득은 $H(s)$의 경우 $s=0$ 에서 $H(0)=\dfrac{1}{p}$ 이지만, $H(z)$는 $z=1$ 에서 $H(0)=\dfrac{1}{1-e^{pT}}$ 이므로 T 값에 따라 달라진다. 그런데 샘플링 주기 T가 작아서 $pT \ll 1$ 이면, $e^{pT} \simeq 1+pT$ 로 근사화할 수 있다. 따라서 $H(z)$의 DC 이득은 $\dfrac{1}{pT}$이 된다.

그러므로 아날로그 필터와 디지털 필터의 DC 이득을 정합시키려면 $H(z)$에 T를 곱해야 한다. 만약 필터를 설계하기 전에 아날로그 주파수 사양을 미리 샘플링 주파수 $S=\dfrac{1}{T}$로 나눈다면 이러한 이득 정합이 필요 없다. 그런데 만약 k배로 이득 정합을 하게 되면 아날로그와 디지털 임펄스 응답이 같지 않고 $h[n]=kh(nT)$가 됨을 유의해야 한다.

예제 11-6 임펄스 불변 변환을 이용한 디지털 LP 필터 설계

[예제 11-2]~[예제 11-4]의 아날로그 필터 설계에 사용된 다음의 사양을 만족하는 디지털 LP 필터를 임펄스 불변 변환을 이용하여 설계하라.

$$\Omega_p = 0.3\pi, \quad \Omega_s = 0.4\pi, \quad A_p = 1\,[\text{dB}], \quad A_s = 15\,[\text{dB}]$$

풀이

아날로그 필터 설계와 필터 변환은 MATLAB을 이용했다.

❶ 버터워스 필터

다음과 같은 전달 함수를 갖는 9차 버터워스 필터를 얻는다.

$$\begin{aligned} H(z) = & \frac{-6.2519-18.2886z^{-1}}{1+0.3528z^{-1}+1.0322z^{-2}} + \frac{-8.0845+1.8618z^{-1}}{1+1.016z^{-1}+1.0322z^{-2}} \\ & + \frac{3.3265+3.8431z^{-1}}{1+1.5565z^{-1}+1.0322z^{-2}} + \frac{0.1176-0.1195z^{-1}}{1+1.9094z^{-1}+1.0322z^{-2}} + \frac{10.8922}{1+1.1016z^{-1}} \end{aligned}$$

❷ 체비쇼프 필터

다음과 같이 4차의 1형 체비쇼프 필터를 얻는다.

$$H(z)=\frac{-0.1249+0.2377z^{-1}}{1-1.0528z^{-1}+0.7687z^{-2}}+\frac{0.1249-0.2623z^{-1}}{1-1.35z^{-1}+0.5299z^{-2}}$$

❸ 타원형 필터

다음과 같은 3차의 타원형 필터를 얻는다.

$$H(z)=\frac{-0.24+0.1013z^{-1}}{1-1.0623z^{-1}+0.7866z^{-2}}+\frac{0.6841}{1-0.5046z^{-1}}$$

세 가지 필터의 주파수 응답을 [그림 11-17]에 나타내었다. 11.3절의 세 개의 아날로그 필터 설계 예제의 주파수 응답 특성과 비교해볼 때, 버터워스 필터나 체비쇼프 필터의 경우에는 임펄스 불변 변환에 의해 진폭 응답 특성이 크게 변화하지 않으나 타원형 필터의 경우 저지 대역의 등맥동 성분이 주파수 중첩으로 인해 진폭 특성을 크게 변화시킴을 볼 수 있다. 위상 응답의 경우도 마찬가지로 타원형 필터만 많이 달라진 것을 볼 수 있다. 이러한 결과에서 알 수 있듯이 타원형 필터는 임펄스 불변 변환으로는 원하는 필터를 만들기 어렵다.

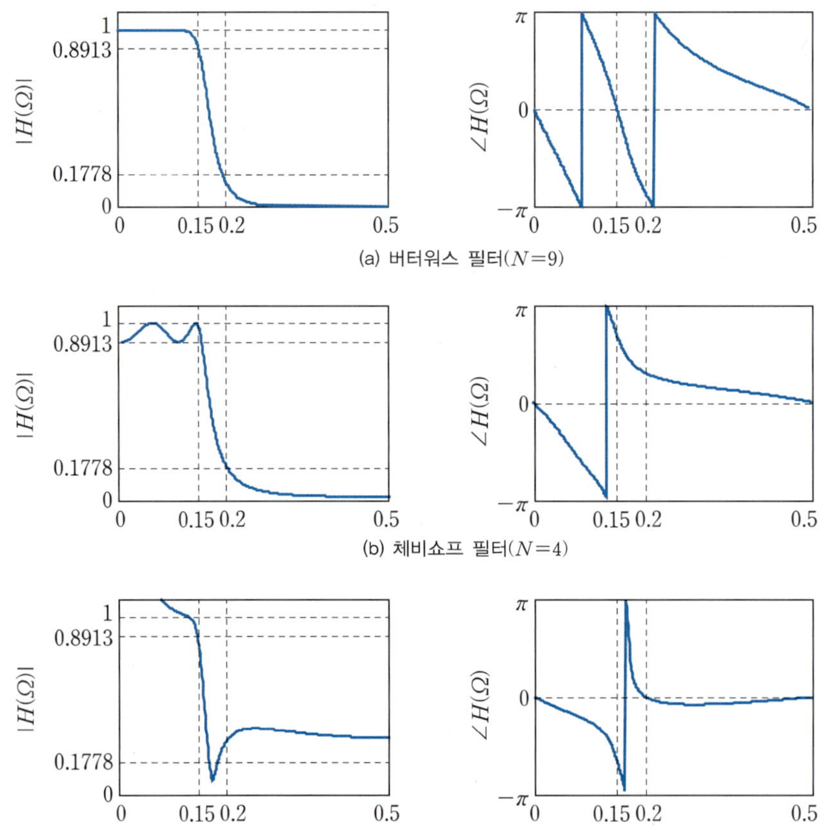

(a) 버터워스 필터(N=9)

(b) 체비쇼프 필터(N=4)

(c) 타원형 필터(N=3)

[그림 11-17] 임펄스 불변 변환에 의한 디지털 LP 필터의 주파수 응답

11.4.2 쌍선형 변환

쌍선형 변환 bilinear transformation은 아날로그 영역과 디지털 영역에서 전달 함수 표현을 유지해주는 변환으로서 필터 변환 기법 중 가장 널리 사용되는 방법이다.

- **쌍선형 변환**은 전달 함수 표현을 유지해주는 변환으로서, 아날로그 필터의 전달 함수를 적분기의 접속으로 나타내어 z 영역으로 변환하는 방법이다.

$$H(z) = H(s)\Big|_{\frac{1}{s}=H_I(z)} = H(s)\Big|_{s=C\frac{z-1}{z+1}} \tag{11.63}$$

여기서 $\frac{1}{s}$와 $H_I(z)$는 각각 적분기의 연속 영역 및 이산 영역 전달 함수이다.

$$H_I(z) = \frac{T}{2}\frac{z+1}{z-1} \tag{11.64}$$

- 쌍선형 변환의 s 영역에서 z 영역으로의 사상 관계는 다음과 같다.

$$s = \frac{2}{T}\frac{z-1}{z+1} = C\frac{z-1}{z+1} \tag{11.65}$$

$$z = \frac{1+\frac{Ts}{2}}{1-\frac{Ts}{2}} = \frac{1+\frac{s}{C}}{1-\frac{s}{C}} = \frac{C+s}{C-s} \tag{11.66}$$

- 쌍선형 변환에서는 아날로그 주파수와 디지털 주파수 사이의 비선형 관계로 인해 중복 사상이 일어나지 않아 주파수 중첩이 생기지 않는다. 따라서 변환할 수 있는 필터 형태에 제한이 없다. 이것이 임펄스 불변 변환과의 중요한 차이점이다.

$$\omega = C\tan\left(\frac{\Omega}{2}\right) \tag{11.67}$$

$$\Omega = 2\tan^{-1}\left(\frac{\omega}{C}\right) \tag{11.68}$$

- 아날로그 주파수와 디지털 주파수 사이의 비선형성은 높은 주파수로 갈수록 두드러져서 아날로그 영역에서는 같은 대역폭이라도 디지털 영역에서는 고주파로 갈수록 점점 폭이 좁게 사상된다. 이러한 비선형적인 압축을 **주파수 휨** frequency warping이라고 한다([그림 11-18]).
- 필터 설계를 진행하기 전에 먼저 식 (11.67)로 **주파수 미리 휨** prewarping을 하여 아날로그 필터의 설계 사양을 선정함으로써 디지털 필터로 변환되었을 때 원하는 Ω_p, Ω_s 특성을 맞출 수 있다.
- 쌍선형 변환에서는 주파수축이 압축될 때 필터의 진폭 특성인 최대 평탄과 등맥동 특성은 보존되지만, 디지털 필터의 위상 특성에는 상당한 왜곡이 생긴다.

아날로그 필터의 전달 함수는 다음과 같이 적분기의 접속으로 나타낼 수 있다.

$$
\begin{aligned}
H(s) &= \frac{b_0 s^N + b_1 s^{N-1} + \cdots + b_{N-1}s + b_N}{s^N + a_1 s^{N-1} + \cdots + a_{N-1}s + a_N} \\
&= \frac{b_0 + b_1 \frac{1}{s} + \cdots + b_{N-1}\left(\frac{1}{s}\right)^{N-1} + b_N\left(\frac{1}{s}\right)^N}{1 + a_1 \frac{1}{s} + \cdots + a_{N-1}\left(\frac{1}{s}\right)^{N-1} + a_N\left(\frac{1}{s}\right)^N}
\end{aligned}
\tag{11.69}
$$

아날로그 영역에서 적분기의 전달 함수와 임펄스 응답은 각각

$$
H_I(s) = \frac{1}{s} \tag{11.70}
$$

$$
h_I(t) = u(t) \tag{11.71}
$$

이므로, 사다리꼴 공식을 이용한 적분의 근사 계산은 다음과 같이 표현할 수 있다.

$$
\begin{aligned}
y(t_2) - y(t_1) &= \int_0^{t_2} x(\tau) h_I(t_2 - \tau) d\tau - \int_0^{t_1} x(\tau) h_I(t_1 - \tau) d\tau \\
&= \int_{t_1}^{t_2} x(\tau) d\tau \simeq \frac{t_2 - t_1}{2}[x(t_1) + x(t_2)]
\end{aligned}
\tag{11.72}
$$

$t_1 = (n-1)T$, $t_2 = nT$로 두면 식 (11.72)를 다음과 같이 이산 신호에 대한 차분 방정식으로 바꿀 수 있다.

$$
y[n] - y[n-1] = \frac{T(x[n] + x[n-1])}{2} \tag{11.73}
$$

이를 z 변환하면 다음과 같고,

$$
Y(z) - z^{-1} Y(z) = \frac{T(X(z) + z^{-1} X(z))}{2} \tag{11.74}
$$

이로부터 적분기의 이산 영역 전달 함수는 식 (11.64)와 같이 구해진다. 식 (11.70)과 식 (11.64)를 비교하면, s와 z의 관계를 식 (11.65)와 식 (11.66)으로 얻을 수 있다. 아날로그 필터의 전달 함수를 나타내는 식 (11.69)에 식 (11.65)의 사상 관계를 대입하면 식 (11.63)과 같이 디지털 필터의 전달 함수를 구할 수 있게 되는 것이다.

식 (11.66)의 사상 관계를 살펴보면, $s = j\omega$일 때 $z = e^{j2\tan^{-1}(\omega/C)}$가 되므로, s 평면의 허수축은 z 평면의 단위원으로, s 평면의 좌반면은 z 평면의 단위원 내부로, s 평면의 우반면은 z 평면의 단위원 외부로 사상된다. 따라서 인과적이고 안정한 아날로그 필터를 인과적이고 안정한 디지털 필터로 변환시켜준다. 이러한 쌍선형 변환의 사상 관계와 식 (11.4)의 임펄스 불변 변환의 사상 관계와의

차이점은 중복 사상이 일어나지 않는다는 것이다. 따라서 주파수 중첩으로 인한 왜곡을 걱정할 필요가 없다.

그렇다면 이의 대가는 무엇인지 알아보자. 식 (11.65)로부터 아날로그 주파수와 디지털 주파수의 관계를 유도하면 다음과 같은 결과를 얻는다.

$$s = j\omega = C\frac{e^{j\Omega}-1}{e^{j\Omega}+1} = C\frac{e^{j\Omega/2}-e^{-j\Omega/2}}{e^{j\Omega/2}+e^{-j\Omega/2}} = jC\tan\frac{\Omega}{2} \tag{11.75}$$

이로부터 아날로그 주파수 ω와 디지털 주파수 Ω의 관계를 식 (11.67)과 식 (11.68)과 같이 구할 수 있는데, 이들은 비선형 식이다. 즉 아날로그 주파수와 디지털 주파수 사이의 비선형 관계 덕분에 주파수 중첩을 피할 수 있는 것이다. 식 (11.67)과 식 (11.68)로부터 신호가 아날로그 영역에서 대역 제한되지 않더라도, 즉 $\omega = \infty$라 하더라도 디지털 영역에서는 $|\Omega| \le \omega_s/2 = \pi$로 대역 제한됨을 알 수 있다. 그 결과 주파수 중첩이 발생하지 않는다.

두 주파수 관계의 비선형성은 [그림 11-18]에서 보듯이, 주파수가 높아질수록 두드러져서 더 심하게 압축된다. 이러한 주파수 휨은 설계를 진행하기 전에 식 (11.67)로 미리 반영(주파수 미리 휨)해 아날로그 필터의 설계 사양을 선정함으로써 디지털 필터의 대역 경계 주파수를 만족시킬 수 있게끔 해소할 수 있다. 샘플링 주파수가 높지 않을 때는 주파수 미리 휨의 비선형 신장 효과로 인해 차수가 더 낮은 필터를 얻는 경우도 종종 있지만, 샘플링 주파수가 충분하게 높으면 주파수 미리 휨은 효과가 미미하고 불필요한 동작이 될 수도 있다.

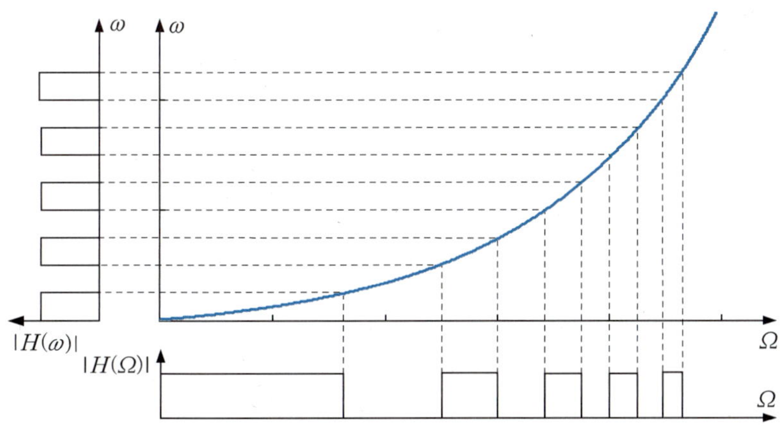

[그림 11-18] 쌍선형 변환에 의한 주파수 휨

쌍선형 변환의 단점은 디지털 필터의 위상 특성에 상당한 왜곡이 생긴다는 것이다. 그러므로 위상 특성의 보존이 주된 목표일 경우에는 임펄스 불변 변환을 택하는 것이 낫다. 대신에 쌍선형 변환은 주파수 중첩으로부터 자유로워 변환할 수 있는 필터 형태의 제한이 없어서 널리 이용된다.

디지털 필터의 설계 사양 Ω_p, Ω_s, A_p, A_s에 대한 쌍선형 변환을 이용한 설계는 다음과 같은 단계로 이루어진다.

쌍선형 변환을 이용한 디지털 IIR 필터 설계

❶ 샘플링 주기 T를 선택하여 $C=\dfrac{2}{T}$를 정한다.

❷ Ω_p, Ω_s를 주파수 미리 휨 한다.

$$\begin{cases} \omega_p = C\tan\left(\dfrac{\Omega_p}{2}\right) \\ \omega_s = C\tan\left(\dfrac{\Omega_s}{2}\right) \end{cases} \tag{11.76}$$

❸ 사양 ω_p, ω_s, A_p, A_s를 만족시키는 아날로그 필터 $H(s)$를 설계한다.

❹ 쌍선형 변환으로 디지털 필터의 전달 함수를 얻는다.

예제 11-7 쌍선형 변환을 이용한 필터 변환

[예제 11-5]의 1차 필터를 쌍선형 변환을 이용하여 디지털 필터로 필터 변환하라.

$$H(s)=\frac{1}{s+1}$$

풀이

$T=1$의 경우 $C=\dfrac{2}{T}=2$이므로 디지털 필터의 전달 함수는 다음과 같다.

$$H(z)=\left.\frac{1}{s+1}\right|_{s=\frac{2(z-1)}{z+1}}=\frac{z+1}{3z-1}$$

$T=0.1$의 경우 $C=\dfrac{2}{T}=20$이므로 디지털 필터의 전달 함수는 다음과 같다.

$$H(z)=\left.\frac{1}{s+1}\right|_{s=\frac{20(z-1)}{z+1}}=\frac{z+1}{21z-19}$$

이 두 전달 함수에 대한 진폭 응답을 [그림 11-19]에 나타내었다. 임펄스 불변 변환의 경우와 마찬가지로 샘플링 주파수가 너무 낮은 $T=1$인 경우 디지털 필터의 근사 오차가 주파수가 증가할수록 더욱 커진다.

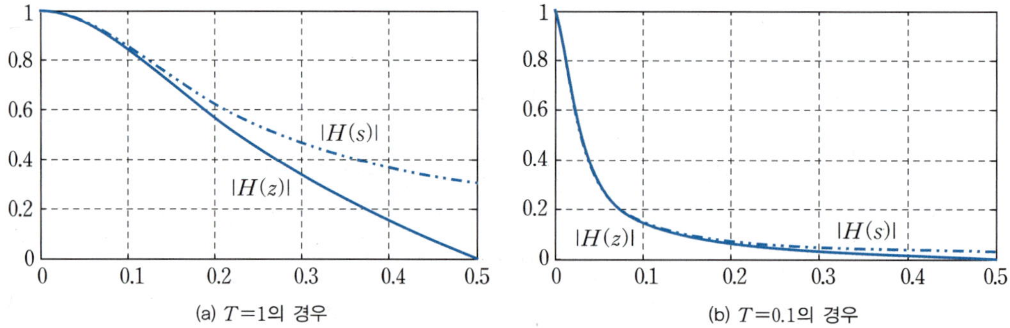

[그림 11-19] 샘플링 주기에 따른 쌍선형 변환에 의한 진폭 응답

[그림 11-19]와 [예제 11-5]의 [그림 11-16]을 비교하면 두 가지 차이점이 있다. 첫째, 임펄스 불변 변환에서는 주파수 중첩의 영향으로 고주파로 갈수록 디지털 필터의 진폭 응답이 아날로그 필터의 진폭 응답보다 크지만, 쌍선형 변환에서는 주파수 휨의 영향으로 인해 정반대가 된다. 고주파에서는 오히려 임펄스 불변 변환의 경우보다 오차가 크지만, 이 필터가 가장 단순한 저역 통과 필터임을 생각하면 저지 대역의 감쇠가 더 커지는 것은 결코 나쁜 일은 아니다. 둘째, 디지털 필터의 진폭 응답은 식 (11.67) 또는 식 (11.68)의 관계에 의해 $\Omega=\pi$에서 0이 된다.

예제 11-8 디지털 버터워스 LP 필터 설계

샘플링 주기가 $T=\frac{\pi}{4}$일 때, 차단 주파수 $\omega_c=\sqrt{2}$인 2차 디지털 버터워스 저역 통과 필터를 다음의 방법으로 설계하라.

(a) 임펄스 불변 변환　　　　(b) 쌍선형 변환

풀이

(a) 차단 주파수 $\omega_c=1$인 아날로그 표준 원형 버터워스 LP 필터의 전달 함수는 [표 11-1]로부터

$$H(s)=\frac{1}{s^2+\sqrt{2}s+1}$$

이다. 그러므로 차단 주파수 $\omega_c'=\sqrt{2}$인 버터워스 LP 필터의 전달 함수는 다음과 같다.

$$\begin{aligned}H(s)&=\frac{1}{(s/\omega_c')^2+\sqrt{2}(s/\omega_c')+1}\\&=\frac{2}{s^2+2s+2}=\frac{j1}{s+1+j1}+\frac{-j1}{s+1-j1}\end{aligned}$$

따라서 이를 역변환한 아날로그 버터워스 LP 필터의 임펄스 응답은 다음과 같다.

$$h(t)=(j1)e^{-(1+j1)t}+(-j1)e^{-(1-j1)t}$$

임펄스 불변 변환에 의한 디지털 필터의 임펄스 응답은 $t=nT=\frac{\pi}{4}n$으로 두면 된다.

$$\begin{aligned}h[n]&=e^{j\frac{\pi}{2}}e^{(-\frac{\pi}{4}-j\frac{\pi}{4})n}+e^{-j\frac{\pi}{2}}e^{(-\frac{\pi}{4}+j\frac{\pi}{4})n}\\&=e^{-\frac{\pi}{4}n}\left(e^{-j(\frac{\pi}{4}n-\frac{\pi}{2})}+e^{j(\frac{\pi}{4}n-\frac{\pi}{2})}\right)=2e^{-\frac{\pi}{4}n}\cos\left(\frac{\pi}{4}n-\frac{\pi}{2}\right)\end{aligned}$$

이 임펄스 응답을 z 변환하면 디지털 버터워스 LP 필터의 전달 함수를 구할 수 있는데, 그렇게 하지 않고 [표 11-2]로부터 구할 수도 있다. $K=1$, $\phi=\frac{\pi}{2}$, $\alpha=e^{-\frac{\pi}{4}}=0.4559$, $p=-1$, $\omega_0=1$을 [표 11-2]의 공액 복소극의 경우에 대입하면 다음과 같다.

$$H(z)=\frac{(2K\cos(\phi))z^2-(2K\alpha\cos(\phi+\omega_0 T))z}{z^2-(2\alpha\cos(\omega_0 T))z+\alpha^2}$$

$$=\frac{-0.9118\cos\left(\frac{\pi}{2}+\frac{\pi}{4}\right)z}{z^2-2\times 0.4559\cos\left(\frac{\pi}{4}\right)z+0.4559^2}=\frac{06448z}{z^2-0.6448z+0.2078}$$

(b) (a)에서 주어진 사양을 충족시키는 아날로그 버터워스 필터는 이미 구했으므로 쌍선형 변환에 의해 디지털 버터워스 LP 필터로 변환하려면 식 (11.65)의 관계를 아날로그 필터의 전달 함수 $H(s)$에 대입하면 된다.

$$H(z)=H(s)\Big|_{s=\frac{2}{T}\frac{z-1}{z+1}}=\frac{2}{s^2+2s+2}\Bigg|_{s=\frac{2}{T}\frac{z-1}{z+1}}=\frac{2}{\left(\frac{8}{\pi}\frac{z-1}{z+1}\right)^2+2\left(\frac{8}{\pi}\frac{z-1}{z+1}\right)+2}$$

$$=\frac{2}{\frac{(2\pi^2+16\pi+64)z^2+(4\pi^2-128)z+(2\pi^2-16\pi+64)}{\pi^2(z+1)^2}}$$

$$=\frac{\pi^2(z+1)^2}{(\pi^2+8\pi+32)z^2+(2\pi^2-64)z+(\pi^2-8\pi+32)}$$

$$=\frac{9.8696(z+1)^2}{67.0023z^2-44.2608z+16.7369}$$

얻어진 전달 함수는 (a)의 경우와 많이 다르다. 간단히 DC 이득과 고주파 이득을 계산하여 두 경우의 필터 특성을 비교해볼 수 있다. (a)에서 구한 아날로그 LP 필터의 DC 이득은 전달 함수에 $s=0$을 대입하면 1이 나온다. 그리고 고주파 이득은 $s=\infty$을 대입하여 0을 얻는다. 따라서 전형적인 저역 통과 특성을 가짐을 알 수 있다.

디지털 필터에 대해 DC 이득과 고주파 이득을 계산하려면, 식 (9.10)으로부터 DC 이득은 $z=1$, 고주파 이득은 $z=-1$을 전달 함수에 대입하면 된다. 임펄스 불변 변환의 경우에는 다음과 같고

$$DC\ \text{이득}\ |H(z)|_{z=1}=\left|\frac{0.6448z}{z^2-0.6448z+0.2078}\right|_{z=1}=\frac{0.6448}{0.563}=1.1473$$

$$\text{고주파 이득}\ |H(z)|_{z=-1}=\left|\frac{0.6448z}{z^2-0.6448z+0.2078}\right|_{z=-1}=\frac{0.6448}{1.8526}=0.3480$$

쌍선형 변환의 경우에는 다음과 같다.

$$DC\ \text{이득}\ |H(z)|_{z=1}=\left|\frac{9.8696(z+1)^2}{67.0023z^2-44.2608z+16.7369}\right|_{z=1}=\frac{39.4784}{39.4784}=1$$

$$\text{고주파 이득}\ |H(z)|_{z=-1}=\left|\frac{9.8696(z+1)^2}{67.0023z^2-44.2608z+16.7369}\right|_{z=-1}=\frac{0}{128}=0$$

이 결과에서 알 수 있듯이, 쌍선형 변환의 경우에는 필터 변환을 하더라도 DC 이득과 고주파 이득, 즉 아날로그 필터의 특성이 잘 보존되지만, 임펄스 불변 변환의 경우에는 [예제 11-5]에서 본 것처럼 최대 이득이 정합되지 않고, 샘플링 주파수가 큰 편이 아니기 때문에 주파수 중첩의 영향으로 저지 대역 감쇠 특성이 나빠진다.

예제 11-9 쌍선형 변환을 이용한 디지털 LP 필터 설계

[예제 11-6]의 설계 사양에 대해 쌍선형 변환을 이용하여 디지털 LP 필터를 설계하라.

풀이

주어진 디지털 설계 사양으로 아날로그 주파수를 다음과 같이 주파수 미리 휨 해야 한다.

$$\omega_p = \frac{2}{T}\tan\left(\frac{\Omega_p}{2}\right) = \frac{2}{T}\tan(0.15\pi)$$
$$\omega_s = \frac{2}{T}\tan\left(\frac{\Omega_s}{2}\right) = \frac{2}{T}\tan(0.2\pi)$$

그런 다음에는 11.3절에서 설명했던 과정을 그대로 따라 하면 된다. $T=1$로 두고 MATLAB을 이용하여 설계된 필터는 다음과 같다.

❶ 버터워스 필터

전달 함수가 다음과 같이 7차로 구해진다. 임펄스 불변 변환보다 2차가 낮다.

$$H(z) = \frac{0.0015(1+z^{-1})^7}{(1-0.5891z^{-1}+0.1306z^{-2})(1+0.6801z^{-1}+0.3053z^{-2})(1-0.8757z^{-1}+0.6808z^{-2})(1-0.2811z^{-1})}$$

❷ 체비쇼프 필터

다음과 같은 4차의 전달 함수를 얻는다.

$$H(z) = \frac{0.0084(1+z^{-1})^4}{(1-1.064z^{-1}+0.7966z^{-2})(1-1.3101z^{-1}+0.5151z^{-2})}$$

❸ 타원형 필터

차수가 가장 낮은 3차의 전달 함수가 얻어진다.

$$H(z) = \frac{0.1773(1-0.8246z^{-1}+z^{-2})(1+z^{-1})}{(1-1.0428z^{-1}+0.8146z^{-2})(1-0.4600z^{-2})}$$

이 필터들의 주파수 응답을 [그림 11-20]에 나타내었다. [예제 11-6]의 임펄스 불변 변환을 이용한 [그림 11-17]의 결과와 비교해보면, 버터워스 필터와 체비쇼프 필터의 진폭 응답은 별로 차이가 없으나, 타원형 필터의 경우 주파수 중첩이 제거된 덕에 응답 특성이 뚜렷이 개선되어 [그림 11-12]의 아날로그 필터와 비교할 때 거의 차이가 없다. 이처럼 쌍선형 변환은 필터 형태의 제한 없이 이용할 수 있는 것이 큰 장점이다.

한편 주파수 휨으로 인해 위상 특성은 상당한 왜곡을 보이며, 주파수가 커질수록 왜곡의 정도도 커지는 것을 알 수 있다. 위상의 왜곡 정도를 정확히 알고 싶으면 컴퓨터 시뮬레이션을 수행할 때 군 지연을 구해보면 된다.

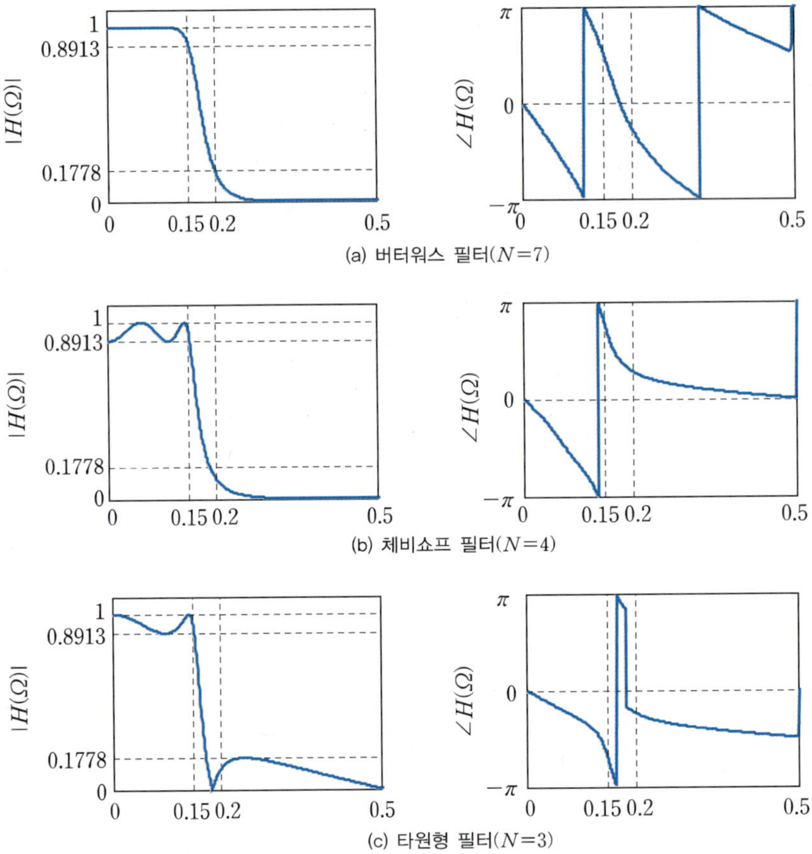

[그림 11-20] 쌍선형 변환을 이용한 디지털 LP 필터의 주파수 응답

11.4.3 유한 차분 근사

유한 차분 근사finite difference approximation는 아날로그 필터를 나타내는 미분 방정식을 오일러 1차 근사화에 의해 차분 방정식으로 변환하는 사상이다.

- **유한 차분 근사**는 오일러 후향backward 근사 차분을 이용하여 미분기를 1차 차분으로 근사화하여 사상하는 방법이다.

$$H(z) = H(s)\Big|_{s=\frac{1}{T}(1-z^{-1})} \tag{11.77}$$

- 유한 차분 근사의 s 영역에서 z 영역으로의 사상 관계는 다음과 같다.

$$s = \frac{1}{T}(1 - z^{-1}) = \frac{z-1}{Tz} \tag{11.78}$$

$$z = \frac{1}{1 - Ts} \tag{11.79}$$

- 안정한 변환이긴 하나, s 평면의 좌반면이 z 평면의 단위원보다 작은 원 내부로 사상되고 단위원 내부 전체로 사상되지 않는다. 그 결과 $z \simeq 1$, 즉 $\Omega \simeq 0$ 부근에서만 좋은 근사 특성을 보이게 되므로, 근사화 오차를 작게 하려면 샘플링 주파수가 충분하게 높아야 한다.

아날로그 필터를 나타내는 식 (11.69)의 전달 함수에 상응하는 미분 방정식은 다음과 같다.

$$\sum_{k=0}^{N} a_k \left(\frac{d}{dt}\right)^{N-k} y(t) = \sum_{k=0}^{N} b_k \left(\frac{d}{dt}\right)^{N-k} x(t) \tag{11.80}$$

미분에 대한 오일러 후향backward 1차 근사 차분을 다음과 같이 정의하자.

$$\Delta y[n] = \frac{1}{T}(y[n] - y[n-1]) \tag{11.81}$$

그러면 식 (11.80)의 미분 방정식은 다음과 같이 차분 방정식으로 근사화된다.

$$\sum_{k=0}^{N} a_k \Delta^{N-k} y[n] = \sum_{k=0}^{N} b_k \Delta^{N-k} x[n] \tag{11.82}$$

여기서 $a_0 = 1$이다. 식 (11.81)을 z 변환하면

$$Z\{\Delta y[n]\} = \frac{1}{T}(1 - z^{-1})Y(z) \tag{11.83}$$

이므로, 연속계의 미분 s는 이산 영역에서 식 (11.78)과 식 (11.79)의 관계로 근사화된다. 그리고 식 (11.82)를 z 변환하면, 아날로그 필터 전달 함수 식 (11.69)를 식 (11.78)의 사상에 의해 근사화한 디지털 필터의 전달 함수는 다음과 같이 구해진다.

$$H(z) = H(s)\Big|_{s=\frac{1}{T}(1-z^{-1})} = \frac{b_0\left(\frac{1-z^{-1}}{T}\right)^N + \cdots + b_{N-1}\left(\frac{1-z^{-1}}{T}\right) + b_N}{a_0\left(\frac{1-z^{-1}}{T}\right)^N + \cdots + a_{N-1}\left(\frac{1-z^{-1}}{T}\right) + a_N} \tag{11.84}$$

$s = j\omega$일 때, 식 (11.79)를 다시 쓰면 다음과 같다.

$$z = \frac{1}{2}\left(1 + \frac{1 + j\omega T}{1 - j\omega T}\right) = \frac{1}{2}\left(1 + e^{j2\tan^{-1}(\omega T)}\right) \tag{11.85}$$

이는 [그림 11-21]에 보인 바와 같이 s 영역의 허수축이 z 영역에서 중심이 $\left(\frac{1}{2},\ 0\right)$이고 반지름이 $\frac{1}{2}$인 원으로 사상되는 관계로, 이때 s 평면의 좌반면은 z 평면의 작은 원 내부로 사상된다. 따라서 $\Omega \simeq 0$ 부근에서만 근사화 특성이 만족스러워, 샘플링 주파수를 높여야만 근사화 오차를 줄일 수 있다. 유한 차분 근사는 이러한 단점으로 인해 널리 쓰이지는 않는다.

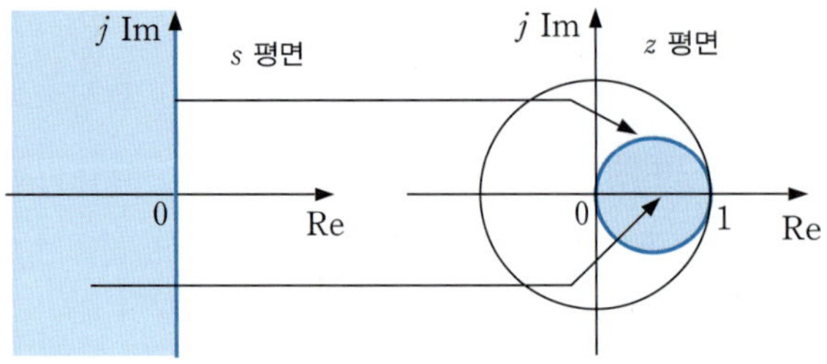

[그림 11-21] 유한 차분 근사의 사상 관계

예제 11-10 유한 차분 근사를 이용한 필터 변환

[예제 11-5]를 유한 차분 근사를 이용하여 디지털 필터로 변환하라.

풀이

아날로그 1차 필터의 전달 함수에 식 (11.78)의 사상 관계를 대입하여 다음과 같이 디지털 필터의 전달 함수를 구한다.

$$H(z) = \frac{1}{\dfrac{z-1}{Tz}+1} = \frac{Tz}{(1+T)z-1}$$

이 디지털 필터의 극은 $p = \dfrac{1}{(1+T)}$로 항상 1보다 작으므로 안정하다.

T 값에 따른 주파수 응답의 변화를 [그림 11-22]에 나타내었다. 그림에서 보듯이, 다른 필터 변환과는 달리 T가 크면 주파수 대역 양쪽 끝부분을 제외하고는 아날로그 필터를 제대로 근사화하지 못한다. 반면에 T가 충분히 작으면 근사화가 양호함을 알 수 있다.

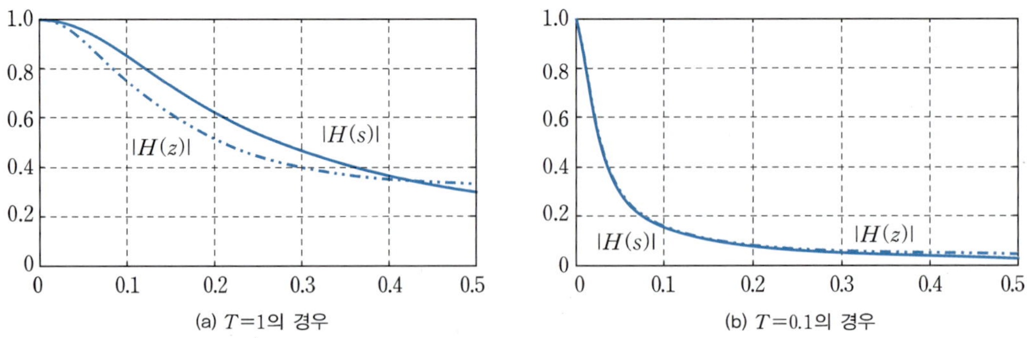

[그림 11-22] 샘플링 주기에 따른 유한 차분 근사에 의한 진폭 응답

11.4.4 정합 z 변환

정합[matched] z 변환은 아날로그 필터의 종속 연결 구조와 임펄스 불변 변환의 사상 관계를 결합하여 디지털 필터로 변환하는 방법이다.

- 정합 z 변환은 아날로그 필터의 전달 함수를 인수분해하여 종속 연결 형태로 표현한 뒤, 각 인수 항에 임펄스 불변 변환의 사상 관계를 적용하여 디지털 필터로 변환한다.

$$\frac{1}{s-p_k} \Rightarrow \frac{z}{z-e^{p_k T}} \tag{11.86}$$

$$s-p_k \Rightarrow \frac{z-e^{p_k T}}{z} \tag{11.87}$$

- 정합 z변환은 s 평면의 좌반면이 z 평면의 단위원 내부로 사상되므로 안정한 변환이다.
- 정합 z 변환의 가장 큰 특징은 아날로그 전극[all pole] 필터를 디지털 전극 필터로 변환한다는 것이다.

아날로그 필터의 전달 함수 $H(s)$를 인수분해하여 나타내면

$$H(s)=K\frac{\prod_{k=1}^{N}(s-z_k)}{\prod_{k=1}^{N}(s-p_k)} \tag{11.88}$$

과 같고, 여기에 식 (11.86) 및 식 (11.87)의 사상 관계를 대입하면 디지털 필터의 전달 함수 $H(z)$를 다음과 같이 얻을 수 있다.

$$H(z)=K\frac{\prod_{k=1}^{N}(z-e^{z_k T})}{\prod_{k=1}^{N}(z-e^{p_k T})} \tag{11.89}$$

공액 복소극이나 영점의 경우는 다음과 같이 변환된다.

$$(s-p+j\omega_0)(s-p-j\omega_0) \Rightarrow \frac{z^2-(2e^{pT}\cos(\omega_0 T))z+e^{2pT}}{z^2} \tag{11.90}$$

일반적으로 s 영역에서 z 영역으로 변환하는 대부분 사상은 극의 일대일 대응 관계와 안정도는 잘 유지하지만, 영점에 대해서는 그렇지 못하다. s 평면 좌반면의 영점이 z 평면의 단위원 밖으로 나가기도 하고, 없던 영점이 생기기도 한다. [예제 11-7]을 보면 이를 확인할 수 있다.

실제 응용에서는 꼭 전극 필터를 사용해야만 할 경우가 있다. 그런 경우에는 정합 z 변환과 같이 연속 영역에서 이산 영역으로 사상하면서 부가적인 영점을 만들지 않는 정합 z 변환을 필터 변환에 적용하면 될 것이다. 그러나 임펄스 불변 변환의 사상 관계를 이용하는 정합 z 변환도 임펄스 불변 변환과 마찬가지로 주파수 중첩이 일어나며, 따라서 아날로그 필터의 주파수 응답이 제대로 근사화되지 않을 수 있다.

예제 11-11 정합 z 변환을 이용한 필터 변환

다음과 같은 전달 함수를 갖는 아날로그 필터를 정합 z 변환을 이용하여 디지털 필터로 변환하라. 단, $T=0.5$이다.

$$H(s)=\frac{2}{s^2+3s+2}$$

풀이

전달 함수를 인수분해하면 다음과 같다.

$$H(s)=\frac{2}{(s+1)(s+2)}$$

이 식에 식 (11.89)의 사상 관계를 대입하면 디지털 필터 전달 함수는

$$H(z)=\frac{2z^2}{(z-e^{-0.5})(z-e^{-1})}=\frac{2z^2}{z^2-0.9744z+0.2231}$$

이 된다. 이 경우에도 임펄스 불변 변환과 마찬가지로 아날로그 필터와 디지털 필터의 이득이 정합되지 않는다. 따라서 필요할 경우 DC 또는 원하는 주파수에서 이득이 일치하도록 정합시켜야 한다.

SECTION 11.5

IIR 필터의 주파수 대역 변환

학습포인트

- 아날로그-아날로그(A2A) 주파수 대역 변환의 원리와 방법에 대해 알아본다.
- 디지털-디지털(D2D) 주파수 대역 변환의 원리와 방법에 대해 알아본다.
- 아날로그-디지털(A2D) 주파수 대역 변환의 원리와 방법에 대해 알아본다.

주파수 대역 변환은 표준 원형 LP 필터로부터 다른 특성의 LP, HP, BP, BS 필터를 구하기 위한 변환이다. 이는 아날로그 주파수 대역이나 디지털 주파수 대역 어느 쪽에서든 수행할 수 있다. 또한 쌍선형 변환을 이용하면 아날로그 대역에서 바로 디지털 대역으로 변환할 수도 있다. 대역 변환에 있어서 대전제는 대역이 변환되더라도 필터의 안정도는 보존되어야 한다는 것이다. 이 절에서는 이들 세 범주의 주파수 대역 변환 관계와 그 특징에 대해 간단히 살펴보기로 한다.

주파수 대역 변환의 출발점은 항상 표준 원형prototype 저역 통과(LP) 아날로그 필터이다. 여기서 표준 원형이란 차단 주파수가 정규화된 것을 의미한다. 즉 $\omega_c = 1$이다.

아날로그 영역에서 아날로그 영역으로 변환(이하 A2A로 표기)하는 방법은 주파수 대역 변환을 한 뒤에 필터 변환을 하게 되므로, HP 필터나 BP 필터 설계 시에 주파수 중첩의 영향에 민감한 임펄스 불변 변환과 같은 필터 변환 기법과는 결합하여 사용할 수 없다.

디지털 영역에서 디지털 영역으로 변환(이하 D2D로 표기)하는 방법은 먼저 필터 변환이 이루어진 뒤에 주파수 대역 변환을 하게 되므로 필터 변환 방법과는 무관하게 대역 변환이 이루어질 수 있다.

쌍선형 변환을 이용하여 아날로그 영역에서 디지털 영역의 원하는 대역으로 직접 변환(이하 A2D로 표기)하는 방법은 필터 변환과 주파수 대역 변환이 한꺼번에 이루어지는데, 주파수 미리 휨을 적절히 활용하는 효율적인 방법으로 일반적으로 가장 널리 사용된다.

11.5.1 아날로그 ⇒ 아날로그(A2A) 대역 변환

A2A 대역 변환은 s' 평면상의 $j\omega'$축을 s 평면상의 $j\omega$축으로 사상하는 변환이다. 즉

$$s = f(s') \quad \text{또는} \quad j\omega = f(j\omega') \tag{11.91}$$

이며, 이 사상은 반드시 일대일 사상일 필요는 없다. 이러한 사상 관계를 표준 원형 저역 통과 아날로그 필터의 전달 함수 $H_N(s)$에 대입하면 원하는 대역 필터의 전달 함수를 얻을 수 있다.

$$H(s') = H_N(s) = H_N(f(s')) \tag{11.92}$$

주파수 선택적 필터의 종류가 LP, HP, BP, BS의 네 가지이므로, 표준 원형 LP 필터로부터 주파수 대역을 변환하는 것도 네 가지로 나뉜다.

저역 통과 ⇒ 저역 통과(LP2LP) 변환

차단 주파수가 $\omega_c = 1$ 인 표준 원형 LP 필터를 차단 주파수가 $\omega_c{}'$인 LP 필터로 변환하려면 다음의 대응 관계가 성립되는 사상이어야 한다.

$$\begin{cases} \omega' = 0 & \to \omega = 0 \\ \omega' = \pm\infty & \to \omega = \pm\infty \\ \omega' = \pm\omega_c{}' & \to \omega = \pm 1 \end{cases} \tag{11.93}$$

따라서 사상 관계는 다음과 같이 주어진다.

$$s = \frac{s'}{\omega_c{}'} \tag{11.94}$$

이 사상에 의해 차단 주파수 $\omega_c{}'$은 알맞게 선정되지만, 천이 대역폭이 식 (11.95)와 같이 달라지므로 필터 설계 시 이를 감안해 표준 원형 LP 필터의 사양을 미리 조정해야 한다.

$$\omega_s{}' - \omega_p{}' \;\to\; \omega_c{}'(\omega_s - \omega_p) \tag{11.95}$$

저역 통과 ⇒ 고역 통과(LP2HP) 변환

표준 원형 LP 필터를 차단 주파수 $\omega_H{}'$인 HP 필터로 변환하는 것은 LP2LP 변환과 정반대의 대응 관계가 성립하면 된다. 즉

$$\begin{cases} \omega' = 0 & \to \omega = \pm\infty \\ \omega' = \pm\infty & \to \omega = 0 \\ \omega' = \omega_H{}' & \to \omega = \pm 1 \end{cases} \tag{11.96}$$

이다. 따라서 사상 관계는 다음과 같이 주어진다.

$$s = \frac{\omega_H{}'}{s'} \tag{11.97}$$

저역 통과 ⇒ 대역 통과(LP2BP) 변환

표준 원형 LP 필터를 통과 대역 중심 주파수 $\omega_o{}'$, 차단 주파수 $\omega_{pu}{}'$, $\omega_{pl}{}'$인 BP 필터로 변환하려면 다음의 대응 관계가 성립해야 한다.

$$\begin{cases} \omega' = 0 & \rightarrow \omega = -\infty \\ \omega' = \pm\infty & \rightarrow \omega = +\infty \\ \omega' = \pm\omega_{pu}', \ \mp\omega_{pl}' & \rightarrow \omega = \pm 1 \\ \omega' = \pm\omega_o' & \rightarrow \omega = 0 \end{cases} \tag{11.98}$$

따라서 사상 관계는 다음과 같이 주어진다.

$$s = \frac{s'^2 + \omega_{pu}'\omega_{pl}'}{s'(\omega_{pu}' - \omega_{pl}')} \tag{11.99}$$

저역 통과 ⇒ 대역 저지(LP2BS) 변환

표준 원형 LP 필터를 저지 대역 중심 주파수 ω_o', 차단 주파수 ω_{su}', ω_{sl}'인 BS 필터로 변환하려면 LP2BP와 정반대의 대응 관계가 성립하면 된다.

$$\begin{cases} \omega' = 0 & \rightarrow \omega = 0 \\ \omega' = \pm\infty & \rightarrow \omega = 0 \\ \omega' = \pm\omega_{su}', \ \pm\omega_{sl}' & \rightarrow \omega = \omega_s \\ \omega' = \pm\omega_o' & \rightarrow \omega = \pm\infty \end{cases} \tag{11.100}$$

따라서 이를 만족하는 사상 관계는 다음과 같이 주어진다.

$$s = \frac{(\omega_{su}' - \omega_{sl}')s'}{s'^2 + \omega_{su}'\omega_{sl}'} \tag{11.101}$$

이때 주목해야 할 점은 다른 변환과는 달리 LP2BS 변환의 초점은 통과 대역 특성이 아니라 저지 대역 특성에 맞추어져 있다는 점이다.

지금까지 살펴본 A2A 대역 변환 관계를 [표 11-4]에 요약 정리했으며, 변환 유형에 따른 대역 변환 관계는 [그림 11-23]에 나타내었다.

[표 11-4] 아날로그 ⇒ 아날로그(A2A) 대역 변환 사상 관계

변환 유형	변환식*	변환된 차단 주파수
LP2LP	$s = \frac{s'}{\omega_c'}$	ω_c'
LP2HP	$s = \frac{\omega_H'}{s'}$	ω_H'
LP2BP	$s = \frac{s'^2 + \omega_{pu}'\omega_{pl}'}{s'(\omega_{pu}' - \omega_{pl}')}$	ω_{pu}', ω_{pl}'
LP2BS	$s = \frac{(\omega_{su}' - \omega_{sl}')s'}{s'^2 + \omega_{su}'\omega_{sl}'}$	ω_{su}', ω_{sl}'

* 원형 필터의 차단 주파수가 정규화되지 않았으면 변환식에 ω_c를 곱해야 한다.

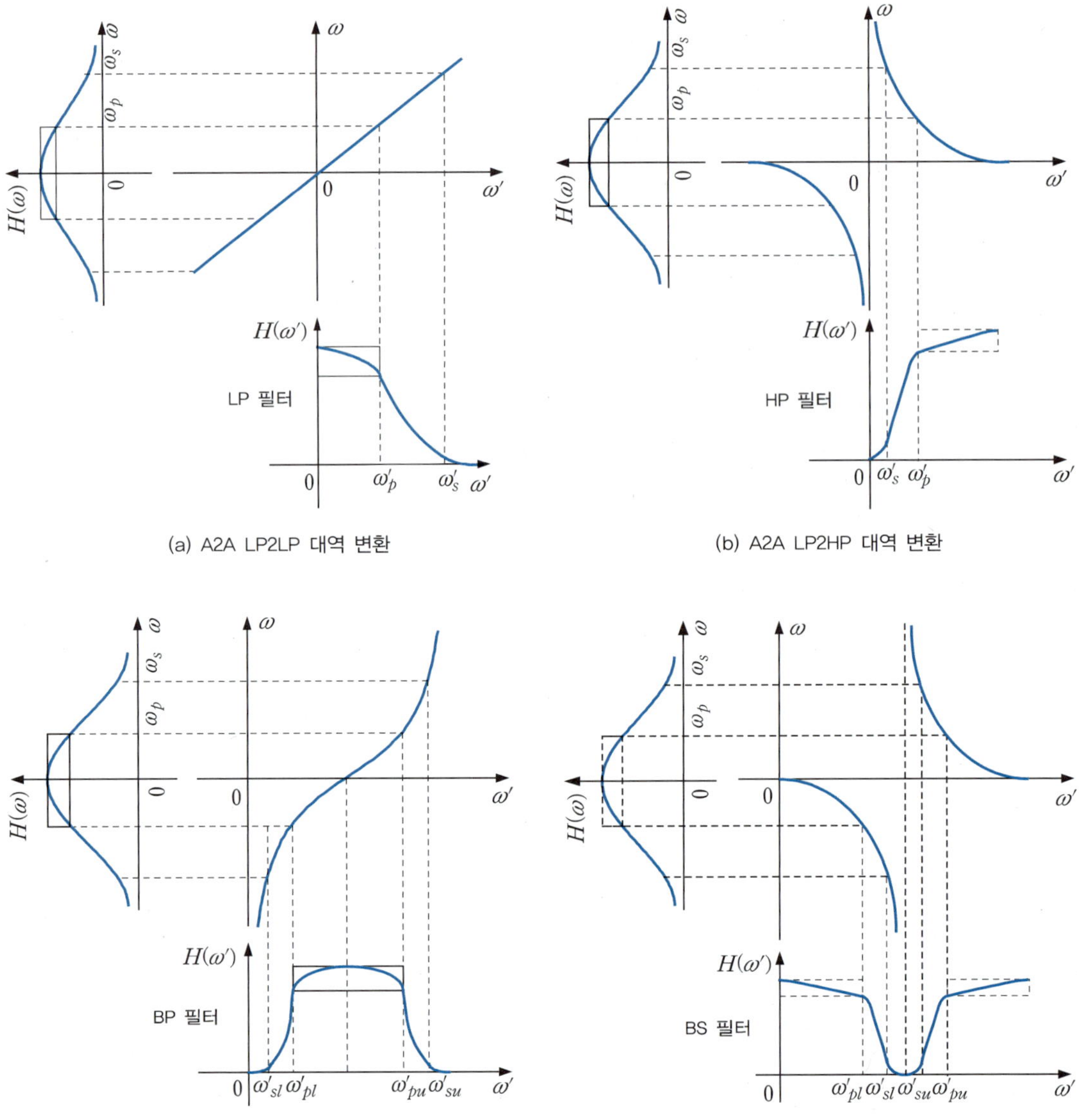

(a) A2A LP2LP 대역 변환

(b) A2A LP2HP 대역 변환

(c) A2A LP2BP 대역 변환

(d) A2A LP2BS 대역 변환

[그림 11-23] A2A 대역 변환

11.5.2 디지털 ⇒ 디지털(D2D) 대역 변환

D2D 대역 변환이 A2A 대역 변환과 다른 점은 z' 평면상의 단위원을 z 평면상의 단위원으로 사상한다는 것이다.

$$z = g(z') \quad \text{또는} \quad e^{j\Omega} = g(e^{j\Omega'}) \tag{11.102}$$

이로 인해 얻어지는 D2D 사상 관계는 다음과 같이 전역 통과 특성을 갖는 형태의 함수가 된다. 이때 필터의 안정도를 위해 $|a_k| < 1$이다.

$$g(z) = \frac{z^n A(z^{-1})}{A(z)} = \pm \prod_{k=1}^{N} \frac{z^{-1} - a_k}{1 - a_k^* z^{-1}} \tag{11.103}$$

D2D 변환의 사상 관계를 [표 11-5]에 요약 정리했으며, 변환 유형에 따른 대역 변환 관계는 [그림 11-24]에 나타내었다.

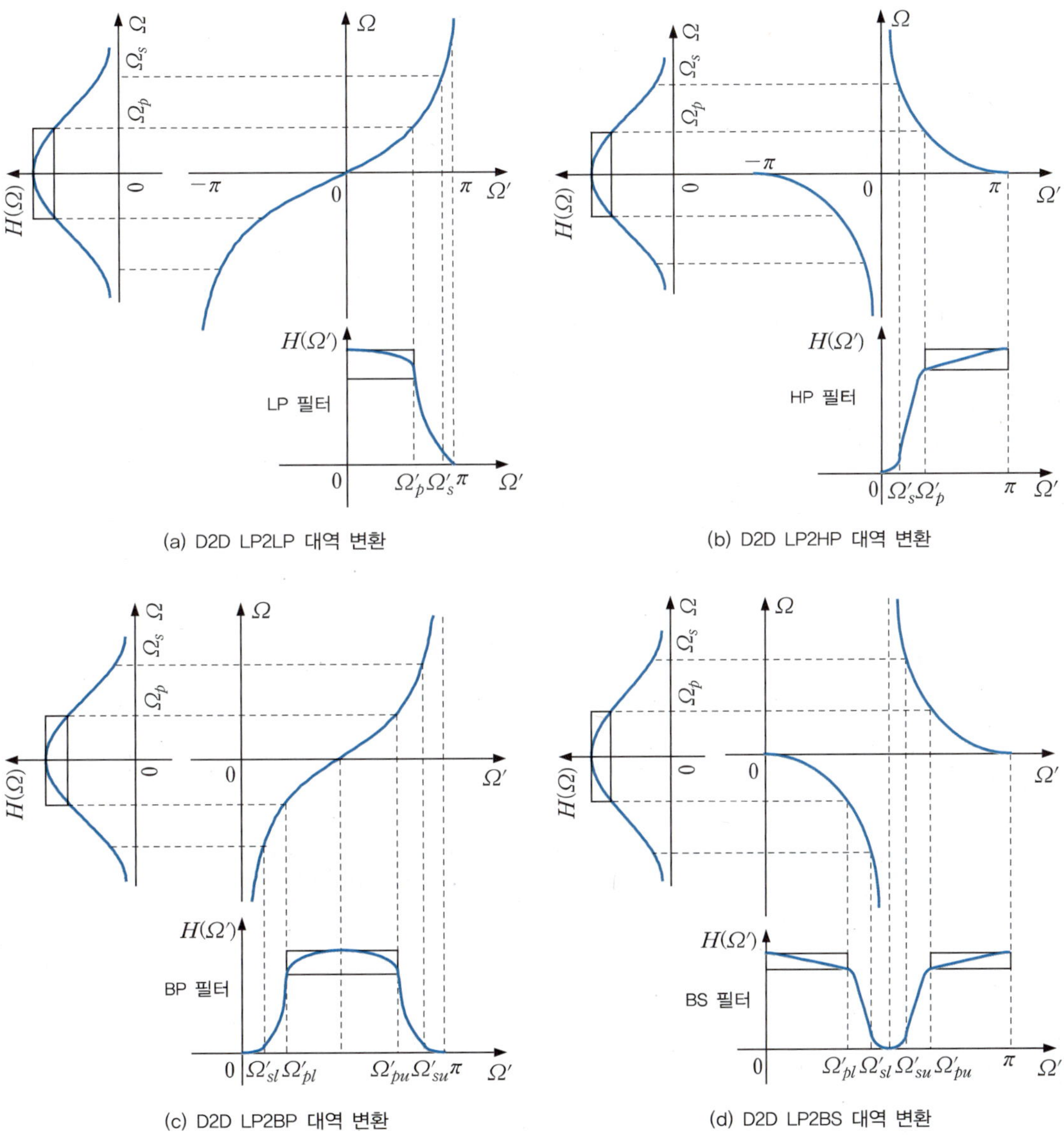

(a) D2D LP2LP 대역 변환

(b) D2D LP2HP 대역 변환

(c) D2D LP2BP 대역 변환

(d) D2D LP2BS 대역 변환

[그림 11-24] D2D 대역 변환

[표 11-5] 디지털⇒디지털(D2D) 대역 변환 사상 관계

변환 유형	변환식	파라미터
LP2LP	$z=\dfrac{z'-a}{1-az'}$	$a=\dfrac{\sin(0.5(\Omega_c-\Omega_c'))}{\sin(0.5(\Omega_c+\Omega_c'))}$
LP2HP	$z=-\dfrac{z'+a}{1+az'}$	$a=-\dfrac{\cos(0.5(\Omega_c+\Omega_H'))}{\cos(0.5(\Omega_c-\Omega_H'))}$
LP2BP	$z=-\dfrac{z'^2+c_1z'+c_2}{c_2z'^2+c_1z'+1}$	$h=\dfrac{\cos(0.5(\Omega_{pu}'+\Omega_{pl}'))}{\cos(0.5(\Omega_{pu}'-\Omega_{pl}'))}$ $k=\cot(0.5(\Omega_{pu}'-\Omega_{pl}'))\tan(0.5\Omega_c)$ $c_1=-2h\dfrac{k}{k+1},\ c_2=\dfrac{k-1}{k+1}$
LP2BS	$z=\dfrac{z'^2+c_1z'+c_2}{c_2z'^2+c_1z'+1}$	$h=\dfrac{\cos(0.5(\Omega_{su}'+\Omega_{sl}'))}{\cos(0.5(\Omega_{su}'-\Omega_{sl}'))}$ $k=\tan(0.5(\Omega_{su}'-\Omega_{sl}'))\tan(0.5\Omega_s)$ $c_1=-2h\dfrac{1}{k+1},\ c_2=\dfrac{1-k}{1+k}$

11.5.3 아날로그 ⇒ 디지털(A2D) 대역 변환

아날로그 영역에서 디지털 영역으로의 직접적인 주파수 대역 변환은 개념적으로 필터 변환과 D2D 대역 변환이 결합한 것과 같다. 이처럼 두 동작을 하나로 묶은 변환은 쌍선형 변환과 주파수 미리 휨을 이용하면 된다.

아날로그 표준 원형 필터의 차단 주파수 $\omega_c=1$이 원하는 디지털 필터의 대역 주파수에 의해 주파수 미리 휨 하여 설계된 것이라면, 쌍선형 변환을 이용하여 필터 변환을 수행하면 바로 원하는 디지털 주파수 선택 필터를 얻을 수 있을 것이다. 변환 유형에 따라 주파수 미리 휨 관계를 포함하여 쌍선형 변환을 변형한 사상 관계를 [표 11-6]에 정리했다. 표에서 디지털 주파수는 설계 사양에서 주어지는, 주파수 미리 휨을 하지 않은 주파수이다.

[표 11-6] 아날로그⇒디지털(A2D) 대역 변환 사상 관계

변환 유형	변환식	파라미터
LP2LP	$\dfrac{z-1}{C(z+1)}$	$C=\tan(0.5\Omega_c)$
LP2HP	$\dfrac{C(z+1)}{z-1}$	$C=\tan(0.5\Omega_H)$
LP2BP	$\dfrac{z^2-2\beta z+1}{C(z^2-1)}$	$C=\tan(0.5(\Omega_{pu}-\Omega_{pl}))$ $\beta=\cos(\Omega_0)$ 또는 $\beta=\dfrac{\cos(0.5(\Omega_{pu}+\Omega_{pl}))}{\cos(0.5(\Omega_{pu}-\Omega_{pl}))}$
LP2BS	$\dfrac{C(z^2-1)}{z^2-2\beta z+1}$	$C=\tan(0.5(\Omega_{su}-\Omega_{sl}))$ $\beta=\cos(\Omega_0)$ 또는 $\beta=\dfrac{\cos(0.5(\Omega_{su}+\Omega_{sl}))}{\cos(0.5(\Omega_{su}-\Omega_{sl}))}$

CHAPTER 11_연습문제

【Quick Review】

※ 다음 문제에서 맞는 것을 골라라.

(1) IIR 필터는 같은 사양에 대해 FIR 필터보다 훨씬 적은 개수의 필터 계수를 필요로 한다. (○, ×)

(2) IIR 필터는 자체로 선형 위상을 만족시킬 수 있어 위상 등화기가 필요 없다. (○, ×)

(3) IIR 필터 설계에는 (진폭, 진폭 제곱) 특성을 사용하며, 통상 아날로그 필터를 설계한 뒤 (필터, 주파수, 진폭) 변환을 거쳐 디지털 필터로 변환한다.

(4) 아날로그 필터 설계에 의한 우회적인 디지털 IIR 필터 설계에서 대역 변환과 필터 변환의 순서를 바꿀 수 있다. (○, ×)

(5) IIR 필터의 극-영점 배치 설계는 (실극, 공액 복소극)의 위치에 따라 LP 또는 HP 필터를 구현할 수 있고, (실 극/영점, 공액 복소 극/영점)의 위치에 따라 BP 또는 BS 필터를 구현할 수 있다.

(6) 원형 아날로그 필터는 같은 사양에 대해 타원형, 체비쇼프, 버터워스 필터의 순으로 필터 차수가 높아진다. (○, ×)

(7) 가장 평탄한 통과 대역 특성을 갖는 아날로그 필터는 (타원형, 체비쇼프, 버터워스, 베셀) 필터이다.

(8) 체비쇼프 필터는 통과 대역과 저지 대역 양쪽 모두에서 등맥동 특성을 나타낸다. (○, ×)

(9) 타원형 필터는 같은 차수의 아날로그 필터 중 가장 가파른 천이 대역을 갖는다. (○, ×)

(10) 베셀 필터는 통과 대역에서 선형 위상을 갖는다. (○, ×)

(11) 임펄스 불변 변환은 (시간, 주파수) 응답 정합 기법의 하나로 s 영역의 $j\omega$축이 z 영역의 (허축, 단위원)으로 사상한다.

(12) 임펄스 불변 변환은 타원형 필터의 필터 변환에 유용하게 활용할 수 있다. (○, ×)

(13) 쌍선형 변환은 아날로그 전달 함수를 (미분기, 적분기)의 접속으로 나타내어 z 영역으로 변환하는 방법으로 (임펄스 응답, 전달 함수) 표현이 유지된다.

(14) 쌍선형 변환은 주파수 미리 휨에 의해 필터 변환과 대역 변환을 한꺼번에 수행할 수 있다. (○, ×)

(15) 쌍선형 변환에 의한 s 영역에서 z 영역으로의 사상은 주파수 중첩을 발생시키지 않는다. (○, ×)

(16) 유한 차분 근사는 s 평면의 좌반면을 z 평면 단위원 내부 전체로 사상한다. (○, ×)

(17) 정합 z 변환은 (종속, 병렬) 연결 형태로 표현된 아날로그 필터의 전달 함수에 (임펄스 불변, 쌍선형) 변환의 사상 관계를 적용하여 디지털 필터로 변환한다.

(18) 정합 z 변환은 아날로그 전극 필터를 디지털 전극 필터로 변환해 준다. (○, ×)

(19) A2A 대역 변환은 HP 필터나 BP 필터 설계 시에 임펄스 불변 변환과 결합하여 사용할 수 없다. (○, ×)

(20) D2D 사상 관계는 전역 통과 특성을 갖는 함수로 표현된다. (○, ×)

【기초 문제】

11.1 디지털 IIR 필터에 대한 다음의 설명 중 틀린 것은?

㉮ IIR 필터는 순환 필터로 극의 선정에 따라 불안정한 필터가 될 수도 있다.

㉯ 진폭 제곱 특성과 스펙트럼 분해를 이용해 안정한 IIR 필터를 설계할 수 있다.

㉰ 원형 아날로그 필터를 설계한 뒤에 대역 변환을 먼저 한 뒤에 필터 변환을 하면 필터 변환 방법의 선택에 제약이 없어 편리하다.

㉱ IIR 필터는 FIR 필터보다 낮은 차수로 구현할 수 있고 저지 대역 감쇠 특성이 더 좋다.

11.2 아날로그 필터에 대한 다음의 설명 중 맞는 것은?

㉮ 버터워스 필터는 통과 대역에 맥동이 없고 평탄하여 이득이 일정하다.

㉯ 버터워스 필터와 체비쇼프 필터 모두 극만 가지는 전극 필터이다.

㉰ 같은 사양에 대해 가장 낮은 차수로 구현 가능한 필터는 타원형 필터이다.

㉱ 타원형 필터를 뺀 세 유형의 아날로그 필터는 통과 대역에서 선형 위상 특성을 가진다.

11.3 임펄스 불변 변환 기법에 대한 다음의 설명 중 틀린 것은?

㉮ 샘플링 주파수가 너무 낮으면 주파수 중첩의 영향이 커져, 변환된 디지털 필터의 천이 대역 및 저지 대역 감쇠 특성이 나빠진다.

㉯ 임펄스 불변 변환은 버터워스나 1형 체비쇼프 필터와 같이 저지 대역에 맥동이 없고 기본적으로 대역 제한된 아날로그 필터의 변환에 유용하다.

㉰ 임펄스 불변 변환은 임펄스 응답을 유지하는 변환이므로 변환에 의한 디지털 필터는 아날로그 필터와 최대 이득이 항상 일치한다.

㉱ 임펄스 불변 변환은 병렬형으로 구현한 아날로그 필터를 상응하는 병렬형 디지털 필터로 구현하는 것과 같다.

11.4 쌍선형 변환에 관한 다음의 설명 중 틀린 것은?

㉮ 쌍선형 변환은 전달 함수 표현을 유지하기 위해 아날로그 필터의 전달 함수를 적분기의 접속으로 나타내어 z 영역으로 변환하는 방법이다.

㉯ 쌍선형 변환은 주파수의 비선형 압축 사상으로 인해 주파수 중첩이 발생하지 않으므로 변환할 수 있는 필터의 유형에 제약이 없다.

㉰ 쌍선형 변환을 주파수 미리 휨을 이용하여 디지털 필터가 요구하는 대역 경계 주파수 사양을 잘 만족시키도록 설계할 수 있다.

㉱ 쌍선형 변환에서는 주파수축의 비선형 압축 사상으로 인해 진폭 특성이 보존되지 않고 왜곡되며, 특히 위상 특성에 상당한 왜곡이 생긴다.

11.5 필터의 대역 변환과 관련한 다음의 설명 중 맞는 것은?

㉮ 저역 통과 필터는 별도의 대역 변환을 거칠 필요 없이 직접 사양에 맞게 아날로그 필터를 설계하여 디지털 필터로 변환하는 것이 일반적이다.

㉯ A2A 변환은 먼저 주파수 대역 변환을 한 뒤에 필터 변환을 하게 되므로, 필터 변환 기법의 선택에는 어떠한 경우도 아무런 제약이 없다.

㉰ D2D 변환은 먼저 필터 변환이 이루어진 뒤에 주파수 대역 변환을 하게 되므로, 필터 변환 방법에 따라 대역 변환이 민감하게 영향을 받는다.

㉱ A2D 변환은 쌍선형 변환을 이용하여 주파수 미리 휨으로 필터 변환과 주파수 대역 변환을 한꺼번에 수행하는 변환 방법이다.

11.6 필터 사양이 다음과 같이 주어질 때 극-영점 배치 방법으로 협대역 대역 통과 디지털 IIR 필터를 설계하라.

- 샘플링 주파수 $S = 500\,[\text{Hz}]$
- 통과 대역 중심 주파수 $f_0 = 125\,[\text{Hz}]$
- 필터 대역폭 $\Delta f = 20\,[\text{Hz}]$
- DC 및 $250\,[\text{Hz}]$에서 필터 이득이 0일 것

11.7 다음과 같은 전달 함수를 갖는 아날로그 필터에 임펄스 불변 변환을 적용하여 디지털 필터로 변환하라. 이때 샘플링 주기는 $T = 0.5$이다.

$$H(s) = \frac{4}{(s+1)(s^2+4s+5)}$$

11.8 다음과 같은 아날로그 필터에 대해 임펄스 불변 변환 방법을 사용하여 $T_s = 1$인 경우와 $T_s = 0.1$인 경우로 각각 디지털 필터로 변환하라. 그리고 디지털 필터의 DC 이득이 아날로그 필터의 DC 이득과 일치하는지 확인하라.

(a) $H(s) = \dfrac{1}{s+2}$

(b) $H(s) = \dfrac{1}{s+1} + \dfrac{1}{s+2}$

(c) $H(s) = \dfrac{1}{s+1}\dfrac{1}{s+2}$

11.9 1차 버터워스 필터와 쌍선형 변환을 이용하여 차단 주파수 $\Omega_c = 0.2\pi$인 디지털 저역 통과 필터를 설계하라.

11.10 다음과 같은 2차 아날로그 필터가 있다.

$$H(s)=\frac{1}{s+a}+\frac{1}{s+b}$$

(a) 샘플링 주기 $T_s=2$인 경우에 임펄스 불변 변환을 이용하여 디지털 필터로 변환하고 극과 영점을 구하라.

(b) 쌍선형 변환을 이용하여 (a)를 되풀이하라.

11.11 다음과 같은 아날로그 필터가 있다.

$$H(s)=\frac{3}{s^2+3s+3}$$

(a) 이 필터는 어떤 유형의 필터인가?

(b) 샘플링 주기 $T_s=0.5$인 경우 쌍선형 변환을 이용하여 디지털 필터로 필터 변환하라.

(c) 샘플링 주파수 $S=80$[kHz]일 때 20[kHz]에서 디지털 필터 $H(z)$의 이득이 아날로그 필터 $H(s)$가 $\omega=3$일 때의 이득과 일치하도록 쌍선형 변환을 이용하여 필터 변환하라.

11.12 샘플링 주파수 $S=10$[kHz]일 때, 다음과 같이 차단 주파수가 500[Hz]인 디지털 저역 통과 필터에 대해 주어진 필터에 대하여 D2D 대역 변환을 구하라.

$$H(z)=\frac{z+1}{z^2-z+0.2}$$

(a) 차단 주파수 2[kHz]인 저역 통과 필터

(b) 차단 주파수 1[kHz]인 고역 통과 필터

(c) 통과 대역 경계 주파수가 1[kHz], 3[kHz]인 대역 통과 필터

(d) 저지 대역 경계 주파수가 2[kHz], 4[kHz]인 대역 저지 필터

11.13 차단 주파수 $\omega_c=1$인 다음의 아날로그 저역 통과 필터에 대해 주어진 필터에 대하여 A2D 대역 변환을 구하라.

$$H(s)=\frac{1}{s^2+\sqrt{2}\,s+1}$$

(a) 샘플링 주파수 $S=1$[kHz]일 때 차단 주파수가 100[Hz]인 저역 통과 필터

(b) 샘플링 주파수 $S=2$[kHz]일 때 차단 주파수가 500[Hz]인 고역 통과 필터

(c) 샘플링 주파수 $S=3$[kHz]일 때 통과 대역 경계 주파수가 400[Hz], 800[Hz]인 대역 통과 필터

(d) 샘플링 주파수 $S=4$[kHz]일 때 저지 대역 경계 주파수가 1[kHz], 1.2[kHz]인 대역 저지 필터

11.14 버터워스 원형 필터와 쌍선형 변환을 이용하여 다음의 사양을 만족하는 디지털 저역 통과 필터를 설계하라.

$$A_p = 1\,[\mathrm{dB}], \quad A_s = 45\,[\mathrm{dB}], \quad \Omega_p = 0.3\pi, \quad \Omega_s = 0.7\pi$$

11.15 체비쇼프 원형 필터와 쌍선형 변환을 이용하여 다음의 사양을 만족하는 디지털 고역 통과 필터를 설계하라.

$$A_p = 0.792\,[\mathrm{dB}], \quad A_s = 40\,[\mathrm{dB}], \quad \Omega_p = 0.4\pi, \quad \Omega_s = 0.8\pi$$

【응용 문제】

11.16 임펄스 불변 변환과 버터워스 원형 필터를 이용하여 다음 사양을 만족하는 디지털 저역 통과 필터를 설계하라.

$$\Omega_p = 0.2\pi, \quad \Omega_s = 0.3\pi, \quad A_p = 1\,[\mathrm{dB}], \quad A_s = 15\,[\mathrm{dB}]$$

11.17 1형 체비쇼프 원형 필터를 이용하여 [문제 11.16]을 반복하라.

11.18 2형 체비쇼프 원형 필터를 이용하여 [문제 11.16]을 반복하라.

11.19 타원형 원형 필터를 이용하여 [문제 11.16]을 반복하라.

11.20 쌍선형 변환과 버터워스 원형 필터를 이용하여 다음 사양을 만족하는 디지털 저역 통과 필터를 설계하라.

$$\Omega_p = 0.2\pi, \quad \Omega_s = 0.3\pi, \quad A_p = 1\,[\mathrm{dB}], \quad A_s = 15\,[\mathrm{dB}]$$

11.21 1형 체비쇼프 원형 필터를 이용하여 [문제 11.20]을 반복하라.

11.22 2형 체비쇼프 원형 필터를 이용하여 [문제 11.20]을 반복하라.

11.23 타원형 원형 필터를 이용하여 [문제 11.20]을 반복하라.

실습목표

- 여러 형태의 아날로그 LP 필터를 설계하고 디지털 LP 필터로 변환해본다.
- 디지털 LP 필터를 대역 변환으로 HP, BS, BP 필터로 변환해본다.

MATLAB 11-1 디지털 IIR 저역 통과 필터 설계

다음의 필터 사양을 만족하는 디지털 IIR 저역 통과(LP) 필터를 주어진 방법으로 설계하라. 각 아날로그 필터에 대해 두 가지 필터 변환을 적용한 결과를 비교하라.

$$A_p = 1\,[\mathrm{dB}],\quad A_s = 20\,[\mathrm{dB}],\quad \Omega_p = 0.2\pi,\quad \Omega_s = 0.3\pi,\quad f_s = 1$$

(a) 버터워스 필터 + 임펄스 불변 변환
버터워스 필터 + 쌍선형 변환

(b) 1형 체비쇼프 필터 + 임펄스 불변 변환
1형 체비쇼프 필터 + 쌍선형 변환

(c) 2형 체비쇼프 필터 + 임펄스 불변 변환
2형 체비쇼프 필터 + 쌍선형 변환

(d) 타원형 필터 + 임펄스 불변 변환
타원형 필터 + 쌍선형 변환

풀이

매트랩 신호 처리 도구상자에서는 IIR 필터 설계를 위한 다양한 함수 명령어들을 제공한다. 차단 주파수 $\omega_c = 1$인 표준 원형 LP 필터, 임의의 차단 주파수를 갖는 LP 필터, 필터의 차수와 차단 주파수 계산 등을 위한 함수들이 있다.

- 버터워스 필터 :
```
[z,p,k]=buttap(N)
[z,p,k]([B,A])=butter(N,wc, ' low ' , ' s ' )
[N,wc]=buttord(wp,ws,Ap,As, ' s ' )
```
- 1형 체비쇼프 필터 :
```
[z,p,k]=cheb1ap(N,Ap)
[z,p,k]([B,A])=cheby1(N,Ap,wp, ' low ' , ' s ' )
[N,wp]=cheb1ord(wp,ws,Ap,As, ' s ' )
```
- 2형 체비쇼프 필터 :
```
[z,p,k]=cheb2ap(N,As)
[z,p,k]([B,A])=cheby2(N,As,ws, ' low ' , ' s ' )
[N,ws]=cheb2ord(wp,ws,Ap,As, ' s ' )
```
- 타원형 필터 :
```
[z,p,k]=ellipap(N,Ap,As)
[z,p,k]([B,A])=ellip(N,Ap,As,wp, ' low ' , ' s ' )
[N,wp]=ellipord(wp,ws,Ap,As, ' s ' )
```

이들 함수 명령어에서 주파수 선택 필터의 유형은 `'low'`, `'high'`, `'bandpass'`, `'stop'` 등으로 지정할 수 있다. 아무 것도 지정하지 않으면 LP 필터 결과를 출력한다. 그리고 `wp=[w1 w2]`, `ws=[w3 w4]`로 입력되면 `'bandpass'`로 제어하지 않더라도 BP 필터가 선택되어 설계된다. 또한 기본적으로 디지털 필터 설계 결과를 출력해주므로 아날로그 필터를 원할 때에는 's'를 사용하여 제어할 수 있다. 이들 함수 명령어의 출력으로는 [z,p,k]와 같이 전달 함수의 영점과 극, 그리고 이득을 구할 수도 있고, [B,A]와 같이 전달 함수 분자 및 분모 다항식의 계수 벡터를 구할 수도 있다. 11.1절에서도 언급한 바 있지만 아날로그 필터는 설계 이론이 잘 정립되어 체계화되어 있기 때문에, 이론은 어렵지만 오히려 매트랩을 이용한 프로그램은 이러한 함수 명령어를 사용하면 쉽고 간단하다.

(a) 함수 명령어 butter를 사용하면 더 간단하겠지만, 이 문제에서는 buttap를 사용하여 프로그램하기로 한다. 주어진 설계 사양을 보면 표준 원형 LP 필터가 아니므로 buttap을 사용하여 얻어진 표준 원형 LP 필터의 극과 영점이 실제 필터의 차단 주파수 ω_c를 반지름으로 하는 원 상에 위치하도록 조정해주어야 한다.

그리고 임펄스 불변 변환은 impinvar 함수 명령어를 사용하면 아주 간단히 이루어질 수 있으나 프로그램이 비교적 단순하므로 직접 수행해보자. 대신에 쌍선형 변환에는 bilinear 명령을 바로 사용할 것이다. 임펄스 불변 변환은 아날로그 필터 전달 함수 식 (11.55)를 디지털 전달 함수 식 (11.56)으로 바꾼다. 따라서 residue 명령을 써서 구해진 아날로그 버터워스 필터의 전달 함수를 부분분수로 전개한 뒤 식 (11.56)을 이용하여 디지털 전달 함수로 바꾸면 된다.

쌍선형 변환은 필터를 설계할 때 먼저 주파수 미리 휨prewarping을 시행해야 한다. 주어진 설계 사양에 맞춰 아날로그 버터워스 필터를 설계하고 임펄스 불변 변환과 쌍선형 변환으로 디지털 필터로 바꾸어주는 매트랩 프로그램은 다음과 같다. 프로그램에서 필터 변환 방법으로 임펄스 불변 변환을 사용한 경우에는 필터 차수를 직접 계산하고, 쌍선형 변환의 경우에는 buttord를 사용하여 계산하도록 했다.

MATLAB_11_1a.m

```
Ts=1; fs=1/Ts;                              % 샘플링 주기와 샘플링 주파수
Ap=1;                                       % 통과 대역 감쇠
As=20;                                      % 저지 대역 감쇠
wp_d=0.2*pi;                                % 디지털 통과 대역 경계 주파수
ws_d=0.3*pi;                                % 디지털 저지 대역 경계 주파수

% 아날로그 버터워스 필터+임펄스 불변 변환
wp_a=wp_d*fs;                               % 아날로그 통과 대역 경계 주파수
ws_a=ws_d*fs;                               % 아날로그 저지 대역 경계 주파수
eps=10^(Ap/10)-1; Ad=10^(As/10)-1;          % 10^(Ap/10)-1, 10^(As/10)-1 계산
N=ceil((log10(eps/Ad)/(2*log10(wp_a/ws_a))) % 필터 차수 계산
wcp= wp_a/(eps^(1/(2*N)));                  % ωp에 의한 차단 주파수 계산
wcs= ws_a/(Ad^(1/(2*N)));                   % ωs에 의한 차단 주파수 계산
lda=0.5; wc=(1-lda)*wcp+lda*wcs             % 차단 주파수 선정
[z,p,k] = buttap(N);                        % 버터워스 표준 원형 LP 필터
p=p*wc;                                     % 실제 필터 전달 함수 극
k=k*wc^N;                                   % 실제 필터 이득
num_a=k*real(poly(z));                      % 필터 전달 함수 H(s) 분자 계수
den_a=real(poly(p));                        % 필터 전달 함수 H(s) 분모 계수
[R,ps,ks]=residue(num_a, den_a);            % H(s) 부분분수 전개
pz=exp(ps*Ts);                              % 디지털 극으로 전환
[num_d,den_d]=residuez(R,pz,ks);            % 디지털 전달 함수 H(z) 계산
[Hz,w]=freqz(num_d,den_d);                  % 필터 주파수 응답 계산
```

```
% 아날로그 버터워스 필터+쌍선형 변환
wp=(2/Ts)*tan(wp_d/2);                       % 통과 대역 경계 주파수 미리 휨
ws=(2/Ts)*tan(ws_d/2);                       % 저지 대역 경계 주파수 미리 휨
[N2,wc2]=buttord(wp,ws,Ap,As, ' s ')          % 필터 차수 및 차단 주파수 계산
[num_a2, den_a2]=butter(N2,wc2, ' s ');       % 아날로그 필터 전달 함수 H(s) 계산
[num_d2,den_d2]=bilinear(num_a2, den_a2,fs);  % 디지털 필터 전달 함수 H(z) 계산
Hz2=freqz(num_d2,den_d2);                    % 필터 주파수 응답 계산

subplot(2,2,1);                              % 2행 2열 분할 그림 창의 1번 창
plot(w/(2*pi),abs(Hz)); axis([0 0.5 0 1]);   % 필터 크기 응답(임펄스 불변)을 그림
title('\bf{필터 크기 응답(임펄스 불변)}');        % 그림 제목
xlabel('\bf{F}'); grid on;                   % x축 라벨 및 그리드 표시
subplot(2,2,3);                              % 2행 2열 분할 그림 창의 3번 창
plot(w/(2*pi),angle(Hz)); axis([0 0.5 -4 4]); % 필터 위상 응답(임펄스 불변)을 그림
title('\bf{필터 위상 응답(임펄스 불변)}');        % 그림 제목
xlabel('\bf{F}'); grid on;                   % x축 라벨 및 그리드 표시
subplot(2,2,2);                              % 2행 2열 분할 그림 창의 2번 창
plot(w/(2*pi),abs(Hz2)); axis([0 0.5 0 1]);  % 필터 크기 응답(쌍선형)을 그림
title('\bf{필터 크기 응답(쌍선형)}');            % 그림 제목
xlabel('\bf{F}'); grid on;                   % x축 라벨 및 그리드 표시
subplot(2,2,4);                              % 2행 2열 분할 그림 창의 4번 창
plot(w/(2*pi),angle(Hz2)); axis([0 0.5 -4 4]); % 필터 위상 응답(쌍선형)을 그림
title('\bf{필터 위상 응답(쌍선형)}');            % 그림 제목
xlabel('\bf{F}'); grid on;                   % x축 라벨 및 그리드 표시
```

실행 결과를 [그림 11-25]에 나타내었다. 임펄스 불변 변환의 경우에는 필터 차수 $N=8$, 차단 주파수 $\Omega_c=0.6954(=0.2214\pi)$가 나오고, 쌍선형 변환의 경우에는 $N=7$, $\Omega_c=0.7339(=0.2336\pi)$를 얻는다. 쌍선형 변환의 경우가 하나 낮은 차수의 필터로 구현된다. 그림에서 보면 크기 응답은 임펄스 불변 변환과 쌍선형 변환의 차이가 거의 없다. 이는 차단 주파수가 낮아서 주파수 중첩의 영향이 별로 없기 때문이다.

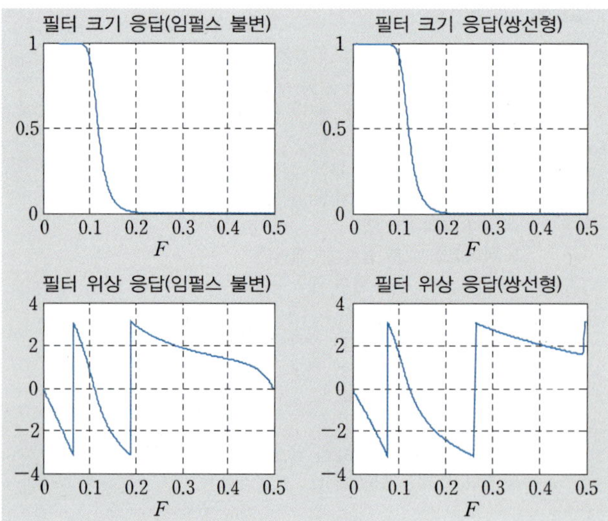

[그림 11-25] 디지털 버터워스 LP 필터

(b) 임펄스 불변 변환에 impinvar 함수 명령어를 이용하고, 필터 변환 방법으로 임펄스 불변 변환을 사용한 경우에는 필터 차수를 직접 계산하고, 쌍선형 변환의 경우에는 cheb1ord 를 사용하여 계산하도록 하였다. 1형 체비쇼프 필터에 대한 매트랩 프로그램은 다음과 같다.

MATLAB_11.1b.m

```
Ts=1; fs=1/Ts;                                        % 샘플링 주기와 샘플링 주파수
Ap=1;                                                 % 통과 대역 감쇠
As=20;                                                % 저지 대역 감쇠
wp_d=0.2*pi;                                          % 디지털 통과 대역 경계 주파수
ws_d=0.3*pi;                                          % 디지털 저지 대역 경계 주파수

% 아날로그 1형 체비쇼프 필터+임펄스 불변 변환
wp_a=wp_d*fs;                                         % 아날로그 통과 대역 경계 주파수
ws_a=ws_d*fs;                                         % 아날로그 저지 대역 경계 주파수
wc=wp_a;                                              % 차단 주파수 설정
wr=ws_a/wp_a;                                         % ωr = ωs/ωp 계산
ep=10^(Ap/10)-1; A=10^(As/20);                        % ε^2 = 10^(Ap/10)-1, A = 10^(As/20) 계산
g=sqrt((A^2-1)/ep);
N=ceil((log10(g+sqrt(g^2-1)))/(log10(wr+sqrt(wr^2-1))))   % 필터 차수 계산
[num_a,den_a]=cheby1(N,Ap,wc,'s');                    % 아날로그 필터 전달 함수 H(s) 계산
[num_d,den_d]=impinvar(num_a,den_a);                  % 디지털 필터 전달 함수 H(z) 계산
[Hz,w]=freqz(num_d,den_d);                            % 필터 주파수 응답 계산

% 아날로그 1형 체비쇼프 필터 + 쌍선형 변환
wp=(2/Ts)*tan(wp_d/2);                                % 통과 대역 경계 주파수 미리 휨
ws=(2/Ts)*tan(ws_d/2);                                % 저지 대역 경계 주파수 미리 휨
[N2,wc2]=cheb1ord(wp,ws,Ap,As,'s')                    % 필터 차수 및 차단 주파수 계산
[num_a2,den_a2]=cheby1(N2,Ap,wc2,'s');                % 아날로그 필터 전달 함수 H(s) 계산
[num_d2,den_d2]=bilinear(num_a2, den_a2,fs);          % 디지털 필터 전달 함수 H(z) 계산
Hz2=freqz(num_d2,den_d2);                             % 필터 주파수 응답 계산

subplot(2,2,1);                                       % 2행 2열 분할 그림 창의 1번 창
plot(w/(2*pi),abs(Hz)); axis([0 0.5 0 1]);            % 필터 크기 응답(임펄스 불변)을 그림
title('\bf{필터 크기 응답(임펄스 불변)}');              % 그림 제목
xlabel('\bf{F}'); grid on;                            % x축 라벨 및 그리드 표시
subplot(2,2,3);                                       % 2행 2열 분할 그림 창의 3번 창
plot(w/(2*pi),angle(Hz)); axis([0 0.5 -4 4]);         % 필터 위상 응답(임펄스 불변)을 그림
title('\bf{필터 위상 응답(임펄스 불변)}');              % 그림 제목
xlabel('\bf{F}'); grid on;                            % x축 라벨 및 그리드 표시
subplot(2,2,2);                                       % 2행 2열 분할 그림 창의 2번 창
plot(w/(2*pi),abs(Hz2)); axis([0 0.5 0 1]);           % 필터 크기 응답(쌍선형)을 그림
title('\bf{필터 크기 응답(쌍선형)}');                   % 그림 제목
xlabel('\bf{F}'); grid on;                            % x축 라벨 및 그리드 표시
subplot(2,2,4);                                       % 2행 2열 분할 그림 창의 4번 창
plot(w/(2*pi),angle(Hz2)); axis([0 0.5 -4 4]);        % 필터 위상 응답(쌍선형)을 그림
title('\bf{필터 위상 응답(쌍선형)}');                   % 그림 제목
xlabel('\bf{F}'); grid on;                            % x축 라벨 및 그리드 표시
```

실행 결과를 [그림 11-26]에 나타내었다. 임펄스 불변 변환에서는 필터 차수 $N=4$, 차단 주파수 $\Omega_c=0.2\pi$가 되고, 쌍선형 변환에서는 $N=4$, $\Omega_c=0.6498(=0.2068\pi)$을 얻는다. 버터워스 필터의 경우보다 각각 4차와 3차가 낮은 필터로 구현된다. 그림에서 보듯이 1형 체비쇼프 필터도 두 경우의 차이가 거의 없으며, 통과 대역에 등맥동이 나타난다.

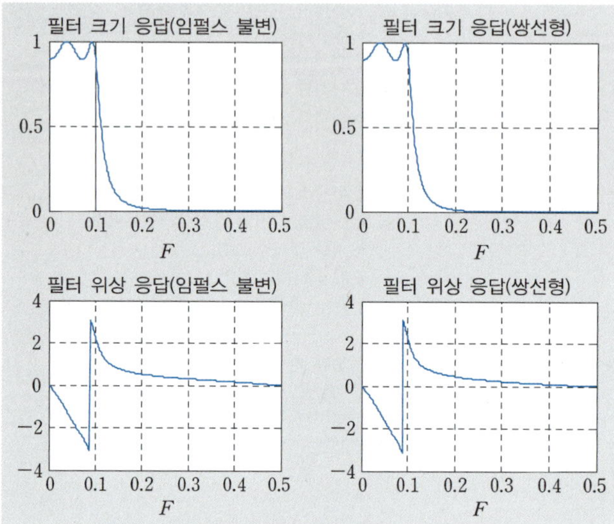

[그림 11-26] 디지털 1형 체비쇼프 LP 필터

(c) 2형 체비쇼프 필터에 대한 매트랩 프로그램은 1형과 다를 바 없으며 다만 함수 명령어만 2형 체비쇼프 필터의 것으로 바꿔주면 된다. 이번의 프로그램에서는 임펄스 불변 변환과 쌍선형 변환 두 경우 모두에 함수 명령어를 사용하여 필터 차수를 구하도록 했다. 매트랩 프로그램은 다음과 같다.

MATLAB_11_1c.m

```
Ts=1; fs=1/Ts;                              % 샘플링 주기와 샘플링 주파수
Ap=1;                                       % 통과 대역 감쇠
As=20;                                      % 저지 대역 감쇠
wp_d=0.2*pi;                                % 디지털 통과 대역 경계 주파수
ws_d=0.3*pi;                                % 디지털 저지 대역 경계 주파수

% 아날로그 2형 체비쇼프 필터 + 임펄스 불변 변환
wp_a=wp_d*fs;                               % 아날로그 통과 대역 경계 주파수
ws_a=ws_d*fs;                               % 아날로그 저지 대역 경계 주파수
[N,wc]=cheb2ord(wp_a,ws_a,Ap,As,'s')        % 필터 차수 및 차단 주파수 계산
[num_a,den_a]=cheby2(N,As,wc,'s');          % 아날로그 필터 전달 함수 H(s) 계산
[num_d,den_d]=impinvar(num_a,den_a);        % 디지털 필터 전달 함수 H(z) 계산
[Hz,w]=freqz(num_d,den_d);                  % 필터 주파수 응답 계산

% 아날로그 2형 체비쇼프 필터 + 쌍선형 변환
wp=(2/Ts)*tan(wp_d/2);                      % 통과 대역 경계 주파수 미리 휨
ws=(2/Ts)*tan(ws_d/2);                      % 저지 대역 경계 주파수 미리 휨
[N2,wc2]=cheb2ord(wp,ws,Ap,As,'s')          % 필터 차수 및 차단 주파수 계산
[num_a2,den_a2]=cheby2(N2,As,wc2,'s');      % 아날로그 필터 전달 함수 H(s) 계산
```

```
[num_d2,den_d2]=bilinear(num_a2, den_a2,fs);  % 디지털 필터 전달 함수 H(z) 계산
Hz2=freqz(num_d2,den_d2);                      % 필터 주파수 응답 계산

subplot(2,2,1);                                % 2행 2열 분할 그림 창의 1번 창
plot(w/(2*pi),abs(Hz)); axis([0 0.5 0 1]);     % 필터 크기 응답(임펄스 불변)을 그림
title('\bf{필터 크기 응답(임펄스 불변)}');       % 그림 제목
xlabel('\bf{F}'); grid on;                     % x축 라벨 및 그리드 표시
subplot(2,2,3);                                % 2행 2열 분할 그림 창의 3번 창
plot(w/(2*pi),angle(Hz)); axis([0 0.5 -4 4]);  % 필터 위상 응답(임펄스 불변)을 그림
title('\bf{필터 위상 응답(임펄스 불변)}');       % 그림 제목
xlabel('\bf{F}'); grid on;                     % x축 라벨 및 그리드 표시
subplot(2,2,2);                                % 2행 2열 분할 그림 창의 2번 창
plot(w/(2*pi),abs(Hz2)); axis([0 0.5 0 1]);    % 필터 크기 응답(쌍선형)을 그림
title('\bf{필터 크기 응답(쌍선형)}');            % 그림 제목
xlabel('\bf{F}'); grid on;                     % x축 라벨 및 그리드 표시
subplot(2,2,4);                                % 2행 2열 분할 그림 창의 4번 창
plot(w/(2*pi),angle(Hz2)); axis([0 0.5 -4 4]); % 필터 위상 응답(쌍선형)을 그림
title('\bf{필터 위상 응답(쌍선형)}');            % 그림 제목
xlabel('\bf{F}'); grid on;                     % x축 라벨 및 그리드 표시
```

프로그램 실행 결과를 [그림 11-27]에 나타내었다. 임펄스 불변 변환의 경우에는 필터 차수 $N=4$, 차단 주파수 $\Omega_c=0.9111(=0.29\pi)$이 나오고, 쌍선형 변환의 경우에는 $N=4$, $\Omega_c=0.9424(=0.3\pi)$를 얻는다. 이 주파수는 저지 대역 경계 주파수에 일치한다. 그림에서 보면, 2형 체비쇼프 필터의 경우 저지 대역에 등맥동이 있기 때문에 임펄스 불변 변환에서는 주파수 중첩의 영향을 많이 받아서 저지 대역 감쇠 특성이 매우 나쁘다. 그러나 쌍선형 변환에서는 아무런 문제없이 저지 대역에 등맥동을 보이고 있다. 이 결과로부터 2형 체비쇼프 필터에는 임펄스 불변 변환이 적합하지 않음을 알 수 있다.

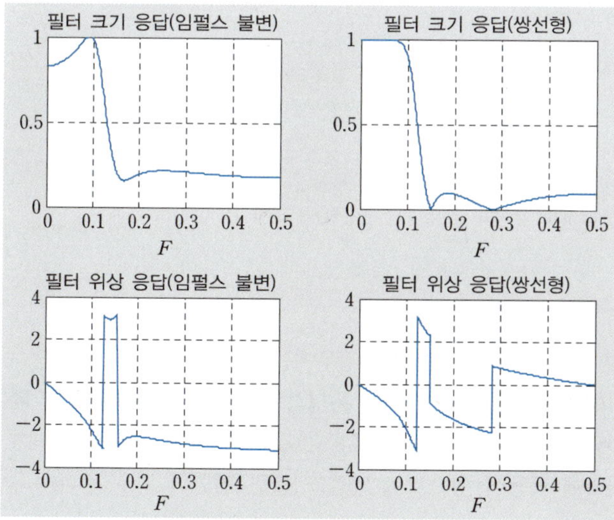

[그림 11-27] 디지털 2형 체비쇼프 LP 필터

(d) 타원형 필터의 경우도 (c)의 프로그램에서 필터 함수 명령어만 바꿔주면 된다.

MATLAB_11_1d.m

```
Ts=1; fs=1/Ts;                              % 샘플링 주기와 샘플링 주파수
Ap=1;                                       % 통과 대역 감쇠
As=20;                                      % 저지 대역 감쇠
wp_d=0.2*pi;                                % 디지털 통과 대역 경계 주파수
ws_d=0.3*pi;                                % 디지털 저지 대역 경계 주파수

% 아날로그 타원형 필터+임펄스 불변 변환
wp_a=wp_d*fs;                               % 아날로그 통과 대역 경계 주파수
ws_a=ws_d*fs;                               % 아날로그 저지 대역 경계 주파수
[N,wc]=ellipord(wp_a,ws_a,Ap,As,'s')        % 필터 차수 및 차단 주파수 계산
[num_a,den_a]=ellip(N,Ap,As,wc,'s');        % 아날로그 필터 전달 함수 H(s) 계산
[num_d,den_d]=impinvar(num_a,den_a);        % 디지털 필터 전달 함수 H(z) 계산
[Hz,w]=freqz(num_d,den_d);                  % 필터 주파수 응답 계산

% 아날로그 타원형 필터+쌍선형 변환
wp=(2/Ts)*tan(wp_d/2);                      % 통과 대역 경계 주파수 미리 휨
ws=(2/Ts)*tan(ws_d/2);                      % 저지 대역 경계 주파수 미리 휨
[N2,wc2]=ellipord(wp,ws,Ap,As,'s')          % 필터 차수 및 차단 주파수 계산
[num_a2,den_a2]=ellip(N2,Ap,As,wc2,'s');    % 아날로그 필터 전달 함수 H(s) 계산
[num_d2,den_d2]=bilinear(num_a2, den_a2,fs); % 디지털 필터 전달 함수 H(z) 계산
Hz2=freqz(num_d2,den_d2);                   % 필터 주파수 응답 계산

subplot(2,2,1);                             % 2행 2열 분할 그림 창의 1번 창
plot(w/(2*pi),abs(Hz)); axis([0 0.5 0 1]);  % 필터 크기 응답(임펄스 불변)을 그림
title('\bf{필터 크기 응답(임펄스 불변)}');    % 그림 제목
xlabel('\bf{F}'); grid on;                  % x축 라벨 및 그리드 표시
subplot(2,2,3);                             % 2행 2열 분할 그림 창의 3번 창
plot(w/(2*pi),angle(Hz)); axis([0 0.5 -4 4]); % 필터 위상 응답(임펄스 불변)을 그림
title('\bf{필터 위상 응답(임펄스 불변)}');    % 그림 제목
xlabel('\bf{F}'); grid on;                  % x축 라벨 및 그리드 표시
subplot(2,2,2);                             % 2행 2열 분할 그림 창의 2번 창
plot(w/(2*pi),abs(Hz2)); axis([0 0.5 0 1]); % 필터 크기 응답(쌍선형)을 그림
title('\bf{필터 크기 응답(쌍선형)}');         % 그림 제목
xlabel('\bf{F}'); grid on;                  % x축 라벨 및 그리드 표시
subplot(2,2,4);                             % 2행 2열 분할 그림 창의 4번 창
plot(w/(2*pi),angle(Hz2)); axis([0 0.5 -4 4]); % 필터 위상 응답(쌍선형)을 그림
title('\bf{필터 위상 응답(쌍선형)}');         % 그림 제목
xlabel('\bf{F}'); grid on;                  % x축 라벨 및 그리드 표시
```

실행 결과를 [그림 11-28]에 나타내었다. 임펄스 불변 변환의 경우에는 필터 차수 $N=3$, 차단 주파수 $\Omega_c=0.6283(=0.2\pi)$이 나오고, 쌍선형 변환의 경우에는 $N=3$, $\Omega_c=0.6498(=0.2069\pi)$을 얻는다. 따라서 지금가지 살펴본 필터들 중 가장 낮은 차수로 구현된다. 그림에서 보면, 타원형 필터도 2형 체비쇼프 필터와 마찬가지로 저지 대역에 맥동이 있으므로 임펄스 불변 변환의 경우 주파수 중첩의 영향을 받아 특성이 나쁘다.

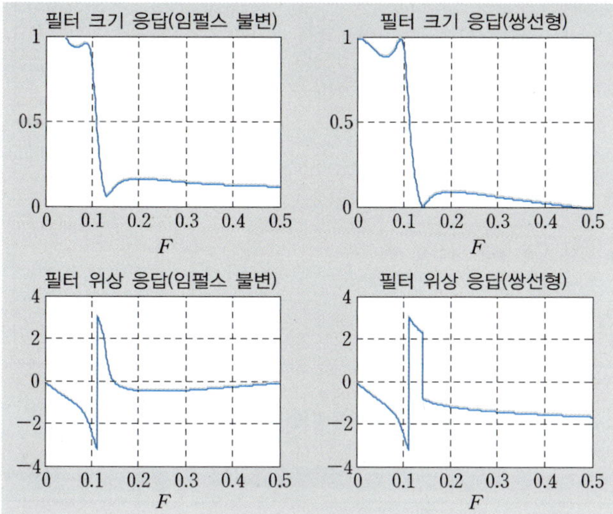

[그림 11-28] 디지털 타원형 LP 필터

MATLAB 11-2 디지털 필터의 대역 변환

앞의 [MATLAB 11-1]에서 설계한 필터들에 대해 다음의 대역 변환을 수행하라.

(a) 1형 체비쇼프 필터를 $\Omega_p{}'(=\Omega_c{}')=0.6\pi$인 고역 통과 필터로 대역 변환

(b) 2형 체비쇼프 필터를 $\Omega_p{}'=0.4\pi,\ 0.6\pi,\ \Omega_s{}'=0.3\pi,\ 0.5\pi$인 대역 저지 필터로 대역 변환

(c) 타원형 필터를 $\Omega_p{}'=0.2\pi,\ 0.6\pi,\ \Omega_s{}'=0.3\pi,\ 0.75\pi$인 대역 통과 필터로 대역 변환

풀이

임펄스 불변 변환은 주파수 중첩의 영향이 크므로 쌍선형 변환을 이용하여 디지털 LP 필터를 설계하도록 한다. HP, BP, BS 필터의 설계는 일단 LP 필터를 설계한 뒤 [표 11-5]의 대역 변환관계를 이용하여 대역 변환하면 된다. 그러므로 우선 [표 11-5]의 대역 변환을 수행해주는 함수 파일을 작성할 필요가 있다. 그런데 매트랩에서는 전달 함수가 z^{-1}의 다항식으로 표현되므로 [표 11-5]의 z에 대한 변환 사상 관계를 z^{-1}에 대한 변환 사상 관계로 바꾸어 프로그램해야 한다. $z^{-1}=\dfrac{N(z'^{-1})}{D(z'^{-1})}$의 사상을 수행하는 프로그램은 conv 명령을 거듭 적용하여 구현할 수 있다. 전달 함수 분자 다항식과 분모 다항식에 대해 같은 작업을 반복하므로 하나의 작업에 대한 함수 프로그램만 작성하면 된다.

D2Dmap.m

```
function Pzn=D2Dmap(Pz,Nz,Dz,cond)          % 디지털 영역 대역 변환 사상 수행 함수

N=length(Pz)-1                              % 다항식의 차수
if cond==1
   ord=N*(length(Nz)-1);                    % 변환 다항식의 차수 설정(분자)
elseif cond==2
    ord=N*(length(Dz)-1);                   % 변환 다항식의 차수 설정(분모)
```

```
end
Pzn=zeros(1,ord+1);                    % 변환 다항식 초기화
for k=0:N
   pln=[1];                             % 변환 사상 분자 다항식 계수 초기화
   for m=0:k-1
      pln=conv(pln,Nz);                 % 변환 사상 분자 다항식 계수 계산
   end
   pld=[1];                             % 변환 사상 분모 다항식 계수 초기화
   for m=0:N-k-1
      pld=conv(pld,Dz);                 % 변환 사상 분모 다항식 계수 계산
   end
   Pzn=Pzn+Pz(k+1)*conv(pln,pld);       % 변환 다항식 계산
end
```

(a) 1형 체비쇼프 필터를 HP 필터로 대역 변환하는 매트랩 프로그램은 다음과 같다.

MATLAB_11_2a.m

```
Ts=1; fs=1/Ts;                          % 샘플링 주기와 샘플링 주파수
Ap=1;                                   % 통과 대역 감쇠
As=20;                                  % 저지 대역 감쇠
wplp=0.2*pi;                            % 디지털 통과 대역 경계 주파수
wslp=0.3*pi;                            % 디지털 저지 대역 경계 주파수

% 1형 체비쇼프 LP 필터
wp=(2/Ts)*tan(wplp/2);                  % 통과 대역 경계 주파수 미리 휨
ws=(2/Ts)*tan(wslp/2);                  % 저지 대역 경계 주파수 미리 휨
[N,wc]=cheb1ord(wp,ws,Ap,As,'s')        % 필터 차수 및 차단 주파수 계산
[num_a,den_a]=cheby1(N,Ap,wc,'s');      % 아나로그 LP 필터 전달 함수 H(s) 계산
[num_lp,den_lp]=bilinear(num_a,den_a,fs); % 디지털 LP 필터 전달 함수 H(z) 계산

% 1형 체비쇼프 HP 필터
wphp=0.6*pi;                            % 고역 통과 필터의 차단 주파수
a=-cos((wplp+wphp)/2)/cos((wplp-wphp)/2) % D2D 사상 파라미터 계산
Nz=-[a 1];                              % z=N(z')/D(z')의 분자 계수
Dz=[1 a];                               % z=N(z')/D(z')의 분모 계수
num_hp=D2Dmap(num_lp,Nz,Dz,1);          % HP 필터 전달 함수 분자 계산
den_hp=D2Dmap(den_lp,Nz,Dz,2);          % HP 필터 전달 함수 분모 계산
a0=den_hp(1);                           % 분모 첫 항
num_hp=num_hp/a0; den_hp=den_hp/a0;     % HP 필터 전달 함수 계산
[Hz,w]=freqz(num_hp,den_hp);            % 필터 주파수 응답 계산

% 직접 디지털 1형 체비쇼프 HP 필터 구현
wphp=0.6*pi; wshp=0.4*pi;               % 디지털 HP 필터 주파수 사양
[N2,wc2]=cheb1ord(wphp/pi,wshp/pi,Ap,As) % 필터 차수 및 차단 주파수 계산
[num_d,den_d]=cheby1(N2,Ap,wc2,'high'); % 필터 전달 함수 H(z) 계산
Hz2=freqz(num_d,den_d);                 % 필터 주파수 응답 계산

subplot(2,2,1);                         % 2행 2열 분할 그림 창의 1번 창
plot(w/(2*pi),abs(Hz)); axis([0 0.5 0 1]); % 필터 크기 응답(대역 변환)을 그림
title('\bf{필터 크기 응답(대역 변환)}');  % 그림 제목
xlabel('\bf{F}'); grid on;              % x축 라벨 및 그리드 표시
subplot(2,2,3);                         % 2행 2열 분할 그림 창의 3번 창
plot(w/(2*pi),angle(Hz)); axis([0 0.5 -4 4]); % 필터 위상 응답(대역 변환)을 그림
```

```
title('\bf{필터 위상 응답(대역 변환)}');          % 그림 제목
xlabel('\bf{F}'); grid on;                      % x축 라벨 및 그리드 표시
subplot(2,2,2);                                 % 2행 2열 분할 그림 창의 2번 창
plot(w/(2*pi),abs(Hz2)); axis([0 0.5 0 1]);     % 필터 크기 응답(직접 설계)을 그림
title('\bf{필터 크기 응답(직접 설계)}');          % 그림 제목
xlabel('\bf{F}'); grid on;                      % x축 라벨 및 그리드 표시
subplot(2,2,4);                                 % 2행 2열 분할 그림 창의 4번 창
plot(w/(2*pi),angle(Hz2)); axis([0 0.5 -4 4]);  % 필터 위상 응답(직접 설계)을 그림
title('\bf{필터 위상 응답(직접 설계)}');          % 그림 제목
xlabel('\bf{F}'); grid on;                      % x축 라벨 및 그리드 표시
```

실행 결과는 [그림 11-29]에 나타내었다. 이 경우에도 역시 LP 필터를 HP 필터로 대역 변환한 경우는 필터 차수가 $N=4$인데, cheby1 명령을 이용하여 직접 HP 필터로 구현한 경우에는 $N=3$이 되어 더 낮은 차수의 필터를 얻게 된다. 그림에서 보면, 차수의 차이로 인해 크기 응답에서 통과 대역의 맥동이 조금 차이가 남을 볼 수 있다.

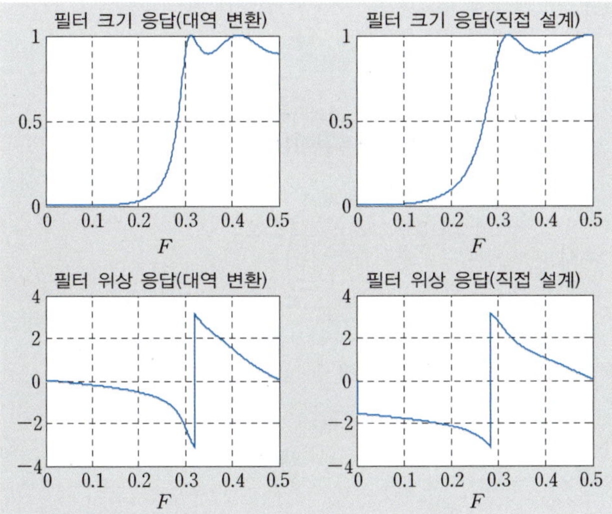

[그림 11-29] 디지털 1형 체비쇼프 HP 필터

(b) 2형 체비쇼프 필터를 BS 필터로 대역 변환하는 매트랩 프로그램은 다음과 같다.

MATLAB_11_2b.m

```
Ts=1; fs=1/Ts;                                  % 샘플링 주기와 샘플링 주파수
Ap=1;                                           % 통과 대역 감쇠
As=20;                                          % 저지 대역 감쇠
wplp=0.2*pi;                                    % 디지털 통과 대역 경계 주파수
wslp=0.3*pi;                                    % 디지털 저지 대역 경계 주파수

% 2형 체비쇼프 LP 필터
wp=(2/Ts)*tan(wplp/2);                          % 통과 대역 경계 주파수 미리 휨
ws=(2/Ts)*tan(wslp/2);                          % 저지 대역 경계 주파수 미리 휨
[N,wc]=cheb2ord(wp,ws,Ap,As,'s')                % 필터 차수 및 차단 주파수 계산
```

```
[num_a,den_a]=cheby2(N,As,wc, 's');                % 아날로그 LP 필터 전달 함수 H(s) 계산
[num_lp,den_lp]=bilinear(num_a,den_a,fs);          % 디지털 LP 필터 전달 함수 H(z) 계산

% 2형 체비쇼프 BS 필터
wpu=0.6*pi; wpl=0.2*pi;                            % BS 필터 통과 대역 경계 주파수
wsu=0.5*pi; wsl=0.3*pi;                            % BS 필터 저지 대역 경계 주파수
h=cos((wsu+wsl)/2)/cos((wsu-wsl)/2);               % D2D 사상 파라미터 계산
k=tan((wsu-wsl)/2)*tan(wslp/2);                    % D2D 사상 파라미터 계산
c1=-2*h/(k+1); c2=(1-k)/(1+k);                     % D2D 사상 파라미터 계산
Nz=[c2 c1 1];                                      % z=N(z')/D(z')의 분자 계수
Dz=[1 c1 c2];                                      % z=N(z')/D(z')의 분모 계수
num_bs=D2Dmap(num_lp,Nz,Dz,1);                     % BS 필터 전달 함수 분자 계산
den_bs=D2Dmap(den_lp,Nz,Dz,2);                     % BS 필터 전달 함수 분모 계산
a0=den_bs(1);                                      % 분모 첫 항
num_bs=num_bs/a0; den_bs=den_bs/a0;                % BS 필터 전달 함수 계산
[Hz,w]=freqz(num_bs,den_bs);                       % 필터 주파수 응답 계산

% 직접 디지털 2형 체비쇼프 BS 필터 구현
wpbs=[wpl wpu]; wsbs=[wsl wsu];                    % 디지털 BS 필터 주파수 사양
[N2,wc2]=cheb2ord(wpbs/pi,wsbs/pi,Ap,As)           % 필터 차수 및 차단 주파수 계산
[num_d,den_d]=cheby2(N2,As,wc2, 'stop');           % 필터 전달 함수 H(z) 계산
Hz2=freqz(num_d,den_d);                            % 필터 주파수 응답 계산

subplot(2,2,1);                                    % 2행 2열 분할 그림 창의 1번 창
plot(w/(2*pi),abs(Hz)); axis([0 0.5 0 1]);         % 필터 크기 응답(대역 변환)을 그림
title('\bf{필터 크기 응답(대역 변환)}');              % 그림 제목
xlabel('\bf{F}'); grid on;                         % x축 라벨 및 그리드 표시
subplot(2,2,3);                                    % 2행 2열 분할 그림 창의 3번 창
plot(w/(2*pi),angle(Hz)); axis([0 0.5 -4 4]);      % 필터 위상 응답(대역 변환)을 그림
title('\bf{필터 위상 응답(대역 변환)}');              % 그림 제목
xlabel('\bf{F}'); grid on;                         % x축 라벨 및 그리드 표시
subplot(2,2,2);                                    % 2행 2열 분할 그림 창의 2번 창
plot(w/(2*pi),abs(Hz2)); axis([0 0.5 0 1]);        % 필터 크기 응답(직접 설계)을 그림
title('\bf{필터 크기 응답(직접 설계)}');              % 그림 제목
xlabel('\bf{F}'); grid on;                         % x축 라벨 및 그리드 표시
subplot(2,2,4);                                    % 2행 2열 분할 그림 창의 4번 창
plot(w/(2*pi),angle(Hz2)); axis([0 0.5 -4 4]);     % 필터 위상 응답(직접 설계)을 그림
title('\bf{필터 위상 응답(직접 설계)}');              % 그림 제목
xlabel('\bf{F}'); grid on;                         % x축 라벨 및 그리드 표시
```

프로그램 실행 결과는 [그림 11-30]에 나타내었다. 이 경우에도 역시 LP 필터를 BS 필터로 대역 변환한 경우는 필터 차수가 $N = 4$인데, cheby2 명령을 이용하여 직접 BS 필터로 구현한 경우에는 $N = 3$이 되어 더 낮은 차수의 필터를 얻게 된다. 그림에서 보면, 차수의 차이로 인해 크기 응답에서 저지 대역의 맥동이 약간 차이가 나고 이에 따라 위상 응답이 조금 복잡해진 것을 볼 수 있다.

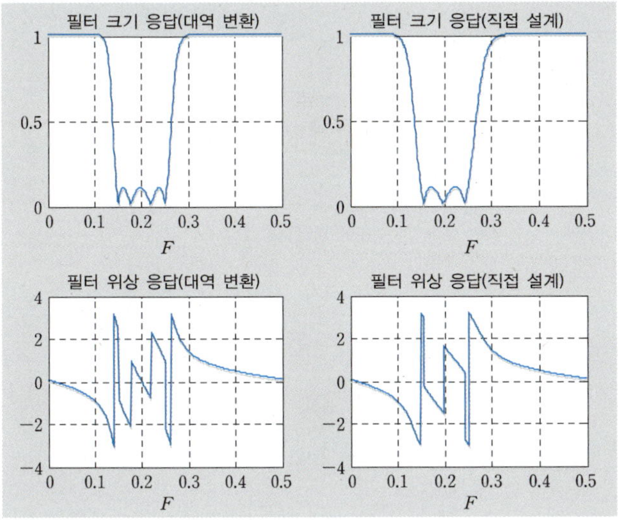

[그림 11-30] 디지털 2형 체비쇼프 BS 필터

(c) 타원형 LP 필터를 BP 필터로 대역 변환하는 매트랩 프로그램은 다음과 같다.

MATLAB_11_2c.m

```
Ts=1; fs=1/Ts;                              % 샘플링 주기와 샘플링 주파수
Ap=1;                                       % 통과 대역 감쇠
As=20;                                      % 저지 대역 감쇠
wplp=0.2*pi;                                % 디지털 통과 대역 경계 주파수
wslp=0.3*pi;                                % 디지털 저지 대역 경계 주파수

% 타원형 LP 필터
wp=(2/Ts)*tan(wplp/2);                      % 통과 대역 경계 주파수 미리 휨
ws=(2/Ts)*tan(wslp/2);                      % 저지 대역 경계 주파수 미리 휨
[N,wc]=ellipord(wp,ws,Ap,As,'s')            % 필터 차수 및 차단 주파수 계산
[num_a,den_a]=ellip(N,Ap,As,wc,'s');        % 아날로그 LP 필터 전달 함수 H(s) 계산
[num_lp,den_lp]=bilinear(num_a, den_a,fs);  % 디지털 LP 필터 전달 함수 H(z) 계산

% 타원형 BP 필터
wpu=0.6*pi; wpl=0.4*pi;                     % BP 필터의 통과 대역 경계 주파수
wsu=0.75*pi; wsl=0.3*pi;                    % BP 필터의 저지 대역 경계 주파수
h=cos((wpu+wpl)/2)/cos((wpu-wpl)/2)         % D2D 사상 파라미터 계산
k=cot((wpu-wpl)/2)*tan(wplp/2);             % D2D 사상 파라미터 계산
c1=-2*h*k/(k+1); c2=(k-1)/(k+1);            % D2D 사상 파라미터 계산
Nz=-[c2 -c1 1];                             % z=N(z')/D(z')의 분자 계수
Dz=[1 -c1 c2];                              % z=N(z')/D(z')의 분모 계수
num_bp=D2Dmap(num_lp,Nz,Dz,1);              % HP 필터 전달 함수 분자 계산
den_bp=D2Dmap(den_lp,Nz,Dz,2);              % HP 필터 전달 함수 분모 계산
a0=den_bp(1);                               % 분모 첫 번째 계수
num_bp=num_bp/a0; den_bp=den_bp/a0;         % HP 필터 전달 함수 계산
[Hz,w]=freqz(num_bp,den_bp);                % 필터 주파수 응답 계산
```

```
% 직접 디지털 타원형 BP 필터 구현
wpd=[wpl wpu];                                     % 통과 대역 경계 주파수
wsd=[wsl wsu];                                     % 저지 대역 경계 주파수
[N2,wc2]=ellipord(wpd/pi,wsd/pi,Ap,As)             % 필터 차수 및 차단 주파수 계산
[num_d,den_d]=ellip(N2,Ap,As,wc2);                 % 필터 전달 함수 H(z) 계산
Hz2=freqz(num_d,den_d);                            % 필터 주파수 응답 계산

subplot(2,2,1);                                    % 2행 2열 분할 그림 창의 1번 창
plot(w/(2*pi),abs(Hz)); axis([0 0.5 0 1]);         % 필터 크기 응답(대역 변환)을 그림
title('\bf{필터 크기 응답(대역 변환)}');              % 그림 제목
xlabel('\bf{F}'); grid on;                         % x축 라벨 및 그리드 표시
subplot(2,2,3);                                    % 2행 2열 분할 그림 창의 3번 창
plot(w/(2*pi),angle(Hz)); axis([0 0.5 -4 4]);      % 필터 위상 응답(대역 변환)을 그림
title('\bf{필터 위상 응답(대역 변환)}');              % 그림 제목
xlabel('\bf{F}'); grid on;                         % x축 라벨 및 그리드 표시
subplot(2,2,2);                                    % 2행 2열 분할 그림 창의 2번 창
plot(w/(2*pi),abs(Hz2)); axis([0 0.5 0 1]);        % 필터 크기 응답(직접 설계)을 그림
title('\bf{필터 크기 응답(직접 설계)}');              % 그림 제목
xlabel('\bf{F}'); grid on;                         % x축 라벨 및 그리드 표시
subplot(2,2,4);                                    % 2행 2열 분할 그림 창의 4번 창
plot(w/(2*pi),angle(Hz2)); axis([0 0.5 -4 4]);     % 필터 위상 응답(직접 설계)을 그림
title('\bf{필터 위상 응답(직접 설계)}');              % 그림 제목
xlabel('\bf{F}'); grid on;                         % x축 라벨 및 그리드 표시
```

프로그램 실행 결과는 [그림 11-31]에 나타내었다. 이 경우는 필터의 차수가 $N=3$으로 같으므로, 그림에서 보듯이 주파수 응답의 차이가 없다.

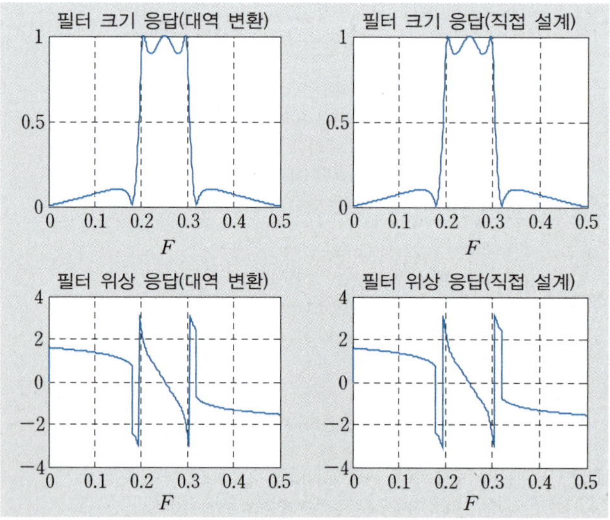

[그림 11-31] 디지털 타원형 BP 필터

CHAPTER

12

필터 구조와 구현

Filter Structure and Implementation

학습목표

- 필터 구조를 결정할 때 고려해야 하는 사항들을 알 수 있다.
- FIR 필터 구조의 종류와 도출 과정을 이해할 수 있다.
- IIR 필터 구조의 종류와 도출 과정을 이해할 수 있다.
- 격자 필터 구조의 종류와 특성을 알 수 있다.
- 다양한 필터 구조의 장단점을 비교할 수 있다.

【미리보기】

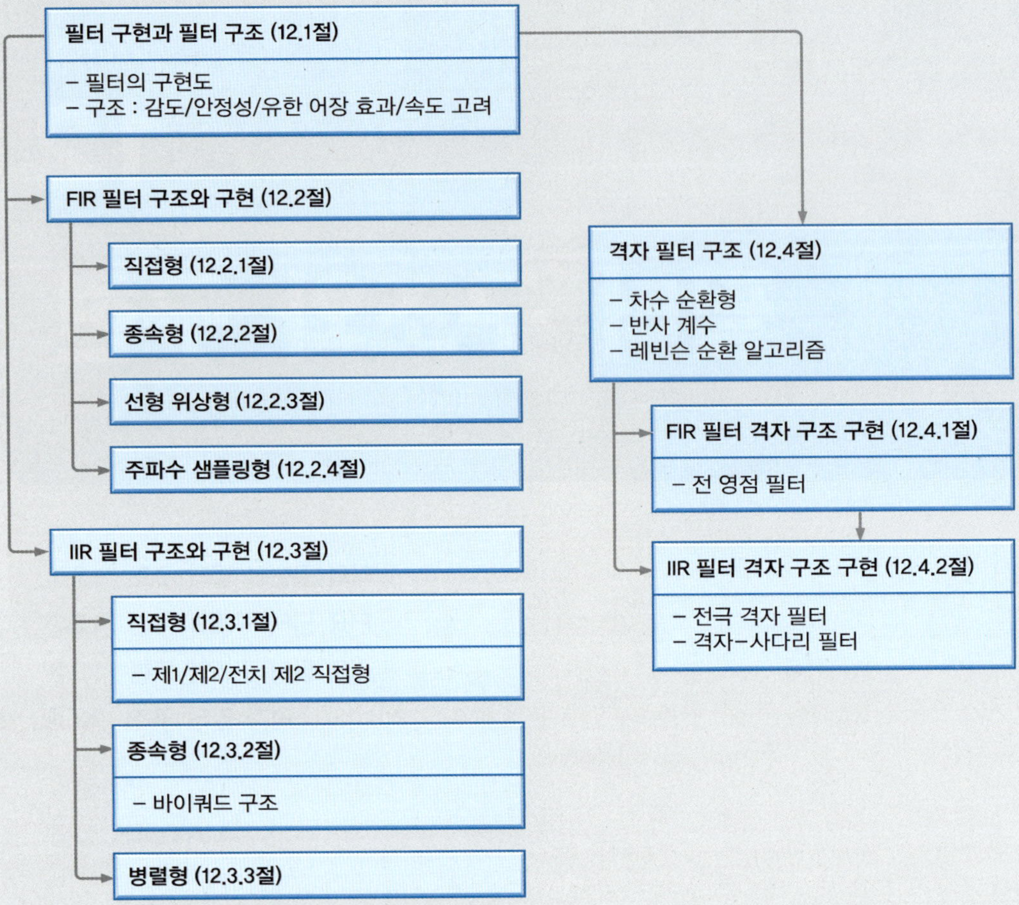

필터의 설계는 전달 함수를 결정했다고 끝나는 것이 아니라 필터의 구조를 결정하고 이를 구현하는 작업이 뒤따라야 한다. 같은 수학적 표현식일지라도 어떤 구조로 구현하느냐에 따라 실제 성능 면에서 차이가 날 수 있다. 시간 지연기, 승산기, 가산기의 기본 소자를 이용하여 디지털 필터의 구조를 나타낸 그림을 구현도라고 하는데, 기본적으로 직접형, 종속형, 병렬형, 격자형으로 나눌 수 있다. 이 장에서는 FIR 및 IIR 필터의 구조와 구현에 대해서 간략히 살펴볼 것이다.

SECTION 12.1

필터의 구현과 필터 구조

학습포인트

- 필터 구현을 위한 구조 결정의 고려 사항들은 어떤 것들이 있는지 알아본다.
- 필터 구현을 위한 구조의 선택에 있어 감도와 유한 어장 효과 영향의 중요성에 대해 인식한다.
- 필터 구성의 기본 소자와 구현도에 대해 알아본다.

필터 설계의 일차적인 결과는 임펄스 응답, 차분 방정식, 전달 함수의 세 가지 형태로 표현된다. 이들로부터 필터의 구조를 결정하여 구현해야 비로소 필터 설계를 완료했다고 할 수 있다. 세 가지 표현은 수학적으로는 같다고 볼 수 있지만, 실제 필터를 구현할 때는 서로 다르게 활용되며, 같은 수학적 표현식에 대해서도 어떤 구조로 구현하느냐에 따라 성능 면에서 차이가 날 수 있다. 이 절에서는 필터 구조를 결정하기 위해서 고려해야 할 요인들에 대해 간략히 살펴보기로 한다.

디지털 필터의 구조는 기본적으로 직접형, 종속형, 병렬형, 격자형으로 나눌 수 있다. FIR 필터의 경우에는 선형 위상형, 주파수 샘플링형 등이 추가되며, 소프트웨어적으로 FFT를 이용한 고속 컨벌루션으로 구현할 수도 있다. 같은 필터임에도 구현할 수 있는 구조가 다양한 이유는 어떤 구조로 구현하느냐에 따라 필요한 연산량, 기억 소자 용량, 감도, 유한 어장 효과 등이 달라져서 실제 성능과 구현 비용 측면에서 차이가 날 수 있기 때문이다. 만약 필터를 물리적으로 구현할 때 동작 안정성, 감도, 유한 어장 효과 등의 성능 면에서 차이가 없다면, 이왕이면 다홍치마라고 동작 시간이 빠르거나 적은 개수의 소자를 이용하는 구조가 더 바람직할 것이다.

필터 구조 선정에 고려되는 요인 중에서 연산량은 계산에 걸리는 시간, 즉 처리 속도와 관련된 요소이다. 덧셈보다는 곱셈이 계산 속도를 현저하게 떨어뜨리므로 주로 곱셈의 양을 따진다. 한편 필터 계수나 과거 데이터 값을 저장하기 위한 기억 소자가 필요한데, 필터 차수가 높을수록 요구되는 기억 소자의 용량이 커지며 이에 따라 구현 비용은 증가하게 된다.

감도는 필터의 계수 값이 부정확하게 표현되었을 때 필터 특성이 얼마나 변하는지에 관한 척도이다. 필터 계수의 부정확성은 한정된 비트로 계수 값을 표현하기 때문에 발생한다. 따라서 감도와 유한 어장 효과는 근본적으로 비트 수를 늘리면 개선되지만, 비용 증가, 하드웨어가 복잡해지는 등의 문제가 뒤따른다. 감도와 유한 어장 효과는 특히 필터의 안정성에 영향을 미치는 요소로, 비록 같은 비트 수를 채택하더라도 필터 구조에 따라 달라질 수 있기에 필터의 구조 선정에서 최우선으로 고려해야 할 사항이다.

디지털 필터의 수학적 표현식(차분 방정식 또는 컨벌루션)을 보면 기본적으로 시간 지연된 데이터와 필터 계수 간의 곱셈과 덧셈으로 이루어져 있다.

따라서 디지털 필터의 구현을 위해서는 기본 소자로 시간 지연기, 덧셈기, 곱셈기가 필요하다. 이러한 기본 소자를 이용하여 필터의 구조를 나타낸 그림을 **필터의 구현도**라고 하며, 구현도에서 기본 소자는 [그림 12-1]과 같이 나타낸다. 시간 지연기는 과거 데이터의 기억을 위한 기억 소자에 상응한다.

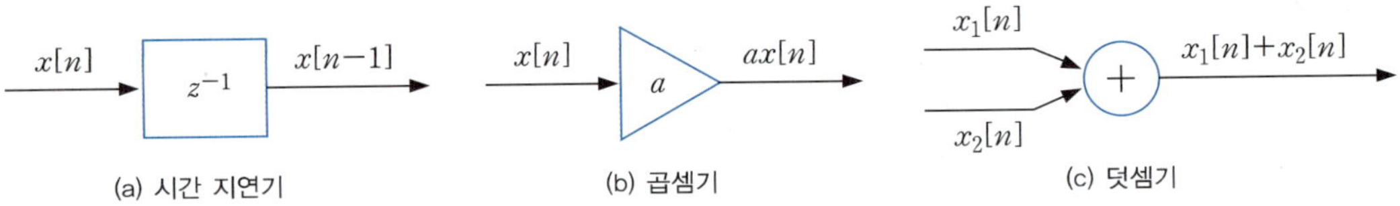

[그림 12-1] 필터 구현을 위한 기본 소자

Tip & Note **세계 최초의 컴퓨터 에니악(ENIAC)**

제2차 세계대전 중에 미군은 적의 탄도 미사일의 궤도를 추적하거나 예측하기 위해, 빠른 속도로 수치를 제어하고 계산할 수 있는 컴퓨터가 필요했다. 이에 따라 미국 국방부, 산업체, 대학들은 군산학 복합체를 만들었고, 1943년부터 1946년에 걸쳐 'Project PX'라는 코드명으로 미국 육군의 탄도표 작성 프로젝트를 진행했다. 이때 펜실베이니아대학교의 무어전자공대에서 개발된 결과물이 세계 최초의 전자식 컴퓨터로 일컬어지는 에니악(ENIAC)Electronic Numerical Integrator And Computer이다.

존 모클리John Mauchly와 프레스퍼 에커트Presper Eckert의 공동 설계로, 49만 달러의 개발비를 들여 3년여 동안의 연구 끝에 완성된 에니악은 진공관을 이용한 전자식 자동계산기이다. 에니악은 길이 25[m], 높이 2.5[m], 폭 1[m]의 크기에 무게가 약 30[t]으로 진공관 18,800개, 릴레이 1,500개, 저항기 7,000개로 구성되어 소요 전력이 150[kW]나 되는 거대한 기계였다. 에니악은 1947년 7월 29일에 작동을 시작해 1955년 10월까지 약 10년간 활용되었으며, 전쟁이 끝난 후에는 난수 연구, 우주선 연구, 풍동 설계, 일기 예보 등에 이용되었다. 현재는 스미소니언 박물관과 펜실베이니아대학교에 분산해 보관되고 있다.

에니악은 메모리에 프로그램을 기억시키는 현재의 컴퓨터와는 달리, 계산 순서를 지시하는 프로그램을 배선반에 일일이 배선해 놓고 부착된 스위치를 조작하여 계산하는 외부 프로그램 방식이었다. 따라서 계산을 하다가 다른 계산으로 바꾸려면 배선을 뜯어 일일이 다시 연결시키고 스위치를 조정해야 했다. 그러나 원하는 목적을 얻기 위해 프로그램을 바꿀 수 있었고, 다양한 목적으로 이용될 수 있는 범용성을 지닌 현대적 의미의 전자식 디지털 컴퓨터였다.

십진수 체계를 채택한 에니악은 부호를 첨부하여 10자리 수의 연산이 가능해 초당 5,000번의 덧셈과 14번의 곱셈을 실행할 수 있었다. 이는 십진수 10자리의 곱셈을 0.0028초, 나눗셈을 0.006초 이내에 처리할 수 있는 속도이다. 이 계산 속도는 초창기 PC인 IBM 286 AT 정도에 불과하지만, 1939년에 하버드대학교의 하워드 에이킨Howard Aiken이 개발한 계전기식 전자계산기인 마크 1Mark 1에 비하면 1,000배 이상의 속도로, 당시로서는 획기적인 컴퓨터였다.

SECTION 12.2

FIR 필터 구조와 구현

학습포인트

- FIR 필터의 구조의 종류에는 어떤 것들이 있는지 알아본다.
- FIR 필터에만 단독으로 구현 가능한 필터 구조는 어떤 것인지 알아본다.
- 차분 방정식으로부터 직접형 구조의 도출 과정을 이해한다. 그리고 전치 직접형의 아이디어와 원리에 대해 알아본다.
- 전달 함수로부터 종속형 구조의 도출 과정을 이해한다.
- FIR 필터의 선형 위상형 구조에 대해 알아본다.
- FIR 필터의 주파수 샘플링형 구조에 대해 알아본다.

디지털 필터의 기본 구조로는 차분 방정식으로부터 바로 얻어지는 직접형, 전달 함수의 분해에 따른 종속형과 병렬형이 있다. FIR 필터의 경우, 이외에 선형 위상형, 주파수 샘플링형이 더해지며, FFT를 이용한 소프트웨어 알고리즘으로도 구현할 수 있다. 이 절에서는 FIR 필터의 여러 가지 구조와 특징에 대해서 간단히 살펴보기로 한다.

FIR 필터의 구현에는 필터 설계의 일차적인 결과로 얻을 수 있는 세 가지 수학적 표현을 모두 이용할 수 있다.

임펄스 응답에 의한 컨벌루션 표현은 소프트웨어 프로그램으로 고속 컨벌루션 알고리즘을 구현하는 데 이용되는데, 선형 컨벌루션 계산을 원형 컨벌루션 계산으로 바꾸어 중복-더하기 또는 중복-저장 방식과 FFT를 결합하여 출력을 고속으로 직접 계산하는 방법이다. 최근에는 디지털 신호 처리를 위한 고속 DSP칩이 일반화되어 웬만한 응용에서는 실시간 처리를 할 수 있게 되었다. 차분 방정식 표현은 직접형 구현에 이용되고, 전달 함수 표현은 종속형과 선형 위상형, 주파수 샘플링형 구현에 이용된다.

기본적인 접근이 완전히 다른 격자형 구조에 대해서는 따로 12.4절에서 다룰 것이다.

12.2.1 직접형

직접형direct form은 다음과 같이 표현된 FIR 필터의 차분 방정식을 기본 소자를 사용하여 식이 나타내는 그대로 구현한 필터 구조이다.

$$\begin{aligned} y[n] &= b_0 x[n] + b_1 x[n-1] + \cdots + b_{N-1} x[n-N+1] \\ &= h[0]x[n] + h[1]x[n-1] + \cdots + h[N-1]x[n-N+1] \end{aligned} \quad (12.1)$$

이러한 필터 구조는 [그림 12-2]에 보인 것처럼 시간 지연기들을 일렬로 연결하고 각 지연기의 출력단마다 탭을 내어 곱셈기를 달아 필터 계수를 곱하여 더하는 구조이다. 이를 **탭부 지연기열** tapped-delay line 또는 **가로줄(횡열)** transverval **필터**라고도 부른다. 그림에서 보듯이 FIR 필터의 경우에는 출력 회귀가 없다.

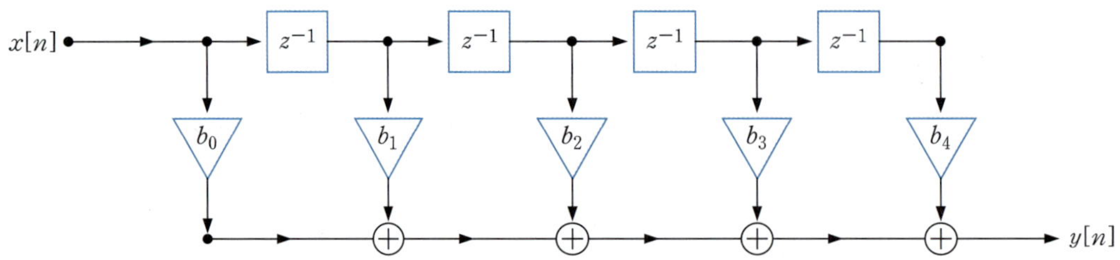

[그림 12-2] 직접형 FIR 필터 구조

시간 지연을 먼저 시킨 다음 계수를 곱하는 구조나 계수를 먼저 곱한 뒤 시간 지연을 시키는 구조의 결과는 같으므로, 후자와 같이 식 (12.1)을 구현하면 [그림 12-3]의 구조를 얻는다. 이를 **전치 직접형** transposed direct form **구조**라고 한다. 전치는 뒤집혔다는 뜻으로, [그림 12-2]를 좌우로 뒤집어 입력단과 출력단을 맞바꾸고, 거기에 맞추어 신호 흐름을 표시하는 화살표의 방향을 반대로 하여 정리하면 [그림 12-3]의 구조가 얻어짐을 알 수 있다.

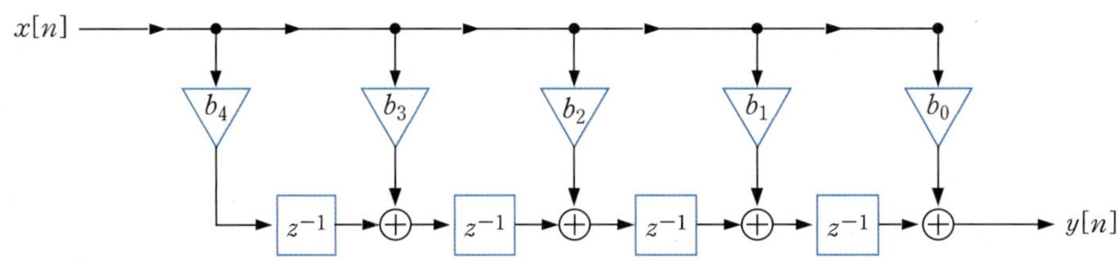

[그림 12-3] 전치 직접형 FIR 필터 구조

12.2.2 종속형

종속형 cascade form 은 FIR 필터의 전달 함수를 인수분해하여 실수 계수를 갖는 2차 전달 함수의 곱으로 표현하여 각각 직접형으로 구현한 뒤 종속 연결한 필터 구조이다.

$$\begin{aligned} H(z) &= \sum_{n=0}^{N-1} h[n] z^{-n} = \sum_{n=0}^{N-1} b_n z^{-n} = B(z^{-1}) \\ &= b_0 \left(1 + \frac{b_1}{b_0} z^{-1} + \cdots + \frac{b_{N-1}}{b_0} z^{-N+1} \right) \\ &= b_0 \prod_{k=1}^{K} (1 + B_{k,1} z^{-1} + B_{k,2} z^{-2}) \end{aligned} \tag{12.2}$$

만약 전달 함수가 홀수 차수이면 1개의 1차 항이 존재한다. 2차 전달 함수의 구현에는 직접형을 이용하므로 종속형은 [그림 12-4]와 같이 된다.

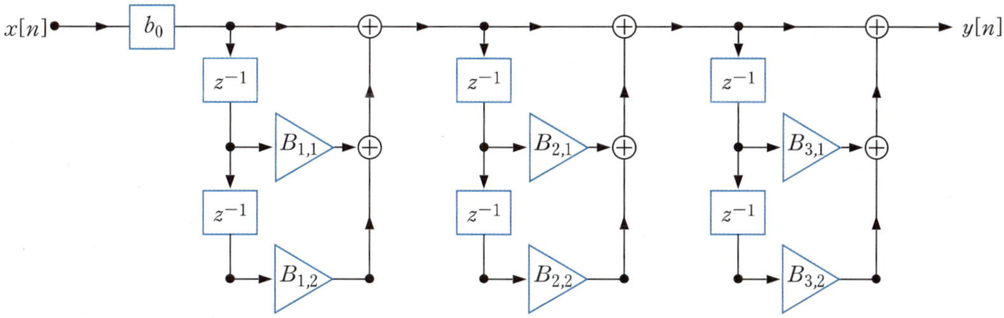

[그림 12-4] 종속형 FIR 필터 구조

12.2.3 선형 위상형

FIR 필터는 선형 위상 필터로 설계할 수 있는데, 그렇게 하면 임펄스 응답, 즉 필터 계수가 대칭성을 띠므로 계수를 곱하는 곱셈기를 반으로 줄일 수 있다. 선형 위상 필터의 임펄스 응답은 $h[n] = \pm h[L-1-n]$을 만족하므로 필터 전달 함수는 다음과 같이 된다.

$$H(z) = \begin{cases} \displaystyle\sum_{n=0}^{(N-3)/2} h[n]\left(z^{-n} + z^{-(N-1-n)}\right) + h\left(\frac{N-1}{2}\right) z^{-(N-1)/2}, & N = \text{홀수} \\ \displaystyle\sum_{n=0}^{N/2-1} h[n]\left(z^{-n} + z^{-(N-1-n)}\right), & N = \text{짝수} \end{cases} \tag{12.3}$$

그런데, 임펄스 응답이 곧 필터 계수, 즉 $h[k] = b_k$ 이므로 필터의 출력은 다음과 같이 된다.

$$y[n] = \begin{cases} \displaystyle\sum_{k=0}^{(N-3)/2} b_k(x[n-k] + x[n-(N-1-k)]) + b_{(N-1)/2}\, x\left[n - \frac{N-1}{2}\right], & N = \text{홀수} \\ \displaystyle\sum_{k=0}^{N/2-1} b_k(x[n-k] + x[n-(N-1-k)]), & N = \text{짝수} \end{cases} \tag{12.4}$$

식 (12.4)를 직접형으로 구현하면 [그림 12-5]와 같고, 이를 **선형 위상형**linear phase form **구조**라고 한다. 그림에서 보듯이 계수를 필터 차수의 반만 이용하므로 곱셈기가 반으로 줄어든다.

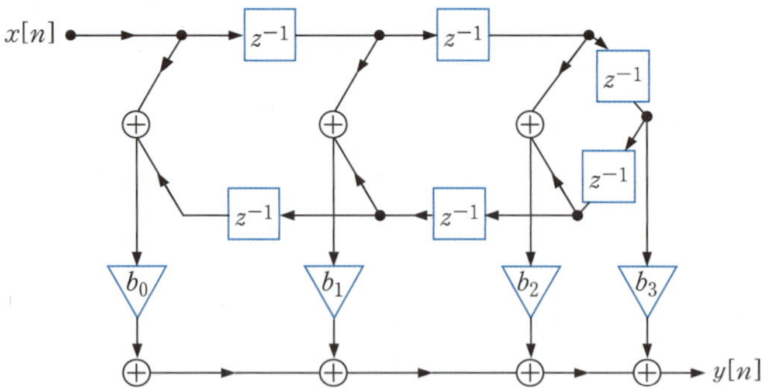

(a) N이 홀수

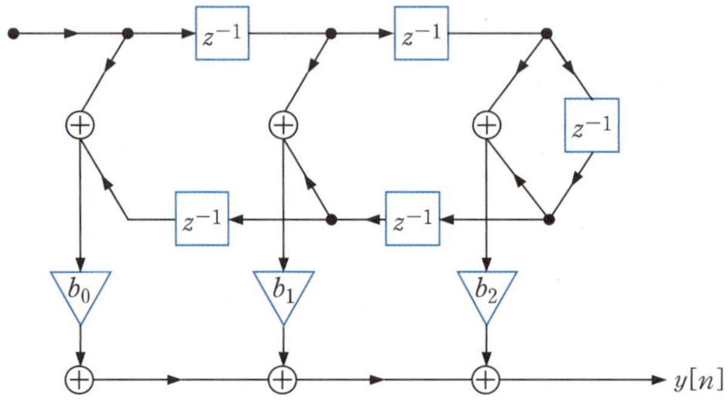

(b) N이 짝수

[그림 12-5] 선형 위상형 FIR 필터 구조

12.2.4 주파수 샘플링형

주파수 샘플링형 frequency sampling form 구조는 10장의 주파수 샘플링 설계 기법에서 다음과 같이 샘플 스펙트럼으로부터 전달 함수를 구할 수 있음을 이용한 것이다.

$$H(z) = Z\{h[n]\} = Z\{\mathrm{IDFT}\{H[k]\}\} = \frac{1-z^{-N}}{N}\sum_{k=0}^{N-1}\frac{H[k]}{1-W_N^{-k}z^{-1}} \tag{12.5}$$

식 (12.5)의 각 항을 직접형으로 구현하여 병렬 연결하면 [그림 12-6]의 구조를 얻는다.

이 구조는 회전 인자 W_N^{-k}을 이용하므로 복소수의 연산이 필요하다. 따라서 DFT와 회전 인자의 대칭성을 이용하여 다음과 같이 실수 연산으로 이루어진 구조로 변형할 수 있다.

$$H(z) = \frac{1-z^{-N}}{N}\left\{\sum_{k=1}^{M}2|H[k]|H_k(z) + \frac{H[0]}{1-z^{-1}} + \frac{H\left[\frac{N}{2}\right]}{1+z^{-1}}\right\} \tag{12.6}$$

여기서

$$H_k(z) = \frac{\cos(\angle H[k]) - \cos\left(\angle H[k] - \frac{2\pi k}{N}\right)z^{-1}}{1-2\cos\left(\frac{2\pi k}{N}\right)z^{-1}+z^{-2}} \tag{12.7}$$

이다. 이때 N이 홀수이면 $M=\dfrac{N-1}{2}$이고, N이 짝수이면 $M=\dfrac{N}{2}-1$이다. 식 (12.6)을 직접형으로 구현하면 [그림 12-7]과 같은 구조가 된다.

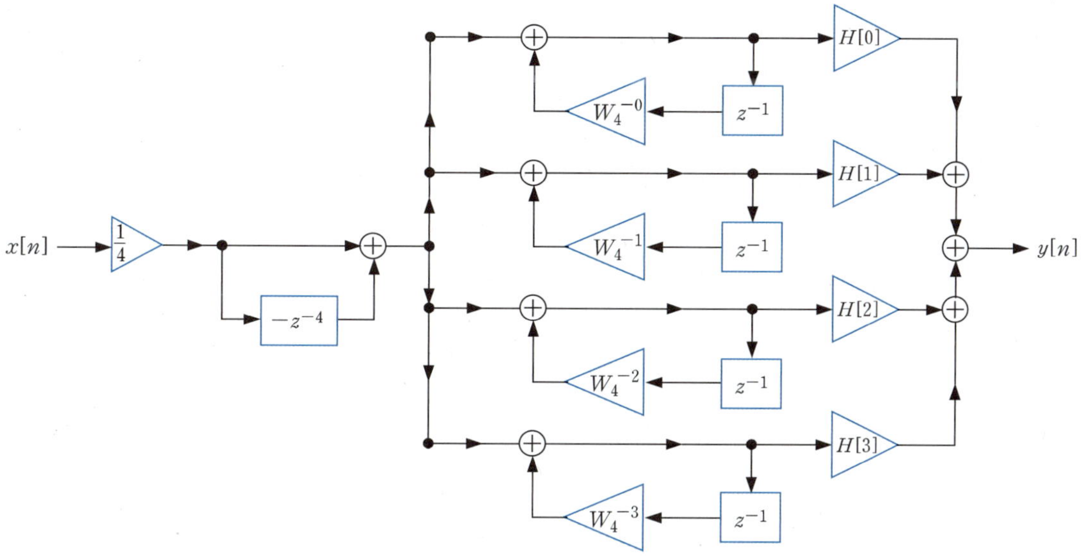

[그림 12-6] 주파수 샘플링형 FIR 필터 구조

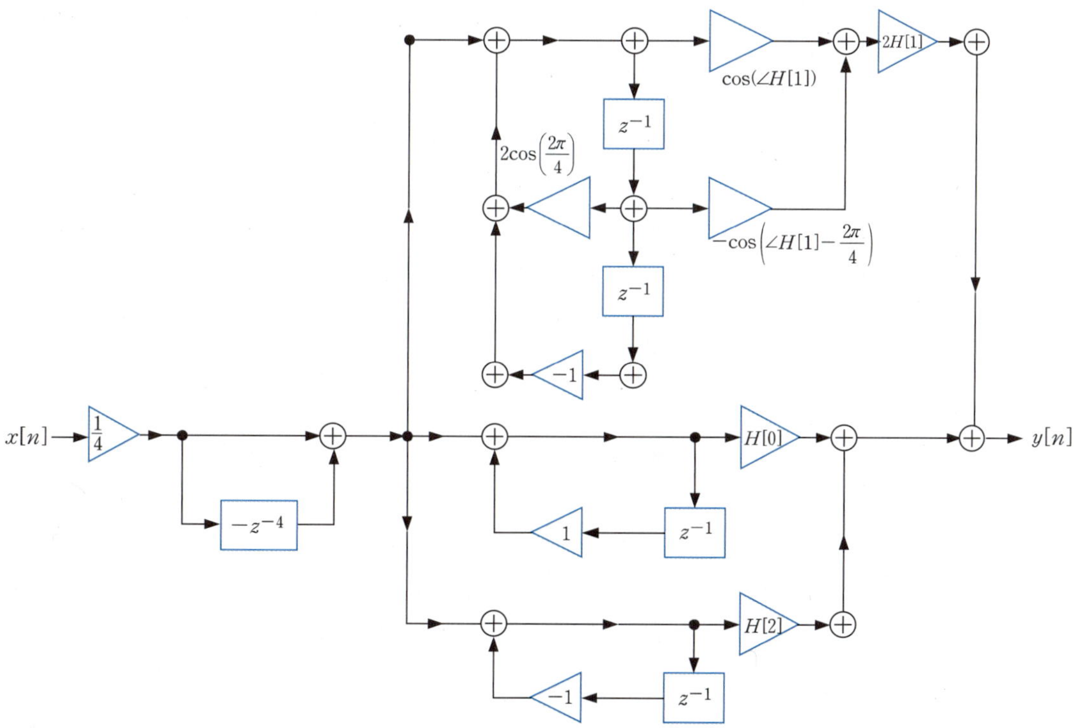

[그림 12-7] 실수 계수 주파수 샘플링형 FIR 필터 구조

예제 12-1 FIR 필터의 구현

다음의 차분 방정식으로 표현되는 FIR 필터를 전치 직접형, 종속형, 선형 위상형으로 구현하라.

$$y[n] = x[n] + x[n-2] + x[n-4]$$

풀이

❶ 전치 직접형 구현

직접형이나 전치 직접형은 차분 방정식으로부터 바로 구현 가능하며, 주어진 차분 방정식에 대한 전치 직접형 구현은 [그림 12-8(a)]에 나타내었다.

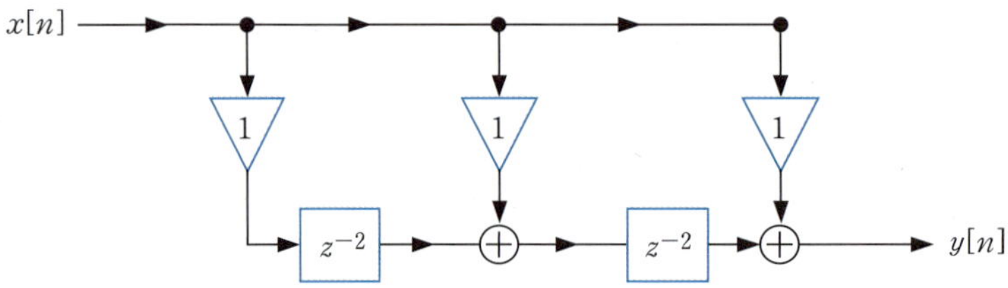

(a) 전치 직접형

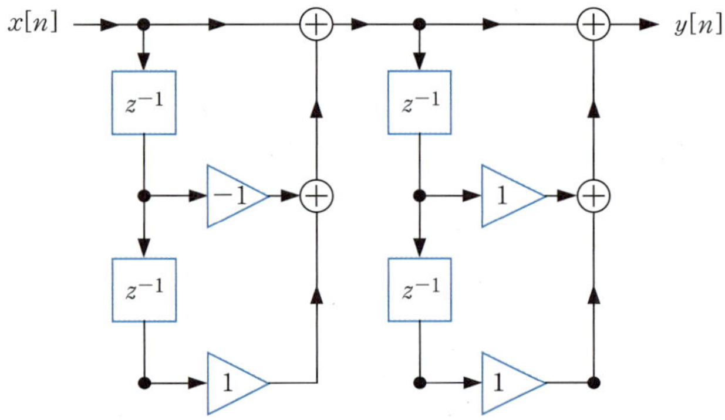

(b) 종속형

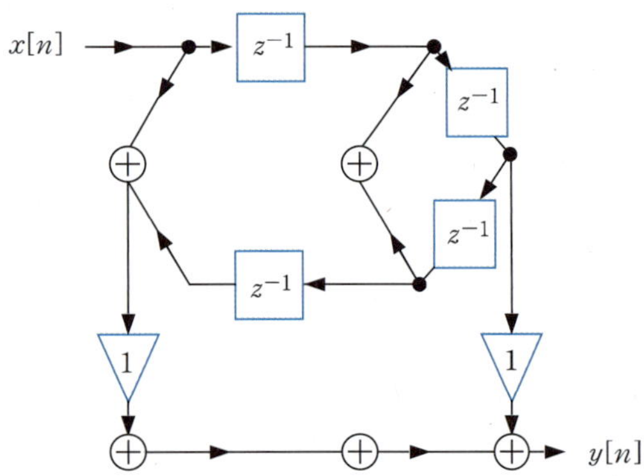

(c) 선형 위상형 FIR 필터 구조

[그림 12-8] [예제 12-1]의 FIR 필터의 구현

❷ 종속형 구현

주어진 차분 방정식을 z 변환하여 전달 함수를 구하여 2차 인수의 곱으로 분해하면 다음과 같다.

$$H(z)=\sum_{n=0}^{4}b_n z^{-n}=1+z^{-2}+z^{-4}=(1-z^{-1}+z^{-2})(1+z^{-1}+z^{-2})$$

2개의 2차 전달 함수를 각각 직접형으로 구현하여 종속 연결하면 종속형 구현이 얻어진다. 이를 [그림 12-8(b)]에 나타내었다.

❸ 선형 위상형 구현

선형 위상형 구조는 FIR 필터의 임펄스 응답이 대칭성을 만족하는 경우에만 가능한데, 주어진 필터는 전달 함수 분자 다항식(임펄스 응답)이 $n=2$를 대칭축으로 우대칭을 만족하므로 선형 위상형 구조로 구현할 수 있다. $b_0=b_4=1$, $b_1=b_3=0$, $b_2=1$이므로 주어진 필터를 선형 위상형으로 구현하면 [그림 12-8(c)]와 같다.

SECTION 12.3

IIR 필터 구조와 구현

학습포인트

- IIR 필터의 구조의 종류에는 어떤 것들이 있는지 알아본다.
- IIR 필터에만 단독으로 구현 가능한 필터 구조는 어떤 것인지 알아본다.
- 차분 방정식으로부터 직접형 구조의 도출 과정을 이해한다. 그리고 제2 직접형과 전치 직접형의 아이디어와 원리에 대해 알아본다.
- 전달 함수로부터 종속형 및 병렬형 구조의 도출 과정을 이해한다.

IIR 필터의 경우, 임펄스 응답은 길이가 무한해서 필터 구현에 사용할 수 없으므로 차분 방정식이나 전달 함수 표현을 이용하여 필터 구조를 도출하게 되며, 직접형, 종속형, 병렬형 구조로 구현할 수 있다. 이 절에서는 이러한 IIR 필터의 구조에 대해 간략히 살펴볼 것이다. 편의상 전달 함수 분모와 분자의 차수는 같다고 가정한다(인과 필터가 되려면 분모 차수 ≥ 분자 차수라야 한다).

12.3.1 직접형

FIR 필터의 경우와 마찬가지로, 다음과 같은 IIR 필터의 차분 방정식을 기본 소자를 이용하여 구현하면 직접형 구조를 얻는다.

$$y[n] = -\sum_{k=1}^{N} a_k y[n-k] + \sum_{k=0}^{N} b_k x[n-k] \tag{12.8}$$

직접형에는 [그림 12-9]와 같이 차분 방정식을 주어진 그대로 구현한 **제1 직접형**, [그림 12-10]과 같이 제1 직접형에서 입력부와 출력부의 위치를 맞바꾸어 시간 지연기 열을 공통으로 이용해 시간 지연기의 수를 반으로 줄인 **제2 직접형**, [그림 12-11]과 같이 제1 직접형을 FIR 필터에서처럼 시간 지연과 계수 곱셈 순서를 바꾼 뒤 시간 지연기 열을 묶은 **전치 제2 직접형**이 있다. 이에 대해서는 이미 2장에서 살펴본 바 있다.

제 2직접형 구조는 차분 방정식에서 자기 회귀항과 이동 평균항을 분리하여 표현함으로써 얻을 수 있다. $A(z)W(z) = X(z)$을 만족하는 중간 변수 $w[n]$을 도입하면, $W(z) = X(z)/A(z)$이므로 $Y(z) = H(z)X(z) = B(z)W(z)$가 된다. 이를 차분 방정식으로 풀어 쓰면 다음과 같다.

$$w[n] + a_1 w[n-1] + a_2 w[n-2] + \cdots + a_N w[n-N] = x[n] \tag{12.9}$$

$$y[n] = b_0 w[n] + b_1 w[n-1] + b_2 w[n-2] + \cdots + b_N w[n-N] \tag{12.10}$$

이 두 식을 시간 지연기 열을 공통으로 하여 구현하면 제 2직접형 구조가 얻어진다.

전치 제2 직접형은 이름대로 [그림 12-10]의 좌우를 뒤집어 입력단과 출력단을 맞바꾸고 신호 흐름을 표시하는 화살표의 방향을 반대로 하면 얻을 수 있다.

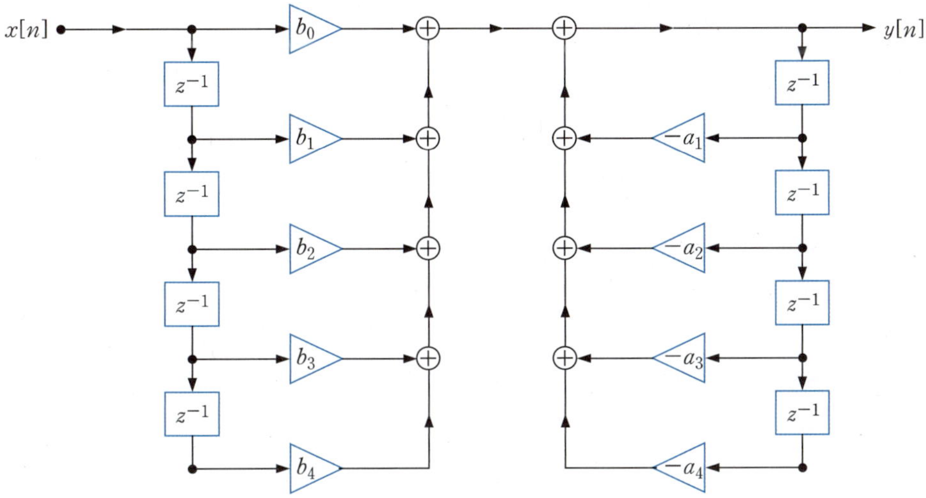

[그림 12-9] 제1 직접형 IIR 필터 구조

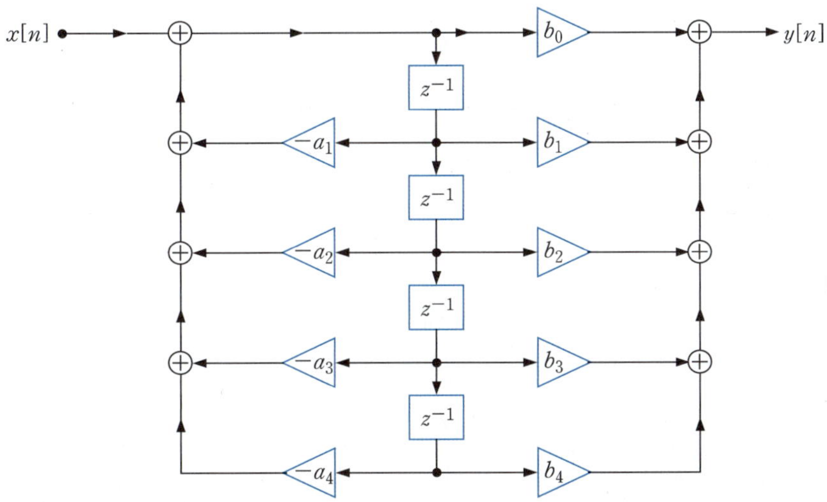

[그림 12-10] 제2 직접형 IIR 필터 구조

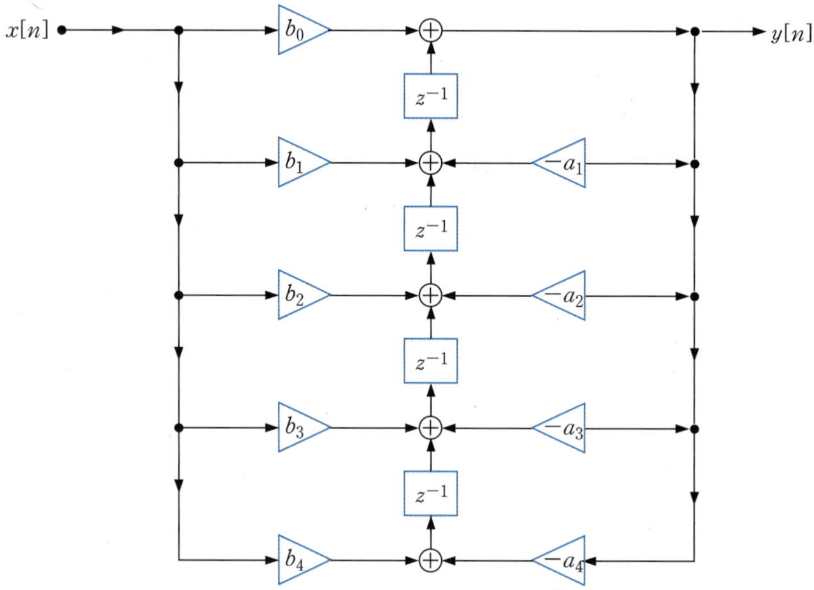

[그림 12-11] 전치 제2 직접형 IIR 필터 구조

12.3.2 종속형

FIR 필터의 경우와 마찬가지로, IIR 필터 전달 함수를 다음과 같이 실수 계수를 갖는 2차 전달 함수의 곱으로 표현하여 구현하면 종속형을 얻는다.

$$
\begin{aligned}
H(z) &= \frac{b_0 + b_1 z^{-1} + \cdots + b_N z^{-N}}{1 + a_1 z^{-1} + \cdots + a_N z^{-N}} \\
&= b_0 \frac{1 + \dfrac{b_1}{b_0} z^{-1} + \cdots + \dfrac{b_N}{b_0} z^{-N}}{1 + a_1 z^{-1} + \cdots + a_N z^{-N}} \\
&= b_0 \prod_{k=1}^{K} \frac{1 + B_{k,1} z^{-1} + B_{k,2} z^{-2}}{1 + A_{k,1} z^{-1} + A_{k,2} z^{-2}}
\end{aligned}
\tag{12.11}
$$

식 (12.11)의 각 항은 [그림 12-12(a)]와 같이 구현되는데, 이를 **바이쿼드**biquad **구조**라고 한다. 종속형은 이들을 종속 연결하여 [그림 12-12(b)]와 같이 얻는다.

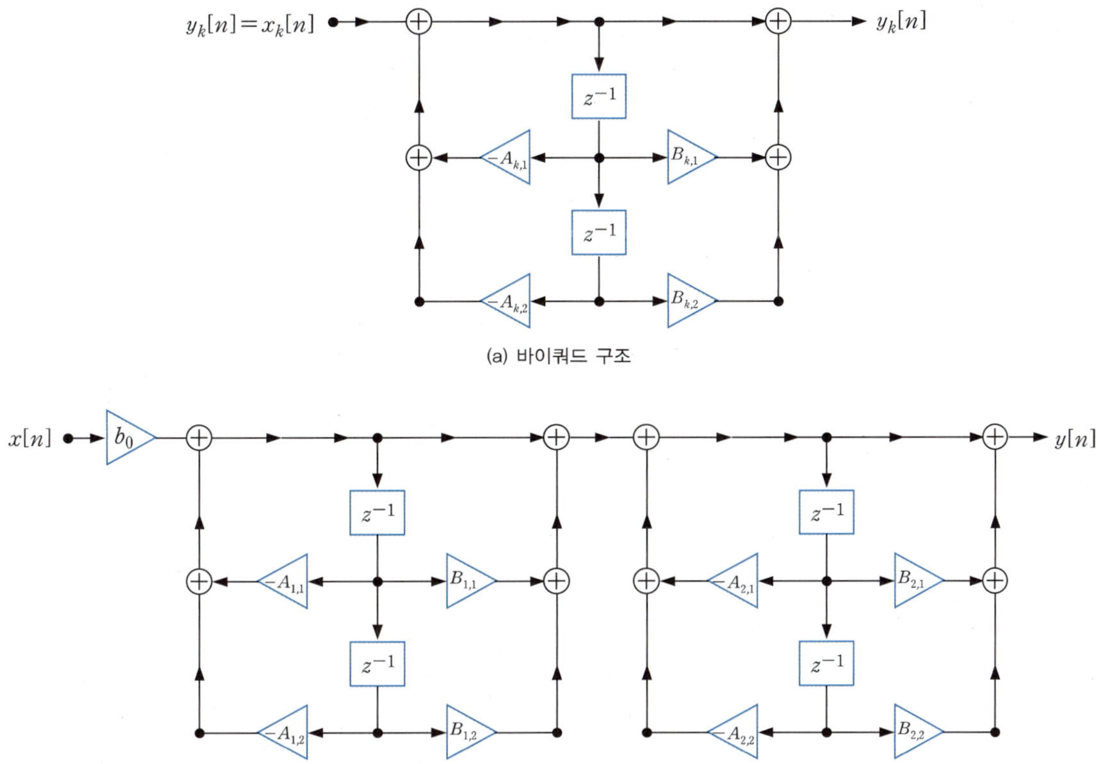

(a) 바이쿼드 구조

(b) 바이쿼드의 접속에 의한 종속형 구조

[그림 12-12] 종속형 IIR 필터 구조

12.3.3 병렬형

IIR 필터의 전달 함수를 부분분수로 전개하여 실수 계수를 갖는 2차 전달 함수들의 합으로 나타내면 다음과 같다.

$$
\begin{aligned}
H(z) &= \frac{b_0 + b_1 z^{-1} + \cdots + b_N z^{-N}}{1 + a_1 z^{-1} + \cdots + a_N z^{-N}} \\
&= b_0 + \sum_{k=1}^{K} \frac{B_{k,0} + B_{k,1} z^{-1}}{1 + A_{k,1} z^{-1} + A_{k,2} z^{-2}}
\end{aligned}
\tag{12.12}
$$

식 (12.12)의 각 항을 직접형(바이쿼드 구조)으로 구현한 뒤 [그림 12-13]과 같이 병렬 연결하면 병렬형 구조를 얻는다.

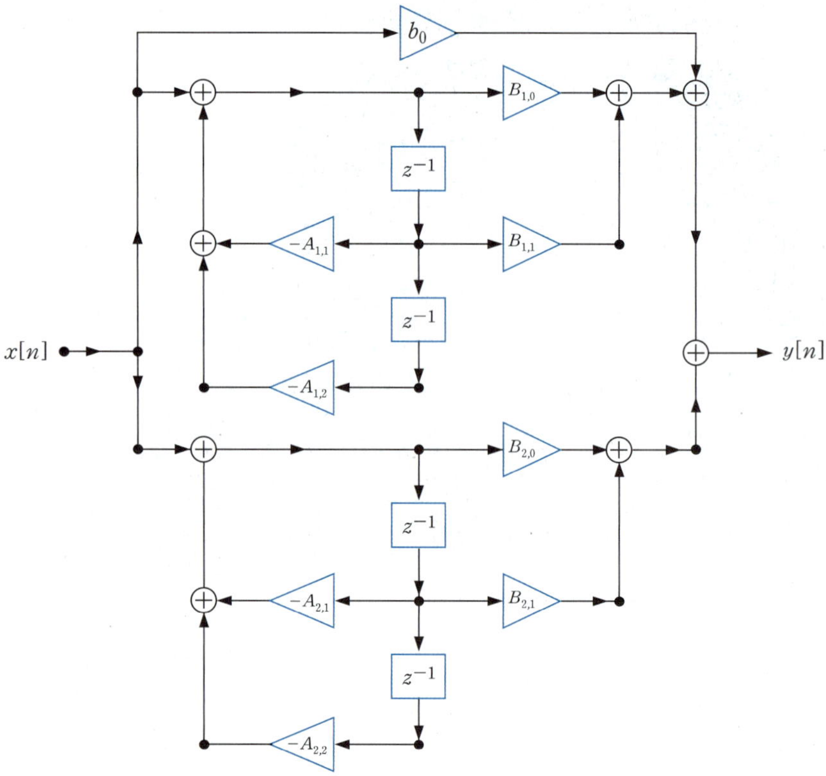

[그림 12-13] 병렬형 IIR 필터 구조

예제 12-2 IIR 필터의 구현

다음의 전달 함수로 표현되는 IIR 필터를 직접형, 종속형, 병렬형으로 구현하라.

$$H(z) = \frac{4z^3 + 16z^2 + 4z - 24}{2z^4 + 1.6z^3 + 0.5z^2 + 0.1z} = \frac{2z^{-1} + 8z^{-2} + 2z^{-3} - 12z^{-4}}{1 + 0.8z^{-1} + 0.25z^{-2} + 0.05z^{-3}}$$

풀이

❶ 직접형 구현

전달 함수를 직접형으로 구현하면 제1형은 [그림 12-14(a)], 제2형은 [그림 12-14(b)]와 같다.

❷ 종속형 구현

전달 함수의 분자와 분모를 인수분해한 결과는 다음과 같다.

$$H(z) = \frac{2(z-1)(z+2)(z+3)}{z(z+0.5)(z^2+0.3z+0.1)} = 2(z^{-1})\left(\frac{1-z^{-1}}{1+0.5z^{-1}}\right)\left(\frac{1+5z^{-1}+6z^{-2}}{1+0.3z^{-1}+0.1z^{-2}}\right)$$

이를 종속형으로 구현하면 [그림 12-15]와 같다.

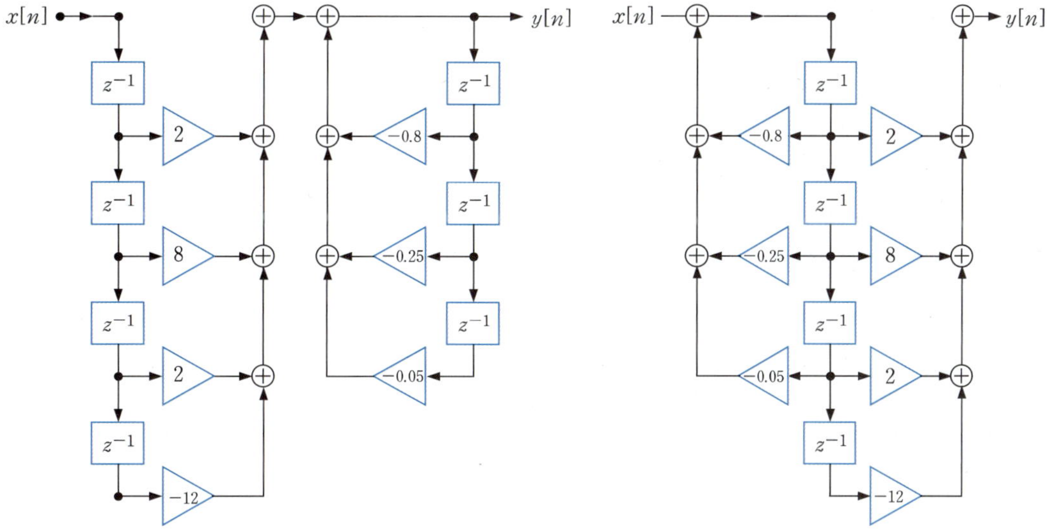

(a) 제1 직접형 (b) 제2 직접형

[그림 12-14] [예제 12-2]의 직접형 구현

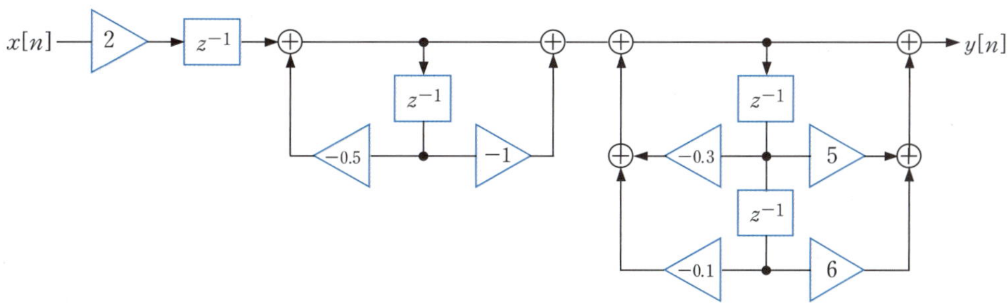

[그림 12-15] [예제 12-2]의 종속형 구현

❸ 병렬형 구현

$H(z)$를 부분분수 전개가 편리하도록 다음과 같이 분모를 인수분해한다.

$$H(z)=\frac{2z^3+8z^2+2z-12}{z(z+0.5)(z^2+0.3z+0.1)}$$

$\dfrac{H(z)}{z}$를 부분분수로 전개한 뒤 $\dfrac{H(z)}{z}$의 양변에 z를 곱하여 정리하면 다음과 같은 결과를 얻는다.

$$H(z)=-240z^{-1}+1240+\frac{(-225)}{1+0.5z^{-1}}+\frac{(-1015-175z^{-1})}{1+0.3z^{-1}+0.1z^{-2}}$$

이를 병렬형으로 구현하면 [그림 12-16]과 같다.

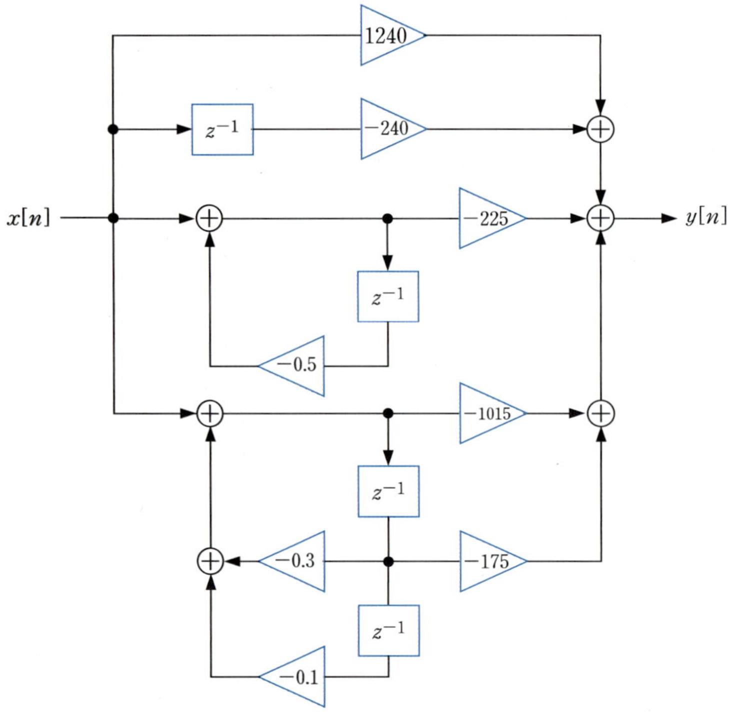

[그림 12-16] [예제 12-2]의 병렬형 구현

SECTION 12.4

격자 필터 구조

학습포인트

- 격자 필터 구조와 다른 구조들과의 근본적인 차이점에 대해 이해한다.
- 격자 필터 구조의 차수 순환형 알고리즘의 개념과 원리를 이해한다.
- FIR 필터와 IIR 필터의 격자 구조의 상관관계에 대해 이해한다.
- IIR 필터의 격자–사다리꼴 구조 구현에 대해 알아본다.
- 다양한 필터 구조의 장단점을 비교한다.

격자 필터는 구현도 형태가 격자 같아서 붙은 이름으로, 다른 필터 구조와는 달리 차수 순환형 필터이다. 필터의 계수를 반사 계수라고 하는데, 가질 수 있는 최댓값이 1이어서 모든 필터 계수는 1보다 작은 값을 갖게 된다. 그로 인해 같은 비트 수를 갖는 다른 필터 구조에 비해 계수의 양자화 오차를 매우 작게 해준다. 따라서 유한 어장 효과가 문제 되는 응용에서는 이 구조를 선호한다. 이 절에서는 몇 가지 격자 필터 구조에 대해 결과 중심으로 간략히 살펴보도록 하자.

격자 필터lattice filte를 통해 전파되는 신호는 **전향 예측 오차**forward prediction error와 **후향 예측 오차**backward prediction error라고 하는 신호들이며, **레빈슨**Levinson **순환 알고리즘**을 통해 차수를 높여가면서 갱신되는 **차수 순환형**order recursive 형태로 필터 알고리즘이 동작하게 된다. 자세한 과정은 이 책의 수준을 넘어서므로 결과만 살펴볼 것이다.

12.4.1 FIR 필터의 격자 구조 구현

FIR 필터는 전 영점all zero 격자 필터로 구현되며 그 형태는 [그림 12–17]과 같은데, 그 모양을 따서 격자 필터라고 한다.

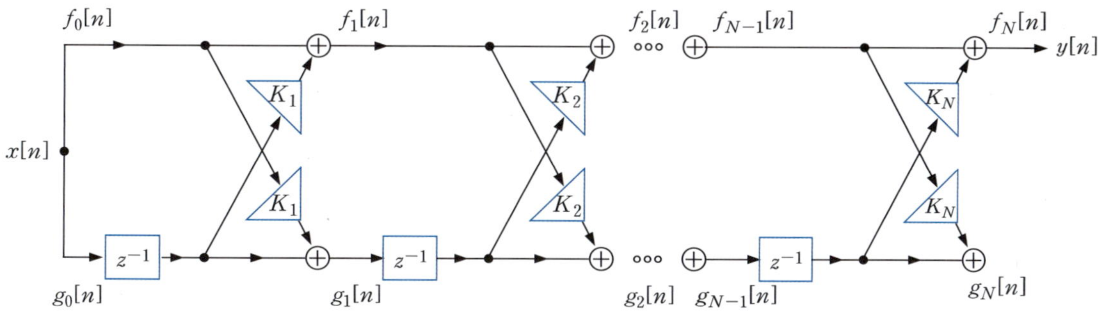

[그림 12–17] 격자형 FIR 필터 구조(전 영점 격자 필터)

그림에서 필터를 통해 전파되는 오차 신호 $f_m[n]$, $g_m[n]$과 입출력 신호 $x[n]$, $y[n]$, 그리고 필터 계수 K_m의 관계는 다음과 같다.

$$\begin{cases} f_0[n] = g_0[n] = K_0 x[n] \\ f_m[n] = f_{m-1}[n] + K_m g_{m-1}[n-1], \quad m = 1, 2, \cdots, N \\ g_m[n] = g_{m-1}[n-1] + K_m f_{m-1}[n], \quad m = 1, 2, \cdots, N \\ y[n] = f_N[n] \end{cases} \tag{12.13}$$

필터의 계수 K_m은 **반사 계수**reflection coefficient(통신 선로에서의 반사 계수와 의미가 동일)라고 하며, 다음과 같은 순환 알고리즘에 의해 계산된다.

$$\begin{cases} K_0 = b_0 \\ K_N = \alpha_N(N) \\ J_m(z) = z^{-m} A_m(z^{-1}), & m = N, \cdots, 1 \\ A_{m-1}(z) = \dfrac{A_m(z) - K_m J_m(z)}{1 - K_m^2}, & m = N, \cdots, 1 \\ K_m = \alpha_m(m), & m = N-1, \cdots, 1 \end{cases} \tag{12.14}$$

여기서 $A_N(z)$는 필터 전달 함수 다항식을 b_0로 나누어 정규화한 것이다. 즉 다음과 같이 쓸 수 있다.

$$H(z) = \sum_{m=0}^{N} b_m z^{-m} = b_0\left(1 + \sum_{m=1}^{N} \frac{b_m}{b_0} z^{-m}\right) = b_0 A_N(z) \tag{12.15}$$

이로부터 다음을 얻는다.

$$A_N(z) = \left(1 + \sum_{m=1}^{N} \alpha_N(m) z^{-m}\right) \tag{12.16}$$

여기서

$$\alpha_N(m) = \frac{b_m}{b_0}, \quad m = 1, \cdots, N \tag{12.17}$$

이다. 식 (12.14)에서 보면, 반사 계수 $|K_m| = 1$이면 필터가 발산하게 된다. 그런데 선형 위상 필터의 경우 $b_0 = |b_N|$이므로 $|K_N| = \left|\dfrac{b_N}{b_0}\right| = 1$이 되어 필터가 발산한다. 따라서 선형 위상 필터는 기본적으로 격자 구조를 적용할 수 없다.

12.4.2 IIR 필터의 격자 구조 구현

IIR 필터의 격자 구조 구현은 IIR 필터가 극만 갖는 경우와 극과 영점을 모두 가지는 경우로 나누어 생각할 수 있다. 전달 함수가 다음과 같이 극만 갖는 경우를 살펴보자.

$$H(z) = \frac{1}{1 + \sum_{m=1}^{N} \alpha_N(m) z^{-m}} \tag{12.18}$$

이는 [그림 12-18]과 같이 전극all pole 격자 구조로 구현된다. 사실 식 (12.18)의 전달 함수는 b_0의 값만 제외하면 식 (12.15)의 FIR 필터 함수의 역 시스템이다. 따라서 [그림 12-17]의 입출력을 거꾸로 한 [그림 12-18]과 같은 구조를 얻는다.

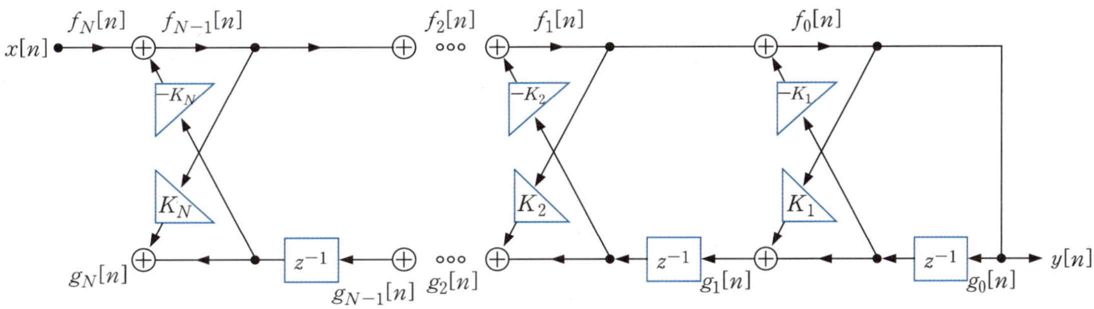

[그림 12-18] 격자형 IIR 필터 구조 : 전극 격자 필터

전극 격자 필터의 전파 신호와 입출력 관계는 다음과 같다.

$$\begin{cases} f_N[n] = x[n] \\ f_{m-1}[n] = f_m[n] - K_m g_{m-1}[n-1], \quad m = N, N-1, \cdots, 1 \\ g_m[n] = g_{m-1}[n-1] + K_m f_{m-1}[n], \quad m = N, N-1, \cdots, 1 \\ y[n] = f_0[n] = g_0[n] \end{cases} \tag{12.19}$$

그리고 필터 계수 K_m의 계산식은 식 (12.14)를 그대로 사용하면 된다.

이제 다음과 같이 전달 함수에 극과 영점이 모두 존재하는 경우를 살펴보자.

$$H(z) = \frac{\sum_{k=0}^{N} b_k z^{-k}}{1 + \sum_{k=1}^{N} a_k z^{-k}} = \frac{B_N(z)}{A_N(z)} \tag{12.20}$$

$H(z)$의 분모에 상응하는 전극 격자 필터를 먼저 구현한 뒤에 다음과 같이 $\{g_m[n]\}$을 이용해 출력을 구성하면 된다.

$$y[n] = \sum_{m=0}^{N} C_m g_m[n] \tag{12.21}$$

결과적으로 필터의 형태는 [그림 12-19]와 같이 **격자-사다리**lattice-ladder 구조가 된다.

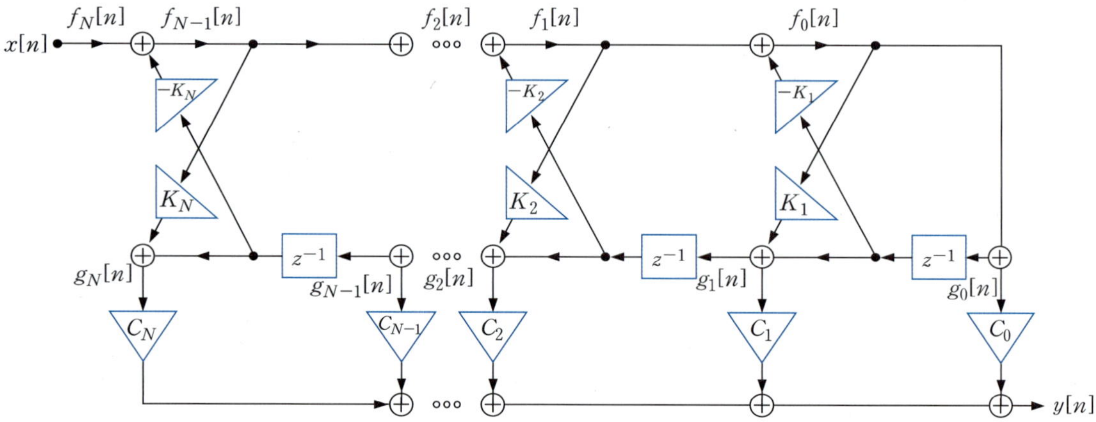

[그림 12-19] 격자형 IIR 필터 구조 : 격자-사다리 필터

이때 사다리꼴 부분의 필터 계수 C_m의 갱신은 다음과 같이 이루어진다.

$$\begin{cases} K_N(N) = \alpha_N(N), \\ C_N(N) = \dfrac{b_N}{b_0}, \\ J_m(z) = z^{-m} A_m(z^{-1}), & m = N, \cdots, 1 \\ A_{m-1}(z) = \dfrac{A_m(z) - K_m J_m(z)}{1 - K_m^2}, & m = N, \cdots, 1 \\ B_{m-1}(z) = B_m(z) - C_m J_m(z), & m = N, \cdots, 1 \\ C_m = b_m(m), & m = N-1, \cdots, 0 \end{cases} \tag{12.22}$$

여기서

$$A_N(z) = 1 + \sum_{m=1}^{N} \alpha_N(m) z^{-m}$$
$$B_N(z) = \sum_{m=0}^{N} b_N(m) z^{-m} \tag{12.23}$$

이다.

CHAPTER 12_연습문제

【Quick Review】

※ 다음 문제에서 맞는 것을 골라라.

(1) 디지털 필터의 기본 구조는 직접형, 종속형, 병렬형, 격자형이 있다. (O, ×)

(2) 필터 차수가 (낮을수록, 높을수록) 기억 소자의 용량이 커지며 구현 비용은 증가한다.

(3) 유한 어장 효과는 같은 비트 수일지라도 필터 구조에 따라 달라질 수 있다. (O, ×)

(4) 디지털 필터 구현을 위한 기본 소자는 (곱셈기, 덧셈기, 적분기, 시간 지연기)이다.

(5) 기본 소자로 필터의 구조를 나타낸 그림을 필터의 (블록선도, 구현도)라고 한다.

(6) (FIR, IIR) 필터는 FFT를 이용한 고속 컨벌루션 프로그램으로 구현할 수 있다.

(7) 직접형은 필터의 (임펄스 응답, 차분 방정식)을 그대로 구현한 필터 구조이다.

(8) 전치 직접형은 직접형의 입력단과 출력단을 맞바꾸고 신호 흐름을 나타내는 화살표 방향을 정반대로 한 구조이다. (O, ×)

(9) (종속형, 병렬형)은 필터 전달 함수를 인수분해하여 실수 계수를 갖는 2차 전달 함수의 곱으로 표현하여 구현한 형태의 필터 구조이다.

(10) FIR 필터는 병렬형으로 구현할 수 있다. (O, ×)

(11) FIR 필터는 선형 위상 특성을 이용해 곱셈기를 반으로 줄인 구조로 구현할 수 있다. (O, ×)

(12) FIR 필터의 주파수 샘플링형 구조로 협대역 필터를 구현하면 필터 계수의 상당 부분이 0이 된다. (O, ×)

(13) IIR 필터의 제1 직접형과 제2 직접형은 같은 개수의 시간 지연기가 필요하다. (O, ×)

(14) IIR 필터의 종속형의 기본 구조를 (격자, 바이쿼드, 사다리) 구조라고 한다.

(15) 전달 함수를 부분분수로 전개하여 구현한 구조는 (종속형, 병렬형, 격자형)이다.

(16) 격자 필터는 (시간 순환형, 차수 순환형) 필터이다.

(17) 격자 필터는 양자화 오차가 작아서 유한 어장 효과에 강인하다. (O, ×)

(18) 선형 위상 필터는 격자 필터로 구현할 수 없다. (O, ×)

(19) FIR 필터는 (전 영점, 전극) 격자 필터로 구현된다.

(20) IIR 필터는 (전, 영점 격자, 전극 격자, 격자-사다리) 필터로 구현된다.

【기초 문제】

12.1 디지털 필터의 구조를 선정하기 위한 고려 요인에 대한 설명 중 맞는 것은?

㉮ 필터의 구조 선정에서 최우선으로 고려해야 할 사항은 처리 속도이다.
㉯ 성능 면에서 약간의 차이가 나더라도, 적은 개수의 소자를 이용하는 구조를 채택한다.
㉰ 감도와 유한 어장 효과의 영향은 필터 구조와는 상관없고, 반드시 비트 수를 늘려야만 개선할 수 있다.
㉱ 감도와 유한 어장 효과가 다르지 않다면, 연산량과 기억 소자를 적게 요구하는 구조를 선정한다.

12.2 FIR 필터의 구조에 대한 다음의 설명 중 틀린 것은?

㉮ 직접형 구조는 필터 표현식으로부터 별다른 중간 과정을 거칠 필요 없이 바로 얻을 수 있는 구조이다.
㉯ 직접형과 종속형은 차분 방정식, 선형 위상형과 주파수 샘플링형은 전달 함수를 이용하여 도출한 필터 구조이다,
㉰ 선형 위상형은 직접형 구조보다 계수 곱셈기를 절반으로 줄인 구조이다.
㉱ 주파수 샘플링형을 이용하여 대역폭이 좁은 FIR 필터를 구현할 경우, 저지 대역의 샘플 스펙트럼이 0이 되므로 상당수의 필터 계수가 0이 된다.

12.3 IIR 필터의 구조에 대한 다음의 설명 중 맞는 것은?

㉮ 모든 직접형 구조는 같은 개수의 시간 지연기를 필요로 한다.
㉯ 전치 제2 직접형은 제2 직접형에서 화살표 방향만 반대로 하면 얻을 수 있다.
㉰ 종속형은 전달 함수를 2차 인수로 인수분해하여 바이쿼드로 구현한 것이다.
㉱ 병렬형은 전달 함수를 1차의 부분분수로 분해하여 구현한 것이다.

12.4 격자 필터 구조와 관련한 다음의 설명 중 틀린 것은?

㉮ 격자 필터는 레빈슨 순환 알고리즘을 이용하여 도출한 차수 순환형이다
㉯ 격자 필터를 통해 전파되는 신호는 입력 신호가 아니라 그에 대한 예측 오차이다.
㉰ 격자 필터는 직접형이나 종속형 구조와 같은 정도로 유한 어장 효과의 영향을 받는다.
㉱ 선형 위상 필터는 필터의 안정성 때문에 격자 필터로 구현할 수 없다.

12.5 격자 필터 구조와 관련한 다음의 설명 중 틀린 것은?

㉮ FIR 필터는 전 영점 격자 필터로 구현된다.

㉯ 전극 IIR 필터는 격자–사다리 필터로 구현된다.

㉰ 극–영점을 갖는 IIR 필터는 먼저 극과 관련하여 전극 격자 필터를 구현한 뒤 영점과 관련하여 사다리꼴로 구현하게 된다.

㉱ 격자 필터는 필터의 차수를 높일 때, 설계를 전체적으로 다시 할 필요 없이 차수가 증가된 부분에 대한 설계만 추가하여 기존의 필터에 덧붙이면 된다.

12.6 다음과 같은 임펄스 응답을 갖는 FIR 필터가 있다.

$$h[n]=\begin{cases} a^n, & 0 \le n \le 6 \\ 0, & \text{그 외} \end{cases}$$

(a) 직접형으로 필터를 구현하라.

(b) 등가 순환 필터로 변환하라.

(c) (b)에서 구한 IIR 필터를 직접형으로 구현하라.

12.7 임펄스 응답 $h[n]=[\underset{\uparrow}{0.1},\ 0.2,\ -0.1,\ 0.3,\ -0.1,\ 0.2,\ 0.1]$을 갖는 디지털 FIR 필터를 최소의 곱셈기를 사용하는 구조로 구현하라.

12.8 다음의 임펄스 응답을 갖는 디지털 FIR 필터를 주파수 샘플링형으로 구현하고 구현할 때의 장단점을 직접형으로 구현할 경우와 비교하라.

$$h[n]=\begin{cases} \dfrac{1}{32}\left(1-\cos\left(\dfrac{2\pi n}{32}\right)\right), & 0 \le n \le 31 \\ 0, & \text{그 외} \end{cases}$$

12.9 임펄스 응답 $h[n]=\dfrac{1}{25}[\underset{\uparrow}{2},\ 6,\ 9,\ 6,\ 2]$인 디지털 FIR 필터에 대해 다음의 구조로 구현하라.

(a) 직접형

(b) 전치 직접형

(c) 종속형

(d) 선형 위상형

(e) 주파수 샘플링형

12.10 다음과 같은 전달 함수를 갖는 IIR 필터에 대해 가장 적은 수의 시간 지연기와 곱셈기를 사용하는 구조로 구현하라.

$$H(z)=\frac{1-z^{-2}}{1-0.75z^{-1}+0.125z^{-2}}$$

12.11 다음의 차분 방정식으로 주어진 디지털 IIR 필터를 다음의 구조로 구현하라.

$$y[n]-0.75y[n-1]+0.125y[n-2]=x[n]-0.5x[n-1]$$

(a) 제1 직접형
(b) 제2 직접형
(c) 전치 제2 직접형
(d) 종속형
(e) 병렬형

12.12 다음의 전달 함수를 갖는 디지털 IIR 필터를 다음의 구조로 필터를 구현하라.

$$H(z)=\frac{1+0.875z^{-1}}{(1+0.2z^{-1}+0.9z^{-2})(1-0.7z^{-1})}$$

(a) 제1 직접형
(b) 제2 직접형
(c) 전치 제2 직접형
(d) 종속형
(e) 병렬형

【응용 문제】

12.13 다음과 같은 디지털 FIR 필터를 격자 필터로 구현하라.

$$H(z)=8+4z^{-1}+2z^{-2}+z^{-3}$$

12.14 다음과 같은 디지털 IIR 필터를 격자 필터로 구현하라.

$$H(z)=\frac{1}{1-0.2z^{-1}+0.4z^{-2}+0.6z^{-3}}$$

12.15 다음과 같은 디지털 IIR 필터를 격자-사다리 필터로 구현하라.

$$H(z)=\frac{-0.512+0.64z^{-1}-0.8z^{-2}+z^{-3}}{1-0.8z^{-1}+0.64z^{-2}-0.512z^{-3}}$$

실습목표

- FIR 필터에 대해 직접형 ↔ 종속형, 직접형 ↔ 격자형으로 변환한다.
- IIR 필터에 대해 직접형 ↔ 종속형, 직접형 ↔ 병렬형으로 변환한다.

MATLAB 12-1 FIR 필터의 구조 변환

다음 차분 방정식으로 표현되는 FIR 필터에 대해 아래와 같은 형태로 필터를 구현하라.

$$y[n] = 16x[n] + 12x[n-1] + 2x[n-2] - 4x[n-3] - x[n-4]$$

(a) 종속형 구조로 구현

(b) 격자형 구조로 구현

(c) (a)에서 구한 결과를 다시 직접형 구조로 구현

(d) (b)에서 구한 결과를 다시 직접형 구조로 구현

풀이

여러 가지 형의 필터 구조들 간에 변환을 수행하려면 이런 기능을 하는 함수 파일을 만들어 두는 것이 편리하다. 직접형에서 종속형으로 변환하는 함수 파일은 다음과 같다.

dr2cs.m

```
function [b0,B,A]=dr2cs(b,a)              % 직접형을 종속형으로 변환
M=length(b); N=length(a);                 % 다항식의 길이
if N>M                                    % 분모 차수 > 분자 차수 여부 판별
   b=[b,zeros(1,N-M)];                    % 분모 분자 다항식 길이를 같게 함
elseif M>N                                % 분자 차수 > 분모 차수 여부 판별
   a=[a,zeros(1,M-N)];                    % 분모 분자 다항식 길이를 같게 함
end
K=floor(max(M,N)/2);                      % 바이쿼드의 개수
if max(M,N)==2*K                          % 차수가 짝수인지 판별
    b=[b 0]; a=[a 0];                     % 2차 인수들의 곱이 되게 길이 조정
end
b0=b(1); b=b/b0;                          % monic 다항식으로 만듦
a0=a(1); a=a/a0;                          % monic 다항식으로 만듦
b0=b0/a0;                                 % 이득 계산
B=zeros(K,3); A=zeros(K,3);               % 변환 결과 초기화
broots=cplxpair(roots(b));                % 영점을 공액쌍으로 정렬
aroots=cplxpair(roots(a));                % 극을 공액쌍으로 정렬
for k=1:K
   B(k,:)=real(poly(broots(2*k-1:2*k,:)));   % 종속형으로 변환된 분자 2차 다항식
   A(k,:)=real(poly(aroots(2*k-1:2*k,:)));   % 종속형으로 변환된 분모 2차 다항식
end
```

종속형을 직접형으로 변환하는 함수 파일은 다음과 같다.

cs2dr.m

```
function [b,a]=cs2dr(b0,B,A)          % 종속형을 직접형으로 변환
[K,L]=size(B);                        % 바이쿼드의 개수 K 파악
b=[1]; a=[1];                         % 컨벌루션을 위한 초기화
for m=1:K
   b=conv(b,B(m,:));                  % 컨벌루션에 의한 분자 다항식 계산
   a=conv(a,A(m,:));                  % 컨벌루션에 의한 분모 다항식 계산
end
b=b0*b;                               % 분자 다항식에 이득 곱함
```

직접형에서 격자형으로 변환하는 함수 파일은 다음과 같다.

dr2lat.m

```
function [K]=dr2lat(b)                % 직접형을 격자형으로 변환
N=length(b);                          % 다항식의 길이
K=zeros(1,N);                         % 반사 계수 초기화
K(1)=b(1); B=b/b(1);                  % K0 및 BN(z) 설정
for m=N:-1:2                          % 차수 줄여가며 순환 계산
   K(m)=B(m);                         % Km=αm(m) 설정
   J=fliplr(B);                       % Jm(z)=z^-m Bm(z^-1) 설정
   B=(B-K(m)*J)/(1-K(m)*K(m));        % Bm-1(z) 값 계산
   B=B(1:m-1);                        % Bm(z)보다 차수 1 낮은 Bm-1(z) 만듦
end
```

격자형을 직접형으로 변환하려면 식 (12.15)의 과정을 거꾸로 풀어야 한다. 이를 위해서는 다음의 식을 차수를 높여가며 차수 순환형으로 계산해야 한다.

$$
\begin{cases}
B_0(z) = J_0(z) = 1 \\
B_m(z) = B_{m-1}(z) + K_m z^{-1} J_{m-1}(z) \\
J_m(z) = z^{-m} B_m(z^{-1}) \\
b_m = K_0 \alpha_{N-1}(m)
\end{cases}
$$

격자형을 직접형으로 변환하는 함수 파일은 다음과 같다.

lat2dr.m

```
function [b]=lat2dr(K)                % 격자형을 직접형으로 변환
N=length(K);                          % 반사 계수의 수(시스템 차수)
J=1; B=1;                             % J0(z) 및 B0(z) 설정
for m=2:N                             % 차수 늘여가며 순환 계산
   B=[B 0]+conv([0,K(m)],J);          % Bm(z) 계산
   J=fliplr(B);                       % Jm(z)=z^-m Bm(z^-1) 설정
end
b=k(1)*B;                             % Bm(z)에 b0=K(1)을 곱해 분자 다항식 구함
```

문제에서 주어진 차분 방정식의 계수가 그대로 직접형 구조의 계수가 된다. 직접형 FIR 필터의 블록선도를 [그림 12-20]에 나타내었다. 직접형 구조를 종속형과 격자형 구조로 변환하고 다시 이들 결과로부터 직접형 구조로 변환해주는 매트랩 프로그램은 다음과 같다.

MATLAB_12_1.m

```
b1=[16 12 2 -4 -1];           % FIR 필터 계수
[b0 B A]=dr2cs(b1,1)          % 직접형을 종속형으로 변환
K=dr2lat(b1)                  % 직접형을 격자형으로 변환
b2=cs2dr(b0,B,A)              % 종속형을 직접형으로 변환
b3=lat2dr(K)                  % 격자형을 직접형으로 변환
```

프로그램을 실행시키면 다음과 같은 결과가 명령 창에 나타난다.

```
b0 =
     16
B =
    1.0000     1.0000     0.5000
    1.0000    -0.2500    -0.1250

A =
    1    0    0
    1    0    0
K =
     16.0000     0.6154     0.2960     -0.2039     -0.0625
b2 =
     16.0000     12.0000     2.0000     -4.0000     -1.0000
b3 =
     16     12     2     -4     -1
```

[그림 12-21]은 종속형, [그림 12-22]는 격자형 FIR 필터 구조의 블록선도이다.

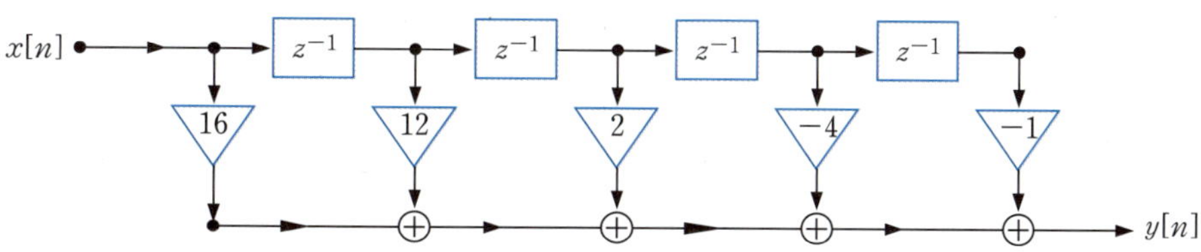

[그림 12-20] 직접형 FIR 필터 구조

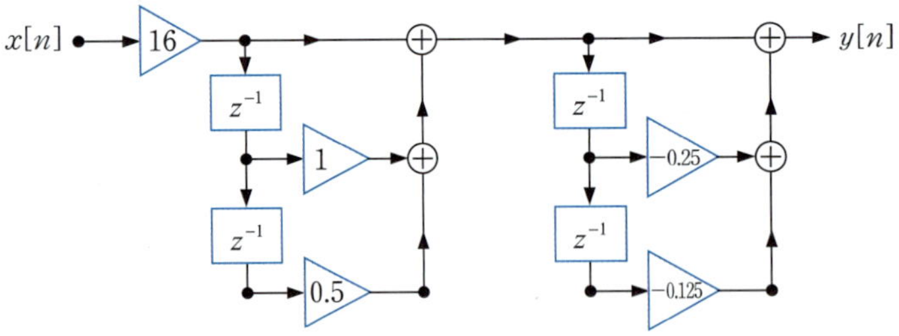

[그림 12-21] 종속형 FIR 필터 구조

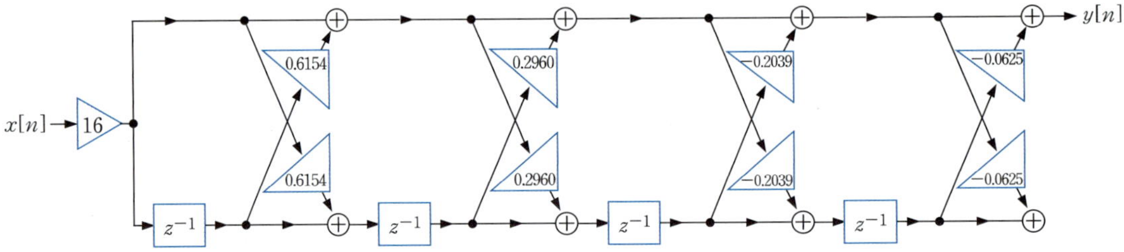

[그림 12-22] 격자형 FIR 필터 구조

MATLAB 12-2 IIR 필터의 구조 변환

다음 전달 함수를 갖는 IIR 필터에 대해 아래와 같은 형태로 필터를 구현하라.

$$H(z) = \frac{(z-1)(z+1)(z^2+z+1)}{10(z^2-z+0.5)(z+0.5)(z-0.2)} = \frac{z^4+z^3-z-1}{10z^4-7z^3+z^2+2.5z-0.5}$$

(a) 종속형 구조로 구현
(b) 병렬형 구조로 구현
(c) (a)에서 구한 결과를 다시 직접형 구조로 구현
(d) (b)에서 구한 결과를 다시 직접형 구조로 구현

풀이

종속형 구조는 [MATLAB 12-1]의 함수 파일을 그대로 사용하면 되는데, 병렬형 구조에 대해서는 새로 함수 파일을 만들어야 한다. 직접형을 병렬형으로 변환하는 함수 파일은 다음과 같다.

dr2pr.m

```
function [C,B,A]=dr2pr(b,a)              % 직접형을 병렬형으로 변환
N=length(a);                             % H(z) 분모 다항식의 길이
[r1 p1 C]=residuez(b,a);                 % H(z)를 부분분수 전개
p=cplxpair(p1,10000*eps);                % 공액 복소극 쌍 재정렬
I=[];
for k=1:N-1
   for m=1:N-1
```

```
        if abs(p1(m)-p(k))<0.0001
           I=[I,m];                          % 부분분수 계수 순서 재정렬
        end
    end
end
r=r1(I);                                     % 부분분수 계수 재정렬
K=floor(N/2);                                % 병렬 항의 개수
B=zeros(K,2); A=zeros(K,3);                  % 변환 결과 초기화
for  k=1:K-1
   Bkr=r(2*k-1:2*k,:);                       % k 번째 병렬 항 분자 계수 쌍
   Akr=p(2*k-1:2*k,:);                       % k 번째 병렬 항 공액 복소극 쌍
   [Bkr,Akr]=residuez(Bkr,Akr,[]);           % k 번째 병렬 항 분자, 분모 계수
   B(k,:)=real(Bkr);                         % k 번째 병렬 항 분자 다항식
   A(k,:)=real(Akr);                         % k 번째 병렬 항 분모 다항식
end
if N==2*K                                    % H(z)가 홀수 차수(실극 존재)
   [BKr,AKr]=residuez(r(N-1),p(N-1),[]);     % K 번째 병렬 항 분자, 분모 계수
   B(K,:)=[real(BKr) 0];                     % K 번째 병렬 항 분자 다항식
   A(K,:)=[real(AKr) 0];                     % K 번째 병렬 항 분모 다항식
else
   [BKr,AKr]=residuez(r(N-2:N-1),p(N-2:N-1),[]);  % K 번째 병렬 항 분자, 분모 계수
   B(K,:)=real(BKr);                         % K 번째 병렬 항 분자 다항식
   A(K,:)=real(AKr);                         % K 번째 병렬 항 분모 다항식
end
```

또한 병렬형을 직접형으로 변환하는 함수 파일은 다음과 같다.

pr2dr.m

```
function [b,a]=pr2dr(C,B,A)              % 병렬형을 직접형으로 변환
[K,L]=size(A);                           % 병렬 항의 개수 K 찾음
R=[]; P=[];                              % 부분분수 전개 시 유수 및 극 초기화
for m=1:K
   [r,p,k]=residuez(B(i,:),A(i,:));      % 각 병렬 항의 부분분수 전개
   R=[R,r]; P=[P,p];                     % 부분분수 전개 결과 축적
end
[b,a]=residuez(R,P,C);                   % 직접형 분자, 분모 다항식 계산
```

이 문제에서도 주어진 전달 함수의 계수가 그냥 그대로 직접형 구조의 계수가 된다. 제2 직접형 IIR 필터의 블록선도를 [그림 12-23]에 나타내었다. 블록선도를 그릴 때 전달 함수 분모의 계수 $a_0 = 1$이 되게 정규화하여 그려야 한다는 점을 주의해야 한다.

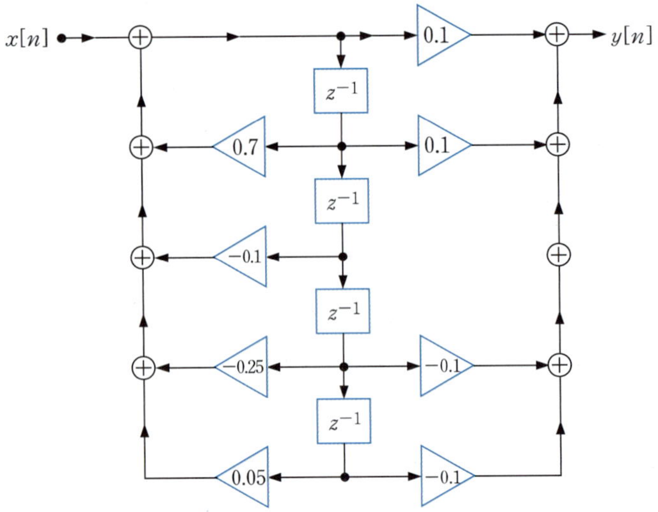

[그림 12-23] 제2 직접형 IIR 필터 구조

직접형 구조를 종속형과 병렬형 구조로 변환하고 다시 이들 결과로부터 직접형 구조로 변환해주는 매트랩 프로그램은 다음과 같다.

MATLAB_12_2.m

```
b1=[1 1 0 -1 -1];                    % IIR 필터 분자 계수
a1=[10 -7 1 2.5 -0.5];               % IIR 필터 분자 계수
[b01 B1 A1]=dr2cs(b1,a1)             % 직접형을 종속형으로 변환
[b02 B2 A2]=dr2pr(b1,a1)             % 직접형을 병렬형으로 변환
[b2,a2]=cs2dr(b01,B1,A1)             % 종속형을 직접형으로 변환
[b3,a3]=pr2dr(b02,B2,A2)             % 병렬형을 직접형으로 변환
```

프로그램을 실행시키면 다음과 같은 결과가 명령 창에 나타난다.

```
b01 =
     0.1000
B1 =
    1.0000     1.0000     1.0000
    1.0000    -0.0000    -1.0000

A1 =
    1.0000    -1.0000     0.5000
    1.0000     0.3000    -0.1000

b02 =
     2

B2 =
     0.7294    -0.1235
    -2.6294    -1.2247

A2 =
```

```
     1.0000    -1.0000     0.5000
     1.0000     0.3000    -0.1000

b2 =
     0.1000     0.1000     0.0000    -0.1000    -0.1000

a2 =
     1.0000    -0.7000     0.1000     0.2500    -0.0500

b3 =
     0.1000     0.1000     0.0000    -0.1000    -0.1000

a3 =
     1.0000    -0.7000     0.1000     0.2500    -0.0500
```

프로그램에서 되돌려주는 직접형 전달 함수의 계수는 $a_0 = 1$이 되게 정규화된 것임을 볼 수 있다. [그림 12-24]는 종속형, [그림 12-25]는 병렬형 IIR 필터 구조의 블록선도이다.

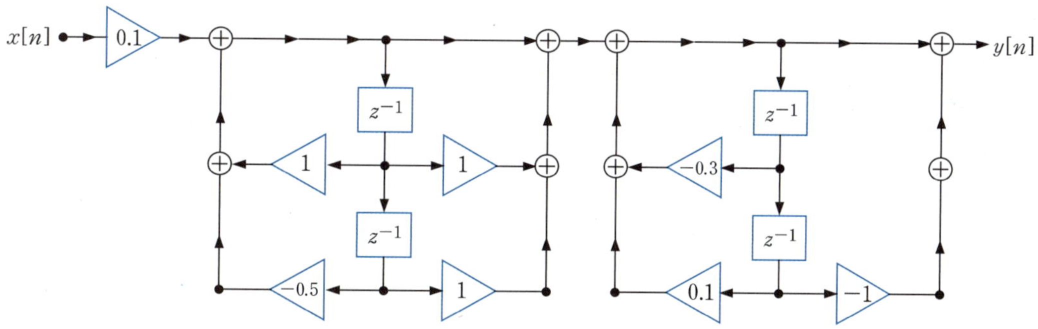

[그림 12-24] 종속형 IIR 필터 구조

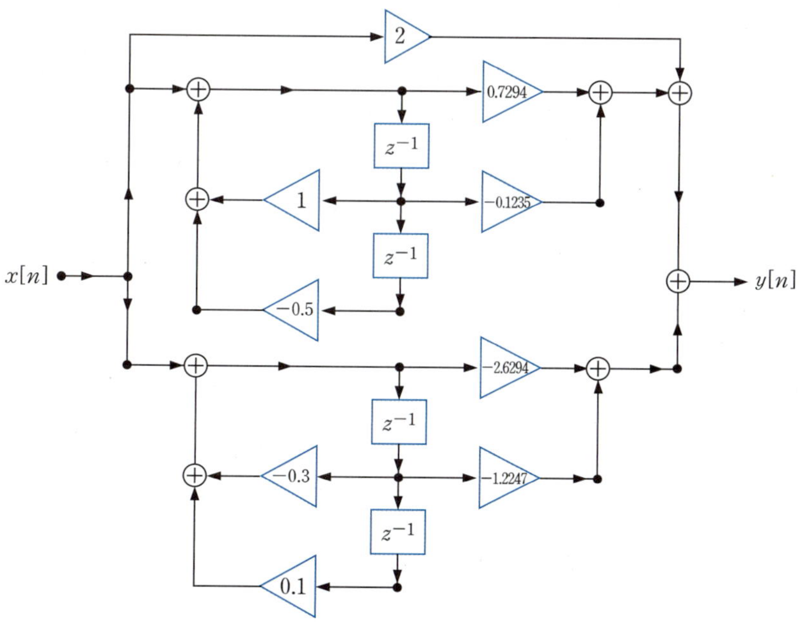

[그림 12-25] 병렬형 IIR 필터 구조

A. 수식표

A.1 삼각함수

1	$e^{\pm jx} = \cos(x) \pm j\sin(x)$	12	$\cos^2(x) + \sin^2(x) = 1$
2	$\lvert e^{\pm jx} \rvert = 1, \ \angle e^{\pm jx} = \pm x$	13	$\cos^2(x) - \sin^2(x) = \cos(2x)$
3	$\cos(x) = \dfrac{e^{jx} + e^{-jx}}{2}$	14	$\cos^3(x) = \dfrac{3\cos(x) + \cos(3x)}{4}$
4	$\sin(x) = \dfrac{e^{jx} - e^{-jx}}{2j}$	15	$\sin^3(x) = \dfrac{3\sin(x) - \sin(3x)}{4}$
5	$\cos(x \pm y) = \cos(x)\cos(y) \mp \sin(x)\sin(y)$	16	$\tan[x \pm y] = \dfrac{\tan(x) \pm \tan(y)}{1 \mp \tan(x)\tan(y)}$
6	$\sin(x \pm y) = \sin(x)\cos(y) \pm \cos(x)\sin(y)$	17	$\sin(x) + \sin(y) = 2\sin\left(\dfrac{x+y}{2}\right)\cos\left(\dfrac{x-y}{2}\right)$
7	$\cos(x)\cos(y) = \dfrac{\cos(x-y) + \cos(x+y)}{2}$	18	$\cos(x) + \cos(y) = 2\cos\left(\dfrac{x+y}{2}\right)\cos\left(\dfrac{x-y}{2}\right)$
8	$\sin(x)\sin(y) = \dfrac{\cos(x-y) - \cos(x+y)}{2}$	19	$\cos(x) - \cos(y) = 2\sin\left(\dfrac{x+y}{2}\right)\sin\left(\dfrac{y-x}{2}\right)$
9	$\sin(x)\cos(y) = \dfrac{\sin(x-y) + \sin(x+y)}{2}$	20	$A\cos(x) + B\sin(x) = \sqrt{A^2 + B^2}\cos\left[x - \tan^{-1}\left(\dfrac{B}{A}\right)\right]$
10	$\cos^2(x) = \dfrac{1 + \cos(2x)}{2}$	21	$\sin(x) = \cos\left(\dfrac{\pi}{2} - x\right) = \cos\left(x - \dfrac{\pi}{2}\right)$
11	$\sin^2(x) = \dfrac{1 - \cos(2x)}{2}$	22	$\cos(x) = \sin\left(\dfrac{\pi}{2} - x\right)$

A.2 지수 및 대수 함수

1	$e^x e^y = e^{x+y}$	5	$\ln(xy) = \ln(x) + \ln(y)$
2	$(e^x)^y = e^{xy}$	6	$\ln(x)^y = y\ln(x)$
3	$\dfrac{e^x}{e^y} = e^{x-y}$	7	$e^{\ln(x)} = x$
4	$\ln\left(\dfrac{x}{y}\right) = \ln x - \ln y$	8	$e^{-\ln(x)} = e^{\ln(1/x)} = \dfrac{1}{x}$

A.3 급수 전개

1	$(1+x)^n = 1 + nx + \frac{n(n-1)}{2!}x^2 + \frac{n(n-1)(n-2)}{3!}x^3 + \cdots + \binom{n}{k}x^k + \cdots + x^n$
2	$(1+x)^{-1} = 1 - x + x^2 - x^3 + \cdots = \sum_{k=0}^{\infty}(-1)^{k-1}x^{k-1}$
3	$(1+x)^{1/2} = 1 + \frac{1}{2}x - \frac{1}{2}\frac{1}{4}x^2 + \frac{1}{2}\frac{1}{4}\frac{3}{6}x^3 - \frac{1}{2}\frac{1}{4}\frac{3}{6}\frac{5}{8}x^4 + \cdots$
4	$(x+y)^n = x^n + nx^{n-1}y + \frac{n(n-1)}{2!}x^{n-2}y^2 + \frac{n(n-1)(n-2)}{3!}x^{n-3}y^3 + \cdots,$ 단 $y^2 < x^2$
5	$e^x = 1 + x + \frac{1}{2!}x^2 + \cdots + \frac{1}{n!}x^n + \cdots$
6	$a^x = 1 + x\ln a + \frac{(x\ln a)^2}{2!} + \frac{(x\ln a)^3}{3!} + \cdots$
7	$\ln(x) = 2\left(\frac{x-1}{x+1}\right) + \frac{2}{3}\left(\frac{x-1}{x+1}\right)^3 + \frac{2}{5}\left(\frac{x-1}{x+1}\right)^5 + \cdots,\ x > 0$
8	$\ln(1+x) = x - \frac{x^2}{2} + \frac{x^3}{3} - \cdots (-1)^{n+1}\frac{x^n}{n} + \cdots,\ \lvert x\rvert < 1$
9	$\sin x = x - \frac{x^3}{3!} + \frac{x^5}{5!} + \cdots + (-1)^n\frac{x^{2n+1}}{(2n+1)!} + \cdots$
10	$\cos x = 1 - \frac{x^2}{2!} + \frac{x^4}{4!} - \frac{x^6}{6!} + \cdots + (-1)^n\frac{x^{2n}}{2n!} + \cdots$
11	$\tan x = x + \frac{x^3}{3} + \frac{2}{15}x^5 + \cdots +$
12	$\sinh x = x + \frac{x^3}{3!} + \frac{x^5}{5!} + \cdots + \frac{x^{2n+1}}{(2n+1)!} + \cdots$
13	$\cosh x = 1 + \frac{x^2}{2!} + \frac{x^4}{4!} + \cdots + \frac{x^{2n}}{(2n)!} + \cdots$
14	$f(x+a) = f(x) + a\frac{df(x)}{dx} + \frac{a^2}{2!}\frac{d^2f(x)}{dx^2} + \frac{a^3}{3!}\frac{d^3f(x)}{dx^3} + \cdots$

A.4 급수의 합

1	$\sum_{k=1}^{N} k = \frac{N(N+1)}{2}$	7	$\sum_{n=0}^{N} a^n = \frac{a^{N+1}-1}{a-1},\ a \neq 1$
2	$\sum_{k=1}^{N} k^2 = \frac{N(N+1)(2N+1)}{6}$	8	$\sum_{n=0}^{\infty} a^n = \frac{1}{1-a},\ \lvert a\rvert < 1$
3	$\sum_{k=1}^{N} k^3 = \frac{N^2(N+1)^2}{4}$	9	$\sum_{n=0}^{\infty} na^n = \frac{a}{(1-a)^2},\ \lvert a\rvert < 1$
4	$\sum_{k=1}^{N} (2k-1) = N^2$	10	$\sum_{n=0}^{\infty} n^2a^n = \frac{a^2+a}{(1-a)^3},\ \lvert a\rvert < 1$
5	$\sum_{k=1}^{N} (2k-1)^2 = \frac{1}{3}N(4N^2-1)$	11	$\sum_{n=0}^{N} e^{j\frac{2\pi kn}{N}} = \begin{cases} 0, & 1 \le k \le N-1 \\ N, & k = 0,\ N \end{cases}$
6	$\sum_{k=1}^{N} k(k+1)^2 = \frac{1}{12}N(N+1)(N+2)(3N+5)$		

A.5 미분

1	$\frac{d}{dx}[x^n] = nx^{(n-1)}$	7	$\frac{d}{dx}[\sin^{-1}(ax)] = \frac{a}{\sqrt{1-(ax^2)}}$
2	$\frac{d}{dx}[\ln(x)] = x^{-1}$	8	$\frac{d}{dx}[\cos^{-1}(ax)] = -\frac{a}{\sqrt{1-(ax)^2}}$
3	$\frac{d}{dx}[e^{ax}] = ae^{ax}$	9	$\frac{d}{dx}[\tan^{-1}(ax)] = \frac{a}{[1+(ax)^2]}$
4	$\frac{d}{dx}[\sin(ax)] = a\cos(ax)$	10	$\frac{d}{dx}[f(x)g(x)]$ $= f(x)\frac{d}{dx}[g(x)] + g(x)\frac{d}{dx}[f(x)]$
5	$\frac{d}{dx}[\cos(ax)] = -a\sin(ax)$		
6	$\frac{d}{dx}[\tan(ax)] = a\sec^2(ax)$	11	$\frac{d}{dx}\left[\frac{f(x)}{g(x)}\right] = \frac{g(x)\frac{d}{dx}[f(x)] - f(x)\frac{d}{dx}[g(x)]}{g^2(x)}$

A.6 부정적분

1	$\int x^n dx = \frac{1}{n+1}x^{n+1},\ n \neq -1$
2	$\int x^{-1}dx = \ln\lvert x \rvert$
3	$\int e^{ax}dx = \frac{1}{a}e^{ax},\ a! = 0$
4	$\int x^n e^{ax}dx = \frac{1}{a}\left[x^n e^{ax} - n\int x^{n-1}e^{ax}dx\right]$
5	$\int \sin(ax)dx = -\frac{1}{a}\cos(ax)$
6	$\int \cos(ax)dx = \frac{1}{a}\sin(ax)$
7	$\int \sin^2(ax)dx = \frac{1}{4a}[2ax - \sin(2ax)]$
8	$\int \cos^2(ax)dx = \frac{1}{4a}[2ax + \sin(2ax)]$
9	$\int \sin^n(x)dx = -\frac{1}{n}\sin^{n-1}(x)\cos(x) + \frac{n-1}{n}\int \sin^{n-2}(x)dx$
10	$\int \cos^n(x)dx = \frac{1}{n}\cos^{n-1}(x)\sin(x) + \frac{n-1}{n}\int \cos^{n-2}(x)dx$
11	$\int x^n\sin(ax)dx = \frac{1}{a}\left[-x^n\cos(ax) + n\int x^{n-1}\cos(ax)dx\right]$
12	$\int x^n\cos(ax)dx = \frac{1}{a}\left[x^n\sin(ax) - n\int x^{n-1}\sin(ax)dx\right]$
13	$\int \cos(ax)\cos(bx)dx = \frac{\sin[(a-b)x]}{2(a-b)} + \frac{\sin[(a+b)x]}{2(a+b)},\ a^2 \neq b^2$
14	$\int \sin(ax)\sin(bx)dx = \frac{\sin[(a-b)x]}{2(a-b)} - \frac{\sin[(a+b)x]}{2(a+b)},\ a^2 \neq b^2$

15	$\int \sin(ax)\cos(bx)dx = -\frac{\cos[(a-b)x]}{2(a-b)} - \frac{\cos[(a+b)x]}{2(a+b)}, \ a^2 \neq b^2$
16	$\int e^{ax}\sin(bx)dx = \frac{e^{ax}}{a^2+b^2}[a\sin(bx) - b\cos(bx)]$
17	$\int e^{ax}\cos(bx)dx = \frac{e^{ax}}{a^2+b^2}[a\cos(bx) - b\sin(bx)]$
18	$\int f(x)\left[\frac{dg(x)}{dx}\right]dx = f(x)g(x) - \int g(x)\left[\frac{df(x)}{dx}\right]dx$

A.7 정적분

1	$\int_0^\infty \left[\frac{a}{a^2+x^2}\right]dx = \frac{\pi}{2}, \ a > 0$
2	$\int_0^\infty x^n e^{-ax}dx = \frac{n!}{a^{n+1}}, \ a > 0,\ n$은 양의 정수
3	$\int_0^\infty e^{-a^2x^2}dx = \frac{\sqrt{\pi}}{2a}, \ a > 0$
4	$\int_0^\pi \sin^2(nx)dx = \int_0^\pi \cos^2(nx)dx = \frac{\pi}{2}, \ n$은 정수
5	$\int_0^{\pi/2} \sin^n(x)dx = \int_0^{\pi/2} \cos^n(x)dx = \begin{cases} \frac{\pi}{2}\frac{(1)(3)\cdots(n-1)}{(2)(4)\cdots(n)}, & n=\text{짝수},\ n \neq 0 \\ \frac{(2)(4)\cdots(n-1)}{(1)(3)\cdots(n)}, & n=\text{홀수},\ n \neq 1 \end{cases}$
6	$\int_0^\pi \sin(nx)\sin(mx)dx = \int_0^\pi \cos(nx)\cos(mx)dx = 0, \ n \neq m$인 정수
7	$\int_0^\pi \sin(nx)\cos(mx)dx = \begin{cases} \frac{2n}{n^2-m^2}, & n-m=\text{짝수} \\ 0, & n-m=\text{홀수} \end{cases}$
8	$\int_0^\infty \mathrm{sinc}(ax) = \frac{1}{2a}, \ a > 0$
9	$\int_0^\infty \mathrm{sinc}^2(ax) = \frac{1}{2a}, \ a > 0$
10	$\int_0^\infty e^{-ax}\cos(bx)dx = \frac{a}{a^2+b^2}, \ a > 0$
11	$\int_0^\infty e^{-ax}\sin(bx)dx = \frac{b}{a^2+b^2}, \ a > 0$
12	$\int_a^b f(x)\left[\frac{dg(x)}{dx}\right]dx = f(x)g(x)\Big\vert_a^b - \int_a^b g(x)\left[\frac{df(x)}{dx}\right]dx$

B. 변환표

B.1 푸리에 변환(FT)표

	$x(t)$	$X(\omega)$
1	$e^{-at}u(t),\ a>0$	$\frac{1}{a+j\omega}$
2	$e^{-a\lvert t\rvert},\ a>0$	$\frac{2a}{a^2+\omega^2}$
3	$te^{-at}u(t),\ a>0$	$\frac{1}{(a+j\omega)^2}$
4	$t^n e^{-at}u(t),\ a>0$	$\frac{n!}{(a+j\omega)^{n+1}}$
5	1	$2\pi\delta(\omega)$
6	$\delta(t)$	1
7	$sgn(t)$	$\frac{2}{j\omega}$
8	$u(t)$	$\pi\delta(\omega)+\frac{1}{j\omega}$
9	$\cos\omega_0 t$	$\pi[\delta(\omega+\omega_0)+\delta(\omega-\omega_0)]$
10	$\sin\omega_0 t$	$j\pi[\delta(\omega+\omega_0)-\delta(\omega-\omega_0)]$
11	$e^{j\omega_0 t}$	$2\pi\delta(\omega-\omega_0)$
12	$e^{-at}\sin\omega_0 t u(t)$	$\frac{\omega_0}{(a+j\omega)^2+\omega_0^2}$
13	$e^{-at}\cos\omega_0 t u(t)$	$\frac{a+j\omega}{(a+j\omega)^2+\omega_0^2}$
14	$\sum_{n=-\infty}^{\infty}\delta(t-nT_s)$	$\omega_0\sum_{n=-\infty}^{\infty}\delta(\omega-n\omega_0)$
15	$\text{rect}_\tau(t)$ (너비 τ 인 사각 펄스)	$\tau\text{sinc}\left(\frac{\omega\tau}{2\pi}\right)$
16	$\frac{W}{2\pi}\text{sinc}\left(\frac{W}{2\pi}t\right)$	$rect_W(\omega)$
17	$\triangle\left(\frac{t}{\tau}\right)$ (기울기 $1/\tau$인 삼각파)	$\tau\text{sinc}^2\left(\frac{\omega\tau}{2\pi}\right)$
18	$e^{-\frac{t^2}{2\sigma^2}}$	$\sigma\sqrt{\pi}e^{-\frac{\sigma^2\omega^2}{2}}$

B.2 라플라스 변환표

	$x(t)$	$X(s)$
1	$\delta(t)$	1
2	$u(t)$	$\frac{1}{s}$
3	$\frac{t^n}{n!}u(t)$	$\frac{1}{s^{n+1}}$
4	$e^{-at}u(t)$	$\frac{1}{s+a}$
5	$\frac{t^n e^{-at}}{n!}u(t)$	$\frac{1}{(s+a)^{n+1}}$
6	$\sin\omega_0 t\, u(t)$	$\frac{\omega_0}{s^2+\omega_0^2}$
7	$\cos\omega_0 t\, u(t)$	$\frac{s}{s^2+\omega_0^2}$
8	$t\sin\omega_0 t\, u(t)$	$\frac{2\omega_0 s}{(s^2+\omega_0^2)^2}$
9	$t\cos\omega_0 t\, u(t)$	$\frac{(s^2-\omega_0^2)}{(s^2+\omega_0^2)^2}$
10	$e^{-at}\sin\omega_0 t\, u(t)$	$\frac{\omega_0}{(s+a)^2+\omega_0^2}$
11	$e^{-at}\cos\omega_0 t\, u(t)$	$\frac{s+a}{(s+a)^2+u_0^2}$
12	$Ae^{-at}\cos\omega_0 t\, u(t) + Be^{-at}\sin\omega_0 t\, u(t)$	$\frac{A(s+a)-B\omega_0}{(s+a)^2+\omega_0^2}$
13	$Ae^{-at}\cos\omega_0 t\, u(t) + \left(\frac{(B-Aa)}{\omega_0}\right)e^{-at}\sin\omega_0 t\, u(t)$	$\frac{As+B}{(s+a)^2+\omega_0^2}$

B.3 z 변환표

	$x[nT]$ *	$X(z)$
1	$\delta[nT]$	1
2	$u[nT]$	$\dfrac{1}{1-z^{-1}}$
3	$a^n u[nT]$	$\dfrac{1}{1-az^{-1}}$
4	$nTu[nT]$	$\dfrac{Tz^{-1}}{(1-z^{-1})^2}$
5	$(nT)^2 u[nT]$	$\dfrac{Tz^{-1}(1+z^{-1})}{(1-z^{-1})^3}$
6	$na^n u[nT]$	$\dfrac{az^{-1}}{(1-az^{-1})^2}$
7	$n^2 a^n u[nT]$	$\dfrac{az^{-1}(1+az^{-1})}{(1-az^{-1})^3}$
8	$\cos(\Omega_0 n)u[nT]$	$\dfrac{1-\cos(\Omega_0)z^{-1}}{1-2\cos(\Omega_0)z^{-1}+z^{-2}}$
9	$\sin(\Omega_0 n)u[nT]$	$\dfrac{\sin(\Omega_0)z^{-1}}{1-2\cos(\Omega_0)z^{-1}+z^{-2}}$
10	$a^n\cos(\Omega_0 n)u[nT]$	$\dfrac{1-a\cos(\Omega_0)z^{-1}}{1-2a\cos(\Omega_0)z^{-1}+a^2z^{-2}}$
11	$a^n\sin(\Omega_0 n)u[nT]$	$\dfrac{a\sin(\Omega_0)z^{-1}}{1-2a\cos(\Omega_0)z^{-1}+a^2z^{-2}}$
12	$a^n\{A\cos(\Omega_0 n)+B\sin(\Omega_0 n)\}u[nT]$	$\dfrac{A-a\{A\cos(\Omega_0)-B\sin(\Omega_0)\}z^{-1}}{1-2a\cos(\Omega_0)z^{-1}+a^2z^{-2}}$

* 샘플링으로 얻은 이산 신호가 아닌 경우에는 $T=1$로 두면 된다.

B.4 이산 시간 푸리에 변환(DTFT)표

	$x[n]$	$X(z)$
1	$\delta[n]$	1
2	$\delta[n-n_0]$	$e^{-jn_0\Omega}$
3	1	$2\pi\delta(\Omega)$
4	$u[n]$	$\dfrac{1}{1-e^{-j\Omega}}+\pi\delta(\Omega),\ 0\le\Omega<2\pi$
5	$e^{j\Omega_0 n}$	$2\pi\delta(\Omega-\Omega_0)$
6	$x[n]=\begin{cases}1, & \lvert n\rvert\le N_1\\ 0, & \lvert n\rvert>N_1\end{cases}$	$\dfrac{\sin\left[\Omega\left(N_1+\frac{1}{2}\right)\right]}{\sin\left(\frac{\Omega}{2}\right)}$
7	$a^n u[n],\ \lvert a\rvert<1$	$\dfrac{1}{1-ae^{-j\Omega}}$
8	$(n+1)a^n u[n],\ \lvert a\rvert<1$	$\dfrac{1}{(1-ae^{-j\Omega})^2}$
9	$\dfrac{W}{\pi}\mathrm{sinc}\left(\dfrac{Wn}{\pi}\right),\ 0<W<\pi$	$X(\Omega)=\begin{cases}1, & 0\le\lvert\Omega\rvert\le W\\ 0, & W<\lvert\Omega\rvert\le\pi\end{cases}$
10	$\cos(\Omega_0 n)$	$\pi\{\delta(\Omega+\Omega_0)+\delta(\Omega-\Omega_0)\}$
11	$\sin(\Omega_0 n)$	$j\pi\{\delta(\Omega+\Omega_0)+\delta(\Omega-\Omega_0)\}$
12	$sgn[n]=\begin{cases}+1, & n\ge 0\\ 1, & n<0\end{cases}$	$j\dfrac{\sin(\Omega)}{\cos(\Omega)-1}$
13	$\dfrac{(n+r-1)!}{n!(r-1)!}a^n u[n],\ \lvert a\rvert<1$	$\dfrac{1}{(1-ae^{-j\Omega})^r}$

찾아보기